民国时期地震考证

（上卷）

高孟潭　主编

蒋克训　李学勤　徐爱信　副主编

地 震 出 版 社

图书在版编目（CIP）数据

民国时期地震考证.上卷/高孟潭主编；蒋克训，李学勤，徐爱信副主编. —北京：地震出版社，2022.12

ISBN 978-7-5028-5396-9

Ⅰ.①民… Ⅱ.①高… ②蒋… ③李… ④徐… Ⅲ.①地震—研究—中国—民国 Ⅳ.①P315.732

中国版本图书馆CIP数据核字（2022）第213906号

地震版 XM4960/P（6184）

民国时期地震考证（上卷）

主　　编：高孟潭

副 主 编：蒋克训　李学勤　徐爱信

责任编辑：范静泊　李肖寅

责任校对：凌　樱

出版发行：地 震 出 版 社

北京市海淀区民族大学南路 9 号　　邮编：100081

发行部：68423031　68467993　　传真：68467991

总编办：68462709　68423029

编辑一部：68426052

http：//seismologicalpress.com

经销：全国各地新华书店

印刷：河北文盛印刷有限公司

版（印）次：2022 年 12 月第一版　2022 年 12 月第一次印刷

开本：889 × 1194　1/16

字数：1672 千字

印张：54

书号：ISBN 978-7-5028-5396-9

全套定价：320.00 元

《民国时期地震考证》编委会

主　编　高孟潭

副主编　蒋克训　李学勤　徐爱信

编委会（以姓氏笔画为序）

王　力　王　彬　王兰民　王运启　王建荣　邓一唯　邓起东　邓瑞生
田建明　包东健　李振海　李孟銮　光春云　任铁生　刘昌森　齐书勤
宋和平　宋瑞祥　吴小龙　余国政　张丽芬　张思源　张振亚　张建业
杨马陵　陈玉华　苗庆文　郑继烈　赵卫明　赵国敏　赵新平　皇甫岗
洪时中　姚运生　袁家治　袁道阳　都吉夔　柴劲松　晁洪太　徐好民
徐锡伟　徐德诗　高建国　高继宗　高常波　郭德明　黄田庚　黄圣睦
黄向荣　曹　刚　曹忠权　韩黎珍　雷中生　穆　萍

编者的话

《民国时期地震考证》是中国地震局地球物理研究所与中国地震局办公室共同申报并承担的“中国历史地震档案考证、研究和利用”项目课题的研究成果之一。

本汇编的档案及文献均保持原有历史真实面貌，并尽可能本着这一原则搜集和编纂了这一历史时期重要地震事件的地震记录图纸、地震现场宏观考察或调查报告和各种期刊上发表的重要地震论文、专著等科技成果。

民国时期（1912—1949），是中国近代史中不可缺失的一个重要发展阶段，是客观存在的历史事实，也是五千多年中华文明的文化载体的一部分。将这个历史阶段所发生的重要地震事件的地震档案及论文共146篇汇编成上卷和下卷两册，是我国地震科技及档案工作者应尽的责任和义务，也是我们方便地震科研与管理人员查阅民国时期地震灾害简史及地震科技成果这一专题性的文献资料而整理出版的专著，希望能对我国未来的防震减灾事业有一定的参考价值。

本书选取的重要地震事件，基本客观地呈现了这个历史阶段中国地震活动水平及分布状况和所造成的重大经济社会影响以及中国防震减灾事业诞生、成长、发展的艰辛历程，更明确无误地告诉人们，一大批中国近代物理学、地学的老前辈权威专家（绝大多数是中国科学院院士或中国工程院院士）为我国的地震科学事业发展做出了不可磨灭的贡献。他们是：翁文灏、谢家荣、王烈、李善邦、金咏深、李春昱、陈国达、叶企荪、吴有训、竺可桢、李四光、赵九章、涂长望、杨钟健、尹赞勋、侯德封、王竹泉、傅承义、翁文波、武衡、王振铎、张耀宗、童振藻、熊昆山、常隆庆、孙文清、秦馨菱、贾连亨、谢毓寿、王仁煜等。在此，对他们表示崇高的敬意和缅怀。

本书对每一个地震事件均给出发震时刻、震中位置、震中烈度、震级、震源深度及震中附近的主要地名。相关资料来自中国地震局震害防御司于1999年编的《中国近代地震目录》。

本书收录的档案或文献，均按地震事件发生的时间或文献发表的期刊、报纸年代先后次序排列。每件档案或文献，均注明其出处及单位、作者。

1949年新中国成立之后，由于国家经济建设发展的需要，很多单位及院士专家对民国时期所发生的重大地震事件现场，做了更为广泛细致深入的复核，使得考察和研究工作更加完善。在一些重要地震事件的调查报告后面，我们编入了新中国成立之后的补充内容，使调查报告的内容更加丰富。这批院士专家有丁国瑜、李玶、邓起东、梅世蓉、郭增建、时振梁、刘正荣、李群、苏公望、环文林、万自成、江在雄、冯先岳等。在此对他们的辛勤劳动表示由衷的谢意。

本书实际搜集整编工作只用了大半年时间，不免有遗漏之误。加之原计划要去我国台湾搜集民国时期的档案、文献，因种种原因未能成行。期望今后如有机会，会使这一时期的地震档案文献汇编更为丰富和完善。

2020年6月

目　录

1913年12月21日云南峨山7级地震

【编者按】1913年12月21日在云南省玉溪市峨山彝族自治县发生7级地震。现将该地震记录图件、新闻报道及震情、震灾、赈济史料情况摘编如下。

发震时刻：1913-12-21，23:37:38；

震中位置：24° 09′ N，102° 27′ E；

震　　级：7级；

震中烈度：Ⅸ度；

震中附近地点：云南省玉溪市峨山彝族自治县；

宏观深度：10km。

一、地震记录图

摘自《中国早期地震台历史地震图鉴》第一卷。Z021上海徐家汇地震台W1913年12月21日（BMT）记录的云南峨山7级地震图如下。

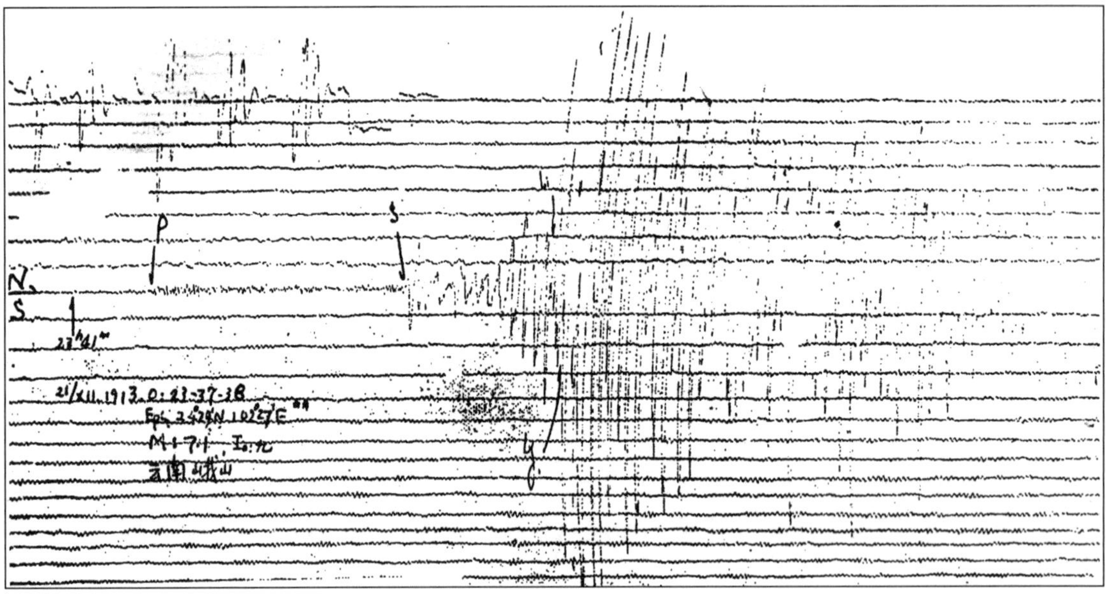

（a）南北向

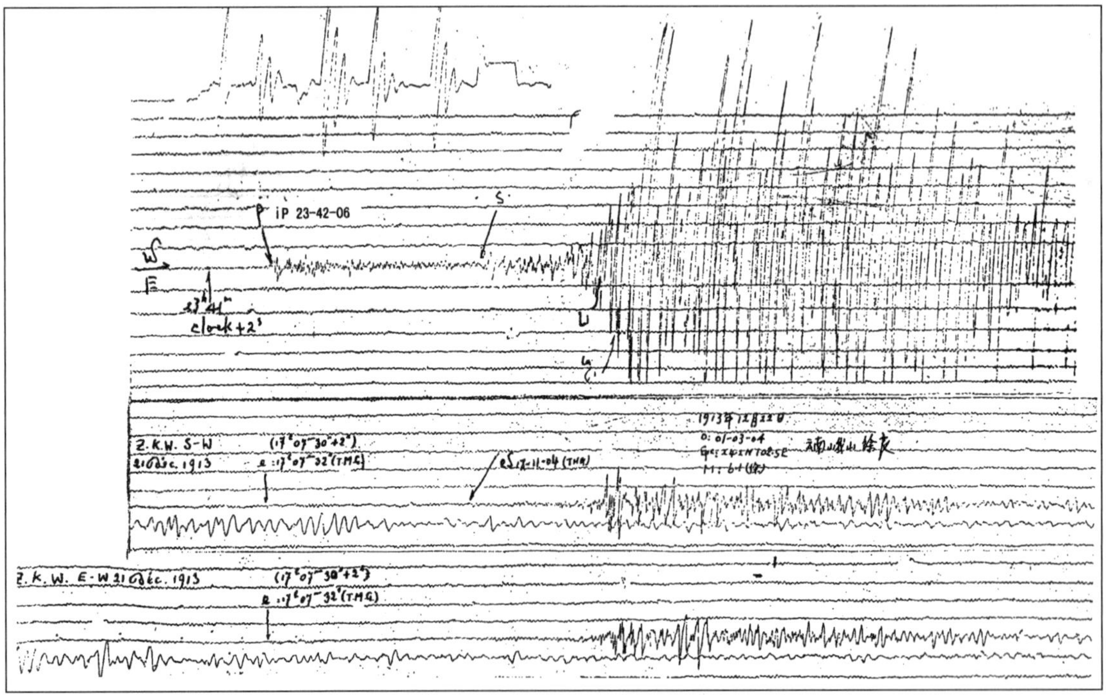

（b）东西向

上海徐家汇地震台记录的云南峨山7级地震图

二、原始记载

摘自《地学杂志》第五年第四十三号，“云南地震”。

地學雜誌　第五年　第四十三號　八〇

雲南地震　智珠

據滇電。民國二年十二月二十一日。省中新興河西嶍峩三縣。同時地震。類河兩縣。衙署民房。均有倒塌。壓斃數百十人。而嶍峩連震五晝夜。城內外房屋。罕有存者。人民全家壓斃。所在皆是。地震之後。繼以大雪。飢疲遺黎。庇身無宇。凍死載道者。瀰望相踵。奇災巨變。前古未聞。該省旅京紳士。呈請大總統。撥欵賑卹。已於三年一月二十日。奉批交財政部查照。迅速籌撥云。

三、地震史料

摘自《云南省地震资料汇编》。云南峨山7级地震震情、震灾及赈济情况列于下表，表内日期除注明（农历）或明确（冬月）的为农历外，其余表述均为公历。

云南峨山7级地震史料汇总表

地震时间 公历（农历）	地　点	地震记述与资料来源
1913-12-19 （民国二年 十一月 二十二日）	峨山	公历十二月十九号夜十一钟，峨山县城已有先震，但其震甚微，人皆视为故常，毫不介意。《盛京时报》1914-3-7 民国二年十二月十九日下午十一时，峨山城内外已发生地震，但甚轻微。《云南地震考》（近年烈度状况）
1913-12-21 （民国二年 十一月/冬月 二十四日）	峨山	12月21日23点37分38秒，震中位置：北纬24° 09′、东经102° 27′，震级7级，震中烈度Ⅸ度。《中国地震目录》1983年
	昆明、 峨山、 通海、 个旧、 玉溪	**【云南大地震纪详】**旅滇记者之报告：（昆明）十二月二十一日晚间十二时，记者方自云华园观剧回家，一出园门即觉震动，未几人声鼎沸，惶骇奔走，屋宇震荡甚烈。佥言地震，幸二三分钟即止。追走入城，则见满街人相顾惊诧，南门内大街之铺面，则已因地震影响，向南倾斜，势将倒下，群觅大木暂时支撑，惟未压毙人命。事后调查，知此次地震极重。兹将受灾最烈之地录下。（嶍峨）此次地震该处独重，震动十分钟左右，并连日有震动之时。民居约倒四分之三，压毙民人无算，衙署、监狱亦同倒塌。县知事赵君家眷亦被压死数命，惟县知事适在菜园大便，故独得生存。军民两府以该处受灾最重，特委员携款驰往赈济。（通海）人烟即繁，商务尤旺。是日地震亦有八九分钟之久，因此倾倒房屋甚多，压毙民命亦不少，现正在调查中。（个旧）此次亦震动十分钟之久，倒塌房屋无算，电局、衙署亦已倾倒，但人民被压毙者尚少。此次云南地震后，复继以大雪，人民困苦不堪。旅京滇绅朱家宝等得信后，即呈请内务部拨款赈济，文如下（此略，见下条）。新河等县继以地震大雪，人民死亡荡析，满目疮痍。《申报》1914-1-30 注：《盛京时报》1914-2-6及《大公报》1914-2-9同载。 民国二年十二月二十一日，滇省中新兴、河西、嶍峨三县同时地震，类新、河两县衙署民房均有倒塌，压毙数百十人。而嶍峨连震五昼夜，城内外房屋罕有存者，人民全家压毙所在皆是。地震之后继以大雪，饥饿遗黎庇身无宇，冻死载道者弥望相踵，奇灾巨变前古未闻。该省旅京绅士呈请大总统拨款赈恤，已于三年一月二十日奉批交财政部查照迅速筹拨。《地学杂志》1914年1月 注：《申报》1914-1-30及《内务公报》二册五期（民国三年）亦同载。 迄今新闻在中国有些地区传送仍然很慢。上星期六袁世凯总统才对全国宣布，在京的云南人收到了情报说，上月二十一日该省有三个县发生了地震。在嶍峨地震继续了五昼夜，城乡各区几乎每幢房屋都已坍塌。报告说新兴、河西，嶍峨三县遇难人数巨大，许多人家全被埋葬在房屋废墟中，大风雪跟随着地震而来，大量难民都被冻死。对这样的灾难，需要及时有效的救济工作。总统在一个训令中承认，前些时候云南省长曾经报告过这事。但直到上星期收到云南人民的请愿书后，上峰才指示财政部对灾民拨发必要的救济金。《字林西报》1914-1-31 国内大事日记：12月21日云南地震。《中国年鉴》第一回 **【云南地震】**十二月二十一日晚十二时，云南省城地震，同时各属被震之受灾较重者为嶍峨、通海、新兴、河西四县及个旧厅。嶍峨连震五昼夜，震倒民房约四分之三，压毙人民无算，衙署、监狱亦均倒塌。余四属虽亦震倒房屋，压毙人民不少，而灾情较嶍峨略轻。《东方杂志》卷10 民国二年癸丑十二月十九日夜二时嶍峨地震，公署、城垣，寺庙、桥梁倾覆无遗，民居毁者五千余户，死者九百四十二人，伤千余人。震区在百里以上，河西、新兴、通海三县均波及之。河西死三百四十三人、伤五百余人。新兴死十六人、伤十余人。通海死九人、伤二十余人。吾腾越时有地震，石头山太古已灭之火山也；硫磺塘、黄瓜箐、丙赛方盛之火山也。将来必有剧震之一日，可惧哉！《雪生年录》卷2

续表

地震时间 公历（农历）	地　点	地震记述与资料来源
1913-12-21 （民国二年十一月/冬月二十四日）	峨山	【嶍峨之灾】云南嶍峨县因距省不远，又为思普通衢，人烟尚有二千余户。不料于十二月二十一日三更时分，该地忽遭地震约数十分。其未震之先，该处平地忽出横水二三尺，随亦退去。迨地震之时，地面为之震裂，人多陷入缝中。随后旋止旋动。因此全城房屋概行坍倒，压毙人民一千九百余人，所存者已处无几，又无房屋可居。正在延喘之时，不料未过数日，忽然天降大雪深约六尺。而地震未压毙者，又被此雪而冻死无数。现在该处灾情极重，军民两府只好电恳中央各省赈济。《时报》1914-2-22 民国乙丑十二月二十一日夜中，云南嶍峨县地震极奇。未震之先，地面涌水二三尺。既震，地裂，全城毁，死人约计二千。次日大雪深六尺。《一澂砚斋笔记》卷8 注：民国乙丑年为民国十四年(公元1925年)，其记年系误。 【紧急赈灾广告】嶍峨素称贫瘠，去冬地震为灾，压毙人民千余口，倒落房屋五千余户，实为数百年未有之巨劫。虽蒙政府抚恤邻封义赈，无如灾情重大，难资挹注，特为发起恳祈。仁人义士大发恻隐，解囊捐助以济急难为至祷。《滇声报》1914-6-12 民国二年十二月二十一日夜三更时，峨山地震成灾。据知县赵式铭呈报；是夜城内居民房屋倾覆四分之三，压毙人民不知确数，衙署、监狱一片瓦砾，居民哀声震野，惨不忍闻。经震后四出查勘，各处地裂水涌，深为骇异。城中及附廓居民压毙者已达五百余名，墙垣倾圮，栋榱折裂，加以震声隆隆，终日摇动不止，即稍存结构未尽倒塌者亦不敢宿处其间。所有盖藏也为碎瓦颓垣掩埋深固，发掘则泥粮参半，饮不可食，灾民于野田草露间搭蓬栖止，野兽见侵，鼠窃时有。查悉情形，惨难各状。《云南通志续修长篇稿》（内政）八；（民政赈济）二 民国二年冬月峨山县属惨遭大地震，继以泉涌，更遭祝融，室庐荡然，被灾人户达二千七百余户之多，先后由县呈请。政府发下赈款银一万二千元，经官绅会同核明灾情轻重，分别散放。《云南省各县赈灾资料》 【张鸿翼调查嶍峨地震呈文】嶍峨民国二年十二月地震，乃地盘下落所致，属陷落地震。查嶍峨系猊江、练江之所合抱，周围数百里皆第四纪之冲积层，砂碛平铺，浩瀚无际。两江之水潆洄其间，固俨然一砂洲也。此次强震仅濒乎两江之经域，如水尾、大鱼塘、小鱼塘、十字坡、野马洞、甫合铺、鲁则克、总角乡山后铁厂，即属猊江流域者也。如坡脚、老鲁关等处，即属练江流域者也。若烹租、俄爽等处又属乎练江之别流者也。若嶍峨县城、若河西之小街等处，则又属乎两江合流者也。两江合流之地，地层软弱殊甚，陷落地震亦极强，是皆可联想而得者也。地震后田间喷出白沙及水，皆冲积层下部之物，粒之直径约一分许，较诸江岸所积者为大，其粒既粗，其组合亦必不固，遇地下水之冲突，宜其起此次之强震也。强震之后沙岸陷落之迹，所在亦多。城中各处民居鳞接，未易勘查。城外沙堤较与未陷落者比，相差约二寸余。木杵臼一带骎骎乎有陆沉之势。强震之后不时尚有余震，初至之夕已感震六次，次夜复感三次。每起震时若风振林谷，鸣声呜呜，所过沙堤，若履空谷般然作响。嶍峨县志载康熙三十五年六月初四日戌时地震，其明年九月初九日午时地复震；康熙五十五年十月二十二日戌时地大震，康熙六十一年正月地复大震。以后频动不时，志书不载，无从详核。沿至民国二年十二月二十一日夜十钟，有此届大震。征诸地震史料，震时多在秋冬两季。地震之方向自西南而及东北，与练江之趋势恰在同一之位置，受害最烈之地又多偏于练江流域，且练江与猊江相比，其地质之营力为尤大。《云南地震考》（震因） 【滇南地震之详志】云南嶍峨县忽于去岁年底惨遭地震，兹又探得滇省民政长遴委地质学家张鸿翼驰往踏勘考察。其稿略云嶍峨此次地震，乃地盘下落所致，属平陷落之一种，非火山地震，亦非断层地震也。先是阳历十二月十九号夜十一钟，县城中已有先震，但其震甚微，人皆视为故常，毫不介意。二十一号夜十钟时地遂波动，民居尽毁，压毙人畜无算。翌朝启视，地裂已数寸，口中有水及沙喷出，数日后裂口渐次闭合，而白沙尚垒若丘阜。现数日来震犹未息，居民不惶宁处，仅葺草棚为苟安计。偶有小动便徘徊竟夕，若将临大敌者。然重以城堞颓圮，门户洞开。总计是次死亡丁口不下一千余人，倒塌房屋不下五千户。乃者政府赈济，邻封助恤，地方官又筹以工代赈之法。大震之后益之以瘟疫、饥馑重重。嶍峨素苦瘠，每岁收入不过糖铁诸大宗。以言建设，动需巨资。木则取诸丁癸兴衣，石则取诸河

续表

地震时间 公历（农历）	地　点	地震记述与资料来源
1913-12-21 （民国二年十一月/冬月二十四日）	峨山	东路。垣壁所用砖土则皆冲积层中之砂粒，取材虽不甚远，然比重最大，黏性最弱，稍有冲突，即便溃散。此次之震所以压毙人畜者，大率坐是。其余若木制之窗壁，俱安存而无恙。是此后之建筑，当以木制者为最良。而地盘宜坚，材质宜固，墙壁宜薄，窗格宜细，构造宜取轻便坚实。再查震后之屋多倾于西，以后所用之木或铁丝宜牵引之于其反对之方向。至于砂砖以少用为宜，是耐震家屋之大略也。然此不过弭患于一时，终非久远之计，故迁城实是最稳之一策。再查以嶍峨古城，远在甸中，以泛水泽始迁今邑。顾自前清以至今日，水灾震灾迭为起伏，民命财产损失者，不知凡几，况后患之靡涯也。故欲为长治久安计，莫若迁城于地盘稳固得水便易之区。《盛京时报》1914-3-7 注：《国民政府云南省实业科档案》亦载。 民国二年冬月二十四日夜间十二时起至夜三时止，峨山地震，山崩地裂，房屋尽毁，人多死亡，全县合计约死二千余人。县城、第一区最烈，二、三区次烈，四区为低烈。震时声隆隆如雷鸣。最烈时井泉同时干涸。是夜最烈时约十分钟震动一次，至次日及第三日约卅分钟一次。震声自东方来向西方去者为多，有时亦有自西方来向东方去。《云南省政府建设厅档案》全宗77 民国二年十二月十九日下午十一时嶍峨城内外已发生地震，但甚轻微。至二十一日午后十时，地遂波动，公署、局所、学校、城垣、桥梁，寺观概行倾覆，民居被毁者十之八九，压毙人畜无算。地裂数寸，田中有水及砂喷出，数日后裂口渐次闭合，而白沙尚垒若丘阜。惟地震犹未息，人民不惶宁处。总计是次城乡死亡共九百四十二人，伤一百二十二人，房屋倒塌不下五千户，震带几及百里。嗣后又发生疠疫火灾，死亡相继。烈震虽止，微震弱震犹白或数作。兹将烈震成灾各地列下：（县城）中街坊、上街坊、下街坊，永安街、西门外、东门外，县前上街坊。（各乡）总果村、丁皎、山后厂，小法那、大法那、他达、红石岩、白鼻蚱、木竹笼、赶蚂蚁、野马洞，小维堵、羊圈房、大滩子、窑头上村、三家村，登云村、漩窝塘村、大河边村、董家庄村、石头村，上石头村、土官村，渔潭村、矣会冲村、大石头村、三家八村、大渔潭村、娘坞村、松子园村、香柏祠村、王家村、大小桂峰村，白绵村、安逸村，易家村，泥鳅沟村、青苔坡，白塔冲村、鸭子冲村、阿尼寨、大麦地、培坡寨、多衣树、大荒地、矣乃冲、普合铺、新寨，大法克、矣乍迭，小法克、小甸中、大甸中，上木杵臼、泥达、西舍岭，五里牌、坡脚、老鲁关，厂上，小黑寨、上新店，小铺子。《云南地震考》（近年烈震状况） 民国二年农历十一月二十四日傍晚，峨山有人感觉微震，房屋天花板摇响、尘土震落，晚十一时大震。现将各处震情分述如下。县城：倒房约百分之五十，土房较瓦房倒得多。一户新房柱子扭断，房屋倾斜。一户木门牌楼向东倾斜，上部移动三尺余，门前一对石狮子向东倒下。县署大堂、三堂震倒，县长之子压毙。东门城楼震倒，城墙倒塌十余丈，总计震倒城墙三四十丈。灵官殿除后殿外全倒，殿后之玉皇阁正殿倾倒。斗母阁向后微倾。张仙阁全塌，其旁之娘娘庙震坏。街上与田地中有东西向地裂缝，并喷水冒砂。河水干涸，河堤开裂，山坡地表有裂缝，大树震倒。震时小雨，震后下雪。大震后小震频繁，或一日数次，或数日一次，至次年正月。鳄鱼村：土房皆倾倒，瓦房墙倒屋架存，压毙八九人。附近之河桥全部毁坏。河水干涸，河堤震裂。桂峰村：旧朽房屋倾倒，其余房屋墙壁倾倒，仅存屋架，两户人被压毙。双眼井：倒三间瓦房，六角寺阁震坏。莲花村：土房多倾倒，瓦房倒三间，压毙五六人。河水干涸，地面裂缝，喷水冒砂。沐勋村：土房多倾倒，瓦房山墙多倾倒，压毙四五十人。河水干涸，河堤与田地裂缝宽四寸。八角湾：除几户新瓦房未倒外，房屋皆遭破坏，其中土房多倒塌。河堤与田地裂缝，喷水冒砂，山坡地面震裂约一尺。小街：倒塌房屋十余间，一土房倒山墙，压毙一人。河堤与山坡震裂。街南文明村压毙三户人。距小街二十里之小寨，房屋全倒毁。白塔山：白塔山有二塔，其一在山顶，其二在山麓，两塔相距二百余米。上塔高四丈余，七层，方形，每边长一丈二尺，除石基外全部为砖砌成。下塔高二丈余，四层成方形，每边长九尺，除三尺五寸高之石基外，全部为砖砌成。上塔碑记："昔大清光绪壬午仲秋月中澣吉旦，嶍峨县庶重修。昔中华民国癸丑年，邑经地震巨灾，双塔全倾，于乙丑夏五月申浣榖旦，阖邑士庶重建"。舍郎村：土房倒塌，除三四所瓦房未倒墙外，其余瓦房之墙壁倒塌甚多，压

续表

地震时间 公历（农历）	地　点	地震记述与资料来源
1913-12-21 （民国二年 十一月/冬月 二十四日）	峨山	毙三人。土官乡：共九十三户，震时全村多半土房倾倒，压毙十余人，山坡，道路震裂。红土村：共六户，有两户十七间土房倾倒，其余房屋皆损坏，压毙三人，伤四人。河水干涸，河堤震裂。花园村：一些房屋墙壁震倒。大鱼塘：土房皆倾倒，除四所瓦房外，其余瓦房仅存屋架，墙壁皆倾倒，压毙多人。河堤震裂宽一二尺。水尾村：共二十八户，全村共震倒房屋十余所（其中多为土房）。未倒之屋亦震歪或震倒墙壁。震后一泉水减少。金氏村：震倒瓦房三所，其余六七所房屋墙壁皆损坏，地面震裂宽一二寸。文兴村：日震数次，有声如雷。全村土房皆倾倒，瓦房仅存屋架，墙壁皆倾倒，伤人。田地震裂，喷水冒砂，河水干涸，村北山滑坡。石全乡：土房皆倾倒。瓦房屋架震歪，墙壁倒塌，瓦震落，压毙三十余人。河水干涸，田地震裂宽尺许，喷水冒砂，山上裂缝、滑坡。石全村：旧朽土房皆倾倒。瓦房屋架震歪，墙壁倒塌，房瓦震滑。河水干涸，小鱼塘对面山坡震裂。大白邑：学校书桌皆震倒。土房倾倒二三十所，瓦房仅存屋架，墙壁多震倒，压毙三十余人。河水干涸，河堤震裂，田地裂缝，喷水冒砂。青苔坡：全村共十余间土平房。震倒六间，其余房屋柱脚损坏，墙壁倒塌，压毙十五人，伤二人。河水干涸，河堤震裂宽尺许、长丈余，山坡崩塌。大麦地：全村共十余户土平房。震倒十间，压毙三人，伤三人。河水干涸，地裂宽二三尺、长数丈，山坡崩塌。村西南三十里之老鲁光坡头，房屋有破坏。平坡寨：全村共四十余户，房屋倒塌二十余间，压毙七人。地裂宽二三尺，山坡崩塌。大荒地：全村共三户土房皆倒塌，压毙一人。西河村：土房倾倒三间，其余房屋柱脚倾斜，墙壁震倒，伤一人，死牛一头。村对面山坡崩塌。王家村：瓦房倾倒一间，其余房屋墙壁倾倒，瓦震落，压毙十八人。河岸滑坡垮塌，田地裂缝。小龙塘：土楼房倾倒一间，其余房屋之墙壁倾倒甚多，柱脚移动，屋瓦震落，压毙三人。河水干涸，南山滑坡。大平村：房屋墙壁皆震裂，山墙尖垮塌，墙土坯震落，压毙五人，伤一人。文笔村：全村共十八户，土平房倾倒二十余间。其余房屋墙壁倾倒。压毙五人，伤四人。河水干涸，河堤震裂宽尺许，山地滑坡。石花村：全村共五十二户，皆系土平房。房屋皆倾倒，压毙二十余人、伤十余人。河水干涸，河堤震裂。安长村：土房倾倒甚多。木架瓦房之墙壁皆倾倒，瓦震落。地面裂缝宽二三尺，山坡崩垮。思他寨：土平房倾倒。瓦房之墙壁半倒，少数墙壁倾倒，瓦震落。糖房村：房屋剧烈摇响，墙壁普遍震裂。《滇东地震调查资料》卷2
	通海	民国二年十二月二十二日午后十一时，通海地震。初起时甚为簸荡，约历十分钟辄止，嗣虽复震，然颇轻微。计是夜连震二十余次，县署、军械局震倒，习艺所围墙倾圮、上房倒塌，民舍仅毁数间，乡村则东、南、北三区房屋震覆六七所，人民幸未遇害。惟西区董家营至显灵庙一带，震倒祠宇墙脊三十余间、民房二十余间，因墙倒压毙五人。九街、下甲、汤家营、沈家营民房共倒十余所，死四人。《云南地震考》（近年烈震状况） **【通海县西域】**河邑与嶍峨界址毗连，当嶍峨地震时，河西亦大为震撼。各乡民房、庙宇倒塌五百余所，压毙人民一百多人。经行政公署查明，每人发银三元赈恤之。《云南通志续修长篇稿》（内政）、（民政赈济）；《云南省各县赈灾资料》 民国二年十二月二十一日午后十时，河西忽烈震，公署、监所及城乡民房震倒多处，而西门城垛倒塌十余尺，南门城垛亦倒十尺。计县城压毙一人、伤二人，各乡压毙三百四十三人、伤一百五十四人。当初震时，先闻风声响吼，继则门窗动摇，盆水倾出，人皆坐立不稳。房屋墙壁倒塌之声不绝，约历五六分钟，震犹未息，继又强震，至二十八日方止，大小共震二十余次。兹将各乡烈震成灾之地列下：（东区）回土罕村，（西区）九龙营、白龙箐、大白邑、沐袈裟、弥勒甸、文沙冲、老莫黑、牛白甸、军屯、下文沙冲、黑白坎、石邑冲、普家仓、甸百亩、小新寨、小寨、了勒、小塘心、小黑淴，舍郎、大黑淴、施家村、旧沙、永成昌；（南区）大河嘴、九街；（北区）甸心村、小自邑、小街、大和村。《云南地震考》（近年烈震状况） 民国二年冬月二十四日晚十二时许通海及县属日震数次，房屋摇响，器物倒地。现将各处震情分述如下。县城：房屋山墙尖倒塌，旧朽墙震倒甚多。北门、西门震倒一些房屋，土平房倒二间，压毙一人。县属九街、林家营、沈家营一带因地基较软，

续表

地震时间 公历（农历）	地　点	地震记述与资料来源
1913-12-21 （民国二年 十一月/冬月 二十四日）	通海	灾情尤重。通海、河西及峨山交界处山崩地裂及滑坡，阻塞道路。石头、麻武等处山坡亦崩塌。大黎乡：日震数次，旧朽房屋震倒甚多，伤四五人。金山乡：寺庙屋脊倒塌，照壁震倒一堵，旧朽房屋有倒塌。长合乡：寺庙屋脊倒塌，照壁倒一堵，封火墙震裂。房屋山墙有倒塌，旧朽房屋震倒，老黑箐滑坡。九街：屋瓦震落，照壁震倒一堵，房墙震裂。山墙倒塌二三处，房屋震倒五六所，压毙二三人，伤二人。显灵庙旁二所旧朽房震倒。钟家山尾因土质松软潮湿，地震滑坡。沈家营：房屋及悬挂物剧烈摇摆，寺庙倒塌屋脊、大门头震裂二厘米，照壁震倒五六堵。木架房墙倒，土阁梁房全倒。有四户房屋之山墙及隔墙均倒塌，压毙三人、伤数人。龙凤山有滑坡。林家营：照壁震倒五六堵，墙壁间有倒塌，旧朽房屋偶有震倒。大河嘴：悬挂物、桌上器物及房屋土坯震落，墙壁震裂。赵家营：山墙尖震塌，旧朽房屋及墙壁震倒一些，压毙四五人。文理村：三处旧朽房屋山墙倒。陈家营：人感震剧烈。冯里山：日震数次，木板壁摇响、尘土震落，关圣宫屋脊倒塌五尺许。西城（原河西县城）：旧朽墙倒塌，一间旧朽房震倒。文庙、武庙及文昌宫等处房墙震歪，园明寺之瑞莲池阁震歪。南门外各村震倒墙壁。马家营：房屋剧烈摇响，山墙顶部倒塌。白阁村：震时人感摇晃头昏。四街：房屋剧烈摇响、墙土震落，屋脊及山墙震倒。西区（现属峨山县）：灾情尤重，房屋倒塌数百所，压毙七十余人，伤数十人。河水干涸，山坡崩塌。甸心村：日震数次，悬挂物震落，一房墙震倒。小街：日震数次，房屋剧烈摇响，墙壁震倒。戴文村：房屋摇响、屋瓦震落，墙角震裂尺许，墙壁震倒。倒瓦房二间。黄水河山滑坡。新真末：人感地震。郭家营：旧朽房屋山墙震倒。东城村：房屋墙坯震落，旧朽山墙倒二三堵。白虎山滑坡。四八街：房屋摇响，土坯震落。砂乐村：二户墙壁震倒。新甸村：房屋震歪，白马寺一旧朽土墙震倒，压毙二人。小河乡：房屋墙坯震落，旧朽墙壁震倒数堵。《滇东地震调查资料》卷2
	玉溪	民国二年冬月二十四日，经过激烈地震一次。《玉溪县地志资料》 重修后裕文星宝塔碑记：道光十七年岁在丁酉创建宝塔一座。迨至民国癸丑之冬地震异常，陵谷变迁。邻封如嶍峨，如河西屋宇倾圮者万余，人民压毙者数千。幸我邑晏然无恙，仅毁塔尖。乡人士不忍听其坍塌，爰于民国庚申春二月十九日倡议重修，以续前美。民国《玉溪县志》卷13 城池；乾隆二十六年两次地震倾圮，知州请帑修补。周三里三分，高一丈七尺五寸，基厚一丈五尺，顶厚八尺八寸，设四门各有楼。三十八年，嘉庆十三年，二十年、二十一年，光绪十七年、二十八年，宣统三年均有倾圮之患，知州先后修葺修补。民国二年地震，倾圮雉堞七八丈。民国《玉溪县志》卷4 民国元年峨山地震波及玉溪之后裕一乡，但灾情不重，房屋摇曳，少有倒塌，由县运米粮数十石加以赈济，即无流离。《云南省各县赈灾资料》 注："民国元年"系误。 民国二年十二月二十一日午后十时三十分，玉溪强震。系由东北方起，将县署墙壁震塌，并将东面城垛震倒五处、长约十六丈，民房年久者间或震倒。乡间则后裕，新下甲各处旧墙亦多倒塌，压毙十六人，伤一人。至二十二日余震未止，但较二十一日为轻微。兹将烈震成灾各地列下：（县城）县署附近、东城一带。（各乡）后裕乡，前下甲，左下甲，白下甲、新下甲。《云南地震考》（近年烈震状况） 民国二年冬月二十四日玉溪地震，现将各处震情分述如下。县城：行人欲倒，桌上器物、悬挂物震摇震落。房屋摇响，普遍震落土块、土坯及屋瓦，山墙及封火墙间有倒塌，旧朽房屋震倒一些。一户老屋山墙震裂二十厘米。学校门前之石碑坊震落一块。关圣宫房屋倾倒。中所营：少数房屋山墙尖倒塌，压毙二人。建于光绪十七年之杜家宗祠，柱脚北移五厘米。西不合营：房屋剧烈摇响。柳树营：桌上器物，旧朽房屋瓦片震落。高基尔村：房屋山墙倒塌。官村：震落房屋土块，瓦片，墙壁震裂，个别山墙尖倒塌。黑村：房屋摇响、屋瓦震落，个别山墙倒塌。黎花营：屋瓦震落，间有山墙倒塌，田间偶见裂缝。大营街：桌上器物，悬挂物、屋瓦及土坯震落，旧朽墙震倒。北城：桌上器物剧烈碰响，极少旧朽房屋倒塌，高鼓楼震歪。桃园：屋脊倒塌，墙壁裂缝，旧朽房屋倒塌一些。排山营：日震数次，器物剧烈摇响，有的朽墙震倒。下小屯：后山墙间有倒

续表

地震时间 公历（农历）	地　点	地震记述与资料来源
1913-12-21 （民国二年 十一月/冬月 二十四日）	玉溪	塌。王旗营：极少房屋山墙震倒。刺桐关：房屋山墙倒塌。后营：房屋山墙倒塌。谢井：旧朽瓦房震倒一所，伤二人。大村：三四户房山墙倒塌。上龙池：一房山墙震倒，压毙二人。飞井：旧朽房屋倒三间，五六处山墙震倒。高仓：倒墙，压死猪二头。马新团：旧朽瓦房个别倒塌，山墙震倒。《滇东地震调查资料》卷2
	新平	民国二年（农历）十一月二十三日亥时，县城及东区地震。附近峨山诸村寨，房屋倒塌甚多。民国《新平县志》卷2
	易门	民国二年峨山地震波及易门，震时悬挂物摇摆，房屋摇响。《滇东地震调查资料》卷4
	江川	民国二年（农历）十一月二十四日地震，远来区之普庙崩，坏民房墙壁十余堵。《江川县地志征集录》卷1；《云南地震考》（震史） 民国二年冬月江川及县属地震。大街连震数日，房屋摇响。普庙街房屋山墙尖垮塌，墙壁震裂尺许。江城房屋响瓦及墙土震落，旧朽墙壁破坏。大庄、渔村、慈云利、马料庄等处个别旧墙倒塌，压毙一人。《滇东地震调查资料》卷2
	华宁	民国二年冬月二十日晚十一时夜华宁及县属地震。城内房屋门窗摇响。屋瓦震落，柱头扭断，墙壁偶有倒塌。瓦窑村感剧烈地震。盘溪建于光绪二十年之铁索大桥震歪。《滇东地震调查资料》卷2 注：疑记日有误。
	元江	民国二年峨山地震波及元江，震动剧烈，水泼缸外，人感摇晃，房屋山墙偶有倒塌。《滇东地震调查资料》卷3
	石屏	民国二年峨山地震波及石屏，现将各处震情分述如下。猛者武（龙武）；人有震感。大寨：日震数次或数日一次，水泼缸外，悬挂物震落，房屋摇响。龙潭：大树震倒。大蓬苴：泉水震涸。他克苴：连震数日，房屋摇响，桌上器物及房屋尘土震落，墙壁间有震裂者。蓬苴：一户房屋震倒，引起火灾、烧死三人。米儿扎：因地震滑坡，房屋移位。普来：地面震裂。龙朋：房屋摇响、屋瓦震落少许，墙壁震裂、旧朽者倒塌，房柱脱榫。那勒：震时房屋摇响、屋瓦震落，一房山墙尖倒。土库村：房屋摇响，屋瓦震落。万家营、大松树等处：震时房屋摇响。《滇东地震调查资料》卷2
	建水	民国二年，建水县属地震，现将各处震情分述如下。曲江：人感地震。王官营：一间旧朽土楼房震倒。大营：桌上器物及屋瓦震掉，墙壁震歪，少数旧朽墙壁倒塌。欧营：震时田水簸动，房屋土块震落，二间旧朽房屋倒塌。普雄、大田山等处：连震十余日，旧朽墙壁倒塌。《滇东地震调查资料》卷2
	个旧	民国二年峨山地震波及个旧，震时人感摇晃，房屋摇响，县衙门之耳房震倒。卡房、母鸡坟、乍甸等处震时人感摇晃，房屋摇响。《滇东地震调查资料》卷3
	蒙自	民国三年冬十一月蒙自地震一次。《云南省各县赈灾资料》 注：疑为民国二年之误。 民国二年峨山地震波及蒙自，震时人感摇晃欲仆，房屋摇响。余家寨、攀枝花等处震时人感摇晃，悬挂物摇摆。《滇东地震调查资料》卷3
	开远	民国二年峨山地震波及开远，震时桌上器物移动，房屋摇响。布沼坝震时房屋剧烈摇响，周家祠堂土墙裂宽三寸。安桶寨土平房倒塌三间，压毙人畜各一。大平寨震时之感摇晃，房屋摇响。《滇东地震调查资料》卷3
	弥勒	民国二年十二月二十一日弥勒县属朋普等处地震，震时房屋摇响。拉里黑之荒田、清水塘等处震倒土平房二间。《滇东地震调查资料》卷3
	路南	民国二年十二月二十一日路南地震一次，震时房屋摇响。《滇东地震调查资料》卷3
	宜良	民国二年（农历）癸丑十一月二十四日地震。民国《宜良县志》卷1 民国二年（农历）十一月二十四日夜间，宜良地震一次。《云南地震考》，（震史） 民国二年峨山地震波及宜良，县属狗街、汤池等处人感摇晃，悬挂物摇摆，房屋摇响、尘土震落。《滇东地震调查资料》卷3
	昆明	民国二年十一月二十一日夜十一句钟地复震，全县均受震动。初起震时若风震

续表

地震时间 公历（农历）	地　点	地震记述与资料来源
1913–12–21 （民国二年十一月/冬月二十四日）	昆明	林谷，鸣声呜呜，不过感受嶍峨之震动，房舍居民均无损伤。《昆明县地志资料》卷7 注：记月当误。 民国二年十二月二十一日昆明市及所属之南窑村、黑土凹等处地震。人感摇晃，挂灯摇摆，房屋摇响。《滇东地震调查资料》卷4
	晋宁	民国二年（农历）十一月十四日夜十二时，晋宁大震数次。达旦至午又震数次，系受嶍峨震动之影响。《云南地震考》（震史） 注：记日当误。 民国二年（农历）十一月二十四日夜震。民国《昆阳县志》卷4 民国二年（农历）十一月二十一日，昆阳微震一次。《云南地震考》（震史） 民国二年冬月二十四日晋宁地震，倒房一间，倒墙一堵。昆阳连震半月，县衙对面一旧朽房屋山墙倒塌，压倒一平房。储音乡、有一村、上李官村、瓦头村等处，悬挂物及桌上器物摇动，房屋摇响。兴旺村悬挂物摇摆，旧朽房屋间有歪斜者。普志团悬挂物摇摆，旧朽房屋山墙震倒。《滇东地震调查资料》卷4
	呈贡	民国二年峨山地震波及呈贡，县城及所属之可乐村、斗南村等处房屋摇响。马金堡、大小梅村等处房屋摇响，屋瓦震落，旧朽墙壁间有震裂者。《滇东地震调查资料》卷4
	澄江	民国二年（农历）十一月二十四日夜澄江地震，挂钟停摆，房屋摇响。《滇东地震调查资料》卷4
	安宁	民国二年峨山地震波及安宁，人感摇晃，房屋摇响，一房因地基空墟震后向东倾斜。连城村房屋摇响，屋瓦及墙皮震落，个别墙壁震裂或部分损坏。大菜园上村少数旧朽房墙震裂或倒塌。《滇东地震调查资料》卷4
	富民	民国二年峨山地震波及富民，旧朽房墙偶有倒塌。《滇东地震调查资料》卷4
	武定	民国二年峨山地震波及武定，房屋摇响。《滇东地震调查资料》卷4
	禄丰	禄丰地震，惟民国二年与十四年为重，房屋亦无所损。《云南省各县赈灾资料》 民国二年峨山地震波及禄丰，房屋摇响，旧朽房屋偶有歪斜。《滇东地震调查资料》卷4

四、地震目录

摘自1999年版《中国近代地震目录》，汇总1913年12月21日云南峨山7级地震情况如下：

云南峨山7级地震参数表

地震日期	发震时刻 （北京时间）	震中位置		精度	震级	震中烈度	震源深度 （km）	震中参考地名
		北纬	东经					
1913–12–21	23:37:38	24° 09′	102° 27′		7	Ⅸ		云南峨山

宏观深度：10公里。

城垣、桥梁倒塌甚多。学校、寺观、公署、局所房屋概行倒塌，民居倒毁十之八九。山区到处有崩塌，地裂数寸，田中有水沙喷出（或说有多人陷落缝中）。死942人，伤112人（一说死1900余人）。

通海：城内官民房屋有倒塌者，乡村西区沈家营等地民房共倒1000余所，压死9人。

河西：城垛倒塌两处共20余尺，公署、监所房屋及城乡民房倒塌多处。县城压死1人，压伤2人。各乡压死343人，伤154人，龙凤山滑下。

玉溪：后裕文星宝塔尖震毁，城垛震倒五处，共50余米。县署房屋震塌，民房旧者多倒塌，压死16人，伤1人。

个旧：衙署房屋倾倒，民房倒塌（无算），人民压死尚少。

江川：远来区之普妙乡，崩坏民房墙壁十余堵。

新平：县署房屋震倒一间，压死3人。东区临近峨山诸村寨，房屋倒塌甚多。

曲溪：朽房屋间有倒塌，墙扭歪者较多。

华宁：墙有震倒者。

龙武；破旧山墙有倒塌。

晋宁：倒墙一堵，房一间。

弥勒：旧朽土库房震裂2间。

呈贡：屋瓦震落，墙有裂者。

富民：歪斜朽房有震倒者。

安宁：少数坏房子震倒。

昆阳：城区附近有老朽房屋震倒。

昆明（屋宇震荡甚烈，倾斜欲倒）、姚安、宜良、蒙自、路南、石屏、罗次、陆良均有感。19日晚11时已震。

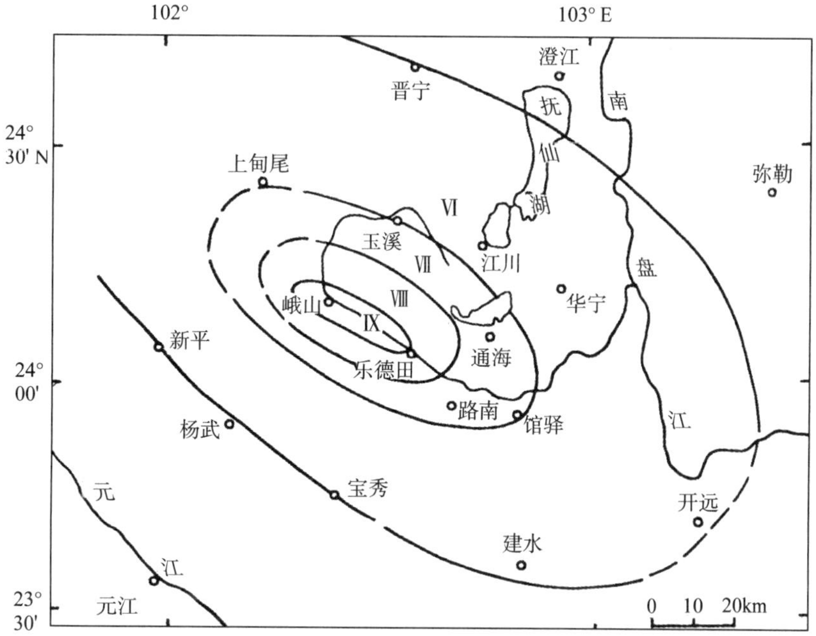

1913年云南峨山7级地震等震线图

1913年12月21日云南峨山7级地震主要余震参数表

余震日期	发震时刻（北京时间）	震中位置		震级	震中参考地名
		北纬	东经		
1913-12-22	01:03:04	24.2°	102.5°	6	云南峨山

1914年8月5日新疆巴里坤7½级地震

【编者按】1914年8月5日新疆维吾尔自治区哈密市巴里坤哈萨克自治县发生7½级地震。现将该地震记录图件、新闻报道及震情、震灾、赈济史料情况摘编如下。

发震时刻：1919-08-05，06:41:36；

震中位置： 43.5° N，91.5° E；

震　　级：7½级；

震中烈度：＞Ⅷ度；

震中附近地点：新疆维吾尔自治区哈密市巴里坤哈萨克自治县；

宏观震中：43.3° N，93.01° E。

一、地震史料

摘自《新疆维吾尔自治区地震史料汇编》。1914年8月5日新疆巴里坤7½级地震史料汇于下表。

地震时间	震中位置北纬东经	地震情况	资料来源
1914-8-5 06:41:36	巴里坤县城南天山北坡 北纬43.5° 东经91.5°	这次地震的震中在无人的天山地带，未获得极震区资料。震中烈度大于Ⅷ度。 Ⅷ度区：分布在巴里坤县城以南、天山北麓，哈密头道沟以西、沙枣泉北部以及天山南麓以北地区，等震线长轴为北西向，长轴90公里、短轴近40公里，面积约2600平方公里。 巴里坤县城土城墙雉堞震落，Ⅰ、Ⅱ类土搁梁房有的倒塌，因墙外闪，檩子震落砸死一人。 巴里坤县城西南天山山麓的长流水和哈密三道沟等处，泥盆纪的砂砾岩发生崩塌，巨石坠落。 Ⅶ度区：北东双三塘湖、伊吾县一带起，至南西的七角井、了墩、三道岭、柳树泉和哈密一线、面积约二万多平方公里。 三塘湖：Ⅰ类房屋有的摇倒，人、畜有伤亡。 伊吾县城：房墙裂缝宽约1厘米，城旁花岗岩山坡有岩块崩落，最大岩块直径约2～3米。房内桌上物品震落，容器中的牛奶、水溅出。 哈密县城：Ⅰ类老旧房屋有的倒塌，城墙、土地庙泥皮震落，池中水荡漾。箱子上放置的灯、瓶等物位移，悬挂物强烈摆动，有的坠落。 哈密县叶子泉：Ⅰ类老旧房屋有的倒塌，有雷鸣般巨响，声从西方来。 哈密火石泉：Ⅰ类老旧房屋有的倒塌，池中水荡漾，有雷鸣般巨响，声从西方来，人站立不稳。 哈密县三堡一带：老旧无基石的Ⅰ类房屋有的倒塌，新房裂缝宽约2～10厘米，老旧土坯城墙上部倒塌。北部山上产生崩塌、滑坡，滑坡体向下滑落0.6米。涝埧水波动并溅出。碗盘震落，椅子翻倒，人从梦中惊醒。 哈密二堡一带：房屋裂缝宽约5厘米，Ⅰ类破旧老房屋和房墙有的倒塌。未加固坎儿井壁震塌、堵塞水道，水溢出地面，涝埧和渠中水荡漾，人站立不稳，头晕，家具移位。 哈密县头道沟：老旧房屋有的倒塌，墙裂缝宽2～3厘米。第四纪冰水砾石阶地崩塌，山坡上石头滚落，直径约1米左右。听到从西方来的地声。 Ⅵ度区：包括吐鲁番、鄯善、五堡、淖毛湖、奇台一带。 哈密三道岭：年久失修的围墙有倒塌。渠沟中水波动，人从梦中惊醒，桌子摆动。 哈密五堡：旧房墙出现裂缝，一间墙基不好的Ⅰ类旧房倒塌。 哈密了墩：房屋上下震动，大梁作响。人从梦中惊醒，人站立不稳、头晕。碗、盘及瓶子翻倒。 鄯善县城：个别老的和破旧土围墙倒塌。涝坝中水掀起10厘米高的浪花。 鄯善县七克台：少数羊圈墙倒塌。缸中水溅出，大树摇晃。涝坝水掀起的波浪高于20厘米。人从梦中惊醒，人站立不稳。 鄯善县东巴珊：山上土石散落，缸中水溅出，悬挂物强烈摆动。 鄯善县北可可亚：房上掉土，河岸沿老裂缝崩塌，人从梦中惊醒。 吐鲁番县葡萄沟：不坚固的房墙有的倒塌，砸死羊18只，渠中水起波浪，人从梦中惊醒。 吐鲁番县牙尔湖：个别不坚固的房墙倒塌，家具摇摆不止。 奇台县城：一处年久失修的土围墙倒塌。 1914年8月5日巴里坤7½级地震等震线图见下页。	新疆地震大队地震地质队烈度组《新疆北天山地区历史地震宏观调查简报》1973年 新疆地震局《新疆强震图册》1978年

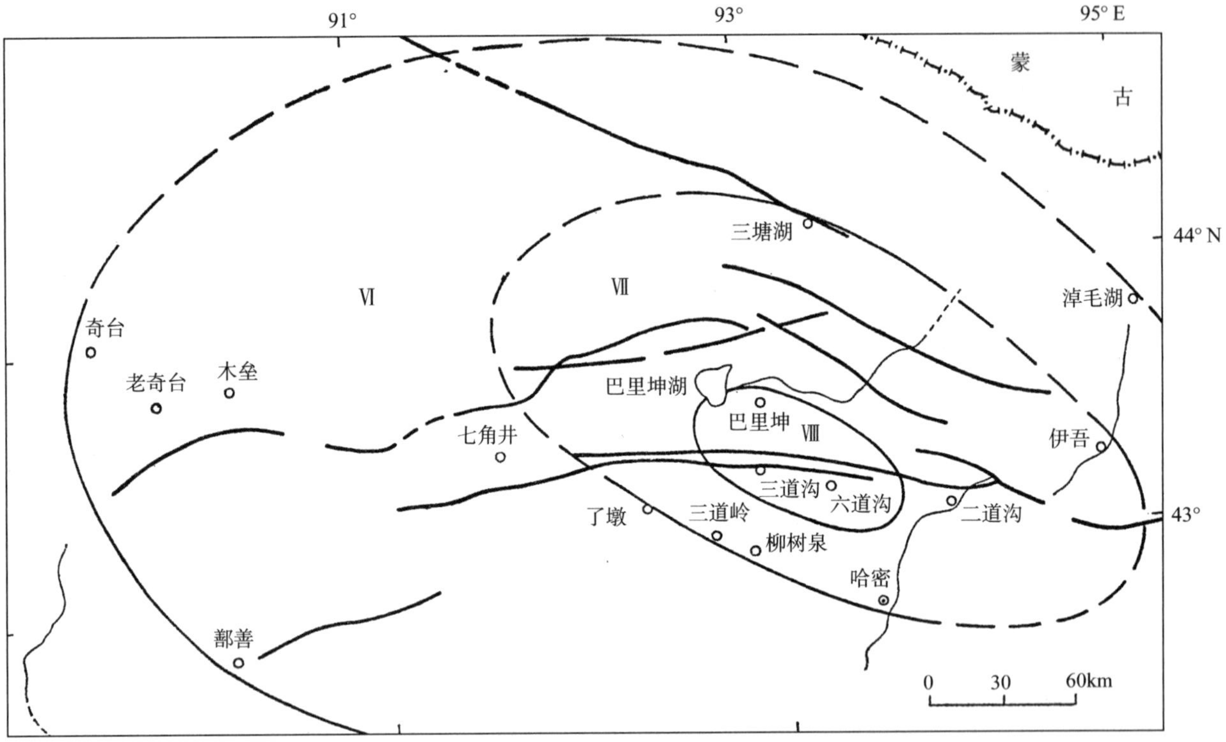

1914年8月5日新疆巴里坤7½级地震等震线图

二、考察报告

由新疆维吾尔自治区地震局档案室提供。新疆巴里坤7½级地震考察报告内容如下。

（一）前言

1985年5—6月新疆地震局地震地质研究队烈度组杨章、丁德轩、尹光华、俞旭东四人结合北天山强震发生背景的研究，对1914年8月5日巴里坤7½级地震再次进行了考察。

据仪器纪录，地震发生在1914年8月5日北京时间6时41分36秒。前人将此次地震的震级定为7½级[1][2]。20世纪70年代末金森博雄和阿布胜征等重新计算其面波震级应为7.3级。仪器测定的震中位置为北纬43.5°、东经91.5°，即现今哈密县西北角的七角井附近。

1972年冯先岳等同志曾对此次地震做过考察，勾绘了该地震的烈度等震线图，并初步定了该地震的参数：震中烈度I_0≥Ⅷ度，宏观震中位置为北纬43.3°、东经93.1°。

通过1985年的野外考察，我们发现了这次地震所产生的地震断层和其他一些地表破坏现象。根据对这次地震的两次考察资料的综合分析，重新勾绘了这次地震的烈度等震线，对宏观震中位置等参数重新进行了确定，并对整个地区的新构造运动、活断层及1914年地震的发震构造进行了研究，取得了一些新的认识。

（二）地震的地表破坏及震害情况

这次地震造成了明显的地表破坏，发现了长约20公里、断续分布的地震断裂带和地震崩塌、塌陷、滑坡和山剥皮现象（图1）。

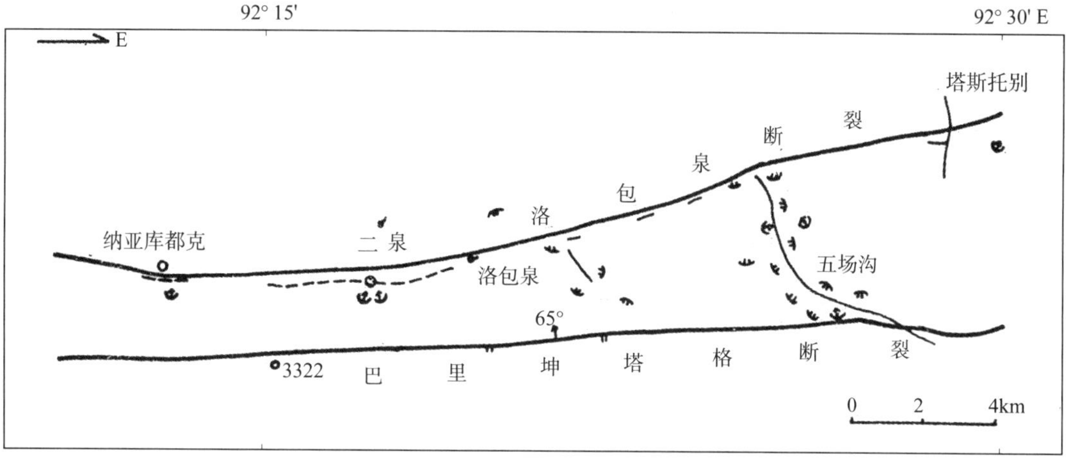

图1　极震区震害遗迹示意图

1. **地震断裂带**

地震断裂带呈近东西走向，断续展布在巴里坤盆地西北角的纳亚库都克至塔斯托别一带，长约20公里。在雄库尔至二泉的5公里范围内有多条地震断层多以陡坎的形态出现，大多表现北降南升。陡坎长约数十米至200米以上，高0.2～1.5米，最高可达2.0米，局部地方出现阶梯状的小陡坎，明显可见地震陡坎呈线型断续延伸，局部有泉水出露形成绿色条带，个别地点甚至发生滑移现象。

2. **地震重力现象**

地震重力现象分布范围较为广泛，有地震塌陷、滑坡、崩塌及山剥皮现象。

地震塌陷仅见于二泉南，在冰水、洪冲积物构成的一条宽约20米的东西向凹槽上有数个塌陷凹坑，大小不等，呈串珠状排列。

地震滑坡多出现在地震断裂带附近及其南侧，在二泉附近凹槽南侧的基岩山坡上有一后缘宽约50米以上的较大滑坡及数个较小的滑坡，它使一片较大的云杉林滑移倾倒，基岩裸露。在巴里坤县城西偏南约20公里的科克札尔沟口见到巨大的滑坡体，其后缘宽约80米，下滑达50米，使云杉连根拔起，全部滑移，倾倒以至被掩，滑坡体前缘舌状堆积已被河水冲失，滑面上已有流水小冲沟，而附近的云杉林中这种滑坡现象，规模较小，但造成树林的死亡。

地震崩塌分布较为广泛，除沿洛包泉断裂分布外在整个巴里坤塔格都有分布，主要在地形陡峻的山谷两侧及山峰四周，除阶地缘松散堆积物多处崩塌外，更有相当数量的基岩崩塌。冯先岳等的访问资料证实，在巴里坤西南天山山麓长流水和哈密三道沟中及三堡北边山中均有基岩崩塌现象，现场考察表明，五场沟、洞槽沟、五道沟、六道沟、八道沟、七道沟、葫芦沟等地均有基岩崩塌现象。地衣测量数据相接近的时代（表1）也证实这些崩塌可能为1914年地震所造成。

山剥皮主要沿断裂及其两侧，特别是南侧分布，一般为沿基岩面剥落，面积数平方米至数十平方米，有的造成树林向下滑移。

表1　基岩崩塌地衣测量统计表

地 点	地衣直径（厘米）	数量	估计年龄	备注
葫芦沟沟口	1.00	10	50	地衣生长速率按富蕴白杨沟到阿克赛依一段的大约0.2毫米/年计算
葫芦沟沟口中	1.18	5	59	
七道沟	1.10	6	55	
六道沟	1.16	5	58	

除了上述破裂外，此次地震还造成了少量房屋倒塌和破坏现象，现将其情况列表如下（表2）。

表2　1914年新疆巴里坤$7\frac{1}{2}$级地震震害一览表

地点	地表破坏	建筑物破坏	烈度评定	备注（新疆强震周围划分）
二泉—五场沟	地震断层最长达数百米，高近2米，大量滑塌、崩塌、山剥皮	无建筑物	Ⅹ度	（为震中烈度）
纳亚库都克	高0.2米的地震断层陡坎，山剥皮、崩塌及滑坡	无建筑物	Ⅸ度	
塔斯托别	长数十米、高0.1～0.4米的地震断裂陡坎，滑坡和滑塌	无建筑物	Ⅸ度	
科支札尔沟口	下滑数十米的巨大滑坡		Ⅷ度	
巴里坤		土城墙雉堞坠落、土搁梁房（Ⅰ类）少量垮塌	Ⅷ度	曾划为Ⅷ度
长流水（巴里坤西南南山山麓）	山崩、巨石坠落小型滑坡及山剥皮		Ⅷ度	
哈密三道沟	山崩、巨石坠落		Ⅷ度	
三堡北部山中（相当于二道沟一带）	山中崩塌、滑坡、滑坡体下落6米		Ⅷ度	
三塘湖		摇倒房屋、人有伤亡	Ⅶ度	Ⅵ度
哈密		有的旧房舍（Ⅰ类）倒塌，室内悬挂物强烈摇摆	Ⅶ度	Ⅶ度
叶子泉		Ⅰ类房屋有的倒塌	Ⅶ度	
三堡		老旧房屋（相当Ⅰ类）倒塌，新房墙裂缝宽2～10厘米，土城墙上部倒塌	Ⅶ度	曾划在Ⅵ度范围
二堡		房屋裂缝5厘米，破旧老房有倒塌者	Ⅶ度	Ⅶ度
头道沟	阶地崩塌、砌石滚落，其直径约1米	旧房倒塌，墙裂缝宽2～3厘米	Ⅶ度	Ⅶ度
六道沟	基岩崩塌		Ⅶ度	
葫芦沟	基岩崩塌		Ⅶ度	
哈密火石泉		Ⅰ类老房屋有的倒塌	Ⅶ度	Ⅶ度
三道岭		年久失修围墙倒塌	Ⅶ度	Ⅵ度
鄯善		个别土围墙倒塌	Ⅵ度	Ⅵ度
七克台		少数羊圈倒塌	Ⅵ度	Ⅵ度
伊吾	山崖处花岗岩块崩落，最大2～3米	房墙裂缝	Ⅵ度	Ⅵ度
五堡		旧房墙出现裂缝一间墙基坏	Ⅵ度	Ⅵ度
奇台		年久失修围墙倒塌一处	Ⅴ度	Ⅴ度
东巴栅	山上土石散落		Ⅴ度	Ⅴ度
可可亚	河岸沿老裂缝产生崩塌	房上掉土	Ⅴ度	Ⅴ度
葡萄沟		不坚固房墙有倒塌的	Ⅴ度	Ⅴ度
牙尔湖		不坚固房墙有倒塌的	Ⅴ度	Ⅴ度

（三）地震烈度等震线

根据新的中国烈度表[4]及与天山地震区大震各烈度区的地表和建筑物破坏情况进行对比，并对各点的地震烈度进行了评定，在其西端等震线还参考了航片解释中发现该地区（七角井地区）虽然隆起不很高，切割又不及巴里坤塔格，但重力崩塌现象较为普遍的情况，以及冯先岳等同志在七角井发现倒塌房屋的废址（因当地已无老人，无法查询其倒塌年代），有可能与1914年地震有关。

对该处等震线进行了勾绘（图2）。

勾绘出的等震线共有Ⅸ、Ⅷ、Ⅶ及Ⅵ度线。各烈度均呈椭圆形。等震线的长短轴之比相差不悬殊。各烈度区的中轴线以南要比以北宽（图2）。其各烈度区情况如下：

Ⅸ度区，长轴54公里，短轴26公里，面积1256平方公里，长短轴之比约大于2∶1；

Ⅷ度区，长轴124公里，短轴72公里，面积7542平方公里，长短轴比略小于2∶1；

Ⅶ度区，长轴288公里，短轴204公里，面积约46144平方公里，长短轴之比约为1.5∶1；

Ⅵ度区，长轴677公里，短轴427公里，面积约186798平方公里。

（四）地震参数

1. 发震时间

据仪器记录发震时间为：1914年8月5日，北京时间6时41分36秒。

2. 震中烈度

按震中区出现多条地震断层，陡坎高度近2米，最长可达数百米，并有多处滑坡和崩塌现象，估计震中烈度I_o=Ⅹ度。

3. 宏观震中

按极震区（Ⅸ区）的几何中心及地表破坏最严重的地区，均应在巴里坤西南五十余公里的二泉一带，其震中坐标为：北纬43.5°、东经92.4°。西距古登堡-里克特所定的仪器震中相距0.9°（纬度）约75公里；东距冯先岳等所定宏观震中（北纬43.3 °、东经93.1°）约55公里。比较而言更接近仪器震中的位置。

4. 震级

根据地震的宏观破坏情况，对震级做了一些计算（表3）。

其平均震级7.5级，所求得的震级在7.3到7.7之间，因而其震级为7.5是合理的，这与测震资料所求得的震级是相近似的（表4）。

表3　震级计算一览表

公式	资料来源	震级	备注
$M=1.3+0.6I_o$	我国历史地震经验公式	7.3	取I_o=10
$M=1+\frac{2}{3}I_o$	我国历史地震经验公式	7.7	取I_o=10
$M=0.58I_o+1.5$	李善邦（20世纪50年代末）	7.3	取I_o=10
$M=0.51I_o+2.6$	新疆地震局（1976）	7.6	取I_o=10
$M=0.68I_o+1.39\lg h-1.4$	我国常用	7.3	深度h=22公里

表4　各方法求得震级对比表

计算震级方法	M_S	M_{GR}	M_{DB}	M_B	（M）
震　级	7.3	7.5	7.3	7.1	7.5

5. 震源深度

根据震级（M）与震中烈度I_o与震源深度h的几个经验公式求出震源深度（表5）。

其平均震源深度为22公里，与多数震源深度17～19公里是相近的。

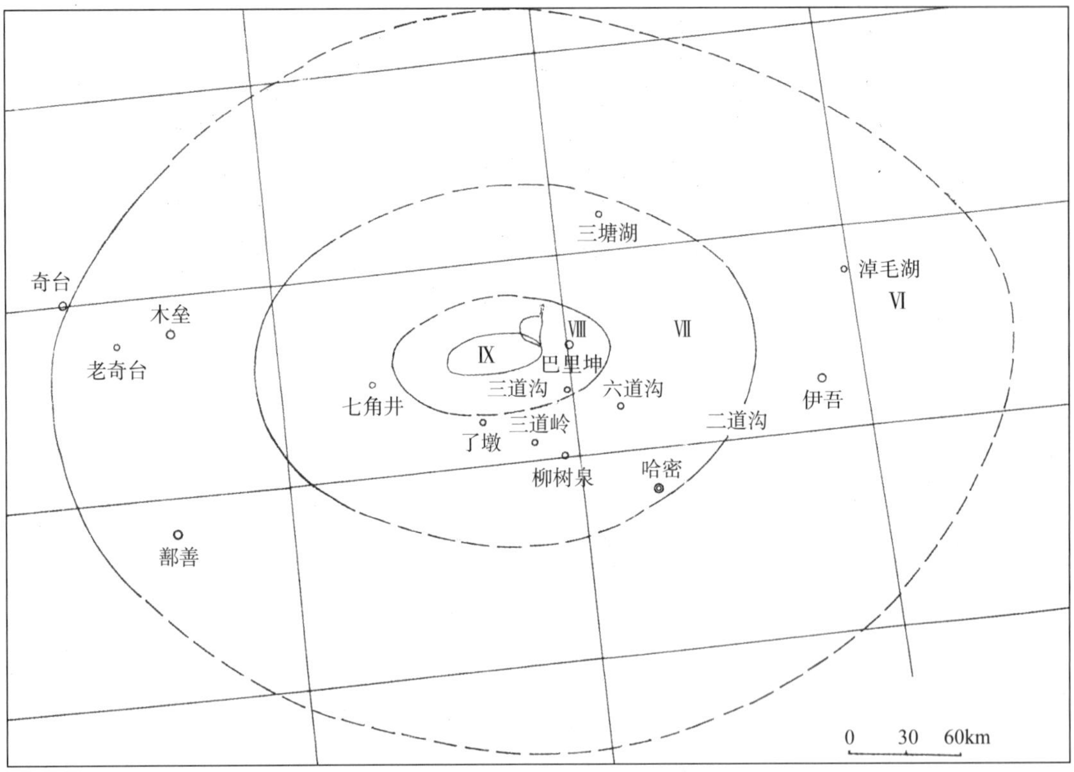

图2　1914年8月5日巴里坤地震等震线图

表5　震源深度计算一览表

公式	资料来源	震源深度h（公里）	备注
$M=0.68I_o+1.39\lg h-1.4$	付承义-刘正荣	32	取$M=7.5$
$h=15(1.5M-I_o)$		19	$I_o=10$
$I_o=1.5M-3.3\lg h+3$		19	
$h=\dfrac{r}{\sqrt{10^{\frac{I_o-I_i}{S}}-1}}$	我国常用	17	据量极法取$S=1.5$，按各烈度圈平均半径分别计算，取其均值

6. 地震矩（M_0）与应力降

根据震矩定义：　　$M_0=M\cdot\Delta V\cdot S$　　（1）

取拉梅常数M=3.3×10^{11}达因／厘米；取这次地震的最大位错ΔV_{max}=2.0米，$\Delta V=\frac{\pi}{4}\cdot\Delta V_{max}$=1.57米；$S=L\cdot e$，$L$取Ⅸ度区长轴为54公里，$e$取震源深度为22公里。代入式（1）求得：

M_0=0.62×10^{27}达因·厘米。

根据圆盘型破裂应力降公式：

应力降$\Delta\sigma=\alpha\cdot\sigma\cdot M_0$

$$2\sigma=\frac{7}{16}\cdot\frac{1}{r^3}\qquad r=\sqrt{\frac{L\cdot W}{\pi}}\qquad W=2h\qquad (2)$$

按M_0=0.62×10^{27}达因·厘米，取L=54公里，h=22公里代入式（2），计算得应力降$\Delta\sigma$=13巴。

这次地震的断裂基本上平行于洛包泉断裂带，根据地震所产生的地表现象主要分布在洛包泉断裂的南盘，地震烈度等震线又呈椭圆，而且中轴线南部比北部要明显地宽，两者之比约5∶3，推测这次地震是一次高角度（70°左右）破裂，这与北天山地震带的其他大于等于7½级地震具有相近的特点（参看1842年巴里坤7½级地震考察研究报告）。

（五）发震构造特征

1914年巴里坤7½级地震发生在北天山东段，有关该区的构造骨架和新构造运动请参看1842年巴里坤7½级地震考察研究报告。

这次地震发生在巴里坤盆地南缘的西部尖角部位，仍处于北天山东西向构造与阿尔泰北西向构造交汇区的西边。在震中区仍然表现出南升北降的差异升降运动。以下几个方面推测洛包泉断裂可能是1914年大震的发震构造：

①长约20公里的地震断裂沿着洛包泉断裂继续延伸；

②极震区长轴大体呈近东西走向，基本上与洛包泉断裂相重合；

③在洛包泉断裂上盘（南盘）地表破坏现象比北盘要重、要宽，推测的地震破裂带性质与洛包泉断裂为一条南倾、陡倾角的左旋逆冲断层也是一致的。

这种地震断裂的展布与洛包泉断裂的一致，其运动方式又是基本相同，表明洛包泉断裂可能是1914年7½级地震的发震断裂带。

洛包泉断裂带是一条走向近东西略偏向北东东的大断裂，它形成于华力西期，有着长期活动历史，由多条断层组成，东起巴里坤附近，西至七克台北面，总长达180余公里，该断裂带南倾，倾角70°左右。南边山峰高出北部约200米，表现为明显的逆冲（图3）。在平面上由多条断层斜列，在斜列的交接部位出现小型盆地，表现出左旋逆冲的末端引张效应（图4）。它是一条全新世有着明显地震活动的断裂，在二泉—洛包泉一带，它切割上更新统（Q_3）的冲洪积层，使之形成高达15、30米的陡坎。如果按更新世末期计算，其活动速率约为1.0～1.5毫米／年。并且沿着断层形成了达20公里的地震断裂带，此外，在断裂带西部端点的碱泉子附近，还发现了一系列古地震陡坎（图5），它们切割等高线和小冲沟，并造成一系列左旋位移，陡坎最高可达4～6米，约北东70°方向展布，多呈南高北低的阶梯，总长约6公里，测得坡角为18°～24°之间，平均坡角22°。 据R.C.Bucknam等人的公式：

$$Q=8.5\lg T+52.5$$

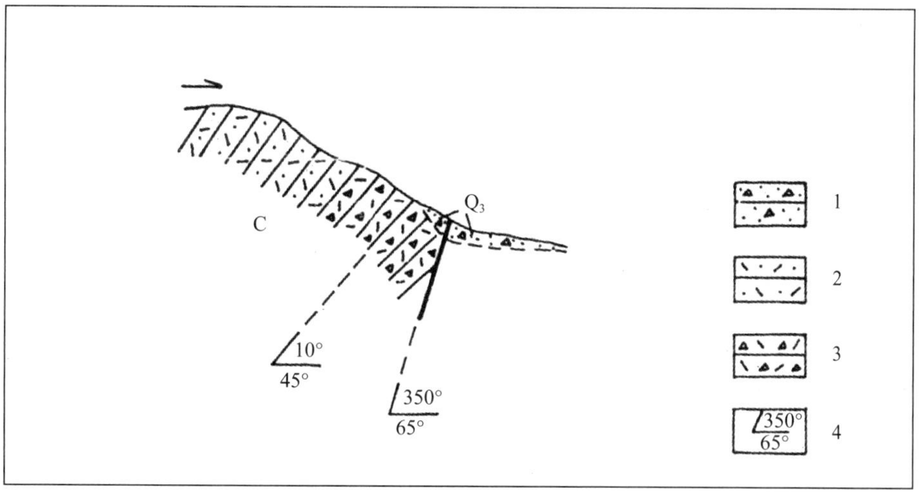

图3　二泉东剖面示意图

1.洪—坡积层；2.凝灰岩；3.凝灰砂岩；4.产状 $\frac{\text{倾向}}{\text{倾角}}$

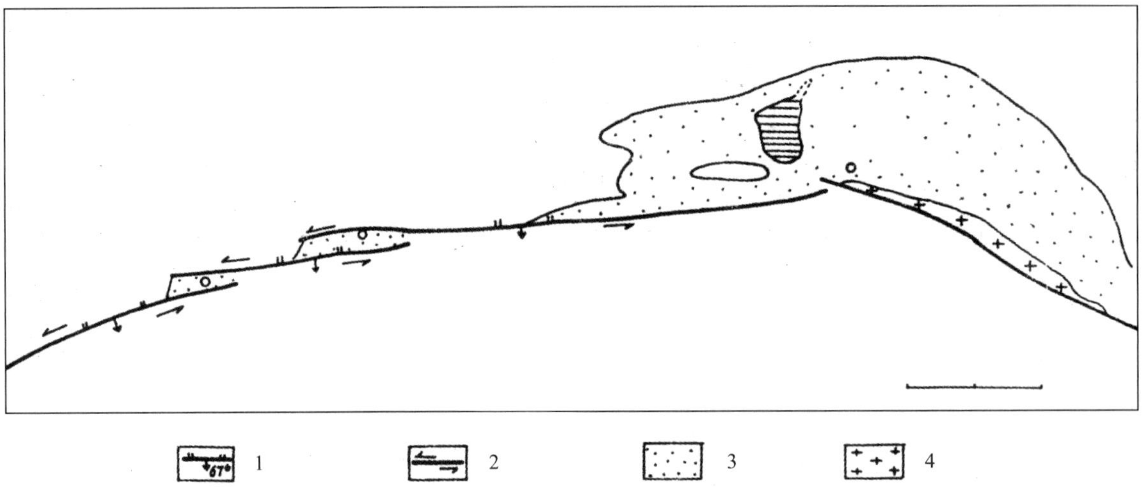

图4　洛泡泉断裂带平面示意图

1.逆冲断层及产状；2.断层的水平错动；3.新生代沉积盆地；4.华力西期花岗岩

依计算结果，这些陡坎约形成于3875年前，按陡坎高度和长度估计其震级也应相当7½级左右地震。

如果取断层活动速率为1毫米/年，1914年7½级地震的最大位错为2.0米，按公式：

$$T\text{（大震复现期）}=\frac{D\text{（一次地震的震中位移）}}{V\text{（断层平均滑动速率）}}$$

估计7½级左右大震的复现约为2009年。

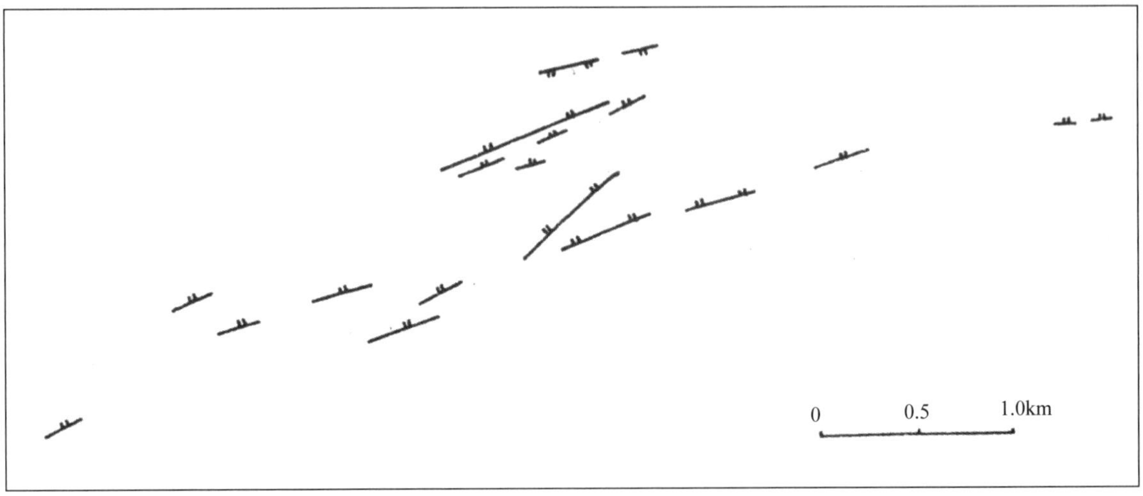

图5　碱泉子北古地震陡坎平面示意图

（六）结语

通过1985年的野外考察，结合前人的工作对1914年巴里坤地震的等震线进行了重新勾绘，并重新给出了它的宏观震中和其他一些参数并对发震构造进行了研究。但是，由于工作区人烟稀少、交通不便，对震中区、地震断裂以及碱泉子北的古地震遗迹未进行开挖和更深入的工作。

本报告由杨章、尹光华执笔，丁德轩清绘了部分图件。

参考文献和资料

[1] 新疆维吾尔自治区地震局. 新疆维吾尔自治区地震资料汇编. 北京：地震出版社，1985.
[2] 顾功叙. 中国地震目录. 北京：科学出版社，1983.
[3] 新疆维吾尔自治区地震局. 新疆强震图册（内部出版）. 1978.
[4] 谢毓寿. 新的中国地震烈度表. 地球物理学报，1957，6（1）.

1915年12月3日西藏桑日、乃东7级地震

【编者按】1915年12月3日在西藏自治区山南市桑日县、乃东区一带发生7级地震。现将该地震记录图件、新闻报道及震情、震灾、赈济史料情况摘编如下。

发震时刻：1915–12–03，10:39:19；

震中位置：29.5° N，91.5° E；

震　　级：7级；

震中烈度：Ⅸ度；

震中附近地点：西藏自治区山南市桑日县、乃东区一带；

宏观震中：29.14° N，92.13° E。

一、地震记录图

Z027上海徐家汇地震台W1915年12月3日（BMT）记录的西藏桑日、乃东7级地震图如下。

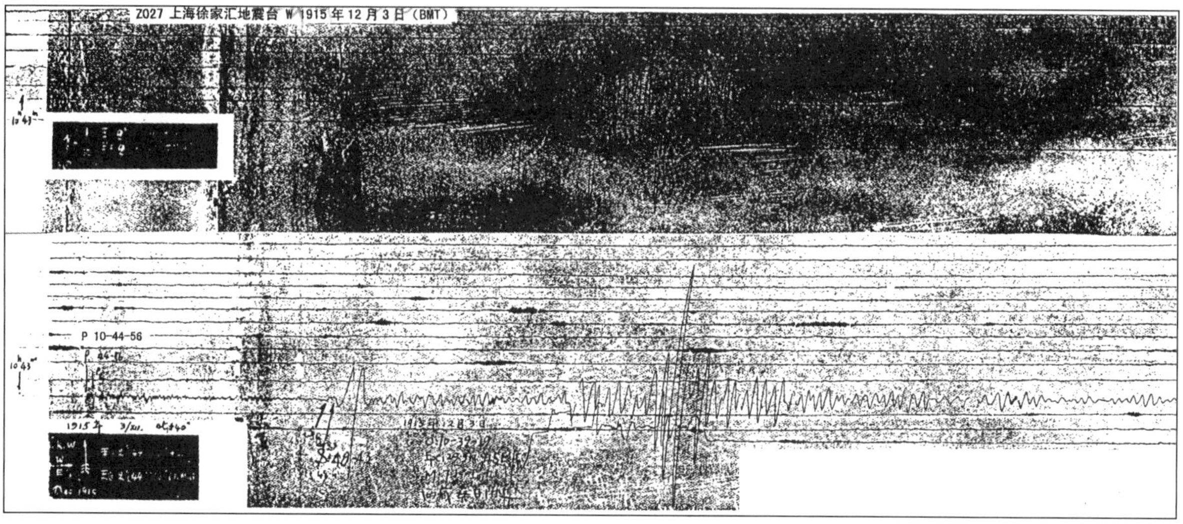

上海徐家汇地震台记录的西藏桑日、乃东7级地震图

二、地震史料

摘自《西藏历史地震资料汇编》。西藏噶厦地方政府处置桑日、乃东7级地震事件的文书档案汇总如下。

藏历第十五绕迥阴木兔年十月二十七日（公元1915年12月3日）拉加里、沃卡宗、穷结宗、桑鸢宗、乃东宗地震。

1. 温豁堆强钦巴等关于拉加里地震情形之禀帖

（火龙年三月一日收到）

奉对拉加里呈文批复要旨，兹谨将拉布、上下札地地方及各寺院遭受地震破坏情况呈禀如下：

拉布：一顿兵差户顶阿亚娃，住房全部倒塌；压死十五岁男孩一人、六岁男孩一人、五十七岁妇女一人、五十八岁妇女一人、九岁女孩一人和山绵羊一百六十只。

一顿差地户萨俄嘎差房全部倒塌，压死绵羊一百八十只，山羊三十七只。

半顿差地户夏俄嘎差房全部倒塌，压死山绵羊六十只。

半顿差地户诺顿住房全部倒塌，有山绵羊十九只埋压毙于地下。

六分之一顿差地户白马吉宗，住房全部损坏。

半顿差地户斯龙，住房全部倒毁，有六十岁老妇女一人、三十二岁妇女一人及前来诵经之甘丹曲顶寺喇嘛一人和乃仁寺喇嘛一人、绵羊五十九只、山羊二十三只等，被压毙土石之下。

十二分之一顿差地户米九卓玛，住房全部倒毁，两只山羊被压毙其下。

半顿又十二分之一差地户苏热，差房全部倒塌。

四分之一顿差地户苏热尼巧，差房全部倒塌。

六分之一顿差地户次仁拉姆，住房全部倒塌。

四分之一顿差地户藏医，住房全部倒塌。

十二分之一顿差地户多杰玉珍，住房全部倒塌。

六分之一顿差地户顿珠旺姆，住房全部倒塌。

三分之一顿差地户顿珠朗杰，住房全部倒塌；绵羊五十只、山羊三十只压毙其下。

四分之一顿差地户次仁梅朵，住房全部倒塌；绵羊五十七只、山羊一百六十只，压毙其下。

四分之一顿差地户多吉群培，住房全部倒塌。

四分之一顿差地户更庆仓，住房全部倒塌。

三分之一顿差地户央金，住房全部倒塌；绵羊十只被压毙其下。

十二分之一顿差地户顿珠群培，住房全部倒塌。

六分之一顿差地户扎西卓玛，住房全部倒塌。

十二分之一顿差地户丹增洛桑，住房全部倒塌。

四分之一顿差地户定夏，所占差巴住房全部倒塌；山羊十二只、绵羊十五只压毙其下。

六又三分之一顿差地户卡如登·吉巴次仁，住房全部倒塌。

六分之一顿差地户次仁松曲，住房全部倒塌。

六分之一顿差地户彭错玉珍，住房全部倒塌。

十二分之一顿差地户吉班宗，住房全部倒塌；压毙奶牛两头。

六分之一顿差地户卓玛央金，住房全部倒塌；压毙四十八岁妇女一人。

十二分之一顿差地户布杰，住房全部倒塌。

三分之一顿差地户次登朗杰，住房全部倒塌；五岁男孩一人、三岁男孩一人、二十八岁妇女一人、女婴一个被压毙。

上下札地（札堆、札麦）：一顿差地户顶觉西住房全部倒塌，二十五岁男人一名、六岁男孩一名、五十岁妇女一名、三十一岁妇女一名、十岁女孩一名、女婴一个，以及奶牛黄牛六头、山羊九只被压毙其下。

一顿差地户仲居磨坊、住房全部倒塌，五十八岁妇女一名、三十九岁妇女一名、六岁女孩一名、奶黄牛两头等压毙其下。

六分之二顿差地户其巴，住房全部倒塌；一头奶牛压毙其下。

一顿差地户康萨，住房全部倒塌；三十九岁妇女一人、十岁女孩一人、奶黄牛三头，压毙其下。

三分之一顿差地户库朗仓巴，住房全部倒塌；二十五岁妇女一人、十七岁妇女一人、十六岁男孩一名、奶牛六头等，全被压毙。

三分之一顿差地户果囊，住房全部倒塌；九岁男孩一名、十五岁姑娘一名、奶牛两头等压毙土石之下。

一顿差地户普布康萨，住房全部倒塌；十岁男孩一人、五岁男孩一人、七岁女孩一人，奶黄牛三头，压毙其下。

六又二分之一顿差地户拉苏，住房全部倒塌；十五岁姑娘一人、八岁姑娘一人、奶黄牛一头等压毙其下。

三分之一顿差地户朗柏，住房全部倒塌；四十一岁妇女一人、十一岁姑娘一人、六岁姑娘一人、七岁男孩一人、奶牛两头等压毙其下。

三分之一顿差地户康穷，住房全部倒塌；五十五岁妇女一人、十六岁男孩一人、九岁男孩一人、五岁女孩一人、毛驴两头等压毙其下。

一顿差地户伸朗仓巴，住房全部倒塌；三十三岁妇女一人、二十三岁妇女一人、十一岁姑娘一人、七岁男孩一人，奶黄牛二头压毙其下。

六分之一顿差地户龙卡尔，住房全部倒塌；十二岁姑娘一人、奶牛一头等被压毙。

三分之一顿差地户东龙卡尔，住房全部倒塌；十五岁姑娘一人、九岁男孩一人、十二岁男孩一名，奶黄牛二头被压毙其下。

种差地之庄堆巴，住房全部倒塌；四十岁男人一人、二十七岁妇女一人、七岁男孩一人、黄奶牛三头陷于土石下毙命。

六又二分之一顿差地户夏卡青，房屋全部倒塌；八岁男孩一人、七岁女孩一人、二头奶牛陷于废墟之下毙命。

六又二分之一顿差地户尚喀钦，房屋全部倒塌；四十岁的妇女一人、三十岁的妇女一人、黄奶牛三头毙于房屋之下。

六分之一顿差地户哲白，住房全部倒塌；二十六岁姑娘一人，奶牛一头，压毙其下。

一又九分之一顿差地户屠青，住房全部倒塌，压埋于地下者有：五十八岁妇女一人、四十三岁妇女一人、十五岁姑娘一人、十岁男孩一人、七岁女孩一人、九岁男孩一人、四岁男孩一人、五岁女孩一人，奶牛二头，皆死于非命。

六分之二点五顿差地户下种麦，住房全部倒塌；被压毙者有：五岁男孩一人、五十岁妇女一人，毛驴二头。

六分之一顿差地户仲登，住房全部倒塌，十三岁男孩一人，奶黄牛二头等被压毙。

一又六分之一顿差地户夏仲穷，住房全部倒塌；十二岁姑娘一人和奶黄牛四头压毙其下。

一顿差地户布巴扎，住房全部倒塌，十六岁姑娘一人、七岁男孩一人和奶牛一头压毙其下。

一又九分之一顿差地户康洛，住房全部倒塌；三十五岁男子一人、十岁男孩一人、二十五岁姑娘一人、十六岁女孩一人、五岁女孩一人、奶黄牛四头被压其下，死于非命。

一又三分之一顿差地户，东西住房全部倒塌；二十五岁妇女一人、奶黄牛一头等被压毙其下。

一顿差地户夏沃，住房全部倒塌，被压毙者有：五十岁男子一人、二十五岁妇女一人、奶黄牛三头。

三顿差地户夏孔，住房全部倒塌；五十二岁男子一人、八岁女孩一人、奶牛二头等被压毙。

东面一顿差地户仲堆巴，住房全部倒塌；三十一岁妇女一人、十四岁男孩一人、奶牛一头被压毙。

六分之一顿差地户曲岗仲麦，住房全部倒塌；四十岁妇女一人、五岁男孩一人、三岁男孩一人、奶黄牛六头、毛驴二头被压毙。

一顿差地户曲岗·帕青，住房全部倒塌；五十八岁妇女一人、六十岁妇女一人、二十九岁妇女一人、八岁女孩一人、六岁男孩一人、奶黄牛四头、毛驴一头被压毙。

一顿差地户卡尔洛，住房全部倒塌；三十一岁妇女一人、五十岁妇女一人、奶黄牛三头被压毙。

一顿差地户且尔巴，住房全部倒塌；五十七岁男子一人、五十岁妇女一人、奶黄牛两头被压毙。

一顿差地户下康萨，住房全部倒塌；四十二岁妇女一人、十五岁女孩一人、六岁男孩一人、黄牛一头、山绵羊六只被压毙。

一顿差地户康穷，住房全部倒塌；七岁女孩一人、奶牛二头被压毙。

一顿差地户妥萨，住房全部倒塌；十五岁男孩一人、二十岁女孩一人、奶牛三头、山羊四只被压毙。

一顿半差地户溪俄，住房全部倒塌；五十五岁男子一人、二十岁男孩一人、六十一岁男子一人、二十五岁姑娘一人、三十岁妇女一人、二十三岁妇女一人、十五岁姑娘一人、八岁男孩一人、四十岁妇女一人、马二匹、奶牛九头被压毙。

一顿差地户康俄，住房全部倒塌；十五岁男孩一人、八岁女孩一人、五岁女孩一人、奶牛三头被压毙。

一顿差地户康贡，住房全部倒塌；六十岁男子一人、五十四岁妇女一人、奶牛三头被压毙。

一顿差地户溪贡，住房全部倒塌；三十八岁男子一人、一岁男婴一个、五十八岁妇女一人、奶黄牛七头被压毙。

三分之一差地户马兴，住房全部倒塌；十岁男孩一人，奶牛一头、黄牛一头被压毙。

一顿半差地户伦康萨，住房全部倒塌；五十岁妇女一人、二十五岁妇女一人、二十一岁妇女一人、牛三头被压毙。

一顿差地户诺仲堆，住房全部倒塌；五十岁男子一人、五十岁妇女一人、奶牛三头被压毙。

一又十二分之一顿差地户诺仲麦，住房全部倒塌；三十一岁妇女一人、八岁女孩一人、奶牛一头被压毙。

一顿半差地户郎俄，住房全部倒塌；五十八岁妇女一人、八岁男孩一人、八岁女孩一人、奶牛三头被压毙。

一顿半差地户全部倒塌；四十岁男子一人、四岁女孩一人、黄、奶牛各一头、山羊一只被压毙。

一顿半差地户雅羌，住房全部倒塌；六十岁男子一人、四十岁妇女一人、八岁女孩一人、奶黄牛三头被压毙。

三分之一顿差地户屠玛，住房全部倒塌；十五岁男孩一人、奶牛一头被压毙。

一又六分之一顿差地户亚夏，住房全部倒塌；四十二岁妇女一人、十五岁女孩一人、奶牛三头、山绵羊十二只被压毙。

承担两个兵差之差户柏定，住房全部倒塌；二十八岁妇女一人、奶牛一头被压毙。

艾云吉科所辖一顿半差地户康萨岗查，住房全部倒塌；五十六岁妇女一人、奶牛三头被压毙。

曲岗所辖一顿半差地户，住房全部倒塌；四十一岁男子一人、十三岁男孩一名、四十一岁妇女一人、奶黄牛四头、山羊四只被压毙。

岗溪两岗马差户，住房全部陷塌；四只山羊被压毙。

两顿半差地户底乌热·丁夏马，住房全部陷塌。

三顿半差地户底乌热·雄巴，住房全部倒塌。

底乌热寺：东西北三面房墙倒塌严重，金塔、佛殿、柱子全部陷塌，金塔损坏严重。至尊大师（宗喀巴）大殿及天女神殿（四柱）、食品库（八柱）、厨房（四柱）、僧舍（四柱）等九处全部陷塌，五幢僧舍损坏严重。乌金岭寺之莲花生修行室（十柱）全部倒塌。承袭活佛（三十九岁）一人、十一岁男孩一人、九岁男孩一人、四岁男孩一人、三十岁妇女一人、十七岁姑娘一人、二十岁姑娘一人、山羊六十五只、奶黄牛十一头被压毙。

甘丹曲顶寺集会厅（十二柱）、门楼（两柱）、厨房（四柱）、两层楼房以及两柱一间之两层楼僧舍共十一间，全部倒塌。观音菩萨、弥勒佛、尊者三师弟、达赖格桑加措、尊者宗喀巴、无量寿佛、各一人高之度母塑像，以及其他大小塑像共二百余尊被损或全毁。大部分轴卷挂像、大量供物、老少喇嘛共九人，奶牛两头被埋压损毁或死亡。

上下乃仁寺集会厅和分厅共计五十柱、僧舍十六处全部倒塌。被压毙地下者有：老少喇嘛四人、上札地妇女二人，奶牛二头。除尊师朗思斯伦塑像一座、风神塑像一座之外，其余各种塑像、祭物被震得粉碎。

另拉布、札地各有十岁女孩一名、二十六岁尼姑一名被埋压殒命。

上述共计损失六十三又十八分之一顿差地。压死男性差巴五十五人，妇女一百人，喇嘛十五名。（共计一百七十人）。损失奶黄牛一百五十头、山羊九百九十七只、毛驴七头、马两匹、奶牛两头。数字确切无误，特此禀报。

温豁僧官勒参巴　强钦巴　同禀
甘丹曲顶寺管事俗官　噶须巴

《噶厦档案》

唐祥 译

注：札堆、札麦即上下札地之意。拉加里地方即今曲松县附近。沃卡即今桑日县沃卡区。

2. 沃卡宗堆为震灾呈噶厦文

诸位噶伦莲台座下：

辖庶沃卡宗堆，在束手无策之时不得已聒噪尊听，作如下禀告：近于十月二十七日蛇时，我区所属地方发生强烈地震，贵族须莫庄园所辖全体百姓房屋，及沃林宗萨、藏卡所有人户房屋均遭毁灭，荡然无存，致使众多男女被压毙地下。特别是圣者克珠罗桑加措之主寺——仁岗寺之经堂、拉让和僧舍皆被震倒，一无所存，多数僧人亦埋压地下。百姓惶惶无计可施。另外，目前各村上下和山区，如圣山俄德公实等处不断发生崩塌，连续发生地震。除召集所辖区内僧俗执事、根保头人等商讨办法外，并在仁岗寺等处倒塌之土石堆中进行清理。详细灾情将继续陈报。此次发生空前未有之强烈地震，究系本地将发生灾难魔障？抑系佛教将衰之兆？殊难推测。谨向上司禀报灾情。宗府房屋虽十分陈旧，幸仅有震裂之处尚未倒塌净尽，至于村镇则已成为荒凉废墟。卑职宗堆等不敢稍有怠慢，恳请派员前来巡视并予管理。倘有不便，即请谕示处理办法。敬恳垂察。

木兔年十一月五日噶厦收到。

《噶厦档案》

杨化群 译

注：蛇时相当于巳时。

3. 噶厦批复沃卡宗堆文

沃卡宗堆：

呈文于十一月五日收悉，得知尔宗于上月二十七日发生之震，损失重大，据活佛神卜预示，凡应办之善举皆应殷勤办理。并应祭奉维护善事之神龙，善恶取舍不得颠倒。饬令尔等认真清理仁岗寺和各地方倒塌房屋废墟，及塔、象、经典、法器和百姓财产均须妥加保护，不得丢失。尔宗房屋倒塌如何处置，待申报详情后，再凭核复。仰即切实遵办为要!

木兔年十一月五日

《噶厦档案》

拉巴次仁 译

4. 温豁堆等官员巡察沃卡宗地震后呈噶厦文

诸位噶伦莲台座下：

卑职温豁堆勒参巴强钦巴、甘丹曲顶寺管事俗官噶须巴等联合敬呈。

前接通令中指出："据沃卡宗堆及所辖百姓前后联合呈文中禀称：于前十月份发生地震，沃卡宗府房舍遭到损坏，仁岗寺及其他属政府、贵族、寺庙、百姓部分房屋完全倒塌，人畜伤亡惨重；加以山崩和泥石流压坏水渠、农田，以致不能耕和等情。查寺庙等被地震倾塌，自不能置之不理。为此，尔等务必亲临各处现场调查，对已倒塌和将倒塌之宗府房屋，作出维修计划，将需多少时间，若干石工、木工及乌拉小工，又需多少粮食和款项等，呈报确切清单凭核。又仁岗寺系稀有古刹，应予早日修复，特指令尔等务必尽快办理……。因岩石崩塌所堵塞之水渠，为排除岩石等是否需要炸药及其他工具。对于倾家荡产之百姓，暂时应发给必需口粮和种子。在新修水渠及耕种时，应合理调配，公平使用耕牛。总之，不得使土地荒芜，并需据情如实上报，不得延误"等因，奉此，卑职等遵即同赴各地现场，认真视察。有关调查禀帖、仁岗寺图纸及维修方案已分别呈上。敬请根据施工期中所需乌拉工匠等人数，拨给所需口粮和费用等。

仁岗寺中主要塑像五世达赖洛桑加措泥塑及其服饰均未受损；经堂内曾显神讲话之二世达赖根敦加措塑像以及颇有加持之五世达赖洛桑加措塑像之上半身皆无损，下半身则均损坏严重，幸由在此静修之哲蚌寺贺尔东康村蒙古僧侣群则，同寺中其他僧侣共同修复。铜质镀金无量光佛像及银质宗喀巴像等均受较严重损毁。另有铜质镀金像大小共五十四尊；仁岗寺现只剩僧侣十三名……

关于疏导灌溉水渠，我等已立刻动员当地百姓，计划在十三日之内修好渠头，不需拨给劈石炸药等物。据估计，在本宗府收十分之一粮库中约有青稞一百七十克，干耗贷粮库中约有青稞二百克；汉兵粮饷及差使骑马所用饲料中，尚余青稞和豌豆一千克。至于梁椽，请从温豁和雅砻地区采购，因沃卡地区实不产木料。

修复仁岗寺时，请准予征派该寺所属乌拉中所有能参加工程者。增其瓦因系分寺，仍拟从本寺、支寺中征用。如另呈计划已得到批准，则沃卡所辖政府、贵族、寺庙所属百姓，均须征派参加修复宗府、弥勒殿及仁岗寺工程。另外，敬请赐给准予从其他宗豁征调必需石、木匠等技工证书。综上所呈恳祈垂察。

温豁堆勒参巴僧官　强钦巴
甘丹曲顶寺管事俗官　噶须巴　同呈

木兔年

附：调查禀贴

奉命亲赴沃卡地区视察，兹据实禀告。宗府西侧十五柱房屋倒塌严重，为使其余房屋稳固不受影响，拟将北面房屋往前移伸；南侧第三层楼梁已压断，拟揭掉一面楼顶以便换置新梁；东侧楼顶梁接头已经脱节，拟将其修复牢固。其次，由宗管辖之弥勒殿因严重破坏，拟将上面二十四柱屋顶全部揭去，换置新椽；东北侧墙壁因倒塌严重，拟重新筑起半层楼高之墙壁；西南侧屋檐需揭顶换置新椽；经堂中间西侧外墙破坏较大，拟从外面筑一道护墙；第二层楼栋梁下经堂前面六柱高屋顶，除需拆去以扶正柱头外，上下周围凡受破坏之处皆拟修缮。以上工程，计需大梁二根，稍小者十根，斗拱五根，柱头五根，椽子二百五十根，木匠技师一名，一般木匠二名；石匠技师一名，一般石匠五名；乌拉小工共四十名，拟于一个半月内竣工。

仁岗寺被震摧毁之建筑物有：供奉五世达赖塑像之六柱三层楼殿宇；六柱二层楼大经堂；四柱厨房；六柱辩经法苑之顶棚；一柱宽之闭斋殿；十五柱宽楼房上下拉让住宅；六柱楼房上下仓库；二十五柱宽楼房上下僧舍大小九间；供奉五世达赖等三个肉身塔之三层楼房三座；以及另一供奉铸有十万佛像 等塔之楼房。房屋倒塌时，本寺以执事为首之老幼僧人九名，拉萨所属男百姓二名、到伙房讨饭百姓中两个男孩和一个女孩，皆因地震死亡。大经堂内有三尊主眷天神女像、弥勒佛像，及其十六尊者为首之厦像尽皆毁坏，在经堂中约一人高三尊五世达赖塑像、一尊达赖格桑嘉措塑像、一尊宗喀巴塑像，一尊夏巴曲主罗桑曲培塑像、宗喀巴三师徒塑像、一尊班禅洛桑坚赞塑像、一尊阿里活佛扎巴坚赞塑像、一尊药师佛像、一尊四臂观世音菩萨像、一尊无量寿佛塑像、闭斋殿内主要救怙主释迦牟尼及阿难、迦叶三尊佛像、一尊莲花生像、一尊度母像、一尊克珠洛桑加措像、一尊帕玛珠巴塑像全部毁坏。

关于今后修缮方面，由于寺庙执事人员均称实无资金自行修筑，经过仔细调查核算，确实入不敷出。兹附该寺修建图纸方案、拟照此动工，修复范围计有：寺宇、寝室、闭斋殿、大经堂、仓库等楼上下共有三十二柱宽，及过去向北之二层楼；东侧四柱伙房及其下八柱一楼僧舍；西侧八柱僧舍；寺庙执事管理人员十六柱两层楼住房和一个大门。

在已损坏之原木料中尚可使用者计有：二十九根柱子，五十五根栋梁和一百五十根椽子。从折断之梁椽中除可以使用部分外，尚需添五十六根柱子，一千四百三十根椽子，九十六根梁和一百五十块木板。工程需匠师人数：一名木匠技师，一名副技师，八名一般木匠；一名石匠技师，一名副技师，十名一般石匠；六名木匠助手，十八名石匠助手，六十名小工。估计两个月可竣工。

公私所属差民伤亡及财产损失统计：政府所辖差民中藏卡桑珠林一兵役岗及一岗支差户房屋全部倒塌，差民中一名四岁女孩死亡；达龙地方所管辖差民中，四个女孩死亡；墨竹仁青里地方一堆穷家一个四岁女孩和大小四头犏牛死亡；藏卡水渠下一岗半差民之房屋全部倒塌，一个四岁女孩死亡；桑颇（领主家名）一名六十六岁妇女死亡；仁岗寺所属百姓中一名十岁女孩、一头公牛、四头牛犊死亡；藏卡池下一个半岗差民房屋全部倒塌，其中八十只山羊、二十四只绵羊、两头牛犊死亡；藏卡、拉章两岗半差民房屋全部倒塌，一名六十七岁妇女、两匹骡马、两头犏牛、一头牛犊、三只山羊被倒房压死；政府所辖沃卡林差岗两户差民房屋全部倒塌，一名六十三岁老妇及其一个十五岁男孩、一个五岁孙儿、一个六岁女孩和两匹马、一头公牛、二十只山羊均被房屋倒塌压死；政府所辖宗萨有二岗差户房屋全部震倒。崩唐巴属下在此支差之一名四十四岁妇女、一名三十三岁妇女、一名两岁男孩、一名四岁男孩，以及仁岗寺所辖差民中之一名五岁女孩和两匹马、三头母牛、十只山羊等均被房倒压死；贵族崩唐巴所辖百姓，住于政府庄园、占有份差二顿半又四分之一差民共十五户房屋全部倒塌，其中一名六十七岁男人、一名四十八岁男人、一名六十六岁妇女、一名二十五岁妇女、一名二十八岁妇女以及七头牛犊等皆被房塌压死（以上共死亡24人，压死牲畜168头）；政府庄园所辖一岗半差民住房，全部倒塌；政府所辖差民勒波八岗半中之一岗支差户吴珠康萨房屋、全部倒塌；另外尚有占七岗半之四户差民房屋，都遭严重损坏。

谨呈以上调查，请核查。

木兔年

《噶厦档案》

才旺斯达 译

注：墨竹仁青里在今墨竹工卡县。桑颇领地在桑日县。仁岗寺大致在今仁地岗附近。

5. 山南总管为震后禳灾呈噶厦文

德高望重诸噶伦大人座前：

卑职山南总管夏苏巴冒昧禀呈：十月二十七日太阳行将当顶之巳牌时分，发生地震。乃东、穷结、札囊等地受灾不重，但据传札囊弥勒佛塔稍有震坏。惟拉加里属下竹麦沙地方居士朝拜之弥勒佛堂及其左近之百姓住房则惨遭地震毁坏，众百姓及牲畜被埋于倒屋乱石中致死。沃卡地方亦有少数民房倒塌。关于此次地震，究竟主何吉凶，已向昌珠寺大梵天王请求明示。天王降下法谕，意为："可能预示着将发生一场较大病疫。为使神灵息怒免除疫病之灾，务须念经供香。凡各敬香地方均应香烟缭绕，其附近之各大神山、佛塔所在地，尤以三大法轮圣地，更需祈祷作法，驱邪祛妖方得清吉。"为此，已着乃东属下各寺庙、神山、圣地，敬香、供佛三天，亚拉香波、堆桑、拉子札噶、普村、拉八、查珠角、寨穷、江曲、热普、噶仓、阿曲札村、孜措、边仓、阿札和奠题朗波等寺庙以及敬香圣地均乏其四僧一组，齐颂神女护法真经三天。在西札寺召集聚众聚会祈祷莲花生。至于其余各宗谿则不敢擅自安排其应办事项。惟我等无力从事驱邪祛妖法事，是否由噶厦主办，敬祈裁夺。谨呈。

《噶厦档案》

罗润苍 译

注：昌珠寺在今乃东县。

6. 噶厦对山南总管因地震请求禳灾之批文

卸任山南总管肖苏·益西土登：

尔处呈文已于本月二十日收悉。上月发生地震后，尔据昌珠寺大梵天王之预言，已进行禳灾活动，办理十分认真负责，甚佳！关于在三转法轮法会上举办狮面女神施食回遮法及安位开光仪轨，祈女神赎罪善业之事，已责成此地管理诵经机构立即办理。望其凛遵勿违。

木兔年十一月二十七日

《噶厦档案》

旦真珠扎 宋广振 译

注：肖苏·益西土登1915年前任山南总管，夏苏巴1915年前后继任山南总管，文中木兔年为1915年。

7. 肖苏·益西土登呈噶厦文

诸位噶伦座下：

卑职肖苏·益西土登谨呈：札囊弥勒寺宝塔因年久失修，颓败严重，虽经该寺和桑颇负责人劝善募化，进行修缮，由于能力有限，难达目的。前此业已呈文，奉批示内开："既于政治安定有益，据情准予修缮"等因。但如前呈所述：该塔由于受地震影响，一再受损，裂隙极为严重，如不予修缮，此塔必然坍塌，因小失大，以致不可收拾。彼时，政府、贵族均将增加开支，属民亦必将连服征役。卑职情不得已，曾指示该等执事人员及桑颇管家共同视察，将实情上报。已如另文所陈：为趁火小易于扑灭之际，由政府完全负责，动用积善募捐之粮款，进行修缮。或由政府拨给三十品藏银和粮食一千五百克，责成上述人员同心协力，立即着手修缮等情。是否可行，敬祈指示办理。再者，沃卡及拉加里所辖各地，因地震所受灾情，已如该地呈文所禀，此间亦收到同样呈文，内称："沃卡所辖政府差民居住之藏卡，因引水渠道被石砾阻塞，四处乱流，如春暖时尚未修复，渠基将毁等情。查前借调民工有拉加里、拉索、江达三地。但江达方面暂因支应运输，差役繁重，不能派出。可从拉加里地区征派修渠民工一百名，从拉索征派民工三十名，并令各民工自带口粮。管理人员由沃卡及拉索谿堆担任，并负责复查。两岸河堤均被冲垮，昌珠寺后侧及乍列尔所属攻府各林卡一带河堤，务请准予在明年初进行修整。为此，恳请准照铁虎年调查补充登记簿中所载官府、贵族、寺庙各辖百姓应支差役及物资规定，征派支差人畜，并需自带口粮。至于减免户之标准，亦祈明示，以便遵行！并请给有关方面发出指令。上呈祈即明察，开恩、开恩再开恩。

木兔年

《噶厦档案》

杨化群 译

8. 山南总管就维修弥勒寺大佛塔呈文

扎囊弥勒寺大佛塔年久失修，十分颓败，于十月二十七日地震后，佛塔裂缝更加严重，倘不立即修缮，待雨季一到，佛塔内外佛像、经典、法物等，必将遭到更大破坏。

此次，由桑颇管家和弥勒寺扎仓及僧侣执事、木工技师次仁诺布、石工技师才旦共同巡察商议，认为必须按照原佛塔设计规模，加以修缮。其用料包括下列各项：

大佛塔地基和第一二级台阶等处墙壁尚可用，但上面石檐需要修缮；其上狮座西长四十八拃墙壁和第二层狮座北长二十八拃墙壁，及塔身第一层西长十七拃高一层半楼之墙壁，均已破坏，必须拆后重建。其北面长二十五拃高一层楼之墙壁已破坏，以及塔身第二层西面长十八拃高一层半楼之墙壁已破坏，均必须拆除重建。其北面长三十拃高一层楼之墙壁已损坏。上塔身第三层北面长十五拃墙壁已损坏，及其一层楼高之两根木梁和斗拱必需换新。塔身第四层之墙壁和各个梁椽不需维修。此塔上下各方之门和窗孔总共有八十个木框、门板需要换新。塔身三层之西南面，每五柱为一层之上下三层，其通风木柱和八根大梁需要拆去其顶部后重盖。门和窗孔共十二个木框、门板需要换新，其上四面伸檐门之木框需要换新。伸檐上眉之前檐支伸木条和伸檐内之木材还可用，但外面之木料如短梁、支伸木条、木檐等均需换新。上面十三法轮中之内外三根轮梁，有二根轮梁尚可使用，而另外之轮梁需要换新，其上悬缀之斗拱可以使用。塔顶之木椽需要换新。修缮上述各项工程计需上等木柱十八根，各个斗拱需斗木和拱木各十八副。上等大梁五十根，中梁三百一十五根。上等椽木五百根，出水檐口木料用椽三百根，伸梁椽子需优质圆木条一百五十根。做各种门和门窗孔、木框四边柱、需粗大木材三百根。制门板材料需柏木板四百一十块，天花板木材需普通木板四百三十块。需大石头一万五千块、石片瓦六千块、阿嘎土一千一百五十驮。修缮周围伸檐顶盖木柱需木材六十五根，维修用梁二十五根，拱梁三十根、木椽三百五十根、长短椽一百七十根。工程脚手架需料有：粗圆松木一百七十根、工布木板一百块、缆绳二百条，木椽一百根、榆树皮五驮、婆罗树胶一克、轻红粉二升、油料二十五克，面粉五克、浓墨汁二桶、红粉五十驮、树胶四驮、坚质木十四捆；木工技师二名、木工十四名、石工技师二名、石工十名、小工八十名。工期：木工四至五个月，石工三个半月，小工四个半月多：自备锹镐十五把，背筐一百三十个，大小土筛两个，小筛和细箩各十五个。衬垫塔内顶梁和门窗用料需五种珠宝、五色彩绸、水果、人参果。木石工大小技师四人，每日工钱和酒肉菜钱折付藏银三钱，另每月粮饷青稞四克，一般木石工匠基本相同，每日工钱和酒肉菜钱折藏银二钱二厘五，每日食盐折藏银二厘五，每日粮饷青稞两克。乌拉小工每日工钱一钱五厘，每日粮饷青稞两克。此外，经常需用之茶、酥油、盐、碱、熬吐巴之作料、骨肉等，以及开工、期中、竣工举行三次仪式诸事宜，请准许由监工经手安排，并及时呈报。

特此禀报。

木兔年

《噶厦档案》

王世镇 译

9. 噶厦就震后修复事宜对温谿堆僧俗官员呈文之批复稿

温谿堆僧官勒参巴强钦巴、俗官噶须巴共同知晓：

二月八日收到尔等来函及巡查登记、修建仁岗寺图纸、计划等。查尔等能亲赴各地巡查，及时督促干渠灌溉，疏浚引水灌田渠道，殊堪嘉许。此外，已下达对该区政府、贵族、寺庙民房修建费用计划之批复。拨去之粮食定要发给各有关部门。至于住房修复，系各自分内之事，应由各自办理。尔等要督促检查，须必及时修好。原负军政差赋税，亦不得偷漏。宗政府之修复，则只得由政府负责。因此，所需石、木工匠，应按政府规定发给粮饷，并由沃卡地区及桑日、拉加里等有关地区催派。如应追加木料，可在乃东、穷结、温区等木材产地按市价购买。关于派乌拉一事，如需在当地增派，即应遵原颁指示办理。本地寺庙应由其自己辖区百姓修复，不得向别处支派差役，因早已颁发有免差公文。至于温区所辖其他政府、贵族、寺庙百姓，无论其有无减免凭照，均必须支应差役。此事应公布于众，并可在各处催派。

关于修复仁岗寺一事，前已批示。应计算该寺庄园收入，倘寺庙主管有能力修建，即应令其及时动工；倘若收入和修复支出悬殊过巨，确实无力办理，即应查明回报。近期所报巡查登记中，未说明据寺庙收入，是否无力修复，殊难遽予裁夺。宜速将真实缘由报来，以便据情考虑，提出恰当数字。

尔等现职系经选定委任，不便准假，望忠于职守，善始善终，尽心自励。特此告知。

火龙年二月二十日

噶厦如此办理可否？请指示。

帕拉仆奴彭措绕杰。时间如上。

《噶厦档案》

郭冠忠　译

10. 温豁堆强钦巴等联合禀报震灾善后诸事文

（火龙年六月一日收到）

诸位噶伦座下：

卑职温豁堆勒参巴强钦巴甘丹曲顶寺管事俗官噶须巴共同拜禀：谨奉对拉加里呈文批复内开："经向达赖禀报，暂不应允削减税差请求。故令温豁勒参巴强钦巴、甘丹曲顶寺管事俗官噶须巴二人亲赴各地视察之后，即着拉加里管家调集人员，重修水渠，整理被岩石埋压之土地，必须于今年播种。为此所需民伕和耕牛等，责令拉加里地区贵族、寺庙承担，同时给予必要之生活资助。且须切实查核僧尼所属豁卡实际收入；尚应从地里挖出塑像、法器、供具等。总之，务须切实查点清楚，不可疏忽大意，并将调查报告上呈。"等因。奉此，卑职等立即亲赴当地与拉加里卸任总管索朗拉杰一同巡视检查，详情已另呈报，并附呈三座寺院所属豁卡收入情形。经查收支勉强平衡，并无积蓄，殊难负担所需修复费用，已令彼等与拉加里寺主共同负责保管剩余内外财物，不得遗失。下札地所属能灌五十克地之水渠，因山崖坍溃严重，迄今已有一百五十余人轮流整修多次，仍未修通，势难搁置不管。现经众人商议，决定损失八克耕地，如能将水渠修通，即可望播种。因此即着拉加里地区贵族、寺庙所辖百姓等，今年自行设法耕种。其余上下札地、拉布地方差巴住房、财物等受灾亦重，但其水渠等并未受损害，自仍应由各自耕作播种。差巴住房能维修者，应立即维修；不能自行维修者，可着拉加里地区贵族、寺庙予以协助。目前，凡能播种之土地，正尽力播种。其余差巴，除个别富户外，均系处于绝境之贫民，拉加里管家业已拨给口粮、种子一百克。兹适值大怙主亲政，按照惯例，需征收"亲政献礼"，惟现已遭灾受难，旧酋长之户，尚难自理，而官民更人财两空，此为全体官员大人所共知，故应免去贡品各物。差巴住房、人财遭灾情形，职等视察时早已耳闻目睹。在此情形下，如无他人效尤之虑，拟规定在若干时间内，减免所负差役，以便在此期中将寺庙和住房维修坚固持久。并请颁发准赴前后藏化缘凭证，以便前往。如有不便，现寺庙和住房等因遭震灾，已成废墟，祈望拨发足够粮款，以凭修建。

鉴于上下札地及拉布三地大部差民被埋地下，或死或伤自应将原拉加里所属百姓、逃亡后现为政府支差者，一律交回拉加里，代替外逃差户。耿耿忠心，陈此微末之见，以备权衡。可否祈亮察。谨呈。

《噶厦档案》

唐祥　译

注：木兔年之次年即为火龙年。

11. 强钦巴复噶厦知宾和秘书便函

噶厦知宾和秘书台鉴：

顷奉诸位噶伦函示，垂询木兔年地震使沃卡仁岗寺遭受破坏，噶厦迅即拨给经费修葺，并从修缮费用领干还湿十分之一利粮中，拨付青稞一百克，无息贷粮一百三十克，作为寺庙供奉基金，现不知该项粮食收发字据存放何处，饬速告知来人。同时，又奉诸公二十三日来函，又询及此事。对此，自当回复。

现据来函询及有关沃卡仁岗寺因受地震破坏，噶厦曾从修缮经费粮食中拨给干耗和无息贷粮一事，卑职对该两项粮食收发凭据现存何处，一无所知。敬烦诸公将此实情上复诸噶伦大人。谨此函复！

沃卡豁堆僧官勒参巴　强钦巴

×月二十四日书

《噶厦档案》

罗润苍　译

12. 噶厦就震后重建沃卡宗府寺院事呈达赖文

去年沃卡地区遭受严重地震灾害，宗府及寺院等处被震毁房屋之修复或重建事，现已任命沃卡豁堆僧官勒参巴强钦巴、俗官噶须巴等负责修缮工程。拟颁发凭证，以便从有关机构领取工匠师傅所需茶叶、酥油、盐巴、碱和肉类以及举行奠基仪式所需器具、祭祀费用、糌巴、酥油等。民伕平时均自带口粮，工程开始、竣工及工期中间赏给膳食费用，所购木料款项等，需耗费多少银粮，临时估算大概数目，日后结算。现拨藏银一千两，并从沃卡邮用薪饷余粮中提取粮食一千四百、一千五百、一千六百克。上述费用如有不敷，可申请追加，一并在工程结束时结算。粮食提取单据和藏银领取凭证，由噶厦发给。

可否？特此谨呈。

（原文批注：以上银两和粮食已由哲林呷收入罚款和邮用饷粮节余数中支出。）

火龙年

《噶厦档案》

唐祥　译

13. 拉加里所属五寺执事重修寺庙具结书

（火龙年十一月十五日收到）

执掌政教法规之诸位噶伦足下：

签字盖章人保证，如下禀报，谨遵恪守。查下述拉加里所属分寺：底乌热寺、乌金岭、甘丹曲顶和上下乃仁寺等寺院，由于地震，有二百二十八柱殿宇倒塌，无力维修。前曾呈禀噶厦，已蒙批准自前藏地区官粮账上拨给三百克粮食，作为维修费用，现已领奉提粮凭据，一俟粮食领到，即行迅速维修。为使佛教戒律、各寺清规及圣人之懿行不致颓败，并成为佛教事业昌隆之表率，按照命令，由温豁卡勒参巴强钦巴和甘丹曲顶寺管事俗官噶须巴二人同小民各寺执事及拉加里大管事，共同根据受损面积分配修建所需粮食计：底乌热寺八十克；甘丹曲顶寺九十克；上下乃仁寺一百克；乌金岭寺三十克。发粮之时，当责令必须用于实处，以收宏效。此后即由拉加里负责修复完竣。民等拉加里五寺主奴定当视为己事，奋力求佳，将地震时破坏建筑迅速整修。无论僧舍、大殿、经塔、佛像及法器等，均要逐渐维修完善，务期在土马年以前可供巡察。尤应牢记政府恩情，不犯寺中各项清规，不败坏圣人嘉言懿行。俾使兴废继绝，法宇重辉，当矢志不渝。如稍有违背，愿受律条重科。特此立据为凭。

立约人：

底乌热寺僧众代表铁棒喇嘛阿旺单增、

格桑单增二人（盖章）

甘丹曲顶寺僧众代表铁棒喇嘛　阿旺扎巴、
在职涅巴　强巴、索朗二人（盖章）
上下乃仁寺拉章总管 阿旺西绕
启音师　格桑群培、铁棒喇嘛尼大绕丹（章）
乌金岭寺　沃金曲珠（章）
拉加里在职管家　索朗占堆、单增绕杰（章）
《噶厦档案》
肖化成　译

注：所称土马年即1918年。

14. 噶厦对桑鸢宗秦普寺属谿卡百姓呈文之批示稿

桑鸢宗秦普寺属谿卡百姓：

呈悉。批复如下：关于所陈诸事，业已转报达赖喇嘛，暂不宜偏信先予批复。且此事，已交山南总管肖苏·益西土登和桑鸢宗堆共同负责调查。桑鸢会议是否践踏尔寺所持章程，任意附加差税，可查核秘书处和拉恰。按桑鸢地区普查后作为今后纲领所颁发盖有我处印章之公正章程，据实呈报。同时应视察去年秦普大经堂和分寺因地震所遭损失情形。凡谿卡百姓力所能及者，即应令彼等自食其力，赓即着手复修。有关原由望即呈来。可凭此文商酌。

火龙年十一月十二日

噶厦发此批示，可否？请指示。

《噶厦档案》
唐祥　译

15. 噶厦关于救济拉加里地震灾害文

去年拉加里管家和百姓上呈公禀中，所报关于上下札地、拉布、僧尼各寺遭受地震破坏情况，已由温谿僧官勒参巴强钦巴及甘丹曲顶寺管事俗官噶须巴二人亲往实地调查，并呈有灾情报告等四个文件，其中陈述该区共有兵役差地六十三顿又十八分之一差民房屋全部震毁。除已督促灾区百姓自力重建家园外，请求政府给予物资援助。现决定自前藏粮饷管理单位拨青稞，按每顿差民给青稞四、五、六克，以作救济。此外，上述每顿差民所负担之汉官柴（燃料差），炒（炒青稞差）等三差，及用牛马送军需等去昌都，仍应减免。准予在五、六、七年中减免服役外差及拉加里方面之役差和实物差。重建底乌热寺、乌金岭寺、甘丹曲顶寺、上下乃仁寺等共计二百二十八柱房屋，惟上述各寺基金收支仅能相抵，实无剩余可供修建之用。故如调查员呈，对修复各寺给予资助，即从前藏粮饷管理单位拨给青稞二百五十、三百、三百五十克，以便立刻动工，保证质量。并指示恢复宗教戒律。此等事项请责成调查员强钦巴、噶须巴办理。

（原文批注：上述两次调拨粮食盖印凭证已发。）

《噶厦档案》
旦真珠札　宋广振　译

16. 强钦巴噶须巴等为札地拉布震后救济事禀票复诸噶伦文

（火蛇年三月九日收到）

诸位噶伦座前：

卑职勒参巴强钦巴及甘丹曲顶管事俗官噶须巴共同拜禀如下。顷奉令饬："大贵族拉加里所属上下札地、拉布地区及各僧尼寺庙等，因遭受地震破坏，经尔等巡视所呈情形，调查登记及请求报告一并收到。经商议后，已转请大救主达赖垂示。其大意为：上下札地及拉布地区兵役差地共六十三又十八分之一顿之差民房屋全部倒毁，应令其自行维修，同时政府拟从前藏粮官处对每个差顿资助五克粮食，共计三百一十五克十三升四合六分之一勺，取粮凭证已另发下，望对症下药，发给各户灾民。上述差顿户所担负交纳汉兵饷粮、传昭木柴和粑糌等物，以及骡马运输等差务，因系多麦条例中所规定，除应照旧支应，不得有误外，其余外差及拉加里所属劳役差和实物差，从今年起，可予减免五年。为资助底乌热寺、乌金岭寺、甘丹曲顶寺、上下乃仁寺等寺庙之维修，政府将自前藏粮官处拨给粮食三百克，凭证另行发出。望立即着手维修，力求坚实完美。同时应严申各寺戒律法规必须遵守，不得有损诸善士为佛教增添光彩之美德。仰将办理情形随后报来”等因。奉此，卑职等立即亲临各地，将粮食分发百姓，并根据规模大小分配各寺。拉加里属民及各寺百姓已具结立约，负责维修。为日后两方按约行事，善始善终，每约一式二份，两份抄件存留备查，两份原件上呈报审。谨呈上聪，伏乞法宇涵纳。俯察，俯察再俯察为祷！

《噶厦档案》

刘文尧　译

注：木兔年后的第二年即为火蛇年。

17. 修建沃卡仁岗寺等工程僧俗管事呈噶厦文

诸位噶伦座前：

卑职沃卡仁岗寺等建筑工程管事僧官沃卡谿堆吉村克却和俗官噶须巴共同敬禀事：关于修建仁岗寺中心大殿工程所支派木工、石工、乌拉等，正继续加紧催促上工。因土质不良，无处可制泥坯，上下均需砌石墙。故开工虽已两月，只砌至二层，不仅盖顶、膳房、僧舍、执事住房等尚未修建，即油漆、塑像等，最少尚需一个半月。宗府房舍、弥勒佛殿两项修复工程极大，时间需三个多月。木石匠人等工薪，每月需四品半藏银，所需梁、柱、椽及厚薄木板等价款，已开支五品多藏银。原拨二十品藏银实不敷用，请暂时增拨十五品。尤其是门鼻一套、门箍、梯子、门槛等，虽已尽量利用旧材料，但仍属不敷，请予增发粗铁条十根、铁皮一张、铜皮半张、铁箍十五根、叉门闩等需用焊锡十五捏朵、锌八捏朵、白硼砂十两。栋梁彩绘、壁画、新塑神像等，需用底色颜料，红色十袋装七盒、靛蓝色九袋、青绿七袋、黄丹五袋、米黄色土二袋、青色十两、十包装金粉一盒、桐油两桶、牛胶三十束、赤金粉一两等，祈速交去人带来。

沃卡民众以该民等系贫弱百姓，住于四通八达之处，差役负担甚重。去年曾指示，维修仁岗寺等处之乌拉，由沃卡摊派，政府将发给粮饷。现既已发给汤切乌拉粮饷，理应照给本地乌拉发放为佳。其次，目前新建仁岗寺各工程民伕之主食，已由其自带，但请求以后修复宗府房舍、弥勒佛殿工程时，分地段命令有关宗、谿承担主食。彼等哀求甚切。查去年确奉令，由沃卡本地支派乌拉，并由政府发给粮饷。后因未照此办理，致使众百姓至为懊丧。

该地百姓贫困，建筑项目倍增，困难重重，故已有多人断粮，未来支应乌拉。究应从别处借调劳力，或支发粮饷，祈予裁夺。为便于通知百姓，切望及时指示，不胜感激。

此外，如前所禀，去年政府为资助地震受灾、修复寺庙和民房等，拨给青稞二百七十五克五升，已如数领取并发给有关部门。但因未及时给“扎桑”管事调拨粮食凭证，彼声称：如不能及时交付，则从建筑工程粮中扣除，故未全数领得建筑工程所需粮食，致使工程无法进行。兹请速给“扎桑”管事发下调拨粮食凭证，并令其立即如数过斗付粮。特此祈请明察！明察再明察是祷！

火蛇年五月×日

《噶厦档案》

郭冠忠　译

注：五十两藏银为一品。二十涅朵为一克，约合五市斤。扎桑为驿站邮差管理机构。

18. 噶厦复修建沃卡仁岗寺僧俗管事令稿

沃卡仁岗寺修建工程管事温谿堆僧官吉村克却、俗官噶须巴共同知照：

尔等所呈，已于五月十三日收到，详情均悉。仁岗寺中心大经堂正在重建，厨房、僧舍、弥勒佛殿、宗府房舍等尚待修复。原拨款项不足，现增拨藏银十二品、十五品、十八品。可从传大召所征马税经费中经孜康机关拨付，并附取款凭证。惟日后必须呈报开支清单。据称尚需颜料和铁箍等物，可分别从孜恰、拉恰两库管事及雪列空等处领取，现发给盖印领取凭证，日后亦须送来清单。修建宗府房舍和弥勒佛殿所需乌拉，由各地借工支应。但为虑及百姓生活艰难，兹准按平常支差惯例赏予酬资，并从尔等管理人员账目中结算支付。根据去年地震后发给各寺各户有关文、令发出之粮证，已交原管理人员知宾强钦巴领走，特饬知，务即遵照办理。

火蛇年六月八日

此文可否以噶厦名义发出？祈示。

《噶厦档案》
唐祥 译

19. 噶厦给山南总管指令

山南总管肖苏·益西土登知照：

所呈文书及随附计划、契约、登记册等，已于二月十九日收到。呈文所禀桑鸢宗秦普寺佛殿去年遭受轻微地震灾害之后，即令秦普豁卡百姓自行修复一事，颇为得体。至于在莲花生大师洞天寝殿——扎马崖窟之大殿被毁坏清册中，提及秦普豁卡百姓无力修建等情，如属实，自应由政府承担，不久即可派出工程主管人负责修建。桑、秦两寺所负差役赋税，应统一管理，当由上述两寺双方商议，另立契约，一式两份，各执一据，并由噶厦加盖印章。贵族热则巴所承包之甘丹曲顶寺涅仓地租一事，另有计划，或加或减，已呈送达赖喇嘛批阅，另行下达。甘丹曲顶寺涅仓之收交租册中，在通常情况下减免和济贫救苦之举，向无先例，应酌情处理，并记账入册，不可遗漏。至于对热则巴免租税计划，应立即呈来。

火蛇年六月二十三日
《噶厦档案》
唐祥 译

20. 噶厦为修复秦普寺饬令桑鸢寺堪穷和桑鸢宗本文

桑鸢寺降神堪穷和桑鸢宗本共同知晓：

由于木兔年发生地震，秦普寺内莲花生祖师居住之洞穴红崖寺殿堂、经堂及其屋顶上柽柳墙脊、围墙顶部均遭震裂。秦普豁卡及百姓无力自行修复，已准由政府负责重修，并委派尔等二人主管。又据去年山南总管肖苏与尔等二宗本，在调查灾情呈文中陈述："经堂和屋顶部分柽柳墙脊需修复者，共有十柱面积，需要木工石匠十五名和民伕乌拉一百余人，工期三个月，需用梁柱二十根，椽子三百多根"等情，数字如此巨大，是否必须？现令尔等再次认真调查，另行呈报实际修建所需木工、石匠，以及乌拉民伕若干，工期多长，工程所需粮款等确切计划。并将桑鸢及秦普本地实有木工石匠人数上报。以上须即执行，不得怠惰拖延。凛遵勿违!

火蛇年七月二十二日
《噶厦档案》
唐祥 译

21. 噶厦复山南总管文稿

山南总管肖苏·益西土登：

尔所呈文及后附详细报告，已于十一月二十九日收悉，并已禀告达赖喇嘛。尔去沃卡温泉沐浴途中，顺道察看圣者二世达赖修行遗址圣地和古迹，检查香火供奉情形，进行修缮，并新派四名香灯师等，如果属实，尔可称为佛教效劳尽心尽力。尔在治疗期间兼管此事，作为老成僚属，堪称谙达制度，但尔处理下列之事则有所不妥。由于木兔年该地发生地震，损坏寺庙中之仁岗寺修缮工程，已由政府负责办理；其余各寺之修缮，亦已拨给相应用粮资助，应由其辖属主管者沃卡曲顶拉章自行负责，故不应列入仁岗寺工程之内。当时所批此一方案原件，已移交新任沃卡僧官吉村克却，仰即了解清楚重新在所辖范围内公布。关于恢复各修行圣迹之供奉基金，今年在泽当地方按征缴农田差赋条例，业已征收完毕。据报已用于恢复沃卡各寺庙圣迹供奉基金，但执行情况必须上报。在乃东、泽当两地，执行差役法人员中，如有不遵行法令者，势必危害全区，切望尔任职名实相符，印发于民有益之通告，并务要公正执行。征差执法不得仗势欺人，不得有不良恶果，或导致各种争端。

在尔前往途中，曾委派尔顺道视察众僧情况，监督各寺庙不得发生违犯戒律行为。为防止毁戒而任命之管理人员，仍需照旧认真负责。

如仁岗寺所属森康嘎波和热窝桑旦林寺两处需同时开工，应查勘修建规模，不宜于宗府下面空地作新建标记，必须在原宗府未倒塌房屋地基上修建，此决定已通知负责人员。

据仁岗寺现尚幸存执事人员禀报，关于需派支差役一事，议论甚多，虽不便立即裁决，但因众大小僧人确实死于地震，不得不增补看管香火及佛灯僧人若干，兹决定在沃卡区内凡有三子之户中，抽其次子共十名、十二名、十四名，支应出家差役。目前可望一次抽齐，由宗本和应支差户共同担保，不得有任何借事生非之举，亦不得无故践民，从而通知安排该僧人等维持香火旺盛。凡住在沃区佐扎所属上部曲桑一带者，因地处遥远不能按时报到。确实需要辞退者，可以批准，但其新替者必须由沃卡宗府决定能胜任之人，并逐户安排妥当。

火蛇年十二月二十六日

以噶厦颁布上述批示妥否?请指示。

《噶厦档案》

王世镇　译

22. 噶厦对沃卡宗呈文之批示稿

关于前年沃卡地方遭受地震灾害，政府、贵族、寺庙所辖谿卡房屋等全部倒塌情形，俱经呈报在案。为资助复修曾指示赐给粮食，政府差户按岗计算，贵族寺庙差户按顿计算，即上等岗每岗粮四、五、六克；中等岗每岗粮六、七、八克；下等岗每岗粮九、十、十一克，均已按数拨给在案。

尚未竣工之公修水渠、新建住房等工程，以及未受到损伤犏、牦耕牛之饲养和及时播种诸方面，均应各自办理，不得概求资助。达龙地方十岗差户房屋、农田虽受灾不大，但沿途道路破坏严重，为资助其复修加固，兹拨给公粮十克、二十克、三十克。同时，静溪寺及其属寺曲桑、迦索、拉丁、门龙、提青岭、扎马石窟、上嘎普、下嘎普、桑林寺等，皆称房屋受地震损失较大，再三请求支援人力物力，似有夸大之处。应由各有关方面商议进行修复，并根据寺庙保存政府所颁发之指令及历次呈文批示精神，各自负责。除非人财尽净，不得呈请要求派工及支料等。如有所需，亦仅能由各寺共同提出。关于迦索、拉丁由于山崖崩裂，石阶及侧墙破坏严重，运输土石道路又极其狭窄，困难较大，不得不用驮畜。故除去不征派差役外，兹再分别给修缮资助粮食二十、三十、四十克。曲桑寺等虽受震损，然未倒塌，所呈需修缮之寺宇有七处，兹据情分别给资助粮食十、二十、三十克等，但须立即动工，保证工程坚实。以上所需拨付之粮食，可从沃卡邮差粮饷所积余数中调拨，由噶厦通知该邮务管理负责人支付。

以上处理当否？祈示!

（原文批注）以上所需赏拨之粮食共二百七十五克五升，由邮差粮饷积余数中支付，已签证并盖章记账入册。

火蛇年

《噶厦档案》

杨化群　唐祥 译

23. 噶厦因沃卡宗府搬迁事饬仁岗寺工程管事令稿

沃卡仁岗寺修建工程管事：

近接山南总管呈文：仁岗寺修复工程尚未竣工，同时又接受修复森康噶波和热窝桑林两寺院工程。沃卡原面积较大，施工时间较长，地基又不坚固，为此，可否迁往宗府下面空地重建等情。查宗府搬迁之事，其中或有隐讳考虑，故需再行调查，不能马上施工，可即在原址举行奠基仪式。若认为面积较大可以缩小，但要耐久牢固。森康噶波和热窝桑林皆属仁岗寺所辖，如面积不大，两者均可同时修复。修复面积究竟多大，仍需再作调查，方可根据调查实际情形作出具体安排，务仰慎重处理。

火蛇年十二月二十六日

此文拟以噶厦名义发出当否？祈示。

《噶厦档案》

唐祥　译

24. 噶厦饬温豁曲顶拉章管家文

温豁曲顶拉章管家：

木兔年发生地震。沃卡仁岗寺遭到损坏。为维修该寺，曾发给工程管事温豁僧官吉村克却、俗官噶须巴等人修复需用粮食，其中尚有剩余。曾从十分之一利息粮中借予该寺一百克粮食，又无息贷予该寺粮食一百三十克，以作供奉基金。查该借粮契约在尔手中，仰即速派一可靠代表，将该契约于本月内送呈噶厦，不得延误，务即遵照办理。

木鼠年十二月八日

《噶厦档案》

拉巴次仁　译

注：木鼠年即1924年。

25. 噶厦批复沃卡仁岗寺主管文稿

呈悉，批复如下：经向达赖禀报，尔寺在木兔年地震时，受到极大损失，因此祈求政府给予特殊照顾，查前在派专人主管修复工程时，寺庙、佛殿和佛像之修复，已由政府负责承担。今尔等复要求赐给佛寺基金，碍难应允。惟鉴于该寺曾先后派出僧兵参战，木兔年地震时，人和财物又确遭损失。去年，山南总管肖苏·益西土登呈文中亦确认实有其由。况尔寺又系尊师（宗喀巴）加持之圣地，故佛事基金粮食拟从余下粮食中借给，当不会招致异议。兹已向两位粮食管理人员审定借约，低利借给粮食一百克，借给无利归本粮食一百一十三克。以上本利可作为佛事基金拨给。待收粮人员向主管人员办理加盖印章交接手续后，即可领取。此粮切勿浪费，务期物尽其用。并于事后呈报清楚为要。

木牛年六月十三日

此文以噶厦名义批复当否？祈示。

《噶厦档案》

刘文尧　译

注：木牛年即1925年。

26. 噶厦饬僧官吉村克却文稿

所禀均悉，已禀呈达赖。

查木兔年沃卡地方因发生地震，仁岗寺及宗府等房舍遭到破坏。曾由尔及勒参巴俗官噶须巴和沃卡曲顶拉章管家担任主管人，负责修复。本应在修复竣工后结算粮款开支，上交剩余部分，但因与尔共有户权之吉村平措之违法行为，全家内外财产皆已没收，此情确属无误。惟按定例，政府派往各地之僧俗官员，均应竭尽忠诚，将经手包含薪饷在内之粮食和款项收支等，按数记账后，分毫无差及时上交清单。尔不仅未予遵办，而且大肆隐匿。况前曾派尔任过较好之宗谿及铸制金币等重任，不思感恩图报，竟持为借口，妄图狡赖，殊属恶劣。本应严加惩处，此次仍姑予宽恕。惟竟又要求豁免应行上交部分，实属无理，碍难批准。兹照当时负责修复管事之一噶曲寺勒参巴俗官噶须巴一样，限尔于三年之内分期将自己负担部分，逐年上交稽核处。着即持此偕同中保证人至稽核处立约，不得有违。

铁羊年八月三日

以噶厦名义如此批复当否？祈示。

《噶厦档案》

拉巴次仁 译

注：铁羊年即1931年。

三、地震年表

摘自1954年版《中国地震资料年表》（中国科学院地震工作委员会）。西藏桑日、乃东7级地震调查资料如下。

公元1915年12月3日（藏历第十五绕迥阴木兔年十月二十七日）曲松地震（29°14′，92°13′），震级M=7级，烈度I=X度

概况：本次地震有详细的档案及现场调查资料（字数二万五千、计三十件）。极震区在曲松拉布、扎地（布当附近）与桑日沃卡一带。扎地共倒塌房屋53户，压毙男女128人、牲畜238头，拉布共倒塌房屋28户，破坏1户，压毙男女17人、牲畜665头。两地附近的寺庙有底乌热寺大殿。仓库、厨房、僧舍等全部陷塌；乌金岭寺修行室全部倒塌，压毙僧俗7人、牲畜79头；甘丹曲顶寺集会厅、门楼、厨房、僧舍全部倒塌，佛像、财物被埋，喇嘛死亡9人；乃仁寺集会厅、僧舍全部倒塌，压毙僧俗6人。原沃卡宗府房屋部分倒塌，所辖弥勒殿严重破坏。仁岗寺殿宇、大经堂、仓库、拉让及僧舍十一间全部倒塌，压毙僧人9名、百姓5人，佛像塑像全部毁坏。藏卡房屋全塌6户，压毙5人、牲畜117头。沃卡林差岗房屋全塌2户，压毙4人、牲畜23头。宗萨（竹麦沙）倒塌房屋17户，压毙10人、牲畜22头。以上共计压毙僧俗男女200人、牲畜1141头。（因地震发生在上午十一点左右，人畜死亡较夜间发震为少。）各村上下及山区不断发生崩塌、泥石流，压坏水渠、农田。Ⅸ度区内上沃卡、曲松（拉加里）房舍遭到破坏，少数民房倒塌；拉索在山上的房子都被震倒，其他房屋严重震裂。低烈度区的乃东、穷结、扎囊等地受灾不重，其中扎囊弥勒佛塔稍有震坏；加查达龙少许旧房垮塌，4个女孩死亡；墨竹工卡的仁青里一个女孩死亡，压毙牲畜4头；桑鸢秦普寺属之红崖寺经堂墙脊及围墙均遭震裂。拉萨市少数较旧房屋稍有开裂。有感余震持续月余。

四、调查报告

摘自《青藏铁路南段（那曲—拉萨）地震基本烈度鉴定报告》。1976年国家地震局成都地震大队西藏烈度分队对桑日7级地震调查情况如下。

发生在1915年12月3日10时39分19秒的7级地震，震中位于桑日县沃区藏嘎（卡）村一带，地理坐标为北纬29° 14′，东经92° 13′，与仪器测得震中位置相差约75公里。震中烈度Ⅸ度，等震线的分布呈一椭圆形，东西长，南北短，长轴半径5.5公里，短轴半径约2公里。处于极震区的布当村，居住着47户人家，藏式砌石结构的房屋几乎全部倒塌、死亡170余人，幸存者仅十余人，压死许多牛羊，山上滚下大量巨石。藏嘎村有一喇嘛庙全部震垮，压死许多喇嘛，现在还残留其废墟。Ⅷ度区

等震线，基本形态与Ⅸ度区一致，长轴半径约13公里，短轴半径约5公里。Ⅶ度区，北到沃卡，西至绒区，向南、向北情况不明。根据等震线推算震源深度约10公里。长轴衰减系数为2.4，短轴衰减系数为9.6。

国家地震局成都地震大队西藏烈度分队

注：调查访问“布当村死亡170余人”，疑为“拉加里死亡170人”（见本次地震首件档案）之讹传。

五、地震目录

摘自1999年版《中国近代地震目录》，汇总1915年12月3日西藏桑日、乃东7级地震情况如下。

西藏桑日、乃东7级地震参数表

地震日期	发震时刻（北京时间）	震中位置		精度	震级	震中烈度	震源深度（km）	震中参考地名
		北纬	东经					
1915-12-3	10:39:19	29.5°	91.5°		7	Ⅸ		西藏桑日附近

宏观震中：29° 14′ N，92° 13′ E

桑日：东部的仁岗寺、贡嘎、桑朱林及其政府、民房和寺庙房屋完全倒塌，人畜伤亡。仁岗寺遭到破坏，佛像被毁，许多活佛喇嘛被压死。布当村47户人藏式房屋几乎全部倒塌，死亡170余人，压死许多牛羊，山上滚下大量巨石。塔坡地区（太昭的东南方）山上房屋震倒。

拉萨：少数旧房震裂。

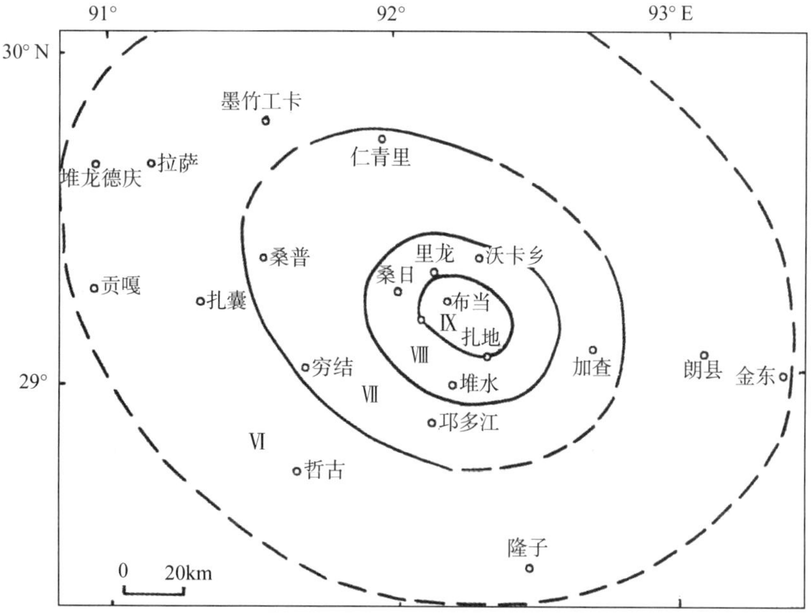

1915年西藏桑日、乃东7级地震等震线图

1917年1月24日安徽霍山6¼级地震

【编者按】1917年1月24日08时48分12秒在（N31.3°，E116.2°）在安徽省六安市霍山县发生6¼级地震，震中烈度Ⅷ度，地震使人民生命财产蒙受严重损失，有感范围较大。在2月22日10时12分56秒，该地区曾发生了一次5.5级地震，余震延续时间有一个多月。这次6¼级地震是该地区自1481年以来所记载的最严重的一次。我们将当时上海徐家汇台所记录的两次地震图及徐家汇观测台收集编制的等震线图及调查报告，当时北洋政府农商部地质所刘季辰等写的《民国六年一月至三月地震调查报告》（摘录），1954年中南地区有关部门曾经对霍山地震进行调查并编写的报告及中国地震局地球物理研究所整理的1917年霍山地震资料汇编，1971年武汉地震队霍山地震考察队的调查情况和1999年《中国近代地震目录》一书中有关1917年霍山地震内容资料，以及刘盛武先生提供的1917年安徽霍山地震遗迹照片一并列出。

发震时刻：1917-01-24，08:48:12；

震中位置：N 31.3°，E 116.2°；

震　　级：6¼级；

震中烈度：Ⅷ度；

震中附近地点：安徽省六安市霍山县。

一、地震记录图

Z032上海徐家汇地震台G1917年1月24日（BMT）记录的安徽霍山6¼级地震图如下。

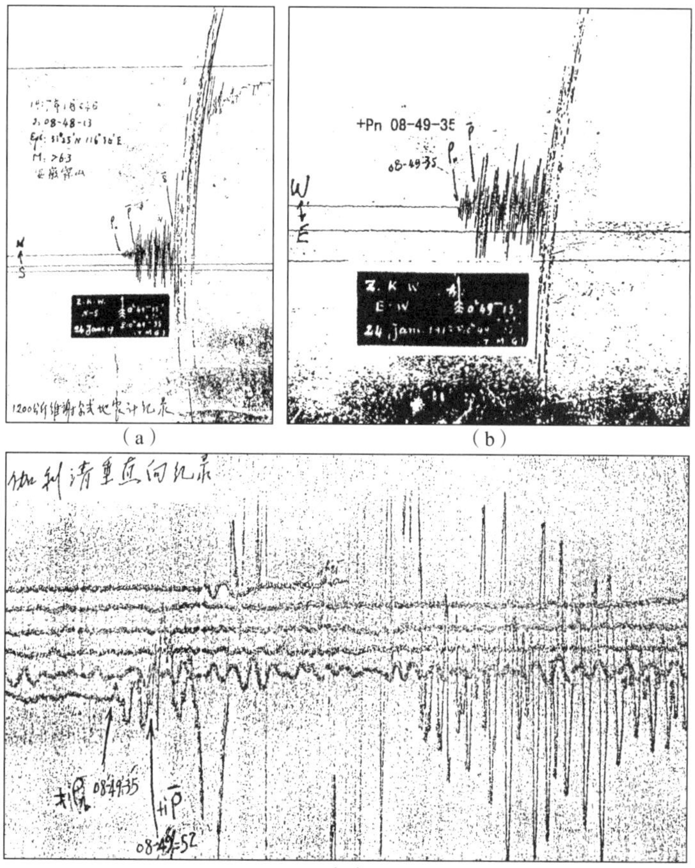

（a）（b）（c）

上海徐家汇地震台（a）南北向、（b）东南向、（c）垂直向记录的1917年1月24日安徽霍山6¼级地震图

Z033上海徐家汇地震台G1917年2月22日（BMT）记录的安徽霍山5.5级地震图如下。

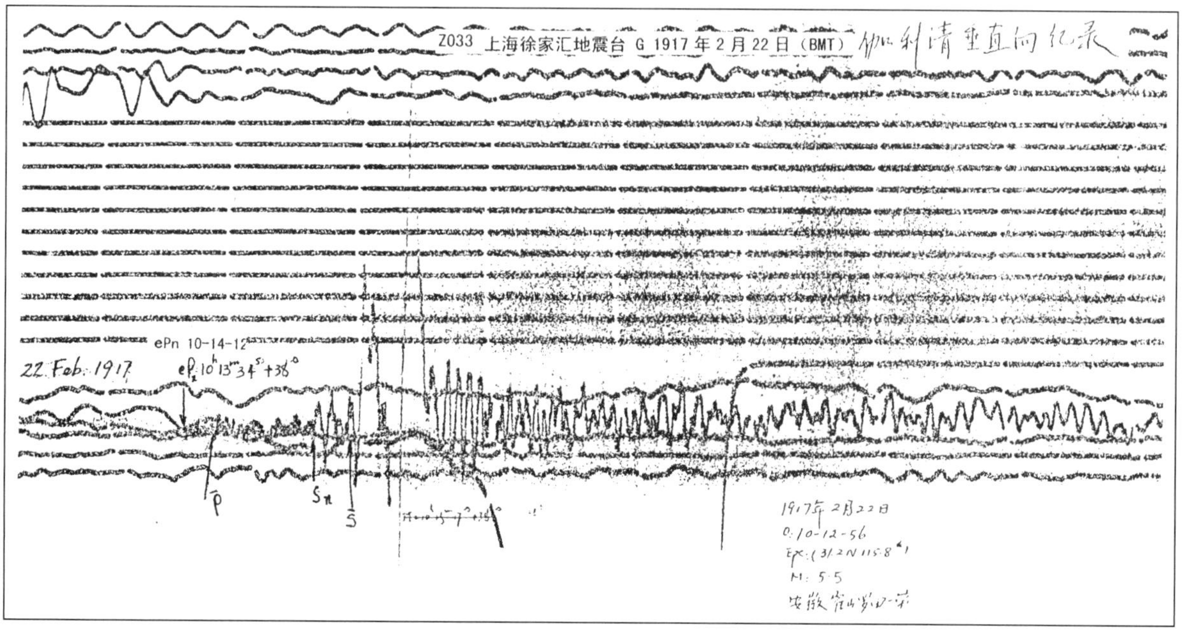

上海徐家汇地震台垂直向记录的1917年2月22日安徽霍山5.5级地震图（垂直向）

二、地震史料

（一）徐家汇观测台关于霍山地震的调查报告①（徐家汇观测台）

1917年1月24日安徽霍山地震略图见图1。

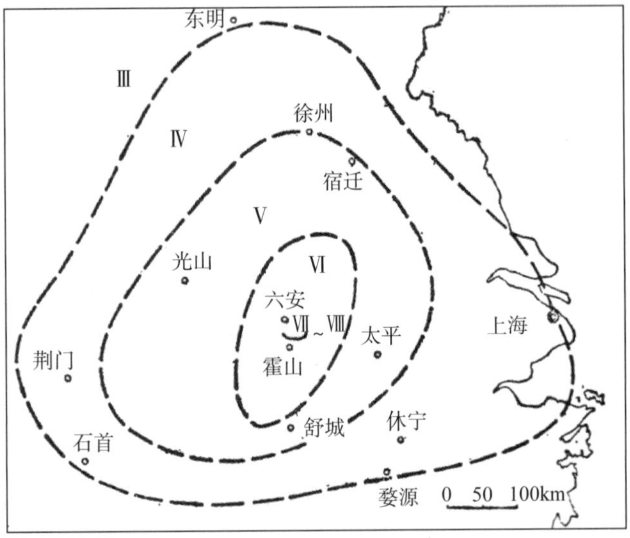

图1　1917年1月24日安徽霍山地震略图（徐家汇观测台）

图中只是粗略地给出由第一次调查供给我们的报告的摘要，不能希望由这个摘要得到精确的结果。罗马字母表示该台所观测到的地震烈度，烈度为R-F烈度表的烈度。在我们看来，有几个城市有特别的记载，由于在给我们的报告中，说明了更多的情况，而使我们能够辨别在这些区域中的烈度为Ⅳ度或Ⅴ度。为正确起见，应该用记载的廖坊或毛桥河、南岭界、流波疃、诸佛庵代替霍山，在这些地区有更显著的破坏与伤亡。但是这些地名是较生疏的，而且由于我们的图幅所限，不可能容纳全部地名。总之这些地区都在霍山群山的山脚。在北部震动较剧。

此外，我们认为，用霍山山脉的地名比用邻近地区的名称更为有利，因为在中国历史上不止一次地记载了该地区为震中。

在我们的《中国地震目录》中就曾记载了四次，而有关地震情况叙述见第二卷72、247、277页。1615年的地震与1917年的地震有共同之处，确切地说，都是延续了一个月之久，应当注意而熟悉这个在中国地震史料中所重复叙述而简短的记载“震动延续一个月，震动延续了40天”。我们还记载了几段当地目睹者的记录。

在李家冲与西界岭之间，8时45分有强烈震动，震动之前伴有滚动与破裂之声，声音延续有15秒钟，当时我在一走向南北方向的山顶（探望一个将死之人），在东部，此山和另一走向也为南北方向的山，中间被一深度为400～500m的山谷隔开，山顶之间的直线距离为2km或3km，我们所在的房屋面对南方，位于一东西向的山峡上。房屋由北东东角开始震动，而移向南西西，鸣吼声与破裂声也是相同的方向。其实在确定真实情况以前，我做了三个错误的推测：屋瓦要滚下，内墙震动，人们确切地感到房屋要倒塌而逃至室外。在我判断情况以前，我所探望的老人也逃至室外，当我到外面的时候，我所在的土地并无多大的震动，但是有人听到震动声来自山谷的其他角落而沿南西西经过和我们平行的山岭。

我个人所观测的地点，是在廖坊南面15km，李家冲东北3km，巧高坡西南处，在8时55分发生第二次强度较次的震动，但还有破裂和滚动之声，数块瓦片落到地上，方向为北东东—南西西。

在沿廖坊的路上及沿线附近，我们收集了几种观察到的现象：

（1）和我所在地相反，震动及声音来自北北西，而走向为南南东。

（2）在两个地方，有人说大树曾强烈地摇动。

（3）在廖坊有一群鸟（特别是乌鸦与喜鹊）迅速摇摆地飞行前进；狗悲鸣地跑过山地；很多沿其长轴方向为东西的房屋墙垣裂开，一个沿其长轴方向为南北的学校及同样方向的墙垣，墙顶已向东倾斜约10cm，墙垣的西北角已倒塌。我也注意到离廖坊2.5km的同一山谷中田庄的三间房屋，其西北角有相同的倒塌情况。在7.5km处，一个山庄沿其长轴方向为东西的大墙倒塌成块。

① 该报告发表于徐家汇观测台1917年第1期月刊上，原文为法文。

目睹者反映的一些情况。

一农民由某处回来时，在李家冲至西界岭的路上，对我谈到：在一瀑布处有一被地震崩垮下的大块岩石，一部分尚留在瀑布中，另两块较大的岩石块被抛出瀑布，一块在路上，一块抛得较远；而在山上，有很多小的石块也被抛至瀑布以外。

一个旅行者谈到离六安25km处，有很大破坏。他说在毛桥河有人被倒下的大梁压死，震动似乎比廖坊更为强烈，房屋塌毁很多，中国式厨房被震倒坍；鸡群发出恐怖的哀鸣，瀑布水流涌溅谷外，树木强烈地摇动，岩石自动地坍垮，居民无有住处。

在南岭界北部35km霍山的路上，破坏更为显著，数所住房倒塌，死4人，伤6人。

在流波疃及诸佛庵西北45km，震动更强烈，破坏也更严重。

根据一乡间商人反映，在霍山山脉后山脚下有较强烈的震动。流波疃、诸佛庵、黑石渡都在这些群山的边上。

六安，准确地说有两个相隔10分钟的震动，第一个比第二个更强烈。人们静止时可以感觉震动，房屋震动作响，物体垂直地震动，无位移及倒坍发生；人们坐在椅子上有跳跃震动之感，如同人在一机件不灵的轮船甲板上上下颠簸一样，后来颤动中伴有滚动之声，如同一来自东方二轮车在石子地上行进，有些人被震动得有些头眩。

在城市无破坏，几块瓦片落在地上。

在同一地方遇到过五个人，一人说方向是东西的，另外四人说是北方。

开始，房屋的西北角有摇动（其时间差异可以估计）；以后，即产生一般性的震动，其延续时间，有人说是几分钟，我以为自第一次感觉起，震动延续有一分钟，我宁可想是15～20秒，加上回声。为了包括全部震动，我延长了二倍的时间。

霍山震动比六安更强烈。房屋骤然被损坏，但未完全破坏（据电报的通告），几天以后，记载上写道：

墙垣倒坍，特别是大门及屋角（我几乎未看到有留下完整的房角）；有一墙，似乎上上下下来回颠簸震动了6～7次，砖已裂开，有轻微地向内弯曲，墙上之石灰都已下落，墙的顶部都倒塌，我认为这是由于屋顶被震动而摩擦的结果，有人在稻田里见到地上有一裂口（洞穴直径约15～20cm），其中满荡着沙和水，现在已干涸。

烈度小于R-F烈度表V度的地区：

宿松，由于地震突然地发生，因此震动虽小，但很强烈。人们逃至屋外，一旧房倒塌。放得不牢固的物件倒翻。无人伤亡。震动延续有5秒到8秒。

（二）刘季辰《民国六年一至三月地震调查报告》（节选），摘自《北洋政府农商公报》第35期。

调查员刘季辰等顺道赴霍山一带勘查……

地震烈度表系按罗西-佛瑞尔（Rossi-Forell）之法，计分八度……

……惟最高二度，各报告间有出入，图2中不易分辨，图中等震线根据报告而作。凡位置确定者皆记以实线，其未有报告而出于假定者以虚线连之。

……

本年地震如霍山等处有，历时逾一月有余而日无间歇者，然就其大者类别之约可分为三次：

第一次 一月二十四日

第二次 二月二十二日

第三次 三月一日

三次震中其第一次、第二次之震源，大概皆在皖、鄂、豫三境之交，……第三次地震惟浙江龙泉、庆元、福建浦城、福鼎、松溪等处觉之，共范围区域与前迥异，以报告寥寥，兹前二次中，以一月二十四日为最烈。

麻城县报告谓：一月二十四日、二月七日及二十二日震动皆烈，房屋有倾倒者。

据刘季辰调查报告：霍山境内，地震最烈之日为一月二十四日晨8时许，历时约一刻余，震力自下而上，屋瓦皆飞，墙壁倾颓，山石崩坠，……全境死伤闻者约及数十，最烈之处为西南乡之落儿岭……闻离此五十里往英山道间，崩石甚巨，有大逾一屋者云。

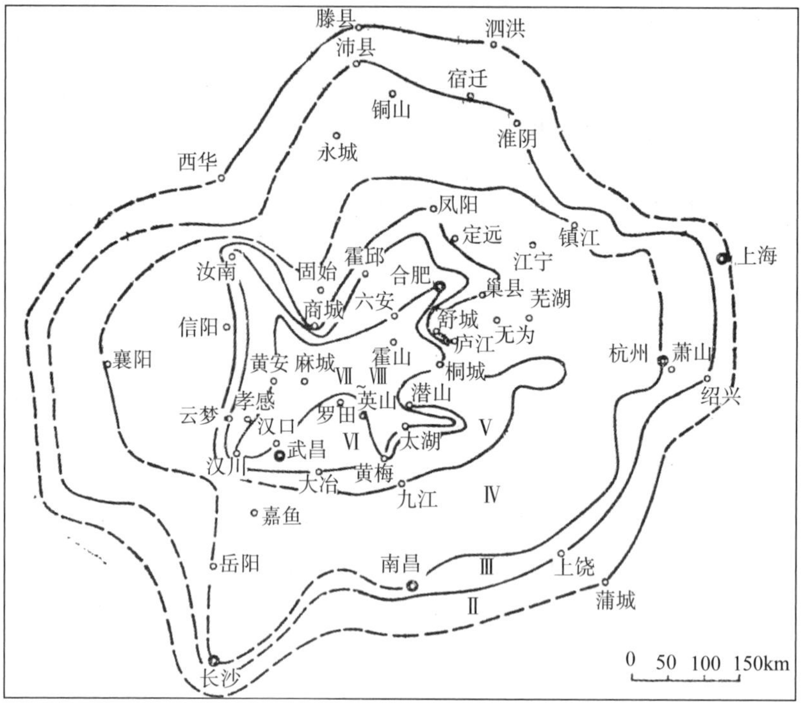

图2 民国六年一月二十四日安徽霍山地震等震线示意图

一月二十四日地震调查表

省	县	烈度	报告人	省	县	烈度	报告人	省	县	烈度	报告人
河南	商城	Ⅳ	县知事	安徽	宜城	Ⅳ	县知事	湖北	罗田	Ⅵ	县知事
河南	罗山	Ⅳ	县知事	安徽	泾县	Ⅴ	县知事	湖北	安陆	Ⅴ	县知事
河南	确山	Ⅳ	县知事	安徽	太平	Ⅴ	县知事	湖北	云梦	Ⅳ	县知事
河南	光山	Ⅶ	县知事	安徽	旌德	Ⅴ	县知事	湖北	蕲水	Ⅵ	县知事
河南	汝南	Ⅵ	县知事	安徽	贵池	Ⅴ	县知事	湖北	应山	Ⅳ	县知事
河南	沈邱	Ⅵ	县知事	安徽	铜陵	Ⅳ	县知事	湖北	应城	Ⅳ	县知事
河南	桐柏	Ⅳ	县知事	安徽	石埭	Ⅶ	县知事	湖北	襄阳	Ⅳ	县知事
江苏	江宁	Ⅳ	县知事	安徽	东流	Ⅶ	县知事	湖北	钟祥	Ⅶ	县知事
江苏	浦口		津浦车站	安徽	秋浦	Ⅵ	县知事	湖北	京山	Ⅳ	县知事
江苏	溧水	Ⅳ	县知事	安徽	天长	Ⅳ	县知事	湖北	荆门	Ⅳ	县知事
江苏	丹阳	Ⅳ	县知事	安徽	亳县	Ⅳ	县知事	湖北	江陵	Ⅴ	县知事
江苏	金坛	Ⅳ	县知事	安徽	凤阳	Ⅴ	县知事	湖南	岳阳	Ⅳ	县知事
江苏	无锡	Ⅳ	县知事	安徽	临淮关	Ⅵ	津浦车站	湖南	湘阴	Ⅵ	县知事
江苏	镇江	Ⅳ	税关	安徽	颍上	Ⅴ	县知事	湖北	南县	Ⅳ	县知事
江苏	江浦	Ⅳ	县知事	安徽	霍邱	Ⅵ	县知事	江西	南昌	Ⅳ	县知事
安徽	怀宁	Ⅴ	财政所	安徽	蒙城	Ⅳ	县知事	江西	宣丰	Ⅳ	县知事
安徽	桐城	Ⅷ	县知事	安徽	六安	Ⅳ	县知事	江西	新建	Ⅳ	县知事
安徽	太湖	Ⅷ	县知事	安徽	英山	Ⅵ	县知事	江西	弋阳	Ⅳ	县知事
安徽	潜山	Ⅵ	县知事	安徽	合肥	Ⅶ	县知事	江西	修水	Ⅳ	县知事
安徽	望江	Ⅳ	县知事	安徽	太和	Ⅳ	县知事	江西	九江	Ⅴ	县知事
安徽	庐江	Ⅴ	县知事	湖北	武昌	Ⅵ	县知事	江西	奉新	Ⅳ	县知事

续表

省	县	烈度	报告人	省	县	烈度	报告人	省	县	烈度	报告人
安徽	舒城	Ⅳ	县知事	湖北	鄂城	Ⅷ	县知事	江西	德安	Ⅳ	县知事
安徽	巢县	Ⅳ	县知事	湖北	嘉鱼	Ⅳ	县知事	江西	瑞昌	Ⅴ	县知事
安徽	无为	Ⅳ	县知事	湖北	麻城	Ⅷ	县知事	江西	余干	Ⅳ	县知事
安徽	滁县	Ⅳ	县知事	湖北	通城	Ⅳ	县知事	江西	都昌	Ⅴ	县知事
安徽	全椒	Ⅳ	县知事	湖北	大冶	Ⅵ	县知事	江西	玉山	Ⅳ	县知事
安徽	来安	Ⅳ	县知事	湖北	夏口	Ⅵ	县知事	浙江	杭州	Ⅳ	县知事
安徽	和县	Ⅳ	县知事	湖北	汉口	Ⅶ	税 关	浙江	富阳	Ⅴ	县知事
安徽	宿松	Ⅳ	县知事	湖北	汉川	Ⅷ	县知事	浙江	新登	Ⅳ	县知事
安徽	含山	Ⅴ	县知事	湖北	孝感	Ⅵ	县知事	浙江	吉安	Ⅳ	县知事
安徽	羌湖	Ⅳ	税关	湖北	黄冈	Ⅳ	县知事	浙江	衢县	Ⅳ	县知事
安徽	歙县	Ⅳ	县知事	湖北	黄安	Ⅶ	县知事	浙江	常山	Ⅳ	县知事
安徽	休宁	Ⅳ	县知事	湖北	黄梅	Ⅶ	县知事	浙江	开化	Ⅳ	县知事
安徽	祁门	Ⅴ	县知事	湖北	蕲青	Ⅵ	县知事	浙江	分水	Ⅳ	县知事

（卢寿德　苏公望　整理）

（三）资料汇编

中国地震局地球物理研究所整理的1917年霍山地震资料汇编如下。

1. 安徽霍山

民国六年（1917年1月24日）霍山地大震，死数十人，受震面积60万平方公里。余震时作，至二月二十二日复大震，至四五日间尤未尽息云。

[录佛子岭水库资料]

正月初二早晨地震，自西向东北，山摇树摆，路上行人立足不定，鸡飞狗走，猪牛惊窜奔鸣，塘水振荡，游鱼飞跃，锅台及间墙亦有倒塌者，尤以县之西南境为最烈，如黑石渡、诸佛庵、鹿吐石铺、佛子岭等区，山崩地裂，岩石崩坠，墙倒屋塌，压伤人畜者有之，近山居民多迁至户外，搭棚住宿，月余方返。经此次大震后，数十天内，均有微震。

[中南区地震调查工作组霍山小组调查资料]

正月初二地大震……山崩石裂，桥梁屋宇倒塌无数，以新铺沟、六万寨、鹿吐石铺等为最烈。二月初二复大震，害较轻。[未刊出的县志草本]

鹿吐石铺　正月初二日地震，屋顶掉瓦，山崩大石头滚下来，压死一小孩。二月初一地又动。

[一机部调查]

烂泥坳、舞旗河、新铺沟　山有裂缝，石头滚落。[一机部调查]

黑石渡：正月初二日早饭时地震，街前河边地都震裂开了，冒出沙水。黄家畈小河边地也震开了口子，冒水。

靠山下河边有裂缝，长丈余，东西向，约三四寸宽，冒黑水。城西土地岭有大块山石滚落。

[一机部调查]

曾家畈：凉水井有水冒起，乡间所用铁耳锅置于炊炉上热菜，被震翻落地。[水利部调查]

戴家河：正月初二地动，河岸沙岩裂开出黑水，河里水动并向上涨，土墙、砖墙有倒塌。

[一机部调查]

俞家畈：地开裂，有水及沙冒出，裂缝长四五丈，深丈余，方向东西。[水利部调查]

凌家冲、迎驾厂（属佛子岭区）：1913（？）年旧历正月初二上午八点钟左右，地震从西北方向来，历时约15秒钟，烟囱及不坚实的房屋倒塌，锅台发生裂缝，桌上蜡台翻倒，碗盏等颠动，池塘中水起大波，山上大石滚落。[水利部调查]

凌家冲：1913（？）年旧历正月初二地震，人智昏迷，在佛子岭上游龙门槛原有两个石笋，地震时倒塌一个。其他山上发生裂缝，突出的石头滚下很多，坚实的土墙除泥土震落外，未有损害。[水利部调查]

锅台倒的现象较多，墙开裂，山上石头下落，烟囱都倒了，瓦都震落，地震后井水干涸。[一机部调查]

杜冲：正月初二早饭前地震，倒烟囱，墙动，灰尘下落，听说有少数朽房屋的墙倒了，二月初一地震较小些。[一机部调查]

城关镇：1917年正月初二地震。县城内房屋为木楹架结构瓦房；城外多为土砖墙或用土夯筑；乡间均为土墙草顶或树枝竹竿编结之墙。部分无依持之土墙及砖砌空心隔墙因震动而倒塌，曾有人受伤，厨房烟囱大部分倒塌，锅台亦有震裂。霍山西门外刘家大坟附近地裂缝长丈余，宽三、四寸，缝中冒水。文峰塔高约20m，塔体为七层六面，无塔门，底部石造一层各面均有裂缝。县城附近沿河一带，一直延至黑石渡及其西，裂缝方向不一致。[水利部调查]

街上倒了一些房子，土墙多倒塌，有的人家的锅台也震塌了，许多人家的锅被打破，地面出水，一下子就没有了。[一机部调查]

霍山县城西1km的石狮子乡地陷二阱，直径约50cm，冒水及涌沙。[中南财委调查]

诸佛庵：正月初二早饭地震，声如重车行驶，震时墙倒屋塌土地开裂，狮子山大石乱滚，将军岩垮下了大石头（现在仍能看见）。诸佛庵的一位外科医生说，每天都不断有受伤的人前来就诊。小堰口的张家园子，家家都倒了柱子墙（即隔墙），约100km内的民家倒灶毁锅十之八九（居民多席地开饭，外住月余）。二月初一，又动了一次，较小。[中南财委调查]

鸟观咀：正月初二地震，听说有裂缝。[中南财委调查]

山王河乡：正月初二地震，倒了很多高的老的土墙，二月初一又动。[中南财委调查]

落儿岭：正月初一日大地震，堂房里的地都裂开了一条大口子，有一尺多宽，听说板冲景槽湖的山都震垮了一大半（现在还可以看见），屋上掉瓦，一部分房子也倒了，井水也混（浑）了。二月初一日地震要小些。[中南财委调查]

花椒冲：正月初二地震，山石是那年垮的。[中南财委调查]

姜家冲：正月初二早饭前地动，桌上茶缸两边摇动。[中南财委调查]

复兴乡：正月初二地大震，河里的白沙给翻出来了，大家吓得都在外面睡，听说落儿岭墙砸死了人。二月初一日地又震。[中南财委调查]

石狮子湾：正月初二地震，河滩裂开有一二尺宽，冒黑水，房瓦向下掉。[中南财委调查]

东门冲：正月初二日地震，土地庙的屋角都震倒了，山上石头滚落，山坡岩尘飞扬，听说徐大志家的大门倒了，还砸死了一个人。二月初一日地震。[中南财委调查]

与儿街区：正月初二早饭时地震，塘内及田里的水被震得向东北流，屋上的瓦被震落。[中南财委调查]

水口寺乡龙津村：正月初二晨地震，碗响瓦掉，塘里的鱼都跳起来，听说山里倒了一些房子。上土市南泥坳因地震，倒了一些房子，并压死七人。二月初一又动了一次。较小。[中南财委调查]

牛客坟：正月初二早饭时地震，因地震陷落而变成一个洞。[中南财委调查]

土地岭清浦沟：正月初二晨地震，山崩，崩下来的石头把路都堵住了（亲眼看见的），听说烂泥坳那边（清浦沟）徐姓房子倒塌，还死了三人。[中南财委调查]

三里店：正月初二日地震，人吓得往外跑，屋檐上的瓦往下掉。[中南财委调查]

西石门：正月初二晨地震，山崩地裂，墙倒屋塌，人不敢家居者月余。二月初一又小震。[中南财委调查]

下符桥区大沙埂乡：正月二日早饭时地震，墙动，塘内鱼跳，有许多较高不太好的土墙倒了不少。杨家邦家的门楼倒了，屋檐瓦掉了很多。杨氏祠堂（坐西面东，砖墙高一丈七尺左右，一砖厚）南头墙的上半截被震倒。[中南财委调查]

河西：正月初二地震，听说河西（指淠河）砸死三人（后面山高于房子， 石头掉入屋内砸死的）。[中南财委调查]

葛家冲：正月初二地震，听说葛家冲有山裂缝的。[中南财委调查]

三尖铺：正月初二地震，塘水振荡，青山村震掉了瓦。[中南财委调查]

五里墩：正月初二地震，墙也震倒了（墙原是坏的）。[中南财委调查]

2. 安徽金寨

正月初二日早晨发生地震，历时约1～2分钟，瓦房作响，屋顶泥灰掉落，人皆惊奔户外，除感到上下颠动外，尚没头晕跌倒者。极个别的掉下几块屋瓦，桌上碗杯上下颠动，池塘之水振荡，但不满缸之水没有溢出。[水利部调查]

梅山：正月初二早饭光景发生地震，震时有的屋瓦掉下，烟囱有倒塌的，部分土墙有倒塌的。[水利部调查]

流波疃：正月初二日地震。当天十七次，震时房子上下颠动，无整屋倒塌者，屋顶泥皮脱落，不坚固房屋屋檐掉瓦甚多，房屋墙壁有开裂、歪墙现象，并有山墙倒塌，把人砸死。如关帝庙南北向砖墙，两边靠墙角处有裂缝一道，上宽下窄，文昌宫西山墙倒了半截。高灶烟囱及锅台亦有倒塌。流波疃东南较严重，有的瓦房倒了。[水利部调查]

红石滚子：房屋摇晃未倒，老旧的墙壁有倒塌的，屋瓦个别有震落者，锅台也有开裂。[水利部调查]

麻埠：正月初二地震有声，自西北向东南，震时屋顶泥皮脱落，屋瓦不牢的有坠落者，一般墙角相交处有裂缝，少数墙有倾斜，只有一家的墙有倒塌，仅有一处河岸有坍坡现象（但在大水时该处也曾发生坍坡），有人家柱子墙倒了。[水利部调查]

张家冲：正月初二地震，人皆惊奔户外，感到上下颠簸，站立不稳，震时房屋摇晃未倒，墙壁裂开及倒墙者有之，屋瓦坠落甚多。高灶烟囱[①]倒塌，锅台开裂。山上滚石，树木摇晃。凉水井旁边沿小路上有裂缝一条，长约1～2丈，走向为N75° W。[中南财委调查]

响洪甸九曲岭　正月初二地震有声，自东南向西北历时约1～2分钟，震时屋顶泥灰掉落，屋瓦有个别掉落，室内桌上碗摇晃，山上有石头滚下，但为数不多。[水利部调查]

古碑乡：正月初二日地震，有轰轰声，自北向南，历时片刻。震时房子发响，屋顶掉泥灰，个别有掉瓦现象。池水振荡，池鱼上跃。[水利部调查]

茅坪：正月初二及二月初一地震有声自西来，震时房子作响，屋内泥皮脱落。屋瓦只有靠檐的有些坠落，高灶烟囱倒塌，池鱼跃起，天塘边山上滚下石头甚多，西山削壁之处坠石甚多。[水利部调查]

响山寺：正月初二地震有声，自西北向东南，历时约2分钟。房屋没有倒塌，屋顶泥灰脱落，屋瓦有个别掉落。家具发响，半缸之水振荡而未溢出，山上震时有石头滚下，屋脊上之“燕尾”个别有坠落。[水利部调查]

胡店：正月初二早饭左右地震，起自东方，墙壁摇晃，但无倒塌及开裂现象，檐口瓦片落下，高灶烟囱倒塌，附近山石滚下甚多，沿胡店街心顺石驳岸方向，有长小于一丈，宽四五寸之裂缝一条，探不到底。[水利部调查]

扬店子：正月初二地震有声轰轰，自东南来，人惊奔户外，老旧的墙有裂缝，未满缸之水振荡而溢出。[水利部调查]

船板乡：正月初二地震，震声自南来，人惊奔户外，房屋泥皮掉落，屋檐瓦片个别也有掉落，树木摇晃，池鱼上跃。[水利部调查]

梓树乡：1917年正月初二在吃早饭时发生地震，地震有声，人皆惊奔户外，感到有点头昏，站立不稳，屋檐上瓦片有少数掉下来，不好的墙角有倒塌，并有一门楼震倒了一小部分，山上有小石滚下。[水利部调查]

燕子河：正月初二日发生地震有声，人惊奔户外，房屋除掉泥皮外，并未有掉瓦及倒塌现象，烟囱也未倒，茶缸里的水未有溢出。[水利部调查]

---

① 高灶烟囱即有烟囱的灶。

悬剑山：年代不清，时间为正月初二早晨，地震声音自东往南，悬剑山孤石乱滚（当地居民称在大雨及融雪之后，沙土被水淘空，山石自动滚落，非地震亦有滚石现象），室内器皿及屋架发声，尚无倒房现象，有烟囱之灶局部震落。 [水利部调查]

金刚台：1917年地震有声，历时几分钟，房屋除掉泥皮外，并未有其他破坏现象，室内灯台、佛具、桌上之碗盏都晃动，山坡较陡孤之险石有滚下者。 [水利部调查]

黎集：人惊奔户外，房屋未有倒塌，墙壁也未有开裂，碗发响，地上未有裂缝，树木摇晃未倒。 [水利部调查]

3. 安徽六安

年代不详，正月初二早上地震，玻璃窗有震破，河水起波，山墙摇动，一般房屋除较陡屋顶檐口瓦片间有坠落者外，无其他损坏。满盛之水将溢出，蜡台及笨重物件无翻倒，屋内悬挂之提篮等均摇动。 [中南财委调查]

民国三年（?）正月初二，天亮时地震，声音似雷，塘里的水都颠起来，桌上用具都震跳起来。 [一机部调查]

苏家埠：地震有声自西北向东南，历时约2～3分钟，人皆惊奔户外，感到上下颠动，站立不稳，砖墙歪了的很多，震后需要支正，新修房屋未有破坏现象，檐口有掉瓦，但并不普遍。 [水利部调查]

高台子：民国三年（?）正月二日地大震，桌上的碟子都跳起来，房子直摇，山里的树木也摇晃，塘水发溅，徐家贵家的土墙（本来已歪）被震倒。 [中南财委调查]

独山：二月初一地震，仅屋上瓦响，门环摇动。正月初一（?）之震，亦无甚破坏。 [地球所调查资料]

4. 安徽舒城

民国三年（?）正月二日地震，有声，瓦响房动，桌上放的碗也响，人害怕往外跑。 [中南财委调查]

5. 安徽岳西

正月初二地震，房屋发响，人惊奔户外，屋顶掉泥皮。 [水利部调查]

6. 安徽霍丘

民国三年（?）正月二日早晨7时地震，门窗玻璃响，水起波浪，人怕，向外跑。二月又震了一次。 [中南财委调查]

埴扒乡：民国二年（?）正月二日早饭时地震，有响声，房屋摇动，桌上放的碗都发响。人人害怕，大家向外面跑。 [中南财委调查]

7. 安徽合肥

民国六年正月二日地震，房屋若倒，盆水震盈，人都感觉惊恐。 [地球所调查资料]

8. 安徽潜山

民国六年正月二日（1917年1月24日）地震有声。 [民国县志]

9. 安徽阜南

洪济乡：民国六年正月二日地震，有倒锅台的，但不多，东西震得响，树也摇，人坐不住。 [地球所调查资料]

10. 安徽寿县

保义区：民国二年（?）正月初二早饭时地震，屋上掉坷垃，叠放起的碗有响声，人坐在门槛上能感到轻微的上下跳动，在田野的人比较难感到。二月初一又震。 [中南财委调查]

瓦房乡：正月二日早饭时地震，墙上掉瓦，屋顶上有点掉坷垃，房子响，沟里水乱溅。二月初二日（?）又震。 [中南财委调查]

皂口乡：民国二年（?）正月初二早晨地震，碗柜响，墙动摇，屋上掉坷垃，人吓得往外跑，塘内三四寸厚的冰块给震裂了。二月初一又震。 [中南财委调查]

戈店乡：民国三年（?）正月二日早晨地震，房屋乱动，室内东西乱动，很多人都吓得往外跑。二月初一又动过一次，比第一次小。 [中南财委调查]

11. 安徽安庆

民国六年正月二日上午8时地震，江水动荡很厉害。 [中南财委调查]

12. 安徽全椒

民国六年正月初二（1917年1月24日）地震有声。 [民国全椒县志]

13. 安徽芜湖

民国六年正月初二上午8时地震，两个大油桶被震入江里。 [地球所调查资料]

民国六年正月初二上午8时芜湖地震一次，惟其剧烈则逊于安庆，并无震倒房屋事情。

[1917-2-28《时报》第四版]

14. 安徽怀宁

高河埠　民国六年正月二日地震，铜环震动。 [地球所调查资料]

15.安徽太湖

民国六年正月二日地震。 [民国县志]

16. 安徽宿松

民国六年正月二日辰刻地震，二月初一辰刻复震亦稍微。 [民国县志]

17. 安徽太和

民国六年正月地震。 [民国县志]

18. 安徽黟县

民国六年（1917年）春地大震，逾月复微震。 [民国县志]

19. 安徽桐城、望江、庐江、巢县、无为、滁县、来安、和县、含山、歙县、休宁、祁门、宣城、泾县、太平、旌德、贵池、铜陵，石埭、东流、秋浦（属至德）、天长、亳县、凤阳、临淮关、颖上、蒙城地震 [《北洋政府农商会公报》35期]

20. 湖北武汉

正月二日（1917年1月24日）8时40分前后之震动甚久，武汉坍塌房屋甚多。

[1917-2-12《民国日报》第二张]

正月二日晨地震，营防方面百物动摇，行人站立不稳，居民狂奔出户，逾一分半钟方止，高墙震绽者有之，倒塌不下数十处，损失无几…… [1917-2-12《民国日报》第二张]

二日（1月24日）早8时武汉复地震约一分钟，仅窗户震摇，悬物簸荡，而房屋倾颓者究不多见……

[1917-2-12《民国日报》第二张]

又一函云：元旦之次日（正月二日）8时左右，省垣忽闻异声自东而至，房屋登时震动，贮水之器内亦簸荡不宁约五分钟，人虑屋宇或至倾折，向外奔出……，十字街某宅竟因斯倒塌，大朝中街61号墙垣亦颓半壁（武汉地震记节录）。 [1917-2-12《民国日报》第二张]

武汉自1月24日地震后，2月22日晨8时35分钟之时，各地又觉震动，惟不如上次之烈，事后调查，武汉并无倒塌房屋之事…… [1917-2-28《时报》第2张]

22日武汉再见地震，因时短震微，人不知者甚多（武汉地震记节录）。[1917-2-28《时报》第2张]

民国六年正月初二早上地震，外面电杆直动，外面走路的人觉得发昏，小河内水也动，房子摇晃，挂着的农具摇晃。 [中南财委调查]

民国六年正月初二日（1917年1月24日）晨间记者去营防口方面会友忽见百物摇动，霎时目眩，己身亦觉站立不定，继见该境方面行人及社会居民狂奔出户，麕集数百人，相顾失色，莫明其故，逾一分钟方止，始知地震之故。 [1917-3-17《时报》第九版]

地震后社会宣传某处倒墙，某处折屋，记者往各方向调查，高墙震裂者有之，倒塌者不下数十处。

[1917-3-13《时报》第九版]

正月初二日（1月24日）地震，武汉房屋倒坏者约十余户，幸人口尚无死伤。

[1917-1-27《民国日报》第二版]

汉口：正月初二日（1月24日）午前地震，其势颇烈。 [1917-1-26《民国日报》第二版]

汉口郊区：民国六年正月初二地震，屋和桌子都震动，碗响，吊物摇晃。[中南财委调查]

武昌：正月初二地震，房子响，木板壁响，碗响，吊的东西摆动，树枝摇动，塘水动荡。个别坏房子有掉瓦现象。[中南财委调查]

武昌青山区：民国六年正月初二地震，人觉得摇动，且感头昏，门动，碗响，挂的东西摇摆。[中南财委调查]

武昌油坊岭：民国六年正月初二地震，门环和碗发响，挂着的锄头掉下来，水波动，缸里盛满的水荡出来了。[中南财委调查]

21. **湖北罗田**

辰刻地震，从东北来，约一分钟即止，门窗有声，屋瓦间有震落。[地球所调查资料]

有激烈之地震，而安徽霍山县为尤甚，该地山脉现出一喷火口，附近房屋因此破坏，人畜死伤者甚多，住民悉行避难他迁，三十里以内已无一人。[1917–2–14《民国日报》第二版]

22. **湖北麻城**

民国二年（?）正月初二地震，有声自西北来，屋宇震动，有倾倒者，经一小时始定，二月复震。[民国县志]

城关镇：正月初二地震，陈小南家的房屋土墙被震落几块砖，屋上掉了一片瓦，家里的人都怕屋倒，均跑出屋外。曾姓的破土砖房子被震倒。[中南财委调查]

民国六年正月初二早上地震，床摇动，瓦及门上的铁环都响，灰尘下掉，某家土仓破裂，漏出谷。[中南财委调查]

肖家畦：民国六年正月初二地震很重，没有倒房子。[中南财委调查]

桐冲乡：民国三年（?）正月初二早饭时地震，放在柜边的碗掉下，放在中间的作响，门环响，人摇动，土墙裂开约5cm，土砖墙有些损坏，灰尘下掉，西面茅屋上的砖头掉下来，屋架有些震坏。河水荡起一二尺高，树枝摇晃，少数不好的土砖墙裂口。乌家河堤边地里裂一条缝。[中南财委调查]

宋埠镇：民国九年（?）正月初二地震，人们害怕屋倒，蜡烛摇晃，塘里水动荡，桌上碗响，个个吓得跑出屋外。[中南财委调查]

民国二年（?）正月初二地震，原来已略有歪斜的小房，地震后歪斜得更厉害，门也关不上了。水缸里的水波动，碗响，窗玻璃响，屋顶掉灰尘，某家房檐前的泥巴往下掉广墙倒，瓦有掉的，破旧房子倒了，但倒的不多，好的屋都没坏，河水动荡。[中南财委调查]

张店乡河西湾：民国六年正月初二地震，屋内落扬尘，人惊得向外跑，睡觉的人爬起来就跑，墙上的灰皮落下来一些。[中南财委调查]

福田河区：民国初年（?）正月初二地震，碗碰得响及掉了一些，人向外跑，塘水起了波浪。[中南财委调查]

张店乡杨家湾：民国初年（?）正月初二地震，门环响，扬尘落，屋面上的瓦都震落了，塘水荡起很高。[中南财委调查]

阎河区：民国六年正月初二早上地震，为历次中最大者，有声音从北方来，墙壁摆动，叠碗发响，树木摇摆，塘水发溅，瓦响。竹林湾郑淑樵家的坐西面东青砖墙瓦房，墙面震裂口。黄家畈黄平超、黄铭堤的青砖墙震裂。郑家寨郑氏祠堂的青砖墙也震裂。[中南财委调查]

阎河区袁家湾：民国二年（?）正月初二地震，房屋抖动，屋内灰尘下掉，门环响，人吓得往外跑，有个别人家屋上的瓦被震落，塘水发溅，大树摇动。[中南财委调查]

竹家湾：正月初二地震有声，从北方来，大多数人吓得跑出门外，塘里水动，但未浑浊。[中南财委调查]

董家冲：民国二年（?）正月初二地震。[中南财委调查]

23. **湖北英山**

民国六年正月二日（1917年1月24日）地震，有声如雷，墙壁摇动，人皆逃出户外。[民国县志]

24. **湖北浠水**

地震，历时约一分钟，房屋摇动，树木摇晃。 [地球所调查资料]

25. **湖北大冶**

地震，树枝摇动。 [地球所调查资料]

26. **湖北蕲春**

地震有声，湖水动荡，屋瓦间被震落，天主教堂东墙被震裂缝。 [地球所调查资料]

27. **湖北新洲**

城关镇：民国二年（？）正月初二早上地震，城墙摇晃（有人看见），门环响，家里人往外跑，竹篱笆上糊的报纸被震破。 [中南财委调查]

新建乡：民国二年（？）正月初二早饭时地震，瓦响，门框，桌上的碗都响，屋上掉烟尘，土墙掉了一些土，塘水波动。 [中南财委调查]

李林乡：正月初二地震，屋震动，瓦响，掉灰尘，满碗水向外溢出，听说当时走在路上的人感到头昏，挂着的灯摆动。 [中南财委调查]

刘集：民国六年正月初二早上地震，床动，屋顶灰尘掉下，门窗响，门环响，碗筷动。 [中南财委调查]

朱成乡：民国六年正月初二地震，人都往外跑，屋里的东西都摇动，吊的东西摆动，碗响，塘内水荡漾。 [中南财委调查]

28. **湖北鄂城**

民国六年正月初二上午9时地震，墙摇，门及柜子上的铁环响。 [中南财委调查]

某人地震笔记："民国六年正月二日上午9时……拜年归家……这时主楼摇动，见对面之砖墙裂而复合，合而复裂，摇动六七次。全楼箱柜环子响动……。" [中南财委调查]

大南门十字路口，杜善清家的房子靠西面的墙破了一个洞，洋澜湖湖水动荡，屋顶灰尘下掉。 [中南财委调查]

有一破房，原先栽的树从墙穿洞而出。震后在洞附近倒下屋角一块。 [中南财委调查]

据老先生们反映，此地最大的一次地震是民国六年，一般房屋未有倒塌现象，仅极个别年代久远及腐朽的房屋有破坏或掉瓦现象。如凤凰台的塔，该塔建于三国，已2000余年，风吹雨打，已甚腐朽，这次塔顶靠东面倒了一块。 [中南财委调查]

29. **湖北黄冈**

民国六年正月初二早上地震，屋里的人都吓得往外跑，碗响，挂着的碗架子摆动，屋上掉扬尘，门框响，瓦响，屋摇动，锄头挂在墙上也摇动。塘水起波。 [中南财委调查]

民国二年（？）正月初二地震，觉得货架上的瓶子摇着响，柜台摇了几下，室内掉扬尘，碗响，桌子摇动，屋里人全外奔。 [中南财委调查]

30. **湖北其他**

嘉鱼、通城、应山、汉川、红安、黄梅、安陆、云梦、应城、襄阳、钟祥、京山、荆门、江陵地震。 [《北洋政府农商会公报》35期]

31. **江苏高淳**

民国六年正月（1917年2月）地震。 [民国县志]

32. **江苏镇江**

1月24日上午9点钟时，地忽震动，声如雷鸣，窗棂摇动，幸三秒钟即止，房屋、人口均无损伤。 [1917-1-30《时报》]

33. **江苏宿迁**

大陆报22日宿迁通讯云：今日宿迁发生火灾二起，又地震一次，地震约一分钟，较1月24日此间觉者尤剧，房屋中器物皆摇动。 [1917-2-28《时报》第四版]

34. **江苏南京**

初二上午8点钟时，地动约二三分钟之久，房屋窗格均震撼有声。 [1917-1-26《时报》]

35. 江苏扬州

24日9时，忽然地震，其声似由西南至东北，历十分钟始止。 [1917–1–26《申报》地方通讯]

此间24日城内外地震，已志前报。顷闻东乡宜陵地方某村，因地震之故，竟倒坏房屋十数家，并有一小儿几被压死。又北乡某地，亦震倒草房数处。 [1917–1–29《申报》第七版]

36. 江苏其他

浦口、溧水、丹阳、金坛、无锡、江浦地震。 [北洋政府农商会公报35期]

37. 河南光山

民国六年正月初二日（1917年1月24日）辰时地震。 [民国县志]

38. 河南信阳

六年元旦之次晨（初二）全县地震历数分钟，屋宇摇动有声，幸无倾覆，不至为灾。

[民国廿五年县志]

39. 河南正阳

六年正月初二日（1917年1月24日）晨，地震自东北至西南，屋物摇动，人几为之倾倒。

[民国廿五年县志]

40. 河南商水

六年正月初二日（1917年工月24日）地震，六月十三日又震。 [民国县志]

41. 河南其他

商城、罗山、确山、汝南、沈丘、桐柏地震。 [《北洋政府农商会公报》35期]

42. 浙江

杭州、富阳、安吉、衢县、常山、开化地震。 [《北洋政府农商会公报》35期]

43. 江西南昌

地震。 [民国南昌纪事，1917. 1. 26《民国日报》第二版]

44. 江西婺源

地震，屋壁响，半时始定。 [民国县志]

45. 江西德兴

辰刻地震有声，栋宇势若倾覆。 [民国县志]

46. 江西其他

宜丰、新建、弋阳、修水、九江、奉新、德安、瑞昌、余干、都昌、玉山地震。

[《北洋政府农商会公报》35期]

47. 湖南

岳阳、湘阴、南县地震。 [《北洋政府农商会公报》35期]

（卢寿德 苏公望 整理）

三、调查报告

（一）1954年调查认识霍山地区地震情况及我们对它的初步认识

中南区地震调查工作组霍山小组，1954年4月。

1. 历史资料

我们所搜集的历史资料中，主要是抄录兴建佛子岭水库时所搜集的大别山区及淮河上游水库地区的各县地震资料，其资料来源以有关地方志及地球物理研究所记录为主，并参考了史书，择其记录较详者，再补充以本组搜集的地震资料汇编成地震年表，提供专家参考。

2. 座谈会及群众访问

从50～80岁老年人的记忆中，霍山地震次数甚多，近数十年来，年年皆有轻微地震，但是严重者仅民国六年（1917年）正月初二早晨及二月初一早饭后。其情况是：正月初二早晨，地震由西南向东北，山摇树摆，路上行人立足不定，鸡飞狗叫，在外之猪、牛惊窜奔走，塘水震荡，游鱼飞跃，锅台及间墙亦有倒塌者，尤其是县之西南最烈，如黑石渡、诸佛庵、鹿吐石铺、佛子岭等区，山崩地裂，岩石崩坠相碰成雾，墙倒屋塌，伤人畜者有之，近山之居民多不敢在家留，迁至户外，择平坦处搭棚住宿，月余方返。经此次大震后数十天内均有微震，且二月初一复震一次亦较大，仅次于正月初二者，震时屋宇树木摇动，挂着的器皿摇摆不定，山上石块亦有滚落者，塘水动荡，声如火车奔驶或轻或重为状不一。

3. 影响范围

民国六年（1917年）正月初二早晨之地震，影响范围东至芜湖市（约200km）；东南至安庆市（约150km），其坐在家里的人能感觉，叠着的碗有声。北至霍邱（约200km），人坐不住，房屋摇动，塘水振荡；西至武汉市则为屋瓦有声，窗门摇动；西南地区因时间限制，未作深入了解。由此可见影响范围之广。但其最严重者，则为霍山县之西南黑石渡、诸佛庵、佛子岭一带。

4. 我们的初步认识

（1）我们所调查区域中以霍山县之黑石渡、诸佛庵、鹿吐石铺、佛子岭一带地震最烈，据群众反映，此地区西南之漫水河、上土寺等地亦甚烈，似霍山西南地区应属于地震直接影响的区域。

（2）根据佛子岭水库所调查的地质资料中，水库地区断层褶皱现象甚多，其中有无活断层存在，影响地震，供专家参考。

（3）霍山县南乡黄尾河附近有温泉一处，又附近相邻的英山、舒城、庐江等县均有温泉存在，但此地区群众反映并未产生任何喷发现象，然此地区常有火成岩之存在，是否可作历史情况之参考。

（4）最大地震所发生的年代，据群众反映，一致认为最大地震仅一次，即正月初二（包括同年二月初一较次者），但年份说法不一，以民国二、六年者较多，我们再根据群众的记忆方法分析（如群众中有地震时或地震那年生及死者，推算为民国六年），认为民国六年（1917年）较为可靠。

（二）1971年调查结果

1971年武汉地震队霍山县1917年地震强震区情况调查报告如下。

据历史资料记载，霍山是一个多地震的地区。为了了解本地区地震活动规律，为今后本地区的地震工作提供一些历史资料，我们于1971年2—3月对1917年1月24日霍山地震强震区和周围地区进行了调查，其范围包括霍山县大部分及金寨、六安县的部分地区。

调查是采用开座谈会和个别走访相结合的方法。

1. 地震烈度的划分原则

根据本地区的具体情况，结合“历史地震烈度表”，经过讨论，暂定1917年霍山地区地震烈度标准如下：

Ⅷ度。朽房子基本上都倒了，锅台部分倒了，地裂缝，冒水喷沙，树木折断，个别井水干涸，山上滚石普遍下落，部分生根（基岩）岩石也裂缝，甚至山崩，人畜有伤亡。

Ⅶ度。房屋有倒墙现象，大部分烟囱和挡烟墙倒了，部分锅台损坏，山上不稳定石头滚落，普遍檐瓦掉落，沙滩和松散层中有裂缝，个别地方人畜有伤亡。

2. 极震区情况

根据上述本地区地震烈度划分原则，1917年霍山地震极震区的烈度为Ⅷ度。它沿霍山县落儿岭所辖烂泥坳至黑石渡一线呈北东向分布，包括黑石渡、落儿岭、鹿吐石铺、古桥畈、马家岭、百步街、烂泥坳、汪家铺、半竹园、清潭沟等地区。本区内陈旧的房子都倒了，掉砖掉瓦普遍存在，甚至较好的房屋也歪斜，墙上裂缝，锅台几乎无幸存者。落儿岭、鹿吐石铺，烂泥坳、黑石渡等地道路普遍裂缝，且有冒水冒沙现象。落儿岭、鹿吐石铺一带山石裂缝，甚至出现山崩，落儿岭乌龟峡的“垮石崖”就是这次地震时山石垮落形成而得名的。地震使河水、田水普遍起波浪、变深，鹿吐石铺一口井地震后干涸，甚至一年后也没有井水。由于房屋倒塌和山石崩落，本地区砸死共十余人。

3. Ⅶ度区

分布面积比较大，范围涉及霍山县南岳、佛子岭、舞旗河、五星、漫水河、诸佛庵等和金寨县张冲、燕子河的部分地方。据不完全了解，此区内部分陈朽的屋子和高灶倒坍，房屋普遍开裂，有较多的掉灰掉瓦现象，沙滩裂缝，在霍山城关以西的个别地方裂缝中有冒沙冒水现象，但房屋锅台的破坏现象并不十分严重，除诸佛庵等少数地方外，几乎无人畜伤亡。

四、地震目录

摘自《中国近代地震目录》，汇总1917年1月24日安徽霍山6¼级地震情况如下。

霍山6¼级地震参数表

地震日期	发震时刻（北京时间）	震中位置		精度	震级	震中烈度	震源深度（km）	震中参考地名
		北纬	东经					
1917-01-24	08:48:12	31.3°	116.2°		6¼	Ⅷ		安徽霍山

极震区：包括黑石渡、落儿岭、马家岭、烂泥坳等地区。区内老旧房子都倒塌，掉砖掉瓦普遍存在，较好的房屋也歪斜，墙上裂缝。落儿岭、鹿吐石铺、烂泥坳、黑石渡等地道路普遍裂缝，且有喷水冒沙现象；落儿岭鹿吐石铺一带山石震裂，甚至出现山崩。落儿岭乌龟峡的垮石崖就是这次地震时山石垮落形成而得名的。

霍山：塔底部裂缝，不坚固的房屋倒塌，烟囱、土墙倒塌很多。山崩，大石下滚。地裂缝有宽10多厘米，长3米者，沿河裂缝尤多，冒水，井涸。石狮子（县西1公里）地陷二阱。死数十人。

佛子岭：房屋普遍开裂，有较多的掉灰瓦现象。

武汉：房屋倒塌数十处。

罗田：一祠堂牌楼震倒一角，朽旧房子倒2间，一旧檐墙裂缝（长1.5米，宽7厘米）。

麻城：墙有震倒者。

阜南：有倒锅台者。

梅山：部分土墙有倒塌者。

六安：个别破旧墙震倒，檐瓦间有坠落。

蕲春：屋瓦间有震落，个别墙裂缝。

鄂城：东门外年久失修的塔震垮一块。

浠水：屋瓦有震落，一老砖墙裂缝宽10多厘米。

大冶：教堂东墙震裂宽30厘米，长7米，华济水泥厂之院墙倒塌7米多。

有感面积很大，有记载的如下：潜山、太湖、宿松、太和、黟县、芜湖、全椒、寿县、霍邱、舒城、安庆、怀宁、合肥、桐城、望江、庐江、巢县、无为、滁县、来安、和县、歙县、休宁、祁门、宣城、泾县、太平、旌德、贵池、铜陵、石埭、东流、秋浦（属至德）、天长、亳县、凤阳、颖上、蒙城、含山、南昌。河南省之光山、正阳、商水、信阳、商城、罗山、确山、汝南、沈丘、桐柏。江苏省之高淳、镇江、宿迁、南京、浦口、溧水、丹阳、金坛、无锡、江浦。湖北省之黄冈、新洲、英山、应山、嘉鱼、通城、汉川、孝感、黄安、黄海、安陆、云梦、应城、襄阳、钟祥、京山、荆门、江陵。江西省之南昌、婺源、德兴、宜丰、新建、弋阳、修水、九江、奉新、德安、瑞昌、玉山、余干、都昌。浙江省之杭州、富阳、新登、安吉、衢县、常山、开化、分水。湖南省之岳阳、湘阴、南县等县均有感。最远记载达450公里。

数十天内，尚有小震，2月22日又震，霍山上有石块滚落。

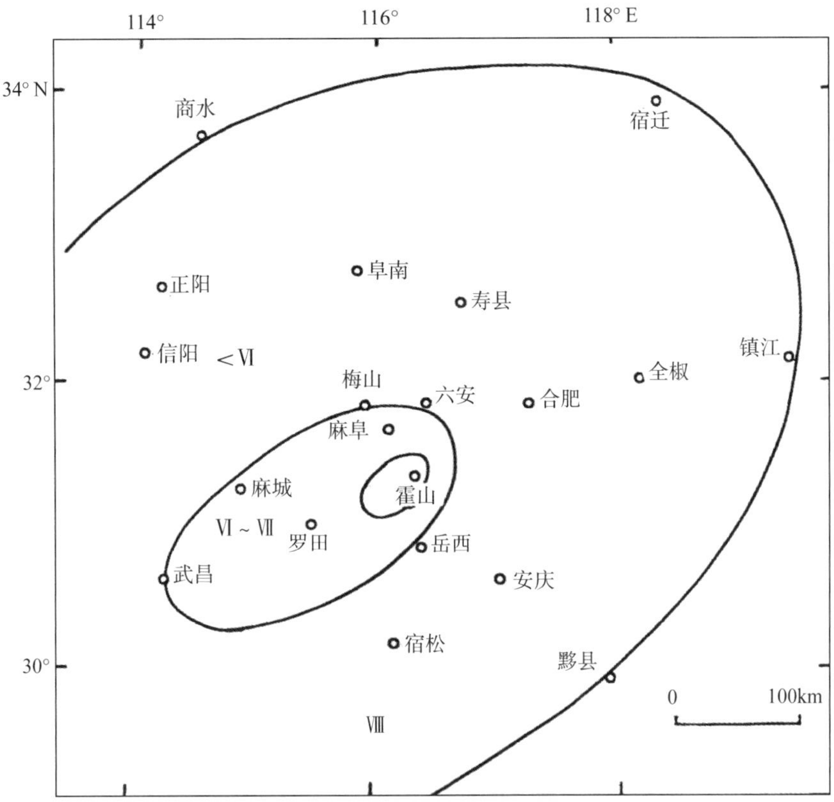

1917年安徽霍山6¼级地震等震线图

霍山6¼级地震主要余震参数表

地震日期	发震时刻（北京时间）	震中位置		精度	震级	震中烈度	震源深度（km）	震中参考地名
		北纬	东经					
1917-02-22	10:12:56	31.3°	116.2°		5½	Ⅶ		安徽霍山

霍山：境内房屋多倾倒山石滚落。

麻城：房屋有倾倒者。

武昌：瓦片坠落伤1人，墙垣裂缝甚多，间有倒塌者，武胜门外下新河塌小屋3椽，伤3人。

黄梅卓壁镇：陷地10多米成穴，有水涌出。

京山马家口村：陷地7米有余，倒屋4间，伤3人。

有感范围：

安徽，安庆、怀宁、太湖、潜山、宿松、庐江、巢县、全椒、天长、凤阳、颍上、霍邱、蒙城、泗县、合肥、太和、芜湖、绩溪、歙县、休宁、泾县、太平、贵池、铜陵、石埭、东流、秋浦；

河南，光山、确山、新蔡、信阳、开封、睢县、郑州、中牟、商水、罗山、荥阳、止阳；

湖北，武汉、黄冈、红安、蕲春、云梦、浠水、罗田、鄂城、大冶；

江西，南昌（记23日）、德兴、九江、瑞昌、都昌、英山、婺源；

福建，浦城；

浙江，龙游；

江苏，江宁、扬州、宿迁、兴化、高淳（后两县记2月）。

五、遗迹图片

摘自《中国地震碑刻文图精选》1917年安徽霍山地震遗址照片如下（刘盛武提供）。

霍山文峰塔震裂

霍山太平桥震坏

1917年7月31日云南大关6¾级地震

【编者按】1917年7月31日云南省昭通市大关县发生6¾地震，现将上海徐家汇地震台原始地震图、吉里铺地震记及云南省地震资料汇编等摘编如下。

发震时刻：1917-07-31，07:54:05；

震中位置：28° 0′ N，104° 0′ E；

震　　级：6¾级；

震中烈度：Ⅸ度；

震中附近地点：云南省昭通市大关县北部；

宏观深度：12km。

一、地震记录图

摘自《中国早期地震台历史地震图鉴》第一卷。Z034上海徐家汇地震台W1917年7月31日（BMT）记录的云南大关6¾级地震图如下。

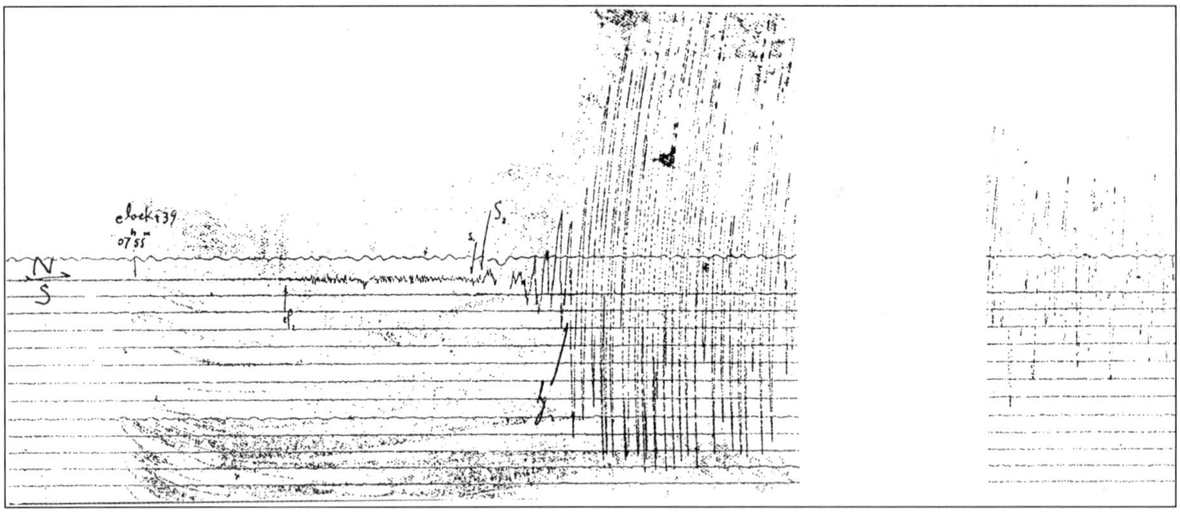

（a）南北向

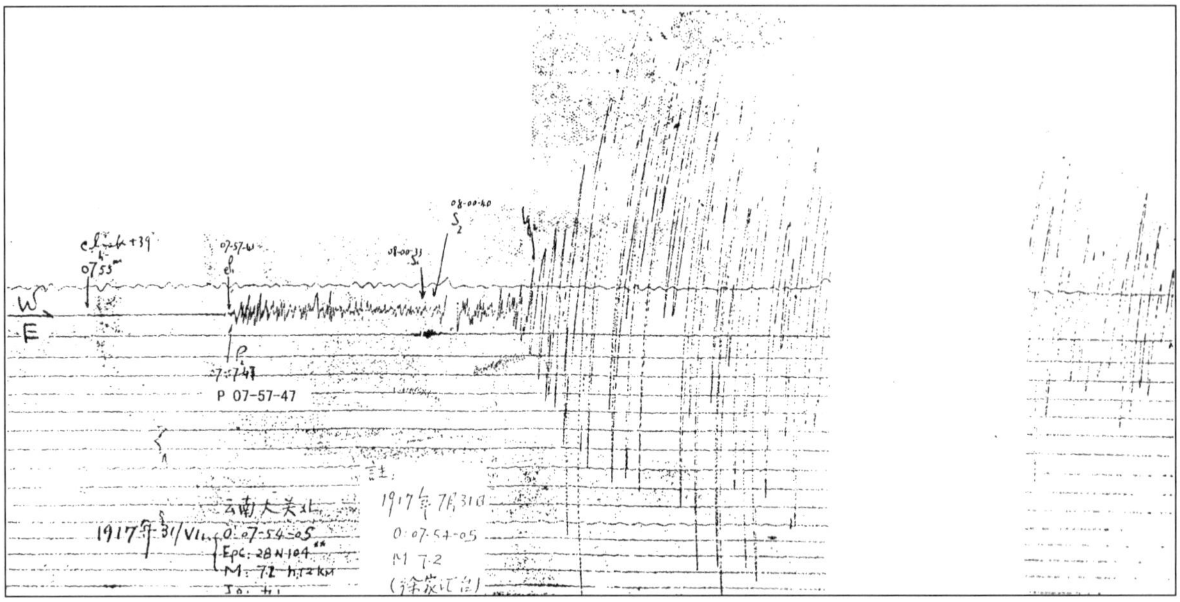

（b）东西向

上海徐家汇地震台记录的云南大关6¾级地震图

二、原始记载

陈维庚所著《竹密流水集·吉里铺地震记》全文如下。（在本篇收录的资料中，有“吉里铺”与“吉利铺”两种地名用法。）

一一六　吉里鋪地震記

民國六年。余軍次吉里鋪。大關縣所屬也。時爲夏末秋初。陰雨連綿。先日宿營吉里鋪。翌晨六時即整裝出發。行至距吉里鋪十里地名黃金壩之處。地下突發巨響。轟隆如在皮革中作。其音之偉大。余平生所未聞。當時。只覺地下聲響。與地面顫動。同時而作。其顫動劇烈處。有如篩米。遙視四周山頂。亦在空中左右震盪。幾使兩足不能站立。同時。山石傾倒。宏響雜作。一唱百和。相對不能聞語。剎那之頃。山岳易形。村落丘墟。時正陰雨。見前約數百步處。有一沙灘。袁錫侯君時任第一營營長。正在江邊灘上。率隊架槍休息。突值地震。江水暴漲。灘被淹沒。官兵匆促持槍向山上竄避。幸不久水即降落。事後方知係下流有倒山阻江。旋爲洪水湍流所衝盪。故稍阻即瀉也。當地未震動之頃。第二營第七連尾及第八連先頭約七八十人。適行至一小山之麓。其山被震崩潰。此數十人並武器竟全數埋葬。連長徐宣揚君亦死于此。余前約數十步處。第二營營長王子英君正進行中。震動初發。只見其猝然倒地。趨往視之。腦蓋骨上裂痕中。流出蛋白質漿液。想係山上飛石四濺。會有掠過其頂者。故遂腦裂以死。

竹密流水集　吉里鋪地震記　一〇二　佛教淨樂法會印行

余時適行至一大石側。石高丈餘。余即屈身蔽其下。得此石掩護。山上飛石均越余頂而過。環顧隨從人員。或死或傷。已血肉狼藉于地矣。以上各種慘狀。事後言之。非須臾能罄。而事實則在視聽間頃刻齊現。可謂奇變已。自最初震動起。每隔數十分鐘。必有續震。震動力或大或小。但均足使人顫心動魄。其連續震動。至脫險後猶未停止。旅次遭此奇變。驚恐之餘。亟謀善後。當余宿營吉里鋪村中時。目睹村側有一斜平耕地。此時思之。沿江地形狹隘。只有到彼集合整理。故令人分傳散逸官兵悉到彼地集合。此時雖不聞震音。而山石隨時倒塌。口令號令均失效用也。余折回吉里鋪時。沿途因值久雨。地土疏鬆。每一震動。只見震面開裂成壕。有似超越障礙。步步寬跳而過。數圍大之黃果樹。均被震傾覆于地。約經數十分鐘。到達預定地點。維時四山響聲。仍不絕于耳。因山石被震。其將倒未倒者。仍陸續墜落。故聲響不絕。此種偉大聲音。挾肅殺淒慘之意以俱來。回至村邊。見全村百餘戶房屋。多已倒塌。縱未倒塌者。亦偏斜可危

。地震發生于晨早。一般居民。尚多未起床。因之睡埋于倒屋瓦礫中。比比皆是。團部大行李。因行軍次序應留於後。故亦被掩埋村內。此時余身傍已集有官兵四五百人。但服裝番號。槍枝子彈。均凌亂不整。或有兵無官。或有官無兵。或有槍無彈。或有彈無槍。或軍帽遺失。或軍裝泥污。有似經激戰後之紊亂現象。余即趕速臨時編制。分爲道路偵察隊。村中救護隊。野外救護隊。搬運隊。掩埋隊。糧食徵集隊。流亡召集隊。露營設置隊。分配完畢。各自工作。余即往各處視察。當時最焦慮者。因鑒於震勢兇猛。不知範圍廣狹。吉里鋪之東一站。爲豆沙關。有鄧和卿君旅行軍於彼。吉里鋪之西一站。爲大灣子。馬伯安君之旅部在焉。當時余派第二營副營長徐昭武君爲旅部警衛。因此徐君得免視慘劇。川滇交通大道。此爲其一。自昭通五寨以下。至普洱渡止。約數百里間。均是沿江而行。兩岸懸崖絕壁。山勢兇險。實爲最長且狹之隘路也。若震動範圍過廣。出險倍增困難。千人以上所需之糧秣。尤屬重要。故以道路偵察爲要務。此責

竹密流水集　吉里鋪地震記　一〇三　佛教淨樂法會印行

委周培初君負担。時天已稍霽。兵員亦漸集。死者搬運於耕地上。約共數十具。蓋被山石掩埋及跌入江水者。不在其內也。傷者約百餘人。陸續運集。村內倒塌房屋中。亦救出人民數百。有老有少。甚有不着衣服之婦孺。一並集中曠地。血肉模糊。有似活地獄現象。斯時也。生者無食。死者無殮。傷者無藥。余一生之刺激。應以此次爲最。使此地震而過於平原。必無如是之嚴重。當晚露營。以乾玉蜀黍充飢。用大磨推細。磨聲隆隆。有似地震。至今已隔多年。偶聞大磨聲。尚有感觸。足見受刺激之深也。翌日。得周君訊。知已探察至雲台山。併悉自此以上。震動較輕。心始稍爲寬解。但糧食缺乏。當下即將健全官兵。率回大灣子就糧。沿途所經。均是倒山亂石。未震動之前。已是崎嶇險徑。經此震後。斷澗絕壑。徒手尚須攀藤附葛。方能勉強通過。進行之際。頭上時有危石崩墜。足下每苦砂土墜落。步步有生命之虞。重傷人員及大行李均暫留於吉里鋪。派少數隊伍看護。死者暫行淺厝。傷者架幕使得安處。一切善後委之郭俊卿君負

責處理。余抵達大灣子後。即召縣知事集合民工。協助軍隊共同搶修道路。並以周培初。張伯羣兩君督飭之。差可粗通。趕將傷重者運回昭通就醫。經三四日之努力。路工隊已將吉里鋪至豆沙關之路勉強修通。余即裹糧率隊。仍回吉里鋪。收拾善後。前後共經十日。方始脫離險區。率隊前進。總計因地震死傷失踪者。在三百餘人。減去全團兵力四分之一。亦云慘矣。

余非地質專家故無地震常識。憶其初起時。震音由西向東。聲音之進行似有一定速率。故每先遠聞震音。而後方覺脚下顫動。至對時以後。聲音方向完全相反。由東向西。其經過情形。與由西向東無二無別。每一震動。即見山搖地簸。斯時也。覺人生之渺小。在大地上實螻蟻之不若矣。震區內。沿江兩岸數十里。山巒有如剝去表皮。肉脈怒張。無一完好者。時為秋初。酷熱炎蒸。倒山碎石中。所埋人畜腐尸。臭味四溢。觸鼻皆是。殘支斷骸。到處可見。有有頭無身者。有有身無頭者。有腸肚狼藉於體外者

竹窗流水集　吉里鋪地震記　一〇四　佛教淨樂法會印行

。有只餘一手一足者。野犬飢鴉。啄人腸肚。其境恍若惡夢。蓋非人世所應有也。此震動之突然而來。各人生命之存在與否。實無趨避之餘地。余之不死。實為大石所蔽。若號為石下餘生。甚恰當也。夫天之奇變。難遭難逢。探險家不易得其機。驚奇悲慘。每為人所不忍睹。余又何幸何不幸而蒙此最巨之驚恐。及得睹此自然之奇變也。後來學佛。回思當時景象。正可印證佛家因果理中之共業與不共業之理。蓋共業之驚恐。生與死均所同受也。不共業者。即死生有別也。死者自死。生者自生。莫之為而為。莫之至而至。今事隔二十餘年。以其悲慘激烈。為生平刺激性最強之遭遇。故敘述其梗概如此。

三、地震史料

摘自《云南省地震资料汇编》。云南大关6¾级地震史料列于下表。

地震时间公历（农历）	地　点	地震记述与资料来源
1917-7-31（民国六年六月十三日）	大关	7月31日07时54分05秒，震中位置：北纬29°、东经104°。ISS
	大关、昭通、威信、鲁甸、彝良、盐津	7月31日07时54分05秒，震中位置：北纬28°、东经104°，震级6¾级，震中烈度Ⅸ度。《中国地震目录》1983年
	绥江、永善、镇雄、四川、筠连、高县、庆符、珙县、长宁、宜宾、屏山、雷波	【大关等属之大震】民国六年大关境内发生地震。其震源在吉利铺，震波远及于彝良、盐津、绥江、永善、井桧、昭通、镇雄、威信、鲁甸，而四川之筠连、高县、庆符、珙县、长宁、宜宾、屏山、雷波、凉山各地亦先后震动，传播至三百里以外。嗣后连日小震，约达三十余日始行停止。兹将大关、彝良、昭通等属震况撮胪于下。〔大关〕民国六年七月三十一日午前七时，如吉利铺、黄金坝、回龙溪、小关溪、大关脑，云台山、天星场、高桥、木杆河、豆沙关等处均同日地震。而吉利铺后山为震央，其下即震源所在，其震幅纵横均约百里。大震后继续小震，历三十余日始止。震幅内山岳崩颓，房屋倒塌，民居死者数千。云南靖国军入川，经过吉利铺，前锋一营连军官约五百余人，行至山麓，山忽崩塌，全行埋没。其司令官陈某立山坡，一巨石陡下，从首上飞过，几被压毙。而大关河两岸之山均破裂，其所裂石块滚入河中，河水暴溢，两岸住民及房舍悉被淹没。当地震前约一月间，大关河中鱼类均浮水面，失游泳之能力，近河人民捞取甚多，腌作食品。迨距地震前数日，河水大涨，河鱼千万自跃上岸，人皆惊为奇异之现象。至地震前一日，大雨倾盆，天气极热，人多挥汗如雨，而厕中之蛆全出坑外，游行如蚁之迁居。然观斯预兆，皆地热传感之征象，宜陈君秉仁定为火山地震。又地震初起时，其声砰然，发音甚巨，而山坡狭地之玉蜀黍秆，再起再伏，甚可畏怖，行人过此十分惶駴，如

续表

地震时间公历（农历）	地　点	地震记述与资料来源
1917-7-31（民国六年六月十三日）	绥江、永善、镇雄、四川、筠连、高县、庆符、珙县、长宁、宜宾、屏山、雷波	痴如呆，不敢稍为移动。以后仍微震不已。〔彝良〕民国六年七月三十一日午前七时八分，全县地面强震，约历二十二分钟，系由北方起传向南方，其后接连微震四五次。中区如猫猫山、代乌关、两河口、田黄寨等处，损坏人民住室共二百余户，压死三人。山岩间有崩塌。八月一、二、三、四等日，每日微震一二次，至五日午前七时，犹微动不止。〔昭通〕惟县志载民国六年大震而已。至盐津、绥江、永善等属，对于此次地震，鲜有记载，故难博考而详说焉。《云南地震考》（近年烈震状况） 注：《昭通等八县图说》及民国《盐津县志》有类同记述。 【滇南财政与治安之情况】大关县地接川边，上月三十一日又遭地震奇灾，生命财产损失颇巨。正在调查受灾居民，筹办赈抚。《申报》1917-8-16 【云南特约通信】此次吉利铺地震成灾，压毙军民无数。大关地震，刻仍间作，河东西、白水、三七等甲受灾不轻，吉利乡一带为最，村落已无，人民多死。本月四日知事集工至大关殿，几罹于危，因余震未息，时作时无……。《民国日报》1917-9-20
	大关	【云南地震】云南大关县地方，为滇川往来要道。日前突发地震，历三小时之久。自大关至盐津及黔省威宁一带均遭波及，建筑悉被震毁，压毙军民牲畜无算，灾害极惨。《东方杂志》卷14 民国袁世凯自反正袭位后，思据国为已有，宣布洪宪年号，封建各省。时湖南人蔡松坡反正，后为云南督军。世凯观松坡有大志，诚恐不利专制，调进京都参办内政。世凯称帝，松坡趁人心不服，逃回云南，督师入川，取消洪宪年号并各省封建世袭，世凯气瀎身亡。松坡安置云南人罗培金为川省督军，时松坡病故，培金在川势弧，为川人刘存厚戴堪等见培金孤立，逐之回滇，培金危急，质电滇督求援。唐继尧即命部下警卫团督师川道，经大关吉利铺、黄金坝。突然火山爆动，离黄金坝五里之回龙溪，两山崩颓，河水倒流十余里，将行至黄金坝一团一营之警卫军，全军湮没以死，脱难者不上一连。马夹、过客、乡民相继遭地震压死者一千五百余人。时值民国六年丁巳岁农历六月十三日事也（曾雨三《地震偶谈》民国卅七年八月十日）。《滇东地震调查资料》卷1
		民国六年，余军次吉里铺，大关县所属也。时为夏末秋初，阴雨连绵。先日宿营吉里铺，翌晨六时即整装出发。行至距吉里铺十里地名黄金坝之处，地下突发巨响，轰隆如在皮革中作，共音之伟大，余平生所未闻。当时只觉地下声响与地面颤动同时而作。其颤动剧烈处有如筛米。遥视四周山顶，亦在空中左右震荡，几使两足不能站立。同时山石倾倒，宏响杂作，一唱百和，相对不能闻语。刹那之顷，山岳易形，树落丘墟。时正阴雨，见前约数百步处有一沙滩，袁锡侯君时任第一营营长，正在江边滩上率队架枪休息，突值地震，江水暴涨，滩被淹没，官兵匆促持枪向山上串避。幸不久水即降落。事后方知系下流有倒山阻江，旋为洪水湍流所冲荡，故稍阻即泻也。当地未震动之顷，第二营第七连尾及第八连先头约七八十人，适行至一小山之麓。其山被震崩溃，此数十人并武器竟全数埋葬，连长徐宣扬君亦死于此。余前约数十步处，第二营营长王子英君正进行中，震动初发，只见其猝然倒地，趋往视之，脑盖骨上裂痕中流出蛋白质浆液，想系山上飞石四溅会有掠过其顶者，故遂脑裂以死。余时适行至一大石侧，石高丈余，余即屈身蔽其下，得此石掩护，山上飞石均超余顶而过。环顾随从人员，或死或伤已血肉狼藉于地矣。以上各种惨状，事后言之，非须臾能罄，而事实则在视听间顷刻齐观，可谓奇变也。自最初震动起，每隔数十分钟必有续震，震动力或大或小，但均足使人颤心动魄。其连续震动，至脱险后犹未停止。旅行遭此奇变，惊恐之余，亟谋善后。当余宿营吉里铺村中时，目睹村侧有一斜平耕地，此时思之，沿江地形狭隘，只有到彼集合整理。故令人分传散逸官兵悉到彼地集合。此时虽

续表

地震时间公历（农历）	地　点	地震记述与资料来源
1917-7-31（民国六年六月十三日）	大关	不闻震者，而山石随时倒塌，口令号令均失效用也。余折回吉里铺时，沿途因值久雨，地土疏松，每一震动，只见地面开裂成壕，有似超越障碍，步步宽跳而过。数围大之黄果树均被震倾覆于地。约经数十分钟到达预定地点，维时四山响声仍不绝于耳。因山石被震，其将倒未倒者仍陆续坠落，故响声不绝。此种伟大声音挟肃杀凄惨之意以俱来。回至村边，见全村百余户房屋多已倒塌，纵未倒塌者亦偏斜可危。地震发生于晨早，一般居民尚多未起床，因之睡埋于倒屋瓦砾中比比皆是。团部大行李因行军次序应留于后，故亦被掩埋村内……。当时最焦虑者，因鉴于震势凶猛，不知范围广狭。吉里铺之东一站为豆沙关，有邓和卿君旅行军于彼。吉里铺之西一站为大湾子，马伯安君之旅部在焉。当时余派第二营副营长徐昭武君为旅部警卫，因此徐君得免视惨剧。川滇交通大道，此为其一，自昭通王寨以下至普洱渡上约数百里间，均是沿江而行，两岸悬岩绝壁，山势凶险，实为最长且狭之隘路也。若震动范围过广，出险倍增困难，千人以所需之粮秣尤属重要。故以道路侦察为要务，此责委周培初君负担。时天已稍霁，兵员也渐集，死者搬运于耕地上，约共数十具，盖被山石掩埋及跌入江水者不在其内也。伤者约百余人陆续运集。村内倒塌房屋中亦救出人民数百，有老有少……，一并集中旷起，血肉模糊有似活地狱现象。斯时也，生者无食，死者无殓，伤者无药，余一生之刺激应以此次为最……。总计因地震死伤失迹者三百多人，减去全团兵力四分之一，亦云惨矣。余非地质专家，故无地震常识。忆其初起时，震音由西向东，声音之进行似有一定速率，故每先远闻声音，而后方觉脚下颤动。至对时以后，声音方向完全相反，山东向西，其经过情形与由西向东无二无别。每一震动即见山摇地簸。斯时也，觉人生之渺小，在大地上实蝼蚁之不若矣。震区内沿江两岸数十里，山峦有如剥去表皮，肉脉怒张，无一完好者。时为秋初，酷热炎蒸，倒山碎石中所埋人畜腐尸，臭味四溢，触鼻皆是，残支[①]断骸到处可见……。此震动之突然而来，各人生命之存在与否，实无趋避之余地。余之不死，实为大石所蔽，若号为石下余生，甚恰当也。夫天之奇变，难遭难逢，探险家不易得其机。惊奇悲惨，每为人所不忍睹……。今事隔二十余年，以其悲惨激烈，为生平刺激性最强之遭遇，故叙述其梗概如此。《竹密流水集》（吉里铺地震记）
		【靖国滇军十二团将士死难处碑记】悼吉利铺伤亡将士序文：……民国丁巳七月三十一日，吉利铺周环数十里之遥，一时地动，山岩崩塌，屋宇倾倒。而吾滇之十二团适经其变，遭其劫者三百余人。……民国七年岁次戊午四月吉日本团全体同立。《滇东地震调查资料》卷1 民国六年秋七月间，迤东方面吉利铺，豆沙关、盐井渡一带之大地震，一时之死者千余人。缘由滇开往四川之军队适逢其会，于是兵士之死者六七百人，伤者亦二三百人。《纪我所知集》卷20 【大关县之地震】云南大关县因是滇川通衢，人烟尚稠，而所属村场大半傍河而居，一面背山，一面临水。不料日前突遭地震之灾，竟历三小时。滇东自大关至盐津及贵州威宁均被波及。一时山崩地裂，压毙人民无算。而滇军第一混成旅马司令适行至此间，所部军队亦被压毙百余名，并死营长王俊一名。人民死伤者则难计数，实为从古至今未有奇灾矣。又得第二旅马司令官报告，据陈团长报称：大关属吉利铺一带之地，因此次地震山崩，人民受害甚烈，有全家均压毙，有仅留一二小孩者，约计灾黎不下数千户。凄惨之状实不忍言，恳请从速派员赈恤，又称此次大湾子以下道路，经地震后坍塌既多，修理较难。本旅连日派员饬县督工数百，分头开修，勉强可望轻装通过，但过此不继续修理，仍不免成废途。《顺天时报》1917-9-8 注：《国民公报》1917-9-29亦有类同报导。

① 支，应为“肢”——编者

续表

地震时间公历（农历）	地　点	地震记述与资料来源
1917-7-31（民国六年六月十三日）	大关	【云南快信】此次吉利铺地震成灾，压毙军民无数。第一旅陈团押解辎重经过该处，有无被压损失情事，尚未详悉。曾经总部电询大关县，顷得复称：陈团子弹幸已过去无恙，惟伤兵今早送昭调治，一面料理埋骨觅械等事。大关地震刻仍间作，河东西、白水、三七等甲受灾不轻，吉利乡一带为最，村落已无，人民多损。十二团露营，至十二日始拨尽马约四百匹，但食尽粮绝，惟一赤土。急赈县力太薄，仍望省署立发专款，方能普及。路不能不急修，因大军未定改道前进，勉强督修。工役伤毙百余名，此项家属尚在环诉求恤。本月四日，知事集工至大关殿，几罹于危，因余震未息，时作时无。《申报》1917-9-20 注：该报于1917年9月22日以题“地震军兴之云南消息”作类同报道。 民国六年七月二十九日马旅长后队经过，陈团长先一日行。卅一日卯正二刻，马旅长前站行至云台山，遇地震大作，地裂山崩，幸全部犹未起程，尚无大害。陈团长自吉利铺出发，前站抵回龙溪，中队在黄金坝，后队在吉利铺。回龙溪两山并合，河水阻瀼，黄金坝继水疏石隙淤泥，立时水涌。转吉利铺地冒黑水，房屋坍塌不堪。现在陵谷变迁，遭灾自重，……决由原路前进，冒险施工，逐处上松下坠，工无成效，输送工役死伤百余，知事亦几罹险。初七始定改道由大湾子、高桥、木杆河进发，一面集夫修理，另添民役。幸初八由城出发，初十抵木杆河前进，……此马旅部遇险十余日之情形也。大关县地震处太广，如河东西、白水、大关乡、三七甲等处皆重，而吉利铺适当其冲，人民房屋一切非旧……（署大关县知事费希龄　中华民国六年八月廿日）《云南省政府秘书处档案》全宗106 民国六年七月三十一日卯正二刻，县城中初闻风雨之声甚猛，随即地震簸荡，计三分余秒，势甚危险。……阴雨连旬，山豁皆涨，四路消息来往皆断，救济马旅陈团两部，费尽辛力。数日后天晴水退，各乡被灾消息逐渐探闻。查吉利铺与大关乡全甲襟背相连，豆沙下接河东，吉利铺受灾最重外，大关乡之三七甲、河东、豆沙两乡均同，河东地方稍僻，灾情实不减于吉利铺。白水、河西，礼义三乡受灾稍次，而礼义尤为轻微，考其被震时刻皆符，惟轻重长短不一耳。大关十乡，山形丛错，无数里坦坝，人民居处多各就耕种之地畸零建屋，连属者少。此次山崩地塌之区，有无从访闻者，现切实查得七乡受灾之户，计二千二百四十户，房屋三千七百一十一间，碉房三十九座，毙一千零六十九人，受伤五百八十二人。现存受灾大小丁口八千七百人，实在损坏地段七十五处，除宽窄不一难于核实外，合计约长一百三十七里，损坏在地粮食一万一千八百三十余京石。已分乡列具清折，用备考核，此详细切查之实情也，急赈乃办灾首务，八月初四日集工下驮至距吉利铺念里之小关溪，势不能进……。计先后筹集除豆沙乡另筹不计外，自大关乡之大关河起至吉利铺境内止，实筹济粮米二百一十石有奇，其余受灾各乡，皆劝当地有余之户各就其力……此筹备急赈之实情也。（大关县知事费希龄中华民国六年九月十九日）《云南省政府秘书处档案》全宗106
	盐津	【盐津县知事呈称】为地震成灾呈请鉴核通令募赈事。七月三十一日大关地震异常，上至云台山起下及豆沙关乡，九十里已无居民，千余家同归于尽，两岸俱成赤壁，满路尽是白骸。尤可悲者，靖国之志士前驱亦罹此凶。最堪悯者，出涂之行商求利亦遭其害。关属当日震摇，盐津危如累卵，幸托福荫德。并派警察各处周勘，先出险军人，运米接济，继调查实黎，募捐赈施。非得钜款，难望博施。《云南省政府秘书处档案》全宗106 民国六年（农历）六月十三日拂晓大关及县属地震。现将各处震情分述如下。县城：声如鸣雷，人皆惊逃户外，房屋摇摆巨响，房瓦震乱，民房歪斜，湖广庙之屋瓦震落，北门王家石碑坊（震前梁已断）倾倒，翠华寺地基下陷、墙壁倾斜，城后山坡震裂。吉利铺：共七十六户，震前十余日连续大雨，辰时地震，初震声如汽笛，随如迅雷，地面筛簸甚剧，烟尘四起，

续表

地震时间公历（农历）	地　点	地震记述与资料来源
1917-7-31（民国六年六月十三日）	盐津	人感动荡不定、头昏欲仆，除存有二户房屋木架外，其余皆倾倒，村后土山崩塌，埋没山下房屋，沿河各山崩塌严重。黄荆坝：共三四十户，房屋皆倒塌，伤毙多人。龙打溪：溪两岸房屋均被崩塌之岩石击毁，绝十八户，压毙滇军三百余人。回龙溪：共四十余户，溪两岸岩石、泥土崩垮，形成泥石流，将房屋全部淹没，阻塞大关河，河水逆流。大湾子：震倒房屋二三十间，其余亦房瓦震乱、檐瓦震落，村后山坡震裂。会同溪：地面抖动剧烈，尤如舟行巨涛中，房屋摇响、尘土及悬挂物震落，二户丫丫房倒塌，正规木架瓦平房倒塌九间，附近村寨丫丫房倒塌许多，干溪沟及高山老石岩崩垮，毁坏林木，阻塞山沟。石门坎：九户房屋震倒，其余房瓦滑落、房墙倾倒、屋架歪扭。豆沙关、小关溪、石格闸、马蹄石、老母城等处：屋瓦滑落，屋脊及山墙尖倒塌，屋架歪扭，偶有倒房。柿子乡：屋瓦皆震落，山墙半倒、震裂或震斜，屋架震歪或脱榫，附近村寨房屋倒塌甚多。渡口坎：一户房屋因牛街河岸崩塌而倾入河中，其崩塌将河道堵塞一半。下场口：后山岩崩坠，毁三户房屋及小河木桥，压毙人口。尖包：碉堡房墙壁倾倒，屋瓦震落。水营乡：碉堡房震倒，压毙二人。壁山乡：房屋摇摆巨响，尘土震落，行者仆。大头场：房屋倒塌，岩石崩垮，死伤人畜甚多。云台山：房屋倒塌，岩石崩垮，死伤人畜。天星场：感震剧烈。《滇东地震调查资料》卷1 注：丫丫房系当地一种简单木架房。系以树杈作柱顶支架横梁。
	大关、盐津	七月三十一号七点钟时，盐津地大震。河水陡涨数丈，继而浊浪排空，山谷震摇，顺河流下房屋、器具无算，洪涛骇浪中难民尸身漂没者不知凡几。盐津地震计损坏民房一百二十三间，打死李木匠夫妇及女三人。一号水稍退，即派人四出查看。二号下午，有吉利铺逃出过客雷三元到县，当即传问。据称：（农历）六月十三早由石格闸起身，甫出店门，地如雷吼，万分簸摇，地忽开裂，先起烟雾，山头随即倒塌，泥土涌起数丈，继有泥水流出。四面山崩，人人发昏，同行十一人，打死三人，带伤一人。陆续扒石越山至吉利铺，每日地动数十次，满街房屋倒平，打死军民不计其数。十五日至黄荆坝，房屋全无，人马死者无数。至回龙溪，两面山倒将河塞断，江水倒流，房屋人畜俱无。至马蹄石，房屋尽倒，并无人迹。至吊脚楼，房屋虽存，并无人影。至老母城，地动稍止。始越石逃命至盐井渡等语。此盐津以上地动之情形也。连日探警回报：路由云台山倒塌至老母城止共九十里，沿河两面俱成赤壁，并无人烟，臭气熏天。惟吉利铺尚有军队三百余人看守军装，老母城有伤兵二十余人，此回共死有官兵，人民数千人，驼马无数。据由豆沙关后查探人回称：细沙溪一带山倒阻河，水拥成海，淹死居民数百家等情。此调查各处地震成灾之情形也。（知事甘韶)）《云南省政府秘书处档案》全宗106 注：《云南通志续修长编稿》及民国《盐津县志》有类同记载。
	大关、盐津	大关、盐津两县地震成灾。适值靖国军出川，行经云台山、吉利铺等处，压毙官兵无数。并查明大关县受灾二千二百四十户，伤毙男女一千零六十九人。《云南通志续修长编稿》卷9
	盐津	民国六年农历六月十三日盐津及县属地震。现将各处震情分述如下。县城：震声如雷，人感摇摆、向有颠仆者，皆惊逃户外，房屋摇摆巨响，桌上器物，悬挂物及檐瓦震落，一些房屋之瓦震乱，正规木架房产生歪扭及榫口松动等破损，川主庙围墙震裂宽寸许，禹王宫后山墙震倒两堵，余震频繁，日震数次或日震一次，至八月下旬始宁。老街：数户房屋之山墙倒塌，丫丫房倒四五间，其余房屋之墙壁倒塌一部或全部，伤数人，附近岩崩甚多。场口：围墙震垮，无柱碉堡房震裂欲倾。糖房湾：王爷庙后土石山大规模崩塌。铜店河：码头岩石崩。祝家山：一处山岩崩垮，堵塞山溪成潭。叫花岩：陡石山崩塌四五丈，阻塞道路。《滇东地震调查资料》卷1

续表

地震时间公历（农历）	地　点	地震记述与资料来源
1917-7-31（民国六年六月十三日）	彝良	民国六年农历六月十三日彝良及县属地震。现将各处震情分述如下。县城：人皆惊逃户外，房屋摇响，川主庙正殿屋脊宝鼎饰物及禹王宫屋脊倒塌，彭家碉堡房等处屋瓦滑落，一户墙壁震倒压死猪二头，河水簸起二三尺高。小河乡：一新房屋瓦震落。火烧坝：房墙掉土块。两河口：震声如闷雷，人感摇晃，皆惊逃户外，房屋摇响，桌上器物及室内尘土震落，屋瓦震乱或震落。墙壁倒塌十余堵。谷子寨：一瓦楼房倒塌，围墙倒塌，压毙一人，一房墙壁半倒。冒脑山：土山坡震裂宽约五尺、长三里。龙洞河：猫鼻梁山岩崩塌六七十丈。袁家坡：一块田地崩塌入河中。梅子坝：田地崩塌。《滇东地震调查资料》卷1 民国六年七月三十一日午前七时八分，全县地面强震，约历二十二分钟，系由北方起，传向南方。其后接连微震四五次。中区如猫猫山、代乌关、两河口、田黄寨等处，损坏人民住室共二百余户，压死三人。山岩间有崩塌者。八月一、二，三、四等日，每日微震一二次，至五日午前七时，犹微动不止。《云南地震考》（近年烈震状况）
	昭通	民国六年五月，昭通地大震，房屋，墙壁动摇有声。民国《昭通县志稿》卷2 注：疑记月误。 民国六年农历六月十三日早晨昭通及县属地震。现将各处震情分述如下。县城：人感摇晃头昏，皆惊逃户外，间有颠仆者，房屋摇摆巨响，尘土及桌上器物震落，屋瓦及屋脊瓦滑落，个别房屋木架脱榫，万寿亭围墙震倒。闸上：一户原倾斜之房屋，震后稍复正。岩洞：宋家沟一房屋瓦皆滑落。大湾子：石山震裂。《滇东地震调查资料》卷1
	鲁甸	民国六年农历六月十三日鲁甸及县属之桃园等处地震，震时房屋摇响、尘土掉落。《滇东地震调查资料》卷1
	会泽	民国六年农历六月十三日晨会泽及县属之马五，者海、西牛、大桥、黑土、那姑、索桥等乡地震。人感摇晃头昏，悬挂物摇摆，房屋摇响、尘土震落。黑土乡一房之屋瓦震落。《滇东地震调查资料》卷1，卷5
	巧家	民国六年农历六月十三日晨巧家及蒙姑等处地震。震时人皆惊逃户外，房屋摇响，檐瓦震落，土墙震裂甚多，旧朽房屋间有倒塌。土山垮塌。新街子之旧朽墙壁震裂甚多，一户墙壁半倒。（《滇东地震调查资料》卷5）
	镇雄	民国六年农历六月十三日，镇雄中区大震一次，墙倒压毙幼孩。《云南地震考》（震史）
	陆良	民国六年大关地大震，陆良微震。《滇东地震调查资料》卷4
	四川省合江	民国六年（农历）六月十三日地动，较光绪二十二年正月之动尤烈。民国《合江县志》卷6
	四川省犍为	民国丁巳六月十三日辰时地大震，由南而北，北城城洞为倾。民国《犍为县志》卷12
	四川省乐山	民国六年丁巳六月十三日辰刻地大震，瓦屋几倾倒，人心惊惶。闻有山崩者数处，夹邑石棉渡一山崩下、压毙数家，山顶一户连房与人并崩于山下别姓地址内，人口什物完全无损。十日之内地复连动七八次。民国《乐山县志》卷12
	四川省汉源	民国六年（农历）六月十三日卯正二刻地震。民国《汉源县志》（杂志）
	四川省眉山	民国六年（农历）六月十三日辰初地大震，由南而北，屋瓦为倾。民国《眉山县志》卷15
	贵州省毕节、威宁	毕节于旧历六月十三日晨七时许，地忽震动，波及全城，人立地面上恍如在楼船中震荡跳跃者。《贵州公报》1917-8-5 八月六日贵阳通讯：数日前，此间大定府微有震动。闻毕节曾震两次，威宁震三次。《民国日报》1917-8-29

四、地震目录

摘自1999年版《中国近代地震目录》。1917年7月31日云南大关6¾级地震情况如下。

大关6¾级地震参数表

地震日期	发震时刻(北京时间)	震中位置		精度	震级	震中烈度	震源深度(km)	震中参考地名
		北纬	东经					
1917-7-31	07:54:05	28.0°	104.0°		6¾	Ⅸ		云南大关北

宏观深度：12公里

五连峰下横江两岸，吉利铺等地，纵横约百里村落房屋全部折断倒塌。大关河两岸山岳崩颓，石块堵江，河水暴溢，倒流十余里。马帮、过客及兵民死1800余人。

盐津：铁索桥扭翻，房屋倒塌，伤数十人，并有山崩。

大关：石碑坊倒塌，翠华寺屋基陷，民房被震歪斜，城外山裂，村落有数处倒塌，伤害人口。

鲁甸：牌坊村牌坊宝顶被震落。

彝良：猫猫山、代马关等处损坏民居200余户，压死3人，山崖有崩塌。县城一学校房屋有裂缝。

昭通：石山震裂丈余，万寿亭围墙震倒，庄房全部屋瓦摇落。

镇雄：墙倾，压毙幼童。

巧家：土山塌方，土墙开裂较多，屋瓦震落70%～80%，房屋倒塌约10%。

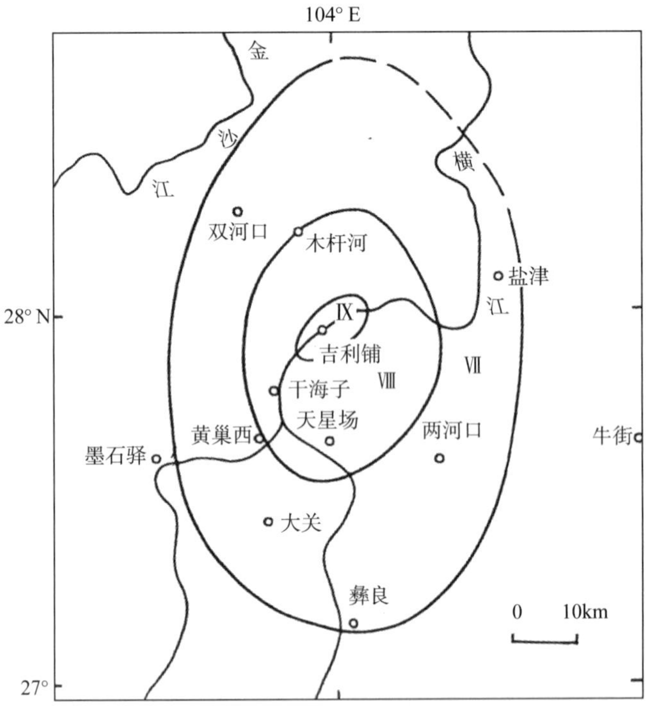

1917年云南大关6¾级地震等震线图

寻甸：旧房震倒。

雷波：渡口乡石砌房有倒塌，石砌墙震裂，撒水坝崖陷落8米。

宁南：村寨少数房屋院墙倒塌、山崩甚多，河边有塌方。

会东：大桥、新街石桥开裂，石崖塌下，个别老朽房屋倒塌。

乐山、夹江：两县间山崩数处，复压数家。

犍为：有些房子部分倒塌。

眉山：屋瓦为倾。

洪雅：止戈有垮岩现象（记载无月、日）。

鲁甸、合川、汉源、荣县、宜宾、大定、五通桥、毕节、威宁、会泽均有感。

1918年2月13日广东南澳7.3级地震

【编者按】1918年2月13日广东省汕头市南澳县海域发生7.3级地震。本篇收集了当时上海徐家汇地震台记录的该地震图；《地学杂志》登载的《汕头地震志》；《潮州志》记载该地震情况；广东与福建两省的《省志·地震记》，福州地震大队1972年再次调查该地震的观察报告；有关杂志书籍的该地震破坏或遗迹照片及《中国近代地震目录》汇总的该地震灾情信息。

发震时刻：1918–02–13，14:07:11；
震中位置：23.2° N，117.4° E；
震　　级：7.3级；
震中烈度：Ⅹ度；
震中附近地点：广东省汕头市南澳县东南海中；
宏观震中：23.5° N，117.2° E；
宏观深度：23km。

一、地震记录图

摘自《中国早期地震台历史地震图鉴》（第一卷）。上海徐家汇地震台记录的广东南澳7.3级地震图如下。

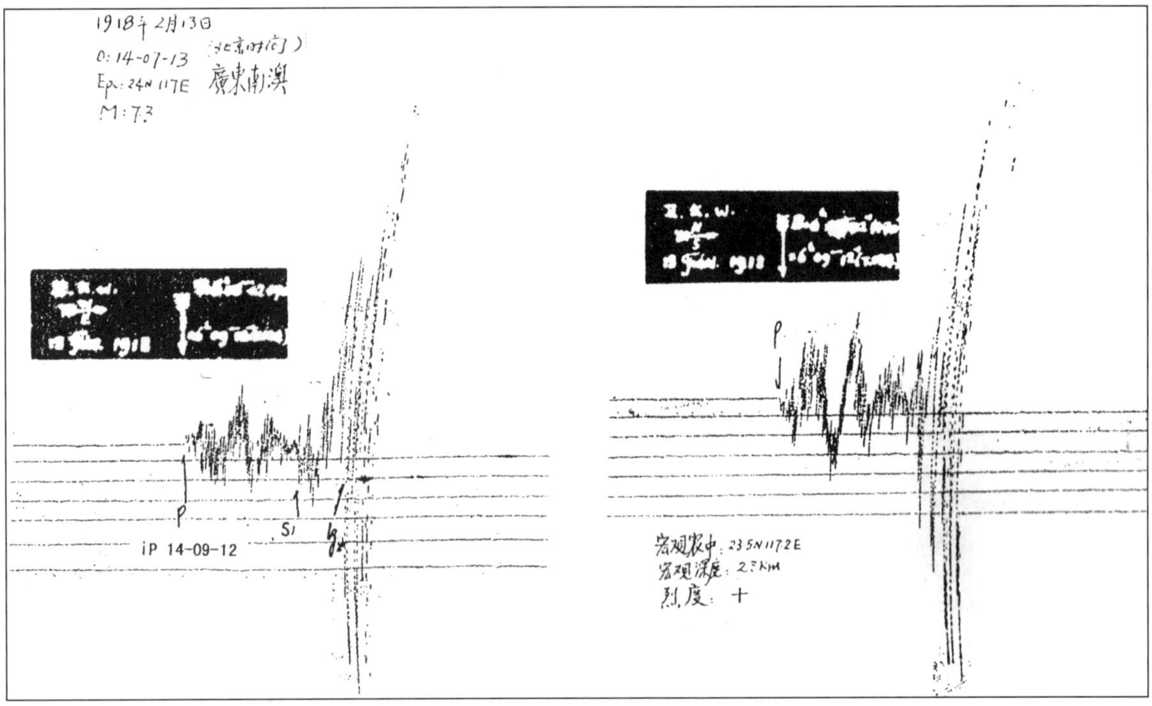

Z037上海徐家汇地震台W1918年2月13日（BMT）记录的广东南澳7.3级地震图（左：东西向，右：南北向）

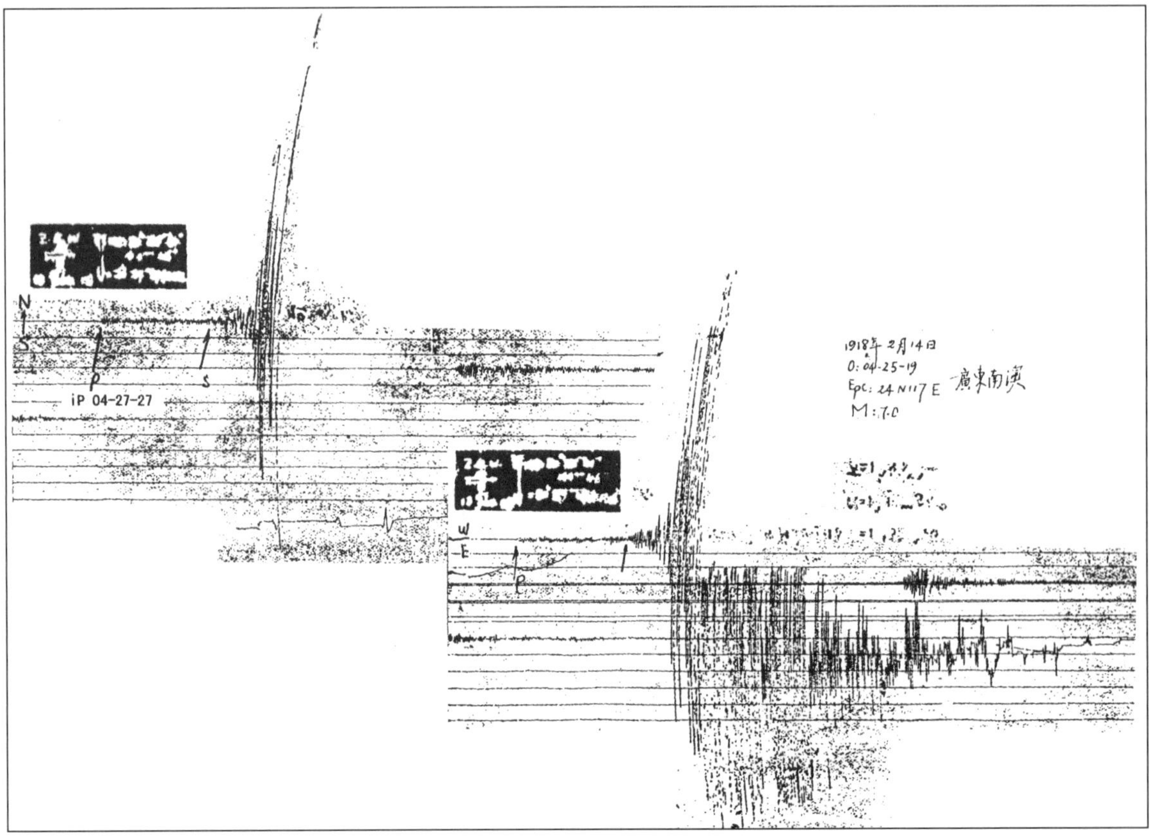

Z038上海徐家汇地震台W1918年2月14日（BMT）记录的广东南澳强余震地震图（左上：南北向，右下：东西向）

二、原始记载

（一）汕头地震记

摘自《地学杂志》第九年94、95号或第九年4～5期，《汕头地震记》。

汕頭地震記　節錄

本年二月十三日。東南諸省發生地震。以汕頭受禍為最烈。汕頭災祲。尤以碕碌為最巨。茲將其慘狀詳誌如下。汕頭碕碌各地。每届新春歲首。熱鬧倍常。本年軍隊驟增。商市益形擁擠。詎是日下午二時。忽聞地下隆隆之聲。傳遍遠近。隨即屋宇搖動。山岳為崩。同時空氣中發生多量之硫磺臭味。直撲鼻顴。繼而屋宇倒塌聲。婦孺號哭聲。相互發作。情形極慘。當響聲最巨地層搖動之時。碕碌對岸。石山峯巒。悉數傾落山下。而碕碌華英學堂附近大馬路。當震動最劇之際。該處地面。忽霹靂一聲。裂開一罅。長約百丈。並有硫磺水噴出。熱可炙人。屋宇之傾塌。多至二百餘家。傷斃人數。約在數百以上。誠為亘古未有之浩劫也。

（二）潮州志

摘自《潮州志》第十九册，记载如下。

潮州志　地質志　十九

第十九册

民國七年　戊午　一九一八　潮州

二月十三日（農曆正月三日）下午二時地震山岳搖動民房傾圮不可勝數汕頭倒屋十分之四壞者十分之三死者二百人（似園文集戊午履端方三日坊表摧頹牆壁倒之城內外地震裂洪水湧沛有湧出泥沙開元寺土佛震墮右膝右肩俱裂自治平丁未至是年凡八百五十六載地震以此二次爲最劇）

以下徵訪資料（民國部分所記月日皆爲陽曆）

大地震

二月十三日下午二時三十分地大震歷時二十分鐘塌屋無數死者六七百人汕頭南澳尤重【據翁文灝地震一書所載汕頭死者二百餘人】震帶在泉州與汕頭之間作狹長形與海岸相平行受震面積達五十餘萬方里時夏曆正月初三日也自是以後續震百餘日居民皆架木構屋曠野而居【徵訪冊翁文灝地震】

三、地震史料

（一）广东省

摘自《广东省地震史料汇编》《广东省志·地震志》。广东南澳7.3级地震史料汇总如下。

1. 公元1918年2月13日

〔汕头〕下午二时忽闻巨声如雷，震动遐迩，地轴摇动，山岳为崩，同时空气中发生一种多量之硫磺臭味直扑鼻端，阖埠屋宇随有多数倒塌，但闻哭声震天，情形极惨。当响声最巨地层摇动之时，奇碌对岸石山，所有峰峦悉数倾落山下。奇禄华英学堂附近大马路，当震动最剧之际，该处地面忽然霹雳一声，裂开一罅，长约百丈，有硫磺水喷出，热可炙人。此次事起仓卒，阖埠屋宇倾塌甚多。兹调查所及，约记于下：①镇使署倒泻后楼一座，镇使刘志鸿头伤。②旧道署内兵房及办公室倾塌数座，伤士兵十余名。③金山街高升戏院倒塌，死者四十五名，伤二十余名。④怀乐戏院倒塌一半，未伤人。⑤海关办公处倒洋楼半座，毙水手一名，因放假未能多受害。⑥内马路倒屋七间，伤数人。⑦全德里倒屋十二间，毙八人，伤七人。⑧耀华里倒屋八间，毙一人，伤数人。⑨隆东里倒屋二间，伤三人。⑩华安街倒屋二十间，伤毙六十余人。⑪援闽伤军第五统领部倒楼半座，死伤未详。⑫大马路倒十五间，毙十二人，伤未详。⑬镇邦街倒屋五间，伤二十人，死二人。⑭电灯局、自来水公司均有绝大损失，毙人数未详。以上总核倒塌各房屋约百余家。伤毙人数约有千人，诚为亘古未有之浩劫云。（汕头地震成灾之详情）。（《民国日报》1918年2月26日第六版）

【汕头极烈之地震报告】十六日大陆报云，刻有上海西妇某，于前礼拜日乘船赴澳洲，途经汕头，昨日电告其夫，谓汕头全城因礼拜三大地震，已成一片瓦砾场云。惟正式电报关于此事，尚未接到，故一时不能徵实。徐家汇天文台主任古泽君得悉福建、安徽均有地震，南京、香港、沙面同时皆震。据古泽君所得各地报告及天文台仪器上之表记，可以证明闽、赣境内之有山区域必发生巨烈之地震，此次地震最初之发动系自西南而来，此亦仪器上之表示云。（《时报》1918年2月17日第二张第9页）

汕头地震居民死伤无算，大峰祖师收埋约二百人，其他自己埋葬者不知具数。入院者约三百人，总计死伤一千左右。当晚小震四五回。十四日午前五时又有重震，虽比第一次稍轻，屋宇倒塌不少，所幸伤者不甚多。是日小震四五回。十五、十六两日小震四五回，十七日午前五时又重震一次，比十四日午前震稍轻，也有房屋倒塌。（译自《气象杂志》第三十七年第五号）

自汕头地方大震以来，余震频频袭来，就中十四日后，十七日午前五时许起稍轻，已受损之房屋，更有倾倒的危害。差不多一个月以后每日感到一二回微震。（译自《气象杂志》第三十七年第五号）

二月十三日下午：二时三十分地大震，历时二十分钟，塌屋无数，死者六七百人，汕头、南澳尤重（据翁文灏《地震》一书所载，汕头死者二百余人）。震带在泉州与汕头之间，作狭长形，与海岸相平行，受震面积达五十余万方里，时夏历正月初三日也，自是以后续震百余日，居民皆架木构屋旷野而居。（民国《潮州志》大事志页3）

……二月十三日午后二时连续数次之大地震，……汕头市屋宇被倒坏者占四成，坏而不值修用者占三成，受害较轻仍可用者不过三成，自是以后，每年亦尝微震三四次，不过无大害耳。（《六十年来岭东纪略》页128）（《潮梅现象》页9）

【地震诗记】戊午正月日辛卯，彤云惨淡天无光，其时昼晴当午未，有声西北来彭彭，忽然几案作奇响，盘盂震荡珠跳踉，梁尘乱落壁欲压，屋瓦皆作飞鸳鸯，平地塌裂井水溢，石础遥掷空中翔（潮安庵埠皆地裂盈丈，井溢黑水，祠宇石柱有横飞数丈外者），居民空巷骇且走，呼爷唤女声骇惶，惊走始复知地震。闾闾万家无完墙，截胫断脰杂瓦砾，间有生者皆夷伤，无家可归但露宿（沙头居民露宿海滨数昼夜）。富儿犹可施行障，穷民三日不得食。霜风如割啼儿肠，潮州连郡有十县，同时乃各逢其殃，就中南澳灾最巨，城廓庐舍成荒庄，濒海数县亦称是，次为汕头余三阳（汕头、澄海属三阳：潮安，潮阳、揭阳），所毙生命以千计，孑遗辗转多流亡。绿林豪客时复起，夜则祛客朝探囊。当道虽拟没义账，宁延残喘分杯浆。苟且安辑几半载，归来唯见出畴荒，重寻遗址事兴筑，残尸时出危墙旁。一震之威竟至此，怪哉造物诚何详，况今南北战方剧，血肉锋镝膏疆场。操戈同室腾岂武，曷不敌忾为国殇。独惜潮民历浩劫，飞刍挽粟犹输将。天时人事那可说，徒令后死空徬惶。（《邓籍香诗钞》页5）

未刻潮梅所属惨遭地震，即汕头一隅，民房、商店、中外署衙，圮坍汕头、南澳十之六、七，余亦榱崩墙裂，危不可居，人民压死数百，伤者盈途，存者无处逃生。潮安、澄海、揭阳、饶平亦同此惨状，且各属陨基崩裂，灰土亦松，春水将至，横决可虑。其尤惨者为南澳一县，全属屋宇，夷为亦地，人民死伤十分之八，尸压败垣，无人收葬。连日至今，尚续震动逃死无所，遑言宿食。（《民国日报》1918年2月21日第十版）

〔南澳〕南澳全岛人口以前曾达四万余，现在（1935年）只三万余人而已，推其减少之由，系因深澳一地，自经撤府，地方已呈衰退冷落之象，兼以民七年大地震，屋宇十九坍塌，贬瓦颓垣，至今犹触目皆是，因此死亡迁徙，人口乃见减少。（《潮梅现象》页13）

〔汕头〕地震——在这篇报导中最突出的事件是1918年2月13日的地震，这是出人预料的一次地震。第一次，也就是最激烈的一次震动，发生在下午两点钟，它持续了将近二十秒钟。震动是强烈的，致使汕头和全市（县）的一些房屋遭到破坏。经过了一昼夜，震动还经常断续地发生，而在14日上午四点二十六分又发生了一次强烈地震，这次地震使得已经造成的破坏又加剧了。生命与财产的损失是很大的，汕头有三百人死亡，……尤其是南澳岛，虽然这里还有少数建筑屹立无恙，但居民有半数死亡。在这一段时间里，汕头市人心恐慌，商户一直停业到地震的烈度减轻和频度减小。预计强烈的地震不会再发生，尽管小震仍然不断。（摘译自《1912—1921年海关报告》页186）

〔南澎〕南澎岛灯塔该站自有记录以来，地震之事时不绝书，而空前之恐怖则为民七二月之大震是也。所有中外职员宿舍、贮藏室、墙垣等，以及低灯小屋感被震毁，损失甚巨，势非重新建筑不充应用，高塔及其灯外罩虽尚完好，然镜机则损伤匪轻，稜镜亦多破裂。低灯所蒙损失更大，竟致无从修理矣。兹将该站管理员关于此次地震情形所兴报告摘录如左：

有月十三日下午一时半，本岛发生地震，站内损失奇重，洋员宿舍、院落围墙皆已被毁，水池之水悉为落空，高灯之塔虽屹然未动，而透镜则损坏不堪。华员宿舍完全塌倒，火药库，贮油室亦皆倾圮，低灯之柱脚则已震斜，嗣将板架垫起，始稍正直，各室亦均破裂，全站非重新建筑不充应用。现在职员咸栖于草舍之中，剧震仍昼夜不息，每震则全岛撼摇，计自大震发生之后今已七日，所幸管理员等尚可自地穴中取给饮料照常工作。

当地震剧烈之时，该站全体职员无一椽之底，且仅持地穴泉源含有盐味之水，以供饮料。……塔之西南有小谷一，震时地裂，涌出一泉，嗣经开浚成井以备缓急之需，现已有芋生于该处水田之内焉。

地震之后，重建工程即进行，民九始竣，新镜机亦已定购。惟该岛不时颤动，是见地层外壳尚恢复原状，以故该年之内，簇新房屋复被震裂，旧日透镜亦有损伤。十一年复有微震发生直至十三年八月二十日新灯始光开燃，此后该站地震，无年无之，十三年高灯纱罩三具悉被震破，灯光遂熄。同年八月间同样情事又重复演，近则岛中微震，七日来复，几成定例。灯站之内震后劫在，触目皆是，外观已非复当年之整洁矣。且据鱼义所传，咸谓近十三年来，迭次地震，皆囿于高岛一隅，而较为平大之南澎东岛，近在此邻，反未殃及，言虽凿凿，然亦难以置信也。（《中国沿海灯塔志》页107～108）

麓屿（即德州）灯塔除民七汕头地震曾受重大损失外，其余并无事故发生。（《中国沿海灯塔志》页98）

〔潮安〕地震，城内外房屋全倒十分之二，半倒十分之四，微损十分之八。城内压死者数十人，城外不知确数。负伤受红十字会医疗的七十余人，西门外娘娘庙前寮厝面南河、地洼等地土地裂开，唯北堤（韩江沿岸）龙母庙地方裂开数丈，甚为危害，义仓瓦房已倒。（译自《气象杂志》第37年第5号）

地震，历时两昼夜，震动不息，甚而邻近地区的财产也受到严重损失，特别是在潮安，有两千间房屋被震毁。（译自《1912—1921年海关报告》页166）

闻昔宋世潮地震，山圮泉沸拣宇倾（郡志载未治平四年地震裂压死军民甚众），迩来八百五十载，余气激荡未全平（自美宗治平丁未至今戊午凡八百五十六年，地震数十，以治平年及此次为最剧），戊午履端才三日，忽然簸撼雾埃生。坊表推颓墙壁倒，远近但闻呼号声。洪水岔涌地绽裂，泥沙呿嗡喷相并（城内外地震裂，洪水涌沸，或有涌出泥沙者）。初疑共工不用触，乾坤纽解崩訇訇。又疑彗星猛冲击，世界毁灭劫运成 （近年欧西天文家言彗星将与地球冲突宣传报纸）。烛龙失欲六瞿逝，巨灵减敛手支撑。人物颠仆衢路上，回顾骇愕目空瞠。老佛侧然舍身起，截断右足将地擎（开元寺大佛震坠右膝右肩亦裂）。须臾震是入内看，骨肉完聚互相惊。环观吾庐竟无恙，天意似怜寒士靖，蜉蝣蟪蛄亦何有，传闻北地方用兵。（《似圈老人佚存文稿汇钞，地震纪灾》卷下页9）

〔潮阳〕有巨声自东北来，继之地震而起，墙壁损坏，率皆倾倒，北岩地方及佛堂皆倒，平地的木棉田乡与豪山岩，受害更甚，棉田地裂，伤者数十人，豪山岩也地裂，古井中水滚滚上升。（译自《气象杂志》第37年第5号）

〔澄海〕地震，城厢内外屋宇崩倒者，不下数十余所，负伤数十人，死者十余人，具最异者各堤围多震裂，南洋乡以北裂处涌水，南洋袋头、东陇等地较县城被害为甚。（译自《气象杂志》第37年第5号）

〔揭阳〕地震，死伤数十人，溪南、西洋、枫口等四处最甚，全乡多倾倒为平地。城内房屋损十分之九，倾倒十分之五。 （译自《气象杂志》37年第5号）

正月初二轻微地震，初三午后大震，当时天气阴霾，有小雨地声如刮大风，从东方来，以后二三个月内经常有轻微震动，不过一次比一次轻，直至数年后方息。溪口、仙桥建筑物损坏较重，寨墙几乎倒平，房屋塌坍十之六、七。新亨、榕城、仙桥等多处喷砂冒水。（揭阳县龙颈水电站地震调查资料）

〔普宁〕地震，庙廓及墙垣倒者不胜数，潮来港王姓死者一人、林厝窟林姓死一人，诚为百年来所未见。约十分钟后，安稳如常。 （译自《气象杂志》第37年第5号）

〔饶平〕地震，有巨声自北向南，开始大震，城内外死者数十人，伤者无算。（《译自《气象杂志》37年第5号）

〔樟林〕民国七年亦发生过一次地震，死伤百余人而已。（《樟林社会概况调查》页6）

〔惠来〕地震，屋宇有倒坏者，未伤人。（译自《气象杂志》第37年第5号）

【石碑山灯塔】民七地震，南沿海各处灯塔损坏甚多。据云：石碑山海湾因此深陷，变为良好淀泊处所。该处左近，在昔居民甚稀，但自海水变深以后，捕鱼事业日形发达，每年往来渔人竟达二万名之多。（《中国沿海灯塔志》第88页）

〔大埔〕地震，小旧住房倾，城内官山上有王姓、唐姓倾房屋数家，其余多数墙裂，人皆仓皇走避，足部受伤者多，各乡损失比较稍轻，惟浒梓村倒屋十余间。（译自《气象杂志》第37年第5号）

正月初三下午二时地震，初闻有声如雷，自远至，地忽震，俄复大震，山岳摇动，房屋忽斜忽正，忽开忽合，崩塌声，呼救声，喧嚣遐迩，居民争避空旷地，露宿终宵，县属民房崩圮者，破裂者不可胜数，实空前之巨灾。（民国《大埔县志》大事志卷38页17）

忆起民国七年我们家乡的大地震，我与记得那年旧历正月初三那一天，我们在乡里，正当很快活过新年的时候，忽然地下像雷吼似的响，房屋以及一切什物也跟着摆动起来，大家完全不晓得什么一回事。是横冲直撞，总以为大祸临头，世界的末日到了，跑到空旷的地方去避难的也有，伏在房子里躲闪的也有。不数分钟后弄到房屋墙垣崩颓的崩颓，陷落的陷落，灰尘满目，煞是一场百数十年未见的天灾。（《大埔旅省学会年刊》地震浅说页58）

〔丰顺〕地震，起时有声如雷，屋宇倾塌百分之二三，损坏也多，城外潮水化为白色，似饭

汤，至晚始复原质，其后据调查，汤波区左领乡房屋崩坏，死者二人。（译自《气象杂志》第37年第5号）

〔梅县〕地震，县署头门两旁墙壁倾倒，署后北门金山乡城墙崩裂十余丈，民房墙壁破裂者，难以数计。（译自《气象杂志》第37年第5号）

梅县西阳，正月初三日下午二时地震极烈，倒塌屋宇不少。（民国《西阳乡志》灾祥）

〔兴宁〕地震，其声如雷，由北向南，数分钟后，墙舍颠摆，多损坏。（译自《气象杂志》第37年第5号）

〔蕉岭〕地震，蕉岭招福村，龙虎村地方忽然地水涌出，顷刻间地陷为井，成一小潭。（译自《气象杂志》第37年第5号）

〔和平〕地震甚剧，墙壁摇动如扇，是夜丑时后震。闻汕头地方异常振动，房屋多崩颓。（民国《和平县志》事记卷19页22）

注：原文误作民国六年一月二十五日（公历）。

〔龙川〕二月大地震，大小数次。（《雷乡野乘续编》大事卷3页55）

〔河源〕居民普遍有感，个别地方浮瓦下落，旧朽的墙有塌损现象。（《新丰江科研资料汇编：地震考察部分》页1）

〔博罗〕旧房屋有轻微损坏。（《中国地震目录》第二集）

〔紫金〕旧朽墙壁有塌损。（《中国地震目录》第二集）

〔连平〕个别年久失修的房屋倒塌。（《中国地震目录》第二集）

〔香港〕十三日午后二点钟香港地震颇烈，幸无损伤。同时州府地方则地震甚烈，房屋倾倒多处。肇庆、惠州、汕头、广州、佛山、四邑等处亦觉地震，惟略微细，尚无损伤（香港十四日卯刻英文专电）。（《时报》1918年2月15日第2版）

十三日下午二时八分地震甚烈，死华人数百人，伤者更多，是晓复有短时间之小地震数次。当地震之初，房屋摇动，居民纷纷避至街中，秩序颇乱，某船自汕头开来，据船中职员言，汕头已成瓦砾，街道崩裂，热水发于地，葬身于瓦砾中者甚多，华人纷纷葬尸埋葬，欧洲人均避难于舟中，故几无一死伤者，惟荷兰领事及其家属因具住宅已毁，露宿户外，英领事署之墙罅颇甚，沿河之栈房塌者甚多，海关房屋功亦成瓦砾，所有送往汕头之货，因无从邻脱，均已带回香港矣。某戏园于晚间十时坍毁，聪容二百人葬身其间。太古顺天轮于十四日停泊汕头，以便收容无家可归之外人。华人经此奇灾颇露勇往之状，今已开始修理一切矣。汕头口外投莫克司灯塔于十三日为地震所毁，灯光虽未熄灭，但颇不可恃（香港十六日路透电）。（《时报》1918年2月18日第2版）

【粤侨关心潮梅地震】旅沪粤侨以此次地震潮梅等属被灾尤重，民房商店、中外衙署圮塌十之六七，人民伤亡枕藉，存者无处逃生，鹄立海滨，露宿风餐，饥寒交迫。南澳一县全属屋宇夷为赤地，尸压败垣，无人收葬，悲惨之状，不忍闻睹。昨在洋行街潮州会馆会议，先由旅沪粤东慈善会电汇洋五千元。并定于旧历正月十六日下午二时在广肇公所再开大会，商议筹账办法，并公举郭若雨君会同汕头聪商会，办理一切放账事宜。又闻广东俱乐部念切梓乡，亦于前夕开会，筹议赈济办法。（《时报》1918年2月25日第5版）

今日下午二时十分地震四十秒钟，公共建筑及电线、电话线均见摇动，华人纷纷聚集街中（香港十三日路透电）。（《时报》1918年2月15日第2版）

下午二时十分地震四十秒钟，公共建筑及电线、电话线均见动摇，居民正在庆贺新年，多奔入街中。（《时报》1918年2月25日第2版）；（《民国日报》1918年2月25日第2版）

1918年华南地震，香港有强烈震感，并引起片刻惊恐，所幸的是未遭受损失。（译自《1912—1921年海关报告》页240）

〔广州〕沙面十三日路透电今日下午二时一刻地震颇久。（《时报》1918年2月15日第2版）

【补志广州地震时情形】友来自广州，言彼处地震时情形甚悉，虽明日黄花，然足以资谈助，爰为志之为左。

广州地震在初三日下午一时五十五分，视沪上略早。友处方具午餐，设箸未举，箸忽腾耀不已，众华以为妖，继见房屋摇动，轧轧有声，始悉具故，急趋出以避之。

某姓妇，正行路，忽眩晕倒地，良久乃兴。据妇自述，当时如有人提其发面，力掷之，故屡起屡仆，至十分钟之久也。

事后调查，城中房屋倒塌甚多，最奇者，西城一古庙，因年久失修，墙屋倾欹，岌岌不保，此次竟得无恙，且倾者忽正，欹者忽直，若重建者然，或曰神实为之，想当然耳。某处一井，地震时水涌起如沸，事是之后井口顿狱，不能容汲具，想从此枯废矣。（《时报》1918年2月20日第7版）

今早（2月14日）昨时又地震两次，旧房屋塌毁数处，余无损害。（《时报》1918年2月17日第2版）（《民国日报》1918年2月17日第2版）

地震，连续两次，第一次较剧，第二次较第一次迟后约小时。室内时钟停摆，桌上的碗杯落地，玻璃窗剧烈作响，甚至震碎者，屋顶掉土落灰，部分垟体开裂，披挡下掉，少许歪斜，甚至倾倒。（广州市《附近》地震资料）

〔江门〕地震，油灯里的油外泼，有一间烂瓦片的片瓦震落。（江门市地震资料年表）（江门附近地震参考资料）

〔香山〕地震，普遍有感，小揽凤山脚下有二间破旧民房倒塌（采访资料）。

〔珠海〕午后三时地震，有声如雷，屋壁皆动。（《中国地震目录》第二集页）

〔鹤山〕春正月鹤山地区发生地震。（《高鹤县志》概况页58）

〔开平〕开平地方微震，因汕头大地震波及，震后地上黑毛发现。（民国《开平县志》前事略卷22页11）

〔赤溪〕春正月辛卯午后三时赤溪地震，有声如雷，墙壁皆动。（民国《赤溪县志》灾祥卷7页16）

〔清远〕午时地震，是晚复震。（民国《清远县志》纪年卷3页54）

〔仁化〕地震，幸未成灾。（民国《仁化县志》灾祥卷5页20）

〔乐昌〕正月初三夜地震。（民国《乐昌县志》大事纪卷19页17）

注：原文误作民国九年，调查结果为民国七年。

〔连山〕二月县治地震。（民国《连山县志》年鉴卷1页31）

2. 公元1918年2月22日

〔丰顺〕二月二十二日地震。潮汕大地震，塌铺多数。（民国《丰顺县志》大事记卷4页2

3. 公元1918年2月23日

〔鹤山〕二月二十三日地震。（民国《鹤山县志》）

4. 民国七年（1918年）

2月13日，南澳发生7.3级地震，南澳县绝大部分房屋倒塌为平地，人民死伤十之八。汕头死伤约千人，滨海马路裂一大缝，长约百丈，喷出热水。潮安城内外房屋全倒十分之二，半倒十分之四，压死者数十人。揭阳城内房屋损坏十分之九，倒塌十分之五，死伤数十人。地震波及闽、赣、湘、桂、台、鄂、浙、苏诸省（区）。

5. 民国十年（1921年）

3月19日，南澳发生6¼级地震。

6. 民国七年正月初三日（1918年2月13日）

南澳发生大地震。据震区地方志籍、当时报刊以及外国如日本《气象集志》等记载，受破坏最重（极震区）的有南澳、汕头和福建诏安。现分述如下：

南澳。全县绝大部分的房屋倒塌为平地，深澳石牌坊顶部部分倒塌，龙门塔顶被震塌，塔身向西倾斜。云澳山崩，大至3.2 × 4.0 × 3.5立方米的巨石滚落。人民死伤十之八。尸压败垣，无人收葬。

汕头。楼房、戏院、商店、衙署等塌坏甚多。有百余家塌倒房屋，死伤约千人。滨海马路裂长约百丈的大缝，喷热水。岩石一带石山峰峦倾落。

地震破坏稍重的有潮州、揭阳和澄海。大埔（茶阳）、梅县、惠来等地，地震时倒屋伤害人畜。远至广州市有数处旧房坍塌。福建省泉州、长汀，江西省龙南、赣州等地也倒屋伤人。

这次地震有感范围可达1000公里。西南至香港，西至广西灵川，西北至湖北武汉，北至江苏扬州和上海，东至台湾均有感（见下图，引自顾功叙《中国地震目录》）。

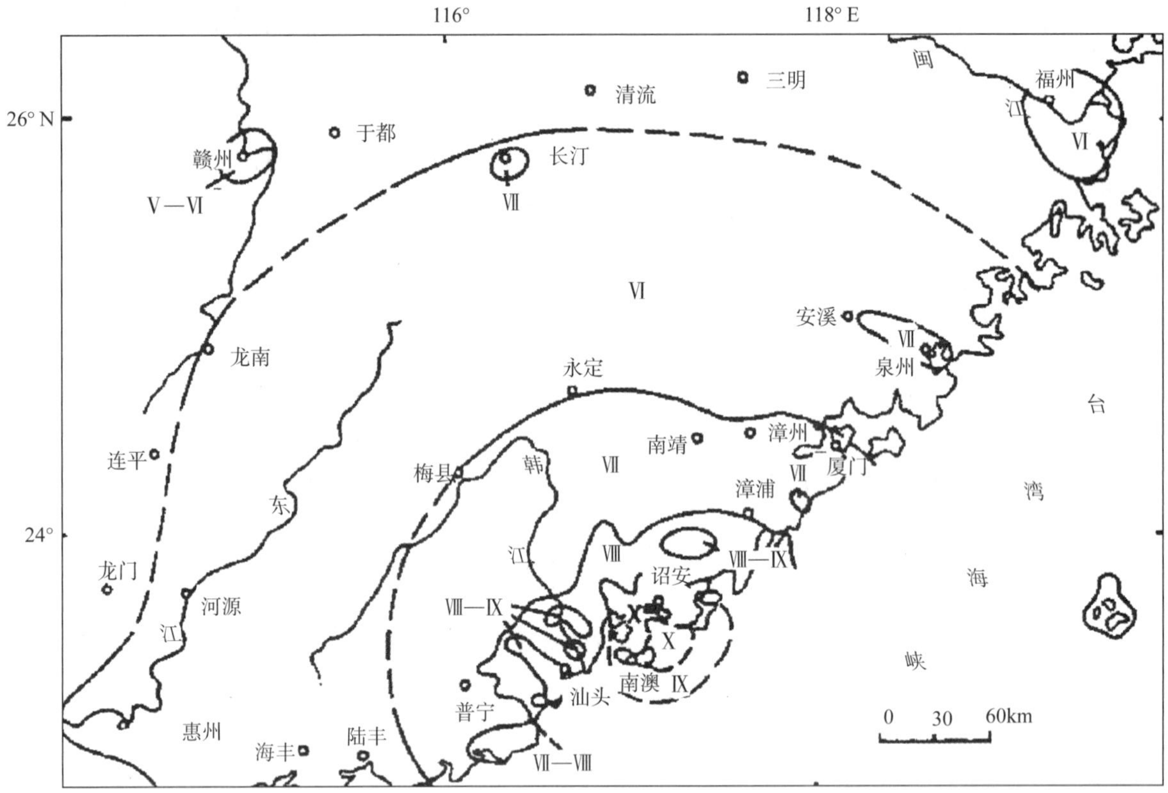

1918年广东南澳7.3级地震等震线图

7. 民国十年（1921年3月19日）

南澳，23.5° N、117.0° E，震级6¼级。

8. 民国七年（1918年）南澳7.3级地震

位于震中区的南澎岛基岩震裂，涌泉成井。南澎灯塔、宿舍、仓库倾圮。南澳岛房宇大多倒塌。汕头、潮阳、澄海、饶平、潮州和揭阳均破坏严重，这些地方伤亡有数十人或数百人或上千人。汕头、潮阳等地发生地裂缝，并有喷砂冒水。福建省东山、诏安和云霄也遭严重破坏。

（二）福建省

摘自《福建省志·地震志》，南澳、诏安7.3级地震史料汇总如下。

发震时间：民国七年正月初三日（1918年2月13日14时07分）。

震中位置：北纬23.6°，东经117.3°。

震级：7.3级。

地震情况：

福州、诏安、连江、漳州、漳浦、云霄、沙县是日地震者，计有7县，而时间有延至两小时者。震动最甚而损失最巨者为诏安县，该县于下午二时地震，至四时始完全停止，其中时震时定。统计民房因之倾圮者已有二千余间之多，居民受伤为数亦众。该邑距汕较迩，故影响亦较甚。余如闽海道属之连江县，据闻有白沙乡者，是日，竟有田地因地震裂开二丈以外，即从裂口喷出水泉，旋即复合。经人提验，该处土质呈灰白色，含有硫黄成分。此外，下游则漳州、漳浦、云霄三县，上游则沙县一县。漳州之震，建筑物倾圮甚多，传闻镇守使署亦被震倒。漳浦等处，该县知事电报略谓：屋宇间有倒塌，人民伤者甚多。云霄县除民房倒坏外，县署大堂全座倒塌，该知事电省请费修理。沙县，据该县人民致各报馆公函，略谓：本月十三日（正月初三）下午二时正，沙县地震，其势力甚强，墙屋山河均动，约有二三分钟之久，一时人民颇形恐慌，是较诸各处，犹为轻微。大震之后，此间（福州）又复震动，其势不如前此之剧耳。（《时报》1918-3-5）

〔福州〕下午约三时十五分，记者过信报馆，方坐室中，陡觉电灯摇曳，旋而屋角有声如散沙，知为地震，乃起立于庭中，其始势尚微，未几大震，屋宇竟轧轧有声，若将倾然，凡历时约七八分钟始息。据父老言：本届殊为福州仅见，前者曾大震一次，为时只四五分钟，震动亦不如此次之甚。事后记者出馆，路经北门，见电杆上变压器中所贮之油质倾倒满地。嗣又得友人报告谓：某处墙裂几尺，某处屋倾数椽，而损失最巨者厥推油行。惊魂方定，孰知入夜约七时许，又大震动，幸一动即止，故人多不觉者。（《时报》1918-2-24）

〔漳浦〕地大震，声如雷，城内外房屋少量倾倒，墙裂缝与歪斜者甚多。沿海地区民房破坏较重，佛昙积美马祖庙墙圮，祠堂倒塌。县城南门外，石碑坊歪斜坠石。海堤有被破坏者，地裂者数十处（原注：有的宽约三尺，断续长度达三十丈），涌泥浆水，沙西温泉移位，人死伤甚多。（《时报》1918-3-5）

厦门、漳州、长汀、永定等地下午二点钟，地震之事全省皆有，其受灾多少，轻重虽各不同，总之无一处可免。厦门受灾较轻，虽间有危墙峻壁被摇崩裂，究未见全屋倾倒者，亦无压伤民命情事。漳城地震，城内外店屋倒者甚多，人民亦遭压伤，人心惶惶不安，群虑大祸之将至。计地震初次系初三下午一点半，声极巨，至二点余、三点余、四点余以连震，响颇大。初四日续震一次，虽声响较轻，而人心已极恐慌，盖虑其连日续震也。汀州是日正午阴云布匝，天黑异常，迨二点半，地大震，至于立足不定，居民惶然，尽逃出楼屋之外，以避其灾。大震时间近三四分钟之久始息。至四点又震，入夜九点余钟又震，夜中连动数次，至四点余又大震一次。越日，探知汀属各县皆然。其中受灾较重之地，至全楼倾倒，压伤民命，如永定金丰各乡地震尤剧，乡村父老咸谓此百年来未有之骇闻也。（莆田《兴奋报》）1918-3-1）

〔厦门、漳州〕下午二点钟时，忽然地震，霹雳一声，楼屋动摇，哗然鼎沸，自是至四点钟动摇四次。入夜九点钟至二点，动摇五次，惟黎明四点三十五分时，再动一次，是夜二点半钟又动一次，询诸市区父老，皆云向来未曾有之剧烈。但厦屿两地遇此地震，仅吃一大惊，无甚灾异。虽间有危墙峻壁被摇崩裂，究未见全屋倾倒者。若禾山一带则倒屋不少，如双涵海岸、梧仓等地，不仅倒屋，且沿海堤岸多见土裂，深不见底，又有自同安、石码（龙海）来者述该处地震，倒屋甚多，且有损伤生命，可见比厦地受灾较重也。（《申报》1918-2-26）

〔连江〕在本域内发生强烈地震，历时两昼夜，震动不息，甚而邻近地区的财产也受到严重损失。连江（距省百里）东门外有地裂之异，记者于初十日因公到连，特至该处观之，见该处系距城五里许，地名为白沙尾，田中有灰色细沙堆在田面者，纵一丈，横三尺许，附近五亩之田皆有之。据乡人言，此为是日地裂之遗迹。盖初裂时，地缝涌出黑水甚多，高可三尺许。地之罅隙广约一尺余，幸地震一定，则缝即合。灰沙者即其从黑水涌来也。《时报》1918-3-5）

〔闽清〕午后，邑地大震，至夜连震数次。

〔永泰〕地大震。

〔平潭〕正月初三日辰时刻，地大震，夜戌刻又震。

〔福清〕发生较大地震，厨具震动。

〔莆田〕午刻地大震。

〔古田〕初三日巳初，地震，约一分钟。

〔福安〕地震二分钟，墙垣崩裂，人民恐惧。

〔福鼎〕午刻地震，屋壁动摇，缸水如沸，垣墙有倾颓者。

〔建瓯〕大地震。

〔建阳〕未时，地震一分钟，墙屋动摇。凡属金、木、瓷器触之成声，一邑皆然，数百年所罕闻。

〔政和〕二月地震。

〔崇安〕地震，南乡洋墩等处山攀崩裂。

〔南平〕未初刻，地震，墙屋动荡，约一分钟止，城乡皆同。

〔尤溪〕午刻，地大震，田水瀑跳，墙壁屋宇摇动倾斜，十五分钟方止。

〔沙县〕未时地震，各处树木墙屋，同时震动有声，约一分钟之久。

〔大田〕午地震，墙屋动摇有声，是夜再震。

〔明溪〕七年正月初三日，地大震，屋宇摇动，淅淅有声，墙垣倾倒，缸水溢外。

〔邵武〕七年丙辰正月初三日巳刻，地震。

〔泰宁〕上午地震。

〔建宁〕巳刻地震，墙上砖瓦亦为坠落。

〔宁化〕地震。

〔清流〕下午十四时，地大震。纸浆槽中的水忽然向外溢溅，梁柱有声，碗碟、器物晃然作响，屋内众人仓皇逃出，瞬息一切复原，建筑物和人畜并无损伤。

〔长汀〕二月，地震五次。汀州居民惶恐逃出户外，灾害较重之地，房舍倾倒，有负伤者。

〔龙岩〕地大震，连数次，石坊有敧倒者。

〔永定〕午后一时，地大震，淅淅有声，历二十余分钟始止。是夜，仍继续震动，各处房屋多被震废，北城楼倒塌。

〔武平〕午后，地震有声，倒塌房屋。

〔上杭〕历来地震之最甚者，莫如戊午旧历正月初三日，震荡至一二小时之久，但当时虽有倒屋伤人，而受灾犹不甚烈。午后二时十五分钟，地震有声，历十分钟始止。五时后及夜间，复震数次，连日亦微震。庐丰塘厦蓝姓翼屋废为猪圈。初六夜，地陷一丈有奇，周三丈许，母猪旋绕不止，四小猪没见。连日挑土填之，至十二日填满，高出四五寸。是夜复陷，有水焉，小猪浮水面，水深一丈二尺，水面距地面一丈有奇，旁裂十余丈，月余裂痕始复。

中华民国七年旧历正月三日，饮自治局楼上，中酒，忽桌几摇动，簌簌有声。楼下砌砖为柱，疑工料窳败将倒塌。趋起出，实地亦然，始知地震。比出门，见聚五楼墙壁摇拂如扇，一霎间檐瓦附地，数分钟震始止，审视墙壁如故，时钟已停，正午后二时十五分也。上街一带震动特甚，有崩圮者，有坼裂者，新福居则门楣以上皆掀下焉。据父老言，向来地震未有若是之甚者。五时及晚间又震数次，连日亦有微震。

〔金门〕午后地大震，榜林乡附近之路裂开寸许，有黄水流出。

〔漳州〕地震，漳州城内外房屋倒者甚多，有压死者。龙溪东南二门外，民屋倾圮数十户，死伤八九人，镇内丹凤山则裂一大线，黑烟突出。大地震那天天气晴朗，大家吃过早晨酒饭往公府街（现南昌路）花灯市玩去，一街上闹闹嚷嚷，凤阳卖艺的正在呼呼喝喝施展好身手。蚵仔煎摊子里坐的、站的、等的拥挤着。约十点钟左右，突然天地昏黄呼呼作响，足下地面颠动起来，有三四分钟之久，一时游人如山崩般四散逃走，互相践踏。最奇怪是八卦楼和龙文塔尖顶上的葫芦摇摇摆摆却不曾坠，而双门顶石坊表却跃下来几块大石。谣传说晚上还再地震，而且震得更厉害，人家终夜不敢睡，也有移铺盖于床板底下睡地板的，可是当夜不过震了几次并不厉害。传闻东乡诗浦庙前地面裂开长两丈两尺多，几天后又自己合拢起来，人们以为不祥云。

〔长泰〕夜地震数次，损坏屋宇无数。

〔海澄〕地震，倾塌多在村落，多少有死伤的。

〔南靖〕民国七年地震。正月初三日，间歇性大震六七次。文昌塔在靖城东三里许，濒西溪北岸在漳州目溪村交界处，为宋朝朱文倡建。塔凡七层，高五十多公尺，厚五公尺，基层完全是花岗岩砌成，其他各层全属青砖，中空，环墙有石梯，可以登临远眺欣赏风景，当1918年大地震，塔尾被折毁一层。

〔诏安〕正月初三日的一次地震，全县倒房坏屋9262间，压死压伤187人。下午两点多钟，突然有隆隆的响声，自东而西，约十多分钟之久，厝屋摇摆不定，地面有裂数处，水如喷泉或滚出黑沙，井水沸腾外溢，此后连续好几天，每天震动十多次，群众多用竹笘安置在广场住宿，全县厝屋多遭震倒、震坏，群众被压死、压伤者甚多。据悉，在福建诏安的中国电讯管理局的建筑物被震倒了。

〔云霄〕地大震，倒屋及残损三百余座，残伤五十余人，不断轻震年余。房屋塌倒无数，人民死伤甚多，各村落屋宇有全倒者，未全倒者亦被破裂不堪，完全堪用者不得十分之一。惟云城内外，无大损伤。

〔东山〕地震，该县倒塌民房千余间，伤毙人口甚众。午时地大震，楼阁房屋仆而复起，墙倾屋塌，儿啼女号，鸡鸣犬吠喧如鼎沸。人眩不能立，坐地上随地转侧，池水倾泼丈余，地层裂开，浊水直喷，同时乡村亦然，逾半时许稍定。

〔永定〕房屋多被震裂，北门楼倒塌。

〔南平〕青州（西南30公里）老旧民房泥墙震倒。

〔上杭〕城隍庙门挡石条震落，伤一人，有两牌楼各倒一角，西马桥上凉亭倒塌，地下陷成井。

〔华安〕碉堡震倒，旧土坯墙厕所倒塌。

〔浦南（长泰西）〕老房震裂，旧砖砌厕所震倒。

〔兴宁〕城外房屋有部分倒塌者。

〔龙南〕破旧房屋倒塌。

〔定南〕碉堡墙壁震倒一处，土炮台震倒一角，城门裂缝，倒房三间。

〔赣州〕老吊桥震倒，死4人，屋瓦震落，隔墙裂缝。

〔长乐（华城）〕房屋倒塌，厚墙、大厦亦有崩裂。

〔惠安〕榜林乡附近之路裂开寸许，有黄水流出。

〔绍兴〕皋埠镇塌房三栋，柯桥镇倒枯木一株，漓诸乡震折年久旗杆颇多。

〔苏州〕一塔尖倒下半截，城堞坍者约3～4米。波及面很大，最远记录约1000公里。

有记载者如下：

福建省之闽清、平潭、沙县、大田（房屋摇动厉害，墙壁泥灰掉落，部分屋瓦掉下）、宁漳（旧）、同安、永泰、尤溪、建瓯、建阳、政和、顺昌、邵武、光泽、永安、泰宁、连城（池鱼跃岸）、三明。广东省之乐昌、高要、惠阳、佛山、清远、开平、仁化、赤溪（台山东南）、连山、香港。浙江省之杭州、湖州、德清、宁波、镇海、象山、汤溪、建德（记正月十一）、遂安（记八年正月二日辰时）、寿昌、松阳、景宁、六仓镇（属余姚）。江西省之大庾、虔南、南昌、德兴、南丰、干县、安福。湖北省之武汉。广西省之昭平、贺县、灵川、来宾。湖南省之嘉禾、岳阳、宁乡、长沙、望城、湘潭、株洲、醴陵。安徽省之宿松、安庆。江苏省之扬州、松江、上海、宝山、无锡、江阴、川沙、金山。台湾省之台北、台南、台东、台中、恒春、澎湖等县均有感。

四、调查报告

福州地震大队1972年对南澳、诏安7.3级地震调查资料报告如下。

1918年2月13日14时左右广东南澳发生了7¼级强烈地震。这次地震给闽、粤两省部分地区遭受很大的损失。当时对这些地区的地震灾害并没有做过详细的宏观调查。至今只是留下一些历史记载资料。为了确定这次地震的烈度分布情况与地震类型、震中位置、震源深度等。我们和广州地震大队一起协同作战，分别在两省的地震区进行广泛的调查。我组于1972年4月22日出队。至7月中旬结束初步工作。

在此期间，我们先后在诏安、云霄、东山、漳浦、漳州、平和、南靖、龙海、长泰、厦门、同安等11个县市、80个公社、112个居民点，召开了100多次调查会。访问400多位60岁以上的老贫下中农（最高者92岁，最低者60岁左右）。并对建筑物的破坏情况进行现场考察。收集了各县县志、府志、福建通志等有关历史记载资料。

遵照伟大领袖毛主席“要认真总结经验”的教导，我们依靠毛泽东思想，在地区、市、县各级党委领导下，广大贫下中农的大力支持帮助下，充分发动群众，认真调查研究，经过二个多月的努力，按计划安成了野外调查任务，获得了许多宝贵资料。基本上查明了这次地震在福建省的破坏范围以及影响程度，为今后开展地震宏观调查和烈度工作打下良好的基础。

（一）地震烈度的分布概况

1918年南澳地震的影响范围很大，其震中烈度达到Ⅹ度，受震面积有50余万平方公里。有感者遍及上海、武汉、湖南、广西一带，福建省的许多地区遭受不同程度的破坏，其中龙溪地区的沿海一带更为严重。

通过历史地震的宏观调查，根据当地群众所提供的材料，参照现行新中国烈度表与广州大队拟定的房屋破坏情况简化烈度表（草案），对本地区的破坏范围调查结果如下。

Ⅸ度区：它的外边界线即Ⅸ度线大致由广东的饶平县黄岗、仙春一带入闽，经过诏安的障朗、城关以南、外风楼，穿过诏安湾进入东山的陈城、宫前人海，形成近似半圆形的弧线。

Ⅷ度区：它的外边界线即Ⅷ度线大致由广东的饶平县北面入境，经过诏安的官陂、平和的大溪以南、云肖的马铺、漳浦的石榴和盘陀、杜浔和下美之间一线入海。其呈一椭圆形的弧线，长轴走向大致为NE40° ~ 50°。在Ⅷ度区的范围内，其破坏情况除两个地方有Ⅸ异常外均无上述地区严重。

Ⅶ度区：它的外边界线即Ⅶ度线大致由广东的大埔通过平和的九峰、合溪、群英以北、南靖的城关、漳州的秋坑、浦南以南，长泰县城与祖地之间，厦门的灌口、集美进入金门岛。它呈一椭圆形的弧线。

Ⅵ度区：它的外边界线即Ⅵ度线待定。Ⅵ度区的影响范围很大，由于时间有限，人力不足，仅对6度区进行部分调查，今后对它的外边界线还须进一步工作才能确定。

现根据所确定的各烈度区的范围，绘出1918年2月13日南澳地震影响到福建部分地区的Ⅸ、Ⅷ、Ⅶ度的等震线图。

通过等震线图看出，它是呈一椭圆形的弧线，其长轴方向大致为NE40° ~ 50°，与海岸线相平行，说明这次地震的影响场是受到长乐—诏安断裂带的控制。

（二）调查区房屋的分类及其破坏程度

根据宏观调查，在福建的龙溪、厦门、晋江等地区的沿海一带，农村房屋的质量一般较好，大多数属于Ⅱ、Ⅲ类的房屋。尤其是诏安、云肖、东山三县的房屋，过去的建筑多数为Ⅲ类的三合土或灰砂夯墙，质量较好，具有一定的抗震能力，说明当地的劳动人民有丰富的抗震经验。至于山区，例如诏安与云肖的北部、南靖、平和一带的房屋，多数是I、Ⅱ类的房屋。目前有些地方在更新房屋的过程中建筑材料多数是就地取材，盖了一些石块的房屋，这种房屋的抗震性能较差些，今后必须深入农村，逐步总结过去的建筑经验，因势利导，创造既抗震又适应当地条件的新形式、新构造的房屋，防止地震的破坏，现将这些地区的农村房屋类型作如下的分类。

1. Ⅰ类房屋

（1）用泥浆砌筑的毛石、卵石、碎砖、土坯等墙，施工简陋的房屋；

（2）条石干砌，高度超过3米的居住房；

（3）陈旧的Ⅱ类房屋。

2. Ⅱ类房屋

（1）毛石、卵石用灰砂浆砌筑的房屋，墙厚度30厘米以上，屋檐高度3米以下；

（2）夯土墙或用灰砂浆砌筑、浆饱满的土坯房屋，墙厚度30厘米以上、屋檐高度2.5 ~ 3米左右的平房或墙厚度35厘米以上、屋檐高度6米以下的二层楼房；

（3）条石、块石用灰砂浆砌筑的房屋，墙厚度40厘米，屋檐高度3米以上；

（4）陈旧的Ⅱ类房屋。

3.Ⅲ类房屋

（1）三合土或灰砂夯墙的房屋，墙厚度35～40厘米，高度3米左右的房屋；

（2）土楼园寨，墙高9米左右，底厚1.8～2米或灰砂园寨底厚1～1.5米以上，内墙厚40厘米左右；

（3）用灰砂浆砌筑的红砖，灰砂砌块，砖石墙的房屋，墙厚度在35厘米以上，屋檐高度3米左右；

（4）有木架的庙宇、祠堂和质量较好的民房。

从以上各类房屋在地震时所遭到的破坏程度和新出现的地表现象作为评定宏观烈度的主要标志，现对各烈度区的破坏状况叙述如下。

Ⅸ度区：夯土墙、灰砂夯墙的Ⅱ、Ⅲ类房屋许多倒塌，少数基本完好；一般民房倒塌1/2左右，后墙许多外倾，墙裂缝宽可达20厘米以上，屋顶的中脊普遍开裂，宽可达10厘米；灰砂园楼许多裂缝从顶到底，宽可达8厘米以上，园楼内房屋局部倒；门槛的条石断裂，院墙、门楼、残余墙壁大部分倒塌，城墙局部倒塌。

例如，诏安县深桥公社上寨村有500余间房屋倒塌者20%～30%，破坏者40%～50%；溪南村房屋倒塌有30%～40%，其余震裂震坏很多。

地表普遍开裂，一般裂缝宽有10厘米以上，长有数米，大者宽20厘米以上，长上百米，并喷沙冒水，裂缝多数是在田地、溪岸边疏松的堆积土中，纵横交错，绵延很长，个别有的松地沉陷成坑。

山上大块石头滚落，在陡坡、陡坎有许多滑坡或山崩现象，据当地群众反映，诏安南面与广东饶平交界的南山松散的陡坡崩裂很厉害，散落的土石堆积成丘。

海水、河水、池塘的水起较大的波浪。

温泉发生移动，流量发生变化。例如，云霄陈岱公社院前温泉原位院前北东，因地震现沿南西方向位移150米；云肖下河公社孙坑大队温泉原流量很小，震后流量增加几倍，水温增高。

器具翻倒损坏很多，因房屋倒塌有人畜伤亡。其中以东山陈城大队最为严重，伤亡有数十人。

Ⅷ度区：陈旧的土坯房屋许多倒塌，Ⅱ类的夯土墙，毛石房少数倾倒，Ⅲ类的三合土、灰砂夯墙的房屋个别倒塌破坏，多数完好，一般民房倒塌者在1/10以下；灰砂、三合土房屋的后墙少数外倾，墙体裂缝3～5厘米，大者宽8厘米以上，夯土墙普遍开裂，宽可达10厘米左右；屋顶中脊裂开，许多屋面下滑，大部分瓦片掉落损坏；土楼园寨许多裂缝，园楼内房屋有局部倒塌；少数院墙、城墙、门楼倒塌，牌坊个别倒塌，少数局部破坏；古庙、祠堂有个别塌顶，少数墙裂、庙内的木柱子和石柱之间发生扭动。例如，诏安深桥大队，全村的房屋有900余间，倒塌者数十间，其他房屋许多受严重损坏；东山澳角村，当时全村100多间房屋，倒塌者10余间，其余震裂较多；云肖车圩房屋倒塌23间，墙裂40%；漳浦港口房屋少数倒塌，大多数酥裂。

地表开裂很多，宽达10厘米左右，一般地裂缝是在稻田、菜园或溪岸、河堤边、沙滩上，并喷沙冒水。

不稳固的山石下落，个别陡坡滑崩。海水、河水或池塘的水起小波浪。

有的温泉扩大。例如，漳浦沙西公社土楼大队原有温泉边冲出一个洞口变成温泉池，流量增加。

有的井水干涸。例如，东山西埔顶西大队社员林赛花家的井，地震后井筒被错开成三节，倾斜3°，错距5厘米，错动方向NE80°，震后井水干涸已成一个废井。顶台边器具翻倒落地，震时人惊慌失措，仓惶外逃，大部分人不敢在家居住，露宿室外，有少数人畜伤亡。

Ⅶ度区：毛石、卵石砌筑的房屋少数倒塌，许多破坏；夯土墙的房屋个别倒塌，少数墙裂；三合土、砖墙的房屋轻微损坏，屋顶掉瓦漏雨，大多数房屋完好；少数不坚固的院墙、门楼局部倒塌破坏，个别的牌坊、塔尖掉落。

例如，平和县埔尾大队全村100余间房屋倒塌3间；龙海县倒港大队，破旧的房屋倒塌几间；港尾的汤头村旧房倒了5～6间，少数增裂掉瓦；南靖城关个别的砖墙房屋木架拔标，前墙外倾，墙有裂缝，条石错开一小缝；靖城宋朝建的文昌塔的塔尾被拆毁一层。

稻田里、河滩、溪岸边个别地方有细小裂缝，少数喷沙冒水，池塘水会震荡；松散的土坡、陡坡有小滑坡，例如厦门东渡的“堤头”山有土石散落，不大的滑坡；温泉有所变化，如龙海港尾公社汤头村温泉由北东向南西移动30米。

人站立不隐，左右颠簸，震时人仓惶外逃，过后少数人露宿室外，多数人敢在家居住；悬挂物摆动厉害，有的掉落损坏，器具和用具震动碰响，少数损坏。

Ⅵ度区：毛石、卵石、土坯和夯土墙的房屋个别破坏，少数墙裂。例如，南靖和溪村少数陈旧的房屋墙角掉落，屋顶的瓦片跳动，有的掉落损坏；长泰城关的房屋屋檐瓦片少量溜落，破坏的土墙粘灰层张裂；厦门钟宅大队村里不牢固的房屋墙有细小裂缝，没粘灰泥的瓦片少数掉落。

个别建筑物如石旗杆断落，院墙轻微损坏；田沟水、池水、河水会震荡，满缸的水会溢出；碗具晃动碰响，挂在墙上的镜子被震落损坏。

很多人站立不稳，从屋里跑出室外，震后一般敢回屋里居住。

（三）地震烈度的异常问题

在这次历史地震调查中，通过现场观察，我们逐步认识到，在各烈度区内小区域的烈度差异十分明显，相邻的村庄或者同一村内不同的生产队地震造成的破坏程度差别很大，这是由于当地的条件，包括不同的土质、岩性、地形地貌、地下水位和断层等因素所影响的结果。这就是矛盾的普遍性和特殊性，毛主席教导我们：“由于事物范围极其广大，发展的无限性，所以，在一定场合为普遍性东西。而在另一一定场合则变为特殊性，反之，在一定场合为特殊性的东西，而在另一一定场合则变为普遍性”。当地条件的影响上升为特殊的主要的原因，这就使得各烈度区内的烈度高者有低，低者有高，造成了一些地震烈度异常区。但是由于我们调查访问的不够，对烈度异常区内周围破坏比较严重的村庄并没有继续深入地进行工作，而且也没有着重调查当地的构造、地形、地下水位、地基土质的情况。因此，对它的分析是比较粗略的，下面我们就前一阶段在各烈度区内发现下列几个地区有差异现象。

Ⅸ度异常区，在Ⅶ度烈度区内有两个Ⅸ度异常区，在这小区域内，地震时村庄所受到的破坏程度要比该烈度区内邻近村庄严重。根据这种情况我们提出：第一，在诏安的四都，梅州和云肖的阵岱、岗屿、东山的前何一带为Ⅸ度异常区，其烈度的提高，除了当地的土质、地形、地下水位等条件外，很重要的因素是和北东与北西西的两条构造带在此通过有关，同时这一带也有温泉出露在第四系坡积层中。例如云肖阵岱公社院前村西南就有温泉存在；第二，在云肖城关以北，和平农场的宜谷径、甘树浦、火田、莆中一带也为Ⅸ度异常区，沿着漳江支流的顶溪、南溪两岸的河谷地带密布着许多温泉，呈北东方向有规律分布，例如下河的孙坑、火田的溪口、官园、后埔、古楼都有温泉存在，另一可能是河谷盆地中地基土质较软弱，覆盖层也较厚，对当地的房屋建筑不利，造成比较严重的破坏。

Ⅷ度异常区，有两种情况：第一，在Ⅸ度烈度区内，诏安的下河、东门一带出现了低烈度的Ⅷ度异常区，据群众反映，这一带房屋的破坏情况要比各相隔一海湾，西面的洪州、西坑，东面的东山阵城轻一些，这是因为当地的地基是花岗岩的风化壳或基岩出露，土质条件较好，地下水位较低，一般距地面6米至8米以下，使得这一带在地震时所遭受的破坏程度要比同一烈度区低一些。第二，在Ⅶ烈度区内，漳浦的六鳌、南境、白石一带出现了高烈度的Ⅷ度异常区，由于这一带的房屋多数建立在松散的沙土层和玄武岩风化壳上，地基较软弱，土质条件较差，使得地震的破坏程要比其他地方严重，尤其是龙美大队更为严重。

此外，在Ⅸ度区的诏安溪南村，其村里东南面的三、四生产队的部分地方，房屋倒塌破坏数十座，竟成一片废墟，有的已改成种地。在这小范围内的烈度，要比同一村庄的其他大部分地方严重得多。还有东山陈城村的房屋倒塌破坏者可达50%～60%，人畜伤亡很大，可是与其相隔一条公路的顶城村房屋破坏才达10%以上，没有什么人畜伤亡。

总之，烈度异常问题是比较复杂的，今后有待于进一步深入研究。

（四）地震发生前的一些有关现象

在地震区的调查访问中，我们曾深入到现场，收集第一性资料，虚心向贫下中农请教，听取他们亲身经历过这次地震前后过程。亲眼看到或听到的各种现象，经分析充分说明这次地震前仍然有前兆可寻。

1. 大地震前有小地震

大地震发生前离震中近的地方往往能感到小地震（前震），但是在这次访问中，群众普遍反映是“先听到轰隆隆一声，接着大地震就来了，大震前没有注意到小震”。这或许是因为龙溪地区距极震区较远，加以年深日久则记忆的比较少，但是仍然有些人注意到这个问题。例如：漳浦县城关绥东大队的老人柯卢志说：“大地震前数天内，小地震较多。”深涂公社南境大队社员陈高筑说：“大地震前有小地震许多次，大地震后也有小震多次。”云肖县岗屿公社城内大队汤阿筒说：“正月初三前后震了4～5天”。

根据广州大队所提供的材料，在震中区南澳岛隆东公社的群众反映：“大震前一年有几次小地震”。饶平县汛洲村的贫下中农说：“地震前几天晚上有小震”。潮安的白水大队有人感到：“正月初三前有小震。午饭后地震最大，以后仍有小震不断发生”。

从这些资料来看，地震前有小震预兆。

2. 动物的异常现象

动物的某些感觉器官比人敏锐，大地震前人感觉不到的现象，听不到的声音，它们能感到，能听到。例如：

（1）诏安县秀篆公社陈龙大队的群众反映，“大震前池塘里的鱼跳出来”；

（2）漳州北桥街吴玑人老人说，“地震前两三天，西门河沟里的虾子死了很多，浮起来，许多人都去抓死虾，我也跑去抓”；

（3）漳州延安街一些群众说，“震前狗狂叫，鸡啼鸣，猪也跑了”。

以上情况说明大地震动物是有异常的，只要能注意动物的前兆现象是能够预报地震的。

3. 地声

在我们这次访问中，多数群众反映有响声。如，诏安桥东公社东门大队有一位老人说，“震前轰隆隆响。由西南的广东方向传来，接着大地震即到”；东山县冬古村群众说，“震前发现在东边天空上布满黑云，接着就从东北边传来地声如雷，后地震就到”；陈城大队也反映，“地震前声音呼呼叫，贴地而来，接着天昏地暗，土粉飞扬，村庄都看不见东西，地也晃动起来”。

根据诏安县历史记载资料，“正月初三，下午两点多钟，突然有隆隆的响声，自东而西。十多分钟之久，厝屋摇摆不定，地面有裂缝处。水如喷泉或滚出黑泥，井水沸腾外溢”。

4. 地下水的变化

根据调查资料，大地震前地下水是有变化的。例如，诏安红星农场张惜贺老人反映：“大震前他家门口的水井反浑”；漳州延安街群众说，“地震前，西门的水反涨”。

5. 天气变化

漳州文史资料记载，“民国七年正月初三，那天天气晴朗……突然天地昏暗。呼呼作响，足下地面颤动起来，有三四分钟”。许多群众也反映说：“地震前天气是有变化的”。例如：

（1）诏安四都公社王启嘉老人说，“震前东边黑云满天，传来地声如雷，地震前几天感到天气特别闷热，前两三年大旱严重”；

（2）云霄岗屿城内大队反映，“地震前有好几年干旱”，平和城关卢文炳老人说，“大震前几年经常发生旱灾”；

（3）东山西埔冬古大队的群众说，“震前有下拇指大的冰雹”，南靖县龙山公社华星大队的一位老人说，“地震前一年，下冰雹，有黄、红、青的各种颜色”；

（4）漳州北斗公社丰乐大队三位老人反映，“当天天气很晴朗。突然间下起一阵大雨，以后就震起来”。

从以上的调查访问中所收集到的资料，初步整理出几条地震前兆的有关现象，以提供参考。

（五）地震活动类型

构造地震活动类型主要是根据前震、主震、余震的活动情况来区分的。其有：

（1）孤立型，这一类地震既无前震又无余震，从所掌握的资料来看，此类地震一般均不强烈，也不会造成很大程度的破坏，其最大震级在5级左右。

（2）主震型，此类地震一般前震很少，也不大，有一系列余震活动，其比前震多，但活动范围小。地震能量的释放主要是通过一次主震释放出来，它占地震总数的大部分。

（3）地震群，其特点就是地震能量是通过许多次地震释放的，这种地震前震多也大，有明显的前兆现象，动物异常、地下水变化、地壳形变和其他现象。余震常是成群出现且又多又大，整个地震活动时间较长，起伏也大。

1918年南澳地震，前震不够明显，也很小，大部分人对主震前的小震印象是不深刻的，感到大的地震来得比较突然。主震以后，群众普遍反映是，“大震以后，当天之内小震十几次，约一个月之内还连续不断”。

当地的报刊杂志记载余震情况。

莆田《奋兴报》载，“……大震期间约三四分钟之久姑息。至四点又震，入夜九点余又震。夜中连动数次，至四点余又大震一次”。

上杭《顾丰楼》杂志，“民国七年旧正三日……数分钟震始止。审视时钟已停止，午后二时十五分也。据文老言，向来地震未有若是之甚者。五时及晚间又震，连日亦有微震”。

1918年2月24日《上海时报》载福州情况，“下午三时十五分记者过信报馆，方坐室内，陡觉电灯摇曳，旋而屋角有声如散沙，知为地震，乃起立于庭中，其始势尚微，未几大震……熟知入夜约七许又大震动，幸一动即止，故人多不觉者。今日据友函述昨日实共震四次”。

广东历史资料记载，“……汕头地震。当夜小震四五回。十四日午前五时又有重震，虽比第一次稍轻，屋宇倒塌不少，所幸伤者不多。是日小震四五回。十五、十六两日小震四五回。十七日午前五时又重震一次。比十四日午前震稍轻，也有房屋倒塌，自汕头大震以来，余震频频袭来，差不多一二个月左右每日感到一二回微震。”

这些说明二月十三日大地震之后有不少余震活动，其中十四日与十七日为两次较大的余震。

南澳位于长乐—诏安活动断裂带的西南端，1918年2月13日14时所发生的强烈地震，正是这个活动断裂带积累的能量大释放的时刻。其最大震级已达到7¼级，但是在发生这次地震（主震）前后的几年甚至十几年内，能量大释放阶段中，南澳附近或者这个地震活动带的不同地段并没有出现过多次的7～7¼级左右的大地震，而积累的应变能主要通过一次主震释放出来，则可以说此次地震活动类型是属于单发式的主震群活动或称为“主震”型。

根据单发式地震活动的特点，一般地震的发震构造比较明显，震源大部分发生在地壳浅层的地方。

（六）震中位置的确定

1918年南澳地震的震中位置，据以往的看法与“地震目录”记载，其震中位置偏向于南澳岛西部隆东附近（北纬23.5°、东经117.0°），也曾推测在南澳东北面的海中。但是，经我们在诏安、云霄、东山一带的初步调查，南澳地震时受严重影响的福建地区，其地震烈度并没有出现过Ⅹ度的破坏。也就是龙溪地区的诏安、东山不在Ⅹ度剧震区之内，而且在这一地区Ⅸ度区的影响范围也不大。这说明震中并不是靠近福建的诏安、东山附近的海中。

同时根据广州大队的调查材料来看，在极震区中，受破坏最严重的是在南澳岛的东部九溪澳、青澳、东坎石。从以上的情况，我们认为震中位置有可能在广东南澳岛的东北面或其邻近的海中，大约在北纬23° 31'，东经117° 09'附近。

（七）震源深度

我们对于南澳地震震源深度的确定是用宏观的方法，即从调查得到的等震线图中烈度的衰减规律的分布情况中求出来的。根据经验公式：

$$h=\frac{\Delta_\lambda}{\sqrt{10^{\frac{I_0-I_\lambda}{S}}-1}} \qquad (1)$$

式中，h为震源深度；I_0为震中烈度，I_0=10；I_λ为依次衰减烈度；S为地震烈度衰减系数；Δ_λ为烈度衰减到I_λ时的等震线边界半经。

由宏观等震线图中得到各衰减烈度和相应的长轴半径为：

烈度：9 8 7

长轴半径（公里）：30 75 155

令$C=10^{\frac{I_0-I_\lambda}{S}}$，则式（1）为：

$$h=\Delta_\lambda\frac{1}{\sqrt{C-1}} \qquad (2)$$

设S给出一系列的值，就可以查表得出C值或者$\frac{1}{\sqrt{C-1}}$值。

表1 C值

I_0-I_λ	S				
	1.0	1.5	2.0	2.5	3.0
1	10.00	4.641	3.162	2.512	2.154
2	100.0	21.54	10.00	6.310	4.641
3	1000	100.0	31.62	15.85	10.00

表2 $\frac{1}{\sqrt{C-1}}$值

I_0-I_λ	S				
	1.0	1.5	2.0	2.5	3.0
1	0.3333	0.5241	0.6798	0.8130	0.9311
2	0.1005	0.2206	0.3333	0.4340	0.5241
3	0.03163	0.100	0.1807	0.2549	0.3333

将Δ_λ与C值代入式（2）得各对等震线相应的S、h值如表3所示。

表3 地震震源深度（公里）计算表

Δ_λ \ h(公里) \ S	1.0	1.5	2.0	2.5	3.0
30	10.0	15.7	20.4	24.4	27.9
75	7.54	16.6	25.0	32.6	39.3
155	4.90	15.6	28.0	39.5	51.7

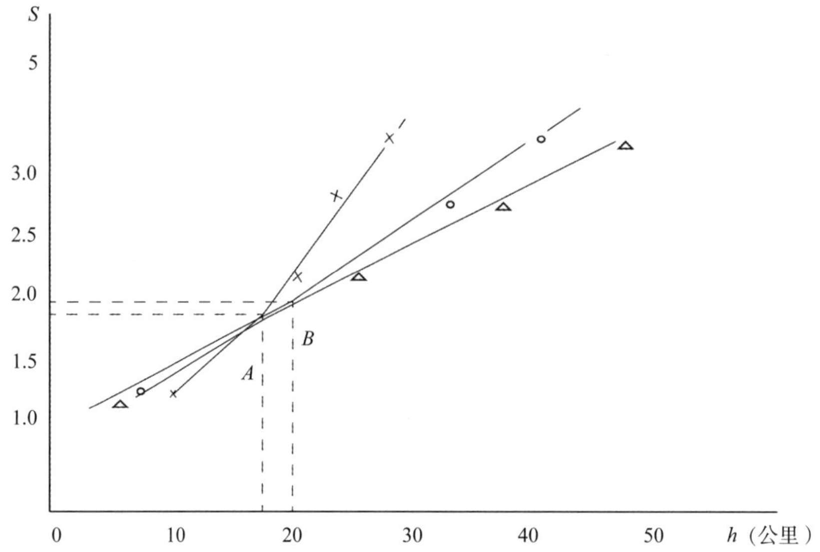

A点：S=1.6，h=18（公里）；B点：S=1.7，h=20（公里）

南澳7.3级地震烈度衰减系数与震源深度关系曲线图

根据此表作图，绘出S、h的关系曲线。三条曲线的相交点A、B即所求之值。

这里所求得的震源深度只是根据福建部分的等震线的长轴半径粗略估计，至于广东部分不在此列。如果较准确的计算就应把两部分包括在内，用公式$\Delta_{\lambda}=\sqrt{ab}$，其中a为长轴半径，b为短轴半径，求得等震线的平均半径后再进行计算。

目前来讲要精确确定地震的震源深度是有困难，许多人都是根据自己掌握的具体资料，分别提出相应的经验公式。结合我国国内历史地震的实际情况，从震中烈度随着震级和震源深度的变化关系也可以求得在浅震范围内（10～45公里）的震源深度，以校核宏观调查方法。例如采用以下的公式：

$$M=0.68I_{o}+1.39\lg h-1.4 \quad (3)$$

以$M=7\frac{1}{4}$，$I_{o}=10$代入式（3），得到$h=21$公里。

这与我们用等震线图的烈度衰减规律粗略估算出的震源深度基本上符合，则1918年南澳地震的震源深度大致可定为20公里左右。

以上是这次历史地震调查的总结。由于我们的工作很粗糙，又缺乏经验，报告中所提到的地方可能还有错误。今后需要不断总结经验教训，为搞好烈度工作做出贡献。

一九七二年九月

五、地震目录

摘自1999年版《中国近代地震目录》。1918年2月13日广东南澳7.3级地震情况如下。

南澳7.3级地震参数表

地震日期	发震时刻（北京时间）	震中位置		精度	震级	震中烈度	震源深度（km）	震中参考地名
		北纬	东经					
1918-2-13	14:07:11	23.2°	117.4°		7.3	X	不详	广东南澳东南海中

宏观震中：23.5° N，117.2° E。

宏观深度：23公里。

极震区：南澳、汕头、诏安。

南澳：全县绝大部分房屋倒塌为平地。深澳石牌坊遭到破坏，牌坊顶部分塌下，龙门塔顶部被震塌，塔身向西倾斜。云澳发生山崩，山石滚落，巨石最大者为$3.2\times4.0\times3.5$立方米。人民死伤十分之八。尸压败垣，无人收葬。

汕头：楼房、戏院、商店、衙署等房屋塌坏甚多。倒塌房屋约百余家，死伤约千人。滨海马路裂一大缝，长约百丈，喷热水，奇碌对岸石山峰峦倾落山下，海水腾涌。

诏安：民房倒塌3000余间，死伤居民很多。

潮安：城内外房屋全倒十分之二，半倒十分之四，地面开裂。井美村三元塔（砖石结构）高八层29米，顶部二层半震塌，城内外压死者数十人。

揭阳：城内房屋损坏十分之九，倾倒十分之五。死伤数十人。

云霄：各村屋宇有全倒者，未全倒者亦破裂不堪，尚堪用者不到十分之一。人民死伤甚多。惟近城内外伤害不大。

澄海：城厢内外屋宇崩倒者不下数十所，伤者数十人，死者十余人，各处堤围多震裂，

汕头：室宇倒塌不少，伤者不多，使已经造成的破坏更加剧。

广州：旧房屋塌毁数处。

福建厦门、漳州、长汀有感。

洋乡以北裂处涌水，南洋、袋头、东陇等地受害较县城为甚。欧上村一灰砂夯墙塔塔顶葫芦震落。

漳浦：石牌坊坠石，田地裂缝（有宽1尺，断续长30丈者，涌黄黑泥浆，震后复合），屋宇间有倒塌，裂缝者较多，人民死伤甚多。

漳州：塔尖震落，石牌坊顶坠，地裂，丹凤山裂缝。城内外房屋倒塌者甚多，民有压死者。

长汀：灾害较重之地，房舍倾倒，有负伤者。

潮阳：房屋墙壁损坏倾倒，北岩房屋及佛堂皆倒，棉田乡及豪山岩地裂，伤数十人，井水上升。

厦门：圭屿塔尖倒，烟囱有倒者，不坚固及老旧房屋受害较多。

东山：土质较软之地房屋倒塌很多，有连座倒者，南门城墙全垮，土质较硬之地只墙壁裂缝。地裂普遍，城内一小学地裂，宽6寸，长1丈，喷水含泥沙。顶西村一水井震后井筒被错成三节，错距5厘米，错动方向为北东80度，井水干涸。

连江：沙乡地裂二丈，喷水泉。木架房屋倒塌很多，海边少数房屋沉陷。

海澄：乡村房屋多倾塌，人有死伤者。

泉州：牌坊顶坠，城墙坠石，住宅有倾倒者。

普宁：庙廊及墙垣塌倒，死二人。

丰顺：屋宇倒塌百分之二三，损坏亦多。左领乡房屋破坏，死二人。

梅县：县署头门两旁墙壁倒塌，金山乡城墙崩裂十余丈，民房墙壁破裂者难以数计。

漳平：高明乡（南十里）一小屋震倒，乌楼砖饰塌下，屋瓦掉落。

蕉岭：招福村、龙虎村地陷如井，成小潭，老墙裂缝，瓦片掉下。

广州：旧房坍毁者数处。

饶平：黄岗、东界、钱东、沟洲等村庄少数房屋倒塌，大部分房子裂缝，有的屋瓦滑下，墙头倒塌。城内外死者数十人，伤者无算。

惠来：屋舍有倒坏者。

大埔：城内官山上倾倒房屋数家，其余多数墙裂。浒梓村倒房十余间。

福州：个别旧土墙倒塌。

德化：个别土墙震倒。

安溪：倒土墙木架房3间。

龙岩：石旗杆震倒，个别旧房倒塌，地陷小穴两处，牛崩崖一处塌方。

六、遗迹图片

摘自《中国地震碑刻文图精选》。广东南澳7.3级地震遗迹照片汇集如下。

（一）汕头地震摄影

怀安街一带酒楼戏院倒塌情形

潮海门倒塌情形

居民出海前住宿情形

内街一带房屋倒塌情形

（二）潮州地震摄影

南门外英国教堂之福音医院

大街石牌坊之倒塌

（三）1918年广东南澳地震遗迹

南澳城内城隍庙石坊右上部震落（彭承光摄）

深澳镇石亭街郑芝龙石牌坊顶部震落（彭承光摄）

1918年南澳7.3级地震南澳芝龙坊破坏遗迹

1918年南澳7.3级地震
南澳塔破坏遗迹

1918年南澳7.3级地震造成台阶错位遗迹

南澳龙门塔震坏（林奕山提供）

云霄陈岱圆形聚星楼震裂

南澳地震废墟

南澳海神庙梁柱位移

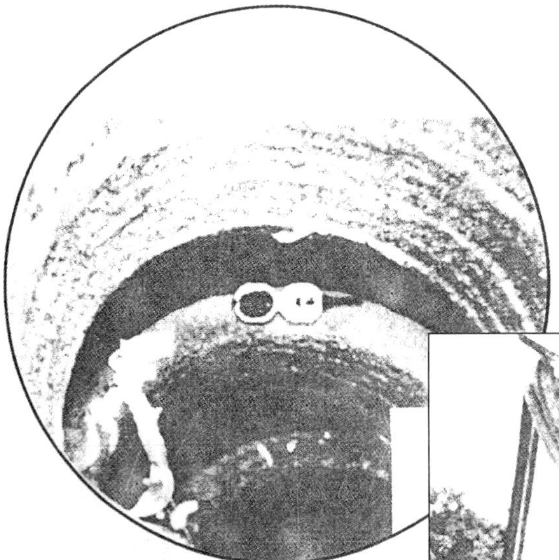

东山顶西村水井井筒错成三节
福建同安地震综合队（广东南澳县地震办公室提供）

漳浦旧镇民房震裂

（本页照片均据《中国古今建筑结构抗震》）

1920年12月16日宁夏海原8½级地震

【编者按】1920年12月16日20时05分53秒，在宁夏回族自治区中卫市（原甘肃）海原县发生了一次8½级大地震。本篇收集了上海徐家汇观象站记录的海原大震记录图、谢家荣先生在大震现场调查后所写的调查报告、当时北洋政府农商部报告海原地震人口死亡报告、甘肃震灾救济会编的灾情调查表等。新中国成立后，1982—1984年国家地震局组织地球物理研究所及有关单位进一步对该地震做了深入细致的考察、调研，现将这些文献资料一并汇编如下。

发震时刻：1920-12-16，20:05:53；

震中位置：36.7° N，104.9° E；

震　　级：8½级；

震中烈度：Ⅻ度；

震中附近地点：宁夏回族自治区中卫市海原县。

一、地震记录图

摘自《中国早期地震台历史地震图鉴》（第一卷），上海徐家汇地震台（观象台）记录的1920年12月16日宁夏海原8½级地震图如下。

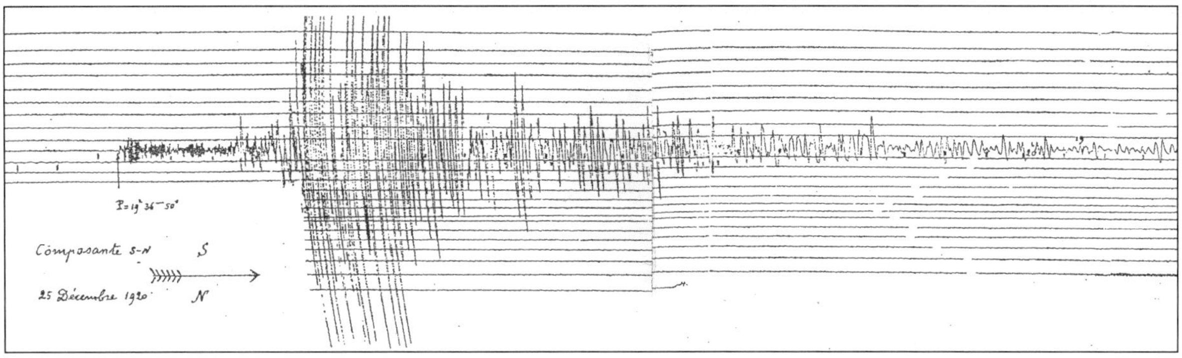

（a）南北向

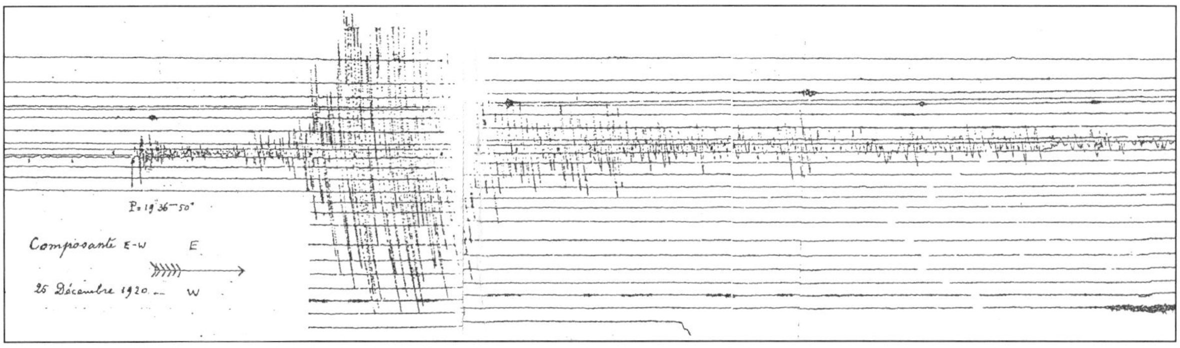

（b）东西向

上海徐家汇观象台（ZI-KA-WEI）记录的宁夏海原8½级地震图

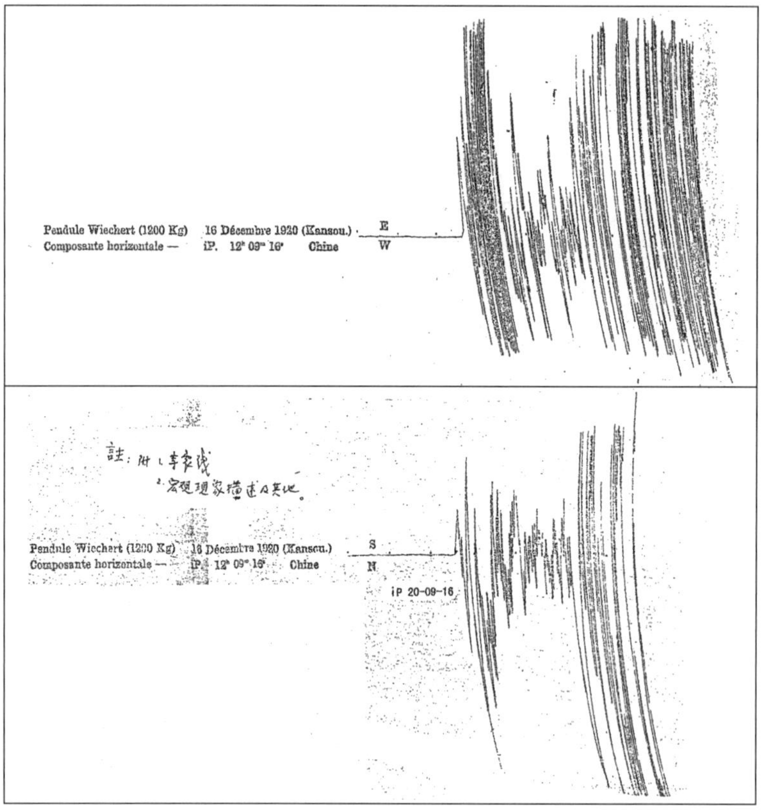

Z055上海徐家汇地震台W1920年12月16日（BMT）记录的宁夏海原8½级地震图（上图：东西向；下图：南北向）

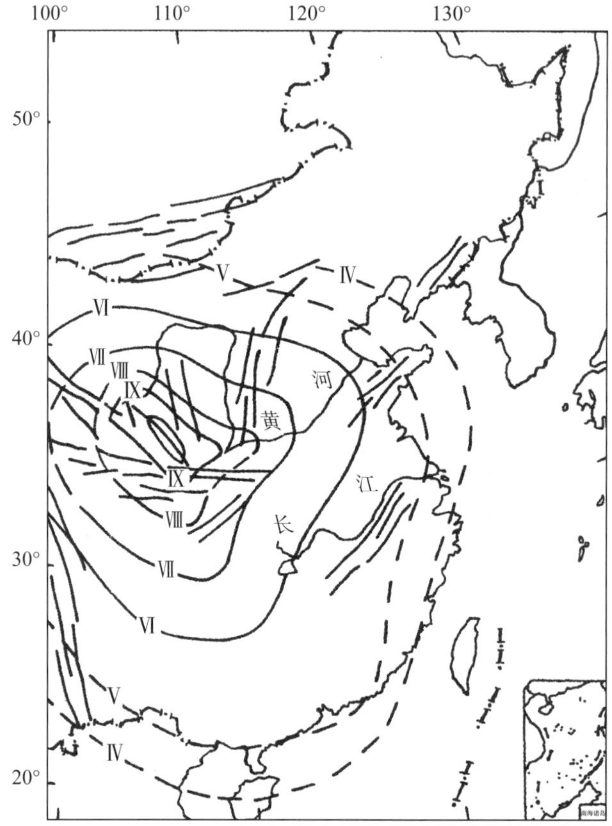

上海徐家汇地震台给出的宁夏海原8½级地震宏观烈度分布示意图
（编者注：拓自资料原文）

二、原始记载

（一）地学杂志之一

《地学杂志》第十二年一期《陕甘地震纪略》如下。

雜爼內編

陝甘地震紀略　　記者

此次我國北部地震、災情劇烈、以陝西甘肅為最。城堞陷落、房屋倒塌、記者甘肅一省死者數千人、失業者數百萬。白霧彌天、景象慘悽。陝西被災最重者二十餘縣、而扶風土窑震陷、壓死五百餘人。醴泉千餘人、陝北一帶因土窑塌落、全家埋設者更不勝計。而永壽、長武、隴縣、栒邑、鳳縣、等城池倒塌傷人無算。汧陽華縣華陰或山崩地落、或裂穴數裏、誠亘古未有之奇災也。夫地震於海島之區、若義大利若日本猶日地質之構造使然、無可駭怪。而我國西北為大路區域、自有史以來未見之災異、竟於亢旱荒災之年紛至沓來。其彼蒼將以是重困我國人耶？我國地理之學、向味講求、而除一部分遊記及考古外、談地質者絕少。以如此奇災、在科學發達之國調查救濟、國人早寢饋不寧矣、而吾國時過月餘、僅有一紙官樣文電、向庫如懸罄之政府報災乞賑焉、其令人之感想為何如耶？茲先將各方面報告之消息彙而記之、資留心地學者之參考。並使知空設之無裨實際、宜如何謀地學之發達、庶於福變之來不能防之於未然者、亦可竭力籌良策於事後也。

雜爼內編　陝甘地震紀略

雜爼內編　陝甘地震紀略

一陝西大地震災情概況。

一月十二日、北京晨報陝西通信有署名寧者述。：陝西大地震之各地災情詳紀。：茲擇錄其全文於下：

此次地震、陝甘兩省為最鉅烈、為中國北部從來第一次大地震。因為交通不便、所得報告較晚。現在就在西安所得的寫在左邊。或者還能引起中外地質學者研究地震的興趣。

西安　東關外於十六日晚七時地震。被毀房屋。約有百戶。二十六晚七鐘半。二十八早十一點。又各微動一次。約一分鐘。比上次較為安靜。

三原　東北鄉一帶。震倒房屋不少。時間約歷三刻之久城垛榖墜。

涇陽　十六晚八時地震四次。街面少有損傷。二十五晚又動兩次。

興平　十七晚地震。小西城樓一座。全行倒塌。

扶風　十六晚七點半、文殊里、陳家山、馬圈溝、東作村、依崖穿窑居住人民、因土窑震陷、壓死五百餘名。

武功　十六晚七點地震、由東北來。五小時之間、震動七次。初次震力最大、城墻倒塌、不堅固之房屋、一概傾塌四鄉震倒房屋、多不勝計十七臨明及晚間、又各震兩次。武功前遭旱澇、現又地震、一般被災百姓生活、艱難急待維持。

醴泉　同上晚八點、地忽大震四次。第一次二十分鐘、二次十分鐘。三四次約有五分鐘，每次均甚利害。人立在地上彷彿如坐在大浪中船上一般。縣城左近和東南兩鄉、平原尚时逃避。北鄉住窑者。居多數、門前即是深溝。被窑壓死與墜溝身死者、約有千數。

永壽　同日晚七點半、震起、至十一點始止、先後搖動七次。城墻倚斜、傾塌房屋壓傷人畜、很多。

長武　十六日晚七點二十分地震、吼聲宏大、縣城倒塌、南城樓亦被毀。房屋傾倒壓傷人畜很多。

平利　十六晚大震後、時仍小動。二十四、又震一次、約五分鐘。二十七復震動兩次。據平。利來電云、：蘭路閃斷、靜審地裂、現在全城人民多搭棚露宿：云。

雜爼內編　陝甘地震紀略

雜爼內編　陝甘地震紀略

隴縣　十六地震、城墜山崩、婦女孺子、壓死七百多口。

汧、陽　十七日七點地震。縣城四周傾倒四百餘處、縣署大堂倒毀十餘丈、壓斃守城兵士十四五人。

南鄭　十六日晚七時半地震約十餘分。房屋搖擺、古屋俾坊、倒塌很多。河水激蕩溢出堤外。

城固　十六日晚七時屋瓦搖落。盆水播出、約半點鐘始止。南北正向的羅盤針移成丑未向。

邑十七夜、震七點半、起大震一次、後微震七次。十一點始止。縣北門城樓被毀衙內東山倒塌十餘丈、居住窑洞的。百姓壓死者亦甚多云。

鳳縣　十六號、晚八時地震、由西南來。凡案擺簸、茶酒盡溢。人不能立共三十分鐘、城西、南半面均被摧倒。鄉城人畜死的極多。

華縣　縣城南之少華山、於廿五日七時許、山崩一隅、山下突陷數十丈大穴中、現出很深之水。其色純綠。附近居民很少、故只傷少許樹木、但崩裂時聲音很大、人

華陰 十六日晚八點。震由北而南、房屋傾圮、墻垣倒塌、閃出地穴、長約數里。
同州 十六日 震逾十餘分之久、朝邑雙泉崩裂、北門城樓傾塌、傷守城兵士一名。東北城、牆陷落十餘丈。
韓、城 十六日地震約七八分鐘、孔廟中明倫堂上之石碑、與城內通衢中之高樓。均被震倒。
平陽 平陽於十七日地震、九級浮屠、被震倒、街巷房屋傾倒極多。
榆林 十六晚八點二十分地震，至九點止、共震五次。房屋倒塌、死人十餘名。
陝北一帶 十六晚八時、震動五次、約歷三十分鐘。第二次最烈、約六分鐘。早睡者
萝中逃出。屋外產婦、有因受寒斃命者。鄉間依依山崖之土窑、盡被震塌。因之全家埋没者甚眾。
寧夏 十六日晚七點起、至十八日。午十二點。止房屋傾塌。大半人民壓死十分之五六。

雜俎內编 陝甘地震紀略

固原 市間、完全被毁、房屋被災十分留。一十八日震動不巳、壓死人民無法清查。
電報局的機器、間有云因此毁壞。

二 甘肅大地震災情概况。
連日各報載甘肅地震災况甚夥。茲舉其最著者、以見其概。

1甘肅之天災人禍（見十年一月十三日晨報）
昨日京中私人方面。述蘭州最近情形、張廣建雖已撤換。陸鴻濤尚未到省。馬福祥有帶兵到蘭州說、謠言甚眾、省城風聲鶴唳、一日數驚，至此次地震奇災。尤為亘古所未有。山崩地陷、屋倒城摧、有平地成為湖沼者。死傷人民牲畜。總計當在数百萬。人民皆露宿風餐，較之北五省旱災情形、尤為困苦。刻當地官紳、已竭力從事辦賑，但災區奇廣、全省被難者甚多、而以隴東隴南為尤甚。由陝至隴之路、如六盤山祁家大山青嵐山車道嶺、長亘數十里。大山道路、無不崩壞。山顶諸廟宇、行台房屋。俱被大風刮去、數十里不見人煙。交通車馬、往來斷絕。刻已正在趕行修復、惟工程甚急、尚非一時所能修竣。駐紮天水之扎繁錦部。有兵一營。因城垣牆崩之時、壓斃死

雜俎內编 陝甘地震紀略

亡一半。西甯活佛最大之喇嘛廟、已塌為平地。估計損失以該一廟計、亦在三百餘萬。德隆縣知事陳某、地震時失蹤、現尚未知存沒。蘭州高等審判廳及督署花廳二樓俱塌、惟壓斃僅數人云。

2隴東慶陽某君私函之報告（見一月十一日晨報及北京日報）
陰歷十一月七日戌刻、地忽大震。山崩地裂、有聲如雷鳴牛吼、約六七分之久。後復震動晝夜不息、人民異常驚懼、不敢入室者累日。城垣櫓樓、概成平地、衙署宇廟、全城廬舍、坍塌倒壞、無一完者。即新造房屋、亦所不免。鄉民土室穴居者、有從上落下者、有由崖畔陷至溝底者、有一家壓斃無救命者、有全家擁埋入谷無從覓其骸骨者。無一村、一家不被其災。所傷人民、不知其幾千百數。初八日戊刻、動搖之中、忽大風拔木、屋瓦皆飛、被難者露處朔風大寒中、無以為炊、情實可憫。此僅就慶城左近言之。若他區之狀況。災區之廣狹、尚不得知。數日白霧彌天、日色無光、其一種悲惨凄凉之狀。破壞肅條之景、令人觸目傷心、食不下咽，再見昔之氣象、恐三五十年内不能也。……

雜俎內编 陝甘地震紀略

（二）地学杂志之二

摘自《地学杂志》第13年8、9期。《民国九年十二月十六日甘肃及其他各省之地震情形》，作者谢家荣。

民國九年十二月十六甘肅及其他各省之地震情形

謝家榮

目　錄

一、引言

民國九年十二月十六日，晚七時許，甘肅及其他各省發生地震，頗為猛烈，其中尤以甘肅為最。人口死亡者，據雲有二十餘萬之多，牲畜房屋之損失，不計其數，亦可謂亘古稀有之奇災矣。政府聞訊之后，一方面急籌款項，以備賑濟。一面由內務，教育，農商，三部，同派委員六人，馳赴被災地點，實地調查，以明真相。餘膺農商部之命，因得隨諸委員之后，躬與其事。於十年四月十五號搭京。綏車至鞍遠。乃由綏取道甯夏而達

皋蘭繼由皋蘭而固原，而平凉復由平凉經天水而返蘭州震災重要之地點，幾己遍覽無遺矣。此行目的，不僅為普通之調查。尤注意於科學之研究。故除調查震災狀况勘察山崩地裂諸現象外。復從事於地質之孜察。俾明。此次震波之起源。及其與地殼之關係焉。嗣餘復奉部命，留甘續測地質，遂於是年八月，由皋蘭西至西甯繼乃越祁連山而北，經張掖肅州，出嘉峪關，而抵玉門復由玉門循大道返皋蘭。是役也，前后共歷八月有餘，足跡幾通全省，故甘省地質，亦得略窺大概。茲篇所述，乃餘呈地質調查所最后報告中之節要，凡關於此次地震情形，皆一一叙述。至於地質詳情，因限於篇幅不及備述，俟地質調查所報告出版后，閱者可覆按焉。惟調查時間，既萬分局促，而旅行區域，復迂曲遼遠，遺誤之處，自知不免，未决問題，亦諸待商確，所望博雅君子，加以匡正，則幸甚焉。

餘師翁君詠霓，王君霖之，皆為赴甘之委員，同行時，對於調查瓷料，互相討論，獲教之處實多。此外仝行者，尚有蘇君本如，易君受堦及揚君謦吾皆得指臂之助，用誌之，以表謝悃。

二、甘肅地震情形

據歷史研究，甘肅為吾國地震區域之一，時有地震發生。最近者，如光緒五年，文縣階縣之震，損失亦甚鉅大。惟此次地震，據各縣報告，其損失之鉅，尤覺為前此所未有，惜餘等往查之時，距大震己有五六月之久，城鄉各處，雖猶多敗屋頹垣，災情畢露，而究以事隔多日，真相漸失，祇憑道聽途說，恐諸多隔閡者矣。最困難者，關於地震發生之時刻，及其歷時若幹，與夫震動方向等，言人人殊，難得一可靠之報告。蓋地震時，當局者類多神經紛亂，避災之不遑，更無暇及於精密之紀錄矣。更有進者，甘省地方遼闊，交通阻塞，而此次災區，又復蔓延隴東數十縣之多，若欲親歷各境，作精密之調查，則時間經濟，皆有所不及。因之調查計劃。除委員等分三隊親赴災區，實地勘查外，又復製就調查表式，郵寄各縣知事，囑分別填寫呈報，俾收集思廣益之效。此項表式之收得者，計有三四十份，關於地震之現象，敘述綦詳。茲會合各縣之報告，並參以委員

等之觀察，述甘省此次地震情形如下。

一、地震時之氣象。據定西會甯鎮原正甯化平慶陽隆德靜甯等縣報告，大震時多有大風塵霧。甘州毛目玉門等縣，則於十七日大風晝晦，黄沙飛天；永昌環縣涇川靜甯平羅等縣，亦於十七日大風；海原縣於震時且謂見紅光，恐不盡確實。按地震時發生塵霧，或晝晦，乃因烟灰等經震動而飛揚，或因土地崩塌，黄土散滿空中，致有此現象，固無足怪也。

二、地震之時刻　各縣報告，於大震之時刻，頗無一定。良因各處無精確之時計，以資比較。據皋蘭縣報告，地震時刻為十六日晚六時三十五分發生，至四十七分止，歷時十二分。此外各縣報告，大率在七時與八時之間，歷時自數分鐘至二十餘分。亦有為九時或六時數十分者，恐時計差誤。在西路各屬，地震時間，大率甚短，約在十分鐘以內。

三、鳴聲　地震時，往往有聲如雷如砲，其聲浪之高低，似與震動之强弱，有直接關

係。故十六日之大震，發聲最高，此后小震，發聲漸低，且有祇震而無聲者。至於發聲與震動，孰前孰后，似不一定，據各縣報告，十六日之地震，二十一縣中，先聲后震者十一縣先震后聲者二縣，同時並至者三縣，先后不定者四縣，未聞聲者一縣，其他各縣並未注明先后，不敢臆斷。

四、餘震 大震之前，並無小震，大震后則小震極多。十六日大震，當晚小震有多至數十次者，普通則在五六次與十餘次之間。此后逐日有震，二三次或三四次不等，時間極短，烈度亦低，成災者少。惟武山廣武坡於二月十五日餘震，土山崩塌；三月二十七日餘震，鎖罕堡新建之屋，有倒塌者，壓斃救人。此外城墻鼓樓房屋等，經大震之摧折，而未倒者，每因餘震而復傾塌。關於餘震之紀載，各地搜集甚多，惟求一完備者，殊不易得，且聞至民國十一年一月猶聞有地震發生。最近報載，八月三十日，固原又有激烈地震，可知餘震之波，尚未盡息。茲將在各地探得之餘震次數，列表如下。

民國九年十二月十六甘肅及其他各省之地震情形

縣名	計算至何月何日止	次數	軟大之震	微震	記述者姓名
固原	十一月卅日（民國十年）	五百十一次	二百〇四次	三百〇九次	縣署尹名
靜寧	七月七日（民國十年）	四百二十七次	十四次		知事周廷元
定西	五月初八日（民國十年）	四十八次	十八次	三十次	知事陳長齡
秦安	六月十七日（民國十年）	五百餘次			知事

五、人口之死傷與房屋牲畜之損失 此次甘肅地震，據各縣報告，共死人二十三萬四千一百十七丁口。此數之巨，殊足駭人。考世界最大地震，如葡萄牙之立司本義大利之加拉勃裏亞，死人不過數萬，日本最大地震，死人不過萬餘。然則各縣之報告，是否確實，殊屬疑問。惟各縣調查方法，係挨村逐戶，詳注死者姓名親族等等，或者尚有一二可信之處。茲姑將此數折半，假定在十萬左右，以甘肅人口之稀少，而有此巨大之死傷，亦頗可驚。且以此數與世界各大地震之死亡敷相較，猶覺無能與比擬者。然則各縣報告，果亦無足信乎？抑另有原因乎？細考甘肅地形上與風俗上之關係。覺此次死亡之多。似有數種原因：（一）甘肅東部地形，為一深受浸蝕之黄土高原，土質疎鬆，遇震即易於崩塌。建屋於其上，或其附近之村莊，往往全村覆浸，無一倖免。（二）東部既多黄土之山，居民為省便計，築窰而穴居。地震后，窰多塌倒，窰内之居人，鮮有逃出者。（三）居民房屋，構造太不穩固，類多黄土之圍墻，覆以木椽其用堅實之支柱者甚少，故遇震即塌。其建築較固者，往往巍然獨存，即其明証。縣城之内，房屋常較鄉間為優，故人口之死亡亦較少。（四）地震發生之時，為七八時之間，城内居民，猶多未睡，鄉間農戶，則日入即息，故難逃避，（五）地震之時，適值冬季，氣候寒冽，災民流離失所，衣食俱無，故不死於地震，亦多死於凍餒。其后各地雖派有急賑，而交通艱難，常須數日后始達，實屬緩不濟急。綜上各原因此次地震死亡之過多，似可得一比較可信之解說：倘同一裂度之地震，發生於吾國下江一帶，交通較便，房屋較固之地，則死人之數，決不如是之多，可斷言也。今試比較各道死亡人數，則涇原道最多。寗夏道最少。西路各縣，則並無死亡。列表如下

民國九年十二月十六甘肅及其他各省之地震情形

道名	死亡數	死亡總數之百分率
涇原道	一六三、五五六	六九·八
皐蘭道	四八、三五四	二〇·六
渭川道	一八、八五三	八·〇
寧夏道	三、三五四	一·〇
總計	二三四、一一七	一〇〇·〇

茲復比較各縣之死亡人數，則當以海原為首，固原次之，若靖遠隆德會寗靜寗通渭等死亡，皆在一萬以上。莊浪秦安鎮戎鎮原六陽天水寗縣環縣定西清水伏羌平凉靈臺等縣，背在一千以上。此外則有數人，或數百萬等。茲將死亡最多之各縣。列表如下。

縣名	死亡	死仁數與人口總數之比較以百分數表之
海原	七三六〇四五九	五九
固原	三六一七六四五	四五

靖遠	三一九三三	四〇
隆德	二一七三二	三六
會寧	一三九四二	二〇
靜寧	一二四四七	一五
通渭	一〇二〇六	一五

六、山崩現象 此次地震發生，山崩極多，最大者為會甯清家驛附近。靜甯七里鋪孫家溝土工寨呂家根子一掀土等處，通渭之四峴山候家山固原之蒿艾里，隆德之張家新堡子，梁背後，海原之王浩堡，硤伯之坍沖插隆二地，武山之廣武坡等處，河流。多被壅塞。村堡亦有成墟。以上各山崩，除武山之廣武坡外，皆因十六日晚之地震而傾塌。廣武坡則於二月十五日徽震塌倒。

考山崩之次序，係先在山上發生弧形裂縫，裂開之坡而，向山下傾塌。震動裂者，塌下部分，土質紛亂，往往衝走至三四里之遙，經過之村舍道路樹木，一概衝壞。遇溝道

河流，立時壅塞。其山崩大者，土堆壅成高阜，至三四十公尺。當時傳聞平地壅起高山者，即屬此類，並非地內有物質噴發，而堆積也。其搖動輕者，塌下部分，尚未紛亂，即土上之草皮麥子，亦如舊狀，至其裂開之坡面，則成近於直立之斷壁，壁面光滑，土色新鮮且時有擦痕可見。斷壁之形狀，常成圈椅之狀，遠望極為注目。會甯靜甯及固原李俊堡之山崩，皆經詳細測量，茲分述如下。

（一）會甯清江驛 在縣治東九十裏。山崩之處，在清江驛東五裏，其地形為一東南西北向之溝，居響河之上流。溝北有山崩二處，西北一處最大，係二個山坡，聯合崩下，闊約一千一百公尺。山頂高距其地之溝面，約百六十餘公尺。東南一處較小闊約六百公尺，二處崩下之土堆聯合，將響水之一部，長約二千五百公尺，完全壅塞。且越過河道，而堆積於河之對面，土堆高距，該處溝面約二十餘公尺，河之上流，水勢頗旺，壅積成湖。此間山坡，本為東西往來大道，山崩后，道路壅塞，且將下五裏橋及其村莊，完全為崩下之土壓沒，一時交通為阻。現經華洋救濟會改修新路，在溝北山坡，即將滀河之土，堆積使平，大小車輛，一例通行矣。

（二）靜甯七里鋪至土公寨間 自會甯至靜甯縣間，南北土山，崩塌者甚多，而以七里鋪至一掀土間為最大。且因其壅塞河道，關係較切。七里鋪在靜甯西三十五里，其地為長源河（或苦水河）之谷。南北皆黃土之山，附近有崩山二處，東山較大，闊約六百公尺，長約一千四百餘公尺。其西一處闊約二百餘公尺，長約一千餘公尺。二者塌下之土，越過河道，並將大路壅塞，七里鋪之南山，有一黃土斷層甚大，其斷下之部，土質完整，並無碎裂現象，故與山崩異。此外黃土斷層，多不勝計，且有多數斷層，合於一處，而成似階級形者。孫家溝之西南，有崩山一處甚大，其塌下之處，過河即止，故孫家溝村，幸未被壓，其西北一溝，即名孫家溝其山名祁家大山溝。之兩旁，崩山共有六處黃土之堆，壅積幾滿。溝北山坡上，為大道所經，夾道皆榆柳之樹，為昔日左宗棠征新疆時所植。山坡既崩，大道亦隨而塌下，惟所植之樹，雖隨土下移，猶直立不倒。尚有一部未經崩塌之大道，則其夾道之樹猶存，此點與塌下一部上直立不倒之樹之距

離，即為山崩之堆移。約計之，當在二百公尺以上，孫家溝與土公寨間，又有大山崩一處，闊約二百餘公尺，長約一千公尺。其土堆推移甚遠，越過河道，而使河流壅塞，土公寨之東南，尚有呂家埂子一掀土山崩數處，未曾詳測。

（三）固原蒿艾里 在固原西北約百里，居清水河支流之上流，其東南十里為李俊堡，二山合崩，闊約八百餘公尺，長亦如之。山上黃土之下，有紅色及綠色頁岩砂岩，中多石膏。崩下之部，石質與黃土相雜，石塊往往甚大，將河道一段，長約八百公尺，完全壅塞。其上流蒿艾里附近，積水甚深。當調查時，水面距村不過數尺，溝內樹多被淹沒，祇露其顛。此處河工，因有石質相雜開挖最艱。

七、河道壅塞及井泉漲縮現象 如上所述，山崩附近之河道，多被土壅塞。計重要河流之被塞者，如清江驛之響河，長約二千五百公尺。七里鋪孫家溝等處之長源河，又名苦水河，被塞之處，共有五六段之多。通渭之散渡河上流，壅塞二處，固原蒿艾里之清水河上流，壅塞一處，隆德濫河壅塞三處，海原清水河壅塞一處，又苦水河下流。

壅塞三處。以上各處，其距村舍甚近，關係密切者，皆由華洋救濟會招本地災民開挖，寓以工代賑之意。各縣工程，以會甯靜甯通渭三縣為最大。固原隆德海原三縣次之，而其中尤以會甯之青江驛一段，面積最大，費工最多，所用欵項，在三萬餘元左右。以上各河工，於民國十年十一月以前，一律竣事。共用欵約十萬元左右，其中除用於河工外，復從事於橋梁及道路之修築。

涇川定西會甯等縣報告，大震後井泉之味，較前略鹹。甯夏靜甯環縣等報告，謂震後泉水，昇高尺許至十餘尺不等。甯夏泉水較前微溫而臭。通渭涇川海原等縣，則謂井泉有枯涸者。隆德縣報告，謂大震前井泉忽漲，震後復原。按井泉之變更，當視本地地形地質等情形而異，原難一概而論。至於上項報告，是否確實，或純係附會，亦頗難斷定，茲姑列之以備將來之研究。

八、地面裂縫　此次在各處所見之裂縫，可分為二種。（一）平地上之裂縫，大率甚狹而淺，闊不過數寸，深不過尺許至數尺，縱橫貫穿，無一定方向。據各縣報告，此類裂

民國九年十二月十六甘肅及其他各省之地震情形

縫，有長十餘丈至數十丈者。惟余在固原西大營川一帶所見甚多，類多甚短，至多不過二三丈，且多在濱河或富於水分之平原。據靖遠通渭寧夏靈武等縣報告，平地裂縫，常湧出黑黃等色之水，味臭略溫，且有黑砂等隨水湧出。在靈武境內，裂縫附近穿有窟窿，水挾砂上湧，堆積窟窿之旁，高二三寸至一二尺不等，大似糞堆云。（二）山坡上之裂縫，各處所見，多不勝計，就其方向之不同，又可分為二種。（甲）與山坡之等高綫成直垂者，方向不一，其位置常在山之低窪。（乙）與山坡等高綫平行者，其震動較烈者，則斷裂之部，往下傾滑，即成斷層。其更烈者，則成山崩。以上二種裂縫，在山崩區域内最多，其方向排列，皆視本地地形為轉移，而與震動之方向，似無甚關係。裂縫所在之山坡，概係黃土或冲積層，石質所成之山，未見裂縫發生。

九、建築物損傷之研究　地震對於建築物所發生之影響，如裂縫傾塌等，常與地動力之方向，有一定關係。惟甘肅房屋之建築，太不講究，石灰及磚牆甚少，幾全用土牆所築成。故一遭震動，常完全傾倒，紛雜錯亂，幾無定例可尋。各縣報告對於此項問題，亦有記載者。惟是否確實，頗為疑問。茲述余等實地觀察數則如下。

董福祥神道碑亭　固原縣南鄉有一"董福祥神道碑亭，"宣統二年所立，建築甚為堅固，地震後碑裂為上下二截，但未傾塌，碑亭亦然。上下二截相比較，似下截自西至南，或上截自東至南旋轉，故二截之位置，不相吻合。此可證明地震時有一種旋轉動力，但移動並不甚大耳。

固原魁星閣　依日本大森房吉研究法隆寺震害之理論，震動方向與壁面平行者，發生對角裂縫，與壁面成直角者，發生水平及垂直裂縫。嘗用此種原則，研究固原城東南隅魁星閣牆壁上之裂縫。此閣為六角式亭子，圍牆方向，成有規則大邊形，皆用磚疊建築完好。亭門向東南，旁現橫直裂縫，其對面亦然。向西偏南之一面，全向外倒。其對面則以對角向裂縫為多，向北偏東及向南偏西之一面，則幾乎二者皆有，不易辨別，孰為主要。就上觀察之結果，用大森氏原則，可推定震動方向。似是西北至東南。或東南至西北。就向西偏南一面墻壁全向外

民國九年十二月十六甘肅及其他各省之地震情形

倒而論，則又覺西北至東南之說。更為近似。

各縣之報告　各縣報告，震動方向者，共二十七縣，其中西北至東南者十五縣，東北至西南者四縣，東南至西北者二縣，自南至北者二縣，自北至南一縣，東西方向者三縣。由上觀之，西北至東南之方向，似佔多數，此與上述觀察，不謀而合。

甯夏之王洪堡　此處地震較輕，房屋傾倒者，祇有數處。一為國民學校之北牆。又有石家廟，在村南里許，南北及東西向之牆皆倒。南北牆多向東倒，其動力方向，似自西而東。

中衛縣　在城内觀察，結果頗多矛盾之點，如第八國民學校教室向東傾斜。厫神廟之旂桿向東南傾，南門城垛向南倒，縣署照牆則向北倒，縣署大堂東西廂房皆向西倒。據此結果，震動方向頗無一定。

按研究建築物損傷之結果，以推定動力方向，非經多數精密考察，殊難論斷，此次調

查時間面積，多有制限，欲就零碎觀察，以定震動方向，似尚未易。顧以固原城內觀察，及各縣報告而論，則似西北至東南之方向最為近似。且此次震中平面之形狀，略為東北西南，其震動方向，似亦當為西北東南也。

三、其他各省之地震情形

此次地震，既發源於甘肅，故甘省所受之災情，最為重大。其次則為陝西西部，與甘省交界之處，人口死亡，共二千餘人。此外若山西河南直隸山東湖北安徽等省，皆覺有地震，而未成災。茲據各縣報告，分省叙述如下。

陝西省　地震發生在下午七八時之交，（據三原電報局報告為七點四十分）先有聲如雷，繼乃震動甚烈，約歷時二十分鐘左右。是晚復有小震，此後尚有餘震數次。因未得詳細紀錄，無從計算。全省各縣，皆覺有震動，惟烈度不等。西部與甘肅交界諸縣，地震甚烈。如長武汧陽隴縣鳳翔等縣，死亡共約二千餘人，房屋倒塌約萬餘間。茲將各縣壓斃人口之詳數，列表如下。

民國九年十二月十六甘肅及其他各省之地震情形

縣名	死亡人数		
鳳翔	一千餘人	郿縣	五
長武	一四六	潼關	一
汧陽	一三〇	榆林	受傷十人
隴縣	一〇一	橫山	受傷二人

延川南鄉土木源土山坡震塌，崩數千丈，此外各縣城垣女墻城樓之被震倒者甚多，大半因年久失修，致易傾塌。總觀全省災情，較之甘肅，相去甚遠。

河南省　此次地震，全省幾皆覺得，惟烈度甚低，其震動較甚者，為與陝西交界之閿鄉觀音堂及陝縣一帶。地震時刻，各縣報告，多不相同，其中以八時與九時之交者為最多。亦有七時許或十時許者，皆居少數。

山西省　全省皆覺，據太原電局報告，地震發生時，約在下午八點，歷五分鐘之久。震動較烈者，為中部汾水流域一帶。如汾西汾陽介休猗氏蒲縣中陽鄉甯等縣，鄉甯縣西鄉陽涧村，民人劉姓窑房倒塌，壓斃小女二口。此外村房廟宇，間有倒塌，惟無壓斃人口情事。

直隸省　全省地震甚輕，其東北濱海及西北倚山各縣，震動幾不覺得。中部沿京漢路一帶，震動較烈，惟無倒房與壓斃人口情事。地震時刻，據天津報告為下午八點零五分。北京震動，亦甚顯著，幾於無人不覺，懸掛之電燈，多被搖動云。

山東省　祇與直隸交界之聊城清平堂邑觀城館陶城武等縣稍覺微震，皆未成災。其東部各縣，多不覺震。

湖北省　沿漢水流域如鄖西襄陽宜城一帶俱覺微震。據河口電局報告，地震時刻，在下午八點，歷時約五六分。

安徽省　合肥無為太和蒙城桐城等縣，稍覺微震，皆未成災。

察哈爾及綏遠　察哈爾之陶林多倫沽源，綏遠之歸化薩拉齊清水河和林格爾五原託克託東勝等處，皆覺地震，並未成災。綏遠各屬，距震中較近，故震動亦較察哈爾為烈。

民國九年十二月十六甘肅及其他各省之地震情形

四、地震之烈度

地震動力之强弱，是為烈度。研究之法有二，（一）用精密之儀器，以紀錄其震波之高低形態。（二）調查地面上一切物質所受地震之影響，與夫人類對於他震之感覺，因得比較其動力之强弱。吾國現有地震計，祇上海徐家匯天文台一處，故第一法不能應用。本篇所述地震烈度，係就調查各處損失狀況而推測者。夫損失之大小，固與動力强弱有關，惟地基之堅鬆，山坡之緩急，建築物之穩否，各處不同。以同一烈度之動力，加於此情形各異之物質上，其所受影響，當然大異。故就第二法所推得之烈度，乃表面的，非實在的烈度也。

比較各處地震所發生之影響，則有所謂羅西福來氏(**Rossi-Forel Scale**)之烈度表，分烈度為十級如下。

（一）不覺。（二）惟少數靜臥者微覺之。（三）多數靜臥或靜坐者覺之，其時間方向，約略可辨。（四）行動者亦多覺之，懸掛之物移動，門窗自開，地板窗格震鳴。（五）無論何人均覺之，家具及床均被移動，懸鈴有自鳴者。（六）睡者為之驚醒，燈光搖動，掛鐘或停，樹木搖動，有可見者，居人有驚恐出門者。（七）桌几上物件有傾覆者，牆屋上之石灰有墜落者，公用之大鐘為停，無論何人，均受震驚。（八）煙筒有傾覆着，牆壁有裂縫者。（九）房屋有倒塌者。（十）損失鉅大，地翻石裂，山谷應聲。

尚有馬揩里氏(Mercalli) 之烈度，表大致與上表相似。惟以（四）與（五）合而為（四）因其發生之影響與感覺，不甚懸殊故也。而第十級分為九十兩級，凡一城或一村中少數或半數之房屋崩塌，人口死亡，尚居少數者，則屬第九度。房屋幾於全數崩塌，人口傷亡過半，則為第十度。

就同烈度之地點，以線連之，則成所為同震線，其意義與測量上之等高線相同。烈度最高之地，為震源。其下為震中，即震波發源之處。故調查烈度，繪成同震線，即可側定震源之地位與其約略之形狀。

民國九年十二月十六甘肅及其他各省之地震情形

此次調查，即用羅西福來氏烈度表。實地調查之前，印就一定表式，發出有五六百份之多，範圍及秦隴直豫魯晉鄂皖綏遠察哈爾等省，其後得覆信者，估大多數。乃將所開烈度等級，畫於地圖，其烈度相同之各縣，則以線連之。惟烈度表之解釋，暨地震 時之觀察，各人不能一致，故縣知事報告之烈度，難免有參差誤會之處，因之同震線亦當然不能十分準確。惟就大致論之，尚有幾分可信者也。

地震最烈之地，為甘肅之海原靜寧通渭隆德會寧靖遠等七縣。所屬之地，估面積約二萬餘平方公里。其間人口死亡者，在一萬至七萬餘，房屋大半傾倒。此外房傾屋倒，人口死亡之地，尚有十餘縣之多，其烈度當與羅西福來氏表十度相合。惟災情究不若上述七縣之大，為分別輕重，易於叙述起見，以災情最重之七縣，另以曲線連之，成一東北西西向之狹常形。如附圖所示即為震中區域（按若用馬揩里氏烈度表，則上述七縣之烈度為十，其餘十餘縣屬九度，）烈度十皮所估之總面積，約十萬餘平方公里，烈度八度以上所估之地，兼及陝西之西部，共四十八縣，約估面積二十餘萬平方公里。

（三）农商公报

《农商公报》（第86期）关于地震情况的记载如下。

咨呈國務院內務部　第九一一八八二號　八月六日

據調查地震委員報告甘肅死亡人數咨請備案由

為咨呈行事頃據本部所派調查陝西甘肅地震委員僉事翁文灝地質謝查所技師謝家榮就　甘肅各縣因地震死亡之人數列表呈報前來計達廿四萬六千零四名相應抄　原件咨請　查照可也此　咨呈咨

附抄件一紙

甘肅各縣地震人口死亡數目謹就各縣調查先行錄呈　鈞鑒

海原縣	七三、〇二〇口	會甯	一三、九六二口	固原	四〇、一七六口
靜甯	一二、四四七	靖遠	三一、九三三	秦安	三、一三四
隆德	二八、三七〇	鎮原	一、八九五	通渭	一八、一〇八
莊浪	五、三七六	鎮戎	一、五五八	定西	一、一〇〇
慶陽	二、四〇五	合羌	八一六	環縣	二、〇一六
涇川	七一〇	伏羌	一、三六五	皋蘭	二七一
清水	一、四八〇	平凉	一、三一一	靈台	一、一一七
甯縣	一、二三一	其他	一〇〇		

共計甘肅全省地震死亡人口二十四五萬六千零四名就冋民居多

翁文灝　謝家榮　謹呈

咨 呈國務院 內務部 交通部 第一五一九一三號 八月十日

據本部所派調查地震委員調查甘肅地震情形轉咨查照由

農商部為咨 呈行 事頃據本部所派調查陝甘地震委員僉事翁文灝地質調查所技師謝家榮函稟內稱去歲地震以海原固原隆德靜寧之間死人最多會寧靜之間山奔土走壅塞河道佔地最廣甘肅全省據各縣當時查報共計死亡二十餘萬人之多考之地震最多最烈如日本意大利等國地震傷人亦未聞如此之多初聞此數殆疑不確但經親歷海原固原等地房屋則一律塌平人民則十存二三即隆德靜寧等亦大致皆然始信此次震災殆為中外稀有求其災重原因尤在災區一帶地多黃土人民皆穴土窑居一遇震撼全部傾覆即有室居者亦以木材稀少全用土築崩塌極易覆壓遂多即山崖崩走亦多屬黃土所成厚層黃土為中國特有之地質乃竟為甘省震災特重之原因然甘肅東部地盤不固震動時作固亦有逾於尋常者歷史所載自周秦迄今已有三百餘次此次自去臘以來時閱半年震猶未止所經各地或聞地鳴或覺震動甚者一夕數驚人心惶惶此即所謂餘震者是至甘東地震所以特多特烈之原因自當在於地質構造惜甘省地質向鮮調查少可依據藉資推證此次沿途考察畧窺梗概現在壅塞各水道已由華洋救濟會集欵疏濬次第施工各震區房窑亦漸有逐次修復者惟墨守舊法無所改良此後如能多植木材改良屋式後遇地震災或較淺調查所及撮要畧陳等情到部該員等函稟各情尚屬明晰足資參考除咨行內務交通两部

呈國務院並咨行交通內務部 外相應咨請 查照可也此 咨呈 咨

（四）民国文献资料丛编

摘自《民国文献资料丛编》11册，甘肃震灾救济会编，甘肃地震灾情调查表[①]。

甘肅震災救濟會 編

甘肅地震災情調查表

甘肅震災救濟會，民國間鉛印本

① 编者注：原件中一些空白页未收录，原各页码不变。

甘肅於九年十二月十六日之地震奇劫不惟環球所未見亦屬歷史所未聞大震小震綿歷數月繼之以風火饑寒加之以盜賊狼犬萬物化厲遍地成寖陵谷變遷河道壅塞死亡枕藉孑遺傷殘言之令人骨慄其一切災難慘狀早經縷具哀告公啓及各新聞報紙矣然人數財產之損傷山川道路之變易無具體的報告何以供

關懷民瘼之參覽茲由敝會函電催囑各縣調查確實災情陸續列表報到者三十餘縣敝會照鈔原報彙集刷印成帙雖形式未能畫一而情事俱屬確實惟甘省遠處西陲交通不便往返郵電不無淹遲尚未報到災區礙難彙編先列此表用供

仁鑒嗚呼抑豈堪以竟覽也耶

海原縣城內地震後七十九日之慘狀
居民食住缺乏群相哀號呼救

天水縣地震後崖坡房崩市

天水縣城南二里石馬坪本係
小山因遭地震陷為深溝狀極慘酷

天水縣城西南五里天水郡因
遭地震村舍為墟人畜埋沒

道名	蘭山道屬					
縣名	會甯縣					
城鄉鎮 / 災情	地震日期	震動次數	死傷人數	震毀牲畜	損失動產及不動產	
縣城	九年十二月十六日晚八鐘 城鄉均同	兩月有餘三百餘次 城鄉均同	死五十一人	約十之二	約十之六	
老李岔			死三十九人	約十之五	約十之八	一處
翟家所			死三百一十二人	約十之五	約十之八	
楊富岔			死四百八十人	約十之六	約十之九	五處
黃川里			死一千三百二十人	約十之七	約十之九	十三處
小南岔			死一千三百七十人	約十之五	約十之七	四處
孫家塬			死一千七百九十七人	約十之八	約十之九	十五處
臨洮衛			死百零三人	約十之六	約十之八	四處
旭畬灣			死三百七十三人	約十之五	約十之八	三處
宋車川			死六百三十四人	約十之六	約十之八	五處
黃家岔			死一千零一十八人	約十之八	約十之九	九處
白土坪			死五百六十五人	約十之五	約十之八	四處
青家驛			死四百七十九人	約十之六	約十之九	二處
梁家河			死三十八人	約十之八	約十之九	一處
罐子峽			死三百五十人	約十之九	約十之八	三處
隴西鎮			死一百七十一人	約十之七	約十之七	一處
蘭州衛			死二百五十九人	約十之六	約十之九	
焦家河			死七百二十一人	約十之五	約十之七	
大卜作			死三百三十人	約十之四	約十之六	
南峪川			死二百八十人	約十之四	約十之六	
曲家口			死九百一十人	約十之五	約十之五	
牛營堡			死二百四十人	約十之四	約十之七	
侯家川			死四百三十六人	約十之六	約十之七	
廟兒岔			死三十四人	約十之六	約十之六	一處
老鴉溝			死三十人	約十之四	約十之五	三處
西番岔			死二十五人	約十之七	約十之五	
愛家塬			死十五人	約十之五	約十之七	一處
底南里			死四十八人	約十之七	約十之六	一處
九眼泉			死五十九人	約十之五	約十之六	一處
高窑溝			死二十四人	約十之六	約十之七	
碾子塬			死二十二人	約十之四	約十之五	三處
泉坪			死九十一人	約十之七	約十之八	二處
海都塬			死二十八人	約十之五	約十之八	一處
李家坪			死八十二人	約十之六	約十之七	一處
鑌家河			死四百一十五人	約十之五	約十之九	二處
原川里			死三百八十四人	約十之五	約十之九	一處
上陳家			死三百四十一人	約十之七	約十之九	三處
小盧家			死五十三人	約十之七	約十之九	
小水堡			死三百人	約十之五	約十之七	
于溝驛			死三百人	約十之六	約十之八	一處
黃家窪			死二百六十九人	約十之四	約十之七	七處
韓家山			死六十五人	約十之六	約十之九	五處
四十里鋪			死一百四十九人	約十之五	約十之八	
郭城驛			死四十九人	約十之七	約十之八	一處
腰井			死三百一十人	約十之四	約十之九	二處
合計			死亡者共計一萬一千九百三十八人			山崖崩裂者共一百零六處
備考	查此表係據會甯縣勸學所填造恐未詳盡俟縣知事表至再爲補造					

一 二 三 四

蘭山道屬 渭源縣

城鎮鄉＼災情	地震日期	震動次數	死傷人數	震斃牲畜	損失動產及不動產	崩裂山川
縣城關	九年十二月十六晚七點鐘城鄉均同	二次			房九十間	
東湫					三十間	
孤竹					四十二間	
官南					六十間	
慶平			死四人傷十人	二百九十九頭	一百六十九間	
北寨			傷二人	五十三頭	二百七十三間	
嶖峪				二十八頭	一百一十四間	
合計總數			死亡者四人 受傷者共十二人	震斃牲畜共三百八十頭	房屋倒塌者共七百七十八間	

五

蘭山道屬 導河縣

城鎮鄉＼災情	地震日期	震動次數	死傷人數	震斃牲畜	損失動產及不動產	崩裂山川
王家山	九年十二月十六日晚八鐘	四次	死十五人	七十三頭	房七十九間	
石龐家山				二十四頭	房一十九間	
郝鄧家坪				二十四頭	房五十七間	
李家嘴				一十四頭	房六十五間	
楊家山					房二十二間	
合計總數			死亡者共一十五人	震斃牲畜共一百三十五頭	倒場房屋共二百四十二間	
備考						

七

蘭山道屬 狄道縣

城鎮鄉＼災情	地震日期	震動次數	死傷人數	震斃牲畜	損失動產及不動產	崩裂山川
收字段	九年十二月十六日下午七點鐘全縣相同	共震三次初次甚烈餘均輕全縣同	死三人	一十五頭		
藏字段				一頭		
羌字段			死七人	二十八頭		
景字段			死六人	二十六頭		
吊字段			死七人	五十七頭		
推字段				七十五頭		
成字段			死三人	二十四頭		
可字段			死一人	五十九頭		
鳥字段				四十八頭		
始字段			死六人	五頭		

九

	地震日期	震動次數	死傷人數	震斃牲畜	損失動產及不動產	崩裂山川
合計總數			死亡者共三十三人	震斃牲畜共三百三十八頭	房屋倒塌者約計二百二十四間	
備考						

一〇

道名／縣名	蘭山道屬 洮沙縣					
城鄉鎮／災情	地震日期	震動次數	死傷人數	震斃牲畜	損失動產及不動產	崩裂山川
石家坡	九年十二月十六日晚八鐘		死一人	二十五頭	房十五間	
昌木溝			死一人		房三間	
澗平庄				三十五頭	房十一間	
青山庄				三十三頭	房一百零一間	
合計總數			死亡者二人	震斃牲畜共三百三十八頭	倒塌房屋共一百三十間	
備考						

一二

道名／縣名	涇原道屬 靜甯縣					
城鄉鎮／災情	地震日期	震動次數	死傷人數	震斃牲畜	損失動產及不動產	崩裂山川
縣城關	九年十二月十六日七鐘	十二月十六日七鐘起至十七日八鐘止震動十餘次迄今兩月有餘日夜不時震動約計一百數十次城鄉村鎮相同	死一千八百一十三人	一千四百三十五頭	動產值一十二萬一千一百七十六串不動產房田正在調查下同	
威戎鎮			死二百四十三人	一千二百六十六頭	動產值二萬五千七百八十串	三處
殷屯鎮			死四百七十七人	八百一十九頭	動產值一萬零一十串	四處
焦韓店			死四百一十人	八百四十九頭	動產值一萬四千三百串	
通邊鎮			死一十九人	一千七百零六頭	動產值二萬六千六百零三串	
章麻鎮			死十二人	一千一百六十三頭	動產值一萬九千三百零七串	
野趙鎮			死一百二十三人	五百九十六頭	動產值八千三百八十串	
底店鎮			死四十三人	七百零三頭	動產值六千七百四十九串	
曹務鎮			死九十八人	一千零四十七頭	動產值六千三百三十五串	
計都鎮			死一百九十九人	三百七十四頭	動產值一萬二千零七十五串	

一三

城鄉鎮	地震日期	震動次數	死傷人數	震斃牲畜	損失動產及不動產	崩裂山川
乾礶鎮			死三百人	一千四百一十三頭	動產值六千六百九十四串	
水洛城			死四百九十七人	一千九百零九頭	動產值二萬一千一百九十五串	四處
朱家店			死五百六十一人	三百五十四頭	動產值一萬一千零九十一串	
韓家店			死三百五十一人	一千一百九十六頭	動產值七千八百三十八串	
治平鎮			死二百零五人	一千一百六十六頭	動產值四千七百三十七串	
仁當川			死一百零六人	一千二百五十七頭	動產值五千四百七十四串	
良埜店			死三百零三人	一千五百六十八頭	動產值六千三百六十七串	
官道岔			死六百二十人	七百三十六頭	動產值九千九百一十串	十二處
高家堡			死九百一十四人	一千三百四十一頭	動產值二萬二千七百五十四串	七處
界石堡			死六百零五人	六百一十九頭	動產值一萬一千一百九十九串	十二處
甘溝鎮			死六百五十八人	二千二百四十三頭	動產值二萬二千九百七十串	四處
屯家堡			死五百六十八人	九百五十八頭	動產值一萬一千八百八十一串	四處
下張節			死四百三十六人	一千三百五十六頭	動產值一萬零四十六串	八處

一四

城鄉鎮	地震日期	震動次數	死傷人數	震斃牲畜	損失動產及不動產	崩裂山川
雷陽鎮			死五百二十六人	七百一十七頭	動產值一萬三千三百四十串	九處
寺嘴鎮			死四百三十四人	六百七十七頭	動產值六千二百四十一串	四處
單家集			死七百三十一人	二千四百零八頭	動產值一萬四千六百一十七串	三處
永安堡			死一百七十一人	七百二十三頭	動產值五千七百五十五串	二處
永和堡			死三十二人	八百三十七頭	動產值四千零一十八串	二處
永仁堡			死一百五十二人	四百六十三頭	動產值七千四百零六串	三處
永甯堡			死一百一十三人	二百八十六頭	動產值四千九百一十七串	三處
上硖口			死一百七十六人	一千零七十三頭	動產值五千三百四十一串	八處
頁河鎮			死五十一人	六百七十三頭	動產值七千一百五十二串	二處
麥兓鎮			死三千二百六十六人	二千六百二十一頭	動產值二萬五千三百三十八串	五處
合計總數			死亡九千六百一十九人 受傷者共二千八百二十八人	共三萬七千九百八十六頭	動產以米糧財物器俱共值銀一十九萬一千零二十一兩（按本縣市價合銀）	山崖崩裂者共九十九處

一五

備考
查該縣所屬幅員遼闊田產房屋調查一時不能普遍故於不動產欄內暫缺未塡俟該縣調查清楚報來另敘合併說明

一六

涇原道屬

道名 縣名	城鎮鄉 災情	地震日期	震動次數	死傷人數	震斃牲畜	損失動產及不動產	崩裂山川
隆德縣	縣城	九年十二月十六日夜	十七次	死十八人	九十八頭	七百八十五兩 一千一百四十間	
	宮太堡			死十五人	六十三頭	三十六兩 二百五十九間	
	孝義堡			死二十三人	三百零八頭	二百八十五兩 一千五百五十六間	五處
	岳石堡			死八十九人	五百九十三頭	六百四十九兩 二千零二十五間	八處
	呂慶堡			死三百一十六人	二千零四十四頭	一千二百二十九兩 四千零二十一間	
	潘河雄堡			死二百二十人	六百六十二頭	八百九十五兩 一千零三十六間	十八處
	馬力安堡			死一百七十一人	一千七百五十四頭	七百一十兩 一千八百二十七間	九處
	許道賢堡			死一千零五十五人	三千一百四十一頭	一千九百零八兩	十九處
	神林堡			死三百三十五人	一千六百五十七頭	一千二百二十五兩 四千三百九十四間	十三處
	亂柴堡			死二百六十七人	一千四百二十二頭	八百九十九兩 一千四百八十二間	八處

一七

丹樹庄			死二百五十三人	一千三百一十三頭	九百六十四兩 六百九十五間	二處
馬冀庄			死七百五十二人	一千零三十一頭	五百八十四兩 八百零二間	三處
屯民庄			死七百三十九人	一千七百九十二頭	九百八十二兩 三千二百零三間	十六處
上新店堡			死一千三百九十人	一千四百八十八頭	一千五百八十九兩 三千五百一十七間	二十七處
下新店堡			死一千三百六十一人	一千六百二十九頭	一千三百五十五兩 二千五百八十四間	十八處
將台堡			死一千九百二十人	二千五百四十五頭	一千六百五十二兩 三千二百八十二間	二十八處
前邵山堡			死一千八百六十四人	四千零六十八頭	一千二百五十六兩 三千九百一十五間	十七處
後邵山堡			死二千零八十三人	四千一百零六頭	六百三十五兩 四千一百一十二間	二十一處
韓狗堡			死三千一百九十七人	八千一百三十一頭	一千七百四十四兩 五千六百六十一間	二十七處
張文才堡			死二千一百九十五人	六千八百四十七頭	一千五百七十七兩 七千四百九十間	二十三處
蒙宣堡			死一千九百八十七人	六千七百七十頭	一千五百零九兩 五千三百五十間	二十四處
錢李堡			死三百三十四人	八百六十九頭	七百七十四兩 六百九十五間	五處

一八

合計總數			死亡者共二萬一千三百零四人	震斃牲畜共五萬二千二百九十一頭	房倒者五萬九千零四十六間 損失財物共二萬九千八百零一兩	山崖崩裂共二百九十一處

備考

一九

涇原道屬

縣名	城鎮鄉	地震日期	震動次數	死傷人數	震斃牲畜	損失動產及不動產	崩裂山川
慶陽縣	縣城關	九年十二月十六日晚七點鐘鄉城約同	初震近十分鐘是晚震越八次現已兩月有餘震猶未息城鄉同約	死四十四人	二十八頭	房窰二千六百二十一間	
	赤城原			死六十四人	一千三百一十三頭	房窰二百六十二間莊一十八處	
	白馬舖			死一百三十人	四百九十九頭	房窰三百零五間莊六十八處	
	鐸馬關			死一百六十人	一千四百二十二頭	房窰五百五十七間莊五十二處	
	西峯鎮			死三百八十五人	一千四百八十八頭	房窰一千八百九十五間莊二百四十四處	
	董志原			死五百一十四人	一千七百三十頭	房窰二千四百三十三間莊一百二十九處	
	東谷西二原			死五十三人	一千八百二十三頭	房窰九百七十間莊一百零四處	
	西川			死二百八十六人	四千零三十四頭	房窰一千九百三十四間莊七十四處	
	東川			死七百四十八人	一萬三千二百七十一頭	房窰三千九百三十三間莊四百八十三處	
	高樓原			死一十六人	四百一十頭	房窰四百八十四間莊三十七處	
	合計總數			死亡者共二千四百零五人	震斃牲畜共二萬六千零一十八頭	房窰共一萬五千三百九十四間莊共一千二百零九處	
	備考	按該縣報告此次地震所有衙署公所監獄城垣樓梁學校廟宇均經倒塌至於民間損失財物食糧五時調查殊難周詳合併說明					

二一

二二

涇原道屬

縣名	城鎮鄉	地震日期	震動次數	死傷人數	震斃牲畜	損失動產及不動產	崩裂山川
甯縣	中區堡十	九年十二月十六日晚七鐘全縣相同	二十餘次城鄉約同	死八十二人	三百二十八頭	二千九百四十五兩	
	春榮鎮			死一百一十八人	一千一百二十六頭	三千五百七十五兩	
	良平鎮			死四十三人	三百七十三頭	三千一百七十兩	
	早勝鎮			死三十四人	二百二十一頭	二千七百七十八兩	
	宮河鎮			死二十二人	二百一十六頭	二千五百兩	
	政平鎮			死十九人	二百頭	一千六百二十二兩	
	焦村鎮			死二百二十五人	一千二百七十五頭	五千八百一十兩	
	和盛鎮			死一百四十五人	六百九十三頭	五千兩	
	太昌鎮			死七十四人	三百九十六頭	三千一百八十兩	
	新庄鎮			死二十一人	四百四十五頭	二千一百二十兩	
	盤客鎮			死九十九人	六百四十三頭	六千六百三十兩	
	襄樂鎮			死九十九人	六百一十七頭	五千五百一十五兩	
	吉峴溝寨			死一百五十五人	一千零一十四頭	四千四百六十兩	
	南義井鎮			死四十六人	三百九十八頭	二千九百五十兩	
	合計餘數			死亡者共一千二百一十二人	震斃牲畜共七千九百四十五頭	動產及不動產共值銀五萬二千六百五十五兩	
	備考	按甯縣報告該縣幅員遼闊此表所列尚未詳盡正在委員覆查另行續報合併說明					

二三

二四

涇原道屬 鎮原縣

城鎮鄉＼災情	地震日期	震動次數	死傷人數	震斃牲畜	損失動產及不動產	崩裂山川
中區	九年十二月十六日晚七鐘城鄉約同	大震八九次小震無數	死九百五十四人	七百六十頭	窯房二千七百二十四座	
蕭金鎮			死二百零五人	七百二十五頭	窯房一千三百零六座	
屯子鎮			死三百一十人	五百四十二頭	窯房一千八百一十六座	
孟壩鎮			死四百二十五人	四百三十二頭	窯房二千三百七十四座	
太平鎮			死二百九十四人	四百三十六頭	窯房一千零五十五座	
馬渠鎮			死二百五十人	二百七十一頭	窯房八百六十四座	
新城鎮			死一百八十人	二百七十六頭	窯房六百一十三座	
平泉鎮			死六十六人	二百六十四頭	窯房三百三十二座	
瓦窑鎮			死三百二十一人	一百九十八頭	窯房七百五十六座	

二五

合計總數	
地震日期	
震動次數	
死傷人數	死亡者共三千零五人
震斃牲畜	震斃牲畜共三千九百零四頭
損失動產及不動產	窯房倒塌者共一萬一千八百四十座
崩裂山川	

備考：按鎮原縣報告該縣此次地震損失財物器俱甚多一時未能周詳表中故未填列合併聲明

二六

涇原道屬 平涼縣

城鎮鄉＼災情	地震日期	震動次數	死傷人數	震斃牲畜	損失動產及不動產	崩裂山川
縣城	九年十二月十六日下午八鐘城鄉同	時長兩月有餘大小百餘次	死六人		房窯一百五十六間	
東鄉			死六十四人傷九十五人	五千零二十一頭	房窯二千四百一十三間	
南鄉			死五百零一人傷一百一十八人	五千七百二十一頭	房窯二千八百一十九間	三處
西鄉			死四十一人傷二十二人	一千六百九十八頭	房窯八百六十三間	
北鄉			死二百九十七人傷六十四人	五千六百二十二頭	房窯二千六百一十九間	一處
合計總數			死亡者共九百零九人 受傷者共二百九十九人	震斃牲畜共一萬八千零六十二人	倒塌房窯共八千八百七十間	山裂者四處

備考

二七

涇原道屬 環縣

城鎮鄉＼災情	震動日期	震動次數	死傷人數	震斃牲畜	損失動產及不動產	崩裂山川
縣城	九年十二月十六日八鐘	二十餘次	死六百四十六人	七千一百三十七頭	窯房共五百六十七間	
木鉢鎮			死一百七十二人	五千七百八十五頭	窯房共四百零二間	
洪德城			死五百零五人	八千八百零六頭	窯房共四百零一間	
曲子鎮			死五百四十三人	六千一百二十二頭	窯房共四百八十八間	
甜水堡			死一百五十人	五千一百五十六頭	窯房共四百二十一間	
合計總數			死亡男女大小共二千一十六人 受傷者共五十五名	各種牲畜共三萬三千零六頭	窯房共倒塌二千二百七十九間	

備考：按環縣地處山叢民間習慣多住崖窯此次地震極鉅烈時約五六分鐘之久是夜接連小動五六次山頭無不破裂高山廟宇盡皆崩頹約百餘處均未列入表欄動產惟牛羊爲多不動產以窯洞爲多也小震至舊歷十二月初間環河及小港井泉水漲數尺旬日始退死傷損失已造表呈報省院並將倉糧開放急賑至於民間物財米糧深埋山谷之中者概難估計合併說明

二九

道名/縣名	城鎮鄉/災情	震動日期	震動次數	死傷人數	震斃牲畜	損失動產及不動產	崩裂山川
涇原道屬 靈臺縣	縣城	九年十二月十六日下午七鐘全縣同	大震一次小震五十餘次全縣相同				
	獨店鎮			一百三十五人		糧二石三斗 房窯五十間	
	邵合里			六十一人		房窯九十四間	
	西良里			一百二十九人		糧一十一石五斗 房窯二百三十六間	
	二良里			一百六十五人		糧一十八石五斗 房一千三百一十七間	
	雙白里			四百六十九人	三百六十五頭	糧二十石零三斗 房窯五百二十六間	小山俱平
	廊順里			一百六十四人	一百七十五頭	糧一十石零六斗五升 房窯五百二十三間	
	新順里			七十三人	一百二十五頭	糧五石二斗 房窯一百八十二間	
	合計總數			死傷共一千一百九十六人	傷斃共四百六十五頭	糧六十八石四斗五升 房窯共二千九百二十八間	

三一

備考
按靈臺縣報告該縣城垣東西北俱陷各鄉傷斃坍塌甚多至於震動時間直至本年二月猶微震未息前後約震百餘次合併說明

三二

道名/縣名	城鎮鄉/災情	地震日期	震動次數	死傷人數	震斃牲畜	損失動產及不動產	崩裂山川
涇原道屬 涇川縣	城關	九年十二月十六日下午七點鐘城鄉相同	十餘次	死十二人		房一百七十間 窯七十座	
	東鄉			死二十九人	一百八十三頭	房一百六十七間 窯七十七座	
	南鄉			死一百九十五人	三十頭	房四百三十四間 窯一百八十二座	
	西鄉			死三百零一人	四十八頭	房二百八十六間 窯一百八十一座	
	北鄉			死一百七十二人	一百頭	房三百九十四間 窯一百二十一座	
	合計總數			死亡者共七百三十人	震斃牲畜共三百六十九頭	房屋倒者共一千四百五十一間 窯塌者共六百五十一座	

備考

三三

道名/縣名	城鎮鄉/災情	地震日期	震動次數	死傷人數	震斃牲畜	損失動產及不動產	崩裂山川
涇原道屬 華亭縣	縣城關	九年十二月十六日晚八鐘城鄉均同	九次城鄉均同	傷二人		房一百二間	
	硯峽鎮			死七人 傷二人		房三十八間 窯二十二座	
	九龍鎮				十頭	房十間 窯五座	
	策底鎮			死三人	九頭	房九十四間 窯十一座	
	山寨鎮			死八人	三十五頭	房一百四十六間 窯四座	
	新店鎮				五頭	房二十二間	
	主山鎮			死三人	七頭	房三十二間 窯二座	
	紅山鎮			死五人	五頭	窯五座	
	下關鎮			死七人 傷一人	八頭	房七十三間 窯十座	
	安口窯鎮			死四人	二頭	房十八間 窯七座磁器值一萬六千二百六十串	

三五

合計總數		死亡者共三十七人 受傷者共五人	震斃牲畜共八十一頭	倒塌房屋共五百三十五間 塌毀窯洞共六十六座 動產損失磁器價值一萬六千二百六十餘串	

備考

說明 按華亭縣報告自九年十二月十六日起至十年一月二十七日始地震始息首初猛烈餘漸輕[illegible]合併

三六

涇原道屬

道名 縣名	正甯縣					
災情 城鎮鄉	地震日期	震動次數	死傷人數	震斃牲畜	損失動產及不動產	崩裂山川
縣城	十二月十六日下午八鐘城鄉均同	三十一次城鄉大約皆同				
牛家溝			死三人		窯洞一隻	
東西山羊頭			死四人		窯洞五隻	
雷村			死四人			
余槐村				四頭	窯洞一隻	
王槐村						
山河鎮			死二十五人		房三百一十八間庄窯二院	
柴橋村			死五人		房三間庄窯三院糧七十七石	
月明坡				一頭	庄窯二院糧二十石	
南畔村			死一人			

三七

董家庄			死六人		庄窯五院	
孤子峪村			死四人		庄窯一院	
石家灣			死四人	四十四頭	庄窯八院糧三十石	
崖窯村			死四人	五頭	庄窯三院	
蔡家峪村					庄窯一院	
平子鎮				二十一頭	房五十七間窯八座	
呂村堡			死十二人	一百零四頭	房五十七間窯二十座	
南畝村			死八人	一百零九頭	房四十五間窯四十五座	
袁家城					窯三百四十座	
南渚村			死一人		房六間	
苟家隴頭村			死三人		庄窯一院	
馬溝溝			死一人		窯一座	
習仵村			死二人	一頭	窯二座	

三八

秦家溝圈				三頭	房六間窯二座廟一座	
嘴頭村					房三間	
眞庄村					廟一座	
黨家村					窯七座廟五座	
魯家村					房五間	
史家村					窯七座廟二座	
堡巷村					房二十間廟十一座	
南邑村			死三人		窯二十二座	
新庄村			死四人		窯九座	
南坡村			死二人		窯三座	
雙佛堂					窯一座	
侯家那			死一人		窯二座	

三九

涇原道屬

海原縣

城鎮鄉/災情	地震日期	震動次數	死傷人數	震斃牲畜	損失動產及不動產	崩裂山川
縣城	九年十二月十六日晚七鐘	自十六日起至本年三月震猶未息	死四千三百三十四人	二千二百九十八頭	房倒三千四百八十一間窯塌一千零四十四間	
東鄉			死二萬零四百零二人	九千六百五十頭	房倒六千零五十六間窯塌六千二百八十九座	
南鄉			死二萬零四百二十八人	一萬零七百六十七頭	房倒八千二百一十三間窯塌五千七百五十六座	
西鄉			一萬七千六百零七人	一萬五千三百一十頭	房倒四千八百四十八間窯塌九千四百五十四座	
北鄉			死一萬零二百五十六人	三千六百一十三頭	房倒四千三百一十四間窯塌四千一百五十五座	
合計總數			死亡者共七萬三千零二十七人	震斃牲畜共四萬一十六百三十八頭	房倒窯塌者共五萬三千六百一十	

備考：按查該縣地點在山峯綜錯之中此次受災最重到處山崩崖塌村庄殆盡所以人死戶絕者不少如地裂水湧火山噴發種種變異指不勝屈財物損失難以數計合併登明

合計總數				
		死亡者共九十七人	震斃牲畜二百九十二頭	房屋九百二十間庄窯二十六院窯洞四百七十四座廟二十座糧米一百二十七石	

備考：

四〇

渭川道屬

通渭縣

城鄉鎮/災情	地震日期	震動次數	死傷人數	震斃牲畜	損失動產及不動產	崩裂山川
縣城	九年十二月十六日下午七鐘城鄉相同		死二百四十一人傷一百六十六人	一百八十五頭	房七千四百零三間	一處
東關			死六十三人傷三十九人	六十八頭	一十五間	
西關			死七十一人傷三十五人	一百頭	一千二百零七間	
碧玉鎮			死一百三十一人傷三十九人	五十一頭	二百八十間	
金城鎮			死二百一十九人傷五十五人	二百三十六頭	七千二百三十八間	
蔡家鎮			死二百六十一人傷八十三人	一百六十一頭	一千三百間	二處
高山鎮			死二百七十一人傷三十一人	一百零七頭	一千一百二十間	一處
隴陽鎮			死三百四十八人傷六十四人	八十六頭	一千七百二十間	
廠溝鎮			死二百九十二人傷七十五人	三十四頭	一千七百七十間	
陽崖鎮			死四十八人傷十六人	三十一頭	一千六百七十二間	

四一

川口鎮			死二百八十七人傷六十六人	四十頭	七百三十間	
安遠東山			死一百九十三人傷五十七人	二十五頭	一千七百五十四間	
甘上里上下鎮			死三百零七人傷七十人	四十頭	二千八百二十三間	二處
李家店			死一百五十人傷三十五人	二十六頭	一千四百四十間	
馬家店			死八十五人傷二十三人	二十三頭	一千零三十八間	
常家河			死一百八十九人傷五十八人	三十三頭	一千九百二十一間	
演武亭			死一百九十三人傷五十人	三十二頭	九百三十間	三處
仙人岔			死一百六十一人傷六十二人	四十頭	八百六十間	
什川鎮			死一百八十四人傷三十七人	一十二頭	三百二十八間	
大庄鎮			死一百零五人傷三十八人	四十二頭	七百四十二間	
[illegible]鎮			死一百六十四人傷五十二人	一百零二頭	五百一十五間	
坡耳川			死一百二十一人傷三十四人	二十六頭	四百三十二間	
馬營監			死三百六十八人傷一百三十五人	一百五十二頭	一萬七千四百三十間	

四二

安遠鎮			死九十八人 傷一百八十五人	一十二頭	七千六百三十二間	
中營			死二百九十三人 傷七十二人	四十二頭	一千九百五十七間	
稠泥營			死二百七十四人 傷六十四人	六十三頭	一千六百零三間	二處
石硤營			死二百六十二人 傷八十一人	四十六頭	一千六百四十一間	
原川營			死二百三十九人 傷八十一人	五十五頭	一千五百六十一間	
衙門營			死二百二十人 傷六十九人	一十頭	一千六百四十五間	
雙井營			死一百七十三人 傷八十人	六十四頭	一千四百三十二間	
榜羅上下鎮			死一百三十一人 傷六十二人	八十二頭	九千八百八十六間	
七麻三鎮			死一百五十二人 傷六十二人	二百零七頭	一千三百六十間	
者達舖			死一百八十人 傷五十三人	一百四十七頭	一千三百零四間	三處
上下青富里			死三百九十四人 傷五十六人	一百七十四頭	九千四百三十間	
户川舖			死三百三十八人 傷一百三十九人	一百一十四頭	二千二百五十間	二處
後川舖			死三百五十人 傷六十六人	一百三十五頭	二千零五十四間	

四三

西峽口			死三百五十八人 傷一百三十四人	一百一十五頭	一千零八十九間	
義崗鎮			死二百三十二人 傷六十一人	七十三頭	四千九百五十七間	
舖路鎮			死二百八十九人 傷八十一人	九十一頭	一千零二十間	
侯家山			死三百三十九人 傷一百三十七人	五十二頭	一千二百三十間	一處
紅峴山			死五百五十九人 傷一百零一人	三十五頭	一千三百五十間	
北城舖			死四百四十五人 傷一百零八人	一百五十二頭	一千二百間	
寺子川			死四百四十四人 傷一百一十人	九十二頭	一千八百四十間	
合計總數			死亡者一萬零二百零六人 受傷者三千一百二十二人	震斃牲畜共三千四百一十三頭 此外尚有受傷者一千九百六十一頭	房屋倒塌者共一十一萬一千一百一十間	山崩者共八處
備考	按通渭縣報告自地震至填表之日業逾兩月震猶未息所有城鄉人民商貨財物糧石及一切器俱全縣合計損失約在十分之七合併登明					

四四

渭川道屬

縣名＼道名	伏羌縣							
災情＼城鎮鄉	縣城關	東鄉	南鄉	西鄉	北鄉	合計總數	備考	
地震日期	九年十二月十六日下午七點鐘城鄉相同						按伏羌縣報告該縣城垣女牆坍塌七百九十五堵城房倒六百七十七間敵樓三座至於公所倉廒校舍廟宇均有倒塌之處各鄉大小山峯有裂縫將崩而未崩者甚多惟河北十字道平地陷口三四寸許泛出黑水淹地畝餘此皆均未填入表欄合併登明	
震動次數	當晚震二十餘次兩月後震尚未息							
死傷人數	共九十七人	共四百七十二人	共五百三十一人	共二千零五十五人	共二千一百四十四人	死亡者共一千三百六十五人 受傷者三千九百三十四人		
震斃牲畜		二千四百二十四頭	三千八百五十九頭	五千六百零八頭	一萬三千二百五十五頭	死傷牲畜共二萬五千一百四十四頭		
損失動產及不動產	房九百二十九間	糧二千三百八十一石 房七千零九十九間 窰三百二十九座	糧一千四百九十七石 房八千四百零三間 窰三百九十二座	糧四千零八十四石 房一萬二千零三十三間 窰七百一十五座	糧三百三十六石 房三萬零九間 窰八百七十三座	糧毀者共八千二百九十八石 房倒者共五萬八千四百七十三間 窰塌者共二千三百零九間		
崩裂山川	一處					山裂一處		

四五

渭川道屬

縣名＼道名	清水縣									
災情＼城鎮鄉	縣城中街	縣城南街	縣城北街	東關	西關	黃門川	淶穰川	龍山廟	湯峪舖	窖庄
地震日期	九年十二月十六日下午八鐘城鄉相同									
震動次數	約一分餘鐘									
死傷人數	死二十七人	死十三人	死二十六人	死三十一人	死八人	死六十二人	死八十三人	死三十五人	死二十四人	死十三人
震斃牲畜	一百零一頭	五十二頭	八十五頭	三十三頭	三十八頭	二百六十頭	二百五十一頭	二百三十六頭	一百六十頭	一百七十一頭
損失動產及不動產	房三百二十三間	二百一十間	六百七十二間	二百三十間	一百七十間	一千一百二十間	一千三百零一間	二千零二十間	一千六百一十間	一百八十二間
震裂山川										一處

四七

武家庄			死八人	八十七頭	二百二十間	一處
馬家庄			死四人	七十五頭	二百三十二間	一處
恭門鎮			死十三人	三百二十頭	八百二十二間	
閻家店			死八人	二百七十頭	七百一十間	
七馬營			死七人	一百二十一頭	三百五十間	
舊城鎮			死六人	二百零八頭	四百二十一間	
古土坡			死七人	三百三十二頭	三百一十間	
康家庄			死八人	二百九十一頭	二百三十間	
大小河峪			死六人	一百二十八頭	三百九十間	
傅家川			死九人	一百四十五頭	二百一十間	
天井溝			死五人	二百零八頭	一百八十九間	
毛家庄			死三人	二百一十五頭	二百零四間	
神樹庄			死四人	二百二十三頭	二百間	
白駝石			死三十三人	一百零二頭	五百一十間	
花牛河			死十八人	八十三頭	二百二十間	
松樹鎮			死十三人	六十頭	二百零六間	
小泉硤			死四人	五十一頭	三百一十五間	
太原城			死七人	四十五頭	五百四十一間	
申家庄			死七人	六十六頭	四百一十三間	
冶坊城			死九人	七十九頭	三百三十一間	
祁邵家			死十六人	一百二十一頭	二百九十二間	
化嶺寨			死十四人	一百五十四頭	一百八十間	
周家庄			死十一人	二百一十三頭	一百二十二間	
朱家庄			死十九人	三百零六頭	一百七十七間	
白沙鎮			死三人	五十一頭	三百三十間	
山門鎮			死二人	二十頭	二百零一間	
百家鎮			死四人	三十三頭	三百八十三間	
岩羊舖			死二人	四十五頭	二百五十間	
灌水鎮			死五人	一百零七頭	三百二十一間	
楊家庄			死一人	五十二頭	二百一十間	
唐口庄			死一人	七十九頭	二百四十五間	
桑園庄			死二人	二十八頭	二百九十六間	
趙家庄			死一人	二十一頭	二百四十二間	
景家庄			死二人	十九頭	二百一十九間	
張家川			死二百六十一人	一百二十頭	七百二十五間	
馬河峪			死二百二十三人	八十三頭	五百一十間	
瓦泉溝			死一百零二人	八十五頭	五百零六間	
佛廟川			死八十四人	九十七頭	五百一十間	
叶頭川			死六十一人	九十四頭	三百四十五間	
長見川			死二十二人	一百一十三頭	二百六十三間	
木河溝			死五十三人	一百零五頭	三百八十四間	
盤嘴堡			死二十八人	一百二十頭	四百九十一間	
下馬家			死三十五人	一百二十三頭	四百七十九間	
渠子里			死三十人	一百二十七頭	五百三十三間	
合計總數			死亡者一千四百八十三人	損斃牲畜七千零一十二頭	損壞房屋共二萬三千零八十九間	山崖崩裂者共三處
備考	按清水縣此表所列村庄鄉鎮悉屬稠人廣衆地點凡小庄僻村概未備錄而致災情狀詳併填列所有衙署廟宇校舍及辦公局會處所照其倒塌多少加入表格房屋間數之內城鎮一例合併說明					

渭川道屬 武山縣

城鎮鄉	地震日期	震動次數	死傷人數	震斃牲畜	損失動產及不動產	崩裂山川
第一區	九年十二月十六日下午八鐘城鄉同	一百餘次各區同	六十五人	二百二十頭	動產三千三百四十元不動產八萬九千二百二十元	
第二區			七十七人	四十四頭	動產一萬零二百三十九元不動產十萬零一千七百六十元	
第三區			一十八人	十三頭	動產四百四十七元不動產二萬三千八百八十元	
第四區			二人	十七頭	動產二千二百五十四元不動產二百四十六元	
第五區			九人	十二頭	動產二百一十二元不動產一萬九千二百五十元	
第六區			六十八人	一百六十七頭	動產二千零三十元不動產十萬零七千九百八十元	一處
第七區			一十三人	三十頭	動產二千九百七十元不動產二萬九千零二元	
第八區			五人		動產八十七元不動產一千五百零三元	
第九區			五人	二十頭	動產一百三十二元不動產一萬一千元	
第十區			六人	六十五頭	動產一百八十九元不動產一萬四千九百四十元	

五三

城鎮鄉	地震日期	震動次數	死傷人數	震斃牲畜	損失動產及不動產	崩裂山川
第十一區			六人	二十五頭	動產一千八百九十元不動產二百零一元	
第十二區			二十三人	六十五頭	動產一千三百三十元不動產四萬一千四百元	
第十三區			二十五人	二百零六頭	動產八百元不動產五萬三千五百八十元	
合計總數			死傷共三百二十二人	傷斃牲畜共八百三十九頭	損失動產及不動產共值五十二萬四千零四元	

備考：按武山縣報告該縣倒塌城垣三十四丈炮房五十座操口四百四十六個各區堡寨共塌四十六處全縣被災莊村共三百二十處此皆並未填入表欄合併聲明

五四

渭川道屬 禮縣

城鎮鄉	地震日期	震動次數	死傷人數	震斃牲畜	損失動產及不動產	崩裂山川
縣城	九年十二月十六日下午八鐘全縣同	最烈者一次其後四十餘日均微動城鄉同	死一人		房二百九十五間	
東鄉			死四十二人	五百九十三頭	房三千九百零八間	
南鄉			死十人	一百一十二頭	房四百八十六間	
西鄉			死六人	一十頭	房一百六十三間	
北鄉			死三十九人	四百九十六頭	房一千一百九十九間	
合計總數			死亡者共九十八人	震斃牲畜共一千二百一十一頭	倒塌房屋共六千零五十一間	

備考：

五五

渭川道屬 西固縣

城鎮鄉	地震日期	震動次數	死傷人數	震斃牲畜	損失動產及不動產	崩裂山川
富子坪	九年十二月十六日晚七鐘	十餘次	死四人	一百二十二頭	房一百餘間	
合計						

備考：按西固縣報告此次地震爲日最久爲數甚多該縣城鄉房屋財產均有損傷除富子坪一村外餘未傷人幸不成鉅災合併說明

五七

渭川道屬 成縣

城鎮鄉	地震日期	震動次數	死傷人數	震斃牲畜	損失動產及不動產	崩裂山川
縣城	九年十二月十六日晚八鐘城鄉同	一次	死一人傷六人		房五十二間	
東區					房四十一	
南區			傷一人	一頭	房一百七十二間	
西區			死三人		房一百七十五間	
北區			傷二人		房八十二間	
合計總數			死亡者共四人受傷者共九人	牲斃一頭	倒塌房屋共五百二十二間	

備考

五九

甯夏道屬 中衛縣

城鎮鄉	地震日期	震動次數	死傷人數	震斃牲畜	損失動產及不動產	崩裂山川
孫家寨	九年十二月十六日晚八鐘	二十三次	死八人	一頭	房二間窯一座糧一石	
紅渠子廟			死三人		窯二座糧一石	
直路溝			死二人	一頭	窯一座	
木耳水			死一人		房一間	
牛鐵溝梁			死五人		窯一座	
沈井庄子			死十一人	三頭	房六間窯一座糧一石	
新庄子			死二人		房二間	
滾子井			死二十一人	三頭	窯五座	
井家寨			死三人		窯一座	
劉家山			死三十一人	一十四頭	房八間窯五座糧六石	

六一

合計總數			死亡者共八十七人	震斃牲畜共二十二頭	房倒者一十九間窯塌者一十七座糧毀者九石	

備考：按中衛縣報告表內所列各村庄俱屬南鄉香山縣此爲被災最重之區其他各區均輕微未成災合併登明

六二

甯夏道屬 鹽池縣

城鎮鄉	地震日期	震動次數	死傷人數	震斃牲畜	損失動產及不動產	崩裂山川
裡三水頭	九年十二月十六日下午七鐘	大小震十數次	死一十九人	一千六百六十一頭	窯三十五座糧九十五石八斗	
合計總數						

備考：按鹽池縣報告該縣除裡三水頭外其他城鄉均未受大損害合併登明

六三

固原縣　涇原道屬

縣名／道名 城鎮鄉／災情	地震日期	震動次數	死傷人數	震斃牲畜	損失動產及不動產	崩裂山川
縣城關	九年十二月十六日晚八鐘城鄉同	前後共計百日每日震動大小不等全縣皆同	死三百七十六人傷八十四人		市房一千零三十間民房四千零三十四間	
海家坪			死一百八十三人	五百五十頭		
白家堋			死一百五十一人	一千九百四十四頭		
鄧家岔			死一百一十一人	二百九十二頭		
圓圳里			死一百一十七人	三百五十一頭		
苟家堡			死七百三十三人	三千八百八十五頭		
張家崖			死六百二十一人	二千一百六十頭		
馬家科寨			死三十五人	一千零七十二頭		
店子圳			死一百六十人	九百五十二頭		
古城川			死一百九十四人	七百四十頭		

六七

縣名／道名 城鎮鄉／災情	地震日期	震動次數	死傷人數	震斃牲畜	損失動產及不動產	崩裂山川
菜子溝			死一百三十四人	二千二百六十八頭		
小馬家庄			死五十八人	一千二百三十九頭		
郭家庄			死一百一十五人	二千七百七十三頭		
丁家庄			死七十三人	二千一百五十八頭		
牛營堡			死三十七人	一千二百一十五頭		
開城堡			死一百二十七人	三千四百八十一頭		
田家圳南川			死四百零四人	六百六十五頭		
張家庄			死一百一十三人	四百二十九頭		
林家庄			死二百五十一人	四百六十一頭		
馬家庄			死四百二十人	八百六十頭		
鍚家山			死三百五十一人	九百七十五頭		
柳溝			死四百零六人	一千二百二十頭		
蒿店			死八百五十三人	二百五十頭		

六八

縣名／道名 城鎮鄉／災情	地震日期	震動次數	死傷人數	震斃牲畜	損失動產及不動產	崩裂山川
下張家庄			死三百九十二人	一千一百零九頭		
小戶川			死一百九十三人	一千四百七十九頭		
禮拜寺川			死四百二十五人	一千二百三十頭		
教化庄			死五百一十一人	二千零九十五頭		
草廟子			死八十三人	四千四百七十四頭		
丁馬庄			死六百零七人	三千八百零六頭		
什字路			死二十八人	一千一百七十四頭		
李俊堡			死一百七十人	三千九百九十六頭		
石山堡			死八十一人	三千一百三十九頭		
張化兒			死二十五人	八百二十五頭		
馬家大庄			死一千一百五十一人	一萬四千零九十四頭		
紅溝			死一千零四十五人	七千四百六十九頭		
硝河堡			死四千九百四十二人	五萬八千一百六十二頭		

六九

縣名／道名 城鎮鄉／災情	地震日期	震動次數	死傷人數	震斃牲畜	損失動產及不動產	崩裂山川
馬蓮川			死二千零九十三人	二萬六千三百八十頭		
馬昌堡			死一千五百四十一人	二萬九千一百二十六頭		
張易堡			死二千五百八十人	一萬三千二百五十八頭		
楊忠堡			死九百零五人	二千六百一十五頭		
東西沙溝			死一千四百七十八人	四千一百二十二頭		
沙家堡			死八十五人	三千四百七十五頭		
飲馬河			死一千四百一十六人	六千七百八十八頭		
頭營川			死一千三百一十七人	五千九百八十五頭		
黑城鎮			死九百四十一人	三千二百二十三頭		
二營川			死二千四百九十一人	六千零六十九頭		
雙井子			死五百一十人	四千六百五十六頭		
曹家堡			死九百五十人	三千二百一十六頭		
黃鐸堡			死一百零三人	一千六百二十五頭		

七〇

城镇乡	地震日期	震动次数	死伤人数	震毙牲畜	损失动产及不动产	崩裂山川
正東堡			死一千六百二十五人	三千二百七十五頭		
李家堡			死一千七百五十六人	四千一百六十五頭		
唐家堡			死九百七十五人	一千八百二十頭		
陸家堡			死七百五十九人	二千零一十八頭		
太平庄			死一千八百六十七人	二千九百四十六頭		
合計總數			死亡者共三萬九千一百七十六人 受傷者八十四人	震斃牲畜共二十六萬零二百六十頭	城關倒塌房屋共五千零六十四間	

備考
按固原縣報告該縣因震受傷者因鄉太多房屋土窯倒塌者如西北鄉十不存一均未能一時清查故表內暫未填載至城垣塌陷四十一處毀壞衙署公所十四處學校九處公產二十二處廟宇三十一處因表欄狹小均未填列其他財物損失甚難估計合併說明

七一

道名 \ 縣名	靖遠縣					
蘭山道屬						
城鎮鄉 \ 災情	地震日期	震動次數	死傷人數	震斃牲畜	損失動產及不動產	崩裂山川
大廟堡	九年十二月十六日至十年三月十五日止城鄉同	四百八十九次全縣同	一千九百二十八人	三千八百四十五頭	一十二萬六千元	閻家沙山十五里
五佛寺			一千五百九十六人	四萬五千六百七十九頭	一十二萬二千元	
大蘆塘			四百九十八人	四千七百九十二頭	一十二萬五千元	米峽山十三里
哈思吉			七百八十五人	一萬八千九百二十八頭	九萬八千元	饅木山二里
發裕堡			四百八十二人	一萬七千四百八十六頭	一十三萬四千元	蘆草梁八十餘里
永安堡			八百九十二人	二萬五千六百三十七頭	一十二萬八千元	
論古村			六百八十五人	一萬八千七百六十二頭	一十一萬五千元	
小蘆塘			三百八十五人	七千四百五十六頭	九萬七千元	烏龍山四里
鎖罕堡			二百八十四人	四百九十八頭	八萬七千元	米峽陷山十五里
馬纓堡			八百四十五人	一千四百五十二頭	七萬四千元	

七二

城鎮鄉	地震日期	震動次數	死傷人數	震斃牲畜	損失動產及不動產	崩裂山川
蘆溝堡			二百二十八人	五百三十二頭	五萬四千元	
打拉池			二千八百五十人	三千七百五十六頭	二十八萬四千元	
山後古庄			一千四百五十人	一萬四千三百八十五頭	七萬五千六百元	
甘鹽池			三百二十八人	七百四十五頭	四千三百二十元	
仁水川十八庄			二百八十五人	二萬七千八百九十五頭	一十二萬八千元	
小四甲五			四百三十二人	三千四百五十頭	二萬八千五百六十元	
甜狼堡			四百六十七人	三千五百六十頭	七萬四千五百二十元	
馬飲堡			七百四十二人	三千九百七十五頭	八萬四千二百六十元	
牛家拜			七十六人	八百七十五頭	四萬五八百元	
毛河洛			四十二人	五百六十八頭	三萬四千元	
苦水堡十八庄			三百四十五人	二萬三千頭	一十二萬四千元	
水泉			四百二十人	九百三十頭	三萬一千二百元	
黄沙彎			二百七十人	四百八十五頭	一萬八千三百元	

七四

城鎮鄉	地震日期	震動次數	死傷人數	震斃牲畜	損失動產及不動產	崩裂山川
陡城			五百九十二人	一千三百五十頭	六萬一千四百元	
灣子里二庄			三百四十一人	三百九十頭	三萬二千四百元	
沙渠			二百人	二百零一頭	一萬八千六百元	
大壩渠			一百九十三人	二百四十頭	二萬零三百元	
上下此肚子二庄			一百二十人	二百頭	一萬五千九百元	
本城廂關			四百六十人	五百七十頭	一十二萬五千七百元	
蕖灘子四庄			四百七十人	四百五十八頭	九萬四千三百五十元	
三城角六庄			五百二十人	六百七十三頭	一十三萬三千七百元	
碾子灣			一百五十七人	二百零三頭	八百五十三元	
獨石頭			四百二十人	四百五十頭	一萬四千七百元	
西番窰四庄			二百七十人	二百五十一頭	一萬七千八百九十元	
中圈子			五百九十二人	一百七十一頭	八千五百三十元	
寺兒灣			三百四千一人	五十四頭	八百五十元	

七五

天字壕			二百人	四十一頭	七百八十三元	
高崖子			一百九十三人	七十三頭	一千二百二十元	
古城子			一百二十人	二百四十三頭	一萬五千元	
北灣			四百六十人	二百四十頭	一萬八千九百二十元	
太安堡			三十五人	一百八十九頭	二萬三千四百元	
鹹灘子			五十七人	八十九頭	七百九十一元	
平灘堡			一百五十四人	九百五十一頭	五萬一千七百二十元	
上下蔣家灘二庄			三十三人	二百四十五頭	三萬五千一百四十元	
營房灘二庄			一十八人	二百四十頭	一千七百元	
驕馬原十庄			一百四十一人	三百七十五頭	三千八百元	
箬笠原十二庄			六十五人	四百一十頭	四千二百五十元	
蔣家原七庄			三十七人	二百五十六頭	三千五百七十元	
宋家原九庄			四十八人	二百六十頭	三千八百七十元	

七六

段家寨三庄			五十三人	一百一十頭	九百六十四元	
海東原十一庄			一百五十六人	一百七十三頭	八百七十五元	
受家原八庄			七十三人	七百五十三頭	九千六百四十元	
開川十戶子八庄			六十五人	二百四十頭	八千五百三十元	
李家原三庄			六十五人	八十七頭	九百五十元	
大小羊營三庄			四十二人	六十五頭	一千八百七十元	
中灘二庄			三十八人	四十一頭	六萬七千六百九十元	
蔣家堡三庄			七十八人	九十頭	二萬一千四百二十元	
田方寨二庄			八十三人	一百頭	二千五百四十元	
蘇李家十庄			八十八人	三百七十頭	一萬五千三百元	
東屯四十八庄			五百一十七人	六百九十四頭	二萬七千八百四十元	土山八里
上八寨子八庄			二百八十四人	二百六十頭	二千五百元	
下五寨子五庄			二百五十二人	二百零三頭	九百七十八元	

七七

十戶子十庄			一百八十七人	二百四十三頭	一萬二千七百元	
前五寨十六庄			三百二十七人	四百五十七頭	一萬三千五百元	
後五寨八庄			一百七十八人	一百六十九頭	八千九百五十元	
野蓀川三庄			九十七人	一百四十二頭	一千五百七十元	
大蘆子二庄			二百六十七人	一百九十七頭	三千七百五十元	
黑城子			七十三人	三百五十七頭	一千七百六十元	
井溝五戶子七庄			六十五人	一百七十一頭	三千七百五十一元	
紅葉沙三庄			五十五人	一百九十一頭	七百二十三元	
十百戶六庄			五十六人	七百九十三頭	一千三百五十七元	
大小白草原二十五庄			七十八人	三百一十頭	一萬七千五百三十元	
合計總數			死傷者共三萬一千五百九十一人	斃斃牲畜共二十四萬四千零四頭	損失財產共值三百零三萬零二百七十二元	山崩共七處

七八

備考

按此表係靖遠縣勸學所造報該縣損失財產上等房以三十元估價二等十五元窰六元合計如總數牲畜指駝馬驢騾牛羊猪而言所有城垣公所學校損毀殆盡縣北富子灘陷出黑水湖寬徑三丈餘深不可測東川地裂綿亘數縣延長數百里若斷若續邊地裂縫初見黑烟繼之以火他如治河一帶地裂變爲黑沙白沙黃水紅水最特奇者南鄉劉家寨一山陷入地中化爲沙溝距此山五里由平地湧出古城一座其大約三頃餘畝城垣內高三丈外高五丈四週砲台宛然惟無雉堞噫地質如此變遷而人民之被災慘狀槪可知矣合併說明

七九

渭川道屬

天水縣

城鎮鄉	地震日期	震動次數	死傷人數	震斃牲畜	損失動產及不動產	崩裂山川
縣中大城	九年十二月十六日晚七鐘大震後至今百餘日猶未息止全縣同	自十六日大震數次以後每日或六七次或二三次不等全縣同	一百二十七人	一百一十四頭	四萬六千三百五十元	
東三 西北關			一百八十六人	一千一百七十二頭	二萬三千七百九十九元	
伏羲城			二十九人	一百一十九頭	二千一百三十元	
玉皇廟			九十六人	七十一頭	六千六百七十五元	
横河峪			七十人	二十一頭	一萬四千七百九十元	
峽口			一十六人	二十五頭	六千八百五十五元	
花牛寨			四十人	二十五頭	一萬一千零四十元	
黑王寨			三十九人	六十三頭	九千零四十五元	
馬跑泉 北道埠			一百一十二人	一十三頭	四萬四千五百八十元	
馬二 蓮一三			一百一十八人	二十四頭	三萬二千九百五十五元	

八一

城鎮鄉	地震日期	震動次數	死傷人數	震斃牲畜	損失動產及不動產	崩裂山川
白石			三十人	六十八頭	八千七百二十五元	
甘泉寺 新軍三			二十人	三十九頭	一萬三千八百一十五元	
街子鎮 東柯峪			四十四人	二百一十頭	二萬八千一百七十元	
潘旗寨 新興里			三十五人	四十八頭	一萬四千九百四十元	
華南埠 柴家坪			八十四人	三十頭	二萬零八百二十元	
毛河伯 峪陽			四十四人	七十五頭	一萬九千一百一十元	
五圓嘴 龍頭			四人		一萬四千六百四十元	
隴東山 南家鋪			一十五人	七十八頭	六千八百五十五元	
勺泉鋪 草川鋪			七人	一頭	四百零五元	
新添鋪 社棠鎮			四十五人	五十一頭	二萬二千五百元	
豐旺山 安樂峽			五十六人	三百二十四頭	一萬零三百零五元	
天水郡			五十六人	五十頭	一萬一千三百九十三元	
南郭寺			六十人		三千五百二十五元	

八二

城鎮鄉	地震日期	震動次數	死傷人數	震斃牲畜	損失動產及不動產	崩裂山川
西十里至七十里內			五十九人	一百一十九頭	一萬九千九百四十八元	
關子鎮 馮呂旗			四十一人	三十三頭	二千四百八十元	
寅木川					三千二百八十五元	
鄭集寨 放牛峪			十人	一十二頭	三千九百八十元	
鐵蘆鎮 金家河			七人	八頭	四千六百八十元	
楊家寺			二十一人	七十七頭	三千六百一十五元	
關家店			二人		三千零七十五元	
瓦窑坡				一頭	六百八十元	
遠門鎮			三十一人	四十六頭	一萬七千二百元	
老莊牌			五十人	二十九頭	二萬四千三百二十元	
鵝池牌			二十二人	五十頭	一萬五千八百三十五元	
石山牌			二十人	四頭	二萬二千五百五十五元	
豐盛川			二百五十六人	一千七百零六頭	五萬五千八百八十元	

八三

城鎮鄉	地震日期	震動次數	死傷人數	震斃牲畜	損失動產及不動產	崩裂山川
穆潘牌			五十人	二百一十五頭	三萬四千九百八十元	
南河川			五人		二千七百一十五元	
百頃原			五人		四百五十元	
北五里			二人		六百元	
新化峪			一百二十九人	三百三十頭	五萬九千三百元	
興旺山				二頭	九百元	
太白廟			六十四人	八十一頭	九千八百九十元	
霤霑牌			六十三人	五十二頭	一萬零六百二十元	
川陳牌			八十六人	一百二十五頭	六千七百五十元	
寺下牌			二十三人	二百頭	二萬二千五百一十五元	
山王牌			五十八人	八十五頭	一萬八千一百元	
石佛鎮			一十三人	五頭	一萬五千三百八十元	
中灘下			二十八人	二十一頭	二萬八千五百三十八元	

八四

中灘上			七十五人	一百五十頭	四萬五千三百元	
北岸下			九十八人	一百四十九頭	二萬六千九百三十二元	
熊旗寨			六十七人	五十七頭	二萬六千三百九十五元	
西山坪			五十二人	一百四十二頭	一萬四千四百一十三元	
南岸下			六十三人	三百五十六頭	一萬八千九百六十九元	
九峪溝			二十一人	一百九十九頭	一萬五千七百六十七元	
石佛鄉			九十八人	二百五十一頭	二萬六千三百八十三元	
沿河北			二百二十七人	三百八十二頭	二萬八千四百八十八元	
高鳳窠			三十九人	二百一十七頭	一萬一千八百三十七元	
羅玉溝			三十五人	六十一頭	九百二十三元	
卦台山			一百一十五人	一百一十六頭	二萬四千零八十元	
高廟山			三十七人	三百七十六頭	一萬六千三百六十六元	
琥珀溝			九十九人	四十二頭	三萬零九百五十元	

八五

沿河南			八十三人	三百一十九頭	三十萬零一千零九十八元	
北岸上			四十九人	四百六十八頭	二萬四千七百九十五元	
雷王集			二十人		四千八百二十六元	
合計總數			死亡者共二千八百二十九人 受傷者共七百三十七人	震斃牲畜共八千二百二十七頭	損失動產及不動產共合價值一百三十七萬九千二百零五元	

備考	按天水縣勸學所調查列表報告該縣東鄉橫河峪搖陷小山一角致將溝水壅塞不流正在挖掘疏通如籍河渭水隄岸往往震裂俱合表中故未填載損失欄內係房窯米糧合價合併登明

八六

道名/縣名	鎮戎縣					
寧夏道屬	城鎮鄉/災情	預望城	夾道區	同心城		合計總數
	地震日期	九年十二月十七日至十年一月二日止				
	震動次數	四十三次				
	死傷人數	一千零五十人	一千八百六十八名	一百八十三人		共三千一百零一人
	震斃牲畜	二萬七千七百八十頭	一萬四千二百二十四頭	二千一百一十二頭		共震斃牲畜四萬四千一百一十六頭
	損失動產及不動產	房窯四千九百一十五間	房窯二千二百零一間	房窯六百五十二間		倒塌房窯共七千七百六十八間
	崩裂山川	地裂四處	山崩六處			共十處

合計總數

八七

甘肅震災救濟會概覽

甘肅震災救濟會 編

甘肅震災救濟會概覽

甘肅震災救濟會，民國間鉛印本

甘肅震災救濟會概覽序言

考中國歷史地震殺人以漢安帝時北海瑯琊地震殺人六千宋景祐四年忻代幷三州地震死傷二萬八千二百四十六人爲最多時間以漢順帝建康瓊州地震八十日唐至德河西地震數月爲最久災區亦以上言忻代幷三州河西數郡爲最廣此次甘肅地震全斃人數三十萬以上時間閱十有餘月災區面積三十萬餘方里即近代美國三藩息士高地震日本鹿兒島火山噴裂俱無此慘據各善士調查謂爲中外古今所未有信已本會辦理救濟事務自十年元月一日起至十二月三十一日止歲月已周愧尠成効勢成弩末呼籲無靈於是交由旅京同鄉會議決結束是編之輯本爲不沒中外善士慨捐之盛心存敝會欵項出入之徵信但不觀啓告不知實情之慘劇不觀規則不知辦事之程序文件不及盡載但詳發數目以備查核遝匯之欵注明於函電之下但不攔入於欵項編內以明責任故先啓言次規則次函電件數次募捐花名次本會經手滙甘賑欵起數欵數次本會用過經費原定名曰甘肅震災救濟會概覽披是編者其亦可明大概也夫

甘肅震災救濟會公啟

逕啓者地折西北之柱天廣長平之坑地風水火四大失維日月星辰三光隕墜維此次甘肅地震時歷七八十日之長災延數千百里之廣傷斃人數至三十餘萬之多傷乎慘哉峯飛山走天助愚公之移棟折榱崩人傷鄭僑之壓崑岡火炎玉石俱焚大地陸沉莽坱涌動又拔木以蹶石繼之大風復墮指而裂膚深之寒雪難褚燎衣窩棚失河內之火拾橡褏蜆野炊生萊釜之塵因之災害並興盜賊遍地更以妖氛所召狼狗噬人天公好戲大塊不仁殺人多端怵心劌目佛曰小震爲災大震爲劫大千界毀壞僅聞詩云高岸爲谷深谷爲陵誠四千年來歷史所僅見也尤可傷者據各災區報告屋峒摧崩之下尚可檢尋山谷叢葬之中則頗難舉數無處招魂空悲宋玉之賦全家滅跡難上鄭俠之圖人生慘劇此其極耶邇來春耕無資道殣相望刼塵未殄疫厲復興哀鴻徧野盡滄桑之孑遺春燕歸林悵室廬之蕩盡死者已矣生者何如哀哉河嶽根源頓崩維極傷矣羲軒桑梓半返洪荒洛竭岐崩應同傷有周之運轉刼救難好共訴諸佛之天爲仰

一

中外善士朝野仁人本人類共同生活之理推聖賢民物胞與之懷慨施資助救此殘黎苦無張衡造儀早知隴西地震或如汲黯持節不沒河南奇災復發齊國之棠固仁人願有請也如泛秦伯之粟尤恤鄰義所宜之好善有同當仁不讓敬申呼籲無任懇依此啓

黎元洪　世續　張謇　岑春煊　張鳳臺　齊燮元　曹錕　王瑚

汪大燮　張作霖　陳樹藩　馬龍標　王芝祥　閻錫山　王懷慶　吳佩孚

葉恭綽　惲寶惠　孫寶琦　楊增新　郭則澐　張志潭　趙倜　殷鴻壽

熊希齡　張鳳翽　張景惠　梁士詒　劉鎮華　馬福祥　王占元　張一麐

劉芳　王人文　盧永祥　江朝宗　于寶軒　劉鶴慶　曹銳　蔡成勳

馬鄰翼　趙連琪　陸洪濤　高增爵　林錫光　張閻　袁乃寬　嚴修

紹英　李根源　余日章　繼祿　程克　曾述棨　王濬明　邊守靖

王家駒　彭一山　胡適　蔣夢麟　王觀銘　包庸　鄧萃英　周岐

袁鑑　安迪生　卞隆昌　秦華　熊炳琦　陸定　簡照南　郝耀齋

二

關作民　施濤　馮恕　張紹曾　劉駿卿　金邦平　黃之　陳垣

陳陸　王印川　何業健　馮耿光

旅甘京肅震災救濟會哀告書

大塊不仁以人類爲草菅一刹那間而陸沈慘禍使隴上數十縣人民生命財產頓歸於無何有之鄉矣嗚呼慘哉當其初起也隱隱磤磤萬谷之中其聲轟豁九地之下如走雷霆萬簌怒號白日無色一時天動地岌上墋下黷山火噴發地水溢飛房屋盡爲坍陷城郭半作邱墟或連村數百家叢葬於陵遷谷變之中或一家七八口夢死於棟折榱崩之下加以甘省素稱瘠苦半處峒窰塌封摧陷壓斃尤多而斷肢折體蹈背翕肩幸免之民猶殘滿目其震動時間或三五十日而不止其被災廣袤竟數千百里而有奇過後或黃霧冒寒陰蒙濁互或大風震拔璺石伐木者又各若干日此各處災情之大略誠從來未有之奇刦也夫死者已伏屍於萬重黃壤之中無骨可葬生者現蛤聚於莽块露天之下無家可歸況時當嚴寒雪虐風饕椽實不飽野飯無溫殘廢餘生重以皸瘃之苦蟲沙遺子深之饑寒之憂漫漫待日哀哀何

三

依澗來山谷僻遠之處或牛馬放野而無人收平昔殷繁之區或盜賊搧覆而無所忌倫象之中亂機潛伏失業之民連歲薦饑甘局前途尚可念耶爲此仰懇

各界仁人異方善士大發慈悲迅掃刼塵慨施助捐拯茲災庶蓋春秋二百四十年災異最多之時山陵崩陁爲僅見佛言一億二萬年玄黃返混之後乾坤毀壞而無遺甘人何辜適丁此厄誠滄桑之浩刼非水旱之偏災將伯之呼望蒙霽宇佛脚之抱應有慈航如蒙再生之恩儘當九死以報謹此哀告無任迫切敬請

台綏維乞

仁照

旅京甘肅震災救濟會募捐册

一此項捐册無論有無捐欵須將捐册交回本會

一助捐銜名本會隨時登報披露並刊專册公布以昭大信

一凡經手人須將經募欵項隨時彙齊寄交本會或本會指定之銀行

一本會事務所暫設北京宣武門外大街甘肅北館如有應商事件請逕函本會

四

旅京甘肅震災救濟會募捐啓

敬啓者頃以陸沉神州地折西北之柱橫流滄海水揚氾濫之波大塊不仁芻狗萬物衆生何罪鴻雁哀鳴數年來火熱水深憔悴虐政之甘民又重以地震而罹此鞠凶者災區凡數十縣災民凡數百萬哀我同胞逢此百憂城郭邱墟田宅蕩析居無以爲廬舍行無以爲逆旅耕無以爲田商無以爲市彈鋏來歸難尋懸磬之室託鉢乞食苦無可沿之門枵腹露立於冰天雪地中死亡枕藉虎狼爭呑骨肉流離飢寒交迫生者飽嘗苦辛待斃於千里赤地之上死者慘遭震疊長埋乎萬重黃壤之中忍看遍野哀鴻下辛有伊川之淚回憶平時鷄犬繪鄭俠流民之圖茫茫夜台萬古餒若敖之鬼蔞蔞宿草何處弔徐君之墳死者長已矣生者竟何如傷心慘目有如斯耶本會痌瘝在抱桑梓敬恭驚聞噩耗急籌賑卹固爲心所弗忍抑風義不容辭但以棉力薄材恐無補於救濟車薪杯水更難普及羣黎伏乞

中外仁人善士相與惻然哀矜共助賑欵推己飢己溺之心救如火如荼之苦各疏廉泉來救涸轍之鮒慨分甘肅全活中澤之鴻佇看衆擎易舉分金活鮒魚災黎至

五

誠感神厄運挽紅羊浩埛多多益善維腋集於一裘涓涓弗辭將河潤以千里倘荷薄施嘉惠再造灾氓凡此深仁厚澤銘心沒齒不特窮黎飽德三生感如天之恩即同人獲援亦九頓拜仁人之賜恭疏短引佇候明教如荷推解無任主臣

旅京甘肅震災救濟會謹啓

六

甘肅震災救濟會簡章

第一章　總綱

第一條　本會以籌賑甘肅地震災民爲宗旨

第二條　本會定名爲甘肅震災救濟會

第三條　本會會址設北京宣武門外大街百六十五號

第二章　組織

第四條　本會由旅京甘肅同鄉會決議組織之

第五條　凡贊成本會宗旨者得聘爲本會理事或幹事不以本省人爲限

第三章　職員

第六條　本會設幹事長一人副幹事長一人幹事員無定額

第七條　本會職務分文書會計交際調查庶務五股其職務如左

(一)文書股辦理本會一切文書事宜

(二)會計股辦理本會一切出納欵項事宜

(三)交際股辦理本會一切交際事宜

(四)調查股辦理本會調查甘肅地震災區實况事宜

(五)庶務股辦理本會一切雜務及不屬於以上各股應辦事宜

第四章　會期

第八條　每週開會兩次由幹事長召集之

第五章　經費

第九條　本會經費由會員捐入如不足時得開會決議另籌之

第六章　附則

第十條　本會各股幹事人數按事務之繁簡得臨時分配之

七

第十一條本簡章如有未盡事宜得隨時修正之

甘肅震災救濟會辦事規則

第一條　本會決定以星期三星期日爲開會議事日期如有緊急事務得臨時召集之

第二條　本會設文書會計交際調查庶務五股分理事務

第三條　本會各股員除由同鄉會推定外如不敷辦事時得由各股擇人提交本會議決聘任之

第四條　關於各股應辦事宜經本會議決後即時履行至下期開會時報告本會

第五條　本會應設職員名額如左

幹事長一人

副幹事長一人

各股設主任各一人

副主任一人或二人

八

各股股員無定額

第六條　本會各股人員辦事職權如左

幹事長有總理本會一切事務及開會主席之權

副幹事長佐理本會一切事宜

各股主任有主持本股事務之權

各股股員對於震災籌賑事宜有提議發言之權

文書股

關於本會往來文電函件本股有撰擬謄譯繕寫閱校保存之責

凡本會及會外有調閱抄錄文件時須由本股值日員負責檢交收回但不得携往會外

會計股

關於震災出納欵項應由本股專司登記

關於震災欵項之收入由本股出具收條並負管理保存之責

九

十

關於捐款集有千元以上時由本股於四十八小時內滙解至下屆會期報告本會但滙兌機關停止辦公或有其他特別情形時不在此限

關於本會一切經費收支亦由本股管理登錄簿記無論捐欵經費收支存寄各項應由本股按月繕造清摺交付本會公核以重欵項

交際股

關於本會議決與各方面接洽事宜應由本股於議定時間親往接洽報告本會但一切言論不得違本會議決之旨趣

凡各界來賓均由本股值日員招待之

關於本會議決交際事宜如有臨時推定之人應與本股職員同負其責

調查股

關於各方面報告本會地震災況文電函件由本股考查後交文書股保存之

關於地震被災狀況應由本股催飭被震區域列表報告並由本股派員向

各方實　近詢詳

關於震災調查明晰時即由本股列造表册交由本會審定後刷印分布之如地震後連帶發生之其他危害情事亦得由本股調查明確入附報告

庶務股

關於本會需用器具物品開會一切設置及其他雜務應由本股專司其事

關於本會僱用人役工資火食均由本股清算發付之

關於本會所有一切器具物品應由本股稽核保管之

關於庶務一切應製備帳簿登記月終須列表報告之

第七條　幹事長各股主任如有事故時由副幹事長副主任代行其職權遇同有事故時公推會員一人代理之

第八條　凡募捐之欵由經手人經收或交由本會委託之各銀行代收其銀行另登報宣佈之

第九條　本會每日辦事時間自上午十時起至下午六時止爲辦事時間但有緊

十一

要事件時不在此限

第十條　凡各股有應行辦理未經大會表决之件或認爲必要時當通知幹事長認可由各股先行舉辦俟下期開會時提交大會追認之

第十一條　凡各股有開支經費時由本股主任開具支條交由幹事長蓋章發給會計股支付之

第十二條　本會辦事時間各股人員應按值日表分班輪流辦事

第十三條　各股履行職權對於大會議决之件不得變易原議亦不得與本會宗旨有抵觸之處

第十四條　本會對於無關震災籌賑或無妨害賑務事件不得干涉

第十五條　本規則未經規定事件得依本會簡章辦理之

第十六條　本規則如有未盡事宜得臨時修正之

第十七條　本規則自議决之日施行

十二

（五）电报文件

震后甘肃省省长给大总统的十万火急电报内容如下。

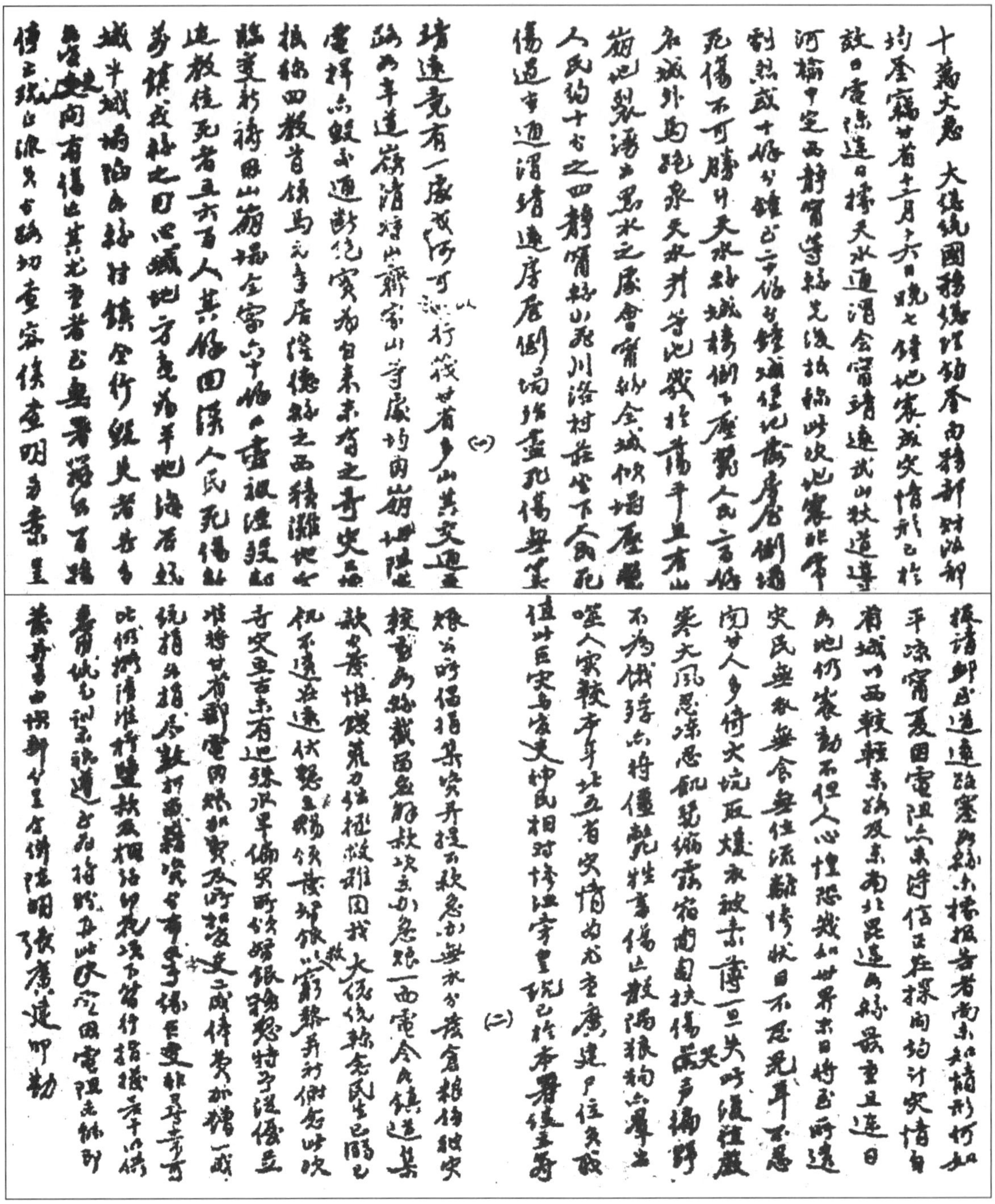

甘肃省省长给大总统的十万火急电报（影印件）

三、地震史料

（一）为条陈调查甘肃地震意见呈请

摘自《宁夏回族自治区地震历史性资料汇编》，地质学家翁文灏（1889–1971）作。

鉴核事窃文灏会同内务、交通二部委员调查甘肃地震，回京后业经将大概情形造具报告，检同照片呈请鉴核在案。关于科学问题尚待详细研究，再为报告。其关于实际上应有办法，调查之余稍有意见。现在甘肃地震犹未全止，将来继起或尚难免，似应先行陈述，以备采择，谨分条说明如下：

……

（甲）关于甘肃地震之善后者。

甘肃地震视他省为特多，就历史研究，平均每四年有地震一次；每十五年有伤人败屋之大地震一次（详见前呈甘肃地震考）。近代灾情较大者，如康熙四十八年及乾隆三年宁夏一带城郭全墟；光绪五年，阶州、文县死亡遍地，灾情之巨均不下上年。观以前地震之数见，即可知以后地震之难免。虽无先知之术，应讲善后之方，考量所及，计有数端。

1. 关于人民之居住者

调查上年甘肃地震，有二事颇堪注意。

（子）地震之烈亦世界所恒有，而死人之多为各国所罕闻。

（丑）外国地震，震地人民大抵受伤者多，而死亡者较少。

甘肃则死者甚多，受伤而生存者甚稀。由是可知灾情之重，不必全由地震之烈，大半实由人民居住之易受危险。盖泾原一带黄土甚多，人民大半穴居，即有房屋亦多泥筑，一摇即塌，居处其中者往往不及逃避。兹拟改良办法如下：

（子）甘肃乡间房屋，大抵全用土墙、少用木柱。

土墙平时虽似坚厚，而一遇地震全部倒塌。宜劝令人民建筑时，务用木柱梁柱相维，庶能支持。

（丑）甘肃地广人稀，乡间民居类多，零星散布，孤立无邻。

一遇震摇，倒塌更易，城市街房则以鳞次栉比，能收互相牵制之功。谓宜劝令乡民虽在乡村，亦宜聚居。既获群聚交通之利，亦可稍减震灾。

（寅）甘肃地形大抵高岸深谷，穴居者利用土质率多蜂聚山腰。

一遇地震，山土崩落，尽被覆压。室居者趋近水利，往往依傍河岸，大抵为冲击层所成，地质疏松，一遇地震，多生与河流并行之裂缝，有向谷中崩下之趋势，附近村落即受其灾，故居处地段，似以在平川广野，离高山或深谷均较为远距之地，对于震灾危险，可稍微减轻。

（卯）傍山土窑震塌最易，虽悉令移居，势有所难。

然既明知甘肃地震之多，窑居之险，自应广为告谕，俾各量力改良。

以上所陈，皆出自实地观察，确有征验，不务高深耸听，但求切实可行。或有疑者谓外国地震，如一九零六年美国加利福尼亚之震，往往引起火灾，重要损失不在于震，而在于火。甘肃震后间有火灾，绝少蔓延，正唯土墙孤立，二者庶免。此厄今如所议，岂非顾此失彼。然火灾犹可谋救，地震最难预防。且甘肃地方僻陋，即令多数人民能照上列子、丑二项办理，其去于美国加利福尼亚之市街者，奚可以道里计殊，不能相提并论。

2. 关于森林之培植者

此次调查震地最为注目者，厥推山崩之多。而大山土崩落，远及数里，充填沟壑，冲毁道路。河水为之不流，交通为之断绝。而傍山村落为其所覆压埋葬者，更不待论。古所谓“高岸为谷，深谷为陵”者，殆即指此。此之各国，绝少其伦，此固由黄土特厚地质使然。初非人力所能强为，然尝推求山崩之原因，首在土质之松坚。而土质崩落之难易，又有关乎含水之多少及地面植物之有无。泾原一带，率皆重山，土质无所附粘，干而愈松。倘能广植森林，则绿荫遍护，润及土壤，根柢盘旋，亦能阻其碎散。虽山崩现象既深且广，远非浮浅之森林所能止免，然苟能减少其远冲之距离，散崩之程度，则附近受其损失自亦较轻。而森林之作用，实于此颇为有益，且森林既多，木材易得，亦可多筑木屋，以轻震灾。故提倡造林虽似与地震无直接关系，而为久远计，亦属不可缓者。

3. 关于水利之开浚者

前者外人调查，谓甘肃地震后应在震地多开渠道，如宁夏附近之办法。广与水利即以工代赈，此议曾由国务院移内务部交委员等议复，谓以工代赈，诚属善法；而开渠引水，则未必到处可能。宁夏一带依近黄河，源远流长，二岸低阔，故引水较易，灌溉甚广。泾原一带则岸高沟深，二山挟立，引水就岸颇非易。灌溉范围亦必不宽，且地震区距泾渭上流来源既近，水量极微，涓涓细流，讵可与浩荡黄河相提并论。若谓可以利用地震陷落之地，开为渠道，则震地陷落究属无多，且极不规则，稍明当地情形者，莫不知其说之不可行。至上年，山崩壅塞河流之处，自须急为开通，以免上流涨溢，此事前经电呈，兹已由华洋筹赈会兴工开浚。且以上述地形之关系，亦尚不至过有危险。事关善后办法，故一并附陈。

（乙）关于地震研究之设施者。

中国地震，各省多有。据历史所载，平均计算每年必震一次。民国以来，如六年有安徽之震，七年有福建之震，九年又有甘肃之震，率皆成灾甚巨。可见地震之在中国，实甚常见。虽预防之术，地震学者迄今未得善法，而调查研究，则各国莫不努力进行。盖一旦之发明，皆基于平时之研究。吾人对此重要灾变，实不容轻而忽视之。此次政府拨发专款派员调查，仰见重视此事之意。但此后应如何继续研究，亦当有所规划，庶免一查了事，有始无终。兹就所见分举如左（下）：

（1）地震计之设置。

汉时张衡造地动仪，陇西地震长安先知。是我国原为地震仪发明最早之国，惜继起无人，遂至失传。近代欧美、日本所用之地震计，则视古代地震仪尤大进步，能于波动状态为极精细之研究。以中国幅员之大，地震之多，而全国地震仪只有一具，为上海徐家汇天主教士所建。视日本之全国以十数计者，疏密相去不可以道里计，不有此项设备，则地震研究终属浮浅，此不可不早为之计者也。

（2）研究地震之机关及人才。

地震计之设备及研究，各国大抵归之天文台，或其相似之机关。盖此类研究注重之重力等学，性质较为相近，故也有规模特大者，如日本之震灾预防调查会，创始迄今已三十年。其初组织系由大学教授及农商务省地质人员组织而成，规定事务为：①搜集关系地震之材料，如海啸、火山喷发等之记载，均详为考查；②编纂古代历史；③调查地质；④研究震动性质；⑤测定震波传导之速率；⑥测定地面震动；⑦比较地面及地心震动之分别；⑧磁力测量；⑨测地下温度；⑩研究房屋对于地震之抵抗力及改良建筑方法；⑪以人力发生地震以试验建筑物之抵抗力；⑫观察现在建筑，以便震后比较；⑬比较各地层受震之重轻；⑭减轻震动之试验；⑮印刷报告。此为世界各国研究地震最详最密之规划，故迄今成绩斐然，全球称誉。中国现在固骤难步此规模，然似亦未便完全契置。现在与地震研究有关系之机关，一为教育部之中央观象台，一为本部之地质调查所。然皆并无专门设备，亦无专精人才。此后进行似应由中央观象台从速筹备地震仪之设置，并养成专门人员，以掌其事。关于地震方面之调查，则仍由地质调查所任之，通力合作，庶有进步。

以上各节如谓可行，似可分别咨行甘肃省及教育部酌核办理。所有对于地震办法意见是否有当，理合呈请鉴核施行。再，文灏等实测山崩地图三份，兹已绘就。如蒙转咨甘省开浚河道工程或不无参考之用，合并声明谨呈总长，次长。

（二）调查甘肃地震大略报告

摘自《宁夏回族自治区地震历史资料汇编》，翁文灏作。

1. 震灾之范围

地震成灾之地在甘肃省内兰山、泾源、渭川、宁夏四道。其余甘西各道以及陕西、山西等省，虽均在震动范围，皆并未成灾，或灾情极轻。上列四道中，尤以泾源道属之海原、固原、隆德、静宁诸县为灾情最烈。兰山道属之靖远、会宁；渭川道属之通渭、秦安，宁夏道属之镇戎、中卫诸县，亦均有受灾极重之处。

2. 地震之中心

地震之发生，必有中心地点为震动所发源，甘肃地震拟外国科学家就地震仪推察之结果，或谓在平凉附近。此自仅就大概地各而言，或系震中距离之测算不无稍误。兹经实地考察，地震中心实在六盘山山脉以西，而平凉则在东，二方震灾轻重显然不同，唯此次震中所在似并不限于一点，乃成一狭长带形，经过海原东南，固原西北后向西南延长，经过静宁之西会宁之东以远于通渭县之西部凡此一带地方，莫不灾情奇重。约计面积始达八万方里上下，震动殆自此发源，向四方传播，附近各地皆受其影响。今拟名此一层地方为震中带其所以发生震动之原因，详见下方。此一带内虽同为地震发生之地，而成灾影响各地又自不同，就死亡之人数言，当以海原之固原间最为重要。海原南乡之马涧堡、李俊堡，以至海、固、静三县间之蒿艾里、李俊堡，固、隆、静三县间之硝河城、烂泥河等地，居民殆十死七八，成灾之重为世界他处所罕见。至静宁、会宁之间，死亡虽比较稍少，而山崩川塞既多且广，自会宁县属之清江驿起，至静宁县属之七里铺、孙家沟、土工寨、一掀土等处山崩最多。东西大路以及川、流、沟、涧均为分段壅塞。至通渭以西如马营附近，震灾亦甚重大，并有山崩川塞之处。

3. 震中带以外之地震区域

震中带以外，地震愈远愈轻，故如镇戎、中卫、靖远、镇原、庄浪等县震灾最烈之地皆在附近震中带之处，此处即渐轻减。唯震中带以外亦间有因一部分地质构造之关系而震动特甚，此例如靖远县西之锁罕堡，地在黄河以西，其附近地方如一条山、大喇牌等村镇，皆未伤人，而锁罕堡则房屋尽塌，伤人至百分之五十左右。考其地质乃因该村位置适在一断层线上故也。又震中带以外，被灾区域之广狭，东西颇有不同，震波所及东向远达直隶、河南之东部，至山东始渐微弱以至不觉，西向则至西宁一带，震已极轻，至玉门以西即不觉震矣。至南北范围似当相等，宁夏以北裂墙倒房已属少见，天水以南地震亦不复成灾。以上皆就常人的觉察之震动言之，实则人不觉震之地，亦有震波波及，可用地震仪察此次甘肃地震，震波的传遍及全球，欧美、日本有地震仪设备之处，皆能立时觉察，且能约略推算震中之距离及方向。

4. 地震之原因

发生地震之原因虽学说甚多，然大致不外下列三项：（甲）火山之喷发；（乙）地下岩石之崩塌；（丙）地质构造上之弱点。此三种原因中，甲、乙两项发生之地震，大抵范围较狭，丙项发生之地震，则被震区域面积较广。甘肃地震后报纸传闻，曾谓中卫、伏羌发生火山，二县之间并发生多数温泉云云。实地考虑并无影响，震中带范围内不特，并无现代火山，即古代侵入，或喷出之火成岩亦极稀见，至温泉虽有数处，然皆系震前所固有。大震时拟闻曾新生温泉数处，然亦未几即减，至今并无遗迹，由是种种可断言，甘肃地震与火山绝无关系。至第二种原因，在外国大抵在石灰岩较多地方或有厚层石膏、石盐等地有之，因其易于溶解而生空隙，故其上岩石往往崩塌也，此类地震因震源甚浅，故震波传播不远，即受震范围甚小。此次甘肃地震面积极宽，震波所及遍于全球，决非此种原因所能说的，即考之震地质，亦未有厚层易于溶解之岩石，甲、乙二项原皆非甘肃地震之原因。则欲得真因，自不得求之于地质构造。拟此引调查所见甘肃东部六盘山山脉一带，北起海原、固原间之须弥山中经平凉、隆德间之六盘山，南至华亭、庄浪间之官山，皆为中生界地层（详细分层及其确定时代，尚待就各处观察得化石种类研究鉴定），其构造成一大背斜形轴线，约略与山脊平行，作南北走向。此背斜层以西遍见中生界地层之上部，其岩石为红色页岩，甚松，易受风化多含石膏（其中得有化石，待鉴定），复上即为厚层黄土，亦即地震最烈之地。海原北部及天水附近，拟教育部委员调查，亦有含石膏之红页岩。但所见以太古界及元古界之变质岩石为多，由是可见，上述震中带之二侧，地质显有不同，东侧全属中生界地层，而西侧则以太古、元古界为多也。此时代甚远，性质迥异之地层之接触，当即为是地质构造之弱点。即震波之传导亦颇受地质构造之影响。东面有南北走向六盘山脉为阻，山以东震灾渐减，南面有东西走向之秦岭山脉为阻，伏羌以南即不成灾。西、北二面虽无显著山脉，但海原县南有一东西向之马挽山脉（拟教育部委员言），山南山崩甚多，山北不复多见，亦若隐为之界也此。

5. 地震之时期

此次地震以十一年十二月十六日□时左右之震为最烈，各处伤人、倒屋、山崩、地裂皆成于此时。嗣后逐日震动，至二十五日又有大震，嗣后或一日数震，或数日一震，迄今犹未止息但烈度多不甚高，然亦间有震动较甚者，如靖远县之锁罕堡，上年地震房屋尽塌，本年春间渐有修复者，四月间又有地震将新修之屋重复倾复，唯此类事例处数不甚多见耳。

6. 地震后之损失

（1）人畜之死伤。甘肃地震死亡人数，曾经省公署规定表式，分行各县调查，各县填报颇为详备。虽详细，比较数目多少间有可疑，然大致当属可信。各县死亡数目，前以列单邮呈。兹更就表人最多七县（死人在一万以上者）列举如下，全省人口死亡总额为二十四万余口，其详细表册，当于正式报告中编入，并比较参证，以求其可信与否。表人最多七县数目如下：海原，七三〇三〇；固原，四〇一七六；靖远，三一九三三；隆德，二八三七〇；通渭，一八一〇八；会宁，一三九六二；静宁，一二四四七。

牲畜死伤亦为数大，损失确数尚待统计。耕牛等之缺乏，实为本年农作之最大困难。而牛、羊等之死亡亦为畜牧业重要损失。

（2）建筑物之毁坏。甘东房屋建筑极劣，大多数穷民，概居土窑。震末不觉动摇，震烈即使倾塌。即号为房屋亦大抵周围全用土墙，不用木料，其对于地震之抵抗力视土窑，殆犹五十步与百步，人民死亡之多，此实其最大原因。即多数县城亦大抵土筑，一遇地震，倾倒甚多，其有建筑较固者，如固原县城，因为明代三边总制，清代陕西提督之所驻，全用砖石，因此次地震虽烈，依然完好，唯女墙及城楼多受损坏。又如隆德、静宁城中各街道，地震虽烈而街房多用木柱，且互相毗连，故倒者颇少，以是见，改良建筑实为将来减轻震灾之唯一方法。改良之法要在于：①多用木柱；②研究建筑方法使梁柱贯通，不易倾倒；③城村房屋设法使相毗连，勿太孤立；④劝令乡民勿居土窑，大抵该省人民，于木料利用太少，实为通病，推求其故，而木料之少亦一原因。旅行所见，到外重山，森林绝迹，间有树木亦皆杨柳之属，其作木材数为少见。以气候及土宣言之，该省断无不能种植之理，故劝导造林实亦将来减轻震灾之一要著也。

（3）道路及河流壅塞。此次地震道路损坏极多尤甚，比如静宁县至会宁县属青家（江）驿九十余里间，东西大道因山崩壅塞道路者，不下二十余处，其壅塞之处，长者达三四里，即会宁、定西二县间道路亦多以土崩壅塞，故一时东西交通为之隔绝，经地方军民官署及本地居民极力修治，始略可通行。迄今犹须（需）经新塌松乱之土堆，未免迂回曲折，一遇大雨通行尤难。河流之壅塞亦皆由山崩土积所致，其原因于地面上升或陷落者殊未多见，河道壅塞则上流之水潴聚成湖，浸有旁溢之势，急须（需）疏浚方免成灾。在甘时华经会同各部委员电各部，并向该省省长陈明，现此项工程已有华洋救济会担任办理。现在工程进行中为会宁至静宁一带，该地壅塞最多，工程最巨调查时经用平板实测成图于河口道路，悉皆测入，俟绘毕呈览。通渭附近亦有河道壅塞，正在筹款进行。固海间蒿艾里、李俊堡一带则尚未著。近来夏秋之季，大雨时行，恐工程未完之地未免成为泽固，所幸该处地广人稀，且交流无多，旁有山地为阻，成灾或不至过巨。

7. 黄土之关系

世界各国虽在地震极烈之地，除历史传说未可尽信以外，压毙人口鲜有过十万者，一九〇八年意国美西那之震，毙人七万余口，已为近世罕有之奇灾，此次甘肃地震死人乃近二十万以上，地震之烈，诚有过于世界他处乎。抑别有原因考震害之特重乎？详加推求得知并不必地震之特烈，实多由土窑、土屋易于倾覆有以改之，盖震地一带黄土特厚，取给无穷，人民利用之广，实亦天然地资使然，且因黄土之特厚，山崖塌崩亦因之愈甚。黄土之山有高至三四百公尺者，一二百公尺之山更所在有之，凡受震崩走之山，皆属此类，若在石山，虽间有剥落，绝无全山崩走者。海、固、隆、静、会、通各县，山崩最多已如前述。崩倒之山大抵先于山坡发生弧形断层，断层之面因黄土有垂直劈开之性，常近垂直，断层之外侧有向外倾倒之势，其倾倒之猛烈者时或够走数里至十里之远，所过道路及川流遂为壅塞。有时谷之两旁山坡同时断移，互相冲突，则于谷之中部陡起土堆，高为山阜，所谓平地拥起山阜，即此类是也。此种现象，全由吾国黄土特富乃能得见，世界他地恐无其例，于地质现象至为新颖，调查时经测洋图以备研究。

（三）民国九年十二月甘肃地震报告（节录）

摘自《宁夏回族自治区地震历史资料汇编》，地质学家谢家荣作。

……

甲、地震之现象

此次甘肃地震所发生之现象，据各县知事报告颇有足记录，唯地震之时，当局者类多神经纷乱，避灾之不遑，更无暇及于精密之观察。故对于地震发生时之时刻及其历时若干与大震动方向等等，言人人殊，难得一精确之结论。余等既未亲历其境，亦不能妄加推断。兹综合各种现象，汇述如下：

1. 地震时之气象

据定西、会宁、镇原、正宁、化平、庆阳、隆德、静宁等县报告，大震时多有大风尘雾。甘州、毛目、玉门等县，则于十七日大风昼晦，黄沙飞天。永昌、环县、泾川、静宁、平罗等县，亦于十七日大风。海原县于震时且谓见红光，恐不尽确实。按地震时发生尘雾或昼晦，乃因尘土烟灰等，经震动而飞扬，或因山土崩塌，黄土散满空中致，有此现象固无足怪也。

2. 地震之时刻

各县报告，于大震之时刻颇无一定，良因各处无精确之时计，以资比较。据皋兰县报告，地震时刻为十六日晚六时三十五分发生，至四十七分止。历时十二分。此外各县报告，大率在七时与八时之间。历时自数分至二十余分。亦有为九时或六时数十分者，恐时计必有误差。在西路各属地震时间大率甚短，约在十分钟以内。

3. 鸣声

地震时往往有声如雷如炮，其声浪之高低似与震动之强弱有直接关系，故十六日之大震发声最高，此历小震发声渐低，且有只震而无声音。至于发声与震动孰前孰后，似不一定。据各县报告，十六日之地震，二十一县中，先声后震者十一县，先震后声者二县，同时并至者三县，先后不定者四县，未闻声者一县。其他各县并未注明先后不敢臆断。

4. 余震

大震之前并无小震，大震后则小震极多。十六日大震当晚，小震有多至数十次者。普通则在五六次与十余次之间。此后逐日有震二三次或三四次不等。时间极短，烈度亦低，故成灾者少。唯武山广武坡于二月十五日余震，土山崩塌。三月二十七日余震锁罕堡新建之屋有倒塌者，死毙数人。此外城墙、鼓楼、房屋等经大震之推折而未倒者，每因余震，而复倾塌。关于余震之记载，各地搜集甚多，唯求一完备者殊不易得，且闻至民国十年十二月，犹闻有地震发生，可知余震之波尚未尽息。兹将在各地探得之余震次数列表如下：

县名	计算至何月何日止	次数	较大余震	微震	记述者姓名
固原	民国十年十一月三十日	五百十一次	二百零四次	三百零九次	县署尹君
静宁	七月七日	四百四十一次	四百二十七次	十四次	知事周廷元
定西	五月初八日	四十八次	十八次	三十次	知事陈长龄
秦安	六月七日	五百余次			知事

5. 人口之死伤与房屋牲畜之损失

此次甘肃地震据各县报告共死人二十三万四千一百十七丁口。此数之巨殊足骇人。考世界最大地震，如葡萄牙之立司本，意大利之加拉勃里亚死人不过数万人。日本最大地震死人不过万余人，然则各县之报告是否确实殊属疑问。唯各县调查方法系挨村逐户详死者姓名亲族等等，或者尚有一二可信之处。兹姑将此数折半，假定在十万左右，以甘肃人口之稀少而有此巨大之死伤率，亦颇可惊，且以此数与世界各大地震之死亡数相较犹觉无能与比拟者。然则各县报告果亦无足信乎？抑另有原因乎？细考甘肃地形上，与风俗上之关系，觉此次死亡之多，似有数种原因：①甘肃东部地形为一深受浸蚀之黄土高原，土质疏松，遇震即易于崩塌，建屋于其上或者附近之村庄，往往全村覆没无一幸免；②东部既多黄土之山，居民为省便计，筑窑而穴居，地震后窑多塌倒，窑内之居人，鲜有逃出者；③居民房屋构造太不稳固，类多黄土之围墙，复以木椽，其用坚实之支柱者甚少，故遇震疏塌，其建筑较固者，往往巍然独存即其明证，县城之内房屋常较乡间为优，故人口之死亡亦较少；④地震发生之时为七、八时之交，城内居民犹多未睡，乡间农民则日入即息，故难逃避；⑤地震之时还值冬季，气候寒冽，灾民流离失所，衣食俱无，故不死于地震亦多死于冻馁。其后各地虽派有急赈，而交通艰难，常须数日后始达，实属缓不济急。以上各原因似可解说此次死亡之特多，倘同一烈度之地震发生于吾国下江一带交通较便房屋较固之地，则死人之数决不如是之多。盖可断言也。

6. 山崩现象

此次地震发生山崩极多。最大者为会宁清江驿附近；静宁七里铺、孙家沟、土工寨、吕家垠子、一掀土等处；通渭之四岘山、侯家山，固原之蒿艾里；隆德之张家新堡子，梁背后；海原之王浩堡，硙伯之坍冲、插隆二地，武山之广武坡等处，河流多被壅塞，城堡亦有成墟。以上各山崩除武山之广武坡外皆因十六日晚之地震而倾塌。广武坡则于二月十五日微震塌倒。

考山崩之次序，系先在山上发生弧形裂缝，裂开之坡面向山下倾塌。震动裂者塌下部分土质纷乱，往往冲走三四里之遥，经过之村舍道路树木一概冲坏，遇沟道河流之时壅塞。其山崩大者，土堆壅成高阜，有高至三四十公尺者。当时传闻平地壅起高山者即属此类，并非地内有物质喷发而堆积也。其摇动轻者塌下部分尚未纷乱，即土上之草皮麦子亦如旧状。至其裂开之坡面，则成近于直立之断壁，壁面光滑，土（色）新鲜，且时有擦痕可见，断壁之形状常成圈椅之状，远望极为注目。会宁、静宁及固原李俊堡之山崩，皆经详细测量兹分类如下。

（1）会宁清江驿。

在县治东九十里。山崩之处在清江驿东五里，其地形为一东南西北向之沟，居响河之上流。沟北有山崩二处，西北一处。最大系两个山坡联合崩下，阔约一千一百公尺。山顶高距其地之沟面约百六十余公尺。东南一处较小，阔约六百公尺，长约七百公尺。二处崩下之土堆联合将响水之一部长约二千五百公尺，完全壅塞，且越过河道而堆积成湖。此面山坡本为东西往来大道，山崩后道路壅塞，且将下五里桥及其村庄完全为崩下之土压没，一时交通为阻，现经华洋救济会改修新路在沟北山坡，即将浚河之土堆积使平，大小车辆一例通行矣。

（2）静宁七里铺至土工寨间。

自会宁至静宁县间，南北土山崩塌者甚多，而以七里铺至一掀土间为最大，且因其壅塞河道关系较切。七里铺在静宁西三十五里，其地为长源河（或苦水河）之谷，南北皆黄土之山，附近有山崩二处。东山较大，阔约六百公尺，长约一千四百余公尺。其西一处阔约二百余公尺，长约一千余公尺。二者塌下之土，越过河道并将大路壅塞。七里铺山南山有一黄土断层甚大，其断下之部土质完整并无碎裂现象，故与山崩异。此处黄土断层多不胜计，且有多数断层合于一处，而成似阶级形者。孙家沟之西南，有崩山一处甚大，其塌下之部过河即止，故孙家沟村幸未被压。其西北一沟即名孙家沟，其山名祁家大山。沟之两旁崩山共有六处，黄土之堆壅积几满。沟北山坡上为大道所经，夹道皆榆柳之树，为昔日左宗棠征新疆时所植。山坡既崩，大道亦随而塌下，唯所植之树，虽随土下移，犹直立不倒，尚有一部未经崩塌之大道，则其夹道之树犹存，此点与塌下一部上直立不倒之树之距离即为山崩之堆（推）移，约计之当在二百公尺以上。孙家沟与土工寨间，又有大山崩一处，阔约二百余公尺，长约一千公尺，其土堆推移甚远，越过河道而使河流壅塞。土工寨东南尚有吕家垠子，一掀土山崩数处，未曾详测。

（3）固原蒿艾里。

在固原西北约百里，居清水河支流之上游，其东南十里为李俊堡。二山合崩阔约八百余公尺，长亦如之。山上黄土之下有红色及绿色页岩，砂岩中多石膏。崩下之部，石质与黄土相杂，石块往往甚大，将河道一段长约八百公尺完全壅塞。其上流蒿艾里附近积水甚深，当调查时水面距村不过数尺。沟内之树多被淹没，只露其颠。此处河工因有石质相杂，开挖最艰。

7. 河道壅塞及井泉涨缩现象

如上所述山崩附近之河道，多被土堆壅塞。计重要河流被塞者如：清江驿之响河，长约二千五百公尺；七里铺、孙家沟等处之长源河又名苦水河被塞之处共有五六段之多；通渭之散渡河上游壅塞二处；固原蒿艾里之清水河上游壅塞一处；隆德滥河壅塞三处；海原清水河壅塞一处；又苦水河下流壅塞三处。以上各处其距村舍甚近，关系密切者皆由华洋救济会招本地灾民开挖，寓以工代赈之意。各县工程以会宁、静宁、通渭三县为最大，固原、隆德、海原三县次之。而其中尤以会宁之清江驿一段面积最大，费工最多，所用款项在三万余元左右。以上各河工于民国十年十一月以前一律竣事。共用款约十万元左右，其中除用于河工外，复从事于桥梁及道路之修筑。

泾川、定西、会宁等县报告，大震后井泉之味较前略咸。宁夏、静宁、环县等报告谓震后泉水升高尺许至十余尺不等，宁夏泉水较前微温而臭。通渭、泾川、海原等县则谓井泉有枯涸者。隆德县报告谓大震前井泉忽涨，震后复原。按井泉之变更当视本地地形地质等情形而异，原难一概而论。至于上项报告是否确实或纯系附会亦颇难断定，兹姑列之以备将来之研究。

8. 地面裂缝

此次在各处所见之裂缝，可分为两种：①平地上之裂缝大率甚狭而浅，阔不过数寸，深不过尺许至数尺，纵横贯穿无一定之向，据各县报告，此类裂缝有长十余丈至数十丈者，唯余在固原西大营川一带所见甚多，类多甚短，至多不过二三丈，且多在滨河或富于水分之平原，据靖远、通渭、宁夏、灵武等县报告，平地裂缝常涌出黑黄等色之水，味臭略温，且有黑砂等随水涌出，在灵武境内裂缝附近穿有窟窿，水挟砂上涌堆积窟窿之旁，高二三寸至一二尺不等，大似粪堆云云；②山坡上之裂缝，各处所见多不胜计，就其方向之不同又可分为二种，（甲）与山坡之等高线或垂直者，……方向不一，其位置常在山之低崖，（乙）与山坡等高线平行者……其震动较裂（烈）者，则断裂之部往下倾滑即成断层，其更裂（烈）者则成山崩，以上二种裂缝在山崩区域内最多，其方向排列皆视本地地形为转移，而与震动之方向似无甚关系，裂缝所在之山坡，概系黄土或冲击层，石质所成之山未见裂缝发生。

9. 建筑物损伤之研究

地震对于建筑物所发生之影响，如裂缝、倾塌等，常与地震动力之方向有一定关系。唯甘肃房屋之建筑太不讲究，石灰及砖墙甚少，几全用土墙所筑成，故一遭震动常完全倾倒，纷杂错乱几无定例可寻。各县报告对于此项问题亦有记载者，唯是否确实颇为疑问。兹述余等实地观察数则如下：

固原县南乡有一董福祥神道碑，外有碑亭，宣统二年所立，建筑甚为坚固。地震后碑裂为上下二截，但未倾塌，碑亭亦然。上下二截相比较，似下截自西至南，或上截自东至南旋转，故二截之位置不相吻合（见照片）。此可证明地震时有一种旋转动力，但移动并不甚大耳。

依日本大森房吉研究法，隆寺震害之理论震动方向与壁面平行者，发生对角裂缝。与壁面成直角者，发生水平及垂直裂缝。尝用此种原则研究固原城东南隅魁星阁墙壁上之裂缝，此阁为六角式亭子，围墙方向成有规则六边形，皆用砖叠，建筑完好。亭门向东南，旁现横直裂缝，其对面亦然。向西偏南之一面，全向外倒，其对面（向东偏北）则以对角向裂缝为多。向北偏东及向南偏西之二面，则几乎二者皆有不易辨别孰为主要。就上观察之结果，用大森氏原则，可推定震动方向，似是西北至东南，或东南至西北。就向西偏南一面墙壁全向外倒而论，则又觉西北至东南之说更为近似。

各县报告震动方向者，共二十七县，其中西北至东南者十五县；东北至西南者四县；东南至西北者二县；自南至北者二县；自北至南者一县；东西方向者三县，由此观之，西北至东南之方向似占多数。此与上述观察不谋而合。

（1）宁夏之王洪堡。此处地震较轻，房屋倾倒者只有数处。如国民学校之北墙，又有石家庙，在村南里许，南北向及东西向之墙皆倒，南北墙多向东倒，其动力方向似自西而东。

（2）中卫县。在城内观察结果颇多矛盾之点。如第八国民学校，教室向东倾斜，廒神庙之旗杆向东南倾，南门城垛向南倒，县署照壁则向北倒，县署大堂东西厢房皆向西倒，据此结果，震动方向颇无一定。

按研究建筑物损伤之结果以推定动力方向，非经多数精密考察殊难论断。此次调查时间、面积多有所限，欲就零碎观察以定震动方向似尚未易，顾（故）以固原城内观察及各县报告而论，则似西北至东南之方向最为近似。且此次震中平面之形状略为东北西南，其震动方向似亦当为西北东南也。

乙、地震之烈度

地震动力之强弱，是为烈度研究之法有二：①用精密之仪器，以记录其震波之高低形态；②调查地面上一切物质所受地震之影响，与其人类对于地震之感觉，因得比较其动力之强弱。吾国现有地震计只上海徐家汇天文台一处，故第一法不能应用。本篇所述地震烈度，系皆就调查各处损失状况而推测者，夫损失之大小因与动力强弱有关，唯地基之坚松，山坡之缓急，建筑物之稳否各处不同。以同一烈度之动力加于此情形各异之物质上，其所受影响当然大异。故就第二法所得之烈度乃表面的而非实在的烈度也。

……

地震最烈之地为甘肃之海原、固原、静宁、通渭、隆德、会宁、靖远等七县所属之地，占面积约二万余平方千米。其间人口死亡者，在一万至七万余。房屋大半倾倒，此处房倾屋倒人口死亡之地，尚有十余县之多，其烈度当与罗西福来氏表十度相合，唯灾情究不若上述七县之大。为分别轻重易于叙述起见，以灾情最重之七县另以曲线连之成一东北西南之狭常（长）形……烈度十度所占之总面积约十万余平方千米，烈度八度以上所占之地兼及陕西之西部，共四十八县，约占面积二十余万平方千米。

（四）调查甘肃地震之报告

摘自《晨报》1921年6月23日，国会议员王烈（文）

……海原为甘肃全省受灾最烈之区。全县人民前为十二三万，被灾而后，竟去其三分之二。城内房屋悉行倾倒。伤心惨目，莫此为甚。故弟等从详调查，计共历时七日，行程六七百里，所得结果如下：

①此番震灾与地质有密切关系，海原地质之层序，最古者为片麻岩系，其上为石英岩系（紫色间呈波纹，似与元古界之南系相当）及砾岩系，（造成岩壁，势颇雄壮，厚度在一百公尺以上）更上为红绿色页岩系，（甚厚，间夹砂岩，及砾岩，及多含石膏层）灰色砂岩系，最上者为冲积层，造成阶梯凡三级，其时代自为最新。片麻岩石英岩两系质甚坚硬，为造成山岳之骨骼，故虽受震甚烈，而破裂之处不多。如马挽山及西南各山是也，（但片麻岩风化甚深，而成为风化堆积土质者，裂痕甚多，自当以例外论）砾岩系，砂岩系、质亦较坚，唯构成垂直岩壁者，间或有石块下落，然亦不甚多见。红绿色页岩系其质缺少黏性（本地人用以去油），故受震尚易，李峻堡之东，两山土崩十余里，合为一山，将旧有之沟堵塞，其上流造为深数十丈之积水潭。虽山势嵯峨，土块易于震落，实亦土质缺乏黏性有以致之也。

冲积层尚未完成固结，受震最易，此项情形，到处可以见之。

②此番震灾与地形有密切关系，凡砂土堆积其斜度当有定限，逾其定限，即当下垂。外人所谓Augde of repose者是也。如山脊上片麻岩风化后，构成之土质，其斜度每多甚峻。一经地震，而土崩数十里，（如南乡马健堡拨余堡等处）亦事理之常也。且土质之上裂痕每平行于溪谷，而山水发源之地，又多呈同半圆形，（地心吸力之关系！）土崩现象与地形关系之密切，于此更可概见。冲积层中之土质略具黏性，故能造成河梯。两峰每多直立，适为土窑丛集之地点，一震即倒，死伤人数之众多，非无因也。

统日下所得之各种观察而论，此番大震之中心点，当在海原之南乡。（未震以前，海原城内闻震声二次，房屋即倾倒。会宁西北乡所听震声至三次之多，而房屋始倒圮，可知海原南乡当为震声与震动同时并发之地，其为震中无疑）然迄今余震未已。烈在海原调查七次受震至有十余之多，或一日数发或数日一发，发时多有雷声，震动相隔时间多在二三十小时之间，大都隔时短而震动较小，隔时久而震动较大，其经过颇类音节，惜大震后，数月以后，无人记载其次数及烈度，故不能预算将来之情形耳。而地震中心，且有由东南而渐移西北之势。中卫某堡震后，建筑新屋，有数建而数倒者，而海原并无此项现象。赈济之法，有主张以工代赈者，其目的在疏通河道，（河道因震灾而堵塞）华洋义赈会之外国人持之最力。或者谓本地人谋建筑住室之不遑，安有余暇以从事于他项工程？故服河工者多系外省招来之人，而本地人反不能受实惠。不知河道堵塞，将来必有水灾，疏通河道，目下本地人虽不能受实惠，然将来可免水灾，亦间接受惠之道也。

《调查甘肃地震之报告》片段

（影印件）

有主张按照死伤人数而放款者，本地士绅持之最力。闻前番急赈每人所得或数百文，或数十文，数日即已用尽。而住所之不建，公共卫生之不讲究，仍如故也。将来之生活无穷，而公家之款项有限，以有限之款项，供无穷之生活，惠而不知为政，莫此为甚矣。且不实不尽之处，所在多有。继其成者，亦乌从而稽查之!

有主张建筑衙署、监狱、城垣及公共处所者，此间行政官吏持之最力，其见解未可厚非。此上三项之外，尚有防疫一端，无人提倡。甘人迷信，每以死亡牲口抛弃沟中。不若是以为将来家中必不祥，沟水为人民之饮料，以毒传毒，将来天气炎热，发生瘟疫，自在意中。与其防患于已然，不若消患于未形，惠而不知为政之放款，弟意以为不若用之于此途。此外甘肃之文化程度，与沿海各省比较，相差实甚，穴土而居，男多吸烟，女多缠足。识字者寥若晨星，不解卫生为何事，见官如虎，任其鱼肉而毫无怨望。其智识之幼稚，恰如沿海该省五六十年前之景况。愚而可怜，莫此为甚。居今日而欲救济之，当筑铁路以输入其文化，发展其实业。若及今不图，则优胜劣败，自有定例，吾深为甘人危矣。

（五）民国九年12月16日甘肃的地震[①]

摘自《科学》7卷2期，1922年（15），翁文灏作。

此次演讲原意，要先从历史上地震记载的根据推究中国地震的中心，及其与地质关系，略为讲述，然后再注意于去年10月16日及以后的甘肃地震。但中国历来载在简册的地震，据现在搜集最完全的材料，共有3400多次。今欲测定全国地震之中心，非逐一研究它们不可。地震的次数如是之多，所以研究起来也稍费时日，俟将来头绪稍清时再为讲演。

今日所及者则只限于甘肃之地震，但同去调查者六人，每人所得的结果亦尚未互相参考，且尚有一人调查地质未回，故断论上现在尚难完全，今日不过将我个人的意见供给诸位参考就是了。

凡地震莫不有震动的发源地，就名作震源，由震源以最小距离而达于地面之处叫作震中。去年（1921年）12月16日地震的震中是什么地方，它的震动传播全世界，各处地震计均有其记载，故其震动中心可由各处地震计的报告而测定之。地震计所示图上地震最先的震动叫作初期微动，传播最速，故最先到，继之以大震，叫作主要动，震幅最宽。自最后震动渐次减低以至平息，叫作终期动，三者的破坏力自以主要震动最为强烈。

初期动与主要动达某处时，其时间先后之差与该处距震中的距离，有一定关系。故凡有地震计的记载，就可以推算出地震中心距离之远近。若有二处以上的地震计记载，则震中的地方即可确定。

① 在北京大学地质研究会上的讲演。

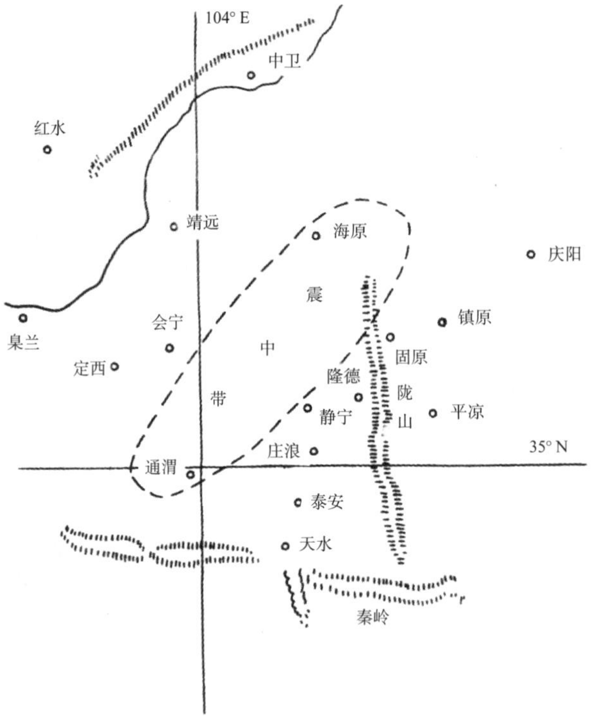

海原8½地震震中带分布图

去年12月甘肃地震后，美国报纸载说此次地震中央约在距纽约3000英里外的地方，但甘肃距美国不下6000英里远近，今竟错了一半，或是推算错误，或是半路里同时亦有地震，二者当居其一。在上海及日本所得的结果，则大致恰好符合，它们均测定地震中必在甘肃东部，但未曾实地调查之先，外国报上有说震中是在甘肃之平凉，其实并不甚然，据此次调查所得，震中并不在平凉，实在海原县之东南乡，固原县的西北乡，隆德县的西北乡，静宁县的西乡，会宁县的东乡以及通渭之西乡，又连及靖远县的一部。因为各县界线犬牙交错，故及许多县份。大致看起来，天然有一个狭长带形的震中区域。在此区域内地震影响非常猛烈。据本地人说十人准死去七八个，房屋几无一完存者。

今年上半年徐家汇天文台据数十个通信报告，已经作了一个地震分布图，其所画震中区域，大致不错但其南端应改移向西，不应该包括平凉及泾州。震中带的方向是北东北至南西南，不是北西北至南东南。

平凉地位在陇山之东，地震中心则完全在陇山之西。震中区域黄土甚多甚厚，其东为陇山，大致作南北走向。最高之处叫六盘山，地质构造为背斜山脉。地质时代从石炭纪至侏罗纪。山脉上岩石露头甚多，黄土甚少。震中区域之南为横亘东西之山脉，地质以片麻岩千枚岩等为最多，是为秦岭山脉之前山。

陇山及秦岭山脉皆为天然界限，两边地震之强弱迥然不同。陇山之东与西相差不过数十里，而在西方者则房塌人毙，惨不忍闻，在东方者则轻许多。秦岭山脉以南及以北地方地震影响之强弱，据王霖之先生所说，更为悬殊。推其原因，一则是山脉对于震波的阻碍，二则也是黄土愈多，地震影响越大，岩石多的地方受震较轻。

造地震分布图的方向，凡震动烈度相同的地方连接以线，是名曰同震线。首创此法者为意大利人Rossi和Forel，他们定了一种地震强弱的标准，名曰Rossi-Forel Scale，共分地震之强弱为十度：第一，人不能觉；第二，只有少数静卧的人能觉；第三，只有休息时人能感觉；第四，行动的人亦能知觉；第五，无论何人均能觉察，床及桌上物件摇动；第六，眠者惊醒，草木摇动；第七，桌上物落，壁上钟停，人皆惊恐；第八，烟囱倾倒，墙壁破裂；第九，房屋有倒塌的；第十，房倒甚多，人死地裂，地内发声。我们亦想照此种方法制一地震强弱图。从前安徽及福建的地震时，皆曾仿此法制成一图，居然成绩很好。但此次的地震则颇难应用。譬如第十度应在中心，由中心外散，强度便应渐减。但有数处按理想上说本不应震动急烈，而就传来消息，则该处受害之大，震动之强，却属于第十度。关于此种强弱不相合的原因，也许是有人因政府征询灾情，故意夸大其辞，动人闻听。但除了此种善意的作弊之外，也有真正原因，可总括为二：第一，各处地震情形不同，Rossi-Forei Scale实有不能适用的地方。譬如地生裂罅属于第十度，但就调查所得，则在第七、第八、第九度的地方，均可以有裂罅发生。宁夏死人不过三四个，则其地震必非属于第十度可知。但在黄河岸旁很有几处裂罅发生，并有水涌出。至于地内发声，更不必是第十度的标准。鸣声与地震关系无论如何密切，但鸣而不震，或震而不鸣，都是常有之事，此皆是此次地震可以确切证明的。再说甘肃地震房屋大多数是土墙土穴，故第八度的事实不能确见。Rossi-Forel Scale及其同类的如Mercalli等烈度的标准，既然有时不适用，结果自然不对了。第二，次等强弱不合的现象，又有一大原因。此次震中之外，如山西的河东，陕西的同州，甘北的中卫等处，均有地质弱点，从前属为震中，历史记载可以充分证明。此等地方，往往一经新震，而老震复发，好像击钟使鸣，而旁钟亦鸣一样。因为此种原因，故此次地震，有数处距震中较远的地方，反比距震中较近的烈度较强。假如能定出适当的标准，画出地震分布图来，我想同震线恐怕不皆是同心的，必有好几处次生中心在主要中心之外。

就地质现象而论，中国在世界上应该占重要地位。它的地震次数虽不多似日本、意大利，而其大小则满可以与世界诸地震相颉颃。

它的唯一的特色，就是死人多，据甘肃各县报告，去年地震死人共有24.6万余。试调查外国地震，从未有死人如此之多。1755年葡萄牙立司本地震，死人6万。1783年至1786年意大利加拉勃里亚地震，死人4万。1908年，梅西纳地震，死人7.8万，此数次地震，总算世界上死人最多的，然而亦不过数万。意大利有一传述，谓古时曾有一次地震，死人20万，但地震学家多怀疑，恐其不确。日本最大地震如安政二年江户大震，死万余人。明治二十四年，浓尾大震，死7000余人。比较甘肃，更觉甚少。然则甘肃这一次24.6万是否靠得住?据说每一县内伤人多少，皆由县内派人挨户调查造具清册，详载死者的姓名、年岁、亲族等等。如此看来，此数目似尚不至完全虚造。甘肃人口极稀，即使死人之数减少一半，作为10万左右，亦已足称为浩劫。然地震死人数目，中国历史上亦多有记载，最多的是在明朝嘉靖三十四年，即西历1556年的陕西地震（明朝的陕西包括现在的甘肃）死人83万，此数之大，中外古今绝无比伦。大约可说是官书张皇，言过其实，未可轻易尽信为真。但其余死人万数的记载，亦屡见不鲜，例如宋景祐四年（1037年），忻代并等州地震，死者1.2万余。嘉祐二年（1057年），雄州幽州大震，覆压数万人。金兴定三年（1219年）泾原（与现在的震中差不多）地震，死者以万计。元至元二十八年（1291年），山西平阳地震，死万人。明天启二年（1622年），泾原（又与此次震中差不多）地震，死1.2万余人，清乾隆三年（1738年），中卫等处地震，共死5万余人。光绪五年（1879年）文县、阶州地震，共死2万余人。此类记载历见正史，万不能说全是假的。照此看来，明嘉靖年的80余万，及此次之20余万，虽说未必绝对确实，但死人数目之多，出乎寻常，亦是无可疑的了。有的地质书把中国列入非地震区域，试问世界上有多少地方地震的灾祸更烈害的?

中国地震死人为何如此之多，求其原因，与人民之居处关系最大。试看以上所述的中国历来地震为灾甚大的，皆在北方。南方各省如川、滇、闽等省，虽多地震，但其死人均不甚多。北方地震死人最多的地方，皆是黄土最多最厚的地方，人民居住非土房，即土穴，支以木料者绝不多觏。故经震动即倒塌坠落，不克自持，而人亦随之。外国地震伤的多，死的少。中国地震则死的多，伤的少就是这个缘故。所以看了甘肃地震，乃想到中国地震死人多是不足怪的。

第二种特色是山崩，其伟大在世界也可占重要位置。海原有一山，长1里有余，完全崩塌。山崩最大最多的地方，要推静宁县的西部，及会宁县的东边，自青家驿到静宁县100里路的中间，大块的山崩至少有几十处，崩塌的长在一里以上至三四里的，至少可说有10余处。试看所测的地图及所照的照片，真可谓极山崩之大观。此等地方，山峰距平地高约600尺左右，通体皆为黄土所成。山崩的次序，系先在山上发生弧形断裂，裂开的坡面向山脚塌下。震动烈的，塌下部分全都摇坏，颠倒错乱，甚且有往外冲走至七八里之远。经过地方，所有村舍、道路、树木自然一概冲坏。遇有沟道亦即填满，水流为之阻塞，有几处竟至超过沟道，冲到对岸，更有几处谷之两岸同时皆向谷内崩塌，左右冲突，反在谷之中央，壅成山阜。所谓平地涌出山阜者，就是如此生成，并非真从地底下涌起来的。古诗所说高岸为谷，深谷为陵，恰能道出此种景象也。有的摇动较轻，裂开的坡面有向下倾泻之势，但尚不至全部粉碎，故坡面的草皮还是依旧，但比原旧的地位低了许多。以上皆讲裂开崩下之坡面，其剩在山上之部分，则成为断壁。壁面光滑，且往往有自上而下的擦痕，因断裂面大多数近乎垂直（至少它的上部是如此），故断壁多成峭壁，圈椅的形状，及新鲜的黄色，远望极为触目。静宁县西部，数十里间琳琅满目，洵为奇观。地震山崩，既生出此特别的地形，则见此地形即可推定它是地震的结果。静宁城之附近黄土山，就途中所见，颇有几处并非此次新崩，但其地形恰如上述，可见亦是地震所生。自今以前，不但历朝时代，即历史以前，时间甚久，地震之次数亦必甚多，所生的山崩亦必极广。且山崩的结果，竟能改变地形，阻塞水流。照此看来，此种现象竟是地面重要动力现象之一种，地质学上应更加注意。1906年美国加利福尼亚的地震，报告书上亦有几处土崩的记载及照片，与此次在甘肃所见的颇为相近，但其伟大的程度则不及我们了。

再从地震对于建筑物所生之影响上研究，可以推论震的方向，但是甘肃建筑大不讲究，石灰墙及砖墙不大多见，房屋全是土墙，倾倒甚易，且极纷杂错乱，故此种研究甚不容易。以下略述调查所得的梗概。

固原县南乡有一董福祥的神道碑，外有碑亭，宣统二年立的，建筑甚为坚固，地震后碑裂为上下二截，但未倾落，碑亭亦然。但上截与下截比较，像是下截自西至南自东至北移转了一点，此可证明地震时地面有一种旋转运动。但旋转并不甚多，较之1783年加拉勒里亚的圣勒留诺等的方尖碑石所受的旋转运动，其度数少得多了。

依日本大森房吉博士研究法隆寺震害的理论，震动方向与壁面平行的发生对角的裂缝，与壁面成直角的发生水平及垂直的裂缝。尝用此种原则，研究固原城东南隅的魁星阁墙壁的裂缝。此阁为六角式亭子，围墙方向成有规则六边形，皆用砖叠建筑完好，故于此类研究是很适用的。亭子的门向东南，旁现横直裂缝，其对面亦然。向西偏南之一面，全向外倒，其对面（向东偏北）则以对角向裂缝为多。向北偏东，及向南偏西之二面，则几乎二者皆有，不易辨别孰为主要。就上观察的结果，用大森氏的原则可以推定震动方向是西北至东南，或东南至西北的。就向西偏南的一面墙壁全向外倒而论，则又觉西北至东南之说更为近些。震中区域的人，各处皆说有震动自西北至东南的感觉，与以上所得结论不谋而合，大约可信是真的了。但是单照房屋倾倒的方向而论，则又毫无一定，大概是房屋构造的影响比地震的方向的影响较多，故看不出什么道理来。

地震的原因究竟是什么？此问很难答。甘肃东部不但没有活火山，就是第三纪或第四纪的火山遗迹也没有发现过，可见甘肃地震跟火山是没有关系的，总是因为地质构造上有弱点，所以时常要震。地质构造如何有弱点，此事另有研究，今天说不到。但去年12月16日之震，它的动机与低气压大有关系。甘肃平时大风很少，地震时却震中区域内及附近各地皆说是大风甚烈，可见气压先行低下，地震亦随之以起。可惜中国西部这么大的地方，没有气象观察把它记载出来，大家也就不以为意了。

四、考察报告

摘自《中国地震考察》第一卷。《1920年海原8½的大地震形变带考察报告》（环文林，葛民，王士平，常向东，万自成①，柴炽章①，张维岐①，焦德成）全文如下。

（一）前言

1920年12月16日（农历庚申年十一月初七日）在甘肃、宁夏交界的海原、固原、靖远、景泰等县境内发生了一次强烈地震。这次地震是我国近代地震史上特大地震之一。强烈的地震持续了十几

① 工作单位为宁夏回族自治区地震局。

分钟，当时世界上有96个地震台记录到了这次地震。据古登堡计算这次地震的震级为8.5级。据记载“极震区山崩地裂，山河变易，河流阻塞，地面或成高陵，或陷深谷。村镇毁灭，数十里内人烟绝迹”。这次地震死亡人数多达23万余人。震中位于海原县干盐池一带，震中烈度高达Ⅻ度。极震区东起固原，经西吉、海原、靖远，西止于景泰县，面积达两万余平方公里。地震波及范围之大，实属罕见。据记载，东至东海之滨，南至香港和越南的海防，西至青海都兰和甘肃玉门等地以西，北至内蒙以北，有感范围遍及亚洲大陆的东南部。

1. 过去人们对海原大地震的考察

1920年海原8½级大地震是我国大陆内部近代所发生的最大一次地震。这次地震发生在青藏高原的东北缘。这里是年轻的青藏高原隆起与古老的华北地台的交接地带，也是青藏高原构造应力场与华北构造应力场的过渡地区。正是由于其所处的构造部位的特殊性，历来为国内外地学工作者所关注。

自海原地震后的60多年来，国内外的地震工作者多次深入震区进行实地考察，获得了大量珍贵的资料，在《一九二〇年海原大地震》一书中已详细说明。现就前人关于地震形变带和地震断层的研究概况作简要介绍。

1921年翁文灏、谢家荣、王烈、苏本和、易受楷和杨警吾等老一辈地学家曾赴灾区进行过科学考察，获得了大量的十分珍贵的第一手资料，撰写了专门报道，先后发表在北京《晨报》《科学》《地学杂志》等报刊上。

与此同期，国际饥饿救济协会的J.W.霍尔（J. W. Holl）、V.克洛斯（V. Close）、E. 麦考密克（E.Mccovmick）等，也到达震区进行考察，他们的考察报告发表在1922年美国《地理杂志》上，题目为《在山走动的地方》，生动地描述了地震区内大规模的地震滑坡现象。他们在海原南乡、固原、会宁、通渭、静宁、隆德一带进行考察，对建筑物的破坏及人畜伤亡，以及极震区南端的大规模的黄土滑坡等地震形变现象进行了详细的调查，但当时由于交通不便，极震区内大多数地方他们均未能到达，故没能收集到极震区规模巨大的地震形变带的现场考察资料。

1958年中国科学院地球物理研究所郭增建、蒋明先、王贵美、刘成吉、赵荣国、安昌强等曾对海原大地震进行过一次考察。他们第一次考察了由李俊堡至干盐池这一段的地震断裂带遗迹，发现了干盐池盐湖地震时由南向北迁移了约1km的地震形变现象。

20世纪60年代初，阚荣举在甘肃景泰地区进行地震勘探工作时，曾对极震区西端的景泰段进行过考察，在兴泉堡一带，发现了海原地震形变带最西段。并注意到了沿地震断层有黑色断层泥的存在。唐铭麟、朱皆佐对海原地震形变带进行了徒步踏勘，初步查清了断裂带的分布概况。

1970年，李玉龙、康哲民、沈作华、曹少康等对海原大地震再次进行了实地考察。发现了水系沿断裂带有规律的拐弯现象，第一次明确提出1920年海原大地震的发震断层为反时针扭动的观点。

1971年李龙海通过访问方式首次发现了唐家坡村十几条石砌田埂被断裂带水平错开，当时量得的最大错距达2.5m。这一发现为海原地震断层的运动性质及错动方向提供了第一批数据。

1980年出版的《一九二〇年海原大地震》一书把以往海原地震调查结果进一步作了总结。提出了海原地震形变带，全长220km，其总体走向为北西—北西西方向。基本上查清了海原地震形变带的分布概况。

1981年国家地震局地质研究所宋方敏、朱世龙、汪一鹏、邓起东和宁夏回族自治区地震局张维岐合作对海原县境内的唐家坡西—乱堆子东的地震震中区一带用大比例尺实测填图的方法，获得了这一段地震断层上各类冲沟左旋位移的若干数据，其中73条小冲沟和田埂的水平位移为1920年8.5级大震一次所造成，最大水平位移达10m。

同年国家地震局兰州地震研究所周俊喜、刘百篪考察研究了海原地震断层（兴泉堡—海原段）晚更新世以来活动特征。考察证明，南、西华山断裂晚更新世以来是一条以左旋走滑为主的断裂带，其水平走滑位移量可达200m左右。

1982年丁国瑜对南华山断裂的断错水系作了研究。

以上国内外的许多地震、地质工作者对海原大地震的形变带及发震断层进行多次考察，获得了大量的资料，但大多数工作都集中在海原县的南、西华山和干盐池一带，以及景泰南部，对整个地震形变带系统的考察及研究做得不够，大多数地段都缺少位移数据，特别是黄家洼山—北嶂山—哈思山约100km的地段未见详细报导。

2. 考察情况

为了进一步查明海原地震形变带的总体展布特征、位移分布、活动性质以及形变带和发震断层之间的关系，探讨大地震的破裂机制和板块内部大地震的成因，国家地震局地球物理研究所和宁夏回族自治区地震局根据上级所下达的任务，联合组成考察组①，在过去工作的基础上，于1982—1984年进行了联合考察与研究。

1982年下半年到1983年5月，在野外重点考察的基础上，又详细地进行了室内航片判读，编制了1∶38000的地震形变带分布概貌图；1982年4月、1983年6—8月、1984年7—8月和10月先后四次赴海原进行全面、详细的考察，并对重点地段和关键性数据进行了调查核实。考察范围东起固原硝口，西至极震区的最西端景泰的兴泉堡以西老虎山一带。在全长237km的地震形变带上，我们采取了沿形变带徒步实测填图的方法，按形变带力学性质分类，划出若干形变类型，编制了整个形变带的1：10万的分段分布图，其中编入了这次考察中所获得的163个水平位移数据和87个垂直位移数据，编制了水平位移和垂直位移曲线图。初步考察了海原地震发生的构造背景。

（二）海原地震形变带的分布

地震形变带是强震发生时深部发震断层的运动在地表所造成的直接和间接的永久形变效应。

1920年海原大地震，在极震区内形成了一条巨大的形变带。这条形变带东起固原硝口、蔡祥堡，经南华山、西华山北麓、干盐池、黄家洼山南麓、阴洼窖、北嶂山、北麓、大营水盆地、邵水盆地、哈思山南麓、米家山北麓等地，一直延伸到景泰兴泉堡，共跨越与固原、海原、靖远和景泰四个县。经实测形变带全长237km，大致呈北北西转北西西向的弧形带状分布，如图1所示。

海原带地震形变带的主体是一条非常复杂而形迹又非常清晰的线性构造带。经考察它由下列六段地震断层所组成，自东向西为：

① 月亮山东麓段，长55km；

② 南、西华山北麓段，长55km；

③ 黄家洼山南麓段，长18km；

④ 北嶂山北麓段，长57km；

⑤ 哈思山南麓段，长27km；

⑥ 米家山北麓段，长25km。

这条形变带由于地处西北黄土高原，气候干旱，人烟稀少，交通不便，因此形变带的大部分地段形变现象，至今仍保存良好。通过这次考察，获得了大量有关压性、张性、剪切性质等各种不同类型的地面形变资料，从而分析证实了1920年海原大地震的地面形变带是以水平运动为主，并具有左旋剪切的性质，它是高角度左旋走滑断层活动的结果。

此次考察测量共得到水平位移数据163个，垂直位移数据87个，共250个地面位移数据。其中可确认最大水平位移为14m，位于黄家洼山南麓，从此处向东和向西的水平位移幅度均逐渐减小。各段形变带的水平位移量也有中部较高、两端渐减的趋势。

（三）丰富的地震形变现象

1920年海原地震的形变现象十分丰富。但对该形变带不能简单地划分为张性的、压性的和剪切性质的三种构造状态，因为断层的运动通常是斜错的，因此只能按照该带各段占优势的构造形态性质来划分。根据野外考察资料，可以归纳出下列几种类型。

① 参加考察组的有宁夏回族自治区地震局的张维岐、万自成、柴炽章、焦德成及司机徐永璋、蔡森；地球物理研究所参加的有环文林、葛民、王士平、常向东，参加短期考察工作的有时振梁、鄢家全、王渝春、邢军、卢寿德及司机陈跃立等，蒋泽仁、张力平参加了录像工作，赵力箴、任道容参加了弱震观测工作，固原地区地震办公室蓝湘云参加了1984年的考察工作。

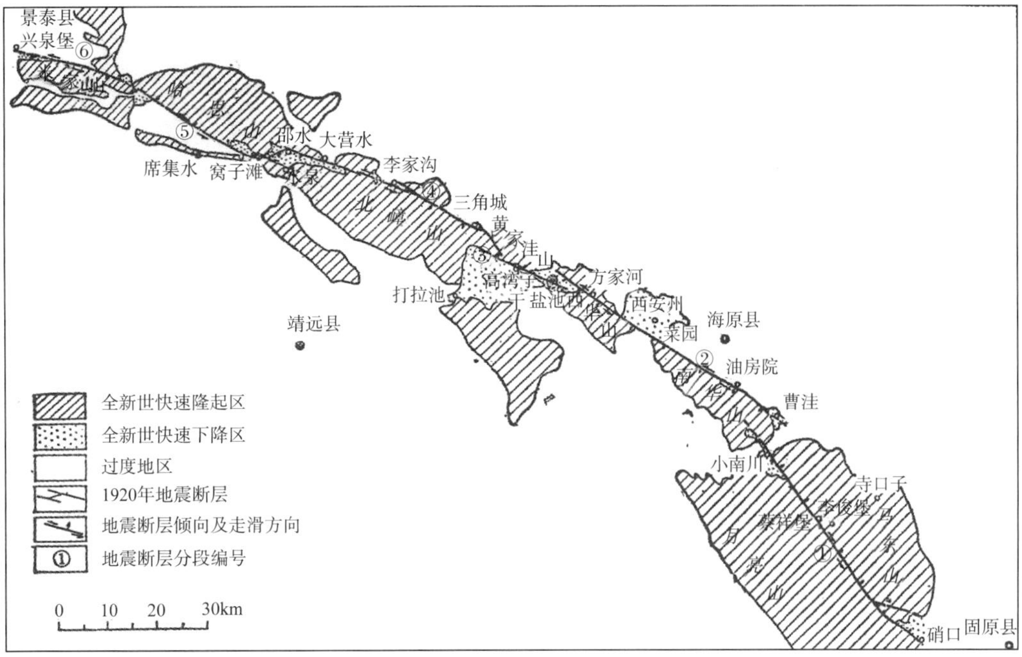

图1 1920年海原8½级大地震地震形变带分布图

1. 反映张性特征的地表形变现象

地震时所产生的张性形变，往往呈负地貌出现，它们是正断层的活动所产生的地表形变现象，常见有下列四类。

（1）阶梯状张性陡坎。

地震时在抗张区由于断层两盘的垂直差异运动，断层的上盘沿倾向向下滑动，使断层的下盘断层面出露于地表，称为“张性断层陡坎”。若沿多条断面滑动，则形成阶梯状的断层陡坎，如图2所示。断层陡坎常常在断面并伴有裂缝，现在的遗迹一般为负地形，如凹槽、地震坑等。裂缝中的充填物呈楔子状。在垂直于断层的探槽剖面上常常可以见到这种古“楔子”的存在。这种古“楔子”可以作为古地震的标志。

（2）地堑和地垒。

地震时形成的地堑和地垒于地质上的地垫和地垒一样，但规模较小，简单的地堑和地垒两侧各由一条正断层组成，但往往为多条断层组成阶梯状的复杂地堑和地垒，如图3所示。干盐池盆地中邵庄一带的地堑即为典型一例。

图2 阶梯状张性陡坎示意图

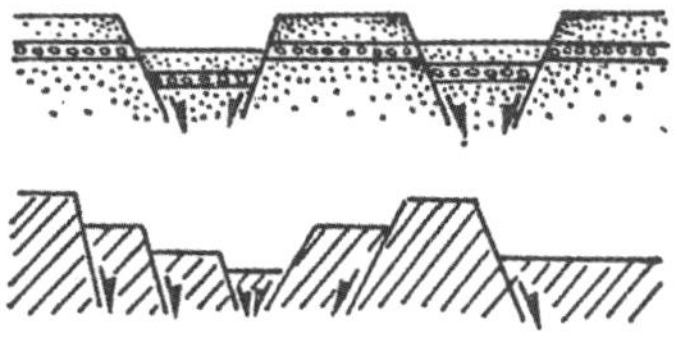

图3 地堑和地垒剖面示意图

（3）地陷和断陷。

地震时由于局部的拉张而形成的面积地面下沉，地面如有水源往往呈陷为湖。大面积的地陷常伴有正断层活动的断陷，如图4所示。如在干盐池盆地（旧盐池）北侧所形成的一条近东西向的正断层，断层的北盘大面积下陷4～5m，致使盐池湖水向北迁移，进入下陷区的新盐池内。

（4）裂缝。

地震时地面强烈运动，地表松散，沉积物中因拉张而发生裂缝，裂缝两侧无高差变化，这类裂

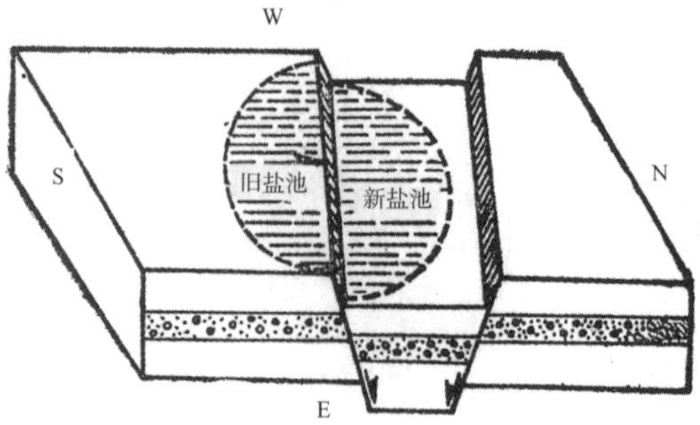

图4　1920年海原地震所造成的大面积地陷而引起的盐池池水迁移示意图

缝通常是地震引起的重力滑动的结果，如图5所示。

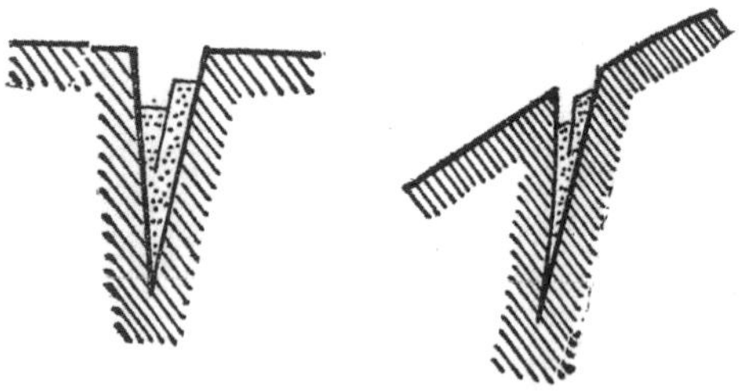

图5　地裂缝示意图

2. 反映压性特征的地表形变现象

地震时所产生的压性形变，往往呈正地貌出现，它们是逆断层的活动所产生的地表现象，常见的有以下两种，如图6所示。

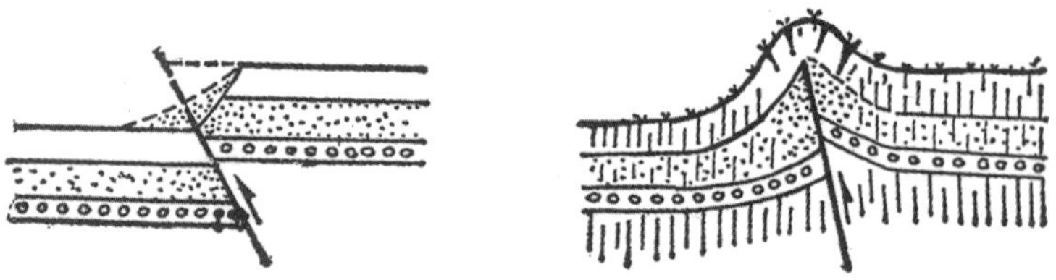

（a）压性陡坎剖面示意图　　（b）垄脊剖面示意图

图6　压性特征的地表形变现象图

（1）压性陡坎。

地震时由于断层的上盘向上逆冲，使上盘的断面出露于地表而形成的陡坎。这类陡坎以断面紧闭、无裂缝为其特征。上升的断崖常因重力下塌而形成倒石堆。在探槽剖面上也可看到断层上部古倒石堆的存在，通常也把它视为一次古地震的证据，这次调查中发现断崖倒塌后残留的陡坎，其外表与张性陡坎很相似，野外考察必须仔细鉴别。

（2）垄脊。

由于断层上盘的逆推，使得地表长度缩短而向上拱起，形成垄脊。垄脊与地面两侧都有高差，上升盘一侧的高差较小，下降盘一侧高差较大，因此垄脊在剖面 上呈不对称形状，这反映了断面上盘向上逆冲的性质。垄脊可以延伸很长，一般可长达几十米到几百米，宽2～3m，高1～2m。

这次地震发生在冬季，垄脊表层冻土受挤压呈人字形凸起，当地称为“棱子”。

垄脊和压性陡坎在破裂带上常成渐变关系，这反映了它们性质的一致。

3. 反映扭（剪）性特征的地表形变现象

地震时所产生的剪切性质的形变，以水平位错地貌为特征，它们是地震时走滑断层的活动所产生的地表形变现象，常见的有以下几种。

（1）水系错断。

① 沟谷错移：地震时走滑断层的横向位移，使与断层正交或斜交的一系列小沟谷错断，导致了水系在断裂处的同步拐弯，航空照片可以清楚地看到这种沟谷错移。邵水盆地西大岘沟北侧的小沟被错断。

② 断头沟、断尾沟：地震时如果断层错断的幅度较大，使沟谷完全错开，沟的下游由于失去上游的水源而废弃，则成为断头沟。同样，沟的上游由于失去流水的通道而另找出路，成为断尾沟。断头沟与断尾沟之间的位错值就是断裂的水平位移值，见图7。

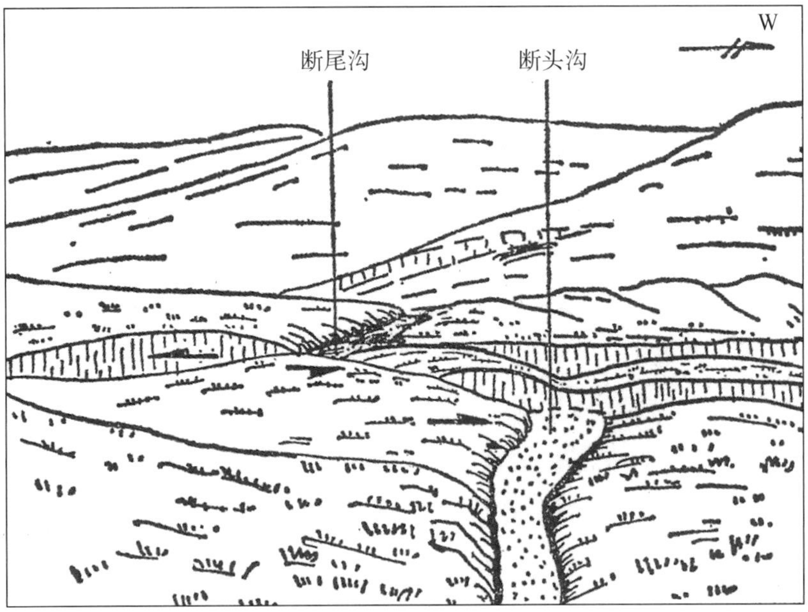

图7　卢子沟西侧的断头沟和断尾沟素描图（左旋错距4.7m，垂直断距1.5 ~ 2m）

③ 断塞塘、断塞坑：由于断层水平位移，使冲沟一侧较高的岸壁错到冲沟的中心，截断冲沟的出路，在错移的岸壁和冲沟之间形成一个小洼地，上游的水流携带着黄土和碎屑物质堆积在洼地中间而形成断塞塘。若塘中水已干涸，则称为断塞坑，见图8。在南、西华山北麓，黄家洼山南麓，北嶂山北麓，哈思山南麓等地均有广泛出露。

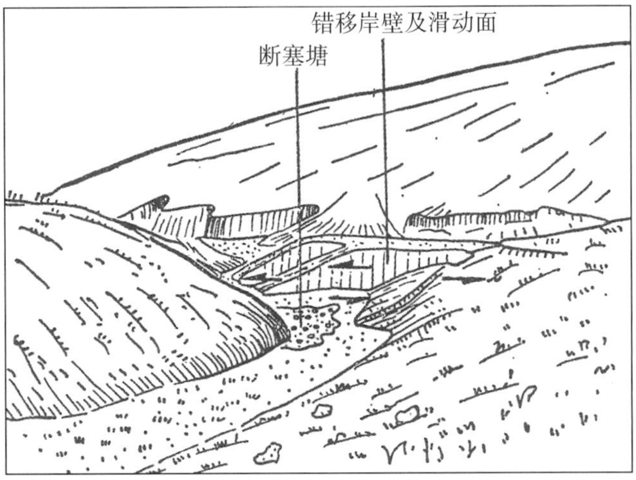

图8　山门至卢子沟间形成的断塞塘素描图（断层水平位移4m）

④ 阶地错移：走滑断层切割较大河流或沟谷时，往往在河岸阶地上观察到阶地的位错，见图9。在黄家洼山南麓的七岘沟口、南华山南麓油坊院东侧及景泰南沈家庄等地最为典型。

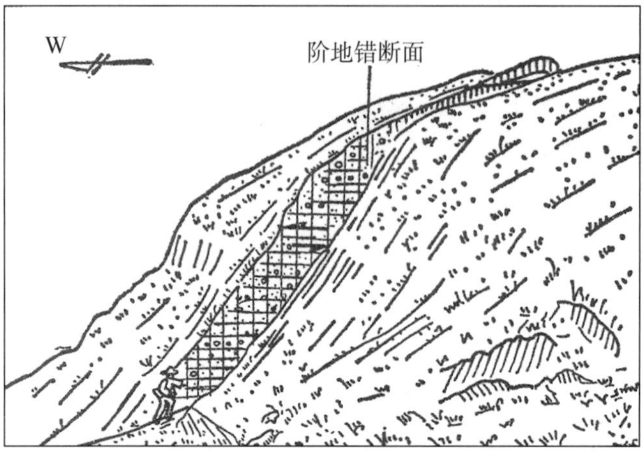

图9　南华山北麓油坊院东侧洪积阶地素描图（左旋水平错移3m）

⑤ 洪积扇错移：走滑断层切割洪积扇，使洪积扇错移，如油坊院东侧的洪积扇下部左旋错移4.5m。

（2）山脊错移。

地震时走滑断层的活动往往也把许多与断层正交或斜交的正向地形错移，包括山脊和垄岗地形等的错移。大的山脊由于地震位错量较小，不易测出位移。但在许多小沟切割较小山脊或垄岗上往往可以在一侧测量出位错，如米家山北麓段、景泰以南地震形变带使一系列小山脊左旋错断，见图10。这些小山脊和垄岗地形错断后所留下的弯月形“扭错月牙面”，是鉴定走滑位移量的较好的标志之一。1920年地震形变带的许多地方都可见到“扭错月牙面”，其中以荒凉滩的最为典型，见图11。

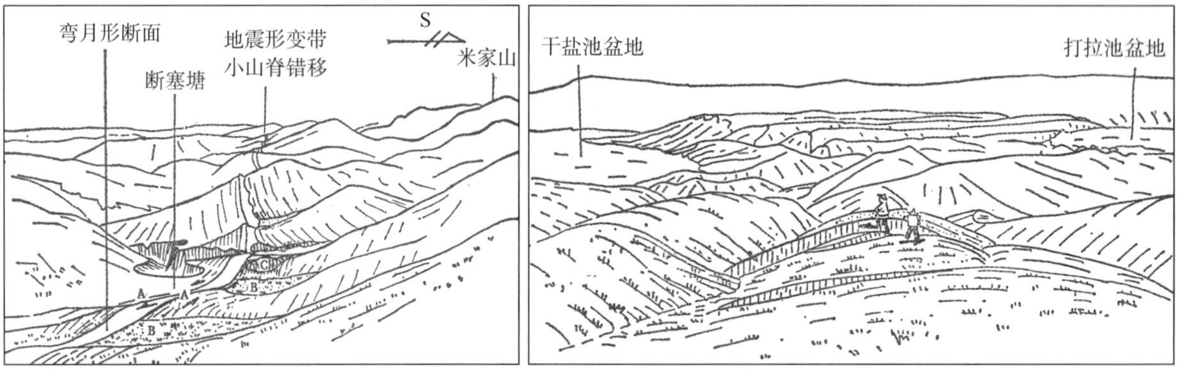

（a）米家山北麓段、景泰南大沙沟水渠东一系列小山脊被左旋错断素描图（水平错距2m，垂直错距0.5～0.8m）

（b）图干盐池西分水岭上的山脊错移素描图（左旋水平错距1.9m）

图10　山脊错移示例素描图

（3）雁行状裂缝。

走滑断层通过表面覆盖层较厚的平坦地区常常出现由多条较短的张裂缝呈斜列分布的形变现象，称为雁行状裂缝。一般单条裂缝长数米至数十米，见图12。根据它们的斜列方向可以鉴别走滑断层的位错方向。

（4）雁行状垄脊。

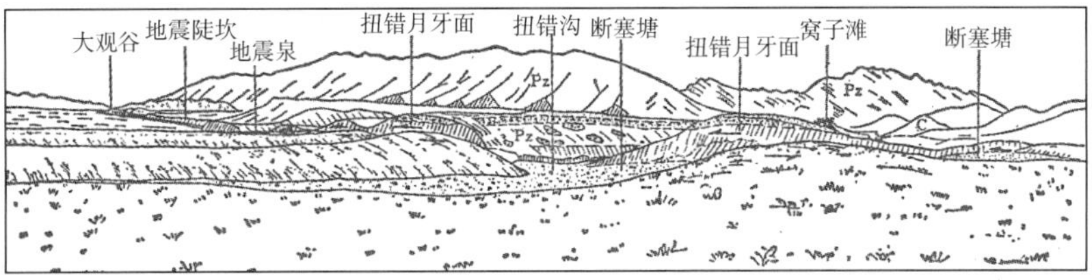

图11　荒凉滩南缘地震形变带分布素描图

荒凉滩冲沟入口处为地震泉，其东侧为地震陡坎，西侧为扭（剪）性地震形变带

图12　雁行状裂缝示意图

走滑断层通过表面覆盖层较厚的平坦地区也常出现一系列短轴的压性垄脊（俗称鼓包）斜列分布。单个垄脊一般长1～3m，根据它们的斜列方向，也可鉴别走滑断层的位错方向，见图13。

图13　地震时走滑断层活动所形成的斜列状（雁行状）垄脊示意图

（5）垄脊和裂缝相间的斜列分布。

地震时沿走滑断层经常可以见到由一组斜列分布的张裂缝及一组斜列分布的压性垄脊相间排列，其力学性质如图14所示，显示出走滑运动的特征。在南华山北麓的菜园、干盐池盆地、唐家坡一带均有分布。

图14　地震时走滑断层活动形成的垄脊和裂缝相间斜列分布示意图

（6）地物错断。

当地震形变带通过地面建筑物或其他地物时，常把地物错断，这也常是鉴定地面位移量的较好标志之一，如田埂错断、建筑物错断、水堤错断等。

4. 反映张扭（张剪）性特征的地表形变现象

地震时产生以走滑为主兼具张性的地表形变现象。走滑兼张性的地表形变是走滑断层由于断层的弯曲、交汇和端部效应等多种原因，在重力作用下，所出现的狭窄的次生张性沉陷带。它们宽度一般10～20m，但长度可以延伸很长，达数百米。在断面上能看到近水平的断层擦痕。它们不同于正断层的形变现象。常见的有地震扭裂带、扭错槽地、扭错陡坎等。

（1）地震扭裂带。

地震扭裂带是走滑兼正断层上最常见的一种扭张性裂缝带。裂缝平直，两侧无明显高差，见图15。在西华山北麓一带发育较广。

（2）扭错槽地。

扭错槽地是地震时走滑断层的活动在断层带内形成的拉张沉陷带，外表为窄长的槽地。有的后期已被充填，但经雨水冲刷出现成排的地震坑等。剖面上呈地堑状或单侧断陷，断面可见近水平的断层擦痕如图16所示，扭错槽地是走滑兼正断层的典型形变类型之一。保存最好的是大沟套东侧扭错槽地。位于西华山南麓大断裂带上，前震旦系断层糜棱岩带与新第三系地层接触的地方，槽地宽5～10m，长100～200m。断层产状NW60°，倾向南西，倾角60°，断面平整可见近水平的断层擦痕；在新第三系一侧量得擦痕东倾，侧伏角10°，地面上可见北升南降的断层陡坎，高0.5～1m，剖面东约100m的冲沟中量得水平断距5m。

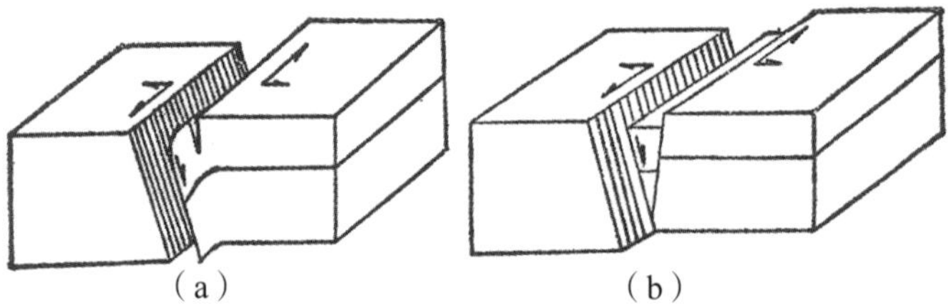

（a）　　（b）

图15　地震扭裂带和扭错槽地剖面示意图

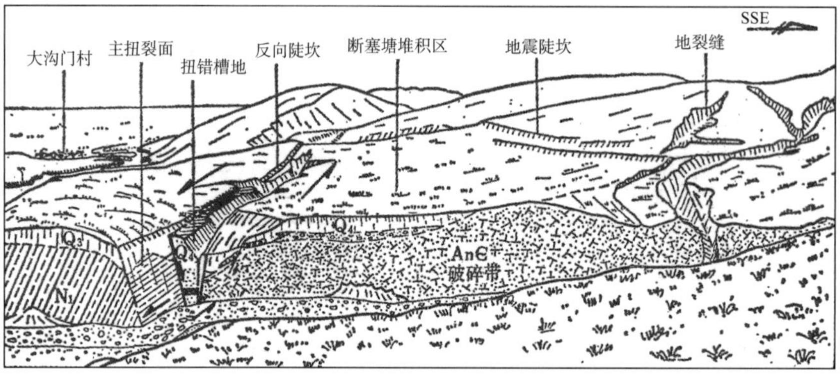

图16　西华山北麓大沟套扭错槽地素描图

（3）张扭性陡坎。

地震扭裂带和扭错槽地如果两侧有高差出现，则断层下盘的断面出露于地表而形成陡坎，称为张扭性陡坎。此次考察有两类陡坎。

① 扭错正向陡坎：地形较高的一侧出现的陡坎为扭错正向陡坎，如图17（a）所示。

② 扭错反向陡坎：地形较低的一侧出现的陡坎为扭错反向陡坎，如图17（b）所示，这种陡坎是走滑断层特有的微地貌现象。在西华山和南华山的地震形变带上分布较广，其成因可能是海原地震发震断层的走滑运动，其运动是在第四纪晚更新世以后出现的，由于出现时期较晚，而走滑运动又是沿老断层面再次活动，有些地段（如断层端部等）的走滑运动的地面垂直形变并不与原有的断裂运动形成的地貌特征相一致，新的运动还未完全改造旧的地貌形态，因而出现与地形不相协调的反向陡坎。如西华山北麓断裂西端红岘子东侧一系列山脊左旋错移形成的扭错反向陡坎，见图18。它可能是南、西华山北麓断裂西端的端部引张的结果。

（a）　　（b）

图17　扭错正向陡坎和反向陡坎示意图

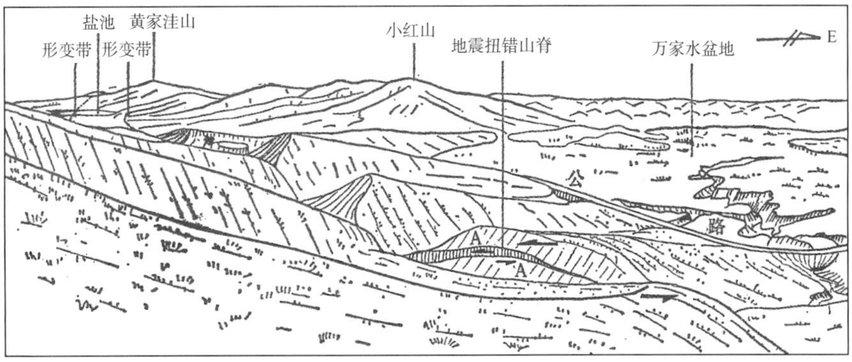

图18　西华山南麓红岘子西山脊错断地貌及地震形变带向干盐池盆地延伸情况素描图
（A—A'水平错距11m）

5. 反映压扭（压剪）性特征的地表形变现象

地震时所产生的以走滑为主兼有逆断层的地表形变，除具有走滑断层的一般特征外，还有一些特殊的形变现象，一般以正地形出现，常见的有以下三类：

（1）扭错垄脊和扭错陡坎。

扭错垄脊和陡坎常呈羽列状分布如图19所示，单条一般较平直，长达数十米至数百米。在垄脊或陡坎延伸处常见一般走滑断层的扭错现象，断面上可见近水平的擦痕，侧伏角小于30°，并显示出压扭性特征。如南华山北麓小山—乱堆子一带的断错龙脊，秦家湾以西长梁一带的垄脊都属于这种类型。

图19　扭错垄脊和陡坎示意图

（2）扭错陡坎（或垄脊）和羽状裂缝伴生。

在地形平坦、表土较厚的地方出现断错垄脊和羽状裂缝伴生，显示出扭压性的特征，安洼里的扭错陡坎和羽状裂缝见图20。

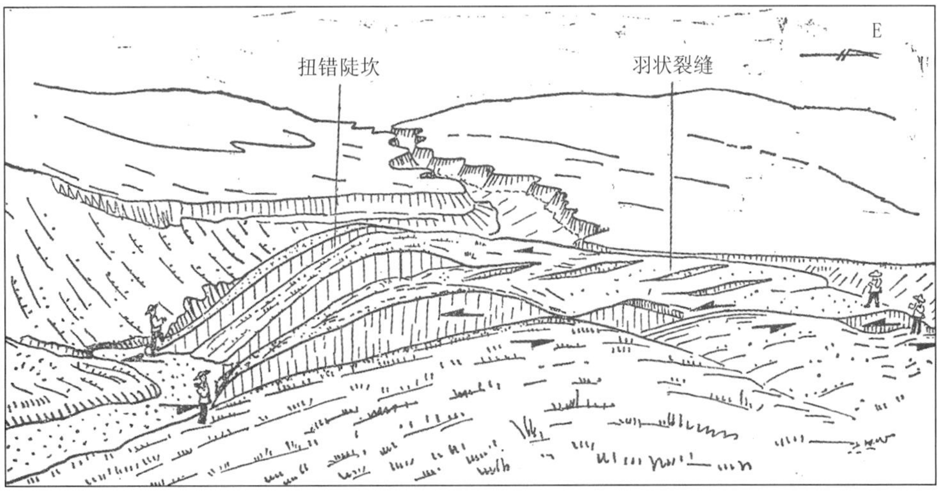

图20　南华山北麓安洼里一带的扭错陡坎与羽状裂缝伴生素描图（左侧小冲沟左旋错移4m）

上述各种类型的形变现象有机地配合在一起，成为我们全面鉴别地震断层的运动性质和位移量的重要标志。

（四）地震形变带的分段特征

研究海原地震形变带对探讨海原地震的成因及破裂机制有着重要意义。为此，我们在室内航片判读的基础上沿形变带进行了徒步考察，收集了各种类型的形变现象，并测量其水平、垂直位移数据。现由东向西逐段进行描述。

1. 月亮山东麓段

此段为整个形变带的最东段。起于硝口西南，沿月亮山东麓向北偏西方向延伸至老虎腰岘附近，总体走向为NW30°～40°，总长55km。

（1）硝口—叶家河。

硝口位于固原城西18km，是整个形变带的最南端，硝口以南形变现象已消失。考察自硝口西侧冲沟开始向北西方向追索，此段形变带主要表现为沿断层线的滑坡，见图21，滑坡的规模较小，形成一个个簸箕形凹地，见图22。在南套子、喇嘛墩山坡下有压性地震陡坎，走向为NW45°，垂直高差约2.5m，陡坎上有大量斜列的垄脊。

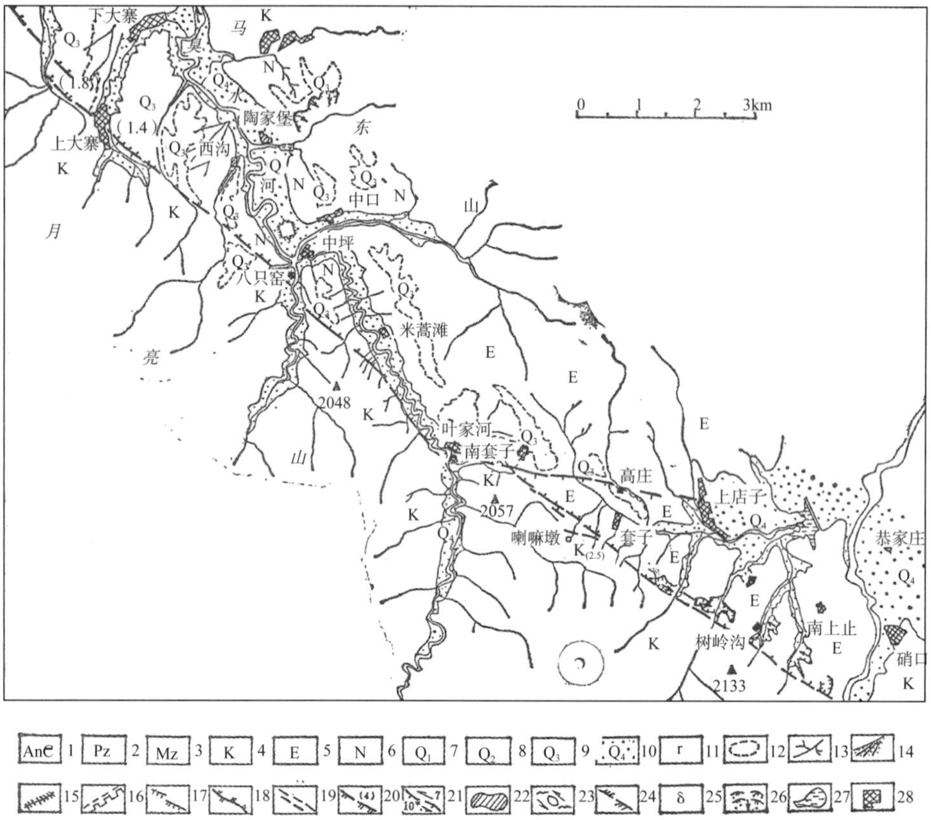

图21 硝口—上大寨地震形变带分布图

1.新寒武系；2.古生界；3.中生界；4.白垩系；5.老第三系；6.新第三系；7.下更新统；8.中更新统；9.上更新统；10.全新统；11.花岗岩；12.地层界线；13.水系；14.冲、洪积扇；15.山脊；16.田埂、土堰；17.地震陡坎；18.地震垄脊；19.地震裂缝；20.张性陡坎和垂直错距（单位：m）；21.压扭性陡坎和水平错距（带*号者精度为B类，单位：m）；22.地震堰塞湖；23.地震鼓包和裂缝；24.羽状裂缝；25.地震泉；26.崩塌和滑落方向；27.水库；28.村镇

在南套子村南，还有一条走向近东西，长约500m的形变带，与上述北西向形变带交汇，在交汇处有一个较大的滑坡，滑坡后缘位于形变带上。黄土沿山坡由北向南滑落，这条形变带向东一直可以延伸到上店子附近，沿该带除裂缝、陡坎、黄土崩塌外，还有呈串珠状分布的泉水，该形变带

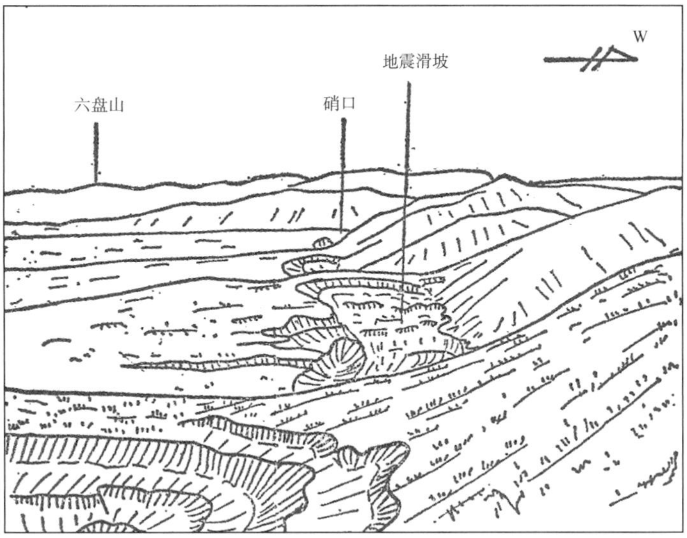

图22　喇嘛墩滑坡素描图

为月亮山东麓段形变带南端的一个分支。

叶家河位于形变带斜列交汇的构造部位，是一个近东西向的小盆地，形变带正好由村中穿过。此段由于人为改造和自然破坏较为严重，所以没能找到地表位移的准确数据。

（2）叶家河—上大寨。

由叶家河到米蒿滩，形变带仍以NW40°的走向向西北延伸，由于形变带分布于河流阶地上，故均为植被覆盖。通过航片解释，可以看出在采蒿滩村南，跨形变带的水系都有规律地拐折，这说明形变带具有明显的左旋走滑运动。

在八只窑村南，臭水河支流的阶地剖面上能清晰地看到地震破裂带和地震断层形变带由八只窑向西北穿过黄土梁进入上大寨盆地，山脊被形变带穿切形成马鞍形。

形变带由上大寨村中穿过，沿带有大量泉水出露。据当地村民介绍，地震时地表冻土顶起形成“圪棱”（即垄脊），有一人多高，震后泉水的出水量明显增多。此次考察还由经历过海原大地震的王德荣老人带领找到了当年地震所形成的“圪棱”，现在高度已不足1m，两侧地表也没有明显的高差。由上大寨村西侧土梁上向东南看去，形变带穿山越沟，在地表上留下了明显的痕迹。

（3）上大寨—猫儿沟。

此段长约10km的形变带在平面上呈斜列展布，沿走向追索，前一条往往位于后一条的右侧，相距大约200m，见图23。沿形变带有规模不大的滑坡体，并在垄脊和地震坑、地震陡坎为压扭性。形变带由杨庄水库中穿过，在水库两侧的山坡上都有地震裂缝和陡坎。水库西侧分水岭上，几条纹沟左旋错动了约1m，陡坎高约0.5m。从水库向西，翻过分水岭，形变带沿猫儿沟北侧山坡展布，由于形变带连续性好，并在山坡上形成宽1.5m、表面平坦的土垅，故当地人以此为山道，称为“摇路”，沿带还有多处滑坡，形成一个个簸箕形凹地。另外，一系列冲沟穿过“摇路”，都显示出左旋扭动。这次所量测的三条左旋错动的小冲沟，错距为4m。往远看去，形变带好像一条盘山路，从猫儿沟村向东南，逐渐上山，依山而去，水系均有规律地拐弯，再加上陡坎、崩塌、沟中的泉水，构成较醒目的地震地貌特征。

（4）猫儿沟村西巨型崩塌体和海子地震堰塞湖。

猫儿沟村西南，在东西向的固（原）李（俊堡）公路边，强烈的震动使河床两侧白垩系红色地层组成的巨大的山体相向滑落，以河床北侧的滑坡规模最大，滑落后形成的滑坡面峭壁高达60m以上，长约1500m，塌落的土石超过1000000m^3。这些土石将河床堵塞，形成堰塞湖，即现今的海子水库，堰塞湖长约2km，平均宽200m，面积约为0.4km^2。崩塌体为白垩系砂页岩，堆积在河床中，表面凹凸不平，犹如巨大的波浪，延绵2km长。如此罕见的地震滑坡，说明海原地震之强烈。

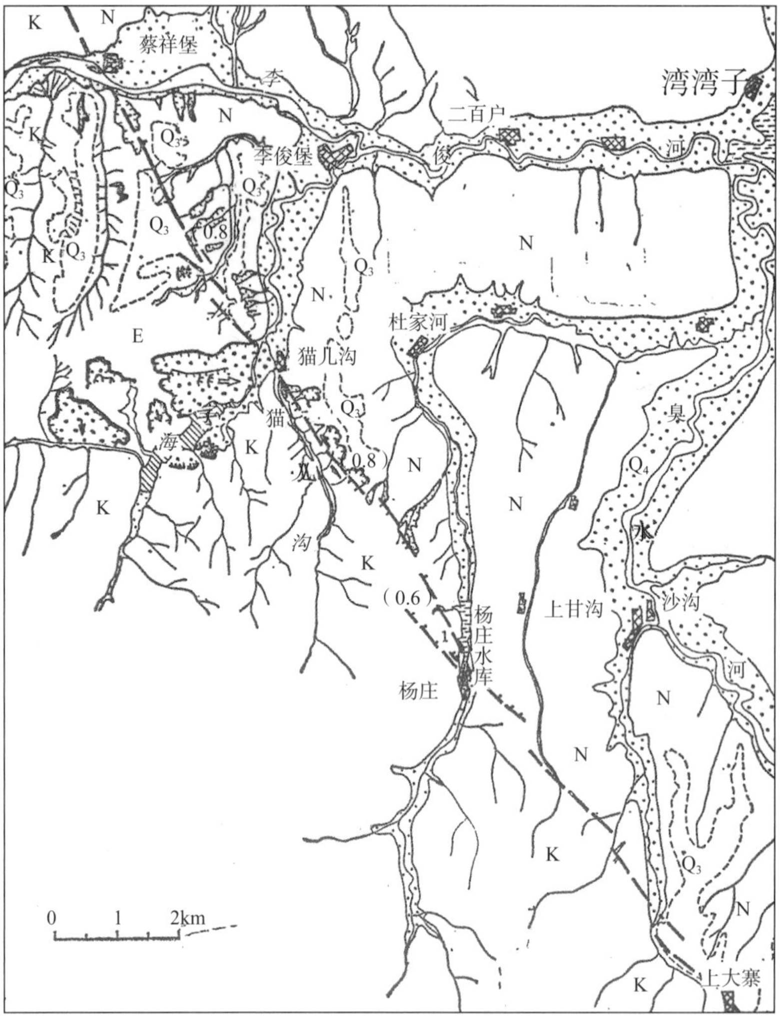

图23　上大寨—蔡祥堡地震形变带分布图

（5）猫儿沟村—蔡祥堡。

形变带沿马儿山东侧展布，在平面上组合形态仍为斜列式。主要地表形变仍是黄土崩塌和被地震摇散的黄土梁，经后期雨水冲刷形成凹凸不平的乱岗地形。在蔡祥堡村南，形变带沿一条北北西向的大冲沟一直通到李俊河边，冲沟切割很深，沟壁陡立，沟中有大量黄土滑坡和很深的地震坑。继续向北，穿过李俊河，往西北上山、形变带通过的河北岸的阶地上，当地村民在修建水利工程时挖出了1920年地震时滑坡所掩埋的人畜骨骼，缸瓦碎片以及石碌碡等。在剖面上可以清楚地看到地震断层破碎带和滑坡体。

（6）蔡祥堡—崖窑上。

此段形变带走向为NW30°，由于这一带具有很厚的黄土覆盖层，因此地震造成的地表形变主要是大量的黄土滑坡和裂缝，如图24所示。在黄蒿湾村南，形变带沿着一条大冲沟的南壁延伸，沟壁非常陡峭，沟谷中堆积了大量的黄土崩塌体。继续向北，形变带由冲沟插到山梁上，又沿着山坡切过了数条小冲沟，并形成了断头沟和断尾沟。从这里到崖窑上村东，约1.5km^{2}范围内，由于大片农田覆盖，已经很难找到形变带的痕迹了。

（7）崖窑上—老虎腰岘。

在崖窑上村东，形变带沿大掌梁西南侧展布，呈平行的两条，沿形变带有大规模的黄土滑坡。在唐家洼村附近，大规模的黄土滑坡充填了沟谷，形成壮观的滑坡地貌。在该带东侧约3km的范围内，这种滑坡分布很广；与此相反，在西侧几乎没有较大规模的滑坡，这种现象在航片上看得更清楚。

图24　蔡祥堡—老虎腰岘地震形变带分布图

禾地湾—小南川盆地是一个北西走向的长条形盆地，长约3km，宽仅0.6km，形变带沿盆地东侧展布，现在除了断续的滑坡和一些裂缝外，已看不到其他地表破坏的痕迹。小南川村北侧山梁的东坡，有一条巨大的破裂带翻过山梁，一直插到武家峁岗的西侧，在形变带内黄土层中有很多裂缝和地震坑，坑壁非常陡，坑深数米至十余米。由于强烈的震动，黄土梁被摇得支离破碎，经雨水冲刷留下一片凹凸不平的黄土包。

穿过武家峁岗，形变带沿一条较宽大的沟的东侧，向盐头沟延伸，沟东坡有大量的滑坡。

盐水沟是一条宽近百米的大沟，沟底有大量的冲积砾石，大小混杂。村民介绍说，震前沟中常年有水，当时称盐头河，河边还有水磨，汛期可以撑船；地震后河床由西向东迁移了十几米，水量急剧减少，现在只有汛期有洪水，平时干涸无水。形变带在盐头沟呈直角拐折的地方穿过河床，然后沿着沟东侧展布，延展有些小滑坡。老虎腰岘村南，形变带切边沟东岸上一簇小冲沟，这些羽状小冲沟长仅100m，沟中有黄土崩塌，这些冲沟在形变带上呈有规律的弯曲。

老虎腰岘位于盐头沟东侧的阶地上，在这里，盐头沟再次拐折，由北西向变成近东西向，形变带离开了河岸，由老虎腰岘村中穿过，然后上南华山南坡向西北延伸，由黄蒿湾村南通过，而后逐渐消失。与其一山之隔，在南华山北麓，另一条规模更大的形变带依山展布，在地表留下了丰富的形变现象，这就是海原地震的主要形变带——南、西华山北麓形变带。

2. 南、西华山北麓段

这一段形变带东起海原县曹洼附近，西止干盐池盆地北侧，总体走向NW50° ~ 60°，总长55km。

由曹洼到红岘子，形变带展布于南、西华山北麓，红岘子以西，形变带进入干盐池盆地，沿盆地的东北缘插到小红山南麓。由于这段形变带所分布的地区已处在海原地震的震中区，所以地表形态和地面建筑物遭受了严重的破坏。此段形变现象不仅包括了前面所描述过的各种类型地表形变，而且这些形变现象之间还有着非常明显的成因组合特征。尽管六十多年来该地区遭受了自然和人为的改造，但是许多形变现象至今保留完好，特别是大沟门以西各种地表形变的规模和幅度之大是较突出的。

通过考察，在全长55km的形变带上，各段具有不同的特征，这反映了各段活动性质的差异。

（1）东段—南华山北麓段。

该段位于海原县南部，山势险峻，基岩裸露，为一走向北西西的前寒武纪地层组成的带状山系，长约20km，宽近10km，平均相对高差700 ~ 800m。形变带由南华山东端的曹洼开始，沿着山系的北麓，通过乱堆子、油坊院、小山等地，大约止于刺儿沟村南，长约8km。主要形变现象有地震陡坎、垄脊、地裂缝、断错水系、阶地、洪积扇等，以压扭性的形变现象为主要特征，而且分布是有规律的。在曹洼一带，主要是压性的陡坎，地表变形的垂直幅度远远大于水平幅度，向西则逐渐变为压扭性的垄脊、羽裂等，而且水平位移幅度超过垂直幅度。现描述于后。

① 曹洼—乱堆子。位于南华山北麓形变带的东端，以压性地震形变为特征。曹洼是一个北西西向的盆地，长约5km，宽近1.5km，盆地内水源丰富，地表均有植被覆盖，当地村民还给我们指出了当年地表出现裂缝陡坎的位置，从航片上亦可清晰看到一系列地震形成的泉水和洼地，如图25所示。这些泉水呈串珠状分布，泉水汇集到一起形成一片沼泽，沿泉水向西，村西1km多处有地震陡坎，高2.5 ~ 3.5m，南高北低，具有明显的压性特征。由此一直到乱堆子，形变带依山展布，在乱堆子村附近形成2 ~ 3级陡坎，总高差可达4 ~ 5m；而水平位移却很小，从几条小冲沟的测量中看出，平均左旋错距只有0.5 ~ 1m，可见垂直形变远远大于水平形变。

② 乱堆子—油坊院。由乱堆子以西开始，形变带左旋错距逐渐加大，到坊家庄西南，水平错距已达4m多。在黄石头崖沟东约1km处，一条走向近南北的V形浅沟沟口的洪积扇被左旋错开，可以明显地看出陡坎两侧洪积扇的最高点，二者之间的水平距离为4.5m。洪积扇的东侧一条顺山坡的石垒田埂两处被错断，错距为4.3m，陡坎的垂直高差1.5m，显然这里的水平错距已远远大于垂直错距。由此向西，在油坊院东侧黄石头崖沟东岸，由Q_3砾石层夹砂组成的洪积阶地被左旋错移了3m，断错面至今仍保留完好（见图9）。

③ 油坊院—小山。油坊院以西，形变带的左旋错距继续增大，而陡坎的形状也与东边有着明显的不同。陡坎呈垄脊状，从远处看好像一条沿山坡的田埂。在油坊院村南，黄石头崖沟西侧，垄脊非常明显，据经历过1920年海原地震的75岁老人田百禄介绍，垄脊是地震时冻土顶起而形成的，当时有一房多高，人们可以从冻土下的洞钻过去，垄脊上有四棵老楸树，树下有地震所形成的泉水，现已干涸，垄脊的高度也只有1m高了。

芦子沟位于油坊院西约1.5km，是一条宽600m的大冲沟，沟中有大量的洪积砾石，尽管洪水对地表形态的改造很剧烈，但在河床上仍保留着地震陡坎，坎高约1.2m。在芦子沟村西南约500m的山坡上一条顺山坡的田埂水平断错4.5m，其东侧的一条小沟错动了4.7m，形成了断头沟和断尾沟。

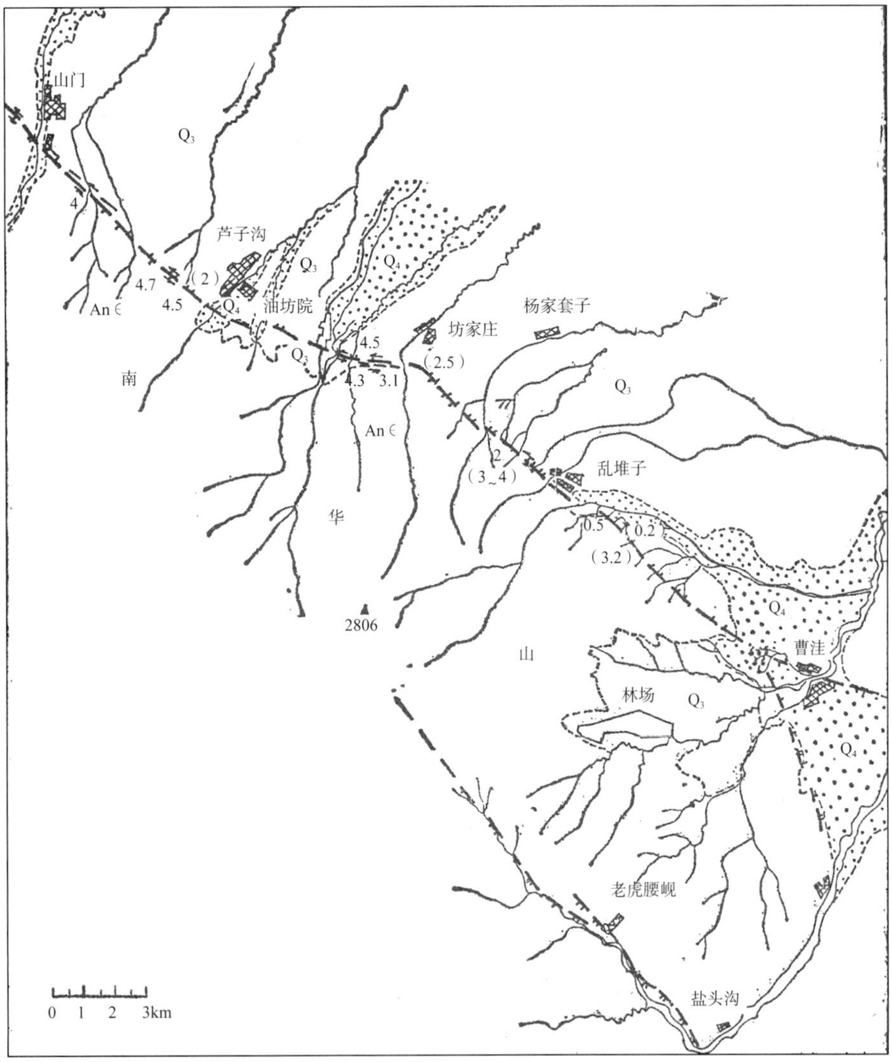

图25 曹洼—山门地震形变带分布图

垄脊横穿冲沟和田埂，垄脊北坡有一系列雁列状裂缝，单条裂缝的走向NW60°，长4.5m，共有七条。山门东南约1.5km，一冲沟被形变带左旋错移了4m，错断后形成了一个较典型的断塞塘，如图8所示。

④ 山门—刺儿沟。此段形变带走向NW70°，以扭错陡坎、垄脊、裂缝为主。由于山麓坡度较大，所以垄脊的两坡不对称，南侧坡度很缓，北侧坡度则陡。小山村马占山老人也讲了当时垄脊（俗称“棱子”）的形成情况。这一带的水平错距为4～5m，垄脊高1.5～2m。安洼里东南，一条冲沟左旋错移了4m，沟东侧扭错陡坎和垄脊的北侧有一系列大致斜列的羽状裂缝分布（图26），沿着形变带走向看去，扭曲的水系、隆起的垄脊、扭错的陡坎及斜列的裂缝，表明这一带以扭性的地震形变特征为主。

（2）中段—西华山北麓段。

刺儿沟以西至于盐池北，形变现象以张扭性为特征。这一段除其东端位于南华山北麓外，大部分都位于西华山北麓。

西华山位于海原县西南，它的东端被园河河谷与南华山分开，西端延伸至干盐池盆地东南，总体走向NW50°，同南华山一样，西华山也是北西走向由前寒武纪地层组成的带状山系，长约22km，宽近10km，形变带位于山系的北麓。

中段形变带东起刺儿沟以西，向西北一直延伸到干盐池盆地东侧的红岘子，沿途经过菜园、任

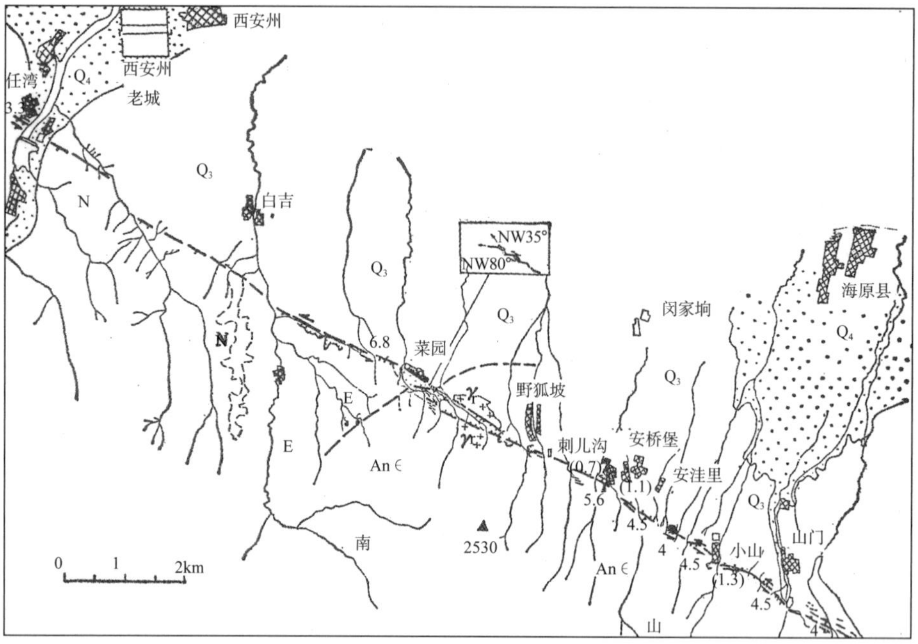

图26　山门—任湾地震形变带分布图

湾、大沟门、哨马营、方家河，这里是海原地震时人畜伤亡最多，地表破坏最重的地区之一，因此地表遗留的形变现象比比皆是，以张扭性形变现象为主要特征。而且最大位移量在整个形变带上，仅次于黄家洼山南麓段。

① 刺儿沟—古墩子。以刺儿沟一带为界，向东形变带的力学性质发生了明显的变化，由西段的压扭型变为张扭型。在小山一带大量分布的垄脊到这里已很难找到，以张扭性陡坎和扭错槽地代之。野狐坡到菜园，形变带走向NW70°，为张扭性扭错槽地。槽宽50～200m，两侧陡坎高约1.5m，如图26所示。菜园槽地较为典型，菜园盆地就位于这个扭错槽地之中。在菜园村东南，有大量的鼓包和裂缝，鼓包的长轴走向NW30°，以斜列式组合在一起，总体走向NW60°。菜园盆地内有多处泉水出露，现在盆地中心还有一个水塘，塘的周围有一种黑色物质堆积，据说这是地震时从地下喷出的。

菜园至任湾间，形变带由出露前寒武纪地层的山麓进入到西安州盆地的南缘。这里地势平坦，地表土层很厚，加上人口密集，植被覆盖，所以形变带遗迹已很难找到，只能根据航片解释确定形变带的位置。由图26可以看出，地震陡坎分布不连续，由于人工改造，陡坎高度已经很小，北侧比南侧稍高。任湾村西南，形变带又开始沿山坡展布，陡坎高1.3m，一条跨陡坎的小冲沟左旋断错3.3m。由这里到古墩子，由于大量植被覆盖，形变带已很不明显。

② 古墩子—哨马营。古墩子村西，有一座海拔为2019m、北西走向的小山，在山的南坡，分布着地震形变带，从平面上看，形变带表现为宽二十多米的凹槽，两侧的陡坎呈不规则的锯齿状，具有明显的张性特征。

在大沟门村西南，形变带切过一条数十米深的大断层沟，沟南侧为前寒武系地层破碎带，北侧为新第三系红色地层，此沟以西是另一条沿断层急拐的冲沟。在断层处见到由于左旋断错了5m而露出了新鲜的滑移面。由此再向西，就到大沟套，沿山坡分布了非常典型的张扭性扭错槽地。在大沟套冲沟东壁的剖面上，考察时发现了该扭错槽地北侧的断层滑动面，其产状走向NW60°，倾向南西，倾角60°，滑移面向上延至地表，正好与陡坎相连。由图16还可看出，海原地震形成的扭错槽地位于西华山北麓老断裂的破碎带与第三系的断层带上。在大沟套，这条破碎带宽达500m。

由大沟套西侧的山坡向东可看到扭错槽地的全景，平面轮廓和剖面特征都十分明显。由大沟套向西到哨马营，形变带沿山麓展布，水平错距继续加大。在哨马营村东南1400m处，两条小冲沟的水平错距分别为6m和6.2m，而垂直位移不足1m。哨马营村东南约500m分水岭东坡处黄土梁的水平错距达到8m。

③哨马营—红岘子。泥胡子沟和方家河是两条规模较大的冲沟，形变带横穿这两条沟，从图27中可以看到这两条沟的左旋扭动幅度很大，显然不只是海原地震形成的，它说明了南、西华山北麓段断裂左旋活动已经历了一个相当长的时期。由泥胡子沟—方家河形变带内有两组走向不同的地表形变带，走向为北东向的一组，张扭性特征明显，形成长十几米至几十米的凹槽；而走向为北西的一组，则具有明显的压性特征，表现为垄脊和压性陡坎，这两组形变往往相间排列，首尾相连，呈锯齿状。在方家河村南，张扭性陡坎两侧有许多北东向的张裂缝，水平错距6.5m。

由方家河向西越过分水岭，可见岭上有一个地震错移所形成的黄土埂，左旋错距达7m。形变带向东过石桥关沟后沿其南侧展布，平面形态呈凹槽并伴有张裂缝，为典型的地震扭裂带。沟边有串珠状分布的泉水，展布方向与形变带一致。在沟南侧山坡上由东向西排列着四个断塞塘，过去有人调查，量得水平断错幅度为10m左右，并认为这是海原地震的最大位移值，这次考察，在最东的一个较新断塞塘量得水平错距为11m，二者结果相近。

由石卡关沟到红岘子，断错冲沟、山脊、裂缝到处可见，错距逐渐加大。其中尤以万泉水东南黄土坡脊的错动最为突出。这条北北西向的黄土坡脊被两条平行破裂面左旋拉开，形成两个相互错开、平缓的月牙面。两个月牙面之间为一条宽约5m的条形凹地，两侧月牙面顶点之间的视距离达16～18m，扣除地形自然走向的影响，错距仍达12～13m，为南、西华山形变带内水平错距最大之处。由于该错距未能直接量出，报告中仍列为B类数据，待以后考证。在红岘子东南，几条小山脊发生明显的左旋错断。在断面上可以看出最新一次错断面，左旋错距为11m，如图18所示。

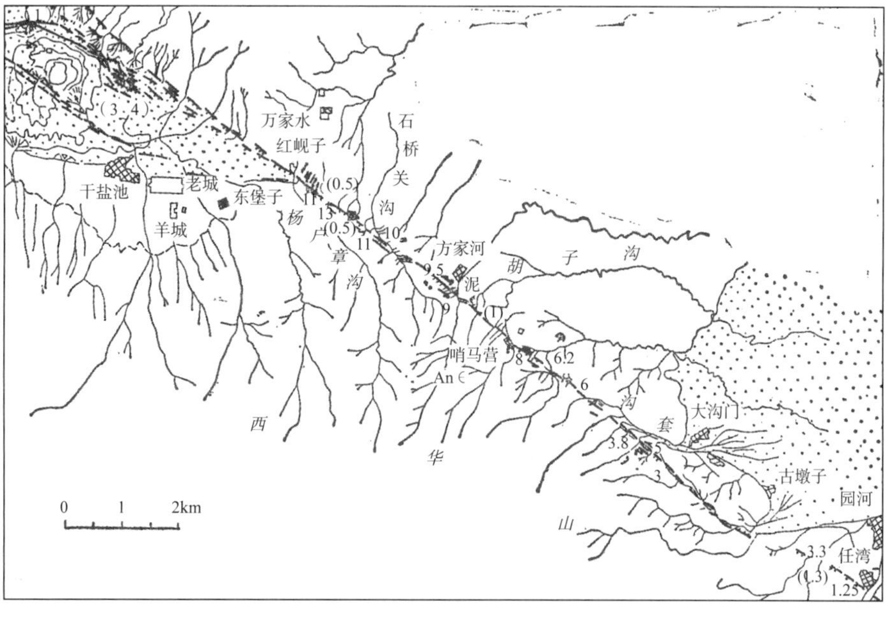

图27　任湾—红岘子地震形变带分布图

总之，由哨马营到红岘子形变带水平运动特征非常明显，错距很大，而垂直错距较小，断面南倾，北升南降，形成一系列明显的反向断错陡坎。由此可以看出这一段地震断层活动以张扭性的地震形变现象分布为其主要特征。

（3）干盐池盆地。

干盐池盆地位于海原县的西端，是一个菱形盆地，长轴走向NW60°～70°，与形变带走向一致，长轴约11km，短轴约1.8km，盐池位于盆地中心，由新、老盐池两部分组成，老盐池位于南侧，湖水已干涸，湖底覆盖着析出的盐碱并长出青草，从表面看，地形平坦。在旧盐池的中心，有一块凹地，并有一条干涸的水道通向新盐湖，可能是旧盐湖的湖水在地震时流向新盐湖的通道，因为旧盐湖的湖底比新盐湖水面平均高出2m以上，最高处可达5m。新盐湖的面积略小于老盐湖，现湖水集中在新盐湖中心，约占整个湖盆面积的15%。干盐池域位于甘、宁二省交界处，是海原去靖远必经之路，这里早在地震以前就是该区的经济贸易中心，据《县志》记载，这里设有盐税机构，所以人烟稠密，这次海原地震所造成的灾情也是较重的，人畜伤亡，建筑物及地表的破坏居极震区之首位。

干盐池盆地内地震形变带明显地分为两条。以新盐湖为界，新盐湖北侧的一条向东与西华山北麓段相连，是西华山北麓形变带向盆地的延伸部分；南侧的一条向西与黄家洼山南麓段相接，是黄家洼山南麓形变带的东延部分。二者之间呈斜列分布，新盐湖正好夹在这两条形变带之间。

① 干盐池北缘段。这一段形变带为南、西华山北麓段地震形变带的西段，红岘子位于盆地东端，向西可以看到干盐池的全貌。形变带由红岘子南侧翻越分水岭，进入盆地，然后沿着盆地东北缘展布于小红山的南麓，参看图18。沿形变带有很多张性陡坎，北高南低，总体走向为NW60°，陡坎往往有二三级。进入盆地在邵庄附近，形变带规模很大，宽达500～800m，平行排列的七八条断坎组成了一系列地堑和地垒。考察发现邵庄西南的一横穿这些地堑和地垒的石砌田埂有五处被错断，总水平错距为4.7m，总垂直错距为3.3m。在这些小地堑内地表土层支离破碎，有许多地裂缝。邵庄75岁老人曹占胜介绍："地震时村中房屋都倒了，我家的麦场裂了个大口子，麦堆和罐子都掉入裂口里"。继续向西，在新盐池西北，地震陡坎沿湖岸分布，北高南低，高差约1m。据曹占胜老人回忆，震时地表冻土顶起形成这条坎子，当时也有近一房高，人可以从下边钻过去，考察中并由老人带领看了当年现场。在盐湖的西北隅，陡坎从一条冲沟口形成的洪积扇后缘穿过，然后向西南拐折，由现在的盐场北侧通过，然后消失。除沿湖的陡坎外，沿小红山山麓还有两条地震陡坎，其中最北面的一条穿切了山前的所有冲沟，在小红山的西端消失；另一条由北西走向逐渐转成近东西向，断续分布。

由图28可以看出，红岘子以西形变带的垂直位移幅度逐渐加大，到邵庄附近已达4m以上，往西还将继续加大；而水平位移量却急剧减小，由红岘子以东的11m减至3～4m，到盐场附近水平位移已很小，不易观察到。

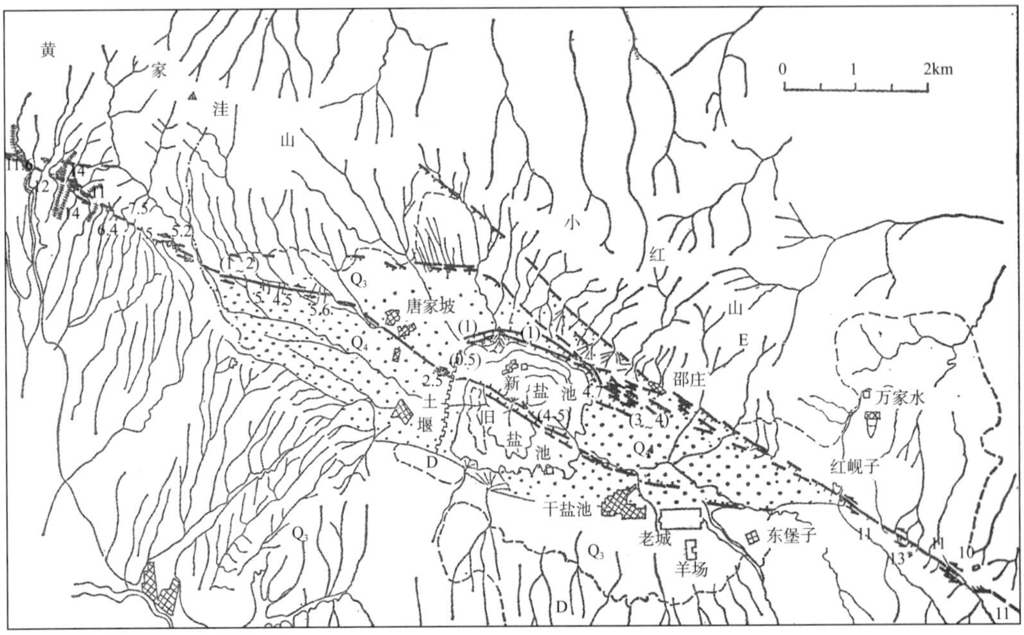

图28　干盐池盆地地震形变带分布图

② 干盐池南缘段。新盐湖南缘段地震形变带是黄家洼山北麓段地震形变带的东端。黄家洼山形变带进入盐池盆地后，经唐家坡向东从新老盐湖之间穿过，总体走向NW70°，从盆地中心向

东，形变带由干盐池新城的北侧通过，再向东则形变现象逐渐减弱。曹占胜老人介绍说“当年盐池中的这条坎子冒黑水，干盐池老城中房屋全被震毁，城墙也多处倒塌”。另一位八十岁高龄的李生苍老人介绍当年情景说，震前盐湖水主要集中在南半部，湖水很大，可以撑船，地震时湖中突然形成一条一房多高的陡坎，陡坎北侧下陷，使湖水由南向北迁移，过去湖底变成了陆地。此次考察时，这条陡坎在湖中心最大高差约有5m，向西陡坎逐渐变低，至干盐池和唐家坡公路拐弯处陡坎仅高0.5m。在公路西侧有一条南北向的土堰，纵贯干盐池盆地南北，在盐湖陡坎与这条土堰交叉处，土堰形成一个豁口，豁口两侧的堰堤被左旋错移了2.5m，垂直高差0.5m。曹占胜老人说，这条土堰震前就有，修筑的年代很早，是为了保护过去老盐湖的盐场而修的挡水堤，地震时土堰被震开一个缺口，陡坎就从这里穿过，一直向西延伸至唐家坡，此缺口即土堰豁口。公路从这里向西拐弯，据说公路经常塌陷，可能与这条陡坎破裂带有关。这一数据和邵庄地堑的水平位移数据填补了过去盆地中心盐湖东西两侧缺少水平位移数据的空白。

形变带自此向西，陡坎高差也逐渐变小，一直到唐家坡。唐家坡西1500m处即早先发现的沿形变带的13条石砌田埂被左旋错断之处，错距3～8m不等。据过去的调查考证，这些田埂是清朝雍正年间（1723—1735）修建的，经海原地震而被错断。

从实测的垂直错距和水平错距的数据可以看出，干盐池南缘—唐家坡地震形变带的垂直和水平位移幅度有着明显的规律。盆地中心垂直位移最大，向两侧则逐渐减小；与此相反，盆地中心水平位移最小，向西则逐渐增大。这个有趣的现象看来与海原地震断层的活动方式有关。

3. 黄家洼山南麓段

如图29所示，本段应包括上述的干盐池盆地南缘段，所以东端起于干盐池乡新址北侧，穿过盆地中心，沿新盐湖南侧陡坎、穿过唐家坡，而后越过分水岭向西，进入黄家洼山南麓，穿切了一系列大大小小的冲沟，其中较大的冲沟有张泥水、边沟、青沙石河、基泥沟，最后于红水河东侧消失。总体走向NW60°～70°，长18km。

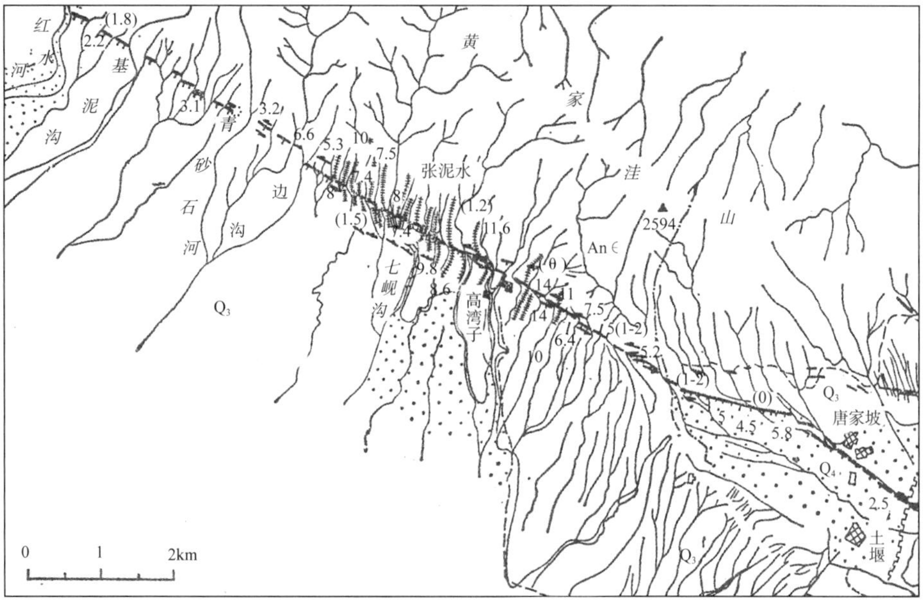

图29　黄家洼山南麓地震形变带分布图

黄家洼山位于甘肃省境内，总体走向NW60°，主峰海拔2666m。黄家洼山自新生代以来，强烈隆起，地形相对高差较大，沟谷密集，切割较深。主要岩性为前寒武系变质岩，沿山南麓分布了少量侏罗系砂页岩。山的南麓数十条冲沟自东北向西南汇入打拉池盆地，形成一个由东北向西南倾斜，宽十几公里的大洪积扇，形变带沿着山的南麓切割了沟谷和谷间脊，在地表留下了很明显的形变遗迹。

边沟以东地表形变幅度很大，活动特征非常明显，而且保留较好。形变带由唐家坡向西，越过甘、宁交界分水岭处进入甘肃省，由于分水岭地形坡度较大，地表风化土层较厚，地震时形成了阶梯状崩塌陡坎，单条坎高一般为0.5～1m，多为三四级，最多可达七级。其中，一些被水平错断的土梁形成月牙形陡坎，水平错距为2～5m。由此向西到七岘沟形变带内的所有冲沟和谷间脊均呈S形拐折，左旋走滑特征十分明显。自分水岭西坡至高湾子东南约1800m处，由于冲沟的错动形成了五个断塞塘，由东向西错距分别为7.5m、6.4m、10m、11m、14m。根据我们考察，这里水平位移幅度最大。菱形的断塞塘和断错冲沟，左旋水平位移14m。高湾子村东北约500m，北北东向的谷间脊被左旋错开12m，堵塞了东侧的冲沟，使冲沟拐弯。高湾子村北，一条大沟东侧的阶地错动，错距为11.6m。类似这种阶地错动现象在该段较多。另外在这一段上还见到两处山脊错移18m，但错断面遗迹不够清晰，精度列为B类。

高湾子东至边沟这段长4000m的形变带是海原地震形变带中水平错动标志最明显、幅度最大、遗迹保留最好的一段。在航空照片上，这段形变带的影像特征十分清晰。

由边沟到红水河，水平位移幅度急剧减小，垂直位移逐渐加大。在红水河东侧水平位移仅2.3m，继续向西，形变带逐渐消失。

4. **北嶂上北麓段**

北嶂山位于甘肃靖远县境内，山体走向为NW70°～80°，与南、西华山和黄家洼山相比，北嶂山山势较低缓，主峰海拔为2321m，整个山体为一残破的背斜，山顶即背斜的核部由志留系地层组成，背斜的南北两翼极不对称，南翼由石炭系、侏罗系、白垩系、新第三系等地层组成，而北翼则缺少古生界、中生界所有地层，志留系地层直接与上更新统黄土接触，地震形变带基本上沿着二者的接触界限分布。

这段形变带的最东端起于黄家洼山南麓的青砂石河上游一带，与黄家洼山南麓形变带斜列，走向为NW40°～50°，穿过红水河上游，经阴洼窑、上湾、下湾，进入三角城盆地，见图30，形变带出现“入”字形斜接，见图31，然后走向变为NW60°，向西经花道子到李家沟，在李家沟东又出现一次“入”字形斜接，走向再次变为NW70°～80°，以后经大营水、大红门，插到邵家水村，然后形变带突然呈“入”字形拐折，走向变成NE50°～60°，沿盆地西北缘的洪积阶地进入大岘断裂谷内，沿着大岘沟的北侧延伸2.5km后逐渐消失。全长57km。

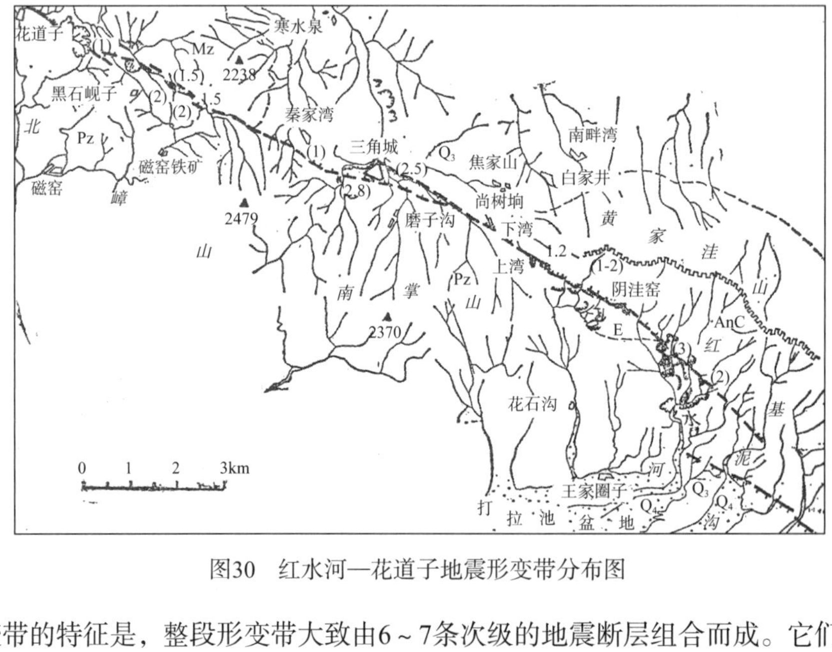

图30 红水河—花道子地震形变带分布图

此段形变带的特征是，整段形变带大致由6～7条次级的地震断层组合而成。它们互相斜接，各条地震断层的走向和活动性质都有差异。总体走向为NW60°～70°，中段以左旋压扭性的活动为主

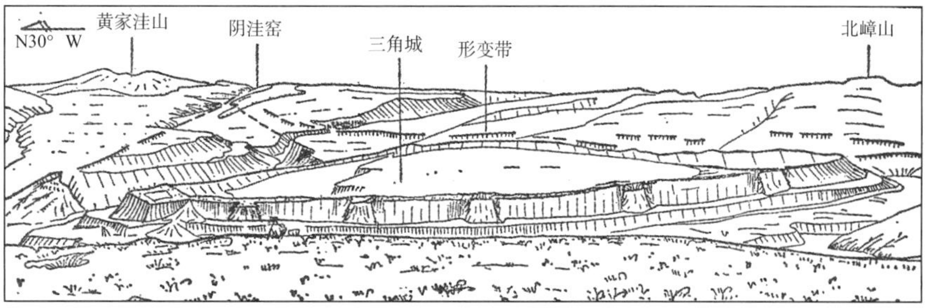

图31　三角城盆地素描图形变带呈“人”字形交汇，交汇区内部为三角城盆地

要特征，而东端和西端，差异较大。东端——青砂石河上游至三角城，走向为NW40° ~ 50°，以压性的地震形变为主；西端——自高枣坪以西，地震形变性质逐渐变为张扭性，特别是邵水盆地，走向转为NE50° ~ 60°，其形变性质以张性为主。

（1）青砂石河上游—三角城北侧。

这段形变带地形起伏很大，地表形变主要为沿带分布的大量崩塌和滑坡，巨大的裂缝和垄脊。几乎没有水平位移，而以直垂位移为主，以压性形变现象为特征。红水河上游地形明显升高，是全新世以来的强烈隆起区。强烈的隆起促使红水河急剧下切，切割了$Q_{2\sim3}$的洪积砾石层，形成狭谷。沿河两岸多处出现大规模的滑坡和崩塌，红水河西的山梁上地震陡坎以NW40° 的走向向阴洼窑延伸，坎高2 ~ 3m，形变带宽80m。沿带到处可见崩塌和地裂缝，崩塌体甚至将几十米深的大沟截断，迫使沟谷改道。

阴洼窑以西，形变带走向逐渐向西偏转，崩塌显著减少，以巨大的裂缝带和垄脊伴生为特征。形变带向西翻过阴洼窖西边一个山梁以后，沿谷地南侧分布，向三角城盆地方向延伸。形变带穿过盆地东侧的分水岭，沿山坡穿切了数条冲沟，插到三角城盆地北缘消失，沿形变带呈线状出露了第三系含石膏红土层。

（2）三角城—花道子。

三角城是一个山间小盆地，面积不足1km^2，另一条形变带沿盆地南侧延伸，东端与黄家洼山三角城北侧的形变带交汇在一起。主要地表形变是地震陡坎，陡坎呈南高北低，有二三级，高差一般为1 ~ 2m，并断续分布有黄土崩塌、地裂缝和线状出露的泉水。水平位移幅度很小。向西，形变带越过盆地西侧的分水岭，由秦家湾村南穿过，这一带地表形变不明显，只有一些断续分布的陡坎和被地震摇散的黄土梁。

高岘子以西，形变带的水平位移幅度逐渐加大，并出现了扭错槽地，槽壁呈锯齿状，地表黄土形成一个个小鼓包。黑石岘子北侧，形变带规模较大，宽约二百多米，有大量的黄土崩塌，崩塌体较大，堵塞了40 ~ 50m深的冲沟。由高岘子到花道子，形变带穿过鸡肠子沟、中沟、大水沟，越过高岘梁、长梁，形变带时而沿沟谷延伸，时而越上山梁，丝毫不受地形的控制，形变带经过的地方地表土层被翻起，远远望去如同一条黄土堤坝穿行在群山沟谷之中。

（3）花道子—高枣坪。

这一段形变带主要以水平运动为主，由于山路崎岖，人烟稀少，所以这一带形变现象保留较好。由卧龙山开始，形变带分为两支，靠北侧的一条沿着大水沟展布，它是前一条形变带的西端，沿途有大量的黄土滑坡，延伸约2km后逐渐消失。南侧的一条沿山麓分布形成两级南高北低的陡坎，穿切了许多小冲沟，使这些小冲沟有规律地左旋拐折，水平错距为2 ~ 4m，见图32。李家沟村东南地震形成的垄脊保留完好，高达3 ~ 4m。

李家沟—白崖是北嶂山北麓形变带中水平位移量最大的一段。从李家沟向西，形变带沿碱水沟的南侧分布，沿带冲沟和土梁的断错十分明显。在李家沟村西到小井子沟东梁这段长约3km的形变带上，我们共测得水平错动数据8个，其中错距最大的为9m，大部分4 ~ 6m。在李家沟村南约400m处，一条小冲沟左旋错动非常明显，沟边的一丛草被错开，错距为3.8m。继续向西，接连有三条冲

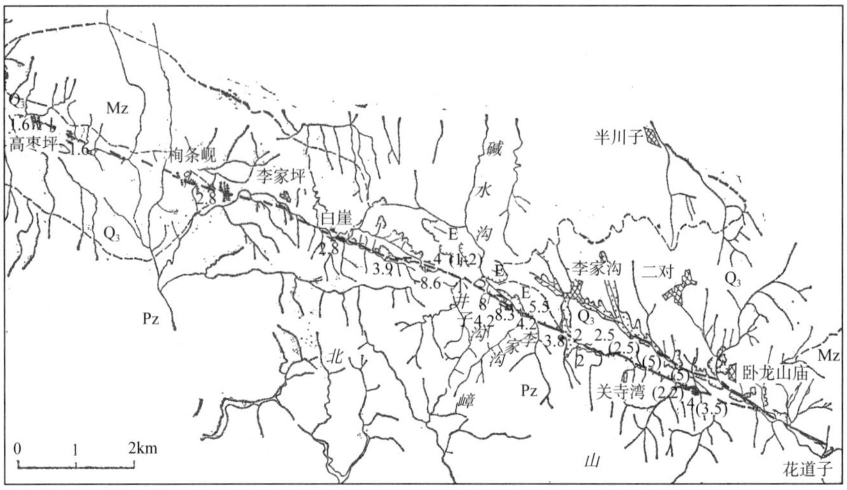

图32　花道子—高枣坪地震形变带分布图

沟和四条谷间脊被左旋错断，其中一条小黄土梁被错动后形成新鲜的月牙面，错距为9m。小井子沟东侧山梁上，黄土因强烈震动形成许多裂缝，经后期雨水冲刷形成一片起伏不平的波状黄土包。这一段形变带走向 NW60° ~ 70°，宽40 ~ 60m。

形变带越过山梁，沿着小井子沟南侧展布，沟两侧有许多黄土崩塌现象，地表的水平位移逐渐减小，在白崖泉水附近，形变带内冲沟错动只有2.8m。

白崖以西，形变带沿山麓切过了多条冲沟和谷间脊，平均水平错距2 ~ 2.8m，除水平位移外，也开始出现垂直形变，但幅度很小，平均不足1m。

高枣坪位于山地与盆地的交界处，两侧为大营水盆地，在高枣坪附近测得山脊的水平位移为1.6m。

（4）高枣坪—邵水。

大营水—邵水盆地是由东西向的大营水盆地和邵水菱形盆地组合而成。东西长近10km。邵水菱形盆地周围有沙流水沟、小红门沟和石门川三条大沟，盆地即为这三条沟所形成的洪积扇组合而成。大营水盆地内地势平坦，水源充足，人烟稠密，铁路和公路纵贯盆地，所以形变带受到较严重的后期破坏，很多地方已被公路覆盖，已看不到形变带的遗迹。通过当地居民反映和航片判读可以确定形变带是沿着盆地的北侧分布的，陡坎呈北高南低，高度1 ~ 2m。向盆地中心垂直形变幅度逐渐增大，与此相反，水平位移幅度却由东向西逐渐减小。在大红门，71岁的老人宋世泰带领我们在村南的银（川）兰（州）公路南侧找到了残留的地震陡坎，走向为NW80° ，高2 ~ 2.5m。进入邵水盆地陡坎向西分为南北两条，南侧的一条在盆地中，沿大厦浪洪积扇的南缘断续分布。北侧的一条穿过洪积扇的后缘，陡坎高差较大，平均3 ~ 3.5m，在邵水村北，除垂直形变外，还有1.3 ~ 1.7m的水平位移，见图33。

（5）邵水—大岘。

这一段形变带走向变化较大，由北东向和近东西向两部分组成。北东向形变带起于邵家水村西北，沿盆地西北侧洪积阶地前缘展布，走向为NE50° ~ 60°，陡坎形态东高西低，北端为一二级，向南增加到四级。在邵家水村西侧的陡坎高度为2m，向南高差逐渐增大，呈阶梯状排列的四级陡坎总高差达8m以上，除垂直形变外，跨陡坎的冲沟左旋错动也很明显，总错距4 ~ 5m，陡坎高差向西南逐渐变小，最后消失。

大岘谷地处于邵水盆地与荒凉滩盆地之间，是垂直于水系的一条近东西向断层谷地。邵水盆地的北东向陡坎在谷地东口附近被大岘谷地的东西形变带截断，形变带进入谷地以后，沿着谷的北侧分布，陡坎有一二级，高差1.5m，水平错动量较大，靠东口山前的冲沟和山脊都被错断。我们量得两个精度较高的数据，即山前一条冲沟错距为4.6m，向西800m处一沟错距3.7m，沿沟再向西，位移量减小，在靠近大岘西口附近消失。

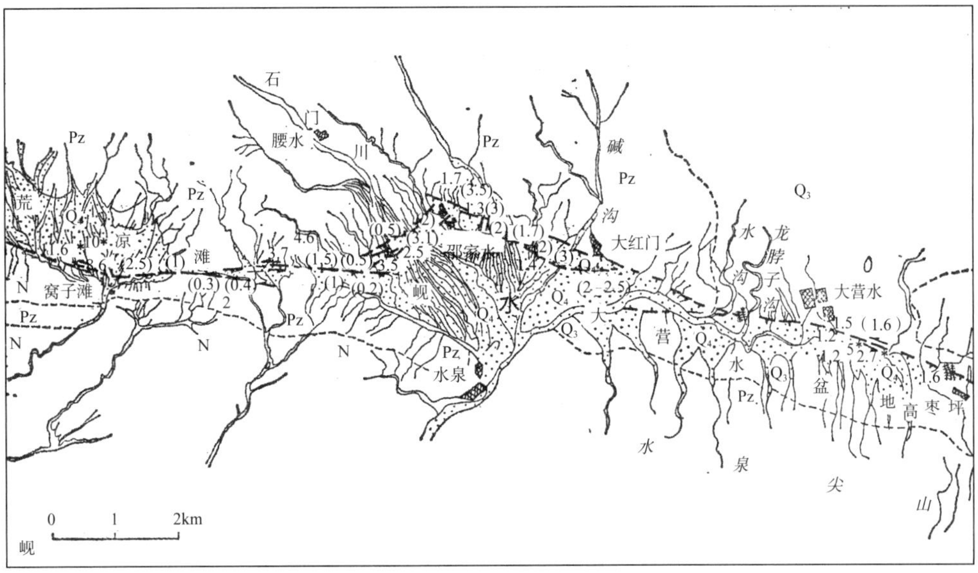

图33　高枣坪—荒凉滩地震形变带分布图

大岘谷地的南侧也有一条与上条平行的形变带。在大岘谷地中段，有一个比较开阔的小盆地，其南侧开始出现形变带并一直向西延伸到荒凉滩的南侧，与哈思山南麓形变带的东端相接。大岘谷地内南北两条形变带的陡坎均在盆地一侧下降，形成一个小地堑，大岘谷地的形成就是谷地南北两条断裂带活动的结果。

5. **哈斯山南麓段**

哈思山位于靖远县境内，是一座走向NW50° ~ 60° 的带状山系，长约27km，平均宽仅6km。哈思山山势险峻，平均坡度在60° 以上。尽管主峰海拔仅2680m，但相对高差都超过1000m。山上基岩裸露，怪石林立，沟壑深切，形成许多悬崖绝壁。地震形变带沿山的南麓分布，总长为27km，沿途穿越井儿沟、沙丛沟、火石沟、白水墒、黄石头梁沟、鹿圈湾沟等数十条大大小小的冲沟和谷间脊，形成了许多宝贵的地表形变现象，并且较完整地保留下来。

（1）大岘—荒凉滩。

这一段形变带东起大岘谷地的南侧向西展布，开始水平位移和垂直位移量均很小，分别为1m和0.4m。然后逐渐变大，至谷地的西口，水平位移达到2m，垂直位移为1.3m。

荒凉滩实际上是一个规模巨大的洪积扇，它的北缘横亘着强烈隆起的哈思山，由于地形起伏大，在山南麓形成自北向南倾斜的全新世巨型洪积扇，洪积扇以南部为最低点，窝子滩附近为出口。洪积扇的表面被大大小小的砾石覆盖，砾石的分选及磨圆度均很差。由于没有表土层，在近$5km^2$的范围内无人烟，仅在其南边的窝子滩住有一户人家。据介绍，每年夏秋洪水季节，荒凉滩乱石滚滚，但风雨过后，顷刻变得滴水全无。1920年海原地震后，在荒凉滩南端地形最低洼的地方，出现了三处常年不断的泉水，泉水清澈，出水量大。显然泉水的形成与地震断层活动有关，据分析得出，该处地震时形变带南侧基岩错动上升，高出盆地表面2 ~ 4m，阻塞洪积扇底部的水路，于是潜伏水路上升，泄露为泉。

荒凉滩的地震形变带位于该滩南缘，大致以盆地最低点窝子滩北为界。东段走向北东，东端与大岘谷地南侧形变带相连。形变性质为正断层的陡坎，水平位移不明显，陡坎高度由东部的1m左右，向西逐渐增高，到窝子滩北侧盆地最低点达到2 ~ 4m，南侧升高，北侧降低。盆地最低点以西，形变带走向转为北西，形变性质也发生明显变化，以左旋水平扭动为主。水平位移幅度急剧增大，而垂直位移逐渐减小。沿线的冲沟和谷间脊及阶地全部错断，形成了非常典型的断错地貌。我们量得四个水平位移数据，其精度较高的为7 ~ 8m，垂直位移1 ~ 1.5m，南侧升高，北侧降低。向西形变带陡坎逐步降低。形变带向西延伸到哈思山南麓。

（2）井儿沟—黄河东。

这段长18km的形变带分布在哈思山南麓，延续性好，穿沟越脊，连绵不断。陡坎高度一般为0.3～1.5m。

由于哈思山的强烈上升，山麓沟谷切割很深，沟脊之间高差很大，这就使沿山麓行走不便。沿地震形变带由于多次地震形成的巨大水平位移，使这些沟脊全部错断，就形成一系列的谷对脊、脊对沟的地貌景观。由于沟脊的错位，使形变带上沟脊之间的高差大大降低，成为一条天然的高差较小的通道，村民称为“摇路”。沿线考察共测得30个水平位移数据，以7～8m的水平位移值居多，最大的为9m。垂直位移较小，一般0.3～1.5m。

1983年7月、8月及1984年7月对这段形变带先后共进行过三次考察①，现将典型的水平位移现象列举如后。

沙丛沟西300m处山脊扭错，错动面以较新鲜的桔黄色黄土与周围长期受风化的黄褐色黄土表面相区别，标志非常明显，水平错距达7m。

在虫台子沟西侧，沟壁被错断形成月牙形新鲜断面，错距为9m。

在红窝窝东，一条冲沟的上游和下游很不协调地衔接在一起，上游沟宽仅5m，沟底呈V形，而穿过形变带后，沟的宽度立刻变成15m，沟底也变成了U形，从平面上看，冲沟呈漏斗状，而形变带恰好从喇叭口的位置上通过。根据这种现象推测，冲沟是由一条断尾沟和一条断头沟连在一起组成的。当然如此之大的位移，不是一次大地震所能完成的，这也说明了自晚更新世中期以来，这里的构造活动是很剧烈的。

另外，在一些较平坦的地区，如阶地或规模较大的洪积扇的表面，小冲沟往往被错成几段，其中火石沟东侧阶地表面这种冲沟的扭错非常典型，两条垂直形变带的小冲沟被错成三段，错距分别为3m、3m和2m，总错距为8m。

这一段共测量到水平和垂直位移数据60余个，其中可以确定为海原地震所造成的有近30个。图34标出了测量点的位置和位移量。可以看出，平均水平错动很大，而垂直位移幅度与其他段相比相差不大。

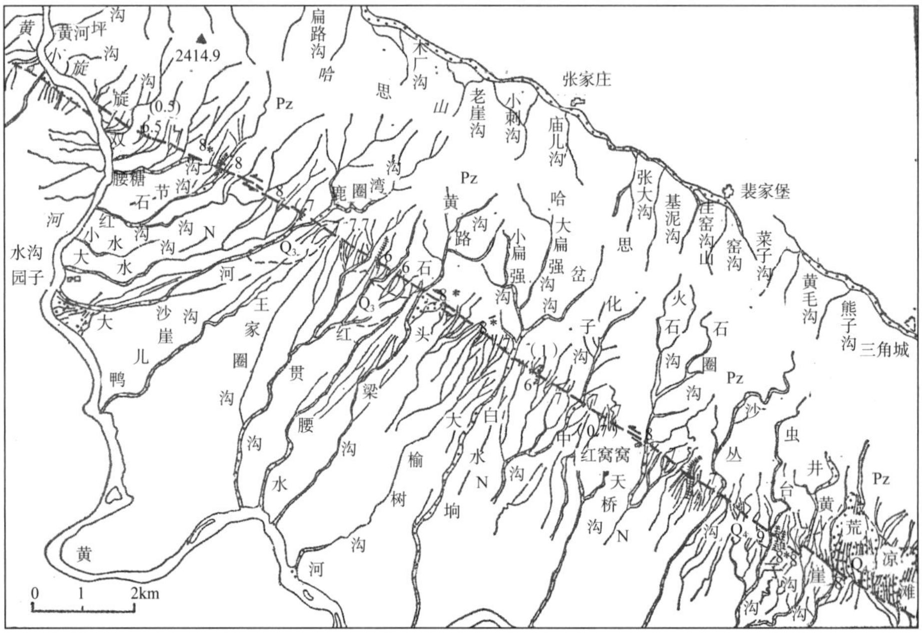

图34 井儿沟—黄河东地震形变带分布图

① 1983年8月常向东随同兰州地震研究所刘白篪、周进喜等人一同考察。

另外，在局部地段还可见到一些断续、规模很小的断陷槽地。它们的成因主要是断裂带上一些小断层斜列以及小的横断层的作用结果。在地形高差变化较大的地方，还出现多处崩塌现象。

形变带沿山麓一直向NW60° 方向延伸，最后消失于黄河边。通过卫星照片和航片的判读，均可看出形变带的线性影像穿过黄河，故可断定，海原地震亦使黄河河床发生了形变位移。

6. 米家山北麓段

米家山位于甘肃省景泰县境内，是一座近东西走向的带状山系。山的东段地形起伏较大，山峰陡峭，深沟密布，相对高差达七百多米；而山的西段，地形起伏不大，山势平缓，多发育一些U形冲沟和山前小平原。米家山的西端，在兴泉堡以南又称马厂山。

对米家山北麓形变带，过去兰州地震研究所曾进行过多次考察，这次在沿线获得水平和垂直位移数据20余个，其中水平位移数据18个，并沿线徒步实测填图，编制了该段1:10万的地震形变带分布图，如图35所示。

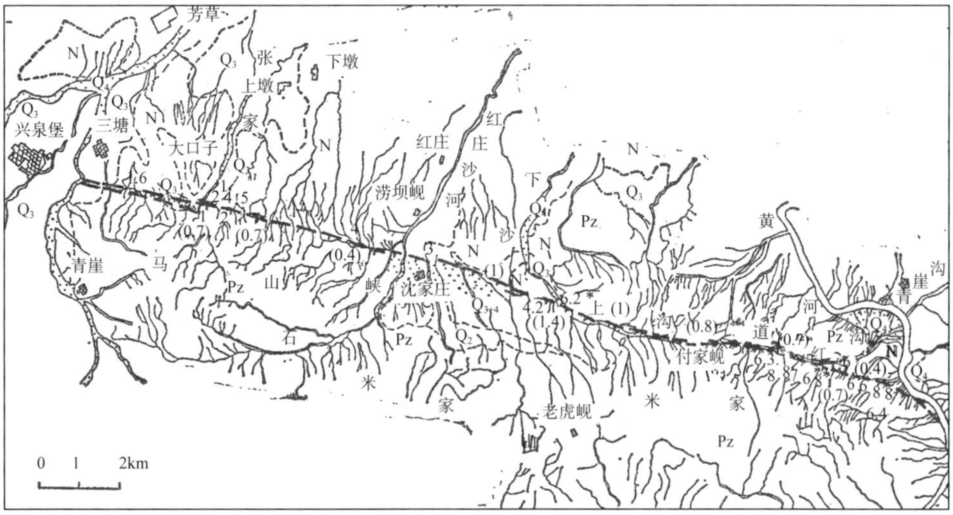

图35　黄河—兴泉堡地震形变带分布图

形变带穿过黄河以后，沿米家山北麓展布，经周家窑、沈家庄，最后终止于兴泉堡村东，走向为NW70°，长25km。

形变带沿米家山北麓，进入道红沟，再沿沟南侧的山坡向北西西向延伸，陡坎南高北低，沿线许多冲沟和小山脊左旋断错，并发育有小断塞塘。由黄河边到道红沟的源头共获得9个水平位移数据，一般为6.3～8m，最大水平位移为8m，而垂直位移幅度不到1m。可以看出该段仍以左旋走滑运动性质为主。

在付家岘北，有条北北西向山脊，山脊东侧的道红沟向东流入黄河，山脊西侧的上沟则向西流入周家窑—沈家庄盆地。形变带越过此山脊后，则沿上沟北岸展布，陡坎变为北高南低。形变带由周家窑村南通过，形变带陡坎下有一眼泉水，据说乃地震形成，水量充沛，即便大旱，水也从未干涸。周家窑—沈家庄盆地是一近东西走向的小盆地，地势平坦，水渠纵横，植被发育良好，由于遭受后期的强烈改造，现在除了零星、断续出现的陡坎外，其他地震遗迹已不多见，形变带沿盆地北缘通过。进入盆地后，形变带的水平位移幅度比道红沟段的小，共获得水平位移数据4个，其中周家窑附近为6m，沈家庄附近减至3～4m；而垂直位移幅度在周家窑村西南，陡坎高差为1～2m，至沈家庄一带则减为0.5m左右。

在沈家庄村西，形变带沿冲沟插入马厂山北麓，分布在走向NW70° 的狭长的新第三系地堑的北侧断层上，断面南倾，并使一系列小山丘左旋错移，形成了典型的山脊断错地貌。沟谷的断错则往往形成断塞塘。南侧下降，北侧上升，与自然坡降相反，形成扭错反向陡坎。水平和垂直位移都自东向西递减，在东头张家沟脑一带，水平位移约4m，垂直位移0.5～1m，大口子干河床以东，水平位移减为1.8～2m，垂直位移0.5～1m，向西至兴泉堡东三塘上附近消失。1920年地震形变带至此终止，全长237km。

（五）地震形变带的位移分布特征

在长达237km的海原大地震地震形变带上，我们共获得了245个精度较高的地震断层位移数据。其中选用的19个数据是此次考察以前由前人在南、西华山和干盐池一带所取得的结果。水平及垂直位移值分别列入表1和表2。

表1　1920年海原大地震地震形变带水平位移统计表

段名	位　置	错动地物名称	错动量(m)	精度	一般值(m)	最大值(m)
南、西华山北麓段	杏树窝子南烽火台处	冲　沟	0.5	A	0～2	11
	乱堆子西北1000m黄土斜坡	冲　沟	2.0	A		
	坊家庄村西南700m处山坡上	石垒田埂(二条)	3.1	A	4±	
			4.3			
	坊家庄村西南800m处山麓	冲积锥	4.5	A		
	油坊院村南冲沟东侧	阶　地	3.0	A		
	芦子沟西南500m山坡上	梯田埂	4.5	A		
	芦子沟西700m山坡上	冲　沟	4.7	A		
	山门东南1000m处山坡上	冲　沟	4.0	A		
	小山东600m处	土　梁	4.5	A		
	小山西250m山坡上	冲　沟	4.5	A		
	安洼里东南750m山坡上	冲　沟	4.0	A		
	刺儿沟村南	谷间脊	5.6	A	5±	
	刺儿沟村南	冲　沟	5.8	A		
	菜园村西800m处	冲　沟	6.8	A		
	任湾村南	冲　沟	3.3	A		
	大沟门村南1000m处	冲　沟	3.0	A		
	大沟门村西南700m山麓	冲　沟	5.0	A		
	大沟套东南	冲　沟	3.8	A		
	哨马营东南1300m山坡上	冲　沟	6.0	A	6	
	哨马营东南1300m山坡上	冲　沟	6.2	A		
	哨马营村东300m山坡上断塞塘	冲　沟	8.0	A	8～9	
	方家河村南	冲　沟	9.1	A		
	方家河村西300m处	冲　沟	9.5	A		
	石卡关沟东梁	冲　沟	7	B		
	石卡关沟南侧山坡断塞塘	冲　沟	10	A	10～11	
	石卡关沟南侧山坡断塞塘	冲　沟	10	A		
	石卡关沟南侧山坡断塞塘	冲　沟	10	A		
	石卡关沟南侧山坡断塞塘	冲　沟	11			
	石卡关沟西侧400m山坡上	黄土梁	13	B	13	
	石卡关沟西侧400m山坡上	黄土梁	11	A		
	红岘子东700m山坡上	山　脊	11	A	11	
	红岘子东700m山坡上	山　脊	11	A		
	邵庄西900m小地堑	田　埂	4.7	A	4.5	
黄家洼山南麓段	盐池西侧土堰	防水堤	2.5	A	1～3	14
	唐家坡西1100m田埂	石垒田埂	2	A	4～6	
	唐家坡西1100m田埂（由东向西）		3.6	A		
	唐家坡西1100m田埂（由东向西）		5.0	A		
	唐家坡西1100m田埂（由东向西）		6.0	A		

续表

段名	位置	错动地物名称	错动量(m)	精度	一般值(m)	最大值(m)
黄家洼山南麓段	唐家坡西1100m田埂（由东向西）	石垒田埂	3.9	A	4～6	14
	唐家坡西1100m田埂（由东向西）		3.1	A		
	唐家坡西1100m田埂（由东向西）		4.75	A		
	唐家坡村西1700m田埂		4.6	A	4±	
	唐家坡村西1700m田埂		4.75	A		
	唐家坡村西1700m田埂		4.0	A		
	唐家坡村西1700m田埂		3.15	A		
	唐家坡村西2000m田埂		5.8	A	3～5	14
	唐家坡村西2000m田埂		2.5	A		
	唐家坡村西2000m田埂		3.8	A		
	甘、宁交界西侧	山　脊	5.2	A	5±	
	甘、宁交界西550m处	山　脊	5.0	A		
	高湾子东2000m处	山　脊	7.5	A	7±	
	高湾子东1850m断塞塘	冲　沟	6.4	A		
	高湾子东1100m断塞塘	冲　沟	10	A	10～11	
	高湾子东1100m断塞塘	冲　沟	11	A		
	高湾子东1000m断塞塘	断塞塘	14	A	14	
	高湾子东900m冲沟	谷间脊和冲沟	18	B		
	高湾子东北630m处	山　脊	12	A	12	
	高湾子东北550m处	冲　沟	12	A		
	高湾子村北大沟东侧	阶　地	11.6			
	高湾子村西北750m低山前	冲　沟	8.6	A	9±	
	张泥水东大沟	阶　地	9.8	A		
	张泥水西沟东侧	阶　地	8	A	7～8	
	张泥水西300m处	冲　沟	7.4	A		
	七岘沟东侧	阶　地	8	A		
	七岘沟西200m处	冲　沟	7.5	A		
	七岘沟西280m处	谷间脊	10	B		
	七岘沟西580m处	山　脊	7.4	A		
	边沟东700m处	山　脊	6.5	B		
	边沟东540m处	山　脊	8	B		
	边沟东300m处	山　脊	5.3	A	5～6	
	边沟东210m处	冲　沟	5.8	A		
	边沟东20m处	冲　沟	5.6	A	5～6	
	边沟西北630m处	冲　沟	3.2	A	3±	
	边沟西北1780m处	冲　沟	3.I	A		
北嶂山北麓段	红水河东550 m处	冲　沟	2.3	A	1～2	9
	黑石岘子东900m处	冲　沟	1.5	A	1.2	
	卧龙山庙西1000m处	冲　沟	4.0	A	2±	
	卧龙山庙西1800m处	冲　沟	2.2	A		
	关寺湾村东1020m处山坡 上	小　沟	2.2	A		
	关寺湾村东1000m处山坡上	冲　沟	2.2	A		
	李家沟村东南940m处	冲　沟	2.0	A		
	李家沟村南750m处	冲　沟	3.8	B	3～4	
	李家沟村西南700m处山坡上	冲　沟	5.5	A	4～6	
	李家沟村西南730m处	山　脊	4.2	A		

续表

段名	位置	错动地物名称	错动量(m)	精度	一般值(m)	最大值(m)
北嶂山北麓段	李家沟村西南900m处	黄土梁	8.3	A	8～9	9
	李家沟村西1150m处山坡上	黄土梁	4.2	B		
	李家沟村西1200m处山坡上	冲　沟	8.0	A		
	李家沟村西1270m处	山　脊	5.0	B		
	李家沟村西4200m处	黄土梁	9	A		
	李家沟村西4300m处	冲　沟	4.0	A	4±	
	白崖泉水东约1000处	冲　沟	3.9	A		
	白崖泉水南侧	冲　沟	2.8	A	3±	
	枸条岘东700m处	小山脊	2.8	A		
	高枣坪东1000m处山坡上	冲　沟	1.6	A	2±	
	高枣坪西50m处	坡　脊	1.6	A		
	高枣坪西北1500m处公路边	冲　沟	2.7	B		
	高枣坪西北1800m处公路北侧	冲　沟	5	B		
	大营水东550m处	冲　沟	1.2	A	1～2	
	大营水东350m处	冲　沟	1.5	A		
	大营水东150m处	冲　沟	1.2	A		
	邵水村东480m处	冲　沟	1.3	A		
	邵水村北侧	冲　沟	1.7	A		
	邵水村东南1500m洪积扇上陡坎	冲　沟	1.4	A		
	邵水村东南1200m洪积扇上陡坎	冲　沟	1.7	A		
	邵水村东南900m洪积扇上陡坎	冲　沟	1.0	A		
	邵水村西南1300m洪积扇上陡坎	冲　沟	2.3	A	4±	
	邵永村西南1500m洪积扇上陡坎	冲　沟	4.8	A		
	大岘谷地东口北侧山前	冲　沟	4.6	A	4±	
	大岘谷地上点西800m（谷地北）	冲　沟	3.7	A		
哈思山南麓段	大岘谷地最宽处南侧	山　脊	1	A	1～2	9
	上点西300m处	小　沟	2	A		
	窝子滩北300m，泉水西侧	阶　地	8.6	A	7～8	
	上点西200m处	阶　地	10	B		
	上点西100m处	阶　地	11	B		
	上点西100m处	冲　沟	7	A		
	黄崖沟东侧	阶　地	8.0	A	8	
	井儿沟西100m处	冲　沟	8.0	A		
	井儿沟西500m处	冲　沟	8.0	A		
	虫台子沟西120m处	山　脊	9.0	A	9	
	沙丛沟东侧阶地	阶　地	7.0	A	7～8	
	沙丛沟西侧150m处	山　脊	7.0	A		
	沙丛沟西1000m处	山　脊	7.0	A		
	火石沟东侧阶地上	小冲沟	8.0	A		
	化子沟东1000m处	冲　沟	7.0	A		
	化子沟东350m处	冲　沟	7.0	A		
	扁强沟东1200m处	冲　沟	7.0	A		
	扁强沟东600m处	冲　沟	6.0	A		
	扁强沟西100m处	冲　沟	7.0	A		
	扁强沟西800m处	冲　沟	8.0	B		
	黄石头梁沟东550m处	冲　沟	8	B		
	黄石头梁沟东150m处	冲　沟	8.0	A		
	黄石头梁沟西350m处	冲　沟	6.0	A		

续表

段名	位　置	错动地物名称	错动量(m)	精度	一般值(m)	最大值(m)
哈思山南麓段	黄石头梁沟西850m处	冲　沟	6.0	A	7～8	9
	鹿圈湾沟东1200m处	山　脊	7.7	A		
	鹿圈湾沟东550m处	冲　沟	7.0	A		
	鹿圈湾沟东150m处	冲　沟	5	B		
	鹿圈湾沟西200m处	山　脊	7	A		
	鹿圈湾沟西800m处	冲　沟	8.0	A		
	石节沟东480m处	冲　沟	8.0	A		
	石节沟东180m处	冲　沟	8.0	A		
	石节沟东180m处	谷间脊	8.0	A		
	石节沟西400m处	谷间脊	8.0	B		
	腰塘沟西800m处	冲　沟	7.0	A		
	双旋冲西300 m处	冲　沟	6.5	A	6±	
	黄河东600m处	冲　沟	6.5	B		
米家山北麓段	黄河西1000m处	冲　沟	8.0	A	7～8	8
	上点西350m处山坡上	土　梁	6.4	A		
	上点西250m处山坡上	土　梁	6.6	A		
	上点西200m处山坡上	冲　沟	8.0	A		
	上点西250m处	谷间脊	6.0	A		
	上点西750m道红沟南坡	土　梁	8	B		
	上点西350m道红沟南坡	冲　沟	7.6	B		
	傅家岘东2200m道红沟南坡	冲　沟	6.8	A	6±	
	傅家岘东1300m道红沟南坡	山　脊	6.3	A		
	周家窑东400m处	冲　沟	6.2	B		
	周家窑西550m处	冲　沟	4.2	A	4±	
	沈家庄东北300m处	冲　沟	3.0	A		
	沈家庄西北1500m处冲沟	阶　地	4.0	A		
	张家沟沟脑	山　脊	4.5	A		
	大口子干河床东940m处	冲　沟	2.0	A	2±	
	大口子干河床东540m处	山　脊	2.0	A		
	大口子干河床东500m处	断寒塘	1.8	A		
	大口子干河床西	冲　沟	1.6	A	0～1.6	
月亮山东麓段	猫儿沟	冲　沟	4	A		

表2　1920年海原大地震地震形变带垂直位移统计表

段名	位　置	错动地物名称	错动量(m)	一般值(m)
月亮山东麓段	套子村南300m处	陡　坎	2.5	1～2
	上大寨村东450m处	陡　坎	1.4	
	上大寨村西北800m路边	陡　坎	1.8	
	杨庄水库西300m山坡上	陡　坎	0.6	
	猫儿沟东南1500m山坡上	陡　坎	0.8	
	猫儿沟西北2000m山梁上	陡　坎	0.8	
	蔡祥堡西北400m山坡上	陡　坎	1.5	
	黄蒿湾西南600m山腰处	陡　坎	1.2	
南、西华山北麓段	曾洼村西北3000m山前	陡　坎	3.2	3～4
	乱堆子西北1000m黄土斜坡	陡　坎	3～4	
	坊家庄南600m处	垅　脊	2.5	2
	芦子沟村西400m处	陡　坎	2.0	

续表

段名	位　置	错动地物名称	错动量(m)	一般值(m)
南、西华山北麓段	小山东380m山坡上 安桥堡南500m山坡上 刺儿沟西600m山坡上 任湾村南 大沟门一带	垅　脊 垅　脊 陡　坎 陡　坎 陡　坎	1.3 1.1 0.7 1.3 1	1±
	哨马营一带	陡　坎	1	1±
	石桥关沟南 万家水盆地南 红岘子东	陡　坎 陡　坎 陡　坎	0~0.5 0~0.2 0.5	0~0.5
	邵庄村南700m地堑	陡　坎	>4.0	>4
	干盐池新盐场北	垅脊和陡坎	1~2	1~2
黄家洼山南麓段	干盐池盆地中心新盐湖南侧	陡　坎	5.0	4~5
	盐场西南350m盐湖西侧	陡　坎	1~2	1~2
	盐湖西侧土防水堤东 盐湖西侧土防水堤	陡　坎 防水堤	0.5 0.5	0.5
	唐家坡田埂一带	田　埂	0	0
	甘、宁交界分水岭东侧 甘、宁交界分水岭西侧	陡　坎 陡　坎	1~2 1~2	1~2
	高湾子东	陡　坎	0	0
	高湾子西 山岘沟阶地 边沟东1km处	陡　坎 陡　坎 陡　坎	1 1.2 1.5	1~1.5
	红水河以东	陡　坎	1.8	2
北嶂山北麓段	红水河西300m处 阴洼窑西北750m处	陡　坎 垅　脊	3.0 1~2	2~3
	阴洼窑—上湾一带	陡　坎	1~2	1~2
	三角城东300m处 三角城南侧山坡上	陡　坎 陡　坎	2.5 2.5	2~3
	黑石岘子东1500m山坡上 黑石岘子东900m小地堑 黑石岘子东750m小地堑 黑石岘子西北950m处	陡　坎 陡　坎 陡　坎 陡　坎	2.0 1.5 2.0 1.0	1~2
	卧龙山庙西南1000m处 关寺湾东1000m处陡坎 关寺湾西北650m处	陡　坎 小　沟 垅　脊	3.5 5.0 5.0	3~5
	李家沟西南680m处 李家沟南陡坎	垅　脊 陡　坎	2.5 2~3	2~3
	碱水沟南 白崖、李家坪、枸条岘一带 大营水村东南550m公路北侧	陡　坎 陡　坎 陡　坎	1~2 1~2 1.6	1~2
	大红门村南公路南侧 碱水沟西500m处 碱水沟西1000m处 邵水村东800m处 邵水村北 邵水村西南400m处	陡　坎 陡　坎 陡　坎 陡　坎 陡　坎 陡　坎	2.5 2.0 1.8 3.0 3.5 2.0	2~3

续表

段名	位　置	错动地物名称	错动量(m)	一般值(m)
北嶂山北麓段	邵水村西南1000m四条陡坎	陡　坎	7.8	7～8
	邵水村西南1500m处	陡　坎	0.5	1±
	大岘谷东口外	陡　坎	1.0	
	大岘谷北侧	陡　坎	1～1.5	
哈思山南麓段	大岘谷南侧山前	陡　坎	0.4	0.5～1
	上点西400m山前	陡　坎	0.3	
	上点西250m山前	陡　坎	1.3	
	窝子滩东北1000m阶地陡坎	陡　坎	1.0	1～2.5
	窝子东北600m处	陡　坎	2.5	
	红窝窝西200m处	陡　坎	0.7	1±
	扁强沟东80m处	陡　坎	1.0	
	黄石头梁沟西100m处	陡　坎	1.2	
	鹿圈湾沟西350m处	陡　坎	0.6	0.5
	腰塘沟西800m处	陡　坎	0.5	
米家山北麓段	黄河西135m处山坡上	陡　坎	0.4	<1
	上点西1200m道红沟南坡	陡　坎	0.7	
	上点西650m道红沟南坡	陡　坎	0.7	
	傅家岘西北1000m山梁上	陡　坎	0.8	
	周家窑东1200m上沟北侧	陡　坎	1.0	1～1.5
	周家窑村西南	陡　坎	1.4	
	沈家庄西1500m冲沟阶地	陡　坎	0.4	0.5～1
	张家沟沟脑	陡　坎	0.7	
	大口子干河床东540m处	陡　坎	0.7	

这些数据都是直接取自1920地震的地震形变带，排除了古地震所造成的位移形变影响，选取新形成的、明显的陡坎、裂缝等，是精度较高的地震位移数据。表中精度划分为A、B两类。A类为错动标志明显、清晰，可以直接测量的数据，B类为错动标志不够清晰，但仍可能测出或推算出的数据。这些数据中，水平位移数据164个，垂直位移由于绝大多数地段变化幅度不大，因此选取了一些特征点，共测得81个数据，并给出各个地段垂直位移的一般值。

1. **水平位移分布特征**

沿237km的地震形变带上，除了55km的月亮山东麓段水平位移不太明显外，其它各段水平断错形变分布非常广泛，如断错水系、山脊、土梁、田埂等，到处可见，从形变带各段的水平位移变化可以看出有一个共同特点，即各段内水平位移的最大值都位于该段的中部，尽管各段水平位移变化起伏比较大，但总的趋势是由中间向两端的位移量逐渐变小，两端的位移量最小（米家山和哈思山段可以看为一个整体）。例如，以黄家洼山南麓的高湾子一带14m的最大位移值为中心，向两侧逐渐变小，但变化是波状起伏的。这说明海原地震断层的活动虽然受地层、岩性、地形、断层本身的产状变化等多种因素的影响，使各段的位移分布图像有所差异，但它们共同的分布特征，表明它们是受一个共同的破裂机制所控制的。

表3为地震形变带各段的最大水平位移值。

表3　1920年海原地震形变带各段最大水平位移值

段　号	6	5	4	3	2	1
段　名	米家山北麓段	哈思山南麓段	北嶂山北麓段	黄家洼山南麓段	南、西华山北麓段	月亮山东麓段
地震最大水平位移(m)	8	9	9	14	11	4

2. 垂直位移场的分布特征

虽然海原大地震地震形变带的垂直位移幅度大大小于水平位移幅度，但是，由于垂直形变分布也较广泛，形成了各种典型的形变地貌。可以看出，垂直位移最大值的分布与水平位移截然不同，不是在中间，而往往位于各段的两端，即向中间逐渐减小；还发现海原地震的形变带上垂直位移的几个峰值，都位于各段的地震断层端部的斜列部位，如较大的盆地——干盐池盆地和邵家水盆地中。

在由六段组成的长237km的地震形变带上，不论各段的走向如何变化，它们总是沿着山麓分布，由东向西经过六条山脉，并且时而沿山脉的南麓分布，时而又沿山脉的北麓分布，各段之间是以斜列的方式组合在一起的（米家山和哈思山段除外）。然而斜列方式的不同，其所产生的地貌形态也各异。概括起来，有左行斜列和右行斜列两种。南、西华山段和黄家洼山段之间、北嶂山段与哈思山段之间为左行斜列，其余两处则为右行斜列，左行斜列在两条形变带的首尾之间形成负地形——盆地，如干盐池盆地和邵家水盆地；反之，则形成正地形——隆起。上述各段形变带所经常出现的局部斜列和拐折，其地形效应与此完全一致，如叶家河、菜园、三角城等小盆地，都位于形变带左行斜列或呈“入”字形交汇的部位，这种现象是构造运动，特别是地震断层活动的直接结果。

我们将各段的水平位移和垂直位移的变化曲线绘于图36。从图中可以看出水平位移的最大值往往在各段的中间，而垂直位移的最大值则多在各段的端部的斜列部位。另外有趣的是水平位移幅度越大，与其相应的垂直位移幅度越小。

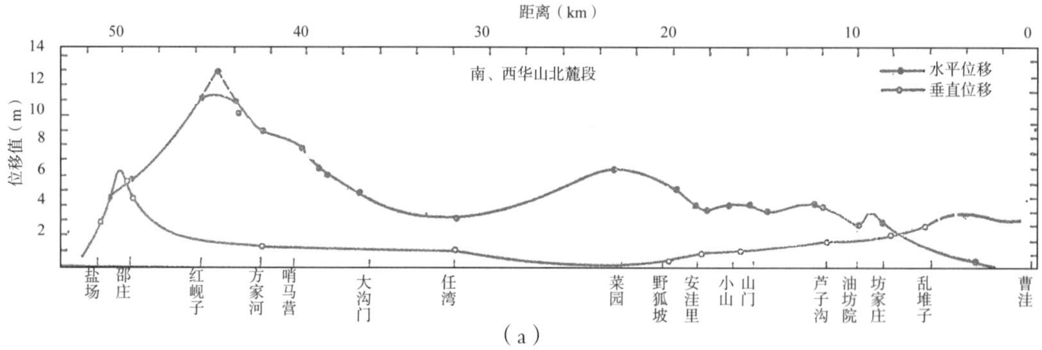

(a)

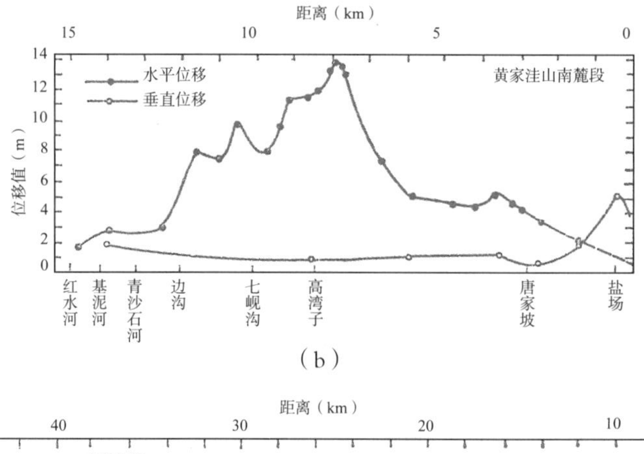

(b)

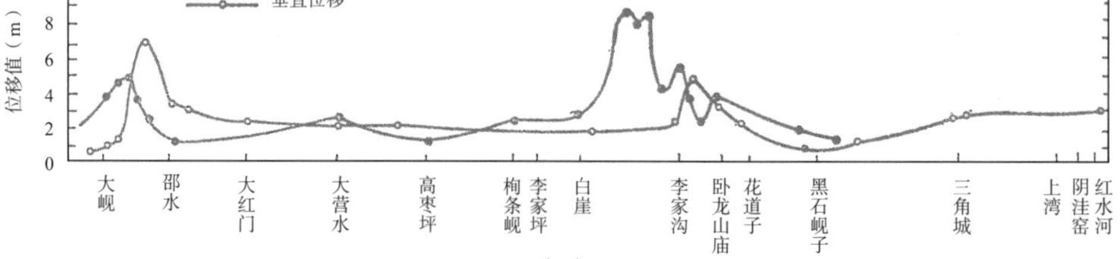

(c)

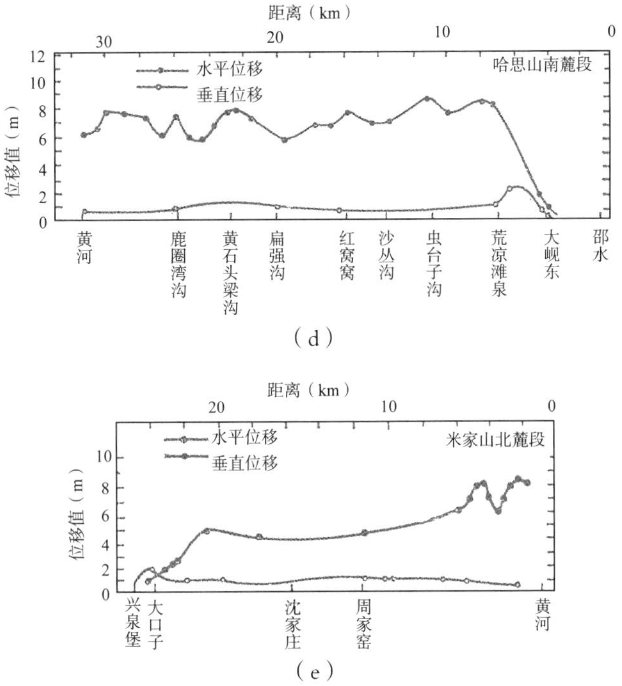

图36　海原地震形变带各段水平和垂直位移变化曲线图

（六）地震形变带的构造特征

在对海原地震考察中，对形变带的构造特征及其与发震构造的关系等方面也收集到一些资料，进行了初步分析，现将初步结果叙述如下。

1.发震构造及其活动特征

根据考察认为，海原地震的发震构造是加里东运动形成以后多期活动的活动构造。特别是晚更新世以来强烈的左旋走滑运动。它不仅受到老断裂产状的控制，而且还延续、改造了老构造。

（1）月亮山东侧断裂。

月亮山和马东山是六盘山的一部分，位于最北端。中生代时这里是一个近南北向的陆间凹陷，沉积了巨厚的白垩系砂质页岩建造。燕山运动晚期，强烈的构造运动使其褶皱隆起，喜马拉雅运动期继续活动，构成了青藏高原东北边缘第四弧形带的弧顶和南段。构造带由一系列北北西、北西向的断裂和褶皱组成，断裂的活动以压性为主。

1920年地震形变带的东段位于月亮山东麓断裂上，该断裂位于马东山之西，总体走向为NW30°～50°，倾向北东，倾角60°左右，在八只窑、叶家河、猫儿沟等地，都可以见到白垩系、老第三系地层与新第三系和第四系地层呈断层接触。第四纪后期的活动显示为压扭性特征。

（2）南、西华山北麓断裂。

该构造带是加里东期祁连海槽与走廊过渡带的分界。加里东运动形成复式褶皱构造，隆起成山，形成了断裂带的雏形。山体由前寒武系变质均一的云母、石英片岩及片麻岩类组成。而后，经历了漫长的构造运动，是一条长期活动的逆冲断层，晚更新世以来转变为左旋走滑的运动性质。由于经受了长期强烈的挤压，断裂的破碎带平均宽度为100～300m，最宽处如大沟门可达500m。断裂总体走向NW50°～60°，倾向南西，倾角60°～70°。断层上盘为前寒武系变质岩系，下盘为新第三系和第四系地层，断裂构成了山地和山间小平原、小盆地的边界。海原大地震地震形变带南、西华山段就位于这条断裂之上。

（3）黄家洼山南麓断裂。

这条断裂带与南、西华山断裂一样，　最初形成于加里东期。海西运动，山体继续褶皱隆起，伴随着断裂的活动，有花岗闪长岩的侵入，燕山运动早期，在山南麓的山前凹陷中堆积了侏罗系的砂砾岩、砂页岩。燕山运动晚期和喜马拉雅期，断裂强烈活动。剧烈的挤压使前寒武系变质岩逆冲到侏罗系、第三系地层上。晚更新世以来转变为左旋走滑运动性质。沿断裂形成了一条连续的破碎带，但破碎带较窄，宽十几米到几十米。在侏罗系地层中常可见到紧闭和倒转褶皱。该断裂的走向为NW60°～70°，倾向北东，倾角60°左右。海原大地震地震形变带黄家洼山南麓段就位于这条断裂带之上。

（4）北嶂山北麓断裂。

北嶂山包括南掌山、老爷山、水泉尖山。山体以志留系石英岩、千枚岩，石炭系杂砂岩、砂砾岩组成。晚古生代，这里的沉积环境由海陆交互相变为陆相，海西运动期褶皱隆起，沿山的北麓发育了NW70°的断裂带。中生代中期在断裂下盘一些小断陷盆地中沉积了侏罗系砂页岩夹煤系地层。燕山期和喜山期断裂持续活动，晚更新世以来转变为左旋走滑断裂。断裂走向NW70°，倾向南西，倾角60°～70°。海原地震形变带北嶂山北麓段就处于这条断裂带上。

（5）哈思山南麓断裂。

加里东期，这里为北祁连海槽的边缘，接受了浅海相的粗粒堆积，形成了一套志留系—泥盆系的巨砾岩、砂砾岩和粉砂岩建造。加里东晚期褶皱隆起，山系南麓形成逆断层，并伴随有岩浆活动。而后又经历了多期构造变动，晚更新世以来转变为左旋走滑的运动性质。断裂的强烈活动形成了宽达百米的破碎带，断裂的总体走向NW50°～60°，倾向北东，倾角变化较大，为30°～70°。海原大地震地震形变带哈思山南麓段就发生在这条断裂之上。

（6）米家山北麓断裂。加里东期这里的构造环境与哈思山大体相同，由于靠近海槽中部，沉积了巨厚的奥陶系海相地层和泥盆系地层，地层厚度达2006m以上。伴随褶皱隆起，发育了山北麓的逆断层。在以后的构造运动中，断层均有活动，晚更新世以来，与上述各条断裂一起，转变为左旋走滑活动性质。断裂的破碎带宽10～30m。断层的走向为NW70°，倾向南西，倾角40°～55°。海原大地震地震形变带米家山北麓段就处于这条断裂带之上。

综上所述，第四纪以前，上述各条断裂均以逆断层活动为主，由于强烈的挤压，地形差异运动十分明显，山体和盆地的边界非常分明。根据野外考察中所见到的Q_1地层强烈翘起并向山外倾斜的现象，推断这种活动一直持续到更新世中期。晚更新世以来一同转变为左旋走滑的运动性质。

2. 海原地震断层的活动特征

在地震形变带上获得了很多地方的地震断层的产状，现将各段各选一个精度较高的地震断层的产状、断层面上的擦痕侧伏角列于表4中，并与上述发震构造的产状相比较，可以发现，二者的走向与倾向是完全一致的，只是倾角大小有些变化，由擦痕产状可以看出，位于每段中部的四个剖面上（月亮山、米家山段除外），侧伏角均≤30°，因此水平位移远大于垂直位移。特别是高湾子剖面，侧伏角只有8°，所以这里的水平位移在全带上是最大的。

表4　形变带各段地震断层断面、擦痕及发震断层产状表

剖面位置	断面产状	擦痕产状	发震断层产状
月亮山东麓蔡祥堡陡崖剖面	NW40°/NE85°	SE<35°（W）	NW30°～40°/NE60°
西华山北麓大沟门探槽	NW50°/SW65°	SEE<10°（N）	NW50°～60°/SW60°～70°
黄家洼山南麓高湾子村西冲沟	NW60°/NE79°	SEE<8°（S）	NW60°～70°/NE70°～80°
北嶂山北麓卧龙山庙南	NW80°/SSW60°	NWW<30°（N）	NW70°～80°/SW60°～70°
哈思山南麓火石沟东探槽	NW50°/NE76°	SEE<30°（N）	NW50°～60°/NE30°～70°
米家山北麓三塘东南探槽	NW70°/SW68°	SEE<44°（N）	NW70°/SW70°

海原地震断层与发震构造的关系是十分密切的，二者具有一个共同的特点，即无论沿山的哪一侧分布，断层面总是向山里倾，山体总是在断层的上盘。根据野外考察，地震断层不是与发震断层重合，就是发育在断层的破碎带上，总之是发震断层的一次重新活动。但是它并不完全受

原有断层结构的控制，在几处原有断层出现闭锁的地方，如干盐池、三角城、邵家水等几个盆地中，在地震的瞬间，地震断层由盆地中穿过，将两侧的原有断层连在一起冲破闭锁，使地震的能量得以沿着断层的滑动面迅速释放，形成了这条罕见的地震形变带。

（七）地震形变带考察报告照片

邵水盆地西侧北东向阶梯状断层陡坎（N）
（1983年7月摄）

干盐池盆地中邵庄一带的地堑遗迹（SWW）
（1983年12月摄）

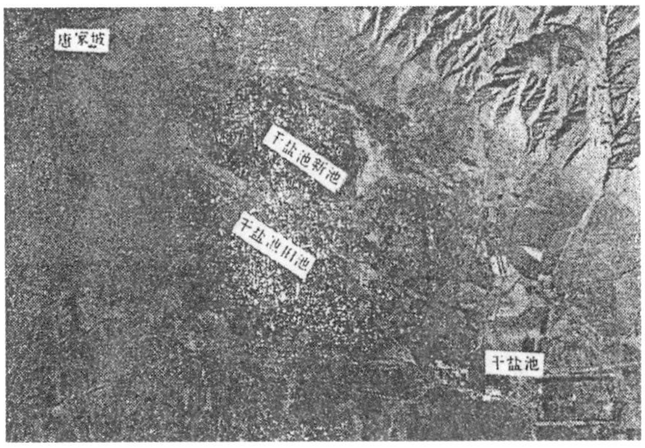

干盐池盆地南半部为老盐湖，北半部为地震后的新盐湖，中间明显的近东西向线条为断层陡坎
（航空照片，1973年摄）

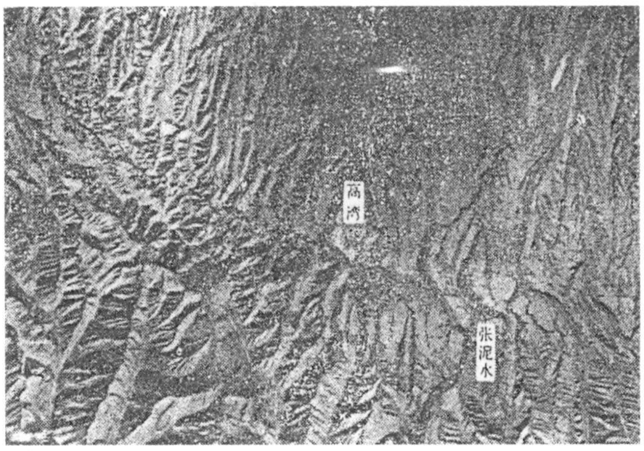

黄家洼山南麓断裂的左旋位移，使水系同步拐弯
（航空照片，1973年摄）

邵水盆地西大岘沟北侧的小冲沟被错断，水平错距上坎1.05 m，下坎2.7m（N）（1984年7月摄）

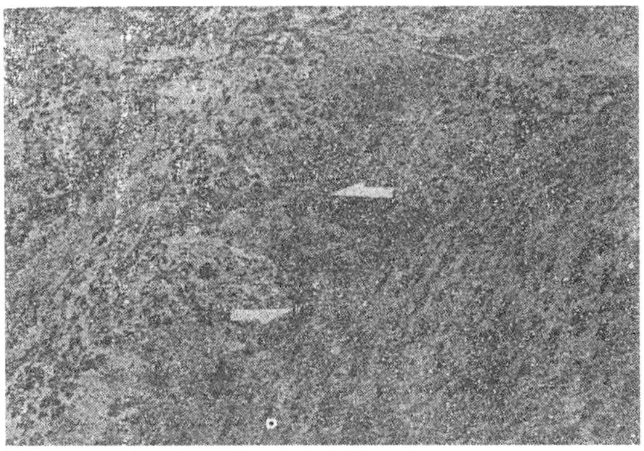

黄家洼山南麓高湾子东形成的断塞塘，左旋水平错距14m（1984年7月摄）

黄家洼山南麓七岘沟口阶地左旋错移8m，
垂直断距1～1.5m（N）（1984年7月摄）

油坊院东洪积扇下部左旋错移4.5m（SW）
（1984年8月摄）

荒凉滩冲沟入口西侧的垄岗地形的“弯月形”
错断面，左旋水平错距8.6m（S）
（1984年7月摄）

干盐池盆地唐家坡西的田埂错断，左旋错移7.8m（S）
（1984年7月摄）

干盐池盆地盐湖西挡水堤错断，左旋错移2.5m（N）
（1984年7月摄）

上大寨形变带地貌远景（SE）
（1984年7月摄）

杨庄水库西侧地震陡坎及小冲沟左旋错动错距1m
（1984年7月摄）

蔡祥堡村西人工剖面上的断层破碎带和
上部 的陡坎（NW）（1984年7月摄）

小南川村北侧山梁东坡的残破黄土地貌（NW）
（1984年8月摄）

南华山北麓的垄脊远景（SE）
（1984年8月摄)

南华山北麓卢子沟村形变带左旋错动使小沟形成
断尾沟（上）和断头沟（下）（S）（1984年8月摄）

安洼里东南冲沟左旋错移，错距4m（N）
（1984年8月摄）

西华山北麓方家河村东形变带内的黄土凹槽（SE）
（1984年7月摄）

方家河村四分水岭上黄土埂左旋错距10m（S）
（1984午6月摄）

干盐池老城遗址（SW）（1984年7月摄）

新老盐湖之间的地震陡坎，高差4～5m（E）
（1984年7月摄）

干盐池西分水岭小山脊左旋水平错断形成的
月牙面水平错距2m（S）（1984年7月摄）

黄家洼山南麓高湾子东谷间脊左旋错移12m，
将冲沟堵塞（SW）（1984年7月摄）

高湾子村北冲沟东侧阶地错动，错距11.6m
（1984年7月摄）

阴洼窖一带崩塌和地裂缝（1983年7月摄）

李家沟村东南北嶂山北麓的垄脊（SE）
（1983年7月摄）

北嶂山北麓李家沟西黄土梁错动所留下的
新鲜断面，错距为9m（S）（1984年7月摄）

小井子沟东梁上形变带内杂乱无章的破碎黄土包
（W）（1984年7月摄）

大岘沟南侧小山脊错动，错距1m，照片中
人脚下为地震陡坎（S）（1984年7月摄）

荒凉滩南侧地震陡坎，高差1.5～2.5m（E）
（1984年7月摄）

哈思山南麓虫台子沟探槽处山脊错移，
错距为9m（N)（1984年7月摄）

哈思山南麓红窝窝东断头沟（N）
（1984年7月摄）

马厂山北麓三塘西南山坡上的陡坎（E）
（1982年12月摄）

五、构造背景

摘自《中国地震考察》第一卷。《1920年海原8½级大地震的地质构造背景》（万自成[①]，柴炽章[①]，王士平，葛民，环文林，常向东）全文如下。

（一）区域构造背景

一个8½级地震的发生必须考虑一个较大范围内的构造活动。海原大地震正是发生在青藏块体和华北块体的交汇部位。

新生代以来，由于印度洋板块与欧亚板块相碰撞，结束了青藏块体的中生代构造运动方式和沉积环境。第三纪和早更新世以前的沉积岩地层均被强烈褶皱断裂，并有大规模的岩浆侵入和混合岩化作用，形成平行于印度洋板块碰撞带的青藏高原的四条弧形山带。海原大地震就发生在该高原的第四条弧形构造带上。此带向东北方向凸出，以弧顶为界，其西北翼断裂带为左旋水平扭动，东南

① 工作单位为宁夏回族自治区地震局。

翼断裂带为右旋水平扭动，弧顶部分为逆断层，1920年地震发生在弧顶向弧的西翼的过渡地带。这种弧形构造带明显地显示出青藏块体受到北东—北东东向的挤压。华北断块在新生代后期，受到来自太平洋板块的南西西方向的俯冲推挤。西域断块体在漫长地质过程中相对较稳定。在三大块体镶嵌部位的宁夏南部地区，应力场随着三大块体的演化相应地发生变化。由于三大块体的活动影响，本区构造、沉积环境也发生着根本性的变化。从地质地层岩性恢复古地理环境的方法得到这样一种印象，即宁夏南部地区是一个动荡不安的沉积环境，特别表现在上古生代、中生代地层岩性中。它们的环境分界线就是加里东构造期所形成的米家山—哈思山—北嶂山—西、南华山复式褶皱山体，这个下古生代生成的带状山体在上古生代、中生代地质历史演化中一般呈中、低山或链状岛屿作为环境的分界线。山麓断裂带反复地长期活动，形成较宽的破碎带，在地质演化中该断裂带因为地质区域应力场的转变，在地质历史上曾发生过顺时针扭动的运动，在前寒武纪的地层中有顺扭的擦痕。这条加里东构造活动的褶皱带的形成似乎同地壳深部构造有着密切的关系，是地壳厚度的分界线。当然现代地壳厚度主要是新生代构造期地壳活动的结果，但不应忽视地质构造的继承性，这一点在该褶皱带上表现得也很清楚和突出。

新生代以来，宁夏南部地区主要受到青藏块体北东—南西向的挤压，其他块体的作用力相对较弱，在这种复合力场作用下，其构造形迹是继承、改造、迁就原老构造按新的北东向挤压力作用发生形变，又因边界条件的反作用力而形成弧形构造。在弧形构造的生成发展中又发生自弧顶向两侧翼反向的压扭性运动。这种扭动产生了现今的地形地貌和构造形变。

1920年海原8½级地震就是发生在三大断块体长期活动分界处的大断裂带上。该断裂不仅是现代构造活动最强烈的断层，而且也是地质历史时期中最活动区域及边界性的断层。这是一条地壳断裂，其现代活动性质及运动方式完全与青藏块体的活动相关。这次大地震和相继发生的一系列大震均可认为是青藏断块体近代活动的佐证。

（二）海原大地震发震断层的分段特征

1920年海原8½级地震是发生在一条加里东构造期生成的，经过漫长地质时期活动的断层上，特别是新生代以来青藏块体的活动致使其再次强烈地活动。统一的地壳深大断裂在地质演化过程中逐渐被解体分段，并且各自具有独立的特征。在新生代的区域应力场作用下，各断裂带的活动继承了原来特征并发生运动方式的转变。断裂活动性质的继承性特征的研究对认识大震的发生是不可缺少的。

该断裂带自西向东可分为六段，即马厂山—米家山段、哈思山段、北嶂山段、黄家洼山段、西、南华山段和月亮山段。但为了讨论方便，从构造演化活动方面来分，则可分为西段、中段和东段。

1. 西段（马厂山—米家山、哈思山—北嶂山段）

在加里东构造期该段为北祁连海槽边缘，同北侧走廊过渡带的香山褶皱隆起相连，接受了浅海相的粗粒堆积，加里东构造活动期褶皱隆起，且在复式褶皱隆起的两侧产生一系列大断裂。山体走向大致近东西，由奥陶系—志留系地层构成主体。这些构造褶皱隆起构成了海西期湖盆的分界。在海西构造期褶皱隆起的米家山、哈思山等山体遭到了强烈剥蚀，在山间洼地和两侧接受了上古生代—中生代的地层堆积。各系地层之间的不整合，反映出一个动荡不安的沉积环境。随着新生代以来青藏块体的强烈隆起作用波及该区，山体的剥蚀作用增强，是新第三系、第四系砂砾石的直接陆源区。晚更新世由于构造区域应力场的重大转变，米家山、哈思山、北嶂山山体再次隆起构成中高山，山麓断裂强烈活动，形成丰富多样的新构造地形地貌。可见米家山、哈思山—北嶂山山体经过了漫长地质时期的演化和构造运动的改造。以米家山、哈思山为例，其综合构造运动演化过程如图1所示。

现在的地形地貌及断裂带是多期次活动综合累积的结果。特别是新生代以来，在演化过程中逐渐分化成既有联系又有区别的马厂山、米家山、哈思山、北嶂山山体。在新生代地质构造期内，山麓断裂表现为继承性的活动，现分述如下：

（1）米家山、马厂山南、北麓活动断裂带。

米家山、马厂山为中高山剥蚀地形，南麓喜集水—葫麻水断裂、金坪断裂和北麓三塘—道洪沟

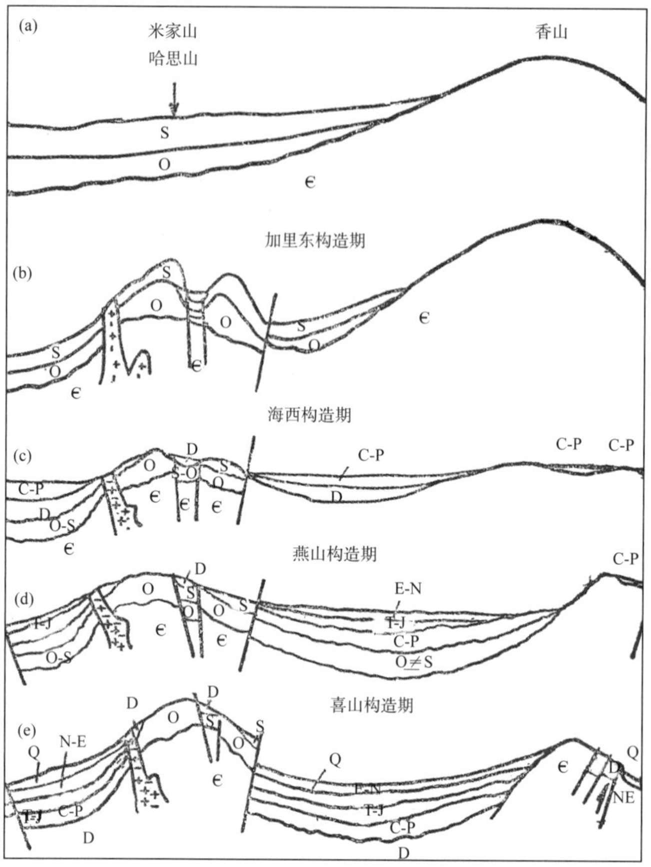

图1　米家山—哈思山综合构造运动演化示意图

断裂组为基岩山体边界。断裂为加里东构造活动期生成，在漫长地质时期中，海西构造运动期、燕山构造运动期均有活动，它们多构成盆地边界，断层破碎带宽5～30m不等。第四纪初期的构造运动以挤压为主，使上更新世地层发生向山外倾的产状变化，晚更新世断层发生扭动，使得晚更新世全新世的洪积扇、水系发生有规律的扭动。山体上升，沟谷下切较深，都具有明显的活动断层的地貌特征标志。1920年地震形变带所在的北麓断裂带，相对显得活动更为强烈。北麓的三塘—道洪沟断裂组是由相距几十米至百米的多条断层组成，但在活动强度上有差异，以沈家庄为界，西端马厂山北麓的断层组中以最北侧的断层最为活动，如图2所示。1920年海原地震就是这条断层继续活动的结果，丰富的形变类型呈带状散布于该断层之上。断层面压扭，产生的高温高压致使第三系地层的断层泥呈黑褐色，在地貌上呈明显标志。1920年海原地震断层错动在此处最大错距为4m。东段米家山北麓断层组中尤以南侧断层活动最强。1920年海原地震形变带散布其上，如图3所示。地震时该段最大水平错距达8m，形成丰富的水系、洪积扇错断地貌，形成断塞塘、断头沟、断尾沟、带状黄土漏斗洞等形变类型。

断层组中断层相互扭动在断裂带内形成局部拉张，在现今地貌上呈狭长的负地形带。狭长负地形带内堆积了晚更新世和全新世的洪积物。从对比发现1920年海原地震时相距仅30m的另外断层没有错动形迹，这点对我们讨论发震断层的深部及地表特征是十分值得注意的现象。

断层组从沈家庄盆地通过。盆地的生成发展与该组断层组新生代活动密切相关，它是断错型盆地，类似断塞塘，活动断层水平错动不仅错断水系并产生局部拉张，形成潴水洼地和堆积盆地。它的特征是在活动断层的一侧边界平直，其他三边呈侵蚀状，如图4所示。活动断层从该盆地北侧通过。1920年地震形变因耕作已被破坏，只有沟壁坡角见及密集的小断层组。

（2）哈思山南麓活动断裂。

哈思山南麓断裂带是米家山北麓活动断裂的东延。但它们在黄河处成斜列组合如图5所示。该

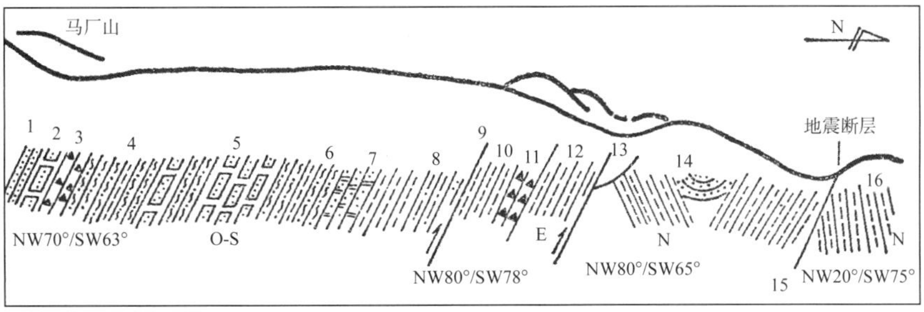

图2　马厂山北麓地震断层剖面图

1. 海缘石石英砂岩；2. 黄褐色石英砂岩；3. 石英海缘石砂岩（破碎带）；4.千枚岩、硬砂岩透镜体；5. 钙质石英砂岩；6. 千枚岩、页岩、石英砂岩；7. 硬砂岩；8. 碎裂带、断层泥；9. 断层；10. 紫红黏土岩；11. 砾岩、砂岩；12. 紫红黏土岩夹砂岩；13. 第四纪坡积；14．浅红色黏土岩夹砂岩；15. 1920年海原地震断层泥；16. 浅红色黏土页岩

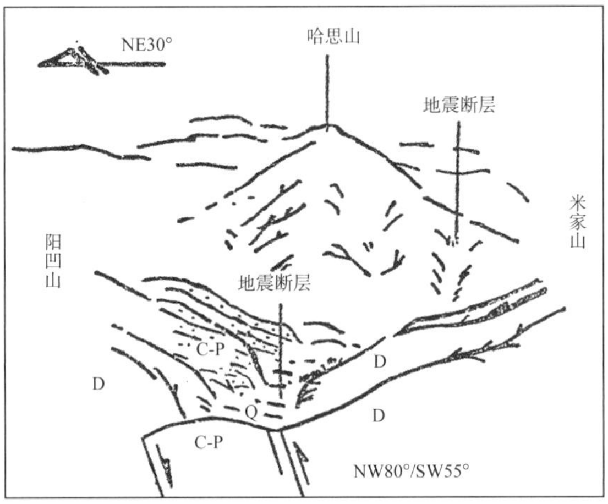

图3　米家山北麓地震断层素描图

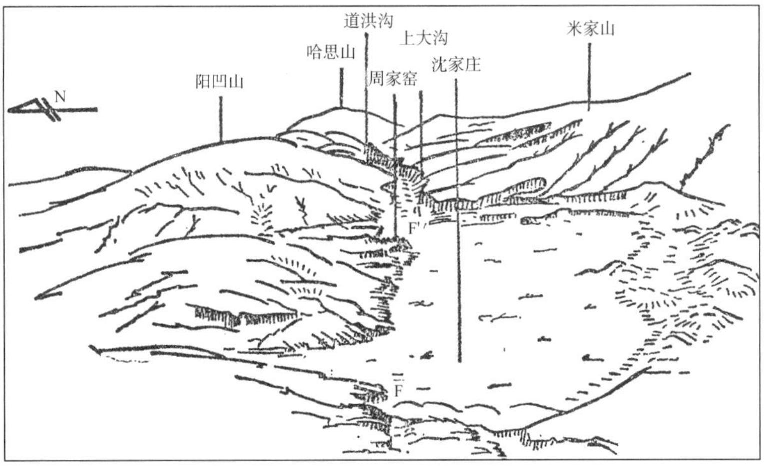

图4　沈家庄断错盆地素描图

F—F'为地震断层

断裂为向北倾的一系列叠瓦状逆断层组。由于哈思山南麓山前断层强烈活动构成上盘（北侧）为高山，下盘（南侧）为第三系的掀斜平原。由于山体上升形成一系列平行的冲沟切割了晚更新世的洪积扇和第三系地层，形成深沟直泻黄河。山前洪积扇扇体倾斜8°～10°。有的洪积扇冲沟下切40m左右，形成一些阶地。特别是全新世以来断层的水平扭动，形成一系列壮观的反映左旋运动的水系、山脊错断、地质体错开的形迹，如图6所示。1920年海原地震的地震断层是该条断层的再活

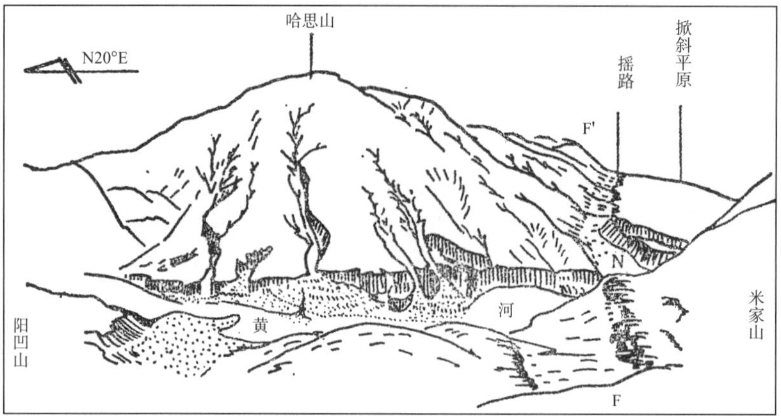

图5　黄河两岸的米家山北麓地震断层和哈思山南麓地震断层（摇路）素描图
F—F'为1920年地震断层带

图6　哈思山扁强沟东800m处泥盆系错开素描图

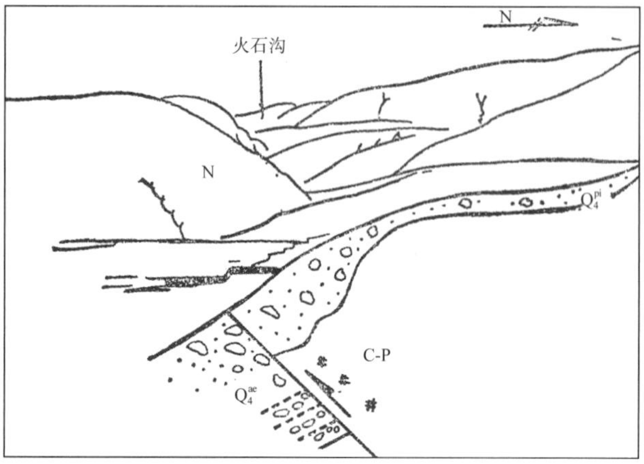

图7　火石沟地震断层剖面图

动。地震时地震断层的错动形成傍山“摇路”典型的特征地貌，断层水平最大错距为9m。活动断层的水平错动形成断错型的荒凉滩盆地，活动断层从荒凉滩盆地南缘通过。1920年海原地震的水平错动在荒凉滩南缘形成地震陡坎，断错山脊（眉脊）和断层泉——窝子滩泉。活动断层在水平错动中，断裂带内产生局部拉张形成大岘断层谷状负地形带，同米家山、阳凹山之间的道洪沟一样。荒凉滩盆地及大岘断层谷的形成还可能与平行野马滩的北东向断层组联合作用有关。这条断层除了强烈的水平错动外，还可见到以强烈的挤压为特征的现象，如火石沟东、虫台子沟等多处见有基岩、破碎带的碎裂岩、糜棱岩和断层泥，并冲到上更新世、晚更新世、全新世的地层和坡洪积物之上。图7为火石沟地震断层剖面图。

1920年海原地震断层从哈思山南麓进入邵水盆地，通过北东向的数条张性断层而转入大营水盆地的北缘。邵水盆地是晚更新世以来哈思山南麓断裂和北嶂山北麓断裂左行斜列交汇处，因水平扭动而形成的拉分型盆地。盆地生成发展也与该活动断裂的左旋水平错动有关。

（3）北嶂山北麓活动断裂。

北嶂山包括水泉尖山、老爷山，以志留系的千枚岩和石炭系、二叠系、三叠系、侏罗系的湖相、陆相的堆积砂岩、页岩夹煤层构成走向为NW60°～80°的山体。山体与凹地高差悬殊，其北麓断层西从大营水盆地北缘经高枣坪、李家沟、卧龙山庙、花道子、三角城至阴洼窑，断层是基岩高山和黄土低山的分界。该断层经过地质演化至晚更新世，特别是全新世以来，其活动以水平左旋扭动为主，造成山麓跨断层水系规则地弯曲。特别是在断层带内形成深大的断层沟，如花道子、长梁、卧龙山庙一带。断层的水平错动在黄土中产生劈理、节理和擦痕阶步，这些配套小构造也反映出断层的左旋扭动。由于断层面不是平直面，在错动中还兼有挤压逆冲性，以至在李家沟西见到第三系的浅红色黏土、砂质页岩逆冲到晚更新世（Q_3^2）的风积黄土之上。

1920年海原地震的地震断层就是该断层继续活动的结果。在断层带内形变带呈带状分布，以摇路、崩塌、地裂、陡坎、沟谷错断为主，测得由于1920年海原地震所产生的最大错距为9m。

1920年海原地震的地震断层在这一段由多条首尾斜列衔接断层组成。衔接部位如三角城盆地，是由于左旋运动的局部拉张而形成的新凹陷小盆地。

地震断层活动并不影响邻近的断层。如大营水盆地南缘断层，新构造活动明显，但海原地震时并没有发生错动。

2. 中段（黄家洼山—西、南华山段）

它也是加里东构造期的祁连海槽与走廊过渡带的分界，不过在加里东早期，经构造运动呈复式褶皱带，加里东构造再次使山体崛起，形成山麓断裂带。并有花岗闪长岩侵入体，海西构造期在山麓两侧凹地和山间盆地里堆积了志留系地层。海西构造运动使黄家洼山、西华山、南华山继续褶皱上升，形成了岛弧状的剥蚀区，并在山麓断裂发生挤压产生宽达几十米至数百米的破裂带。新生代初，在山麓两侧及山间盆地形成新、老第三系的砂岩堆积，第四纪中更新世时期的构造运动使山体再度上升成中高山，与山麓第三系地层呈断层接触。从上述来看，该段渲化特征较为简单，长期以隆起为主，山麓南缘断裂为北倾逆断层性质。但晚更新世以来，各段的活动性质发生了明显的差异，现分述于后。

（1）黄家洼山南麓活动断层。

黄家洼山南麓断层是黄家洼山与南侧盆地的醒目界线。该断层破碎带不宽，如图8。断层下盘堆积了晚更新世的山麓冲积物，形成山前洪积裙，并同时被一些平行的冲沟切割，呈垄岗状。由于断层的水平左旋粘滑错动，同生的沟谷、山脊发生规则的错断。

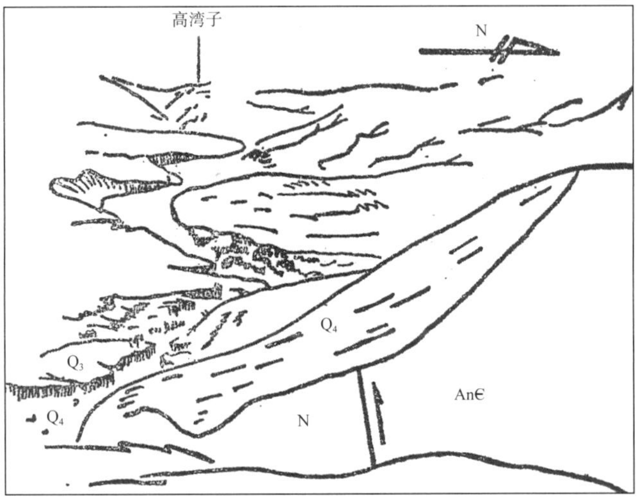

图8　黄家洼山南麓地震断层素描图

1920年海原地震在断层带上形成的地震形变类型丰富多样，其中以断塞塘、断错阶地、水系拐弯、山脊扭错最为壮观。最大水平错距达14m。在长18km的断层带上的形变类型，规模可称之海原地震形变带的精粹之所在。

（2）西、南华山北麓活断层带。

该断层带由于长期活动，断层破碎带极宽，达100～300m，最宽处可达500m。中更新世以来的构造活动期，山体沿断裂隆起。南、西华山北麓断层为左旋走滑错动性质。水平错动使之跨断层的冲沟发生规则弯曲，断层带内的局部拉张形成晚更新世的断层沟地形，接受了洪积物堆积。断错在山麓形成扭错型的盆地，如菜园、哨马营、石卡关沟等。这些盆地南界是活动断层之所在，南侧边缘平直，盆地形成潴水环境，沉积晚更新世的湖相堆积。断裂带北侧，由于推挤和牵引，在大沟门—哨马营—小红山形成了第三系的一系列的背斜、向斜和单斜，这些代表压扭性力学性质的小型构造与主干断层呈“入”字形。另外在晚更新世至全新世的地层中形成与主干断裂相配套的北西向的垅状黄土垄脊和相间的第四系槽形凹地。自西向东有芦子沟凹地、盘路山垄脊、耙子洼—海原凹地、西梁—高寺湾垄脊、西安州凹地、西山洼岗脊、万家水洼地。现今地貌地形完全受该断层的新活动所控制。

1920年海原地震地震形变带沿该断裂带展布，形变类型颇多，以水平断错特征为最明显。最大错距在西华山北麓为11m，向东逐渐衰减。

该断裂西端与黄家洼山东端呈左行斜列，在晚更新世以来的水平错动活动中，此处形成强烈沉陷的拉分型盆地，沉积厚度约160m。这里新构造活动以垂直下降为主，在1920年海原地震时，地震断层错动形成突然下陷，在湖心形成高5m的陡坎，盐湖整体向北迁移1000余米。另外北侧的山体相对隆起，湖心逐渐下沉，形成规模壮观的基岩滑动地貌。地震形变以张性垂直运动为主。

3. 东段（月亮山段）

月亮山位于六盘山脉的北端。山势不高，但山前断裂因中更新世的构造运动相继发生活动，以压性为主，兼有左旋走滑，所以断层多呈挤压特征，如八只窑、叶家河、猫耳沟等断层带的新活动都显示为挤压性特征。八只窑断层如图9中所示，老地层逆冲到新地层之上，1920年海原地震的地震断层是从西北端的老虎腰岘，向南经小南川、李俊堡至硝口。图10为猫耳沟村地震形变素描图。

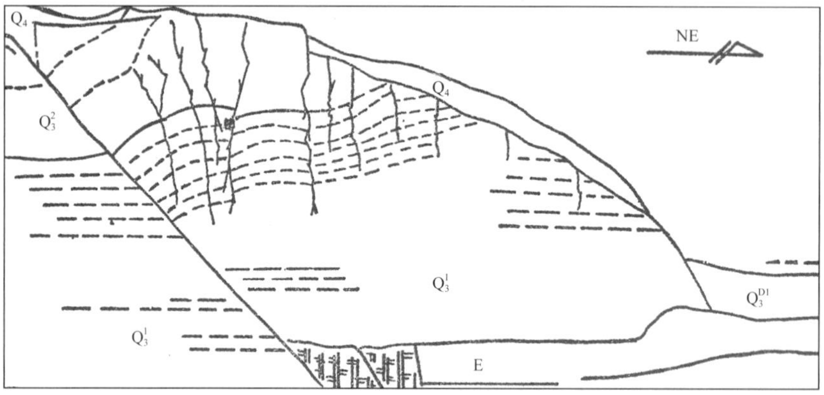

图9　八只窑断层素描图

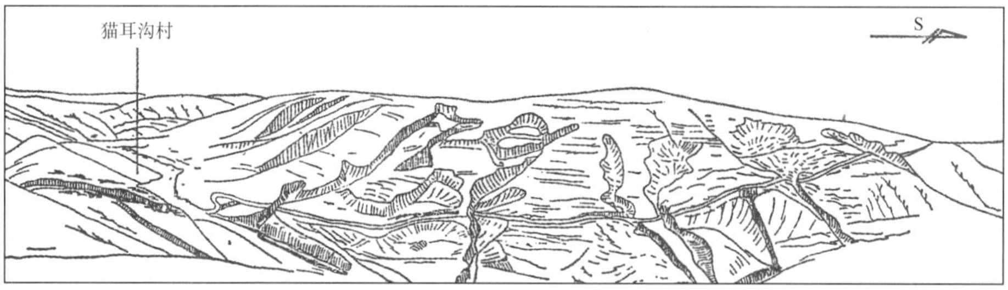

图10　猫耳沟村地震形变带素描图

从上述分析，在中更新世以来，断层的再次活动按新的构造物理模式进行组合，组合方式和活动特征都有继承性。这种继承性显示出了整个地震断层带在新构造应力下的特殊性，即地震断层的走向是连续的，并呈不规则斜列组合；断层产状变化在走向、倾角上的不连通性以及断层破碎带的不一致性。

（三）区域应力场及构造运动方式的转换

一个8级以上地震的发生不仅有规模较大的活断层及孕育地震的构造条件，还应有一个大范围的高应力场的背景。因此，区域应力场、构造条件及运动方式是产生8级以上地震的条件。

1. 宁南弧形构造

如前所述，由于印度洋板块与欧亚板块碰撞，青藏断块体地壳不断地增厚上隆，这不仅生成了四条巨大的弧形带状断褶山体，而且还产生了强大的侧向推挤力。青藏断块体的侧向挤压力达及第四弧形带的宁南一带地区。由于北侧受到阿拉善断块体和东侧受到鄂尔多斯断块体的阻挡，在宁夏南部构成的直角三角形区域，又恰位于青藏断块体的东北角隅。强烈的北东向水平推挤力使该区域结束了中生代构造堆积环境，形成一系列弧顶向北东凸出的断块山和断陷凹地相间的弧形构造带——宁南弧形构造带。从地层时代看，弧形带形成最初发生于北部边界，从外向里逐渐生成发展。另外在弧顶部位往往是压缩区，而弧顶的外侧为张应力区，产生新的断陷盆地。自弧顶向西块体运动发生反扭，弧顶以东发生顺扭，在区域水平挤压应力作用下，从弧顶向两侧翼发生反方向的压扭性水平错动。

由于边界围限条件及相互作用，宁南弧形构造的外侧弧形态不完整，规模较小，逐渐向内侧形态完备规模增大。宁南弧形构造情况如图11所示。根据地质调查从外向内先后生成发展4个次级的弧形断褶带：

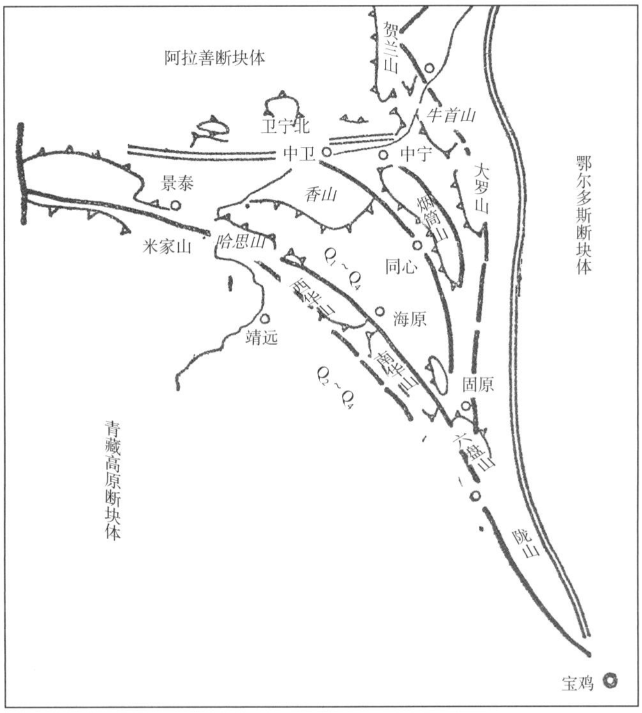

图11　宁南弧形构造示意图

①牛首山—大小罗山弧形断块山体及中宁—红寺堡弧形断陷凹地，成生于渐新世—中新世；

②烟筒山—窑山弧形断块山体及中卫—清水河弧形断块凹地，成生于中上新世；

③香山—兴隆山—月亮山弧形断块山体及兴仁—海原弧形断陷凹地，成生于早更新世初；

④米家山—西、南华山—六盘山弧形断块山体及景泰—静宁—西吉弧形断陷凹地，成生于中更新世。该弧形构造带是发育最完全，规模最大的构造带之一。在近弧顶部位形成老虎腰岘—曹洼北东的横向盆地，盆地堆积了晚更新世的风积黄土和冲积砾石。

另外从卫星影像、地震活动性以及烂泥河的流向、滑坡体等发育情况来看，似乎在沿烂泥河流间有一条隐伏的皱形弧形隆起带。

自第四纪以来，宁南地区相继生成发展形成独特弧形构造区，弧形断块山体隆起构成中高山，成剥蚀地形地貌，相间的弧形凹地为堆积地形地貌，剥蚀区向两侧凹地提供粗粒堆积物。弧形凹地由于北东向的水平推挤力和沿断裂带的走滑扭动牵曳的联合作用，一般西南深，东北浅，并且在整体弧形凹地中又可细分为多个沉降中心，亦即多个小盆地。

2. 应力场和形变特征

从上述构造形态分析，形成该构造形态的区域应力场是北东向的水平压应力，这和从震源机制解分析得到的结果基本一致。但水平压应力又因块体组合及其构造影响而有所差异，我国西部以北北东向水平压力为主，但随着构造走向改变，在甘肃、宁夏的海原和六盘山一带，压应力方位转而成为北东—南西和北东东—南西西方向，这里正是青藏块体北缘的向北突出的弧形拐弯处，压应力方向也随之改变。

在北东向的区域水平应力作用下，宁夏南部第四纪生成了一系列的弧形构造，弧形构造的生成初期是断块山体的再活动崛起，同时按照弧形构造的构造物理模式发生块体相互运动。一般来讲，弧形顶部形成平行于主压力方向的断裂和断陷，弧两侧的块体发生相反方向的水平错动，致使弧形形态完备。由于弧形构造的生成时代不同和边界条件不同，其发展情况不同，但原理是相同的。

3. 晚更新世时运动性质的转化

海原地震发生在米家山—西、南华山、六盘山弧形山体的山麓断裂带上。该弧形山体生成于中更新世，发展于晚更新世。形成初期，南、西华山、六盘山、黄家洼山诸山体相继再活动崛起，山前断裂在水平压应力作用下发生逆冲，致使原诸低山山前堆积的下、中更新统地层也随之抬高遭到剥蚀，从而转薄而剥蚀殆尽。只有在园河谷地见到早更新世的砾石层，在哈思山南麓中更新世时形成的沟谷内有残余。在米家山北麓张家沟一带见峁梁顶上有数立方米大小的早更新世的砾岩帽顶和其风化物披盖于峁梁上。在老虎腰岘—曹洼盆地，堆积了晚更新世的砾石地层，晚更新世时期，随着弧形构造的发展，断块山体不仅逐渐上隆，构成剥蚀中高山地形，而且相对外侧断陷凹地发生扭动，即断裂带的性质由压性变为扭性。由于断层性质的转变，运动方式也发生转变，相应地在断裂带内及其附近产生一些新的地形地貌，以及老地层的变形。我们在考察海原地震形变带时注意到了由于断层运动方式的转变而产生的一些特征性的地质依据。因山麓断裂带的性质，破碎带的宽窄不同，以及在组成统一的弧形构造时的组合斜列方向的不同，其表现的水平走滑特征亦不同，综合起来反映出晚更新世的运动方式。

4. 晚更新世以来的运动方式

在弧形构造的发展中，西翼诸山麓断裂带发生反扭水平运动，水平扭动在左行斜列接合处形成拉分型盆地，如干盐池盆地、邵水盆地。这两个盆地的生成发展完全与断裂带的左旋水平运动有关。从钻孔资料来看，两个盆地中的第四系堆积物之下分别是前寒武系、志留系的破碎基岩。盆地基岩被断层切割破碎，第四系堆积厚度，干盐池盆地约160m。干盐池盆地西北角有一条流向湖盆的最大沟谷。我们通过分析确定该沟口山麓断裂带附近的第四系堆积物是晚更新世的洪积物，以砾石为主，间夹有冲积黄土层，因地下水的活动，稍有钙质胶结，并因断层活动而产状陡立。经测量统计得本区域内的沟谷向源侵蚀速度2.3cm/a，粗略估算沟谷形成年龄约17万年。此沟生成于盆地开始之时，另在盆地南的低山上发现有砾石层，砾石呈半棱角状，砾石定向排列，来自北边高山，这表明盆地在未形成之前是一个整体。在西华山隆起西端和黄家洼山隆起东端结合处，由于水平扭动，断裂带密集处产生局部拉张，形成盆地。分析得出，干盐池盆地生成于晚更新世初期，发展扩大加深于全新世。

在弧形构造的发展中，山麓断裂带扭动，断错了原来的沟谷，沟谷的出水被较长时间地堵塞，在断裂带内部形成断错盆地。如芦子沟、菜园、哨马营、石卡关沟、张泥水等大小不等的断错盆地。断错盆地形成较长时间的潴水环境，堆积了一套晚更新世的黄绿色粗粒砂岩夹亚黏土互层，并含有有机质泥炭层。从实测和图上量得，能形成这种断错盆地的冲沟，其长度大体相等，按冲沟向源侵蚀速度2.3cm/a估算，冲沟形成年龄约1.5万年，这类冲沟在本区内，除园河外，皆属第Ⅱ类大沟。这类冲沟形成于晚更新世中期。断错盆地的形成是断层带水平扭动的结果。根据盆地内堆积物来看，断层带强烈水平扭动开始于晚更新世中期。

在南、西华山北麓和黄家洼山南麓发育了一系列冲沟。这些冲沟切割了晚更新世早、中期的山麓堆积物。从堆积物的特征来看，晚更新世早、中期，山体上隆剥蚀，砾石成面流状，并向两侧凹地堆积，形成了广泛分布的新第三系顶部的一层砾石，黄土混合堆积以砾石为主，砾石成分来自就近的高山基岩。其上为晚更新世晚期的风积黄土堆积，上更新统堆积在山前呈洪积扇、裙，后被晚更新世末期生成发展的冲沟切割，形成现代山前垄脊地形地貌。这些冲沟形成是由于断层水平错动，山坡面流路径发生改变所致，它的形成年龄完全可代表断层错动的年龄。这些沟谷在本区内属第Ⅲ类沟，长300～500m，为同生沟。这类同生沟谷在沟谷纵向上也表现出独特的特征，它们在断层处统一拐弯，形成典型的直角拐弯沟谷，谷间脊也成直角弯曲，沟谷的最大错距也近乎相等。以黄家洼山南麓沟谷最为典型，水平错距60～70m。就按本区最大错距14m和大震重复周期2000～2500年估算，冲沟形成约10000年，属晚更新世末全新世初形成。

山麓断裂带的水平错动在断裂带内部由于局部拉张形成狭长的断层沟负地形，如同现在的大岘、道红沟等。这些狭长的负地形堆积了山麓冲洪积物，是一套砾石、黄土的混合堆积物。以冲积黄土为主，岩相上不同于晚更新世早、中期的山麓坡积物。典型的剖面在菜园盆地的东西两端山麓断裂带内和北嶂山北麓的花道子—卧龙山一带山麓断裂带内，从岩相分析看，其成分以黄土为主，可以视为同属晚更新世晚期的堆积物。只是在特殊的堆积环境条件下形成的，而堆积环境是断裂带的断层沟状负地形。

由于断层面的不平直，断裂带的水平错动使带内局部形成挤压区。压扭性运动致使地层产状发生陡度，如刺儿沟，晚更新世早、中期的黄灰色、黑褐色砾石层发生明显的产状变化。倾角变陡，倾向转为北东，图12给出了野狐坡（Q_3^{1-2}）砾石层的产状示意图。老虎腰岘的（Q_3^{1-2}）冲积砾石层，图13所示大沟门至古墩子间一条沟谷中的（Q_3^2）砾石也发生了类似的压扭性翘起，并且老、新第三系逆冲于（Q_3^2）的砾石层之上，呈断层接触，大沟门—古墩子间地震断层剖面见示意图。

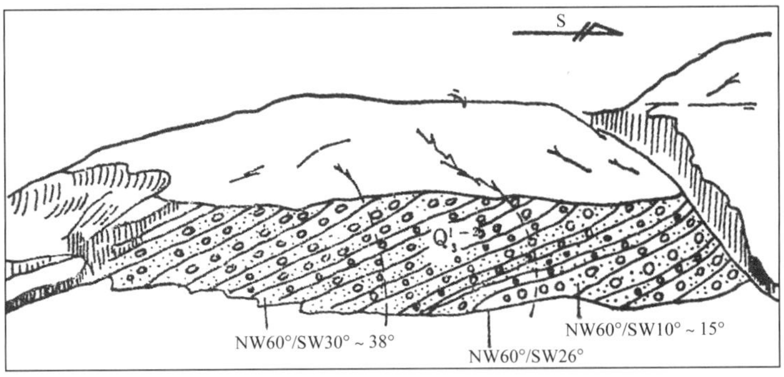

图12　野狐坡砾石层产状陡倾素描图

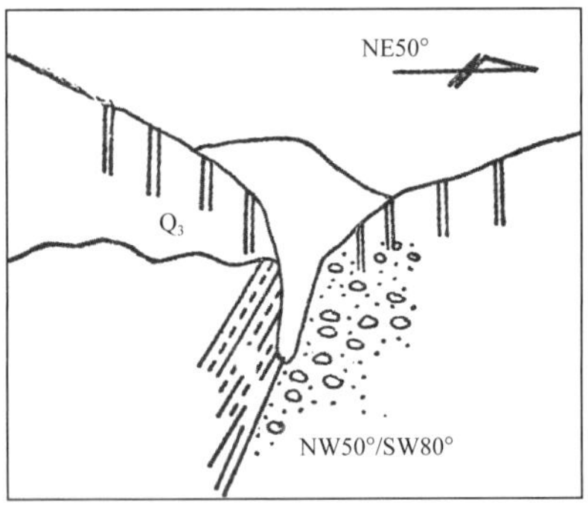

图13　大沟门—古墩子间地震断层剖面示意图

通过对断裂带内地质体的形成发展和变形的多种情况分析，可以认为，该断裂带的运动方式转变时期为晚更新世中期。

海原地震断层带是在新生代内北东—南西向区域水平压应力作用下，老断裂带的再活动的结果，这个近乎垂直于水平主压应力的断裂带在边界条件的影响下，运动方式及性质均发生根本性转变，其转变时代为晚更新世早、中期。强烈的水平运动则发生于晚更新世中、晚期至全新世。

海原大地震的发生是在一个广大范围内高区域应力场条件下，规模巨大的长期演化的深大断裂带再活动的结果。它的发生不仅取决于景泰—海原断裂规模巨大、组合结构复杂，更主要的是取决于断裂带所处的位置。正是由于断裂带位于青藏巨型块体同区域断块体和华北断块体的结合区域内，而且又是地壳厚度的变异带，青藏断块体的强烈活动就是该区域内弧形构造带的生成力源，也是诸弧形带强震重复发生的渊薮，因此，8.5级地震的发生与青藏块体的活动有关。

六、地震目录

摘自《中国近代地震目录》（中国地震局震害防御司）。海原8½级地震资料如下。

1920年海原8½级地震参数表

地震日期	发震时刻(北京时间)	震中位置		精度	震级	震中烈度	震源深度(km)	震中参考地名
		北纬	东经					
1920-12-16	20:05:53	36.7°	104.9°		8½	Ⅻ		宁夏海原

宏观震中：36.5° N，105.7° E。

宏观深度：17公里。

总情况：东六盘山地区村镇埋没、地面或成高陵或陷深谷，山崩地裂，黑水横流，海原、固原等四城全毁。只海原一县死73604人，死亡为59%，全区因地震而死者不下20万人。据新中国成立后调查，断裂带东南起于海原县李俊堡，经肖家湾，西安州和干盐池至景泰，全长200公里，断裂的总体走向为北偏西50°～70°，在肖家湾向东南转为南偏东10°～20°。在整个断裂带上以李俊堡至干盐池一段断裂较为发育。

极震区：

海原：全城房屋荡平，倒损房屋倒房26912间，塌窑洞26689座。山河变易，山崩地裂，黑水喷涌。全县死73604人，伤4523人，牲畜死41638头，伤2854头。

西吉：回教首领马元璋合家60余口及教徒五六百名同时遇难，回汉人民死伤数万人。县城附近之苏家河全村36户，130余间民房全部倒塌，堡子墙塌成一土埂。附近崖坎崩滑，村庄覆没，大路裂缝，长3～4丈，宽1丈，中段下陷3～4尺，压死36人（近年调查资料）。

破坏区：

固原：城垣城楼倒塌，垛墙全毁，房屋荡尽，四乡更重，西北两乡摇为平地。沙沟二山摇合，县西北二山崩，壅塞河道，西大营川一带，滨河之地多裂缝。死30000余人，压死牲畜60000余头。

静宁：城垣尽圮，城关庐舍倾塌殆尽。山崩崖摧，县中各河悉为所塞，水不通流。地裂数丈，或地皮挤起如短墙，亦有一陷数丈深穴者。山川变相，道路阻塞，村落迁移，全村覆没者20余处。全县压死9000余人，伤2000余人，压死牲畜37986头。

会宁：全城房屋倒塌（或云房屋存者十之二三），乡村城堡多被震坏。清江驿以东山崩土裂，埋没村庄，阻塞道路。数十里内人烟断绝。死亡13942人（或云压死人民十之四；或云城内伤亡不及百人，乡民死伤2千余；或云城中死人狼藉，约三万余）。

通渭：城关、四乡民房及公共斋舍倾圮无余。山崩崖裂，有全庄覆没者，或仅留一二家者，河流壅塞，平地裂缝，涌水带黑沙。死者达10000余人，伤者30000人，死牲畜29246头，伤16068头。

隆德：城中庙宇、楼关、民房概行圮毁。西北各村宅没窑覆或移宅基于数里之外，覆压数十丈深者。共倒塌房屋59046间。山崩崖塌，山川远移，峰谷互换，西北村镇东西山口忽合为一大圆冢，三百余户皆丛葬山中。死人二万余，牲畜五万余头。

秦安：村镇房屋倒塌殆尽（一说倒十之八），山陷四处，死10000人，压死牲畜30000余头（又说死伤3134人，牲畜2256头，坏房屋69054间，窑洞477座）。

天水：城堞圮落，城楼、房屋倒塌，山崩地裂，黑水横流。王家、葛家两山崖塌陷无余，两岸居民被压死者过半，马跑泉镇摇出大川，水能行舟，城内死亡243人，城外死亡2081人。麦积山庙宇正殿后墙裂缝，缝宽1～2厘米，有屋脊掉落现象。

同心：塌窑洞，城内六大清真寺较高之楼亭严重损坏，房屋掉脊脱榫，倒塌或墙壁裂缝，有少数人死亡。

宁县：衙署房屋摇平，城垣崩陷，房窑倒塌十之六七，压死4000余人，牲畜10000头。

甘谷：倒塌房屋20000余所，城墙巡房倒塌无数。南山庙宇、阁、塔均倒，北乡山崩地陷，陷口10多厘米，涌出黑水。死1365人，伤3934人，死牲畜25144头。

庆阳：城楼、垛口、学校、庙寺、民房、衙署等建筑均震塌，东南城门崩裂尤甚。共塌窑房15394间，民庄1209处，压死2405余人，牲畜26000余头。

合水：倒塌房屋十之六，死人700余名，牲畜3000余头。

泾原：倒塌房屋十分之七，死4000余人，畜12000余头。

定西：房屋倒塌一半，死4200余人，牲畜6000余头。县之西公驿和县东清凉山一带房屋全倒。

靖远：城墙（土筑）多处崩裂，砖垛口及城西土房全倒。小红沟甘盐池被毁，盐民死者十之六。黄河西岸河水崩溢，庐舍为墟，或浮家泛宅沉溺于水。亦有黄土滑坡，田地裂缝。全县死12800余人（一说31933人）。

泾川：崦嵫山、大堡山等处庙宇皆倒塌。山顶开裂宽10多厘米至50厘米不等，长约0.3～2米。地面裂缝亦有长至25米，宽0.5～1米多者。倒塌土房1451间，窑洞631孔。全县压死730人（又说死3000余人），牲畜369头。

环县：倒塌房屋十分之七，死3000余人，牲畜75000余头。

礼县：城乡倒塌公房30余间，民居6000余间（或云十之八九）。压死90余人，伤25人。压死牲畜1200余头。

清水：城垣崩坏，雉堞、门楼、庙宇、学校尽毁，县署、文庙等建筑损坏甚多，共坏房屋7890间，全县死伤334人，畜1649头。山头崩，压盖窑室。

灵武：倒塌房屋十分之二，地裂涌黄黑水，死300余人，畜700余头。

金积：倒塌房屋十分之七，死10000余人，牲畜22000头。

中卫：倒塌房屋十分之三，死700余人，畜1000余头。

庄浪：倒塌房屋十分之四，死1000余人，畜5000余头。

张家川：两岸山崩，川为之平。

陇西：塌屋十分之六，死7000余人，畜万余头。

西和：塌屋十分之七，死4000人，畜15000余头。

灵台：塌屋十分之三，死1000余人，畜7000余头。

榆中：倒屋十分之四，死900余人，畜1200余头。

临潭（新城，洮州）：倒屋十分之二，死900余人，畜1000余头。

临洮：倒塌房屋十分之三，死700余人，畜1000余头。

漳县：塌屋十分之四，死620余人，畜3000余头。

正宁：倒塌房屋451间，窑洞468处，窑庄26院，庙宇20处，又9间，城垛280个，全县死伤97人，畜58头。

岷县：倒塌房屋十之四，死700余人，畜2000余头。

两当：倒塌房舍十之五，死700余人，畜5000余头（据近年访问调查，倒瓦房9间，环5间，小树折断，黄观乡老庄村山坡崩塌，聂家湾地裂宽约2寸）。

阴平（今文县西北）：塌屋十分之四，死700余人，畜2000余头。

武山：城垣倒塌34丈，炮房50座。垛口446个，堡塞共塌46处。学校受灾最重者达28处。死伤322人，死伤牲畜884头。

陇县：城坠山崩，压死700人。

岐山：墙倒房塌、地裂深沟、死伤者处处有之。

凤翔：塌屋4319间，窑1043座，墙1801堵，伤亡2353人，牲畜3342头。

渭原：倒塌房屋778间，死4人，伤9人，压死牲畜380头。

镇原：殿塔震毁，坏房窑11, 840间，邑北慕家滩山颓，积水成潭，广约40～50余亩。死伤3005人，牲畜3904头。

崇信：城垛墙半摇落。西城楼崩裂，魁星楼圮，塌屋十分之三，城内外房倒壁倾。木林镇屋宇摇平。死亡300余人。（又说死900余人，压死牲畜2000余头。塌屋十分之三）。

平凉：城墙、民房及其他建筑物倒塌甚多。死2000余人。城外北部一带山崩地陷，四乡较重，穴居野处之人，全家葬于深山中者不可计数。

华亭：城垛崩塌，墙倒屋塌，岩坠山崩，地移路断。城镇四乡民房、寺庙、公署损坏者约500余间，塌土窑66处。死37人，伤5人，压死牲畜81头。

银川：房屋倒塌十分之四，死700余人，死牲畜1000余头。（据有关访问：土房倒塌数百间，一般房屋有裂缝及掉土块者；地裂。）

兰州：倒塌房屋十分之三。死3000余人，畜7000余头。城堡垛口有倒塌，其他城堡（砖土）垛口或城墙亦有倒塌。白云观九级砖塔震倒四级，孙家坟和尚庙砖塔塔顶震落。皋兰山村落亦有裂缝。

宁朔（旧在银川西10公里）：颓墙圮壁，飞瓦扬尘，山崩地裂。房屋倒塌十分之三，死500余人。

徽县：倒塌房屋十分之一，死60余人，死牲畜700余头。大河店乡王家村山坡崩滑，并有裂缝，宽数寸。

永登：倒塌房屋较多。杨树折断，压坏数人。

灵石：不坚固或古老房屋有震塌者，一间楼房部分震塌。

临泽：房屋倒塌，地裂涌黑水。

武威：民房间有摇塌，人畜有压死。

西宁：张家塞有房倒墙塌者。城垣亦有塌处。

旧红水：倒塌房屋十分之一，死30余人，畜500余头。

成县：倒塌房屋十分之一，伤300余人。（一说损坏房屋524间，死4人，伤9人，死牛1头。）

临夏：倒塌房屋十分之二，死千余人，牲畜2500余头。（一说损坏房屋242间，死伤牲畜135头。）

武都：塌屋十分之二，死50余人，畜600余头。

洮沙：塌屋十分之一，死48人，畜300余头。

平罗：塌屋十分之二，死伤300人，牲畜1000余头

盐池：塌屋十分之一，死40余人，畜200余头。

宁定（今广河）：塌屋十分之一，死30余人，畜200余头。

汉中（南郑）：房屋摇摆，旧屋牌坊倒塌很多。

城固：屋瓦摇落，日晷移作东北西南向。

华县：少华山山崩，由下突陷大穴，出水色纯绿。

华阴：房屋倾圮，墙垣倒塌。树木起扑。地裂，长约数里。

朝邑：城楼倾塌，城墙陷落10余丈，双泉崩裂，窑居百姓压死者甚多。（据今调查：北城门楼有裂缝宽2寸多。城北大路裂开尺余）

兴平：小西城楼全毁，城垣、屋宇有倒塌者。

磴口镇：冰厚约5～6寸被震裂，毁房甚多，死7人，伤50余人。

扶风：土窑震陷，压死500余人。

武功：城楼倒塌，房屋不坚固者皆塌，四乡房屋震倒多不胜计。（一说老屋有倒塌者。）

凤县：城西南面摧倒，城乡人畜多死。

醴泉：庐舍颓覆，伤害人畜。北乡多窑居，门前即是深沟，被窑压死或坠沟身死者约千人。

永寿：城欹屋塌，伤害人畜甚多。

榆林：房屋倒塌，死10余人。

西安：屋摇墙塌，被毁房屋约百户。

三原：城垛坠落，东北乡震倒房屋不少。

邠县：地塌，毁屋数间。

汧阳：城四周倾倒400余处，县署大堂倒毁十余丈，压死守城兵15人。

洪洞：苏堡村山墙有倒者，吉恒村有地裂缝深2～3尺，宽3尺，长2丈余。赵城公园塌了一个八角亭。

长武：县城倒塌，南城楼被毁，房屋倾倒，压死人畜很多。

渭南、咸阳、临潼：房屋间有倒塌或微伤。（各县无单独记载）。

泾阳：街面少有损伤。

盩厔：屋墙倾圮，有压死者。

宝鸡：墙屋多坏，城堞大半倒塌。冯家塬、黄鹿塬之寨墙全部倒塌，村中民房十余间倾倒半数，余者皆歪斜变形，并有庙宇四座倾倒。大沟及下沙湾一带，岩石崩塌。

略阳：房屋震歪，旧屋掉瓦。

澄城：窑塌屋倒，伤人甚多。

横山：城门楼崩，压伤居民。

安塞：山崩屋坏，人畜受伤。

宜川：文峰山砖塔撼拆数层。土窑有塌，死人畜。

高陵：地有裂者，建筑物损坏不太严重。

韩城：孔庙内二石碑和城内高楼均被震倒。

大荔：房颠水腾，石碑房倾或掉坠几块，人有压死者。

太原：房屋间有倒塌，人民微伤。

汾阳：烟囱倒者不少，高塔裂三大穴。砖砌拱门倾塌，医院（水泥建筑）裂穴数处。

临汾：城垣倾圮50余处。大钟楼顶坠落。

新绛：民房圮毁者不少。

芮城：墙屋有倾倒。

太谷：年久房屋震圮。

曲沃：岩墙危厦倒塌颇多。

虞乡：山石滚下，一塔震倒，房屋有倒塌，压死2人。

永和：房舍倾塌，飞沙扬石，压死人畜甚众。

安邑：一塔尖坠落，土墙头倒塌很多，三层楼房震倒一层。

临晋：墙房有倾圮者。

介休：义安村砖土墙及房顶烟筒被震倒。

离石：房屋有塌毁，树枝震落。

阌乡：倾仆民房数十间。

修武：房屋间有倒塌者。

林县：有少数房子裂缝。

西公旗：少数民房震塌。

中江：房屋有被摧塌者。

贵德：地裂出黑水。

海晏：不坚之土墙倒塌一堵。

湟源：土墙有裂缝，城关镇庙墙裂缝宽1～2寸、长3～5尺，地裂。

湟中：旧土房倾倒5间，地面有细小裂缝。

平遥：少数顶棚震落，井水上涨数尺，院墙有倒塌者。

祁县：土房部分震塌，井有变干，亦有井水上升2尺左右。永安村戏台震塌。

永济：普救寺铜顶震落，旧房震倒。

夏县：西丰晁村个别破旧石砌牌楼震倒。

襄汾：旧老烟囱有倒塌者，地裂长3～4尺、宽2～3寸。

榆次：窗棂多震破。

武乡：人站立不稳，楼台欲倾。

乡宁：一窑房倒塌，压死小女二口，村房庙宇有倒塌者。

开封：倒屋10余间。

洛阳：个别旧房屋前椽塌下，一般旧房掉灰。

宜阳：个别破旧席棚倒塌。

新安：磁涧寒雅村一旧土墙震垮，压死猪两头。老房落灰。

汉口：某姓朽墙震倒半壁。

永清：一家旧墙震裂。

有感面积很大，东至东海之滨，有记载者如下：甘肃之高台、东乐、酒泉、玉门、永昌；陕西之潼关、石泉、汉阴、平利、商县、黄陵、延安、西乡、葭县、镇安、乾县；内蒙之乌达、乌拉特前旗、五原、安北、萨拉齐、托克托、清水、东胜、清水河、呼和浩特、包头、石拐子、多伦；山西之安泽、荣河、闻喜、霍县、垣曲、孝义、石楼、阳城、沁源、汾西、蒲县、中阳、浮山、翼城、襄垣、陵川、盂县、大同；河北之文安、蔚县、完县、武清、交河、北京、霸县、磁县、邯郸、天津；山东之观城、聊城、郓城、唐邑、馆陶、武城、清平；河南之孟县、安阳、荥阳、新乡、获嘉、渑池、巩县、叶县、鲁山、宝丰、汤阴、滑县、郑州、陕县；四川之绵阳、绵竹、德阳、双流、郫县、彭县、成都、什邡、长寿、苍溪、重庆、广元、巴中、乐山、遂宁、大竹、万源、合江；湖北之郧西、老河口、襄阳；安徽之太和、蒙城、合肥、无为、桐城；江苏之无锡、上海；福建之政和；青海之都兰、茶卡、化隆、德令哈等县、市均有感（等震线图见下页）。

海原8½级地震及主要余震参数表

地震日期	发震时刻(北京时间)	震中位置		精度	震级	震中烈度	震源深度(km)	震中参考地名
		北纬	东经					
1920-12-16	20:05:53	36.7°	104.9°		8½	Ⅻ		宁夏海原
1920-12-25	19:33:13	36.6°	105.2°		7	Ⅶ		宁夏海原西
1920-12-28	11:16:29	37.1°	105.3°		6¼	Ⅶ		宁夏海原西北
1921-01-07	17:42:25	37.0°	105.0°		6	Ⅶ		宁夏海原西北
1921-01-31		36.0°	106.0°		5½	Ⅶ		宁夏固原西南

唐家坡错位田埂

1. **唐家坡田埂错动**

位于盐池盆地唐家坡村西，海靖公路北侧。唐家坡村以姓氏和地形得名，村落西北为农户，东南为干盐池羊场放牧点，村民为回、汉两族，以商业和农业并重。从唐代开始，以盐作为商品贸易的“口岸”，商贾云集，形成了一个人口较多的村落。产盐的季节多集中在伏天的六、七、八三个月，其余的日子，盐工们只有种田为生。由于人多地少，能开垦种植的地方都被开垦了。村西边的陡坡地上，也被盐工们加以改造，用石头垒起了1米多高的田埂，垫上土，用来种植庄稼。1920年海原大地震断层横切田埂，13条田埂被左旋错动，错距5～6米，最大的达7.4米。

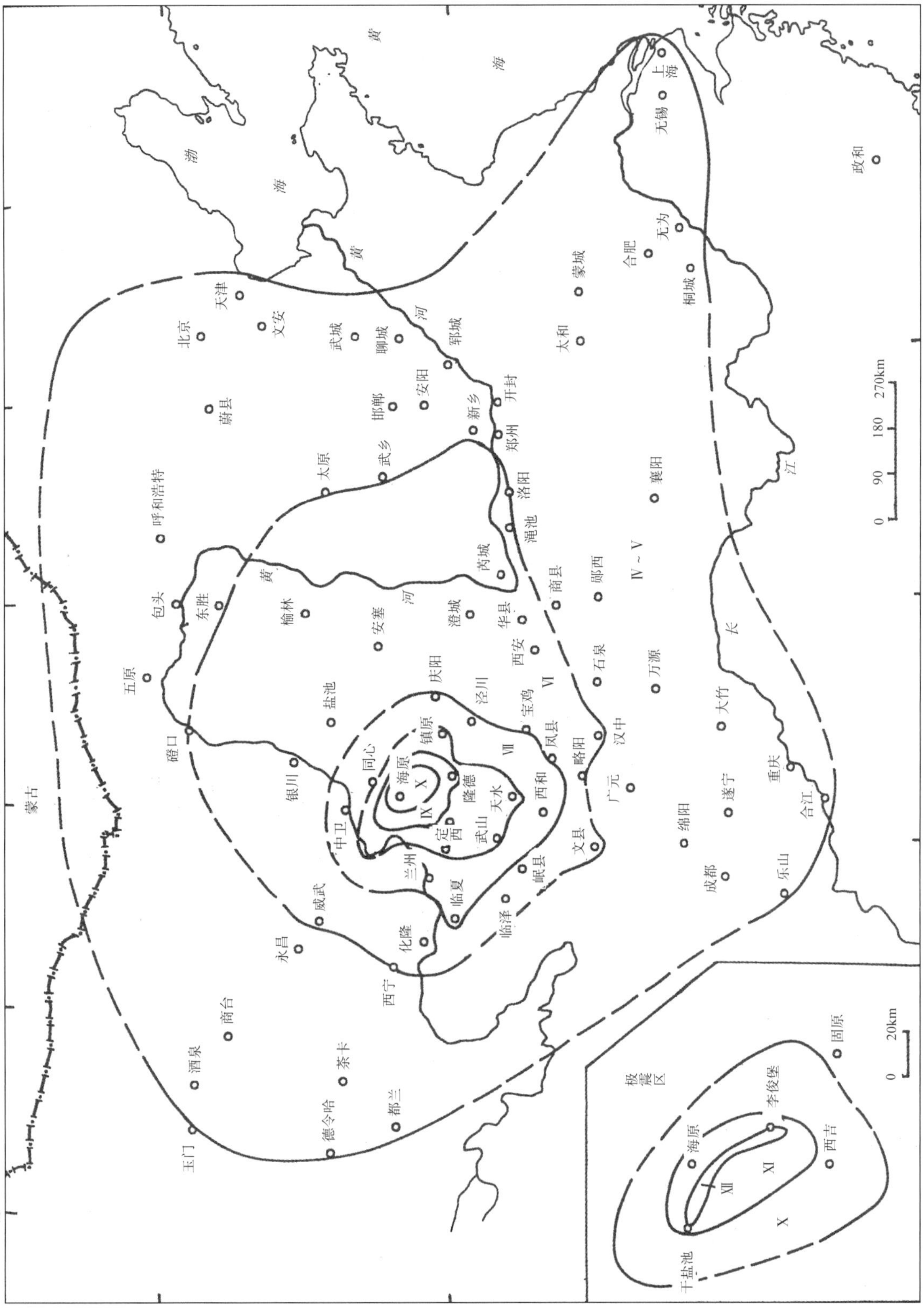

1920年海原8½地震等震线图

哨马营震柳

“涌金门”石匾

2. 哨马营震柳

位于西安镇西北20里西华山北麓的哨马营村。该村对面的山当地人称之为营盘山，山顶上营垒为宋代遗址。据记载，营垒是宋军侦察西夏军情的哨所。营垒占地十几亩，从此远望，干盐池、西安州一线的小丘陵尽收眼底。营垒中的驻军经常到山下的沟里取水饮马，因此，这里又叫“哨马饮”。营垒又是哨兵驻扎的营地故还被称为“哨马营”。村子的河道上有棵古柳，1920年海原大地震断层正好从这棵古树中间通过而被震裂。

3. 海原城门石匾

该石匾长1.5米，高0.82米，厚0.10米，匾的正文为“涌金门”三个大字，落款处有“民国十二年夏月壬戌”“甘肃省筹赈处委员会”的字样。石匾原为嵌挂在海原西城的门匾，经专家考证为孙中山所题写而制作的石匾。民国十年（1921年），时任中华民国非常大总统的孙中山把海原重建工作列为他的重点爱民工程，当时的甘肃省政府成立了筹赈委员会，并在民国十一年（1922年）专为海原重建题写了“涌金门”的石匾。现保存于县城西门居民马生贵家中。据他回忆，1964年“破四旧”时，石匾被从城墙上拆下来，后因右下角有些破损，属于“四旧”之物而无人敢搬走，他和几个社员用推车把石匾拉回家中，用于放置水桶并保存至今。

1921年西藏芒康地震及该年地震论述

· 地震灾料

· 地震论述

一、地震灾料

（一）《申报》报道

据《申报》1921年5月25日1张、3页：[二十四日下午六时北京电]　川边盐井（今属芒康县）地震成灾拨帑一赈济均通过。

（二）中国大事记

据《东方杂志》（中国大事记），卷18第13号、页133：川边盐井县地震成灾，大总统令财政部迅拨银一万元赈济。川边地震成灾，会拨银赈济。川边盐井县地震为灾，伤毙人畜，压坍房屋及盐池、盐地，为数甚多。本日奉大总统令，著财政部迅拨帑银一万元，交由陈镇守使遴派妥员，分赴灾区，核实放赈。

（三）地震资料

据《西藏历史地震资料汇编》（1982年），藏历第十五绕迥阴铁鸡年四月前（公元1921年5月前）芒康地震。

公元1921年5月前（藏历第十五绕迥阴铁鸡年四月前）芒康南地震（29.0° N，98.5° E），震级$M \geqslant 6\frac{3}{4}$，烈度$I \geqslant$ Ⅸ。

此为当年报刊登载的地震报道，芒康（当时称盐井县，属四川）地震成灾，伤毙人畜，尽塌房屋及盐池，盐地为数甚多。当时财政部拨银一万元赈济。（缺仪器记录资料）

二、地震论述

《地震》，张耀宗发表于《学生杂志》8卷6号，1921（15），全文如下。

1. 地震之定义

凡地壳暴烈之变动，使地面发生震动者，均谓之地震（Earthquake）。以地质学上之语辞言之：地震者，乃地壳绉起之浪，流行甚速者也。此绉起之浪，谓之地震浪（Earthquake waves）。地震与地面形势之关系，常人以为地球内部稳固，其实乃变动无时或息者；因之，地下之动力，即缘地下之变动而生，地震浪亦于是起矣。地壳之地震浪，犹水中之水浪然。水为液体，故一波未平，一波又起；浪峰之水，寻人浪谷。即风狂时，不过激为浪花；及风静时，仍成平面。至地壳之浪则不然。盖地壳为固体，不克流动自如，若地震甚猛，地壳虽绉起成浪，然不能如水浪之旋起旋平也。故及地震已息，地面之部分，恒不能仍复原状，浪峰永为高峰，浪谷永成低泽，决不能如水之复归平面也。

2. 地震之成因

地震之成因，其说不一，兹胪举其重要者如下：

（1）地心热度渐减说。

地球直径8000哩（1哩=1英里，编者注），地壳仅占其八千分之六七；是地壳与地球全部之比，不为不薄矣，故吾人谓地球为一大橙，而地壳不过包此橙子之薄皮，亦不为妄。然则以地心如是之热，而欲以橙皮薄之地壳保持之，得乎?使地内之热渐减，则地内之质量，必渐缩小。但地面既固结成壳，势不能急速随之缩小，故地壳与地球内部之间，屡屡发生空隙。然地壳既厚至六七哩，其自身之压力亦不小。此巨大之压力，均向地心，于是发生向旁面之横压力，岩石之弱处遇之，即发泄而为地震。古代地震多，近世地震少，则此说之证也。

（2）地下裂罅含有蒸气说。

地下裂罅，含有蒸气，或受重压之水。必有一处，或以压力骤减，或以温度忽高，蒸气陡涨，爆裂四炸，则四围之地壳，受其打击，即起而为地震。地震常见于火山附近者，则此说之证也。

（3）地下石层褶皱不平说。

地球内部之组织，不甚均匀，故地下石层，屡屡褶皱不平，且石层为固体，必有一处逼迫过甚。至不能忍受时，则遂破裂，四围之地壳，受其弹射，即起为浪。地震多见于多山处者，则此说之证也。

之三说者，皆能持之有故，言之成理，故可兼收而合取之。地震之见于火山附近者，则属于第二说；其见于多山处者，则属于第三说；至于发生他处者，则属于第一说焉。以上所论，皆为地震之主要成因。他如空气之燥湿，月球之朔望，亦莫不有关系；盖空气潮湿，则压力减轻，月值朔望，则吸力加大，是皆与地壳爆裂之机会。然此不过为地震之媒介，非地震之主因也。

3. 震心

地震之起点，谓之震心（Focus），有地下与地面之别。地下震心，必在地下5哩至30哩之处，如图中之*F*点是也。地震浪自地下震心发出，分途四散，如太阳发出之光分射空中然。正当地下震心上面之处者，与地下震心距离最近，故地震先达于此处，是谓地面震心，如图中之*F'* 点是也。

4. 同震线及其形状

地震浪既先达地面震心之处，然后次第达于斜值地下震心之上面，如图中之*A*、*B*、*C*等处，以其距地下震心渐远故也。此*A*、*B*、*C*等处之曲线，谓之同震线，盖地面沿此线者，地震之时间同，而地震之力量亦同也。至同震线之形状，则视地下震心而定。若地下震心，为一圆点则地面之同震线均成圆圈。然地震多源于裂道之发现，其地下震心，实非圆点乃一长线，则地面之同震线均为椭圆。

5. 地下震心之测量

地下震心距地面之远近可依地震之结果测量之。盖地震常能使屋宇之墙壁，发生裂缝，此种裂缝，恒与地震浪之方向，成90度之角。故依各地墙壁之裂缝作垂线，向地下引长之，则各垂线之交点，即地下震心之处也。

6. 地震浪之速率及其所达之面积

地震浪之速率，与传之之媒物（Medium）有关。媒物之温度高，则其速率大；媒物之弹性大，则速率增。否则反是。不特此也，且与距地面之距离亦有关系，盖愈深而愈速也。通常之浪有每秒钟传至百英尺者，有每秒钟传至千英尺者。有时地面并无震动，但闻地下轰轰而鸣者；盖以地震浪之小而速，不足影响于地面，仅能使地下岩石摩擦而成声也。至其所达之面积，与生此地震之动力成正比例。动力愈大，则地震浪所达之地面愈广。1755年，葡京地震，东抵瑞士，西及大西洋沿岸诸岛。1835年，智利地震，所达之面积，约六百万方哩。然此仅吾人所能觉察者也，其实彼半球地震，此半球亦得而知之；惟愈远愈小，非用地震表测量之，吾人罕能觉察也。

7. 地震浪之种类

地震浪可分三种：一曰直振浪。由地壳受压迫而生，其中微点振动之方向，与压迫力之方向平行者也。二曰横振浪。由地壳受纽缴而生，其中微点振动之方向，与纽缴力之方向成直角者也。三曰叠振浪。其中微点振动之现象，一一相承，如水面之有波浪者也。当地震之时，若以特别仪器测之，可知其究为何浪。直振浪速率每秒约三里，横振浪之速率半之。为大地震先导之小地震，恒为直振浪所生，至大地震，则为横振浪与叠振浪二者同时共发所生之结果。

8. 地震与火山之关系

海陆之交，峰峦叠起。既多火山，又多地震。自表面上观之，仿佛同出一源，其实不过互为作用而已。如火山爆裂之后，恒生剧烈之地震；而地震所生之隙，复与火山易发之机。此火山与地震关系之梗概也。

9. 地震发生之情形及其危险

地之震也，始则其下有声如雷；继则地壳绉起而成浪，忽前忽后，旋起旋落；始则山陵崩颓，江河翻覆，地裂屋折，人受其殃。然其害犹有不可胜言者，盖地震之来也莫测，吾人之用火也无间，房屋倾倒，灯烛颠覆，屡以地震之故，引起火险。故广厦连云，不特一旦折为颓屋，且转瞬化灰烬。此则陆上发生地震之危险也。至地震发见于海洋，巨者则波涛滔天，浪声怒号。浪之初起也，离海岸而向海心，使沿岸海底裸见，及其既也，则自海心而复归海岸，溢入内地，奔放莫逆，沿岸居民，有因此而尽葬鱼腹者。此种情形，谓之海啸。

10. **结论**

拔山倒海，杀人放火，地震之害危矣哉！吾国人民，向来对于自然界难解之现象，辄多神秘之冲动，故虽朝于斯，夕于斯，已数千年矣，然对于杀我祖宗毁我田原之地震，尚不知其究为何物，不曰天神展眼，即云鳌鱼翻身，吁，亦可慨矣！今也科学昌明，种种妄谈，均可得据科学之理论解释之，地震之原因及其作用，已详上述。然则吾人可据地质学上之知识，得推测之而预防之耶？曰，否。盖地震之崛起也甚秘，其历时也亦暂，不易持静以研究之也。然则，将坐以待毙，听命于彼耶？曰，又不然。盖地震之来，虽云莫测，吾人不可得而预防之，然未始不可时时刻刻预防之也。屋宇之建筑，灯火之安置，日本东瀛，以地处地震区域，对于斯道颇有研究，吾人可仿效之。幸勿谓吾国地壳甚稳，可以无虑；兹者甘肃之灾，可以鉴矣。

1923年3月24日四川炉霍、道孚7.3级地震及该年地震论述

【编者按】1923年3月24日四川省甘孜藏族自治州炉霍县至道孚县发生7.3级地震，现将该地震参数、当时报道和后来调查的资料以及该年份发表的论文论述一并摘编如下。

发震时刻：1923-03-24，20:40:06；

震中位置：31.5° N，101.0° E；

震　　级：7.3级；

震中烈度：Ⅹ度；

震中附近地点：四川省甘孜藏族自治州炉霍县至道孚县一带；

宏观震中：31.3N°，100.8° E；

宏观深度：13km。

一、地震史料

摘自《四川地震全纪录》。1923年3月24日四川炉霍道孚7.3级地震情况如下。

震时：1923年3月24日20时40分06秒。

震地：炉霍、道孚间。

震情：

（1）大总统各部院钧鉴：昨据炉霍县知事崔山呈报，三月廿四号午后七钟，县治城内以及所属之仁达沟、斯木、宜木、雅德、宜拜等乡同时地震，暴烈成灾，延及五百余里，官署民房概行倾陷，人民牲畜伤毙无算。惟时崔山同道孚县知事薛孔经均带团练驻扎泰宁办理土匪，闻信当各驰回查勘属实，恳请速筹赈济。又据道孚县薛孔经报称，县城同所属之孔色、麻孜两乡与炉霍毗连各境同日地震，人民损失甚巨等情。据此遐龄遂即派员星夜前往，会同两县详晰查勘议办赈抚，旋据该印委等会呈，此次道、炉两属地震崩裂约五六分钟之久，变起非常，为历来所未有。道孚县城官署民房，虽遭摧圮，幸未伤人，惟孔色、麻孜两乡人民屋宇、粮食、牲畜荡然无存，压毙男妇老幼约五百余人，并有被房屋倒压现未挖出暨被压伤者，尚不计其数。数百里之内炊烟断绝，成为丘墟。炉霍县城一带以及仁达沟税局受灾尤为惨剧，县署眷属、员司、丁役以及附城商民、教士、教民、税局委员梁士诚同时伤毙，鲜有存者。该处驻防陆军一排，官佐士兵亦同被压伤。该县辖境以斯木、宜木两乡被灾为最重，雅德、宜拜两乡稍轻。约计全县伤毙人口三千名以上，至有压塌全家尚不知其人口若干，更待详查。现在殁者无人棺殓，生者露处啼饥号寒，无以度日，哀嗷遍野，目击心伤。复查道、炉为关外各路往来要道，遭兹惨劫，若不迅予赈恤，转见全县流离，哀嗷莫救。刻在炉城商会暂借银三千元，发交委员携往择要急赈，以顾目前。兼值春耕，民间杼楼已空，无力播种，并饬该两县知事开仓借给粮食，免误农工。一面命该印委等招集灾黎，设置医院，将受伤人民加紧医调，惟灾区甚广，死亡枕藉，虽经借款暂时被救，仍属杯水车薪，现刻川边军政两费支绌万分，地方罗掘已穷，丁此奇灾、直同束手，且非有十万以上大宗赈款，不足以资博济。合无仰恳我大总统钧院，俯念边民，罹此惨状，迅赐筹拨赈款十万元，发交驻京代表陈启图等，克日汇边，以活灾黎，并恳电致各省赖予襄助，庶使两县人民得以再谋生聚，免致流离，于边地国防，两有裨益，敬候复示，无任感祷。川边镇守使陈遐龄叩。漾（二十三日）。

《北洋政府内务部档案》《民国档案》

（2）呈为呈请事。案奉川边镇守使陈遐龄电饬内开：北京大总统、国务院，内务部、财政部钧鉴：

昨据……等情电并在案。查此次地震奇灾，非大宗急款不能救济，仰该代表等赴恳中枢迅即照发，交由该代表等承领电兑回边，以资散放救济，实为至切至要。等因奉此。代表等窃思上项赈济待用至亟，合无仰恳。钧施俯赐令行，内、财两部迅予饬发，不胜感激之至。此呈。

大总统

川边镇守使代表陈启图（印）危道丰（印）向休征（印）

谨呈　中华民国十二年六月四日。

《北洋政府内务部档案》《民国档案》

（3）图考：道孚县孔撒、麻孜两区受震灾全图。

按图绘县属孔撒、麻孜两区共计九村，地面总计一千六百四十三亩九分四厘，户口合计二百九十家，每年共额征赋粮九十八石五斗二升。位置在县治的西北隅，距县七十里，与炉霍县交界地处河流两岸。本年遭受地震奇灾，房屋倒塌几尽，压毙人畜甚多，损失财物巨万。自被灾后地方人民未及播种而罹兹浩劫。各灾民纵有存积粮食，一经被灾，业已压没净尽。迭经设法安抚，施以口食，贷以籽种，乃得暂为居处，于春季从速播种，幸各有秋，始得复充乌拉，使无种种意外之虑。惟该各村灾民秋收后只能自给口食，本年地粮实无力上纳。除饬课遵照部颁条例造具蠲免缓征数目，分数表册另文呈报外，若各贫民自被灾后，有不能自给及孤残老弱无力自立者，竟将田亩完全荒弃，现饬该管村长头人等另行招人垦复各荒地，以顾国家正供，亦得安居乐业，恢复原状，不至共叹艰虞。

《北洋政府内务部档案》《民国档案》

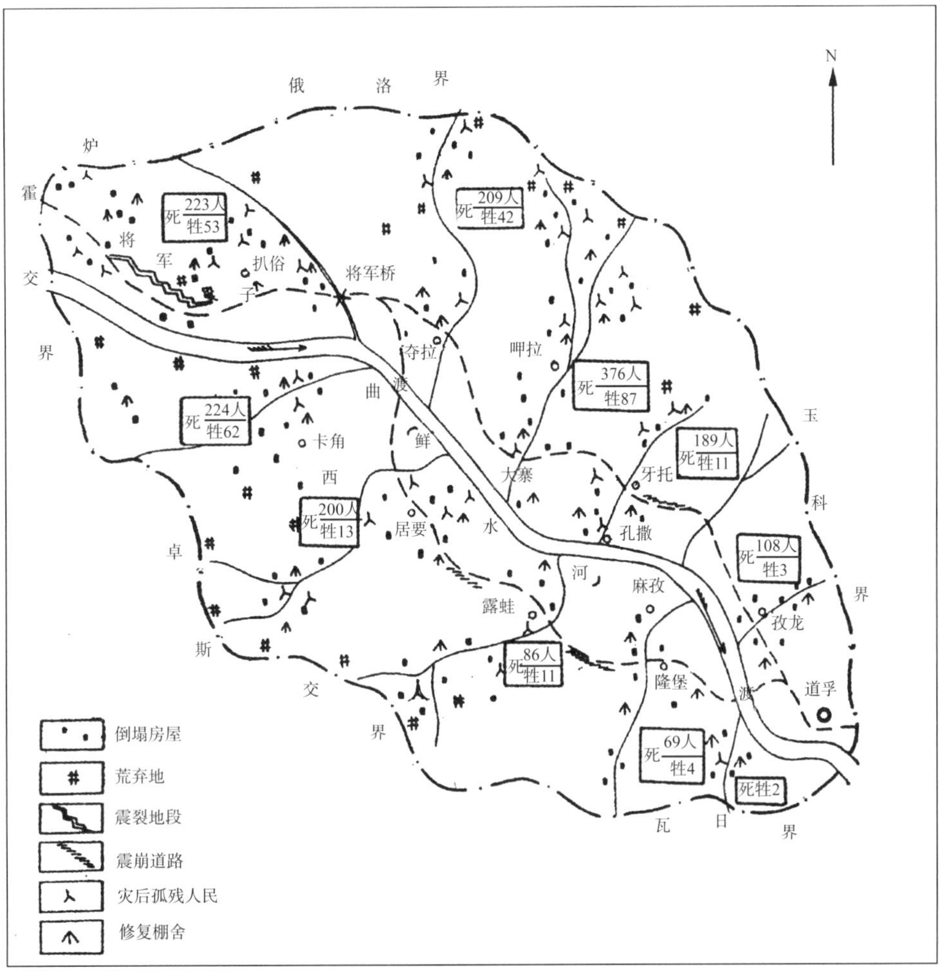

1923年3月24日炉、道地震，道孚县孔撒、麻孜两地区受震灾全图

（编者注：原图作于1923年，存于中国第二历史档案馆，复制缩小时对原图作了技术上的整理）

（4）川边空前之地震，炉霍县暴裂，各房屋仅存一间，死伤者将达千数。

康定函云：三月二十四日，即祀孔子之夜约七钟许，康定发生地动，约一分钟时间。越三日，炉霍崔知事专差飞报川边镇守使署，据称距该县百里所属之仁达沟地方地震暴裂，附近房屋墙垣为之倾倒一空，火花延烧屋宇。该处所设检查所委员梁某暨阖所伕役无一幸免，并驻防军一排亦未逃出。由此波及炉霍县城全城房屋仅一间存在。崔知事因事出巡得免于难，全署办事人员及其眷属同罹此灾。法国教士雅某亦为屋宇倒压。毙者闻达千数，诚为空前未有之奇灾。

成都《国民公报》民国十二年四月十号（陆）版

（5）章谷区域可怕破坏，土地大破裂，数百人丧生。打箭炉（康定），四川，五月十三日〔发稿日期〕。

〔摘要〕三月卅日一个使者从北方来，说在距此约有七站路程的章谷损失很大，还有一千多人因地震而丧生。中国官吏来临，问我是否愿意到那里去旅行，我欣然同意前往，并在四月二日出发。在道孚虽无人死亡或严重受伤，但喇嘛寺被地震损坏得很厉害，虽然有几座沉重的墙倾倒，在一大排神像中仍有一个30英尺高的神像未受损伤。离道孚几英里就开始看到地震造成的严重损失，一个连一个的小村子全被地震夷平。在广阔的山谷里就目力可以看到的一堆一堆的引火物表明，从前是人们居住的地方。我们花了四天时间经过这里，约有50或60英里路程。大部分的破坏集中在一个山谷，因山的两边很高，所以不能耕种，只有牧民住在帐篷里。在这地区中部的25英里土地出现大的裂缝，有的沿着山谷的走向长达数英里；有的地方山上布满了裂缝。在受灾区域死亡总数足足有1500人。受伤者没有死亡的多，在我们到达前，大多数伤员已死亡。一个村庄叫虾拉沱，那里住着一个法国牧师，还有一座教堂正在建造，牧师丧命，还有约50个居民、100多头牛羊死亡。

在离打箭炉七站路的章谷镇住着一个中国官吏和几个中国商人，据称有530人丧命，内有100人是汉人，但当我们到达时，只有50个人受伤，大部分伤势不重。这里的喇嘛寺有1500个喇嘛，它是受灾最重中心之一，几乎全部毁于地震，虽然寺内死者无几，因有280人到附近村里去了，没有计算在内。虽还有很多房屋屹立着，但较大的房屋和其他房屋都已倒塌或严重裂损而不能再使用。

上海《字林西报》1923年7月2日，页7

（6）在泰宁〔1894年（？）及1898年（？）〕、道孚（1904年）和虾拉沱（1923年）都发生过强烈破坏性地震。现今地裂缝带产生于1923年3月24日虾拉沱地震。

根据Rev·Edgar：主震发生在当地时间19时15分。达到Rossi-Foret烈度表Ⅹ度的地区（完全破坏）沿南东—北西轴向长达80～100公里。在道孚北西30公里的恰叫，房屋全部倒平。震中呷拉宗被毁灭了，有三分之二的人被打死，类似的大破坏遍布整个区域。引人注目的是有一条像刀割的裂缝线，沿着主要沟谷轴向南东—北西向延伸。在它的北东侧遭到完全的破坏，而在它的南西侧破坏是比较轻微的。地震发生在北纬31°30'，东经100°30'。

更惊人的现象发现在接近呷拉宗的震中地区，即是Rev·Edgar发现的主要破裂带，它仍保存新鲜，沿着北西方向线依循较老的裂缝和微细的破裂，延展长达10公里。局部平行的和分支的裂缝带，走向西或南西西，呈同样追踪产出。真正的现今裂缝带的位移是微小的，裂缝的位移（包括下陷）不超过20厘米。在沿河平地上产出的平行裂缝之间的间隔有20～40米。在昌促梁子的北东侧、去恰叫一半的路上和隘口上，新鲜的交叉的裂缝展现在黄土覆盖的小山上，倾向北—北东。在震中，强大的裂缝带在地面上形成小园丘地貌（亡鼓包），土皮发生了不规则的翻转。

《美国地质协会报告》卷45道孚地震区，页1035—1050，1934年出版

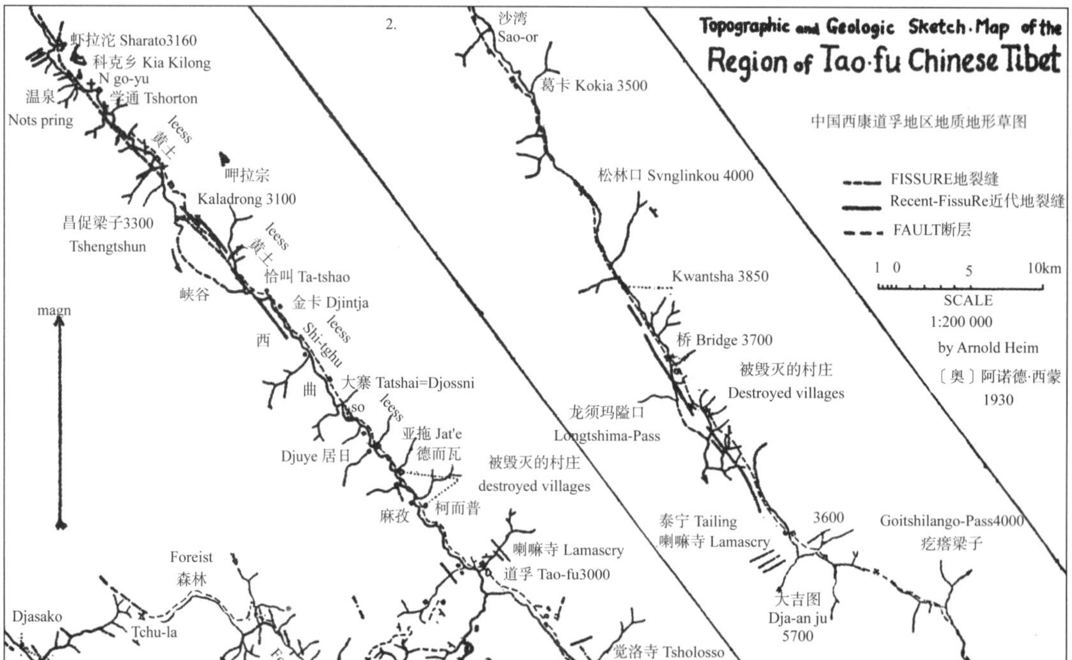

北纬30°东经101°，在道孚北西基岩被黄土大片地掩盖。и go-yü（固衣）黄土层中旧石器时代的遗址表示为+，近代地震裂缝仅就已直接调查的表示之。岩层精确的年代是不知道的。同录片岩共生的石灰岩层大约是最老的岩层（泥盆纪或石灰一二叠纪）。花岗岩、辉长岩一辉录岩生成较泥板岩晚。主要的断层都切割了以上岩层，同时已发生地震证明了它一直是一支"活断层带"。

编者注：系影印件复制、比例尺已被缩小，现约五十万分之一。本图内容较原图有所删减、整理。泰宁即今乾宁，西曲即鲜水河。

（7）西康之地震。

西康地震以炉霍为最频数，自光绪十九年至民国十八年曾经大震三次，小震无数。剧烈成灾者，为民国十二年二月初八日（阳历属三月）。当日初更甫过，全县突然震动，自县治东延至道孚大寨间，所有房屋完全倾塌，压死二千七百余人。虾拉沱天主教堂建筑最坚，亦同崩圮，压死法教士及其妻、子共六人。幸为时仅十许分钟而定。逃避出屋者，皆免于死。至今此带山陵，多有皱裂未合者或裂而复合，判为二级者。炉霍农村经此剧变，约废十分之一。

《西康图经·地文篇》，页42

（8）（民国十二年三月二十四日）晚七时川边地震……震动约五六分钟之久，先听见鸣声，或如波涛怒涌，有说如秋风巨起，随即震动。城内建筑物毁倒殆尽，死三千余人，二三百里几无炊烟，甘孜亦墙壁破裂，物体倾覆。以后也间有震动，至四月中旬始渐平复，七月三日又猛震一次，微动两次。

《地震浅说》，页71

《东方杂志》第20卷第16号（1923年），页148

《史地学报》第3、4期（1924年）

（9）民国十二年农历二月初八日午后七钟许大地震，上自纳里村，下迄呷拉宗，途经一线，延长一百二十华里，房舍几乎全作丘墟，人畜死亡约七千余，财产损失共二三百万。适知事崔子信，奉命赴泰宁勘灾，夫人于官寨最上层荡摇跌下，因之身殒。土司官寨亦因而坍塌毁灭。此后复动摇十余日，日四五次，七八次不等，有一日竟达十余次之多，真可谓骇人之奇惨巨灾。人民均移至新都河坝架帐篷或露宿，是年各月皆有小动荡情事，实乃空前之灾害也。

县城的教堂于民国十二年地震即毁灭，迄未修复，虾拉沱（教堂）至今仍存如故。

《炉霍史轶》，页3

（10）1923年3月24日20时40分06秒，炉霍、道孚间，微观震中：

北纬31°30'、东经101°0'。震级7¼。

《中国地震目录》（第一、二册合订），页242

（11）民国十二年三月二十四日晚五时，川边地震，以炉霍、道孚二县境内为最烈，甘孜县次之，皆鸦（雅）砻江上流地也。先闻鸣声，或谓如波涛溯涌，或称如秋风骤起，旋即震动。炉霍、道孚二县官署民房概行倾塌，孔色、麻孜二乡尤甚，死二三十人，二百里内炊烟几断，甘孜亦墙壁破裂，物件倾覆。嗣后连日震有声，至四月中旬开始渐平复。七月三日又有猛动一次，微动二次。

《东方杂志》第20卷第16号，1923年，页148

注：纳里村即今然充。呷拉宗即今仁达北约一公里处。

（12）余震。

震时：1923年6月14日

震地：道孚、打箭炉

震情：《字林西报》打箭炉六月十五日通讯，昨晚（十四日）九时川边复发生猛烈地震。据深悉地震情形者言，上次三月二十四日地震与此次情形大不相同。前次震动有如巨浪，而此次震动则如受猛烈之撞击。据闻此次人民死亡之数，约有一千三百人。在此间汉、藏人民均为震骇。缘打箭炉一城，四围为大山环绕、繁盛之地，旁距山麓不满三百码，地位甚为危险。今晚（十五日）尚震动，时全城人民因闻山石坠落，尤惊愕万状。在文庙后侧山石纷纷下落，1人头部受伤，数分钟后，城石又复坠落，人民群相走避，全市顿处于黑暗中。

又，该报十六日通讯云：山石坠落未发生生命损失，仅有一人头部受伤，惟伤势不重。文庙被毁一半，山石亦有滚入民居者。夜间石块陆续坠落，该处居民，均逃之对河房屋中暂避云。

《新闻报》1923年7月13日第二张

上海《时报》1923年7月13日第2、4版

注：据《中国近代地震简目》1995年版，此地震宏观震中为北纬31.3°，东经100.8°，四川炉霍。属1923年3月24日炉霍—道孚间7¼地震之强烈余震，由于破坏的重叠，现场破坏详情已不可考。

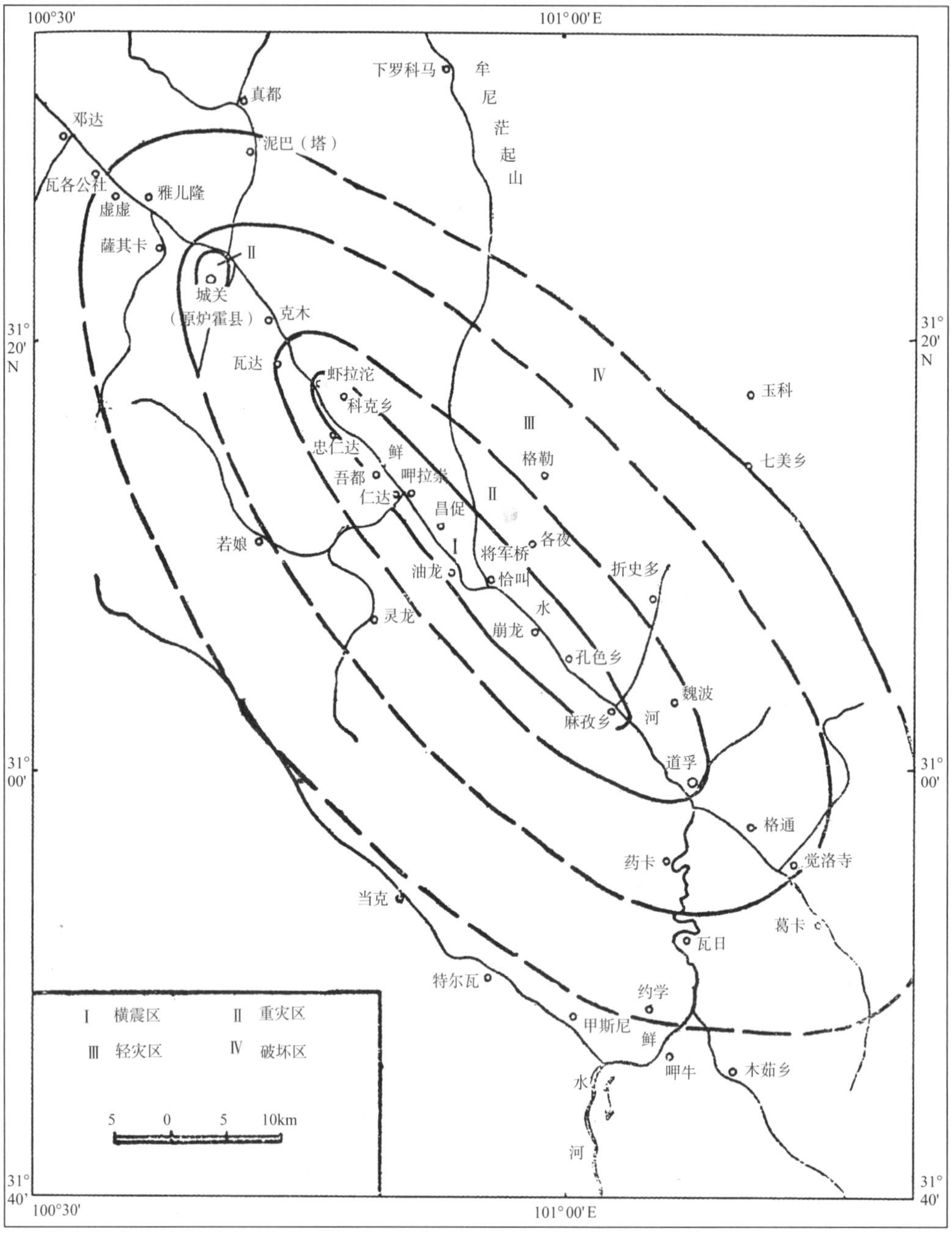

1923年3月24日炉霍—道孚间7.3级地震（烈度）破坏程度图

道孚恰叫大桥北头鲜水河断裂主断面：NW45°/NE70°，1923年地震时曾出现地震破裂带，镜向北50°西（黄圣睦摄，1986年）

道孚恰叫1923年地震破裂带反时针向错动土坎达2～3米，镜向北（黄圣睦摄，1986年）

将军梁子上的1923年地裂带遗迹，镜向北西50°（黄圣睦摄，1986年）

二、调查报告

1949年以后对1923年3月24日炉霍、道孚7.3级地震的调查报告内容如下。

时间：1923年3月24日。

地点：炉霍—道孚间。

资料原文：

（1）宏观震中北纬31.3°、东经100.8°，烈度Ⅹ度。炉霍：县城及虾拉沱、仁达沟一带城墙、教堂、庙宇、官民房屋概行倒塌成废墟，城乡200里内炊烟断绝，山坡到处崩塌。城内，将军桥及河坝等处地裂很多，宽1～2米。全县死伤人畜很多，死人估计在3000以上。

道孚之孔色、麻孜二乡屋宇荡然无存，压死500余人。道孚城官民房屋遭摧圮，约半数房屋受损坏。乾宁：学校，民房间有倒塌，人有压死者。甘孜：房屋震裂、倾斜。康定：庙宇部分垮塌，间有朽房倒塌10%，山石坠落。新龙：个别房屋倒塌破坏。理塘：尘土震落。

《中国地震目录》（第一、二册合订），页242～243

注：原文曾提及邓柯、德格、江达亦遭严重破坏，经了解均为讹传，故不再录入。原文引自1959年“南水北调队”调查资料。

（2）我们这次调查结果认为：这次地震应有Ⅹ度。Ⅹ度区的范围大致从道孚县的孔色、麻孜至炉霍县的虾拉沱，其长度为40公里，向两侧的影响范围也是很狭窄的。当年破坏的山崩地裂之遗迹至今还历历在目，而破坏最重的地方在将军桥一带。

Ⅹ度区的情况。

将军桥（将军梁子）：附近地裂、崩塌规模最著，道路破坏不能通行。

崩龙：当时该村计有10多户，都是1～2层的藏房，木结构。震时所有房屋全部倒平，“蚌壳”房被震得折裂，家家有死伤。

麻孜沟（又名罗卜公）：当时该寨有2户二层楼木架结构藏房（木柱直通到顶），地震时房屋全部倒平，其中一家第二层的“蚌壳”被震得滚下来，地震时死2人。

拔里（仁达乡）计有四户人家，皆为1～2层藏房。地震时二层藏房完全倒塌，一层藏房绝大部分倒了，但没倒平。打死7人。据了解孔色乡地震破坏情况亦类似崩龙，拔里。

忠仁达：计有25户，都是有柱的藏房，地震时全部倒塌。

虾拉沱：居鲜水河左岸阶地上，当时有几十户，大部分为1～2层楼的藏房，都有木架，个别为砖木结构的瓦楼房（如外国教堂）。地震时藏房、墙和房架全部倒平，几乎无完好者，只剩教堂没有全倒，但亦被震得砖墙倒塌，屋顶坍塌，屋架严重歪斜。其中有一外国教士未及跑出，已压毙在教堂大门框处。震前有声，声如狂风。河谷地裂普遍，在河床中有喷沙冒水孔多处，其中喷沙孔直径有1米多，且与1973年2月6日再次地震的喷沙孔吻合。

在昌促附近的山梁子上，地开大裂，自西北向东南，发育两条平行或近于平行鲜水河流向的地裂缝，有时也有挤压形成的“鼓包”出露在草地上。

Ⅸ度区情况。

炉霍老城即现今城关公社：筑在较陡的山坡上，当时有100多户，皆为1～5层楼的藏房，其中1～3层者占多数，都为木架结构，但每层木柱都是断开、一层压一层其间无榫。房屋倒塌占80%～90%，没有倒的只有20来户，其中靠近山根的十来户没倒平，修理后仍可居住。喇嘛寺（在老城南西山垭口上）倒了三间，其他则墙倒架歪。山坡前一幢五层的官房，最上层的“蚌壳”没倒。关帝庙没倒。官寨子倒塌大部，少数没倒。泸霍老城靠近中间部分或前缘部分房子全部倒平。地震时共打死50多人。估计烈度Ⅸ～Ⅹ度间。

瓦达：20～30户，皆为1～2层藏房，地震时二层楼房全倒，一层的房子只有两家没倒。石砌的磨房亦没有倒，都不能住人了。在村西北山坡上有地裂现象（据老乡指的地点，几乎也是1973年2月6日地震开裂的地方）。垮山也很厉害，比1973年2月6日地震还要剧烈。

道孚：计100户左右，房子多半是木架棚房和藏房，多已破旧。地震时街上的房子几乎都有倒塌。喇嘛寺基本完好，大殿后面倒塌了半边。街上只有两家“蚌壳”房子保存未倒，但亦严重破坏。地震时打死不少人。

Ⅷ度区情况。

克木：12户皆为藏房，地震时大部分倒塌，少部分严重破坏。未倒者都是坚固的冲土墙的“蚌壳”房和二层楼房、木架冲土墙。

札交：村内皆为二层或三层藏房，其中有三户“蚌壳”房。地震时有部分房子倒平，大部房子墙壁崩垮，屋架歪斜，破坏严重。

火烧寺：老城东3～4公里，20多户，大部为1～2层的藏房，木架、夯土墙为多。地震时房屋普遍开裂，屋架拔榫，少部分房屋倾倒，多半是局部墙倒。山上有崩塌滑坡，地下有开裂。

尤斯：一般都是冲土墙的藏房。大部分房子破坏严重，全倒者甚少。据当地人比较，1973年地震破坏比1923年的严重。

觉洛寺：10多户人皆为1～3层藏房。地震时唯一的一座官房子（三层楼）上面二层垮塌（系木架冲土墙房，木柱各层断开），其余房屋开裂普遍。个别的石砌墙有倒塌现象，大部分破坏了的房屋经修理后，仍可住人。

Ⅶ度区情况。

泥巴公社（即棒塔）：当时30多户，绝大部分是1～2层藏式房，个别为“蚌壳”房。墙大部分为片石或毛石砌成，少许为夯土墙。地震时，房屋普遍开裂，少数房屋垮塌或墙开大裂，不能住人，个别老朽房屋地震时倾倒，打死1人。

虚虚：10多户，房子类型同棒塔。地震时听到有声，声如雷鸣，自炉霍方向来。室内外人都站立不稳。房墙普遍开裂，有些墙倒，个别老朽的房子震倒。村子附近有地裂现象。

萨其卡：只有几户人。房屋为简单木架的1～2层藏式房，墙为夯土或毛石砌的。地震时所有房子都普遍开裂，个别房子垮塌严重或倾倒。附近山上有滚石落下、滑坡及地裂。

Ⅵ度区情况。

玉柯：牧区、除个别喇嘛寺庙外，绝大多数都是帐篷。地震时水盆中盛的水都荡出来。房内落灰尘。个别房顶上石板震落，将庙门前一小孩砸伤。震后下大雪，冻死很多牛羊。

Ⅴ度区情况。

色达、翁达（色尔巴）、新龙、大盖：强烈有感，有些人惊慌逃出室外。器皿中的水有摇荡。房落灰尘。很多人数日不敢在室内睡觉。

这次地震调查主要是顺河谷进行的。等震线图与1973年2月6日地震等震线图对比，二者的衰减情况差不多。Ⅹ度区的长度也几乎是同样的，因此可以推测震源错动情况是同一类型。1973年2月6日地震的Ⅸ度区内还有Ⅹ度异常区（指炉霍虾拉沱）；1923年地震在Ⅷ度区内也有一个Ⅸ度强的异常区，即炉霍老城。1973年2月6日地震地裂缝带南东头最远可达宗仁达与仁达乡之间的玉麦比；1923年地震地裂缝带至少北西头可达瓦达、尤斯一带，所以从极震区对比两者没有重合，但是两次地震造成的破裂带是有一部分重合的。重合的长度至少有15公里，真实情况估计不止于此。

《一九二三年四川炉霍虾拉沱地震调查报告》

注：将军桥（将军梁子）恰位于两县交界，故建议改称“炉霍—道孚间”地震。

（3）地震烈度分布。

炉霍县虚虚村及以西：房屋无倒塌和大的损坏，仅有震动强烈之感，烈度Ⅶ度。

虚虚以东—炉霍老城：100余户人家的老城，8户房屋未倒。喇嘛寺仅倒塌少部，关帝庙及碉堡未垮，有地裂。老城为Ⅷ度区中的Ⅸ度异常区。

炉霍老城的东侧克木、斯木、吉绒、瓦达一带，住房墙未倒完，磨房完好，菜地矮墙未倒，地裂较明显。烈度为Ⅷ度。

斯木以东，忠仁达—仁达间：房屋大部倒塌，虾拉沱和仁达均严重。地裂明显，Ⅸ度。

仁达以东—道孚麻孜一带：房屋全倒。地裂深且宽，极为明显。Ⅹ度区。

地震的Ⅹ度区（极震区）南东起自道孚县麻孜经崩龙、大寨、将军桥一带，止于仁达附近。北西从仁达经虾拉沱至斯木附近为Ⅸ度线，但虾拉沱当时烈度可能稍高。

《甘孜—炉霍震区地质构造背景的初步认识》页11

三、地震目录

摘自1999年版《中国近代地震目录》。1923年3月24日、四川炉霍、道孚7.3级地震资料如下。

炉霍、道孚7.3级地震参数表

地震日期	发震时刻（北京时间）	震中位置		精度	震级	震中烈度	震源深度（km）	震中参考地名
		北纬	东经					
1923-3-24	20:40:06	31.5°	101.0°		7.3	X		四川炉霍、道孚间

宏观震中：31.3° N，100.8° E。

宏观深度：13公里。

炉霍：县城及虾拉沱、红达沟一带城墙、教堂、庙宇、官民房屋概行倒塌成废墟，城乡200里内烟炊断绝。山坡到处崩塌。城内、将军桥及河坝等处地裂很多，宽1～2米。全县死伤人畜很多，死人估计在3000以上。

道孚：官民房屋遭摧圮，约半数房屋受损坏。孔邑、麻孜二乡屋宇荡然无存，压死1687余人，牲畜288头。

乾宁：学校、民房间有倒塌，人有压死者。

甘孜：房屋震裂，倾斜。

康定：庙宇部分垮塌，间有朽房倒塌，墙壁倒塌10%，山石坠落。

新龙：个别房屋倒塌破坏。

理塘：尘土震落。6月14日川边复发生猛烈地震，据闻人民死亡约1300余人，康定山石坠落。

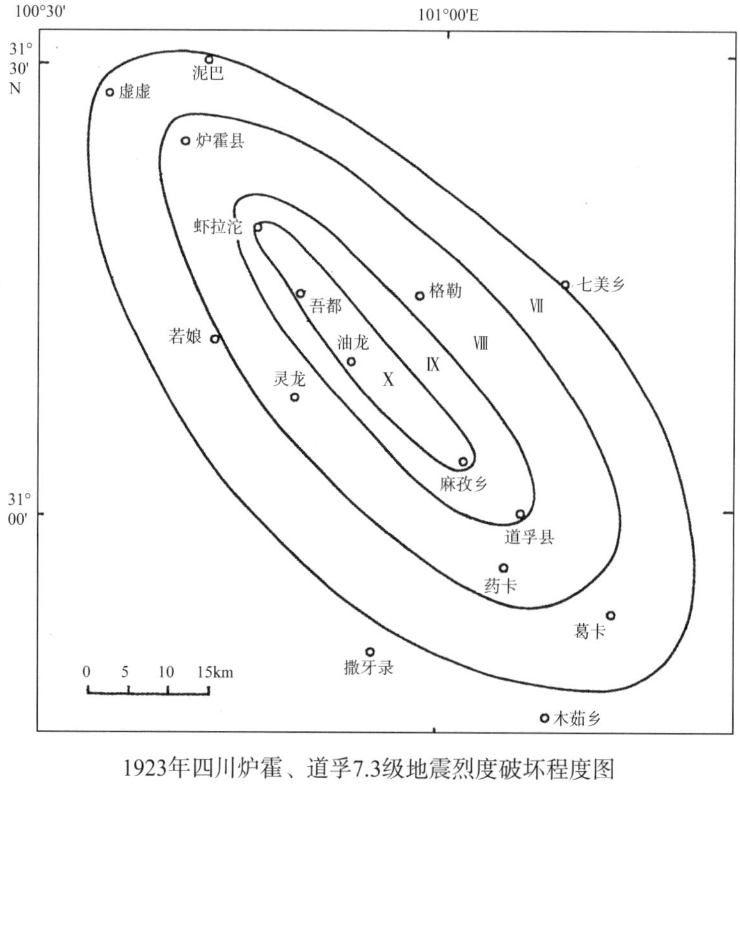

1923年四川炉霍、道孚7.3级地震烈度破坏程度图

四、地震论述

（一）地震浅说

扬钟健、王恭睦著（中华书局《常识丛书》）。

序言

自近頃日本東京橫濱一帶，發生很大的地震以來，一般人對於平常絕不注意的一種自然現象，加以十分注意。因爲這和一般人生命和財產的安全，發生關係了。可是雖然十分注意，卻大半不了解究竟地震是怎麼一回事。於是有種種傳說，甚且有些慣作妖言惑衆的宗教黨徒，藉以大放厥辭宣傳他們的教義。其實科學到今天，雖不能把自然界現象，充分知道，但也不是絕對的一點也不知道。自有地質學以來，一般地質學家，已對地震這件事，有充分的注意與研究了。以後更因爲科學上分功的原故，關於地震一定有許多學者殫精竭慮，終身去研究，恐怕將要成爲一個獨立的科學。

當然有許多地方，還不知道，但不能視爲永遠不能知道，更不能視爲有什麼神秘的主宰。況且現在對於地震所以發生的因果關係，已經過許多證明，毫無疑問了。現在就已得的關於地震的知識，淺顯扼要的說一遍，在現在或許是十分需要的，所以寫這本小册子。不過這樣繁複的自然現象，要在極短的時間，和極少的篇幅中，說得詳盡，只怕很難，不能不請讀者格外原諒了。

我們希望讀者，看了這本小册子以後，了解這樣驚天動地的大地震，不過是這麼一回事。更希望大家了解可怕的自然界，仍可由人工去抵抗，而努力求抵抗自然，使我們的生命財產，得到一個安全的法子。

一九二三、九、二五、

地震淺說目次

常識叢書

地震淺說

一 地震的定義

地震，簡單說來，是地殼的運動(The Movement of the earth crust)。可是這話太籠統，因爲地殼的運動，不只是地震。

原來我們的地球，自由太陽分出以後，天天都活潑潑地，過她的生活。這是說：地球自己，並不像我們平常所視爲的一個死東西。她差不多沒有一時是靜止的。單就地殼來說，無論內力外力，都可使地殼時時變動。

平常有種種很微小的原因，如或因內部力量的衝上，或由外部力量的增加或縮減，可使一部地殼漸漸上升或下降。我們若到海邊，用精密測量儀器和很長的時日，可以實驗出來的。地殼這樣的震動，平常是覺察不出來的。但這也是地殼運動的一種，可是平常不叫作地震。

再看過去地球的歷史，也有許多許多的大變動。這些大變動的原因，固然也有別的，如氣候的不同，海陸分布的不同，地軸的移位，……等等，可是能够使地面上起絕大的變化，高山爲谷，深谷爲陵，以地殼的發生騷動，實爲一大原因。差不多每一個時代告終或一個時代中的小時代中，都有地殼的巨變，如火山噴發，這山運動就十分劇烈，而且不僅是少數地方如此，實在十分普遍。這樣的現象，地質上叫作革命或騷動（Revolution or disturbance）平常不視爲地震，其實何嘗不是地震

呢？

所以就上面說起來，地殼是無時不動的，微動平常人覺不着，巨震在相當的長久年代不大有，惟有介乎二者之間的一種震動，爲人類平常所注意的叫作地震。

那末，地震的意義應該是：

地震是地殼運動的一種，這種運動非極微小以至不能察覺者，亦非過於激烈與普遍者。

二　地震的原因

地球的全部是動的，各種動作，運行不息。所以地球是活的，不是死的。不過他的動作有快的，有慢的，有看得見的，有看不見的。地震的原因，潛伏在緩的和看不見的變動中間。

人們對於地震往往極爲懷疑，甚且目爲不祥，而一般無知之徒，且疑爲神州陸沈的預兆。其實地球本體實有不能不震的趨勢，其原因也是極簡單的。

吾人已知地球上各事各物，都在一定的平衡中。若有一日失此平衡，就要發生恐慌。譬如世界人類每年總須得一定的糧食。若每年不能出這樣多的糧食，則此一年中必有一時期發生絕糧的恐慌。各國貨幣雖然不同，但必有一定流通的價格，彼此立於相同的平衡綫上。若一旦忽然低落，則亦起金融的恐慌。動物界和植物界也在一定的平衡中。地球各部也應當在平衡中，否則就發生地震。離平衡太甚，就發生大地震。離平衡不遠，就發生小地震。

地面上受有空氣的壓力，稍下則受空氣和其上部岩石或水的壓力，所以愈下則壓力愈大。地下各處所受上部壓力應當相等；否則就不在平衡綫上，必將有物理的作用使她回復平衡。地殼上層的岩石是固定的，不能流動的。惟其下層則爲似固體而非固體，似液體而非液體的物質，能由此處流到彼處，由彼處可以流到此處的，稱爲岩石的流動（Rock Flowage）。所以在數千尺的深鑛底下，有時聽得地下有雷似的聲音，如水的流音一樣，這或者就是岩石流動的聲響。設若其地各處上部的壓力太不平均，流動的物質太多，或流動的區域太大，就可以發生地震。這是世界上許多大地震的大原因。譬如海底的壓力比陸地下的壓力大，海底下的岩質時時流向陸地下面。但是因爲

地震淺說

雨水冲洗山上及平陸流下海去的物質太多，使山及平原漸漸變低，卽使陸地下的壓力大大減少，而使海底下的壓力大大增加；則地下壓力的平衡全失。一旦決裂，非至地下岩石大流動不止，結果就發生大地震。經此大流動，使陸地提高，海底下落，而仍回復她從前的平衡。地面上的如斯現象循環不息，所以時常發生地震。這就是地震原因的一種。

何以地殼下層的岩石有流動的作用呢？因爲地殼愈向下則壓力愈大，依物理的定則，其下部應當亦是固體。但愈下則熱度也更高，凡一米達增加攝氏温計一度。熱度增高物體必漸失他的固體形狀，而漸近於液體。質言之，因温度和壓力同時并加，所以地殼下的岩石雖是固體，仍舊是可以流動的。

地震淺說

河流挾帶入海的泥砂，我們雖不甚注意，實則效力極大。中國山東一省，依地質家的推測，在當初僅有一小島。後因黃河挾帶泥砂甚多，沈積海中，因此使海底增高，漸使該島與陸地連接，成爲今日極富庶的省。這是北大敎授葛利普(Dr. A. W. Grabau) 博士所推測的，並且名此種現象爲『山東』(Shantung)。與大陸下沈僅留平原上面的高山成海島者，適成一反現象。設若黃河永遠這樣下去，再過幾千萬年，恐山東以外又將爲吾人造成一省。

還有一種大地震的原因，就是因地殼下融岩的作用。因爲地殼裏面的岩石，受地下水流的影響，處處發生裂縫。使他下部的融岩，容易上來補充這種空虛。不過裂縫細狹，而融岩上

地震淺說

來的時候，勢必衝擊上部的岩石；並穿裂縫而上。此種力量極大，上部岩石每因此而大起震動，這又是地震的另一原因。

有時有多量的融岩，從地殼一部分下面直頂上來，使上部的地層彎成弓形。當他頂起來的時候，地層立刻發生顫動，就是地震。

融岩上來，直穿上面地層，而成手指狀的，是名岩枝(dike)。橫衝入兩個地層中間，和地層平行的是名岩頁 (sill)。大部融岩衝上，使上部地層成弓形的是名衝入岩 (Intrution)。設使融岩衝入地殼的上部，并且直達地面，便成火山(Volcano)。流在地面上的是火山岩，就是融岩的一部。還有一部吹入天空，卽在天空中凝結而成固體，稱火山灰 (Volcanic ash)。

地震的原因

當火山噴發的時候，卽常有衝發的大力，使地層大受震動。并且出來的物質和氣體太多，出來時就不免有爆裂的情狀，所以火山的噴發也可以發生大地震。又因融岩噴發時，夾有許多水汽出來，所以火山噴發以後，常有大雨。

海嘯乃是由於海底的大震動，或火山的噴發，影響到水面的現象。水面因地殼震動而發生不安，如同沒有水的地面，因震動而使氣候發生大變化一樣。地層斷落也可說是大地震的原因。地面上許多岩石，是遞積岩 (Sedimentary rock)。這種岩石是成層的，就是許多凝結岩，也有條理可尋。此種一層一層的地層，或是平的，或是斜的，并且竟有直立的；平的岩層是由海底昇出以後，仍其原來平的位置，沒有受過變動的。斜的

，直立的，則大部分受過大變動，使其原來的位置動移，其中尤以直立的，為變動的更利害。因此種變動，岩層變成彎曲。若遇岩石質脆，不能彎曲，必將變做斷拆。其受力的地方，上部岩石一定高舉，不受力的地方，必將下陷，其間就有地裂。在此大變動的時期，大地震，就由此發生。由此發生的大地震，每每區域甚大，震動也極利害。

地皮下的空虛地方，有岩石下落，也可以發生地震。如紐約拿埃格拉瀑布 (Niagara Water Fall) 中岩石的下落，在夜間人靜時，隱隱可以測出地震，不過力量不大。此因瀑布太高，水流衝擊壁岩的下端，漸漸侵入；所以他的上部岩石突出極長，下部岩石，被水剝蝕而成空虛。若突出太長時，經不起地心

的吸力和水流的影響；結果必致斷落，而發生與人無礙的小地震。又在極厚層的石灰岩間，因地下水漸漸融解其石灰質，使她縫隙漸漸增大，最後必成一極大的石灰岩穴。若其穴頂一時支持不住，也必下陷。在陷落的時候，也發生地震。

此外如街道上重車推過的時候，兩旁屋內的居人，也覺有小震動。煤鑛中氣體的爆裂，氣體貯蓄器的爆裂等等，暨人造爆藥的爆裂，也可以發生地震、或水震、空氣震。不過都是力量極微的。

又有關於天文上的原因。如隕石墜地而發生地震。或太陽系間的地球所受吸力變更的時候，也可以發生地震。在平常的時候，太陽系裏的各行星依日的吸力和各行星間互相吸引，所

以各有各的一定的自轉及公轉的運動，各有各所受的一定的星與星間的吸力，所以都在平衡中。設使有一日太陽系間，另有大行星插入，或某極大的行星行近太陽系，太陽系間的各行星所受天空的吸力必有變更。地球也是太陽系中行星之一，所以也應當受其影響。在這平衡破裂的時候，他的動作必稍稍失其常態。在這變更常態的時候，地球的內部的平衡也因之破裂。地殼和地心間本來是極不安固的，地殼裏面，介與液體固體的物質，又可以到處流動；若一切都是如常的，各部分尚可勉强仍舊，不起大變動。一旦天空間吸力有變更，則地球上得稍大的吸力的地方，地下的岩質必定會集中於此一處，如同月吸潮水一樣。海裏受有較大的月的吸力的時候，海水必向其地流動

，而潮水亦極高。反之，在得月的吸力較小的地方，海水必向旁地流，而潮水特別低落。地殼下的物質，恃天空的吸力而變動，猶如潮水之恃月的吸力的不同而異。若地殼下的岩質受變動，地殼當然發生密切的現象，而起相當的震動。衝入岩，火山噴發，等等亦必因之而起，所以地震直接間接都和天空的吸力有極大的關係。

地震還有一種大原因，就是起於地軸的移動。在地球自轉的時候，——因此而有晝夜的分別——有一定的方向，一定的速率，而且有兩點是永遠不動的。譬如在門開閉的時候，門樞是不動的。地軸的兩端就是南北極，都是極寒冷的地方。由南北極平引地球的一大圓線，就是赤道。地球是橢圓的，扁的方

向是兩極。大而特別突出的地方，就是兩極的中間，赤道所在地方。在平常的理想，大都以爲地軸是不變動，永遠如常的。但經詳細的推測，證以地質上的種種證據，這地軸也時有轉動的事實。從地質家的眼光觀察地軸的變動，是非常可以驚駭的。地軸大變動的時候，就是地球上生物遭大劫的時候。這時不但發生地震，火山噴發，海嘯，等等。卽海陸的位置，氣候的變遷等等，都發生大變化。陸地可以忽然變成海，海可以忽然昇做大陸，因此海陸的生物可以盡歸滅亡。卽由深海變成淺海，淺海變成深海，也可以使一部分海產生物滅亡。陸地上的情形，也是如此。如平地可以成高山，高山可以變深谷；極熱的區域可以變成極冷，極冷的地方可以變成極熱。經此一大變遷

，陸地上的動物或植物就大部分要遭劫。只有極有抵抗力的小部分，可以保留。在這時代，眞可說是『神州陸沈』了。不過像這樣偉大的變動，在地史上，並不多見，而我們人類所驚怕的地震，那能及其什一呢？

以上把所有可以發生地震的原因，都很簡要的提了一提。因爲限於本書的性質，沒把各個原因詳細分析研究一下，這是一個缺陷。

還有一點，要注意的，就是上述的各種地震的原因，只是一些可以發生地震的原因；並不是說每次地震，都由於這些原因。譬如今年九月一日日本的大地震，究竟是什麼原因，須經詳細研究後，始可斷定，不能臆測是必由那一種原因的。我們

的希望，只是要讀者知道地震是由這些原因中的任何原因或幾個原因發生，並沒有什麽神奇的主宰在裏頭

三　地震的情形和震後的普通情況

地震既然是地殼上的一種變動，雖不是地質上的巨變，但總算一種可怕的變故。這種可怕的變故，在倉卒間，難以覺察究竟是如何的情形。不過由以後的種種事實，證明其如此罷了。在地震的時候，觀察者決不能觀察的十分確切，只可得到一些淩亂的狀況。並且因爲地震往往是在極短時期中，完成偉大的工作，所以更難判明其實在情形。

但是無論如何，在地震未發生以前很短的時間，常有許多異乎平常的自然事實，作爲地震的朕兆。最顯而易見的是氣象

上的大變更。譬如上年甘肅地震的前一兩天，狂風怒號，飛沙走石，接着響聲隆隆，而慘酷的活劇才發生。據一般地質學家研究，這也是發生地震的原因中一種。最重要的原因，是因氣壓的巨變。

最大的地震，凡地質上變動時的種種現象，大半可以看見。如山崩，斷層，褶襉，火山噴發，地層陷落，……等，依地殼的構造，隨時發生。由大規模的講起來，地震有一個中心點；這個中心點，乃是發生地震的原因最重要的地方，也是地震最劇烈的地方，這叫作『震中』。以震中爲中心，向四周震動，於是在地殼上起了波動，其狀態和水中波紋一樣。所以在偉大的地震，只覺得地面，起伏不定，如置身大海中的波濤上一

般。

波動所及，如遇在地殼較不安靜，易生地震的地方，震動便更加劇烈。若遇着地盤穩固的地方，則震動轉變微小，甚且終止。

微小的地震，平常惟見下垂東西，如電燈，或別種懸掛的東西，左右搖擺不定而已。稍微大點的，便覺得房屋有些搖動，如身在船中，甚且有頭昏，不大堅固的房屋，間有毀倒的。再大一點的則劇烈變動，亦用不着用日常情形去測驗了。

大凡地震都是由於地殼忽然的一種變動 (Sudden disturbance)，發生不久，即可停止。所以平常的地震，其震動時間，不過數秒鐘，乃至數分鐘，一刻鐘以上的繼續震動，要算大地

震了。可是每回大震之後，往往不斷的有許多次小震動，不過使殘毀不固的再震鞏固一點罷了。

至於地震後的普通現象如何，自然要看震動的大小。如果很小的地震，那只是地殼緩緩的移動一下，沒有什麽遺跡可見，就是有點，也在地皮以內，外邊一切都還如常。

普通地震最易發生的是裂縫。尤其在地殼表面不堅固的岩層，像中國北方的黃土，最易發生。裂縫的發生，自然是由於震動後，地殼的各部力量，失其平衡。如有一地方發生陷落地震，那附近必更多此等裂縫。

更劇烈的不但有裂縫，斷層也常發見。因爲經過震動之後，如有一部不穩固的地殼，陷落下去，便成了斷層了。

地震後往往由人類的建築物上，看出一些有趣的情形。如一九〇六年美洲西部加里福尼亞地震時，本來連着的牆垣，忽從中間斷了，且相距很遠。鐵路也折開一段，不相銜接。這都是表示其地有了斷層。

大一點的地震，可以使山坡落下成了山崩。若在海島，或因氣候關係，或因海底也有了變動，能令海水突起，侵入島上，發生大水。如在內地，有的河道變更，山水無從歸宿，亦易發生大水。

總之，某一地方發生地震以後，那地方的面目必定一新，許多情形，和以前兩樣。至於由地震而使生物及人類受很大的損失，那在目前，似還沒有絕對安全的法子，可以免去危害。

不過人類的知識，一天進步一天，抵抗自然的能力，也一天大一天。如能就建築上，關於防火防水等設備，大加注意，未始不可收很大的效果。我們今天所不能的，未見得將來還不能，還要靠人類自己的努力了。

四　地震的測量及預知

在地震的時候，人們每以毀壞房屋的多少，區域的大小，各種損害的烈否，來做地震大小的標準；實在這是斷不能的。因爲地震必有地震的中心，就是當初地震的發始點；譬如地震由於火山噴發的，則火山口就是地震的中心。近於中心的，地震就烈。遠於中心的，地震就弱。這種地震強弱的程度，可用水浪去代表。譬如我們投一塊石頭落水，在石頭着水的一點，

浪必大。然後一圈一圈的展開去，浪也慢慢的小了。更遠的地方，並不起浪了。所以設使地震中心在山上，或鄉下人少的地方，毀壞房屋必少，人們就不留心他了。地震中心若近於都市的地方，雖然地震不烈，遠沒有如在人少地方的利害，房屋毀壞必極多。所以人們的損失，不能完全拿來做地震强弱可靠的標準。就是這回日本的大地震，人們所受的損失，實在是從古以來所沒有的了，不過不能就算從古以來極大的地震。必要用種種法子測量過以後，比較從前大地震强弱的程度，然後才可以斷定。

圖示地震測算器所示的地球各處的地震波。

圖1.

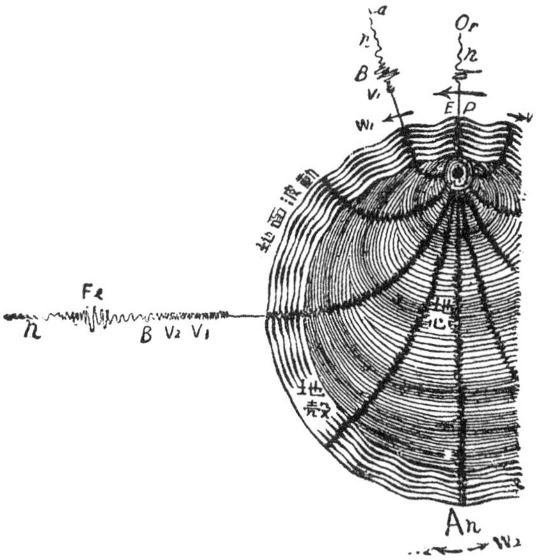

圖中：心、地震中心。Or.爲地震次中心的地震波。Na.爲不遠地震次中心點之地震波。Fe.爲遠地的震動波。黑粗線示波首，波首從中心向各方面與震波以正角的方向而直震動。細線示震波。V_1 V_2是第一及第二簡單震動。EP.地震次中心。W從地震次中心所發出的地面上的波動。An.反次中心。W_2從反次中心所發生地面上的震波。B.主要或大震動。N.在震動以後。

地震中心不一定在地面上，大部分是在地下的，不過都去地面很近罷了。再深的，也不過五英里到十五英里間。地面上，先受影響的，叫做次中心，次焦點，或次焦線。地球另一面所受影響再微再遠的點，是反次中心。地震從焦點或中心起，

而發生所有的振動，叫做地震波，這種震波，從中心而迅速到地球各部分，可以從地震測算器中畫出的。（如圖1）若地震中心在地心中，而近地殼的地方。第一卽在地面EP上最近此點的地方發生次中心。在他一方面，An點，生反次中心●從中心，發生和震波垂直的波首，并且一層層出去到地面來。因此就發生許多許多的震波，卽細黑線所表示的。設使在地面上各點，用地震測算器畫出地震波來；卽有Or，Na，Fe，等等的形狀。在這種波紋上面，可以測出地震中心的所在，和地震的强弱。

從地震中心向各方面傳導的速率是很大的。在廿分至二十二分鐘中間，可以傳導八〇〇〇英里直徑的震波；或每分鐘傳

導三七五英里。但是傳導的速率和深度是有關係的，看一九〇六年美洲加里福尼亞省地震的記錄就可以知道。在地面上地震的傳導率是四・五英里須一秒。在地面下二七二英里的地方，每秒鐘地震傳導的速率是六英里。在六一二英里下面，是六・九英里。在一二二五英里下面，是每秒鐘七・八英里。在一九六八英里下面，是每秒鐘七・九英里。在前速率漸漸減落，以後又漸漸增大的緣故；就是指示地殼的密度和彈性，必依深度而愈大；不過到某種田地就不同了。

地震波可以分爲直震，——一切向前直進的方向。——和橫震，——和直震成直角。這些震波可以用特別的儀器記錄出來，這種儀器就是地震測算器。器中懸有三個重擺，從這三擺

的裝置，可以記出三種成直角運動的方向，就是南北，東西，上下的三方向。上下的方向，大部分的測算器是沒有的。擺的重量在地震時，可以做長時期的堅執。鉛筆尖插入擺裏，并且在地震時，可以在白紙上畫下。這張白紙必須裝置在鐘走方向以等速運動而旋轉的板上。這種記錄，叫做地震測量記。每一地震，必同時有三種記錄。這種記錄，都是凸凸凹凹的一高一低的線。從這種線上，可以測出地震的情形。（如圖2）

在地震次中心對面的地面上的記錄，先是一種小振動，（V_1V_2圖1）。在反次中心，振動後二十分至二十二分鐘始顯出。然後跟從一主要振動，（B）如此依次的振下去；中間夾有許多的將止的弱振動（N）。初來的小振動，是從中心經地心來的

。其後的大振動，是從地面上得來的。（如第一圖）

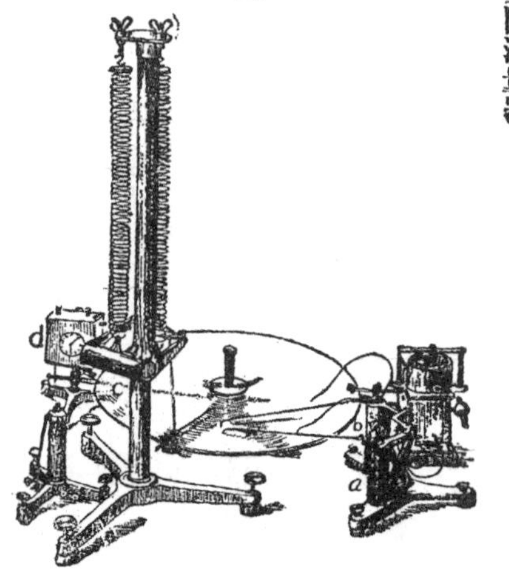

圖2. 愛回測量器

此器可以記三種方向的運動。三擺裝置在互成直角的三種不同方向的上面，其中的二擺裝成垂直，使有平面上的振動。

a. 是南北向的，記東西運動。

b. 是東西向的，記南北運動。

c. 在垂直線上振動，并且轉成平面的方向，而裝在極有感動的螺旋上面。這些擺，都在圓的煙玻璃板上工作，并且在等速旋轉裏。

d. 報時計。

愛回測量器所測的一部分

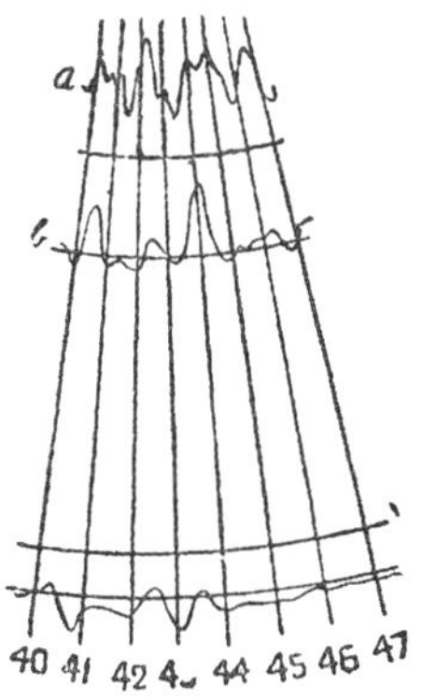

a. 東西運動

b. 南北運動

c. 上下運動

此種地震是岩質的眞正顫動，并且向各種方向以很複雜的運動法運動。就是忽上，忽東，忽南，忽下，等等反反覆覆的運動。運動起的一點，和原來休息一點的距離，叫做振幅。雖有水或未固結的岩石或泥來引長地面波，但是振幅難得很大的。地下底岩的固體岩質的眞正運動或振幅，是不很大的；再長

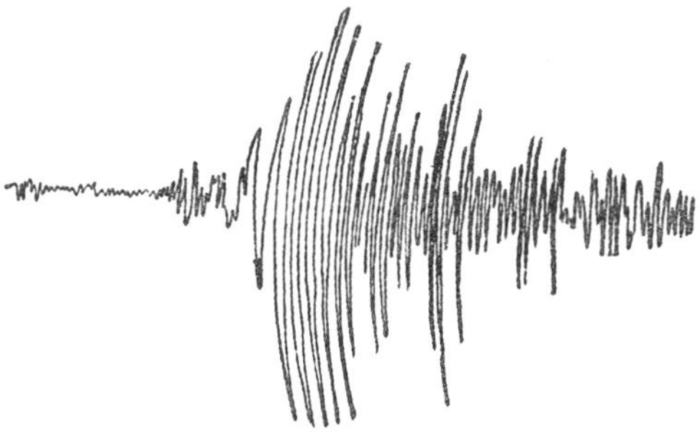

圖3.

梅悉那地震記錄，一九〇八年十二月廿八日德閣丁埃地方的記錄。

不過幾個生的米突。人們已經確定，在可以毀壞全市鎮建築的地震的振幅的長度，常不滿二十米厘，或四分之三英寸。卽有一半或四分之一之量，也可以有毀壞房屋的能力。地震引長的結果，是在於岩質的忽然振動，不在乎振動的量。

有許多極小的地震，人們是不能够覺到的，只有此器可以測量出來。但僅有記載的可能，而不能損害人們罷了。

統觀以上關於地震的測量，科學家已用了不少的精力，對她作精密的研究了。但是關於地震，是不是可以預先知道呢？這是很難斷定的話。到今天爲止，我們還不敢決然的知道地震的確可以預先知道，但是我們也不能說是絕對一點也不知道。尤其是關於非由內部熔岩衝出或火山爆發的地震，比較知道詳

細一點。所以預先知道不知道，到現在還是知道的程度的問題。我們現在還不能決定，可以知道到某種程度，但是應該努力求知道最高的程度；這是科學家的責任。

近年來地震屢屢發現，一般人對此自然的現象，遂不免發生許多恐懼與危言，其實這是徒然的。有的人簡直非難科學家，說爲什麼不早告訴大家知道，其實這也是過分的奢望。現在大家既然注意到自然現象關係人類的重要，便應當眞實的提倡實在的科學。我們現在研究的心血，便是未來的人類安全的種子。

五　近代地面上地震的區域

由過去許多次地震所指示於我們的和在地殼上由地質構造

上研究所得的，地質學家可以把地面上最易發生地震的地方，大體的推究出來。

我們由地面上遺留的情形，可以知道某地在過去某時代曾經有過地震，某地曾是地震中心。這些地震過的地方，再考察其地盤是否已經安靜；倘若沒有安靜，就是依然還要發生地震的地方。若已經十分安靜，那就不易發生地震；萬一有地震，也是受別地波動而起的，其振動亦必十分微弱的了。

大凡發生地震的地方，是地殼構造最弱的地方。必有很可注意的弱點，爲地震所以發生的主要原因。這樣的弱點，在地質上是可以用種種方法考察出來的。假使考察出某地可有什麼弱點，就無異是那地方要發生震動的預言，不過只是時間的問

題罷了。

這樣研究的結果，知道地面上在近代，有兩大地震帶。在這兩大地震帶以內，是最容易發生地震的地方。

第一個是太平洋帶。就是圍繞太平洋的四周，東起舊金山，北接北冰洋，西連日本諸島，南到南洋羣島一帶。這一帶內地震最易發見，差不多每年都有，不過不大顯著罷了。在以南以北雖沒有陸地，但海洋之底，也有些震動變更。

第二個是赤道帶。就是沿赤道繞地球一周的地方，也很易發生地震。和南洋羣島、印度南部、非洲北部、意大利南部、直到美洲中部，都在這一帶以內。尤其以意大利南部一帶在過去地震史上，最爲有名。

除這兩個大地震帶以外，還有許多地方，也很易發生地震的，爲地震中心。並有許多地方，沒有考察出來，還要研究這類東西的學者，格外努力。

六　近代大地震的記錄（上）

從近世大地震的記錄，我們可以把地震和與地震相關的種種現象，格外可以明白些。所以把近代有名的地震，擇要記在下邊。

關於地震的記載，以外國許多地震記載較詳而可靠。不過近來中國地震，已有學者就可以得到的證據，詳加研究。本章先把外國近代地震，擇要記述；再把中國近年地震及最近日本地震，也大略叙述一下。

一七五五年里斯本（Lisbon）的地震——一七五五年十一月一日，歐洲發生有史以來所沒有如此損害的地震，使里斯本全城變成瓦礫。在未震以前，并沒有絲毫的預知，只在初震的時候，有地鳴的現象。死六〇〇〇〇人。海水突然引退，使海岸外的砂洲都暴露出來。繼又捲土而來，比原來高五十英尺以上，淹沒平地，并起大浪。使葡萄牙的山留有極多的痕跡，使他原有的裂縫非常錯亂；深谷裏沈有許多物質，裂隙裏發出火焰，塵雲裏還夾有煙。此次的災難，實在比今回日本的災難還要大。不過隔了一二百年，人們都忘了他罷了。里斯本有一新造的大理石碼頭（卽止波場），全部都是大理石的，總算十二分堅固的了。當地震的時候，許多人們逃到碼頭上去避難，不

想這碼頭忽然全沉，連屍首都沒有浮起一個。所有裝滿人們的小船和汽船，下錨在這碼頭旁邊的，都被大浪捲去。連近碼頭的地方，都沉到水面下一百尋深。碼頭和城市的一部分，建築在靑土或第三紀以後的岩石上面的，一切都被毀壞。另一部的建築在中生代石灰岩，或玄武岩上的，並沒有損傷。

這回地震影響地面上各地的範圍很大，幾有四倍歐洲全部的面積。在亞爾伯斯山（Alps），瑞典（Sweden）海岸，波羅的海（Baltic）的全部，德國的北部，土耳其及大不列顛，都能覺得地震。洛克洛檬（Loch Lomond）蘇格蘭（Scotland）忽然水高二尺，隨即又復大大的退落。愛耳蘭（Ireland）的肯衷兒（Kinsale）地方，水淹全市，嘯進船塢幷衝擊泊船。在西印度（West Dndies）地方，平常潮高二尺，此時忽高二十英尺，潮水全是黑的。卽在北美湖（Great N. America）的區域，也可覺得地震，但是在地中海更加利害。亞爾其（Algiers），北亞非利亞，和摩洛哥（Morocco）也都和葡萄牙西班牙一樣。每地必有八千至一萬人，被吞進地裂縫裏，幷且卽時閉合起來。就在離陸地遠的海面，海船甲板上，也可覺得地震。在聖未散（St. Vincent）西四十立求（一立求有三英里多，合十一華里餘。）外的海面，立在甲板上的人們，可以垂直拋起尺半高。當時地震利害的情形可想而知了。

一七八三至一七八六卡拉勃來（Calabria）的地震和一八〇八梅悉那（Messina）地震——卡拉勃來烏爾脫拉（Ultra）的地震（意大利國的一個半島），從一七八三年二月起到一七八六年年底止，連續四年之久，都留有極烈的地震現象。這算大地震的第一個，人們曾用科學的訓練去細心觀察過。他的範圍不止在卡拉勃來烏爾脫拉，幷且到過卡拉勃來悉脫拉（Citra）的東南部全部，橫過海去，到梅悉那，共有面積五百方英里。悉力來的大部分，及納撥耳斯（Naples）地方，也受振動。

岩石組織（Formations）在這區域內的，更受影響。是含有海產化石的黏土層砂層和石灰岩層，所有第三紀以後的岩層，和接近阿撥林（Apennine）中部的花岡岩和旁的岩石都受影響。卡拉勃來平原都是第三紀以後的岩層做成，除了許多河流切成許多深谷外，大部分是很平的。這種深谷有六百英尺深的，幷且因樹根連接的關係，使上下部岩層連合。所以深谷每每很峻，幷且兩岸常常和平原成垂直。

阿必陀（Oppido）（卡拉勃來烏爾脫拉）城四周二十二英里以內，受有極大的損失。在第一次地震，一七八三年二月五日的時候，在二分鐘以內，將全城全鎭全鄉村所有房屋都毀壞了。從阿撥林西翼，到西西利（Sicily）的梅悉那，都是很利害的，全國以內也沒有不覺得地震的。第二次地震，是在三月二十八日，也有同樣的劇烈。卡拉勃來從南到北連環的花岡岩脈，在第一次僅稍受影響的，這回則大受振動。岩脈兩旁的泥土，都裂下去。在花岡岩和砂土間，有九英里到十英里長的陷坑。這種山崩的距離很遠，使人們的生命財產埋沒在她底下的，實在不少。這種沿山脚陷坑的成因，說是從低彈性地方來的地震波，到較大的彈性地方來的時候，必定有反射和折射（Reflection & Refraction）的關係。譬如有從黏土或石礫到花岡岩來的地震波，地震方向必定向後退的；這是因花岡岩彈力大，而有反射的結果。所以地波反向後退，好像光線從鏡裏反射出來一樣。

此次地震以後，損害的程度，實在不能以數計。除房屋損傷最烈外，所有的石類建築，和塔等，都被破壞。在地震最烈的時候，樹枝可以接觸到地上。

地震所到的地方，地忽裂開，隨卽閉合起來。所有附近的房屋，財產，生命，牲畜都被陷落。只有極少極少的部分，在

接連第二地震的時候，重行拋轉出來。拋出來以後，死的固然多，間也有活着的。輪射狀的地面裂縫很多；全國地面布滿許多裂縫，像碎玻璃片上的裂縫一樣。

阿必陀（Oppido）的中部，有許多房屋完全陷入開閉的地裂裏。卡那瑪利（Cannamaria）地方，四所農房，幾個油池，還有幾座大屋，都完全在陷坑裏。這種情形，在旁的地方也是極平常的。地震以後，掘開來看，所沒入的房屋，則被地閉的大力，壓成整塊的物質。有許多地裂閉合的時光，是很緩的。米勒陀（Mileto）有幾個地裂呑有一頭牛，百隻左右的羊和人等。事後去看，裂縫還有一尺光景闊。阿必陀境內一山的旁邊，有一地裂，當時呑有葡萄園，并許多的橄欖樹，和泥土。閉

後尚存五百英尺長，二百英尺深的裂縫。二月五日地震後，所留的裂縫，被三月二十八日地震的關係，更使她變大深長闊。并有一英里長，和一百五十到二百尺深的。有時他們是直的，有時是新月形的。

其中頂奇怪的現象，就是有漏斗狀的陷落，上面大，下面尖。大的部分大概有車輪那樣大，有時并且更大一點兒。有一部分地方，這種現象是很平常。中有許多河流，突被乾砂充滿，忽然斷流，一會忽又淹沒兩岸。山崩的時候，使河道非常錯亂。二百十五個湖和小塘，因此造成。其中更有一處河道，變成二英里長一英里寬的湖。橡樹橄欖樹葡萄園和稻田都流入河谷裏，并且在那處繼續生長，不過比原地方低五百英尺，距離

四分之三英里。波立斯退那（Polistena）的一部分房屋，大概有百座，捲進山峽裏，并且差不多橫過山谷。（離原來有半英里遠）人們從毀壞房屋下掘出來的，一部分還沒有絲毫的傷害。樹木花果有時連根移一英里多遠，還能够生長，開花，結果，和原來一樣。

許多地方，還有泥河發見。泥河所過的地方，房屋樹木都被淹埋。某地方有二支泥河，深十五尺，寬二百二十五尺，好像火山岩流一樣，并且二者相遇在山谷裏。他們停止流動的時候，已經有一意大利里的長度。泥流大部分是石灰質的，并且慢慢乾燥變硬，質量變低七尺半。

在斯悉賴（Scylla）的梅悉那街，有一大塊岩石從很高的

岩壁上落下，壓壞許多房屋，生命，花園，別墅。在近葛利柯(Gian Greco)地方，連接一英里長的岩壁，統通崩落下來。海水忽落，復又高高的湧上，因此捲去人們不少。斯悉賴老年的太子，和他的一千四百三十件侶，因避難上船的，都被潮水捲去，船也沈沒。

這次大地震死傷的總數，卡拉勃拉斯（Calabrias）的二省，和西西利（Sicily），是四萬人裏邊死了二萬多人。其中有發疫死的，有燒死的，有被地裂閉去的，但是大部分是被房屋壓死的。海岸的人們，大部分是淹死的。

這些受地震的地方，新近的時候，一九〇八年十二月二十八日，復有極大破壞能力的地震，在隔意大利大陸和西西利地

方間的海峽，重行發現。梅悉那和來及阿（Reggio）的市鎮，完全毀壞，就是小市鎮和村落也是如此，卡拉勃來全部和西西利東部也受影響。死七萬八千人，傷者在外。

一八一一至一八一二年新碼特立特（New Madrid）密蘇力(Missouri)的地震——一八一二年三月二十六日，強烈地震損壞卡來卡斯（Caracas）萬耐粗拉（Venezuela）各市鎮。在此地震時和地震以後，南卡羅力那（South Carolina），和新碼力特至哦海哦（Ohio）口間的密西西必（Mississippia）河旁，新金山(S. Francis)，和阿卡薩斯（Arkansas）也都有地震發生。新碼力特地震以前幾年內，地內常常聽見轟聲。第一次大地動，在一八一一年十二月十六夜二時，并有似雷響的聲音。在數

分鐘內，空氣裏充滿硫黃氣。十二月十六日至一八一二年三月十六日間，共有一千八百七十四次地震。其中八次是從來沒有如此強烈的，頂強烈的一次，是在二月七日。天昏地黑，爲從來所沒有的，硫黃氣焰也非常之濃厚。

密西西必河兩岸平原，因散砂和泥的低落，而受大影響。接連有數月長久的地震，各區的災雖非常利害。平地上造成許多大湖；這種變動，在一點鐘以內就可以成功。旁的原有湖沼，反變乾燥。頂可注意的，就是阿屏（Obion）退尼希（Tennessee的西北部）的來兒福鐵湖（Reelfoot lake）的造成。此湖長二十英里，闊七英里，將原有的松柏科植物，完全淹沒水下，他的深度也可推知了。近小撥來里（Little Prairie）地方，造成的

湖，長達數英里，深僅三四英尺。其後湖水乾燥，僅留幾層的砂。新碼力特的烏拉力（Eulalie）湖，是三百碼長，一百碼闊。因湖底裂開，所以將水都吸入。過了三十四年，來耳(Lyell)去調查湖底的平行裂縫，尙沒有塡閉，現在已經變成一片森林了。

在第一次地震的時候，密西西必河逆流北向新碼力特去，有幾分鐘之久。最後一次，浪如山高。並且衝上兩岸，將船送到高砂上。然後再向前流，水勢直立，有十五尺到二十尺的高度，長四分之一英里，好像水墻一樣。將船從停泊的所在拖下來，一直送到小河支流裏面。新碼力特的墓地，沉入密西西必河底。市鎮的地面，和河的兩岸，都低下八尺。樹木大部損壞

，有許多向各方面斜倒，但是仍舊活着。地裂很多，大概在東北到西南的方向。多量的水，砂，泥，和褐炭，從縫中用大力放射出來。事後七年，百餘條地坑，還沒有塡好。過了三十五年，還只有一部分塡起來。新碼力特還有許多圓形的陷落洞，在地震時發生。洞闊約十碼至三十碼，有二十多尺深。沿白水(White Water)一帶，南北七八十英里，東西三十英里以內，都有地洞。在這區域內，死樹被水淹沒，有許多還是立着的，有許多是倒下來的。在水浸區域的四周，後都長有沼溏的植物，和從高地洗下來的沉積。在這區域的東部，由一低的圓形小山造成，直徑二十英里，比原來高二十尺至二十五尺。

樹幹大概彎下來，各彎下來的樹枝，都互相扭結起來。所

以到地震以後，樹還不能直立起來。國內的界線，都被地震拋棄。地震後，政府須補測一百萬畝的界線。

一八二二年以後的智利(Chili)地震——直來地震過許多回，最利害的是一八二二，一八三五，一九〇六，三年裏的地震。一八二二年十一月十九日，南北海岸千二百英里間，都受大地震。佛兒派來索(Valparaiso)傘鐵各(Santiago)各地，更受損失。沿海近佛兒派來索地方，比從前昇高三四尺，將蠔殼層顯露出來。旁的蛤類和海草附着在水中岩石上的，都移到高燥地面，許許多多的魚類也都死在高燥地上。河旁也變峻，表示大陸昇高。海岸上距水一英里以內的地方，算是提高五六尺或七尺。所有提高的地方，面積算有十萬方英里，差不多有法

國一半的面積。所有昇高上來的體積，是五十七立方英里。提高的重量，是比金字塔重十萬倍。設使用旁的物質替代，就算地下提高的影響所及的，深度是二英里，所須的重量，應當是三千六百三十倍於原來的數目。所提高物質的量，據列耳的計算，(僅就地震一次提高物質的量)是等於隔翁格斯(Ganges)河在四世紀以內，所流入海的物質全量。

接連地震，差不多有一年，中間間斷的時候，不過二十四分乃至四十八點鐘。及到一八二三年九月底，才停止地震。其後十二年，即一八三五年二月二十日，海岸上又發生大地震。在柯貝波 Copiapo (在佛兒派來索之北四百英里的地方)和直羅 Chiloe 南北千英里間，與梅獨柴(Mendoza)到九番那特柴

(Juan Fernandez)間五百英里以內，在直來三百六十五英里外的地方，都遭災難。康衰撥孫(Conception)海灣更加利害，海水潛退與衝入，重重覆覆的好幾回。衝入之時，浪高十六尺至二十尺，大部的牛畜都被捲進浪裏，立在峻坡上的家畜，也被地震滾入海裏。海灣裏島上，和海岸上的村落，都遭水刼。海底裂出的岩石塊，都被送到陸上，有長六尺闊三尺厚二尺的。在闊林闊那島，(Quiriquine Island)有許多南北向的地裂，幷且有一碼闊的。島裏的硬板岩，有像被火藥轟毀的，大塊都流入海岸，小塊的落在原處，不過被雨水冲刷，少有移動。

在康衰撥孫西南二十五英里的孫塔瑪列(Santa Maria)島，長七英里，闊二英里。北部昇高十英尺，南部昇高八英尺，

島周的海，淺一尋半。

從地震而起的大海浪，橫過海至相距三千英里至四千英里外的砂悉退及南微格托羣島（Society & Navigator Islands），和六千英里外的哈回羣島（Hawaiian Islands），速率是很大的。在一八六八年所起的地震海浪，每點鐘是四百六十五英里。

一八三五年前後的地震，使直連安特（Chilean Andes）山的火山系，（長一千五百英里）特別活動。阿省拿（Osorno）南端，火山噴發。在九番南特斯外一英里地方，海底火山岩也噴發，使全島振動，海水淹沒大陸。康衰撥孫在同年十一月裏，又發生地震。同時四百里外的阿省拿火山，也重新活動。

其後二年，卽一八三七年十一月七日，佛兒疊未阿（Valdivèa）（地在康衰撥孫以南三百英里的海岸上），被大地震完全損毁。近來姆斯（Lemus）島的海底，也昇高八尺多。

一九〇六年八月，智利海岸又有地震。比當初佛兒派來索和旁地的損失，還要重大，死數千人。

一八五五年，新瑞蘭（New Zealand）的地震——新瑞蘭經過的地震回數，很是不少。地面情狀和海線，都受了許多變動。其中頂利害的，是一八五五年二月二十三日的地震；在兩大陸間距離最近的柯克海峽（Cook strait）更利害。其間的海水，和近海的陸地八十六萬方英里以內，都受極大的影響；面積比不列顛島還大三倍。新惠靈呑（在北島 North Island 裏）

（New Wellington）區域四千六百英里以內，昇高一尺至九尺。頂可注意的，就在立畝塔克山（Rimutaka Mts）的東部；從柯克海峽裏向東北去，新增一條嶺，其高度竟比海水高四千尺。現在惠靈呑東南十二英里外海沿上的畝克畝克岩壁，就是當時岩石的斷層。在這斷層西面的較古岩石，都昇高九尺。在他東面的第三紀的岩石，却沒有一點變動。這斷層壁沿立畝塔克山旁，一直伸入國內。壁高九尺，長九十英里，濶六尺乃至九尺，中間有時墳進砂土。旁的地方有時還有塊斷層，在不同的高度上，斷層壁是直立的。東部岩層不動，在斷層壁以外，則升高，是爲上斷層（Upward Thrust）。不過有的是下斷層（Gravity Fault）。

一八七二年阿魂谷（Owens Valley）加立福尼亞（California）的地震——阿魂谷是在東加立福尼亞碎拉納佛特山（Sierra Nevada Mts）的東邊山脚。一八七二年三月二十六日，地震發生，使地面低下，造成許多的斷層壁。其最主要的一個，是在山脚昇高二十英尺的地面，長達四十英里。他最高點的對面，有第二岩壁發生，高十英尺。並有許多平行斷層發生，布滿於幾千畝的大陸。地面不但是低落，還要水平向北移動十五英尺。大派納 Big Pine 地方，發生許多大地裂，長至數英里。其間有濶二百尺至三百尺的區域，低落二十多尺；並使斷落的地方，變成岩壁。這低下去的地方，水皆充滿成爲池塘，長達三分之一英里。橫過斷層的路，其西頭又向南移動十八尺。

地震只有一次，所有變動都在幾秒鐘內做成。但是，以後接連震動二月之久。

一八八六年查禮斯頓（Charleston）的地震——一八八六年八月三十一日下午九點五十分鐘，查禮斯頓有一大地震。二十八日和二十九日，又有二次小地震。毀壞煙筒一千四百個，街上的墻和屋頂都有崩壞。地震時，僅半點鐘，他的破壞在頭二十分鐘內就做成了。漏斗狀的地陷也很多，直徑有二十英尺的。水泥或砂從穴裏噴出來，最高的有二十英尺。

從各方面來的三條鐵路，都被扭彎，凸出如弓；而尤以地裂所經的地方爲甚。死傷人數比旁的地震雖僅二十七人，但是區域實在廣大，譬如八百英里外的支加哥（Chicago）同時也有

地震。

一八八七年的砂拿拉（Sanora）地震——一八八七年三月三日，墨西哥內一半的區域，新墨西哥三分之二的區域，和阿立蛇那（Arizona）地方，都有猛裂的地震。但因震得非常稀鬆，所以損害人口房屋較少。其中頂利害的地方，是在舊砂拿拉省。（在舊墨西哥北部）山脈升高，幾百萬立方英尺的石塊從山坡落到山谷裏；岩壁有像轟毀的；地裂也有百餘個；一二尺直徑的漏斗形地陷也很多。一部分的河流，水面也有高低一二尺的遷變。森林有許多被火燒了，火源或由山崩時的摩擦力，或從火石彼此相擊而來。

一八九一和一八九六年的日本地震——日本是世界上極不

穩妥的國家，在千五百年裏，有二百二十五個大地震出現。在小心的記載，從十七世紀以來，日本國內在每二年或二年半中間，必有一次大地震，發生於某一處。

一八九一年十月二十八日，有一劇烈的地震發生；地震區域有二十四萬三千方英里。幾佔日本國內五分之三的區域。在美濃和尾張二藩，則更加利害。使其地有成盆狀的大稻田。除南面外，四圍都是山嶺。在一八九一年以前，日本是長久不曾震過，這次算是從來沒有如此利害的。在很短的時間，毀壞建築二萬座，死七千人，傷一萬七千多，並有許多是死在火裏的。在此區域的中部，地裂是特別利害，有時長至一英里，使砂那河旁的松樹和房屋，向後移動六千英尺。松樹仍舊直立，屋

頂皆下落，且有毀傷。泥土和砂的噴發，在此平原上，也很多。一斷層橫過山谷，方向是北、西北和南、東南。斷層的東邊是比西邊高三尺到六尺；橫移動的距離，是不滿二尺。

大震後的五月以內，都連續有地震，共計二千五百八十八次。第一日震一百〇二次，以後逐漸減少次數，和程度。

一八九六年八月三十一日，北杭蘇縣又有大地震，死人一千。在地震前六點至八點鐘間，即有警告；在三十三點鐘以前，磁針的方向就有大變動。後來調查，本縣區內山上有二斷層，長達十五啓羅米達。

一八九六年冰島（Iceland）的地震——一八九六年八月二十六日，二十七日，和九月五日，六日，十日，冰島的西南部

地震淺說

，都有大地震。所影響的區域，是在高山圍繞以內的三角形高原；包括芒鐵海克拉（Monut Hecla）火山和旁的許多火山，但是這種火山，在地震前，地震時，和地震以後，都是很安穩的。在地震的地方，無論人或獸，都不能站立。人臥在岩壁旁，可以抛上壁上去的。某農村裏有六尺高的重石塊，抛去二十五尺以外。地裂也很多，有七尺長的，有九尺長的。漏斗狀的地陷也很平常；這些地陷，並將池塘的水吸乾。九月五日地震以後，有一温泉發生，噴出水或火山岩有六百尺高。經過幾點鐘，尙噴高十多尺。及到十日以後，始完全停止。蒸汽泉也被影響，如斯脫洛克（Strokr）本起在從前（一七八九）地震前的，也被這次地震損毁，而不能活動。

近代大地震的記錄

一八九七年阿薩密（Assam）（印度）的地震——一八九七年六月十二日，印度阿薩密發生一强裂的地震。在十五秒鐘以內，毁壞建築的區域達十五萬方英里。較利害的地震時間，不過二分半鐘。地震範圍，有一百七十五萬方英里。地震前一分鐘，有像雷響的聲音發現。許多的紀念石，都被扭斷。房屋和郵筒沒入砂裏，僅屋頂可以看見。山嶺中的地裂也很多的；直徑六尺多的漏斗狀地陷，到處都有。水或泥從穴口噴出來，大概有七八尺高。和泥一道噴出來的，有褐炭塊，泥炭，松脂，朽木，黑土，爲本地從前所沒有看見過的；地裂裏也噴出同樣的物質。後來被水冲刷，附近地方，都布滿這種東西。河流被塞，就變成許多池塘。接連大地震後，尙有一星期的小地震。

地震淺說

但是慢慢的弱下來，以至沒有。

一八九九年耶苦太脫（Yakutat）（美國阿拉斯加省內）地震——一八九九年九月裏，阿拉斯加南部有一大地震，但是人們尙難詳細知道。及到一九〇五年的大劫，始引起人們的注意。地方是變成一塊一塊的，有許多升高，有許多變低。高低的小變動，由五尺至十二尺，大的則三十尺至四十七尺。大塊又變成許多小塊，使地下壓力平均。

因平均這種地塊壓力的關係，有一新島長四百五十尺闊七十五尺的，從深海裏直升出來。有的使森林淹沒海中；有的使海岸漸漸升高。

一九〇六年加里福尼亞（California）的地震——一九〇六

近代大地震的記錄

年四月十八日，毁壞舊金山的大地震，尙在人們記憶裏。地震起在午前五點十二分，事前幷沒有警告。頭一分鐘是很利害的，以後慢慢的衰弱；循環往復，經歷數日之久。地震的方向，一部分是上下的，一部分爲水平的。地震的區域，大概沿從前的大斷層線（與海岸平行的），南北向大概有四百英里長。重重覆覆震過許多回，他的最後一回，長達一百八十五英里。在此線的西南面，地震的水平移動，是向北幾寸到二十英尺。但是在新金山以北，則向南三十英尺，恰恰和對過相反。他的西南部，是提高四尺光景，東部提高二尺。因爲沿此線上，幷沒有大市鎭，所以損失也是有限。不過在舊金山東岸上，損失利害一點。沿這線上，有許多市鎭。如烏克（Ukiak）克魯佛特兒

（Cloverdale）海特般，（Healdbory）山太羅殺 Santa Rosa（線北）和聖九如（San Jose），（線南）皆在這一線上。在這些市鎮裏，房屋大受損害，尤以築在不結實的砂地上，爲更利害。舊金山的損失，大概都從東北向西南的地震得來的。地震中的種種現象，譬如地裂，地面的水平移動（大概十尺），建築的崩壞等等，都不能免避。傷人較少，死的不過一千人。有許多損失，是在火裏的。因爲水管被地震弄斷，救火多來不及。

一九〇七年鍵美卡（Jamaica）的地震——鍵美卡島時常有地震發生，地震的中心點，大概是橫過傾斯頓（Kinston），從這點漸漸散出地震波。炮脫洛哀兒（Port Royal）的古城，從前是橫過海口的，被一六九二年的地震損毀。地面陷落海底，使古

市鎮的大部分完全喪失；但是後來又回復上來了。

一九〇七年正月十四日下午三點半鐘有大地震發生，二十分鐘以後，又有第二次地震。所有建築的破壞，都在前三十五秒做的。二月五日至六月十四日間，又有八次的大振動。建築物東西向的墻，受損失最大；斷層僅在圍繞水道的海口區域。一組的階級斷層，在海旁平砂以內，一級級的下落向海去。平面移動，不滿二十四尺。地層斷落和鐵路交界的一點，鐵軌變成尖短的紐纏。地裂開而復合，射出水和砂質，其中還有一組的漏斗狀地陷。海口深度，增加二十七尺半。島的西部，就是炮脫洛哀爾所在的地方，升高八尺至二十五尺。所以從前陷落的屋頂和樹梢，至此又升到水面上來。

七　近代大地震的記錄（下）

現在再把近年我們中國的地震，約略叙述一下。

中國地震，見於歷史記載的，有三千多次，可見中國也很容易發生地震。但是以前許多次地震的記載，都是偏於迷信或災異一類的；於實際震動情形，多不詳盡。現就最近幾次大地震約述一下。

民國紀元前三年（宣統元年）雲南東部的地震——五月十一日晚十時半，宜良阿迷等地接近滇越鐵路地方，發生地震。岩石崩落，墻垣傾倒，鐵路中一個隧道，也毀壞了一部分。十二日午又震，西洱車站的水塔破裂，站房一部也倒了。十三日六時多，又有大震，小河口幾乎全毀，西洱附近房屋十九倒毀

，壓死人也不少，婆兮附近房屋倒約三分之二，一天震好幾次。十四十五又震，但過後較爲平息，至七月又震，也有房屋倒毀的，直到十月後始完全平息。此次地震範圍，約佔面積四萬多平方公里，震中在宜良阿迷二縣間。

民國六年一月二十四日早八點四十七分安徽河南湖北間的地震——這次地震房屋倒頹，山石崩裂不少。在霍山英山間崩裂下的石頭，有的比一座房屋還大。震時聲如雷鳴，霍山縣內死傷共數十人，震動範圍延及山東江蘇安徽河南浙江江西湖北湖南等省，面積約六十萬平方公里。自後霍山附近，常有微震，有時還聽得山鳴，但離此地遠的地方，不大感覺。到二月二十四日十一點鐘，又有一次大震，建築物傾倒頗多，亦延及數

地震淺說

省，到四月中旬，還常聽見地鳴。

民國七年二月十三日福建廣東沿海的地震——震中在汕頭泉州一帶。地裂土崩，海水騰湧，房屋傾倒，死亡數百，影響所及省分，直到湖南江西浙江江蘇安徽湖北等省。面積也有五十餘萬平方公里。

民國九年十二月十六日晚八時甘肅東部地震——此次震動最利害的地方，在海原固原靖遠隆德靜甯會甯通渭之間；以海原固原間爲最劇烈。鳴聲如雷，又有大風塵霧。海原固原死人最多。黃土山有長三四千尺，寬一兩千尺，高四五百尺的，全部崩塌不少。崩塌地方，建築毀壞，人畜生埋於地下的很多。衝瀉所至，又於若干里外，堆成功邱陵。所過地方河流淤塞，

近代大地震的記錄

道路毀壞。此次地震，據甘肅各縣調查，共死二十餘萬人，陝西亦死一千多人。受震地域，及於陝西四川湖北安徽河南山西直隸山東察哈爾綏遠青海等地，面積約一百七十萬平方公里。以後中心地方，常有震動，數日一次，或一日數次，時聞地鳴。到十一年十一月底，固原地震，詳確記載，可以覺察的共三百零九次，較大的有二百零四次。十一年八月，有一次震動很利害，十二年九月某晚三時，又有一次大震，可見這地方是一個地殼最弱的地方。

民國十二年三月二十四日晚七時川邊地震——震動以鑪霍道孚鄧柯三縣爲最烈，甘孜同普二縣次之，自康定往拉薩的北首大路，七百餘里，幾全遭地震，震動約五六分鐘之久。先聽

地震淺說

見鳴聲，或如波濤怒湧，有說如秋風巨起，隨卽震動。震動域內建築物毀倒殆盡，死三千餘人，二三百里內，幾無炊煙。以後也間有震動，至四月中旬始漸平復，七月三日又猛震一次，微動兩次。

最後記述這一次日本大地震。他的被災地域，東面從千葉起，經東京橫濱，橫須賀，鎌倉，箱根，伊豆直到靜岡爲止，共有一府六縣廣約二萬方里的面積。全日本的精華，除大阪，神戶，長崎，名古屋外，幾乎盡付一炬。惜未得到詳細的調查，不能有系統的記載。近見報載東方通信社理事日人水野梅曉氏所發表的震災概況，頗能扼要，並很精確，特分記於下：

(一)震災情況　地震初起時，在九月一日午前十一時五十八

近代大地震的記錄

分四十四秒。其震源地係相模洋之西部(廣五英里長十八英里)，因陷落數層而起强烈地震；其結果大磯，鎌倉，及房總半島方面土地隆起約二十尺。其餘震回數如右：

一日至二日正午止，三五六回。三日，二八九回。四日，一七三回。五日，一四八回。六日七八回，七日，四五回。八日，四三回。九日，四二回。十日，三二回。十一日，十九回。以後還一日有數次之震動。

(二)火災概況　東京激震時，出火八十三處。其中多係藥品之爆裂，因水道斷絕，不能救火。火災區域爲麴町，芝，京橋，神田，淺草，本所，深川，日本橋，下谷，赤阪，四谷，牛込，麻布，小石川各區。其中本所，深川，淺草，日本橋，神

地震淺說

田，京橋被災最甚，殆全歸烏有。麴町，下谷，赤阪，小石川次之。重要建築之被害者，如高輪御所，東伏見宮邸，內務省，大藏省，鐵道省，遞信省，農商務省，文部省，警視廳，印刷局，專賣局，會計檢查院，特許局，稅務監督局，帝國林野局，中央郵政局，電氣局，等官署，及國學院大學，商科大學，明治大學，中央大學，專修大學，日本大學，齒科醫專等校，及中華民國公使館，法國大使館，荷蘭公使館，美國大使館，及英，美，法，意，俄各國商店教會等皆歸灰燼。其地縉紳，富豪，名士，巨商之邸第及醫院，學校，寺院，劇場，商店等燒失無數。其統計如左：

（九月十二日調查）市內燒失家屋，二八九・八四六。市

地震淺說

八・一四九，全潰五五・八二六。故橫濱市街全滅。至於外國人被災者如左：

（甲）中華民國人，（A）市內居住者總數，四・六四七（卽在橫濱總人口）（B）旅行者，四七三。（C）死亡者，二・〇一一。（D）行方不明者，五二一。（E）負傷者，六〇〇。（F）避難往他處者，一・〇七〇。（G）居留橫濱者，一・〇四二。其中在汽船內者，四五七。在陸上者，五八四。

（乙）歐美人，（A）市內居住者，三・六一六。（B）旅行者，六八二。（C）死亡者，一四六。（D）行方不明者，七一四。（E）負傷者，八五二。（F）避難者，二・〇七四。（G）往他處者，一・二二七。（H）現在橫濱者，八四五。

近代大地震的記錄

內倒家屋，一五・四九二。市外燒失家屋，八・六一五。市外倒壞家屋，二〇・二〇六。合計三三四・六四九。死傷者及損害概算如左：

（九月十二日調查）行方不明者，二三一・八〇八。死者七二・六〇一。重傷九・一二五。輕傷二八・四八〇。迷失五四四。合計二四二・五五八。人命外之物質的損害，不下一百億。

（三）橫濱之慘狀　次於東京之被災地，首推橫濱。其統計如左：

橫濱全人口爲四三二・九三二人，其中死者二三・七六七人，傷者四〇・八〇八人。全戶數九三・五一〇，其中全燒一

近代大地震的記錄

（四）各縣之被害　（甲）據神奈川縣知事之報告，該縣全部之被害如次：（A）死者二八・四六五。（B）傷者五四・一八〇，（C）行方不明者二五六，共計八二・九〇一。（D）家屋全燒壞者一四六・三九五。（E）半燒及半壞者三三・七二九，共計一八〇・一二四。上表雖含有橫濱，與其他鎌倉，小田原，大磯等處，如閑院宮等各皇族或死亡或負傷，及橫須賀軍港亦受大損害，其損害在物質上約五千萬圓云。（乙）靜岡縣，靜岡縣內小山，御殿場，熱海，三島，下田，伊東方面，受地震及海嘯之害，家屋之倒壞及被漂失者，合約八千萬內外，無火災故死者甚少。（丙）千葉縣，千葉縣內、北條，館山，那古，船形，保田等村落幾全滅，其數不明，只就北條一方面言之，死亡者

已有二千之多，其他可以推知。

八　地震在地質上的關係

地震是地質上現象的一種，當然和地質的關係很大。不過我們首先要注意的是，劇烈的地震，甚且地史偉大的變動，固然關係非常的大。但是很微小的地震，以至平常所見極和緩的自然現象，其於地質上的關係之大，並不亞於前者；只要經過的時期，有相當的延長。地球生命到今天，我們所見的樣子，在過去不可思議的年代，不知經過了許多滄桑巨變，其支配的主要原因，恐怕和緩的比劇烈的還要重要一點。地質上的大變，至於地震，恰像人類歷史上的戰爭一般。戰爭固然於人羣進化及一切情形，十分重要，但都不能把平常時候的制度文物風

俗習慣，忽略看過。所以我們固然承認地震在地質上有大關係，但絕不可因此忽略其他的事實。

再就前文所說過的過於劇烈的變動，在已有人類以來，還不曾遇見過，習慣上不視爲地震；而過於微小的地殼的震動，在人類活動中，究竟因爲時候太短，也沒有什麼大影響。我們就平常地震說地震的關係，只看牠究竟有些什麼關係而已，正不必十分要計算關係究竟大到什麼地步。換句話說，我們只說一說地震在地質上應該發生什麼關係，却不必每個地震，都要發生這些關係。

地震於地質構造上，有絕大的關係。地殼除由自然的侵蝕，把地殼慢慢的侵蝕外，破壞方面，最大的力量就要算地震。

地震的原因，本來起於不安，如有凝結岩衝出，地盤陷落等，而由不安以抵於安，必要經過一個大的變化。我們現在在地面上觀察，幾乎每一個火山，每一個斷層，每一個摺縐，每一個裂縫，每一個山崩，……都代表過去地震的遺跡。假使地球向來不發生地震，那就雖有侵蝕建設等作用，而地面絕不呈現現在這個樣子的壯觀。地質家並沒有別的特殊技能，去讀地球的過去歷史，他所唯一憑藉的，只是用種種變動而暴露於地表的露頭（Outcrops）罷了。所以種種地質上構造，由地震而發生的委實不少，我們可以想見地震在構造地質上的關係，是如何重大了。

大半地球震動，必生熱力，如由內部熔岩衝出而生的地震

，更爲顯著。因此往往使岩石變質。如石灰岩可成大理石，砂岩可成石英岩，頁岩可成板岩，花岡岩可成片麻岩麻岩等。又因這樣接觸的結果，往往可發生新礦物。許多鐵礦銅礦錫礦，……都是由這樣方式而生成的。有時其地本來沒有什麼礦物，經一次地質變動後，就有一種或至數種礦物發生了，有時雖已有了某種礦物，但爲量甚微，沒有什麼經濟上的價值，但經變動之後，含量往往加多，成爲重要礦產。礦床學上所謂接觸礦床（Contact deposits），便是這樣成功的。

某地方經過較大的震動之後，表面上，已有很大變動。如有河身淤塞河道變更，地面的陷落或上升，都可使地文上生很大的變動。在自然界，往往起初一點不很重要的事實，發生很

大的效果。所以對於一點自然的地文變化，如果聽其自然，久而久之，必有很大的成績。不過近來科學進步，如果有違害人類活動或治安的地文的變動，還很可以抵禦，但這樣的關係，也是應該注意的。

一般人以爲地震，是一件可怕的危險的事情，彷彿以爲地震是表示世界末日要到，地球快要死亡的樣子；其實這是錯了。地震多由內部熔岩的冲出，這無異表示地球外殼雖已冷縮，而內部依然十分灼熱，並且還有活動勇氣；好像一個人仍在壯年時代，勇氣百倍的樣子，距其衰老之年，尙甚遙遠。假使地球年代一久，溫度減少更甚，一切情形，都表示出衰老的樣子，像現在的月球一樣，那可沒有大震動了。所以地震這樁事，

對於地球本身的生命利害講起來，是很可以樂觀的事情。我們人類只求如何想法把地震未發生前，測得精密一點，對於地震損失的免除的方法，弄得完善一點，那就够了，用不着『杞人憂天』啊！

九　地震和人類的安全

地震在地質上，雖然是一個不可免而可樂觀的現象，有時不重大的地震，簡直無關輕重，可是就人類的安全上着想，却不能不視爲一個極重大的問題。我們人類之在宇宙間，委實太小了。自然界任何變動，都是受不了的。但是我們總不能抱聽天由命的見解，我們必須努力求妥善的方法，以免除或減輕重大的困難。

說到地震和人類的安全上，不免令人回想兩件悲慘的事情。一次是民國九年甘肅大地震，一次是今年日本大地震。這兩次地震，損失生命，都在三四十萬以上，其受傷害和受損失而流離失所的，更不可勝數。可是這兩次大地震所以損失如此之大，都要歸罪於不可逃免的大地震嗎？這却不然。

九年十二月十六日甘肅的大地震，所以死人之多，和地質構造上，固大有關係。而一般人民房屋的建築，和居住情形，也有很大的關係，現在略講一講。

中國北部地方，如直隸，山東，河南，陝西，甘肅，山西等省，均係黃土分布。黃土構造，由風堆積而成，未經十分固結，結構既十分粗鬆，自然經不起震動。假使某種程度的地震

，在別的地方發生，並不覺得怎麼，而在這樣黃土地帶，必定變動十分利害。所以九年甘肅地震，山崩河淤等情形，到處都有。甘肅中部東部固原平涼一帶，純爲黃土高原，卽就山岳而言，也有許多土山，一經震動，馬上崩裂。所以地震的劇烈不劇烈，和地質構造上，有極大的關係。而最危險的是甘肅，大多數人民，除了很少的闊綽的人家以外，都住在黃土中的土窨裏。這等土窨，大半是由人工造成的，在土崖旁開下一個洞，內邊開下幾個空的部分，分成像房間的樣子，一家人便在內邊生活。這種住居黃土土窨的居民，一遇地震，其生命危險，更可不想而知了！所以居民村落地方的選擇，也是應該注意的，如果地點選擇得當，不要在不鞏固的土窨中住，便可免去危險

不少了。

其次，關於房屋建築也有大關係。假使房屋建築得十分的堅固，比較抵抗地震的力量就要大些。構造太草率的房屋，最易發生危險。甘肅地方，除住土窨者外，一般房屋的建築，都不講究，房屋四圍的牆，概用黃土砌成，自然不十分堅固易於崩倒。

總觀上述這些情況，皆爲甘肅地震損害特別大的重要原因。可是關於房屋建築上，有人試驗，太堅固的建築品，於抵抗地震，反不相宜。從前美洲西部加里福尼亞發生地震時，眼見，構造十分堅固的房屋，相繼傾倒，而不大堅固的，反屹然獨存，不過歪斜些罷了。由此可知關於建築，宜使牠到某種程度

，抵抗搖動力量最大，最爲合宜。譬如牆宜堅固多用柱樑，不宜太高，房間不宜太密，這都是當留意的。

我們再看一看最近日本的大地震，其所以損失如此之大，卻完全是物質文明太發達的罪過。

第一，因爲都市集中。每城人口，輒有數十萬以至數百萬。因之人煙太稠，房屋櫛比，一生地震，簡直無地逃避；而房屋的傾倒，有連帶關係，一家屋倒，數家隨之。所以都市過於集中，經不起大地震的。

第二，損失所以如此之大，完全爲起火。我們考查起火的原因，並不是因爲地下冒出火來；實因都市中一經大傾倒，電線電燈有毀壞的，瓦斯煤氣等容易引火的東西有炸爆的，於是

起了大火，成了巨災。這件事不是不可以預防的，不過以前對此太疏忽，所以成了巨禍了。至於自來水管的破裂，危險藥料的爆炸等等，在在皆足以增加損害的程度，那更不必詳說了。

所以這次日本的大地震，不見得比甘肅地震大，而損失則超過甚遠，就是因爲都市的設備，太不宜於地震了。甘肅地方，太不進步，日本地方，進步過火，都要發生意外的災害。所以就免除地震危害的觀點看來，「都市鄉村化，鄉村都市化，」的主張，的確是有些見地的。

統觀上邊所說，地震誠然是件很可怕的危險的災害，可是人類依然有免除的法子，以前許多次地震，所以損失十分巨大，實由平常對此太疏忽。人類若能十分努力，至少可把損害程

度，減到很小的限度。關於這點，不但要靠科學家努力於地震的測驗的研究，而政府當局以及有關市政工程及平常日用事情的人，都要加意努力的。

一〇 餘論

以上各章，說明地震的由來情形和近代各地地震的大要，以及測驗及預知的情形。我們對於地震的知識，雖不能說有了充分的了解；然而關於地震發生的所以然，確已知道很的確。就是地震只是地球自己歷史中現象之一種，絕沒有什麼神秘的原因在裏邊。地震只不過地質上一個作用，造成這個作用的，自有牠的種種原因，也沒有什麼東西，在不可知的地方主宰。

但是日本大地震前後，中國內地謠言很盛，有什麼世界宗

教大同盟發散傳單，說是陰曆八月十五日以後，要發生空前大地震，大海嘯，大冰雹，大寒冷，使多數人民，都要死亡。他認為這是那不可知的上帝，懲罰人類的一種災難。免除的方法，多備食品，以防飢渴，多備衣服，以備寒冷，並且誠心去信他們的敎罷了。這樣說法，就令對於日本地震而言，也不能為之言中，中國的謠言，不會過了黃海，誘惑了聰明進步的日本人的。這不過是中國人一般知識缺乏，思想不進步的供狀，——簡直是一種恥辱！

本來初民時代的思想，就是在文明不進步的民族裏，人類往往自視自己，是很尊大的。他們彷彿認為自己的一言一動，一事一物，都和自然現象，有密切的關係。譬如有了日蝕月蝕

，他們就附會到皇帝失德上。有一個殞星，偶爾墮落，也以為和國家重大的人物有關係。他不常見的風雨和一切情形，都和平常人行為發生關係。他們以為地震是人類一種刼難，也無非是一類可憐的思想。然而大多數人，竟受他的愚惑，怕的了不得，於此可見中國人知識的高下了！

我記得在我們家鄉，鄉人對於地震的解說，以為是地皮下金蝦蟆翻身，因為金蝦蟆一翻身，地皮受其影響，於是發生震動了。這樣的說法，固然很不科學，十分好笑；但是無論如何，比以為地震是上帝對人類一種懲戒的說法，進步一點。因為當地震是金蝦蟆的翻身，還看作是地殼的一種異常的現象，並不牽到迷信；他們不能說明這現象所以發生的原因，所以以金

蝦蟆翻身來解說。至於說是人類的刼數，還是根據迷信，絕無道理。

我想造這謠言的人，當然有替他們的下流宗敎宣傳敎義，廣招信徒的作用，固然十分可惡，而一般信仰這個謠言的人們，倒也難以深責。他們平常那有得到地震正確的知識機會呢？他們所以信這妄誕無稽的謠言，他們不負責任。但是自從謠言發生之後，只聽見許多皇皇明令查禁的文章，並說不出所以然，這就更使他們莫明其妙了。

所以現在的問題，是怎樣讓一般人，知道地震究竟是怎麼一回事，就够了。

（終）

（二）中国地震区分布简说

摘自《科学》第八卷第八期，翁文灏著。

中國地震區分布簡說（1）

地震學別成專科，非余素習。然地震源於地質，故嘗就地質學範圍內，略有問津。民國以來，各地遇有地震，（2）輒由地質調查所收集報告，稍有研究。（3）九年十二月甘肅之震，並奉政府委派，實地察勘，多所見聞。去年比京萬國地質學會，余爲中國代表，因以歷年就地質與地震之關係，考研所得，（4）著爲一文，貢之大會。久忠譯爲國文，以質同學。輒爲事間，作而復輟。近時日本地震，全球震駭，同洲密邇，感動尤深。友朋相

中國地震區分布圖

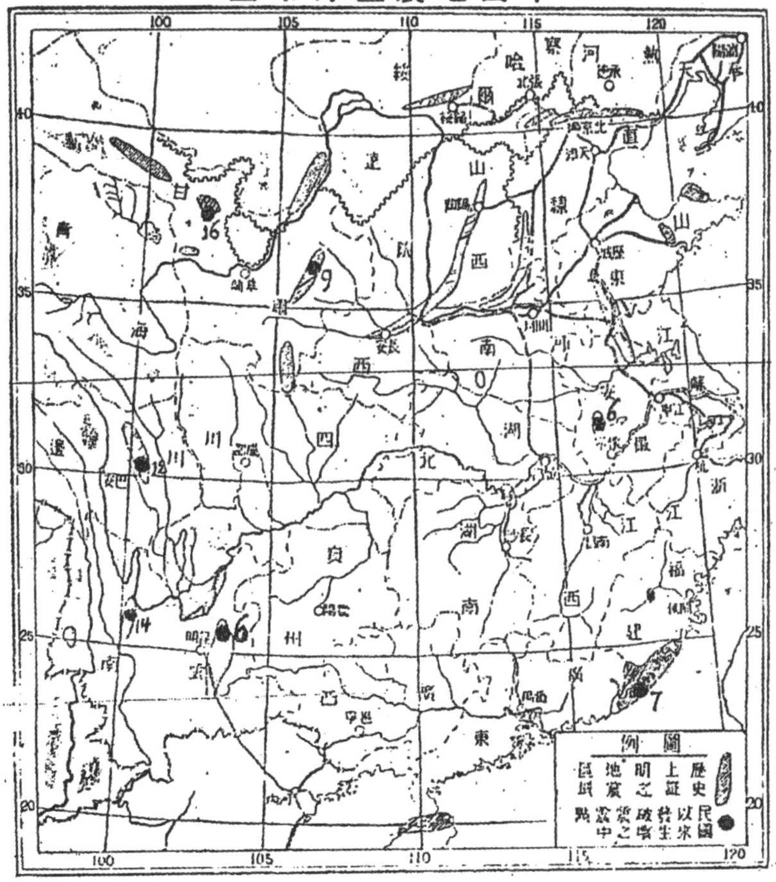

見，多以中國地震見詢，乃爲削繁節要，草成此篇。

恆人之情，莫不亟欲確知科學研究，能否預告地震。欲答此問，當分二端。就空間言，則何地震多，何地震重，科學研究頗能有所詔示。若就時間言，欲於未震之前，而知將震之實，則今日科學實尙未能預言。蓋地震與日中黑子，地軸移動，北極微光等諸天文現象，雖約略似有因果，究尙未得定律。地震與岩漿內潮，磁力驟變，氣壓低降，等諸地質現象，卽有關係，亦尙無法預測。近代地動儀雖至精密，測及毫芒，但僅研究震浪於旣震之後，未能預報警信於未震之先。充其極亦不過如漢代張衡，預報隴西地震於驛報未至之先而已。而當其長安預報之時，固已在隴西震動之後。雖遷張衡於隴西，固無濟於其震災。古今儀器，雖精粗迥異，而效用相去，尙不過遠。間或臆測偶中，要非確有把握。此亦一時之無可如何者也。但當繼續研究，力求進步，庶有能之之一日耳。

地震現象在時間上之分布雖至無定，而在地理上之分布則較有規律。尋此規律，厥有二途。一曰歷史經驗，二曰地質構造。人類歷史雖短，然文明悠久如中國者，亦幾三千餘年。易震不穩之地，在此時期內，地震勢力未必能久於韜匿，無所發揮。徵之實際，且往往屢見端倪。由此經驗，察其分布（5），則見地震區域不期而與一定地質構造相合。於焉推知此一定地質構造，當卽爲發生地震之原因。復考之記載不完之地，有此構造者亦卽發生地震，則此因果證明愈確。如此互相證驗，則震區分布，不難指分。雖未足以稱絕對確定，然亦殆盡吾人今日之能事矣。

準上原則，以研究一國震區之分布，可以約知何地多險，何地較少。中國（6）地震載籍可考者，計達三千五百餘次，（二十四正史所記僅五百餘次）記載完備者二百餘次。古人記此，原出於災祥五行之迷信，乃足爲科學推論至珍之材料。雖出無心，亦足見文化貽留之厚焉。

地震之源（7），深在地下。達於面者，則曰震中，亦稱震央。理論上限於一點，事實上大抵面積頗廣。精算中心，必需新式儀器。茲所有事，僅論大概。且根據歷史，參考地質，往往無從確定某點，僅能約指何方。故茲所述，不曰某點，而曰某帶，以其所包者廣也。

汾渭地塹帶。 陝西渭河谷，山西汾河谷，及其延長地帶，其地質構造皆爲地塹。德文所謂 Graben 者是也。其地勢二岸高峙，一谷中陷。所以然者，厥以斷層。山西霍山斷層上下變位達萬餘尺。西南延長，至於華山，斷裂之鉅，約亦稱此。北自太原以上，西自西安以上，同類構造，綿延尚遠。斷層時代，古不過始新統，新或至洪積統。迄於今代，餘動未熄。故地震之象，數見不鮮。自周漢二代，已有記載。唐貞觀二年至清道光十年一千一百八十一年間，記有破壞地震即傾毀建築傷亡人畜者三十二次。平均約三十七年一次。 其中 爲災尤烈者，如宋寶元元年忻州死二萬人，元大德七年趙城孝義平陽等處衙署房舍盡毀。尤甚者爲明嘉靖三十五年，災及陝甘三省。明史載稱死亡八十萬人。（數目或稍夸大，但災重可知）。其震中似在華縣朝邑蒲州之間。他如明崇禎十一年西安白水之震，清康熙三十四年平陽之震，皆毀及城垣房舍，傷人甚衆。清季以來未聞大震。民國九年，因受甘肅大震之影響，此帶感應亦較附近各地爲烈。自動而震，殆不免乎。

太行山拗摺帶　直晉之間平原東陷，太行西峙。其間地層東傾爲多。灰岩逼於山嶺，煤系埋於平原。一昇一降，是曰拗摺。摺之較烈，又生斷層。昇降之形跡，迄今未泯。即摺斷之發生，爲時猶新。是帶地震之多，不及前帶，爲災之烈，亦較次之。然自唐大曆十二年至清道光十年間，平均每九十六年間，猶有破壞大震一次。其間最烈者，爲元至元二十六年，保定附近，地裂屋毀，喪人數萬。清道光十年，磁縣一帶，喪人數萬，震歷一年。可見是帶地震雖不甚多，間亦頗烈焉。最近（十二年九月十四日）高碑店附近稍有地震，即屬此帶。太行山以西，地質構造甚爲簡單。惟澤潞之間亦有斷層。偶有地震，究不甚重。此帶地震，北京亦受影響，但已不甚烈耳。

燕山拗摺帶。　北京之北，山嶺陡起，李希霍芬氏所稱爲南口山脈者是也。實則稱爲燕山，似較適當。此帶地震與北京最有關係，然記載反不甚完全。最大者惟知有晉元康四年，涿鹿地震，死人百餘。嗣後自宋嘉祐二年至清雍正八年，六百七十三年間，共有較重之地震九次，即平均約每七十五年一次。然其中殊少重大災情，足與下列二帶比者。不過稍有破壞作用，建築未固，傾圮較易，未必盡由於震動之特重也。

山東濰河斷裂帶。　山東地層平鋪，而斷層縱橫交割。其中較爲重要者，多作西北東南或近於南北走向。其斷移常東北上昇，西南下降濰河谷約與此類斷層之一相合。山東半島與山東西部，即以此爲分界。其構造上意義之重要，李希霍芬氏已先言之，其爲地震中心，龍羅（9）哥滌爱（10）諸氏，亦已注意。考之史乘，漢宣帝本始四年諸城長樂之震，死人六千，宗廟傾覆，黃河東南震動者四十九州。淸聖祖康熙七年莒縣諸城之震，死五萬餘人，震區之廣遠及直魯蘇皖諸省，府州縣志記此地震者百四十三處，故其分布狀態中心所在，至今歷歷可考。除此二次以外，其餘震動，多不甚重。故此帶地震特少而特烈，推原其故，殆以斷層發生、爲時較古故歟。

山東西南斷裂帶。 山東西南，山地與平原之界綫，亦原於上述西北東南走向斷層之一。兗州以南一帶山地，多爲太古界片麻岩所成，而隱約出沒於冲積平原之低山反爲時代較新之寒武奥陶紀之石灰岩。其間斷裂，不問可知。此斷裂帶向南延長達於蘇皖北部。地震始見記載者，爲漢文帝元年山崩二十九處。自宋熙寧二年以後記載漸多，迄於宣統三年，八百零十二年中，有破壞震九次。即約平均九十四年一次。然震災尚不甚重。

甘肅賀蘭山斷裂帶。 賀蘭山高峙於寧夏以西，有一自西向東之逆掩斷層，使震旦紀地層倒置於石炭紀地層以上。此斷層延長，北自平羅，南至中衛，長至一百公里以上。其間地震，自唐會昌六年起，至淸光緒十五年止，共有大震十二次。平均每八十六年一次。其中以乾隆三年之震爲最烈。新渠寶豐二縣，全部毁滅，至今未復。寧夏府城向爲西夏首都，城廓完固，亦幾全毁。次年重修，即現在所存者，範圍大縮。他如中衛等城，現在所見者亦多乾隆四年重修，死五萬餘人。成災之烈，概可見矣。

甘肅涇原斷裂帶。　民國九年十二月十六日之大震，即源於此。其震中區域當在海原固原靖遠靜寧隆德會寧通渭諸縣之間，而尤集中於海原固原間。地質原因迄今不甚明瞭。度其地勢，適在隴山西麓，或亦為斷層所致。古來所稱隴西地震，當多屬此。除漢代所記者外，自隋開皇十三年至民國九年，一千三百二十七年間，計得大地震二十二次，即平均每六十五年一次。最烈者如南宋嘉定十二年，固原隆德平陽鎮戎死萬人。元大德十年，固原官署民舍盡毀，死五千人。清順治十一年，秦州等處城垣衙舍盡毀，死萬人。民國九年震災之重，尤為空前浩刧。至今猶震動頻作，未歸靜息云。

甘肅武都折斷帶。　秦嶺山脈，橫斷中原，作東西走向。乃至甘肅南部，則山脈方向驟成西北，與祁連山脈遙相呼應。轉折最烈之處，武都西和成縣文縣一帶，即為震中區域。地震記載之最古者，為漢高后二年武都之震，時歷數月，山崩，死七百六十人。又晉太康七年，成縣之震，山崩屋毀。嗣後自明崇禎六年，至光緒七年，二百四十八年間，共有破壞震五次。即約每五十年大震一次。其中最重者，為光緒五年之震，階州文縣皆山崩地裂。階州死九千八百餘人，文縣死一萬餘人，嗣後屢有餘震，至光緒十五六年始已。

河南南陽折斷帶。　河南伏牛山脈至方城南陽一帶，忽焉終止，向南推移而為桐柏山脈。（外人又稱淮陽山脈）。此二山脈移離之處，似應為地震發生之區。乃考之於史，殊少左證。惟清順治十七年，南陽地震，毀屋甚多，似即道源於此。

安徽霍山折斷帶。豫鄂二省間。桐柏山脈原作西北至東南走向。乃走入皖境，至霍山潛山之間突變方向，而成為西南至東北走向。折轉角度，幾逾九十。其間地震發生甚頻。自元至元二年至民國六年，五百八十一年間大震六次。平均每九十七年一次。是地地震破壞作用尚不特烈。且震中偏在山地，不當城市，成災自亦較小。惟一經震動，往往餘震頗多。如清乾隆二十四年震後，七八年間時見小震。即民國六年一月間震後，亦時有餘震，至二月復有大震。至四五月間，地質調查所派人考察時餘震猶未盡息云。

四川南部斷裂帶。蜀滇二省之間，金沙江曲成弧形凹側向北。約略沿此弧形，有一極大逆掩斷層。使江北高原移向西南，與此逆掩斷層相關係者，或更有其他斷層。其地震自古著名。最古者為漢河平三年，犍為之震，山崩塞江，江水倒流，淹沒城郭。唐貞觀十二年之震，源在西昌松潘，唐元和九年之震，一日間震八十次，西昌死百餘人。自明成化十四年至萬曆三十八年間，大震五次，即在此區域內，平均每二十六年一次。此為四川最重要之震源矣。

雲南東部湖地斷裂帶。雲南東部大斷層甚多，且斷層發生之時代甚新，故此區域地震特烈。斷層結果，大抵旁升中陷，形成地塹。水流所瀦，遂成湖地。大致言之，重要斷層可分二系。第一系南北走向，第二系西北至東南走向，第一系之重要斷層，產生撫星楊宗等湖，自東川以迄通海南北延長逾三百公里。稍東又一斷層，經過路南，延長亦二百四十公里。復東又有彌勒斷層。第二系之斷層，在建水蒙自一帶見之，亦多陷成湖地，自明宏治七年至清宣統三年，四百十九年間此區域內共有破壞震二十四次。即約平均每十七年一次。其間尤可注意者，如明宏治十二年宜良之震，房屋盡毀，死數萬人，餘震歷四年。萬曆二十四年臨安(今建水)之震，毀房宇祠廟，死千人。震歷六月。清道光十三年，路南澂江間之震，毀房八萬數千間，死六千七百餘人，震歷三月。光緒十三年石屏之震，城垣傾圮，死二千餘人。類此者史不絕書，誠一大震區也。

雲南西部湖地斷裂帶。　大理麗江一帶，多狹長形湖地，如劍湖洱海等，與雲南東部相似。雖地質調查，尚未遍及，而大致構造，仍多斷層，則可斷言。自明成化十年至清宣統末年止，共有破壞震十九次。即平均每二十一年一次。亦云數矣。其中尤烈者，如明宏治十二年大理之震，屋宇盡毀，死數萬人，歷時四年。清順治九年，蒙化之震，輔以巨聲，屋宇盡毀，地裂泉竭，死三千人，歷一年餘。

廣東瓊雷斷陷帶。　雷州半島與瓊州之間，相距不逾三十公里，頗似斷層陷落，因而分開。即不然，瓊島附近，亦必不乏重要斷裂。重要地震，如明嘉靖五年儋縣之震。萬曆三十三年瓊州房舍盡傾，地如雷鳴，死者千計。清雍正二年，崖州全城盡毀，震動之烈可見一斑矣。

福建泉汕沿海陷落帶。　福建泉州至廣東汕頭之間，海岸曲折，多經崩落。自古以來地震數見。

(11)（日本大森博士謂民國七年大震，以前向無地震記載者，似未深考）。有破壞作用者，如宋治平四年潮州泉州等處地裂屋毀。元至元二十七年，武平泉州官民死者七千餘人。明正統十年，漳州龍巖震百餘日，鳥獸驚走，山石崩墜，屋舍盡毀。萬曆三十二年，泉州海陸搖動，城中尤甚等，皆是其例。民國七年二月之震，震中帶在泉汕之間，作狹長形，與海岸平行，則其間關係更明瞭矣。

山東登萊海岸陷落帶。 山東登州與遼東半島相隔一衣帶水，寬僅百公里，且中有廟列島，以相連屬，其爲陷落中斷，形勢上甚爲顯然。山東沿海地震，亦以登萊一帶爲最烈。自宋慶歷七年至清光緒三十四年，八百六十四年間，計有較重之地震九次。即約每九十六年一次。其間較重者，如明嘉靖二十七年，登州之震，毀城垣房屋多處。較久者，如萬曆二十七年，萊城之震，雖烈度不大，而時歷數年。最近者(12)，爲清光緒三十四年烟台至黃縣間，曾有輕震。

以上各帶，僅舉中國本部發生地震之地，亦即震害較烈之區。各區以外，而與之鄰近之地，因受影響而覺震動，則去震中愈遠者，其受震亦愈輕，反是則愈重。然有時一震中發動，而他震中隨之，有若迴波蕩漾，此呼彼應。有時一震中發動，而他震中受其影響，同時起應。其受震較之附近第一震中之地，且尤劇烈。此類關係，前於甘肅地震嘗有所實證，另見他文，茲不贅焉。

上述諸地震帶中，其地震輕重頻稀之分、往往與地質構造之性質及時代，有一定之關係可尋，詳見法文原著，茲亦從略。

更有應聲明者，所謂地震帶云者，原以取便稱謂，約略區劃。實則一帶之中有可分爲多數震中區者，如汾渭地塹，滇東湖地塹，皆是，其間自尚有詳細分析之餘地。是在遇有地震發生時，利用機會，詳細考察，一面更於地質構造，加詳研究，庶震源所在，皆能確指。今茲所言，僅其概畧，模糊影響之病，固知不能免也。

除上述各帶外，尚有較輕之震區。如江蘇南京鎮江間，湖南洞庭附近，湘水流域，福建長汀一帶，甘肅西寧附近，及涼州至甘州一帶，四川西北等處。惟尚少重大震災，茲姑略焉。

除本部諸省外，邊遠諸區，尚有震地區。如新疆川邊民國以來皆曾發生重大震災。惟人口稀少，地方窵遠，故注意者鮮耳。

談地震學理者，多謂世界地震區之分布，不外二大帶。一環（13）太平洋，一沿地中海（廣義的）。考之事實，固有其證。揆之地質學理，則此二大帶實爲褶曲作用最新之地，亦即高峯深淵相距最遠之地，亦即火山噴發最盛之地。謂爲地殼之最不穩固部份，自在意中。然中國地質，實出乎此二大帶之外。既無中生界新生界之大地槽，又非喜馬拉耶山脈之延長線，（14）（大森博士强以喜馬拉耶山脈經過山西，按之地質，並無根據。所謂預言，恐屬偶合。）更無現在活動之火山，誰維氏至疑中國地震記載爲不可信。實則地震現象爲多數人共見共聞之事，決不能向壁虛造，以無爲有。雖古人記載，不免挾有陰陽五行，主觀見解。然其所記客觀的事實，則初不容懷疑。且自民國以來，十二年中，地震成災，傷人毀屋，山崩地裂者，新疆雲南安徽福建甘肅川邊相繼見告，尤予吾人以絕對證據。夫以並世之見聞，前人之記載，地質構造之觀察，三者相揆，若合符節。則吾人對於中國重要震中帶之分布，誠已確實證明，非復僅爲理想者矣。更於甚知震中區域，不必專限於環太平洋及沿地中海之二大帶。外此地方，亦應注意。至其所以致此之原因今雖尚未有簡單明顯，如關於二大帶之造山學說，然要不外乎地質構造之所致。是在精密測定震源地點，詳細考定發生地震之構造，比較推闡，庶漸有途轍可尋耳。

（1）科學第八卷第八期民國十二年

（2）地質調查所編民國六年一月至三月地震調查報告（農商公報第三十五期）。

（3）翁文灝民國九年十二月十六日甘肅的地震（科學第七卷第二期）謝家榮民國九年十二月甘肅及其他各省地震情形（地學雜誌第十三年第八及第九期）。

（4）翁文灝 L'influence Seismogénique de certaines structures geologiques en Chine (C. R. du Congrès Géol. Intern. XIII, session Bruxelles).

翁文灝 Earthquakes in China（中國地質學會誌第1卷）。

（5）Montessus de Ballore, Géographie Seismologique.

（6）Huang, Catalogue des tremblements de terre signalés en Chine d'après les sources Chinoises.

翁文灝甘肅地震考（地質彙報第三號科學第六卷第十二期）。

（7）翁文灝地震淺説（北京高師博物雜誌第四及第五期）。地震（百科小叢書第三十二種）

（8）此篇所言每若干年一次之平均數僅就記載之可考者言之，而記載完缺地震時區之標準各地不同，頗難比較。且地震發生是否按一定週期，理論上似無此必要，事實上亦未有充分證明，不過言地震者均不免有一種迷信週期之趨向耳。

（9）Montessus de Ballore 見上。

（10）Gauthier et Tobar, Catalogue des tremblements de terre signalés en Chine, complément. 第八十六圖。

（11）Omori, Earthquake zones in and around the Pacific (Proceed. of the First Pan. Pacific Conference, 1920, 日本震災豫防調查會紀要第十一卷第十一號)。

（12）據上海徐家匯天文臺報告。

（13）Montessus de Ballore, Omori, 均見上 Milne, Eartshquake.

（14）Omori, Bull. of the Imp. Earthq., Invest. Comm., Vol. I, 1907, also seismol. notes, No. I, 1921, p. 7.

（三）近十五年中国重要地震记

摘自《科学》第八卷第八期，翁文灏著。

近十五年中國重要地震記

翁文灝

近時日本地震，災情之鉅，全球震駭；同洲密邇，感動尤深；此固人類應有之同情也。返而考之本國，地震現象實亦數見不鮮，見之歷史記載者三千餘次，向已有所論述。茲僅就最近十五年來之較大地震，述其梗概，備參考焉。

前清宣統元年五月十一日（陽曆）晚十時半，雲南東部地震，

一四七

中心在宜良阿迷二縣之間，近滇越鐵路，岩石崩落，牆垣傾塌，鐵路之隧道一部毀損，十二日午又震，西爾站水塔裂，站房一部份傾倒。十三日晨六時三刻，震更烈且久，小河口殆全毀，西爾附近房屋悉倒，人有被壓死傷者。博西附近房舍祠廟倒者三分之二，一日內連震數次，十四十五日又震，嗣即平息，但至七月後又震，迭毀房屋，至十月後始息，震動範圍約佔面積四萬餘平方公里。

民國六年一月二十四日晨八時四十七分，安徽河南湖北三省間地震，屋瓦揭飛，牆壁傾頹，山石崩墜，在霍山英山間崩墜之石有大逾一屋者。震時有聲如雷鳴，霍山縣境內死傷共數十人，震動範圍，延及魯蘇皖豫浙贛鄂湘八省，面積約六十萬平方公里。自是之後，霍山附近日必數震，但不甚烈，有時僅聞山鳴，但離中心較遠之地，已不感覺矣。至二月二十四日十一時震又加烈，隆然有聲。霍山麻城羅田諸縣境內房屋，率多傾倒，感震之地，亦延及數省，廣至四十餘萬平方公里，至四月中旬猶時聞鳴聲云。

民國七年二月十三日，福建廣東沿海地震，其震中區域在泉州至汕頭一帶，地裂七崩，海水騰湧，房舍傾覆，死亡者以數百計，受震範圍，及於閩粵湘贛浙蘇皖鄂八省，面積五十餘萬平方公里。

民國九年十二月十六日晚七時許，甘肅東部地震，震動最烈者，在海原固原靖遠隆德靜寧會寧通渭之間，而尤以海原固原間爲最烈。鳴聲如雷如礮，復有大風塵霧，海原固原死人最多。黄土山有長三四千尺，闊一千至二千尺，高四五百尺全部崩塌者多處，崩塌處傾覆房舍，埋葬人畜，衝瀉所至，又復壅起於數里之外，頓成邱陵，所過之地河流壅塞，道路盡毀。據甘肅各縣調查其死二十餘萬人，陝西亦死千餘百人，受震之地延及甘陝蜀鄂皖豫晉直魯察綏青海十二省區，面積約一百七十萬平方公里。嗣後中心地方或日有數震，或數日一震，間或有聲隆然，習聞不鮮。迄民國十年十一月底，固原地震有詳確記載，可以覺察者共三百零九次，其中屋搖人驚，較大之震二百零四次。十一年八月又有較烈之震，最近十三年九月三日晚九時，又以鉅震見告。吁亦烈矣！

民國十二年三月二十四日晚五時，川邊地震，以鑪霍道孚二縣境內爲最烈，甘孜縣次之，皆鴉礱江上流地也。先聞鳴聲，或謂如波濤洶湧，或稱如秋風驟起，旋即震動。鑪霍道孚二縣官署民房概行傾塌，孔邑麻孜二鄉尤甚，死二三千人，二百里內炊煙幾斷，甘孜亦牆壁破裂，物件傾覆。嗣後連日震有聲，至四月中旬始漸平復；七月三日又有猛動一次，微動二次。

以上皆經確實調查，信而有徵者。足見吾國地震現象亦極重要，災情之鉅，範圍之廣，較之世界有名地震各邦，殆無遜色。吾人對此固不必輕信謠言，驚心末劫，然亦不可騖遠忽近，而不思有以研究而預防之也。

（四）地震浅说

概述摘自《东方杂志》第二十卷第十六号，1923年中央观象台编著。

自然界中之物理的现象，色色形形，不一而足，地震亦此等现象中之一也。据科学家种种岩石之弹性实验，地球实系一大弹性体，由地下之原动点发生地震，而传及于各地，与投石水中，以一点为动源，而渐次波及于四方，其理正同。故欲研究地震所起之原因，必须考察其与地质地理气象诸学科之关系，并加以物理学天文学测地学上之精密的实验，而后略有统系可寻焉。

地震之起因，虽极复杂，然据现今之科学的归纳，不外乎地层起断层，地盘陷落，火山喷裂之三者而已。盖自地球成立以来，递经若干年代，地壳中每有若干弱点之存在，而因之以起变动；其所谓若干弱点存在之处所，即地壳中受过大压迫之部分是也。此基本原因，一起于地球表面上物质之移动，一起于地壳之收缩。凡地球面上之物质移动，大都基于风化作用及水力二者，陆地因之而破蚀，河口及海底因之堆积其土砂，如印度之恒河，美国之密失希比（编者注：密西西比）河，中国之黄河、扬子江等，流域辽阔，恒将多量之泥沙运入海中，物质移动之效果，最为显著。此种事实，在研究历史的地理者，每数见不鲜。盖甚高之陆地，及甚深之海，往往受以上之作用，积之既久，陆地渐低，海底层累而渐高，其结局与加一种下压力于海底及上压力于陆地，几无所异。于是地壳之一部分，成一弹性物体，而遂沉降；其邻接之地，则形隆起；地壳既变动，发生地震，自是当然之理。此等地震，往往起于新成之平原，以前印度恒河口与孟加拉湾之地震，及美国密失希比河流域之大地震，大都可归入此原因也，此类地震之波及，每被域甚广。但其地下之变动，则属于局部的性质，与山脉或列岛之为弧形者，甚有关系，有时或竟非常延蔓，且能形成一地震带焉。

地球在天空中日发散其固有之热于外，而地壳遂渐冷却而起收缩状态。其收缩也，表面最急剧，入地渐深则渐迟缓，由其里外之收缩度不等，而地壳遂生裂罅褶曲隆起沉降等之现象。且因构造地壳之岩石等不能随处均等齐一，于是此种现象之发生，由各地高下之形势，而有所差异。每有多数区域，数数发见地震者，或有经若干年代不受地震灾害者。惟就全球之地震记录及报告，而加以推阐，则其地壳变动，不外乎下列数项：①地壳沿垂直面或斜面而起变动，其两侧面中之岩石发生上下之移动，或水平移动，断层地震，即基于是；②地壳内生裂罅，斯时岩块变动，若系由上侧而向下侧崩坏，即呈陷落现象；③火山喷发时，一部分之势力向四周之地传播，抛射其融岩于山侧，而地面遂发生激动，惟距喷火孔较远，则震动之强度从而减小，故在此例，震域比较的为狭小。

全地球上地震之配布，与地理上有密切之关系，既如前述，今更就地形地势而略为推察，即知吾人所居之地球，表面约可分为二大区域：其一，则为围绕北冰洋之土地，即亚细亚、欧罗巴、北亚美利加三大洲之北部，地形偏于平坦，沿海岸无大山脉，地势缓慢，从而地震甚少，或竟绝对不发生震灾，故此区域为地球中最安静之部分。至于地球上其他之侧面，由今世地震学家统计的观察，则为地震恒有之区域，特称为地震带。其地自太平洋沿岸起，直亘接地中海北岸而止，盖太平洋之特殊性质，不但海深，而沿岸且多大山脉峙立，地势甚急峻，即阿美利加西岸临近处，海深约7600公尺，其连结海岸之安坦斯（编者注：安第斯）山，其高6970公尺，山高与海深之差，约1.4万多公尺，其迤西与日本之东岸相接，近者海深约达8000公尺，为世界中最深海之一。故其自该国本州东北至千岛东南山脉，与海深之差，高低甚相悬绝，亦可知地势之参差，达于极点。其由台湾跨印度而至地中海北岸之震带，既不尽亘于海中，而连接于该地带之海洋，虽不尽为深海，然如印度之广大平原，骤然有屹出9000多公尺高之大山脉，实足表示地势急峻之证据矣。要而言之，阿美利加西岸之地震带，在南方起，自智利、秘鲁经由爱块笃（Ecuador，编者注：厄瓜多尔）、哥洛比（Colombia，编者注：哥伦比亚）（二者俱南美之共和国）与中央阿美利加、墨西哥合众国之西部及阿拉斯加相连，地形之大体，为南北方向，略与子午线并行。反乎是而亚细亚欧罗巴之地震带，在亚洲所绵亘者，则中国之南部台湾、缅甸、印度、阿夫格泥斯坦（Afzhanistan，编者注：阿富汗）、土耳其、斯旦波斯（编者注：今伊朗）、小亚细亚、高加索。其在欧洲则土耳其之南部，希腊、意大利之南部，均为其连接地带，其形约略为东西向，而与赤道并行，此二地震带，就其形势而言，大都为地球上之大褶曲，或裂罅之存在处，所不难推定也。

至于海啸之现象，则系地震之际，海底地壳变动，或喷火山破裂，同时伴生一种之影响，所谓海底地震者是也。而暴风雨经过海洋中一地带气压过低之时，亦为是种现象起因之一。据种种之器械的实验，凡海水之振动，波及海岸，其高低之度，大都与海岸线之形颇有关系。海岸弯曲而成港湾，具向外开展之形，且沿岸之海由浅而深者，则沿海滨各地海水可骤然涨至数十尺之高，若海岸系直线，而沿岸之海甚深者，则恒不发生激烈情状。

今姑就海底地震所起之海啸，而论其概略，则以下数种之事实，不难推断而知焉。即：①海中断崖之崩落，若所崩落之岩石，体积巨大，既使海水起激剧之动摇，同时复挟甚大之势力，与海底面冲击，发生非常之声响；②海底之陷落或隆起，其在此例，当地壳上下变动时，若势极急剧，即其面积不甚宽广，而海水之动摇，亦可受其莫大之影响。至地震之中心点，若在海底面之不甚深处，或直接在海底面，则所生之海啸其激烈，更可想见。此外如海底火山之喷出，及海滨火山爆破，更足以促海水之激荡而生海啸，则其例尤多。

综以上所述，今世地震带上之诸区域，如美国之西海岸，南美之智利等国，亚洲之日本、缅甸、印度诸区域，以及南洋群岛，欧之意大利、葡萄牙等，在近今数百年，地震巨灾，互相循环不已，加以精密之统计，其间恍若有一种之周期存在焉。即就本月一日日本东京之地震，以回想1855年11月11日东京江户川附近之大地震，二者距离约67年；如1891年彼国浓尾之大地震算入，则适为隔33年而生一回之大地震灾，此在事实上得毋呈奇特别之观乎？然加以科学的观察，亦未始无蹊径可寻。盖地球表面上在地势参差不齐之处，地壳内恒有若干部分之弱点存在，而使其压力不平均。此不平均之压力，涵濡蕴积，经若干年后，而达至极度，则地壳之一部或遂破裂或陷落，而发生地震一回，使其所存在若干部分之弱点消灭净尽，消灭之后，再由其他种种原因，而令若干部分之弱点再行发生积久而复再地震。循环往复，周而复始，洵属事理之当然，故现今地震学家当一地带大震动后，本地震学上自身之考察，及其他诸科学之关联，虽不无多少之预知的可能，设欲将地震一科亦如天气预报之例，而为确定时日之预言，则现时为绝对的不可能之事，况吾国人之尚在科学幼稚时代乎？吾国之位置，既在地表面上之安静部分，而欲行地震周期之研究，较位置于地震带上之诸国，尤为困难。吾人试就历史上之地震记载，而施行统计，自周幽王二年始，（即西历纪元前793年）至现今而止，地震约900多回。其间之四百余回，关于历代京师之地震，皆系微弱震动，惟元之元统元年（西历1334年），史载京师（北京）地震，鸡鸣山崩陷，方百里为池，人死甚众，则为破坏之大地震。此外如陕、甘等省，该处地壳构造略呈特异之性质，激烈地震比较的回数增多。安徽、闽、广则间亦发生激震，如近年来霍山、汕头、固原等地之大地震，皆其显著之例。其余诸省，受大地震灾害者，不甚经见，故就此种之地震记录，以之与地震带之诸区域相较当然有甚大之差异点。盖统论地球全体之地壳组织，举凡非地震带之部分，其地壳内部亦未始无若干弱点之存在。但须经数百年或数千年或数万年始蕴积达极度，而发生激剧之变动。设仅根据有史以后数千年之事实，而欲概括地球生成后无量数年代之地壳变动，而为理想的预言，则揆诸科学上原则，其无成立之余地，当无俟吾人之哓哓以辩矣。

（五）地震之研究

摘自《地学杂志》第十二年第四期，存吾著。

地震之研究

——地震之科學的解釋及念四史五行志中之地震觀——

存吾

一 引論

九年十二月、陝甘大地震、據官場及私人之報告、甘肅被災最重區域。為天水、通渭、會寧靖遠、武山、狄道、隴西、靜寧等縣。天水城樓倒下、壓斃二百餘人。山崩地裂、湧噴黑水。會寧全城頃塌、人死十分之四。静寧山碎川溢、附近人民死亡過半。通渭房屋倒塌淨盡、傷殂無算。靖遠竟有一處成河、可以行舟。由陝至隴之要道、如六盤山、祁山、車道嶺、清凉山、齋家山、崩裂倒塌、道路阻塞、電桿震毀、交通斷絕。隆德縣西積灘、山崩。壓死回教徒馬元璋等五百餘人。其餘加漢人民死傷已不下數萬人。戒戎之同心城夷為平地。海原縣城半塌陷、村鎮多毀、官吏多有死傷、其尤慘者至無署辦公。慶陽山崩地裂、聲如牛吼約六七分鐘之久。后復震動、亘夜不息、全城廬捨、崩塌例壞、無一全者。西寧之喇嘛廟、塌為平地。……（以上集自張廣建之報告。慶陽某君之私函。十年一月晨報之陝西通信。）此去年大地震甘肅省被災慘狀之概況也。陝西被災最重者亦二十餘縣。扶風土窑震陷。壓死五百餘人。醴泉死於地震者千餘人。永壽、長武、隴縣、栒邑、凰縣等城、亦城墻倒塌、傷人無算。汧陽、華縣、華陰、山崩地落、裂穴數里。其他因土窑塌落、全家埋沒者、更不可以數計。總計死亡者約數萬人、失業者數百萬。災情慘烈、聞者悸心、國人嚇呼求救、咸歎為亘古所未有。而麻木不仁、拘守虛位之中央政府、亦於將頻破產之財政狀况中、抽湊一萬元、由内務、農商、教育三部派人調查眞象。國内治地質學者、如北京大學地質研究會等、亦敦請美國古生物學地贊學大家葛利普博士。講演地震之原因、性質、關係、預防等。亦求明瞭其眞象、引起國人之注意。雖亡羊補牢、事後之悔無補於受災者之救濟。然地震為自然界之變動、固非一見而不再見者、於此而注意研究之、明其原理、審其利害、藉身受之慘痛、思來日之預防。或改良房屋之建築、或發明測候之方法、則失之東隅者、或即可收後效於桑榆也。况當此國内「變相清談」正熾之時、迷信左道妖言朋興之社會、而有人焉。注意於地震之研究、思藉科學之鋭力、破數千年來、國人對於地震之誤解、去無為之附會、明地震之眞意、以利用科學與經驗為他日之預防。或亦吾國學術界之一好息消歟？

此篇之作、在滙集時賢名人之科學的地震解釋、依地質學之研究、以說明地震之眞性。次詳列念四史五行志地震之記載、地震之解釋、以明國人素昔對於地震之態度。兩相參證、藉資比較、私意所在、約有數事。

1 詳述地質學上科學之地震的解釋、以明地震之眞象、藉以破國人對於地震之誤解。

2 參證中國史書對於地震之記載、以明國人對於自然界變動之見解、與思想上所受歷史上遺傳之影響。

3 兩相參證、以明東西洋學術思想之不同、與解釋地震方法之精粗、議論之眞妄。籍以破國人根深柢固之迷信、而增加對於科學之信念。語有云：「擒賊擒王」。破國人之迷信亦當先攻破其數千年歷史傳襲、蘊生此種迷信之根據地。發生此種迷信之根據、根本動搖、則由此種根據發生之枝葉、不攻自破。前此之種種附會讕言、以自然界之變動、而附會人事之見解自息矣。迷信之見解除、方能起思想界之沈痾、另換一新生命、以引起研究科學、利用科學之興趣。

上為作此篇之意見。既着手檢察念四史之結果、則引起吾私人注意之點、又有數端。

1 明史五行志云：「嘉靖三十四年、（民國紀元前三五七年）十二月壬寅、山西、陝西、河南、同時地震、聲大如雷。渭南、華州、朝邑、三原、蒲州、（地皆在今陝西山西南部渭水流域附近一帶、）等處尤甚。或地裂泉湧、中有魚物。或城郭房屋、陷入地中。或平地突成山阜、或一日數震、或累日震不止。河渭大泛、華嶽終南山鳴、河清數日。官吏軍民壓死八十三萬有奇。」明史卷三十五行志三。

又嘉靖四十年（民國紀元前三五〇年）下云：

「二月戊戌甘肅山丹衛地震。有聲、壞城堡、廬舍。六月壬午太原、大同、榆林地震。寧夏、固原、尤甚。城垣墩臺府屋皆摧、地湧黑黄沙水、壓死軍民無算、壞廣武紅寺等城。」明史仝上。

又天啟二年（紀元前二百九十年）下云：

「……九月甲寅、平凉隆德諸縣鎮、戎平諸虜所、馬剛峯諸堡、地震如翻。壞城垣七千九百餘丈、屋宇萬一千八百餘區。壓死男婦萬二千餘口。”明史五行志仝上。

新唐書五行志云：

“開元二十二年（民國紀元前一一七八年）秦州（今甘肅天水縣）地震。先是秦州百姓聞州西北地下殷殷有聲、俄而地震、壞廨宇、及居人廬舍數千間。地坼而復合。震經時不定、壓死四千餘人。”（舊唐書云壓死百餘人。舊唐書記地震較新唐書少二分之一、其不實可見。新書後成、調查實較舊書詳確。）

又貞元四年（一一二四年）云：

“正月庚戌朔、夜、京師地震。辛亥壬子、丁卯、戊辰、庚午、癸酉、甲戌、乙亥、皆震。金（陝西安康縣）房、（今房縣）二州尤甚。江溢山裂、屋宇多壞、人皆露處。二月甲辰又震。……”唐書卷三十五行志第二十五。

或為大地震、或為連續地震、數百年前交通不便元電報郵政之輾轉報告、其記載可決其猶不如今日之祥。然此區區官書之記載、已慘悽動人矣。度其災狀、當不下於今日可知也。此猶興舉其最著者言耳。其他類此之記載尚多、當另列一表於後、以備考查。然於此可得一種教訓。即吾國之大地震尚多、非偶然罕見不幸之事、當極力藉科學之解釋、學者之鼓吹、引國人注意此事、以便於地震易見之區、改良房屋之建築、研究地震之原因、對將來作正當之預防。絕不當輕信吾國為“非地震區域”、平昔漫不注意、大災既成、始為一切將伯之呼也。

2 就所舉者觀之、其地震地域、皆在今日之陝西甘肅山西南部一帶。此非有意標例、只舉其最著者言耳。而詳查念四史五行志地震記載之結果、則知吾國歷史上地震之事實、亦實以陝、甘為多。即以後漢書五行志論。（此為偶然舉例、欲以無意中用無意之材料、統計之、以作比較。非有意選擇、便於個人立論之說明。）全篇所載地震次數為五十七次、為時一百八十八年。（起民國紀元前一八六六年、止二七一八年。即自光武建武二十二年、至獻帝興平元年。）此五十八次地震中、普通地震、—未指明地震區域、凡言郡國地震、或僅言某年某月地震者屬之。—二十六次、特舉地震區域者三十一。就中京師地震、（今河南西部、陝西交界處）居二十四、（中有與其他郡國同時地震者八次）。隴西地震居其三、（今甘肅蘭山道一帶地、東漢隴西治襄武、今隴西縣）。涼州（今甘肅及陝西西部均屬之、治隴、今甘肅泰安縣、）地震居其二、金城（前漢治允吾、今甘肅蘭皋縣西北、後漢如舊。）酒泉、（今甘肅安肅道一帶、治福祿、今酒泉西南）京兆（陝西長安縣）右扶風、（今咸陽縣）漢陽、（甘肅隴西縣東南）、南陽、（今河南南陽縣）山陽、（今山東昌邑縣）東平、（今山東東平縣）各居其一。大地震有六、（詳後表）而陝西甘肅河南居其五。今舉之如下。

1 民國紀元前一八六六年、—光武建武二十二年、—“郡國四十二地震、南陽尤甚、地裂、壓殺人。”

2 一七九三年—安帝元初六年、—“二月京都四十二地震、或地坼裂、涌水出、敗壞城郭、民室屋、壓殺人。”

3 一七八六年。—順帝永建三年—“正月京都漢陽地震、漢陽屋壞殺人、地坼、湧水出。”

4 一七七四年、——順帝永和三年——“二月京師、金城、隴西、地震裂、城郭宮室多壞、壓殺人。”

5 一七三二年、—靈帝光和三年、—“自秋至明年春、酒泉表氏地八十餘動、涌水出。城中官寺民舍、皆頓縣易處更築城郭。”以上皆抄自後漢書五行志原文。

其不屬於陝西、甘肅、河南部者：大地震只有其一。原文如下。

6 一七九一年、—安帝建光元年—“九月郡國三十五地震、或地坼裂、壞城郭宮室、殺人。”

六大地震之中、陝西、甘肅、河南西部居其五、而一大地震、五行志並未指出地點在某、僅言郡國三十五、而三省或亦在其中。則知後漢一代之大地震、實以陝西甘肅為多。此等統計、固不可憑信、然亦可斷定其非有意側重陝西甘肅兩地者。則此無意中存留於歷史上之事實。比較觀之。亦足為吾國西北隅多見地震之一證。不特後漢書五行志為然、而其他各史五行志中、陝甘地震亦實較他處為多。（詳見後表）則知陝甘之地震、在地質構造上、亦必有特種理由。地震慘禍、後代視前代為更烈、被災區域、亦至今而更廣、既為此土之主人、又值科學發達之時代、不當聽天命而委為示警時政、在刦難逃、又豈可任禍患之頻臨、而不思根本救濟、防禍將來耶？則此後藉科學之輔助、求此等問題眞確之解決、當益不容視為緩圖矣。

3葛利普博士講演地震之言曰：“……在中國地質中間“斷層”之處很多、且很大、是足為中國往昔多有地震之明證。……”又云“由岩基上、發現之“斷層”、可斷定其古時必曾經過地震。中國古時斷層很多、可知中國古時必多地震。……”節取趙國賓葛利普博士地震講演筆記。此篇之作、於此則又有兩種希望。1私欲就殘缺不完之念四史五行志中、所記地震之事、依時依地、作為一表。以便研究我國地質者、就各地所有古代之斷層、依時依地、證五行志記載地震時代、區域、災情、之是否確實。遺漏之程度如何？可以定念四史記事之價值。是為便利史學之研究。2可以藉念四史五行志所記地震發生之時代、區域災況、覘詣其地察其他質之構造、斷層之有無。或發掘地層、考其是否於前此地震時、埋有城郭房屋、以証地震與岩層之變化。或探察地質岩層、發見古物、與五行志之記載、互相比證、以廣地質學與古生物學之研究。

4西人之恒言曰：“西方人能征服自然，利用自然、東方人則游手好閒、為自然所制”。

而日人早稻田大學教授金子馬治亦言：“西人能征服自然、而征服自然之工具、為自然科學。”（見學藝第二期東西文化之比較）。而主張唯物論以地理解釋文明者、且以

征服自然、依賴自然、為東西洋文明根本不同之特點。此等言論、固有若干之理由、而為不能否認之事實。是則國人歷史上對於“自然”之概念為何如？亦大可注意之一問題也。五行志者可藉以覘吾國歷代學者對“自然”所持能度之資科者也。以五行附會自然界之變化、為各史五行志之所同。而附會之中、有根據洪範五行傳以伸附會時政之主張、演之為災界之學、京房、劉向諸人大倡之。從其說者、如漢書後漢書宋書舊唐書五行志之類是也。有贊成以五行附會自然之變化、而對洪範五行志之言、持懷疑能度、而攻詰災異學說之論調者。如唐書五行志元史五行志金史五行志明史五行志之類是也。惟以科學不發達之故、主持災異學說者、其言固無足觀。而持懷疑態度、亦知其不然、而不知其所以不然者何在。於此不惟知國人封於“自然”觀察之淺薄、且可證學術思想與西洋之根本不同焉。五行志記自然界之自然變動甚眾、而地震居其一。苟明乎地震之科學的解釋、將不僅解國人守舊之惑、且可因比較而知國人封地震之概念念四史記事價值矣。

據以上數端、先取關於地震之科學的解釋諸學說、彙納之以證明科學的地震解釋之眞象。次根據科學的地震之解釋、進而觀察念四史五行志對於地震之見解、與夫歷代解釋地震思潮演進之情況、而略為批評。終附一念四史五行志所記之地震表、依時依地、加以統計、以供研究地質者之參考。合新舊而併觀、滙眾書以成篇、草草排列、遺漏必多、改譔正疵、願俟異日。倘有同懷、舉所失而指責之、則尤不學如予所切望者矣。

二　地震之科學的解釋

地震之原因、性質、種類、關係、狀況、在地質學上已有確定之解釋、為學者所公認。雖各家所說、略有出入、而大致則同。即擇譯西書亦不過爾爾。以西洋學術之研究、次第井然、系統分明、另有超然獨立於治各科學者間之科學方法。某一科學中之某方洪、幾經研究、經治某科學者所公認、即另具獨立之存在。若未經新學說之代替、則同時研究此種科學之學者、皆遵循此公認之方法、以治此科學。是以有新說舊說代替爭。長之競爭無一派之中。分門別戶。人人殊說之惡習。社會科學然。而自然科學為尤甚。東西洋學術根本不同之點。此其一也。解釋地震之說、各書中容有精粗之差、决無甲是其所是、乙非其所非、全然背反、根

論叢　地震之研究　存吾

本差異之現象。茲不囿於一說、彙集名家發表之成話加以選擇、刪改分類、一一臚列於後。一葛利普博士地震講演、於地震之發生與發生之狀況、圖示喻解、言之稍詳。茲擷要區為以下數類。

1何為地震　凡地殼暴烈變動、使地球發生震動者、均可稱為地震。地球有緩慢變動、暴裂變動二種。地史上地球的自然脫變、與公轉自轉之運動、是為緩慢之變動。地震地陷屬於暴烈之變動。平常無地質智識之流。以地球為穩定不動、其實不然。暴裂之變動、最易認識。如立粉筆棹面、乍一震動、則粉筆即倒。地殼的暴烈變動亦即如此。此種變動就謂之地震。

2地震之發生　地球直經厚八千英里、地殼厚七十五英里。地內容積廣大、比地殼之厚度多甚。地內熱度漸漸冷却、冷則收縮、內部縮小、地殼與地之內部即發生空隙。以地殼七十五英里厚度之壓力、壓向地心、由此又生橫壓力、壓向傍面。結果遇有岩層簿弱、向外發洩、就發生地震。地震發生之現象、可使岩層變換位置。變換位置之岩層、謂之“斷層”斷層有正斷層、反斷層二種。以圖示之如下。

正斷層

岩層向下陷落者謂之正斷層

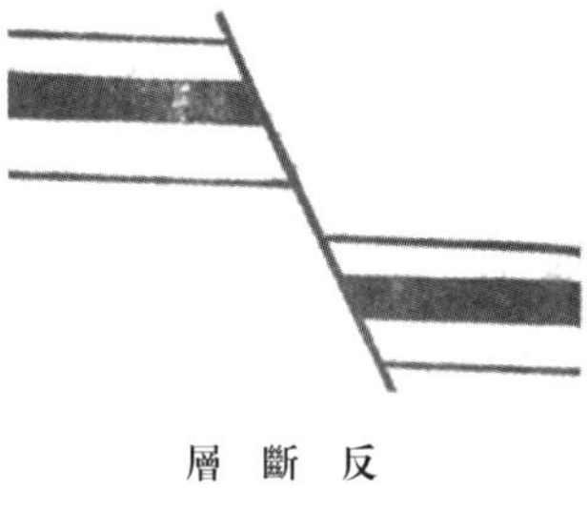

反斷層

岩層向上突出者謂之反斷層

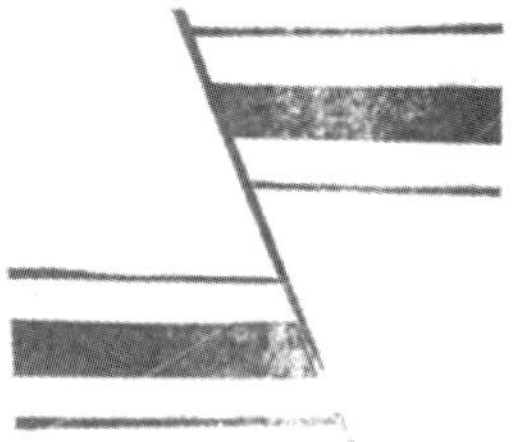

斷層可以發生暴烈的地震、斷層亦即地震之一種標記也。中國有許多極大之斷層可證明中國往時亦必常有大地震。

3 發生之區域地震發生地、多在年幼的岩石、與火山岩石之區域。日本一五〇〇年中、有大地震二百五十五次、平均每二年半有大地震一次。在日本以西之中國、即不在地震區域內。美國之加里佛尼亞州、沿太平洋海岸、地震亦多。再東至美國內地、亦即不在地震區域中。

4火山與地震之關係 加里佛尼亞、日本、兩地火山特多、似火山與地震有相因之關係。其實不然。兩地地殼易生變動、作成地震之原因、由於接近北美西岸、日本東岸、有極深之海洋。因此二處向下陷落、岸上陸地上昇、且有灣曲。既有灣曲、地殼勢必伸長、所以發生變動、作成地震。岩層曲折、壓力減輕、地內熔岩上昇、就作成火山。由此觀之、地震不全是成於火山。亦非火山成於地震。特因地殼變動、壓力減輕、同生在一處而已。日本有一次火山崩裂、山峯崩壞一半蘇。門答臘及瓜哇中間有一火山島、四十年前、忽然崩裂、全島之粉碎。是火山崩裂、亦足發生地震、不過由火山崩裂所生之地震、外觀雖似兇猛、實只及於當地之一域。動波及各地之大地震、則完全發生於斷層之大地震矣。

5地震之危險及地震之預防 地震之危險、在內地、傾塌房屋、壓死人民、其害猶小。最大者為因地震而引起重大之火災。在海洋則大浪為災、傾翻舟船、而震動劇烈者、則陷成裂隙、埋沒附近之居民。其為害實不勝殫述。惟地震為自然界之變動。非人力所能阻止。預防之法、在海洋宜時防大浪、在內地、宜講求房屋建築。日本地震時起、是以日本房屋建築及其結構、均極有研究也。……（以上節取葛利普博士地震講演。原文見北京大學日刊）

九年十二月二十一日鶴晃君在晨報發表一"地震的道理如何"一文、於地震之原因、分晰敘述、究其在化學上之變化、參證葛利普博士之所言、當更為明晰。茲採其原意以繼上說。

6地震之原因 上言地震之發生、已略言及之。今再分別詳言如下。

A穴頂(cavesm Roob)的一部分忽然下落 地面下常有大空穴、空穴上面岩石壓力過重頂穴即有時下落。地殼岩有來復之彈性、甲地方忽然下沈、乙地方地殼岩、感受影響、即發生顫動。由近及遠、毗近接連之地、遂同時震動。是為地震之第一原因。地面下之空穴、多屬石灰岩。石灰岩化解於二養化炭氣(co2gas)之水中、遂變一種極容易溶解之炭酸石灰(CO(HCO〕2而空穴以成。其各步化學變化如下。

H_2o（水）+Co_2（二養化炭）=H_2Co_3（炭酸）

H_2Co_3（碳酸）+$CaCo_3$（石灰石）=$Ca(HCo_3)_2$（炭酸石灰）

炭酸石灰既易於溶解、故容易流開變化、使原有地位變成空穴。

B 火山噴發 火山噴發之時、多有溶汁(Moltenmass)水氣、黑煙、隨之噴出。其噴出溶質黑水之原因、由於內部變化有一種大力排擠之、使之外出。故當其受內部大力排擠外出時、噴射衝突、必排擠其他岩石。岩石再與其他岩石輾轉排擠、變動以生、結果即發生地震。

C地震之變動與移動(The Reformation and movement of the Earth Crust)地面各處常有一條一條之大裂縫、將地殼裂分成塊。此等地殼、一遇大壓力、地殼即向上下左右移動。地面之山陵邱墳、崎嶇不平、其原因即由於是。地殼移動時、聲勢猛烈、波動亦遠。例如擲石于池水之中、一石激水、滿池生波。故甲地地震、影響每波及乙地、內地等職是故也。而大地震之起因、實多基於此。一九〇六年四月美國加利福尼亞大地震、裂縫長二百五十英里、寬約八呎、至二十呎、影響及於全國、即屬此種。

7海洋地震　海洋之中、遇有地面壓力不平均時、亦能發生地震。其劇烈者往往足以激成數百尺之波浪。有時震動起於近岸、則水陸相激、波濤怒湧、毀船壞艦、為害亦烈。惟大者不常經見、所見者常為高越幾尺之波浪而已。

日人横山又次郎所著最新地質學亦言之、且述有海震之例。舉之如下。

海震者、地震之起於海底者也。然以為水力隔阻之故、影響於水面者、概不甚大。然亦　間有突起驚波、水柱挺立、騰湧至數十尺之高者。且其震動之倏起也、音響即随之以發。或殷殷如低嗓、或隱隱如遠雷、或猛然如汽笛、或砉然如船舶之觸暗礁。而有時震動起於近岸者、氷陸相激波、濤怒湧、釀成海嘯。如日本明治二十九年六月、達斯加羅拉海渠大震、驚濤突起、襲入三陸海岸。雖沿岸一带、烟戶稀疎尚漂沒二萬餘人。安政元年十一月豆州下田港大震、高波之捲入市內者二次、幾於全部漂蕩。而餘波且及於對岸、使美州亦現高潮。……（以上採自跟蔚西先生所譯之最新地質學）亦可見劇烈海震為害之一斑矣。

鶴見君之原文甚長、所揭示地震区域有二。—為沿南北美洲之西、與亞洲東部各岛、如日本群島、琉球、吕宋、蘇門答臘各島。2沿歐洲南部地中海、高加索山、素馬拉雅山，東印度。與葛利普博士所指之地、無大出入、故從略。

三　日人横山又次郎所著最新地質學极為顯明、又多引日本地震、藉資證明。日本世所稱地震之區也。觀其所言不惟可以知地震為害之程度若何、並可籍其所舉地震之事實、與吾國之地震兩相比較。以事實證科學所言地震之理、再依科學所言地震之理、判別地震之事實為若何、則地震之所以為地震如指諸掌矣。

8地震、之影響　劇烈之地震、或一時驟起激動、全市粉虀、數萬生命、瞬時死亡。此次甘肅之大地震即其一也。吾國歷史上之大地震、據歷代五行志所言、亦數見不鮮。其見於國外者如横山又次郎及葛利普博士所舉之例、亦可略窺一斑。横山又次郎最新地質學云：“明治二十四年、（西曆一八九一年）濃尾大地震、數分時死七千餘人、受傷者約萬七千餘人。毁廬舍二十萬。安政二年江戶大地震、死一萬餘人、全市破壞。其甚　者或惹起山崩、火災、洪水等種種險狀。”……葛利普博士講演地震時、己舉有數例。其言曰：“葡萄牙立司木府陷入地罅中死者約八千人。意大利地震死四萬人。日本在一九〇八年地震、數分鐘內死千八百人。”此固赫赫引人注意者、全世界地震之最大者、度亦不過如是。其視吾國此次大地震之損失、其程度强弱、因調查未明、難資比較。然有一事足以引吾人之注意者、如明史五行志所記、“嘉靖三十四年、（民國紀元前三五七年）陝西、渭南、華州朝邑、三原、蒲州者等處、地震。或地裂泉湧、中有無物。或城郭房、屋陷入地中。或中地突成山阜或一日數震。或累日震不止。……官吏軍民壓死八十三萬有奇。”斯言可信、則地震之烈、災害之劇、將不在世稱地震區域之日本意大利、而在眾人所忽視之中國矣。此則國人所當極加注意者也。

9地震之分類　地震之分類、亦有多種、其常為時人所稱述者則有以下之數種。—就其發生之原因分之、則有陷落地震（即上述顶穴一部分下落之地震）火山地震斷層地震。由地震傳播之情狀分之、則有起於地殼之一點、以傳播於四方者、是為圓狀地震。僅就一面之方向、以傳播於他部者、為線狀地震。地震原發於地面之下者、就地上驗之、則又可為三種。一為波動如波浪之在水面、故波動地震郎圓狀地震。二為上下動地面受由下向上之激動、故上下震動。上下動亦郎斷層地震。三回轉動各地同時波動、自為方向、互相切而成旋轉之狀者也。大地震之後、繼起之小震、為餘震發動於海洋者為海震。

10地震與地殼之關係　地震之强弱、與地殼之性質有密切之關係。地殼由堅岩而成者、易於傳播地震之危險較輕。地殼由疏鬆質之輭岩而成者、則傳播甚難、各部自為震動、力以聚而不分、其危險亦較劇烈。由此亦可知裂罅多之岩層、比於裂罅少之岩層震動為多。層狀岩比於塊狀岩之震動為多。

11地震傳播之速力及地震時間之長短　地震傳播之速力、因地殼之性質及地層之構造而異、故震動之情狀甚難一致。兹就已調查者舉之。千八百九十一年日本濃尾大地震、傳播速力、一秒時間、平均速力為二十二町。（日本三十町為一里每一里當中國六里七八）千七百五十五年、葡萄牙立司本府之地震、平均速力為五町。千八百四十三年合眾國之地震、向西方傳播者、速力僅六町。向東方傳播者、速力為八町。其由於地質構造之關係可概見矣。至地震時間之長短、視震動力相繼而起之緩急、概難確定。據往事之經驗言之、劇烈地震、倒屋殺人、其震動時間至多不過數分鐘。其及數十分者概不經見日本善光寺、江戶、濃尾之大地震、莫不皆然。

4 地震度數之計算及日本。地震之數目據敘密德氏之計算、千八百七十年中、即以北半球計算之，已有二萬二千八十三次。日本為地震國之一、每年地震平均約有五六百次。而東京一處、自明治九年起、至二十六年止、前後十八年間、共計地震一千一百三十次。每年平均地震六十三次。其餘餘震之數目、更不勝計。岐阜濃尾大地震之後、二年間餘震有三千三百六十五次。名古屋大震後、則有餘震千二百七十八次。明治二十二年七月二十八日熊本大地震之餘震、上下五十一月間、有九百十七次。

吾國地震次數、向無專家統計。而地大年遠、記載不完、即統計之、亦恐難盡信。茲就見於念四史五行志中者約略舉之。1前漢書五行志所載七百五十二年間、地震十三次。

2後漢書五行志一百四十八年間、地震五十七次。3宋書晉書五行志中去重合計、二百五十六年間、地震八十九次。4南齊書與隋書五行志所載三十八年間、計十八次。5新唐書五行志所載二百七十七年間、地震計七十三次。（舊唐書不如新唐書之詳、凡舊書所有者新書俱有、）6舊五代史五行志廿九年間、地震者八次。7宋史五行志三百零九年中、地震九十九次。8金史五行志九十年中、地震十五次。9元史五行志四十九年中、地震十三次。10明史五行志二百七十二年間、地震三百零四次。共計二千一百八十二年間、共計地震六七六次。平均此二千一百八十二年中、約每三年有一次地震。然漢書五行志之七百五十三年、不可盡信。其他遺漏亦必多。試就明史五行志觀之、二百七十二年間、地震三百零四次、自可證此記之不實、吾國之地震實不僅三年一次也。（其詳詳後表）而後漢書五行志云：“靈帝定和三年、自秋至明年春、酒泉地八十餘動。”明史五行志云：

“洪熙元年、（四八七年）南京地震凡四十有二、成化元年、（四四七年）鈞州地震二十三日乃止。三年（四四五年）四川地震、凡三百七十五次。”餘如“踰月不止、”“一日二三十震”等、則餘震亦我國所時有者也。詳後表中。尤以明史五行志中所載為多。由上列諸端觀之、地震之科學的解释、大致已備。葛利普博士之言詳於地震之發生、及地震之由來。而地震之預防亦略言及之。鶴晃君之言、則專詳地震之原因者也。日人橫山又次郎述地震時之情狀、原原本本、條理分明。而繁徵實例、猶足以發觀者之猛醒焉。上述地震之發生與原因稍失之重複。然一用圖示、以便說明、一列各步化學變化、以作實證。知其前者、更不可不知其後者、知其後者、亦不可不藉圖示以作引證、此所以不憚繁複、而兩說並舉者也。

彙觀上言、地震在地質上之起因、化學上之變化、實例之引證、於地震之為何物、地震之由何而起、地震發生時之情形、地震之危險、地震之救濟、地震之分類等、當完全了解、略無遺憾。然在吾國則此種科學的地震之解釋、除一部分治新學者外、尚非一般人所了解、往往悍然不顧、於顯然眾曉之理、又以鬼神疑心應合之、又何怪國人之智識淺陋見笑世人耶？故探厥原因、窺其底蘊、則知國人附會愚迷之行為、實自歷史上之遺傳而生。故欲以新代舊、破社會上無為之迷信、亦當攻歷史上沿襲之虛偽、而期利用科學、發達學術焉。然則吾國舊史五行志對於地震之見解究何如？此非治地質與研究地震者所當加一考究者耶？

（未完）

（六）地震的研究论述

摘自《东方杂志》第二十卷第十六号，1923年，幼雄著。

1. 地震的原因

凡物体有弹性的，必能传达振动。声音能够传达，因为空气有弹性之故；光线能够传达，因为以太有弹性之故；我们所居住的地球是一个极大的弹性体，所以地球也能传达振动。譬如在此处地面上，加一打击，起了振动，地球便能把这个振动，四面八方的传播开去，不过打击的力量，十分小时，远处不能感得罢了。若是打击的原动力非常巨大，所起振动非常剧烈，于是传播开去，也十分厉害，便成所谓地震了。所以地震在学术上称为“地之弹性波动”。

那么巨大的打击原动力是什么呢?换言之，就是地震的原因是什么呢?对于这层，古来学说很多，但大体不外三种：①火山地震；②陷落地震；③断层地震。

火山爆发或将要爆发，因此而起的地震，称为火山地震。面积不大，受害亦浅，此种地震以意大利发现的为最多。

地底泉水，流行既久，易溶解的矿石渐次溶解而流去，因此地壳下面，生成极大的空洞，终于不能支持上层的压力，骤然崩坏陷落而起地震。这种名为陷落地震，在欧洲、瑞士发生最多。

此外便只有所谓断层地震了。所谓断层是因地震后陆地发生变动，好好一片陆地，忽然如拗折一般，分作上下两截，一半高一半低，高低相差有达十余尺的，也有至二三十尺的，断层之长有达四五十里的，此种断层，在日本往往见之。能生这种断层的地震，就称断层地震。

但是断层多是地震后才发现的，不当称为地震的原因，只可说是地震的结果。然则此种地震究竟怎样发生的呢？据一般学者的推测，是由于地球的造山作用而起。因为地球内部，蓄有热力，此种热力，穿过地壳逐渐发散，于是稍深的地壳部分逐渐收缩，以致地底发生空所。地皮欲陷落于此空所，但因为各处互相牵制，地面物质的配置又不一样，所以某部分欲沉下，某部分欲上升，便有形成山脉的倾向，这个倾向称为造山作用。因此作用，地层发生急切的变化——裂缝、屈曲、断层等等，就是地震最普通的原因了。

但以上三者仅言地震的主要原因，此外尚有副因，如太阳，月球对于地球的引力，地面上气压的变化，海面上潮汐的涨退，都能使地壳起些少的变化，成为地震的动机，又有许多地震是因为他处起了地震，为所感动而诱发的。这都是研究地震学者所不可不知的。

2. 地震的强度和感震区域

地震的原因既如上述由于地壳传达振动所致。传播的方法和音声在空气中传播一般，发生震动之处称为震源。离震源近的地方感受地震自必最强，反之离得远了，感受的地震，也就微弱了。至于震源强大时，地震亦强大，震源弱小时，地震亦弱小，这是无待细说的。现在依观测地震时所感觉的强度分地震为五等：

①只有静止的人或留心地震的人感到的极轻微的地震，称为微震；

②一般人民都能感得，窗户摇动，悬挂着的物体，平放着的液体，自行摇摆震荡可以目睹的，称为弱震；

③物体颠倒，流质溢出，钟摆停止，家屋破损，墙壁烟囱开裂，人民坐立不稳的，称为强震；

④山岳崩倒，屋宇倾颓的大震动，称为烈震；

⑤更甚的称为激震。

我们若把感受地震同等强度的地方，用线连结起来，便可以得到一种等震线。假如地震的震源在某一点，而地壳构成的物质处处齐一，那么等震线自然成为圆形，但是实际上地壳物质并非同一，异质的地层上下左右参差排列，他们传播振动的速度，各各不同。古生层容易传播，新生层传播烦难。所以等震线并不成为圆形，而成为不规则的圈线。更加以地震的震源在地壳中常有不规则的面积，所以等震线便也愈加复杂了。

震源的深度如有一定，那么大地震之时感受地震的区域自必广大，小地震之时自必较小。震源的强度若有一定，那么在震源离地面浅时，感应区域比震源离地面深时必定较大，激、烈、强、弱、微各区域的广狭，也生出显著的差异。所以震源区域的大小、广狭，是和震源有密切关系的。

3. 前震和余震

大地震之前多先有震动，称为前震，虽常可以借此作为将有大地震的预报，但也未必尽然，如日本明治二十四年的浓尾大地震，是震前竟丝毫没有感觉，突然发生的。此外可举之例尚多。

大地震后震源地或附近的地方常常连续发生多次的地震，称为余震。本震愈大，余震亦愈多。本震震后，余震的次数最多，其后逐渐减少，强度也跟着减小了。统计一次大地震后，所发生的余震有多至四五千次的。在浓尾的一次地震，据说至40年后尚感1月1次的余震呢。

4. 大地震和陆地的变迁

大地震时陆地必大起变动，其中最显著的就是发现断层。浓尾地震曾发现所谓水鸟断层，自美浓南部西帷子起，北至越前西谷村温见，延长20余里，自南往北的道路都被折断，相差自12尺至20尺不等。

其次是土地的陷没和隆起。日本元弘元年的纪州地震，千里滨20余町的水滨，忽然隆起变成陆地；而宝永四年大震，安艺郡津吕室津忽然高起七八尺，土佐城下附近六七里之间，则同时降下七八尺。又1812年印度河下流地震之时，沿海岸发现长约50哩的一大断层，在断层下面50平方哩的地面全数沉下，一个辛特里城，全座淹没，只露出几椽屋瓦罢了。

大地震又常常起土地的分裂，阔约数寸，长约数十尺。最甚的阔和深都有数尺，长至数十哩。1783年卡拉布里亚地震生成一二百条裂罅，阔至百尺，深至二百尺。家屋人畜陷入其中的，不知凡几。而且此种裂罅有时一开便合，听说后来发掘尸首，有已被压夹得如木板一般薄的。

地震以后地盘开了裂口，屡屡喷出泥水，高达数丈。有时喷水极大，地面常因此受泛滥之灾。这个喷水原因，大约是地内含水层发生裂缝，又因地盘沉下，含水层受了压迫，所以变成喷泉。

除上述几种以外，土地又能作平面的弯曲，这个可于地震后铁道的弯曲知之。又有能作垂直的弯曲，土地变成像永久不灭的海面的波浪一般。

地震时最可怕的，要算是山崩了。悬崖绝壁突然崩坏，怪石巉岩，骤得坠落，往往有数十亩大小的山面从高处滚至低处。田园家屋，村堡城墙，都被破坏。人当其下，是没有不被压成肉酱的。

5. 地震和海啸

若使大地震的震源在于海底或海岸，那么地震以外，又起所谓海啸，正似暴风雨袭来一般，海水的波浪，骤然筑起数十丈高的水壁澎湃而来，倏忽间淹上陆地，树木家屋，不必说一概漂没，便是对于最繁华的都市，他也何尝肯稍留情？一经扫荡，早变成一个凄凉荒芜的沙场了。其次一等的海啸，或者波浪不十分高，但也是以迅速的水势隔数分或数十分钟，一进一退地翻涌，于是船舶漂失，码头毁损，家屋淹浸，居民所受的灾害也是非常重大的。

因地震而起的海啸原因，甚为简单。我们可分二种解说，一种就是"桶水运动"的原理。

试拿一满盛水的木桶，使桶底在水平方向左右摇动，便见桶内的水，忽而在左边上升，忽而又在右边上升。振动愈烈，桶内的波浪也愈高。但因为被桶边限住，所以桶水不能够逸出外方。这个叫作桶水运动。海底地面形状不一，也和陆上一般的有山有谷，被海底山脉或岩礁所围绕的海水，在平时虽很稳静，但一受到地震时的振动（地震多是水平动）便也像桶水激荡起来。传播开去，便成极大的波浪，这是海啸的最普通的原因。

其次海底地面的地震也和陆地一般。陆上地震，既有大面积的土地能够变换位置，海底地震，地面当然也有变动。或则陷落，或则隆起，因此激动海面的水，造成波浪。这也是海啸的一个原因。

此外海啸起因还有二种，即海底火山的爆发和海面气压的变化，兹不详述。

不但海水，便是河流江湖也能起海啸一般的现象。印度埃塞姆地震，许多河流都曾起十数尺的高波，泛滥很广。瑞士日内瓦湖常起所谓赛西斯现象，湖水忽升忽降，和潮汐作用正同，也和桶水运动是一个原理。

6. 震灾和火灾

人类所受灾害，除了战争是自作其孽，不足怜惜，此外没有比地震时更惨酷的了。山崩海啸，一时并至，不是压死，也被淹死，几万生灵可以在瞬息间尽丧性命。至若建筑物的破坏，文化的摧残还是小事哩。但假使纯属地震，他的灾害，尚属有限，若再言到地震时所起的火灾，那就更觉得惨酷无伦了。

地震时起火的原因，或则因灯火的震倒，或则因柴火的延烧，或因电线震断，流电发火，一经燃烧四处蔓延。那时自来水管，已经震破，无从得水，道路又为倒屋所填塞，难以行人，虽有勇敢的救火队，也无所施其技了。而且起火的地方又不止一处（这回东京大震时火灾起处，听说有83处之多）顾东失西，那里照料得及。所以地震若起于人烟稠密的都市中，他的灾害便非笔墨所能形容，简直变成一个现世的焦烂地狱罢了。现在试把日本浓尾地震时由单纯地震所受的灾害和同时起火灾所受的灾害一加比较：日本浓尾地震时，本巢地方因为没有火灾，所以6799户人口，家屋虽震倒了5567户，而压死的人民在总数3276人中，却只有515人。照比例推算即65人中压死一人。同时笠松地方，则因起火灾之故，每24人中便有一人牺牲了。

地震的灾害犹不止此，因为地震以后饮水十分缺乏，人民迫于饥渴，不能顾到卫生，所以又常常发生疫疠，若并此计算死伤人数更不可胜数了。

7. 全地球的地震区域

地震的灾害既如此惨酷，假使地球上处处都要发生地震，那么人类难道还可以安居，文化还能够长进吗？幸而地震不是处处能够发生，是有一定的地点的。此种发生的地方适当地壳构造上最薄弱之处。它的面积，比起地球全面积来，不过占极小的部分。现在请把世界地震的分布绘图说明如下：

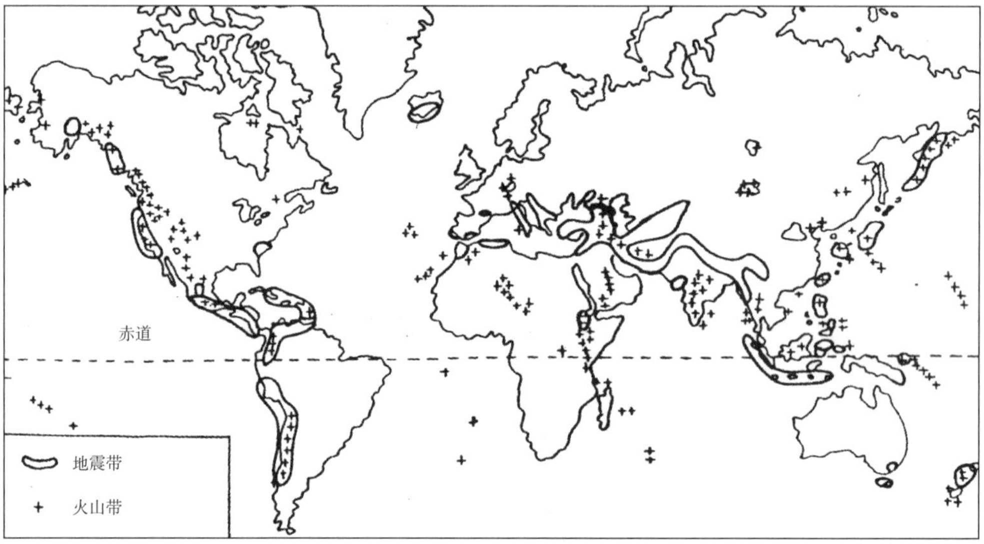

世界地震区域分配图示意图
（编者注：拓自资料原文）

世界上发生地震之处，必在地面上山脉倾斜度极大之处。自沿太平洋日本海岸，起北过千岛，至阿留申岛，从此与美大陆的脊梁洛基山山脉相连接。延至中美洲，更南与南美洲安第斯的山脉连接。又自台湾岛数起，合菲律宾群岛南洋群岛在内，往东过新西兰与上述南美线接合。我们细考此线靠近太平洋一边，倾斜度都十分大，其他一边却很缓慢，这线所以称为地壳构造上最大的弱线。据地质学家考察，这条线是地质时代所发现的最大断层，在太平洋一方沉降，在大陆方面因由于反作用而隆起。大小地震是多沿这一条线而起的。

若把火山分布的线一一比较，也相一致。因为此线既为地壳构造上的弱线，所以在内部被压迫着的蒸气溶流容易在此线上找寻出路了。

还有第二弱线，比较不甚明了。这就是沿靠阿尔卑斯喜马拉雅二大山脉的一条。因为在欧洲阿尔卑斯山靠地中海一旁的倾斜度很大，靠大陆一边倾斜度极小，所以地震常常在地中海旁边，即意大利、希腊黑海的南部，以及小亚细亚、高加索等地方屡屡发生。这线又连接喜马拉雅山脉，于是印度也常常起极大的地震了。最后经过马来半岛在南洋群岛旁边，与第一线接合。

从欧洲往西，这条线的径路，不甚明了，但在大西洋有亚柴的火山岛，大概是从这里过海的。再延长到西印度及中美洲地方也和第一线交接。

这二线以外，还有更小的线可以发现，不过极为暗淡不明罢了。

8. 地震最多的地方

以上两条线都为弱线，那么二线交接的地方，便成为弱线中的最大弱点了。当这弱点的地方，地震的发生次数自必格外要多。所以爪哇、苏门答腊及中美洲地方，向来既屡有大地震，最近因地震计的进步，知道波及全世界的大地震，也多在这几处地方发生。每年多至数十次，且屡起海啸，灾害很大。

其次中美地方，不但从来也屡有地震，而1885年墨西哥大震及卡拉克斯地震，1887年危地马拉地震，都陷于极惨酷的状况。

这等地方火山的活动，也是最有名的，即如西印度马提尼克岛的爆发，爪哇苏门答腊中间巽他海峡中一个火山岛喀拉喀托的破裂，也可以证明他的弱点。

9. 历史上的大地震

既明白了世界上地震发生的地点，请再把各处历史上的地震，比较著名的略述之。

（1）安第斯山脉的地震。过去200年间安第斯地方屡屡发生大震。1746年的秘鲁地震，都城利马破灭，卡拉阿市附近海岸沉落，住民4000人都被海啸卷去。1751年智利康塞普西翁为地震和海啸所灭亡，居民迁移至10英里以外。1822年智利瓦尔帕莱索附近地震，大受损害，海岸全部，隆起三四尺。1827年哥伦比亚的波哥大大震，市街多数毁灭。但此等地方，过去虽有著名地震，现在却很安谧了。

在中美洲有墨西哥于1899年1月大震。1902年又震一次。

（2）西印度的地震。委内瑞拉首都加拉加斯屡起激震，1812年的一次，街市全灭，居民压死10万，该处岛屿在1692年牙买加曾起激震，地上骤开二三百条的裂缝，人民陷入而死的很多。岛中首都四分之三的人口都沉于海底。此外如海地岛于1751年，1770年各起一次地震，每次破灭一个地方。

（3）阿尔卑斯喜马拉雅山一带的地震。著名的里斯本地震是在1755年11月1日起的，地震继续时期虽不过6分钟而漂失压毙的人数已有6万之多，海啸波浪高至50尺，新筑的“止波场”有多数人避难于此，不料亦被海啸卷去，连人带屋，葬入海中，事后，测量此处海深已达800英尺。1902年高加索曾有激震，且起火灾，死者2000人。

意大利古来屡有激震，1693年西西里地震，死10万人。1783年意大利南方卡拉布利亚地震死4万人。因疫疠及其他原因而死的更有2万。1857年那不勒斯地震死者1.2万人。

小亚细亚的叙利亚于1837年发生激震，死6000人。1899年斯密那亦有大震。孟加拉也是屡有大震的地方，而以1819年印度河下流卡奇地方的一次为最激烈。涨起高10英尺，长约50哩的大断层，东西方一块很大的土地都同时陷没变成湖海。1897年6月12日阿萨姆地震，也很著名。1903年波斯（伊朗）激震死300余人。

（4）爪哇（印尼）的地震。1696年波达维亚地震，市街受害甚大。同时萨拉克火山爆发，野兽如水牛、虎、犀、鳄鱼多窒息而死，此处地震因常有火山同时爆发，所以灾害格外厉害。近年海底地震也多起于此处。

1899年9月爪哇和新几内亚中间的塞拉鲁、摩拉加斯二岛东首，也曾起地震和海啸。

除上述外近20年来的世界大震尚有1906年的旧金山地震，死五六百人，1907年的牙买加岛激震死1000人。尤其著名的是1908年12月28日墨西拿（Massina）一次地震，死7.7万余人。

（5）我国的地震。我国地方虽少火山，但地震却也不少。发生地方多在喜马拉雅山北部的广西、云南两省。明朝273年间曾起地震50次，其中17次在广西，4次在云南。山西、陕西、四川及渤海沿岸处起了二三次。

山西、陕西、甘肃三省屡起激震，明嘉靖三十五年（1556年）的地震，震源沿黄河支流渭水一带，牺牲者甚多。元大德七年（1303年）山西大震，沿汾河一带民家，崩溃至10万户之多。而民国九年甘肃的一次大震，损失之大，想读者尚能记忆。最近闻甘肃因感受日本的大震，又起激震云。

10. 日本历史上的地震与此次大地震

日本为多地震之国，是人人都知道的。据日本震灾预防调查会的调查，日本开国之后，已有大地震2000余次。其中1489次起于德川时代以前，记录不详，此后便多有记载。总计以宝永四年，弘化四年、安政二年以及明治二十四年的几次更为激烈。

宝永四年（1707年）10月28日的地震，感应区域之大，为日本有史以来所未有。南岸沿海一带都为激震区域。同时又有极大海啸，家屋塌倒漂失的至2.9万，人民死4900人。

弘化四年（1847年）3月24日，日本信浓越后二县感受激震。又起火灾。山岳崩倒的地方有4.3万所。犀川河流，竟被填塞，其后上流因水过多，又复冲破，洪水四处泛滥，浪高八丈，受害不浅。总计人民压死，溺毙，焚死的有1.2万人，家屋毁坏数3.4万。

安政二年（即1855年）10月2日的江户大震死者6700余人，溃倒家屋1.7万余，当时也起火灾和海啸。

明治二十四年10月28日的浓尾大地震，本文中屡有引述，计死亡人民2.4万余，溃倒家屋22万间，山岳崩倒1万处，剧震区域的面积很广。

至于海啸最甚的，要算明治二十九年6月在三陆起的一次。此次震源在于洋底，所以地震灾害还轻，可是海啸害处极大。总计死的人数3.2万余，流失家屋1万余所。

总观历史上世界地震的灾害，人数死伤多的已至10万，少的也有数千或数万，不可不说是人类最大的惨事了。却不料本年9月1日的日本东京大地震，所受灾害，还比历史上一切的地震所受的，更大至数倍。火灾海啸同时并起。偌大一个帝都东京，几乎全被烧毁，仅东京一区人民死的已有7.7万余。其次横滨人民死的3.3万余。伤者和生死不明的却还没算在内，至于被灾后无家可归的更不可胜数了。外人和华侨的死伤数也非常众多。论其损失，据曼彻斯特导报所说，法国在大战时的生命财产损失数，也不过如此。至其详情因本期里已另有专记，这里不再复述了。

11. 地震的预知和预防

地震的灾害，上面已屡屡说述过了。然则对于地震有没有方法可以预知，使人民得以预先防范而减轻灾害呢?

这一个问题，现在还不好直接回答。若说有方法，像气候预报一般可以预报，现在实在还没像这样的有把握。因为在气候上，不但它的变化原因，气压，温度，风力，处处可以实测，而且把各处观象台的观测综合起来，那气候转变的状态，例如暴风的进行速度和风向，……都可以直接明白。反之地震的原因，深伏于地底，要想直接测量，就不易了。

若说没有方法呢，却又不然。直接测验地壳内部状态的方法，现在虽尚无把握，但也未必绝无希望。况且大地震发生的副因，既可实测，而把历史上的各地震统计研究起来，更可晓得地震发生的周期。所以只好这样说，现在虽不能预报，只要研究下去，将来也许可能的。

日本震灾调查会为谋实测地壳内部位置的状态，曾在帝国大学，掘一口深井，掘至一千数百尺，还只是泥土，才放手不掘，但其后有人就这口井观测，发现井水时高时低，以为这个变化是基于地下深处的压力的变化，和地震发生很有关系。倘然将来更进一步，就可以知道地球内部的压力了。

在地震将起，其势力本已在地壳中蓄积着。不但内部情状先已发生变更，便是地面上也常有多少变动，前震的起因便由于此。所以前震或者就是地震的直接预知法。只可惜现在大地震还觉得不是回回都有前震罢了（这次日本地震也没有前震）。

地壳在大震前每每有倾斜屈曲的，这个可用倾斜计观测。

至于地震发生时期的统计的研究，实为在地震预知上最重要的事情。我们既知地震是由于地热发散，内部起了造山作用所致，而它的地位又永远当地壳的弱处。若经过一回的大地震后，地壳内部一时固然恢复平衡，但过了若干时间，仍然是要渐次起不平均的。积之既久，又不能支持，于是一得动机——日月的吸力、潮汐的压力、气压的变化等等副因，仍必引起第二次大震。这从第一次至第二次所经过的时间，可称为地震的周期，大约可从历史上的地震推算而得的。

日本东京地方的大震，由历史上考察为庆安二年（1649）、元禄十二年（1699）及安政二年（1855）三次。平均计算，则每次相隔为103年。所以日本地震学家今村明恒在明治三十八年（去安政二年已有50年）著有地震学一书（本篇多根据此书）早有预言，说此后50年内东京必有极激烈的地震，当时一般学者，多斥为妄言，极力攻击。但不料今村之言竟在今岁中应验了。

地震发生的时期若按年计，则大地震的发生，以夏季最多，冬季最少，小地震则适相反。若按月计则阴历的朔望和上下弦之日最多，若按日计，则午前午后11时为最多，一二时最少，这都和上述副因有关系的。

除设法预知地震避免灾害外，一方面更当设法预防以减轻损失。凡市街、海港、工场、住家的位置，固然必须各各选择，考知震源之所在、震动的方向和土地的软硬等等以定标准。而建筑的方法材料的选择，如何种可以耐震，何种可以免火，尤宜格外留意，这是不待多说的。

最后我们对于日本此次大地震，损失之大，惟有表示同情惋惜。但此次地震使日本学者得有许多参考资料，或能因此在地震学上大放光明，亦未可知。我们很希望这般学者，能够发明许多学说，自救灾害，而又救他人呢！

（七）地震释原

摘自《地学杂志》14年5—6号，1923（15），盛绍龄著。

谨案地震为患，最烈者，常致山崩海啸，其次亦陷城郭，伤人畜，诚古今中外人类之巨灾。虽然暴雨未来，而飘风先致，春气初动，而鸿雁已临，凡事物未萌，必先有朕兆，示之于始；地震虽为大患，使识其原，则弥缝未始无术，东邻日本，北美加州，其先例也。今试就其原理，略述于下：

1. 地震原理

吾人欲考地震之原理，须先知凡固体受它力挠动，则分子立起波动，向各方传播，地球外部纯为固体，故稍受外力，则生震动（传布地球表面则使屋宇震荡），例如火车甫过，数十步外，地亦震荡。矿山燃炸，邻近屋瓦，为之飞鸣，设此动力，再加剧烈，则其结果，移山堙谷，沉没庐舍，亦必然之事。故地震之起源，纯由地壳受外力发生之变异，然外力之来，既不一致，地震之情形，亦非一种。试分述于下。

2. 微震

微震者，即震动极微细，无生命财产之损害，依其情形，亦可略分为二。

（1）由人力而起之微震。

吾人欲施外力于地球表面，可使立生震动，譬如置瓶水于地上，则见其间，旋起波动。又如货车经过屋前，则室内器物，皆动荡有声。此尤其细者，数年前科尔切斯特，燃地内炸药，其波动直及20哩外之剑桥，此种震动，皆由人力所致，故总称由人力而起之微震。

（2）自然发生之微震。

凡高岸破石之崩坠，岩穴上顶之坠落，地中流质之运行，地下温度之变迁，皆足致地球发生震动。此种震动，皆自然发生，故总称自然发生之震动。

3. 剧震

地球剧震，能使高岸为谷，深谷为陵，其轻者亦足覆没庐舍，损害人畜。其原因有两种：

（1）由地壳运动。

凡剧烈地震，皆发生于压力失平，地壳运动。其震动之原因虽各不相同，综其大纲略分为三：

①由断岩循断面摩擦发生之地震。地壳断岩，因压力失平，循断面溜动，两面之粗石相激，常发生剧烈地震，此类地震，直者常使地盘下陷，斜者常使山陵易次。元史成宗七年八月辛卯夜地

震，平阳、太原尤甚，村堡移徙，地裂成渠。大政纪，嘉靖三十四年十二月，秦晋地震山移，又陕西地震，山移数里，皆属此类。

②由岩层断裂发生之地震。地球外部为无数岩层裹蔽，当内部停匀，外压平衡之际，则此岩层并无若何变动，一旦内部发生巨变，或外部压力失平，则岩层断裂，结果成为剧烈地震。此类地震，每发起异声，魏明帝青龙二年京后地震从东南来，隐隐有声，摇动屋瓦。灵徵志，延兴四年，雁门崎城，有声如雷。

③地壳升沉发生之地震。地壳表面，因压力失平，结果此部低落，邻部升起，欧洲阿尔卑斯山、亚洲之喜马拉雅山，皆由此种原因而成。此种地震，在吾国历史，亦数见不鲜。五行志。元成宗七年，汾州北城陷长1里，东城陷，70余步。大政纪，成化十六年六月，长乐县昆田里，平地突起小阜，寻复于其左，涌一山，广袤五丈。

（2）因火山爆发发生之地震。

此类地震，亦可略分为二：

①由火山爆发。地内岩石，因剧烈运动，温度增高，变为熔岩，复因四周压迫，循压力微小处决裂喷发，结果成为极大地震。此种地震，其后皆发生火山，1883年，意大利伊斯基亚岛（Ischia）地震，及1834年，西西里岛地震，皆属此类。

②地下溶岩寻隙逸出。地下溶岩，循岩隙逸出，结果亦能成剧震，惟其势稍逊于前，此种地震，地质史中极多，吾人常见岩层中之Dike，即为此种地震之遗迹。

1924年7月3日、12日新疆民丰7¼级双震及该年地震论述

【编者按】1924年7月3日、12日新疆维吾尔自治区和田地区民丰县7¼级双震。本篇收录了上海徐家汇地震台记录的民丰7¼级地震图、新疆维吾尔自治区地震局编的有关民丰地震史料、谢家荣的《地壳变动与地震》一文、龙相齐的《微震新解》论文等史料。

发震时刻：1924-7-3，12:40:10；1924-7-12，03:44:44；

震中位置：36.8° N， 83.8° E ；37.1° N， 83.6° E；

震　　级：7¼级；

震中烈度：Ⅹ度；

震中附近地点：新疆和田地区民丰县东部；

宏观深度：33km。

一、地震记录图

摘自《中国早期地震台历史地震图鉴》（第一卷）。上海徐家汇地震台记录新疆民丰7¼级双震地震图如下。

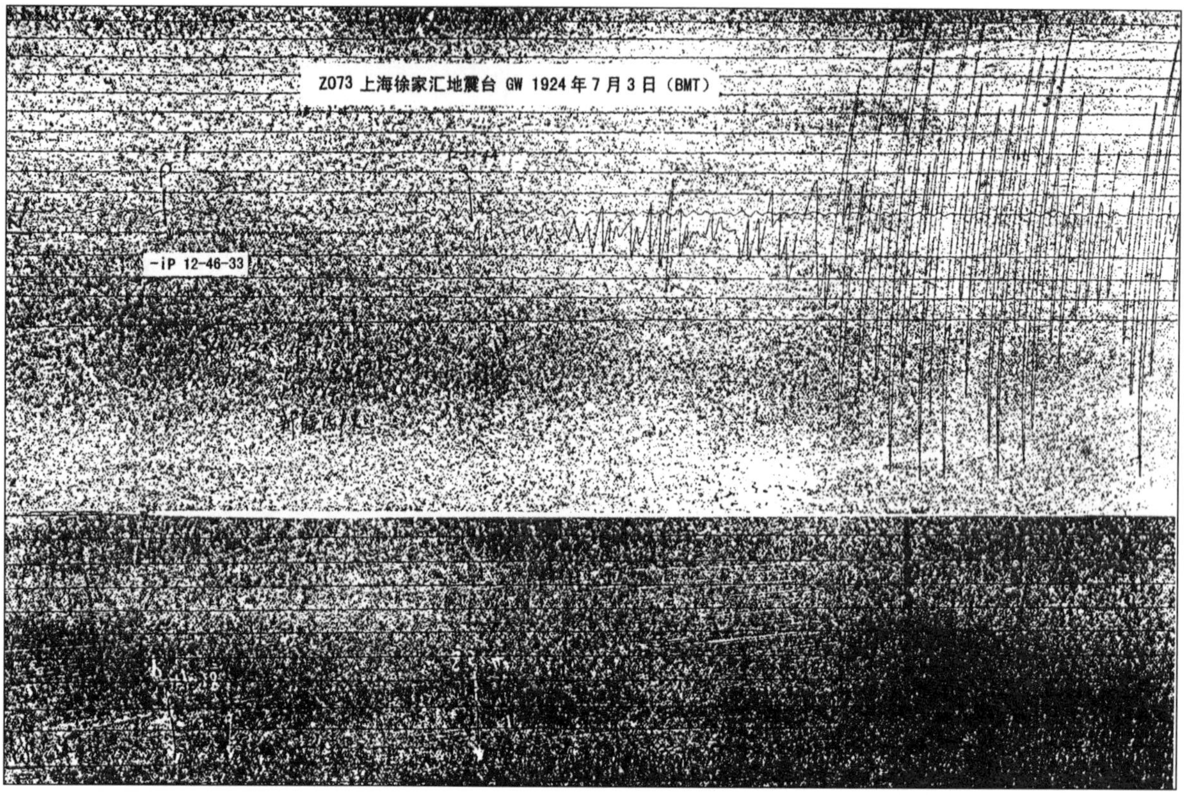

Z073上海徐家汇地震台GW1924年7月3日（BMT）记录新疆民丰7¼级地震图。

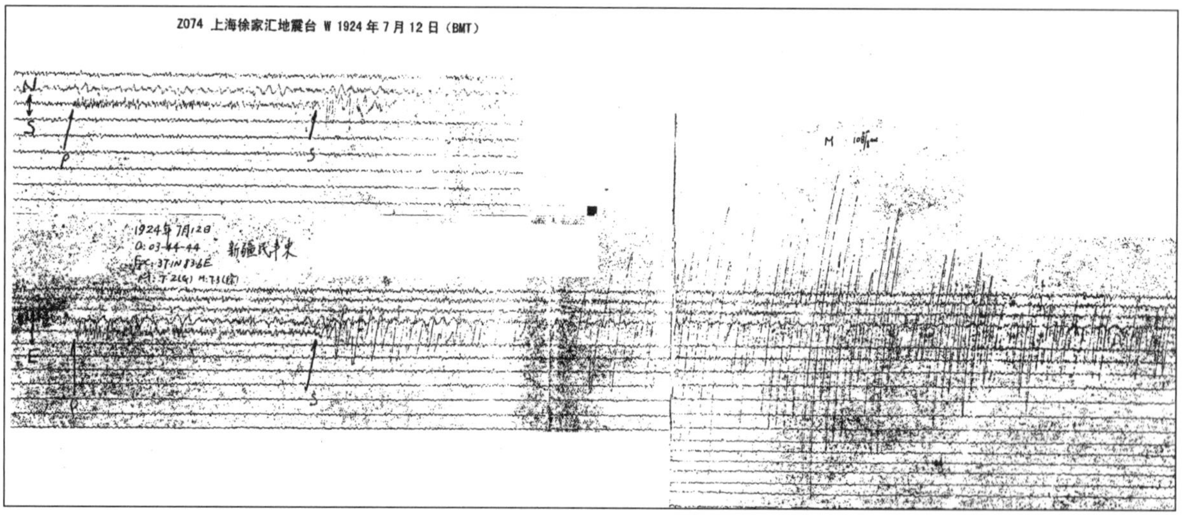

Z074上海徐家汇地震台W1924年7月12日（BMT）记录新疆民丰7¼级地震图。

二、地震史料

摘自《新疆维吾尔自治区地震资料汇编》。1924年7月3—12日新疆民丰7¼级双震史料汇总如下。

1924年7月3—12日新疆民丰7¼级双震史料汇总表

<table>
<tr><th rowspan="2">编号</th><th rowspan="2">地震时间</th><th>震中位置</th><th rowspan="2">地震情况</th><th rowspan="2">资料来源</th></tr>
<tr><th>北纬　东经</th></tr>
<tr><td>45</td><td>1924年7月3日12时40分10秒，12日03时44分44秒</td><td>民丰县东部
36.8°, 83.8°;
37.1°, 83.6°</td><td>震前在地震区人们普遍闻到地声，似雷声、车轮滚动声或刮风声。地声后紧接着发生地震。在震中以东的吐拉地区，人们听到地声从西方而来。在于田方向也有人听到似汽车、拖拉机声的地声。
火光：七月三日主震时出现火光，在喀拉萨依一带有人见天空有1米大小的红火球坠落，同时闻到地声，接着发生强烈震动。在吐万铁里木有人听到地声后，见到空中有毽子大小的火球向西飞去。
气候：震前在于田、且末一带为阴天。于田、安迪尔兰干、叶亦克等地有雷阵雨。震后七八天，极震区满天灰尘，持久不散。
这次大震的前震活动比较微弱，震前一月左右，在喀拉萨依，人们感到一次小震。主震发生后，连续发生有感余震多次，甚至在震后一二年，仍有余震发生。据《新疆强震目录》记载较大余震如下：
<table>
<tr><th colspan="5">发震时间</th><th colspan="2">震中位置</th><th rowspan="2">震 级</th><th rowspan="2">震中地区</th></tr>
<tr><th>年</th><th>月</th><th>日</th><th>时</th><th>分</th><th>纬度</th><th>经度</th></tr>
<tr><td>1924</td><td>7</td><td>5</td><td>23</td><td>01</td><td>37° 18′ N</td><td>85° 18′ E</td><td>5</td><td>且末一带</td></tr>
<tr><td>1924</td><td>7</td><td>16</td><td>05</td><td>38</td><td>37° 18′ N</td><td>85° 18′ E</td><td>5</td><td>且末一带</td></tr>
<tr><td>1926</td><td>3</td><td>4</td><td>02</td><td>06</td><td>37° 18′ N</td><td>85° 18′ E</td><td>6 ~ 6½</td><td>且末一带</td></tr>
<tr><td>1926</td><td>7</td><td>18</td><td>03</td><td>14</td><td>36° 00′ N</td><td>84° 30′ E</td><td>4½</td><td>民丰东南</td></tr>
<tr><td>1927</td><td>2</td><td>5</td><td>08</td><td>—</td><td>36° 00′ N</td><td>84° 30′ E</td><td>4½ ~ 5</td><td>民丰</td></tr>
</table>
注：以上地震震中精度均大于100公里，震级为参考震级。
极震区(Ⅹ度区)：在木勒切河和安迪尔河的上游博土塘至米特达板一带，为一长椭圆形，长轴方位为北东60°，长46公里，短轴长8公里，其面积约为280平方公里。
极震区平均海拔3000 ~ 3500米左右，相对高差500 ~ 1000米及以上。山高谷深，地貌条件较复杂。地裂缝到处可见，崩塌、滑坡非常普遍，规模巨大。死亡38人，压死羊300只。
且末县博士塘：人感上下跳动。山石滚落，河岸多处滑坡，堵塞河道。木勒切河震后被堵，水断流七至八天。滑坡压死羊80多只。博士塘金矿洞震塌，压死5人。山上有很多近东西方向延伸的裂缝，宽大于1.5米，深不见底。
且末县安迪尔河上游：窑洞房（相当于Ⅰ类房）全部倒塌，其它Ⅰ类房屋倒塌。山上崩塌、滚石普遍。河岸滑坡堵塞河道，形成堰塞湖达15天之久。山体崩塌填平三条深沟（沟深约100米），掩埋草场5000多亩，有一处滑坡埋掉5000公斤羊毛及其他财产。据不完全统计，死亡33人，羊200只。
Ⅸ度区：东起昆其布拉克，西至苦牙克，北至喀帕、吾依拉克一带，南界大致在雪线附近，为长椭圆形。长轴方位北东65°，长轴158公里，短轴30公里，面积3560平方公里。Ⅸ度区的北部为山前低山区和戈壁滩，南部为4000 ~ 5000米及以上的高山区。该区震害，一般以山崩石落、河岸崩塌以及地裂缝等为主。据不完全统计，死亡70多人，羊只等牲畜2500只以上。
民丰县喀拉萨依：Ⅰ类房屋倒塌。山石滚落堵塞道路。戈壁滩、沙土包均有裂缝，宽1.5 ~ 2米，深2 ~ 3米，断续分布，有些目前仍可见到。死亡25人，羊1000只。
且末县土完土：地震产生的滑坡，滚石砸死15人和羊若干只。</td><td>新疆地震局综合队《新疆维吾尔自治区民丰县东南1924年7¼级地震考察报告》1979年</td></tr>
</table>

续表

编号	地震时间	震中位置	地震情况	资料来源
		北纬　东经		
45	1924年7月3日12时40分10秒，12日03时44分44秒	民丰县东部 36.8°, 83.8°; 37.1°, 83.6°	且末县吾依拉克：窑洞、金矿洞震塌。山石滚落。地裂缝普遍，宽1～2米，现在仍可见到。震后有几眼泉水干涸。因倒房滚石砸死19人，羊700只。 且末县昆其布拉克：地震时，人坐立不稳摔倒。房屋倒塌，山上巨石滚落，砸死许多牦牛和羊只。地裂缝很多（现在仍可见到）。泉眼堵塞。泉水断流一年多。因房屋倒塌及滚石砸死6人。 且末县翁居里铁里木：窑洞倒塌。山头崩塌。山顶、平地均有裂缝，宽约1米多，深不见底。黄土区滑坡压死10人，羊600只。 且末县米特：山石滚落，砸死羊200多只。 Ⅷ度区：东起库拉木勒克，西至叶亦克，北部可达安迪尔兰干一带，为椭圆形，长轴270公里，短轴约110公里，面积达22,300平方公里。该区北部大部分为戈壁，南侧为4000～6000米以上的高山雪峰。区内沿河谷的山坡坍塌，滚石阻塞河道。戈壁滩上可见到40～50厘米宽的地裂缝。窑洞，矿洞震塌，帐房内家具震倒，据不完全统计有十一人死亡。 且末县喀帕：山上巨石滚落，堵塞山沟。地窝子倒塌。 民丰县叶亦克窑洞倒塌压死二人。河岸坍塌严重。 且末县阿羌：房屋摇晃，地窝子倒塌，压死8人。山石崩塌，堵塞山沟。家具震落。 且末县库拉木勒克：山体塌方，滚石遍地。 Ⅶ度区：在吐拉、江格萨依、且末、安迪尔铁里木、民丰以西地区，长轴440公里，短轴约220公里，面积为72,600平方公里。区内有许多旧房旧墙破坏或倒塌，有的沙土山包塌方，山坡有滚石，窑洞震塌，人惊逃户外。据不完全统计有10余人死亡，许多人受伤。 且末县城及其附近公社：一些旧房、旧墙倒塌，其他房屋裂缝。人感坐立不稳、家具震落。涝坝中水、渠水外溢。有的坟墓震塌，有的地方发生地陷，人畜有伤亡。 且末县托库孜大板：山坡崩塌，崩塌体似房屋大小，地裂缝长40多米，家具震落。 且末县吐拉：毡房摇动，家具碰响，山上滚石头。河滩出现裂缝，有的地方冒水。 民丰县安迪尔兰干：盆、壶等家具翻倒，河水倒流。河岸坍塌，压死羊10只。 民丰县城及东方红公社：旧房（相当于Ⅰ类）土墙，烟筒倒塌，质量较好的房屋出现裂缝。潮湿地产生地裂缝。人站立不稳。涝坝水溢出。有的大树倾倒。人畜有伤亡。 民丰县红旗公社：窑洞震倒，压死三个小孩。破旧房倒塌，压伤人畜。 民丰县萨勒古则克：黄土深沟两岸塌方。立在墙边的树杆震倒。 民丰县安迪尔铁里木：一旧礼拜寺倒塌。涝坝水外溢。 Ⅵ度区：范围东至瓦石峡以东地区，西达策勒县城普鲁一带。长轴约660公里。地震时，该区涝坝水、渠水普遍溢出，有一些老旧房墙裂缝或破坏，个别的倒塌。树木摇晃，人站立不稳。 于田县城：旧房部分倒塌或破坏，人惊逃户外。涝坝水晃出，人感东西向摇动，家具碰响。悬挂物震落，有的货架震倒。 于田县普鲁：一些旧房墙倒塌或破坏，有的房梁错位。涝坝水溢出。 于田县达玛沟：旧墙裂缝，个别墙破坏，Ⅰ类房完好无损，家具晃荡。人普遍有感。 策勒：Ⅰ类房屋完好。渠水、涝坝水溢出。树木摇晃。人从梦中惊醒。	新疆地震综合队《新疆维吾尔自治区民丰县东南1924年7¼级地震考察报告》1979年

续表

编号	地震时间	震中位置 北纬 东经	地震情况	资料来源
45	1924年7月3日12时40分10秒，12日03时44分44秒	民丰县东部 36.8°, 83.8°; 37.1°, 83.6°	若羌瓦石峡：房屋完好无损。渠水外溢。 Ⅴ度区：包括若羌，恰恰和洛浦等地。 若羌：门窗作响。南面山上有滚石和地裂缝，有的泉眼堵塞。 洛浦：部分人有感，从梦中惊醒。门扣响动。 Ⅳ度区： 墨玉县城：涝坝水晃动。 叶城：房门作响。静者有感。 喀什有感。 地震有感半径为400 ~ 600公里。 1924年7月3日、12日民丰7¼级地震等震线图见下图。	新疆地震综合队《新疆维吾尔自治区民丰县东南1924年7¼级地震考察报告》1979年

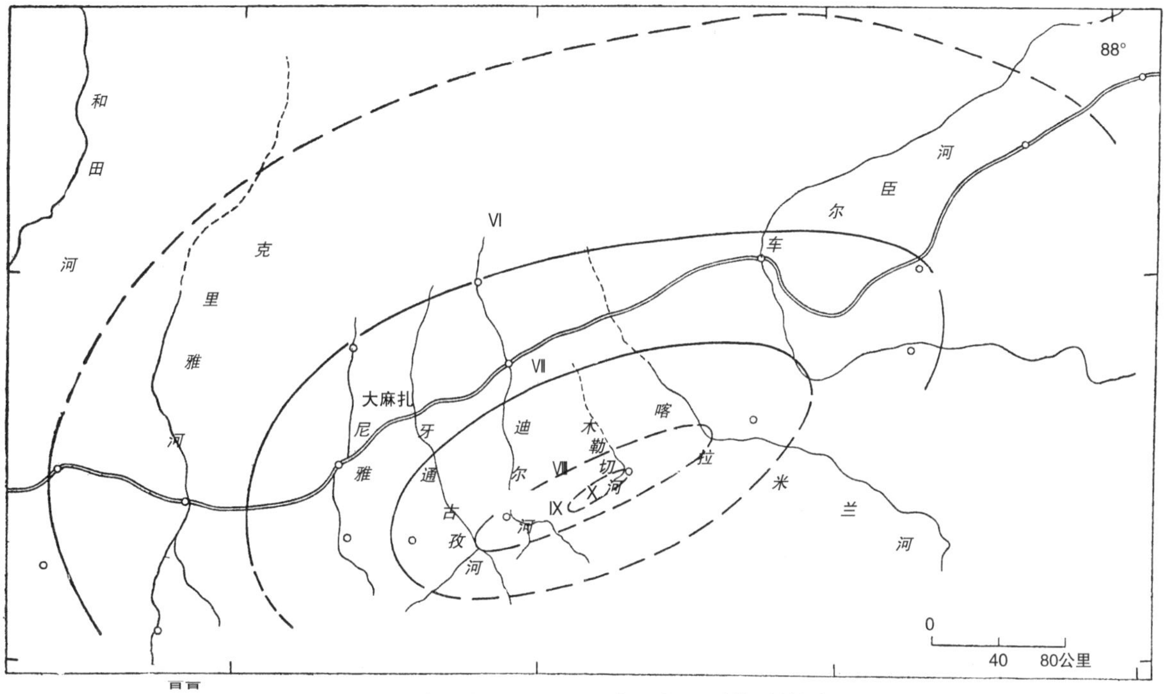

1924年7月3日、12日民丰7¼级双震等震线图

三、考察报告

由新疆维吾尔自治区地震局档案室提供。《新疆维吾尔自治区民丰县东1924年7¼级地震考察报告》（新疆维吾尔自治区地震局综合队，1979年11月）全文如下。

据我局一九七九年地震工作计划，在完成青新铁路线（新疆境内)地震基本烈度鉴定任务的同时，提交一九二四年民丰东7¼级地震调查报告。

据此，今年七月份，我们在且末、民丰、于田、策勒、洛浦、和田一带对此次历史强震进行了一个多月的调查访问工作。现将所收集的资料整理如下。不妥乏处，敬请批评指正。

（一）地震活动概况

1924年7月3日12时40分、7月12日03时44分在民丰县以东地区连续发生两次7¼级破坏性地震。其微观震中位置分别为：36.8° N，83.8° E（震中精度≤50公里）；37.1° N，83.6° E（震中精度≤100公里）。

主震释放能量约占总释放能量的99.9%，具有（双）主震型地震的一般特点。

1. 地震前兆现象

据调查，大震前在地震区人们普遍闻到地声。似雷声，车轮滚动声或刮风声，地声后紧接发生地震。在震中以东的吐拉地区人们听到地声从西方而来。在于田方向也有人听到似汽车、拖拉机声。

火光：7月3日主震时出现火光。在喀拉萨依一带有人见天空有一米大小的红火球坠落，同时闻到地声，接着发生强烈振动。在吐万铁里木有人听到地声后，见到空中有毡子大小的火球向西飞去。

气候：震前在于田—且末一带为阴天。于田、安迪尔兰干、叶亦克等地有雷阵雨。

震后七八天，极震区满天灰尘，持久不散。

2. 前震活动

当时在新疆境内无地震台，缺少微震记录资料。根据调查访问资料看，这次大震的前震活动比较微弱。震前一个月左右在喀拉萨依人们感到过一次小震，这是唯一的一次有感前震。

3. 余震活动

主震发生后，连续发生有感余震多次。并且在震后1～2年仍有余震发生。据《新疆强震目录》记载：

发震时间					震中位置		震级	震中地区
年	月	日	时	分	纬度	经度		
1924	7	5	23	01	37° 18′ N	85° 18′ E	（5）	且末一带
1924	7	16	05	38	37° 18′ N	85° 18′ E	（5）	且末一带
1926	3	4	02	06	37° 18′ N	85° 18′ E	（6～6½）	且末一带
1926	7	18	03	14	36° 00′ N	84° 30′ E	（4½）	民丰东南
1927	2	5	08	—	36° 00′ N	84° 30′ E	（4½～5）	民丰

注：以上地震震中精度均≥100公里，震级为参考震级。

从以上资料看，7月3日主震后，7月5日在阿羌一带发生5级余震。7月12日发生第二次主震。其后，7月16日又在阿羌一带再次发生了5级余震。据访问资料，阿羌—昆其布拉克一带人们普遍反映，感觉到多次余震，时轻时重。大震后余震持续时间达一星期左右。估计这两次5级地震为较大的余震。其微观震中位置定在阿羌—昆其布拉克一带是合适的。另外，据安迪尔铁里木和奥依托格拉克两地的访问资料看，在大震发生1～2年以后，这两地均有人感到一次小震，见涝坝水荡漾。如果这两地感到的地震是1926年、1927年的地震的话，其微观震中位置需要修订。同时1926年以后的几次地震是否可以作为1924年大震的余震序列，有待进一步讨论。

从宏观调查资料看，较大的前震和较大的余震均分布在宏观震中的两端。两者最大相距达160公里。具有明显的南西西—北东东方向展布的特点。前震首先在南西端的喀拉萨依一带发生，而较大余震在北东端的阿羌一带发生。主震则发生在两者的中段——米特达板至博土塘一带。从地震序列的这一特点，可以推测这次地震是沿北东东方向的破裂发生的。

（二）大震影响场

这次大震调查，以访问为主。由于时间短，交通不便，未能深入到极震区做实地考察。烈度的评定是根据访问资料，去粗取精，综合分析得出的。由于这次地震距今已55年，而且两次主震发生时间、震中相距很近，加之极震区人烟稀少，所以未能把这两次主震的影响场分别绘出。

1. 烈度评定标准

烈度评定标准主要依据新的“地震烈度表”，并参考了新疆几次大震的资料。根据实际情况作如下补充规定：

（1）涝坝水荡漾一般作Ⅴ度考虑；

（2）涝坝水荡出一般作Ⅵ度考虑；

（3）旧房、旧墙有破坏或倒塌一般作Ⅶ度考虑；

（4）河岸、山坡有滑坡、崩塌一般作Ⅷ度考虑；

（5）一般地裂缝宽度在1.5米以上者作Ⅸ度考虑；

（6）地裂缝宽达2.0米以上者，河岸有大规模的滑坡堵塞河流一般作Ⅹ度考虑。

2. 极震区（Ⅹ度区）

极震区分布在木勒切河和安迪尔河的上游博士塘至米特达板一带，为一长椭圆形，长轴方位为北东60°，长轴长46公里，短轴长8公里，其面积约为280平方公里。

极震区海拔3000～3500米，相对高差在500～1000米，山高谷深，地貌条件较为复杂。极震区地裂缝到处可见，崩塌、滑坡分布非常普遍，规模巨大，造成人畜伤亡。在博士塘一带，河岸滑坡较多，有几处滑坡堵塞河道，河水断流十余天。山上裂缝深不见底，宽1.5米以上，人、牲畜跨跃不过去。一般地裂缝延伸方向近东西。这一带砂金矿洞震塌多处，地震时人感强烈，地上下跳动。在安迪尔河上游，山体坍塌，堵塞河流达半月之久。几处山体崩塌将100多米深的沟谷镇平，崩塌体淹埋草场5000亩以上。不完全统计，Ⅹ度区有38人死亡，压死300只羊。

3. Ⅸ度区

范围：东起昆其布拉克，西至苦牙克。北至喀帕、吾依拉克一带，南界大致在雪线附近。为长椭圆形。长轴方位北东65°，长轴长158公里，短轴长30公里，面积为3560平方公里。

Ⅸ度区的北部为山前低山区和戈壁滩，南部为4000～5000米的高山区。该区震害一般以山崩石落、河岸崩塌以及地裂缝等地表现象为主。在喀拉萨依附近，山石滚落比较普遍，堵塞道路。沙土山包地裂缝，深达2～3米，宽1.5米左右，一般长2～3米，最长可达10～15米，断断续续分布。在吾依拉克，地震时人感站立不稳，摔倒，有几处泉水震后干涸，地裂缝普遍，人住的窑洞（相当I类房）全部震塌。在昆其布拉克一带泉眼堵塞，断流一年多。河岸坍塌，阻塞河道。该区人畜伤亡相当严重，据不完全统计，死亡70多人，羊只等牲畜2500只以上，其他财物损失难于估计。

4. Ⅷ度区

范围：东起库拉木勒克，西至叶亦克，北部可达安迪尔兰干一带，为椭圆形，长轴长270公里，短轴长约110公里，面积达22300平方公里。

该区北部大部为戈壁，南侧为4000～6000米的高山雪峰。区内沿河谷，山坡坍塌，滚石阻塞河道。戈壁滩可见到40～50厘米宽的地裂缝。窑洞、矿洞震塌，帐房内家具震倒。据不完全统计，有11人死亡。

5. Ⅶ度区

范围在吐拉、江格萨依、且末、安迪尔铁里木、民丰以西广大的地区，长轴长440公里，短轴长约220公里，面积约72600平方公里。

区内有许多旧房旧墙破坏或倒塌，有的沙土山包塌方，山坡有滚石，窑洞震塌，人惊逃户外，不完全统计有10余人砸死，许多人受伤。

6. Ⅵ度区

波及范围东至瓦石峡以东地区，西达策勒县城、普鲁一带。地震时，该区涝坝水、渠水普遍溢出，有一些老旧房墙裂缝或破坏，有个别倒塌。树木摇晃，人站立不稳。

这次地震的有感范围：东达若羌一带，西至喀什。有感范围半径400~600公里。

（三）宏观地震参数确定

（1）宏观震中位置。取极震区的长、短轴交点为两次主震的宏观震中位置，在且末县吾依拉克东南20公里，地理坐标为 84°24′E、36°57′N，与微观震中位置分别相差56公里和70公里。

（2）震源深度。采用几种方法分别计算，结果如下：

①按$\lg I = \log \Delta$作图，Δ为等震线平均半径，h=31.6公里。

②按$h = \sqrt{S_2 + S_3}$计算，h = 35.6公里。

③按震源深度量板法公式，$h = \dfrac{\Delta_i}{\sqrt{10^{\frac{I_0 - I_i}{S}} - 1}}$，$h$ = 30.9公里，S = 2。

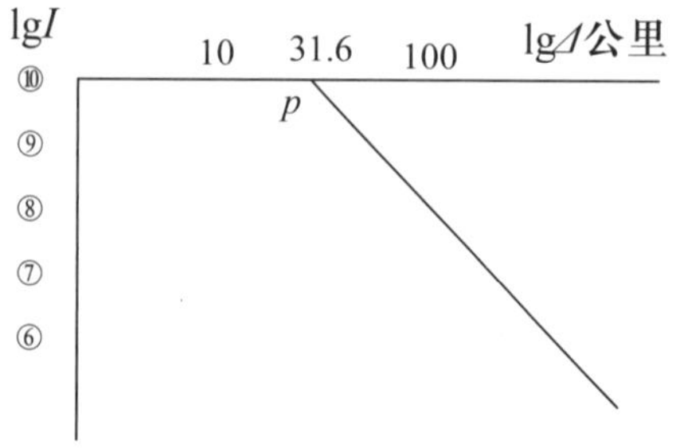

取三种方法计算结果的平均值，这次地震的震源深度约33公里。

（3）震级。

从宏观资料看，地震区多数人反映7月12日晚上的地震较7月3日白天的地震要大。这有可能是两次主震的震级大小有差异，或者是震源位置不同。

按经验公式M=0.68I_0+1.39lg$h$−1.4计算，取h=33公里，I_0=10，求得：M=7½级，与微观震级M=7¼级相差¼级。

我们认为，这两次主震震级取7¼级为宜。

（四）发震构造背景

由等震线图可见，地震影响场形状呈椭圆形。南北短东西长，短轴与长轴之比约⅕~⅓，其长轴走向北东东，这是7月3日和7月12日两次地震的迭加场。等震线受区域构造控制，长轴走向与断裂展布方向相吻合，沿断裂展布方向烈度衰减很慢。

由于这两次地震的迭加场长轴沿北东东方向展布，推测这两次主震震中可能沿北东东方向分布。同时，在阿羌附近发生的几次较大余震与主震震中也形成北东东向的分布，因此，引起这次地震的构造是否是北东东向的构造？

在民丰至且末以南山区，发育着一系列北东东向结构面，彼此基本平行排列，其中有坑抵—喀帕、苦牙克—米特达板和塔什库勒—苏巴什三条断裂。破碎带宽100~800米不等，断面以高角度向南或向北倾。

据新疆地质局区测队1971年资料，皮什盖至塔勒坎勒克一带存在一逆掩断层，长约80公里，破碎带宽数百米，总体走向为北东80°。

从阿羌东北至喀拉米兰河口一带，有一北东东向（某些段近东西或近北东40°方向）的断裂。

断面较陡，向南倾，倾角60°～70°。破碎带可见宽度300～1000米，沿断裂有超基性岩分布，其长轴方位仍为北东东向。

以上构造与卫照解译结果基本吻合，卫星照片清晰显示了北东向断裂带的存在。该断裂带经吐拉向西南延伸，经阿羌、博士塘、米特达板、喀拉萨依、苦牙克等地后，继续向西南方向延伸，这是一条规模巨大的断裂带，称为阿尔金断裂带。

阿尔金断裂在阿羌南约500米处，产于超基性岩中，由辉长岩组成的破碎的构造岩中，发育着两组压性及压扭性结构面。一组走向为北西62°，北倾，倾角51°；另一组走向北东70°，南倾，倾角71°。它们的擦面较为清楚新鲜，这说明该断裂具多期活动特点。

据新疆地质局区测队资料，第四纪下更新统沿山前分布，呈一排小丘沿北东方向延伸，其南侧较为平直，显然是钝近时期区域构造活动的反映。

从卫照及水系资料看，车尔臣河、喀拉米兰河、安迪尔河等一系列河流在断裂带上都有明显的急剧拐弯，这是阿尔金断裂反时针扭动所控制的。同样，皮什盖至塔勒坎勒克断裂的新活动决定了这一区域的南部隆起和北部拗陷的平面布局。在托克恰布、阿克塔什布拉克、麻特等处都可见到该断裂对第四纪沉积物之切割。以上证明了阿尔金等断裂钝近时期有明显活动。

喀拉萨依、苦牙克一带是阿尔金断裂、皮—塔断裂等活动断裂交汇地区，1924年7¼级地震宏观震中（36° 57′ N、84° 24′ E）位于这一构造复合部位。因而，我们认为阿尔金断裂现今活动导致了1924年7¼级破坏性地震的发生。

（五）结语

一九二四年民丰地震已距今55年，由于震区人烟稀少，交通不便，工作时间短暂，所以震区许多访问资料未能去现场核实，对发震构造背景没有进行详细工作。这些不足之处，有待今后进一步工作。

参加这项工作的有：

队长：王尚仁。

参加工作人员：冯先岳、寇大兵、刘景元、艾买提、买买提、袁瑞方、杨纪林。

业务负责：冯先岳。本报告由寇大兵、刘景元执笔。杨纪林清绘图件。

附：一九二四年民丰东地震震害资料

地震日期	1924–7–3 1924–7–12	震中位置	北纬	36° 57′	震级	7¼ 7¼	震源深度
发震时间	12:40:10 03:44:44		东经	84° 24′	震中烈度	X	33千米

震害情况：

博士塘：人感上下跳动。山石滚落。河岸多处滑坡，堵塞河道。如，木勒切河震后被堵，水断流7—8天。很多山上裂缝，近东西方向延伸，宽度大于1.5米（人、牲畜跨越不过）。博士塘金矿洞震塌，压死5个人。滑坡压死80多只羊。

安迪尔河上游：窑洞房（相当I类）全部震塌。房屋倒塌。山上崩塌、滚石普遍，河岸滑坡、河流堵塞，形成临时堰塞湖达15天之久。山体崩塌填平三条深沟，沟深约100米，掩埋草场5000多亩。有一处滑坡埋掉5000余公斤羊毛及其他财产。据不完全统计砸死33人，羊200只。

喀拉萨依：房屋（I类）倒塌。山上滚石普遍，堵塞道路多处。戈壁、沙土包均有地裂缝，宽1.5～2.0米，深2～3米，断断续续分布(有些目前仍可见到)。死亡25人，1000只羊。

土完土：滑坡、滚石砸死15人和羊群。

吾依拉克：窑洞、金矿洞震塌，山上滚石，地裂普遍，裂缝宽1～2米（现在仍可见到）。地震后有几眼泉水干涸。因房倒滚石计砸死19人，羊700只。

昆其布拉克：地震时，人坐立不稳摔倒，房屋倒塌，山上巨石滚落，砸死很多牦牛和羊只。地面裂缝很多（现在仍可见到）。泉眼堵塞，泉水断流一年多。砸死6人。

翁居里铁里木：山头崩塌，山顶、平地均有裂缝，宽约一米多，深不见底。窑洞倒塌。黄土滑坡计压死10人，600只羊。

米特：山上滚石，砸死200多只羊。

喀帕：山上巨石滚落，山沟堵塞，地窝子倒塌。

叶亦克：河岸坍塌严重，窑洞倒塌压死2人。

安迪尔兰干：盆、壶等家具震倒，河水倒流，河岸坍塌，压死10只羊。

阿羌：房屋摇晃，家具掉落，地窝子倒塌，山上崩塌，堵住山沟，死8人。

库拉木勒克：山体塌方，滚石遍山坡，现在还可以看到。

且末县城及附近公社：人感坐立不稳，涝坝水、渠水外溢。一些旧房、旧墙倒塌，其他房屋裂缝，家具震落。有的坟墓震塌。有的地方发生地陷，人畜有伤亡。

托库孜大板：山坡有崩塌裂缝，裂缝长约40多米，崩塌体似房屋大小。家具震落。

吐拉：毡房摇动，家具碰响，山上滚落石头，河滩出现裂缝，有的地方冒水。

民丰县城及东方红公社：人站立不稳，有的树木倾倒，涝坝水溢出。旧房（相当I类）土墙、烟筒倒塌，质量较好的房屋出现裂缝，潮湿地面产生地裂缝。人、畜有伤亡。

民丰县红旗公社：窑洞震倒，死3个小孩。破旧房倒塌，压伤人畜。

奥依吐拉克：有些旧房墙倒塌，羊圈墙震倒。

萨勒古则克：黄土深沟两岸震塌，立在墙边的树杆震倒。

安迪尔铁里木：涝坝水外溢，一旧礼拜寺倒塌。

于田城：人惊逃户外。涝坝水晃出，人感东西向摇动。家具碰撞作响，悬挂物震落，有的货架震倒，旧房有部分倒塌或破坏。

普鲁：河岸滚石头。一些旧房墙倒塌或破坏，有的房梁错动。涝坝水溢出。

达玛沟：人普遍有感。家具晃荡，旧墙有裂缝，个别墙有破坏。质量较好的房屋（相当I类）未损坏。

策勒：从睡梦中惊醒。渠水涝坝水溢出。树木摇晃，老朽树木折断。房屋（相当I类）未损坏。

瓦石峡：渠水外溢，房屋未倒。

若羌：门窗作响，人感站立不稳。其南面的山上有滚石和裂缝。有泉眼堵塞。

洛浦：部分人有感，惊醒，门扣响动。

墨玉：涝坝水晃动。

叶城：门、房作响，静者有感。

四、地震论述

（一）地壳变动与地震

谢家荣著（《地质学·地壳变动与地震》，1924年，商务印书馆）。

1. 地壳变动

据地质学之观察，地壳外表，非固定不变者。古人云沧海桑田，虽为理想之谈，却为普通地质现象之一，盖海陆变迁，即地壳升降之结果。论其种类，有直动，有横动，有历时久而不觉者，有历时短而为害甚烈者，地震即为此类变动最著之例。至其影响所及，亦广狭不等，有及于大陆全体者，则称大陆变动(Epirogenic Moveinent)；有只及局部者，则称局部变动，如山岳高原之造成，即由于此。

1）大陆变动

大陆变动，范围甚广，历时甚久，其动力之方向，多近垂直，故地层得保持原状，而不受何等褶皱。地质史中似此者，不胜枚举，今日研究各地岩层之分布与性质，即可略窥昔时陆海变迁之状况，其详俟于地史篇中论之。至近代变动，则痕迹未泯探索尤易，而研究海陆界线之升降，尤为明了，盖海平面足为绝好之标记也。关于陆地上升之证据甚多，试分述之。①滨海岩壁，如有海生化石，与现代海中所产者相似，则足证昔日岩壁，曾埋没于海水之下，故生物附生其上。今则陆升海降，生物之骨骸始得显露。意大利南部，有罗马时代所建石柱三，高约40尺，尚直立。距地10尺处，有9尺宽之一段，为一种海生介类(Lithodomus)所啮蚀，故呈蜂窝形。此种介类，尚生于其附近海湾中。足证自罗马以后，地逐下降，致三柱沉没于水面之下，故海生介类窟穴其中，嗣后陆地再上升，介类窟穴，遂露出地面，升降之迹，讵不昭然。②沿海之区，为海水所剥蚀，则能成梯级地形，其石质常多岩穴。凡此皆为海岸之证，依此而求其与现代海面之距离，则上升之迹，不难推算而得。然陆地亦有下降者。上述意大利之建筑物，即为一例。若在海面，发现埋没之树根，或古代人类之建筑物，即足证为陆地下降。③黑特生及其他各处海湾，形状曲折，其海底又复深渊不测，似非普通海浪之力所能成。必系昔时大陆河流，因陆地下降，河身被侵，变成海湾者。凡此皆为研究近代海陆变迁之确证，依此而研究世界各处之海岸，则知无论何处，皆有变迁，或升或降，初无定轨，惟陆地之升者，常较降者为多耳。

吾国海岸，截然有二。钱塘江以北，为江、淮、河、济四渎之冲积平原。以南则概为高峻海岸，岩壁削露，河流突出，几成峡口，而江口三角洲亦迥不如江河诸流之发达。由是可证东南海岸，在近代必有沉降之势。而黄河渤海沿岸，江河冲积甚盛，海岸日见扩张。据计算江苏海岸，每60年淤涨1英里，而太湖、微山诸湖，皆有海生介壳，积聚成层。天津导河亦见之。是则其海岸必稍有升降也亦明矣。

2）局部变动

局部变动，范围较狭，其动力或平或直，山岳高原，皆由此而成. 其详俟构造地质篇中述之。

2. 地震

地震亦为地壳变动之一，可分为大震(Macroseism)与微震(Microseism）二种。凡震动为人所能感觉者，称为大震，不能直接感觉而恃仪器足以记录者，则称微震。大震所及之面积大抵较广，损失亦较巨。研究地震之方法，除用地震仪，记其震动波浪之状态时间外，尤当注意于实地观察凡其所发生之关系，皆当一一记人焉。

1）地震之烈度

表示地震之强弱，当有一定标准，以为比较。通常用者为意人罗西及福来二氏之地震烈度表，其要如下。

第一级：不觉。

第二级：惟少数静卧者微觉之。

第三级：多数静卧或静坐者觉之，其时间方向，约略可辨。

第四级：行动者亦多觉之，悬挂之物移动，门窗自开，地板窗格震鸣。

第五级：无论何人均觉之，家具及床，均被移动，悬铃有自鸣者。

第六级：睡者为之惊醒，灯光摇动，挂钟或停，树木摇动，居人有惊恐出门者。

第七级：棹儿上物件，有倾覆者，墙屋上石灰有坠落者，公用之大钟为停止，无论何人均受震惊。

第八级：烟筒有倾覆者，墙壁有裂缝者。

第九级：房屋有倒塌者。

第十级：损失巨大，地陷石裂，山谷响应。

若将各地地震现象，按上表核以等级，而填于一适当地图上，再就烈度相同之各点以线连之，名为同震线。二线之间为同震区，同震线大抵近于同心圆形，其中心点为震中，烈度最高，亦即震动发源之地也。

2）地震之现象

大震所发生之现象甚多，可大别为二类。一为对于生物及人造物之影响，即人口牲畜之伤亡及房屋坍损等是也；二为对于天然事物之影响，即如山崩地裂诸现象是也。兹分论之。

关于人类之损失。地震突然发生，故人无法趋避。其害之烈者，生灵涂炭，城市为墟，视洪水烈火，犹且过之。如526年，欧洲地中海沿岸地震，死者12万至20万人。1908年意大利墨西拿地震，死亡7.8万余人，伤者尤众。日本安政二年，江户之震，明治二十四年，浓尾之震，死者约近万人。最近民国十二年9月1日东京一带地震，其损失之巨，尤为古今所未有。吾国地震，虽似不多，然考之史志、自夏桀五十二年至光绪二十二年，共3363年间，大小震之见诸记载者，计共3322次，平均每年几有一次。其震灾较烈者，如后汉顺帝时，陇西一带，3月间地180震，北魏延昌元年，雁门之震，元大德十年，开成之震，均死人5000余。清顺治十一年秦州之震，死万余人，全城被毁。民国九年12月16日，陕甘之震，灾情尤重，死亡云有23,400余人之多，震动达秦、陇、晋、直、鲁、鄂及绥远、察哈尔等处。是则中国之地震，亦不为不烈矣。

关于天然物者可分下列数项。

（1）地裂。地震与地裂，互为因果。裂缝及断层，为地震之原因，后当详述。其因地震而生之裂缝亦甚多，大者长达数10公里，深入数10公尺，或且上下前后移动，或为断层。裂缝有随裂随闭者，有历久不闭，为泥沙所充填者，则成砂岩脉，在地质史中往往见之。

（2）山崩。地震与山崩，亦互为因果。有因山崩而生地动者，其范围常极狭。有因地震而生山崩者，则最为普通。（民国）九年陕甘之震，在甘肃会宁、静宁、固原、海原一带，发生山崩极多。该处多黄土山，其崩坍之山坡最大者，长达2500公尺，阔1100公尺，移动达数百公尺，附近河谷为之阻塞，水流不通。

（3）泥火山。地震剧烈之地，所生裂缝内，间有泥沙随水喷出，高达丈余，亦有继续喷发历一昼夜者。喷口或呈圆形，或为狭长，泥沙堆积口旁，略似火山，故谓之泥火山。喷出泥水，多呈黑色。最近陕甘地震，宁夏灵武等县，黄河之冲积平原中，亦有此等现象。喷出之水呈黄黑红等色，惟 喷发不甚高耳。

（4）鸣声。地震之剧烈者，常闻有声隆然，大抵震动愈烈，则鸣声亦愈高。鸣声有闻于震前者，有闻于震后者，有与地震同时并至者，各处观察，颇不一致。

（5）绪震与余震。大震之前，微微震动，一若示人以朕兆，是为绪震。大震之后，余波荡漾，一时不即止者，是为余震。最近陕甘地震，自（民国）九年12月16日大震后，迄（民国）十一年之8月，犹闻微震发生，在固原静宁等县，所记之余震共不下500余次。

3）地震区域之分布

地震虽各处皆有，然于数区域内则发生特多，是为地震区域。细察其分布之情形，适与前章所述火山区域相合，然则火山与地震，当有密切关系也亦明矣。

我国于地震视为灾异之一，故历代记载甚详。据最近研究，其分布区域，与地质构造，颇有关系。综而论之，可分为十六带，即汾渭地堑带、太行山拗褶带、燕山拗褶带、山东潍河断裂带、山东西南断裂带、甘肃贺兰山断裂带、甘肃泾原断裂带、甘肃武都折断带、河南南阳折断带、安徽霍山折断带、川南断裂带、滇东湖地断裂带、滇西湖地断裂带、广东琼雷断陷带、福建泉汕沿海陷落带、山东登莱海岸陷落带等。

（1）海底地震。据航海者之经验，与海底电线时受震动而断裂，因知海底亦常有地震发生。震动之时海浪掀起，高达数10尺，波动极速，每点钟约行300至500英里，日本人名之曰津浪。其近海岸者，海浪侵入陆地，为害颇烈，如1755年立斯本（编者注：里斯本），1854年日本等地，皆因海浪侵入，损失人口至2万余人之多。

（2）地震之原因。地震之原因，自经多数地质家先后研究，始渐趋于明了之途，而一致认为与地层断裂有莫大关系。此外若火山爆发，或地内岩穴之陷落，虽亦能为少数地震之因，然究不甚重要。夫地震者乃地壳外表受猛击而发生之波形震动也。地壳因日渐冷缩之关系，遂致裂成大块，各块为保持均势计，时时移动以渐趋于最固之地位。移动较剧者，遂发生地震。美国加利福尼省(注：加利福尼亚)1906年之地震，乃一断层为之，此断层在地面上颇易查勘，延袤约600余英里，上下移动1至3尺，前后移动约8至20尺。民国六年1月至2月，皖北之震，其中心适在桐柏山脉，走向转折最烈，变动最新之处，亦即重要褶裂线存在之处也。

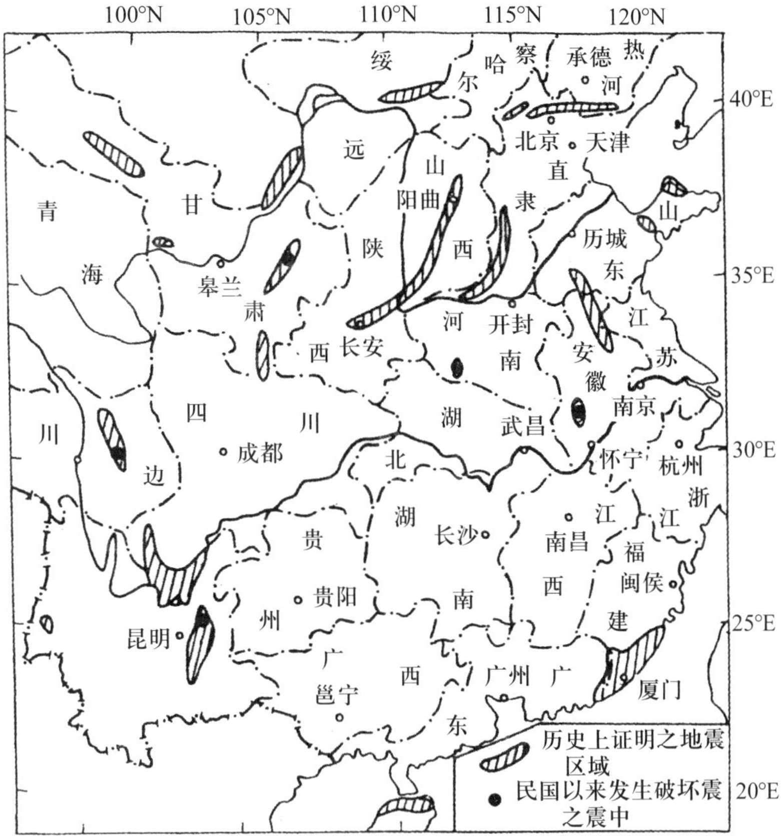

中国地震区分布图（翁文灏绘）

（二）微震新解

龙相齐[①]著（《科学》9卷6期，1924年）。

上海徐家汇天文台所装设之地震计中，有维开式及嘉立清(Galitzinc)式二机最为重要（维开式地震计有1200公斤重之锤）。维开式地震计之于水平运动，嘉立清地震计之于垂直运动，皆常时运动不息，虽并无地震现象之时地震计仍常有微震，此凡游天文台者所皆可目睹者也。

嘉立清地震计之灵动尤可注意。虽在不觉地震之时亦往往见电光一点不绝地往还摇动。参观者皆引为奇观，争询所以，此诚极有趣味之科学问题也。

地震计之制作原以观测地震，但近代机械愈出愈精，竟得藉此以研究地壳极微极轻为人身所不觉之动作，即所谓微震者是也。此项微震之观察实为科学研究别辟崭新之途径。凡留意于地球之物理的状况者当皆以此项研究为极重要也。

关于此种微震之原因，向已有人求之于气象。微震与气象关系诚至密切，然其影响之程度如何，重要之次序如何，尚有赖于精密之观测。就余之经验而言，则此类观测当以去世未久之俄国王爵嘉立清氏之地震计最为适用。

近时对于微震研究尤精者如去世未久之日本大地震学家大森房吉氏，如比国中央观象台之地震学家宋维尔(O.Somville)氏，如加拿大京城观象台台长克罗斯(Klotz)氏，皆于斯学多所发明，兹仅述余个人经验所及者。微震可分为四类。

①著者龙相齐(E. Gherzi)系上海徐家汇天文台地震科主任。该台地震计设备在亚东最为完备。兹篇原题为Quelques idees generales sur le microseisme，曾于1924年1月7日在中国地质学会年会宣读。兹承著者允许，译于此(翁文灏志)。

第一类微震

震波极有规则，周期自4至8秒，震幅始小继长，终又减小，皆极有规则。此等屈曲之震波，其数每3至12成为一组，每组先后相继。震动之原因似在气象变化。气象变化之中心离地震计尚远时，每组震波之最大震幅相隔1至2或3分钟。气象变化之中心已至地震计所在之地时，则相隔甚近，至半分钟左右。第1图（略）所示之震波为一台风所生，台风中心在徐家汇之东，相距尚在1000公尺以上。此项台风所生之微震，似尚未经人详细研究。即1922年在罗马所开万国地球物理学会之最新研究，亦未详论及此。大森氏及克罗斯氏虽已疑及于台风之影响，然尚未推论尽致。而大森氏且误谓此类微震之纪录为由抵抗台风之高气压所生。余则以为此类微震之原因实为附近有台风或旋风（例如冬季自蒙古吹来者）之中心所致也。盖就余12年以来之观察，地震计有此类纪录必在本台气象图上有台风或低气压之时，而每逢飓风或低气压时地震计又必有此类记录。反之，如在夏季东南季风盛时，即太平洋高气压高溢时，此类震波从未发生。在冬季季风盛时亦然。此项反旋风(anticyclonique)所生之微震另见后述，若此第一类之震波，则无论风之大小，即在黄海或东海中大浪汹涌时，亦从未得见也。故此第一类震波决非普通之风所能解释。

本台气象图系根据菲律宾及马里恩群岛等处来电而作。每逢图上见有台风中心在太平洋进行，或向中国东南海岸或向菲律宾或进往日本时，嘉立清地震计之光点即开始动作，累日不休。飓风愈近则震幅愈大，飓风已至则光点颤动更甚。然飓风虽摇屋拔木，至极狂烈，而地震计所记录之震波，终仍极有规则，周期终不出4至8秒，按飓风之风阵相隔时间亦约4至8秒，与微震动周期颇相符合。然不能因此即谓微震为飓风风阵所致，盖季风之风阵并未发生此项影响也。欲为之说，其殆第一类微震与台风风阵为其他之同一原因所生乎。

此公共之原因即为旋风之低气压，及因旋风而生之海面奋起。盖旋风所至，海水高涌，甚者至五至七公尺之高，对于地壳击冲颇力。沿海受灾，往往以此。例如上年汕头之风灾，死者以千计。此项涌起之海面，据各埠测潮计所记录，有时广至千余平方公里。由此所加之水量，重至数十万万吨。（中略）此极大水量一起一落之间，遂使行船者感觉升天坠渊之苦，而以上所言甚有规则之震波即由是而生焉。

更有可为此说之第二证明者，旋风中心在海上，此第一类微震极清晰极有规则。旋风中心已至陆地，则震波即失常态。然发生震波者，并非沿岸之波涛，盖台风虽至陆地，海上犹仍有波涛也。假使波涛实为微震之原因，则冬季大风时起，海浪亦未始不高，盖海浪与气流速率及海水深度有关也。然冬季风涛之烈虽一如台风之时，而从未发生此第一类微震。反之海上一经发生台风，微震亦立即显明。至台风向阿拉斯加进行离上海2000公里以上时，微震始已。

第二类微震

震波细密，颇如锯齿，周幅极为均匀，周期自2至4秒。此类震波为反旋风所发生，如第2图(略)本台气象图中并无旋风时，此类微震亦常发生，累月不止。惟有费解者，此项微震震幅之大小，并不随风之大小为消长。其理由殆因此项微震并非为风所直接发生，而实因气流所经，地壳浮面微有颤动，故微震之直接原因仍在地壳。又观微震周期仅自2至4秒，则此颤动之地层其厚度当不能远过1公里以上。

第三类微震

震波极不规则，而周期较前二类为长。插图中第3图(略)即为此类微震，在较为规则之震波中，可见其周期为12至30秒。就大体运动观之，有时周期且大过1分钟。此种微震说者有谓为风所发生，余则以为不然。台风虽至狂烈从不发生此种微震。反之有时空气极为平静，温度甚为严寒，则嘉立清地震计即现此可怪之微震。有时季风所生之微震（即第二类）与此类微震同时并生。二震并发，而此第三类微震之不规则状态仍依然如故，不为他震所掩。例如第2图，即见细密如锯齿者为第二种微震，而上下参差周期较大者为第三种微震。二者所以同时发生者，因是日极寒，而又有季风故也。此项因寒所生之震波，殆为空气所影响，若将地震计置于较深之地窖中，即不复见。

第四类微震

研究尚不甚详，震波甚长而甚少，周期长至数分钟，震波有时甚为规则，日夜均能有之，与年中季候亦无关系。所以发生此项微震之原因，至今未得确证。就余所见，或者为地球内部之一种潮流所发生。盖嘉立清地震计之记录器固应用电磁，而易受此种现象之影响者。

然亦不过一种假定，余所可断言者，此种微震在徐家汇天文台所见者从未见其与气象有一定关系。即与陆家浜磁力观测所之磁力变相亦不同时共生。故其原因决非气象及磁力所能说明，而不得不别求之也。

1925年3月16日云南大理7级地震及该年地震论述

【编者按】1925年3月16日在云南大理白族自治州大理市发生7级地震。本篇收录上海徐家汇地震台记录的大理7级地震图、翁文灏的“民国十四年三四月云南洱海附近地震述要”、童振藻的《云南地震考》一书、云南省赈济会关于大理震灾的乞赈报告、《云南省地震资料汇编》的大理7级地震史料、大理地震遗迹照片及熊昆山的《地震概说》等史料。

发震时刻：1925-03-16，22:42:17；

震中位置：25.7° N，100.4° E；

震　　级：7级；

震中烈度：Ⅸ度；

震中附近地点：云南大理白族自治州大理市；

宏观震中：25.7° N，100.2° E。

一、地震记录图

摘自《中国早期地震台历史地震图鉴》（第一卷）。上海徐家汇地震台记录的云南大理7级地震图如下。

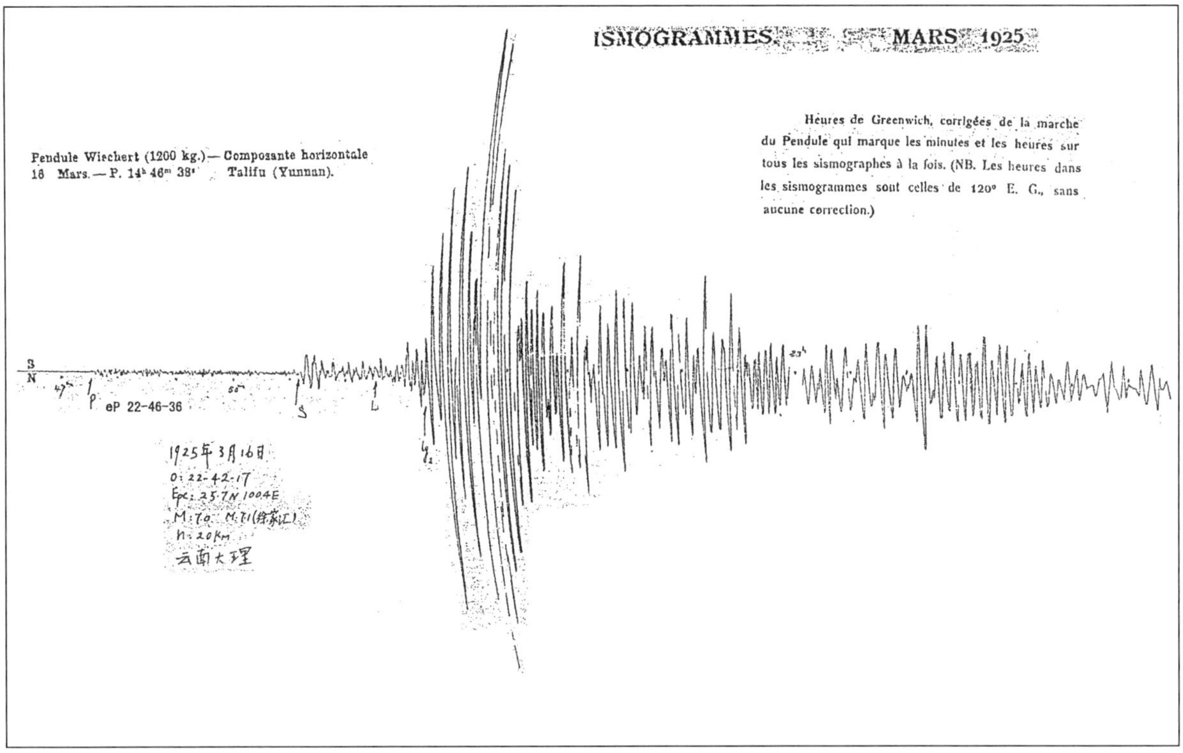

（a）南北向

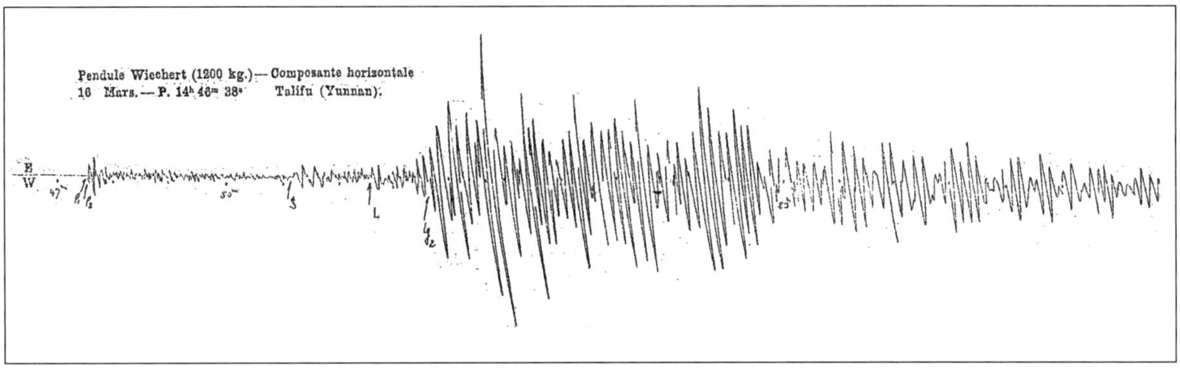

（b）东西向

Z077上海徐家汇地震台1925年3月16日（BMT）记录的云南大理7级地震图

二、原始记载

（一）民国十四年三四月云南洱海附近地震述要

翁文灏著（《科学》第十卷第十二期，1925年）。

民國十四年三四月雲南洱海附近地震述要

（二）調查方法

此次雲南地震，震後當即由地質調查所印就調查表式分寄雲南及四川鄰近各縣知事公署，請其調查填覆，截至七月底止計收到雲南祿豐楚雄牟定姚安蒙化賓川永北麗江鹽豐鎮康中甸保山鳳儀鎮南景谷洱源鄧川四川會理等十九縣，又承雲南大理等屬震災籌賑事務所以所編地震圖說見示，於災情較重之大理鳳儀彌渡祥雲賓川蒙化鄧川七縣情形均有記載，益以京滬報紙新聞互相參考，輯爲此篇。

從前調查皖閩甘等省地震烈度，均以羅西福來地震表之度數爲標準，此次改用梅卡里（Mercalli）表爲標準，其分度如下表。

一　人不能覺。

二　甚少數靜坐者覺之，樓上較易。

三　少數人覺之，不恐慌，經他處報告，始確信地震。

四　屋內覺者多數，屋外少數，器物微動，地板或響，懸物稍動。

五　屋內人皆覺之，屋外人多覺之，睡者驚醒，少數人驚逸，搖鈴鳴，時鐘停，懸物搖。

六　人人皆覺，恐慌爭出，器物墜落，不堅固之房屋稍有損傷。

七　鐘鳴，烟突倒，屋瓦落，多數房屋稍有損傷。

八　少數房屋毀壞，多數重損，少數人受傷，無死者。

九　少數房屋全毀，多數重損，不能復居，人烟稠密之處死人頗多。

十　多數房屋毀壞，人口多數死亡，地裂山崩。

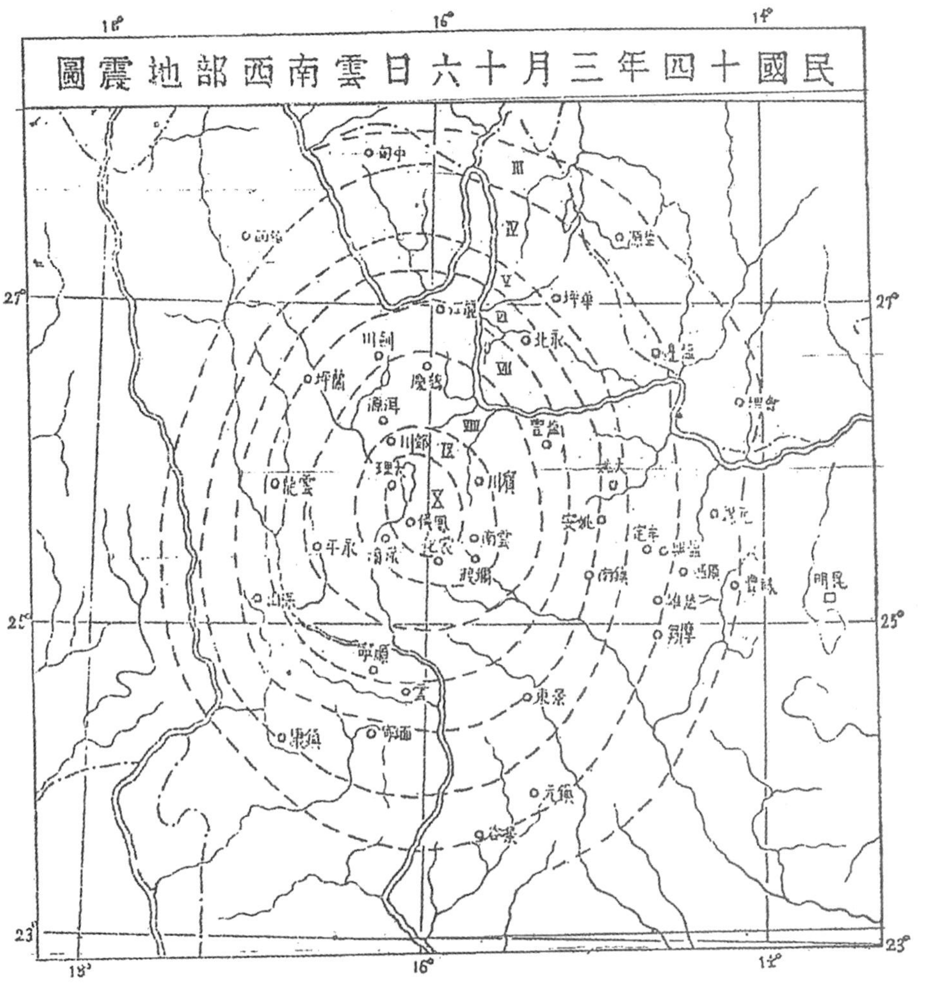

第一圖

此表試用之結果，殊未能視前者爲佳，各縣查報於七八兩度多不能認清，幸多附有記載，於當地情形不難遙爲揣度，因得以更正度數焉。

（二）大震前之預震

此次重要地震，釀成重災者，係發生於三月十六日午後九時半，然有與他處不同者，他處如民國九年十二月十六日甘肅涇原之震，大震突然發生，其前並無小震，茲則不然，大震之前數日先有小震，若爲預報也者，例如三月九日午後三時，楚雄縣已有小震，烈度二。十三日楚雄聞鳴聲甚大，而地不覺震，但同日午後七時四川會理地震，烈度四，十四日大理順寧祿豐皆報告地震，烈度均在三四度之間。十五日報告地震者，有大理鳳儀蒙化劍川姚安楚雄九縣，約計離洱海三百里以內，皆覺震動，大理鳳儀烈度約等於六，其他烈度不過四五之間，震動次數亦以大理鳳儀爲多，其中以午前十一時及午後八九時之震爲較重，人多逃避，屋稍毀傷。十六日午前二時七時十時午後二時四時七時，地皆震動，至九時半遂有最劇烈之大震。故此次地震，由少而多，由輕而重，頗有漸激漸高之勢，而並非突然而至，此與大震常例頗有不同者也。

（三） 三月十六日午後九時之大震

大震烈度之分配，如第一圖。觀此圖，則地震與洱海之密切關係，頗爲明瞭。茲將九十兩度內各地情形節述如下。

大理。 十六日午後九時半，地大震有聲，如萬鼓齊鳴，自北而南，四城女牆城樓公私房舍完好者百無一二。城北二十里上關民居多已震倒。城南二十六里下關關旁有跨洱海洩水河之黑龍橋已截爲二段。富滇分銀行鐵柵震壞，附近牆壁幾全數傾倒。到處火災漫延，繁盛之處盡成灰燼。南門之火直至次日始息，城西蒼山低陷數尺，山頂中和峯滿生裂縫。山頂二塔中頂震落。未倒屋柱左右扭轉。（因有旋轉運動之故。）各鄉各大關邑南北二路以及濱于洱海各村，無不罹此鉅刧。濱海之白塔邑馬久邑慶浪莊等處地生裂縫，長數丈或尺餘，寬數寸至數尺，湧出紅水或黑水（以上據震災籌賑所）。死亡者約五十人（華洋義賑會報告）。未死者亦因驚恐多失感覺，狀如癡聾。

鳳儀　震時有聲如雷，火延各處，城內繡衣街一帶完全燒毁。災情東北最重，西南較輕，沿洱海各地水淹沙埋，受禍尤慘。普河村居民有全家埋沒者。城西八里華營村六十餘戶，中有二十餘戶全行壓斃。城南樂和村倒影碑二處平地湧出洪水二股，冲壞田廬（以上據震災籌賑所）。田間遍生裂縫，寬數寸至尺餘，長四五尺至十餘丈。城東三十餘里龍王廟山崩，長十餘丈，東區房屋倒平者七八千間，北區二三千間，全縣人民死亡者一千二百餘人，傷者五百五十人（以上據縣知事張君調查）。

彌渡。　新建防匪土城及四角碉樓均受損壞。公私房舍亦均傾圮，城內外（四鄉不計）房屋全毁者六百餘間，約合全數十分之三；半毁者一千四百餘間，約合全數十分之六；幸得保全不過十分之一。近城村落約亦稱是。城內居民死亡四十三人，傷五十人，近城村落如姚旗營居民，死者至四十餘人；城外著名之永渡石橋已被震毁；地面震裂數丈寬達數尺（以上據籌賑所）。全縣死亡二百數十人（賓川縣知事李君通信）。

祥雲。　地震火災與上述略同，城內外房屋舊者均倒，新而較堅者牆壁亦皆裂開。西南鄉接近鳳儀彌渡一帶，稍舊房屋亦崩壞無存。死亡四五十人，傷未查明。（賓川縣知事李君通信）。

賓川。　十六日上午地震烈度已在七八之間。下午九時地震更甚。鳴聲如鼓，自東而西。沿洱海一帶災情尤重，與大理相埒。震動之時火災並發，尤以牛井賓居康郎挖邑海東海西等村震災爲最重。

全屬死亡八百數十人，傷五百餘人，房屋倒塌六千餘間。盌井之泥沙翻騰於田。石洞出水，盡皆混濁。城西一百六十里石頭村及城西南七十里烏龍壩岩崩落，打毀房屋，阻塞道路。（據縣知事李君調查）

以上共計死亡約七千餘人。因大震災發生時，尚未夜深，且連日震動，人多警備，大抵聞聲奔避，因以獲免。否則死亡者，當不止此數也。震中所在，似偏於洱海南部，故大理鳳儀及賓川西部，震災最烈。而近在洱海北端之鄧川，則受災已較輕。洱源距洱海，尚不及蒙化之遠，而其受震不及蒙化之重。由是觀之，殆可推定此次震中當在洱海之南端。原因所在，雖以滇西地質向未調查，不易懸揣。然洱海成因，當為一陷落湖，此殆可以自地形推測而少有疑義。陷落時代，證以滇東地史，約當相去不遠，即約當在洪積世之初期，迄今當猶未達均衡，時一動作。此次震動，殆亦由是。

（四）鳴聲

地震之前或地震時，輒有鳴聲。有甚鉅者，如大理報告謂聲如萬鼓齊鳴。此外有稱鳴聲如鼓者，如賓川牟定等縣。有稱如雷者，如鳳儀鹽豐等縣。有稱如吼者，如蒙化等縣。然鳴聲與地震關係，似頗複雜。震前震後皆能有之。有鳴而不震者，亦有震而無聲者。楚雄於三月十三日聞鳴聲，始如波濤，繼如狂風，終如爆竹，而不覺震。至三月十六日以後，歷次地震則鳴聲均甚微。中甸距此次震中約四百里，而猶有鳴聲。劍川在中甸大理之間，距大理較近而反無之。牟定四月九日，蒙化至四月十六

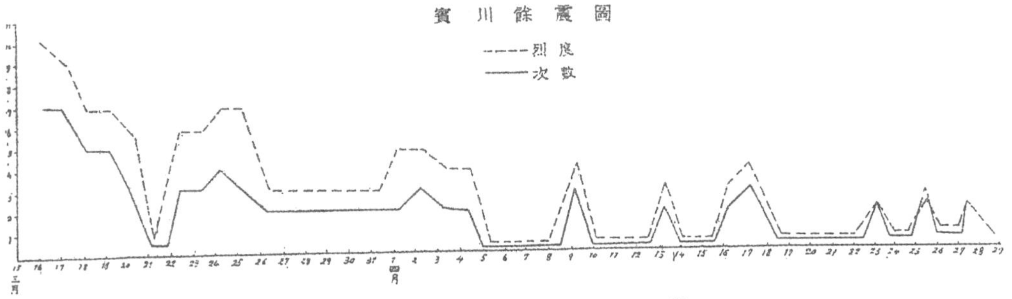

第二圖

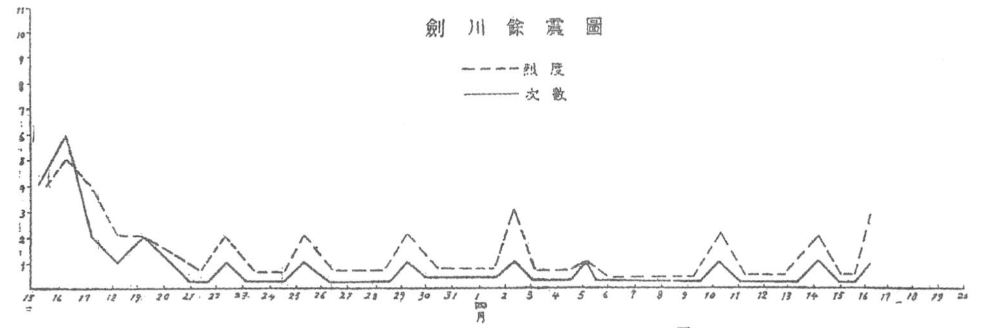

第三圖

日，復有鳴聲如鼓或如吼。蒙化所聞其聲尤鉅。

（五）餘震

各處餘震有至二閱月以後所未息止者。惟惜各處報告記載不詳，精密研究根據無從。然所得報告，亦有頗可參考者。例如賓川劍川二縣均有逐日記載。一至四月二十七日爲止，一至四月十七日爲止。茲以日數爲經，每日之地震次數及其最高烈度爲緯，將二縣餘震分別爲圖（第二圖及第三圖）。圖中實線表示次數，虛綫表示烈度，互相比較，則餘震演近之趨勢，約畧可見。誠知常人記載不及儀器記錄之精密；事後調查因而追憶，不及預定計畫隨時記載之詳盡。然即此約略比較，亦已可得頗有把握之結論。茲就所得條述如下。

一。同一地方餘震次數之演進綫，與其烈度之演進線，雖不必絕對一致，而大致互相平行。賓川劍川二處之餘震，皆遵此規律，前圖表示已極顯然。

二。同一地震所發生之餘震，在不同一地方雖烈度强弱及次數多少不必一致；而彼此之演進線仍大致平行。現知二地中賓川近於震中，劍川則距震中稍遠，然二圖趨勢仍約略一致，足以證明此律。

三。餘震固由强而弱，由數而稀。但並不逐漸下降，而往往有較强較數之震中途崛起。前圖所示已極明顯。大抵三月十六日大震後，十七至二十餘震尚盛；二十以後勢力漸衰；二十四五復見崛起，繼又衰落；至四月初間復稍發動；五日以後又見低退，九十及十三十四之間又稍活動；至十六十七又復加劇；而繼此以往，則漸衰漸竭。上述趨勢，不但賓川劍川二處爲然，即在他縣，雖記載較略，而大致似亦不外此規律。

以上三律，按之事實，似極明顯，證之理論，當非偶然。擴而充之，或於地震研究不無壤流之助。惟盼以後有調查記載之機會者，能於此類記錄更加注意，勿以其瑣屑而忽之，斯爲幸耳。

(1)科學第十卷第十二期民國十四年

（二）云南地震考

童振藻著（民国十五年版本）。

民國十五年十一月雲南省公署樞要處第四課刊印

雲南地震考自序

吾國士夫昔以震災降自天非人事所能補救故散載史志鮮纂耑書以研究不知震勢平劇及頻度多寡實本地殼變動之緩急如將經過各種震況彙編耑書作為耑科研究亦堪盡人事以防維東隣日儒西歐教士洞知吾國地震頻仍博蒐窮考或彙刊巨著或另本孤行未嘗非促吾國人士起而研究協力防維以度浩劫吾國翁君詠霓有見及此往年因隴右大震蒐集史料纂成甘肅地震考一書於地震之研究至有裨益無如他省步厥武者尚乏其人全國詳細震況遂難洞悉為可惜耳民國七年余膺選長雲南學會擬頒雲南地誌細目於各屬徵集資料曾於地質門中列地震一目蓋緣滇海虞衡志載有明一代地震自天順初洎末代凡九十餘震震甚者閱一年或閱四年始止詑非數見特頒表式責令博考詳報彙成完表以供研究其奈填報詳盡者十不獲一嗣奉省長命總纂雲南地誌另覓史料按目列表繫說方脫稿而大理等屬之大震遂作爰向各該屬旅省紳商周諮博訪先成大理等屬地震區域圖說於震後一月內印送千本又因翁君研究地震極有心得函送評閱覆函贊成余圖說中大理等屬地震為構造地震之說迨纂雲南洱海附近地震述要復將圖說擇要採入並贈法國黃司鐸法文中國地震表表列雲南震史尚詳足資參考惜倩通法文者譯而未成僅就舊有及呈省署飭大理等屬新報之資料分時分地鈎稽編纂計自漢河平甲午迄民國乙丑震年共二百三十又合經過地震之昆明等八十一屬計之微弱強烈各震共三百三十九次縱未羅列無遺然似十得七八不為不多惟表厚及寸與地誌中他目比較詳畧異致友人慫另印行爰仿翁君甘肅地震考之著題為雲南地震考其精博雖視翁書為遜但就有明一代計之共一百一十五次除洪武震二次外自天順初迄末代共百十三次較檀氏九十餘次之說多二十餘次恐詳說雲南地震者未能或先設各省好事者踵而行之每省纂一地震考則某處繁劇某處輕簡全國地震瞭如指掌生長各該處者安全與否自可洞澈設非安全早為備豫如綜計震數寔繁震度過劇與太平洋四周震多且烈之國比較不相上下邦人士再仿照各國漸組機關團體以研究防維則民命民財賴以保全者為匪尠焉

民國十五年十一月淮安童振藻識於雲南寓廬

雲南地震考

目次

大理震後之縣公署
大理震後之鎮守使署
大理震後之女子師範學校
大理震後之商會及文廟
大理東門震後之鼓樓正街
大理震後之北大街
大理小邑莊震塌之房屋
大理才村震塌之豐樂亭
大理久馬邑震塌之房屋
大理白塔邑震後之小學校

鳳儀震後之西門城樓
鳳儀震後之北門城樓
鳳儀縣城震後之民房
鳳儀紅岩震塌之房屋
鳳儀長發村震後之小學校
鳳儀汪莊震塌之房屋
鳳儀華營震災之一斑
賓川向陽街震塌之房屋
賓川挖色街震塌之房屋
賓川玉龍村震塌之房屋

賓川江上村震塌之房屋
彌渡縣城大十字街震後之狀況
彌渡縣城大北門外震後之狀況
彌渡姚旗營震塌之房屋
彌渡闔街震後之房屋

地圖

雲南烈震區域圖
嵩峩等屬地震區域圖
大關等屬地震區域圖
大理等屬地震區域圖

雲南西部地震圖

統計表

雲南各屬歷年地震狀況表
雲南歷年地震次數表
雲南各屬烈震次數表
雲南各屬最烈地震破壞狀況表
雲南最烈地震與世界亞洲中國最烈地震比較表
大理鳳儀等七縣震災一覽表

雲南地震考

淮安童振藻纂

一 總論

地殼脆弱不堅實之部分、或遇内部熔岩冷縮則震動、或遇内部火礮爆發則震動、或遇内部空穴填實則亦震動、苟地面隆起與下陷處距離甚長、過於凹凸、或多火山盤絡無論已未死熄創孔較多則尤為脆弱其震動必頻繁而且劇烈、此地震之主因也、日本位太平洋西岸海陸相接處傾斜過大、且復絡以火山脈、其地殼最脆弱、故微震無日無之平均歷五年餘大震一次小震年約五十餘次、在世界中為地震較多之國雲南擅湖山之勝、西部最高山出海近二萬尺、最深湖距地面達三萬六千尺、西北部狹長之湖頗多、東部各巨湖南北排列雖或斷或續未盡連接然四百餘里間有巨湖六七、不為不多、而活熄火山、又復星羅棊布、全省已發見者約十數座、或噴烟吐火、或履之灼足著葉即焦、西部火山遺跡、更到處皆有、地殼之凹凸過甚、火口之創孔寔繁、形勢諸欠安全、內部難臻穩固、以故微震幾乎無年無之、即以入民國後之地震計算、平均不及一年即有微弱震或強震一次、不及五年即有烈震一次、在吾國中亦為地震較多之省、試一檢閱此邦志乘、地震則不絕書、再遊歷三迤各區、或陵谷變遷、或陂陀塌陷、或石層傾側、震跡顯露、觸目皆是、可為佐證、特僻處坤隅、通道素梗、向未外宣、故悉者尚尠、茲將各方面討論震因及歷年所紀震史、近年強烈震況、分臚於下、俾世界地學專家知雲南為吾國地震較多省分、幾可步日本之武、留心蒐討、於地震學大有補助、並將烈震區域繪圖附之、以備参證焉、

二　震因

雲南發生地震之主要原因、各部不同、近由各方面考查或主斷層或主陷落、或主火山、試分臚各說於右

主斷層者有下二說

(一)翁文灝中國地震區域分布簡說

雲南東部湖地斷裂帶、　雲南東部大斷層甚多、且斷層發生之時代甚新、故此區域地震特烈、斷層結果、大抵旁昇中陷、形成地塹、水流所瀦、遂成湖地、其重要斷層、可分二系、第一系南北走向第二系西北至東南走向、第一系之重要斷層、產生撫星揚宗等湖、自東川以迄通海、南北延長逾三百公里、稍東又一斷層、經過路南、延長亦二百四十公里、復東有彌勒斷層、第二系之斷層、在建水蒙自一帶見之、亦多陷成湖地、自明宏治七年至清宣統三年、四百九十年間、此區域內共有破壞震二十四次、即約平均每十七年一次、誠一大震區也、

雲南西部湖地斷裂帶、　大理麗江一帶、多狹長形湖地、如劍湖洱海等與雲南東部相似、雖地震調查尚未遍及、而大致改造仍多斷層、則可斷言、自明成化十年至清宣統末年止、共有破壞震十九次、即平均每二十一年一次、亦云數矣、

(二)童振藻雲南大理鳳儀等屬地震區域圖說

雲南西部山脈高聳、而點蒼山出海一萬五千餘尺其東洱海深約二千餘尺隆起及陷落處相距約一萬七千餘尺此間地殼軟弱、即係不安定之地盤、又有人謂大理縣城一帶之地盤、其下甚為空虛、故明一代大理有三次劇烈之地震、而附近鳳儀祥雲蒙化劍川等屬、亦均受其影響故有劇烈之震動、

雲南西部如永北程海、中甸草海、麗江龍海、劍川劍湖大理洱海祥雲葉鏡湖、形多狹長、而洱海南北最長處達一百三十里、東西最寬處不過四十里、此等狹長形湖地、翁氏謂構造仍多斷層、所以洱海近旁、如大理鳳儀蒙化等屬大震頻繁、

此次大理鳳儀彌渡祥雲均距洱海較近、故震禍較烈、而洱海東岸某山、竟有百數裂口、且省城距大理約五百餘里、三月十九日午後十時、

亦受其影響、致地面波動、人在屋中、如乘舟遭激浪、頭暈、凡紙糊承塵、竟有欲裂之勢、劇烈如此、尤為以前各次地震所未有、自來地震中最劇烈者為變位地震、大理等屬民國十四年三月劇烈之震、區域甚廣、損失甚巨、復歷數月未止、想係構造之作用所致、為變位地震、（變位地震王氏獻芻謂地殼深處滑走變位、外部攪亂、因壓廹褶曲而生斷層、故震動強、震域亦廣、損傷頗大、又因其滑走不能一時遂止、故餘震頗長、此種地震、秀耶氏謂為地球上構造所起之地震、又稱構造地震）

附翁文灝復雲南地誌編輯處函、奉讀大函及大理鳳儀等屬地震區域圖說一冊、至深佩紉、大理地震據所懸揣、當純係構造地震、與火山無關、所謂構造云者、蓋以該處多西北北至東南走向之斷層、洱海即為二斷層間之中陷帶、而其發生之時代、猶在第三紀末或第四紀初、即今不過數十萬年、其均勢尚未鞏固、其運動尚未盡息、故時一發生、遂成地震、此係就各處情形比較揣想而得大致、恐不外是、其詳自待實地調查以為證明、

主陷落者有右一說

張鴻翼調查峩山地震呈文

嶍峨民國二年十二月地震、乃地盤下落所致、屬陷落地震、查嶍峨係挽江、練江之所合抱、周圍數百里、皆四紀之冲積層、砂磧平鋪、浩瀚無際、兩江之水瀠洄其間、固儼然一砂洲也、而江實誘起地震之主因、挽江廣二丈、練江僅一丈有奇、深則兩江平時均不過丈餘、入夏水漲、深至數丈、冲積層中既屬石英細粒、復雜有碧玉瑪瑙之碎屑、江水漲時更自上流齎砂其上、砂之面積既日廣、砂之層累又日加厚、水入砂中、皆透過毛管孔隙、蓄於下部、掘砂尺許、水即迸出、加以河床過高、河隄過低、每夏江水怒發、砂層之內、浸為澤國、冬季水退、上壓力弱、砂粒與砂粒間遂各失其均衡、空虛之極、因而下陷、是以起陷落地震也、又強震之地、并無石膏地層、食鹽地層、石灰岩層、則此等陷落地震決非水力溶解所致、即屬乎水之物理作用、而非水之化學作用也、謹舉其證於後、(一)砂土之地、傳震較岩石為強、故此次地震僅限冲積層之區域、若甸中、化念諸地、岩層之較古者、昆陽省會一帶、有石灰岩層者、不過感有餘震而已、(二)此次強震僅瀕乎兩江之經域、如水尾、大魚塘等處、即屬乎挽江流域者也、如坡脚、老魯關等處、即屬乎練江流域者也、若烹租、俄爽等處、又屬乎練江之別流者也、若嶍峩縣城、若河西之小街等處、則又屬乎兩江合流者也、而兩江合流之地、地層軟弱殊甚、陷落地震亦極強、是皆可聯想而得者也、(三)地震後田間噴出白沙及水、皆冲積層下部之物、粒之直徑約一分許、較諸江岸所積者為大、其粒既粗、其組合亦必不固、遇地下水之衝突、宜其起此次之強震也、(四)強震之後、沙岸陷落之跡、所在益多、城中各處民居鱗接、未易勘查、城外沙隄較與未陷落者比、相差約二寸餘、木圻白一帶、駸駸乎有陸沈之勢、此又昭然可證者也、(五)強震之後、不時尚有餘震、初至之夕、已感震六次、次夜復感震三次、每起震時、若風振林谷、鳴聲嗚嗚、所過沙

隄若履空谷般然作響是陷落之又一證也(六)嶍峨縣志載康熙三十五年六月初四日戌時地震其明年九月初九日午時地復震康熙五十五年十月二十二日戌時地大震康熙六十一年正月地復大震以後頻動不時志書不載無從詳核沿至民國二年十二月二十一日夜十鐘有此届大震徵諸地震史料震時多在秋冬兩月是以此次原因有相對之關係者也(七)地震之方向自西南而及東北與緣江之趨勢恰在同一之位置受害最烈之地又多偏於緣江流域且緣江與撫江相比其地質之營力為尤大是此次陷落地震與緣江更有親密之關係也

主火山者有右一說

陳秉仁昭通八縣圖說

民國六年七月大關境內地震以吉利鋪後山為震央其下即震源所在縱橫百里以內各地亦先後震動查震源附近各山雖崩頹并無翻覆陷落斷層狀況猶屬水平震動細察其原因確係火山作用不過未破裂流出熔岩耳其證有十(一)黎山山脈高出逾恆左為大關河右為金沙江兩河曲折包圍至此逼近益甚而河谷深下地殼岩石壓力最强黎山隆起壓力較弱復受擠壓之擠力則地中高熱所熔化之蒸氣必膨脹流動鬱結於下勢將尋罅噴出故震源生於此也(二)地初震時山腹雷鳴山巔煙霧四出是火山蒸氣作用之現象也(三)焦巖在黎山東麓向來流出溫泉熱氣蒸騰可療瘡疥是消火山之特徵也(四)鹽津所出鹽水溫度甚高確係礦泉因水入地中藉消火山熱力溶解鹽類而成鹽類泉流出地面其溫度未減也(五)附近山麓各地氣候甚熱夏如火灼冬不積雪亦舊日火山之證也(六)黎山山脈一帶山巔雖天氣晴明常有雲霧遮蔽人登其上不辨東西微雨沾襟不見日色是火山蒸氣之象也(七)全山脈上下生成巖峒旋峒落水峒甚多間有蒸氣噴出即消火山所餘之炭酸氣孔水蒸氣孔流氣孔也(八)大關鹽津河兩岸俱屬水成岩層疊褶曲沙線顯然其水平面已成傾斜而已河流成斜交知已曾經地殼之變動間有塊狀岩石露出是固為火山作用生成也(九)石炭為太古代泥盆紀之植物埋藏地下炭化而成黎山附近皆產無烟石炭必曾經强熱煅煉於地中者非近火山何能若此(十)黎山周圍所發現之礦物以黃鐵礦白鐵礦黃銅礦方鉛礦為最多均為硫化物間有菱鐵礦方解石等亦屬炭酸化礦物俱含火山熔岩之質也由上證明此次地震純因火山作用而來可無疑義且其時期預兆亦可推其原因者當地未震動之前數日河水大漲河魚千萬自躍上岸人皆以為奇不知此地熱傳感之徵象即地震之預兆也

觀右各證是雲南斷層(或作變位)陷落火山之地震均有斷層則每於通道中見地層中石片翻起致礙行人陷落則恒見有丈餘高之樹陷入地穴抄與路平而荒原中又多大段片之地面陷下數尺火山則余纂雲南地誌山脈一門已查晰紀載者共十九座不為不多而迤西麗江大理騰越等屬更多火山遺跡故全省溫泉已發見者達二百餘處足徵地殼脆弱一遇內部收斂或火山蠢動則震災生焉

三 震史

漢以前書缺有間震史無從蒐輯故記雲南地震自漢成帝時始厥後惟漢安帝晉武帝梁武帝唐僖宗時各震一次（同日連震數次或一次震達數日數十日數月數年者均作一次計算）宋真宗徽宗（阮元聲南詔野史大觀三年地震倒十六寺此因未將府縣敘明僅記為雲南地震故列於此下同）理宗（岑修雲南通志淳祐九年己酉地震）時又各震一次元成宗（元史大德六年十二月辛酉地震戊辰又震十年又震）時震三次武宗仁宗文宗時亦各震一次明太祖時震二次英宗時震一次憲宗時震三次孝宗時震十一次武宗時震二十四次世宗時震十八次穆宗時震三次神宗時震三十九次光宗時震一次熹宗時震八次愍帝時震三次清世祖時震九次聖祖時震三十四次世宗時震十四次高宗時震三十一次仁宗時震十二次宣宗時震二十四次文宗穆宗時均震九次德宗時震三十八次宣統三年共震八次入民國後至十四年止共震二十三次是則元以前地震之紀載甚為寥寥元以後紀載稍詳茲就元明清及民國之地震計之如有元一代歷年八十九地震共六次平均不及二十年一次明代歷年二百九十四地震共一百十五次平均約一年餘一次清代歷年二百九十六地震共一百八十九次平均約一年餘一次民國歷年十四地震共二十三次平均亦約一年餘一次綜上歷代之地震觀其次數頗有年多一年之狀況茲再就雲南各屬地震之次數及狀況另行表列於下

雲南各屬歷年地震狀況表

道別 縣別	年月日	次數	微震或弱震狀況	强震或烈震狀況	附記
滇					
昆明					
	後漢安帝永初四年九月	一次	後九月益州郡地震按益州郡十七城當今昆明晉寧呈貢宜良嵩明彌勒瀘西姚安[illegible]羅平師宗建水阿迷瀰江[illegible]川通海等縣地或者以上各縣同時地震		後漢書安帝本紀
	明太祖洪武十九年及十二月	二次		六月辛丑地震十一月己卯復震有聲	明史五行志續通志
	明孝宗宏治十三年	同上	微震一次	大震一次一說三十一處同日地震	鄂修雲南通志南詔野史
	明孝宗宏治十八年	一次		大震	同上
	明武宗正德元年四月	未明		癸丑與尋甸木密關連日地震	明史五行志
	明武宗正德二年九月	同上		連震三日	昆明縣志
	明世宗嘉靖十七年	多次		連震數月始止	鄂修雲南通志雲南府志
	明世宗嘉靖四十四年	一次	冬季地震		昆明縣志
	明神宗萬曆十七年	同上			鄂修雲南通志雲南府志
	明神宗萬曆二十一年十二月	同上			同上
	明神宗萬曆三十四年八月	同上	與澂江路南鎮南姚安呈貢安寧[illegible]東同日地震自東南來		同上
	明神宗萬曆三十八年十月	同上	與安寧呈貢[illegible]嵩明同日地震		鄂修雲南通志昆明縣志
	明神宗萬曆四十年二月	三次		乙亥日與[illegible]武定曲靖同日大震次日又震五月復大震壞房屋	明史五行志鄂修雲南通志
	明神宗萬曆四十四年正月	一次			雲南府志
	明神宗萬曆四十八年二月	同上			昆明縣志
	明熹宗天啟元年十二月	同上			鄂修雲南通志雲南府志
	明熹宗天啟二年四月	同上			鄂修雲南通志
	明熹宗天啟三年閏十月	同上			明史五行志鄂修雲南通志
	明莊烈帝崇禎五年十二月	同上	甲寅地震		明史五行志昆明縣志
	明莊烈帝崇禎十七年七月	同上	壬午地震		同上
	清世祖順治元年四至八月	多次	四月地震七月又與武定同震至八月始止		鄂修雲南通志雲南事略
	清世祖順治三年正月	一次		地震有聲	鄂修雲南通志
	清世祖順治十一年六月	同上			同上
	清聖祖康熙二年二月	同上			鄂修雲南通志雲南府志庭聞錄
	清聖祖康熙十二年正月元旦	同上			岑修雲南通志昆明縣志
	清聖祖康熙三十五年六月	多次	九日與安寧呈貢晉寧富民祿豐羅次易門宜良昆陽嵩明同日地震十九日二十九日復震		雲南府志

縣　　富

清聖祖康熙五十二年二月	一次	與曲靖馬龍霑益尋甸河西建水同時地震		鄂修雲南通志昆明縣志
清世宗雍正二年十一月	同上	與嵩明宜良澂江路南同時地震		鄂修雲南通志
清世宗雍正十年正月	二次			倪蛻雲南事畧
清世宗雍正十二年七月二十二日	一次			昆明縣志雲南事畧
清世宗雍正十二年十一月二十六日	同上	戌時地微震		同上
清仁宗嘉慶三年五月	同上			同上
清宣宗道光十年六月	一次			同上
清宣宗道光十三年七月二十三日	多次		是日巳刻昆明與嵩明宜良澂江尋甸宣威昭通蒙自晉寧江川河陽呈貢陸良路南縣同時大震傷民居八萬餘屋三四千間斃男女六千餘人午未及夜又震數次省垣南門外東岳廟震倒人民盡避伏空地八月九日數十縣又連震馬龍亦震	岑修雲南通志昆明縣志續修馬龍縣志並採訪
清德宗光緒十二年五月二十三日	一次		房屋異常震動令人甚恐慌至今昆明市人民每逢是日尚舉行地動會以祈福消災	採訪
民國十四年三月十六日	二次		地面波動	同上
後漢安帝永初四年九月	一次			後漢書安帝本紀

民　縣　　晋　　寧

明武宗正德二年九月	多次		延震三日民居傾圮人有死者	明史五行志
明神宗萬歷二十八年十月	一次	與昆明安寧等屬同日地震		鄂修雲南通志
明熹宗天啟元年十月	同上	與羅次同震		同上
清聖祖康熙三十五年六月	多次	九日與昆明安寧等屬同日地震十九二十九兩日復震		雲南府志
清聖祖康熙四十年	一次	辛巳地震		同上
清宣宗道光十三年八月九日	多次	或三四日或五六日震十餘次		同上
後漢安帝永初四年九月	一次			後漢書安帝本紀
元成宗大德十年正月	同上		大震後詔免田租三年	雲南續通志
元文宗至順三年五月	同上			雲南府志
元仁宗皇慶二年八月	同上		全縣地震自西北起有聲如雷	雲南續通志
明神宗萬歷二十年三月十四日	同上			晋寧地誌
明神宗萬歷二十八年十月	同上			雲南府志
明神宗萬歷四十五年七月	一次			雲南府志
清聖祖康熙三十五年六月	多次	九日與昆明富民等屬同日地震十九二十九兩日復震		同上
清聖祖康熙五十二年二月	一次	全縣皆震		晋寧地誌

縣　　呈　　貢　　縣　宜

清高宗乾隆五十四年	同上	全縣皆震		同上
清宣宗道光十三年七月二十三日	同上		巳刻大震城垣房屋坍塌壓斃多男婦間有打傷壓斃者	同上
中華民國二年十一月十四日	多次		夜十二時大震數次達旦至午又震數次係受宜良震動之影響	同上
明神宗萬歷二十八年十月	一次			鄂修雲南通志
清聖祖康熙三十五年六月	多次	與昆明富民晋寧等屬同日地震十九二十九兩日復震		雲南府志
清世宗雍正二年	二次			呈貢縣志
清宣宗道光十二年六月六日	一次			同上
清宣宗道光十三年七月二十三日	多次		房屋倒塌甚多傷斃人民不計其數	同上
清德宗光緒九年十二月二十二日	一次			呈貢縣志
清德宗光緒十年正月十四日	同上			同上
明孝宗弘治十二年十一月	多次		震有聲自西南來傾圮民居壓死人民殆萬計自月常震越四年始定	鄂修雲南通志雲南府志
明世宗嘉靖三十九年三月	一次		震有聲	宜良縣志宜良地誌
明神宗萬歷二十八年十月	同上			鄂修雲南通志宜良縣志
清聖祖康熙三十五年六月	多次	九日與晋寧呈貢等屬同日地震十九二十九兩日微震		雲南府志宜良縣志
清聖祖康熙五十九年二月	一次			鄂修雲南通志宜良地誌

良　　縣　易

清世宗雍正二年十一月	同上	與昆明嵩明等屬同時地震		同上
清高宗乾隆五十四年六月八日	同上		與澂江江川路南同時大震房屋人畜俱損傷	同上
清高宗乾隆五十九年五月	多次		大震月餘不止	岑修雲南通志
清宣宗道光十三年七月二十三日	同上		八月九日與昆明富民羅次祿豐昆陽易門曲靖霑益陸良羅平馬龍平彝玉溪路南建水石屏通海蒙自武定祿勸元江鎮沅澂江景東永北華化鎮南鳳儀保山雲縣鶴慶會澤廣南大山臨安同時地震損傷房屋	同上
清宣宗道光十四年三月三日	一次		大震湯池萬福寺戲台崩塌傷人壓斃	宜良地誌
清德宗光緒十二年六月	同上			同上
清宣統元年五月十一日	多次		是日午後十時當宜良阿迷二縣之間近滇越鐵路地震岩石崩落鐵路之隧道倒房屋樹坍三分之一面積約四萬餘平方公里十四十五兩日復震七月後仍震迭毀房屋至十月後始息	最近十五年中國地震一覽
中華民國二年十二月二十四日	一次	夜間地震		宜良地誌
中華民國八年十月十九日	同上	夜間地震		同上
後漢安帝永初四年九月	同上			後漢書安帝本紀

易門縣	明神宗萬歷二十八年十月	同上			鄂修雲南通志
	清聖祖康熙三十五年六月	多次	九日與呈貢宜良等處同日地震十九二十九兩日又震		雲南府志
	清高宗乾隆十九年十二月	同上		十二日地震六日有聲大龍泉水涸二日方出壞城垣衙署寺觀民房壓斃男婦三百餘人	易門縣志
	清宣宗道光十三年八九兩月	一次		與昆明富民等處同時地震間損傷房屋人口	岑修雲南通志
安寧縣	後漢安帝永初四年九月	一次			後漢書安帝本紀
	明武宗正德二年九月	多次		連震搖撼民居人有死者	明史五行志
	明武宗正德十五年三月	一次	與姚安賓川蒙化鶴慶同時地震		明史五行志雲南續通志
	明神宗萬歷二十八年十月	同上			鄂修雲南通志
	清聖祖康熙三十五年六月	多次	九日與宜良易門等處同日地震十九二十九兩日又震		雲南府志
	清宣宗道光十三年	一次			安寧州志
	清德宗光緒七年正月	同上			岑修雲南通志
祿豐縣	明武宗正德十年五月六日	同上		廿日與武定元謀鶴慶姚安麗江大姚同日地震官民廬舍傾圮殆盡	鄂修雲南通志雲南府志
	明武宗正德十一年	同上			祿豐縣志
	明武宗正德十八年	一次			祿豐縣志

祿豐縣	明世宗嘉靖十八年九月	同上		與雲南縣同日地震有聲如雷	鄂修雲南通志雲南府志
	明神宗萬歷二十八年十月	同上			鄂修雲南通志
	清聖祖康熙九年六月	同上		與羅次同時地震城垣廬舍俱傾	同上
	清聖祖康熙三十五年	多次	九日與易門安寧等處同日地震十九二十九兩日又震		雲南府志
	清聖祖康熙四十六年九月	一次	與雲縣同時地震		鄂修雲南通志
	清聖祖康熙六十一年二月	同上			同上
	清宣宗道光十三年八九兩月	多次		與昆明富民等處同時地震間損傷房屋人口	岑修雲南通志
羅次縣	明神宗萬歷二十八年十月	一次			鄂修雲南通志
	明神宗萬歷四十年二月	同上		與昆明武定等處同日地震水塞城圮六十餘丈	雲南府志
	明熹宗天啟元年十月	同上	與富民同震		鄂修雲南通志
	清世祖順治十年八月	一次			鄂修雲南通志雲南府志
	清聖祖康熙九年	二次	微震一次	六月與祿豐同時大震一次傾圮城垣民居	鄂修雲南通志羅次縣志
	清聖祖康熙三十五年六月	多次	九日與安寧祿豐等處同日地震十九二十九兩日又震		雲南府志
	清聖祖康熙五十二年六月二日	一次	微震		羅次縣志
	清聖祖康熙五十五年十月四日	同上	同上		同上

羅次縣	清聖祖康熙五十六年四月二十四日	同上	同上		同上
	清宣宗道光十三年八九兩月	多次		與昆明祿豐等處同時地震間損傷房屋人口	岑修雲南通志
嵩明縣	後漢安帝永初四年九月	一次			後漢書安帝本紀
	明神宗萬歷二十七年八月十日	多次		八月二十八日與路南曲靖同日地震有聲如雷并壞民居十月復震	鄂修雲南通志雲南府志嵩明州志
	明神宗萬歷二十八年十月	一次			鄂修雲南通志
	清聖祖康熙三十五年六月	多次	九日與祿豐羅次等處同日地震十九二十九兩日又震		雲南府志
	清聖祖康熙四十六年九月	一次			嵩明州志
	清聖祖康熙五十二年六月二日	一次		與晉寧澂江路南玉溪江川同日地震自東而北晝夜不止傾倒房屋裂湧黑水壓斃數百人楊林菓子園尤甚	澂江府志嵩明州志
	清世宗雍正二年十一月	一次	與昆明宜良等處同時地震		鄂修雲南通志嵩明州志
	清宣宗道光十三年七月十三日	同上		與昆明宜良等處同時大震房屋傾圮人民壓斃地面裂而復合黑泉湧出楊林尤甚	岑修雲南通志嵩明州志
	清德宗光緒十三年七月	同上		震有聲	嵩明地誌
昆陽縣	後漢安帝永初四年九月	同上			鄂修雲南通志
	明神宗萬歷二十八年十月	同上			同上

昆陽縣	清聖祖康熙三十五年六月	多次	與羅次嵩明等處同日地震十九二十九兩日又震		雲南府志
	清聖祖康熙五十二年二月	二次	十六日微震	二日大震	昆陽州志
	清宣宗道光十三年八九兩月	多次		與昆明富民等處同時地震民間房屋間有損傷	同上
	中華民國二年十一月二十一日	一次	微震		昆陽地誌
武定縣	明武宗正德十年五月六日	同上		與祿豐元謀鶴慶姚安麗江大姚同日地震官民廬舍傾圮殆盡	鄂修雲南通志武定直隸州志
	明神宗萬歷三十五年五月	同上			鄂修雲南通志
	明神宗萬歷三十九年	同上			武定直隸州志
	明神宗萬歷四十年二月	二次		二月乙亥與昆明大理曲靖同日大震次日又震	明史五行志
	清世祖順治元年	多次		七日與昆明同日地震至八月始止	雲南事畧
	清世祖順治九年六月	一次		獅山震動	鄂修雲南通志武定直隸州志
	清仁宗嘉慶二十五年	同上			同上
	清宣宗道光十三年八九兩月	多次		與昆明富民等處同震或二三四日或五六日震數次損傷人口房屋	岑修雲南通志武定直隸州志
	清德宗光緒三年七月	二次		七月一次九月大震塌陷民房	同上
元謀縣	明武宗正德十年五月六日	一次		與武定等處同日地震官民廬舍傾圮殆盡	鄂修雲南通志武定直隸州志
	明熹宗天啟元年	一次		有聲如雷	鄂修雲南通志武定直隸州志

謀縣	清聖祖康熙二年二月	同上			武定直隸州志
	清聖祖康熙十九年	同上			鄂修雲南通志
	清聖祖康熙四十五年二月	同上			同上
	清文宗咸豐二年七月	同上			岑修雲南通志
祿勸縣	清聖祖康熙五十二年	同上			武定直隸州志
	清聖祖康熙五十五年十月	同上			鄂修雲南通志
	清仁宗嘉慶二十五年二月	同上			鄂修雲南通志武定直隸州志
	清宣宗道光十三年八九兩月	數次		八九兩月與武定同震數次房屋倒塌人口傷斃	武定直隸州志祿勸地誌
	清德宗光緒十二年六月	一次			祿勸地誌
	清德宗光緒十三年十月二日	同上			同上
	清德宗光緒十九年三月	同上		房屋間有倒塌者	同上
	中華民國九年五月	同上	微震		同上
	中華民國十一年十月	二次	同上		同上
澂江縣	元成宗大德六年	一次	同上		澂江府志
	明孝宗弘治十二年十月晦日	多次		富民廬舍傾壞人多壓死月餘乃止	鄂修雲南通志澂江府志
	明世宗嘉靖三十六年四月二十六日	一次	微震		澂江地誌
	明神宗萬曆十六年	同上	與元江同時地震		鄂修雲南通志
	明神宗萬曆二十四年八月	一次	與路南同時地震		澂江府志澂江地誌
	清聖祖康熙五十二年二月初四日	同上	與玉溪路南江川尋甸嵩明同日地震		澂江府志
	清世宗雍正二年十一月	同上	與昆明嵩明路南等處同時地震		澂江府志
	清世宗雍正七年	同上			澂江府志澂江地誌
	清高宗乾隆九年	同上			澂江府志澂江地誌
	清高宗乾隆五十四年五月六日	多次		與宜良江川路南同時地震城垣房舍傾壞壓傷人畜無算自五月四日起至二十八日止	澂江府志滇繫
	清高宗乾隆五十八年二月	一次		震有聲	同上
	清高宗乾隆五十九年二月	同上		同上	澂江府志澂江地誌
	清宣宗道光十一年	同上		地震有聲	澂江府志
	清宣宗道光十三年七月二十三日	多次		坍塌房屋壓斃男婦無算是日巳刻與江川同震午未又震入夜又震數次至八月一日乃止	同上
	清宣宗道光十四年八月	一次			岑修雲南通志
	清宣宗道光二十四年八月十五日	同上			同上
	清宣宗道光二十五年十月四日	同上	與江川同日地震		澂江府志
	清宣宗道光二十六年四月二日	同上		震有聲	岑修雲南通志
	清德宗光緒二十六年四月二日	同上		同上	澂江地誌
	清宣統元年四月	一次		震有聲	同上
	中華民國二年十月	同上		震區甚寬	同上
江川縣	明世宗嘉靖四十三年	十餘次		晝夜震十餘次浹旬乃止	舊雲南通志
	清聖祖康熙五十二年	一次			澂江府志
	清高宗乾隆二十五年	一次	微震		澂江府志
	清高宗乾隆二十六年	同上			江川縣採訪
	清高宗乾隆二十八年十一月	同上		與玉溪同日大震壞房屋斃人民無數	澂江府志江川縣採訪
	清高宗乾隆五十四年五月十六日	同上	與澂江路南江川同時地震		澂江府志滇繫
	清仁宗嘉慶四年	同上	微震		澂江府志
	清宣宗道光十三年七月二十三日	同上		與澂江玉溪路南同時屢震間損傷房屋人口	岑修雲南通志澂江府志
	清宣宗道光二十五年十月四日	同上	與澂江同時地震		澂江府志
	中華民國二年十一月二十四日	一次		遠寨西之普妙崩塌民屋墻壁十餘堵	江川地誌
玉溪縣	明武宗正德二年九月	多次		與安寧同時地震連震三日壞城民居人有死者	明史五行志雲南舊通志澂江府志
	明武宗正德十二年六月	一次		與通海河西嶍峨同日地震壞城樓房屋民有壓死者	明史五行志鄂修雲南通志澂江府志
	清始祖順治十二年三月	同上		城垣民居俱大壞	同上
	清聖祖康熙五十二年二月二日	一次	與澂江江川路南同日地震		澂江府志新興州志
	清高宗乾隆二十六年四月與十一月	二次	四月地震	十一月大震	鄂修雲南通志澂江府志
	清高宗乾隆二十八年十一月	一次		與江川同日大震	澂江府志
	清高宗乾隆五十四年五月十四日	一次	與江川澂江路南同時地震		澂江府志滇繫
	清宣宗道光十三年七月二十三日	多次		與澂江江川路南等處同時屢震間損傷房屋人口	岑修雲南通志澂江府志
路南縣	元成宗大德六年十二月	一次		大震	路南縣志
	明武宗正德六年	同上			鄂修雲南通志
	明世宗嘉靖十六年九月	一次			同上
	明神宗萬曆二十四年八月	同上	與省城澂江陽宗鎮南姚安牟定景東同時地震		鄂修雲南通志澂江府志
	明神宗萬曆二十六年	同上			同上
	明神宗萬曆三十七年八月二十八日	同上		大震有聲	路南縣志

中

南	清聖祖康熙二十五年	同上			同上
	清聖祖康熙五十二年二月二日	同上	與澂江江川玉溪等屬同日地震		澂江府志路南縣志
	清世宗雍正二年十一月	同上	與昆明嵩明等屬同時地震		鄂修雲南通志澂江府志
	清高宗乾隆十五年八月	同上			同上
	清高宗乾隆四十四年二月初七日	同上	與澂江江川宜良同時地震		澂江府志滇繫
	清仁宗嘉慶三年	同上	微震		路南縣志
	清宣宗道光十三年七月二十三日	同上		與澂江江川玉溪等屬同時震損傷房屋人口	澂江府志路南縣志
	清宣宗道光十四年	同上			路南縣志
	清德宗光緒十三年十月二十二日	同上			同上
縣	清宣統元年正月	同上	微震		同上
曲	梁武帝普通三年	同上		按梁時雲南為爨氏所據未入版圖所稱建寧或仍南齊之舊南齊建寧郡係宋建都郡改建宋建都郡又係仍東郡之並岑志謂晉分建寧立此郡在雲南郡今其地不可考然既係由建寧郡分出建寧係今嵩明曲靖等屬或係在曲靖一帶	鄂修雲南通志

靖	明孝宗宏治七年二月	同上		壞房屋壓死居民	明史五行志續通志
	明世宗嘉靖十六年	同上	與霑益陸良馬龍羅平同日地震		鄂修雲南通志
	明世宗嘉靖三十九年	同上			同上
	明神宗萬曆三十五年八月二十八日	三次			南寧縣志
	明神宗萬曆四十年正月	多次		與昆明大理武定同日大震次日又震五月復大震壞房屋	明史五行志
	明光宗泰昌元年十一月	一次	與尋甸同日地震		南寧縣志
	清聖祖康熙二十五年	同上	冬季地震		鄂修雲南通志南寧縣志
	清聖祖康熙五十二年二月	同上	與昆明馬龍霑益尋甸瀘西建水同時地震		南寧縣志
	清宣宗道光十三年八九兩月	同上		與昆明富民等屬同時地震損傷房屋人口	岑修雲南通志南寧縣志
	清文宗咸豐九年七月十二日	同上	與平彝同時地震		岑修雲南通志
	清穆宗同治五年五月	同上	與元江同日地震		同上
縣	清穆宗同治十二年十月	同上			同上
霑	元武宗至大元年	同上		與烏蒙同震均大震三日	南詔野史
	明世宗嘉靖十六年	同上			霑益州志
	明世宗嘉靖四十二年十二月	同上	與陸良同日地震		鄂修雲南通志霑益州志

益	明穆宗隆慶六年	同上			鄂修雲南通志
	清聖祖康熙五十二年二月	同上	與昆明馬龍等屬同時地震		鄂修雲南通志
	清世宗雍正十一年六月	同上			霑益州志
	清世宗雍正十三年七月	同上			同上
	清高宗乾隆四十八年	同上		大震城垣民居多圮	岑修雲南通志
縣	清宣宗道光十三年八九兩月	多次		與昆明富民等屬同時地震損傷房屋人口	同上
陸	明孝宗宏治十三年	一次			陸良縣志陸良地誌
	明孝宗宏治十八年	同上		大震	陸良縣志
	明世宗嘉靖十六年	同上	與曲靖羅平宣威同震		陸良縣志陸良地誌
	明世宗嘉靖四十二年十二月	同上			陸良縣志
	明神宗萬曆十六年六月	同上			同上
	明神宗萬曆三十五年八月二十八日	同上		有聲如雷	同上
	明神宗萬曆二十八年	同上		全滇地震	陸良縣志
	明光宗泰昌元年十一月	同上			同上
	明熹宗天啟三年十一月	同上			同上

良	清世祖順治九年四月	同上			同上
	清聖祖康熙二十三年八月初二日	二次		是日震聲如雷九月五日又震	同上
	清高宗乾隆五十年五月	一次			陸良地誌
	清仁宗嘉慶十三年十一月	同上			同上
	清仁宗嘉慶二十四年七月十二日	同上			同上
	清宣宗道光十一年	同上		縣治北門外地裂數丈中有黑氣上沖	陸良縣志
	清宣宗道光十三年七月二十三日	同上		與昆明等屬同日大震有聲如雷房屋傾圮者甚多月餘乃止	岑修雲南通志陸良縣志
	清宣宗道光十七年四月	同上			陸良縣志
	清德宗光緒十三年九月	一次			同上
	清德宗光緒二十四年七月二十四日	同上			同上
	清宣統元年三月	同上			同上
	中華民國二年十一月二十五日	同上			陸良縣志陸良地誌
縣	中華民國八年十二月初九日	同上			陸良地誌
羅平	明世宗嘉靖十六年	同上	與曲靖陸良宣威同震		鄂修雲南通志宣威州志
縣	清宣宗道光十三年八九兩月	同上			舊雲南通志

尋甸縣	元成宗大德六年	同上	淑江地震三日波及本屬		尋甸州志
	明武宗正德元年四月	未明		木密關地震如雷凡五壞城垣屋舍壓傷人（按木密關在縣城東南七十里）	明史五行志
	明世宗嘉靖五年八月	一次		木密所地震（即木密關）	尋甸州志
	明世宗嘉靖三十九年	同上		木密所與南寧馬龍同日地震	岑修雲南通志
	明神宗萬歷十五年八月	同上			尋甸州志
	明神宗萬歷二十八年八月	多次		經旬始息	鄂修雲南通志
	明神宗萬歷二十九年七月	一次			鄂修雲南通志
	明神宗萬歷四十年二月	同上		木密所地震壞城垣四十丈	尋甸州志
	明光宗泰昌元年十二月	同上		與曲靖同時地震壞官署城垛民居	鄂修雲南通志
	清世祖順治二年八月	同上			尋甸州志
	清聖祖康熙二十一年十一月	多次	二月八日寅時地震六月二十三日又震十月十二日又震		同上
	清聖祖康熙三十二年十月	一次			同上
	清聖祖康熙三十七年五月	同上			同上
	清聖祖康熙三十八年五月	同上			同上
	清聖祖康熙五十九年二月	同上	木密所地震		同上
	清聖祖康熙五十一年二月二十六日	二次		是日與昆明嵩明等處同時地震城垜房屋盡圮壓死多人二十六日又震	滇府志[illegible]續馬龍縣志
	清世宗雍正二年十一月	一次	與昆明嵩明等處同時地震		鄂修雲南通志
	清宣宗道光十三年七月二十三日	多次		與昆明嵩明宜良等屬同時大震	岑修雲南通志
宣威縣	明世宗嘉靖十六年	一次	與曲靖陸良羅平同震		宣威州志
	明穆宗隆慶六年	同上		壞民居	同上
	明光宗太昌元年	同上			同上
	清聖祖康熙五十一年二月	同上			同上
	清世宗雍正五年二月	同上			同上
	清宣宗道光十三年七月二十三日	同上		與曲靖陸良羅平馬龍等屬同時大震壞屋舍	岑修雲南通志宣威縣志
馬龍縣	明世宗嘉靖十六年	同上			鄂修雲南通志
	明世宗嘉靖三十九年二月	同上			同上
	明世宗嘉靖四十年二月	同上			續修馬龍縣志
	明神宗萬歷二十七年二月	一次		地震有聲	同上
	明神宗萬歷四十年二月	同上			同上
	明光宗泰昌元年十一月	同上			同上
	清聖祖康熙二十五年十一月	同上			同上
	清聖祖康熙五十一年二月二十一日	多次		是日一日夜二十餘次起自尋甸易隆楊林均大震城垣民居頹壞殆盡傷人數百十六日復震有聲	同上
	清世宗雍正十二年七月	一次			同上
	清世宗雍正十三年四月二十日	同上	微震		同上
	清宣宗道光十三年八九兩月	多次		與昆明曲靖等屬同時地震廬舍人民損傷尚少	同上
	清德宗光緒十三年十一月十一日	一次			同上
	清宣統元年三月二十日	同上	戌時地震		同上
平彝縣	明世宗嘉靖十六年	同上			平彝縣志
	清宣宗道光十三年七月二十三日	同上	巳時地震		同上
	清文宗咸豐六年六月	同上			同上
	清文宗咸豐九年七月十三日	同上	與曲靖同時地震		岑修雲南通志
	清德宗光緒元年五月四日	同上	微震		平彝縣志
	清德宗光緒二十五年五月	同上	微震		同上
	清德宗光緒三十二年十月十二日	同上	子時微震		同上
會澤縣	漢成帝河平三年二月	多次		積二十餘日百二十四處山崩壅江水逆流按志載此次地震係屬犍為郡之堂琅即今會澤	王修續雲南通志
	晉武帝太康七年七月	一次		朱提山崩犍為地震又朱提之大瀘山崩震壞郡舍	晉書武帝本紀宋書五行志
	元武宗至大元年	多次		烏撒烏蒙三日之中地大震者六按烏撒烏蒙為今會澤等屬	元史武宗本紀
	清世宗雍正十年正月三日	一次			東川府志
	清世宗雍正十一年六月二十三日	同上		大震	仝上
	清宣宗道光十三年七月廿三	同上		與曲靖武定等屬同時大震損傷房屋人口	岑修雲南通志
巧家縣	清宣宗道光三十年	同上		與永北寧洱同日大震本屬傾圮民房數百間壓斃數百人	同上
	中華民國七年七月二日 八月十四日	二次		七月二日午前十一時微震八月十四日午前九時烈震近三十秒牆垣震頹金沙江波浪高騰沿江各山之石多裂墜	縣知事程兆元呈報
昭通	漢成帝河平三年二月	多次		歷二十一日計百二十四處山崩壅江水逆流按志載此次地震係屬犍為郡之朱提一縣即今昭通	王修續雲南通志
	晉武帝太康七年	一次		朱提山崩犍為地震又朱提之大瀘山崩震壞郡舍	晉書武帝本紀宋書五行志
	清宣宗道光十三年七月	同上		大震損壞房屋甚衆	昭通縣志
	清德宗光緒二十四年	同上		大震八角亭裂開淺合（亭譽在光緒初年地震裂開尺許至是復合）	同上

縣	中華民國九年十二月二十三日	同上	夜間微震		同上
大關縣	清宣宗道光二十四年七月	多次		大關永善交界處有河流一寬約數丈河左岸屬大關是月某日雨如傾盆旋地震左岸一山忽高忽下起伏無常山麓有村落一家未幾頹發巨聲山與屋皆下陷成一潭深不可測入屋躲雨者約三十餘人同埋地下其附近一帶地下如人馬奔騰波濤洶湧人皆顛仆谷底中此几皆動然震已經年人民習見均不知畏	漁舟記談
永善縣	清宣宗道光二十四年七月	同上		其詳載上大關縣內	同上
鎮雄縣	漢成帝河平三年二月	同上		懸二十一日犍西二十里震山崩壅江水逆流按志載此次地震係屬犍為之南廣一縣即今鎮雄彝良等縣	王修續雲南通志
	晉武帝太康七年七月	一次		朱提山崩犍為地震又朱提之大瀘山崩震壞郡舍	晉書武帝本紀宋書五行志
	中華民國五年三月	同上			鎮雄地誌
	中華民國六年六月十三日	同上		中區大震墻傾壓斃幼孩	同上
楚雄縣	明武宗正德六年四月	同上		楚雄有聲自西北來三日五震墻屋俱圮民露宿	鄂修雲南通志楚雄縣志
	明武宗正德七年五月	多次		楚雄連震有聲如雷自壬子至甲子凡十三日	明史五行志阮修雲南通志
	明武宗正德十一年二月	一次	與大理景東蒙化同日地震		同上
	明世宗嘉靖十八年七月	同上	與建水瀘西同日地震		明史五行志鄂修雲南通志
	明世宗嘉靖四十年八月	同上		大震人民驚疑	續雲南通志
	明神宗萬曆四十三年八月	同上		與姚安鎮南牟定同日地震城圮十餘丈	鄂修雲南通志
	清聖祖康熙五十九年八月十九日	多次		大震吼聲自西北起黑霧漫天聲若巨雷城郭官署民舍一時俱傾壓死兵民男婦老幼二千七百有奇數日不止地裂湧黑水及沙	鄂修雲南通志楚雄縣志楚雄地誌
	清高宗乾隆十四年	一次			楚雄地誌
	清高宗乾隆十九年五月	同上		城圮	楚雄縣志
	清高宗乾隆四十二年六七八月	多次	自六月起至八月止地屢震		楚雄縣志楚雄地誌
	清宣宗道光十二年七月	一次	微震無損傷		楚雄地誌
	民國十四年三月九日又十五日	二次	微震		雲南洱海附近地震述要
廣通縣	明神宗萬曆四十六年二月	同上	與鎮南洱海同日地震		鄂修雲南通志
	清高宗乾隆五十八年四月	同上			同上
摩芻	明世宗嘉靖二十三年	同上			同上
	明世宗嘉靖三十三年	同上	碍嘉地震		岑修雲南通志

縣	清聖祖康熙十九年八月廿七日	同上			摩芻地誌
牟定縣	清文宗咸豐二年	同上		冬有聲如雷	岑修雲南通志
	明神宗萬曆二十四年八月	同上			牟定縣志
	明神宗萬曆三十八年十二月	同上			同上
	明神宗萬曆三十九年	同上			同上
	明神宗萬曆四十三年八月	同上			同上
	清聖祖康熙十九年四月	同上		民舍俱傾	同上
	清高宗乾隆四十一年	三次			同上
	清高宗乾隆五十九年	一次			同上
	清仁宗嘉慶九年	同上			同上
道	清宣宗道光十三年	未明		房屋傾圮壓死人口甚衆	同上
蒙 蒙自縣	明世宗嘉靖十八年三月	多次		與建水同日地震一日數十次自北而南晝夜常震半年始定	鄂修雲南通志蒙自縣志
	清仁宗嘉慶二十年四月	一次		大震	岑修雲南通志
	清宣宗道光十三年七月二十三日	多次		是日巳刻與昆明宜良等屬同時大震毀房屋斃人口嗣又續震數次	同上
建水縣	明孝宗弘治十八年	多次		自北而南晝夜常震半年始寧	建水州志
	明武宗正德八年	一次		有聲如雷三月乃止	鄂修雲南通志建水州志
	明世宗嘉靖十八年二七兩月	多次	七月與楚雄瀘西同日地震	二月與蒙自同日地震自北而南晝夜常震半年始寧	鄂修雲南通志
	明神宗萬曆十六年閏六月十八日	一次		與通海曲江同日地震有聲如雷山木摧折河水噴流	鄂修雲南通志建水州志
	明神宗萬曆二十四年十一月一日	同上		日晡時起震聲如雷傾城垣龍字官衙民舍殆盡民皆露宿死數千人每一動時人皆昂首號天雞犬齊吠數月乃止	建水州志
	清聖祖康熙三十一年二月	同上			鄂修雲南通志
	清聖祖康熙五十二年二月	同上	與昆明等屬同時地震		同上
	清高宗乾隆二十八年十月	多次		震有聲壞民居甚衆十餘日乃止	續修建水縣志
	清高宗乾隆三十六年三月	一次	微震		同上
	清高宗乾隆五十四年四月	多次		與通海同時地震壞房舍傷人畜異龍湖村傾入湖中震無時月餘乃止	臨安府志
	清高宗乾隆五十五年五月	一次	微震		續修建水縣志
	清仁宗嘉慶四年八月二十八日	同上			同上
	清宣宗道光十三年八九兩月	一次		今東關鄉西市兩欄舊舖敧斜傾倒即地震遺跡	同上
	清德宗光緒十五年十一月二日	數次		與石屏蒙自同日大震每震時地作雷鳴人民驚駭溫如載覆舟泉城樓傾倒復起者數次	同上

河西縣	明武宗正德十二年六月	一次		與玉溪習峩通海等處同日地震壞城垣人民有死者	明史五行志
	明世宗嘉靖四十一年十一月	一次			河西縣志
	清高宗乾隆二十八年十一月	同上			同上
習峩縣	明武宗正德十二年六月	一次	與祥雲玉溪通海河西等處同日地震		明史五行志
	清聖祖康熙三十五年六月四日	同上			鄂修雲南通志習峩縣志
	清聖祖康熙三十六年九月九日	同上	午時地震		習峩縣志
	清聖祖康熙五十五年十月二十三日	同上		戌時大震	同上
	清聖祖康熙六十一年正月	多次		大震壞民居二月始定	鄂修雲南通志
	清宣宗道光十三年八九兩月	同上		與石屏通海等處同時大震閭閻損傷房屋人口	岑修雲南通志
	清德宗光緒十三年十二月二日	一次		與建水習峩同日大震	續修建水縣志
石屏	明神宗萬曆十六年	同上		震聲如雷屋垣傾圮斷毁一寺碑五殘碎	石屏州志
	清聖祖康熙三十七年	數次		地屢震	同上
	清世宗雍正十年正十兩月	同上	正月五日地震	十月數震西城堞傾千餘丈	石屏州志石屏地誌
	清世宗雍正十一年正月二十六日	一次			石屏州志
	清高宗乾隆十六年	同上		地震房屋傾圮	石屏地誌
	清高宗乾隆十九年十一月二十八日	一次		城中外房屋多傾塌傷人[illegible]	石屏州志
	清高宗乾隆三十七年	多次		連月頻震	石屏地誌
	清仁宗嘉慶二年七月	一次		大震	滇繫
	清仁宗嘉慶四年七八兩月	多次		七月大震傾城堞民居無算八月又大震傷斃三千餘人	岑修雲南通志
	清仁宗嘉慶十九年十月十三日	未明		大震傾房屋死人民無算	石屏地誌
	清文宗咸豐六年七月	一次			同上
	清穆宗同治十年十月十六日	未明			同上
	清德宗光緒十三年十一月二日	多次		是日大震聲如雷響自西而東城垣崩頹房屋傾圮過半壓死二千餘人每日或震一次或震數次不等至兩月餘乃止	岑修雲南通志
	中華民國二年十月	一次			石屏地誌
通海縣	明武宗正德十一年六月	一次	與祥雲玉溪同日地震		續雲南通志
	明武宗正德十二年六月	同上		與祥雲玉溪通海河西習峩同日地震壞城垣房屋人民有壓死者	王修續雲南通志
	明世宗嘉靖二十九年正月	同上		有聲如雷壓死數十人	鄂修雲南通志
	明世宗嘉靖四十五年	同上	冬季地震		同上
	明穆宗隆慶二年	同上		震有聲壞城堞官署民房壓死者甚多	臨安府志
	明穆宗隆慶五年八月	同上		自東南來有聲如雷壞城堞官署民房壓死者甚多	鄂修雲南通志
	明神宗萬曆十六年六月	同上		震聲如雷山崩樹倒湖水溢流傾圮民居壓死人甚多	同上
	清聖祖康熙三十一年八月二日	二次	是日卯時地震戌時與建水嶍峩等處同時地震自西南起		通海縣志
	清高宗乾隆二十八年十一月	一次	與[illegible]縣同日地震	城廓寺觀衙署民居倒壞甚多男婦斃八百餘口	臨安府志續修通海縣志
	清高宗乾隆五十四年五月二十五日	同上		戌時大震城廓寺觀衙署民居較二十八年倒壞更多壓斃男婦二千餘口	續修通海縣志
	清宣宗道光十三年八九月	一次		與石屏建水習峩等處同時地震閭閻損傷房屋人口	岑修雲南通志
阿迷縣	明世宗嘉靖十年	多次		連震一日數次踰月始定	鄂修雲南通志
	清世宗雍正十三年四月	一次			臨安府志
	清宣宗道光十三年七月二十五日	多次		是日巳時與昆明嵩明等處同時大震毀房傷人午未二時又震至夜又震數次	岑修雲南通志
	清宣統元年五月十一日	同上		是日本縣與宜良之間大震至十日後始息其祥見宜良縣	最近十五年中國地震一覽
文山縣	清宣宗道光十三年八九月	一次		與昆明安寧等數十縣同時地震閭閻損傷房屋人口	岑修雲南通志
	清德宗光緒九年十月	同上	與元江同日地震		同上
廣南縣	清宣宗道光十三年八九月	同上		與昆明文山等數十縣同時地震閭閻損傷房屋人口	岑修雲南通志
富州縣	清德宗光緒二十八年二月	同上			富州地誌
瀘西縣	明世宗嘉靖十八年七月	同上	與楚雄建水同日地震		續雲南通志
	清聖祖康熙三年	一次			鄂修雲南通志廣西府志
	清聖祖康熙十三年二月	同上		城堞傾倒	同上
	清聖祖康熙三十一年九月	多次		震久城舍傾倒無算	同上
	清聖祖康熙三十二年	一次			同上
	清聖祖康熙三十三年三月	同上			廣西府志
	清聖祖康熙五十二年二月	同上	與昆明晉寧建水等處同時地震		鄂修雲南通志
	清宣宗道光十三年八九兩月	多次		與安寧富民等處同時地震閭閻損傷房屋人口	岑修雲南通志
彌勒	明熹宗天啟元年	一次			舊雲南通志彌勒州志
	明熹宗天啟三年	同上			鄂修雲南通志
	明熹宗天啟四年	同上		十八寨地震	同上
	明孝宗宏治十三年	同上		是時雲南三十六處同震	彌勒州志
	明神宗萬曆元年六月	同上			同上
	清聖祖康熙三年七月	同上			同上
	清聖祖康熙二十一年八月	同上			同上
	清聖祖康熙二十五年二月	同上			同上

普　道

縣 | 師宗縣 | 黎　縣 | 曲溪縣 | 寧

清高宗乾隆五十九年十一月	同上			岑修雲南通志
清德宗光緒五年	同上		冬大震民居公署城郭多傾圮	岑修雲南通志
清德宗光緒七年十二月	同上		山鳴傾圮城垣數十丈壞民房無算	同上
清聖祖康熙三年	同上			師宗州志
清聖祖康熙五十二年二月	同上			同上
清高宗乾隆二十八年十一月二十一日	同上		城官署民居地裂水出壓斃死人畜無數廢子鄉為甚	臨安府志黎縣志
清高宗乾隆三十六年正月二十六日	同上	戌時地震		同上
清高宗乾隆五十四年五月十四日	多次		大震山崩川竭房屋傾人畜無數[illegible]頻入湖中自五月十四日起至閏五月二日始止	同上
清文宗咸豐十一年六月	一次		大震抱甶鄉山崩	岑修雲南通志
明神宗萬曆十六年閏六月十八日	一次		與建水通海同日地震有聲如雷屋傾圮壓斃人民建水尤甚	鄂修雲南通志
清宣宗道光十三年八月初九日	同上		與建水同日大震壞房屋淹沒人民甚眾	續修建水縣志
清仁宗嘉慶二年	同上		大震	鄂修雲南通志
清宣宗道光二十八年八月	同上		縣城大震	普洱府志
清宣宗道光二十九年十二月	同上	立春日縣城地震		岑修雲南通志普洱府志
清宣宗道光三十年	同上		秋與[illegible]同日大震縣城尤甚房屋[illegible]	同上

洱　縣 | 思茅縣 | 景　谷

清德宗光緒五年七月	未詳		縣屬漫北龍村地陷成巨淵民居盡沒前三日地中有聲民恐遷徙故未傷人	普洱府志
清德宗光緒十年九月三十日	多次		五月三日東山鳴九月二十三日陰雨猓渡東西兩河水暴漲二十七日有自西南來地大震山崩折裂廟宇衙署民居傾圮無數傷八十餘人斃十七人是夜大雨四山亂鳴西南若有砲聲至十月杪猶時震動	岑修雲南通志寧洱地誌
中華民國十二年七月一日	同上		七月一日初次震損城垣二千餘丈公私房屋亦多震倒四百二十餘間壓死一人傷數十人但又連震五六次適此仍逐日震動半月始息各鄉如漫花塘馬內街信成鄉等處亦均被震成災	縣知事楊占春呈報
清宣宗道光二十六年二月	多次		經旬乃止	舊雲南通志
清德宗光緒十年九月	一次	與景谷新平同日地震		岑修雲南通志
清世宗雍正元年十一月	同上			普洱府志
清世宗雍正五年十一月	同上			鄂修雲南通志
清高宗乾隆二十九年	同上			普洱府志
清仁宗嘉慶元年二月	同上			同上
清仁宗嘉慶二年七月	同上			岑修雲南通志

洱

縣 | 墨江縣 | 元　江　縣 | 新

清德宗光緒十年九月	同上	與新平思茅同日地震		岑修雲南通志普洱府志
清高宗乾隆三十六年三四月	多次		三月十日地震有聲四月復震	同上
清德宗光緒元年七月	一次			同上
清德宗光緒二年正月	多次			同上
明神宗萬曆十六年	一次			鄂修雲南通志
清高宗乾隆五十七年	同上			元江州志
清宣宗道光十三年八月九日	同上	與新平同時地震		岑修雲南通志
清宣宗道光十四年	同上	夏季地震		同上
清宣宗道光十五年六月	同上	與新平同時地震		同上
清穆宗同治五年五月	同上	與曲靖同日地震		同上
清穆宗同治七年五月	同上			同上
清穆宗同治九年六月	同上	與新平同日地震		同上
清德宗光緒九年十月	同上	與文山同日地震		同上
清聖祖康熙三十五年	同上			新平縣志
清仁宗嘉慶四年七月	同上		大震傷人畜壞房屋	同上

平　縣 | 鎮沅縣 | 景　東

清仁宗嘉慶五年四月	同上			同上
清仁宗嘉慶八年正月	同上			同上
清宣宗道光十五年六月	同上	與元江同時地震		岑修雲南通志
清穆宗同治九年六月	同上	與元江同日地震		同上
清德宗光緒十年正月	同上	與思茅景谷同日地震		同上
清高宗乾隆三十九年	同上			鄂修雲南通志
清宣宗道光十三年八月九日	同上			岑修雲南通志
明孝宗弘治十二年六月	多次			鄂修雲南通志
明武宗正德十年	一次		大震民居半圮	同上
明武宗正德十一年二月	同上	與大理楚雄蒙化同日地震[illegible]		明史五行志續通志
明武宗正德十五年八月	一次		大震民居傾圮懸十日夜地震不息[illegible]仆城垣廨宇地多行裂	續雲南通志景東縣志
明神宗萬曆四十四年八月十一月	二次	八月地震十一月又震		鄂修雲南通志
明神宗萬曆四十三年	一次	夏地震		同上
清聖祖康熙八年八月	同上	微震		同上
清聖祖康熙九年九月	同上	微震		同上

道 騰

縣 騰

清聖祖康熙三十年十一月	同上	微震		同上
清高宗乾隆三十九年	同上		大震	同上
清宣宗道光十三年六七兩月	二次		與永北蒙化等屬同時地震間損傷房屋人口	岑修雲南通志
清德宗光緒二十七年八月	一次	微震		景東縣志
清宣統三年七月	同上	微震		同上
明憲宗成化十四年八月	同上			騰越廳志
明孝宗弘治十五年八月	同上			鄂修雲南通志
明武宗正德六年	同上			騰越廳志
明武宗正德七年八月	二次	八月微震	己巳連震兩日辛未又大震有聲城堞官署民居傾壞赤水湧出沒田禾死傷甚衆黄坡有民居在山下一夕震移田中	續雲南通志騰越州志騰越廳志
明武宗正德十二年六月	一次			鄂修雲南通志
明世宗嘉靖五年四月	同上	與保山同日地震		明史五行志
明世宗嘉靖二十七年五月	多次	地震三日		騰越廳志
明世宗嘉靖三十二年閏三月癸酉日	二次	六日與保山同震次日複震		鄂修雲南通志騰越廳志
明神宗萬曆四年九月	一次			騰越州志騰越廳志

衝

明神宗萬曆五年二月	多次		二日辛巳地大震如雷騰衝次日複震山崩水湧壞廟廡倉舍千餘間民居圮者十之七壓死軍民甚衆	明史五行志
明神宗萬曆九年二月	一次			騰越廳志
明神宗萬曆十三年	多次	是年地震冬季複連震		永昌府志騰越廳志
明神宗萬曆十四年二月	一次			騰越廳志
明神宗萬曆十五年七月十二日	二次	七月地震	十二月複震壞城數十丈軍民廬舍皆仆	永昌府志騰越廳志
明神宗萬曆十六年	一次			永昌府志
明神宗萬曆十九年七月	同上		大震震城圮數十丈軍民廬舍皆仆	鄂修雲南通志騰越州志
明神宗萬曆二十七年九月	同上	與保山同日地震		同上
明神宗萬曆三十六年十二月	同上	與保山同日地震		鄂修雲南通志永昌府志
明神宗萬曆四十五年	同上		大震有聲	鄂修雲南通志騰越州志
清高宗乾隆二十九年	同上			騰越廳志
清高宗乾隆五十年	同上		大震	同上
清高宗乾隆五十一年六月	同上		大震搖落民屋甚多	同上
清宣宗道光二十五年至二十六年	多次		冬連日地震至次年二月始止	同上

保 縣

清文宗咸豐六年	一次		明光隘地大震	同上
清德宗光緒九年十二月癸酉日	同上	五日地震次日複震		岑修雲南通志騰越廳志
清德宗光緒二年二月	多次	地屢震		永昌府志騰越廳志
清德宗光緒七年十一月	二次	十日丑時地震十八日午時複震		岑修雲南通志
清德宗光緒九年九月	一次			同上
宋真宗景德二年	同上			鄂修雲南通志
明武宗正德七年八月	二次		城堞官署民居傾壞	同上
明武宗正德十年	一次		民居多簸死傷者甚多	明史五行志永昌府志
明英宗天順二年七月	同上		金齒司東南城廓兵器俱毀	同上
明世宗嘉靖五年四月	同上	與騰衝同日地震		永昌府志
明世宗嘉靖三十二年閏三月癸酉日	多次	六日與騰衝同震次日複震		同上
明神宗萬曆六年十二月	一次		三聖祠房屋傾蓋祠外死傷者十餘人	鄂修雲南通志
明神宗萬曆十五年十二月	同上		城陷數十丈軍民廬舍皆仆	永昌府志
明神宗萬曆十六年	同上			同上
明神宗萬曆二十七年九月	同上	與騰衝同日地震		鄂修雲南通志永昌府志

山

明神宗萬曆三十六年十二月	同上	與騰衝同日地震		鄂修雲南通志
明神宗萬曆三十七年正月	二十六次	自甲申朔至癸巳地震二十六次		鄂修雲南通志永昌府志
明神宗萬曆四十年六月十五六日	二十三次		十五至六日地震二十三次其聲如雷鼓	永昌府志
明神宗萬曆四十二年六月	多次		地震二十三日聲如雷鼓	鄂修雲南通志
清聖祖康熙二十八年九月	一次			鄂修雲南通志永昌府志
清聖祖康熙五十二年四月二十四日	同上			永昌府志
清高宗乾隆五十一年八月	同上		大震	同上
清仁宗嘉慶九年	同上		夏大震八鄉尤甚	同上
清宣宗道光十三年六七兩月	同上		與雲縣蒙化等屬同時地震間損傷房屋人口	岑修雲南通志
清德宗光緒二年六月	同上		大震搖波羅山崩震陷一處內有魚蝦	永昌府志
清德宗光緒十年九月	同上	十四日地震	二十七日大震	同上

縣 大

唐僖宗光啟二年	同上		地震龍首三關三陽城崩按龍首關即今大理上關	南詔野史
明孝宗弘治十二年	多次		屋宇盡壞死數萬人歷時四年	中國地震區域分布簡說
明武宗正德六年十月	一次	與鄧川劍川鶴慶及洱海同時地震		明史五行志[illegible]修雲南通志
明武宗正德十年八九兩月	多次	八月地震	九月大震四日踰旬始寧	鄂修雲南通志

理縣	明武宗正德十一年十二月	一次	乙未與楚雄蒙化賓川同日地震		明史五行志王修續雲南通志
	明武宗正德十三年六月	三次	乙巳與鳳儀鄧川洱源蒙化同日地震十月甲午十二月癸卯又震		續通志
	明神宗萬曆二十年	同上			鄂修雲南通志
	明神宗萬曆三十九年二月	一次	與大姚賓川同日地震		同上
	明神宗萬曆四十年二五兩月	三次		二月乙亥與昆明武定曲靖同日大震次日又震五月復大震壞房屋	明史五行志
	明神宗萬曆四十八年	一次			同上
	明熹宗天啟三年四月	同上		聲如吼地裂五區	鄂修雲南通志
	清高宗乾隆五十九年正二兩月	多次		正月地屢震至二月方止	岑修雲南通志
	清文宗咸豐二年正月	一次			同上
	清穆宗同治九年正月	同上		大震城西南城垣崩塌數丈上關城垣崩三十餘丈	同上
順寧縣	明憲宗成化七年正月	同上		大震聲如雷逾日始定	順寧府志
	清穆宗同治八年三月	同上		震有聲	岑修雲南通志
	清穆宗同治十一年八月	一次		震有聲歷三月乃定	同上
永平	明世宗嘉靖三十七年五月	多次		震三日	鄂修雲南通志永昌府志
	明世宗嘉靖四十一年十二月	一次		有聲聞百里	同上

縣	清德宗光緒二年六月十五日	同上		大震損民房無數馬子廠東山崩陷民居二十餘戶傷六十餘人	岑修雲南通志
祥雲縣	明孝宗宏治十二年	同上			鄂修雲南通志雲南縣志
	明武宗正德元年	同上		地震生白毛	鄂修雲南通志雲南縣志
	明武宗正德六年十月	同上	洱海衛地震		雲南縣志
	明武宗正德十年五月	多次		連震一月而止有一日震二三十次震壞房屋壓死數千人	鄂修雲南通志雲南縣志
	明武宗正德十一年六月	一次	與玉溪通海同日地震		續雲南通志
	明世宗嘉靖七年	同上			古今圖書集成
	明世宗嘉靖十年	同上			大理府志
	明世宗嘉靖十八年九月	一次		震有聲	鄂修雲南通志
	明熹宗天啟三年四月	同上		傾城樓壞民居五百餘所	同上
	清高宗乾隆三十七年七月	同上		大震	雲南縣志
	清仁宗嘉慶八年正月	同上		大震	同上
	清文宗咸豐二年二月	七次	自亥至辰地震七次		同上
洱	明孝宗宏治十一年十月	一次		震有聲如雷民居傾倒	鄂修雲南通志浪穹縣志
	明武宗正德十三年六十十一月	多次	與大理鳳儀鄧川蒙化同日地震十月十一月又震		明史五行志王修續雲南通志

源縣	明神宗萬曆三十年九月	同上		大震有自西北來逆震者三牆屋有損仆者	鄂修雲南通志浪穹縣志
	清聖祖康熙三年三月	多次		地震自西北來連震月餘民居多傾倒	浪穹縣志
	清高宗乾隆十六年五月二日	一次		與蒙化鄧川同日大震	岑修雲南通志
	清仁宗嘉慶八年正月十五日	二次		大震二次	浪穹縣志
	清仁宗嘉慶二十三年八月	多次		地大震一日千餘次未損民居	同上
	清宣宗道光十八年十二月十四日	同上		辰時地震自旦至夜皆有聲如雷民居傾倒五六百間男女壓斃百餘口連日震不止金鼎山崩珠成塌圯高井皆湧黑水	岑修雲南通志浪穹縣志
	清宣宗道光十九年正月九日	一次	與鄧川同日地震		同上
	清德宗光緒二十六年十一月	同上		地震成災民居傾塌百餘戶有壓斃者	浪穹縣志
	清德宗光緒二十八年七月	同上		地微震土登村較重成災	同上
鄧川	明武宗正德六年十月	同上			舊雲南通志
	明武宗正德十年六八月	三次		大震六月又震八月又震	鄂修雲南通志
	明武宗正德十三年六十一月	多次	與大理鳳儀洱源蒙化同日地震十月十一月又震		明史五行志續通志
	清高宗乾隆十六年五月二日	一次		與洱源蒙化鄧川同日大震	鄧川縣志
	清仁宗嘉慶九年正月	同上		大震	同上

縣	清宣宗道光十八年十二月	同上		羅柿山下裂數十丈	岑修雲南通志
	清宣宗道光十九年	一次	春季與洱源同日地震		同上
	清穆宗同治二年	同上	春季與姚安鳳儀同日地震		同上
雲龍縣	明武宗正德九年	同上		順盪井地震鹵源涸	明史土司傳
	清德宗光緒二年	同上	五井同震		岑修雲南通志
鳳儀縣	明武宗正德十年五月	同上		永寧衛大震逾月不止有日三十震者黑氣如霧地裂水湧壞城垣民居不可勝計死者數千人傷者倍之	明史五行志續雲南通志趙州志
	明武宗正德十三年六十一月	三次	與大理鄧川洱源蒙化同震十月十一月又震		明史五行志王修續雲南通志
	清世宗雍正七年閏七月	一次			趙州志
	清文宗咸豐元年	同上	秋地震		岑修雲南通志
	清穆宗同治二年	同上	春季與鄧川姚安同日地震		同上
雲	清聖祖康熙四十六年九月	同上	微震與祿豐同時震動		鄂修雲南通志順寧府志
	清仁宗嘉慶五年十一月	同上			雲縣地誌
	清仁宗嘉慶十九年五月	同上			岑修雲南通志
	清宣宗道光十三年八九兩月	同上		與保山順寧等屬同時地震損傷房屋人口	同上

越

縣	時間	次數	附註	震況	資料來源
姚安縣	清穆宗同治九年十月一日	同上		大震	雲縣地誌
	明武宗正德十年	未明		官民廬舍傾圮殆盡	鄂修雲南通志
	明武宗正德十五年三月	同上		與賓川蒙化鶴慶同日地震壞城垣廬舍死人民	明史五行志王修續雲南通志
	明神宗萬曆二十四年八月	一次			鄂修雲南通志
	明神宗萬曆三十五年四月	三十餘次		地震有聲一日連震七次三四兩月共震三十餘次	姚州志
	明神宗萬曆三十六年十一月	七次		地震有聲一日七次	同上
	明神宗萬曆三十九年	二次	與大姚定遠同日地震十三日又與大理賓川彌渡鄧川同日地震		鄂修雲南通志
	明神宗萬曆四十三年八月	一次	與楚雄鎮南定遠同日地震		同上
	明莊烈帝崇禎十六年十二月	多次		地震有聲共四十餘次損壞民居	鄂修雲南通志姚州志
	清聖祖康熙二十六年九月	一次			同上
	清聖祖康熙五十二年正月十五日	同上		寅時震有聲	姚州志
	清聖祖康熙五十三年十月一日	同上	戌時地震自東而西		同上
	清高宗乾隆四十一年六月至八月	多次	六月至八月地屢震		同上
	清仁宗嘉慶九年正月至六月	同上		正月至六月地屢震東門外橋圮	同上
	清宣宗道光十三年七月二十三日	一次		自西而來有聲如雷	同上

縣	時間	次數	附註	震況	資料來源
蒙化縣	清穆宗同治二年三月	同上		與鳳儀鄧川同日大震有聲	岑修雲南通志姚州志
	民國十四年三月十五日	同上	微震		雲南洱海附近地震述要
	明孝宗弘治十二年六月	同上		大震房屋多傾圮地生白毛長寸許	蒙化府志蒙化縣志
	明武宗正德十年	同上		大震池中水立	同上
	明武宗正德十一年十二月	同上	與大理景東楚雄同日地震		王修續雲南通志
	明武宗正德十三年六月十一月	三次	六月與大理鳳儀洱源等屬同日地震十月十一月又震		王修續雲南通志蒙化縣志
	明武宗正德十五年三月	一次		與姚安賓川鶴慶同日地震壞城垣廬舍民有壓死者	同上
	明神宗萬曆十四年二月	同上		傾城堞房屋死傷人民二千餘人	鄂修雲南通志蒙化府志
	清世祖順治九年至十二年	多次		六月七八兩日與彌渡同時大震地中如萬馬奔馳塵霧蔽天大雷雨平地水流傾圮房屋壓死三千餘人地裂湧黑水鰍鱔聚集不知何來河水俱竭山上飛石亂墜是後日或數震或間日震至十二年乃止	蒙化縣志中國地震區域分布簡說
	清高宗乾隆十六年五月一日	一次		與鄧川洱源同日大震	蒙化縣志
	清宣宗道光十三年八月三日	同上			同上
	清德宗光緒二十一年	多次		大震旬閱五月十日起連日地震十九日大震先是有聲如雷自東北來各寺殿皆脫	同上

縣	時間	次數	附註	震況	資料來源
彌渡縣	明神宗萬曆三十九年三月	一次		與姚安大理賓川同日地震本屬震時如蕩舟	鄂修雲南通志趙州志
	清世祖順治六年六月	同上		大震湧黑水壞官舍民居壓死千餘人	趙州志
	清世祖順治九年六月七八兩日	多次		與蒙化同日大震官舍民居不存片瓦壓死人民甚多富商無名者不計其數地皆崩裂湧出臭泥鰍鱔盤結地上	滇南雜志趙州志
	清聖祖康熙九年六月	一次		大震有聲城圮民居坍塌壓死人畜甚眾	趙州志
	清德宗光緒二十三年五月十四日	未明		巳時震動有聲	彌渡縣署查報

縣	時間	次數	附註	震況	資料來源
鶴慶縣	明憲宗成化十年四九兩月	二次	四月地震	九月自寅至申後十五震壞廨舍民居傷人畜	明史五行志續雲南通志
	明憲宗成化十四年四月	一次			鶴慶州志
	明武宗正德六年十月	同上		城垣房屋人民皆損傷多有被壓死者	同上
	明武宗正德十年五月六日	同上		烈震聲如雷官民廬舍盡圮	同上
	明武宗正德十五年三月	同上	與賓川蒙化姚安同日地震		鄂修雲南通志鶴慶州志
	清聖祖康熙二十七年	多次		城垣樓閣官舍民居無一震山吼水湧三日乃止	同上
	清宣宗道光十三年八九兩月	二次	與保山雲縣各屬八月同震九月又震		同上
	清德宗光緒九年十月三十日	一次		夜間地震有聲	鶴慶州志

縣	時間	次數	附註	震況	資料來源
劍川縣	明孝宗弘治十四年正月十八日	同上		震有聲如雷壞官民解舍皆傾	鄂修雲南通志
	明武宗正德六年十月	同上		與大理鄧川鶴慶同時大震本屬尤甚壞城垣房廨人有壓死者	明史五行志續通志
	清聖祖康熙二十七年三月	多次		壞房屋死一百九十餘人有聲如雷半年乃止	明史五行志鄂修雲南通志
	清聖祖康熙五十三年十月	二次	十月十一月均震		鄂修雲南通志
	清高宗乾隆十六年五月一日	一次		壞城墻四十餘丈官署民房三百餘間斃老幼一百餘人	滇繫
	清高宗乾隆五十一年五月	多次		城中五月朔日卯時微震辰刻烟熱兩氣俱騰無風巳刻强震有聲自西北來如驚湖決陣萬馬奔騰烟塵散空人蹤屋摧四鄉皆然鳥巢墮散山石飛裂虎豹亦驚惟西南稍輕共死三千餘人傷重繼亡者二千餘人破顱斷臂缺肩者殘足者難更僕數傾屋一萬九千餘間震後井涸無點滴東北太平地面有縮十五又邑頭等七十餘村悉為劍湖所侵延至五月杪微震猶未止者	滇南新語
	清德宗光緒十六年三月四日	未明	微震數十次	大震一次城牙倒三分之一	劍川地誌
	民國十四年三月十五日	一次			雲南洱海附近地震述要

縣	時間	次數	附註	震況	資料來源
麗江縣	明武宗正德十年五月六日	同上		官民廨舍傾圮殆盡	鄂修雲南通志麗江地誌
	明熹宗天啟四年六月	同上		震有聲如雷傾廬舍	同上
	清德宗光緒十六年八月二十三日	多次		大具里地震四日有兩村墻垣傾圮	麗江地誌

縣	清德宗光緒十九年十月二十日	一次		巳時有聲起自東北向西南闊四十里亥時[illegible]大震	同上
	清德宗光緒二十一年十二月二十九日至二十二年三月	多次	二十六日地震一次	二十九日夜時大震黑氣如霧有聲如雷官廨民房牆垣圮裂無算一日數次輕重不等至二十二年三月始止各處龍潭有湧紅白黃泉或逾日或逾月乃清	同上
	中華民國十四年十月十四日	同上		是日十二時阿里喜大震山動非常民房倒塌五百餘所壓斃十二人壓傷數十人至十一月六日餘震仍未止	麗江縣知事吳璘呈報
鹽石路	清德宗光緒三年正月二十日	一次			岑修雲南通志
大姚縣	明孝宗宏治元年	同上			鄂修雲南通志
	明孝宗宏治十六年	同上		白塔中裂再震復合	同上
	明武宗正德十年五月六日	未明		官民廬舍傾圮殆盡	同上
	明神宗萬曆三十九年二月	一次	與大理賓川同日地震		岑修雲南通志
	清文宗咸豐四年二月	同上			同上
鹽豐縣	明孝宗宏治元年	同上			續修白鹽井志
	明武宗正德元年五月六日	同上			同上
	明莊烈帝崇禎十六年	同上		地震有聲民居傾圮無數	同上
	清高宗乾隆四十一年六七八月	數次		六月至八月地屢震	同上
	清高宗乾隆四十六年八月	多次		是月十六至二十九日每日地震十數次民房多有傾圮及損裂者	同上
	清仁宗嘉慶八年	一次		墻垣多傾圮	同上
	清宣宗道光十三年	同上		與安寧富民永北蒙化等屬同時地震間損傷人口	岑修雲南通志
	清宣宗道光三十年五八兩月	四次		五月[illegible]地震二十六日辰刻復震未刻大震有聲如雷八月八日子[illegible]亦地震[illegible]	續修白鹽井志
	清穆宗同治二年三月	一次		大震有聲	同上
	清德宗光緒二十三年[illegible]	同上		戌時大震	同上
	清德宗光緒二十六年七月[illegible]	同上		戌時地震有聲	同上
鎮南縣	明神宗萬曆二十四年八月	同上			鄂修雲南通志
	明神宗萬曆二十八年	同上		地震有聲	同上
	明神宗萬曆四十三年八月	同上	與楚雄等屬同日地震		同上
	明神宗萬曆四十八年	同上	與廣通浮源同日地震		同上
	清聖祖康熙十九年	同上		大震有聲	鎮南州志
	清仁宗嘉慶九年	未明			同上
永北縣	明武宗正德五年	一次		城西外石門關[illegible]河[illegible]下條地震所裂現並西山崩陷[illegible]河岸[illegible]	永北地誌
	明武宗正德六年五月六日	同上		城傾陷[illegible]民房倒塌五十餘間近北西山下陷成湖者百有餘頃	永北廳志
	清宣宗道光十三年八九兩月	同上		與蒙化鎮南等屬同時地震傾傷房屋人口	岑修雲南通志永北廳志
	清宣宗道光三十年	同上		與[illegible]同日大震	同上
	清德宗光緒四年七月九日	多次		[illegible]大村[illegible]次數月始止傷斃男女七十餘人牛馬牲畜二十餘頭民房倒塌不可勝計	永北廳志
	清德宗光緒七年七月	一次		圮民房斃七十餘人	岑修雲南通志
	中華民國七年五月	同上			永北地誌
	中華民國八年六七兩月	二次	六月六日一次七月二日一次		同上
	中華民國九年三月二十日	一次	微震		同上
賓川縣	明武宗正德十五年三月	未明		與鶴慶蒙化等屬同日地震本縣震二日壞房屋死人民	明史五行志王修續雲南通志
	明神宗萬曆三十九年二月	一次		與大姚大理彌渡同日地震有聲	鄂修雲南通志
	清仁宗嘉慶八年	同上			岑修雲南通志
龍陵縣	清光緒三年地震至五年二月始止	多次	逐日地震		龍陵縣志
	清光緒九年十月初四初六兩日	同上			同上
	清光緒五年十月初十日	一次		牆屋間有傾頹	同上
	清光緒七年二月初十十八兩日	多次	初十日五時地震十八日午時復震		同上
	清光緒三十二年四月	同上		大震五日每日數次房屋搖動有聲牆垣多坍塌朱家寨壓斃一人又報極有案	同上
	清宣統二年	同上		大震龍江兩岸尤甚山搖水沸牆屋傾圮者難以枚舉五月乃止	同上
	中華民國[illegible]	同上	上列各日皆震		同上
猛卯行政區	明神宗萬曆三十九年	同上		震聲如雷裂城垣一綫	鄂修雲南通志
	明熹宗天啟元年	同上			同上
	中華民國十三年五月初九日	二次	微震		猛卯地誌

道

就右表所載地震之年代再以西歷計算之并將各年地震次數按年總計列為左表

雲南歷年地震次數表

中曆	西曆	地震次數
漢成帝河平二年	前二七年	一
漢安帝永初四年	一一五	一

晋武帝太康七年	二八七		一
梁武帝普通三年	五二三		一
唐僖宗光啟二年	八八六		一
宋真宗景德二年	一〇〇五		一
宋徽宗(年代未詳)	約十二世紀		一
宋理宗(年代未詳)	約十三世紀		一
元成宗大德六年	一三九二		二
元成宗大德十年	一三九七		一
元武宗至大元年	一三〇八		一
元仁宗皇慶三年	一三一五		一
元文宗至順三年	一三三二		一
明太祖洪武一九年	一三八六		二
明英宗天順二年	一四五八		一
明憲宗成化七年	一四七一		一
一〇	一四七四		一
一四	一四七八		一
明孝宗宏治元年	一四八八		一
七	一四九四		一
一一	一四九八		一
一二	一四九九		三
一三	一五〇〇		一
一四	一五〇一		一
一五	一五〇二		一
一六	一五〇三		一
一八	一五〇五		一
明武宗正德元年	一五〇六		二
二	一五〇七		一
五	一五一〇		一
六	一五一一		四
七	一五一二		二
八	一五一三		一
九	一五一四		一
一〇	一五一五		三
一一	一五一六		二
一二	一五一七		一
一三	一五一八		三
一五	一五二〇		二
一八	一五二三		一
明世宗嘉靖五年	一五二六		二
七	一五二八		一
一〇	一五三一		一
一六	一五三七		一
一七	一五三八		一
一八	一五三九		三
二三	一五四四		一
二四	一五四五		一
二七	一五四八		一
三二	一五五三		一
三三	一五五四		一
三七	一五五八		一
三九	一五六〇		一
四二	一五六三		一
四五	一五六六		一
明穆宗隆慶二年	一五六八		一
五	一五七一		一
六	一五七二		一
明神宗萬曆四年	一五七六		一
五	一五七七		二
九	一五八一		一
一三	一五八五		一

一四	一五八六	一
一五	一五八七	二
一六	一五八八	一
一九	一五九一	一
二〇	一五九二	一
二一	一五九三	一
二四	一五九六	二
二六	一五九八	一
二七	一五九九	三
二八	一六〇〇	二
二九	一六〇一	二
三〇	一六〇二	一
三五	一六〇七	二
三六	一六〇八	二
三七	一六〇九	一
三九	一六一一	二
四〇	一六一二	三
四二	一六一四	二
四三	一六一五	一
四四	一六一六	一
四五	一六一七	一
四八	一六一八	一
明光宗泰昌元年	一六二〇	一
明熹宗天啟元年	一六二一	二
二	一六二二	一
三	一六二三	三
四	一六二四	二
明愍宗崇祯五年	一六三二	一
一六	一六四三	一
一七	一六四四	一
清世祖顺治元年	一六四五	二
二	一六四六	一
三	一六四七	一
六	一六五〇	一
九	一六五二	一
一〇	一六五三	一
一一	一六五四	一
一二	一六五五	一
清聖祖康熙二年	一六六二	一
三	一六六三	一
八	一六六九	一
九	一六七〇	二
一二	一六七三	一
一三	一六七四	一
一九	一六八〇	二
二一	一六八二	一
二五	一六八六	二
二八	一六八九	一
二九	一六九〇	一
三〇	一六九一	一
三一	一六九二	三
三二	一六九三	一
三三	一六九四	一
三五	一六九六	一
三六	一六九七	一
三七	一六九八	一
三八	一六九九	一
四〇	一七〇一	一
四五	一七〇六	一
四六	一七〇七	一

五二	一七一三	二
五五	一七一六	二
五六	一七一七	一
五九	一七二〇	一
六一	一七二二	二
清世宗雍正元年	一七二三	一
二	一七二四	一
五	一七二七	二
七	一七二九	二
一〇	一七三二	二
一一	一七三三	二
一二	一七三四	一
一三	一七三五	三
清高宗乾隆九年	一七四四	一
一四	一七四九	一
一五	一七五〇	一
一六	一七五一	一
一九	一七五四	二
二五	一七六〇	一
二六	一七六一	一
二八	一七六三	二
二九	一七六四	一
三六	一七七一	一
三七	一七七二	一
三九	一七七四	一
四一	一七七六	一
四六	一七八一	一
四八	一七八三	一
五〇	一七八五	二
五一	一七八六	二
五四	一七八九	二
五五	一七九〇	一
五七	一七九二	一
五八	一七九三	二
五九	一七九四	四
清仁宗嘉慶三年	一七九八	一
四	一七九九	一
五	一八〇〇	一
八	一八〇三	一
九	一八〇四	二
一三	一八〇八	一
一九	一八一四	一
二〇	一八一五	一
二三	一八一八	一
二四	一八一九	一
二五	一八二〇	一
清宣宗道光二年	一八二二	一
一〇	一八三〇	一
一一	一八三一	一
一二	一八三二	二
一三	一八三三	四
一四	一八三四	二
一五	一八三五	一
一七	一八三七	一
一八	一八三八	一
一九	一八三九	一
二一	一八四一	一
二四	一八四四	二
二五	一八四五	一
二六	一八四六	一

二八	一八四八	一
二九	一八四九	一
三〇	一八五〇	二
清文宗咸豐元年	一八五一	一
二	一八五二	三
四	一八五四	一
六	一八五六	二
九	一八五九	一
一一	一八六一	一
清穆宗同治元年	一八六二	一
二	一八六三	二
五	一八六六	一
八	一八六九	一
九	一八七〇	二
一〇	一八七一	一
一一	一八七二	一
清德宗光緒元年	一八七五	三
二	一八七六	四
三	一八七七	二
四	一八七八	一
五	一八七九	二
七	一八八一	四
九	一八八三	二
一〇	一八八四	三
一三	一八八七	二
一六	一八九〇	二
一八	一八九二	一
一九	一八九三	三
二一	一八九六	一
二二	一八九七	二
二三	一八九八	二
二六	一九〇〇	一
二七	一九〇一	一
二八	一九〇二	二
清宣統元年	一九〇九	六
二	一九一〇	一
三	一九一一	一
中華民國元年	一九一二	一
二	一九一三	六
五	一九一六	一
六	一九一七	二
七	一九一八	二
八	一九一九	二
九	一九二〇	三
一一	一九二二	一
一二	一九二三	一
一三	一九二四	一
一四	一九二五	三

就右表計之，自紀元前二七年起，至一九二五年止，共三三九次，內分紀元前一次，第二世紀一次，第六世紀一次，第九世紀一次，十二世紀三次，十四世紀五次，十五世紀十次，十六世紀六十五次，十七世紀六十六次，十八世紀五十八次，十九世紀六十二次，二十世紀三十五次。（右表所列民國次數連後近年最烈之震計入）是則十六世紀至十九世紀中，每一世紀均在六十次左右，惟二十世紀較少，然未來之歲月，尚有七十五年，若以十六十七十八十九各世紀平均之數計之，每一世紀約六十次，平均不足二年即有一次，此七十五年中至少當有四十次，合三十三年計之，約有七十三次，若以過去之二十

五年計之、已積有三十五次、平均約三年兩次、未來之七十五年、當有五十次之多、合之已震之次數、又可得八十五次、總之二十世紀、必較以前四世紀之數為多、有可斷言焉、

若就各屬地震之次數計之、昆明最多共三十六次、騰衝次之、共二十八次、陸良又次之、共二十二次、澂江保山各二十一次、尋甸十八次、路南大理姚安共十六次、建水宜良各十四次、曲靖馬龍景東洱源楚雄各十三次、晉寧祥雲蒙化各十二次、鹽豐通海彌勒各十一次、祿豐羅次江川各十次、嵩明霑益武定祿勸牟定景谷元江永北各九次、玉溪瀘西鄧川劍川鶴慶各八次、富民呈貢安寧宣威平彝嶍峩新平鳳儀龍陵各七次、昆陽元謀黎縣寧洱鎮南麗江會澤各六次、易門昭通雲縣大姚彌渡各五次、阿迷雙柏鎮雄各四次、蒙自河西文山順寧永平賓川猛卯各三次、羅平啟宗巧家廣通思茅鎮沅雲龍各二次大關永善廣南富州維西為最少、均各一次、至強震裂震、則多在大關鹽津昭通巧家尋甸陸良昆明宜良澂江通海建水習峩石屏寧洱蒙化騰衝保山大理祥雲鳳儀鶴慶劍川洱源永北等屬、其餘各屬、多係微震弱震之地點、若由唐至入民國後最烈震發生時、傾圮城垣房舍、或兼傷斃人畜之地方及次數分別表列於下、

雲南各屬烈震次數表

道別	縣別	次數	代別
滇中	昆明縣	三	明一清二
	富民縣	二	明一
	晉寧縣	一	清
	呈貢縣	一	清
	宜良縣	四	明一清三
	易門縣	二	清
	安寧縣	一	明
	祿豐縣	二	清
	羅次縣	三	明一清二
	嵩明縣	三	明一清二
	昆陽縣	一	清
	武定縣	三	明一清二
	元謀縣	一	明
	祿勸縣	二	清
	澂江縣	三	明一清二
	江川縣	三	清二民國一
	玉溪縣	四	明二清二
	路南縣	一	清
蒙道	曲靖縣	三	明一清二
	霑益縣	二	清
	陸良縣	一	清
	尋甸縣	三	明二清一
	宣威縣	二	明一清一
	馬龍縣	二	清
	會澤縣	一	清
	巧家縣	一	清
	昭通縣	一	清
	大關縣	一	清
	鎮雄縣	一	民國
	楚雄縣	四	明二清二
	牟定縣	二	清
	建水縣	二	明一清一
	河西縣	一	明

蒙自道	嶍峨縣	二	清
	石屏縣	七	明一清六
	通海縣	七	明四清三
	阿迷縣	一	清
	文山縣	一	清
	廣南縣	一	清
	瀘西縣	三	清
	彌勒縣	二	清
	黎縣	一	清
	曲溪縣	二	清
普洱道	寧洱縣	一	民國
	新平縣	一	清
	景東縣	三	明二清一
騰越道	騰衝縣	三	明二清一
	保山縣	五	明四清一
	大理縣	四	唐一明二清一
	永平縣	一	清
	祥雲縣	二	明
	洱源縣	四	明二清二
	雲縣	一	清
	姚安縣	四	明三清一
	蒙化縣	四	明三清一
	彌渡縣	二	清
	鶴慶縣	三	明三
	劍川縣	五	明二清三
	麗江縣	四	明二清一民國一
	大姚縣	一	明
	鹽豐縣	四	明一清三
	永北縣	三	清
	賓川縣	一	明
道	猛卯行政區域	一	明

此外劇烈之震發生時不僅傾圮房舍傷斃人畜並有地裂山崩水溢等之大破壞者再分別表列之、

雲南各屬最烈地震破壞狀況表

道別	縣別	烈震狀況	年代
滇中道	陸良縣	地裂	清
	會澤縣	山崩壞房舍	漢晉
	昭通縣	同上	同上
	鎮雄縣	同上	同上
	大關縣	山陷爲潭	清
	巧家縣	金沙江波浪高騰沿江各山之石多裂墜	民國
蒙自道	建水縣	河水噎流	明
		城樓傾倒復起者數次	清
	黎縣	山崩川塌村落傾入湖中	清
		山崩	清
普洱道	寧洱縣	地陷成巨浸民居盡没	清
		山崩	清
騰越道	騰衝縣	赤水湧出民居在山下移至田中	明
		山崩水溢	明
	保山縣	猛波羅山脚震縮一窩内有魚蝦	清
	大理縣	地裂五區	明
	鶴慶縣	山吼水立	清
	劍川縣	羅㙮山旁裂數十丈	清
	蒙化縣	池中水立	清
		地裂水涌河涸石飛	明
	彌渡縣	地湧黑水	清
		地裂出臭泥鰍鱔	清
	鳳儀縣	地裂水湧	明

道		
劍川縣	山石亂飛井水盡涸地西縮下劍湖水溢侵七十餘村	清
麗江縣	龍潭湧紅白黃泥水	清
永北縣	石門關源河貫穿其下係地震所裂現西山崩陷截口及河岸斷壁確有可徵	明
	山陷成湖百餘頃	明
洱源	金雞山崩塊成塔把高阜皆湧黑水	清
龍陵縣	龍川江兩岸山搖水沸三月乃止	清

就上二表觀之、最烈之震、如石屏通海各發生七次、保山劍川各六次騰衝大理洱源永北各五次、玉溪楚雄各四次昆明羅次嵩明武定澂江江川曲靖尋甸瀘西景東各三次、大關一次石屏通海昆明嵩明澂江江川均濱異龍湖杞麓湖滇池嘉麗澤星雲湖撫仙湖之旁、武定濱金沙江、曲靖瀘西濱南盤江、尋甸濱車洪江、景東濱把邊江、玉溪濱文溪河、楚雄濱竜川江、保山東濱瀾滄江西濱怒江、騰衝濱龍川江、大理濱洱海、洱源濱洱河、永北濱金沙江及程海、劍川

雲南烈震區域圖

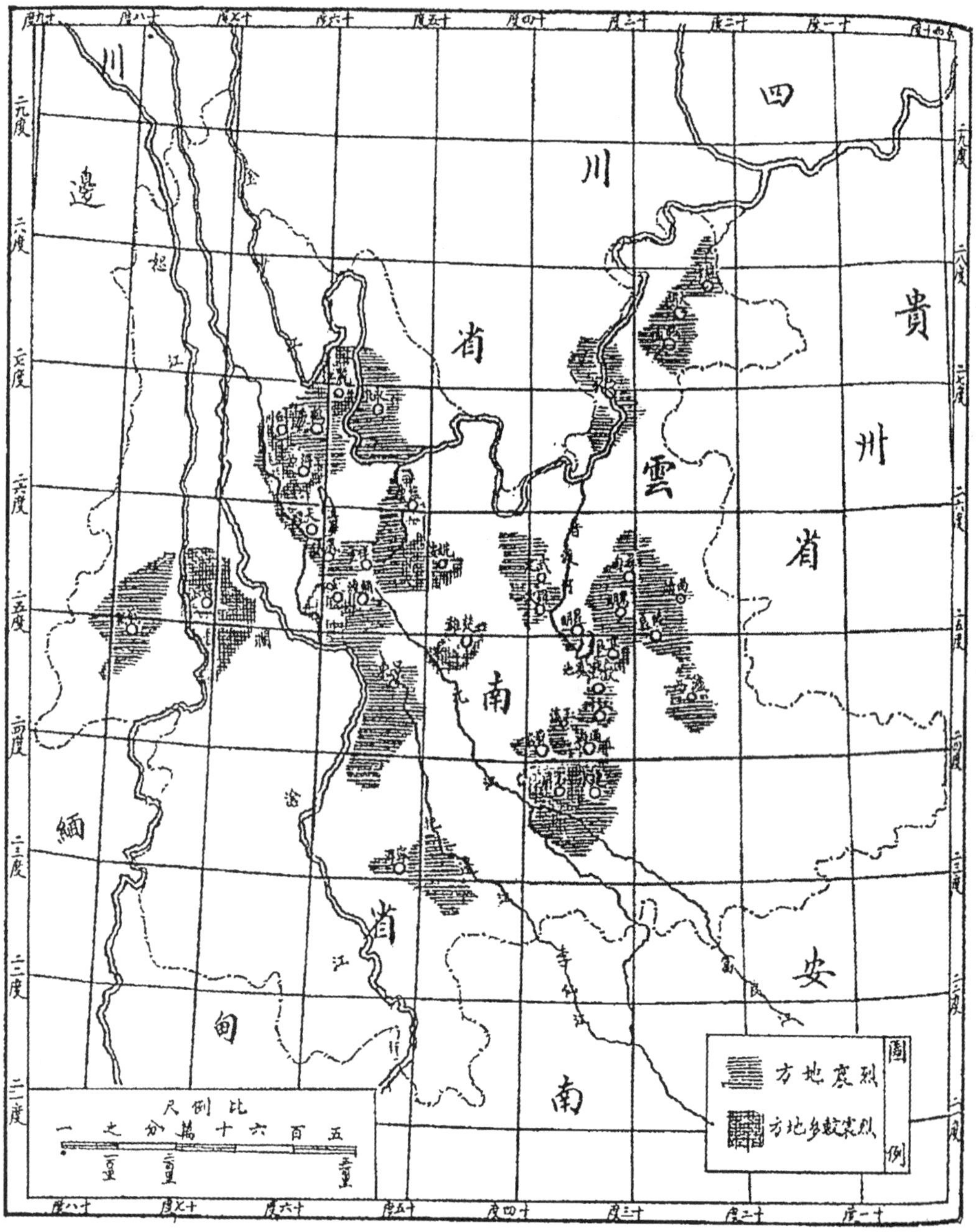

濱劍湖、是則凡濱大川大湖之地方、劇烈之震、較他處為多至烈震時震幅之最廣者為清光道十三年七月及八九兩月之震、七月之震、如昆明宜良澂江尋甸宣威昭通蒙自晉寧江川阿迷呈貢陸良等屬均震動、八九兩月之震、如昆明安寧霑益富民馬龍會澤石屏通海文山廣南瀘西曲溪景東保山雲縣鶴慶永北蒙化鎮南均震動、其餘震幅至廣、不過延及數縣而已

若以朝代別之則唐光啟一次、明天順一次、成化一次弘治七次、正德二十四次、嘉靖一次、隆慶二次、萬歷十六次、泰昌一次、天啟三次、崇禎二次、清順治三次、康熙十三次、雍正一次乾隆十七次、道光十九次嘉慶四次咸豐同治各一次、光緒十八次宣統一次、是則明代歷二百九十四年劇烈震共五十九次、平均約四年餘一次清代歷二百九十六年、劇烈震共七十九次、平均約三年餘

一次，是則劇烈之震，亦有年多一年之趨勢焉。

又西人米尼氏 [illegible] 彙集中統計全世界及亞洲中國各世紀中最烈之震，亦有年多一年之趨勢，論者謂現今世界，屢現此項災禍，蓋表示地球漸變古舊，爲末期將至之先兆，茲將該集中原表迻列於下，並將雲南最烈之震，附註表內，以資比較焉。

雲南最烈地震與世界亞洲中國最烈地震比較表

世紀期數	全世界總數	亞洲總數	中國總數	雲南總數
第一世紀	一五	五	二	
第二世紀	一一	八	六	
第三世紀	一八	七	六	
第四世紀	一四	四	二	
第五世紀	一五	八	三	
第六世紀	一三	五	二	
第七世紀	一七	一二	五	
第八世紀	三五	二四	一〇	
第九世紀	五九	四四	八	
第十世紀	三二	二三	七	一
第十一世紀	五三	三七	一四	
第十二世紀	八四	四七	九	
第十三世紀	一一五	六〇	六	
第十四世紀	一三七	八〇	三〇	
第十五世紀	一七四	九九	二七	八
第十六世紀	二五三	一一三	六一	三七
第十七世紀	三九八	一九七	七三	二一
第十八世紀	六八九	一六八	七一	二三
第十九世紀	二一一九	七四七	九六	二三

四 近年烈震狀況

入民國後歷十四年，其間微弱強烈之地震，多已列前震史之表內，至震況最烈，而震幅又甚廣濶者，計有三次，一爲嵋峨等屬之震，二爲大關等屬之震，三爲大理等屬之震，茲將此三大震之狀況，分臚於下。

（一）嵋峨等屬之大震　嵋峨於民國二年十二月地震，以次傳播於河西新興通海等屬，其震源係出自嶍峩縣城，餘係震波所及，試分叙各屬震狀於左。

嶍峩　民國二年十二月十九日下午十一時，城內外已發生地震，但甚輕微，至二十一日午後十時，地遂波動，公署局所學校城垣橋梁寺觀，概行傾覆，民居被毁者十之八九，壓斃人畜無算，地裂數寸，田中有水及砂噴出，數日後裂口漸次閉合，而白沙尚纍若邱阜，惟地震猶未息，人民不遑寧處，總計是次城鄉死亡共九百四十二人，傷一百一十二人，房屋倒塌不下五千户，震帶幾及百里，嗣後又發生癘疫火災，死亡相繼，且烈震雖止，微震弱震猶日或數作，茲將烈震成災各地列下。

縣城

中街坊　上街坊　下街坊　永安街　西門外　東門外　縣前上街坊

各鄉

總果村　丁皎　山後廠　小法那　大法那　他達　紅石岩

白鎌鲊　木竹龍　赶螞蟻　野馬硐　小維堵　羊捲房　大灘子

窑頭上村　三家村　登雲村　漩窩塘村　大河邊村　董家庄村　石頭村

上石頭村　土官村　漁潭村　兵會冲村　大石頭村　三家八村　大漁潭村

娘塢村 松子園村 香柏祠村 王家村 大小挂峯村 白錦村 安逸村
易家村 泥鰍溝村 青苔坡 白塔沖村 鴨子沖村 阿尼寨 大麥地
培坡寨 多衣樹 大荒地 矣乃沖 普合舖 新寨 大法克
矣乍迭 小法克 小甸中 大甸中 上木杵白 泥達 西舍嶺
五里牌 坡脚 老鴉關 厰上 小黑寨 上新店 小舖子
河西 民國二年十二月二十一日午後十時地忽烈震、公署監所及城鄉民房、震倒多處、而西門城垛倒塌十餘尺、南門城垛亦倒塌十尺、計縣城壓斃一人、傷二人、各鄉壓斃三百四十三人、傷一百五十四人、當初震時、先聞風聲響吼、繼則門窗動搖、盆水傾出、人皆坐立不穩、房屋牆壁、倒塌之聲不絕、約歷五六分鐘、震猶未息、繼又强震、至二十八日方止、大小共震二十餘次、茲將各鄉烈震成災之地列下、

東區
回土罕村
西區
九龍營 白龍箐 大白邑 沐袈裟 彌勒甸 文沙沖 老莫黑
牛白甸 軍屯 下文沙沖 黑白坎 石邑沖 普家倉 甸百畝
小新寨 小寨 了勒 小埧心 小黑洽 舍郎 大黑洽
施家村 舊沙 永成昌
南區
大河嘴 九街

通海 民國二年十二月二十二日午後十一時地震、初起時甚為簸蕩、約歷十分鐘輒止、嗣雖復震、然頗輕微、計是夜連震二十餘次、縣署軍械局震倒、習藝所圍牆傾圮、上房倒塌、民舍僅毀數間、鄉村則東南北三區房屋震覆六七所、人民幸未遇害、惟西區董家營至顯靈廟一帶、震倒祠宇牆脊三十餘間、民房二十餘間、因牆倒壓斃五人、九街下甲湯家營沈家營民房共倒十餘所、打死四人

(二)大關等屬之大震 民國六年大關境內發生地震、其震源在吉利舖、震波遠及於彝良鹽津綏江永善井撸昭通鎮雄威信魯甸而四川之筠連高縣慶符珙縣長寧宜賓屏山雷波涼山各地、亦先後震動傳播至三百里以外、嗣後連日小震、約達三十餘日、始行停止、茲將大關彝良昭通等屬震况撮臚於下、

北區
向心村 小白邑 小街 大和村
玉溪 民國二年十二月二十一日午後十時三十分强震、係由東北方起、將縣署牆壁震塌、并將東面城垛震倒五處、長約十六丈、民房年久者間或震倒、鄉間則後裕新下甲各處舊牆、亦多倒塌、壓斃十六人、傷一人、至二十二日餘震未止、但較二十一日為輕微、茲將烈震成災各地列下、
縣城
縣署附近 東城一帶
各鄉
後裕鄉 前下甲 左下甲 白下甲 新下甲

曾峩等屬地震區域圖
圖例
地震成災區域
災重市村
災輕市村
五十萬分之一尺
易門縣
昆陽縣
新平縣
玉溪縣
通海縣
石屏縣
滇池
晉寧
江川
曲溪

大關等屬地震區域圖

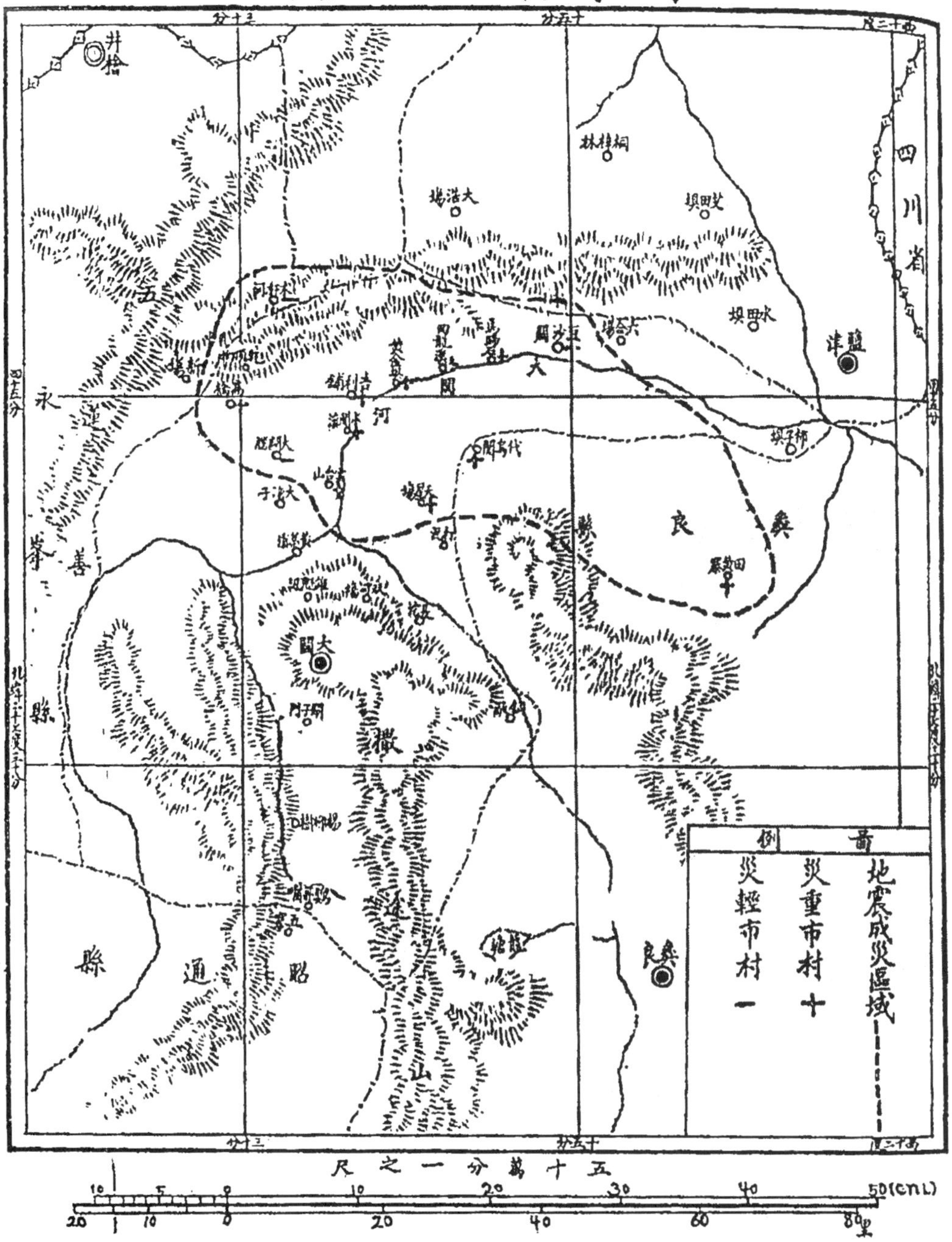

大關　民國六年七月三十一日午前七時、如吉利舖黃金壩回龍溪小關溪大關臘雲台山天星場高橋木杆河豆沙關等處、均同日地震、而吉利舖後山為震央、其下即震源所在、其震幅縱橫均約百里、大震後繼續小震、歷三十餘日始止、震幅內山岳崩頹、房屋倒塌、民居死者數千、雲南靖國軍入川、經過吉利舖前鋒一營連軍官約五百餘人、行至山麓、山忽崩塌、全行埋沒、其司令官陳茁立山坡、一巨石陡下、從首上飛過、幾被壓斃、而大關河兩岸之山、均破裂、其所裂石塊、滾入河中、河水暴溢、兩岸住民及房舍、悉被淹沒、當地震前約一月間、大關河中魚類均浮水面、失游泳之能力、近河人民撈取甚多、醃作食品、迨距地震前數日、河水大漲、河魚千萬自躍上岸、人皆驚為奇異之現象、至地震前一日、大雨傾盆、天氣極熱、人多揮汗如雨、而廟中之蛆、全出坑外游行如蟻之遷居、然觀斯預兆、皆地熱傳感之徵象、宜陳君秉仁定為火山地震、又地震初起時、其聲砰然、發音甚巨、而山坡狹地之玉蜀黍桿、再起再伏、甚可畏怖、行人過此、十分惶駭、如痴如獃、不敢稍為移動、以後仍微震不已、

彝良　民國六年七月三十一日午前七時八分、全縣地面強震、約歷二十二分鐘、係由北方起、傳向南方、其後接連微震四五次、中區如貓貓山代烏關兩河口田黃寨等處、損壞人民住室、共二百餘戶、壓死三人、山岩間有崩塌者、八月一二三四等日、每日微震一二次、至五日午前七時、猶微動不止、

昭通惟縣志載民國六年地大震而已、至鹽津綏江永善等屬、對於此次地震、鮮有紀載、故難博考而詳說焉、

(三)大理等屬之大震　民國十四年三月十五日、大理鳳儀同時地震、繼而彌渡祥雲賓川鄧川蒙化相繼震動、均始而微弱、繼而強烈、現經證明震源在大理城、其下即震央、震幅包鳳彌祥賓鄧蒙等屬、而震波東及昆明等屬、達五百餘里、北及劍川、約近百里、此外尚未查悉、茲將各屬震狀分臚於下、

大理　大理自唐洎清、恆多烈震、至微弱之震、則每年夏秋恆發生一二次、民國十四年三月十五日午後三時、城內微震、至八九時、續震數次、勢頗烈、人民多逃往空地避難、十六日午前四時復弱震、六時又震一次、勢較強、牆壁間有崩裂者、嗣後震十餘次、然均歷兩三秒即停止、下午四時後、震動加重、至九時三次、九時三十分、城鄉各地同時烈震、歷十秒、繼復忽震忽止、此一夜間約數十次、震時如萬鼓齊鳴、自北而南、未幾牆崩屋覆、泥瓦亂飛、灰塵迷空、星斗莫辨、滿城皆然、同時火起於倉坪街下張定邦宅、厥後四牌方口牛肉館仁厚里周范二公館長壽里張太史舊第亦起火、尚未蔓延、及北街紙張舖火起、則浮烟連雲、烈焰燭天、最奇者地愈震而火愈烈、地之表面、發生一種極易燃燒之炭輕化合物、助之強震時如火山澆油、微震時如灑松香末於火炬上、最難撲滅、直至翌日十二時始熄、共延燒三百餘家、五華樓亦被燒倒、火熄後檢閱城中繁華之地、自四牌坊直至五華樓一帶、俱成瓦礫場、其外如縣署學校監獄全行毀壞、四城女牆城樓各衙署公所廟宇以及居民房舍未被火災者、亦無不牆傾壁摧、其完好者百無一二、而地震仍時發時息、自十六日至四月二日約震百餘次、三日午後五時至七時、又復強震三次、十二日午後一時一次、十四日午後二時一次、二十九日午後二時一次、五月一日午前五時一次、八日午後六時一次、九日午後一時一次、十一日午後一時三次、十二日午前一

時一次、十四日午後二時一次、二十四日午後十時一次、二十五日午前三時一次、二十六日午後十時一次、二十九日午前十一時一次、六月十一日午前九時一次、二十七日午前二時一次、七月二十日午後四時一次、二十二日午前二時一次、八月五日午前一時二次、八時一次、十一日午後二時一次、二十一日午前十時一次、九月十八日午後二時一次、三十日午前八時一次、十月二日午前七時二次、午後三時二次、八時三次、三日午前二時三次、午後三時三次、十三日午後五時一次至十一月間、餘震仍不時發生、中間以三月十六日午後九時三十分之震度為最烈、是日午前六時及四月三日午後四時、十月二日午後八時之震度為最強、其餘各次為微弱、其發動方向多自北而南、或自西北而東南、或由南而北、再由北而南、至震前之遠兆、僅十三年縣城西山龍泉峯北幹山崩下直長形一塊、約三十丈之譜、迨立春後、黃霧四塞、久旱不雨、日光慘淡、月色昏黃、晚不生寒、朝不見露、將震之近兆、則每震之先、地內聲響、似地氣鼓盪、如鼎內沸水澎湃、然當震勢強烈時、地面往來撞動、凡未倒屋柱、左右紐轉、甚至器物可自地面掀高尺餘、人民惶恐萬分、多失感覺、如痴如聾、震勢甚烈、故有此現象、當地震劇烈及火起時、各處燒死及壓斃之屍、累如石堆、震後已經尋獲掊埋者計九百餘人、大理全城約三萬人、死於地震及火災者共九百餘人、計合三十分之一、而大理分廳推事書記官長各一人、師範中學學生二人、滇西鎮守使署士兵十一人、亦因屋仆壓斃、其未死而焦頭爛額、折足斷臂、移棲隙地者、約數千人、呻吟之聲、日夜不絕於耳、至為悽慘、其中損壞最重之地、則在城內東北方、此縣城震災之概畧也、至城外如城西點蒼山低陷數尺、山頂中和峯震有裂縫、城西北三里之崇聖寺塔凡三、現將中塔銅頂震落、城西南一里之宏聖寺塔亦震損、城東六里濱洱海之浩然閣蕩然無存、城北上關距城三十里、關旁民居多已震倒、城南下關距城二十六里、關旁瀕洱海洩水河之黑龍橋已斷成兩截、關牆及天王廟富滇分銀行鐵柵、均經震壞、各商店亦有傾覆者、附近各村新建之屋、牆壁全倒、舊者則摧毀淨盡、如係草房、全行燒燬、死者甚衆、至各鄉村落、幾乎屋舍全傾、而東北沿海之生久、小邑庄、才村、叒村、龍鳳村、馬久邑、白塔邑、下雞邑、五官庄、磻溪、龍龕、磚窑等村、多為邱墟、震災最重、惟在山麓一帶之中和村、江渡村、慶洞庄、鳳鳴邑、上北雨陽溪、沸堂村、上下銀村、磻曲、上末、打魚村為輕減、然各鄉二十餘鋪、一百五十餘街村、均被震成災、財產損失約數千萬、紙幣損失約在百萬元之譜、詢為浩劫、茲將城鄉被震街村列下、至地面因震裂開、約有十數處、亦附載焉、

縣城區被震街村

華豐街	大豐街	仁厚里	同文街	樂豐街	米市街	奎閣街
奎閣下街	兵道街	月牙塘	施家菜園	娘娘廟	南朝陽巷	長春街
打銅街	鄭公祠街	打鐵街	普賢寺	棕樹園	城東園	龍井街
潁川巷	李家院	大安街	長壽里	府門口南東西排	府門口下南北排	二甲振武街
萬安街	廢苦街	金箔街	小馬溝	松鶴街	福康里	南門月城內雙樓街
涂家巷	龍泉巷	蒼坪街	察院街	吉祥里	上城脚	城隍廟街
興文里	昭文街	鼓樓街	華豐街	六牌坊	上街市	上響水關
轅門口	上菜園	西門街	惠康里	武安街	四牌坊北下兩街	四牌坊下南北兩排

四牌坊南東西排 塘子口北東西排 塘子口 上萬壽街 石佛寺街 響水關 菜市街
衛市街 城外北甲 南甲 大燃房村 石門村 上下水碓 熟皮巷
中和村 北門大街 鳳翔村 文華村 洪家村 新橋村 甘家村
東邑村 菓子園 月溪鄉 玉溪鄉 大院子

上鄉區被震街村

市坪下市 户街 染衣巷 彩雲街 市坪上大界 南中下西城頭 小溝尾
城東村 中和邑 金圭寺 寺下村 河溪城 河溪江 江上村
赤土江 舊城南村 新城南村 江渡村 珂里庄 慶洞庄 鳳鳴邑
小沙坪 小新村

中鄉區被震街村

作邑村 向陽溪 古生南村 古生北村 林邑村 石嶺村 南甸
北甸 上甸 中磻溪 南磻溪 北磻溪 南蟠 土登城
外庄 新溪邑 上陽溪 北陽溪 向崇村 灣橋 上登
下登 釧邑村 内官村 佛堂村 雙鴛村 陽鄉村 鶴陽村
上銀村 下銀村 磻曲村 西城村 龍鳳村 才村 北登
瓦村 鳳儀庄 南登 北登 上陽波 下陽波 上波湖邑
下波湖邑 五官庄 保和村 古南北村 西城尾 大邑村 北江心庄
木易村 上雞邑 下雞邑 沙栗木庄 南江心庄 白塔邑 鳳陽邑
上中西南北五登 德和村 際登 江北五里橋 小岑村 祿桃村

下鄉區被震街村

上生久 北生久 南生久 上龍龕 中龍龕 上登 下登
南五里橋 上陽和 下陽和 三家村 上兑 下兑 星庄
陽和庄 鹿角庄 唐家村 光庄 龍竹村 南經庄 北經庄
神通庄 大溫庄 打鐵村 觀音塘 葭蓬村 下末大庄 羅久邑
北登星庄 豐呈庄 上下登 大錦盤 重邑村 太一登 太二登
太三登 太四登 陽平村 陽南村 南登 北登 荷花村
劉官廠 磚窯村 大關邑 大長屯 大三軍城 洱濱村 清平村
蘇武街 小關邑 水碓 甲營 中甲 劉家營 打魚村
推登村

地面開裂之處

南蟠溪上下兩登村中及四面均有雞足裂，湧黑水及黑灰細砂，
石嶺村東洱海濱地裂七八處，寬約二三寸，長約丈餘，震時湧黑水，現僅留灰黑細砂數堆，
甸中村西南田中震裂，前有紅水流出，現尚留紅細砂一堆，
五官庄東北秧田中震裂十二處，長一二尺三四尺不等，前流黑水，今存灰黑細砂數堆，
古土主村東南角震裂數處，寬一二寸，長四五尺不等，
下雞邑村東地裂七八處，本主廟前亦裂三四處，寬四五寸，長七八丈，深不知若干尺，三月十七日湧黑水并灰黑細沙，
白塔邑村東照壁前地裂四五處，寬二三寸，長七八丈，村内亦震裂四五處，

寬一二寸、長二三丈、其深不知若干尺、十七日湧黑水并灰黑細砂、現水乾砂存、

菓子園村東北十七日地裂寬三四寸長七八尺湧黑水、現水乾僅留白細砂一層、

沙村西北地裂數處長短不一、深寬亦無幾、

小溝尾村北園地內震裂數處曾流黑水、今僅存黑砂數小堆、

城北村南田內亦有多數之雖足裂、

慶洞庄觀音寺外南五十步園內地裂長三丈餘寬六七寸、

李子豫大理地震原因之推測　大理震動之前有聲轟然甚為短促不辨來自何方究知地下是一空洞有最大之物落下者然聲之將終地面始為動搖可斷其震源即在其下、後此半月期間經百餘次之續震、空洞之聲陸續減殺可想像其內部有漸漸填實之象因思客歲秋後大理一帶雨水連綿田畝多被水淹則地殼浸漬土地疏鬆地內空穴其必崩壞也無疑然大理及賓川鳳儀彌渡等屬均重而他縣輕者何故大理又沿山輕而沿河重者何故此又地質學家謂河流軟冲積地域容易發生廣衰之激震大理鳳儀之所以極重者皆為冲積地之故沿河地面裂開多處湧出黑水隨裂隨合只餘白沙因土質較鬆之故元大德七年九月二十五日汾河一帶大震明嘉靖三十五年二月二日渭水沿岸大震可為河流軟冲積地域容易發生廣衰激震之佐證、

法國巴圖文大理地震原因之研究　大理城介于一湖一高山之間湖名洱湖山號蒼山城則依山傍水地勢甚高試將其湖及平原之高度與海洋比較其高度約達華尺五千二百尺而山之高度則約一萬二千尺、

就記載所及大理附近地方向無火山爆發情事、離城之北兩站路程之牛街地方雖有一山土人名之曰火山顧名思義從前該山或曾有火噴發亦未可知然其時間必甚久遠牛街附近地方并有溫泉數處而距大理城南三十里之下關亦有溫泉然此次地震則似非火山爆發之關係、

大理附近之平原離城頗近處既有高矗之山一座該山之壓力極重而平原與湖之壓力極輕兩邊壓力不均其在上古時代似嘗發生地質學所謂斷層 Fault 之變動(見後所附圖說)其斷折之處能使地面之水滲入地內夫地底深處熱度甚高滲入之水立即成為蒸汽如無出路可以洩發則積存於地底石層之下日積月累其力漸大馴至此項石層之力不能抵禦時乃生爆裂汽即從此而出其情形與鐵鍋燒水相彷水沸至發生蒸汽時能將鍋蓋衝動鍋蓋如係封固或用螺旋收緊汽則無從洩發該鍋必至爆炸、

大理被震之地面情形與上述之鍋蓋相同湖為水之來源致發生蒸汽據現在尚時有微動足徵地底仍有蒸汽無路可出似此醞釀不知何時可能停止故為輕減地震時之損失起見重修房屋所用材料亟宜研究(見後結論內)附斷層變動圖說、

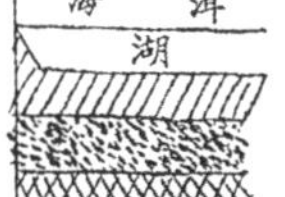

甲　普通沙土
乙　地層之一
丙　地層之二　地底層數甚多其質或石或其他鑛物上

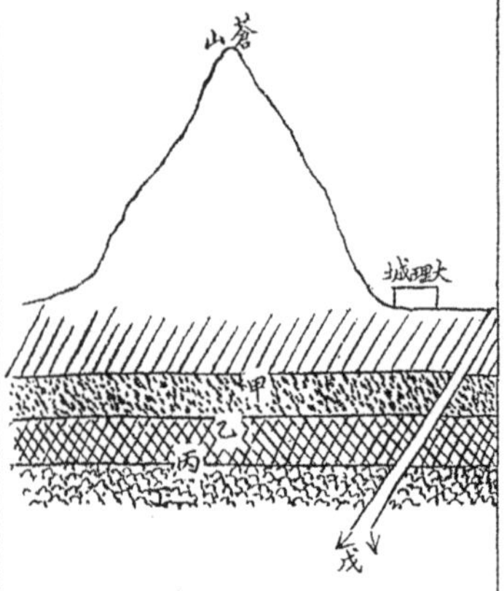

圖僅畧為界説而已

丁　地底深處　此處離地面約五六十英里熱度甚高地質均被融化凡有水質與之接近即立成蒸汽

戊　受壓斷折處　此處斷後仍有沙土藏滿但地面之水尚可滲入而達地之深熱處

鳳儀

鳳儀每年在冬季常弱震一次或二次至多不過三次震後必有大雨農家以之為徵驗民國十四年三月十五日午前十一時起接連微震午後七時九時各震一次十六日午前二時七時各一次九時十三次十時三次十一時十二時各二次十七日一時二次二時七時各一次至四月二十九日每日夜三四次或五六次不等自是日以後至六月十四日日夜數次或十餘次不等由六月十四日至八月二十日每日夜猶二三次四五次不等如天氣晴明震勢輕微一遇大雨則震動之次數多而且強其發動之方向有時自北而南有時自西而東震源則係在大理惟三月十五日九時震勢陡烈天崩地坼瓦飛柱折約歷三十餘分鐘震勢稍息未幾又烈震七次所有縣署監獄民房全行倒塌舖面僅存正西街兩路然內部均有傷損城垣倒平在四分之三以上十字街火起延燒各處繡衣街一帶完全燒燬全城共九百餘戶其中男女壓斃共七十七人受傷者百餘人其災情東北最重西南較輕至三月二十四日又烈震房屋柱腳巔起尺餘之高嗣後不時微震五月二十六日夜間二時許忽又強震全城鼎沸又復大雨傾盆計是夜連震六次聲勢之猛為近四十日來所未有幸旋動旋止時間短促人民已屬驚弓之鳥咸知趨避僅受驚嚇未遭傷斃此縣城地震之情形也至四鄉房屋倒塌不計其數壓斃人民千餘受傷者亦在四五百之間中以東北兩區為最重西南兩區較輕而城東紅岩房舍震倒十分之八打傷者約四十餘人所剩者亦東倒西歪不堪棲息人民皆移住郊野四月二日午後十一時微震起時宛似風響或火車將臨聲犬驚吠房屋搖動勢將欲倒約歷一小時始止震後人民發生閉口風症患者身黑一半手足收縮一兩點鐘即死又東區如華營清樂長發三村屋宇幾全倒平存者不及十一甚至於柱腳朝天牆根瓤石翻出數丈華營一村約六十餘戶房屋全毀就中二十餘戶之人民全行壓斃該村共計壓斃一百五十二人清樂一村壓斃一百一十餘人長發一村壓斃九十九人餘如湖曲麻地漢邑許長庄科河西永樂雲浪母猪箐等九村受災亦重壓斃共一百五十八人北區災情與東區相若該區如斑庄一村房屋鱗接一經震動相率倒平壓斃至二百一十七人獨較各村為多上蒼甸一村僅二十餘戶壓斃十五人高蒼一村亦二十餘戶壓斃十餘人下蒼甸千戶營兩村最小壓斃二十六人小西湖一村不過數戶壓斃五人加以震後海洱之水暴漲該村豆麥全行淹沒城南區樂和村倒影碑兩處平地湧出洪水二股冲壞田廬居民遷徙殆盡沿洱海各地水淹砂埋受禍甚慘其餘各村如上錫場及富樂等村災情亦重普照村之居民有全家埋沒者合計該區共壓斃九十五人西區雖較東北南區為輕然

全區房塌時、亦共壓斃三十五人、各區地面、如路堤及田中、多有裂縫、寬三四寸七八寸至尺餘、長四五尺七八尺至數丈不等、縫中恒有黑水細沙湧出、一二日即止、而東區龍王廟上山、距城二十餘里、業已崩倒、高達三百餘尺、長達百餘尺、迨至十五年十一月二十五日、縣境復微震、午後八時烈震、房塌牆崩、人民傷斃者又甚多、茲將十四年城鄉受震最重之地列下、

城中區

東街上中下甲　南街上中下甲　西　街　北　街　南山曲　北山曲

東區

村　科　永樂村　清樂村　長發村　河西營　湖曲村　雲浪村

母猪箐　麻地村　許長村　華　營　漢邑村

北區

班　庄　千户營　石壁頭　飛來寺　四　家　高　倉　小湖西

新　村　紅　山　黄瓜營　下蒼甸　上蒼甸　下洱陽　上洱陽

下　庄　滿紅邑

南區

東　山　富樂村　慈航村　米總村　敬天廠　本長村　樂和村

樂和冲　阜城村　富城村　上馬台　樂和箐　上錦場　下錦場

西區

南湯天　北湯天　吉祥村　新　鋪　上迎鳳　下迎鳳　上迎鳳箐

豐樂村　大　營　芝華村　金雇箐　秧田箐　大紅西村　小豐樂

芝蘭村　白塔中村　白塔迤村　白塔新村　鳳儀村　隆興村　大麥地

小梅地　白　橋　獅峒村　小北營　小江西　小赤佛　大赤佛

小　哨　中　哨　大　哨　後　山　定西嶺　大草地　新　橋

羊四子　大哨後　白馬廟　四馬五　右老人　北營箐　五者博

阿白腊　小哨箐　萬寶拺　已子四

紅崖區

紅崖街　雞鳴村　瓦窯庄　潘家河　大堡地　古　城　小二灣

王五村　王宮營　化　城　木瓜園　白沙地　王新村　小王寺

蘇荖窩　郭家地　園　山　馬軍廠　小瓦窑　禹門村　羊鳴廠

吉祥庄　蘇家庄　柳樹村　馬廠附　果　園　富長村　道人寺

北邑村　班局村　闢水口　濫泥箐　竹園村　送聖橋　單橋河

上雙橋　下庄子　韓家庄　白　墳　小山頭　上庄子　袁户庄

上東復村　下東復村　汪洱廠　巴　冲　朝陽村　東　廠　下雙橋

後所營　中雙橋　沙　溝　赤水江　小董家營　大東村　安樂村

小荒田　森家庄　石　蝦　加買舖　紅土倉　鄭家營　小板橋

曾家營　小地營　大羅家營　白馬廟　石佛村　青土坡　佛堂村

西大理衛　格　齒　清水溝　龍頂寺　麥地口　郭家營　上北山

清水溝　上大營　中大營　下大營　核頭哨　前瑣營　新邑村

觀音村　張總旗營　新　街　周新營　彭家庄　茨邑村　蔡家小河

楊甫村　小梨園　陳洱村　犁頭村　咸泥庄　後所營　西雙庄

龔家營　西丁家營　大徐家營　李家營　江官廠　張家小村　小梨園

桐樹庄　梘槽口　楊家營　小寥家營　大官庄　陶家營

八村區

下關街　地石曲　登龍村　波羅甸　文獻村　山西　七五村

沙鍋村　舊鋪　西窑　金星村　象陽村　深長村　東窑

彌渡　彌渡在明清兩代時有烈震民國十四年三月十三日午前八時地震、嗣後隨時發動、不計其數、至十六日午前六時地震數次、均自西北而東南、震源亦出於大理、過此間時一震甚輕微、迨至午後十時、城鄉同時大震、簸動非常劇烈、摧毀房屋、約經數分鐘、始稍平定、然尚微震、至十七日午前八時仍未停止、震時多發悶雷聲、未震一月以前、每逢拂曉、平原内發見似霧非霧之氣、約高五六尺、又每於將震之前、隨時流出硝磺臭氣、空中則發見火光自北而南、三十日午後六時、四月十六日午前一時共震五次、雖未成災、震動頗烈、惟四月十六日午前大震、與三月十六日午後十時之震相同、亦摧壞房屋震後檢查城内外鋪户房屋共二千四百餘間、全毀者計六百餘間約合全數十分之三、半毀者一千四百餘間、約合全數十分之六、幸得保全者不過十分之一、城内居民壓斃男女共四十三人、負傷之男女共三十、人統計死傷九十三人、十七十八十九等日、仍震動不休、新建防匪上城及四角之碉樓已全損壞、縣署監獄團〻警所學校公倉廟宇、亦均傾圮至四月十六日又强震一次、五月間餘震仍未息、或一日一次、或每日子午時各震一次、或一日三次、或三數日一次、此縣城之震況也、若論四鄉震況、則城中鄉損壞最重、城南一鄉二鄉三鄉、及城東鄉損壞最輕、城中鄉如治城内外、姚旗營、皂角營、卜賢村、永豐村、天渡橋、舒家營、李官營、王彥廠、陳家營、熊家營、樂家營、及濱毘雄江兩岸村落損壞為最重、東西山脚各村落次之、而姚旗營在城西南三里、闔村共五十餘户、房屋震毀十分之九、其所存十分之一、亦傾側不能居住、人民死亡四十餘、村外著名之永渡石橋、業已震毀、其災情甚重、至震後地面改變之情形、縣城西門外半里許之城隍廟中殿内湧出紅沙、約歷半日始涸、大殿蹭坎至中殿院心地裂、寬五六寸長七八十尺、城西南一里許之皂角營井内滿湧黑沙二里許之姚旗營西側順大路及沿河岸地裂、寬二尺餘、長五里餘、城南十五里之王車營、湧出紅水一股、城北十餘里之仙女莊湧出清水一股、此兩股水至十一月間尚湧而未止、而仙女庄湧出之清水、附近田疇頗資灌溉、城西二十餘里之北溝阱地方、山崩約數百尺、又毘雄江原流入赤水江、前落雨始有水、現水量甚大、其流域各田中、亦多有裂縫出水、事後查明各鄉人口共死一百人、傷八十二人、死傷共合一百八十二人、十五年十一月二十一日午後七時復震動一次、約歷一分鐘即止十一時又震一次、二十二日正午十二時又震一次、均不甚重、茲將十四年受震各街村列下、

縣城

大北門　賣麵處　後街　小街　前街　横街　大南街

各鄉

城隍廟　姚旗營　皂角營　卜賢村　永豐村　天渡橋　舒家營

李官營　王彥廠　陳家營　熊家營　樂家營　仙谷營　王車營

仙女庄

以上各街村震災最重

縣城

崇文街　東　街　關　街　後　街　西　街　賣雞處

昆雄江東各村

劉家嘴子　加買舖　馬官庄　高家庄　小東村　王家庄　海埧庄

丁家營　史近廠　五磨盤　東馬房　牛宗邑　宋家營　小庄子

石排村　里下營　汪家營　祈家營　張官營　新　街　倚河尾

熊家營　小羅旦　海　灣　興隆村　王安廠　大陳家營　張千營

小麥庄　揚家營　度　營　化　營　太平山　安景村　葵　園

上海子　下海子　阿古里　羅平村　長坡嶺　總府庄　大三村

太知山　花　園　羊絃巷　六家營　柱官營　蘇家營　菸園村

上瓦倉　中瓦倉　下瓦倉　石　嘴　大窩舖　馬　房　下五邑

小邑村　巧　邑

昆雄江西各村

章甘廠　官　廠　揚家營　大董家營　小習家營　大竹園　小竹園

大荒地　新白村　馬軍廠　沙溝庄　廖家營　沙　河　蒙化廠

上高倉　官家營　白家營　老龍廠　高　倉　上埧廠　小官廠

李家小村　劉家庄　洱海廠　五旂廠　張旂廠　馬尾村　大庄子

大沙地　下曹旂營　下埧庄　侯家營　曾家庄　張總旗營　小羅家營

劉安廠　黃旂廠　史官廠　周里士營　柳邑四村　馬官廠　蔡總旂營

龍門邑　中邑村　孫家營　長茂邑　李保什營　雙　樹　林家窑

上時旂營　下時旂營　倪家營　果子營　汪家沙地　郤家營　揚家小營

謝家營　吳家營　蕭家營　谷旂營　殷家營　高茂營　周伏營

高旂營　新近村　高　營　劉家營　大庄街　朱家小營　大庄營

小河口　三甲營　毓秀村　大　村　鹿　塢　大紀羅　小紀羅

阿克營　後海子　溝　阱　要會邑　道甚寺　山　田　弓官營

頭一村　五邑村　新地村　新野村　寅　街　大　地

以上各街村均罹震災

祥雲　祥雲當明清兩代、間有烈震、民國十四年三月十六日午後九時、地面烈震、約歷十餘秒鐘、係自西而東、至四月末、每日夜約震一二次不等、均歷一二秒鐘、及至五六七八月間、或越三四日、或越五六日、即行震動、但均輕微當三月十六日烈震時、宛如地中滾石、轟然簸盪、城內外舊破房屋均倒、截至四月十八日以前、共倒一千七百二十八間、其新建較堅固者、牆壁亦皆開裂、計已裂之牆、有一百二十四堵、迨至八月杪、繼續震倒四百餘間、人民死傷共四十人、被災難民共九百零六戶、一千八百六十六人、西南鄉接近鳳儀彌渡一帶各村落、稍舊房屋、亦崩壞無存、壓斃者約四五十人、受傷之數、尚未查明、茲將受震最重各村列下、

青海營　石磬村　東邑村　青龍村　大乘村

賓川　賓川當明代恒多烈震、清代則烈震甚少、民國十四年三月十六日

午後九時大震係自西而東、其源發於大理縣、城垛震倒數丈、四城樓均崩塌、城內外衙署房屋、震倒十分之二至四鄉震災、以近洱海之青山八城曲挖色街名庄向陽街塔村南村下和村普和洞壁等處為重、名庄南村玉龍村等處并發生火災、而烏龍鎮白土坡龍口營和尚庄甸頭村玉龍村南七場茹頭村白石村康廊村牛井街石榴村上河村等處之房屋、亦多梁棟崩折、壓死及擊傷居民甚夥、每村壓斃之多者、亦有數人至十數人不等、如青山壓斃男女四十三丁口、八城曲壓斃男女九十丁口、挖色街壓斃男女四十丁口、名庄壓斃男女五十丁口、向陽街壓斃七十六丁口、塔村壓斃男女三十四丁口、南村壓斃男女四十五丁口、下和村壓斃男女四十八丁口、普和壓斃一百二十八丁口、洞壁壓斃男女三十六丁口、均為壓斃人口較多之處、至地震烈處往往習井泥沙、翻騰於田、石洞出水、盡皆混濁、而城西一百六十里之石頭村城西南七十里之烏龍壩岩石崩落、打毀房屋、阻塞道路、茲將四鄉烈震各地列下、

中區

上直立者　烏龍壩　白土坡　河沙壩

賓西者　龍口營　楊官營　石馬坪　李英村　沙嘴哨

賓東者　和尚庄

南區

排營者　甸頭村　小瓦溪　下揚柳村　普和村　洞壁村　鳳山村

海東者　玉龍村　佛頭村　武曲村　塔村　文曲村　文筆甲　江上村　波許村　向陽村

海南者　南七場　水井　北村　等庄　南下二村　上登　下和村　石頭村　大竹園

西區

茹村者　茹頭村　茹中村

挖色者　挖色村　白石曲　官邑村　小城曲

康廊者　康廊村　青山村

牛西者　牛井街　河澆村　定光村

牛東者　石榴村　江幹村

海南者　上河村

鄧川

鄧川歷年均有震動、每年約一二次、然極輕微、民國十四年三月十六日午前六時地震一次、稍強、由東南傳向西北、午後九時十五分又震一次、甚烈、嗣後如十八十九等日均震、每日每夜震三四次五六次不等、西南區濱洱海之江尾海潮河馬廠一帶、東區寅塘里一帶、因上年被水成災、房屋牆基、受淹過甚、此次遇劇烈地震、遂倒塌七八十所、損傷牲畜器物無算、其餘各區、雖有震動、尚未成災、茲將各鄉被震村落列下、

西南近洱海各村

上海潮河　中海潮河　下海潮河　東馬廠　中馬廠　西馬廠　趙家登

白馬登　段家登　張家登　杜家登　楊家登　王家登　舊河口

大河尾　大排　小排　孝元村　戴家登　蘇家登　東沙坪

上沙坪　下沙坪

東區近永北各村

太平子　黃坪街　上擋　下擋　(均濱上寅塘里河)　外擋

（滇下寅、塘里河）

蒙化　蒙化自入民國後未發生地震、惟十四年三月十五日午後十時地
微震動、自西南起走向東北、約歷一分鐘、十六日午前七時、又弱震、約歷三分
鐘、午後九時強震、屋宇搖播、約歷十分鐘之久、同時又繼震兩次、每次祗數秒
鐘、十七日午前五時又弱震一次、約歷兩分鐘、均係自南而北、十八日至四月
十五日、每日一次或二次微震、十六日午前一時弱震約歷二分鐘、午後一時
強震約歷三分鐘、又自十七日起至三十日止、每日微震一二次、不筞、在未震
之前、均係天陰欲雨之象、將震之際、平地有巨大風聲、嗚嗚怒吼、震後查勘、城
內縣署文廟照壁西城鼓樓各脊、皆震損、又西面城堞民房牆壁亦間有坍塌
者、其大街兩旁較高房屋之牆壁、亦間震裂、居民於初震時、即逃避空曠之地

大理震后之女子师范学校

大理震后之镇守使署

大理震后东门之鼓楼正街

大理震后之商会及文庙

大理小邑庄震塌之房屋

大理震后之北大街

大理震后白塔邑之小学校

大理久马邑震塌之房屋

大理才村震塌之丰乐亭

大理震后凤仪之北门城楼

大理震后凤仪之西门城楼

大理凤仪红崖震塌之房屋

大理震后凤仪县城之民房

大理凤仪汪庄震塌之房屋

大理震后凤仪长发村之小学校

大理宾川向阳街震塌之房屋

大理凤仪华营震灾之一斑

大理宾川玉龙村震塌之房屋

大理宾川挖色街震塌之房屋

大理震后弥渡县城大十字街之状况

大理宾川江上村震塌之房屋

大理弥渡姚旗营震塌之房屋

大理震后弥渡县城大北门外之状况

弥渡关街震后之房屋

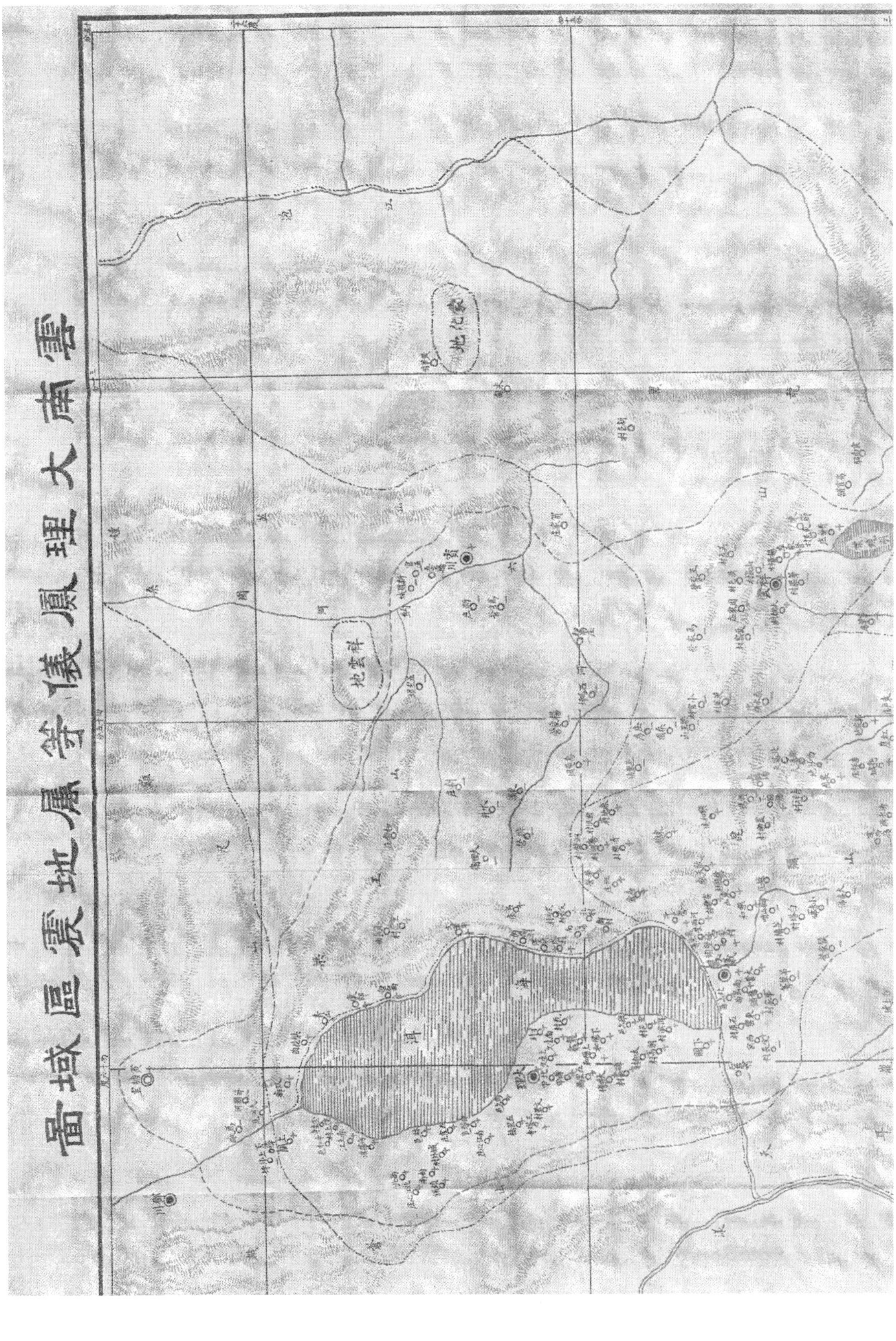

（编者注：“云南大理风仪等属地震区域图”由六页组成）

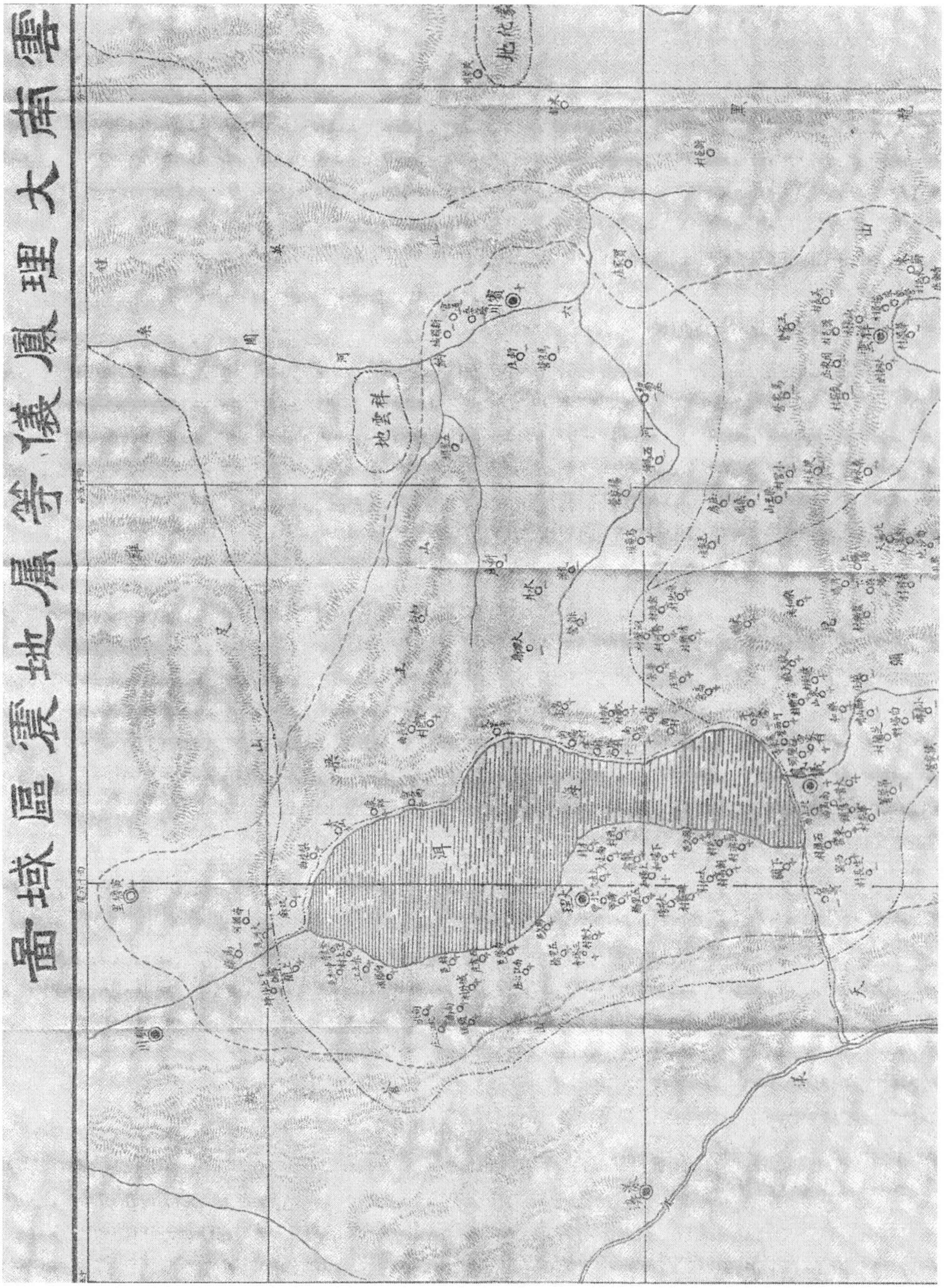
雲南大理鳳儀等屬地震區域圖

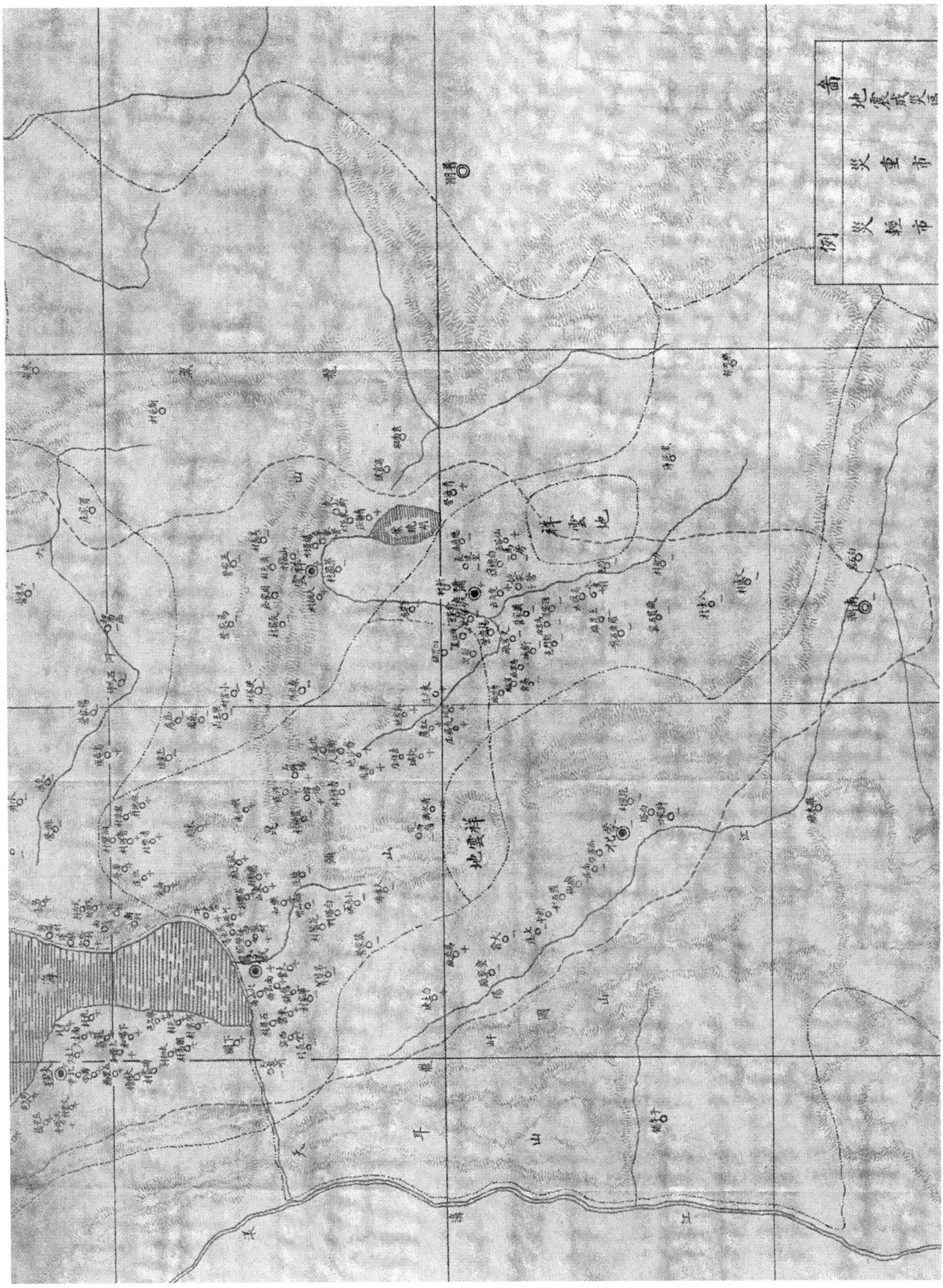

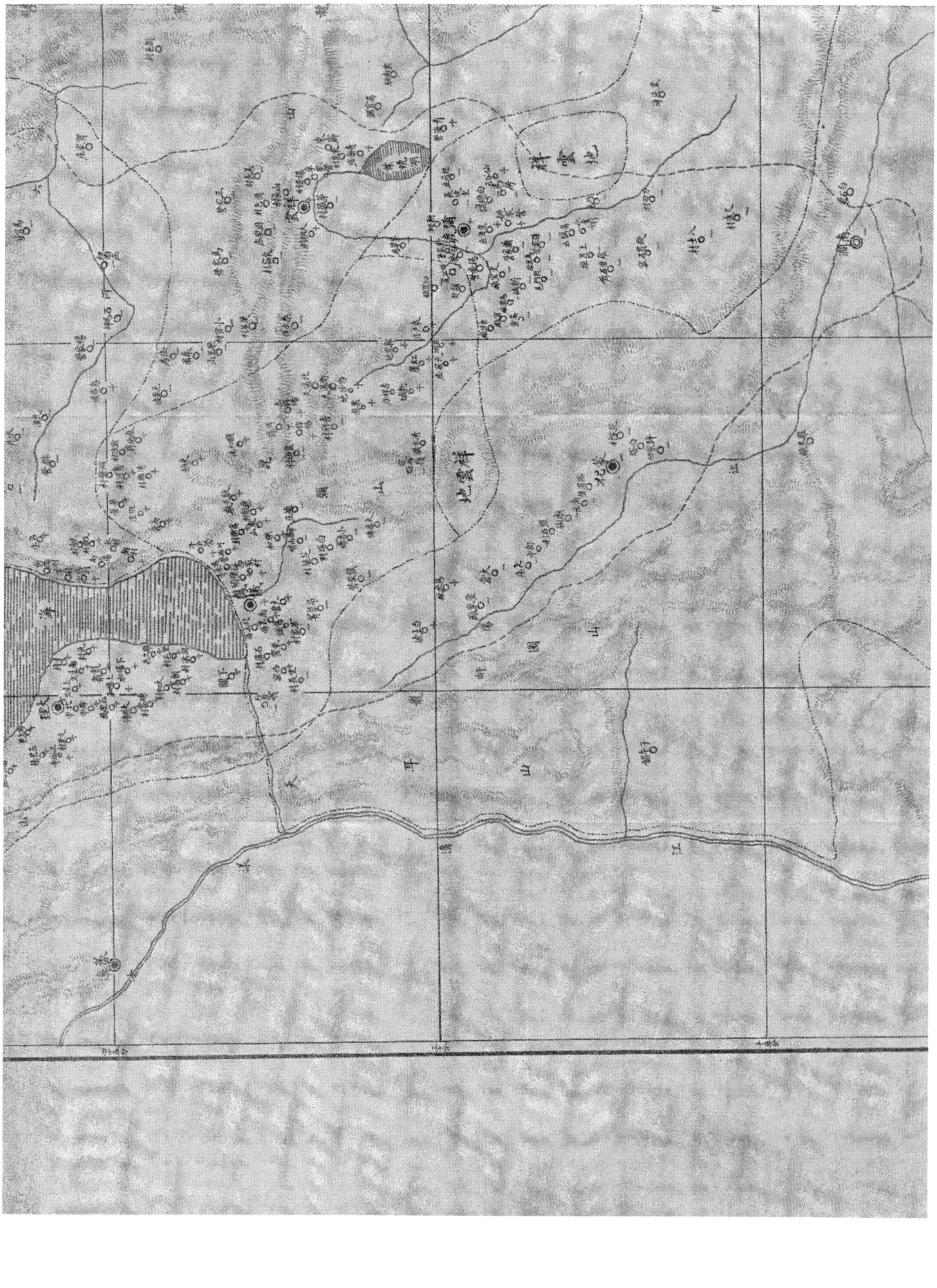

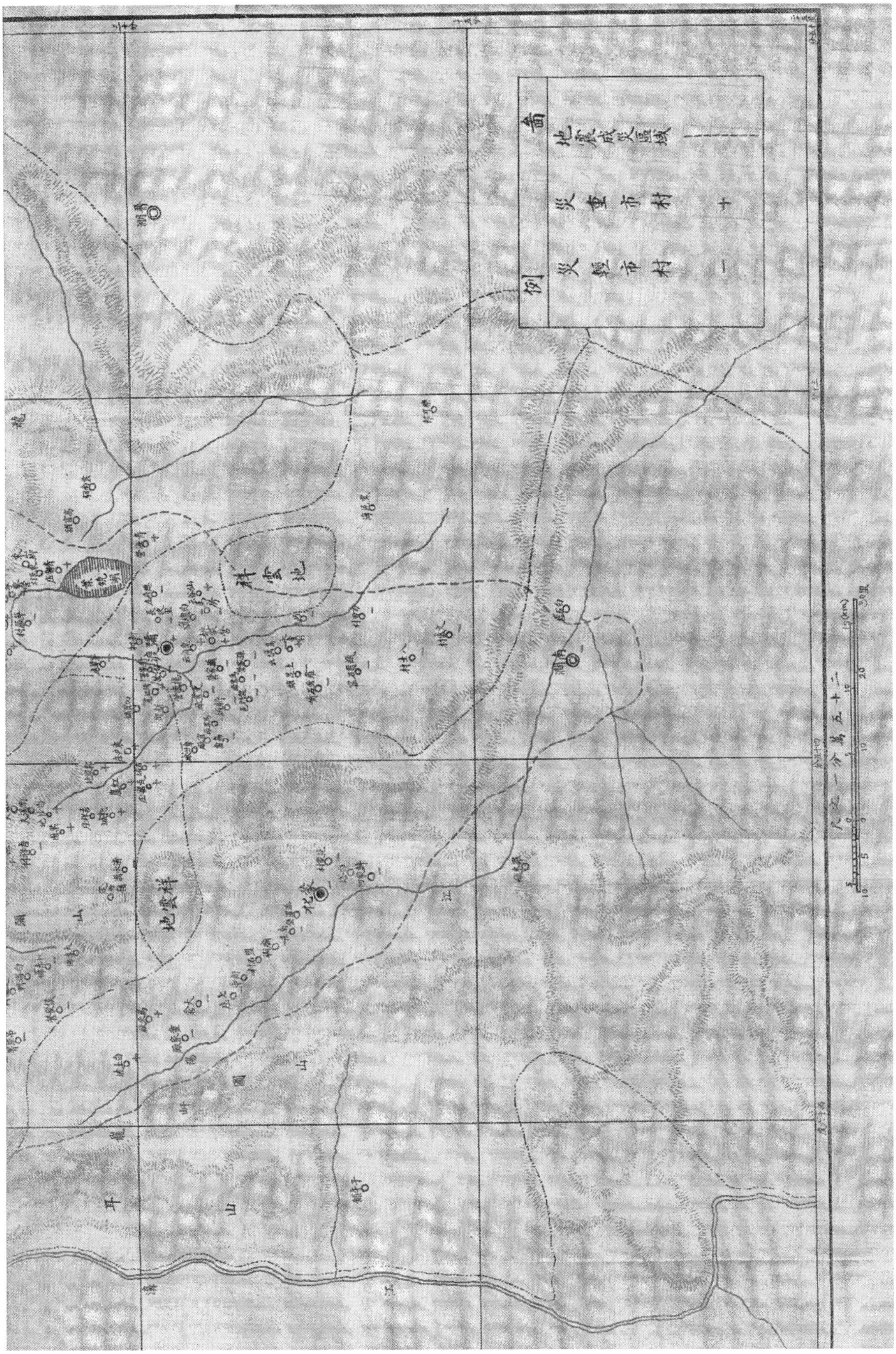
图例
地震成灾区域
灾重市村
灾轻市村

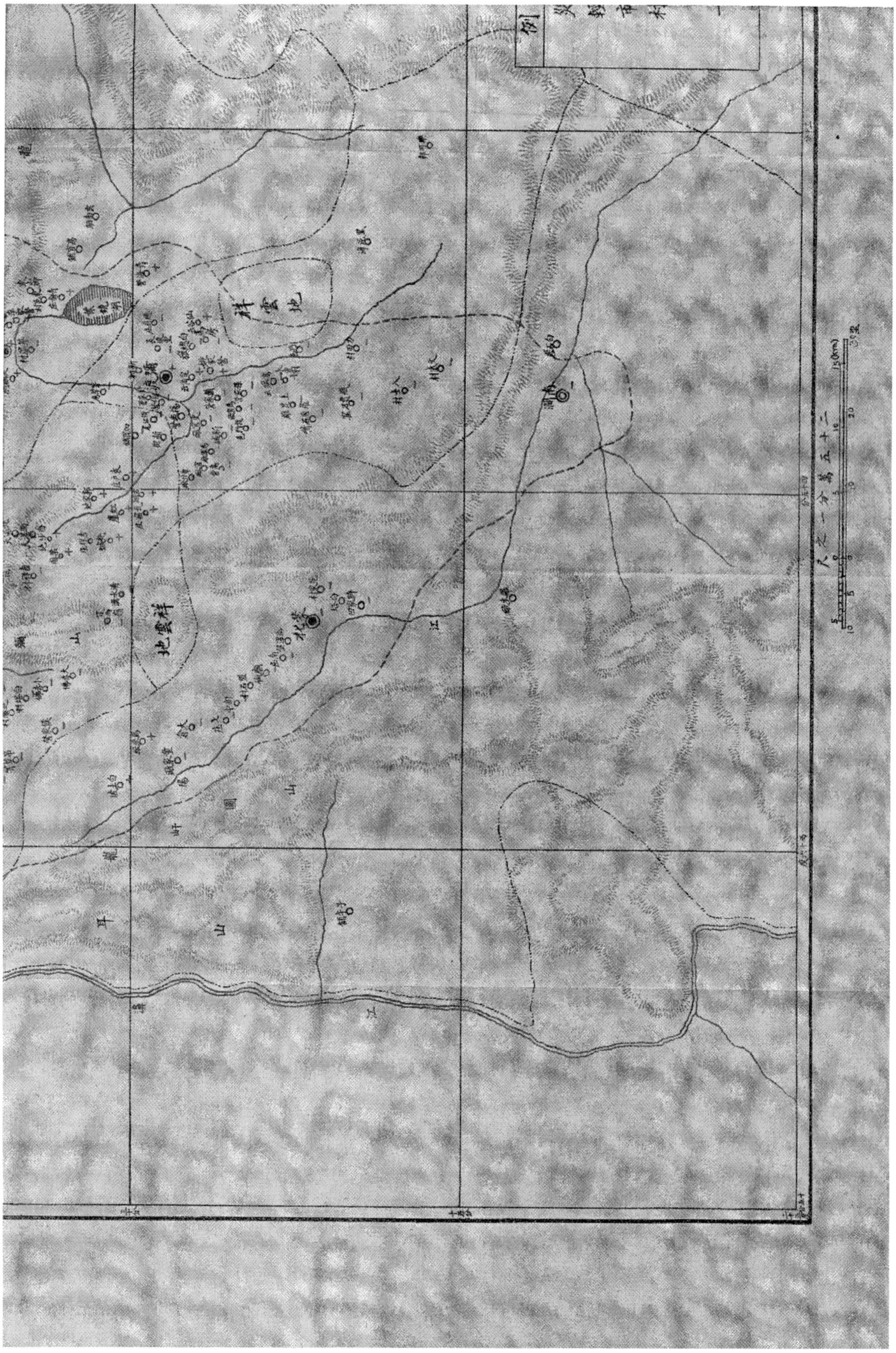

博通地震學之專家講演、并購備測震器以備地震時測記發震時刻、震央遠近、震源淺深、及地震之大小、得真確況狀、以供鑽研、至於騰衝震時將居山下之人、移至田中、大理地震將器物掀起、是爲上下動、大關地震、玉蜀黍桿搖擺、是爲水平動、迴旋地震、雲南尚罕見焉、

雲南地震考勘誤表

頁數	行數	字數	誤	正
二	四	一一	右	左
四	六	六	右	下
五	一九	六	右	下
六	一六	九	已	與
二四	一一	五	多	刪
二九	七	一九	震	霧
三一	一七至一九	二五	尺	者
四二	一	一六	敌	師
四四	二六	七	傾	傾
四七	二〇	一一	壘	壘壘
五〇	一四	一六至一七	民居	居民
五八	六	二	上	止
五九	二〇	九	於	刪
六〇	一一	三	房	屋
七四	五	二九	最	較
七四	一〇	一八	最	較
七八	一三	二〇	及	給
七八	一三	二五至二六	雨風	風雨

故未傷亡、鳴時聲響甚鉅、至城外各鄉、則巡檢約大倉約三勝約甸中約添澤約南庄約盟石約盈字約東外約蒙新安遠三鄉瀾滄江五里南澗五里均震、而北區巡檢約馬來廠白土坡雨村震倒舊屋牆壁數處、亦無傷斃人口情事、

大理鳳儀等七縣震災一覽表

災況＼縣別		大理
被災村鎮		全縣均震成災者計城鄉二六舖共一六五街村
傷斃人口	壓斃	男一六五七丁女一九七九口共三六三六丁口內有推事書記官長各一人學生二人兵二人
	燒斃	男女共一九丁口
	擊傷	男三八八丁女三三八口共七二六丁口
毀壞房屋	倒塌	震倒房屋七五九六三間牆九六六二九堵
	火燒	城鄉大燒舖房三〇二間住房一二八間共四三〇間
被災戶口		被震災戶共三九七三一戶內被火災者共三四戶災民一五〇七丁口又被震災死絕共四〇戶男女一六一丁口
壓斃牲畜		一〇一一三頭

鳳儀	全縣均震成災者計二一九街村	男女共計一二一五丁口	男女共五五二丁口				被震災者共六五二三戶	
彌渡	全縣均震成災者計一七五街村	男女共一五九丁口		男女共一三六丁口	全毀者一四九〇間半毀者九一三二間共二〇六一二間		被火災者三四六〇戶二一五二四丁口	五〇〇頭
祥雲	被震地面甚廣其中受災最重者為縣城及青海營等五村	男女共二〇丁口		男女共一九丁口	共二一二八間牆一二四堵		被震災者共九〇六戶災民男女共一八六六丁口	二八七頭
賓川	被震地面甚廣其中成災者計十二者共四七街村	男三六四丁女三七六口共七四〇丁口		擊傷男女共二二九一丁口負傷成疾者男女共四〇四丁口	全倒者二四六五戶半倒者一三三四戶共三七九九戶	六〇戶	被震災者共二四六五戶無被火災者一六〇戶共中極貧之男女一三七四四丁及貧之男女五〇〇〇丁總共六三七四四丁口	
鄧川	被震地面為南區東區其中成災者計二八街村	幼女一口	男女共三三丁口		破壞房屋共一七五間			
蒙化	被震地面為九約及蒙新安遠三鄉本城文華約瀾滄江五里南澗五里全境				城內縣署文廟照壁震毀北區馬米廠等村民房間有震倒之處			
附記	民國十四年大理鳳儀等七縣地震計壓斃男女共五八〇七丁口燒斃男女共四二丁口擊傷男女共三七二四丁口擊傷成疾之男女共四〇〇丁口毀壞房屋共八八八七九間又三七九九戶毀牆九六七五三堵火燒房屋四三〇間又六〇戶被震災者四九三一〇戶災民已查明者共八二四〇丁口其未查明者為數尚多兼被火災者三九四四戶災民共二三〇三一丁口壓斃牲畜共一〇九〇〇頭							

童振藻雲南大理鳳儀等屬地震區域圖說

民國十三年查明大理鳳儀彌渡祥雲賓川鄧川蒙化七屬之面積共三萬七千七百方里人口四十九萬四千三百零八人現就所繪暫定之地震區域圖觀之計自鄧川至蒙化止南北占北緯一度十餘分長約二百三十餘里自大理起至彌渡止東西占經度四十餘分寬約一百三十餘里受震成災者已有二萬六千方里丁口亦不下三十餘萬人其震區廣闊為雲南以前所未有災情之重亦為雲南以前地震所未有即較之民國九年十二月十六日甘肅大震民國十年六月二日川邊大震不相上下雲南精華所萃之地除省會外惟大理蒙自兩處而大理歷史及形勢尤非蒙自所可比擬蓋大理係漢葉榆縣地自古即已著名迨至唐時南詔築太和城徙都之立上下二關拓疆擴廣太和即今大理其子閣羅鳳築羊苴咩城於太和之北僭號大禮國五代時段思平據之仍號大禮或謂大理之稱即本乎此清咸豐同治間杜文秀占據大理四出騷擾歷十八年始剷平其地勢險要已可想見近年川省及滇東滇北各貨運至騰衝出口均經大理由騰衝入口各貨亦經大理運至滇東滇北及川省商務繁盛人口衆多適當迤西之衝要故鎮守使署高等審檢分廳富滇分銀行及師範中學等校均設於其地且每年陰歷三月十五日至二十日於西門外里許之教場開市一次稱為三月街滇西各屬及西藏四川廣東緬甸之貨均集散於此而英國陸軍大佐德斐氏謂大理築城於出海六千九百尺之點蒼山麓城東一英里有洱海水甚清行駛帆船夷人謂大理即佳渡之意西人丁格爾氏謂蒼洱每年一月間之風光宛似瑞士春季之景可稱為中國西方之給尼發亦滇省名勝之地至鳳儀祥雲彌渡賓川

蒙化等屬、亦屬迤西富庶之區、今不變為焦土、即化為澤國、或夷為荒原、全省精華所萃之地、已去三分之一、政府人民均損失不貲、恢復元氣、非百餘年不可、且自地震後四日、被災各屬、天氣忽冷、寒暑表降至冰點以下、大雪紛飛、災區人民、衣食住均難充分供給、凍餒而死者又時有所聞、迨至四月三日、迤西地震起於鳳儀、波及大理、復甚强烈、鳳儀凡以前未倒房屋皆一律震倒、城中蕩為平地、大理未倒房屋、亦多震毁、孑遺災民、均束手待斃、

翁文灝 雲南洱海附近地震述要

此次地震釀成重災者係發生於民國十四年三月十六日午後九時半、然有與他處不同者、他處如民國九年十二月十六日、甘肅涇原之震、大震突然發生、其前並無小震、茲則不然、大震之前數日、先有小震、若為預報也者、例如三月九日午後三時楚雄縣已有小震、烈度二、(用梅卡里Mercalli)表為標準二度為甚少數静坐者覺之樓上較易)十三日楚雄聞鳴聲甚大、而地不覺震、但同日午後七時、四川會理地震、烈度均在二四度之間(三度少數人覺之不恐慌經他處報告始確信地震四度屋内覺者多數屋外少數器物微動地板或響懸物稍動)十五日報告地震者、有大理鳳儀蒙化劍川姚安楚雄五縣、約計離洱三百里以内、皆覺震動、大理鳳儀烈度約等於六(六度人人皆覺恐慌爭出器物墜落不堅固之房屋稍有損傷)其他烈度不過四五之間(五度屋内人皆覺之屋外人多覺之睡者驚醒少數人驚逸搖鈴鳴時鐘停懸物搖)震動次數、亦以大理鳳儀為多、其中以午前十一時及午後八九時之震為較重、人多逃避、屋稍毁傷、十六日午前二時七時十時、午後二時四時七時地皆震動至九時半、遂有最劇烈之大震、故此次地震、由少而多、由輕而重、頗有漸激漸高之勢並非突然而至此與地震常例頗有不同者也

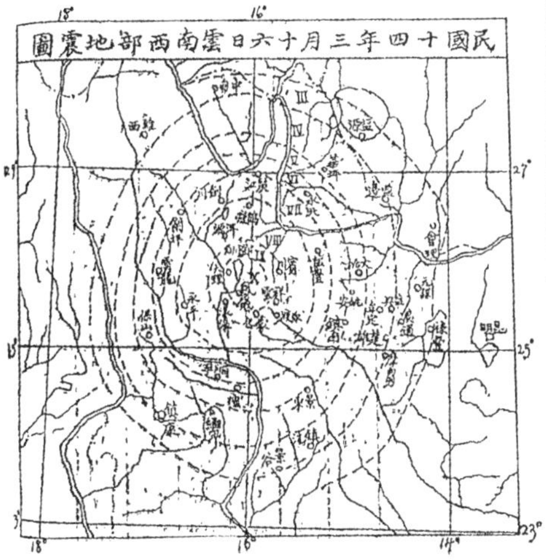
民國十四年三月十六日雲南西部地震圖

大震烈度之分配、具如插圖、觀此圖則地震與洱海之密切關係、頗為明瞭、(中略)震中所在、似偏於洱海南部、故大理鳳儀及賓川西部震災最烈、而近在洱海北端之鄧川、則受災已較輕、洱源距洱海尚不及蒙化之遠而其受震、不及蒙化之重、由是觀之、殆可推定此次震中、當在洱海之南端、原因所在、雖以滇西地質尚未調查、不易懸揣、然洱海成因、當為一陷落湖、此殆可以、自地形推測而少有疑義、陷落時代、證以滇東地史、約當相去不遠、即約當在洪積世之初期、迄今尚猶未達均衡、時一動作、此次震動、殆亦由是、地震之前或地震時、輒有鳴聲、有甚鉅者、如大理報告、謂聲如萬鼓齊鳴、此外有稱鳴聲如鼓者、如蒙化等縣、然鳴聲與地震關係、似頗複雜、震前震後皆能有之、有鳴而不震者、亦有震而無聲者、楚雄於三月十三日聞鳴聲、始

如波濤、繼如狂風、終如爆竹、而不覺震、至三月十六日以後、歷次地震、則鳴均甚微、中甸距此震中約四百里而猶有鳴聲、劍川在中甸大理之間、距大理較近而反無之、年定至四月九日、崇化至四月十六日、復有鳴聲如鼓、或如吼、

餘震如賓川劍川二縣、一至四月二十七日為止、一至四月十七日為止、大抵三月十六日、大震後、十七至二十餘震尚盛、二十以後、勢力漸衰、二十四五後見崛起、繼又衰落、至四月初間、復稍發動、五日以後、又見低退、九十及十三十四之間、又稍活動、至十六十七、又復加劇、而繼此以往、則漸衰漸竭、

上述趨勢、不但賓川劍川二處為然、即在他縣、雖紀載較畧、大致似不外此規律

五 結論

雲南地震自後漢以下、始有記載、至元明清三朝、紀載始詳、迨入民國、或政府派員查報、或學者蒐討纂述、故記載視元明清為尤詳、足供研究地震學之參考、惟就上篇震史中所列之表觀之、或全省皆震、或數十屬數屬同日皆震、或連震數月數年、或震時死傷數千至數萬人、足證雲南在吾國中為地震最多而又最烈之地、民國三年、教育部咨行表式於各省、責填地震狀況、其文中曾謂「地震一事關于人民生命財產者匪輕」、以故世界中如日本意大利智利等國、地震頻仍、損失人民之生命財產、不知凡幾、平時多設地震學會地震研究所以研究之、臨時又遴地質專家以考察之、無非欲得預防良法、以謀趨避、欲得善後良法、以便救濟、雲南既為吾國地震最多而又最烈之地、其預防及善後良法、均當注意研求而不可忽畧、

就預防一方面言之、雲南地震、大致在先微震、繼以強震烈震、并先發巨聲、或山鳴水溢、或飛散硝磺臭氣、昔時蒙化寧洱維西等屬、近日大理等屬地震、均有此前兆、凡一遇震動發聲、人民應即特別注意、或暫出室外、以覘繼震時狀況若何、輕則仍可入此室處、重則擇地遠徙、免蹈危險、(日常災害防止法載地震之來其始先有微動初期微動之大小即地震劇烈與不劇烈之所由分人苟熟知微動之情狀則自覺察微動以至地震必有八九秒時間在此時間可相幾行事預防一切又普通地文學載審知初期微動將有大地震時宜速滅息燈火爐炭以防顛倒傾覆成火災市街狹窄櫛戶比隣若避匿戶外反屬危險時宜於構造堅固不虞梁木斷落之室內擇其最安全位置居之或伏几案及能堪下壓諸器具之下亦可但家屋建築不牢恐致傾倒者則以逃避為宜逃避室外宜抱住樹木或入竹林中或坐木板上大地震既終幸而免難則宜趨他人之急此時以攜帶槓杆捧鋸為合用)若遇火山蠢動、視昔時劍川格外煩熱、近日大關等屬溫度驟增、或水陸間生物頻有異象之表現、即移住空曠地方以避之、并按照格致新書所載地震之時速即逃至庭院或曠野平卧地上、以免壓斃及顛仆斫傷諸害、若震勢驟劇、難以行走、亦可按照日常災害防止法所載、地震步行法、膝與腰屈曲、踵與膝與腰之關節寬緩、且以足尖立地、則不傾跌、其住室則張君鴻翼查報嶍峩地震文中謂「民居垣壁所用磚土、皆沖積層中之砂粒、比重較大、粘性最弱、稍有衝突、便即潰散、此次之震、所以壓斃人畜者、大率坐視、其餘若木製之窗壁、俱安全而無恙」是此後之建築、當以

木製者為最良、又最近大理地震、死傷較多、聞該屬城鄉住屋牆壁、多用大小卵形之石、雜泥疊成、平素矜為巧製、謂圓石築牆不倒、稱為大理三寶之一、迨遇地震、則此類之牆、傾倒最速、人民多猝難躲避、以後凡地震頻繁及强烈之處、磚用煉磚、土基必雜草麻之絲、製成曬乾、以期造壁堅實、凡房屋四週外壁用此堆砌、內面各牆壁、均可用木製、其屋則用馬口鐵覆之、較瓦為輕、或用木板作承塵、以防椽瓦之突落、現日本東京地震時、凡用鐵樑柱所製之屋、因結不倒、震後富室多仿照辦理、又法工程家巴圖文君謂大理產石甚多、故該處房屋、全用石築、似非所宜、凡有地震可慮之區、材料如能用木者、即應用木代之、屋背改用鐵瓦、此外并有一種油毡、亦能代瓦、更有一種新發明之洋灰與石棉和合而成之瓦、亦甚合用、此瓦僅一分餘厚、輕而帶有軟性、不易破爛、且

無滲漏之虞等語、如素封之家、起建房屋、或用鐵製樑柱、或用洋灰和石棉製成之瓦、地震時既不易開裂、即屋瓦墜落、亦不致傷人、若係市鎮、房舍較多、人烟較密、其住屋應加限制、不得過高、或建樓數層、并宜多置市街公園、俾發生震災、兼有火災時、易於還避、如有水源可引、須多開井渠、俾震時火災勃發、便於灌救、而牆基不甚堅固、以及垣墉敧側、樑柱歪朽、尤應隨時由警察撿查、責令修理改換、至街巷亦應特別放寬、以防屋宇倒塌、阻碍人行、火勢猛烈、易于蔓延、難於撲滅、上臚數端、似為預防上必不可少之條件、若欲預知地震之將起、則王君獻芻謂、地震與地磁力脈動緯度之變化、重力之配置、以及天氣季節時刻潮汐暨日月之引力、地震之週期至有關係、翁君文灝亦謂地震與電氣現象天文現象及氣壓等均有關係、言之綦詳、而張君泓謂雲南劍川當乾

隆辛未地震時、父老曾云、粵稽陳蹟、每甲子後遇辰戌丑未年必大震、憶六十年前逢戊己驗、凋瘵過半、今又週甲矣、且逢未萬姓預有憂色、五月朔日卯時、地搖動已甚、屆午遂大震、陳君秉仁謂雲南大關地震、當夏季雨水過多、浸入地殼者自不少、受地熱薰灼、沸騰膨脹、躍躍欲動、因地殼壓力太重、不能噴出、待至太陰上弦已過、將為滿月、則太陰與太陽地球成一直線、引力愈大、必減少地殼之壓力、此地震在陰歷六月十三之原因也、且發動在晨者、因地受夏季之太陽熱、溫度甚高、雖陸地外熱放散甚速、但因金沙大關兩河、谷深山狹、峰廻水滿、熱易藏蓄、故必待天明拂曉、外熱散盡、地冷收縮、兩河橫壓之擠力、始行顯著、於是地內蒸氣被廹而砰然發動矣、尤為週期及受天氣季節時刻日月引力各影響之一證、可就以推測而思患預防、此預防辦法之大略也

就善後一方面言之、如嵋峨震後、先由省政府提撥款項、并電請中央及各省補助、籌辦急賑、復特設平民工賑廠、收男女學徒、用以工代賑之法、又查明次貧極貧之户、分散賑款、大理等屬地震後、亦先由省政府提撥巨款、并電請中央及各省補助、籌辦急賑、復組設全省震務處、籌辦賑災、及各屬霜災、又由滇西鎮守使於大理設立善後籌賑會、分置評議會計庶務粮秣衛生清理勸捐編查文牘九部、復分設工賑局、治療所、粥廠等處、省會各公團公共組織震災籌賑事務所、調查災況、編印圖說、募捐款項、以輔助官力之所不逮、猶可取者、當地震發生之後、即請由省政府派醫員携藥治療打傷及患病之人、復挪用附近各屬積穀、以作賑米、至掘埋死骸、整理交通、安置災民等項、均係震後應行舉辦之事務、無須冗述、若此後再遇有此等烈震發生、而震幅又甚廣濶、波

及數縣、破壞甚多、除採用救濟嵋峨大理等屬震災之辦法外、并應參照美國處理舊金山大地震日本處理東京橫濱關西等處大地震之辦法、合政府團體及各屬之力以救濟之、蓋美國一九零六年、舊金山大震、城中房屋多被震倒、而東部忽然火起、凡未震倒之房屋一併化為烏有、全城約燬去四分之三、居民死一千五百人、財產損失約六百兆元、當震災既成後、美大藏省發出一百兆銀元作救濟之費用、并購營帳數十萬、發給災民以避風雨、國內大資本家如陸克芬蔔南古等、各捐數十萬元、加拿大政府并令哥倫比亞省、由溫哥華運粮食前往接濟、日本一九二三年東京橫濱大震、燒失倒壞房屋、共五十七萬餘戶、死者約九萬餘人、罹災者共一百九十餘萬人、然當大震甫畢、先由海陸軍搬粮接濟、後由各公私團體建粗糙小屋及施給被蓋褥子等類、政府則特設臨時震災事務局、維持治安、減免食用及罹災者之租稅、限禁物品輸出、各銀行由國家銀行借給資金、均得開業、而興業勸業等銀行、對於建屋及工業復興、方面通融資本、各實業家及貴眾兩議院、復組織大震災善後會、努力募捐、以救濟災民及復興經濟、其後政府組織復興院、復興審議會、都市調查會、市會等、籌謀各市復興計劃、至府市公共團體、或建災民收容所、或設日用品市場、或為職業之介紹、其社會事業團體、則為勞働寄宿所、婦人寄宿所、託兒所及隣保事業等之設施、一九二五年、關西兵庫縣但馬等處大震、死傷共一千五百人、政府則飭海軍接濟粮食、募敢死隊恢復鐵路電線之交通、由各處救護班軍隊及救援隊協同救濟負傷之人民、并配給食料衣類、趕造木屋、收容災民、而東京府復發送毛毡被蓋及成人小孩之衣服等項、其由政府紳商士庶、捐送救助金之數、更不知凡幾、是則雲南以後如復遇大震、損傷過巨、區域過廣、一方面由各屬勻出積谷若干石、製米運至災區、以作粮食、并由省政府製備帳蓬及衣服被蓋器具、運至災區散及災民、藉避雨風防寒冷及供日用之所需、一方面由附近各屬勻出兵警、赴災區維持秩序安甯、暨搬運各物、恢復交通、如地震仍繼續不止、可暫建木屋、以便棲息、俟餘震一律停止、再建通常住屋、以防復行震毀、多損物力、至營商及務農人民、如財產器用牲畜一律震損焚燬、可由官紳集資設立貸本處、分貸本金若干、以恢復商農兩業、分年償還、不收利息、設物貨缺乏、仍應代為販運、牲畜種子缺之、并可設法購給、其本金亦責令分年無息清償、上臚各項似為善後所應行采用之方法、若欲知餘震頻度、與外界某方面有何關係、則宜購備儀器以測驗之、此善後辦法之大略也、

總之雲南西北雪山高者不下二萬尺、吾國天山高二萬二千五百尺、雪山視天山僅低二千餘尺、而永北程海則深達三萬六千尺、(張君翁親至湖邊查明)太平洋最深處為二萬八千尺、程海視該洋最深處尚多八千尺、是高下相距、差至五萬餘尺之多、且有瀾怒兩巨流平行、波濤澎湃、時時震撼、而麗江大理騰衝一帶、復多火山遺跡、溫泉隨處濆涌、地殼均不甚堅實、至東部湖山、雖不及西部之高深、然嘉麗澤滇池楊宗海杞麓湖星雲湖撫仙湖異龍湖等之巨、浸南北排列幾成為直線、而南盤江流域支流極多、多係從峽谷流出、冲激震蕩、日無已時、地盤亦受其影響而偶或搖動、故東西兩部地震獨多而且烈、均可稱為地震帶、此帶住民、對於預防、更宜組織地震學會或研究所、不時延請

（三）关于大理震灾的乞赈报告

1925年6月云南省赈济会（南京中国第二历史档案馆）。

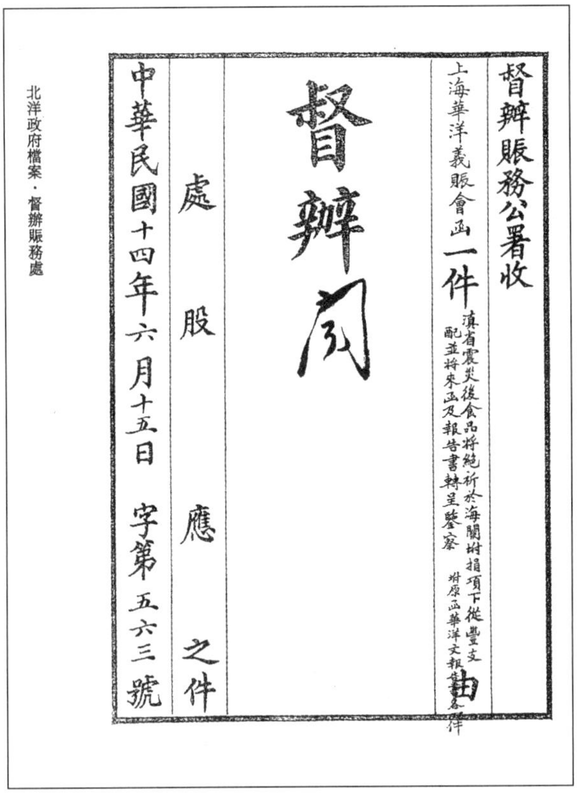
督辦賑務公署收

上海華洋義賑會函一件 滇省震災後食品將絶祈於海關附捐項下從豐支配並將來函及報告書轉呈鑒詧 附原函華洋文報告書各一件 由

督辦閱

處　股　應　之件

中華民國十四年六月十五日　字第五六三號

北洋政府檔案·督辦賑務處

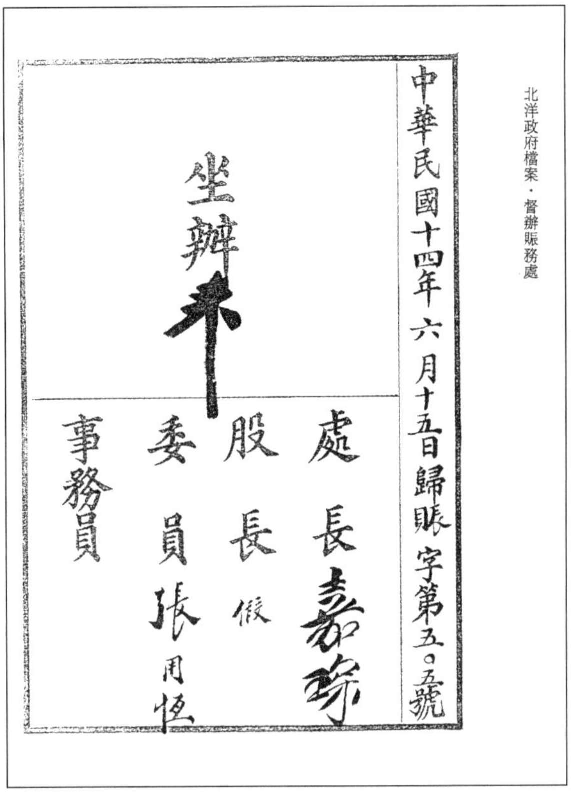
中華民國十四年六月十五日歸賑字第五〇五號

坐辦

處長 嘉璈

股長 假

委員 張用愷

事務員

北洋政府檔案·督辦賑務處

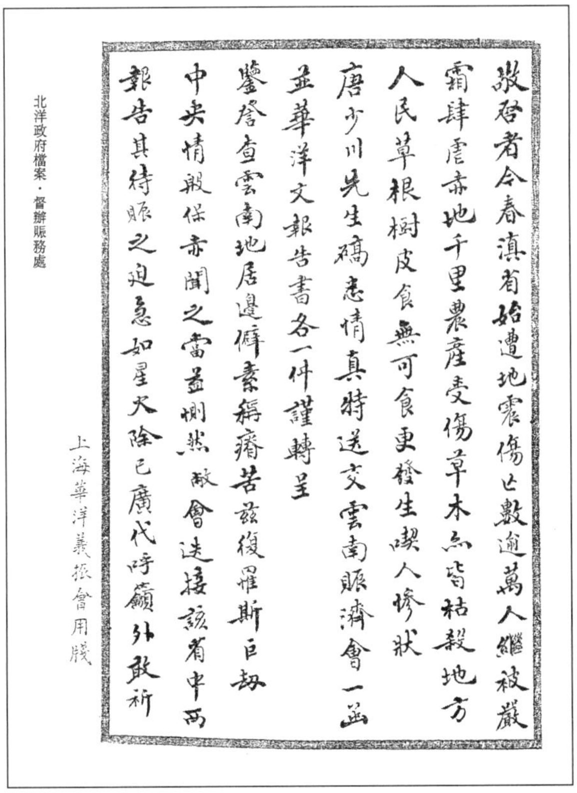
敬啓者今春滇省始遭地震傷亡數逾萬人繼被嚴霜肆虐赤地千里農產受傷草木亦皆枯殺地方人民草根樹皮食無可食更發生喫人慘狀唐少川先生痌瘝情真特送交雲南賑濟會一函並華洋文報告書各一件謹轉呈鑒詧查雲南地居邊僻素稱瘠苦茲復罹斯巨劫中央情殷保赤聞之當益惻然敝會迭接該省中西報告其待賑之迫急如星火除已廣代呼籲外敢祈

上海華洋義振會用牋

北洋政府檔案·督辦賑務處

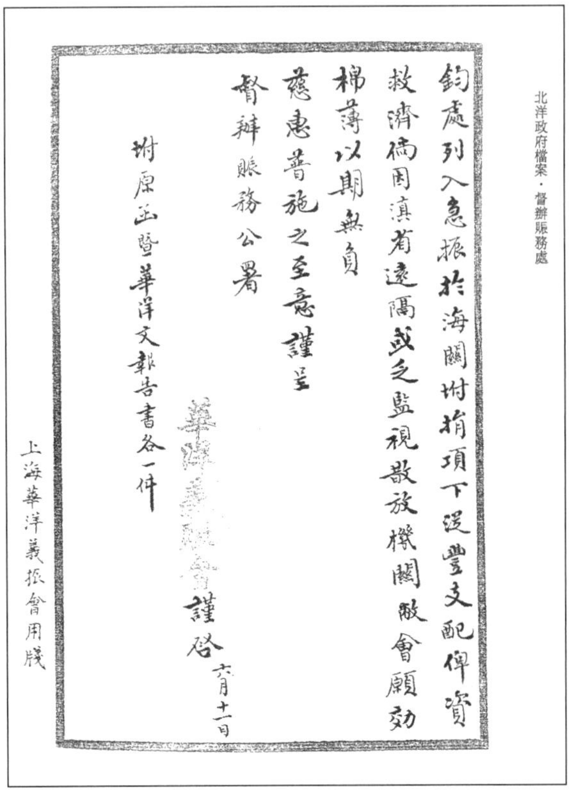
鈞處列入急振於海關附捐項下從豐支配俾資救濟倘因滇省遼隔或乏監視散放機關敝會願効棉薄以期無負慈惠普施之至意謹呈

督辦賑務公署

附原函暨華洋文報告書各一件

華洋義賑會謹啓

六月十一日

上海華洋義振會用牋

北洋政府檔案·督辦賑務處

雲南賑濟會用箋

北洋政府檔案・督辦賑務處

第　頁

敬啟者竊以天災流行古今同概生民疾苦中外所矜吾
滇大理鳳儀彌渡祥雲賓川蒙化等屬於本年三月十五
六七等日慘遭地震災區蔓延千餘里人民死傷萬餘人
而迤東霑益曲靖宣威馬龍羅平平彝昭通魯甸東川彝
良師宗綏江等十餘縣繼以嚴霜為虐豆麥全行枯萎民
食斷絕餓莩載途草根樹皮掘食殆盡且聞有殺人為食
者飢迫之狀概可想見滇省人士目擊心傷發啟組織賑
濟會募集捐款盡力賑救然災區廣闊棉力實難濟事特

民國　年　月　日

電話中央七七二四

會址暫設上海九江路河南路一四號富滇銀行內

雲南賑濟會用箋

北洋政府檔案・督辦賑務處

第　頁

電囑敝會廣為勸募以資補助
貴會以賑災蓄民為職志
鴻愿慈心素所欽佩用特專函并附陳報告懇予
特別援助廣為勸募並代向北京賑務處要求酌撥賑災
附加稅若干先行迅匯災區以救黎民於水火不勝感禱
之至此致
上海華洋義賑會　公鑒

雲南賑濟會

任嗣達
李修家
繆嘉壽

民國　年　月　日

電話中央七七二四

會址暫設上海九江路河南路一四號富滇銀行內

北洋政府檔案·督辦賑務處

Shanghai, May 28th., 1925.

To the

Chinese Foreign Famine Relief Committee,

c/o Dr. Yang Shiao Yn,

Shanghai.

Gentlemen:

It is our painful duty to invite your kind attention to the horrible suffering conditions existing in the Province of Yunnan as a result of the recent Earthquake in the Talifu districts and a severe frost in the Northeastern section of the Province.

Earthquake was first felt in Talifu and Vicinity on March 15th and the shocks continued at irregular intervals on March 16th. At about 9:30 o'clock in the same evening a great temblor of the most violent intensity struck and in 5 or 6 seconds' time it practically reduced the city of Talifu to ruins. A big fire broke out immediately and the flame swept over the entire city with the aid of a swift wind burning down all the remaining yamen, schools, temples, shops and resident houses. Thousands of inhabitants suffered death from fallen walls and burning flame. Other thousands were left with broken limbs and roasted heads. In the city of Talifu alone 3,000 corpses have been dug out from ruins and almost the same number are reported still mis-

- 4 -

Institution is always ready and willing to render assistance to any deserving relief work, we, the undersigned, representing the Yunnan Association of Shanghai do appeal to you on behalf of the suffering thousands in the Province of Yunnan for your most generous contribution and assistance. We have appealed to the Finance Commission of the National Famine Relief Bureau of Peking for a grant from the Famine Relief Surtax Funds and would appreciate anything you might do to strengthen our appeal.

We assure you most sincerely that any assistance you may see fit to render will not only afford the most needy relief to the suffering thousands but will be most heartily appreciated by the population of the Province as a whole.

Faithfully yours

THE YUNNAN ASSOCIATION OF SHANGHAI

任嗣達 李修家 繆嘉銘

雲南賑災乞賑報告書

雲南地居邊僻素號窮苦山多田少農產不豐必也
雨暘時若收成無歉民食勉可敷濟偶遇水旱不調
饑饉立見此固往事信而有徵前清國家政令統一
時所以年受粵鄂川百餘萬之協濟也自民國以還
省自為政協款斷絕民負增重兼之時局不甯為國
犧牲雲南人民久已力窮財竭所以尚能勉強支撐窮
日者一由於雲南風俗習慣之儉樸而尤賴十餘年來秋
收不歉雖偶爾風雨違和迄未成災民性純良故亦能安

北洋政府檔案·督辦賑務處

之若素乃者昊天不弔竟罹慘劫大理一帶地震劇烈
山崩水嘯屋宇全傾地震之後繼以風火加以嚴雪死
傷遍地焦頭爛額折手斷臂者觸目皆是號哭呼救
之聲慘不忍聞此等慘狀不難想象故人口不過十
餘萬而死者竟達數千傷者數逾萬餘若以人口比
例災情重大較諸日本前年震災殊有過無不及
尤苦者交通梗阻非若日本水陸便利避難救援轉瞬
可辦現在衣食住三者俱絕不惟死者可憫即生者亦
有坐而待斃之虞全省官民方在奔走呼號力圖拯救

北洋政府檔案·督辦賑務處

已覺力有不逮羣情惶急不意一波未平一波又起迤東十餘
縣正值小春成熟突然嚴霜肆虐赤地千里不僅
農產遭殃草木亦皆枯殺竊查迤東地方什九皆
屬山地之田種稻一年民食全賴小春今小春既被霜害
本年民食業已絕望大理震災僅在一隅已經苦不堪言迤
東霜劫受禍更為廣慘草根樹皮食無可食吃人慘事業
已發生此誠亘古未見之奇災有史以來未有之浩劫也
雲南地分三迤省垣居於中央三迤者迤東迤南迤西
是也迤東地瘠民貧業具上述迤南雖較膏腴但又

北洋政府檔案·督辦賑務處

人多田少農業僅敷半年尚賴越米接濟迤西及省垣
附近各縣比較殷饒然而省垣居民衆多悉賴羨補勉資
維持一日無米運省數十萬居民頓呈恐懼今迤西既遭
地震勢將無米運省迤東年食絕望則老弱轉乎溝壑
少壯逃省避難是又勢所必然省垣驟增大批難民縱
迤西無災照常運米來省亦難應付況迤西尚有巨
災令人不寒而慄現斗米百斤售價四十元殊駭聽聞誠
恐始而缺食終且無食一旦絕食厥禍尚堪設想哉是
故以人道言百萬被災生靈拯救刻不容緩以治安言

險象畢呈救濟更不可忽兼且死屍無算積久不埋將
來瘟疫發作傳染尤堪顧慮本省官民固已發帑派
員組織義賑披髮纓冠積極拯救然災區太廣災情
太重殊有杯水車薪之感不得不廣求救濟素仰
貴會仁聲久播義績昭然嘉壽等謹代表雲南千餘
萬人民為百萬災黎誠惶誠忭馨香叩懇伏望
大施惻隱宏濟艱難
廣賜勸募拯災黎於水火登滇民於衽席災民幸甚
滇民幸甚不勝感紉迫切待命之至此上

華洋義賑會

幹事代表 任嗣達 李修家 繆嘉壽

督辦賑務公署收

直隸省公署咨一件

直隸霪雨連綿山川暴發各縣堤埝決毀田禾淹沒已報者十一縣其餘因水阻而未報到者諒不在少相應摘錄災況請速籌款濟 由

附報告書一件

督辦閱

處 股 應 之件

中華民國十四年八月二十日 字第六七六號

中華民國十四年八月二十日歸賑字第五九號

坐辦 [illegible]

處長 嘉壽

股長 張彭植 代

委員 張用恆

事務員

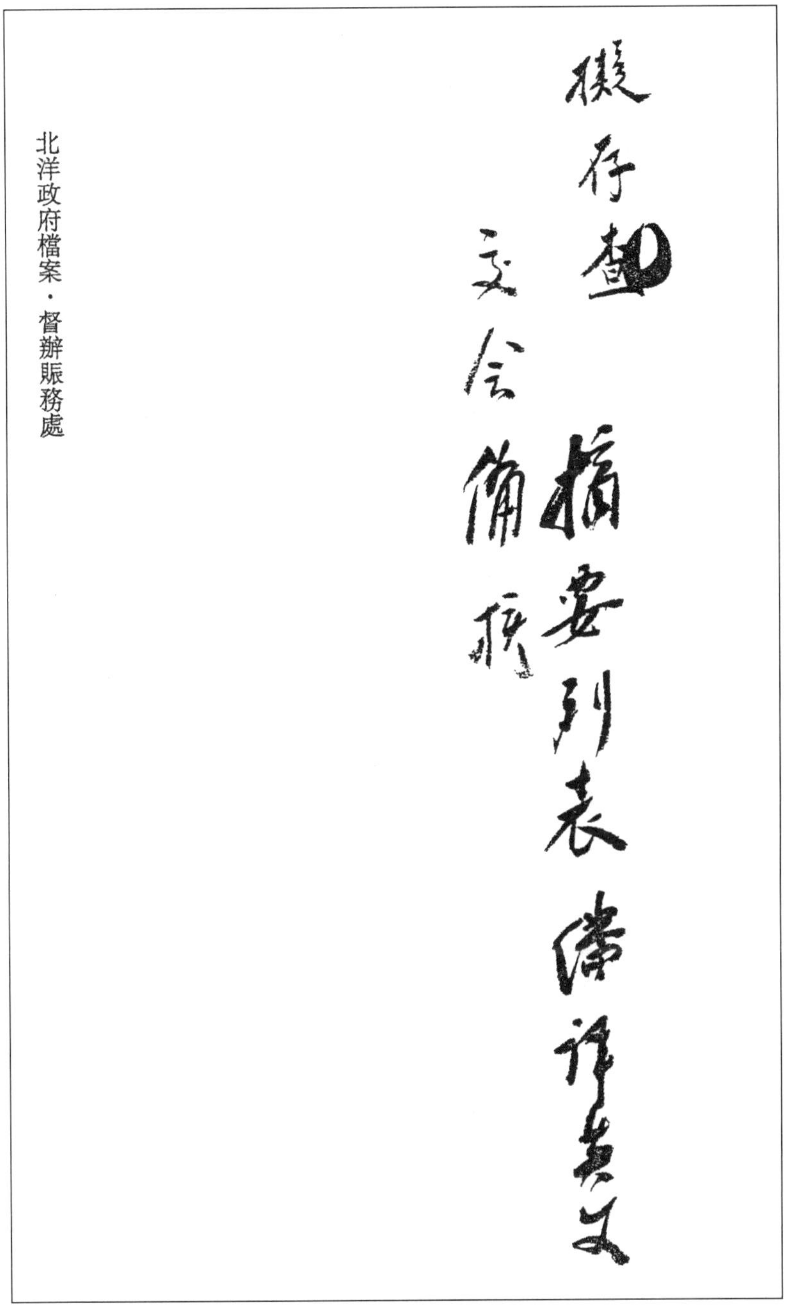

擬存查

摘要列表備詳查文

交會備核

北洋政府檔案·督辦賑務處

三、地震史料

摘自《云南省地震资料汇编》。1925年3月16日云南大理7级地震史料汇总如下。

云南大理7级地震史料汇总表

地震时间公历（农历）	地点	地震记述与资料来源
1925-3-9（民国十四年二月十五日）	楚雄	民国十四年三月九日，又十五日，楚雄地微震二次。《云南地震考》（震史） 民国十四年三月九日午后三时，楚雄已有小震，烈度二。《云南地震考》（近年烈震状况）；《科学》10卷12期 注：文中烈度系梅卡里烈度表，下同。
1925-3-13（民国十四年二月十九日）	大理县凤仪	［云南通讯］凤仪自旧历二月十九日起，地即震动，每昼夜不下二三十次。《益世主日报》1925-4-26
	弥渡	（弥渡）民国十四年三月十三日午前八时地震，嗣后随时发动，不计其数。至十六日午前六时，地震数次，均自西北而东南，震源亦出于大理。过此，间时一震，甚轻微。《云南地震考》（近年烈震状况）
	楚雄	民国十四年三月十三日，楚雄闻鸣声甚大，而地不觉震；但同日午后七时，四川会理地震。烈度均在二、四度之间。《云南地震考》（近年烈震状况）；《科学》10卷12期 楚雄于三月十三日，闻鸣声始如波涛，继如狂风，终如爆竹，而不觉震。《云南地震考》（近年烈震状况）
1925-3-14（民国十四年二月二十日）	大理、凤庆、禄丰	民国十四年三月十四日，大理、顺宁、禄丰皆报地震。烈度均在三、四度之间。《科学》10卷12期
	大理	夏历二月二十日，大理城乡忽遭地震。《顺天时报》1925-5-24 （大理）自阳历三月十四日起，该处即常常发生地震。十五日亦如是，然旋震旋止，无大关系。《益世报》1925-4-11 （大理县凤仪）三月十四日起，因大理地震，常被波及。《益世报》1925-4-11 据大理韩教士来省所述实况云：当巨灾初起时，为前月阳历十四、十五日，地已波动，人立地上如在波涛汹涌之船中。尔时预即知有较巨之震动随之而来，预即发警告，劝居民迁出屋外暂避。至十六、七日地果大震……。《时报》1925-4-1 注：4月8日《申报》《时报》皆有报导之，见3月16日地震记载。
1925-3-15（民国十四年二月二十一日）	下关	（下关）自三月十四日起，该关外常发生地震事，然旋动旋止，尚无大伤。《益世报》1925-4-11
	大理、巍山、剑川、姚安、楚雄	民国十四年三月十五日报告地震者，有大理、凤仪、蒙化、剑川、姚安、楚雄五县，约计离洱海三百里以内皆觉震动。大理、凤仪烈度约等于六，其他烈度不过四、五之间。震动次数亦以大理、凤仪为多，其中以午前十一时及午后八九时之震为较重，人多逃避，屋稍毁伤。十六日午前二时、七时、十时，午后二时、四时、七时，地皆震动。至九时半，遂有最剧烈之大震。《云南地震考》（近年烈震状况）；《科学》10卷12期 大理李镇守使电云：删日（15日）下午，大理城乡地震约二三分钟。《时报》1925-4-8 注：《申报》1925-4-8、《时报》1925-4-14及《第二历史馆档案》卷439同载。 ［云南通讯］三月十五日午后三点钟，大理城内觉地面稍有震动。余初不介意，以为此种地震，亦是常事。至晚间八九点钟，继续震动数次，此时震动颇觉剧烈，人民即不得安枕，多半逃往空地避难。《益世主日报》1925-4-26 （大理）民国十四年三月十五日午后三时，城内微震，至八九时续震数次，势颇烈。人民多逃往空地避难。《云南地震考》（近年烈震状况） 注：《云南大理等属震灾报告》《云南大理凤仪等属地震区域图说》

续表

地震时间公历（农历）	地点	地震记述与资料来源
1925-3-15 （民国十四年二月 二十一日）	大理、巍山、剑川、姚安、楚雄	及《东方杂志》卷22，所载雷同。 ［大理震灾记］中华民国十四年三月十六日，即乙丑二月二十二日，吾邑经空前之地震。盖光一日午间，既微震动。迨至次日，自寅至酉，叠震四五十次，识者已知必遭非常之变矣。甫交九钟，剧烈之震果然陡作。《疢存斋集》卷4 民国十四年三月十三日午后二时，大理震约秒余钟。十四日午前七时及八时再震，至九时始大震最烈，是日不下七八十次。《云南省政府建设厅档案》全宗77 注：疑“三月十三日”系十五日之误，“十四日”系十六日之误。 （大理县凤仪）民国十四年三月十五日午前十一时起，接连微震，午后七时、九时各震一次。《云南地震考》（近年烈震状况）；《云南大理等属震灾报告》 （大理县凤仪）三月十五日午前接连微震，午后一时复震一次。《云南大理凤仪等属地震区域图说》 凤仪于三月十五日午前地震一次，午后一时震一次。《东方杂志》卷22
	巍山	（蒙化）惟民国十四年三月十五日午后十时地微震动，自西南起走向东北，约历一分钟。《云南地震考》（近年烈震状况） 注：《云南大理等属震灾报告》及《云南大理凤仪等属地震区域图说》同载。
	剑川	民国十四年三月十五日，剑川地震一次。《云南地震考》（震史）
	姚安	民国十四年三月十五日，姚安地微震一次。《云南地震考》（震史）
	楚雄	民国十四年三月九日、十五日，楚雄地微震二次。《云南地震考》（震史）
1925-3-16 （民国十四年二月 二十二日）	大理	3月16日22点42分06秒，震中位置：北纬25°、东经100.5°。ISS 3月16日22点42分12秒，震中位置：北纬25.5°、东经100.25°，7.1级。B.古登堡 3月16日22点42分17秒，震中位置：北纬25.7°、东经100.4°，7级。《中国地震目录》1983年 ［云南发生剧烈之地震］《文汇报》云：倾接云南大理府教友于十九日拍来之电报中述，大理府已毁于地震，大火已发生，急待赈济，外人均平安。［本报按］据最近《邮务公报》载称：大理府之人民在一九二二年为七万九千六百五十人。《时报》1925-3-21 ［云南地震颇烈］据云南旅京某君私人电报，此次云南地震，发生于本月十六日晚九时，其震点似起于惠江旁之花甸山与石门山之间。邓川县亦与大理受同样之震动，西大街有数家完全陷没。洱海陡腾，声洪如吼，又时在夜间，城乡居民皆恐慌哭泣，无处逃避。同时大火纷起，人畜死亡，失踪者不计其数。当道当即派遣多人携带米粮衣具，分途营救，并有该地士绅孙仲山等分组急救会以济灾民。死亡人数及损失数目，目前无计考查。最著名之点翠山亦受崩裂，究系断层地震抑陷落地震，尚难判别。《盛京时报》1925-3-25；《时报》1925-3-26 注：《顺天时报》1925-3-26、《字林西报》1925-3-27及《益世主日报》1925-3-29有类似报导。 ［云南大理大地震］云南通讯：昆明市昨十六号夜十时，突觉地震。不意十九号突得距省十三站之大理电报，该地城乡及上下两关房屋，均被震倒多数。灾期为十四、十五、十六等日，至十七日震尚未止。每日震动约数十次，城内大街因逃难者失慎，致酿火灾，死伤无算，地成焦土。电局亦被毁，往来电报均由距城四十里之下关局代发。兹得某外人讯死伤甚多，幸侨居之欧人无恙，请速募款赈济等语。今据电称：灾区遍及上、下关，约计面积当在百数十方里，不惟人民受祸，古迹亦恐荡然无存，诚浩劫也。详情容再续报（三月十九日）。《申报》1925-4-7

续表

地震时间公历（农历）	地点	地震记述与资料来源
1925-3-16（民国十四年二月二十二日）	大理	［云南大理地震之巨灾，死人毁屋甚多，震后又复大火］云南通讯：云南大理地震，灾情惨状旷古未闻。兹将关于震灾文电汇录如下。一、大理李镇守使电云：删日（15日）下午，大理城乡地震，约二三分钟。铣日（16日）晨、午，时有微动，犹以时当春令，往年恒有，无甚惊异。至下午九时，忽起剧烈震动，如天崩地坼，经数十分钟。全城官署民房庙宇，同时倾圮，机关人员、住户人民被压毙者甚多。移时火起多处。职使立即督率官兵出署，引导人民寻觅安全地点，分头竭力救火。而地动来息，狂风继起，火势愈烈，延至篠（17日）晨始熄。被毁铺房数百家，被震屋宇几乎全城倒平，被压死者正在挖寻，未悉确数。乡间被灾亦重。又闻邓川、凤仪同时被灾，详情尚未据报。地震时动时止，刻尚未已。人民露宿旷地，无衣乏食。现在赶筹恤赈，挖埋尸骸，收拾瓦砾，欲图秩序恢复，恐非旦夕所能。二、大理县知事来电云：铣夜县治地震剧烈，继复大火，房舍倾毁，人民伤亡尚难确计。县署、庙宇及监狱全倒，人役监犯压毙及乘时逃脱者甚多。三、大理电局局长电云：榆成寒、删、铣三日，不时地震。铣晚亥刻忽而大震，城乡及上下两关房屋均震倒多数，并榆大街因逃难者失慎，全数烧毁。死伤者不计其数。现震尚未止，职局亦倒多烧少，幸人口均吉。四、大理同乡会复李镇守使电云：榆城震灾，刻已专谒省长许拨巨款救济，唯缓不济急，拟请提拨县署存款及各机关公款，并饬未被灾各邻县接济粮食，先行赈恤。更请饬各乡各局存谷，不分畛域，切实散放，以弥灾氛。五、省署通电云：大理一带地震成灾，阅之震悼，亟应赶办急赈，暂资救济。除电下关分银行速拨款三万元以济急需外，所有灾区各地方公款、积谷，均准一律提用，并仰邻近灾区各县地方，迅购粮米，运往接济，务使灾民暂得栖息，无任流离，是为切要。将办理情形，随时核报（3月20日）。《时报》1925-4-8 注：同日《申报》报导雷同。其电文一、二，亦见于《第二历史档案馆档案》卷439。 ［云南大理地震详情，起火延烧甚广损失确数不详］云南通讯：云南省城内外，于三月十六日晚九点钟时，曾发生地震，约两分钟许，极其轻微，并无损伤。滇西之大理县地方，则极为剧烈。兹将该地电报分局致电报总局原文泉下（其内容与上《时报》和《申报》报道的部分相同，此略）。兹便将各乡被灾情形于次，再分别录出。〔省城〕（此略，见下昆明震载）。〔大理〕自阳历三月十四日起，该处即常常发生地震。十五亦如是，然旋震旋止，无大关系。不料至十六日亥刻，忽而大震，迄今尚未停止。全城房屋不倒于震、即毁于火，人民死者伤者，现尚不知其详数。各衙署、各公所及城外之营房，均已震倒。电报局亦震倒，不能通电。其凄惨情形，实难言状。〔下关〕下关距大理三十余里，为滇西巨埠，商业极盛，人烟甚稠。关内归大理县管辖，关外属凤仪县治理。自三月十四日起该关外常发生地震事，然旋动旋止，尚无大伤。至十六日夜十一时，地忽大震，现尚未止。房屋因此震倒者甚多，灾情极巨。〔凤仪〕凤仪县不料三月十四日起，因大理地震，常被波及。至十六日夜半，地大震动不止，于是房屋倒者极多，灾情甚重（三月二十一日）。《益世报》1925-4-11 注：1925年4月7日《新闻报》亦同报道。 ［云南通讯］三月十五日午后三点钟，大理城内觉地面稍有震动。余初不介意，以为此种地震亦是常事。至晚间八九点钟继续震动数次，此时震动颇觉剧烈，人民即不得安枕，多半逃往空地避难。至次日早六点钟时又震一次，是日下午四时后震动加重，至九点三十分地乃大震。于时余将灯火灭熄，走出药房外，见各地火大起，同时南门之火亦起，由大街烧过北门，其火势先向北，后又转南。北门灾民，呼号而起。斯时闻有地雷之声，轰轰而鸣。北门之火因有多人往救，不久即熄。至于南门之火。直至次日十二点钟始熄。五华楼

续表

地震时间公历（农历）	地点	地震记述与资料来源
1925-3-16（民国十四年二月二十二日）	大理	亦被烧倒。计所焚烧之地，北至四牌坊，南至钟鼓楼，烧死尸身如石堆然。街巷各地，处处无路可觅。当火起时，余趋往空地，放眼一观，但见火烟有一里余长，盐税局之柱子，一向左扭，一向右扭。当地人民咸应惊惶失其感觉，如痴如聋如梦然。估计大理死者有二三千人左右，尤可惨者。过数日余至下关，彼方灾情尚轻。城墙虽倒，贸易行人犹往来如常。至凤仪则城亦倒塌。弥渡北边，向日原为干地，则今已变成海子矣。凤仪城亦倒塌三分之二。计此次灾区有六七县之多。凤仪自旧历二月十九日起地即震动，每昼夜不下二三十次。至二十二晚九时突然大动，城内官舍民房无一幸免，重者倾圮殆尽，轻者或前或后倒塌不一，人民死者伤者不少，尚未调查清楚。劝学所长庄某已压死，实业所长苏某、实业员某亦受重伤，因三人同在苏宅聚谈故也。现在犹不时震动，人民尽居野外，栗栗危惧，残喘苟延，尚不知命在何时也。《益世主日报》1925-4-26 ［滇西大地震近闻］大理来函：此次大理地震后连日复遭大雨大雪。凤仪来函：凤仪自三月十五日起地震连续不止，约计二三十次。四周城墙及衙署民房倒塌无余，城内以东北街最重，四乡以东北两区最重，同时更遭大火，铺面烧毁已尽，全家埋没者数十户，惨死在千人以上，财产损失不下千余万。查凤仪上年霪雨为灾，秋收大歉。《申报》1925-5-1 ［滇省大理县地震惨状］沪讯云：三月十六日晚九点三十分许，地始震动，二震后继以极猛烈之第三震，历五六秒钟之久。房屋忽裂为二，墙壁俱倾，各教士均奔避门首广庭中，庭周有极坚固之石墙，堪为屏障。此外房屋大半用木造，多已坍塌。若辈在庭中检点人数，则少一十龄童，已压在屋内矣。时地犹连震不已，房屋皆塌成瓦砾巨堆，木石遍地。据萨尔伐神甫函称：当时天空啸声不止，房屋已尽倾圮，人民呼号求救，到处哭泣不止。未几大街中数处火起，烈焰上腾，天半尽赤。余辈立花园中，木材着火折裂声，墙壁倾圮声，历历可闻，恍如身在火山畔。上午一时，教会房屋近旁已着火，幸未几西北风起，将火焰吹回市镇中心，教会始得保全。天明消息四布，有全家尽亡者，有一家亡数者，大理全城完全毁去，所保存者仅城垣一段及城外房屋数所，商业菁华之区不留寸椽，死亡人口约计在五千左右。所奇者点苍山麓有数屋未遭破坏。地震路线显以沿大理山谷，西北至浪弯，西南至赵州，两处俱罹重灾。三月二十日作书时，地震犹未全止，余写此信亦时作辍。《盛京时报》1925-5-26 注：关于大理地震之概述，亦见于《国画时报》1925-4-26、《顺天时报》1926-1-6、《东方杂志》22卷，《我国的火山与地震》及《中国救荒史》2辑等报刊杂志中。 民国十四年三月十六日大理地大震，先是十五日午间即微震动，入夜又震，次日自旦至暮迭震四五十次，识者已知必有非常之变矣。甫交九句钟，而大震果徒作，一时屋宇倾毁，墙壁崩颓，尘土弥天，灯火皆灭，屋梁楹柱摧折断如枯莲，即幸而得免亦或口张目瞠，移时始能作语。震稍定，狼狈出门外或庭中园中市中，皆向旷地，不敢近屋壁。被压之人吁之邻舍而邻舍不得闻（震声大、人声小之故），或不能近（门路阻故）。其居楼上者或随楼板坠地、或因梯断折逃生无路，惟向屋壁缺处冒险出。大震后无几又震，旋震旋止，旋止旋震，屋壁有未倒尽者，每震辄颓圮。终夜惟闻砰訇之声，缘大震时其基已疏故耳。此时方救死不暇，而火警又起于城中，自是晚九句钟起至次早九句钟始灭，城内繁盛之区延烧殆尽（房屋铺面计毁三百余间），虽有军警四处营救，然火势猛甚，不可扑灭。旧有沟渠又因地震湮塞，仓卒无从得水，目击火势之熛炀，惟唤奈何而已。次早出视，庐舍邱墟，瓦砾遍地，街衢填塞，有时绕道始能往来，不知其为何街何巷。毁于火者，一片焦土，不能辨其为谁氏之屋址。极目四顾，愁惨荒凉，耳中惟闻哭声、叹息声，鼻中惟觉新土气、余烬

续表

地震时间公历（农历）	地点	地震记述与资料来源
1925-3-16（民国十四年二月二十二日）	大理	气。大小街巷，惟见伤残之人，断肢裂肤血痕，殷然不能转动。掘出之尸，横陈地上，以物覆蔽之，三四日后乃始掘尽。统计城乡内外压毙几四千人，伤者亦数千人，伤而获痊者十之八，残废者十之二。牲畜死亡则不可以数计。灾区愈近山则愈轻，愈近洱海则愈重（乡区自城东及沿洱海二十余里以内，受灾颇烈。有入地数尺之石基簸掷地面，居民或全家殒灭。各村间地裂凡二三十处，裂缝尺许或数尺，且有涌现沙水者）。县地雉堞摧毁无遗，城垣亦坍塌多处，城楼则东北倾倒无存，西南及五华楼亦残毁不堪。公署及城乡之庙宇、民居重者夷为平地，轻者墙壁坍塌，完好无损者千不获一。崇圣寺塔顶系范铜为葫芦形，外围铜环数道，俱贴黄金，重约万斤，亦震落。自是震动日仍数次，久之乃渐稀。中秋之夜又大簸荡，幸为时甚短未成灾。今虽阅数年，然每岁犹有三四次或一二次之微震也。大理地震向来有之，惟数年偶一动且甚轻，人或不觉，即数数震动，其势且较重者，也不易成灾。最剧烈者，往昔则有明正德乙亥五月六日之震，是次城廓庐舍尽圮，崇圣寺塔折裂如破竹、旬日复合（见邑人李元阳崇圣寺重器可宝者记），情况似较民国乙丑之震犹且过也。其原因不能臆度。乙丑大震后多日地摇时，其内恒隆隆作声，有时动虽轻而作声甚巨。《云南省各县赈灾资料》。 民国十四年三月十三日午后二时，大理震约秒余钟。十四日午前七时及八时再震，至九时始大震最烈，是日不下七八十次。大理全县震动，城区最烈，沿海较重，沿山脚较轻，方向由东西而西北。大震时人不能站立，瓦砾飞腾，城堞圮毁，灰尘蔽天，不见光亮约十余分钟。城内铺房十分之三倒塌，死三千四百余人。震动十余次（微震不计），至十四年八月底止。震前闻地壳中有如雷之声。《云南省政府建设厅档案》全宗77 注：文中十三日、十四日，当系十五、十六日之误。 民国十四年，云南大理县地震，北门城楼、西门城楼均被震坍塌。《第二历史档案馆档案》34卷 凤仪县红岩彩云书院现为小学校，自民国十四年地震成灾，歪斜倾圮，破烂不堪，学校几为倒闭。《云南省政府民政厅档案》全宗11 [大理震状]大理自唐洵清恒多烈震，至微弱之震，则每年夏秋恒发生一二次。民国十四年三月十五日午后三时，城内微震，至八九时续震数次，势颇烈，人民多逃往空地避难。十六日午前四时复弱震，六时又震一次，势较强，墙壁间有崩裂者。嗣后震十余次，然均历两三秒即停止。下午四时后震动加重，至九时三次。九时三十分，城乡各地同时烈震，历十秒。继复忽震忽止，此一夜间约数十次。震时如万鼓齐鸣，自北而南，未几墙崩屋覆，泥瓦乱飞，灰尘迷空，星斗莫辨，满城皆然。同时火起于仓坪街下张定邦宅，厥后四牌方口牛肉馆、仁厚里周范二公馆、长寿里张太史旧第亦起火，尚未蔓延。及北街纸张铺火起，则浮烟连云，烈焰烛天。最奇者地愈震而火愈烈，地之表面发生一种极易燃烧之碳氢化合物助之，强震时如火上浇油，微震时如洒松香末于火炬上，最难扑灭。直至翌日十二时始熄。共延烧三百余家，五华楼亦被烧倒，自四牌坊直至五华楼一带，俱成瓦砾场。其外如县署、学校、监狱全行毁坏。四城女墙城楼、各衙署、公所、庙宇以及居民房舍，未被火灾者亦无不墙倾壁摧，其完好者百无一二。而地震仍时发时息，自十六日至四月二日约震百余次，三日午后五时至七时又复强震三次，十二日午后一时一次，十四日午后二时一次，二十九日午后二时一次，五月一日午前五时一次，八日午后六时一次，九日午后一时一次，十一日午后一时三次，十二日午前一时一次，十四日午后二时一次，二十四日午后十时一次，二十五日午前三时一次，二十六日午后十时一次，二十九日午前十一时一次，六月十一日午前九时一次，二十七日午前二时一次，七月二十日午后四时一次，二十二日午前二时一次，八月五日午前一时二次、八时一次，十一日午后二时一次，二十一日午前

续表

地震时间公历（农历）	地点	地震记述与资料来源
1925-3-16（民国十四年二月二十二日）	大理	十时一次，九月十八日午后二时一次，三十日午前八时一次，十月二日午前七时二次、午后三时二次、八时三次，三日午前二时三次、午后三时三次，十三日午后五时一次，至十一月间，余震仍不时发生。中间以三月十六日午后九时三十分之震度为最烈，是日午前六时及四月三日午后四时、十月二日午后八时之震度为最强，其余各次为微弱。其发动方向多自北而南，或自西北而东南，或由南而北，再由北而南。至震前之远兆，仅十三年县城西山龙泉峰北干山崩下直长形一块，约三十丈之谱。迨立春后黄雾四塞，久旱不雨，日光惨淡，月色昏黄，晚不生寒，朝不见露。将震之近兆，则每震之先，地内声响似地气鼓荡，如鼎内沸水膨胀。然当震势强烈时，地面往来撞动，凡未倒屋柱左右扭转，甚至器物可自地面掀高尺余。人民惶恐万分，多失感觉，如痴如袭，震势甚烈，故有此现象。各处烧死及压毙，震后已经寻获抬埋者，计九百余人，大理全城约三万人，计合三十分之一。损坏最重之地，则在城内东北方。此县城震灾之概略也。至城外，如城西点苍山低陷数尺，山顶中和峰震有裂缝。城西北三里之崇圣寺塔中塔铜顶震落，城西南一里之宏圣寺塔亦震损，城东六里滨洱海之浩然阁荡然无存。城北上关距城三十里，关旁民居多已震倒。下关距城二十六里，关旁跨洱海泄水河之黑龙桥已断成两截，关墙及天王庙、富滇分银行铁栅均经震坏，各商店亦有倾覆者，附近各村建之房屋墙壁全倒，旧者则摧毁净尽，如系草房全行烧毁，死者甚众。至各乡村落，几乎屋舍全倾，而东北沿海之生久、小邑庄、才村、瓦村、龙凤村、马久邑、白塔邑、下鸡邑、五官庄、磻溪、龙龛，砖窑等村，多为邱墟，震灾最重。惟在山麓一带之中和村、江渡村、庆洞庄、凤鸣邑、上北两阳溪、沸堂村、上下银村、磻曲、上末、打鱼村为轻减。然各乡二十余铺，一百五十余街村均被震成灾。兹将城乡被震街村列下，至地面因震裂开约有十数处亦附载焉。县城区被震街村：华丰街、大丰街、仁厚街、同文街、乐丰街、米市街、奎阁街、奎阁下街、兵道街、月牙塘、施家菜园、娘娘庙、南朝阳巷、长春街、打铜街、郑公祠街、打铁街、普贤寺、棕树园、城东园、龙井街、颍川巷、李家院、大安街、长寿里、府门口南东西排、府门口下南北排、二甲振武街、万安街、庆苦街、金箔街、小马沟、松鹤街、福康里、南门月城内双鹤街、涂家巷、龙泉巷、苍坪街、察院街、吉祥里、上城脚、城隍庙街、兴文里、 昭文街、鼓楼街、华丰街、六牌坊、上街市、上响水关、辕门口、上菜园、西门街、惠康里、武安街、四牌坊北下两街、四牌坊下南北两排、四牌坊南东西两排、塘子口北东西两排、塘子口、上万寿街、石佛寺街、响水关、菜市街、卫市街、城外北甲、南甲，大纸房村、石门村、上下水碓、熟皮巷、中和村、北门大街、凤翔村、文华街、洪家村、新桥村、甘家村、车邑村、果子园、月溪乡、玉溪乡、大院子。上乡区被震街村：市坪下市户街、染衣巷、彩云街、市坪上大界、南中下两坡头、小沟尾、城东村、中和邑、金圭寺、寺下村、河涘城、河涘江、江上村、赤土江、旧城南村、新城南村、江渡村、珂里庄、庆洞庄、凤鸣邑、小沙坪、小新村。中乡区被震街村：作邑村、向阳溪、古生南村、古生北村、林邑村、石岭村、南甸、北甸、上甸、中磻溪、南磻溪、北磻溪、南磻、土登城、外庄、新溪邑、上阳溪、北阳溪、向崇村、湾桥、上登、下登、钊邑村、内官村、佛堂村、双鸳村、阳乡村、鹤阳村、上银村、下银村、磻曲村、西城村、龙凤村、才村、北登、瓦村、凤仪庄、南登、北登、上阳波、下阳波、上波磻邑、下波溯邑、五官庄、保和村、古南北村、西城尾、大邑村、北江心庄、木易村、上鸡邑、下鸡邑、沙栗木庄、南江心庄、白塔邑、凤阳邑、上中西南北五登、德和村、际登、江北五里桥、小岑村、禄桃村。下乡区被震街村：上生久、北生久、南生久、上龙龛、中龙龛、上登、下登、南五里桥、上阳和、下阳和、三家村、上兑、下兑、星庄、阳和庄、鹿角庄、唐家庄、光庄、龙竹村、南经庄、北经庄、神通庄、大温庄、打铁村、观音塘、葭蓬村、下末大庄、罗

续表

地震时间公历（农历）	地点	地震记述与资料来源
1925-3-16（民国十四年二月二十二日）	大理	久邑、北登星庄、丰呈庄、上下登、大锦盘、重久村、太一登、太二登、太三登、大四登、阳平村、阳南村、南登、北登、荷花村、刘官厂、砖窑村、大关邑、大长屯、大三军城、洱滨村、清平村、苏武街、小关邑、水碓、甲营、中甲、刘家营、打鱼村，推登村。地面开裂之处：南磻溪、上下两登村中及四面均有鸡足裂，涌黑水及黑灰细沙；石岭村东洱海滨地裂七八处，宽约二三寸，长约丈余，震时涌黑水，现仅留灰黑细砂数堆；甸中村西南田中震裂，前有红水流出，现尚留红细砂一堆；五官庄东北秧田中震裂十二处，长一二尺、三四尺不等，前流黑水，今存灰黑细砂数堆；古土主村东南角震裂数处，宽一二寸，长四五尺不等；下鸡邑村东地裂七八处，本主庙前亦裂三四处，宽四五寸，长七八丈，深不知若干尺，三月十七日涌黑水并灰黑细砂；白塔邑村东照壁前地裂四五处，宽二三寸，长七八丈，村内亦震裂四五处，宽一二寸，长二三丈，其深不知若干尺，十七日涌黑水并灰黑细砂，现水干砂存；果子园村东北十七日地裂，宽三四寸，长七八尺，涌黑水，现水干，仅留白细砂一层；沙村西北地裂数处，长短不一，深宽亦无几；小沟尾村北园地内震裂数处，曾流黑水，今仅存黑砂数小堆；城北村南田内亦有多数之鸡足裂；庆洞庄观音寺寺外南五十步园内地裂，长三丈余，宽六七寸。〔凤仪〕凤仪每年在冬季常弱震一次或二次，至多不过三次，震后必有大雨，农家以为征验。民国十四年三月十五日午前十一时起，接连微震，午后七时、九时各震一次。十六日午前二时、七时各震一次，九时十三次，十时三次，十一时、十二时各二次。十七日一时二次，二时、七时各一次。至四月二十九日，每日夜三四次或五六次不等。自是日以后至六月十四日，日夜数次或十余次不等。由六月十四日至八月二十日，每日夜犹二三次、四五次不等。如天气晴明，震势轻微，一遇大雨则震动之次数多而且强。其发动之方向，有时自北而南，有时自西而东。震源则系在大理。惟三月十五日（当系十六日之误））九时震势陡烈，天崩地坼，瓦飞柱折，约历三十余分钟。震势稍息，未几又烈震七次。所有县署、监狱、瓦房全行倒塌，铺面仅存正西街两路，然内部均有伤损。城垣倒平在四分之三以上，十字街火起，延烧各处，绣衣街一带完全烧毁。全城共九百余户，其中男女压毙共七十七人，受伤者百余人。其灾情东北最重，西南较轻。至三月二十四日又烈震，房屋柱脚巅起尺余之高，嗣后不时微震。五月二十六日夜间二时许忽又强震，全城鼎沸，又复大雨倾盆，计是夜连震六次，声势之猛为近四十日来所未有，幸旋动旋止，时间短促。人民已属惊弓之鸟，咸知趋避，仅受惊吓，未遭伤毙。此县城地震之情形也。至四乡房屋倒塌不计其数，压毙人民千余，受伤者亦在四五百之间。中以东北两区为最重，西南两区较轻。而城东红岩，房屋震倒十分之八，打伤者约四十余人，所剩者亦东倒西歪，不堪栖息，人民皆移住郊野。四月二日午后十一时微震，起时宛如风响或火车将临，群犬惊吠，房屋摇动势将欲倒，约历一小时始止。震后人民发生闭口风症，患者身黑一半，手足收缩，一两点钟即死。又东区如华营、清乐、长发三村，屋宇几全倒平，存者不及十一，甚至于柱脚朝天，墙根砖石翻出数丈。华营一村约六十余户，房屋全毁，就中二十余户之人民全行压毙，该村共压毙一百五十二人。清乐一村压毙一百一十余人。长发一村压毙九十九人。余如溯曲、麻地、汉邑，许长、庄科、河西、永乐、云浪、母猪箐等九村受灾亦重，压毙共一百五十八人。北区灾情与东区相若，该区如斑庄一村，房屋鳞接，一经震动，相率倒平，压毙至二百一十七人，独较各村为多。上苍甸一村仅二十余户，压毙十五人。高苍一村亦二十余户，压毙十余人。下苍甸、千户营两村最小，压毙二十六人。小西湖一村不过数户，压毙五人，加以震后洱海之水暴涨，该村豆麦全行淹没。城南区乐和村、倒影碑两处，平地涌出洪水二股，冲坏田庐，居民迁徙殆尽。沿洱海各地水淹砂埋，受祸甚惨。其余各村，如上锡场及富乐等村，灾情亦重，普照村之居民有全家埋没者。合计该区共

续表

地震时间公历（农历）	地点	地震记述与资料来源
1925-3-16（民国十四年二月二十二日）	大理	压毙九十五人。西区虽较东、北、南区为轻，然全区房塌时，亦共压毙三十五人。各区地面，如路堤及田中多有裂缝，宽三四寸、七八寸至尺余，长四五尺、七八尺至数丈不等。缝中恒有黑水细沙涌出，一二日即止。而东区龙王庙上山，距城二十余里，业已崩倒高达三百余尺，长达百余尺。迨至十五年十一月二十五日，县境复微震，午后八时烈震，房塌墙崩，人民伤毙者又甚多。兹将十四年城乡受震最重之地列下。城中区：东街上中下甲、西街、北街、南山曲、北山曲。东区：科村、永乐村、清乐村、长发村、河西营、溯曲村、云浪村、母猪箐、麻地村、许长村、华营、汉邑村。北区：班庄、千户营、石壁头、飞来寺、四家、高仓、小湖西、新村、红山、黄瓜营、下苍甸、上苍甸、下洱阳、上洱阳、下庄、满红邑。南区：东山、富乐村、慈航村、米总村、敬天厂、本长村、乐和村、乐和冲、阜城村、富城村、上马台、乐和箐、上锦场、下锦场。西区：南汤天、北汤天、吉祥村、新铺、上迎凤、下迎凤、上迎凤箐、丰乐村、大营、芝华村、金产箐、秧田箐、大红西村、芝兰村、白塔中村、白塔迤村、白塔新村、凤仪村、隆兴村、大麦地、小梅地、白桥、狮岗村、小北营、小江西、小赤佛、大赤佛、小哨、中哨、大哨、后山、定西岭、大草地、新桥、羊凹子、大哨后、白马庙、凹马五、石老人、北营箐、五者博、阿白腊、小哨箐、万宝林、己子凹。红岩区：红岩街、鸡鸣村、瓦窑庄、潘家河、大堡地、古城、小二湾、王五村、王宫营、化城、木瓜园、白沙地、王新村、小王寺、麻荄窝、郭家地、团山、马军厂、小瓦窑、禹门村、羊鸣厂、吉祥庄、苏家庄、柳树村、马厂阱、果园、富长村、道人寺、北邑村、班局村、关水口、烂泥箐、竹园村、送圣桥、单桥河、上双桥、下庄子、韩家庄、白坟、小山头、上庄子、袁户庄、上东复村、下东复村、汪洱厂、巴冲、朝阳村、东厂、下双桥、后所营、中双桥、沙沟、赤水江、小董家营、大东村、安乐村、小荒田、森家庄、石虾、加买铺、红土仓、郑家营、小板桥、曾家营、小地营、大罗家营、白马庙、石佛村、青土坡、佛堂村、西大理卫、格者、清水沟、龙须寺、麦地口、郭家营、上北山、清水沟、上大营、中大营、下大营、核头哨、前琐营、新邑村、观音村、张总旗营、新街、周新营、彭家庄、茨邑村、蔡家小河、杨甫村、陈洱村、犁头村、咸泥庄、后所营、西双庄、龚家营、西丁家营、大徐家营、李家营、江官厂、张家小村、小梨园、桐树庄、枧槽口、杨家营、小寥家营、大官庄、陶家营。八村区：下关街、地石曲、登龙村、波罗甸、文献村、山西、七五村、沙锅村、旧铺、西窑、金星村、象阳村，深长村、东窑。《云南地震考》（近年裂震状况） 　　[大理县灾况] 大理自三月十五日午后三时地震起至十月间，犹时有震动，其中最烈者三月十五日（当系十六日之误）午后九时。是时烈震，勃约历十秒钟，四墙崩栋折，屋瓦皆飞，灰尘迷空，星斗莫辨，满城皆然。……城外各乡如下关及德和村、上下羊波院、北甸头、铺上、下阳和、大和村、清平村、砖窑等处震灾极重，几于屋舍全倾。而江上村、白塔邑、马久邑、下鸡邑、龙王庙、滨洱村等处地，洱滨海较下关等处尤重，惟点苍山麓一带，如双鸾、钊邑等村稍轻。兹将该属烧塌房屋、伤毙人口牲畜情形列后：①城乡火烧铺房三百零二间，住房一百二十八间，灾户三百三十四户，灾民一千五百零七丁口，共烧毙男女十九丁口；②城乡震倒房屋共七万五千九百六十三间，墙九万六千六百二十九堵；③城内各机关压毙员役共二十七人，内有推事、书记官长各一人，学生二人，兵十一人；④城乡二十六铺共一百六十五街村，计压毙男一千六百五十七丁、女一千九百七十九口，共三千六百三十六丁口；⑤受重伤者，城乡二十七铺共一百零四街村，男三百八十八丁、女三百三十八口，一共七百二十六丁口；⑥死绝户数，计城乡七铺十八街村，共绝四十七户，压毙男女一百六十一丁口；⑦城乡压毙牲畜一万零一百一十三头。

续表

地震时间公历（农历）	地点	地震记述与资料来源
1925-3-16（民国十四年二月二十二日）		［凤仪县灾况］凤仪自三月十五日午前十一时地震起，至八月间震犹未止，其中以三月十六日之震为最烈。震时声如迅雷，天崩地拆，屋覆堵塌，历三十余秒钟始稍息。城中十字街火起，延烧各处，四周城墙倒平者约合全城四分之三以上，灾情最重者为城中及城北两区。城北如班庄一村，房屋存者仅数院，余悉倒平，压毙至二百一十七命之多；上苍甸、高苍、下苍、小西湖等均系小村落，共压毙五十余人，其灾情之重，已可想而见。而东区华营、清乐、长发三村，屋宇几全倒平，存者不及十分之一。兹将该属倒塌房屋，伤毙人口之情形列后：①寺庙、公所、民房各处均倒塌不堪，器具、牲畜压毁损失约合八百万余元；②城乡压毙男女共一千二百一十五丁口；③城乡压伤男女共五百五十二丁口；④红岩等处震后发生闭口风……；⑤被灾之人民，合城乡计之共六千五百三十二户。《云南大理凤仪等属震灾报告》
	大理	云南大理地震。①震动区域：全县震动就中以第一区（城区）为最烈，第三四两区以沿海各村为较重，第二区及第三四两区沿山脚一带较轻。②震前预兆：民国十四年三月十三日午后二时忽地震，约秒余钟，至九时复震。十四日午前七时及午后八时再震，至九时始大震，震前闻地壳中有拼撞如雷之声，恰如大石从空中坠落，识者皆虑其地层陷落；此次以后，每三分钟或五分或十余分一震，其震虽轻，统计是日不下七八十次，且日光照地略见赤色，而热度较烈，迨至午后九时，遂有此最烈之震动。③震动起止时间：自三月十三日上午七时起至十八日下午三时十五分止。④最烈时间：十四年三月十四日下午九时为地震最烈时间。⑤震动次数：三月十三日午后二时一次，下午九时一次，十四日午前七时一次，午后八时一次至九时始大震；以后十二时震一次，十五日上午十一时震一次，午后四时三十分震一次，十六日上午五时五分震一次，午后一时四十五分震一次，十七日正午十二时震一次，午后七时十五分震一次，十八日上午五时三十分震一次，午后三时十五分震一次，先后共震十余次。其震动甚微时间最短之次数尚未计算在内。⑥震动方向：三月十四日午后九时大震时，其原动力以大理城为中心，由东南而西北。其余各次震动方向均同上。⑦最后余震：延至十四年八月底止。⑧震动速度：大震时人不能站立，瓦砾飞腾，城堞圮毁，灰尘蔽天，不见光亮者约十余分钟；睡者惊醒，未睡者到处惊走；人皆恐慌，案上器物多坠地；住房均坍塌，人畜多死伤，三塔塔顶即因此震而坠。第一区及沿海各村房多倾倒，被墙垣压毙者到处皆有。城内铺房毁去十分之三，死者三千四百余人。沿海地裂长约二三丈余不等，深不知几何，冲出黄沙黑水者一二月。《云南省政府建设厅档案》全宗77 注：主震记日系误。
	弥渡	本月十六日午前六时职县发生地震数次，间时一震，动荡均甚轻微，人屋无甚损伤。午后十时又复大震，簸动非常剧烈，县城各街市铺面房屋纷纷倒塌，人民被房屋墙壁倒压伤毙者约共数百，时约数分钟始克平定。此夜知事正与警察区长……等会商公务，突然警觉，由花厅相率奔出。一霎时间则花厅上房大堂、二堂以及厢房漏角、法庭、监狱、收发处、庶务处、三科办事厅、法警室等均各崩颓，倒塌不堪入目。斯时震天驾响之声，耳为之闭，灰尘蔽天对面不见人。署中自知事以次员书等均幸无一损伤。震定以后，亲往各街市查看。全城之中铺房相连贯处，则已颓垣断壁，瓦梁崩落，歪斜欲倾。无倚房舍及素稍腐朽之屋宇尽成荒丘，不成景象。人民移街心空地住宿，以防复震。县属尚无城廓，爰集绅等议修筑碉城，而四角碉楼业已落成，东西两门工程亦已过半，其余大南门、小北门以及衙署之头门，均已次第竖柱。经此一震，不惟四角修好之碉楼损坏大半，而东西城亦复有破裂，其余警察、团队、学校、各公所、寺庙、各公仓均无一完好者。惟公仓破坏太甚，谷已流出，此仅就县城言之。此外，附近各保之姚旗营受灾尤重，全村房屋无一存者，人民压毙四十

续表

地震时间公历（农历）	地点	地震记述与资料来源
1925-3-16（民国十四年二月二十二日）	弥渡	余人，村口著名之永渡石桥亦已震倒。该村附近地面震裂数丈，宽亦数尺。县属被灾村落除姚旗营外，尚不可以指屈……。谨呈，云南省长唐，弥渡县知事王家修，民国十四年三月二十二日《云南大理等属震灾报告》 ［弥渡震状］弥渡在明清两代时有烈震。民国十四年三月十三日午前八时地震，嗣后随时发动不计其数。至十六日午前六时地震数次，均自西北而东南，震源亦出于大理。过此间时一震，甚轻微。迨至午后十时，城乡同时大震，簸动非常剧烈，摧毁房屋，约经数分钟始稍平定，微震至十七日午前八时仍未停止。震时多发闷雷声，未震一月以前，每逢拂晓，平原内发现似雾非雾之气，约高五六尺。又每于将震之前，随时流出硝磺臭气，空中则发见火光自北而南。三十日午后六时、四月十六日午前一时，共震五次，虽未成灾，震动颇烈。惟四月十六日午前大震与三月十六日午后十时之震相同，亦摧坏房屋。震后检查城内外铺户房屋共二千四百余间，全毁者计六百余间，约合全数十分之三；半毁者一千四百余间，约合全数十分之六；幸得保全者不过十分之一。城内居民压毙男女共四十三人，负伤之男女共三十人，统计死伤九十三人。十七、十八、十九等日仍震动不休。五月间余震仍未息，或一日一次，或每日子午时各震一次，或一日三次，或三数日一次。若论四乡震况，则城中乡损坏最重，城南一乡、二乡、三乡及城东乡损坏最轻。城中乡如治城内外、姚旗营、皂角营、卜贤村、永丰村、天渡桥、舒家营、李官营、王彦厂、陈家营、熊家营、乐家营及滨毗雄江两岸村落损坏为最重，东西山脚各村落次之。而姚旗营在城西南三里，阖村共五十余户，房屋震毁十分之九，其所存十分之一亦倾侧不能居住，人民死亡四十余，村外著名之永渡石桥，业已震毁，其灾情甚重。震后地面改变之情形：县城西门外半里许之城隍庙中殿内涌出红沙，约历半日始涸，大殿檐坎至中殿院心地裂，宽五六寸，长七八十尺；城西南一里许之皂角营井内满涌黑沙；二里许之姚旗营西侧，顺大路及沿河岸地裂，宽二尺余，长五里余；城南十五里之王车营涌出红水一股，城北十余里之仙女庄涌出清水一股，此两股水至十一月间尚涌而未止，仙女庄涌出之水，附近田畴颇资灌溉。城西二十余里之北沟阱，山崩约数百尺；又毗雄江原流入赤水江，前落雨始有水，现水量甚大，其流域各田中亦多有裂缝出水。事后查明各乡人口共死一百人，伤八十二人。十五年十一月二十一日午后七时复震动一次，约历一分钟即止，十一时又震一次，二十二日正午十二时又震一次，均不甚重。兹将十四年受震各街村列下。县城：大北门、卖糖处、后街、小街、前街、横街、大南街。各乡：城隍庙、姚旗营、皂角营、卜贤村、永丰村、天渡桥、舒家营、李官营、王彦厂、陈家营、熊家营、乐家营、仙谷营、王车营、仙女庄。以上各街村震灾最重。县城：崇文街、东街、关街、后街、西街、卖鸡处。毗雄江东各村：刘家嘴子、加买铺马官庄、高家庄、小东村、王家庄、海坝庄、丁家营、史近厂、五磨盘、东马房、牛宗邑、宋家营、小庄子、石排村、里下营、汪家营、祈家营、张官营、新街、倚河尾、熊家营、小罗旦、海湾、兴隆村、王安厂、大陈家营、张千营、小麦庄、杨家营、度营、化营、太平山、安景村、葵园、上海子、下海子、阿古里、罗平村、长坡岭、总府庄、大三村、太知山、花园、羊纮巷、六家营、柱官营、苏家营、菸园村、上瓦仓、中瓦仓、下瓦仓、石嘴、大窝铺、马房、下五邑、小邑村、巧邑。毗雄江西各村：章甘厂、官厂、杨家营、大董家营、小习家营、大竹园、小竹园、大荒地、新白村、马军厂、沙沟庄、廖家营、沙河、蒙化厂、上高仓、官家营、白家营、老龙厂、高仓、上坝厂、小官厂、李家小村、刘家庄、洱海厂、五旗厂、马尼村、大庄子、大沙地、下曹旗营、下坝庄、侯家营、鲁家庄、张总旗营、小罗家营、刘安厂、黄旗厂、史官厂、周里士营、柳邑四村、马官厂、蔡总旗营、龙门邑、中邑村、孙家营、长茂邑、李保什营、双树、林家窑、上时旗营、下时旗营、倪家营、果子营、王家沙地、邹家营、杨家小营、谢家营、吴家营、

续表

地震时间公历（农历）	地点	地震记述与资料来源
1925-3-16（民国十四年二月二十二日）	弥渡	萧家营、谷旗营、殷家营、高茂营、周伏营、高旗营、新近村、高营、刘家营、大庄街、朱家小营、大庄营、小河口、三甲营、毓秀村、大村、鹿坞、大纪罗、小纪罗、阿克营、后海子、沟汫、要会邑、道甚寺、山田、弓官营、头一村、五邑村、新地村、新野村、寅街、大地。以上各街村均罹震灾。《云南地震考》（近年烈震状况） ［弥渡县灾况］弥渡自三月十六日午前六时地震起，至五月间犹不时震动。其中惟三月十六日午后九时之震动非常剧烈，约经数分钟始稍平定。县治之土城已全震坏，公私房屋多倾倒。而乡各保之震灾亦重。兹将该属倒塌房屋、伤毙人口之情形列后：①城乡震倒房屋共一万零二百七十六间；②城乡共压毙男女一百四十三丁口；③城乡共压伤男女一百三十二丁口；④城乡被灾者，共计三千四百六十户，二万一千五百二十四人。《云南大理凤仪等属震灾纪略》
	祥云	［祥云震状］祥云当明清两代，间有烈震。民国十四年三月十六日午后九时，地面烈震约历十余秒钟，系自西而东。至四月末，每日夜约震一二次不等，均历一二秒钟。及至五、六、七、八月间，或越三四日，或越五六日，即行震动，但均轻微。当三月十六日烈震时，宛如地中滚石，轰然簸荡，城内外旧破房屋均倒。截至四月十八日以前，共倒一千七百二十八间。其新建坚固者，墙壁亦皆开裂。计已裂之墙有一百二十四堵。迨至八月杪，继续震倒四百余间。人民死伤共四十人，被灾难民共九百零六户、一千八百六十六人。西南乡接近凤仪、弥渡一带村落，稍旧房屋亦崩坏无存，压毙者约四五十人，受伤之数尚未查明。兹将受震最重各村列下：青海营、石磬村、东邑村、青龙村、大乘村。《云南地震考》（近年烈震状况） ［祥云县灾况］祥云自三月十六日午后九时地震起，至八月杪余震方止。兹将该属倒塌房屋，伤毙人口牲畜之情形列后：①城乡倒塌房屋共二千一百二十八间、墙一百二十四堵；②城乡压毙男女共二十一丁口，受伤男女共十九丁口；③城乡灾民共九百零六户，男女共一千八百六十六丁口；④城乡压毙牲畜共二百八十七头。《云南大理凤仪等属震灾纪略》 民国十四年祥云三区地震，震倒人民房屋及击毙人畜极多。祥云县知事杨国珍呈请省政府，发给赈款四千元，留省同乡会请领在案。《云南省各县赈灾资料》
	宾川	［宾川震状］宾川当明代恒多烈震，清代则烈震甚少。民国十四年三月十六日午后九时大震，系自西而东，其源发于大理县，城垛震倒数丈，四城楼均崩塌，城内外衙署，房屋震倒十分之二。至四乡震灾，以近洱海之青山、八城曲、挖色街、名庄、向阳街、塔村、南村、下和村、普和、洞壁等处为重。名庄、南村、玉龙村等处并发生火灾。而乌龙镇、白土坡、龙口营、和尚庄、甸头村、玉龙村、南七场、茹头村、白石村、康廊村、牛井街、石榴村、上河村等处之房屋，亦多梁栋崩折，压死及击伤居民甚伙。每村压毙之多者亦有数人至十数人不等。如青山压毙男女四十三丁口，八城曲压毙男女九十丁口，挖色街压毙男女四十丁口，名庄压毙男女五十丁口，向阳街压毙七十六丁口，塔村压毙男女三十四丁口，南村压毙男女四十五丁口，下和村压毙男女四十八丁口，普和压毙一百二十八丁口，洞壁压毙男女三十六丁口，均为压毙人口较多之处。至地震烈处，往往智井泥沙翻腾于田、石洞出水尽皆混浊。而城西一百六十里之石头村，城西南七十里之乌龙坝，岩石崩落，打毁房屋，阻塞道路。兹将四乡烈震各地列下。中区：乌龙坝、白土坡、河沙坝、龙口营、杨官营、石马坪、李英村、沙嘴哨、和尚庄。南区：甸头村、小瓦溪、下杨柳村、普和村、洞壁村、凤山村、玉龙村、武曲村、文曲村、江上村、波许村、向阳村、佛头村、塔村、文笔甲、南七场、北村、南村、下和村、石头村、大竹

续表

地震时间公历（农历）	地点	地震记述与资料来源
1925-3-16（民国十四年二月二十二日）	宾川	园、水井、等庄、上登、下登。西区：和头村、和中村、挖色街、白石曲、官邑村、小城曲、康廊村、青山村、牛井街、河绕村、定光村、石榴村、江干村、上河村。《云南地震考》（近年烈震状况） ［宾川县灾况］宾川自三月十六日午后九时地震起，至四月间尚有余震，中以三月十六日午后九时之震为最烈，城垛、城楼及官厅、民房多已倒塌，惟人民尚未压毙。至四乡，以海东玉龙村、海南南村等处为最重，并发生火灾。兹将该属倒塌房屋及毙伤人口之情形列后：①城乡房墙全倒者共二千四百六十五户，半倒及歪斜者共一千三百三十四户，内被火焚烧者六十户；②四乡各村压毙男女八百三十一丁口，击伤男女共二千二百九十一丁口，负伤成疾者男女共四百零四丁口；③被灾极贫之男女共一千三百七十四丁口，次贫者共五千余丁口。《云南省大理凤仪等属震灾纪略》 海东：前于民国十四年夏历二月二十二日早上八时地震，到半夜时再震尤猛。平地分裂，房屋倾地，并时尘雾遮天，火光满地。到次日，李文浓不顾身家前往调查。计海东男妇大小压毙者二百三十余人，茅屋、瓦屋摇倒者四百余方，其余受伤者不计其数。当即调查清白，详报县府，转详上峰分发巨款救济。民国《宾川耆老采访篇》 注：海东包括三间、名庄、江上、和曲、水井等二十二村。 民国十三年（当系十四年之误）春，大理、宾川、凤仪等县地震，屋圮伤毙人畜，灾情惨重。宾川濒海一带，地形较软，震动尤烈。普和、洞壁二村，男妇老幼压毙者至二百余人。民国《宾川县志稿》卷1 城池：光绪十八年大加修缮，卒复旧观。民国十三年（当系十四年之误）地震，东南二隅各倒数十丈。民国《宾川县志稿》卷1 民国十四年二月二十二日午后九时宾川地大震。地中有声如雷，房屋倒塌，人畜压毙甚多，灾情之重，为从古所未有。就中以海东、海南及普和，洞壁、大红稍等处损失最大。兹列如下：南区甸头死4人，小瓦溪死1人，下杨柳死3人，普和死128人，洞壁死32人，凤山死1人，玉龙死19人，武曲死6人，名庄死50人，文曲死11人，江上死21人，波许场死9人，向阳死76人，佛头甲死5人，塔村死34人，文笔甲死14人，南七场死13人，北村死22人，南村死45人，下河死48人，上河死5人，石头村死4人，大竹园死2人，水井死13人，尊庄死2人，上下登死5人；西区和头死2人，和中死2人，挖色街死41人，白石曲死13人，官邑死22人，八城曲死30人，康廊死18人，青山死42人；中区乌龙坝死4人，河沙坝死2人，白土坡死2人，龙口营死5人，杨官营死3人，石马坪死3人，李英村死2人，沙沟哨死2人，和尚庄死2人；北区牛井街死14人，河绕死6人，定光死3人，石榴村死1人，江干村死3人。以上各村共压毙男三百六十四丁、女三百七十六口，此外因房屋倾倒被压成伤者共二百八十余人。又房屋全行倾倒者共一千一百三十余户，半倒及歪斜者一千三百三十四户。《云南省各县赈灾资料》 民国十四年宾川各处遽遭地震。共计压毙人民八百三十一丁口，倒塌房屋二千四百六十五户，其负伤残废与极贫难民数达一千七百八十八丁口，次贫尤不在内，共呈准赈给银四千元。《云南省各县赈灾资料》
	洱源县邓川	［邓川震状］邓川历年均有震动，每年约一二次，然极轻微。民国十四年三月十六日午前六时，地震一次稍强，由东南转向西北。午后九时十五分，又震一次甚烈。嗣后如十八、十九等日均震，每日每夜震三四次、五六次不等。而南区滨洱海之江尾、海朝河、马厂一带，东区寅塘里一带，因上年被水成灾，房屋墙基受淹过甚，此次遇剧烈地震，遂倒塌七八十所，损伤牲畜器物无算。其余各区虽有震动，尚未成灾。兹将各乡被灾村落列下：西南近洱海之上海朝河、中海朝河、下海朝河、东马厂、中马厂、西马厂、赵家登、白马登、段家登、张家登、杜家登、杨家登、王家登、旧河口、大河尾、大排、小排、

续表

地震时间公历（农历）	地点	地震记述与资料来源
1925-3-16（民国十四年二月二十二日）	洱源县邓川	孝元村、戴家登、苏家登、东沙坪、上沙坪、下沙坪。东区近永北之大平子、黄坪街、上档、下档（均滨寅塘里河）、外档（滨下寅塘里河）。《云南地震考》（近年烈震状况） ［邓川县灾况］自三月十六日上午六时地震起，至十九日稍止，其中最烈者，为三月十六日午后九时三十分之震。县城及南区江尾里、东沙平、张家登，东区之寅塘里一带，房屋、人口均有损伤。而江尾里之村落，逼近洱海，因上年受水灾之影响，墙基均欠稳固，倒塌更多。兹将该属倒塌房屋、伤毙人口之情形列后：①各乡击伤男女共二十三丁口，压毙幼女一口；②城乡破坏之房屋共一百七十五间。《云南大理凤仪等属震灾纪略》 邓川县属震灾以前清光绪庚子年为重，民国十四年榆城震灾，邓地稍轻。《云南省各县赈灾资料》 本月十六日晚九时，邓川县亦与大理受同样之震动，西大街有数家完全陷没。洱海陡沸，声洪如吼。《时报》1925-3-26 注：1925-3-25，《顺天时报》与1925-3-26《新闻报》同载。
	巍山	［蒙化震状］蒙化自入民国后，未发生地震。惟十四年三月十五日午后十时，地微震动，自西南起走向东北，约历一分钟。十六日午前七时又弱震，约历三分钟；午后九时强震，屋宇摇播，约历十分钟之久，同时又继震两次，每次只数秒钟。十七日午前五时，又弱震一次，约历两分钟，均系自南而北。十八日至四月十五日，每日一次或二次微震。十六日午前一时弱震，约历二分钟，午后一时强震，约历三分钟。又自十七日起至三十日止，每日微震一二次不等。在未震之前，均系天阴欲雨之象，将震之际，平地有巨大风声呜呜怒吼。震后查勘，城内县署、文庙照壁、西城古楼各脊，皆震损。又西面城堞、民房墙壁亦间有坍塌者。其大街两旁较高房屋之墙壁亦间震裂。居民于初震时即逃避空旷之地，故未伤亡。震时声响甚钜。城外各乡：则巡检、大仓、三胜、甸中、添泽、南庄、盟石、盈字、东外等约，蒙新安远三乡、澜沧江五里、南涧五里均震；马来厂、白土坡两村，震倒旧屋墙壁数处，亦无伤毙人口情事。《云南地震考》（近年烈震状况） ［蒙化县灾况］蒙化三月十五日午后十时地震起，至四月三十日止，其中惟三月十六日九时之震动为烈，约历十分钟。县城城垛、民房及县署、文庙照壁多已震毁，人口尚未击伤。四乡惟北区马来厂等村，民间旧屋间有震倒之处。《云南大理凤仪等属震灾纪略》
	大理、洱源、宾川、祥云、弥渡、巍山	大理、凤仪、宾川、弥渡、祥云、邓川、蒙化七县同时地震。统计此震灾，以大理、凤仪两县为最重，宾川次之，弥渡次之，祥云最轻，邓川、蒙化未成灾。据滇西镇守使和各县知事之报告统计如下：大理受灾39731户，死3736人，伤726人，倒塌房屋75963间、墙96629堵，死牲畜10113头，死绝47户；凤仪受灾6421户，死1215人，伤552人，倒塌房屋18967间、墙19659堵，死牲畜2316头；宾川受灾1465户，死745人，伤286人，倒塌房屋9306间、墙7850堵，死牲畜1245头；弥渡受灾3460户，死129人，伤163人，倒塌房屋10276间，死牲畜2315头；祥云受灾906户，死21人，伤19人，倒塌房屋475间、墙678堵，死牲畜890头；邓川受灾48户，死1人，伤23人，倒塌房屋175间，死牲畜196头。本年大理等属震灾遍六属之广，震数在百次以上，震时绵延三十余日。死5847人，伤8303人，受灾数达53031户，损伤房屋、器具、田园、牲畜等项难计，而大理、凤仪两属同时发生火灾、水灾，全城菁华半化焦土，海滨田庐多变沙丘……。《云南通志续修长编稿》卷8 大理凤仪等七县震灾一览：〔大理〕全县均震成灾者计城乡26铺共165街村，压毙男1657人，女1979人，烧毙19人，击伤726人，震倒房屋75963间、墙96629堵，火烧房屋430间，震灾共39731户，压毙牲畜10113头。

续表

地震时间公历（农历）	地点	地震记述与资料来源
1925-3-16（民国十四年二月二十二日）	大理、洱源、宾川、祥云、弥渡、巍山	〔凤仪〕全县均震成灾者计219街村，压毙1215人，击伤552人，震灾共6523户。〔弥渡〕全县均震成灾者计175街村，压毙159人，击伤136人，房屋全毁1490间、半毁9132间，震灾共3460户，压毙牲畜500头。〔祥云〕被震地面甚广，其中受灾最重者为县城及青海营等5村。压毙20人，击伤19人，震倒房屋2128间，墙124堵、震灾共906户，压毙牲畜287头。〔宾川〕被震地面较广，其中成灾者计12耆共47街村，压毙男364人、女376人，击伤2291人，房屋全倒2465户，半倒1334户，火烧房屋60户，震灾共2465户。〔邓川〕被震地面为南区东区，其中成灾者计28街村，压毙1人，烧毙23人，破坏房屋175间。〔蒙化〕被震地面为9约及蒙新安远3乡、本城文笔约、澜沧江5里、南涧5里；城内县署、文庙照壁震毁，北区马来厂等村民房间有震倒之处。民国十四年大理凤仪等七县地震，计压毙男女5807人，烧毙男女42人，击伤男女3724人，击伤成疾之男女404人，毁坏房屋共88879间、又3799户，毁墙96753堵，火烧房屋430间、又60户，被震灾者49310户，灾民已查明者共8240人，其中未查明者为数尚少，兼被火灾者共3944户，灾民共23031人，压毙牲畜共10900头。《云南地震考》（近年烈震状况） 民国十四年三月十五、十六等日，云南迤西大理等县，先后发生地震。后一月内，编具《云南大理凤仪等属地震区域图说》，将地震区域绘制详图，并将地震概况分县记载，印制五百本分送海内外，俾可周知。兹再据所报之灾况，摘要分别于下（见上述各县之灾况——编者）。综上七县之灾情，计之房屋共倒……。每间重建之价平均以五十元计算，共合四十八万六千一百元；又破坏者修理费计四千四百元；又歪斜者修复计十八万九千九百五十元；又被烧者每户平均以一百元计合六千元；又震倒及歪斜之墙每堵平均以二十元计合十九万三千五百六十元，以上五栏总合银八十八万零一十元。灾户每户平均即赈济十元，共合十一万二千二百三十元；灾民每人平均赈济三元，共合九万三千八百一十三元，两共应合银二十万零六千零四十三元。压毙者抬埋费平均以十元计算，共合五万八千七百三十元；受伤者每丁口养伤费平均以五元计合一万八千五百八十五元；压伤成疾者每丁口平均治疗费以十元计合四千零四十元，三共合银八万一千三百五十五元。以上总共银一百一十六万七千四百零八元，此系急赈所需之数。至损伤之牲畜，损失之资本、器具、籽种，破坏之田地，估计不下五千万元，如赈给百分之五，约合二百五十万元。若就上列各项通盘计算，非筹有赈款三百六十余万元不敷支配。现计本省政府发给急赈之款及募捐急赈之款不足二十万元，尚需一百万元以供急赈。《云南大理凤仪等属震灾纪略》 〔追记大理地震成灾之惨状〕大理此次地震，剧烈异常，所波及之区域颇广，闻玉溪方面亦于十七日（？）晚间地震，但不甚剧烈，与省城大致相同。大理同乡会为此召集旅省各同乡开会，讨论救济方法，其结果如下：①确实调查死伤人数及损失财物若干；②请省长及各机关捐款救济；③由省城各商号募捐；④由省外募捐。现已分头进行矣。《时报》1925-4-14 〔滇西大震灾情形续志〕滇西大理等处大震灾已迭志前报。兹续据昆明消息：此次震灾，发动于洱海附近，其震波所及，虽距海千余里之各地亦及焉，受害最巨者为邻海之各县。大理被灾后继以大火……。凤仪被害亦不下大理……。邓川、洱源两处其详虽未得知，然据电讯所述，邓川沉陷二十余小村，洱源沉陷六十余小村。惟洱源城中略感震动，幸未成灾。又洱海源发邓川，因震后地形移变，城郊之乐和村遵君碑两处，各突出新水两股，水与地平，无从宣泄，致灾区人民又罹于水。……据大理韩教士来省所述灾况云：当巨灾初起时，为前月阳历十四五日，地已波动，人立地上如在波涛汹涌之船中。……至十六七日地果大震，地心狮吼雷鸣，于是房屋倒塌声，灾民惊呼声相随而至。予出屋暂避已不能安步，因此时地面震动甚烈，人立地上如行器械

续表

地震时间公历（农历）	地点	地震记述与资料来源
1925-3-16（民国十四年二月二十二日）	大理、洱源、宾川、祥云、弥渡、巍山	操之浪桥，纵无他项危险，亦必颠仆于地。俄顷狂风大起，继以大火，……镇守使署为前清提督衙门，建筑雄伟，甚属坚固，其大堂木柱，粗可合抱，亦被震波折为两截。迨火熄风平，地心尚时作微动。今城中已成一片焦土，往日之灿烂栉比，今已瓦砾广场……。预过下关则横锁苍江之黑龙桥已断为二。至凤仪触目景况亦不下于大理，房屋夷为平地，极目四望只余之残缺域垣，然多未有高至丈许者，因被震倒又存基址而已。弥渡警察事务所函旅省同乡会云：旧历二月二十二日午后十时，城乡内外同时地震。计县城铺户全毁者三百零二间，半毁者一千六百四十一间，幸得保全者不过三十分之一。城内居民压毙者男二十三丁、女二十口，负伤者男二十五丁、女二十五口。一时哭声震动，惨痛莫名。是后陆续震动不止，人民露宿风餐不敢入室。新建各碉楼已全数倒塌，县属团局等处俱各倒塌不堪。四乡灾情尚未得确信。近城村落如姚旗营一邑，合村房屋毁坏罄尽，居民死亡至四十余名之多。永渡桥亦因震倒塌圮。《时报》1925-4-21 注："据大理传教韩教士来省所述灾况云"，亦见于同年5月9日《新闻报》、5月24日《顺天时报》、4月20日《益世报》。"弥渡警察事务所函旅省同乡会云"亦见于《新闻报》1925-4-22报道。 ［云南天灾人祸］大理来函云：大理等处于阳历三月十五、十六、十七日，忽然发起从来未有之飓风，飞沙走石，日月无光，以前未经倒塌之房屋，又吹倒无数。宾川被灾尤甚。现在地仍时动时止。十七晚七时，复大震三次，颓垣败壁陆续倾陷。所有灾民依然露宿，大有朝不保夕之势。《时报》1925-5-14 ［云南大理震灾之惨状，大理震灾会之哀鸣，灾情不亚去年之日本东京］云南大理地震，灾情奇重，已载各报。兹据大理震灾会致云南震灾协会一函，兹将受灾情形及善后办法诸公陈之：夏历二月二十日大理城乡地震，至二十二日午后九时愈加剧烈，势若天崩地坼……。同时凤仪、弥渡、祥云、宾川、蒙化、永平、赵州并罹浩劫。灾情之重不亚于日本东京，有过于甘肃之固原。……自震变至今二月，余震仍时作时止，致难民惊魂不定，迄无宁息……。据上述情形，灾情之惨可以想见，海内外仁人君子，尚赐赈款可交宣场头条云南赈灾协济会或交本京金城银行代收亦妥。《顺天时报》1925-5-24 ［云南震灾振款汇出］国际通信社云：云南自地震以后，该地绅董及教会人士发起云南震灾救济会，曾托本埠全国基督教协进会代向全国教会广募捐款，截至昨日止，闻该会代收入大洋四千七百三十九元四角九分，已悉数汇去。《时报》1925-11-28 ［震灾之蠲恤］大理等属地大震。赈款数目开列于后：①提拨仓谷六十石；②提拨罚金一千六百元；③提拨学款一千二百元；④提拨实业款八百元；⑤赵运使钟奇发来三千五百三十二元五角；⑥李指挥秉阳发来一千三百一十一元六角；⑦旅缅侨胞捐来七百七十五元零四仙；⑧省府汇交下关分银行转发一千三百零四元四角二仙；⑨腾越商界捐送一千六百七十元零九仙；⑩顺宁捐送一百元；⑪省赈务处汇发一万六千七百八十九元九角九仙六厘；⑫旅京同乡捐送一千一百九十一元二角七仙八厘。《云南省各县赈灾资料》 民国十四年大理地震成灾，潞西全属曾捐过大洋赈济。《云南省各县赈灾资料》 ［华洋义赈救灾总会云南分会新修云南迤东汽车路碑记］滇省东出川黔，向为驰驿赴北京之大路。……先是甲子之岁，滇西惨遭震灾霜灾。旅京津滇人士王人文等闻耗吁请北京华洋义赈总会拨款救济，领国币二十九万五千元……。《云南省备县赈灾资料》 注：此载纪年有误。
	剑川	民国十四年三月十六日剑川地震，房稍毁伤。《中国地震目录》1960年
	永胜	民国十四年三月十六日永胜地震。一日三次，墙有开裂，瓦有掉落。《中国地震目录》1960年

续表

地震时间公历（农历）	地点	地震记述与资料来源
1925-3-16（民国十四年二月二十二日）	维西	大理震动时，县城一日数震，旋震旋止，房屋、石塔轧轧有声。民国《维西县志》卷1
	腾冲	民国十四年三月十六日腾冲地震。《云南省地质厅20地质队调查资料》
	临沧	民国十四年农历二月二十三日地震。民国《缅宁县征集通志资料》卷1 注：记日疑系二十二日之误。
	凤庆	民国十二年（？）大理钜震，波动虽剧，但未成灾。年来间有发生，震动甚微。民国《顺宁县志》卷2 凤庆近四十年来，两次地震最烈。第一次是1925年大理地震之波及，第二次是1941年耿马地震之影响。两次影响以前者更甚。《1941年5月16日耿马地震考察报告》1972年
	姚安	民国十四年三月十六日、二十四日均震，四月又震（震源在大理）。民国《姚安县志》卷5
	大姚	民国十四年三月十六日大姚地震。《中国地震目录》1960年 民国十四年三月十六日盐丰地震，房屋有倒塌。《中国地震目录》1960年
	新平	民国十四年（农历）二月二十二日戌刻地震。民国《新平县志》
	禄丰	禄丰地震，惟民国二年与十四年为重，房屋亦无损。《云南省各县赈灾资料》 民国十四年大理地震波及禄丰。震时人感摇晃，房屋剧烈摇响、尘土震落。旧朽房屋震歪，间有房屋山墙倒塌或屋架脱榫。《滇东地震调查资料》卷4
	武定	民国十四年大理地震波及武定，震时人感摇晃，房屋摇响。《滇东地震调查资料》卷4
	禄劝	民国十四年大理地震波及禄劝，震时人感摇晃，房屋摇响。《滇东地震调查资料》卷4
	富民	民国十四年大理地震波及富民，地震轻微。《滇东地震调查资料》卷4
	昆明	民国十四年三月十六日，昆明地面波动一次。《云南地震考》（震史） 民国十四年大理地震尤甚。昆明市属大板桥、黑土凹等处，震时睡者惊醒，人惊逃户外，房屋摇响，旧朽房屋瓦片震落，震倒一堵孤立之土墙。《滇东地震调查资料》卷4 ［云南大理大地震］云南通信：昆明市昨十六号夜十时，突觉地震，房屋陈设暨街面市招等均互相激荡，约数分钟。论者以震波推测，即知西南方面必有较烈之震动。《申报》1925-4-7 三月十六日下午九时前后，地忽震动，墙壁、梁柱、窗框、楼板俱格格作响，始知地震，所幸为时甚短，毫无损伤。不过城中西南角电灯因震动波及熄灭。《益世报》1925-4-11
	寻甸	民国十四年大理地震波及寻甸，县属小蔡所微震，知震者甚少。《滇东地震调查资料》卷4
	呈贡	民国十四年大理地震波及呈贡县。《滇东地震调查资料》卷4
	晋宁县昆阳	民国十四年（农历）二月二十二日午后九时大震。民国《昆阳县志》卷4 民国十四年大理地震波及晋宁，震时卧者惊醒，屋瓦震落。《滇东地震调查资料》卷4
	澄江	民国十四年大理地震波及澄江，人感摇晃。《滇东地震调查资料》卷4
	宜良	民国十四年大理地震波及宜良，县属徐家渡、海螺田等处人感摇晃，碗摇响。《滇东地震调查资料》卷3
	江川	民国十四年大理地震波及江川及县属江城。《滇东地震调查资料》卷2

续表

地震时间公历（农历）	地点	地震记述与资料来源
1925-3-16（民国十四年二月二十二日）	通海	民国十四年大理地震波及通海。七街一房屋封火墙震裂二寸许，一房屋山墙尖垮塌。白阁村、小街等处震时房屋摇响，屋瓦震落。《滇东地震调查资料》卷2
	建水	民国十四年大理地震波及建水，县属普雄墙壁间有倒塌者。《滇东地震调查资料》卷2
	开远	民国十四年大理地震波及开远。《滇东地震调查资料》卷3
	个旧	民国十四年大理地震波及个旧，房屋山墙尖间有倒塌者，通宝门附近之屋瓦有震落。《滇东地震调查资料》卷3
	昭通	民国十一年（？），大理地大震损失甚钜。时昭通亦间微动，并无大害。民国《昭通县志稿》卷2
1925-3-17（民国十四年二月二十三日）	（南涧）	3月17日07点50分26秒，震中位置：北纬25°、东经100.5°。（ISS） 注：《中国地震目录》1983年版作6¼级。 ［大理县凤仪］三月十七日一时（地震）二次，二时、七时各一次。《云南地震考》（近年烈震状况）；《云南大理等属震灾报告》
	弥渡	［弥渡］微震至十七日午前八时，仍未停止。《云南地震考》（近年烈震状况） 注：《云南大理凤仪等属地震区域图说》及《东方杂志》卷22同载。 ［弥渡］三月十七、十八、十九等日，仍震动不休。《云南地震考》（近年烈震状况） 注：《云南大理等属震灾报告》《云南大理凤仪等属地震区域图说》及《东方杂志》卷22同载。 按：据韩新民等1975年实地调查，南涧居民对这次可能造成一定破坏的地震，毫无记忆；相反，弥渡南姚旗营等村居民却清楚地回忆道："大理地震钜实之次日晨，再次强烈震动，房屋继之倒塌，永渡桥倒毁，地面开裂。"这在弥渡震灾资料中亦得到了印证，也许这是姚旗营等村灾害尤重的主要原因。因此，这次地震震中当接近弥渡。
	巍山	［蒙化］三月十七日午前五时，又弱震一次，约历两分钟，均系自南而北。《云南地震考》（近年烈震状况） 注：《云南大理等属震灾报告》及《云南大理凤仪等属地震区域图说》同载。
	临沧	民国十四年（农历）二月二十三日地震。《缅宁县征集通志资料》
	宾川	［宾川］三月十七日晚，复大震三次。颓垣败壁陆续倾陷，所有灾民依然露宿，大有朝不保夕之势。《时报》1925-5-14
1925-3-24（民国十四年三月一日）	大理县凤仪	［大理县凤仪］至三月二十四日又烈震，房屋柱脚巅起尺余之高，嗣后不时微震。《云南地震考》（近年烈震状况）
	姚安	民国十四年二月二十一日、二十二日，地震二次；三月十六、二十四日均震，四月又震（震源在大理）。民国《姚安县志》卷5
1925-3-30（民国十四年三月七日）	弥渡	［弥渡］三月三十日午后六时、四月十六日午前一时，共震五次。虽未成灾，震动颇烈。《云南地震考》（近年烈震状况）
1925-4-2（民国十四年三月十日）	大理县凤仪	［大理县凤仪］四月二日午后十一时微震，起时宛如风响或火车将临，群犬惊吠，房屋摇动势将欲倒，均历一小时始止。《云南地震考》（近年烈震状况）

续表

地震时间公历（农历）	地点	地震记述与资料来源
1925-4-3（民国十四年三月十一日）	大理	［大理］四月三日下午五时至七时，又复大震三次。《云南大理等属震灾报告》 ［大理］四月三日午后五时至七时，又复强震三次。……以三月十六日午后九时三十分震度为最烈，是日午前六时及四月三日午后四时、十月二日午后八时之震度为最强。其余各次为微弱。《云南地震考》（近年烈震状况） 迨至四月三日，迤西地震又起于凤仪等属，波及大理，复甚强烈。凤仪凡以前未倒房屋，皆一律震倒，城中荡为平地。大理未倒房屋，亦多震毁。《云南大理凤仪等属地震区域图说》
1925-4-9（民国十四年三月十七日）	牟定	牟定四月九日（地震）复有鸣声如鼓或如吼。《云南地震考》（近年烈震状况）
1925-4-16（民国十四年三月二十四日）	弥渡	4月16日13点32分15秒，震中位置：北纬27.0°、东经103.5°。（ISS） ［弥渡］惟四月十六日午前大震与三月十六日午后十时之震相同，亦摧坏房屋。《云南地震考》（近年烈震状况） ［弥渡］四月十六日又强震一次。《云南地震考》（近年烈震状况）
	巍山	［蒙化］四月十六日午前一时弱震，约历二分钟。午后一时强震，约历三分钟。《云南地震考》（近年烈震状况） 蒙化四月十六日地震，复有鸣声如鼓或如吼。《云南地震考》（近年烈震状况） 注：据ISS记录，地震震中在滇东北鲁甸一带。1974年张四昌等实地调查，该地区居民无是年地震的。

四、遗迹图片

摘自《中国地震碑刻文图精选》。1925年云南大理地震遗迹照片如下。

1925年云南大理地震遗迹

云南省地震局 提供

The remains of the Dali. Yunnan, Earthquake in 1925.

By courtesy of The Seismological Bureau of Yunnan Province.

大理东门鼓楼街
The Drum Tower Street in the east Gateway of Dali.

大理北大街
North street in Dali.

大理震後之北大街

大理南门灾民
The people surived in the earthquake in the South Gate of Dali.

大理南門施粥廠之災民

五、地震论述

地震概说，熊昆山著，发表于《气象学报》1期，1925年。

自1920年甘肃发生大地震，与1923年日本发生大地震，两次地震为中日两国稀有之大震，损失生命财产不可以数计。于是素不注意及此之吾国人，蓦地如闻天空霹雳，群相注视于此学，即素喜研究科学之日本人，亦因此鼓动其勇气，兼程前进。似此，科学素后于人之东亚民族，于此学或将有出人之头地，而为科学界放一异彩，诚未可知，不佞素攻地质，于此学略有所得，兹就研究所及，简述于下，以供国人之参考焉。

（一）地震学之历史

地震学自昔隶属于地质学，自地震计发明，始渐成为独立之科学。古时科学未明，先民对于此种震动，恒视为神降之灾异。欧西自罗马时代哲学家亚里士多德（Aristotle）出，始排斥众议，主张此种震动与地球自身之天然现象有密切之关系，其说传留甚久。厥后塞内克（Sénèque）反对水土火气四元素之说，与布凯斯（Bukece）区别地震为：①地陷之震；②水冲之震；③风动之震；④炸裂之震四大类。二氏之学说颇偏于理论而忽于事实，及斯特拉波（Strabon）出，一反二氏之态度，然亦少精确之结论，至十九世纪中叶米尔恩（Milne）起而组织各处地震观测所，其所用自造仪器之时差虽甚大，而其成绩则确已日趋于可观矣。我国汉顺帝时张衡尝自造地动仪以测验地震，实为世界地震仪器制造之最古者，该项地动仪不但能感觉地震，且能分别方向，允属吾国科学界极稀奇之发明，惜后人不知继续研究，故致斯学在我国遂如昙花之一现，终于不发达，诚可慨也!

（二）地震之意义

简言之即地壳发生变动之谓。

（三）地震之原因

此项原因甚为繁杂，从前学者多以为属于地质自身之现象，现时因各面之研究，主张与气压、地磁、电气现象、天文现象等有关系者，颇不乏人。第此等学说，均尚在研究时代，未得有明确之结论。如日本学者大森房吉氏尝欲以统计法证明地震在气压增高时较多，然每当大震之际，狂风陡起，温度极高，气压极低等现象亦尝随之而生。盖因暴风经过之处，地壳受其影响，倏被压迫，倏被弛缓，而其内部又适已达到可以发生地震之程度，故遂益速其发。如1923年9月1日日本大地震之现象，即属此种。似此，气压或高或低均可发生地震也明矣。然究以何者为适合，殊难断定。其他如地磁力之分布，于地震前后往往有特异之变动，及空中电气骤变，每发生地震之类，均尚无确切之论断。至其与天文之关系，地震家尝以月球之吸力，可以使地心之液体发生地内潮汐，地壳因此发生地震，然近今学者由各面之研究，证明地内温度虽高，仍系固体，是此说又失其根据矣。上述地身以外之各种现象既如是，兹惟有由其本身之现象考究之。本身之原因最重要者不外以下数种：

1. 构造地震

平常山脉忽然成立，与大洲忽然升涨，如诗经上所称之高岸为谷，深谷为陵之类，皆由地壳内部发生变动，将表面从新构造所致。世界上地震之最厉害者，即属此种。因此种震动由此处所起者，往往牵动到它处亦起震动，它处再牵动到它处，如是递相推演，便成为一大地震。恰与吾人牵动树之一小枝，则树之全身立起摇动相似。至发生此种变动之原因，因地心有一种动力，地壳有一种弹力，两力一相碰，即发生地震。1920年甘肃之大震，与1923年日本之大震，均属此种。日本此次地震，东京湾以南之大岛与伊豆七岛，全部火山喷发。又秩雾岛连山在地震前一日即呈活动之象，至地震后而爆裂，似为火山地震，但实在不然，因火山地震，其区域恒不甚广，为害亦不甚烈，如日本磐梯山与吾妻山从前爆裂时所起之地震，均不甚广，即可证明。

2. 火山地震

吾人考察火山内有一种热，可以使岩石融化，又有一种力可以将岩石送至火山口。此种力甚大，往往挤逼熔岩爆裂一大块地壳。当上部之熔岩被挤出地壳时，下部之熔岩亦可被力挤逼或上或下，或左或右。而此处地壳又可以挤逼其他地壳。展转相逼，便可使一大块地壳发生变动，是名曰火山地震。此种地震常发生于日本与意大利，因两国火山甚多也。

除上述二原因可以发生大地震外，尚有数种原因亦可发生小地震，述如下：

1. 穴顶落下

地壳内常有若干空穴，此种空穴之顶，到不能支持时，势必跌下，跌下时，也可使邻近发生颤动，结果，遂亦成为一小地震。此种穴顶往往发生于石灰岩分布之区域，因此种岩石易被水溶解，溶解后，中心空虚，上部就成为穴顶。

2. 岩石从海壁落下

海壁下部之泥土，常被海水冲洗，日蚀月消，逐渐洗净，上部之岩石，势不能巍然独存，一旦坠下，也可发生小地震。去岁3月间青岛发生之小地震，即属此两种。

此外如陨石之坠下、煤矿中气体之爆裂等，亦均可发生小地震，不赘述。

（四）地震之烈度

地震之烈度用以标记地震之强弱。此项标记，为用甚大，初无人注意及此。自1627年7月30日普意尔发生地震，意人某君于地图上画作标记，是即地震烈度之嚆矢。厥后埃根（Egen）因以创制烈度之阶级，而其解释与50年后罗西（Rossi）、弗瑞尔（Forel）两氏所解释者甚为相似。罗弗两氏所定者，分为10级，为欧西现时所公用，其解释如下：

① 不觉；② 少数静卧者觉之；③ 多数静卧或静坐者觉之，时间及方向亦略可辨；④ 悬物摇动，门窗自开，地板窗格作响，行动之人亦能觉；⑤ 家具及床摇动，悬铃有自鸣者，人人均能觉；⑥ 灯光摇动，挂钟有自停者，树木有摇动可见者，居人有惊恐外逸者，睡者亦惊醒；⑦ 桌上物件有倾下者，墙上石灰有坠落者，公用大钟自停，任何人均受震惊；⑧ 烟突有倾下者，墙壁有生裂缝者；⑨ 房屋有倾倒者；⑩ 地翻、石裂、山谷应声，损失极大。

上表系根据实验而成，缺点在未注意动力与级次之关系，1902年日大森房吉氏始本力学原理与实际观察作成一表，其详如下：

① 无感觉地震；② 微震，即静坐之人非特别注意不能觉者；③ 弱震（A），即发震之际，微闻窗户有震动之音，为一般人所感觉者；④ 弱震（B），即房屋摇动，窗户震响，器内液体震荡，悬垂物体动摇，为人所察知；⑤ 强震（A），如房屋震动稍激烈，不安定之物至于倾倒，器内液体溢出等是；⑥ 强震（B），壁上龟裂，石碑坐椅等倾倒，烟囱破坏等是；⑦ 烈震，即屋宇溃倒，山岳崩坏，地盘龟裂等是。

1920年甘肃地震与1923年日本之地震，当然均属罗弗表之第10级与大森房吉氏表之第7级无疑。

（五）地震之现象

地震之普通现象，仅屋瓦摇动而已。其在大震时，往往地底忽然作声，恰如两物相撞所发之音。声作完后，即起震动。震动最厉时，往往屋宇倾颓，器物飞掷。居民因是种情形跌死者，不可胜数。震动之方向，常不一致，或自东而西，或自北而南，或侧动，或旋转，或上下往返。震动之时间与次序亦无一定，或各处同时，或由此处到彼处，或初震小后渐大，或初大后小。五花八门，无奇不有。1920年甘肃之地震与1923年日本之地震，均曾发现此等现象。甘肃是次地震，以海原、固原为最烈，死人亦最多。各处高数百尺、长数千尺之黄土山多有崩坏者。又有若干处忽然升涨成为丘陵者。震动区域遍及绥远、青海、察哈尔、山西、山东、河南、直隶、安徽、湖北、四川、陕西等地，面积约170平方公里。自1920年12月16日初震，至1922年11月底，固原地震共有309次，较大者有204次，1922年8月与1923年9月又各有大震1次。日本此次地震，从千叶起，经东京、横滨、横须贺、镰仓、箱根、伊豆，直达静冈止，面积约2万平方公里。除名古屋、长崎，神户、大阪等处外，悉付一炬。未震前，即有浓雾、大风，震时加以电线漏火，与水管泄水等现象随之而生，于是素称繁盛之东京、横滨、横须贺三地，悉化为乌有。损失生命财产达百亿，死亡人数亦在数万以上，诚巨厄也!震源约在相模湾之西部。同时大岛附近之海底下陷，馆山附近之海底上升。据地震计所记，自9月1日午前11时起至2日正午止，共356次，3日289次，4日173次，5日148次，6日78次，7日45次，8日43次，9日42次，10日32次，以后逐渐减少，至于平静。

（六）地震之分布

地震之原因既如上述，然就科学上之归纳，亦不外地壳中存有若干之弱点，因而发生变动。而此等弱点存在之处，亦不外为昔时地壳中曾受有大压迫之部分。试观地球上大陆缘边之山脉与其相近之海洋，一则倾斜壁立，一则深入地心，而二者皆属地震最多之部分，既可知其在昔时之受有大压迫矣。此等地震最多之部分，特称为地震带。世界地震带有二，兹分别述之。

1.太平洋带

即沿太平洋周围各地。由新西兰经南洋群岛、台湾、琉球、日本群岛、千岛群岛、阿留申群岛、北美之阿拉斯加山脉、美利坚合众国之西部、墨西哥、中亚美利加（编者注：指中美洲）、哥伦比亚、厄瓜多尔、秘鲁、玻利维亚而至智利，此带地震约占全数百分之四十一，而以日本为最多。

2. 赤道带

即沿赤道绕地球之各地。由苏门答腊经爪哇在南洋群岛与太平洋带相遇，西北折，经喜马拉雅山、阿富汗、波斯（编者注：今伊朗）、小亚细亚、高加索、希腊、意大利、西班牙而至葡萄牙止。此带地震约占全数百分之五十四，以意大利最著名。

兹将两带地震经过区域，绘图如下，俾阅者一目了然。

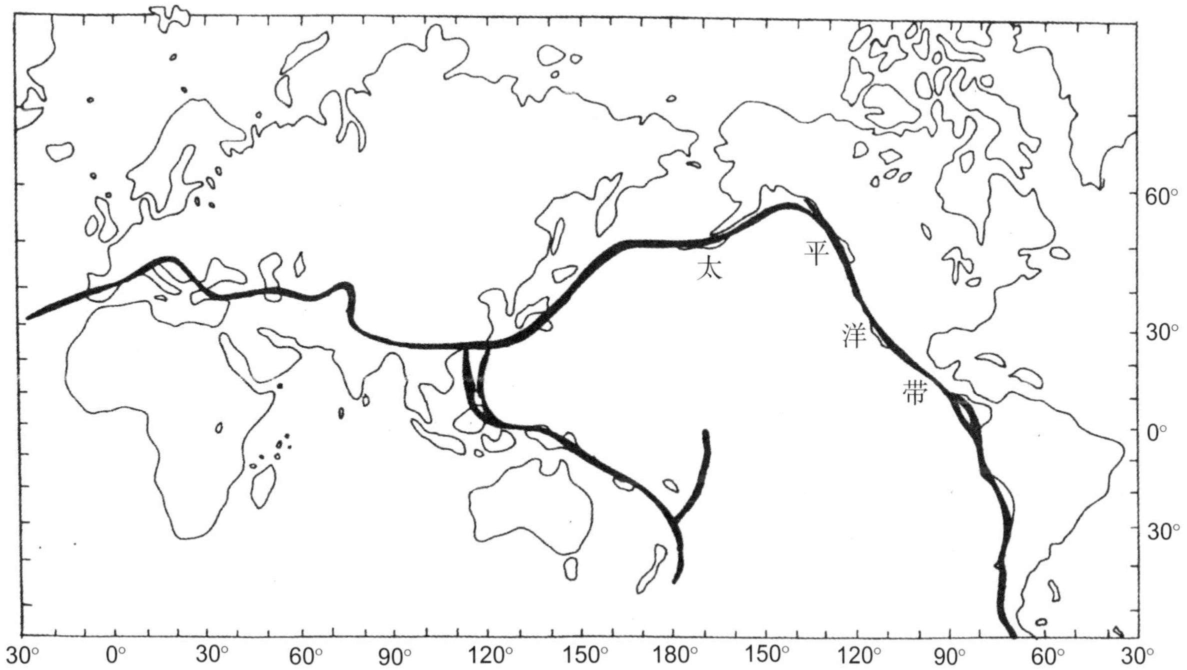

世界大地震带图示意图
（编者注：拓自资料原文）

（七）结论

世界各处地震，据佩里（Perrey）地震表所记，自1843年至1873年之30年中，共有1.8万次，平均每日有两次。若就地球上全部面积而言，四分之三是海洋，陆地不过四分之一，陆地上又有许多未开化之民族，而已开化者，于微小地震或未注意或未及记载者，又不知凡几，似此，世界上之地震，委实可云是无时无刻不有矣。即以成我国而论，自夏桀五十二年至现今3500余年间，确有记载可考者，共有3500余次，平均亦达每年1次，而穷乡僻壤为记载所无者不与焉。震动最厉之次数，如山崩川竭，房屋倒塌，与人民被压毙等现象，亦史不绝书，此诚我国与地震之关系亦甚密切也。

自1920年甘肃大震后，本年3月云南大理县又发生大震，损失生命财产为数亦甚巨。反视我政府对于此项学问之提倡研究与夫测验器械之筹划设置为何如？则仍一无所闻。以全国之大，仅青岛观象台有是项仪器一架，并为接收所有，且亦粗陋不甚合用，其他尚未之闻，诚我国人莫大之耻辱也！夫地震一学，虽尚在幼稚时代，未能如气象预报之准确，然若假以时日，俾学者逐步研究，则将来之造诣，诚未可限量？而其为人类获得之安全幸福，又岂它项学问所能望其项背？此不佞希望国人共起提倡研究与筹划购置器械也。

1927年5月23日甘肃古浪8级地震

【编者按】1927年5月23日在甘肃省武威市古浪县发生8级以上地震。现将上海徐家汇地震台记录的地震图（含马尼拉和西安台记录），化鲁报道的《甘肃大地震记略》与《甘肃大地震写真》及翁文灏的《甘肃地震谈》等史料介绍如下。

发震时刻：1927–05–23　06:32:47；

震中位置：37.7° N、 102.2° E；

震　　级：8级；

震中烈度：Ⅺ度；

震中附近地点：甘肃省武威市古浪县；

宏观深度：12km；

宏观震中：37.5° N、102.7° E。

一、地震记录图

摘自《中国早期地震台历史地震图鉴》第一卷。上海徐家汇地震台记录的古浪8级地震图及地震宏观资料如下。

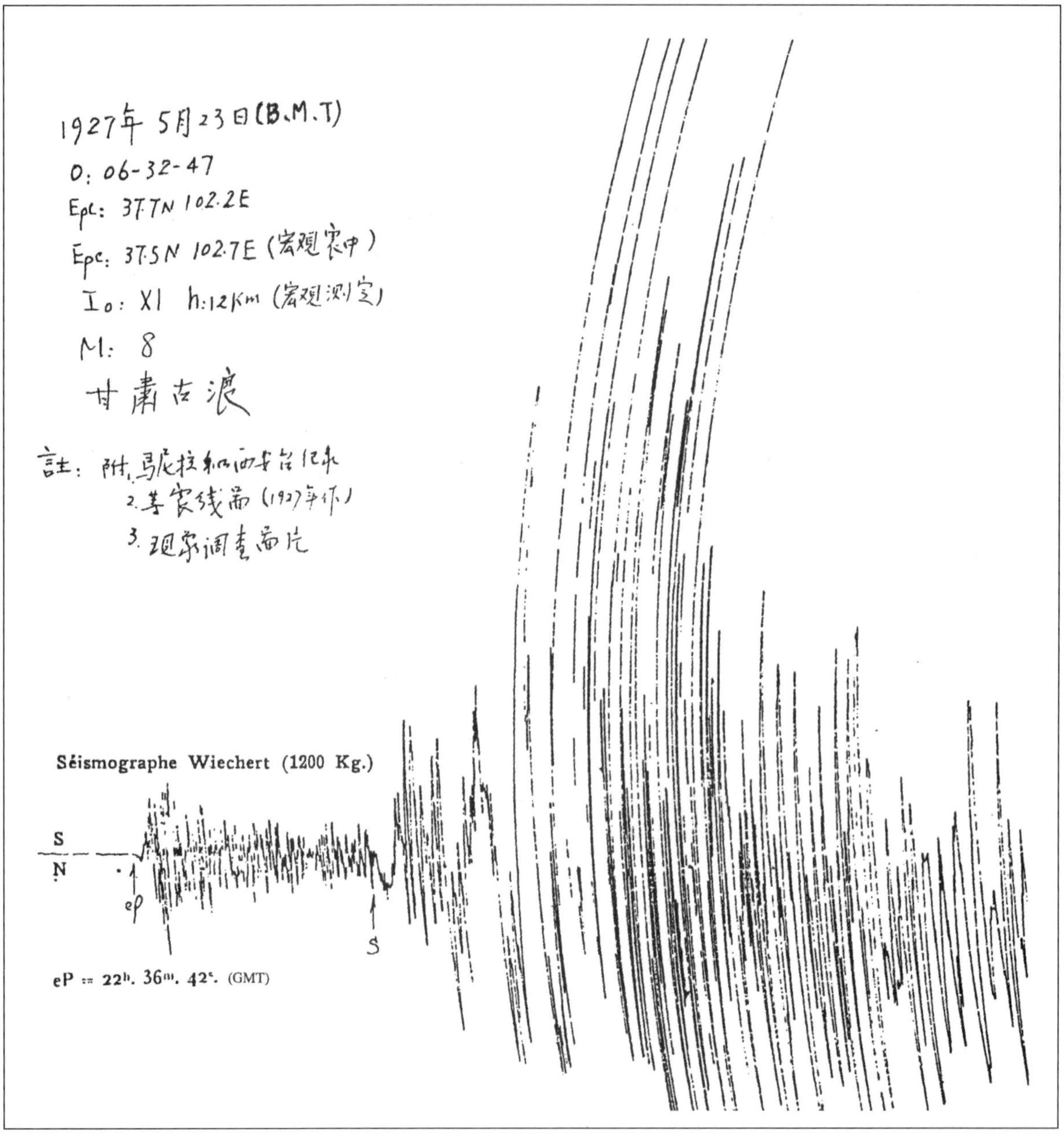

(a) 南北向

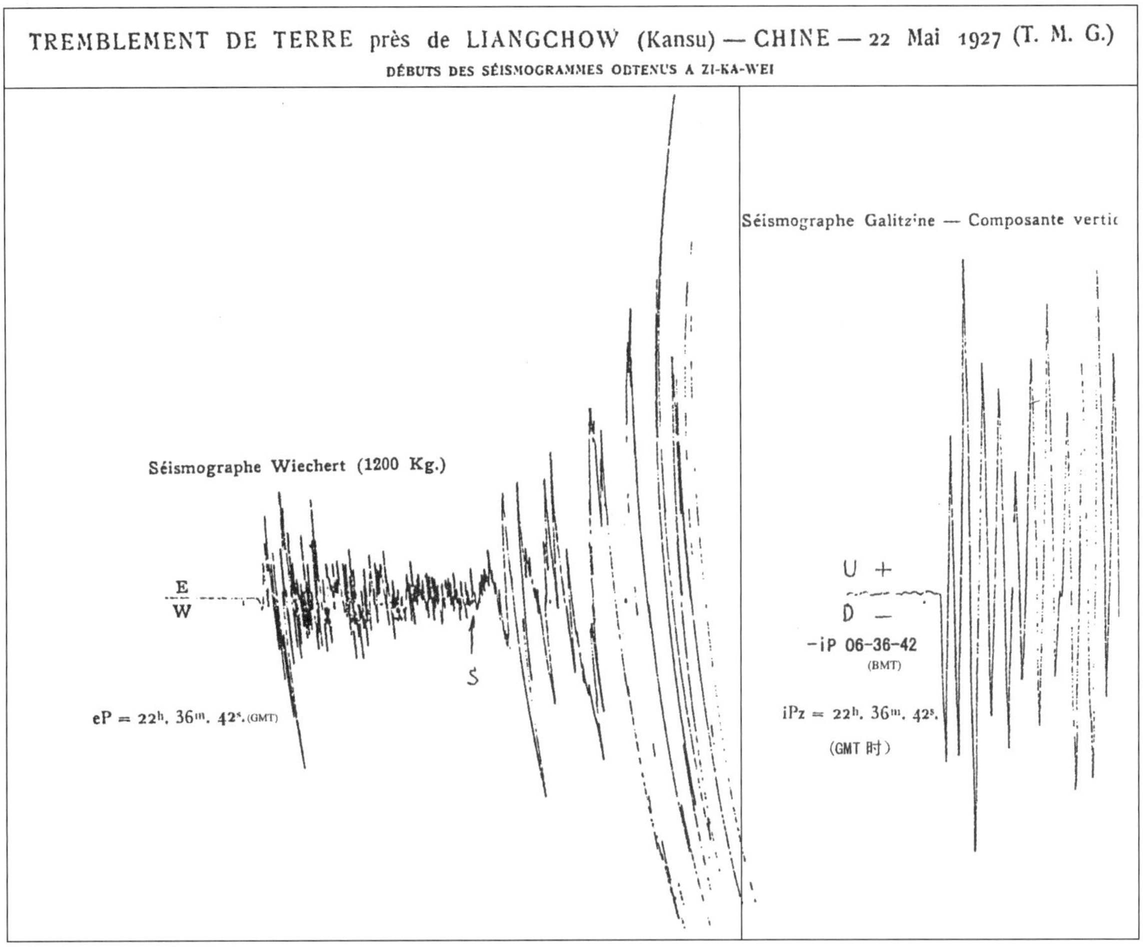

（b）东西向（左）及垂直向（右）

Z086上海徐家汇地震台GW1927年5月23日（BMT）记录古浪8级地震图

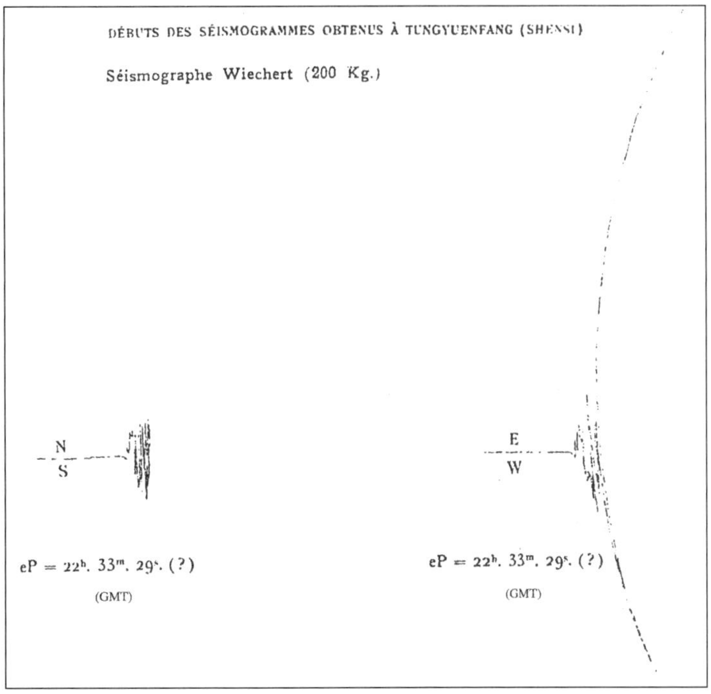

马尼拉地震台记录古浪8级地震图

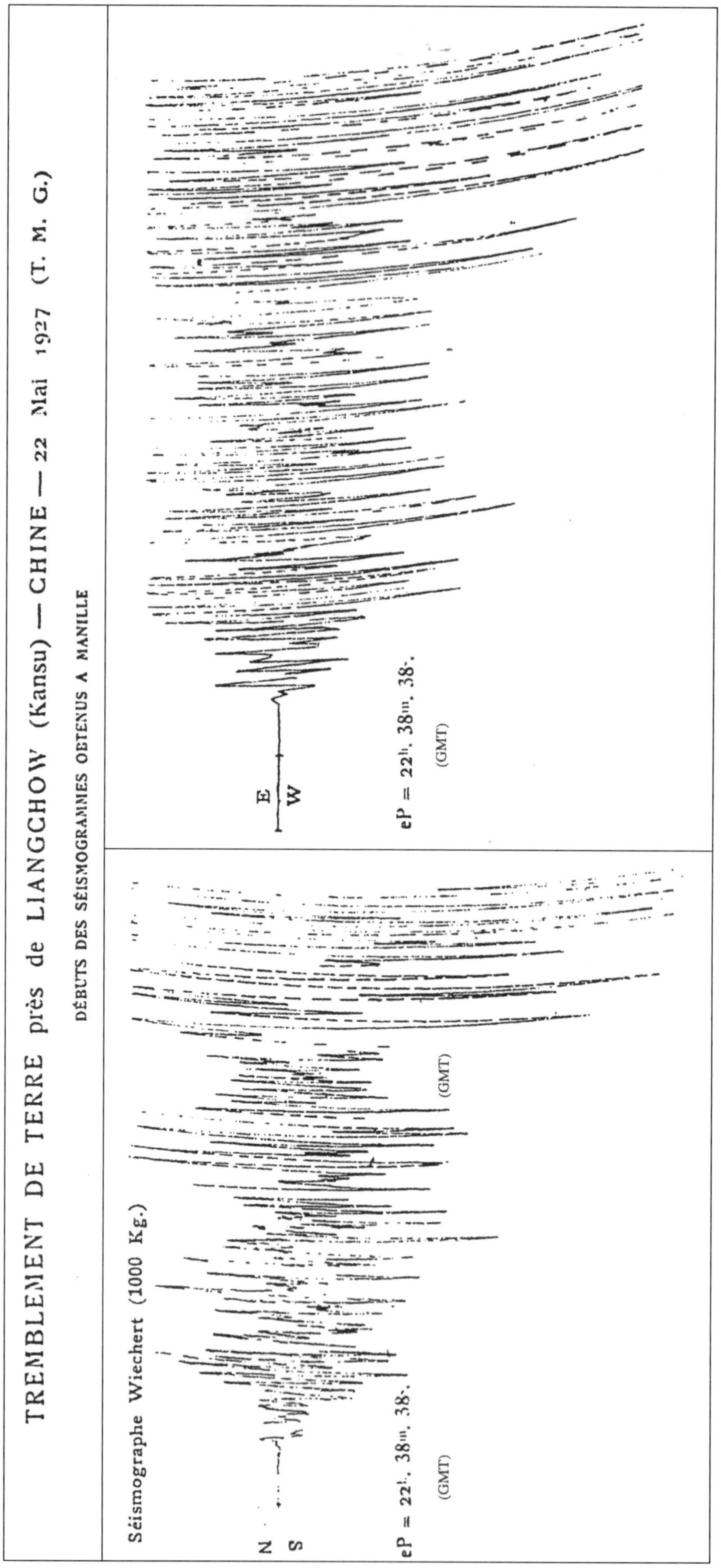

西安地震台记录古浪8级地震图（左）南北向、（右）东西向

ISOSEISTES PROBABLES DU TREMBLEMENT DE TERRE DU 23 MAI 1927 (TEMPS MOYEX DE 120° E.GREENWICH)(Echelle de Rossi Mercaiin)

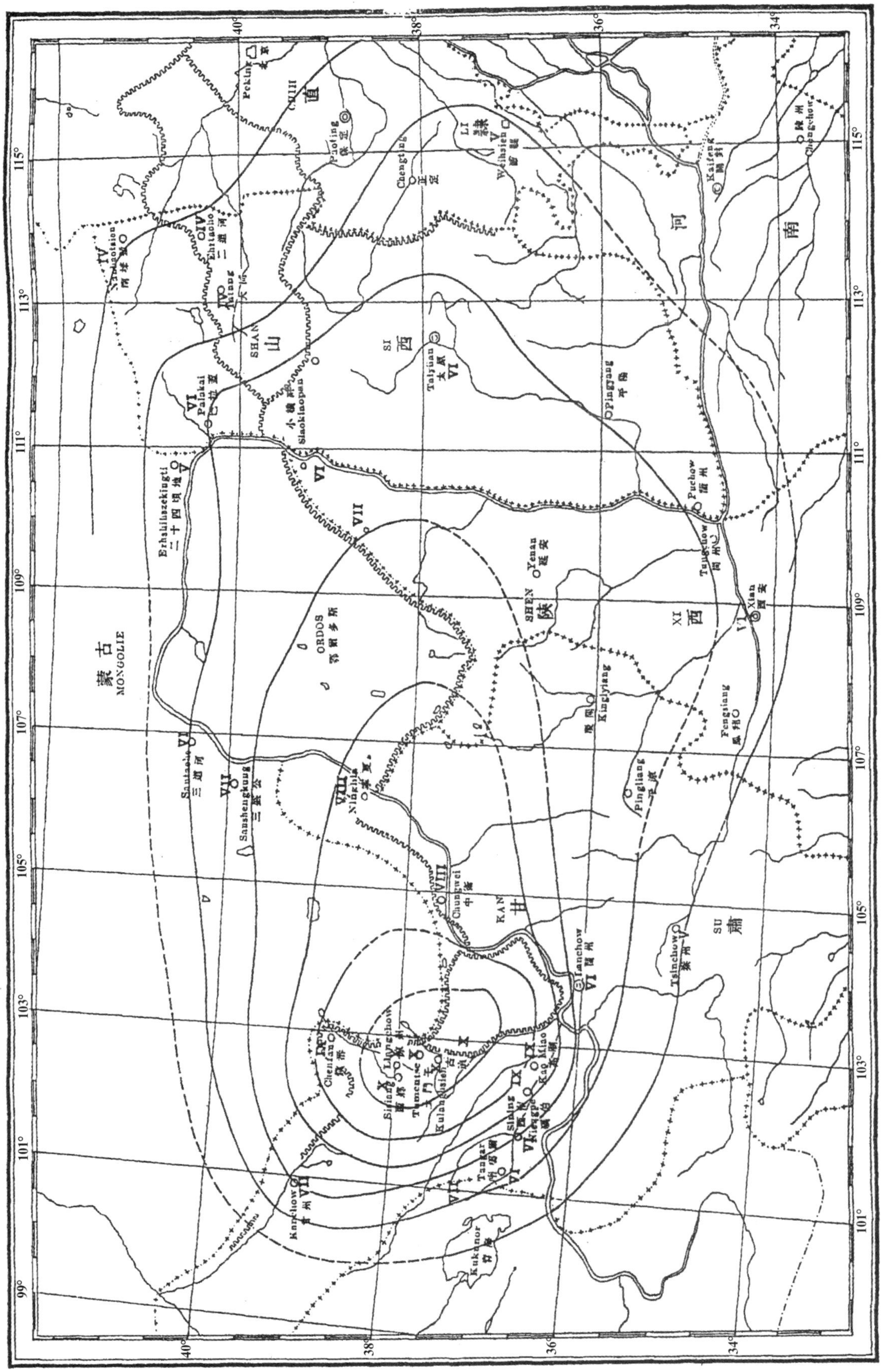

1927年古浪8级地震等震线图示意图
（编者注：拓自资料原文）

二、原始记载

（一）甘肃大地震纪略

化鲁著，发表于《东方杂志》第二十四卷第十五号。

甘肅大地震紀略

化魯

本年五月甘肅大地震，生命財產損害絕鉅。因西北交通不便，音信阻隔，故災情傳達甚爲緩慢，至今損害情形尚未得確實之統計。據上海密勒評論報所載甘肅天主敎傳敎師德人蒲登勃洛克（Theodore Budenbrook）的報告，此次大地震於五月二十三日上午四時發生，地震區域波及於甘肅北部，自涼州（今武威縣）寧夏以至省城蘭州，通成爲一三角。中間皆爲人口繁密之地。尤以涼州受災爲最烈。當地震發生時，起於倉卒，居民不及走避，罹難者至少當有數千，多或至萬人。涼州爲一居民八萬三千的大城，住宅全數化爲瓦礫。涼州知事某，與其家屬及同僚共二十七人方在睡眠中，皆及於難。震災以後，居民皆露宿泥土中，因致疾病死亡者不在少數。一切食物，衣服，用具無不困乏。又因電線及道路全爲地震所毀，與外界交通隔絕，故賑濟極感困難。且大地震後，小地震仍續續發生，繼續至數星期以上，境內居民，人人自危，恐二次大震之繼至。蒲登勃洛克在蘭州傳教多年，此次教會及財產全被燬滅，僅以身免焉。

（二）甘肃大地震写真

摘自《东方杂志》第二十四卷第十五号，1927年。

凉州南门城楼之坍塌

凉州南乡磨角下磨湿地震后又通水灾器具什物悉被冲去

武威县公署受震坍毁之情形

武威震灾以后设立震灾医时治疗所
医治受伤之人民

古浪县城楼毁坏

古浪县杨县长及司法官亦死于震灾
此为其灵柩停息之所

古浪县城内房屋完全坍毁

大靖震灾后灾民嗷嗷待哺

凉州清应寺之施粥与灾民就食情形

甘凉震灾委员会成立及其全体成员

（三）甘肃地震谈

翁文灏著，发表于《锥指集》《东方杂志》第二十四卷第十八号。

甘肅地震談(1)

一 中國的地震

地震是自然現象中最可怕的，因爲牠何時發生雖然竭現代科學的能力，還至今沒有人能預知；牠發生的時候突如其來，在最短的時間能成多數的犧牲；自然界的破壞力比牠更大的雖然不少，但都沒有比牠更快的，所以更能使人害怕。近代各國科學家做了許多地震學的研究，雖然得了不少理論上的材料和推想，但所得實用的效果，似乎不過能知道地震帶的分布，——即何地會有地震的危險何地沒有——以及一些改良建築等略爲減小震災的方法。

中國地震的地方我在民國十一年曾根據許多材料做了一幅中國地震區分布圖，將能有大震的區域都畫在圖上。在商務印書館百科小書叢內也縮印了一張。此後民國十二年三月川邊鑪霍出了一次大震，十四年三月雲南大理出了一次大震，今年五月甘肅武威又出了一次大震，大震的中心皆在我圖上所畫的地震區內。可見中國地震區域是已經大略知道的了。現將此圖略加修飾仍印於上（圖見上篇中國地震區分布簡說），圖中綫陰的地方表示應有大震的區域；粗黑圓圈表示果有大震曾經研究的中心；圈旁數字表示最近大震的民國的年份，再照年份的次序列表於下：

六　民國六年一月安徽霍山地震

六　民國六年七月雲南大關地震

七　民國七年二月福建泉州地震

九　民國九年十二月甘肅隴西地震

十二　民國十二年三月川邊鑪霍地震

十四　民國十四年三月雲南大理地震

十六　民國十六年五月甘肅涼州地震

震災的程度姑且以死人的約數來代表：霍山之震死百餘人；大關之震死二千人；泉州之震死二百人；涇原之震死十五萬人，——官廳報告死二十餘萬人——鑪霍之震死二千餘人；大理之震死七千餘人；最近涼州之震死亡數目尚未調查。如此看來，中國的地震亦眞不算小了！

二　甘肅的地震

除了雲南之外，甘肅大約是中國地震最多的省份了。而且甘肅的地震特別猛烈，災情特別的重大。

甘肅地震的地方我曾把他分爲五大區，照圖上所記的次序說：甲是武都區，即文縣武都禮縣一帶，也許延長到天水；乙是隴西區，即隴坂以西海原固原靜寧通渭一帶；丙是寧夏區，即賀蘭山東平羅寧夏中衛一帶；丁是西寧區，比較的不很重要；戊是武威區，即涼州至甘州肅州一帶，本年大震即發生於此區的東頭？

這幾區地震的發生在歷史上考據起來好像是此息彼起，有些次序似的。我在地質彙報第三號內曾經做了一個表，表示此各區地震的次序。表內數字標明大震的年份，用西曆計數；括弧內的數字注明先後二大震相距的年數。這表上有一個錯誤是隴西與涇原應併作一區，不必分而爲二。再要簡明一些，或者西寧區亦可附屬於武威區內。如此看去從表的左邊到右邊，周而復始，頗像有些道理。一八八八年（光緒十四年）隴西區大震後，過了五年，有一八九三年（光緒十九年）武威區的大震。自一九二〇年（民國九年）隴西區大震後，過了七年便有今年武威區內的大震。震區依舊，相隔的期間亦極相近，那不是意想中應有的事麽？但這樣巧合究竟是偶然的事，我向不信這种週期及根據週期的預言，這次我自己說準了，也只當是偶合的，決不能常常如此準確。

據歷史上看來，甘肅地震最多的是隴西區，其次是寧夏區，再次就是武威區，武都區的地震卻也不少。民國九年十二月十六日隴西的地震，我曾同幾位朋友實地調查，故所知較詳。茲將較有趣味的

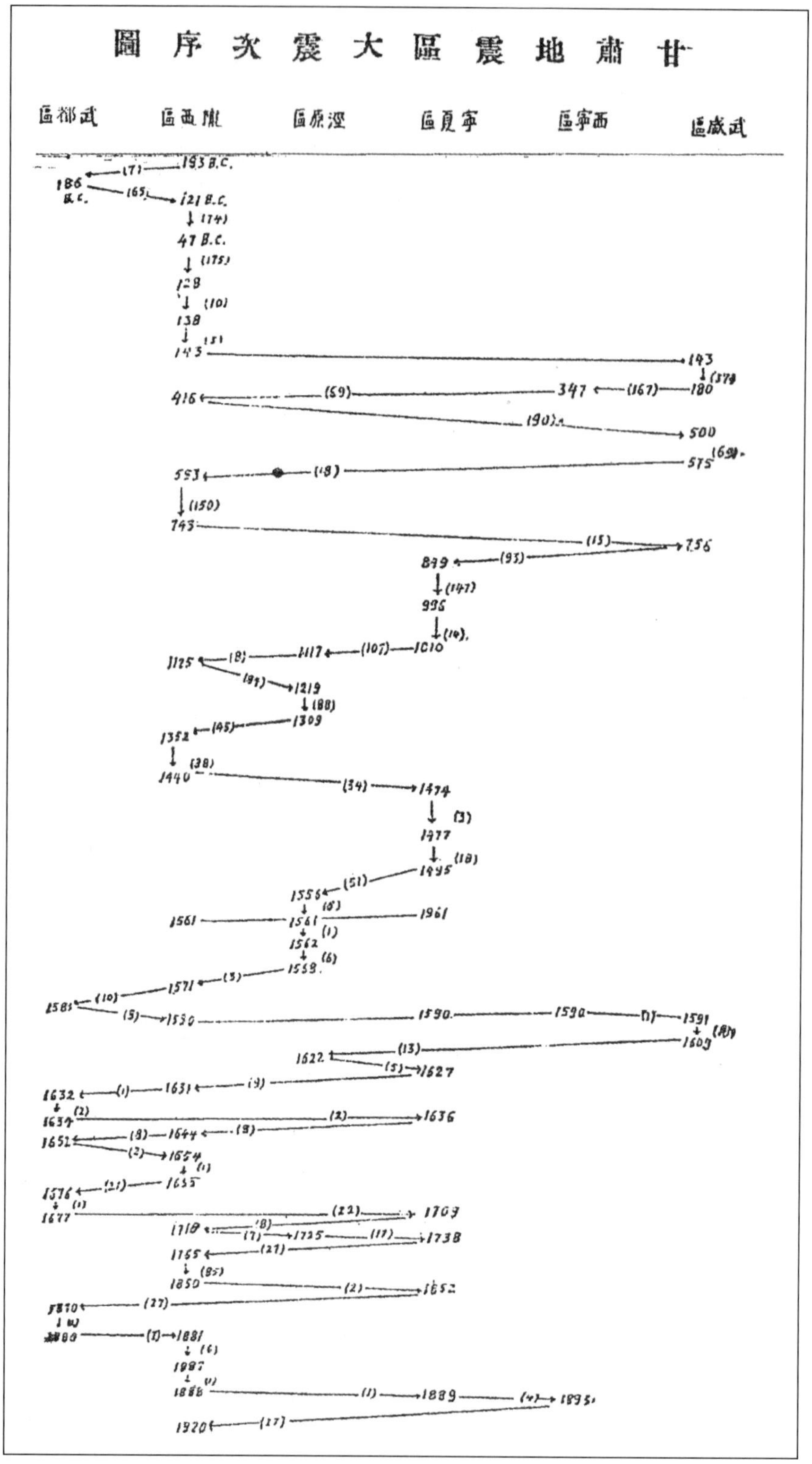
甘肅地震區大震次序圖
武都區
隴西區
涇原區
寧夏區
西寧區
武威區

照片選印於此；那次地震的猛烈，也可以約略想見的了。

三　甘肅地震區的地質

甘肅地震區爲何如此震動的多，其實在原因確也不甚明瞭，但是照他地理上分布看起來，覺得脫不了地質構造的關係。

假定我們從陝西，西安往蘭州走，到了平涼之西必須經過一座南北走向的大山，山勢甚高，度越不易，古時名爲隴坂，現在稱爲六盤山，此山以東地震甚少，即有亦甚弱；此山以西則地震頻繁而且往往釀成世界無匹的大震災。民國九年的大震即在此隴西區內，現將該次大震的照片選印幾張，可以看見大震時的情形。

隴山（六盤山）的地質大部份爲中生代最上部的白堊紀地層。此種地層以頁岩爲主，夾薄層石炭岩，在陝西北部祇成平層，緩緩的向西傾斜，地形上亦成爲高原，到了隴山乃突然湧起成爲山脈，山上的地層皆被一種自然力摺曲甚烈，並且有許多處生了斷裂，所以隴山的構造的確是與別的地方迥不相同。至於隴山以西的地質因爲黃土甚厚，真是漫山遍野皆是此物，所以下面的岩石構造就不能十分的淸楚。而且黃土甚厚亦使是震災特大的一個原因，因爲土厚所以山崩使格外廣大，甘肅的山崩現象之大在世界上恐怕是有一無二。試看附刊的照片，當民國九年十二月地震之後，寧靜的山崩下來使把陝甘交通的大道都堵塞了。河流被土堵塞，則上流的水湧積成湖，發生水災，毀了許多以工代賑的疏

甘肅靜寧孫家溝山崩塞途大道堵絕

甘肅靜寧七里舖山崩塞河積水成湖

甘肅固原董福祥碑亭地震後中斷捩轉

甘肅固原前提督署賞門地震後塌壞

甘肅靖遠鎮罕堡全村崩毀

甘肅靜寧文廟西廡地震後塌毀

滘工作，纔把牠勉強開通。山坡上土厚的地方人民皆穴土而居，名爲窯洞，地震山崩則坡上窯洞首先坍塌，人在其中當然壓死。即使有房屋的人他的牆垣亦全用土築，容易倒塌，所以黃土多的地方地震死人便格外多。外國的地震即使人烟稠密的地方，死亡上萬便驚爲奇災；而甘肅地廣人稀，地震死人達十餘萬，此便是一個大原因了。而且隴西地震餘震甚多，九年大震後經過一年多，常有小震。

寧夏地震區也是在一個山脈的前面。賀蘭山的地質是全國山脈中最有趣味的。出寧夏城向西北六十里，入宿嵬口，初見變質極深的石炭紀砂岩頁岩，幾乎成爲結晶片岩。但牠的石炭紀時代我們曾得有化石爲證。地層的次序完全上下倒置，應在下面的古地層反而倒從在較新地層的上面，所以入溝稍深，便見震旦紀（南口系）的石灰岩高踞在石炭紀的頁岩之上。古稱賀蘭如駿馬者，卽此所成。在賀蘭山前，又有上下斷層使上升者成爲山脈，下降者落爲平原。是否此種構造一定會生地震，我亦不敢斷定；但從經驗上所知地震的區域正與此種構造線平行而相合，想來不是偶然。此區內已有三十多年沒有大震，但從經上驗揣測恐怕我們這一輩子的人終還要聽見一次能。從前大震最可記憶的是清乾隆三年。當時寧夏以北有二個縣城一名新渠一名寶豐地震後完全毀滅，至今未復。雖然市上所售有幾種地圖尙有寶豐地名，——想是抄清初老圖，陳陳相因至今未改的，——但實際上早不存在了。偌大的寧夏城以及其南的中衛城都是地震之後乾隆四年徹底重修，這都有志書碑記互可印證的。這種可怕的大災，殷鑑不遠，不可不防。

武威區狹義言之就是涼州附近，廣義言之可向西延長包括甘州肅州一帶，其中震源恐怕不止一個。要而言之，大略與祁連山脈不能無關。祁連山脈的地質十分複雜非片言能盡。應注意之點乃若太古界片麻岩極爲稀少，古生代以上之水成岩格外完備，而且曾受極烈的摺曲與斷裂，北面的合黎山亦同此情形。南北高山聳立，中間隔以一道平路，從涼甘肅諸州直至安西，爲中國通中央亞細亞最重要之孔道，此孔道之生成大約與山脈平行的斷層陷落頗有關係，地震也許就是這種斷裂移動的餘波。

從地質構造來說明地震，可以設一譬喻。譬如一座房屋，牠的牆垣棟樑有不堅固的地方，在那裡慢慢的傾圮或破裂。這種傾圮或破裂的運動是很慢很慢的，譬如幾百年內止動了一尺，（那已不是頂慢的）誰能覺察？但是有幾個區域有時發生一些稍爲急劇的運動，那就要地震了。地震的波動二三個生的米突已算是甚大的了，牠的危險乃是在牠波動的速率。

以上不過是一個極粗——太粗的——譬喻。構造不堅固的原因是否在材料的性質，還有在材料配合的關係；破裂或移動的分布與地殼全部構造成什麽一定的因果的關係；專門家正在研究，現在姑且不說。

僅從以上幾個實例表面上看來，我們已可相信地震與幾種特異山脈應有密切的關係。

以上所說三個地震區，牠的延長方向都與山脈大致平行；惟有武都區的方向——假定我的畫分不錯——卻與秦嶺山脈的方向不平行，幾乎直交。這當然又是一種特別的構造：似乎是爲山脈突然改變方向的原故。在此區內自從光緒五年連震數年之後，至今未聞大震，輪到的日子也怕不甚遠了。

四　武威的地震

武威地震最早的記錄是漢順帝建康元年（西曆一四三年）涼州地震，凡百八十日，山谷圻裂，壞敗城市，傷害人物；雖史文簡單，其震象之烈已可概見。此後至第八世紀記載尚多。但第九世紀至第十四世紀則未有記載，並非那幾百年並無大震，實為自唐末至明末西北一帶為中土史家未及注意之故。因此地勢偏僻的關係，所以武威區的地震好像是較別區特少，實在未必。他的地震危險恐怕不在隴西區及甯夏區之下。

果然民國十六年五月二十三日武威發生大震。牠的震波遠到美國，各處觀象台的地震計就當即有所記錄。地震的情形各處報告現何不甚完全，現在所知的如下。

武威縣於五月二十三日早五時地震，連震數次，至九時後始止。一時間山土崩塌，日暗無光，田地罅裂，有多數湧出黑水。據官廳統計，全縣死亡人口二萬五千餘人，馬牛羊畜二十二萬餘頭，倒塌村莊一萬九千餘座，房舍四十一萬八千餘間。

武威為河西古郡，古來佛教甚盛，故佛教建築極是壯麗，尤其是古塔崢嶸，向稱名勝。這一次據說被地震毀壞的為數甚多。像塔一類的高建築受地震影響時，有時很可以看出震動的方向。民國九年甘肅隴西地震後，我親見固原董福祥——即拳匪時代圍攻使館的有名人物——的神道碑及碑亭橫截為二，上段與下段裂而不坍，顯示出旋轉的運動。因爲上段因物質惰力而緩移，下段隨地盤略爲旋轉。所以二段之間成扳轉的關係。照片上還依稀可認，這一次涼州不知有無同類現象。

古浪縣的震災聽說也極烈，房屋全坍，連縣長等都壓死了。此外距中心稍遠故震亦較弱，所得各處的消息列表如下。

縣名	地震時間	地震現象	烈度之數
金塔	一次早五時半	靜坐靜臥及行動者皆覺房屋倒坍不少有聲如雷如風	六
循化	三次自早五時至下午五時	睡者驚醒少數人驚逸時鐘停	五
湟源	三次早五時又六時二十分又十時五十分第一次最大	房屋動搖不堅固者倒坍人人皆覺	六
大通	二次早五時晚七時半	屋內多數覺之屋外少數懸物稍動天起大風	四
墩煌	早四時半	少數人覺之不恐慌無聲懸物微動	三

照以上所記尚未完全的消息看來，這一次地震大約比民國九年的隴西地震範圍較小。但中心的地

方烈度也很高，不過不如前一次的較廣。震災較大的也是在黃土較厚的地方。近到南山脚下石山較多的地方，地震的烈度也覺很快的減小，那也與九年隴西的地震一樣，一到隴山的石脈烈度便小了。

武威的地震牽動一種下述的現象，大足以增重災情，就是祁連山上的積雪和冰，似乎是被地震衝動了，或是一部份被震衝坍崩下了，一到夏季融化的比常較多。所以六月十七日晚，洪水暴發，洪流澎湃，聲如雷鳴。人畜房屋田地被牠冲沒的聽說很是不少。外國的地震常聞引起火災，我們卻有因此引起水災的，亦足爲地震記錄中別開一格。

五　甘肅地震的意義

甘肅不但是中國地震很多的地方，即在世界上也可不愧列於頭等地震區域。歷史上的經驗既然很多很烈，我們親自經驗的七年之內亦已有大震二次。牠的震動的烈度據精密的儀器觀察，較世界最大的地震——例如一九二三年日本關東地震——並無遜色；牠的災象的重大——例如山崩之廣，人死之多——在他國似乎未有其匹；所以甘肅的地震實在是有世界意義的。

地質學家對於世界地震區的分布向來以爲可以歸納於二大地帶，一曰沿地中海帶，如意大利印度等地震區屬之；二曰環太平洋帶，如日本加利福尼南美西岸等皆屬之。按此種理論說，甘肅深居大陸的中央，應該是很穩固的了。所以從前的外國學者曾表示不信中國的歷史記載。但是我早曾說明中國歷史記載是大致可靠的，現在天然現象一再證明，難道還不信麽。

地震的原因科學家的想像應該在地質史最近一期的造山運動最新的地方；又從地球物理的方面觀察，大陸的地殼厚而輕，海洋的地殼薄而重，二者相抵趨向均衡。但因大陸漂移，衝擊生動，所以濱洋之地震動最多，日本地位即是如此。在此想像之下甘肅地方也俨乎不應是頭等地震區域。但是這種不合理想顯然出規的地方世界上實在甚少。所以甘肅地震的原因實是世界科學中的一個難題。我的研究雖然略爲貢獻了一些部份的地質說明，但終尚不是最後最完全的理論。如說大的斷層能夠繼續生動，然則別的地方同類斷層爲何不一定亦生同等的地震？如說甘肅地方斷層有些特別的性質，然則此類構造爲何獨集於甘肅，而在他處不到同等的程度？凡此問題皆尚難索解。所以我想甘肅的地震實是於世界科學很有關係的一個大問題，我們應該再爲盡力研究。如有人將地震時當地事實，個人經驗，寫信告訴我，定當極表歡迎。

末了我要聲明，所附照片有幾張是謝家榮君攝的，從前調查隴西地震的時候亦與他一路同行。

（1）此文曾刊東方雜誌第二十四卷第十八號民國十六年但略有修正照片亦不盡同

1929年地震论述

- 地震（翁文灏，商务印书馆，1929）
- 火山学及地震学（摘录）（翁文灏，科学（14卷5期），1929）
- 地震（涂长望，科学丛刊（第二集），1929）

一、地震

翁文灏，商务印书馆，1929年

（一）地震现象

自然现象之进行，大抵悠久而徐缓，虽积之既久，结果或甚伟大。而行之以渐，常人恒疏注意。惟地震之来，能于数秒钟间，顿成钜劫。庄严建筑，毁为瓦砾之场，陵谷沧桑，变于刹那之顷，自然现象中，惊心动魄，莫逾于是。故自古以来，无分中外，对于地震，不仅以为专门之研究，亦多为普通所常道。惟对于地震现象之传述，以其事出仓卒，观察难周，传闻难免异辞，怪异每多失当。兹先就各国震动最强，记载较悉之地震，依其时代撮述概要，庶于地震现象，能得明确之概念焉。

1. 葡萄牙大地震

1755年11月1日，葡萄牙地震为历史上最大地震之一，葡京立士本（Lisbon，注：里斯本）适当其冲。先闻鸣声如雷，旋即大震。6分钟之内，全城建筑，倾毁殆尽，加以火灾蔓延，秩序扰乱，死者共6万人。震时尘雾大起，天日为暗，葡京地处塔古斯（Tagus，注：特茹）河口，滨临海洋，冲积地层，徒生裂缝，开而复合，葬身其中者，数以千计。大震初起，海水退而旋进，巨浪滔天，高逾5丈，奔腾所及，岸石为摧，海中小船，更多沉没。塔古斯谷中，则大块岩石纷纷崩坠，见者且谓有火光烟雾，由是迸出，影响所及，范围极广，波罗的海附近，亦能觉察。苏格兰之罗蒙湖水，突高2尺旋即退落，反低于常时。大西洋津浪，远及美洲、西印度群岛，海水涌高2丈，虽在美洲湖地之远，亦觉震动。非洲北部亦受动摇。统计受震面积，殆四倍全欧，亦云广矣。附近各地影响自亦较钜。西班牙沿海浪高6丈，非洲北岸海水起落至18次，近海之地率苦水灾。

2. 意大利大地震

1783年2月5日，意大利国卡拉布里亚半岛（Calabria Peninsula）地震。王国政府特派陆军大臣等亲自调查，那波利学士院更撰为详细报告，殆为欧洲科学的实地研究地震之始。大震发生2分钟内，亚卑尼山脉（Appennines，注：亚平宁）以西，及西治里岛（Sicily，注：西西里）之墨西拿（Messina）一带，城村房宇，大半受毁，死3万人，4月8日，大震复作，半岛中部花岗岩山脉地方，第一次受震较轻者，至是亦大动摇。震后石山似稍升高，山麓浮土则崩积平原。山原之间，形成涧谷，平原地质多系第三纪岩石疏松之层，震时上下波动。有见树枝下垂触地者，又有见路石跃起翻转者。St.Bruna教寺前有石柱一对，各以数石叠成，震后则上部之石皆向右旋。足见震动结果，地向左旋，旋转角大至二三十度，地生裂缝，数以千计。裂缝左右，有时显成断层，上下断距，有达一丈者。墨西拿海岸陷下2尺2寸，海底凹凸不平，Terranova地方，断层甚多，邻近房屋震后或高或低，参差不一。圆砖裂为两半，一高一低。高者基础显露地上，然城仍未倒，此项裂缝，大抵开而旋合。Oppido地方，震动最烈。多数房屋，没入裂缝，不能复见，亦有裂缝，合而复开者。则原被吞没之人畜，有时复随泥水喷出，然裂缝合时，往往挤压甚紧。故震后掘出房屋，见有压扁与裂缝面平行者。裂缝有长达1英里，深达200尺者。地震对于河流之影响，大抵震动初生河水骤浅，或竟干竭，但旋即复满，且向二岸涨溢。河岸两旁，石崩落极多，往往堵塞河流，使上流之水，涌积成湖。震后新生此类沿泽，多至215处，此类淤水停滞，甚妨卫生。地震之后，因食料不足，以及因传染病致死者，计2万人。平原上则震后忽有多数圆形洼地，大如车轮，掘而视之，则见下有倒置圆锥形之空隙，或满储泥沙。盖地震时，潜水所由冲出者，涌出泥沙，有时积或小丘，有时成为泥流，往往流势甚急，夹房屋林木以俱去。有一处泥流之巨，几如火山岩流，宽200余尺，深15尺。此皆因其地地质疏松，故易浸润而流走也。石质之地墨西拿那海峡，则巨块岩石悬空崩下。海水飞腾高逾2丈，沿岸人居，以及海中舟楫，多受卷没。有Scylla亲王者，督率人民，乘舟避震，1500人，皆以此葬身鱼腹，惨矣!大抵卡拉布里亚半岛尖角与西西里岛，相隔仅一衣带水，其接壤分裂之地实为地震发生之源。故1908年12月28日墨西拿海峡又遭巨震。灾情之重，号为空前，死者7.8万人，伤者无数。中国政府，亦尝特颁赈款。是地地震，虽其影响范围之广，较之里斯本之震不无逊色。然其成灾之钜，观察之详，皆足为言地震者重要参考焉。

3. 智利大地震

南美洲智利地震极多。1822年11月19日，沿太平洋海岸均大震，南北延长达1200英里。Valparaiso，Santiago等处皆损失极大，且海岸升高三四尺，原在海底之贝壳鱼类露出水面受震面积广至25万余平方公里，震灾损害平地较山地为多。嗣后地震每日或间日一作，至次年9月始止。12年后至1835年2月20日复有大震，中心在Valparaiso之南Concepcion河口。晨10时，有大群海鸟向内地飞行，11时40分，地震始作，土质之地受损较石山尤大，海水骤退，吃水2公尺之船，顿为搁浅。珊瑚礁之原在水底者，皆历历可见。惟半小时后，津浪旋起，较之平时大潮，尤高3丈。且奔腾向岸，声势极盛。如是者再接再厉，凡3次。海陆均震，人民被卷入海者甚众。是时博物学大家达尔文氏适在南美多所观察。Quiriquina岛地多裂缝，南北走向，紧中板岩粉碎，如受爆炸，巨块岩石堆积海岸。达尔文氏谓是岛因此次地震所受侵蚀减削之程度，当与一世纪间海潮侵蚀之结果相等。大震之后海面骤低，嗣后虽渐恢复，然各地实测犹相差至2尺至10尺之多。太平洋中津浪传播远及夏威夷岛，相距盖6000英里。安第斯山脉延长1300英里，沿山火山于地震前后特别活动。是年11月间Concepcion海湾中又起大震，相依400英里之Osorno同时喷发。阅2年，1837年11月7日Concepcion之南Valdivia沿海地方，又被震灾。附近海底，高起8尺有余。以上所记地盘隆起之观察，地质学家如莱伊尔（Ch. Lyell）等，皆以证明地震与造山作用之关系。而修斯（Suess）等则又以为不足为凭，辩之甚详，至今尚无定论。至1906年Valparaiso复有大震，死数千人，损害甚巨，且余震历时颇久。

4. 新西兰大地震

大洋洲中之新西兰（New Zealand）大岛，分为北南二岛，中隔库克（Cook）海峡。二岛中分之点，即为地震最多之区。尤烈者，为1855年1月23日之震。受震范围，水陆共计200余万平方公里。北岛惠灵吞（编者注：惠灵顿）附近，震后发现地层中断，西升东降，上下相距自1尺至9尺，断层线延长约略可认者达90英里，此为地震发生断层之实例。

5. 日本大地震

日本为世界有名之地震国，自1885年特设机关调查地震以来，地动计所记每年平均计有大小地震1447次，即每日平均4次，就破坏大震不过偶一见之。著名之震如1855年（安政二年）11月11日江户之震，发于夜10时，继以火灾，江户市内死7000人。东京弯津浪甚猛。1891年（明治二十四年）10月28日浓尾地震，受震面积40余万平方公里，约占日本全国面积五分之三以上。但自浓尾平原，美浓西北部，至越前国福井一带受损较重。该处地居平原，陌陇相接，地震中区域一长带，死7000人，伤1.7万余人，毁房屋2万余间。震后火灾为害尤烈。地生裂缝甚多，涌出泥水。又发现根尾谷断层，大致西北东南方向，东北侧下陷，西南侧上升。上下断距最高达18尺者，然平均约仅2尺。且又有水平移动，东北侧向北而西南侧向南。水平移距3至6尺，然最多能至12尺。又有二村陷下成地，积水颇深，面积2平方公里。又有一蓄水池，为一断层裂为两半。大震之后，继以余震，地动计所记29日有318次，30日173次，31日126次，11月1日99次，烈度与次数均以次递减。总计大震后之余震，5个月间，共得2588次。阅5年，至1896年（明治二十九年）8月31日，陆羽复有激震。惟其震前约6小时先有小震，一若预为警报者，故人有戒备，死者较少，仅1000人。33小时前，磁力大变，亦为预兆。震后发生二大断层，一长60公里，一长15公里，皆东北西南走向，上下断距6至10尺。

6. 印度大地震

1897年6月12日印度北部阿萨姆（Assam）地震，一二秒钟前先闻地鸣如雷，旋即大震。15秒钟之间，顿成钜劫。灾区之广，约40万平方公里。受震区域之总面积，则为450万平方公里。自有记载以来，所未有也。经印度地质调查所调查甚详。震时地面起伏：如浪涛向前进展，人觉眩晕欲呕如病船者，且有旋转运动。地生裂缝极多，大致与山向平行。泥水涌出，有时激射颇高。间有泥炭腐水，随而喷出。有一种黑泥为前所未见，喷出之物，往往积成扁平圆锥形小丘。新发生断层中之最大者，为Chedrang断层，长12英里以上，上下断距有高至33尺者。断层线约与一河流平行，而与其屈曲相交，故上升之部成为急湍，下降之部潴为沼泽。地盘升降更有明显者，有数处小山，为它山屏蔽，远望难见者，震后忽可望见。测量标点，震后重加测定，其高度及地位均有与原测相差至10余尺者。大震之后建筑物殆全数尽毁，且一星期内数有余震，烈度亦殊不弱。嗣后虽渐平静，然犹鸣声时作，如闻远雷。

7. 美国大地震

1906年4月18日，美国桑港（San Francisco，注：旧金山）地震，为北美洲震动最剧、研究最详之震。晨5时，激震骤起，继续约1分钟始渐轻落。复有余震，数日始已。地震发生于沿岸断层，此断层西北东南走向，平行于加利福尼亚海岸，延长约400英里。此盖先有断层，后生地震，与前记各地先有地震后见断层者有不同也。地震原因即在断层各部继续移动，有形迹可以证明者计长180英里。大致西南部上升，而东北下落。西南部西北移进，而东北部向东南移动，盖上下动与水平动兼而有之者。然震灾最烈之地则另成二直线：一，平行于上述大断层而在其东北；二，作东北西南走向，经过桑港，殆为新发生之断层。震时微闻鸣声，建筑物多受倾毁破裂，且以水管破坏，火灾蔓延，灌救未易，损失尤大。统计受震范围，计有100万平方公里。

8. 中国甘肃大地震

1920年，即民国九年，12月16日，甘肃地震为中国自行实地调查之始，亦即中国近代最大之震。震灾最重者，在海原、固原、靖远、隆德、静宁、通渭之间，而尤以海原、固原间为最烈。鸣声如雷如炮，复有大风尘雾。是地一带黄土最厚，地震之后罅裂遍地，崩塌极多。崩塌之土有长三四千尺，阔一二千尺，高四五百尺者多处。崩下处倾覆房窑，掩埋人畜，冲泻所至又复积聚于数里之外，壅成丘陵。所过之地，河流壅塞，道路冲毁。公私团体雇工睿修，几及一年。震中区域内土房窑洞一律塌平，即砖筑墙垣及建筑较固之衙署祠墓等，亦受重大损坏。据官书报告，甘肃各县共死20余万人，陕西亦死二千数百人。其中因地震之后，救济迟缓，压埋或饥寒而死者，当不在少数。震动范围延及甘、陕、蜀、鄂、皖、豫、晋、燕、鲁、察、绥、青海等12省区，面积约170万平方公里。16日后，震中区域内日有数震，或数日一震。间或有声隆然，习闻不鲜。迄10年11月末，固原余震人所觉察者，共309次，其中物摇人惊较大之震204次。民国十一年8月，又有较烈之震，最近（民国十二年）9月3日晚9时，又以钜震见告，盖余震犹未已也。

9. 日本东京大地震

最近（1923年9月1日）日本东京横滨一带之震（图1），为时未久，调查报告尚需有待，大略可以预计者。是日午前，即有狂风浓雾，将及正午，地震骤起。同时电线漏火，水管泄水，五六小时内，日本最繁盛最重要之东京、横滨、横须贺三处顿遭浩劫。横滨震势闻尤激烈，益以海啸，灾情尤钜。就今所知，东京死亡者，达8.4万余人（人口总数280余万），横滨死伤4万左右。地震中心约在相模滩外，大岛附近之海底，居于馆山及伊豆半岛之间。馆山附近海底隆起，而大岛附近海底下降，其间似有一断

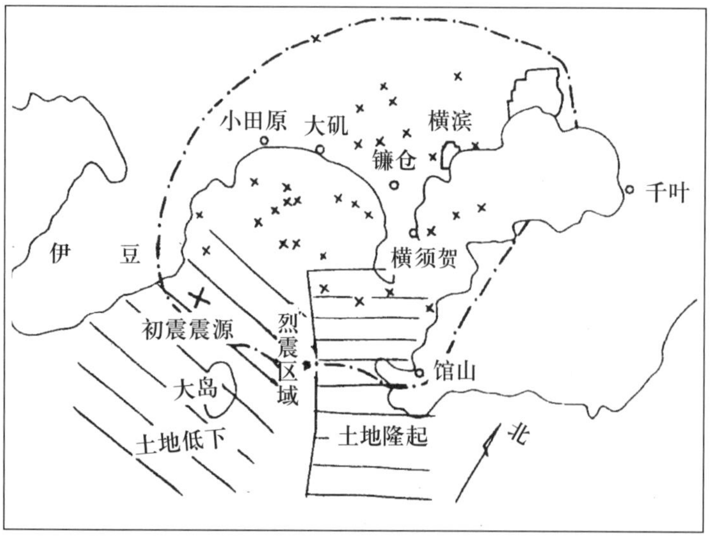

图1　最近日本震区图

层焉，余震渐少渐小。地动计所记，1、2两日共350余次，3日289次，4日173次，5日148次。

（二）地震研究

科学研究之目的，在推究事物之真相，及其发生之原因。然现象错综，原因复杂，有非直观可得一览无余者，则必先详细观察，精密测验。多所比较，得其规律，而后真相与原因乃可得而言。若不从眼前事物，实在观察，而遂远探原因，或于繁琐现象，不加剖别，不加比较，而笼统归纳，则所得结论，必无一当。吾国人之对于地震，虽记载之古冠于环球，而研究之者，除汉张衡外，无一能从实际观察入手。但知附会阴阳五行之说，假为天人感应之言，荒谬空虚，殆越常理。时至今日，犹少专门研究之人，绝无自设测验之器。谣言宣传，举国惊骇，斯可概矣!

欧西地震学萌芽于文艺复兴之时，发达于19世纪之季。至今文明各国，莫不各有专任机关，长期研究。每遇大震，尤必实地调查，详悉记录。虽目前地震学之程度，犹未能事先确报使人知趋避，或临事防止使地勿动摇，一若少裨实用。然此皆原因繁复，研究尚多未尽之故，更应急起直追，期有进步，固未可诿为无用，遂废研究也。研究之方法及结果，非专籍不能尽。兹仅篇幅所容，述其要点。

1. **地震之烈度**

地震烈度（intensity）有强弱之不同，欲为比较，须有标准，最通行者为1883年意人罗西（Di Rossi）及弗瑞尔（Forel）二人所定，即名为罗弗氏地震表，其详如下。

① 不觉；② 少数静卧者微觉之；③ 多数静卧或静坐者觉之，时间方向约略可辨；④ 行动者亦觉之，悬物动摇，门窗自开，地板窗格鸣响；⑤ 人人皆觉，家具及床摇动，悬铃有自鸣者；⑥ 睡者惊醒，灯光摇动，挂钟有停者，树木有摇动可见者，居人有惊恐外逸者；⑦ 桌上物件有倾覆者，墙上石灰有坠落者，公用大钟自停，无论何人均受震惊；⑧ 烟囱有倾覆者，墙壁有裂缝者；⑨ 房屋有倾倒者；⑩ 损失钜大，地翻、石裂、山谷应声。

此项标准自非完全精密，即如四五两级，往往难别。七八九级亦视各地建筑物之构造及材料为转移，未易概论。然其所用标徵，均为常人易见易知之事实，故调查不必专材，探访易于周遍。用者之多，殆即以此。然是表之缺点，尤在于地震微弱之地分别甚详，而于震动剧烈之地则级次太少。用之于钜大地震辄见窒碍，故1897年意人麦卡利（Mercalli）更创一表如下：

① 微震，人不能觉；② 甚轻震，甚少数静坐者觉之，楼上较易；③ 轻震，少数人觉之，不恐慌，经它处报告，始确信地震；④ 中震，屋内觉者多数，屋外少数，器物微动，板地或响，悬物稍动；⑤ 重震，屋内人皆觉之屋外多觉之，睡者惊醒，少数人惊逸，摇铃鸣，时钟停，悬物摇；⑥ 甚重震，人人皆觉，恐慌争出，器物坠落，不坚固之房屋稍有损伤；⑦ 极重震，钟鸣、烟囱倒、屋瓦落，多数房屋稍有损伤；⑧ 破坏震，少数房屋毁坏，多数重损，少数人受伤，无死者；⑨ 灾震，少数房屋全毁，多数重损不能复居，人烟稠密之处，死人颇多；⑩ 大灾震，多数房屋毁坏，人口多数死亡，地裂山崩。

上二表互相比较，则以罗表之④⑤级并为麦表之中震，麦表之灾震大灾震二级系自罗表之第⑩级分出，此外大致相同。而麦表分配自较均匀，故现时用者渐多，惟各地情形，极难一致。就中国情形而论，黄土高厚之地，裂缝甚易，麦表⑥⑦级之地已能有之，不必皆为大灾震之特征。又吾国所谓山崩者，未必尽属全山崩塌。凡巨石坠落山崖倾颓，以及沙土倒泻，皆得谓之山崩。天然风化作用，往往足以致此，不必尽为地震影响。即为地震所发生者，亦不必尽在烈度最高之地。又房屋建筑，各地不同，中国房屋颇少耐震，土窑泥壁，倾覆尤易。至如人口死亡之多少，既在于原来人口之稀密，又在乎房屋构造之良否，且亦视地震发生时间之早晚，预兆之有无，逃避之难易，震后火灾水患之有无等种种情形而异。此皆当分别观之者。要在斟酌情形，折中分画，庶足以资比较耳。

罗麦二表尤有共同之缺点即其所用标准均从实验选定，并无力学根据。烈度级次之高低，与动力之大小，并无一定比例。1902年日本大森房吉氏，始本力学原理，证以实际观察，列为标准，特适于日本情形，兹不具列。1903年，意人坎卡尼（Cancani）又就麦卡利表稍为修正，复加⑪⑫两级，以表示烈度最高之震。

各地地震现象，按一定之标准，取一适当地图，就其烈度相等之各点，界以一线，名为等震线（isoseismal）。二线之间，名为等震区。等震线大抵近于同心圆形，其中心点即为震中（epicentrum）。烈度最高之处，亦即震动发生之地也。若震中限于一点，而地壳构造各点相同，则等震线全为同心圆形。实则震中面积，有时不止一点，往往成一带形。而地质构造尤随在而异，故等震线亦往往极屈曲变化之致。然其间自有原因，可以解释，迥非偶焉而至也。例如图2系根据三百数十县之报告，证以实地考察，依罗西—弗瑞尔之烈度表分画等震线，复于烈度最高之区仿坎卡尼氏之意，添列第⑪级。阅图可知震中在于固原、海原、会宁、静宁之间，其地自有历史以来，原多地震。等震线之形状有可注意者，汾河、渭河之间，以及沿太行山东麓，烈度比较加重。盖其地皆有地质上原因，向为发生地震之区故也。

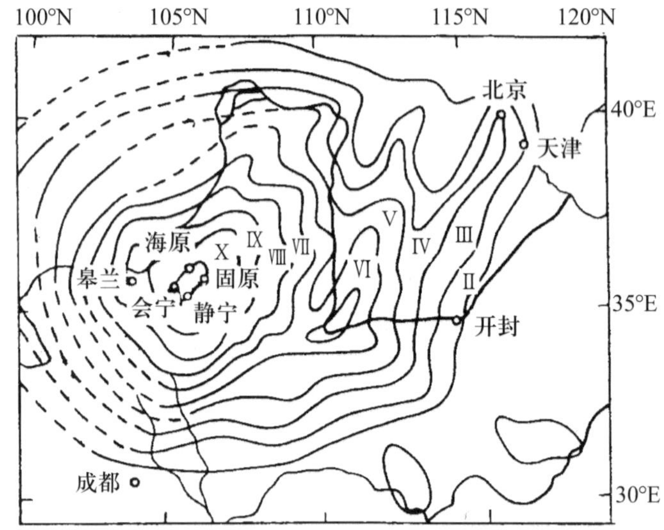

图2　民国九年甘肃地震等震线图

2. **地震之频度**

在一定地方一定时期内计其地震次数，是谓频度（frequency），根据频度而为统计的研究，一可以知各地地震之多少，二可以推地震发生之周期。总而言之，欲以此进求地震时与地之分布而已。而地震与它种现象之关系，亦往往不期而获，故有名地震学家如Perry、Mallet、Milne、Davidson、De Montessus、De ballore及大森房吉诸氏，皆于此特为注意。

欲为此项研究，历史记载实为至可珍贵之材料。盖科学的地震观察，不过始自18世纪之中，而此类推论实非有极长之观察时间不足徵信。故研究取材，不得不注意于以前非科学研究的历史记载。此类记载，中国始于3690年以前（夏桀五十二年）；印度始于2817年以前；日本始于1407年以前（允恭天皇五年）；泰西基督教圣经屡记地震，希腊、罗马古著者亦多所论述，法人巴洛尔（De Montessus de Ballore）氏搜集研究世界各国古今地震，多至17万次。其世界地震分布之学说，即以此为根据焉。

地震在时间上之分布，有无一定周期，理论上尚未证明有此必要，然学者研究则辄倾向于宁信其有之态度。先就比较的长时言之，例如Tobar及Gauthier二氏尝计算中国地震分为三期。第一期自西历纪元1年至633年，得413例。第二期自634年至1266年，仅得375例。第三期自1267年至1899年，共得2935例。第三期地震最多，固由去今未远，记载较详。而第一期反较第二期为多，则颇似由盛而衰，出于自然。质言之，或诚有600余年盛衰更迭之周期，现时则已入于较为平静之时代矣。复就各省分别计算，则衡以此律，19省中验者11，殆非尽出偶然乎。日本地震据震灾预防会研究，就东京论，自9世纪至13世纪为比较平静时代，14至16世纪震动突然加多，17至19世纪又复大减，20世纪始又入频繁时期矣。

大震之后，往往余势未尽，小震时作，是谓余震（after shocks），测以仪器，每日往往以数十至数百次计。日本大森氏对于余震研究最详，尝证明：①地震频度随气压为升降；②每遇日月经过子午线时地震频度较大；③每月日月与地球成一直线或日月成90°时，地震频度较大。但在海底发生之地震，则惟日月地成直线时，频度最大。以上亦即为地震与潮汐之关系。

大震后之余震逐渐减少，其间似有一定规律。试以时间及余震频度为二标轴，横为时间，纵为频度，则所得图形适为双曲线，而可以下列公式表之：

$$y=\frac{k}{h+x}$$

式中，y为频度；k为时间；h、x为常数，每次大震分别测定。

据此计算，则每次大震后虽数年后之余震皆可推定。大森氏以此方法研究1854年（安政元年）伊势地震，1891年浓尾地震，1894年（明治二十七年）根室钏路地震之余震，计算结果与实测频度皆大致符合。例如浓尾余震，据大震后首5日之测定，以推算第七、八年之频度，所得为85及75，其和为160。实测结果为101及62，其和为163，虽不中要亦不远。然则大震之预告，虽尚难能，而余震之预测亦既已有其途径矣。此固近代科学研究之成效也。更进而求之，夫安知大震预告之必不能乎?

3. 地动计之应用及震波之研究

欲精观察必有仪器。研究地震之仪器，总分二类。仅能于地震时受动报告，以助人身感觉所不及者，曰地震仪（seismoscope）。中国东汉顺帝（永和元年）张衡所造之地动仪，殆为世界此类制作之最古者。不但能感震动，且能分别方向。尝一龙机发，而人不觉震，京师学者怪其无徵。数日驿至，果震陇西，于是皆服其妙，此类是也。近代科学则更进而求为震波徐疾大小，以及震动方向远近之研究，其所用为seismograph，或曰，seismometer，故从日名译之曰地动计。地动计之制法，其式不一，现代所用者有米尔恩（Ewing）、大森（Wiechert）、Galiltzin诸式。详细构造，非兹所有事。其报本原则，在利用物质惰性。盖欲量地之动作，必须有一不随地动之物以为比较。此不随地动之物，既不易求之于地球之外，而不得不求之于地面之上，惟有利用物质之惰性。例如图3，T为铁架，固装于地，M为100公斤重之铁锤，悬于T架，M下系一小苇，轻触于P板上，地震时，P、T皆动，而M则仅有一丝之系，因其惰性，仍留原位。其比较的关系，宛如P、T不动而M独动。所有动状悉记于P板之上。此地震计之根本原则也。然如是所记，将使时间上继续之复杂动作，悉记于P板一隅，所得结果，必难清晰。改良之法，一在将受记之P板改为圆轴，以一定之速率，自行旋转，则M下小苇之所画，随画随卷，逐渐展开，不至重叠，且可由圆轴旋转之速率，测定其震动之徐疾，及其继续之久暂；二在将仪器之动作限定于一定方向，然后于同一地方，设置三器，一记南北移动，二记东西移动，三记上下移动，或于同一器上，能设有记此三种移动之装置，则无论如何复杂之震动，皆被分为三种互相直交简单之震波。而既知此三种直交震波，则依力学方法，即不难推想原来复杂之震动。三震波之震幅大抵甚小，故宜设法放大，例如图4，T架固装于地。M铁块轻悬于T架，复系一水平杠杆，杆端有板l，中有小孔m为镜，f为灯，P为自行旋转之照相纸，f、m、P皆与T架共同固筑。地动时全架均动，惟M因惰性而迟留。动度为杠杆放大，而留影于P，诸式地动计原理，大抵如此。不过就机械的装置，以及如何而使震波记录格外明显，如何而使仪器动作格外精密，力求精善，而制造方法有所不同而已。

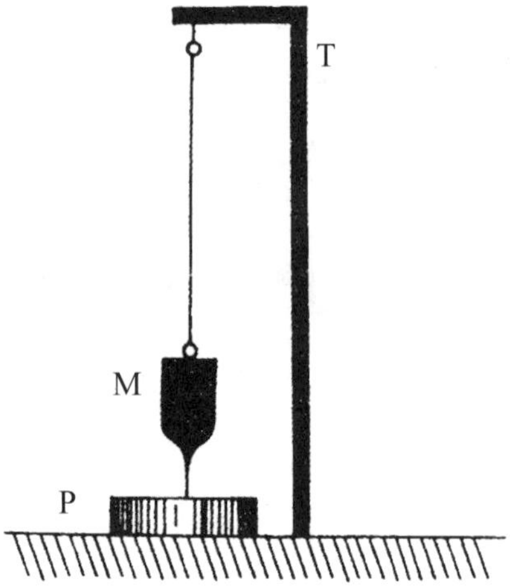

图3　最简单之地动计

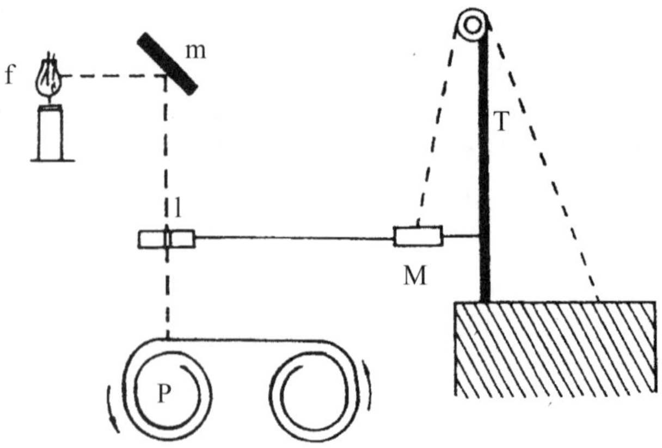

图4　地动计之一种

如上地动计所记图，名曰震波图（seismogram），如图5。研究震波有二要点：一曰震幅（amplitude），即每一震动往返最远之距离也；二曰周期（period），即每一震动往返之时间也。震幅以公厘计，震幅愈大震动愈强，周期以秒数计，周期愈小振动愈速。

震波图之形状，虽每次地震或一次地震之各地所记各不相同，要而言之可分三部：由静止状态而开始震动者，曰初期微动（preliminary tremors），如图5之*PT*一段，其间又分为二段（如图*PQ*为第一段，*QT*为第二段），此二段性质颇有不同，说明见后；二曰主要动（main waves），如图5之*TS*一段，震幅大抵较大，如在大震，人所觉察者，即在此部；三曰尾震（与余震不尽同）（end，tails），主要动后渐次微弱缓慢之震也。

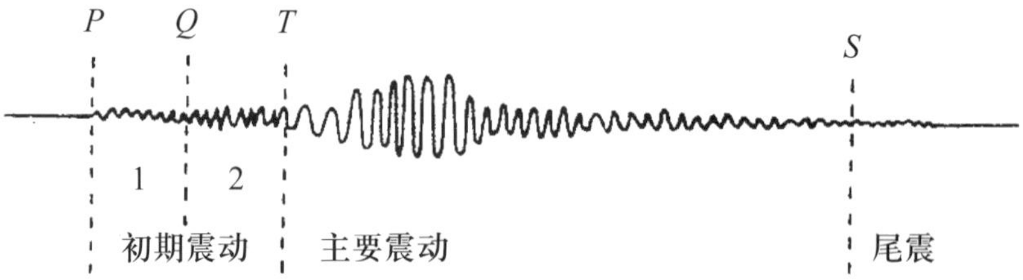

图5　震波图之范形

虽在表面上烈度甚强之地震，而地壳分子之移动，实并不甚大。震幅在一二公厘以上者，已人人皆觉；在10公厘以上者，已能有破坏作用；在20以上，则必成灾震矣。1892年日本浓尾大震，其水平震幅，亦不可15公厘也。然破坏作用不仅在震幅之大小，而亦在震波周期之长短。周期愈短者，破坏力亦愈大，惟初期微动第一段大抵在半秒以下，震幅极微不出1公厘，故其影响不显。主要动则日本东京中央气象台统计332次地震之最大水平震幅为2至20公厘，其相当之周期则自0至2分。

地动计之制作既日益精密，其觉察之范围亦日益推广。一地震动，全球之地动计莫不各有感应，诚有牵一发而动全身之概。不特此也，遇有大震，其影响远及于通过地球直径之对跖点，且更由对跖点之震，复还以影响于原出发点焉。

震波图之研究尚有一重要效用，即由此计算地震中心距地动计所在地之远近是也。计算之法不一，较为通用者系大森氏之法，根据于初期微动时间之长短，和震中与观察点之距离有一定关系。距离愈远，则初期微动之时间愈长，计算公式如下：

$$x = 7.27y+38$$

式中，x为距离之公里数；y为初期微动第一段延长之秒数。

此公式仅能适用于较短距离，如距离2000公里以上时，则改用下式：

$$x = 6.54y+720$$

距离既已测定，则但循震动所起之方向，计其远近，即可推定震中所在。即使方向或难确定，但有二个以上之观察点，亦可各就所知远近，用测量术中之交切法以切得之。此地震学者所以能不出户而知天下地震之所由起也。

4. 地震之震源及震波之传布

所谓震中（epicentrum）者，但指地震区域之中心而言。然震动之发生不在地面，而在地下，此地下发震之点名震源（focus或hypocentrum），震源之深浅测定颇为不易。英人马利特氏尝有从墙壁裂缝之方向，以测定震源之法，结果胜少把握。自地动计发明以来，计算渐趋精密，但仍各有缺点，未能完全一致。如Dutton、Seebeck、Schmidt及大森诸氏，均各有公式。其详细理论，非兹短册所能尽述。论其结果，如1886年8月31日美国嘉尔斯格（Charleston，注：查里斯顿）之震源深度，Janosy氏得102公里，Dutton氏得29公里，同一地震而得数深浅相去之远如此，其难可见。然就大多数测定结果，震源深过100公里者，殊极少见。即60公里以上，亦大抵以为可疑。普通结果，多在500公尺至30公里之间。方法愈精密，则得数愈不出此范围。此结果颇有重要意义。盖地球石壳之厚，不过数十公里。石壳之下内热增高，物质熔融，今震源之深。既尚未超过石壳之厚，可见地震原因实在石壳之内。为地质学研究直接所能及。

法国地质学家von Lasaulx氏尝有估计震源深度之简单规则曰，地震之烈度甚大而范围甚小者，则其震源浅；反之其烈度不大而范围甚广者，则其震源深。此虽未能精密测定，而大略之比较标准，固无以易矣。

震波发动于震源，而传播于四面。震中者，不过地面上接此传播最先，而受震最烈之点而已，环震中之地面各点，自莫不依次而受影响。

震波可依其波动之性质而分为二种（见图6）：一曰纵波（longitudinal waves），即由震源与观测点联络之方向而震动者，换言之，即波动与传布同一之方向者；二曰横波（transverse waves），即波动之方向与传布方向互相直交者。此二种震波皆循同一方向而传布。如观测点距离较远，则震波传达必须经由石壳以下之地球内部。其传达于震中之对跖点者，且必须循地球直径而进行焉。此外又有第三种震波，曰地面波（surface waves）者，则沿重力之方向而震动，直交于此而传布焉。

以上三种波动，其传布之速率（即每秒钟进行之公尺数）各不相同。纵波最速，横波次之，地面波最缓。地面波之传布速率为每秒2800至3800公尺，视其经过之地壳岩石而稍有上下，但与观测点至震中间之距离无关；纵波及横波则观测点至震中间距离愈远者，其速率亦愈大，纵波速率自7000至1.4万，或至1.6万公尺（平均每秒10公里）；横波速率自4000至8000公尺（平均每秒5公里）。地动计所得之震波图，初期微动之第一二段，为即纵波与横波影响之所致，主要动则为地面波之所致。观察点距震中甚近者（例如在200公尺以下），则纵横二波几同时传达，初期微动殆无段落可分；观测点距震中愈远者，纵横二波速率大小相差愈多，则初期微动之延续时间亦愈长。若观测点在震中之对跖点，则

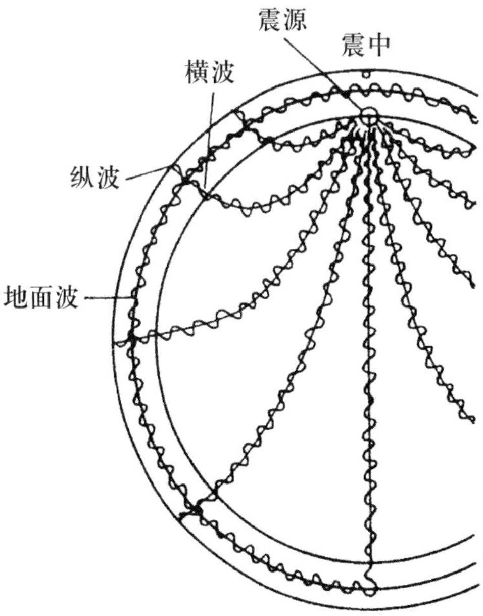

图6　震波之传布

震源发动后纵波约历15分钟而始至，横波约历26分钟而始至，地面波则约历35分乃至50分而始至焉。

按力学公理，波动传布之速率与传布此波动之媒介物质之弹性有关。媒介物质之弹性愈强者，其传布波动也愈速；弹性愈弱者，其传布波动亦愈缓。地震震波（纵横二波）之传布，在观测点距震中愈远者，震波之经过地球内部也愈深。而实验结果，既知震波之经过地球内部愈深者，其传布之速率愈大。由是可见地球内部之弹性。在一定限度以内愈深愈大，且纵波之传导速率，既较地面波大至三倍乃至四倍以上，更可见地球内部之弹性，较之地壳岩石，实相去颇远。其成分或其物理状态，必当迥有不同。试以吾人经验所及之物质，假为比例，则地内弹性至少当如上等钢铁。故由地震之研究，而使吾人得以推想及于直接观察万不能及之地内状态。科学理论之意外创获，大率类是。关于地球内部之推测，除震波速率外，尚有地球比重及内热各问题，须互相参证，稍出兹编范围，皆不备述。

（三）地震原因

地震何由而起，此问题虽属专门研究之事，而亦为人人所欲知。惟其为人人所欲知，遂发生多数穿凿附会之解说。其中有明明谬妄，而深入人心犹多信之者。又有视若可信，而尚无确证者，又有确有证明，而尚待继续研究者。兹分别述之。

1. 古代之地震解说

地震原因各国古代皆有迷信的解说。盖人类思想之进步，殆有其必经途径。神话思想，各民族皆未能免也。中国俗说以为有鳌鱼戴地而伏，鱼身稍动，即生地震。日本或以为蜘蛛，或亦以为巨鱼。印度以为鼠类动物。南美有称为鲸鱼者。北美土人以为大龟。小亚细亚之西部，海岸古时名海神为Poseidon，亦即以为地震之神。基督教旧约书，屡言地震，且多归之神怒。巴比伦及希伯来人以为天覆于地，而天上地下皆为水所包围，地震时地裂水涌，若足为其证明。希腊哲学家犹有持此说者。纪元前四世纪希腊大哲亚里士多德氏观察地震，以为山洞较多之地，地震亦较多。地震之前，空气每觉有异。地震作声时，往往声先于震。因主张地震为地下空隙所储之气，喷泄外出之所致。此殆为火山学说之始祖。至18、19世纪之间德国地质学家洪堡（von Humboldt）等研究各处地震，知火山喷发之前，大抵先有地震。然火山区域之地震虽多而较弱，无火山区域之地震则往往虽少而特强。因以为火山喷发，地气已泄，故震动弱。未有火山之地，内力压积，故震动强。此其事实观察，固不甚谬。而其理解则犹不免远袭亚里士多德之影响，而强并地震火山为一事。虽至今日，普通观念犹每遇地震必问火山，其中于人心者不可谓不远矣。至火山与地震之分别，当于第三节中详述之。

吾国对于地震原因之解说，多不求之事实观察，而为哲理论断，综加类别，可分二说。一曰人事论，其导源甚古。周幽王二年，地震，三川竭。伯阳甫曰："周将亡矣。天地之气不过其序，若过其序，民乱之也。阳伏而不能出，阴迫而不能升，于是乎有地震"。此言殆为人事感应之所祖。以后论地震者，屡为引徵。历代史志且往往附会事实，列举其感应之端。时而谓宦寺擅权，时而谓女谒用事，时而谓政教不明，时而谓盗贼将作。自相矛盾，习焉不察。更有断定季候之关系者，如京房言："地动以冬十一月者，邑大丧及饥亡。地冬动有音以十二月者，其遇有行兵。地以春动岁不昌"。此真所谓信口妄言，毫无一顾之价值者矣。一曰存疑论。唐史五行志序有云："盖王者之有天下，顺天地自然以治人，而取材于万物以足用。万政得其道而取不过度，则天地顺成，万物茂盛，而民以安乐，谓之至治。若政失其道，用物伤禾，民被其灾而愁苦，则天地之气惨，三光错行，阴阳寒暑失节，以为水旱，蝗螟，风雹，雷火，山崩、水溢、泉竭，雪霜不时，雨非其物。……此天地灾异之大者，皆生于乱政。而考其所发验其人事，往往近其所失而以类至。然有时推之而不验者，岂非天地之大固有不可知者耶!……夫所谓灾者被于物而可知者也。……异者不可知其所以然也。……而后世犹为曲说以妄意天，此其所以为不可传也"。明史五行志序有曰："天道远，人道迩。逐事而比之，必有验有不验。至有不验，则见以为无徵而怠焉"。此皆明知附会事应之无当，然犹不敢明弃之者。夫天下事理，不真即妄、理如果真，必无不验。既知不验，即不可信。而猥曰不可知，曰天道远，是其对自然现象，非明知其妄，故为曲说以惑世。即委为难知，姑从流俗以阿世。若其积极地诚心地而求有以了解其真相者，盖未之有焉。此吾国自然科学之所以不振也。虽然古代天然现象之记载如地震、星陨、日月食等，皆为近代科学研究极可珍贵之材料，而于地震研究为尤甚。盖地震之来数年数十年或数百年乃一见之，欲为时地分布之研究，必须有长时代之统计。中国地震记载，虽主观动机，颇涉虚妄，而客观事实，则十九可信，善为利用，即大有价值。而此材料之所以保存至今者，则五行祥异迷行之功也，自明清以来，不但著之国史，且省府州各有专志。数百年来天然现象记载之完备，实为世界各国之所无。文化贻留，良足自矜。今者新学渐行，迷信渐祛。吾知必有谓此等事实之无关学问者，必有以五行灾祥之完全可删者，则大误矣。窃以为吾国史志事业，必须继续。然时势所趋，观念顿异，则记载方法自可改良。如五行祥异可改为天然现象，而尤应利用近代方法以为精密观察。不特以资掌故之谈助，实大足以助科学之发达。吾国古代之有史志，殆犹近世各国之设所谓某某观测所，某某调查所也。不知各采所长，而彼此互相轻蔑，以图破坏焉，斯害也矣。

2. 地震以外之地震解说

地震明为地质现象，而究其原因者乃往往远求之地壳以外。此固学者好奇，而新理亦往往藉以发明。兹述数端，以示其例。

（1）地震与纬度变迁之关系。地球南北轴线，并非绝对固定，而实稍有变移。因之各地纬度，亦随之而变。米尔恩氏最先发现柏林纬度增高即日本纬度减低最速之时，日本大地震亦最多。其后地震学者屡有研究，皆证明破坏震之发生大抵与纬度之剧变同时说者，谓因地球内部物质有所移动之故。

（2）地震与地磁之关系。地球磁力各处不同。以各地磁针扁斜及倾斜角度之同价值者，各联以线，而绘之于图，则各地磁力之分布可以一目了然。地震前后磁力之分布，往往有异。日本、意大利、印度皆数经研究，然至今犹未得确定规律。

（3）地震与电气现象之关系。米尔恩氏研究日本东京地震，发现空气中电象骤变时，往往发生地震。然确定关系至今不明。

（4）地震与天文现象之关系。日中黑子、北极微光等或以为与地震火山均有关系，有时亦有若暗合者。如中国地震似有六百余年之周期，似与日中黑子之周期同。然Tobar与Gauthicr二氏亦未敢为确已证明，地震学家中又有谓月球吸力，发生地震者。其意以为地壳之下，包藏高热液体，月球吸力使此项液体发生一种地内潮汐，地壳受其打击，故生震动。然现在已由数方面证明地内温度虽高，仍为固体，且极坚实。则内潮之说已失根据。就实际观察言之，如印度、日本研究余震频度与月期之关系，所得规律，虽似若有定，亦复有验有不验。故皆尚难成立。

（5）地震与季候之关系。欧洲古时有一种普通思想，以为地震以夏时为最多。故纪元63年2月5日Campania之震，罗马哲学家Sènèque惊为异事。然Pliny则又以为地震在春秋二季为多。至19世纪地震学家如Perry者则又以冬季最多，夏季最少。Davisdon等根据62国2万余次地震之统计，所得结论，为纬度45°以上地方，冬月（10月至次年3月）震多，夏月（4至9月）震少。纬度45°以下地方，则其律不著。然此结论亦未有正当说明。试求其故，或因纬度较高之地，冬季较冷，人多室处，觉震较易。此乃记录有详略，非地震与季候果有实在关系也。

（6）地震与气压之关系。此项关系，研究极多。地震学家自始即孜孜于此，若先深信其必有关系者。大森房吉氏尝以统计方法，欲证明气压加重，则地震较多。然大震前后，往往大风，则亦可谓为气压减低，能生地震。盖地外之压力较轻，则地内之震力发动较易，理亦可通也。既属两可，其不能成为定律也可知。又有谓大风暴能生地震者，狂飙所过，屋宇为摇。地生微震，事诚有之。然此非真所谓地震也。震波图中甚易分别。

地震解说之所以如此分歧错出者，推原其故，盖由于地震研究多为气象学家所兼事，而以为气象观察之一端。故推究所及，亦辄与天空现象相比附。比附方法，不外以多数统计，彼此相参。在此等万变不穷之现象，夹有成心者，往往易见暗合。此类结论，诚亦有一时一地，确已证明者。然欲推之全球，悬为定律，则恐尚无当。何也，盖地震之真原因，固不在此也。

3. 地质学之地震解说

前已言之，求地震原因于地球本体，则首促注意者即为地震与火山之关系。然火山喷发不必地震，地震地方更不常有火山。1902年Mont Pelée火山之喷发，其猛烈为世所稀有，而并无地震发生。大地震如中国之甘肃、印度之阿萨姆、美国之桑港（旧金山），又并无火山。即地震与火山并多之国，如日本与意大利者，其重大地震如意国卡拉布里亚之震，日本江户浓尾，以及最近东京、横滨一带之震，亦明明并非因火山喷发。其因火山喷发而震动者，则皆动摇不烈，而传播不广。由是观之，火山诚能发生一隅之地震，而地震决非尽为火山所发生。地震之大者，尤更与火山无关。故地震与火山决为独立现象，此为无量数事实所已证明，毫无疑义，而可大胆的介绍于一般社会以为常识所必备者也。

欧洲东南小地震颇多，地质观察不难确见为洞穴倾塌所致。例如捷克一带（旧奥属）石岩分布极广，成为所谓Karst region者。石灰岩之成分，为碳酸钙，潜水浸润，渐被溶解，细微裂缝渐成洞穴。行之既久，下部空虚，不能支持，则顶部忽而崩塌，地面即受震动。然洞穴深度极有限制，最深不能在潜水面之下，故震源势必极浅，离地面最多不过数百公尺，浅者或仅数公尺。震源既浅，则震动之传播不远，故虽震中附近震或甚烈，而相距稍远即无影响。且不特洞穴塌陷而已，有时因风化作用之结果，山岩崩坠，土块倾倒，亦往往使地盘稍有动摇。若此者皆谓之崩塌地震。要皆导源浮浅，传布偏隘，不足以概地震现象之全体，则明甚。

确定真正地震之原因者，殆奥国地质学大家修斯（Ed. Suess）乎?修斯先从详研奥、匈、意三国之地震入手，而其注意所在，独重于地质构造之关系。自1873年以后迭有重要著作发表，而研究地震者遂于仪器观测历史统计之外新辟一灿烂光明之途径。霍尔尼斯（Hoernes）从其说，乃分地震为下列三大类，至今无以易焉。

三类惟何?一曰崩塌地震，二曰火山地震，三曰构造地震。前二类向既言之，在地中现象中仅为一部分之特例。而第三类则普通注意之大地震（如第一章所举诸实例）皆属之在地震研究中，当居最重要之位置，盖无疑焉。

何谓地质构造（geological structure，tectonic），欲明其义，须略涉地质之门径。高山岩石，内藏螺蚌之壳，因是可悟“此石即旧日之土，螺蚌即水中之物，下者都变而为高，柔者都变而为刚”。由化石而推想及于古今水陆之变迁，唐颜真卿、宋朱熹，均已早经见及，近代科学则更近而细别化石之种类，以推定其生活之状态。详研其演化之程序，以分别其时代之先后。于是地层与地层间时代之先后，既以大明。而各时代间海陆深浅之状态，亦了然可数。从一地最下之层，以迄其最高之层，而各详其变迁之历史，是曰其地之地史。综合各地之地史，而比较而贯通之，则为世界之地史。地史时代由其动植物之有无及其族类之演化，分为太古代、元古代、古生代、中生代、新生代等。人类之发生几50万年，而不过居新生代最后之小部，则全史时代之长，可以概见。

顾前代之地层沉淀在下，必为后代之地层覆掩，而何以研究之者能深及其底。水下沉淀之泥沙，就今所见皆成平层，而何以由上岩石乃多倾斜?且既已沉于海底矣，而又涌为高山，沧桑变迁之原因，又果安在?凡此问题，其关键皆因地层沉淀之后，别有一种势力以使之变更位置，或受掀起，或受陷落。即此或起或落之结果，而水平者因之倾斜，掩没者因之显露，原为海底者因之涌为高山，原为山陆者因之沉为海底，而受动特烈之地层，甚且原相连属者被裂断，而原相距离者乃相接而触。其所以致此之势力，或谓为地体冷缩所发生，或谓由地壳物质分布维持均势所自起。究从何说，为另一问题，而地史时期中地壳岩石确曾屡受此类变动，则由果溯因，事实上确已认明。此等变动所生之结果，即为地质构造。

上节所言地壳变动，果由渐而致乎?抑突然骤起乎?如果突然骤起，则地面上陵谷沧桑，变于朝夕，其可惊骇当超逾于现代之所谓地震者何啻万万。今试设想太平洋深渊突起而为喜马拉雅高山，蒙古、西伯利亚之广原忽降而沦没于北冰洋，此其现象之伟大为何如。而地质史中，实屡见不鲜。不过近代研究已证明此类现象之发生，以渐而不以骤。大抵每一变动时期阅数十万或百余万年始竟其业。迨沧桑既变，力泄垂尽，则变动延缓，或竟停止。惟余地面上之侵蚀作用，就此新发生之地形，削高填低，渐致于平，以待下一期变动之复起。如是现象，往复循环。确可考证者至少已经四五次，尤为明显者，一在古生代之初，次在古生中生二代之间，又次在新生代之中期。试就最后一期之历史考之，凡今之所谓大山脉如亚洲之喜马拉雅、欧洲之阿尔卑斯、美洲之安第斯，在中生代皆为深海。至新生界中期乃渐涌起，成为高山。方今之世，则造山之力业已垂尽，在地质史中当为比较的平和宁静时代。惟以前变动时代所发生之褶断罅裂，犹留弱点于地壳，而时一见其动摇。所谓地震者，殆即此也。火山之起因亦相类似，当地壳大受变动时，壳下岩浆，较为活动，乘隙而出，即为喷火。去大变动之时期愈远，则火山之势亦渐衰竭。由是观之，地震与火山殆同出于一因，故其时地分布，间相暗合。然其间要并无互相生克，或互为因果之关系，如前人所想象者，则明甚也。

言地质构造者，大抵于地壳变动力区为二种。一为水平力，亦曰横压力，使地层褶曲，成向斜背斜，或竟横挤之以致断裂，且使之为水平移动者是也；一为垂直力，使地盘或升或降，或竟掀之塌之使地层断裂，而为上下移动者是也。现代大多数地质学家之理想，皆以为地层之剧烈褶曲及大山脉之造成，以出于水平力为多，谓之造山作用（orogeny）。亦有地层并无剧烈褶曲，而广大区域竟由海底或湖底平涌而成高原者，则以直垂力为多，谓之造陆作用（epeirogeny）。前者所生之构造，如喜马拉雅山是。后者所生之构造，如中国秦岭山脉以北是。此二类构造迥殊之地方，其分布颇有定律，而与各期大变动之历史有密切关系，其对于地震之影响究以何种构造为最重要，则近代地质学家之意见似尚未悉衷一是。盖就地理分布言，则多信地震区域不出最后造山作用活动之地带。而垂直力所生构造，对于地震关系明显，固又无可置疑。欲知其详，阅后二章所述之事实，读者当不难自为剖别焉。

（四）地震分布

地震之多少强弱，世界各国分配极不一致。地震之多而烈者，有若日本。地震之少而弱者，有若俄国本部及东美。即一国之中，亦复各地互异，如日本地震中心皆集中于沿太平洋海岸，其西部则殊较平稳。必先详究其分布之规则，而后其原因所在乃可得而言焉。就实用方面论，吾人于地震发生之时间，今犹无术以精确预报于事先，但何地多险，何地较少，则不难于经验及学理中，得其大略规律，此震中分布之规律，即为生息于是者安危之所寄，而为人人所应知，非啻为专门研究而已也。

1. 世界地震区之分布

19世纪中叶英国马利特（Mallet）氏始搜罗各国地震报告，而作世界地震分布图。惟马氏当时犹认定地震与火山为同一现象，故凡有火山区域，亦即以为地震区域。然在近代观念，地震与火山截然二事，不可混淆。故马氏之图，亦大失其研究之价值。20世纪初英国米尔恩（Milne）氏又根据1899至1903年五年间，各处地动计之观察，而计算其重要地震震中之所在。其结果共得椭圆形之地震区域十三。以*A*至*M*字母记之。如图7。字母旁之数字，即示此五年内发生大地震之次数。据此图观之，已见太平洋两岸沿海一带*A*、*B*、*D*、*E*、*F*诸地震区域延续不断。大西洋则两岸颇少，而海中为多，如*I*、*J*、*H*等是。与赤道线平行者，有南北两美洲间之*C*区，与欧亚两洲南部之*K*区。由以上诸区之分布，可以证明二事。一为地震与火山之关系，地震与火山虽属二事，而关系极为密切，*B*、*C*、*D*、*E*、*F*、*J*、*H*、*K*诸区中皆有著名火山，惟*A*、*L*、*M*诸区中，则现代未闻有火山喷发者；二为地震与山脉之关系，例如南北美之西岸，皆为安第斯山脉延长之地，山最高而沿岸之海亦较深。沿亚洲东岸之*E*区，如日本诸岛以及琉球、台湾在地质历史上，亦为新生界造山作用重要活动之地，与安第斯山脉相遥应，而其沿岸之海底尤包有世界最大之深度，以上诸区之震中，似出于海底者为多，惟*K*区几全在大陆，但其地位及方向均表示与欧洲阿尔卑斯及亚洲之喜马拉雅山脉有明显之关系。

米氏之图，在近时已颇有讥其缺漏及浮泛者，盖其所根据仅五年中之仪器观察，且从地动计所算得之震中，有时间不能尽确者。法国巴洛尔（Montessus de Ballore）氏乃收集古今各国所记载17万余次之地震，而研究其分布之规律。其结果则世界地震区域当如图7中黑色所表示。此图比之米氏之图，自较精密。由此而求地震区之分布规律，可得简单公式如下：

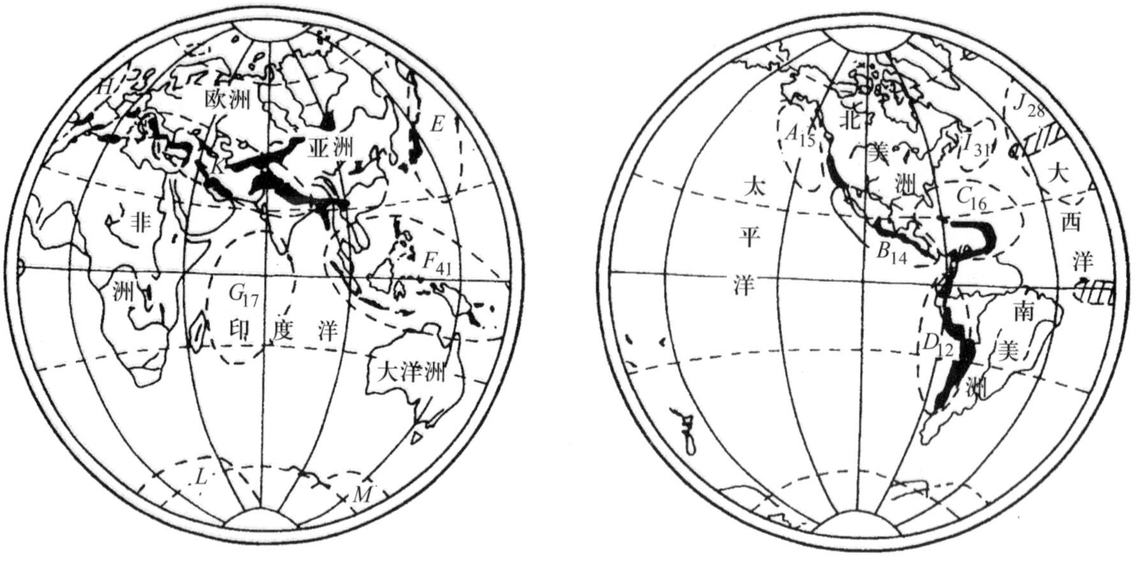

(a)东半球　　(b)西半球

图7　世界地震分布图

世界地震区皆在地球上之二大圆（球体几何之所谓大圆）。互交成67°之角。一环太平洋四周（地震之发于此者占全数百分之四十一有奇），一沿地中海、阿尔卑斯、高加索、喜马拉雅诸山（地震百分之五十四有奇）。此二大圆之地位，与世界大山脉相暗合。

欲知此规则之意义，巴洛尔氏求之于世界地史。当中生代之时，陆地面积甚广，爬行动物繁殖。惟大陆之间，隔有深海，海中泥沙，逐渐沉积，而海底亦逐渐下降。故沉积之厚，达数万尺。若是之地，名曰地沟（geosyncline）。至第三纪（新生代之大部）之后半期，则中生代之地沟先后猛受摺曲挤裂而涌起成为山脉。此项在中生代为地沟，而在第三纪成山脉之地带，其分布乃适在上述环太平洋及沿地中海之二大圆，故由上述地震区分布之规律，即可结论地震原因，当与此第三纪之造山作用有关。考之地质历史，自太古代以至第三纪，沧桑屡变。初为地沟，旋成大山者，先后相揆，如出一辙。然各时代之山脉，其位置时有变迁。以前时代之山脉，阅时已久，侵蚀已平者，其地震影响亦不甚著。惟去今未久第三纪（去今约100万年至300万年）涌起之山脉，乃特与地震区域密切相关。于是巴洛尔氏又为之结论曰：山脉之地（即由中生代之地沟摺曲拥起者），地震多而强，大陆之地（即未经摺曲成山或成山较古久已削平者），地震少而弱，执此分别，以统计世界地震。所得有如下表。

地别	大西洋北古陆	中华西伯利古陆	澳印马古陆	非洲巴西古陆	太平洋古陆	地中海古海沟	环太平洋古地沟	共计
地震次数（千次）	8.939	3.479	0.374	0.457	2.033	90.126	66.026	171.434
百分率	5.21	2.03	0.22	0.27	1.19	52.57	38.51	100

观此则上述结论，似可谓已得百分之九十以上之证明。故世界学者，亦已靡然风从，认为定律。各教科书中，辗转沿袭，深信不疑。虽然，为学重在理证，不贵盲从。巴洛尔氏所谓二大圆之地带，适为交通利便之邦，地震记载，存传较易。所谓古陆诸地，地震记载，是否与古地沟诸地同等完全。按之巴洛尔氏未尽利用之记载，及其未及闻知之新事实，是否皆与上述学说若合符节。著者无似，窃尚期期不无怀疑。愿世之学者，更加研究，不挟成心，庶有获焉。

2. 太平洋地震区之分布

日本大森房吉氏于太平洋地震研究独详。其最近所得（1923年3月印行），与图7大致从同。所异者惟：① 连贯太平洋西南群岛之线，为大森氏之自创，自系根据实际经验，足以补巴洛尔氏之图之所缺；② 喜马拉雅地震线及太平洋西南地震线之间，不从马六甲半岛沿岸相连，而于中国南部别画一线，以东联台湾地区，西连印度。此亦大森氏所创作，且曾藉以预言民国七年汕头之地震者。惟按之地质学理，实颇难解。盖太平洋周围及喜马拉雅山脉，皆尝为中生代之地沟，而受摺曲涌起于第三纪之世者。中国南部闽、粤、桂、黔以及云南之一部，则历史迥异，万难强同。且云南以西，山脉河流以及地层摺曲，明作南北方向，而强以东西方向之地震线连之，诚不解其何所据而云然，勿亦以为福建、云南数有地震，天然与东印度之地震区遥相呼应，故为此以迁就事实耶?信然则巴洛尔氏地沟之说有未足以尽概者更明矣。况据大森氏之图，黑线之外固尚有×记诸地，为近年大地震之自发或在所谓中华西伯利古陆，或在所谓太平洋古陆，巴洛尔氏于此又将何以为说耶?

大森氏于地震分布，更进一步而为发生次序之研究。其意以为大地震大抵在一地震带内之各中心点先后发生。在同一地点，则一次大震之后，有若不平之气已泄，必有若干时之静息，以让它点之继起。最著之例，如美洲沿岸成一极明显之地震带。此带自北至南，包有多数震中。其发生之次第，① 1899年阿拉斯加（Alaska）西岸震后，而有② 1901年及1902年墨西哥及中美之震，复有③ 1906年2月1日巴拿马（Panama）、哥伦比亚（Columbia）、厄瓜多尔（Equator）之震。照上理论，同带地震次第发动，则次期地震之中心，当在①及②、③之间，即当在美国加里福尼亚沿海。果也，1906年4月18日即有旧金山之劫。旧金山劫后，大森氏实地调查后于归途舟中发表意见，谓旧金山之震既在此带北部，则下次地震当在赤道之南，南美沿海。此言方电达美洲，即有同年8月16日南美智利国Valparaiso地方之震。预言之名，轰传一时焉。尤异者，Valparaiso震后半小时内，而自令海峡附近之海中又有钜震，足证南北美沿海确成一地震带，而其间地震之循环起伏，有首尾呼应之致焉。

同一震带而首尾呼应者，于印度亦有其例。1898年阿萨姆（Assam）之震在东，1905年坎格拉（Kangra，Bengal）之震在西，两者适居喜马拉雅山脉之两端。事实如此，诚有足异者。惟其以中国南部隶与印度隶于同一震带，则就地质构造言之，窃未见其当耳。

3. 日本地震区之分布

日本向为世界有名之地震国。本年东京、横滨之浩劫，若犹恐其名之不显，而更为之实证焉，良可骇矣。

日本地震研究素详。其震中所在，自其历史记载中最大之震223次中，求其分布，有如下述。可见太平洋方面地震之特多。

发源于太平洋者，47次；

发源于日本海者，17次；

发源于日本内海者，2次；

发源于日本内地者，114次；

震中不明者，43次。

复就常遇之小地震研究之中，中央气象台尝就1885至1890年6年间所测地震，而求其分布范围。此6年间无特大地震，故此图所据皆为平常小震，然其结果，亦证明太平洋沿岸地震之特多。可见无论以烈度或频度为标准，皆足证明日本不稳地带之偏在太平洋一面，盖日本诸岛之地位，自东北亘西南，而成一大弧形。弧之凸面对向大洋，此凸面之中部，即地震最多而烈处也。

日本地震区与火山之关系，火山线分为三线：① 日本海火山线；② 九州火山线，延长之可连及琉球；③ 富士火山线。寻此火山线及弧形岛之意义，殆当有横压力焉，自西北推向东南。岛之东南即弧之凸面，地壳有外向旁裂之势，故富士线火山因是而生，地震亦因是特多而特烈焉。

中国地震之分布，拟叙之较详，故特立一章。

（五）中国地震

外国学者有深信巴洛尔氏之分布学说者，以为地震区域当不出新生界造山作用之地带。世界有名地震之国，若日本，若意大利，若智利等，固皆处此地带内者，若中国则疆域虽广，实与沿地中海与环太平洋之二大圆无关，故名之为无震区域。而谓栖息其间者，可以安坐无忧。吾国人闻之亦曰，吾国无震国也，虽有宗教大同会之谣言，刘伯温救劫碑之怪语，吾不难以科学论辟之。呜呼，谣言诚不足信，彼辟谣者之所谓科学论者，又讵足信乎!非科学之不足信，乃执一偏以概其全，知信仰而不求理解者之过也。

据搜罗最完全之统计，自夏桀五十二年至今3500余年间，中国地震有记载可考者，共达3500余次（凡同时数处震动者均合计作一次）。几达平均每年一次，其间远古三代以及边远荒僻之震，为记录所遗漏者，当犹不可胜数。是就频度言之，中国地震固未尝少矣，更就烈度言之，山崩水涌、毁房舍伤人畜者，更不绝书。其中死人数千或数万范围及数省者亦数数见之，而如明嘉靖三十四年之震，陕、晋、豫三省压死官吏军民83万有奇，尤为古今中外所未有。此犹可谓史家传述，过甚其辞，如巴洛尔氏即尝以此怀疑者，则就民国以来吾人亲见之经验证之，如六年一月二十四日安徽、湖北间之震，七年二月十三日福建、广东间沿海之震，九年十二月十六日甘肃海原之震，十二年三月二十四日川边炉霍之震，其破坏作用又何尝多让于人。或犹谓吾国建筑不固，救济不速，伤亡之多大抵因此，殆不足以为比较之标准。则试就觉察动摇之范围言之，六七两年之震各五六十万平方公里，甘肃之震则愈170万平方公里，世界最大之震不过尔尔。况如甘肃之震全世界地动计皆有记录，而公认为稀见大震。日本东京地动计所记录者，绕世界一周而复回之震波，犹极清晰。事实如此而顾可人云亦云，信吾国为无震区域，而不思有以研究之耶?

地震之地有因它处震动波而震者，有因本处自为震中以波及于他处者，吾人所欲研究自属于后者而前者不与焉。惟欲确定震中必须同时有数地报告，而知其烈度最大之所在。若其仅书地动或地震之计载，则自动被动无由分别，混而计之反致错误。以此标准而详考中国地震则三千数百次中仅有250余次可以约知其震中。凡此震中，其位置皆不期而集中于一定地带。在此带中，震中密聚。除此带外，则震中殆绝无。若是者名之地震带。地震带之地质构造，皆有其共同之点，此共同之地质构造，实为发生地震之原因。共同之点唯何?一曰，地震带皆有重大断裂；二曰，发生大地震之断裂，皆时代较新者，即在第三纪或第四纪之初；三曰，水平动断层与上下动断层皆能发生地震。惟地震分布似与摺曲山脉无关。此数律是否能适用于全球，吾不敢知。在吾中国，则似历历可徵焉。兹依地理次序述中国之重要地震带。

1. 汾渭地堑带

陕西渭河谷、山西汾河谷及其延长地带，其地质构造皆为地堑，德文所谓Graben者是也。其地势二岸高峙，一谷中陷。所以然者厥以断层。山西霍山断层，上下断距达万余尺。西南延长至于华山，断裂之钜约亦称此。北自太原以上，西自西安以上，同类构造，绵延尚远。断层时代，古不过始新统，新或至洪积统。（美地质家维理士氏谓黄土以后犹为动作之迹）迄于今代，余动未熄。故地震之象数见不鲜。周汉二代已有记载。自唐贞观三年（629年）至清道光十年（1830年）1181年间，计有破坏地震即倾毁建筑伤亡人畜者32次，平均37年1次。为灾尤烈者如宋仁宗景祐四年（1037年）忻州死2万人，伤5000余人，代州死700余人，并州（今太原）死1800余人。元成宗大德七年（1303年）八月辛卯夕地震，太原、平阳尤甚，坏官民庐舍10万，计平阳、赵城、花宣义、郇堡绽10余里，太原、徐沟、祁县及汾州、平遥、介休、西河、孝义等县地震成渠，泉涌黑河，汾州东北城皆陷，因是改平阳路为晋宁路以祈宁静。明嘉靖三十四年十二月（1556年1月），晋、陕、豫地震，声大如雷，明史载称死亡人13万有奇（数目或稍夸大但其重可知）。其震中似在华县、朝邑、蒲州之间。地裂泉涌，或城郭房屋陷入泥中，或平地突成山阜。它如明崇祯十一年（1638年）

西安白水之震，清康熙三十四年平阳之震，皆毁及城垣房屋，伤人甚众。清季以来未闻大震，民国九年，因受甘肃大震之影响，此带感应亦较附近各地为烈。自动而震，或不远乎。

2. 太行山拗褶断裂带

燕晋之间平原东限，太行西峙，其间地层东领为多。灰岩遍于山岭，煤系埋于平原。一升一降，是曰坳褶。褶之较烈，又生断层。升降之形迹迄今未泯，即褶断之发生为时犹新。是带地震之多，不及前带。为灾之烈，亦较次之。然自唐大历十二年（777年）至清道光十年间，平均每96年间犹有破坏大震1次。其间最烈者为元世祖至元二十六年（1289年），保定附近地裂泉涌，贫富房舍多毁，死数万人。元仁宗延佑元年武安涉县毁官民庐舍，涉县死300余人。清道光十年内邱一带城垣房舍尽毁无遗，丧人数万余，震历1年。可见是带地震，虽不甚多，间亦颇烈焉。太行山以西地质构造甚为简单，惟泽潞之间，亦有断层，偶有地震尚不甚重。此带地震，北平亦受影响，但已不甚烈耳。

3. 燕山拗褶断裂带

北平之北，山岭陡起，李希霍芬氏所称为南口山脉者是也。实则称为燕山，似较适当。沿平原一带，拗褶甚烈，遂生断裂。温泉接踵，是其明证。较北似尚多断层，如延庆、涿鹿之间，殆有一地堑，较之汾渭地堑，虽大小悬殊，而此类构造与地震最有关系。此带地震与北平最为密迩。然记载反不甚完全。最古者惟知有晋元康四年（294年）涿鹿地震，死人百余。嗣后自宋嘉祐二年（1057年）至清雍正八年（1730年）673年间，共有较重之地震9次。即平均约每75年1次。然其中殊少重大灾情，足与上列二带比者。不过稍有破坏作用，建筑未固，倾圮较易，未必尽由于震动之特甚也。最近一次，较大之震，似在光绪八年张佩纶至据以奏参军机。

4. 山东潍河断裂带

山东地层平铺而断层纵横交割，其中较为重要者，多作西北东南或近于南北走向。其断移常东北上升，西南下降。潍河谷约与此类断层之一相合，山东半岛与山东西部即以此为分界。其构造上意义之重要，李希霍芬氏已言之。其为地震中心巴洛尔、Gauthier等亦已注意。考之史乘，汉宣帝本始四年（纪元前70年）北海（昌乐）、琅琊（诸城）之震，坏宗庙城郭，杀6000余人，黄河东南震动者49郡。清圣祖康熙七年（1668年）莒县、诸城之震，死5万余人。震区之广，远及燕、鲁、苏、皖诸省，府州县志记此地震者143处，故其分布状态，中心所在，至今历历可考。除此二震以外，其余震动多不甚重。故此带地震特少而特烈。推原其故，始以断层发生，为时已较古欤。

5. 山东西南断裂带

山东西南山地与平原之界线，亦源于上述西北东南走向断层之一。兖州南北一带山地，多为太古界片麻岩所成。而隐约出没于冲积平原之低山，反为时代较新之寒武奥陶纪之石灰岩。其间断裂不问可知。此断裂带向南延长，达于苏、皖北部。地震始见记载者为汉文帝元年（纪元前179年）山崩29处。自宋神宗熙宁元年（1068年）以后，记载渐全，迄于宣统三年，842年中，有破坏震9次。即约平均94年一次。较重者如宋熙宁元年须城、东河二县地震终日，沧州、清池、莫州亦震，坏官私庐舍城壁。是时河北复大震，或数刻不止，有声如雷，楼橹民居多摧覆，死者甚众。

6. 山东登莱海岸陷落带

山东登州与辽东半岛相隔一衣带水，宽仅百公里。且中有庙列岛以相连属。其为陷落中断形势上甚为显然。山东沿海地震，亦以登莱一带为最烈。自宋仁宗庆历七年（1047年）至清光绪三十四年，862年间计有较重之地震9次。即约每96年1次。其间较重者如明世宗嘉靖二十七年（1548年）登州之震，毁城垣房屋多处，较久者如明神宗万历三十七年（1609年）荣城之震虽烈度不大，而时历数年。最近者为清光绪三十四年烟台至黄县间，曾有轻震。

7. 甘肃贺兰山断裂带

自贺兰山高峙与宁夏以西，一自西向东之逆掩断层（overthrust），使震旦纪地层倒置于石炭纪地层以上。此水平力所生之断层也。此断层延长北自平罗，南至中卫，长至100公里以上，其间地震自唐宣宗大中三年（849年）起至清光绪十五年（1889年）止，共有大震12次，平均每86年1

次。其中如明熹宗天启七年（1627年）之震，宁夏各卫营屯堡自正月己巳至二月己亥凡百余震，大如雷，小如鼓，公署城垣房屋边墙墩台毁圮。清圣祖康熙四十八年（1709年），宁夏等处地震，中卫尤甚，压死2000余口，清远卫城塌，自是屡震，年余始定。而最烈者似莫过于清高宗乾隆三年（1738年）之震，新渠、宝丰二县全部毁灭，至今未复。宁夏府城向为西夏首都，城郭完固，亦几全毁，次年重修，即现在所存者，范围大缩。它如中卫等城，现在所见者亦多乾隆四年重修。一时地如鼠跃，土皆坟起，斥裂盈丈，村堡城垣堤坝屋舍庄窑尽倒，压毙5万余人。成灾之烈，概可见矣。

8. **甘肃泾原断裂带**

民国九年十二月十六日之大震，即源于此。其震中区域，当在海原、固原、清远、静宁、隆德、会宁、通渭诸县之间。其地黄土极厚，土下地质迄今不甚明了。度其地势适在陇山西麓，或亦为断层所致。古来所称陇西地震，多出于此。除汉代所记者外，自隋文帝开皇十三年（593年）至民国九年，1327年间，计得大地震22次，即平均每65年1次。最烈者如南宋宁宗嘉定十二年（1219年）固原、隆德、平凉、镇戎，有声如雷，旋大震，死万人。元成宗大德十一年（1307年）固原官署民舍尽毁，死5000余人。明熹宗天启二年（1622年）平凉、隆德、镇戎、固原地震如翻，城垣屋宇多毁，死1.2万余口。清世祖顺治十一年（1654年）秦州地震一年余，声如雷，官署民房均毁，死万余人。民国九年十二月震灾之重，尤为空前浩劫，死者之多受震面积之广，皆为世所稀见，至今犹震动频作，未归静息云。

9. **甘肃武都折断带**

秦岭山脉，为吾国中部褶曲山脉。其褶曲时代当在古生代与中生代之间。其位置则平分南北，横贯中原。在河南、陕西者，原作东西走向。乃至甘肃南部，则山脉方向，骤成西北，与祁连山脉遥相呼应。转折最烈之处，武都、西和、成县、文县一带，即为震中区域。地震记载之最古者，为汉高后二年（纪元前186年）武都之震，时历数日，山崩，死760人。又晋武帝太康七年（286年），成县之震，山崩屋毁。嗣后记载较详者，自明崇祯六年（1633年）至光绪七年（1881年），248年间，共有破坏震5次，即约每50年大震一次。其中最重者为光绪五年之震，阶州、文县皆山崩地裂，阶州死9800余人，文县死1万余人。嗣后屡有余震，至光绪十五六年（1889—1890年）始已。

10. **河南南阳折断带**

秦岭东延而为熊耳、伏牛，伏牛山脉至方城、南阳一带，忽马终止，向南推移而为桐柏山脉（外人又称淮阳山脉）。此二山脉移离之处，似应为地震发生之区。乃考之于史，殊少佐证。惟清顺治十七年（1660年）南阳地震，毁屋甚多，似即导源于此。

11. **安徽霍山折断带**

桐柏山脉之在豫、鄂二省间者，原作西北至东南走向，乃走入皖境，至霍山、潜山之间，突变方向，而成为西南至东北走向，折转角度，几逾90°，其间地震，发生甚频，记载较详者，自明神宗万历四十三年（1615年）至民国六年（1917年），302年中，地震5次，平均每60年1次。是地震破坏作用尚不特烈，且震中偏在山地，不当城市，成灾自亦较小。惟一经震动，往往余震颇多。如清乾隆三十四年震后，七八年间时见小震。民国六年一月二十四日大震，霍山死数十人，受震面积60万平方公里（图8）。余震时作，至二月二十二日复有大震，至四五月间，犹未尽息云。

12. **四川南部断裂带**

蜀、滇二省之间，金沙江曲成弧形，凹侧向北。约略沿此弧形有一极大逆掩断层，使江北川南之高原移向西南。与此逆掩断层相关系者，或更有其他断层。其地地震自昔著名，最古者为汉成帝河平三年（纪元前26年）犍为之震，山崩塞江，江水逆流，淹没城郭。唐贞观十二年（638年）之震，震中似在西昌及松潘。唐宪宗元和九年（814年）嶲州（今西昌）昼夜震80次，地陷者30里，自明宪宗成化十四年（1478年）至万历三十八年（1610年），133年间大震5次。即在此区域内平均每26年1次，此为四川最重要之震源矣。

13. **云南东部湖地断裂带**

云南东部大断层甚多，发生之时代甚新，故此区域地震特烈。断层结果大抵旁升中陷，形成地

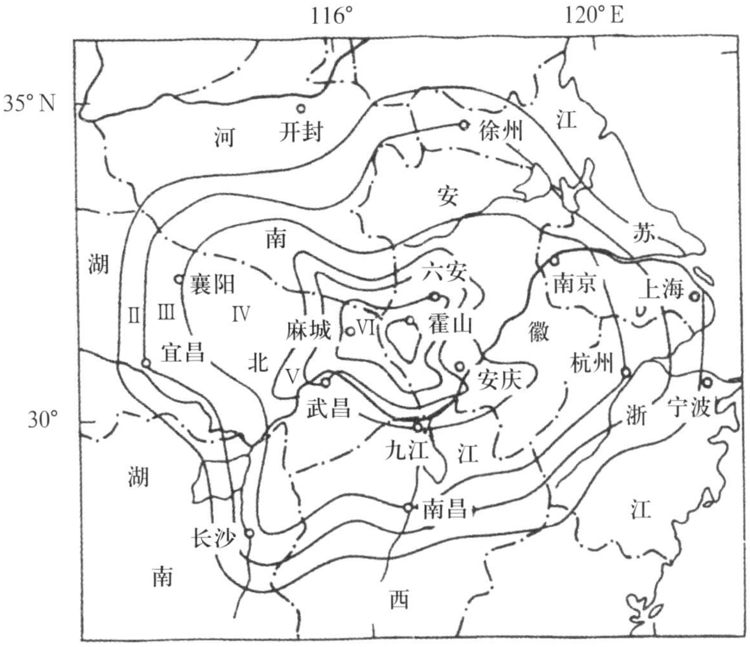

图8　民国六年安徽地震图

堑。水流所潴，遂成湖地。大致言之，重要断层可分二系。第一系南北走向，第二系西北至东南走向。第一系之重要断层产生抚星、杨宗等湖，自东川以迄通海，南北延长逾300公里，稍东又一断层，经过路南，延长亦240公里，复东又有弥勒断层；第二系之断层，在建水、蒙自一带见之，亦多陷成湖地。自明孝宗弘治七年（1494年）至清宣统三年（1911年）418年间，此区域内共有破坏震24次。即约平均每17年1次。其间尤可注意者，如明弘治十二年（1499年），宜良之震，房屋尽毁，死数万人，震历4年。万历三十四年（1606年）临安（今建水）之震，毁房宇祠庙，死千人，震历6月。清道光十三年（1833年）路南、澄江间之震，毁房8万数千间，死6700余人，震历3月。光绪十三年（1887年）石屏之震，城垣倾矣，死2000余人。类此者史不绝书，诚一大震区也。

14. 云南西部湖地断裂带

大理、丽江一带多狭长形湖地，如剑湖、洱海等，与云南东部相似。虽地质调查，尚未遍及，而大致构造仍多断层则可断言。自明成化十年（1474年）至清宣统末年，共有破坏震19次。即平均每21年1次，亦云数矣。其中尤烈者，如明弘治十二年，大理之震，房宇尽毁，死数万人，历时4年。清顺治九年（1652年）蒙化之震辅以钜声，屋宇尽毁，地裂泉竭，死3000人，历1年余。

15. 广东琼雷断陷带

雷州半岛与琼州之间，相距不逾30公里。颇似断层陷落，因而分开。即不然，琼岛附近亦必不乏重要断裂、重要地震，如明嘉靖五年（1526年）儋县之震。万历三十三年（1605年）琼州房居尽倾，地如雷鸣，死者千计。清雍正二年（1724年）崖州全城尽毁，震动之烈可见一斑。然雷州地质尚未调查，实在原因，实难悬定。

16. 福建泉汕沿海陷落带

福建泉州至广东汕头之间，海岸曲折，多经崩落，自古以来，地震数见（日本大森博士谓民国七年大震以前向无地震记载者，似未深考）。有破坏作用者，如宋英宗治平四年（1067年），福建南部各郡县地震，潮州尤甚，地裂泉涌，压覆州郭及两县屋宇，士民军兵死者甚众。元世祖至元二十七年（1290年）武平泉州官民死者7000余人。明英宗正统十年（1445年）漳州、龙岩震100余日，鸟兽惊走，山石崩坠，屋舍尽毁。万历三十二年（1604年）泉州海陆摇动，城中尤甚等，皆是其例。民国七年二月十三日之震，震中带在泉汕之间，作狭长形，与海岸相平行，其间关系更为明了。受震面积达50余万平方公里（图9）。

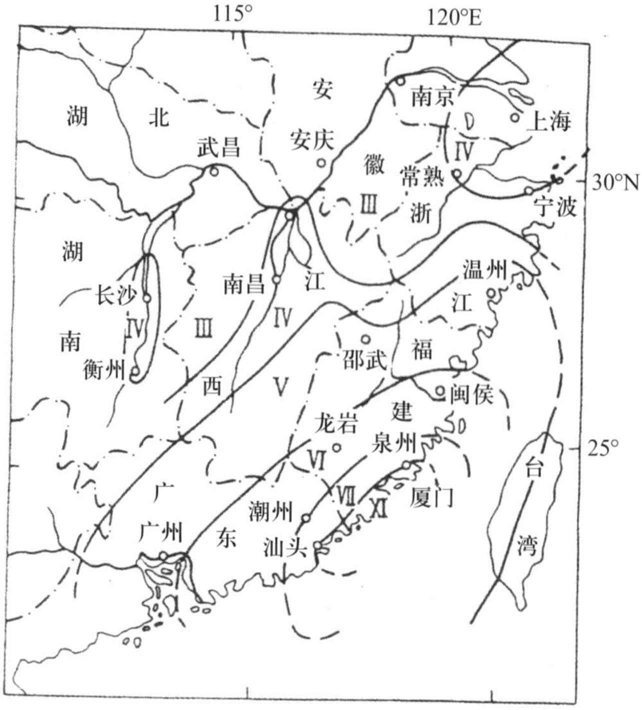

图9　民国七年福建地震图

以上所记各区域从地质构造上分别之，则主要各类为：① 发生地堑之垂直断层，如汾渭地堑，云南湖地等是。地震最多而烈，甘肃泾原或亦近此；② 秦岭山脉之折断处，如甘肃武都及安徽霍山是；③ 水平移动之大断层，其地或更有较新之垂直断层，如贺兰山及川南是；④ 沿海陷落地，山东登州、闽粤沿海属之。

新疆亦有震中区域，20年来已二见大震。川边地震履作，民国十二年三月十四日，炉霍、道孚二县震尤烈，死2000余人，200里内炊烟为绝。其地质原因，或以已在喜马拉雅山脉由东西走向折向南趋之处。腾越附近亦有地震，或以火山关系。此外如南京、扬州之间，屡有轻震（惟明万历四十三年扬州狼山寺殿坏塔倾）。湖南湘水上流，及洞庭东侧，或有重要断层。福建长汀一带，甘肃西宁凉州附近及甘州、肃州一带似有震源，原因尚难确指。浙江东南海岸小震颇多，殆亦不外沿海陷落。又如阴山南麓，兴安岭东南，以理论之，应可有震，而于史无徵者，记载有未详，或地质未甚明，盖难言之。

抑更有言者，地震现象为中国所常有，历史证明，地质推论，以及近代观察，三者结论若合符节，殆无疑义。则国人详细记录精密研究之责，实已无可旁贷。盖不特对于民生，希望达预防灾祸之目的。且对于世界，亦有贡献研究之义务也。世界各国如日本设置地动计多以百数，而反观吾国则规模完具者，惟有上海徐家汇天主教所设之一台。此外惟俄人于新疆，日人于满洲，意教士于西安，略有设置，亦尚未见有报告刊行。而国人于此则阅其无闻焉，亦可叹矣。

（六）地震预防

地震之为灾，既若是其可怖，故研究地震者，莫不苦思所以预防之术。虽所得结果，犹去期望甚远，然此固研究地震重要目的之一，不可忘也。

1. 地震预报

地震之来，今果有术以先知之乎?此固人人所切望，而惜乎犹未能耳。日本专任研究地震之机关，曰震灾预防调查会，以预报震灾悬为目的之一。其会员如大森博士，为近代地震学泰斗，尤尝以预言地震闻于世，然于今次东京之震，则固未闻其有所预知也。法人巴洛尔氏为近世有数之地震学家，智利政府以国多地震，聘为地震研究所所长，乃历年以来，竟未能先知，智利人士为之失望，巴洛尔氏在职病故，犹以人不我谅，引为遗憾（见法国地理年报）。夫极科学研究之能事，犹有所未能，而谓凭藉阴阳五行之说，假借鬼神虚无之言，可以预知某时有震，如今年之谣言者，此其自欺欺人，万万无当，诚不及识者之一笑矣。

诚使地震之发生，与天文气象有确定明显之关系，则凡遇天文气象之骤变，或其他有特征之发现，即可据以为地震之预报，若今气象学者之预报飓风者然。无如此类关系虽经地震学者穷搜博考，而所得结果竟皆依稀缥缈，绝少把握。其希望之少，第三章已略述之矣。

地动计之观察，诚至精密，然亦必震至而后知。虽初期微动先主要动而至，然亦不过数秒钟之差。且地震之能成灾者，要离震中不远，而地动计愈近震中者则初期微动亦愈短。换言之，即震中地方，虽数秒钟之先知，亦不可能也。地动计之所能者，惟于离震中较远之地，人不觉震，信尚未至而地动计能先报告震之所由起。汉书述张衡地动仪，谓尝一龙机发，而地不觉震，既而驿至，果震陇西。盖当长安预告之时，固已在陇西震发之后。虽迁张衡与陇西，仍无救于其地之震灾。古今仪器精粗虽殊，而效用相去，固未远也。

有人谓人身感觉，有时能预觉地震者。米尔恩氏自谓在日本时往往于地震未至之先，若有所感。甚且如1880年2月22日大震，尚未发生之前数小时，即经电告横滨友人，整理仪器。然又自谓此类感觉，亦往往不验，故亦终不可尽信。此外古代记述，视为地震先兆者，事类甚多，言近迷信，可不琐述。又有谓动物中有感觉特灵，于地震前预现不安者，如犬猫蛙等。野鸡于震前惊鸣，且经大森氏多次试验，谓平均能预觉于九秒钟以前。此类预觉，除观察者成见、迷信者外，要亦不过能于初期微动，即受感觉。则其实际上预报效用，自亦无以过此。又有谓地震之前，见井水低降，或变味者，理成有之，要亦未易一概论也。

以统计的方法，而谓某区域内每若干年有震一次者，以此为暂时比较之标准或尚可用，以此为震期之预言则难尽信。盖地震发生并无确定周期之必要也。大森氏破坏震次第继续之说，颇有所验，已见前章。甘肃地震，依稀亦有南北震区更迭起伏之概（见拙著《甘肃地震考》）。然时间之距离，既极不一致，而烈度之强弱又未能一律，故事后比附或不免讥为牵强。无论如何，要不能如天气之预报。至大震后之余震，则双曲线定律诚可惊叹。然理由未明，经验尚少，欲求如日月食之确定预知，固尚远也。

日月食等天文观象虽甚辽远，然其原因甚明，情形甚简，故易得定律，凭以计算。地震则真实原因犹未精悉，发生状况尤极杂复，故一切预言皆难精当。知果何种地质构造能生地震，每种发震须积储动力若干，每处地壳能抵抗动力若干，详密测定，则地震预报亦非不可能。欲达此目的，自非世界各国共起研究不为功，正未可因其尚少近效，而遂忽之也。

2. 震灾救济

地震之来既尚无法预报，则惟有设法减轻震灾。而欲减轻震灾，尤必先研究其成灾之原因，而后乃能讲求救济之方法。

地震之为灾自首在房屋倒塌，就著者视察民国九年甘肃地震之结果，可以断言：① 土墙最为危险，震中区域内，虽厚至数尺至丈余之城垣，亦多倾倒，民居土墙，更不必论；② 砖墙亦较木柱为易倒，故往往木制梁柱依然未动，或仅稍倾斜，而四壁墙垣，则全数塌坏；③ 愈高耸之建筑愈易坍塌，故城垣之雉堞及钟鼓楼等，最易受损，它如铁旗杆、神道碑等有截为二段者，力大可知；④ 孤立之房屋较易倾塌，若鳞次栉比之街房则彼此维持，较少全塌；⑤ 山涯水滨之房屋受灾较易，其在重要断层线上者尤更危险；⑥ 冲积层或其他原质疏松之地，震害较大，石山则震害较轻。此皆就吾国经验言之，若耐震房屋之构造，则欧、美、日本研究甚详。然与中国建筑不能尽适，且限于篇幅不及悉述。

房屋倾倒，压毙者固所不免，而伤而不死者尤属甚多。尝闻有震后覆压数日救出犹未死者。若救济不速，则将活埋而死矣。尝观中外地震死伤统计，外国常死者少而伤者多，中国则死者多而伤者少。交通不便，救济不速，生者不能辞其咎矣。

因地震而发生之附带现象，其成灾往往尤烈。在中国北方甘、陕、晋、豫等省，黄土广而且厚，故一遇地震即苦山崩。有黄土小山全山崩倒，冲走至三四里之远，而后推积者。又有谷之二旁土山相向而崩，壅塞沟壑者。诗所谓高岸为谷，深谷为陵，殆指此类现象而言，而为当时已见大震之明证。此等地方生活简陋，穴居窑洞者所在皆是，一遇山崩，岂有幸理。尝谓中国地震死人之多往往骇听，而历观往事北方尤甚于南方，理由在此夫复何疑。

海滨之地则因地震而生津浪，且往往有震中在海底，岸上震不甚大，而独苦海啸者。日本沿海此恙独烈，中国汕头等处亦所不免。波涛所至，其成灾往往较地震为尤烈焉。

土地陷落亦偶有之。然要不甚广，有时裂缝极多。或且涌出泥水，致使农田不堪耕种，亦足以加重灾情。

外国地震其成灾之最大原因尤在震后之火灾。繁华愈盛，灾情愈重。如葡京里斯本、美国旧金山及最近日本东京、横滨之震，皆例之最显者。人口之死伤，建筑之毁坏，源于震动者二三，而原于火灾者乃七八。中国则向来此恙较少，将来市街建筑趋仿洋式，电灯、煤气、汽油等之应用推而愈广，则亦未能免乎!

地震之后，尸骸堆积，交通梗阻，水流淤积，粮食不足，发生疫疠，有一于此皆为后恙。故善后事业，极为繁重，不仅复兴建筑而已也。

总而言之，地震频多而烈之地，于建筑之位置及方法必须预为讲求。震灾既成之后，则必须赶速救人、止火、接济粮食、修洁地方、开通水道、修整交通，此为吾人对此不可抵抗之天灾，所应尽之人事、诚能力尽人事，则天灾亦未始不可减至最低之程度也。

二、火山学及地震学（摘录）

翁文灏，《科学》14卷5期，1929年（15）

（一）火山破口问题

喀拉喀托火山大喷出后只剩残破之周围，中间陷落，是名破口（Caldera）。世界各处旧火山中如苏门答腊之多巴大湖、希腊之圣托里尼、意大利之埃特纳，均有类似情形。关于破口之成因，此次有荷兰学者（B.G.Escher）与日本学者田中馆二氏均有新颖见解，但尚未得折衷定论。

（二）地震震波传导速率之变化

从震波传导速率之不同，可得若干学理的结论，此次日本（Siniti K wnitomi）报告最近研究，发现一种公律，即凡从太平洋发生之地震，其纵波传播平行日本岛之方向者其速率小，直交日本岛之方向者其速率大，反之，从日本海发生之震波，则速率之差数较小。更发明沿日本海岸进行之远，常较沿太平洋海岸进行之速率为大，从此观察可以推知日本岛在太平洋的方面受伸张，而在日本海方面受挤逼，又从Tan及Angenheister之研究，知地面波之速率，在海洋下者较在大陆下者较大百分之二十五，纵波当亦如此，此皆可以与海陆均衡说及大陆漂移说互相证明之新观察也。

以上仅就个人注意所及，摘举大略，以示一斑，欲窥全豹自须阅读正式记录。

三、地震

涂长望，《科学丛刊》第二集，1929年（15）

（一）地震原因

1. 地质学之地震解说

地壳移动为地震之惟一原因。

（1）崩塌地震（局部的震动无多大损害）；

（2）火山地震（局部的震动无多大损害）；

（3）构造地震——普通之大地震皆属之。

2. 地质以外之地震解说

（1）地震与纬度变迁之关系。

地球南北轴线并非绝对固定，而实稍有变移，因之各地纬度亦随之而变。地学家经长久之研究，始证明破坏地震之发生大低与纬度之剧变，同时，说者谓因地球内部物质有所移动之故。

（2）地震与地磁之关系。

地震前后磁力之分布往往有异，此可证地震与地磁有相当关系。

（3）地震与电气之关系。

空中电象骤变时往往发生地震，确定关系至今不明。

（4）地震与气压之关系。

……气压加重则地震加多。

以上四种关系固能存在，但无一定之定律，故不能成为科学之理论。

（二）地震分布

世界地震区皆在地球上之二大圆，互成67°之角；一环太平洋四周（地震之发于此者，占全数百分之四十一有奇）；一沿地中海阿尔卑斯、高加索、喜马拉雅诸山（地震百分之五十四有奇）。此二大圆之地位与世界大山脉相暗合。

大凡山脉之地震多而强，大陆之地震（即未经褶曲成山，或成山较古久已削平者）少而弱。

（三）中国地震

中国地震之区域及分类。

（1）汾谓地堑带。陕西渭河谷、山西汾河谷及其延长地带，其地质构造皆为地堑(Graben)。其地势二岸高峙，一谷中陷，所以然者，厥以断层。

（2）太行山拗褶断裂带。直、晋之间，平原东限，太行西峙，其间地层东领为多。一升一降是曰拗褶，褶之较烈又生断层，遂成其为地震带。

（3）燕山拗褶断裂带。北平之北燕山陡起平原一带，拗褶甚烈，遂生断裂。

（4）山东潍河断裂带。山东地层平铺，而断层纵横交割，其断移常东北上升，西南下降。

（5）山东西南断裂带。断裂带向南延长，达于苏、皖北部。

（6）山东登莱海岸陷落带。

（7）甘肃贺兰山断裂带。此断层延长，北自平罗，南至中卫，长至100公里以上。

（8）甘肃泾原断裂带。

（9）甘肃武都折断带。

（10）河南南阳折断带。

（11）安徽霍山折断层。

（12）四川南都断裂带。

（13）云南东部湖地断裂带。

（14）云南西部湖地断裂带。

（15）广东断落带。

（16）福建泉汕沿海陷落带。

以上所记各区域从地质构造上分别之，则主要各类为：

①发生地堑之垂直断层，如汾渭地堑、云南湖地等是，地震最多而烈，甘肃泾原或亦近此；

②秦岭山脉之折断处，如甘肃武都及安徽霍山；

③水平移动之大断层，其地或更有较新之垂直断层，如贺兰山及川南；

④沿海陷落地，山东登州、闽、粤沿海属之。

民国时期地震考证

（下卷）

高孟潭　主编

蒋克训　李学勤　徐爱信　副主编

地震出版社

图书在版编目（CIP）数据

民国时期地震考证. 下卷/高孟潭主编；蒋克训，李学勤，徐爱信副主编. —北京：地震出版社，2022.12

ISBN 978-7-5028-5396-9

Ⅰ.①民… Ⅱ.①高… ②蒋… ③李… ④徐… Ⅲ.①地震—研究—中国—民国 Ⅳ.①P315.732

中国版本图书馆CIP数据核字（2021）第241385号

地震版 XM4960/P（6184）

民国时期地震考证（下卷）

主　　编：高孟潭

副 主 编：蒋克训　李学勤　徐爱信

责任编辑：李肖寅　范静泊

责任校对：凌　樱

出版发行：地震出版社

北京市海淀区民族大学南路9号　　邮编：100081

发行部：68423031　68467993　　传真：68467991

总编办：68462709　68423029

编辑一部：68426052

http://seismologicalpress.com

经销：全国各地新华书店

印刷：河北文盛印刷有限公司

版（印）次：2022年12月第一版　2022年12月第一次印刷

开本：889×1194　1/16

字数：1672千字

印张：54

书号：ISBN 978-7-5028-5396-9

全套定价：320.00元

《民国时期地震考证》编委会

编者的话

《民国时期地震考证》是中国地震局地球物理研究所与中国地震局办公室共同申报并承担的“中国历史地震档案考证、研究和利用”项目课题的研究成果之一。

本汇编的档案及文献均保持原有历史真实面貌，并尽可能本着这一原则搜集和编纂了这一历史时期重要地震事件的地震记录图纸、地震现场宏观考察或调查报告和各种期刊上发表的重要地震论文、专著等科技成果。

民国时期（1912—1949），是中国近代史中不可缺失的一个重要发展阶段，是客观存在的历史事实，也是五千多年中华文明的文化载体的一部分。将这个历史阶段所发生的重要地震事件的地震档案及论文共146篇汇编成上卷和下卷两册，是我国地震科技及档案工作者应尽的责任和义务，也是我们方便地震科研与管理人员查阅民国时期地震灾害简史及地震科技成果这一专题性的文献资料而整理出版的专著，希望能对我国未来的防震减灾事业有一定的参考价值。

本书选取的重要地震事件，基本客观地呈现了这个历史阶段中国地震活动水平及分布状况和所造成的重大经济社会影响以及中国防震减灾事业诞生、成长、发展的艰辛历程，更明确无误地告诉人们，一大批中国近代物理学、地学的老前辈权威专家（绝大多数是中国科学院院士或中国工程院院士）为我国的地震科学事业发展做出了不可磨灭的贡献。他们是：翁文灏、谢家荣、王烈、李善邦、金咏深、李春昱、陈国达、叶企荪、吴有训、竺可桢、李四光、赵九章、涂长望、杨钟健、尹赞勋、侯德封、王竹泉、傅承义、翁文波、武衡、王振铎、张耀宗、童振藻、熊昆山、常隆庆、孙文清、秦馨菱、贾连亨、谢毓寿、王仁煜等。在此，对他们表示崇高的敬意和缅怀。

本书对每一个地震事件均给出发震时刻、震中位置、震中烈度、震级、震源深度及震中附近的主要地名。相关资料来自中国地震局震害防御司于1999年编的《中国近代地震目录》。

本书收录的档案或文献，均按地震事件发生的时间或文献发表的期刊、报纸年代先后次序排列。每件档案或文献，均注明其出处及单位、作者。

1949年新中国成立之后，由于国家经济建设发展的需要，很多单位及院士专家对民国时期所发生的重大地震事件现场，做了更为广泛细致深入的复核，使得考察和研究工作更加完善。在一些重要地震事件的调查报告后面，我们编入了新中国成立之后的补充内容，使调查报告的内容更加丰富。这批院士专家有丁国瑜、李玶、邓起东、梅世蓉、郭增建、时振梁、刘正荣、李群、苏公望、环文林、万自成、江在雄、冯先岳等。在此对他们的辛勤劳动表示由衷的谢意。

本书实际搜集整编工作只用了大半年时间，不免有遗漏之误。加之原计划要去我国台湾搜集民国时期的档案、文献，因种种原因未能成行。期望今后如有机会，会使这一时期的地震档案文献汇编更为丰富和完善。

2020年6月

目　录

1931年8月11日新疆富蕴8级地震及该年地震论述

【编者按】1931年8月11日在新疆维吾尔族自治区阿勒泰地区富蕴县发生8级地震。本篇含上海徐家汇地震台及大连地震台记录的富蕴8级地震图；李善邦的《新疆地震》（文中明确无误地显示了当时北京鹫峰地震台记录有富蕴8级地震图，后因日本侵占北京，鹫峰台所记全部地震图档案遗失）；新疆维吾尔自治区地震局的"1931年富蕴8级大震调查报告"；丁国瑜有关《富蕴地震断裂带》一书的前言；《新疆维吾尔自治区地震资料汇编》有关富蕴地震史料及地震遗迹照片；及孙文清的《张衡著述年表》与王应清的《近代地震学》等史料。

发震时刻：1932–08–11，05：18：43；

震中位置：47.1° N、89.9° E；

震　　级：8级；

震中烈度：Ⅺ度；

震中附近地点：新疆维吾尔族自治区阿勒泰地区富蕴县附近；

宏观震中：46.8° N、89.9° E；

宏观深度：14km。

一、地震记录图

摘自《中国早期地震台历史地震图鉴》（第一卷、第二卷）。大连地震台、上海徐家汇地震台记录的新疆富蕴8级地震（余震）图如下。

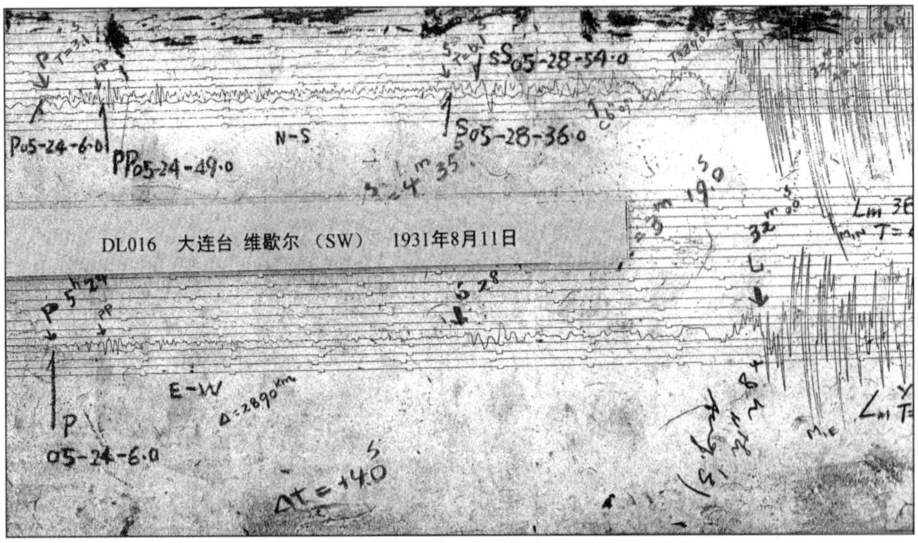

DL016 大连地震台1931年8月11日记录新疆富蕴8级地震

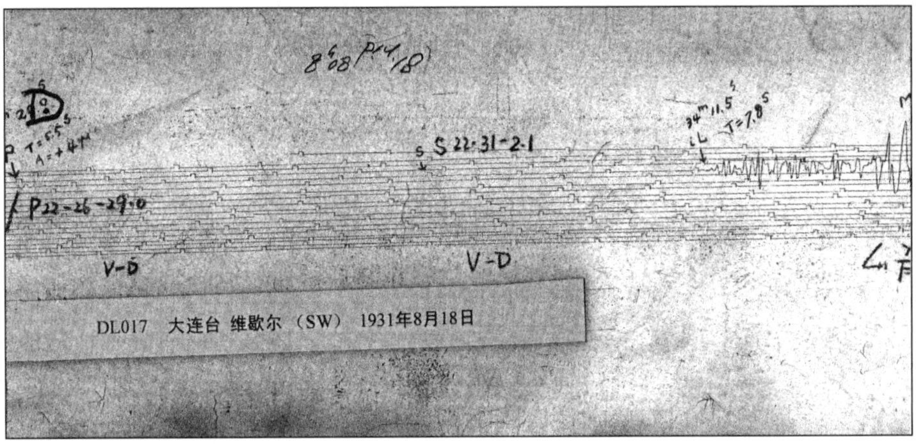

DL017 大连地震台1931年8月18日记录新疆富蕴8级地震余震图（垂直向）

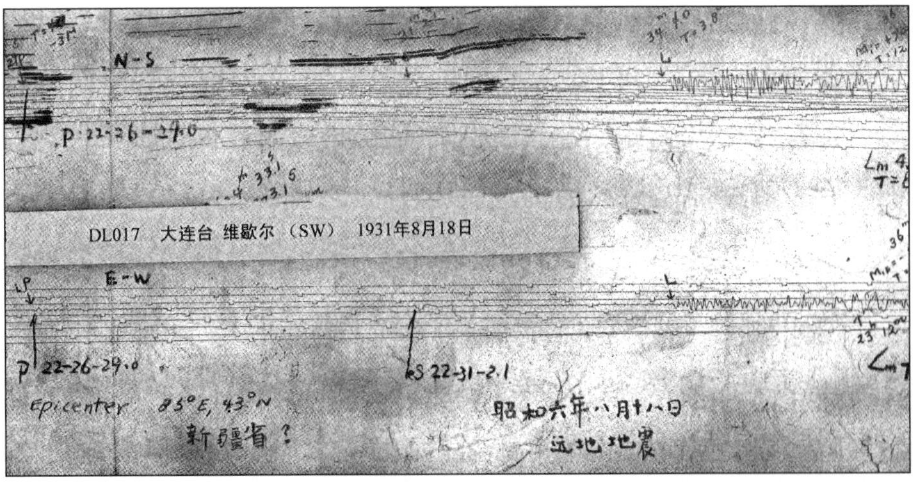

DL017 大连地震台1931年8月18日记录新疆富蕴8级地震余震图（南北向、东西向）

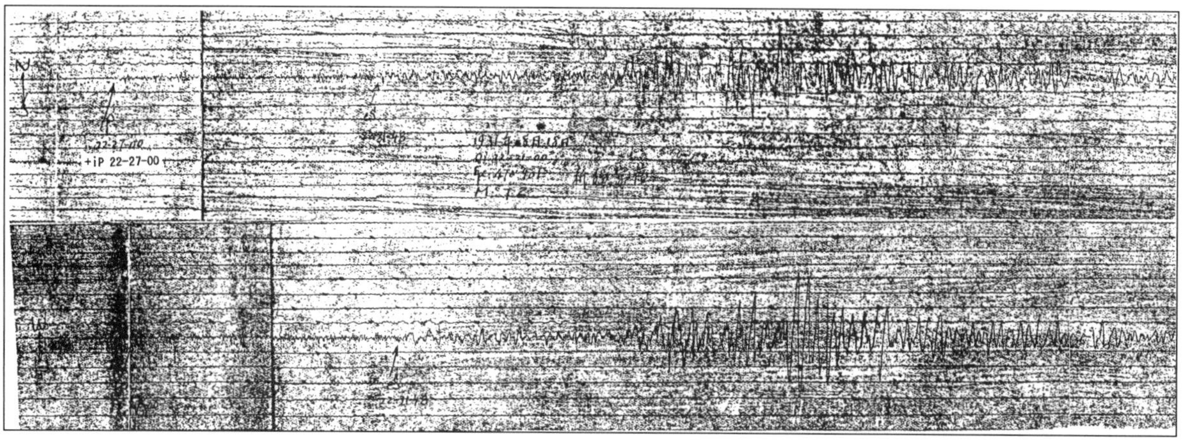

Z098　上海徐家汇地震台1931年8月18日记录新疆富蕴8级地震余震图（南北向、东西向）

二、地震史料

（一）新疆地震

李善邦，《国立北平研究院院务汇报》（第五卷第一期）。

1. 前篇——全省地震活动地带

新疆虽为一行省，然其地面等于我国全部三分之一。论其地势，或升为高山，或降为盆地，一起一伏，如水波焉。其北为阿尔泰山，乃由断层地带，两边陷落，残留于中间之一地垒（Horste），其北陷落地为西蒙古盆地，于南即准噶尔盆地。天山横截于其中部，为第三纪褶曲作用所构成者，其北麓接准噶尔盆地，其南麓起塔里木盆地之北沿，其南沿接于昆仑山脉是为省疆之界。今若循西南东北之方向，剖而视之，将见昆仑山高耸7000米尺，迩北降为1000米尺之塔里木盆地，又隆起天山6950米尺，再降至不及1000米尺之准噶尔盆地，又隆起阿尔泰山3000米尺，其地势起伏，有如是者（图一）。

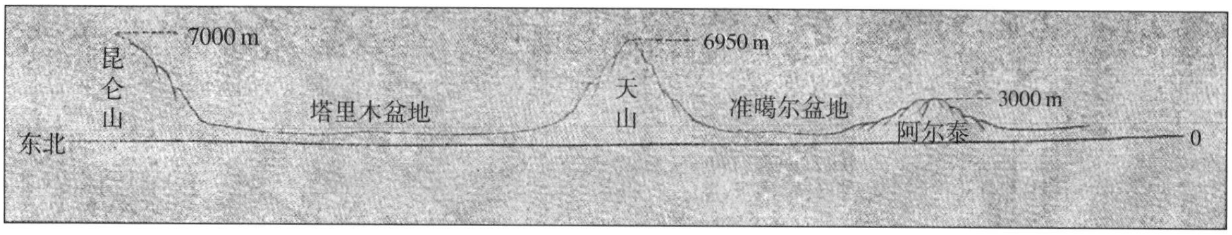

图一　新疆地势剖图

此种广大褶曲拗折之地带，自多地质弱点，资地震活动之中心。据近代记录，帕米尔新疆一带，一年之中至少有六十次地震，其中震动全球甚多，惜其地地旷人稀，文教不宜，交通阻梗，其地震情形——山川变化，人畜沦亡，史籍固难稽，近世亦鲜有闻。幸赖十数年来，观测仪器，日臻完善，从记录所得，亦能推测其震源地。

仪器记录推测新疆地震目录表

年–月–日–时	震源地		播动距离（公里）	附 注
1716	阿克苏			全境破毁
1906–3–2	莎车			
1906–12–22	约42°N	80°E		
1911–1–4	北天山（中俄交界处）		甚远	死450人 地多堑裂
1914–10–9	35°N	78°E		
1915–6–3	37°N	72°E		
1917–6–21	37.5°N	72.5°E		
1918–9–12	39.5°N	72°E	5667	
1919–6–28–10	35°N	90.5°E	7078	
1919–7–24–2	40°N	76°E	15667	
1920–5–2–8	35°N	90.5°E	11467	
1920–5–2–14	35°N	90.5°E	17044	
1920–6–14–13	40°N	76°E	5822	
1920–9–20–23	45.5°N	94°E	7756	
1920–10–12–6	35.7°N	81°E	16278	
1921–11–15–20	36.5°N	70.5°E	153783	
1922–8–25–19	50°N	91.8°E	11767	
1922–9–29–18	42.5°N	89.5°E	10622	
1922–10–16–16	39.5°N	91.5°E	16767	
1922–12–17–0	29N°	73°E	15489	
1923–7–21–12	40.5°N	82.5°E	6167	
1923–7–16–13	37.5°N	72.5°E	5667	
1923–7–29–9	37.5°N	72.5°E	5667	
1923–8–10–1	41°N	77.5°E	6933	
1923–8–10–2			1311	
1923–9–21–20	50.5°N	86.5°E	9456	
1923–10–28–9	46°N	89°E	5289	
1923–11–21–13	37.5°N	90°E	6856	
1923–12–16–11	37°N	81°E	4844	
1923–12–20–15	39.5°N	72°E	5622	
1924–3–31–16	40°N	76°E	5400	
1924–5–11–22				
1924–6–17–16	37.5°N	90°E	6489	
1924–7–3–4	37.3°N	85.3°E	16711	
1924–7–5–15			12065	
1924–7–6–18	41°N	73.5°E	15433	
1924–7–11–19	37.3°N	85.5°E	16711	
1924–7–12–9	43°N	93°E	6600	
1924–7–12–10			6544	
1924–7–12–15	41°N	73.5°E	15433	
1924–7–15–21	37.3°N	85.3°E	6589	

续表

年-月-日-时	震源地		播动距离（公里）	附　注
1924-10-13-16	37°N	72°E	15533	
1924-11-6-7	35.7°N	81°E	6467	
1925-2-1-19	39°N	73°E	3756	
1925-6-20-13	37°N	72°E	10844	
1925-7-21-13	43.5°N	85.5°E	6100	
1925-8-31-9	35°N	90.5°E	11200	
1925-9-12-0	43°N	93°E	7756	
1926-1-18-11	43°N	75°E	6467	
1926-3-3-18	37.3°N	85.3°E	16522	
1926-5-2-10	39.5°N	72°E	15411	
1926-5-16-16	40°N	76°E	3833	
1926-6-4-6	35°N	90.5°E	11200	
1926-6-6-6			6711	
1926-6-17-18	39.5°N	91.5°E	6522	
1926-6-22-23	42.5°N	75.5°E	5189	
1926-6-30-22	38.8°N	70°E	10733	
1926-7-15-18	35°N	89°E	7944	
1926-7-17-19	36°N	84.5°E	7533	
1926-8-6-20	35°N	78°E	7089	
1926-8-6-22			16067	
1926-8-26-10	39°N	73°E	5644	
1926-8-29-7	46°N	89°E	7311	
1926-11-26-0	43.5°N	79°E	5456	
1927-2-5-0	36°N	84.5°E	4000	
1927-4-24-7	39.5°N	72°E	2811	
1927-4-30-13	39.5°N	79°E	10867	
1927-5-2-22	39°N	81.5°E	7144	
1927-5-23-6	50°N	91.8°E	9278	
1927-5-29-10	41.2°N	75.2°E	5267	
1927-6-1-17	45.5°N	94°E	6478	
1927-8-12-10	41°N	72.5°E	15356	
1927-8-12-16			5533	
1927-8-12-17			3556	
1927-9-23-13	43°N	85.5°E	16144	
1927-10-16-7	46°N	89°E	6156	
1927-10-29-1	39°N	75°E	5233	
1927-10-31-23	39°N	78°E	5600	
1927-12-1-22	39°N	81.5°E	6211	
1928-1-5-14	43.5°N	79°E	6733	
1928-1-15-8	39.7°N	75.5°E	<5000	

续表

年-月-日-时	震源地		播动距离（公里）	附　注
1928-1-16-21	42.6°N	76.2°E	<5000	
1927-1-29-2	42.8°N	77.7°E		
1928-1-30-15	40.5°N	74.7°E		
1928-2-7-9	39.5°N	75.6°E		
1928-2-17-22	40°N	75°E		
1928-3-2-18	39°N	75°E	4867	
1928-3-7-9			10122	
1928-3-18-1	40.3°N	77°E	>10000	
1928-4-12-9	39.6°N	74.5°E	<10000	
1928-4-16-19	43°N	85.5°E	5800	
1928-4-25-1	39°N	75°E	5689	
1928-4-28-8	40.2°N	77°E	<5000	
1928-7-11-10	40.3°N	76.4°E	>5000	
1928-9-9-4	40.8°N	74°E		
1928-9-13-12	42.7°N	77°E	<5000	
1928-12-2-23	42.8°N	77.1°E		
1928-12-13-3	44.8°N	81.7°E	5800	
1928-12-15-7	41.5°N	78.6°E	<5000	
1928-12-18-3	43.5°N	90.5°E	3911	
1928-12-18-23	42.3°N	77°E	<5000	
1929-1-10-10	40.2°N	77.2°E	<5000	
1929-2-21-12	39°N	74°E		
1929-3-2-23	40°N	75.2°E		
1929-3-16-2	40°N	77.8°E	>5000	
1929-5-12-13	39.1°N	74.1°E		
1929-5-20-18	37°N	74.9°E		
1929-10-18-16	41°N	77°E	<5000	
1929-10-24-14	40°N	74.6°E	>5000	
1929-11-16-13	37.7°N	75.9°E		
1929-12-6-12	40.5°N	77.5°E		
1929-12-9-1	40.5°N	75.5°E		
1929-12-9-12	41°N	74.6°E		
1930-1-6-0	42.4°N	77.5°E		
1930-2-8-6	39.4°N	74.7°E	<10000	
1930-3-1-5	40°N	75.1°E		
1930-3-14-10	40°N	76.9°E	>5000	
1930-4-9-0	40.1°N	77.1°E	<5000	

续表

年–月–日–时	震源地		播动距离（公里）	附　注
1930–4–10–14	40°N	77.7°E		
1930–4–14–11	39.8°N	74.2°E		
1930–6–7–13	40°N	74.1°E		
1930–6–27–5	40.3°N	76.3°E		
1930–7–9–9	40.2°N	75.2°E		
1930–8–22–9	39°N	76°E		
1930–8–22–12	40.6°N	76.9°E		
1930–9–15–16	40.3°N	76.4°E		
1930–9–24–2	40.3°N	76.7°E	>5000	
1930–10–1–2	40.5°N	76.2°E		
1930–10–30–16	39.3°N	76.3°E		
1930–11–18–10	40.3°N	76.5°E		
1930–11–18–18	40°N	76°E		
1930–12–4–1	40.2°N	76.7°E		
1930–12–18–9	43°N	78.7°E		
1930–2–2–12	40.3°N	77.3°E		
1931–2–18–13	40.8°N	76.7°E		
1931–3–19–7	39.8°N	74.8°E	<10000	
1931–4–2–1	40.7°N	77.7°E	>5000	
1931–4–26–0	39.8°N	74.3°E		
1931–8–10–21	46.9°N	89.8°E	>10000	
1931–8–15–4	39.4°N	76.6°E		
1931–9–14–3	37.5°N	74.5°E	>5000	
1931–12–29–10	40.6°N	74.3°E		总数一百四十二次

从1918—1931年14年间，共录地震135次，其不为远地地震仪所录，或录而未推得其震源地者，当更倍于此数，但其烈者应尽在其中，即有遗脱，亦无几耳。试就每年震次而表解之，如下。

仪器记录推测历年新疆地震次数表

年	1918	1919	1920	1921	1922	1923	1924	1925	1926	1927	1928	1929	1930	1931
次	1	2	5	1	4	10	13	5	16	15	22	12	20	9

可见地震活动，自1922年后渐趋旺盛至今犹未艾也，惟此趋势，未敢视为必然，盖近年来世界各国，地震观测所年有增加，仪器亦日见精密，据各地记录以推测震源，亦日见容易，因此数字逐年增加，亦殊可能也。

若再以震动强度而分类（以距离最远之观测所为准），如下。

仪器记录推测新疆地震距离与次数总季表

最远程度	<5000km	5000 ~ 10000km	>10000km
次数	20	86	29

则此区区之数，所代表之意义殊大。将见百余个地震中百分之六十四足以感动距离5000 ~

10000公里之震仪，百分之二十二，震荡全球，然则新疆地震，其原动力，殊属不小，发动地亦殊不浅，是必断层地块（Bruch Schollen）在距地面30公里以下移动也。视此百余个地震震源结集于山脉地带，非偶然者。

新疆地震活动区，似可分为南中北三带（图二）。其南为昆仑中心带，西与世界著名之帕米尔中心浑相联属，东引及甘肃中心；其中为葱岭天山中心带；其北为阿尔泰中心带。三带之中，以中带活动最烈，次为南带，再次为北带。塔里木及准噶尔盆地中，为比较安静地带。凭十一年之记录，百余个之震源，以断其地震活动地带，似未免言之过早，然见微知著，当不致离题太远也。

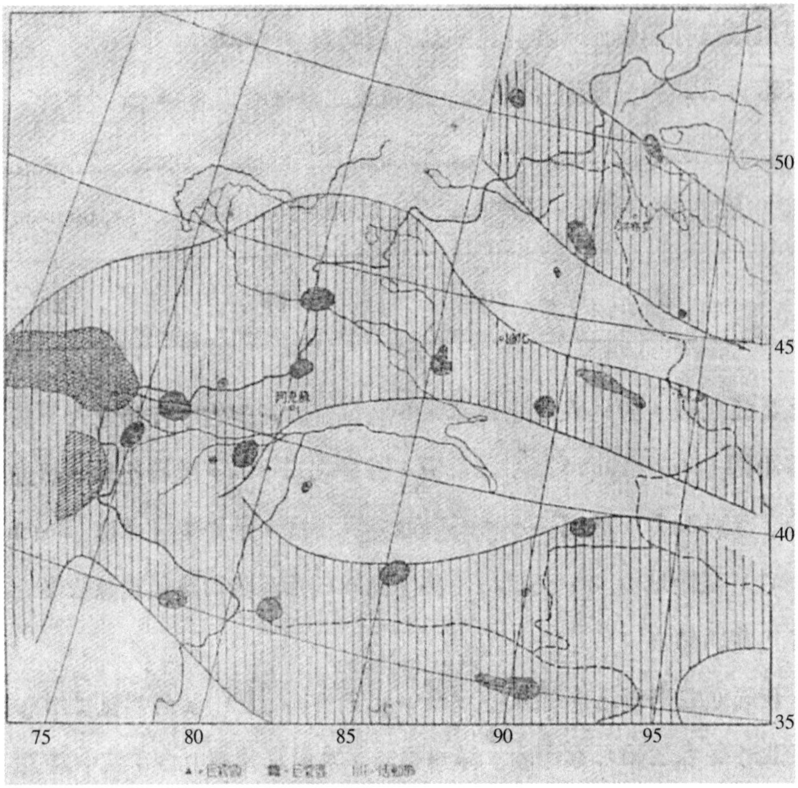

图二　新疆的地震活动带

2. 后篇——二十年八月十一日地震之震中及震源深度测定

民国二十年八月十日二十一点（新疆时：十一日午前三点）鹫峰地震仪，描得空前大记录。从分析其波动所得之震中距（即震源地与鹫峰间之距离2422公里），与其初动所指方向，已粗知其震中约在48°N、89°E，即新疆省之阿山道。其震动之烈，使数千公里外之震仪，失去效用，当地则地崩山摧，河为之障，苟非边陲之地，人烟稀薄，其灾害之惨，将不可以数计，亦云幸矣。其时清华大学地理系主任袁复礼先生，适在迪化，当时情形，记录如下：

（1）迪化（编者注：今乌鲁木齐）：睡者为地震惊醒，逃出户外，窗户振振有声，城南一破房之壁倾倒。

（2）古城：地震较迪化为烈，城垣北墙有裂缝（按：古城在迪化东四百五十里）。

（3）布伦托海：地震时狂风怒哮，振动甚烈，由东向南约二三分钟，居室侧墙被震破裂。

（4）阿山：城垣内房顶砖瓦，被震下落，撞塌墙壁，幸未伤人，山中有破口，水涌出，道路阻断，人不敢前。

（5）可可托海：激烈震动，约五分钟，地面裂缝，黑水涌出，山石乱飞，幸未伤人。

（6）甘肃兰州：亦有感觉之者。

按上所记，以可可托海感到最烈，其必与震源地相距甚近，至明显也。东西专家，当凭一己之经验及各个记录，以断定震中之所在其参差有如下述：

表一

欧洲人所测	45°N，90°E	46°N，90°E	46°N，92.5°E
美国人所测	49°N，92°E	49°N，93°E	46°N，89.5°E
日本人所测	45°N，89°E		

上数（49°N，93°E）与下数（45°N，90°E）之相距竟达581公里（988里如青岛之距北平）。谁是谁非，无从断定。是不能不有较为客观之法，重新厘定之也。

此次地震，烈度甚高，震波所播感动寰球，各地观测所之记录必多彰明显著者，则最易识别之P波（最先戟动震仪之波动）传到时候，不难量准至不差一秒也。苟设法利用此等记录以推测震源地之所在，必较无偏弊。兹先将世界各地P波达到时之记录汇记如下（表二）。

表二

观测所及其所在地			P之传到时G.C.T.	与震源地之距离	与美国麦氏走时表之差数（秒）
Almata 中亚细亚	43°16′N	76°57′E	21:21:06	9°45′	–3
Andijan 中亚细亚	40°45′N	72°22′E	21:22:00	13°57′	–5
Sverdlovsk 西伯利亚	56°50′N	60°38′E	21:23:14	20°23′	–6
Cliufeng 鹫峰	40°4′N	116°6′E	21:23:16	20°08′	–1
Vladivostok 海参崴	43°7′N	131°57′E	21:22:49	29°41′	–63
zi-ka-Wei 上海	31°12′N	121°26′E	21:24:04	28°47′	–42
Phu-Lien 安南	20°48′N	106°38′E	21:24:44	29°25′	+15
Kucino 莫斯科	55°45′N	37°58′E	21:25:20	32°46′	–2
Pulkovo 圣彼得堡	59°46′N	30°19′E	21:25:42	36°23′	–10
Kobe 神户	34°41′N	135°11′E	21:25:44	35°53′	–4
Oska 大阪	34°39′N	135°26′E	21:25:43	36°05′	–7
Tokyo 东京	35°41′N	139°46′E	21:26:12	38°27′	+2
Manila 马尼拉	14°35′N	120°59′E	21:26:29	41°25′	–6
Ksara 叙利亚	33°49′N	35°52′E	21:26:42	42°12′	+2
Lund 瑞典京城	55°42′N	13°11′E	21:27:12	46°21′	0
Copenhagen 丹麦	55°41′N	12°27′E	21:27:08	46°37′	–6
Belgrad 塞尔维亚	40°49′N	20°27′E	21:27:11	46°44′	–4

续表

观测所及其所在地			G. P之传到时C. T.	与震源地之距离	与美国麦氏走时表之差数（秒）
Wien 维也纳	48°15′N	16°22′E	21:27:21	47°37′	0
Hamburg 汉堡	53°34′N	9°59′E	21:27:25	48°47′	−5
Zagreb 克罗地亚	45°49′N	15°59′E	21:27:22	49°01′	−10
Tarante 意大利	40°29′N	17°15′E	21:27:44	50°59′	−3
Stuttgart 斯图加特	48°46′N	9°12′E	21:27:46	51°37′	−12
Innsbruck 奥地利	47°16′N	11°24′E	21:27:48	51°01′	+1
Trevise 北意大利	45°40′N	12°11′E	21:27:54	51°20′	+5
DeBilt 荷兰	52°6′N	5°11′E	21:27:57	52°02′	+3
Padova 意大利	45°24′N	11°52′E	21:27:58	51°42′	+6
Zürich 瑞士	47°22′N	8°35′E	21:27:57	52°36′	−1
Uccle 比利时	50°48′N	4°22′E	21:28:01	53°09′	−1
Neuchatel 瑞士	47°00′N	6°57′E	21:28:02	53°44′	−4
Messine 意大利	38°12′N	15°33′E	21:28:04	53°21′	+1
Strasbourg 法兰西	48°35′N	7°46′E	21:28:06	52°21′	+10
Stonyhurst 伦敦	53°51′N	2°28′W	21:28:19	55°01′	+4
Parc St-Maur 巴黎	48°48′N	2°37′E	21:28:20	54°14′	+3
Kew 伦敦	51°28′N	0°19′W	21:28:21	55°16′	+4
West-Bromwich 英格兰	52°32′N	2°00′W	21:28:21	55°31′	+2
Oxford 牛津	51°46′N	1°15′W	21:28:24	55°35′	+4
Carloforte 意属撒丁岛	39°8′N	8°19′E	21:28:32	57°22′	−1
Tunis 北非洲	36°48′N	10°8′E	21:28:55	57°39′	+20
Barcelona 西班牙	41°25′N	2°8′E	21:28:54	59°46′	+6
Tortosa 西班牙	40°49′N	0°30′E	21:29:03	61°06′	+5
Allgers 北非洲	36°48′N	3°02′E	21:29:06	62°06′	+2

续表

观测所及其所在地			G. P之传到时C. T.	与震源地之距离	与美国麦氏走时表之差数（秒）
Toledo 西班牙	39°52′N	4°01′W	21:29:14	59°35′	+27
San Fernando 西班牙	36°28′N	6°12′W	21:29:12	67°54′	−30
Cartaja 西班牙	37°12′N	3°36′W	21:29:24	65°52′	−5
Coimbra 葡萄牙	40°12′N	8°26′W	21:29:35	66°40′	0
Sitka 阿拉斯加	57°3′N	135°20′E	21:29:57	69°31′	+4
Tananarive 马达加斯加	18°55′N	47°33′W	21:30:30	75°59′	−2
Ferth 澳大利亚	31°57′N	115°50′W	21:31:05	82°13′	−2
Ottawa 加拿大	45°24′N	75°43′W	21:31:29	86°52′	−1
Honolulu 檀香山	21°19′N	158°4′W	21:31:29	88°42′	−11
Harvard 哈佛大学	42°23′N	71°7′W	21:31:41	89°10′	−1
Buffalo 纽约	42°53′N	78°53′W	21:31:46	89°39′	+2
Fordham 纽约	40°52′N	73°53′W	21:31:48	91°05′	−3
Nakar 非洲西部	14°40′N	17°26′W	21:31:50	90°39′	+1
Ann arbor 俄亥俄州	42°17′N	83°44′W	21:32:24	90°40′	+35
Chicago 芝加哥	41°47′N	87°37′W	21:31:50	91°20′	+227
Georgetown 华盛顿	38°54′N	77°4′W	21:31:57	93°27′	−6
St-Louis 圣路易斯	38°38′N	90°14′W	21:32:05	94°31′	−3
Pasadena 旧金山	34°9′N	118°8′W	21:32:11	95°11′	0
Riveview 悉尼	33°50′N	151°10′E	21:32:31	97°42′	+7
Tucson 亚利桑那州	32°15′N	110°50′W	21:32:34	98°44′	+5
Columbia 密苏里州	34°00′N	81°2′W	21:35:56	98°43′	+207
Charlottesville 弗吉尼亚州	38°2′N	78°31′W	21:36:00	94°28′	+233
San Juan 圣胡安	18°23′N	66°7′W	21:35:21	111°15′	+22
La Paz 玻利维亚	16°30′N	68°08′W	21:38:28	144°35′	0

P波从震源传到观测地，必须相当时间。一称为P之走时，相距愈远，走时愈长，从理论核算，其互相关系，有如表三，称为P之走时表。

表三*

Δ°	T（s）	d	Δ°	T（s）	d	Δ°	T（s）	d
1			29	369	10	57	591	7
2	39	15	30	378	9	58	598	7
3	54	14	31	387	9	59	604	6
4	68	15	32	396	9	60	611	7
5	83	15	33	405	9	61	618	7
6	98	14	34	413	8	62	624	6
7	112	15	35	422	9	63	631	7
8	127	14	36	430	8	64	638	7
9	141	13	37	439	9	65	644	6
10	154	13	38	447	8	66	651	7
11	167	13	39	455	8	67	658	7
12	180	13	40	463	8	68	664	6
13	193	13	41	471	8	69	670	6
14	206	13	42	479	8	70	677	7
15	219	12	43	487	8	71	683	6
16	231	12	44	495	8	72	689	6
17	243	11	45	503	8	73	695	6
18	254	12	46	510	7	74	701	6
19	266	11	47	518	8	75	707	6
20	277	11	48	525	7	76	713	
21	288	11	49	533	8	77	719	6
22	299	10	50	540	7	78	725	6
23	309	11	51	548		79	730	5
24	320	10	52	555	7	80	736	6
25	330	10	53	562	7	81	741	5
26	340		54	569	7	82	747	6
27	350	10	55	576	7	83	752	5
28	359	9	56	584	8	84	757	5

续表

$\Delta°$	T（s）	d	$\Delta°$	T（s）	d	$\Delta°$	T（s）	d
85	762	5	107	967	5	129	966	4
86	767	5	108	871	4	130	971	5
87	772	5	109	875	4	131	975	4
88	777	5	110	880	5	132	980	5
89	782	5	111	885	5	133	984	4
90	787	5	112	889	4	134	989	5
91	792	5	113	894	5	135	994	5
92	797	5	114	898	4	136	998	4
93	802	5	115	902	4	137	1003	5
94	806	4	116	907	5	138	1008	5
95	811	5	117	912	5	139	1013	5
96	816	5	118	917	5	140	1017	4
97	821	5	119	921	4	141	1021	4
98	826	5	120	926	5	142	1026	5
99	831	5	121	930	4	143	1030	4
100	835	4	122	935	5	144	1035	5
101	839		123	939	4	145	1040	5
102	844	5	124	944	5	146	1044	4
103	849	5	125	948	4	147	1048	4
104	853	4	126	953	4	148	1053	5
105	858	5	127	957	4	149	1057	4
106	862	4	128	962	5	150	1062	5

*美国麦氏1931年走时表。

苟于（表一）内择一最有准确希望之震中经纬一如$\bar{\varphi}$、$\bar{\lambda}$，依下式：

$$\cos\bar{\Delta}_n = \sin\bar{\varphi}\sin\bar{\varphi}_n + \cos\bar{\varphi}\cos\bar{\varphi}_n\cos(\bar{\lambda}-\bar{\lambda}_n) \quad n=1, 2, 3, \qquad \text{(A)}$$

各观测地（表二第一列）与震中之距离$\bar{\Delta}_n$可一一算出；再假定一最有准确希望之发震时刻，以减削表二第二行之数则P波传到各观测所所须之时间——$\bar{T}_n$，亦可一一算出；由是得$\bar{\Delta}_1$，$\bar{T}_1$，$\bar{\Delta}_2$，$\bar{T}_2$，…，$\bar{\Delta}_n$，$\bar{T}_n$，一组与表三相类之数，若此一组值，与（表三）恰相符合，则所假定震中经纬等，必为正确，如不符合，则假定之数，尚需改正，即经度、纬度、发震时刻需改正，$\delta\bar{\lambda}$，$\delta\bar{\varphi}$，$\delta\bar{T}$，或确数应为：

震中纬度：$\varphi=\bar{\varphi}-\delta\bar{\varphi}$；

震中经度：$\lambda=\bar{\lambda}-\delta\bar{\lambda}$；

发震时刻：$T=T_0-\delta\overline{T}$。

可借最小二乘法以求其改正数$\delta\overline{\lambda}$，$\delta\overline{\varphi}$，$\delta\overline{T}$等。

今若第n观测所，依假定之震中经纬等，求得其震中距$\overline{\Delta}_n$，与P之走时$\overline{T}_n$，而从表三检得与$\overline{\Delta}_n$，相当之P之走时为T_n，$\overline{T}_n$，相差至F_n秒，则其外差，或可书如

$$F_n=\overline{T}_n-T_n \tag{1}$$

察式（1），当$\overline{\lambda}$、$\overline{\varphi}$、T_0，任意数变时，$\overline{T}_n$随之而变，T_n则无关系，故依泰勒公式（Tayors' formula）展开可成

$$F_n=\frac{\partial\overline{\lambda}_n}{\partial\overline{\lambda}}\delta\overline{\lambda}+\frac{\partial\overline{T}_n}{\partial\overline{\varphi}}\delta\overline{\varphi}+\frac{\partial\overline{T}_n}{\partial T_0}\delta T_0 \tag{2}$$

Δ代表观测地与震源间之距离，以弧度计，每度=111.1千米；

T代表P波从震源至观测地所需之秒数，即P之走时；

d代表Δ在相隔两度间，T之差数。

若书

$$\frac{\partial\overline{T}_n}{\partial\overline{\lambda}}=\frac{\partial\overline{T}_n\partial\overline{\Delta}_n}{\partial\overline{\Delta}_n\partial\overline{\lambda}}=a_n$$

$$\frac{\partial\overline{T}_n}{\partial\overline{\varphi}}=\frac{\partial\overline{T}_n\partial\overline{\Delta}_n}{\partial\overline{\Delta}_n\partial\overline{\varphi}}=b_n$$

$$\frac{\partial\overline{T}_n}{\partial T_0}=c_n=1$$

式（2）可书为

$$F_n=a_n\delta\overline{\lambda}+b_n\delta\overline{\varphi}+c_n\delta T_0 \tag{3}$$

a_n，b_n，c_n显为第n观测所所为之定数，盖$\frac{\delta\overline{T}_n}{\delta\overline{\Delta}_n}$为P之走时曲线之斜量（Slope），从表三$d$行之数以60除之即得，至$\frac{\delta\overline{\Delta}_n}{\delta\overline{\lambda}}$及$\frac{\delta\overline{\Delta}_n}{\delta\overline{\varphi}}$则为$\overline{\Delta}_n$每因震中经度（$\overline{\lambda}$）或纬度（$\overline{\varphi}$）稍为增减时之增量，亦可以强令$\overline{\lambda}$或$\overline{\varphi}$增60分式（A）而求之也。然则每一观测所，有共所属之式（3），如

$$\begin{cases}F_1=a_1\delta\overline{\lambda}+b_1\delta\overline{\varphi}+c_1\delta T_0\\F_2=a_2\delta\overline{\lambda}+b_2\delta\overline{\varphi}+c_2\delta T_0\\F_3=a_3\delta\overline{\lambda}+b_3\delta\overline{\varphi}+c_3\delta T_0\\F_n=a_n\delta\overline{\lambda}+b_n\delta\overline{\varphi}+c_n\delta T_0\end{cases} \tag{4}$$

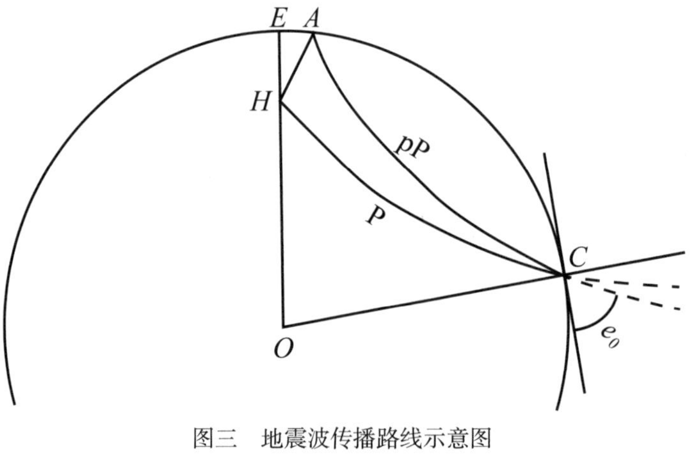

图三　地震波传播路线示意图

拼合之得

$$\begin{cases}(aF)=(aa)\delta\bar{\lambda}+(ab)\delta\bar{\varphi}+(ac)\delta T\\(bF)=(ba)\delta\bar{\lambda}+(bb)\delta\bar{\varphi}+(bc)\delta T\\(cF)=(ca)\delta\bar{\lambda}+(cb)\delta\bar{\varphi}+(cc)\delta T\end{cases}\qquad(5)$$

式中

$$(aa)=a_1^2+a_2^2+a_3^2+\cdots+a_n^2$$
$$(ab)=a_1b_1+a_2b_2+\cdots+a_nb_n$$

*如此$\delta\bar{\lambda}$、$\delta\bar{\varphi}$之值为分。

为舛差主要方程式。依高斯（Gauss）解法，得

$$\begin{cases}\delta T_0=\dfrac{(cF.2)}{(cc.2)}\\\delta\bar{\varphi}=\dfrac{(bF.1)}{(bb.1)}-\dfrac{(bc.1)}{(bb.1)}-\dfrac{(bc.1)\delta T_0}{(bb.1)}\\\delta\bar{\lambda}=\dfrac{(aF.1)}{(aa)}-\dfrac{(ab)\delta\bar{\varphi}}{(aa)}-\dfrac{(ac)\delta T_0}{(aa)}\end{cases}\qquad(6)$$

式中

$$(bb.1)=(bb)-\frac{(ab)(ab)}{(aa)},\quad(bF.1)=(bF)-\frac{(ab)(aF)}{(aa)},$$

$$(bc.1)=(bc)-\frac{(ab)(ac)}{(aa)},\quad(cF.1)=(cF)-\frac{(ac)(aF)}{(aa)},$$

$$(cc.1)=(cc)-\frac{(ac)(ac)}{(aa)},\quad(cc.2)=(cc.1)-\frac{(bc.1)(bc.1)}{(bc.1)},$$

$$(cF.2)=(cF.1)-\frac{(bc.1)(bF.1)}{(bb.1)}$$

今作者先假定

$$\bar{\lambda}=89°\mathrm{E},\ \bar{\varphi}=47°\mathrm{N},\ T_0=21:18:40$$

运用表二及表三，而得表四

表四

	a）	b）	c）	F）	b,1）	c,1）	F,1）	c,2）	F,2）
a）	+0,190	−0,132	+1,588	+7,193					
b）		+0,201	−2,183	−3,757	−0,109	−1,081	+1,235		
c）			+45	+5		+31,375	−55,083	+21,056	−42,882
F）					+1033				

由式（6）得

$\delta\bar{\lambda}=+49'+12'$，$\delta\bar{\varphi}=-9'+15'$，$\delta T_0=-1$秒+1秒。

或$\lambda=89°49'+12'\mathrm{E}$，$\varphi=46°51'+15'\mathrm{N}$，$T_0=$8月10日21点18分39秒±1秒。

此种测定法，较为客观可靠，虽所根据之P走时表尚未臻十分完美，然究误差机会，较他法少也。

此次地震为断层地块移动所构成，诚毫无疑二，但其移动之在地下若干米尺——所谓震源深度，亦当前之一问题也。为解决此问题，最好能集多数邻近震中（数百千米内）之记录，而演测之，然此事实上为不可能，今只根据鹫峰之记录，以推测其大概，视图三：*O*为地心，*H*为震源，*E*为震中，*C*为鹫峰；*HC*为P波直达鹫峰之路线，*HAC*为P波经于邻近震中之地面*A*反射而至鹫峰之路线。今*HC*比*HAC*路短，则直达波P，与反射波pP，在地震记录图上（图四）必显然分开。其走时之相差，有下式*相关联

$$T_{pP}-T_0=C=2h\,(\frac{\sin e_0}{V_0}+\frac{\cos e_0}{R}\int_0^{\Delta}\mathrm{d}t) \qquad (7)$$

式中，h为震源深度；e_0为P至地面之出射角；V_0为P波走近地面时之播速＝5.6km／s；R为P波传播路线之曲率半径（Radius of curvature of the trajatory），为$r_0\dfrac{\sin\frac{\Delta}{2}}{\sin(e_0-\frac{\Delta}{2})}$，$r_0$为地球半径；$\int_0^{\Delta}\mathrm{d}t$为P由震源传到鹫峰之走时。

故（7）又可书为

$$C=2h\,[\frac{\sin e_0}{V_0}+\frac{\cos e_0\sin(e_0-\frac{\Delta}{2})}{V_0\sin\frac{\Delta}{2}}\int_0^{\Delta}\mathrm{d}t] \qquad (8)$$

从鹫峰震波图量得如下值（表五）。

表五

动向	PR-P（C）	振幅	出射角（e_0）
向北	18.4秒	42（10.4公分）	**
向西		45（10.4公分）	$e_0=47°14'$
向下	18.3秒	67	$e_0=49°16'$
中数	18.7秒		

以46°51′N、89°49′E为震中，得鹫峰之

$\Delta=20°8'$　，$T=278$秒

再以地球半径等于6370公里，以代入式（7），算得震源深度h为40公里。此数颇合前篇所推测，虽只据鹫峰一地记录，不免有量度之误差也。

此文后篇既用西文在鹫峰地震专报上发表，因受翁先生命再用中文叙述，遂加添前篇，仓卒之间，未曾收集充分材料，他日如有新见识，当再补充也。

（完）

①以上推导公式中有上角“*”的，参见H.P. Berlage, untersuchung usw, 23, Tahresbrer, Schweig, Erdbobendienst, 1923, Anhang;

②表五中“**”表示，e0 是由三动向振幅演出，名曰假现出射角（Ahharent angle of emergence）与真出射角，e0，有$\cos e_0=\sqrt{3/2(1-\sin e_0)}$之关系式。

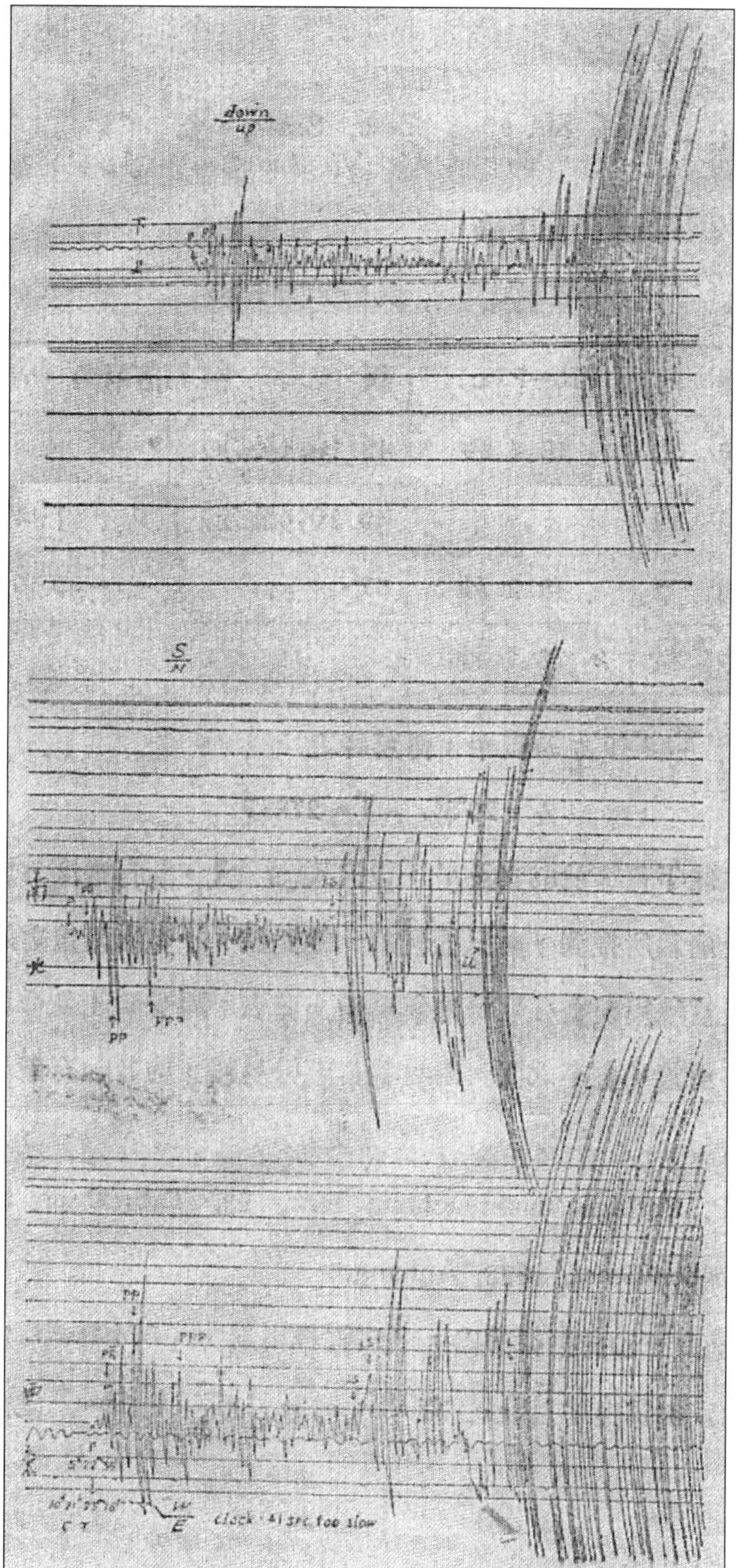

图四　鹫峰地震台记录新疆富蕴8级地震图

（编者按：应为鹫峰地震台当年记录的地震图）

（二）史料汇编

摘自《新疆维吾尔自治区地震资料汇编》。1931年新疆8.0级地震史料。

新疆富蕴8级地震史料汇编表

地震时间	震中位置影响区	地震情况	资料来源
1931年 8月 11日 05时 18分 43秒	新疆承化（今阿勒泰）、迪化（今乌鲁木齐）、古城（今属奇台）、布伦托海（今属福海）、可可托海（今属富蕴） 北纬47° 东经90° （46°45′N，89°54′E）	民国二十年八月十日二十一点（新疆时：十一日午前三点）鹫峰地震仪，描得空前大记录。从分析其波动所得知震中距（即震源地与鹫峰间之距离2422公里），与其初动所指方向，已粗知其震中约在48°N、89°E，即新疆省之阿山道。其震动之烈，使数千里外之地震仪，失却效用，当地则地崩山摧，河为之障，苟非边陲之地，人烟稀薄，其灾害之惨，将不可以数计，亦云幸矣。其时清华大学地理系主任袁复礼先生，适在迪化，当时情形记录如下： 1. 迪化：睡者为地震惊醒，逃出户外，窗户振振有声，城南一破房之壁倾倒。 2. 古城（今奇台）：地震较迪化为强烈，城垣北墙有裂缝（按：古城在迪化东四百五十里）。 3. 布伦托海（今属福海县）：地震时狂风怒哮，振动甚烈，由东向南约二三分钟，居室侧墙被震破裂。 4. 阿山：城垣内房顶砖瓦，被震下落，撞塌墙壁，幸未伤人。山中有破口，水涌出，道路阻断，人不敢前。 5. 可可托海（今属富蕴县），激烈震动，约五分钟，地面裂缝，黑水涌出，山石乱飞，幸未伤人。 6. 甘肃兰州：亦有感觉之者。 按上所记，以可可托海感到最烈，其必与震源地相距甚近，至明显也 注：（1）八月十日二十一点，系格林威治标准时，相当北京时间八月十一日五点。 （2）阿山道，系指原阿山道道治承化，即今阿勒泰。	《国立北平研究院院务汇报》，第五卷第一期，李善邦，新疆地震，1934年
		路透社十三日东京电：帝国大学地震学家宣称，学校内最新之地震仪表示，新疆有地震，其剧烈与数年前甘肃所遭者相同。此次地震，世界各处观象台之仪器咸表示之，据著名地震学家今村推算，其震中在天山北岭和南岭之间	《新闻报》8页
		早三钟地震，省城一带微动，人物俱无损伤，阿山一带稍重，间有摇倒破房旧屋，人物有伤损者	《大公报》1931年9月5日
		金树仁电京：新疆近患地震，8月21日起至29日止，连震三次，省会迪化亦受震动，以阿山一带较重。（南京七日电） 注：21日疑误，应为11日	《时报》三页1931年9月8日
		关于新疆地震，据地质调查所附设鹫峰地震研究室之地震计，在十一日晨五时二十二分三十三秒确有地震记录，震幅极大，余震亘三小时，嗣又有小震数次，最末在十八日，震源方向正在研究中	《新闻报》1931年8月21日 《盛京时报》1931年8月23日
		北平函云，金树仁电平云，……新疆于八月十一日早三钟，省城一带微动，人物俱无伤损。阿山一带稍重，间有摇倒破房旧屋，人物伤损若何，正在调查之际。 注：金树仁当时为新疆省省主席	《盛京时报》1931年9月8日
	蒙古科布多	第一次震动约在夜间2点（乌兰巴托时间），仅尚未入睡的人有感。第二次震动早晨4点41分，强度为6～7度，它把人从睡梦中震醒，鸡从架上跌倒，科布多主要街道大白杨树哗哗作响，老鹰飞叫，窗户玻璃作响，经过17分钟以后，再次发生振动，但较弱。中断20分钟以后，在15分钟内又发生6～7次弱震，使玻璃还在发响。最后，从早晨9点到下午6点，室内居民尚感六次弱震，所有震动方向均是水平的从东向西	《自然》杂志俄文版8册753～754页1932年

续表

地震时间	震中位置影响区	地震情况	资料来源
1931年8月11日05时18分43秒	蒙古科布多	科布多城（吉尔格郎图）地震后果：苏联领事馆秘书室和厢房以及医生住房的一部分房间的天花板部分塌下，室内小孩受轻伤；南北向主要街道不同地段土围墙（有点潮湿）倒塌，东西向街道的围墙向北倾倒，某些房屋（同样有点潮湿）南北向伸延的墙壁和一些大门门框向西倾斜1°～2°，有两幢房屋的烟囱倾倒，井水、流水及地表则无什么变化，房间里碗架上的玻璃碗和酒杯、碟子从架子上倾落。 领事馆里靠墙壁的枪倾倒，酒杯从碗柜里滑出，但南北向墙壁上挂的钟未停摆。 位于科布多北北西450公里的边界村镇霍利克以及楚河上的科什阿加奇（距科布多约600公里）感到地震，但很弱。 从科布多往东南山区，蒙古的汽车司机见石头从山上往下滚动。在乌兰固木和扎布哈朗特（乌里雅苏台）（科布多北面220公里和东面400公里）震动微弱。地震震中显然位于科布多以南蒙古阿尔泰南部山麓附近，……从安格尔特河谷往南地震很强烈，以致人们只能从帐篷中爬出。地表强烈破坏，河谷堵塞，流向变迁	《自然》杂志俄文版8册753～754页1932年
	阿山（今阿勒泰地区） 迪化（今乌鲁木齐）	新疆省政府主席金树仁昨（九月七日）有电到京，向政府方面报告，新疆近患地震，自八月二十一日至二十九日，连震三次。省垣迪化亦受震动，以阿山一带为较多大云	《新江苏报》1931-9-8（5）并见《民生报》1931年9月8日（2）《时报》1931-9-8（3）参见《字林西报》（英文）1931-9-9（19）
	塔城	……兹据塔城行政长呈称：查去年八月初旬实有地震三次，初由西北而来，仅微微摇动约一分钟之久即定等情，据此本府复查属实，除指令外相应备文咨，请查照备案施行此咨	国民政府实业部档案
	富蕴 卡拉先格尔山	该次地震属前震少、主震大、余震多的主震型地震，地震波及范围很广，东至蒙古境内，西至苏联的赛米巴拉金斯克，东南抵兰州造成许多人死亡，牲畜损失更大。 此次地震产生了沿可可托海—二台断裂展布，总体走向342°、长176公里的断裂带，断裂面多向东倾，倾角较陡60°～85°，断裂带北起喀依尔特，经可可托海、白杨沟、卡拉先格尔山，南至阿尔曼特山。断裂带由数百条断裂组成，最宽处达4000米，最大水平错位14米、垂直断距最大为1.4米。在夏贝尔特南部于该断裂带东侧又出现一条长6公里，分布在花岗岩体边缘的侧枝断裂。 Ⅺ—Ⅹ度区（极震区）：北起吐尔洪盆地南缘，南至乌仑古河以南，沿地震断裂带展布。南北长140公里，东西宽18公里，面积为2030平方公里。规模巨大的地震断裂带造成1～10米高的陡坎，产生3～14米的水平位移，断裂带不受地形地貌的影响，错断基岩及第四纪坡积层和倒石锥，截开山脊、冲沟，断错水系。区内用土坯及石块砌的坟墓坍塌，毡房歪斜，崩塌、滑坡甚多。 在卡拉先格尔峰造成长2公里、宽350米的大塌陷区，西部边坡落差达10～63米；东侧闪长岩裂开3～6米，至今可见深度达10米的大深槽。塌陷区基岩崩裂破碎，地震断裂纵横交错，山体两侧滚石遍布，大者直径可达3～4米，在塌陷区西北有长600余米、高近百米的崩塌。在卡拉先格尔主峰附近有宽250米和30米的两处花岗岩块沿断裂下滑近30米	新疆地震大队《新疆富蕴地震调查报告》1973年3月 新疆地震大队《1931年富蕴地震断裂考察阶段小结》1974年11月 新疆维吾尔自治区地震局《1931年8.0级大震总结报告》1978年11月 新疆维吾尔自治区地震局《新疆强震图册》1978年

续表

地震时间	震中位置影响区	地震情况	资料来源
1931年8月11日05时18分43秒	富蕴 卡拉先格尔山	白杨沟至阿克赛依一段，有多处大型崩塌，崩塌体堵塞河谷，道路，至今仍难以通行。地震断裂带在此段最宽，在主断裂以东，地震断裂分布宽度约1公里，皆为规模不大的北北西向和北东向的小断裂。在主断裂之西，有10余条长达500米以上的地震断裂。沿山麓地震断裂绕山而过，它与主断裂之间组成一个宽约3.5公里的构造扁豆体，主断裂多以陡坎和沟槽交替出现，坎高2～10米。主断裂面向东倾，倾角67°～85°。呈沟槽出现时，常伴有与沟槽形态走向一致的垄脊。地震断裂错断山脊，第四纪近代坡积层和倒石锥，最大右旋扭动水平位移达14米，造成一系列的错位山脊和断头沟。 哈拉通古一带，大震后地面下沉，地下水位变化，平地成为洼地和小山丘，河水断流，树木震倒，泉水干涸，草木枯死。低凹处裂缝纵横，喷沙冒水。有的地方涌现新泉。地震断裂错开基岩、截断山脊和冲沟。右旋水平位移6～10米。山上花岗岩松动、崩裂、坠落现象普遍。沿谷坡形成一系列的倒石锥，山岗滚石遍布，大小不一，大者可达7～8米。 吐尔洪盆地，地震后地裂缝纵横，使毡房歪倒，有一毡房竟落入地震断裂之中，一老妇掉进裂缝中惊吓丧生。地震断裂横切冲积扇和洪积扇，形成高1米的陡坎，沿断裂泉水多处出现。飞机场一带泉眼震后干涸。盆地南分水岭处局部山坡岩崩之滚石遍布，大者直径可达3.6米。 阿克赛依至夏贝尔特，地震断裂形成陡坎高0.5～5米，断裂截开山脊、冲沟，造成6～10米的右旋水平位移，断裂带由纵横交错的断裂构成地堑式的局部下陷，形成一系列小型塌陷区。 夏贝尔特至乌伦古河以南，断裂陡坎高0.3～1米，1～2米宽的沟槽，并伴有垄脊或松动现象。地震断裂右旋水平位移3～8米。 Ⅸ度区：西起富蕴城，东至青河县以东，北抵喀依尔特，南达大红山，长轴200公里，短轴70公里，面积近11,000平方公里。区内房屋倒塌，人畜伤亡很大。地裂冒水，泉水干涸。滚石遍布，堵塞沟谷和道路。 地震断裂带的北端延伸部分，即吐尔洪盆地至喀依尔特段，就在该区的北部。在该段地震断裂时隐时现，从小胡斯特沟口北沿喀依尔特河东侧山坡至可可托海盆地西侧山坡的坡积层上。断裂带宽数十米，总体走向为340°。在可可托海湖的海子口以南地段断裂带宽达数百米（最宽达500米），由很多小断裂组成，呈一个向南撒开的帚状。断裂多以陡坎形式出现，一般陡坎高0.5～1米。该段既有引张性质，也有右旋扭动性质，其垂直错距0.5～1米，右旋扭动水平位移小于1米。 铁买克：Ⅰ类土搁梁房20间全部震倒，压死多人。其北小胡斯特沟口，地震使200平方米的范围内产生地裂地方地翻、树折、草枯死，变成一片黑土，3～4年后树草才复生。 乌恰沟：山上巨石滚落，阻塞道路，砸死牲畜，地裂缝并塌陷。 可可托海：山上巨石滚落，砸死许多牲畜，压死8人。可可托海湖震前湖水不深，震时山上滚石将出水口峡谷堵塞，加之湖盆下陷3～7米，使湖面扩大，湖水加深。海子口西面山坡、湖的南岸等处，产生地裂缝多条，长3～7公里，宽2.5～10米，深0.5～1.5米。远视似“水渠”，将山坡切割成阶梯状。	新疆地震大队《新疆富蕴地震调查报告》1973年3月 新疆地震大队《1931年富蕴地震断裂考察阶段小结》1974年11月 新疆维吾尔自治区地震局《1931年8.0级大震总结报告》1978年11月 新疆维吾尔自治区地震局《新疆强震图册》1978年

续表

地震时间	震中位置影响区	地震情况	资料来源
1931年8月11日05时18分43秒	富蕴卡拉先格尔山	青河县城：Ⅰ类土房震倒，部分木头房震散，坟墓震塌，牲畜损失很大。附近山上有很多小的地裂缝和塌陷。伟晶岩脉岩块崩落，最大者长12米、宽5～7米、高4～5米。城南的莫窟拉斯，城北的喀拉寨和强坎河等地泉水干涸。 大、小青河上游：巨石滚落，砸塌羊圈和毡房，河水变浑，有的干涸。哈萨克族人石块堆砌的坟震塌。山上裂缝宽1～2米，延伸很长。 阿克布拉克：部分Ⅰ类土房和哈萨坟倒塌。地裂缝宽2米，并喷沙冒水。山石滚落，砸坏毡房，砸死马9匹。 布鲁克：河水变浑。山石滚落，砸死2个小孩和许多牲畜，哈拉赛泉眼干涸。 喀依尔特西南：山坡裂缝，近南北向，延续长1公里，宽几十厘米到2米，深0.2～0.3米。河岸滑坡普遍。 二台：山石滚落，造成人畜伤亡。有的泉眼干涸，有的地方出现新泉。其北山坡见有地裂缝，呈凹槽形，宽80～100米，东西陡坎高2～3米。 Ⅷ度区：东起小青河上游三湖地区，西到沙尔布拉克、温迪尔喀拉，北至哈尔拉吐尔根，南抵喀依契泉，长轴300公里，短轴130公里，面积约30630平方公里。区内山石滚落，砸死人畜。地裂冒水，泉水干涸。 卡拉努尔：河水变浑。山石滚落，砸死1人、羊数只。地裂缝宽3～4米，延伸很远，深不见底。 乌奇库勒：河水变浑。山顶陷落，山石滚落。地裂缝宽7～8米，延伸很长。人畜伤亡很多。 富蕴苏布图：岩块崩落、堵塞河谷，造成人畜伤亡。哈巴达斯山口泉眼干涸。 米尔克赛依金矿：山石滚落，地裂冒水，泉水干涸。Ⅰ、Ⅱ类木房全部倾斜。矿井塌陷压死矿工200余人。 Ⅶ度区：包括阿勒泰、福海、北塔山、三塘湖及蒙古的科布多等地，长轴504公里，短轴396公里，面积约15万平方公里。区内老旧房屋产生小裂缝，个别倒塌。山石滚落，砸死人畜。潮湿地出现5～6厘米宽的地裂缝。 福海县：布伦托海木房震倒，压死6人，牲畜17头。东风公社附近沼泽地裂缝，宽5～6厘米。许多房屋玻璃窗被震碎。 阿勒泰：有些Ⅰ类旧房裂缝，个别倒塌。 阿拉哈克：铁列克提山口震落一块约2立方米的巨石。潮湿沼泽地产生细小地裂缝。 北塔山：山石滚落砸死1人、羊几只。 加叶克喀拉尕依：毡房强烈摇晃。山石滚落，砸断树木。 Ⅵ度区：包括友谊峰、哈巴河、吉木乃、布尔津、和布克赛尔、玛纳斯、乌鲁木齐、吐鲁番、哈密、奇台、木垒、巴里坤和伊吾等地。等震线近乎圆形，平均半径为400公里，面积约48万平方公里。区内多数人从睡梦中惊醒，站立不住。器皿中的液体摇荡并溅出，悬物摆动，树枝摇晃。房顶掉尘土，老旧房墙及年久失修的土墙产生裂缝，个别倾倒和坍塌，人畜有伤亡。山坡有土石散落，砸死牲畜。河水及池水荡漾，甚至溅上堤岸。 布尔津：矮朽房墙裂缝，北面山上石头滚落，额尔齐斯河水荡漾。 吉木乃：未嵌好的窗上玻璃被震落。县东北20公里处一泉眼干涸。	

续表

地震时间	震中位置影响区	地震情况	资料来源
1931年8月11日05时18分43秒	富蕴卡拉先格尔山	哈巴河：墙顶不牢固的砖个别震落，旧土墙承重房倾倒20～30间，多数墙裂缝，宽5～10厘米。 和布克赛尔：其西北40～50千米的萨伯塔、毡房摇动。家具作响，个别震落。山石滚落砸死牛羊。 玛纳斯：有个别Ⅰ类房屋震倒。 阜康紫泥泉：一个门楼的墙角倒塌，震塌一座年久失修的破桥，压死3人。 吉木萨尔：Ⅰ类旧房裂缝或倒塌，年久失修的土墙围墙倾倒几处。人有伤亡。 奇台：年久失修的土墙倒塌几处，Ⅰ类旧房裂缝宽10多厘米，个别倾倒。个别高烟囱震倒。城垣北墙裂缝。 老奇台（古城子）：房上掉土，旧房墙裂缝2～3厘米。山区普遍有石块滚落。 木垒：个别Ⅰ类房屋裂小缝，旧围墙倒塌几处。 巴里坤：城墙上的点灯楼震歪。三塘湖有的屋墙倒塌。 哈密：房屋普遍裂缝，个别旧土坯墙倒塌，窗纸震破。 鄯善：县城个别房墙裂缝，宽3～4厘米，有的地基不良的Ⅰ类房屋倒塌。渠水溅上岸，涝坝水起波浪。北面红山子Ⅰ类老旧民房倒塌20%，有的旧房裂缝，依鲁克逊塔尖震裂。河岸局部塌方，苏巴什火焰山一带有山崩现象。七克台年久失修的围墙开裂或局部倒塌，震塌旧房一间。个别土坯拱窖裂缝宽5～6厘米。 吐鲁番：牙尔湖、榆林宫个别Ⅱ类土建寺塔倒塌。胜金台、白杨河等地，旧墙裂缝或倒塌。 乌鲁木齐：市内破旧房墙倒塌。达坂城山上土石散落，砸死羊一只。柴窝堡窗纸震破，个别旧墙裂缝宽约3厘米左右，抹灰层轻微脱落，有的旧墙被震倒。东沟个别旧土墙和烟囱倒塌，新土墙裂缝宽5厘米，山石滚落砸死羊一只。西沟个别旧墙裂缝或倒塌。 这次地震的有感范围很大，西北抵苏联的塞米巴拉金斯克，东南达甘肃的兰州，长轴近2400公里，平均半径按1000公里计算，有感面积达300多万平方公里。 此次地震发生在蒙古弧外缘西翼的北西带与北北西构造的复合部位，即可可托海—二台断裂与额尔齐斯断裂的复合部位，在震中区有一条片麻岩化和混合岩化组成的深变质岩带，宽1.5公里、长14公里，沿可可托海—二台断裂分布，其东部为浅变质古生界地层，在震中区以西，山体向西呈弧形突出，卡拉先格尔山一带为可可托海—二台断裂中的构造透镜体。从这次地震的地面破坏情况来看，可可托海—二台断裂为其发震构造。 1931年8月11日富蕴8级地震等震线图见后	

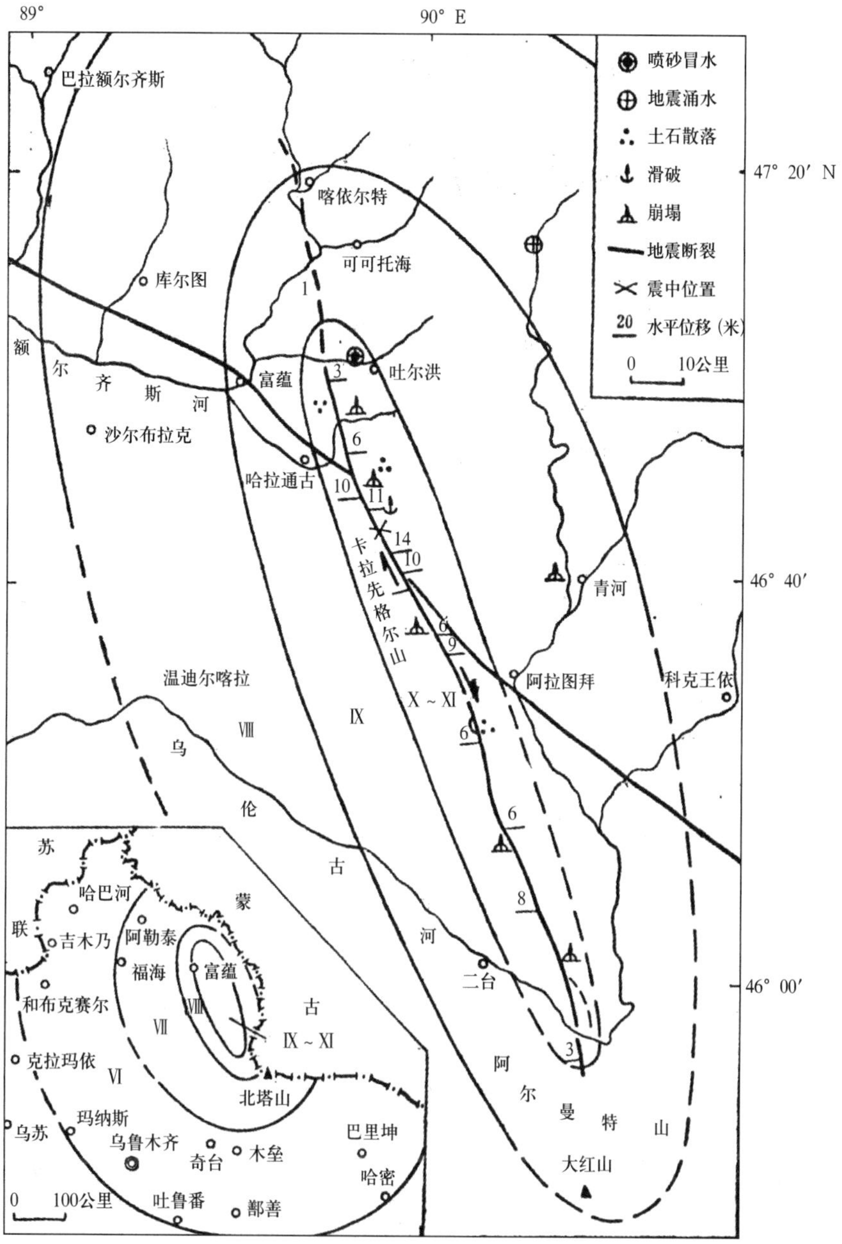

1931年8月11日新疆富蕴8级地震等震线图

三、调查报告

《一九三一年富蕴地震调查报告》（存于新疆维吾尔自治区地震局档案室）全文如下。

（一）引言

遵照毛主席“备战、备荒、为人民”的伟大教导，为落实1972年初全国中长期地震预报经验交流会议精神，应编制新疆烈度区划图所需，根据我队1972—1973年度“对新疆三次8级和几次7级以上大震进行地质构造背景及影响场的研究”中长期地震预报研究计划，烈度组十名同志于1972年4—7月份，对富蕴地震进行了调查访问，收集有关地震记载的文史、档案资料。

在大队和所在工作地区党、革委会的正确领导下，在广大贫下中农（牧）的关怀、支持下，同志们认真读马列的书、读毛主席的书，联系实际，努力改造世界观，克服各方面的困难，胜利完成了考察任务。

（二）大震概况

1931年8月11日在富蕴县境内发生了8级大震。当时新疆没有地震台，小于5级地震肯定有漏记情况，就目前了解到的材料，于1917年在极震区发生两次5～5.8级地震，1922—1926年在极震区以南发生4.8～5.8级地震三次，据当地经历这次地震的老人讲，大震前那天晚上发生过一次有感地震。这几个"前震"似乎在南北向上活动。

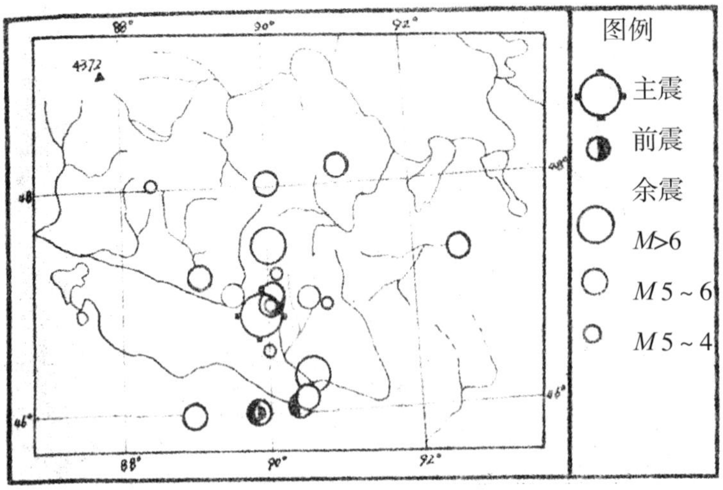

图1　区域地震震中分布图

大震后余震比较多，据震后半月内的不完全统计，发生大于7级以上地震一次，5～6级的六次，4～5级的三次。大震后8天强余震绝大部分发生在震源区。余震后期有沿北西、南东方向活动的现象之后余震逐渐减少，并有向震源区以外散开趋势（图1）。

根据这次地震序列的前震、主震、余震释放的能量比值看，主震所释放的能量占释放总能量的95%以上，认为这次地震序列属前震很少、余震较多的主震型地震序列。

（三）地震影响范围与破坏程度

据实地考察和文献记载，这次地震波及范围较广，几乎影响整个北疆地区。西南起乌鲁木齐、玛纳斯，西北至吉木乃、哈巴河以西达苏联境内赛米巴拉金斯克，东南到哈密、伊吾，东北到青河、可可托海，往东延入蒙古国境。这次8级大地震给当地人民造成巨大的灾难。死者万人，伤亡牲畜不计其数，房舍、墙垣严重倒塌；岩层断裂，山石滚落，阻塞道路。

四十年前，当地人烟稀少，牧民住的是毡房（蒙古包）。只有极个别土搁梁房和木头房，还有一些用土坯和石块垒砌的坟墓，其他建筑物几乎没有。以建筑物受震情况作为衡量烈度标准之一的烈度表，在这一地区的应用就显得不足，这里参照《新的中国地震烈度表》和《历史地震烈度表》以及国内外大震造成的地表破坏现象，结合当地具体情况而圈定等震线。

1. 地震大裂缝（或新断裂）

据访问和有关资料记载，大裂缝从可可托海断续延至阿尔曼特山。这次调查证实计长150公里左右，在二台北35公里处、卡拉先格他乌西南麓，喀拉乔拉以东一带，沿通往可可托海老公路的附近，吐尔根盆地西侧，可可托海盆地西边山坡和喀依尔提河东侧山坡等处，都见有这条裂缝陈迹，远视极为醒目，像一条笔直的大水渠。

二台北35公里去青河县进山口一带，在山麓洪积扇上见两条近平行的地裂缝作北北西向延伸，两裂缝间地表下陷，形成一地堑型凹槽，宽80～100米，东边陡坎高2～3米，其对侧为0.1米左右（图2）。

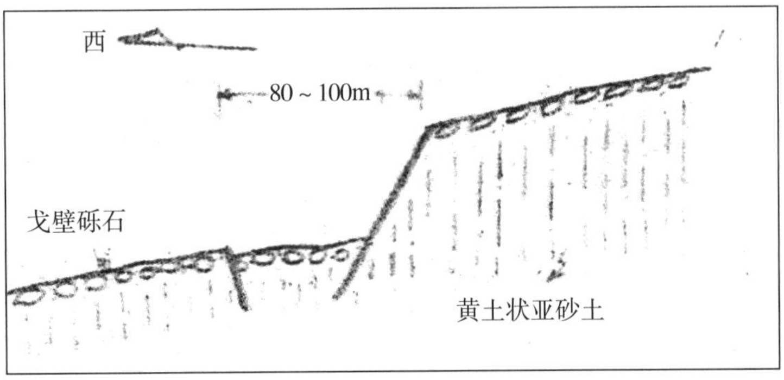

图2　二台北35公里山口处洪积扇上地裂缝图

沿卡拉先格他乌西南山麓追索地裂缝近10公里，有些地段由平行山麓的多条裂缝组成一裂缝带，如青河县去富蕴县公路出山口向西北4～5公里处，宽约130米左右的裂缝带中见有4条裂缝。F_1宽约1米，现保存陡坎高约0.3米；F_2宽约0.4米，陡坎高约0.2米；F_3宽约1.2米，陡坎高0.3～1米。F_4直接与戈壁滩接触，其陡坎高4～5米。如图3、图4。

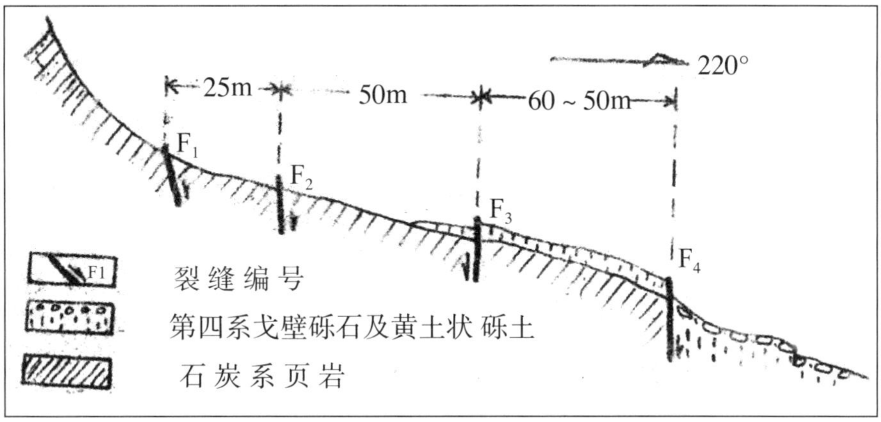

图3　青河县去富蕴公路出山口向西北4～5公里处剖面图

喀拉乔拉以东及去可可托海老公路沿线一带追索裂缝长约7～8公里，这一带见3～4条平行裂缝，组成裂缝带30～40米宽，每条宽一般为1～3米，最宽者可达10米左右。一般深为0.5米，个别可达3～5米。沿裂缝带山坡岩崩厉害（图5），有的堵塞冲沟形成堤坝，有的切过山嘴或山梁形成冲沟（图6）。喀拉乔拉以北沿山坡4条近东西向山沟，在每条沟口的南侧与大裂缝东侧向南错可能有关。

吐尔根盆地南哈拉通沟支沟头西侧山麓第四系坡积层又见此裂缝带，仍作335°～340°方向延伸至吐尔根盆地养路段以南。裂缝宽窄不一，窄的不足1米。在冲沟口附近出现多条裂缝，延伸不远则又合并。沿裂缝带泉水出现多处。在吐尔根盆地南部，分水岭处有局部地陷，宽25～30米，长300～400米，现保存陡坎高0.3～0.7米。见图7。

从可可托海盆地南端沿盆地西侧山坡、喀依尔堤河东侧山坡直至小胡斯特沟口一带，由4至5条裂缝组成裂缝带，其总的走向为340°左右。在基建队西边山坡上见此大裂缝垂直错距0.5～2米（图8）。可可托海湖南平地上，有一条宽达12米，长3～4公里，深0.8～1.5米，形似水渠的裂缝，有次级小裂缝斜列其底部（图9）。

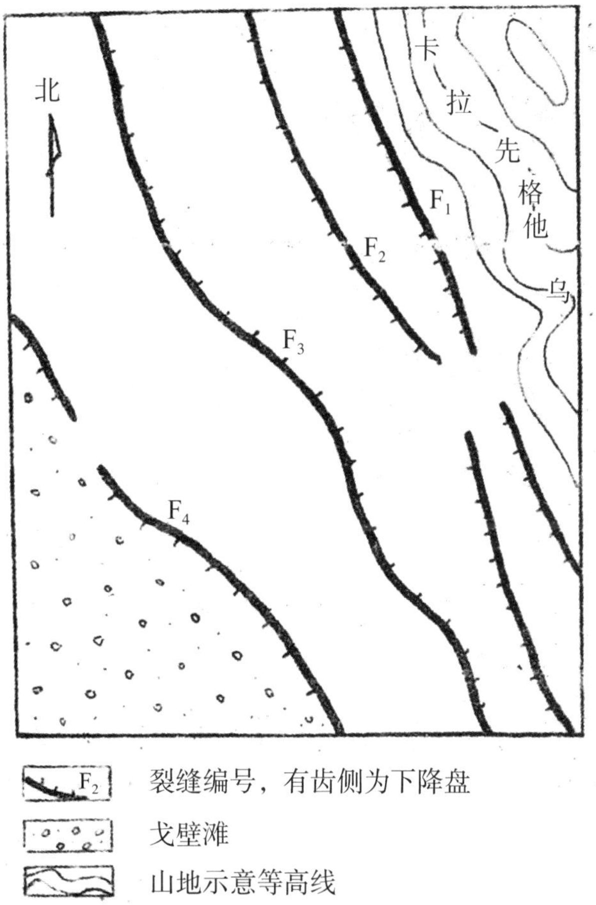

图4　青河县去富蕴公路出山口西北4～5公里处卡拉先格山麓地裂缝平面示意图

2. 极震区受灾情况

极震区呈椭圆形。西起富蕴县哈拉通沟公社一带，东南达青河县强坎河流域，北至可可托海

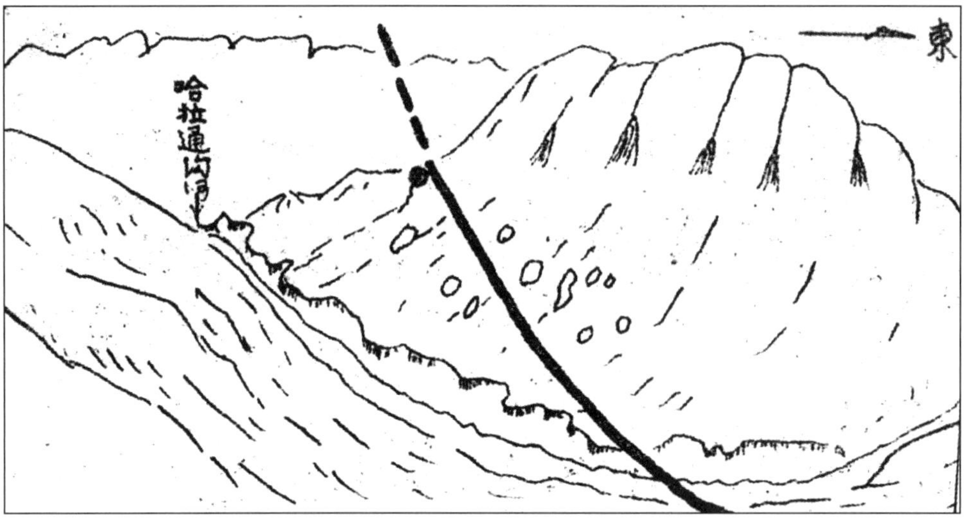

图5 喀拉乔拉西哈拉通沟河谷及阶地被地裂素描图

图6 喀拉乔拉西裂缝切过山梁鞍部素描图

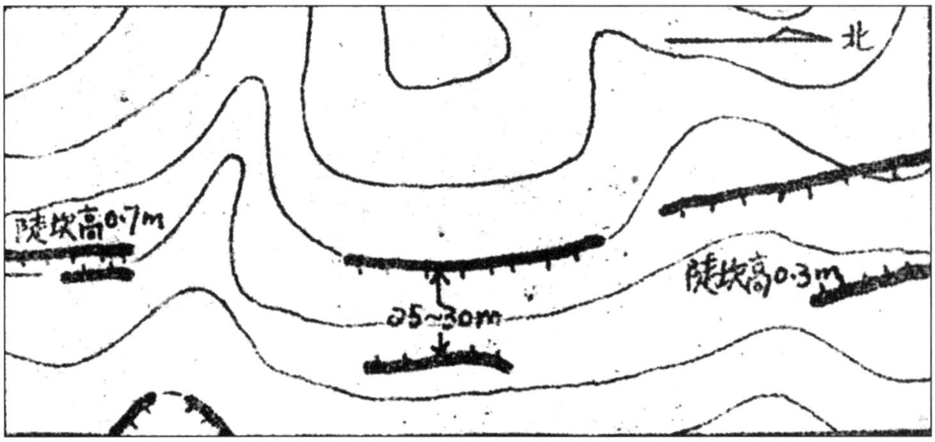

图7 裂缝平面素描图

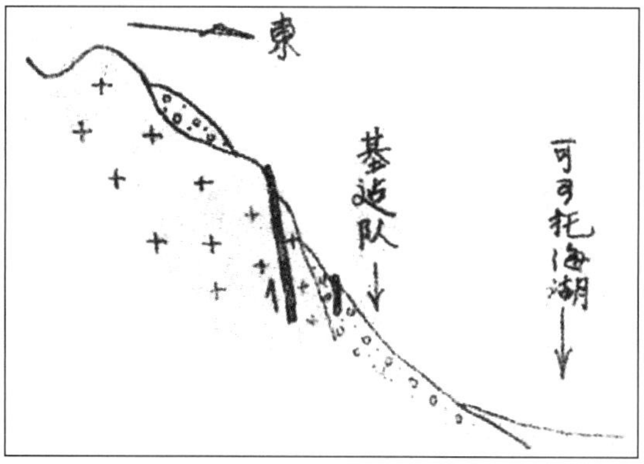

图8　大裂缝剖面素描图

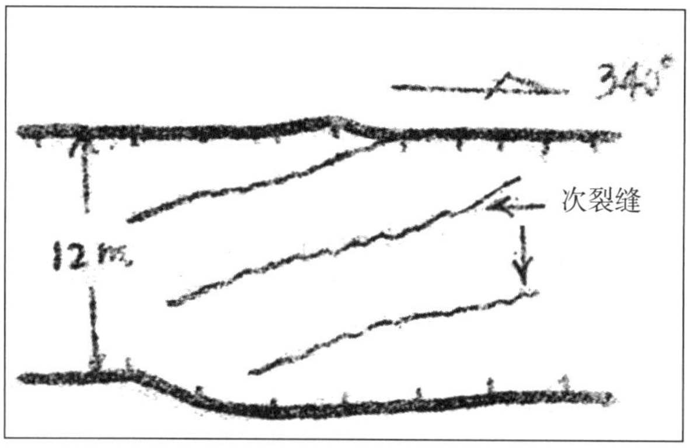

图9　平地裂缝平面素描图

盆地南缘。长轴方向为北北西向，计长80公里，短轴长约30公里，其面积约1800平方公里。

用土坯及石块砌的坟墓坍塌，有的毡房震歪斜。有一毡房掉进大裂缝。

区内地裂缝、岩崩、地形变以及地下水位变化极为普遍。山岗滚石遍布，一般直径数十厘米至1米，大者可达3～4米或更大。使大片土地埋没，滚石砸坏许多毡房、树木，人、畜伤亡。由花岗岩组成的山头，岩石松动。如喀拉乔拉东2公里一山头松动，面积约100平方米。基岩崩裂、坠落现象普遍，有的形成“险石”。顺北东50°及南西140°两组节理形成许多裂缝。在沟谷两坡形成一系列倒石堆。陡崖崩塌阻塞沟谷、道路，有的道路至今不能通行。大型滑坡多见，有的山坡表面土石、植被崩滑无存，当地居民称这一现象为“山剥皮”，如赛布尔塔依一处滑坡体长600～700米、高近100米。

哈拉通沟一带原地形平坦，植被茂盛。大震后这一带地面下降，成为洼地，其周围成为小山丘。河水断流（转为地下潜流），树木震倒，草木枯死，仅在低洼处生长牧草。卡拉先格他乌一带长约20公里的高山下降10米，山麓亦下降约5米。

除大裂缝纵贯本区外，在可可托海盆地南缘、大勒昆、库孜克和赛布尔塔依等地，裂缝宽4～20m不等，长度为50～100米，有的更长，深0.5～4米。一组以北西315°～340°发育，另一组为北东30°～40°，致使基岩山坡滑坠。在吐尔根盆地内震后地裂缝纵横，并喷沙冒水。

在青河县强坎河、哈拉通沟及吐尔根一带地下水位变化显著，有的泉眼干涸，如阿尔格勒台震后泉流干涸，草木枯死，1955年泉水复流，又渐长植被；有的水味变苦，有的地方出现新泉，如阿尔更泰。

与我国西北地区1937年青海省索托湖地震、1954年山丹地震以及蒙古戈壁阿尔泰地震的地表现象对比，1931年富蕴地震极震区烈度应为Ⅹ～Ⅺ度（见表一）。

3. Ⅸ度区

西北起富蕴县城，东南达青格里河流域；北从铁买克、可可托海一带，南到二台以北。等震线长轴140公里，短轴约70公里，面积约7000平方公里。

区内铁买克仅有的二十几间土搁梁房（系原国民党军队营房）全部震倒，压毙兵丁多人。青河县城一带的草皮砌简易土房亦震倒，部分木头房震散。坟墓震坍。牲畜损失很大。

在可可托海湖边山坡上，大裂缝之西侧，距离500～1000米的陡崖下面，第四系坡积层中另有一条地裂缝，宽2.5米，西侧陡坎高0.3～0.5米，东侧0.05～0.1米，长约7公里，在此裂缝的东侧有羽状小裂缝发育（图10）。在这一带由多条平行小裂缝将山坡割切成阶梯。大青河上游阿克不拉克出现2米宽地裂缝并冒

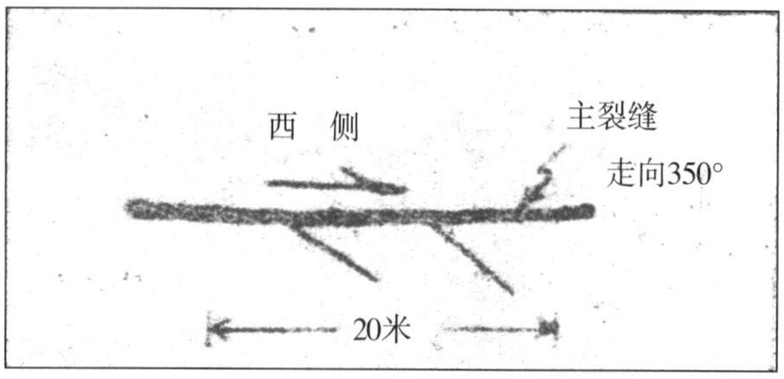

图10　羽状裂缝平面素描图

水。青河县城附近山上也有许多小裂缝。

陡峻山坡岩石崩坠。如青河县城西南3公里处，伟晶岩脉崩落。

在可可托海以北的小胡特沟口，地震使200平方公里的地方土翻树折草枯死，变成一片黑土，当地牧民取名为卡拉托甫拉克（意即翻过来的黑土），震后3～4年树木又复生。

可可托海湖震前湖水不深，震后山石将出水口峡谷堵塞，加之湖盆下陷，使湖面扩大湖水加深，而成今日湖貌。至于"地陷成湖"之说显然有夸大。

表一　大震地表现象对比一览表

地震位置	日期	震级（烈度）	极震区地表自然现象	产生新断裂情况		
				总长（公里）	宽度（米）	陡坎高（米）
青海托索湖	1937年1月7日	7½（XI）	大量山崩，巨石乱滚，大者10米以上。托索湖水猛涨，湖滩裂缝涌水。沿大裂缝产生鼓丘，有的成群出现，高达数10米，有的迫使河流改道	230	6～10 最宽达50	7～8
甘肃山丹	1954年2月11日	7½（X）	无论高山或河谷中，都有不少宽大裂缝，受地形控制，裂缝多沿山梁或等高线发育，许多地方山顶崩裂，山坡滑坠	20	0.4～0.8	0.2～0.3
蒙古戈壁阿尔泰	1957年12月4日	8～8.6（>XI）	多处形成地堑式裂缝，其宽50～800米	270	一般几厘米至14 最大达19	一般1～2 最高达9.2
新疆富蕴	1931年8月10日	8（X～XI）	地裂缝、岩崩、地形变及泉水位变化极普遍，地堑式裂缝，宽25～80米。大片基岩松动、崩裂，产生大的滑坡体	150	几十厘米至10	1～2 最大达4～5

4. Ⅷ度区

东起小青河上游三湖地区，西到沙尔布拉克、温迪尔喀拉一带。北从哈拉吐尔根，南达喀依契泉。等震线长轴为230公里，短轴为130公里，面积约2万平方公里。

在富蕴县苏布图、卡拉努尔及青河县东风公社，山头岩石崩落，其直径一般1～2米，堵塞沟谷、道路，造成人、畜伤亡。

在小青河上游三湖地区，有1～2米宽地裂缝，延伸很长。有的地方泉水干涸，如距富蕴县城东北7～8公里处一泉眼附近，大震前这里水草茂盛，震后泉眼干涸，牧民名曰库日干巴斯套（意即烧干了的泉）。此处近年又涌出泉流。

5. Ⅶ度区

范围包括阿勒泰、福海、北塔山及三塘湖东北等地。等震线长轴为480公里，短轴约300公里，面积约15万平方公里。

老旧民舍产生小裂缝，也有倒塌的。福海县城木房震倒，压死6人、牲畜17头。阿勒泰东北国境线附近的米尔克赛依金矿，木头旁全部倾斜，矿井塌陷，估计死人近200名。

个别山地山石滚落，北塔山砸死一人、羊数只。又阿勒泰西戈壁铁列克堤山口震落一块约2立方米巨石。

潮湿沼泽地区也产生小的地裂缝，如福海东风公社附近出现5～6cm宽的地裂缝。

6. Ⅵ度区

波及范围：包括友谊峰、哈巴河、吉木乃、和布克赛尔、玛纳斯、乌鲁木齐、吐鲁番、哈密、伊吾一线以内，其面积约48万平方公里。

多数人从睡梦中惊醒，站立不住。器皿中水及奶子摇荡，甚至溅出，悬物摆动。

房顶掉尘土，老旧房墙及年久失修的土围墙产生裂缝，个别倾倒或坍塌。人畜有伤亡。

山坡上有土石散落，砸死牲畜。树枝摇晃，个别空心树有摇倒的。河水及池水荡漾，甚至溅上堤岸，如布尔津一带额尔齐斯河水曾将鱼荡到河滩上。

（四）宏观震中、震源深度确定

1. 宏观震中

依几何作图法，取极震区的长、短轴交点为宏观震中位置，在富蕴县哈拉通沟东南16公里，其地理坐标为北纬46.8°、东经89.95°，与1971年出版的《中国地震目录》震中北纬47.1°、东经89.8°相距约33公里。

2. 震源深度

采用几种经验公式计算结果如下：

①按$M=0.68I_0+1.39\lg h-1.4$，I_0取11，算得$h=24.06$公里。

②按$h=7\sqrt{S_2+S_3}$，取10°和9°区面积，算得$h=20.8$公里。

③按量板法公式$h=\dfrac{\Delta_i}{\sqrt{10^{\frac{I_0-I_i}{S}}-1}}$，$S$取2，算得$h=14.06$公里。

这次地震震源深度为14～24公里。

（五）地震的地质构造背景

这次大震发生在多种构造复合部位，由北西300°～330°延伸的阿尔曼特、喀斯克尔索克坎等顺钟向扭动的压扭性大断裂，及西北向斜列的阿尔曼特—北塔山、卡热干德等褶皱带组成多字型构造，应属欧亚山字型东翼反射弧的成分。其北为北西300°～330°延伸，断面向北东倾斜，倾角在60°～80°间，大致平行的苏布图、额尔齐斯等压扭性大断裂组成蒙古边缘弧。沿断裂带，岩石强烈破碎、片理化、泉水出露，在地貌上有明显构造阶梯。它们可能生于加里东期，晚近时期仍有活动，如哈拉通沟到富蕴一带，额尔齐斯大断裂北盘泥盆纪地层逆于侏罗纪煤系地层及第三系之上，北西向构造与山字型反射弧为重接复合关系，又被北北西向的可可托海—二台断裂所截接复合。

这次大震极震区的范围包括可可托海—二台断裂与额尔齐斯大断裂截接部位，极震区长轴方向为北北西向，与可可托海—二台断裂相一致，显然，大震的发生此断裂起主导作用。

可可托海—二台断裂北部沿喀依尔堤河谷延伸，经吐尔根盆地西缘、喀拉乔拉、卡拉先格他乌西南坡、克孜勒他乌西麓，直到阿尔曼特山，全长约200公里。断层面向东或北东倾斜，倾角75°～85°，在断裂带上岩石普遍发生破碎、退色、糜棱岩化现象，且有绿帘石、绿泥石等块状矿物，局部地段可见构造角砾岩，有些地方破碎带宽达1公里，其中有小的花岗岩侵入体。在地貌上呈现断崖、三角面、峡谷、构造干谷。据断裂切割北西向构造线与克孜勒他乌一带该断裂东侧地层被拖拉而发生柔皱构造的情况判断，应为顺钟向扭动的压扭性断裂，它可能成生于海西期，晚近时期有强烈活动。它使第四纪洪积层发生错动，垂直或水平错距均达2米左右，使山前干谷错位，迫使水流流向发生改变。

沿可可托海—二台断裂呈串珠状发育看可可托海、吐尔根和乌兰哈达—沙里托尕依新生代槽地，显然这些槽地的生成与该断裂活动有关。此断裂西南段，又是阿勒泰山与其山前丘陵区的分界线。从沉积物、山麓洪积扇呈层状或阶梯状发育的地貌、额尔齐斯与乌伦古两河特殊发育情况分析，都证明丘陵平原区在第四纪遭受掀斜作用，东南抬升而西北下降。这也可能是断裂活动所致，它构成山区与洼地地貌上明显对照的转换线。

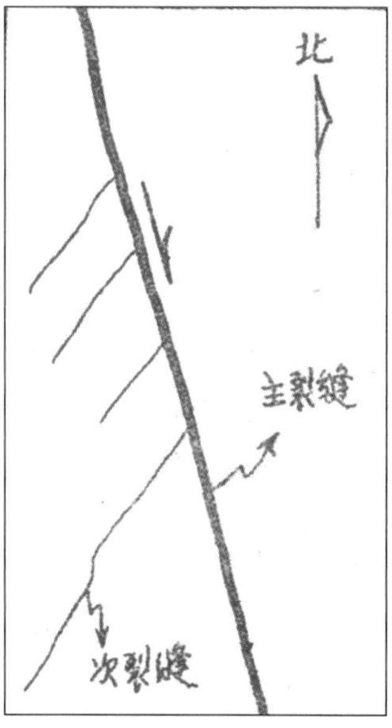

图11　入字形构造平面素描图

这次大震从可可托海以北到阿尔曼特山大致沿可可托海—二台断裂的破碎带上产生大裂缝或新断裂，沿北北西335°～350°方向延伸，长达150公里左右，完全与老断裂走向一致。在可可托海盆地西边山坡上，多处明显见到此裂缝的东侧有次级地裂缝呈斜列状，与大裂缝相交构成入字形构造（图11）。喀拉乔拉北约3公里处，大裂缝西侧也有次一级斜列的裂缝与大裂缝相交组成入字型构造。大裂缝某些地段呈密闭状，其错断面平整、较光滑。大裂缝不受其地形控制，劈开山峰，横切沟谷（图6）。据此看大裂缝应为顺钟向扭动的压扭性新断裂，它与区域构造应力场是相一致的（图12），这恰好说明了该断裂与大震的成生联系，也说明发震构造是可可托海—二台断裂。

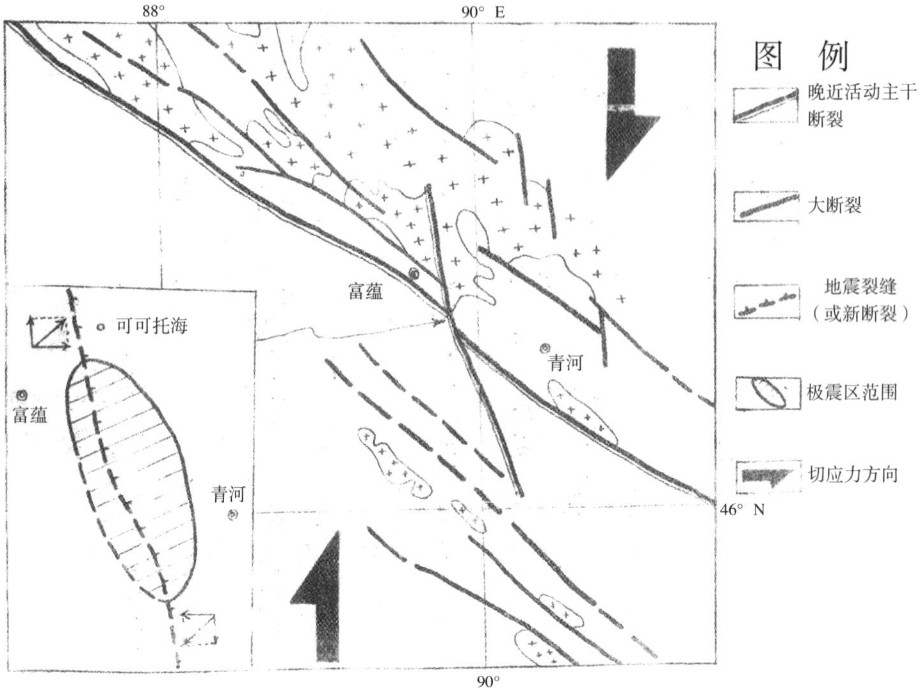

图12　富蕴地区应力分析对比图

（六）结语

所用资料绝大部分系访问所得，有的已无法考证，有的因地处高山，交通不便，此次调查未能证实，恐与当时实况有出入，对发震构造背景的调查研究不够。由于大震造成地表现象至今保存尚好，是研究大震发震地质背景的良好场所。

据原新疆维吾尔自治区水利厅黄大明同志1962年的报告：1957年8月27日在可可托海盆地南端当日曾发生两次地震（《中国地震目录》无此两次地震），在老地震裂缝上有新错断痕迹，错距达4厘米之多。这证明可可托海—二台断裂尚在活动。

为此建议，今后对富蕴地震应进一步深入调查研究，除开展地表地质考察外，最好能配备形变测量、物探等手段进行综合研究，研究断裂活动与地震活动的关系，研究8级大震的地质构造背景特点。解剖麻雀，总结经验，以使对发震构造条件的认识有所深化。

四、构造背景①

1931年8月11日在我国新疆阿尔泰山区发生的富蕴8级地震，造成了176km长的地表地震断裂带。这条地震断裂带规模巨大，断裂地貌现象十分醒目，地震断裂类型齐全，断裂组合形态复杂多样，是一条典型的右旋走滑脆性剪切破裂带。全带基本连续，具明显的线性特征。由于有利的自然条件，至今虽已时隔半个多世纪，但各种现象仍保存完好，地震断裂带，特别是在震中区一带的破裂现象宏伟壮观，断裂带两侧块体运动的差异性、末端效应和大幅度水平位移的分段性等特点甚为

① 本文为《富蕴地震断裂带》一书的前言部分，地震出版社，1985，作者：石鉴邦，丁国瑜。

明显，是世界上罕见的地震断裂带之一。

像这样强烈地震引起的地面破裂（地震断层）是大自然在地表留给我们的强震记录，它给我们带来了大量来自震源的信息，是震源过程和聚集的弹性能释放过程的明显标志。这一剩余变形现象是研究地震破裂方式和过程、认识地震破裂机制的重要对象，也是了解地震地面效应、探寻有效的抗震途径、确定地震危险程度进行地震烈度小区划的重要依据。这些地震断层是一种地壳现代破裂的现象，是最现实的活动构造形式，通过对它的研究还可以为认识现代地壳应力和现代地壳运动的状况提供重要的信息。因此，地震断层一直是地质学、地震学、地球动力学等研究中的一个十分引人重视的课题。20世纪80年代国际岩石圈研究计划，反映出当代地学研究的重点从海洋转向了大陆，地震断层现象的研究无疑将会直接有助于对板内现象，特别是板块内部的强震与现代地壳运动等重要研究领域的探索。

发生富蕴地震的阿尔泰山区以及蒙古人民共和国（以下简称蒙古）西部一带，近百年来曾发生过多次强烈地震，是一个引人注目的内陆强震活动地区。在该地区发生的一系列强震中，尤以1905年7月9日和23日沿杭爰断裂发生的两次8级地震、1931年8月11日富蕴8级地震和1957年12月4日戈壁阿尔泰8.3级地震造成的地面破裂和位移最为显著。北蒙古两次8级地震的地震断裂带长达350km，最大水平位移8m；富蕴地层断裂带长达176km，最大水平位移14m；戈壁阿尔泰地震断裂带长达275km，最大水平位移8.85m。在这一远离板块边界的内陆地带为什么不断地发生强烈地震，并造成如此巨大的地面破裂与位移?这一板块内部地区的现代地壳应力状况和现代运动状况有何特点?动力来自何方?未来的地震危险性又如何?要回答这些问题，位于内陆腹地的富蕴地震断裂带处于关键性的位置。我们的工作就是试图通过对这条地震断裂带的深入剖析，在地震断层的研究方面搜索一些经验，同时也就上述一些涉及了亚洲板块内部的强震危险性和板内现代运动等理论和实际问题进行一些探索，以期提高对阿尔泰及内陆地区强震危险性预测方面的认识。

关于这一地区的现代应力场和现代地壳运动问题，弗罗连索夫（Н.А.Флоренсов）、索洛年柯（б. л. Сопоненко）等对1957年戈壁阿尔泰地震的考察和研究报告中曾提出以下看法。他们（1963）认为在这一地区发生了北蒙古地震和戈壁阿尔泰地震的北西西向平移断裂以及富蕴地震的北西西向平移断裂，构成了一组具有最新活动的平移断裂系统。这组交叉的平移断裂系统发育于东萨彦岭至戈壁阿尔泰一带，具有很新的活动，沿这些断裂第四纪以来有明显的位移。弗罗连索夫等在提到造成这些断裂的活动特点和力源等问题时，引用了穆迪（Moody J. D.，1966）全球共轭剪切断裂系的观点，并认为这一带的一些强震活动与深部构造变形作用有关，地震对这些平移断裂来说起着释放其逐渐积累的应力的作用。

20世纪70年代中，塔波尼尔（P.Tapponnier）和莫尔纳（P.Molnar）用印度刚性地块嵌入欧亚大陆所引起的滑移线场，对亚洲内部晚新生代以来的构造变形以及现代的内陆地震活动进行了解释。他们认为，在中亚一带，伴有右旋走滑的逆断层是天山的主要构造，青藏高原及其东侧为左旋走滑断层活动地区。阿尔泰和蒙古西部一带为北北西（右旋）和北西西（左旋）两组方向构成的共轭走滑断层区。在相当于被挤入区前缘的中部地区，两套剪切带都存在，反映这里最大压应力是近北东—南西向的。由阿尔泰山、萨彦岭，再向东北至贝加尔裂谷区，发育了引张的正断层。塔波尼尔等对整个这一区域应力场的分析，认为应力场是渐变的，并认为亚洲内部复杂的构造变动用连续变形来解释比用一些刚性地块的相互运动要更好。他们对亚洲内部广大区域的变形从整体上给了一个很好的解释，但他们对结构极不均匀的大陆内部，对不同区域、不同地壳块体和深部构造的差别的影响，以及对引起板内运动问题的复杂性未给予应有的讨论。

达斯和费尔逊（Dsa, Sh. & Filson J. R, 1975）在分析中亚地区的地震活动资料以后，支持亚洲内部镶嵌小板块边界不连续变形的观点。佐宁申和萨瓦斯廷（Zonenshain L. P. & Savostin L. A., 1981）也以板块构造的观点讨论过亚洲内部的构造。他们结合贝加尔及其周围地区的地质及地震资料，探讨了这一带一些地块间的现代运动问题。

尽管许多学者对中亚区域构造问题作过不少论述，仍对阿尔泰山地的新构造运动及地震活动的研究程度还是较低的，对富蕴地震及地震断裂带的具体研究工作也开展得较少。

1931年富蕴地震发生后，苏联地质学家奥勃鲁切夫（B. A. Обручев）最早报道了富蕴地震的有关资料。1932年，他在苏联的《自然》杂志发表了《蒙古地震》一文，由于他收集的材料仅限于蒙古境内若干受震情况的通信报道，因之误称为蒙古地震。

1933年李善邦教授发表了鹫峰地震台关于富蕴地震记录的报告，1934年又发表了《新疆地震》一文，对富蕴地震（当时称阿山地震）作了专门论述。他根据鹫峰地震台及世界60多个地震台的记录，确定富蕴地震的震中位置为46° 51′ N、89° 49′ E。他还根据当时正在新疆进行地质调查的清华大学地学系袁复礼教授提供的资料，叙述了地震烈度的分布情况。1957年，在他发表的中国地震区域划分图及其说明中，粗略圈定了阿尔泰山不同强度的地震区和烈度区。

在20世纪50年代，对富蕴地震断裂带曾进行过一些零星的调查。如1957年新疆维吾尔自治区水利厅黄大明等在水电勘测过程中，曾首先对可可托海附近的地震断层现象进行过一些观察描述。新疆维吾尔自治区地质局有关单位的区域地质测量和普查等报告中，也曾对富蕴断裂带有零星的描述，但都没有进行较系统的工作。直至20世纪60年代，才陆续开展有关阿尔泰山及周围地区地震活动性的研究。1962年，在苏联境内的阿尔泰–萨彦地区开始了地震台网系统的观测工作。1972年，我国在阿尔泰地区建立了富蕴地震台。区域性的地震地质调查工作开始于20世纪70年代，对富蕴地震断裂带的工作也是如此。1972年以来，新疆维吾尔自治区地震局对富蕴地震先后组织过多次考察。1972年，冯先岳、沙塔尔、孙启、王新政、范芳琴、郑富婉、陈镇铎、梁廷宽、买买提·明·艾买提等在受震严重的富蕴、青河等地及新疆北部广大地区，调查访问了富蕴地震的影响和破坏情况，对地震断裂带的一些地段进行了观察记录。这次调查圈定了等震线，对富蕴地震的烈度、构造条件，特别是地震断裂带作了一定分析。该考察报告是对富蕴地震首次较全面的初步总结，其中对地震断裂带的描述和讨论引起了普遍的关注和兴趣。

1974年，柏美祥、杨章、王树基、梁廷宽、柔洁、紫丽曼、李志民、买买提·明·艾买提等沿地震断裂带进行追索，填制了大比例尺地震断层平面分布图，对震中区地震破裂进行了较详细的调查研究。这次考察基本查清了地震断裂带北段的展布情况，并对地震断裂带规模、断裂类型、组合形态、断层产状以及二台断裂的活动情况等进行了讨论，但对地震断裂带的南段未能追索。

1978年，戈澎谟、杨章、陈松涛、周殿英、王煜和买买提·艾里等继续对地震断裂带南段进行追索、填图，同时还考察了南侧的阿尔曼特山和北塔山地区的地震地质情况。

这三次野外考察，积累了丰富的资料，为进一步的研究工作奠定了比较坚实的基础。在这个基础上，1979年，对富蕴地震从烈度、地震活动特点、区域地质背景、发震构造条件等进行了较全面的总结，并发表了初步研究成果（杨章等，1980，1982）。

1980年，国家地震局丁国瑜、高维明与新疆维吾尔自治区地震局石鉴邦、张风岭、冯先岳和杨章等对富蕴地震现场又进行了一次考察。在这次考察中，沿地震断裂带发现了多期古地震现象，以及有关断错水系等方面的一些新的重要地质现象，提出了沿断裂带存在多期古地震活动、地震断层具有多点破裂机制等看法，并决定组织力量进一步开展对这一地震断裂带较系统的专题研究工作。之后，又制定了富蕴地震断裂带研究的具体方案与计划，并做了一些准备工作，如：开展航空照片及卫星影像资料的收集和判读解释，为研究地层断裂带的几何形态和断错水系位移情况的统计分析提供依据；搜集地震目录、地震图纸等资料，进行地震活动性、震源深度、震源机制解和其他震源参数的分析工作，收集和阅读阿尔泰区域地质文献和二台断裂大比例尺的地质测绘资料，结合以往在地震断裂带上取得的资料进行综合分析和讨论。

1981年按方案组织了综合考察研究。参加这次综合考察研究工作的有：新疆维吾尔自治区地震局石鉴邦、冯先岳、戈澎谟、杨章、柏美祥、胡军、张政、彭树森、郑福婉、范芳琴、金小玉、丁德轩、周殿英、王煜、冠大兵、宋和平、罗福忠、谷建中、徐和、姚颂民、冯铁石、刘四兵、张永岗、刘鸣、沈伟、余剑和、王平顺、申文庄、刘永廷、刘富安和买买提·明·艾买提等，国家地震局丁国瑜、国家地震局地质研究所邓起东、吴裕文、范福田、钱瑞华、张培震。整个工作按计划分成地震断裂带考察研究、区域地震构造调查、震中区地形地质测图、地震活动性研究、临时地震台网观测和构造物理模拟实验等小组，分别承担地震断裂带、地震活动性、新构造活动、古地震、地震破裂机制、区域构造应力场、地震孕育环境和发震构造条件等专题研究任务。

在这次考察研究工作中，追索调查了地震断裂带，测量了各种大比例尺地形地质图和断裂平面图约30幅，测制了大量的跨地震断层的地质构造剖面图和河谷横剖面，开挖了探槽16个，采集了断层面结构物岩组分析、^{14}C龄测定、孢粉分析等样品，进行了断裂面结构物岩组统计分析、基岩构造裂隙和地衣统计测量等工作，并对重点现象和重点地段拍摄了照片和电影。

为了配合专题研究，取得沿断裂带现今地震活动状况的资料，在阿尔泰山区的青河县城、布尔根、二台和哈拉通古东面的白杨沟口架设了临时地震台，连同附近的富蕴固定台站组成了围绕富蕴地震断裂带的一组临测台网，自1981年4月至8月进行了连续观测。此外，为了取得有关富蕴地震断裂带和可可托海—二台断裂（以下简称二台断裂）现在的动态资料，1981年5月，在地震断裂带的北、中、南段分别建立了跨断层的水准及三角复测点。

在上述工作的基础上，我们对富蕴地震断裂带的几何学、运动学、动力学各方面的特点作了较系统的全面分析和总结，编写了本书。全书围绕着富蕴地震断裂带这个主题，从富蕴8级地震谈起，对地震地表断裂带的展布、位移、类型及组合特征，地震断裂带破裂特征，地震断裂带的形成机制和构造应力状态进行了分析。之后，在时间上加以扩展，论述了断裂带上的古地震现象和二台断裂的新活动，以反映地震断裂带长期以来的运动情况；空间上加以展开，分析了富蕴地震所处的大范围构造环境、区域构造应力场、现代地壳运动和动力来源等问题。最后，总结了富蕴地震断裂带的特征，并讨论了这种强烈地震形成的地震断裂带的研究内容和方法等问题。

本项研究工作的计划、野外考察、总结、出版等大量组织工作，是在新疆维吾尔自治区地震局领导下，由张宏益、张风岭等具体组织实施的。

在总结过程中，构造物理模拟实验、孢粉分析、^{14}C年龄测量和断裂带上岩石学显微构造分析等工作是国家地震局地质研究所协助完成的。另外，徐煜坚、李玶、高文学、马宗晋、赵文栋等曾于1981年赴现场进行了短期考察，对研究工作和编写本书提出了许多宝贵意见，并热情地提供了一些参考资料。这里谨向所有关心富蕴地震断裂带的研究工作、为这项研究工作付出了辛勤劳动的同志们表示诚挚、深切的谢意。

五、遗迹图片

1931年新疆富蕴地震遗迹照片。摘自《中国地震碑刻文图精选》和《当代中国地震事业》。

▲震中区基岩裂开（姚颂明　摄）

▲卡拉先格尔裂陷区全貌（柏美祥　摄）

▲地震断层

▲山脊右错镰状断面（姚颂明　摄）

◀错断山脊

六、地震论述

《近世地震学》（摘录），王应伟（山东青岛市观象台）著，1931年发表。

地震之一般事项及其统计

1. 地震

地震者，因基于某原因而地壳起动摇现象之谓也。地震二字之用语，在狭义方面，本单就起因于地壳内部之地震而言，但现在则伴火山所起之地震，及由山崩等所起之地面震动，依其规模之大小，亦以地震名之。要而言之，地震之真实定义，尚不无暖昧之嫌，惟地壳之振动，若起于人工的，及海波、瀑布、强风等，则通例仍不称为地震，盖前者关于火药爆发、动力机械及车辆通过等；后者则现今所谓脉动的地壳振动是也。关于脉动一项，当于后章另行说述，此处所述，仅限于狭义的方面之地震。

就现今地震学自身之程度而论，对于地震之原因，尚不能彻底阐明。伴火山喷发所起之地震，其原因虽非常明了，但此仅属于地震中之特种类，而不足概括一般地震，而况火山自身之原因，说明上仍多困难乎？故若火山原因，得以完全阐明，则地震之原因，或能连带解决，亦未可知。盖基于同一原因而起火山喷发及地震两现象，事实上为可能也。现时地震学家，只能按科学进步自然之程序，而施研究工作，即当地震发生之际，其所得之现象暨事实，务记载真确，然后再求其与它科之关系，而得其理论之援助，进而推地震之原因，以达地震之预知及预防之境界，斯为研究地震学惟一之目的。故本书所述，在地球物理学分科中，系以地震观测为基础，而关于地震发生之原因及机巧等，初未涉及（对于此种现象虽有种种臆说，然不能辨其真伪也）。

发生地震动之原因，虽不能确知，然其发源必在地壳内部，则毫无疑义。此发源之处，特称为震源（Earthquake focus hypocenter），震源所占范围，当然可甚广，但普通为说明上便利起见大都视为一点，即设想由该点出发扰动，而再传播于四围也，故亦有称该点为始震点者。惟地震学上所称之震源，与俗所称之震源地，其意义全然不同，此又不可不注意也。

震源在地层之下，可于地图上指定一震源直上之地点；此地点特称之为震央（Epicenter），通俗称为震源地者，系指地震动最激烈之地域，吾人大都设想该地与震央地域符合，然因各地之地质构造不同，最激烈地未必即为震央，有时且可有甚大之差异，斯又不可混同者也。

2. 地震带

由吾人恒久之经验，觉地球上有多地震之区域，又有地震极稀少之地域，且将多地震之各区域联合，每成带状。如斯之地带，特称为地震带。全世界之最有名者，允推环太平洋之地震带，即连太平洋沿岸之地域，如日本列岛、南洋诸岛、南北美洲西岸及Aleutian（编者注：阿留申）群岛等所连结之地带也。其次则为欧亚地震带，即中国内部新疆一带，印度、小亚细亚、希腊、伊太利（编者注：意大利），再西至地中海所连结之地带。然而就狭义而言，东亚著名之地震带有二，均在日本，一为日本东海岸，即太平洋沿岸走向之地震带；一为彼国沿日本海之地带。此外尚有多数之小地震带，均从大地震带中所抽出者也。

上所述地震带之概念，其间有应行注意之处，即属于同一地震带中所发之地震，虽不可不设想其互有关系，然有时亦未必如是也。总之地震带，系表示地壳之一弱线。前日本地震家大森氏曾发表关于地震带活动之说，即地震带中，若A处生大地震，则A处之不安定情状，爰被除去，其次则B处有地震，再其次则C处有地震，即各处之不安定，逐次除去，而成地震蔓延发生之情状也。

大森氏之说，虽不乏实例可以证明，然关于任何之大地震，未必能与该说一一符合也。而在现今则凡小规模之地震，殊有不发现于地震带之倾向，此因就小区域以调查其地震屡发各地点，宛如星状之散布，而不作带状之存在焉。

3. 地震回数之统计

地球上之地震，其发现回数，应至于何种程度，颇难得正确之决定，惟由诸观测所之观测结果，亦约略可知其大概。据Sieberg氏之统计，地球全体一年地震回数之平均如次表（编者注：表题为编者所加，下同）：

全球年地震次数统计表

全地震	9000回，即平均1时间可得一回
有感觉地震	5000回，即平均$1\frac{3}{4}$时间可得一回
大地震	114回，即平均$3\frac{1}{5}$日可得一回
世界的地震	20回，即平均18日可得一回

然远东之多地震国如日本，据其中央气象台所发行之气象要览所载，其地震回数之统计如次表：

日本1925—1927年地震次数统计表

年份	1925年	1926年	1927年
无感觉地震	3411	3641	3958
有感觉地震	1886	1272	2069
显著地震	18	17	13

将此表与前表相比较，觉Sieberg之统计中，除大地震及世界的地震之外，未免过少，大概局部的地震，或未算入也。

世界中地震次数最多区域，为南北美洲西岸地域，日本列岛，Aleutian方面，中国内陆之新疆一带，南洋方面，阿非利加（编者注：非洲）东岸地域，印度，小亚细亚，意大利，希腊等处。

4. 地震之周期

地震现象，是否含有周期性，迩来学者就古来多数之地震发现状态，加以研究，颇不乏人，惟其结果，则甚形复杂，盖地震之周期性果否存在，仍难断言也。通常唯求太阳及月之位置，对于地震频度之关系耳。由此等结果，就特定区域。而详细调查，宛如有约略之周期性可以存在。然在种种地域，经过长年月后，是类约略之周期性，是否不变，仍为疑问。今为参考便利起见，将诸家之统计结果，揭载如次：

Conrad氏就澳大利亚之地震，加以月别之统计（1897—1907年），如次表：

澳大利亚1897—1907年地震次数统计表

冬	742回	春	786回	夏	467回	秋	502回
十二月	194	三月	298	六月	138	九月	147
一月	268	四月	261	七月	169	十月	145
二月	280	五月	227	八月	160	十一月	210

C.F.Kolderup就诺威（编者注：挪威）之328回地震（1834—1886年），及494回之地震（1887—1911年），加以统计，其回数之百分率如次：

挪威1834—1911年地震百分率统计表

冬	32.7%	春	23.2%	夏	18.9%	秋	25.2%
十二月	8.4%	三月	9.2%	六月	6.4%	九月	8.0%
一月	14.8%	四月	8.2%	七月	4.6%	十月	9.0%
二月	9.5%	五月	5.8%	八月	7.9%	十一月	8.2%

A.Cavasino统计伊太利之地震得次之结果：

意大利地震次数统计表

冬	3057回	春	3253回	夏	3492回	秋	3204回
十二月	975	三月	1134	六月	1090	九月	1183
一月	1184	四月	1098	七月	1238	十月	999
二月	898	五月	1011	八月	1164	十一月	1022

由上数表观之，澳大利亚与挪威之地震，其回数以冬或春为最多，夏季较少；而意大利之地震，其回数在一年中似无甚大变化。

其在东亚日本之地震，据大森氏十四世纪以后之破坏地震166回，而施行统计，则如次：

日本地震次数统计表

冬	45回	春	48回	夏	74回	秋	49回
十二月	22	三月	18	六月	19	九月	16
一月	10	四月	12	七月	23	十月	19
二月	13	五月	18	八月	32	十一月	14

由此表观之，则冬季最多，而夏季最少，似与前列各表正相反对；但是所作小地震回数之统计，则六、七、八、九等月为最少数，而二月、五月、十一月回数颇见增加也。

要而言之，春或冬地震最多，约略与事实相近，而其是否有周年之周期，则仍无从推知也。

以上但就一年中地震回数之分布而言，此外尚有一日之分布，太阴日，太阴月之分布，及长年月之分布等，关于是种类之研究，虽经多数学者之努力，而尚未得良好结果，从而在科学价值上不甚重要，故此处姑付阙如（关于此等事项可参照日人今村氏所著之地震学）。

5. **地震之种类**

地震之分类，现有种种，均由其出发点而异，分述如次。

（1）基于地震动之强弱而分类，即无感觉地震——敏锐之地震计稍有轻微感觉；有感觉地震——自微震，弱震以至强震，烈震等皆属之；烈震——有感觉中之最强者，建筑物倾倒，山崩，川裂等皆属之。

是等皆系有地震动地点，观测所得之结果，故严格言之，非真正地震之分类。设果欲以之为标准，而行分类，则对于一地震，无宁在诸观测所中，采用其震势最强者，较有意义焉。

（2）基于地震自身规模之大小而分类，即：局部地震——仅狭小地域有感觉，或震央附近单能用器械观测而得者；小区域地震——周围一二百里许之地域有感觉；稍显著地震——周围四五百里许区域，互有感觉；显著地震——多数地域均生感觉。

此种分类，东西之气象台，亦有用之者。但由其定义，无宁失之太宽泛，若将种种之地震归入此分类中，其困难自不待言。

（3）以观测地对于震央距离之远近而分类，即：近地地震；中距离地震；远地地震；最远地地震。

（4）依震央地域而定名称，仅限于海震（Sea shocks）一方面，此性质似与通常地震稍异。

（5）特种之地震，即此种地震，由于其发生状态，震源之深，及震央距离等，而附以特种之名称，即：二子地震（Twin earthquakes）；引继地震（Relay earthquake）；深层地震（Deep earthquake）；深海地震（Oceanic earthquake）；火山地震（Volcanic earthquake）；余震，前震（After shocks，Fore shocks）。

（3）及（5）之定义及性质等，均详述于后。

6. 伴地震所起之诸现象

（1）动摇。

所谓动摇者，虽系地震自身所生之现象，然因其动摇情势，而得以推知种种地震之性质，即动摇之方向，为强烈之上下动时，则知距地震源较近。且因其动摇之周期，及其继续时间，得以知地震规模之大小，及震央距离之远近。

（2）地鸣。

当大地震之发现也（有时因地域关系，局部地震亦然），在震动前后，往往可闻地鸣（Earth sound）。通例是种音响，虽与风声略相类似，然较近于震源地附近时，则宛如大炮之音。远东有名之地鸣区域，为日本之筑波山麓。至其他易起地震之地域，亦约略一定也。

（3）被害。

激烈地震发现之时，往往天然物及人造物发生破坏，有时并间接而起洪水或火灾等之灾害，其例亦甚多。通常被害最甚地域，亦即为振动最激烈地域，此等地域，当然为震央地无疑。然因地质构造之关系，震央区域有时可不被显著之灾害，而距震央之外，被害反甚者，大抵山地及台地等，地盘较为巩固，而沿谷间、冲积层及河川等地，恒为被害较烈之地也。

（4）断层。

大地震之际，在震央地域，往往发生断层现象。彼日本浓尾之断层，最为著名，北丹地震时亦然。此等现象出现时，有时为上下之断层，有时由水平滑动而成。惟此种断层，果否为地震之原因，抑为结果，现时仍无从确定。总之发生此种现象处，为地壳之不安定区域，则无疑义也。

（5）巨浪。

大地震时，每生巨浪，大都V字形之湾内，为其所被害最甚。巨浪之传播速度v，在理论有次之关系式：

$$v=\sqrt{gh}$$

式中，h为水深；g为重力加速度。

此式约略与实际上适合。当日本地震时，其巨浪往往波及于美洲海岸，亦不足异焉。

（6）电气及磁气的现象。

古来大地震之际，每闻人言，可发生电气的或磁气的不可思议之现象者；然至近年经精密调查，此类现象，伴起甚稀，即或有之，亦极稀少而甚微弱也。

（7）土地之隆起及陷没。

此种现象，有时可发生于地震之前，然在大地震之后，土地隆起或陷没，其例甚多。数年前日本东京之大地震，即其显例。但此等隆起或陷没之土地，再经长年月后，每有渐复原状之倾向。

（8）山崩地裂及其他现象。

此为大地震时之普通现象，然亦有谓此类现象为大地震之前兆者，即地震前井水之变化、温泉之变化及生物等现异状等皆是。但此均系地震以后，迴想地震前之情状，而为此臆说，实际上果否与地震发生因果关系，仍属疑问。又大地震后，每多余震，其详由次节述之。

7. 前震及余震

大地震前，宛如有小接触之小地震发现，特称为前震。前震云者，其实至大地震后，而始加以是项名称也。逆而言之，小地震发生时，是否即为大地震之前震，现在尚无此决定法。惟关于是类问题，近时诸地震家正在努力研究中，将来或有系统的研究结果，亦未可知。

大地震后，每伴生几多之小震，迨经过相当时日，而小震之回数，亦次第减少，驯至规复原状，是为恒例。故此等小地震，可视为大地震之附属震动，特呼之为余震。余震回数，有时由原地震之大小而生多少之差异。又同强度之大地震出现，未必有同回数之余震发生。据日人大森氏之统计，设F为余震回数，t为原地震后之经过时间，则有次之关系式：

$$F=\frac{k}{h+t} \tag{1}$$

式中，h与k均为常数，对于各地震均不同。

又震源距离较远，则该地所感之余震回数亦减少，故氏由统计上，更得次式：

$$F=ab^{-r} \tag{2}$$

式中，r为观测地对于原地震之震央距离，a、b为常数，亦由于各地震而异。

例如彼国浓尾地震之际，则得

$$\lg F=289-0.0105r \tag{3}$$

又对于余震回数，关谷氏更作一较精密之实验式如次：

$$F=k\lg\left(1+\frac{1}{\mathrm{A}+\mathrm{B}t}\right) \tag{4}$$

式中，k、A、B均为常数。

又日下氏由实验岩石弹性之结果，视余震为一种Hysteresis之现象，爰得次之公式：

$$F=ck\lg\left[1+\frac{p^2}{2p+1+2(p+1)t+t^2}\right] \tag{5}$$

式中，p为起岩石之地震时，其蕴储Energy（编者注：能量）之必要时间，即起大地震后，再至其次大地震之时间，其值至少为数十年或数百年；而t为原地震后至余震之时间，故以之与p相较，为甚小之值。若将式中之t^2项省去之，（5）与（4）即为同形之式。又如展开（4）式，而将第二式以下省去之，即得（1）式。

此处尚应起一疑问，即吾人对于余震之研究，为何仅调查其回数，而不涉及余震Energy之计算？盖余震之Energy，较诸余震回数，诚然有充分的物理学意义存在。但就它方面设想，大地震之后，先现震度较强之余震。此后则每发余震一回，其强度亦递次减小，亦即地震之Energy，由其余震回数，逐渐减小也。故若就余震之Energy而施行计算，在吾人预期之结果，应得对数曲线，但依近时之调查，果得一简单结果，即余震之Energy，为对数的减衰云。

1932年12月25日甘肃玉门昌马7.6级地震及该年地震论述

【编者按】1932年12月25日在甘肃省酒泉市玉门市昌马乡发生7.6级地震。本篇收集了上海徐家汇地震台记录的1932年12月25日昌马7.6级地震图；甘肃省政府就昌马震灾咨函内政部请筹款赈济文；甘肃省政府请中央研究院酒泉地震的文件；金咏深的《民国二十一年十二月二十五日甘肃西北部地震述略》一文；新中国成立后地球物理所刘正荣、时振梁等人对昌马地震区的进一步调查考察报告；以及李善邦《地球物理述略》、李四光的《地震》等史料。

发震时刻：1932–12–25，10：04：27；
震中位置：39.7° N、96.7° E；
震　　级：7.6级；
震中烈度：X度；
震中附近地点：甘肃省酒泉市玉门市昌马乡；
宏观震中：39.7° N、97° E。

一、地震记录图

摘自《中国早期地震台历史地震图鉴》（第一卷）。上海徐家汇地震台记录的昌马7.6级地震图如下。

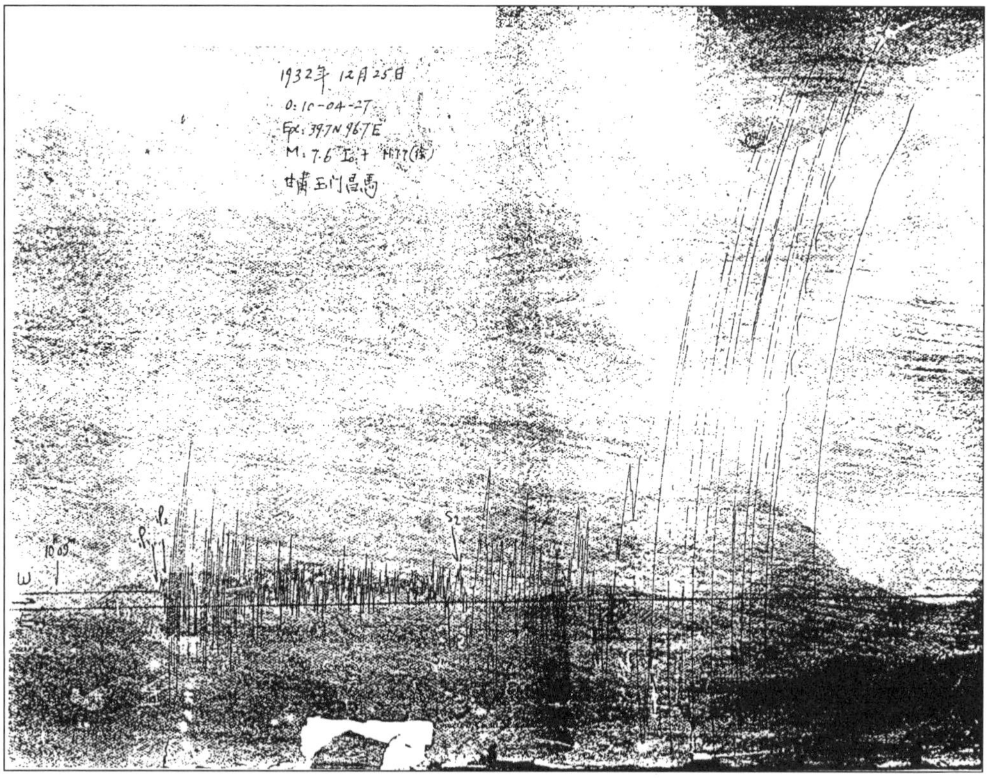

Z103上海徐家汇地震台W1932年12月25日（BMT）记录甘肃玉门昌马7.6级地震图（东西向）

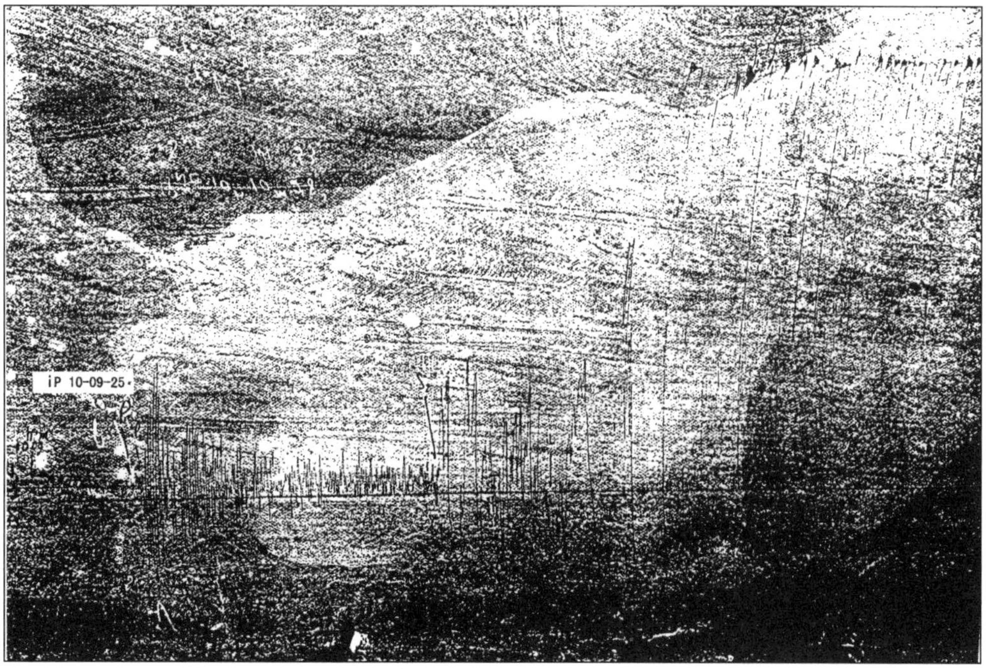

Z103上海徐家汇地震台W1932年12月25日（BMT）记录甘肃玉门昌马7.6级地震图（南北向）

二、历史文件

（一）筹款赈济

甘肃省政府就昌马地震灾况咨函内政部赈务会请筹款赈济文（《甘肃省政府公报》）如下。

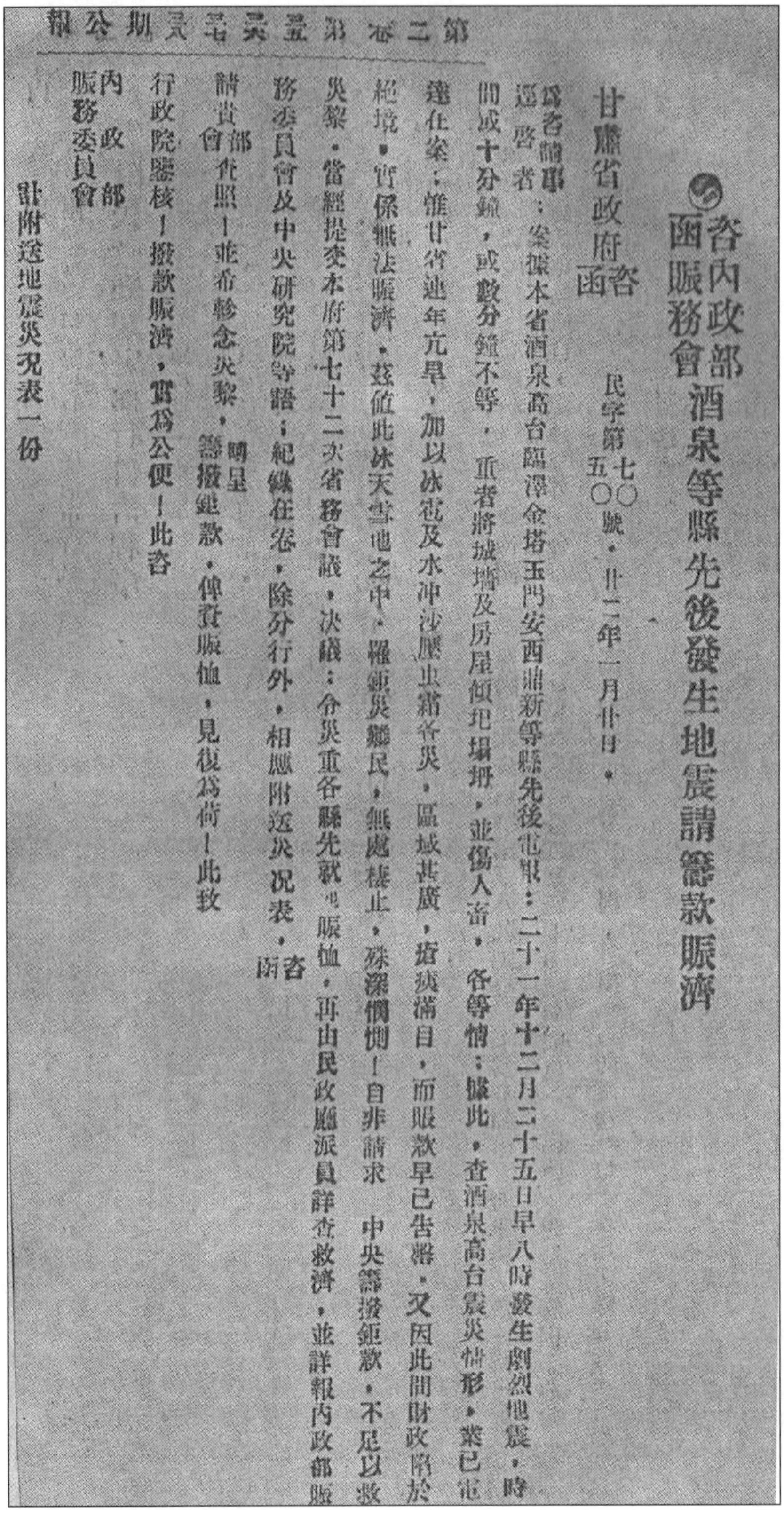

第二卷第[illegible]期公報

咨內政部
函賑務會 酒泉等縣先後發生地震請籌款賑濟

甘肅省政府咨函 民字第七〇五〇號・廿二年一月廿日・

爲咨請事：案據本省酒泉高台臨澤金塔玉門安西鼎新等縣先後電報：二十一年十二月二十五日早八時發生劇烈地震，時間或十分鐘，或數分鐘不等，重者將城墻及房屋傾圮塌捬，並傷人畜，各等情；據此，查酒泉高台震災情形，業已電達在案；惟甘省迭年亢旱，加以冰雹及水沖沙壓虫霜各災，區域甚廣，瘡痍滿目，而賑款早已告罄，又因此間財政陷於絕境，實係無法賑濟，茲值此冰天雪地之中，罹斯災難民，無處棲止，殊深憫惻！自非請求　中央籌撥鉅款，不足以救災黎，當經提交本府第七十二次省務會議，決議：令災重各縣先就地賑恤，再由民政廳派員詳查救濟，並詳報內政部賑務委員會及中央研究院等語；紀錄在案，除分行外，相應附送災況表，咨函

請貴部會查照！並希軫念災黎，轉呈行政院鑒核！撥款賑濟，實爲公便！此咨
籌撥鉅款，俾資賑恤，見復爲荷！此致

內政部
賑務委員會

計附送地震災況表一份

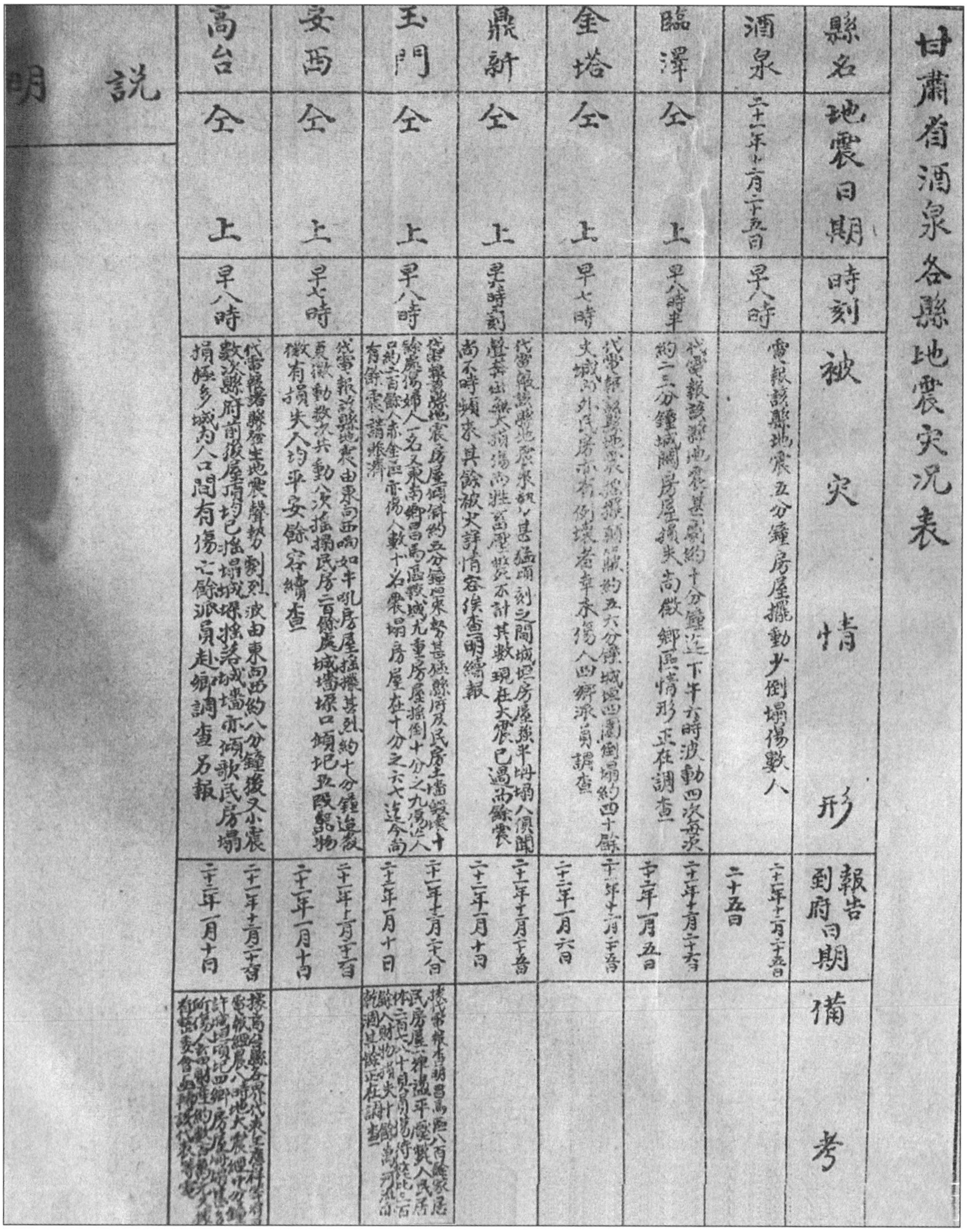

甘肃省酒泉各县地震灾况表

县名	地震日期	时刻	被灾情形	报告到府日期	备考
酒泉	二十一年十二月二十五日	早八时	电报该县地震五分钟房屋摇动少倒塌伤数人	二十一年十二月二十五日 二十五日	
临泽	仝上	早八时半	代电报该县地震甚剧约十分钟迄下午六时波动四次每次约二三分钟城关房屋损失尚微乡区情形正在调查	二十一年十二月二十六日 二十二年一月五日	
金塔	仝上	早七时	代电报该县地震摇撼颇烈约五六分钟城垣四周倒塌约四十余丈城内外民房亦有倒坏者幸未伤人四乡派员调查	二十一年十二月二十五日 二十二年一月六日	
鼎新	仝上	早七时三刻	代电报该县地震来势甚猛顷刻之间城垣房屋裂半坍塌人员闻压毙者无大损伤而牲畜压毙不计其数现在大震已过而余震尚不时频来其余被灾详情容俟查明续报	二十一年十二月二十六日 二十二年一月十日	
玉门	仝上	早八时	代电报该县地震房屋倾倒约五分钟已来势甚猛县府及民房土墙毁坏十余房伤妇人一名又东南乡昌马区被城九重之房屋摇倒十分之九伤近人口约六百余人赤金区亦伤人数十名震塌房屋在十分之六七迄今尚有余震请赈济	二十一年十二月二十八日 二十二年一月十日	据代电报称昌马区八百余家居民房屋一律夷平压毙人民[illegible]正在调查
安西	仝上	早七时	代电报该县地震由东而西响如牛吼房屋摇摆甚烈约七分钟迄复微动数次共动八次摇塌民房二百余处城墙坍口倾圮五段器物微有损失人均平安余容续查	二十一年十二月二十三日 二十二年一月十日	
高台	仝上	早八时	代电报该县发生地震声势剧烈波由东而西约八分钟后复又小震数次县府前后屋墙均已摇塌城垛摇落城墙亦倾歆民房塌损极多城内人口间有伤亡余派员赴乡调查另报	二十一年十二月[illegible] 二十二年一月十日	据高台县各界代表[illegible]

说明

（二）请研文件

甘肃省政府请中央研究院研究酒泉地震的文件（南京中国第二历史档案馆）如下。

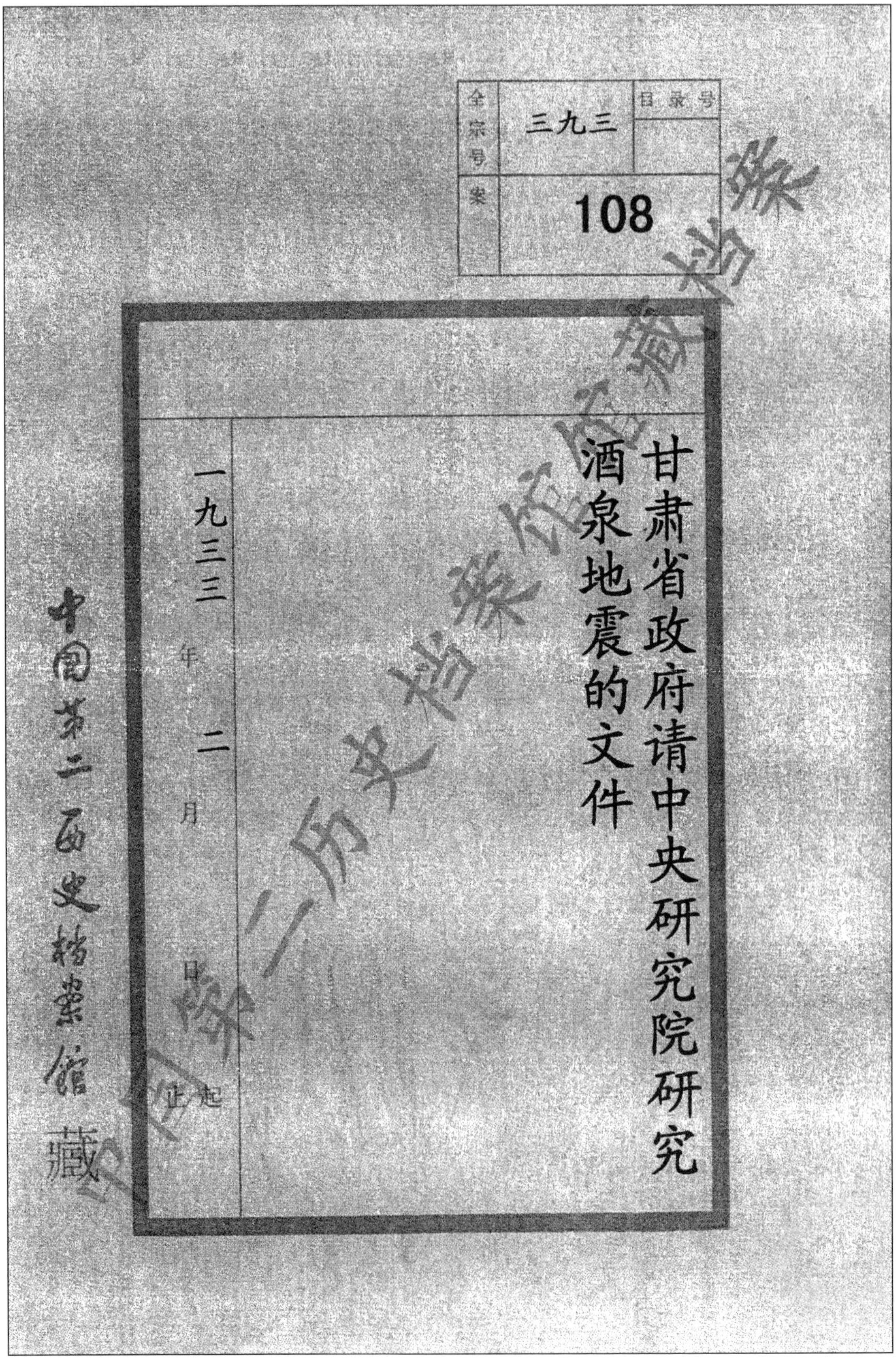

全宗号	三九三	目录号	
案	108		

甘肃省政府请中央研究院研究酒泉地震的文件

一九三三年 二月 日 起止

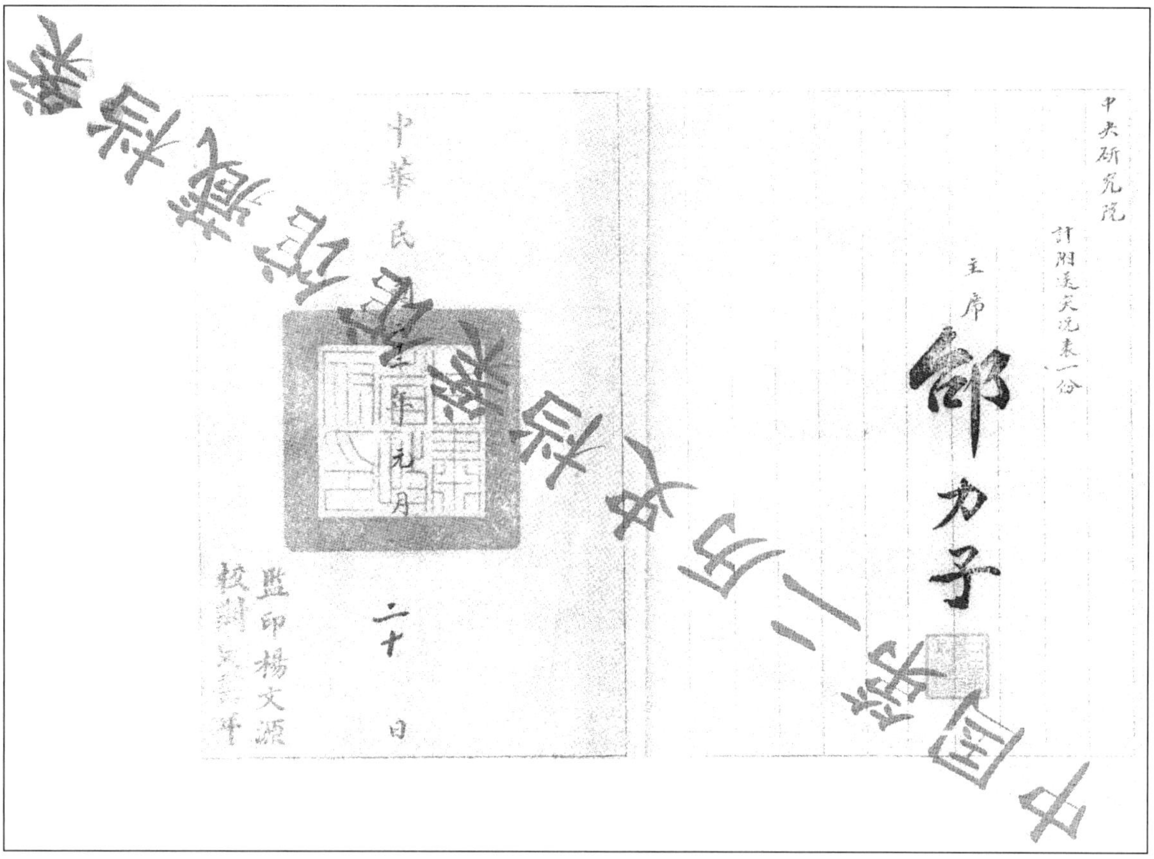
中央研究院

計附送災況表一份

主席 邵力子

中華民國二十一年九月二十日

監印 楊文源
校對 [illegible]

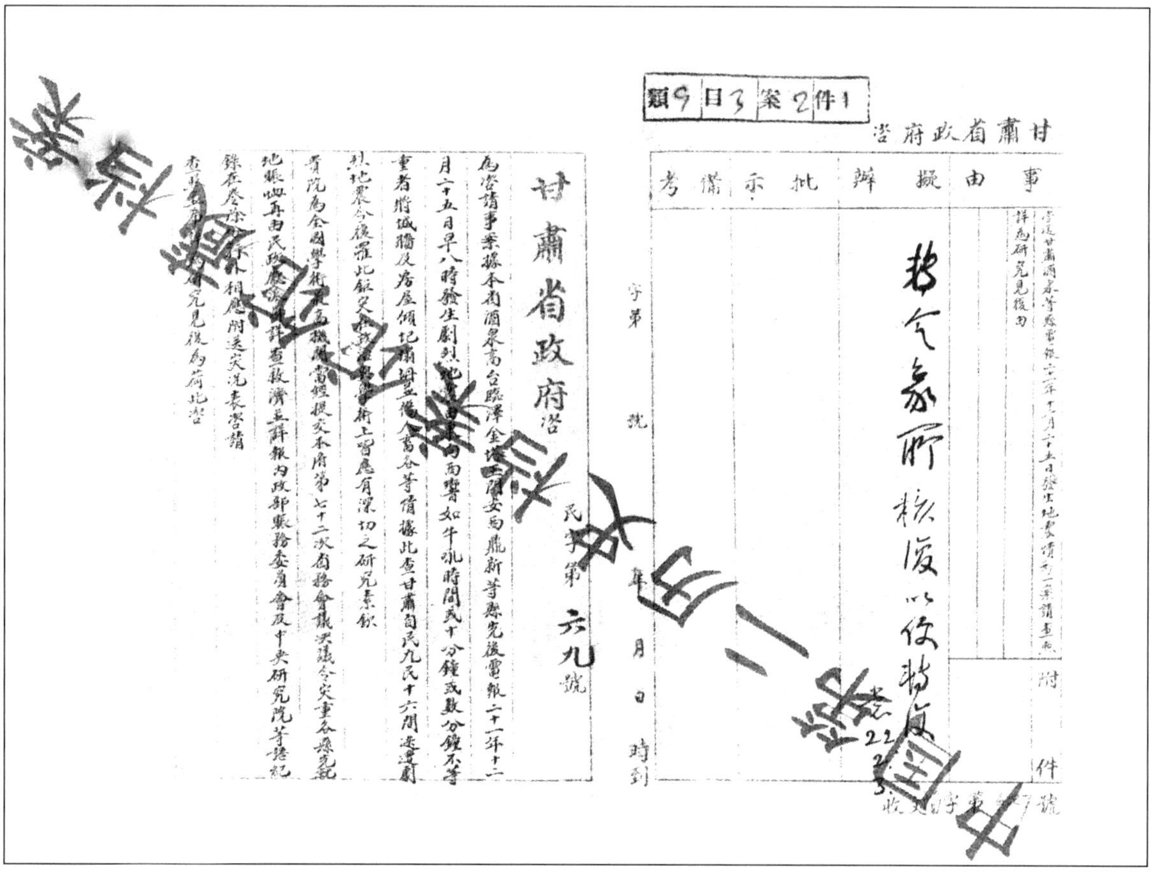
類9 目3 案2 件1

甘肅省政府咨

事由：咨送甘肅酒泉等縣電報二十一年十二月二十五日發生地震情形一案請查照詳為研究見復由

擬辦：移氣象所核復以便轉復 22 2 3

附件

收文 字第 號

甘肅省政府咨 民字第六九號

為咨請事案據本省酒泉高台臨澤金塔[illegible]安西鼎新等縣先後電報二十一年十二月二十五日早八時發生劇烈地[illegible]而響如牛吼時間只十分鐘或數分鐘不等重者將城牆及房屋傾圮[illegible]人畜各等情據此查甘肅自民九民十六兩次迭遭劇烈地震今復罹此鉅災[illegible]學術上甚應有深切之研究素欽貴院為全國學術最高機關當經提交本府第七十二次省務會議決議令災重各縣究紀地震情再由民政廳[illegible]詳查救濟並詳報內政部賑務委員會及中央研究院等毉紀錄在卷除分行外相應附送災況表咨請查照[illegible]研究見復為荷此咨

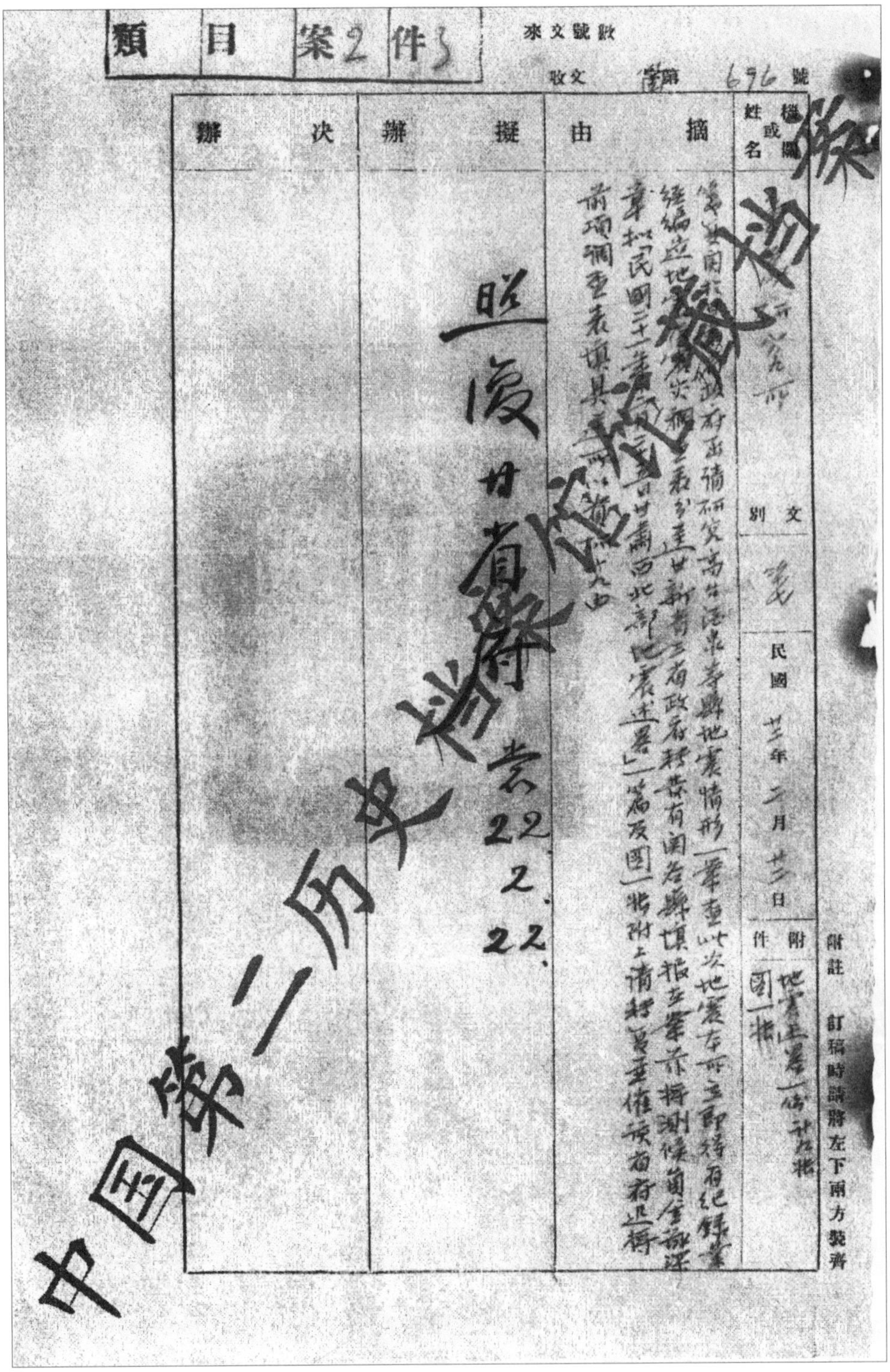
類
目
案 2
件 3
來文號數
收文 第 696 號
機關或姓名
文別
民國 廿三年 二月 廿三日
附件
附註 訂稿時請將左下兩方裝齊
摘由
擬辦
決辦
照復甘肅省府
中国第二历史档案馆藏档案
23 2 22
22

類 目 案2 件4

國立中央研究院稿

院長

總幹事 楊銓

文書主任 許壽裳

主稿人 陳

來文 字第 號 文別

送達機關 甘肅省政府

類別 函

事由：關于貴省酒泉等縣地震一事，函送地震述略，附圖一，請查照由

附件：地震述略，附圖一張

附註

中華民國二十二年 月 日 時

去文 函 字第四三七號

為函復事。案准 貴府民字第六九號咨，事由為咨送甘肅……（照抄至）……研究見復等由，附送地震災況表一份到院，查此次貴省酒泉等縣地震，本院氣象研究所立即由省紀錄，業經編造地震調查表及震災調查表等兩種，分送貴省府及新疆、青海等省政府，請予轉飭所屬各縣詳細填明，彙集送所在案。准前因，相應轉飭本院氣象研究所，則將民國二十一年十二月二十五日甘肅西北部地震述略一篇，並附圖一張，一併隨文送請 貴府查照，並希將本院氣象研究所製表，迅予轉飭填具，逕送該所，以資研究，實紉公誼！此致

甘肅省政府

附送地震述略九張 附圖一張

院長

中華民國22年2月22日

繕寫 校對 監印

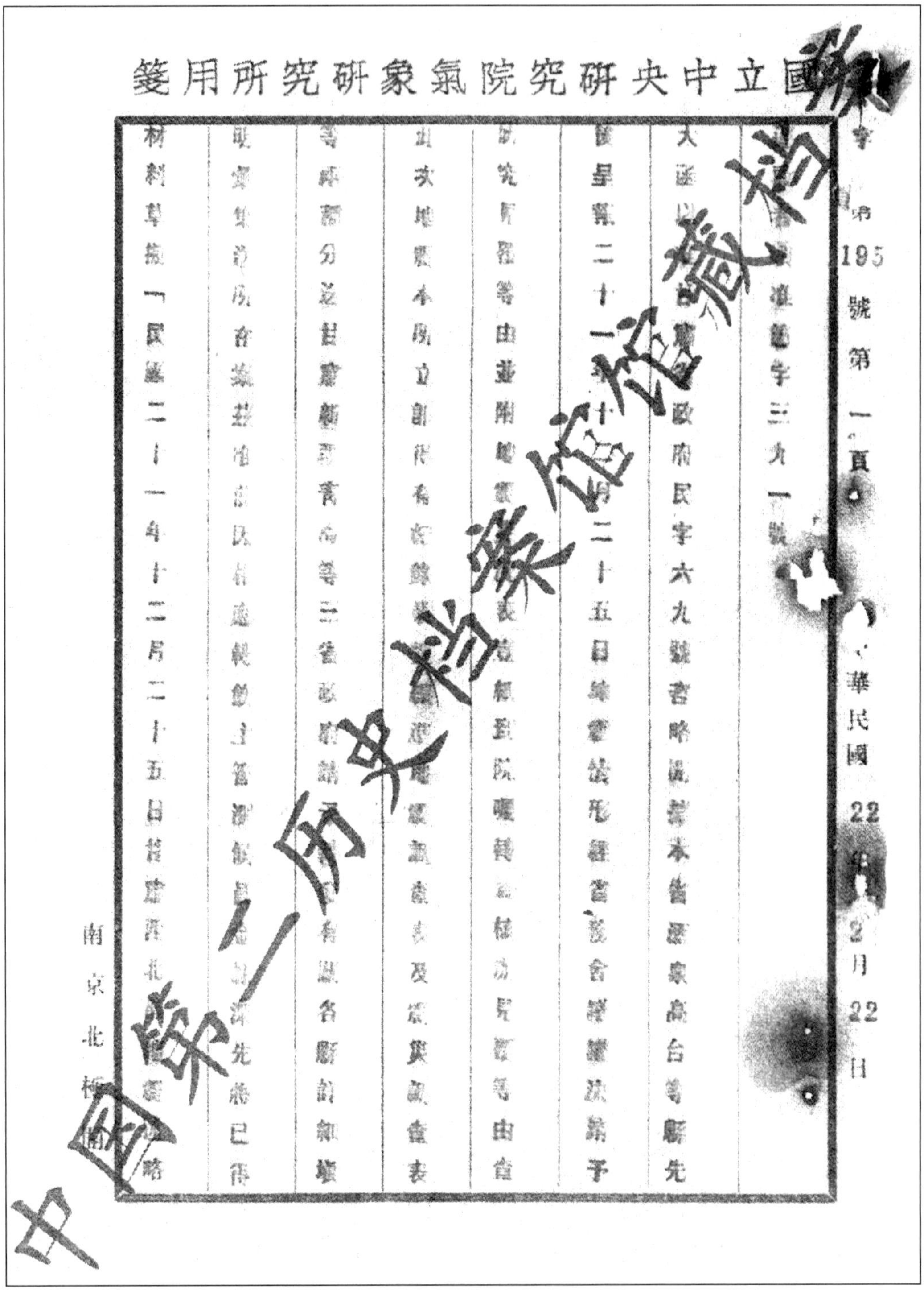
國立中央研究院氣象研究所用箋

字第195號 第一頁

[illegible]准[illegible]字三九一號

大函以[illegible]政府民字六九號咨略以據本省[illegible]高台等縣先

後呈報二十一年十[illegible]月二十五日地震[illegible]形經[illegible]

究所[illegible]等由並附[illegible]表[illegible]到院[illegible]

[illegible]於地震本院立即[illegible]表及[illegible]表

等[illegible]部分送甘肅[illegible]青海等三省政府[illegible]有關各縣詳細[illegible]

[illegible]

材料草擬「民國二十一年十二月二十五日甘肅[illegible]地震[illegible]略

南京北極閣

中華民國22年2月22日

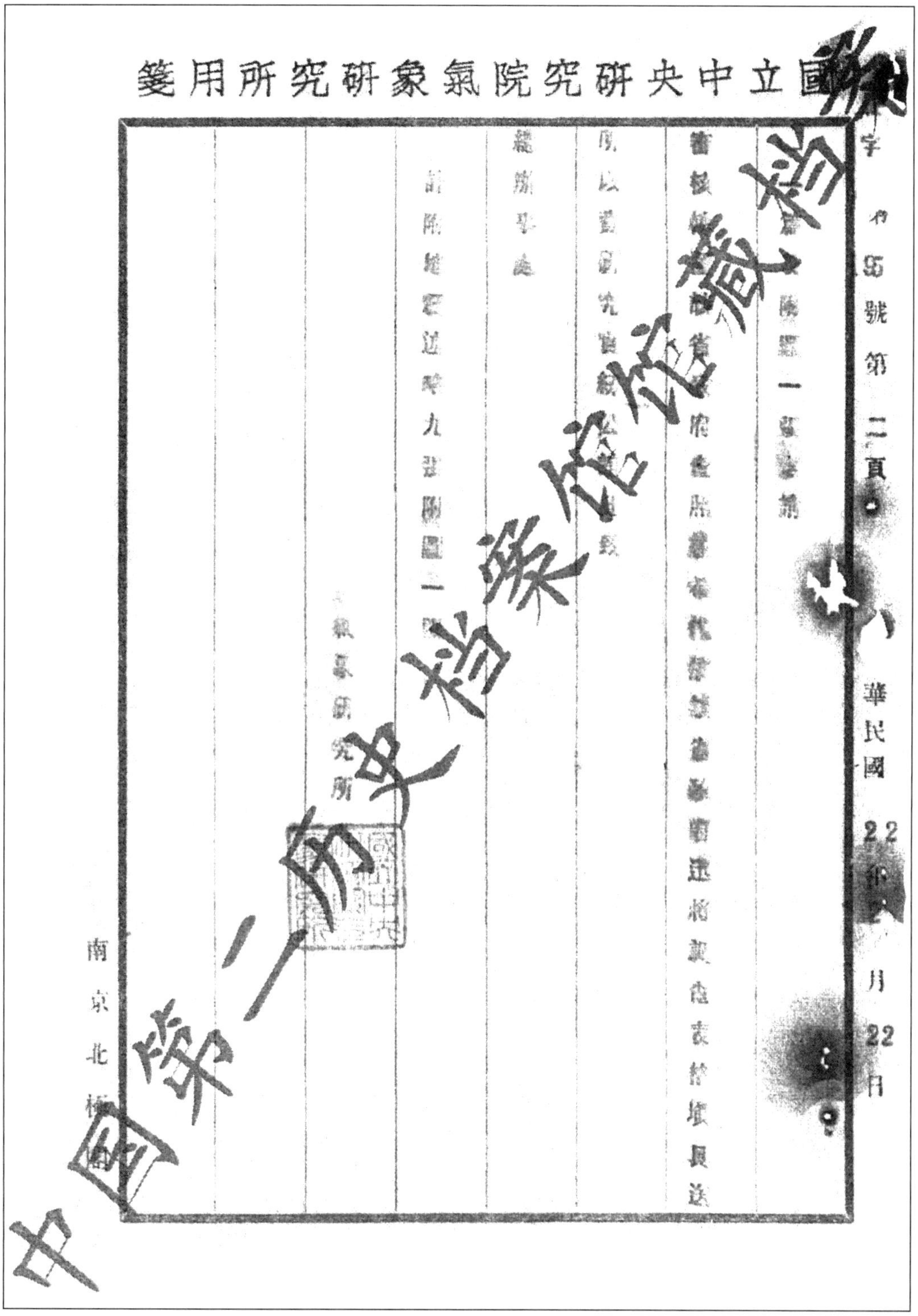
國立中央研究院氣象研究所用箋
字 第55號第二頁
華民國 22 年 月 22 日
氣象研究所
南京北極閣

三、地震史料

《民国二十一年十二月二十五日甘肃西北部地震述略》，金咏深发表于《科学》第十七卷第八期（1933年），全文如下。

此次地震，于一二日间，京平沪暨欧西各台同时报告我国新甘发生大震，震动之烈，为近年来所稀有云云，阅十数日，甘肃西北部安西、玉门、鼎新、酒泉、高台等县，果以灾震报闻矣。当即由中央研究院气象研究所印就调查表式分寄甘新青各县请其调查填覆，以资考查在案。兹奉甘肃省政府咨来被灾各县简报，乃先为答复述略如下。

（一）震象

1. 发震时刻

地壳震摇，激成弹性波动，传递四方，到达南京之时刻为上午十时八分五十五秒。即GMT之二时八分五十五秒。初期微动延续时间为三分五十一秒。按推算则震央发震时刻，当为回藏时（东经九十度之时刻为标准）上午八时四分四秒，而各地报告之时间，极不一致，鼎新为六时三刻，临泽为八时半，余者七时八时不等，显为漫无标准及钟表错误所致。近年欧亚航空发展，广设无线电台，甚盼即依标准时区，划一时间，诸多便利也。

2. 震央测定

震央之测定，法有多种，常用者：一为绘制等震线图，按各地地震状况，以一定标准，取一适当地图，就其烈度相等各处，界以一线，是为等震线，其中心点烈度最高处，亦即震动发生之震尖也，此次大震，各县报告尚未覆到，材料既付缺如，制图无从着手，今惟就最高烈度，界以二线而已；二为器械观测推定法，用距离方向及几何之交切法而得之，东亚各台报告，详载附图，按而观之，当可了然也，震央位于东经九十五度，北纬三十九度，在玉门县之西南祁连山脉之间，则玉门县乡被灾最重，当在意料中事矣。

（二）震央祁连山郊野之地形地质

祁连山亦称南山，其北为合黎山龙首山等，统称曰北山，其间有极广阔之平原，为一种砾石所造成，厚辄数百米，间有砂丘，地势高寒，每若旱涝，滨河倚山之处，仍多良田。此外则成所谓戈壁地者，地多砾石砂土，覆以咸质，得水极难，不能耕种，居民稀少，往往百里无人烟。嘉峪关外，尤为荒芜。祁连山北山之岩，皆以元古界或古生界之南山系为主体，不整合而覆于其上者，则为煤系及红色岩系。南山系岩石甚繁，厚度亦高，然变质极深，故其层序难详。又火成岩及结晶岩，发露甚多，坚实者每成峭壁，断层亦似有数处，迄今调查未详，所述仅其大概也。地形地质既明，则震灾烈度及地震原因自易推测矣。

（三）震灾与烈度

大震侵袭，广厦华屋，毁为瓦砾之场，陵谷沧桑，变于刹那之顷，然各地震灾之轻重，极不一致，外国震灾之大，以火灾为主因，如光绪三十二年美国旧金山之震，民国十二年日本东京横滨之震，到处火灾蔓延，皆例之最显著者也。震动之强弱，有视其表面地质岩石之坚固与否而异，冲积层或其他原质疏松之地，震动较强，而石山则震害轻。又我国房屋建筑，颇少耐震，土窖泥壁，尤易倾覆，至如人口死伤之率，既在于当地人口之稀密，又在乎房屋建筑之良否，且视地震发生时间之早晚，前震鸣声等预兆之有无，逃避之难易，震后火灾水灾之有无，救济之迅速，种种情形而定。此次震灾，因时地之各异，固远逊于民九之震，亦大逊于民十六之震也。民九大震，发生于十二月十六日早七时六分，旭日始升，人多未起，震央且位于人烟较稠密之固原、海原、会宁、通渭诸县间，其地黄土极厚震后山崩裂缝，遍地皆是，故震央区域内，土房窑洞，十九塌平，其他较固建筑，亦受重大损坏，据官书报告，甘肃各县共死二十余万人，其中因救济迟缓，压埋或饥寒而死者，当亦不在少数也。乃于民国十六年五月二十三日，武威（即凉州）又以灾震闻，当日早四时许，即先导以前震，迨至上午五时三十三分，大震袭临矣，武威死亡约四万余，古浪亦毙

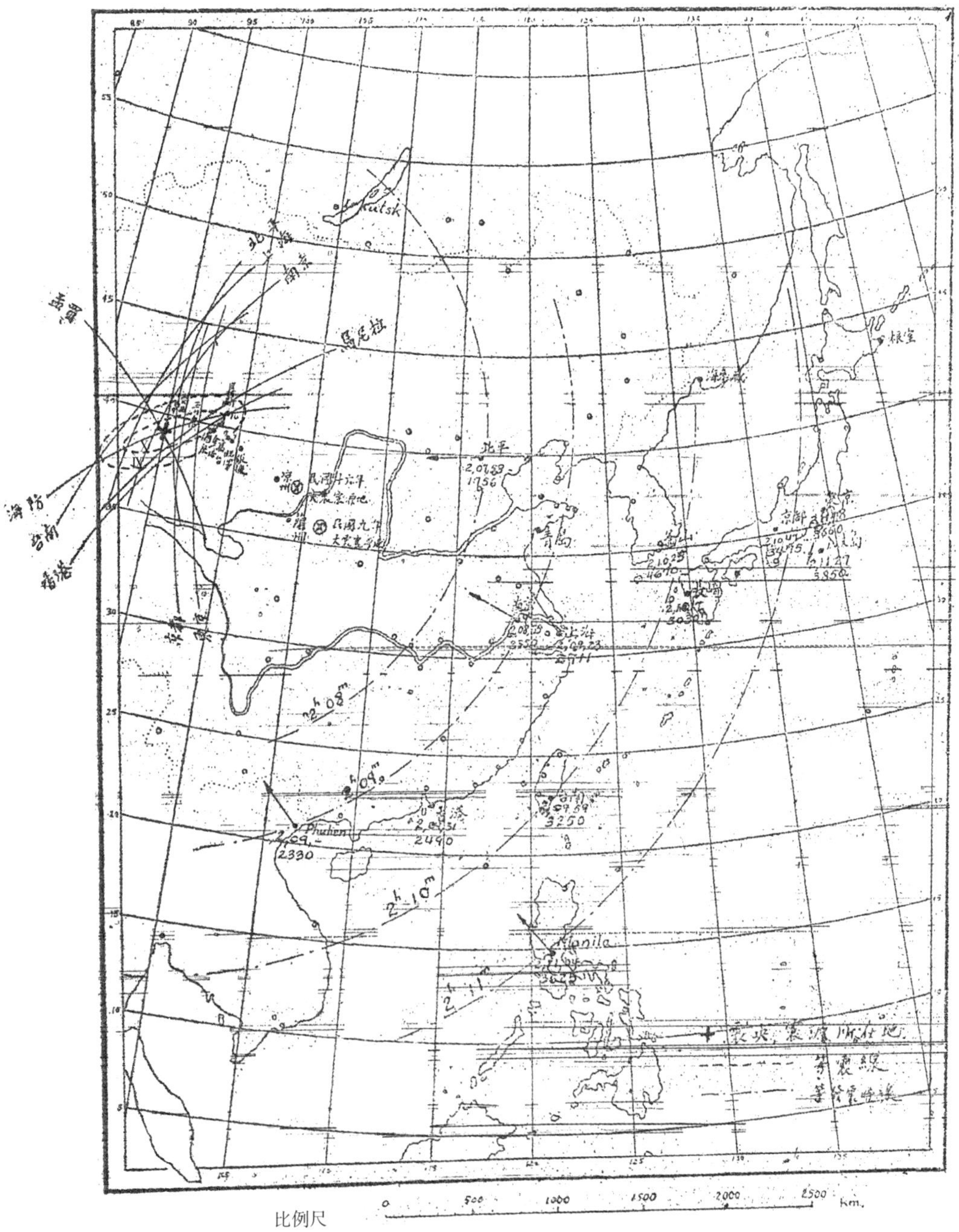

比例尺

民国二十一年十二月二十五日甘肃西北部地震图

震央东经95°、北纬39°

三千六百人，兰州则仅坍数屋伤数人而已。昨年地震，虽灾震区域，达七县之广，然其地人民稀少，较为荒芜，且其间平原，为砾石所成，感受震动，或许较轻，发震时刻，又在早炊已过，谅未引起火事，来报灾况，多未有确切数字说明，只可遥为揣度，加以适当烈度标准数而已。有如下表：

各地观测记录一览表

观测所	相位	格林威治时间（GMT）			震央距离（km）	初动方向
		时	分	秒		
北　平	iP iS	2 2	07 10	58 59	1756	S86°　E上
南　京	iP iS	2 2	08 12	55 46	2350	S62°　E上
Phulien		2	09	—	2330	NW
上　海	iP S	2 2	09 13	23 34	2711	NW by N
香　港	P S	2 2	09 13	31 34	2490	
台　南	P S	2 2	09 14	59 58	3250	
Bombay	P S	2 2	10 15	13 13	3160	
长　崎	P S	2 2	10 15	17 01	3030	
釜　山	P S	2 2	10 16	25 52	4670	
京　都	P S	2 2	10 16	47 02	3475	
Manila	iP oS	2 2	11 16	04 29	3625	NW
东　京	P S	2 2	11 16	18 44	3660	NE上
铫　子	P S	2 2	11 16	19 38	3540	
八交岛	P S	2 2	11 17	27 04	3850	
Batavia	P S	2 2	12 19	55 27	4750	SE上
Helwane Egypt	iP iS	2 2	13 21	47 23	5900	
Faonza（Italy）					6000	
Hamburg	iP	2	14	20	6700	
Gottingen	iP iS	2 2	14 22	24 25	6450	
Stuttgart	P S	2 2	14 22	36 52	6850	N63°　E
Karlsruhe	P S	2 2	14 23	39 08	7000	
West Bromwich					7200	
Uecle	iP S	2 2	14 23	47 16	6840	
Strassbourg B. E.	P eS	2 2	14 23	54 27	6920	
Porth	PR1 S	2 2	19 25	05 39		
Honolulu	iP iS	2 2	17 28	20 00	88°	
Melbourne	iP S	2 2	17 27	25 58	85.7°	

续表

观测所	相位	格林威治时间（GMT）			震央距离（km）	初动方向
		时	分	秒		
Ottawa	iP iS	2 2	17 29	53 10	1420	
Pasadena	iP iL	2 2	18 53	13 22		
St. Louis	iP	2	18	21	103°	
Florissant	iP iS	2 2	18 30	20 16	102°	
Washington	oP	2	18	35	103°	

世界各台所测定震央位比较表

观测所	测定震央位置		附注
北平	东经98°	北纬39.5°	祁连山
南京	东经95°	北纬39°	甘肃省玉门安西祁连山
东京（C.M.O）	东经96°	北纬44°	边境附近
Batavia	东经96°	北纬38°	甘肃
Gottingen	东经99°	北纬39°	昆仑山
Uecle			中央亚细亚
Stuttgart	东经99°	北纬40°	
J.S.A.	东经98°	北纬35°	
U.S.C.G.S.	东经96.5°	北纬38°	

甘肃地震灾情表

地　名		生命损失 伤毙	房屋建筑物损失	牲畜财产损失	烈度（麦卡里表）
玉门（城中）		一	倒毁十余处		X
（乡间）	昌马区	三百余，二百七八十	倒毁全体八百余家	十余万	
	赤钜区	数十名	毁坏十分之六七		
鼎新		闻声奔出无大损伤	城垣房屋强半倒塌	牲畜压毙不计其数	X
高台（城中） （乡间）		人口间有死亡 正派员调查未详	县府城垛民房塌损极多 四乡房屋坍塌甚多	人畜财产数百万元	Ⅸ
安西		人均平安	民房二十余处城墙五段	器物微有损失	
金塔 临泽 酒泉		幸未伤人 伤数人	城垣倒塌四十余丈 民房亦多倒坏 城关房屋损失尚微 房屋少倒塌		Ⅸ Ⅶ Ⅶ

酒泉震灾特小，而张掖并报告毫无，岂其地盘岩质坚实之故欤？抑以地震为重大灾异，故匿而不报耶？就X、Ⅸ两级，绘以等震线，略示梗概（见前图），按略图推测，灾震幅员，长轴约九百六十籵，短轴约四百余籵，面积二万七千方籵，或八万二千方里，至撼动区域之范围，则尚有待于各县调查报告也。下附拟就表格两种，较为完备，可请采为调查备考之用。

震灾调查表

省	县	村镇	居户数	人口数	死者	伤者	行止不明者	房屋全毁者（指一户言）	半毁者	房屋全焚者（指一户言）	半焚者	附注（人物损害情形，以及地壳表面破坏状态，如折断，裂隙，山崩，隆起，沉下，水道变迁等等，详为记述。）

地震调查表

省	县	发震时间	继续时间	地震烈度（按人身感觉，物体震动，民间传说，报纸记载，就附表标准记述且补充之）	震动状态（激动，缓动，水平动，上下动，波浪动等）	地动鸣声（有无鸣声，类似何音，传自何方）	附注（有无前震，约几次，何时始余震共约几次，何日何时止。）

（四）地面现象

大地震之后，地面上常见之现象，有山崩、地陷、龟裂、屈曲、断层、泉源变常、地盘升降等，据来报所载，只玉门县有河水干涸之说。是则显为地盘升降之迹，河底升高，迫水成湖，水道因之变迁，有升后不变者，有日渐复原者，当地情形，未经调查，不得而知，至其他现象，或则报告未及，或则漏略无记乎？地面各现象之显否，大抵与其地地质及地震发生机构有关，山崩所崩落者，大概为山坡浮土，向山谷间冲泻，冲积及疏松地层，龟裂屈曲，至易发生，而其生于较古地层，则概不多见，试考前所述震央附近地形地质，此等现象，当亦不甚显耳。又玉门县昌马区全体八百余家，尽行溃毁，或系适断层线上欤？是则有待于地形水准测量者也。

（五）鸣声

地震前，或震时每有鸣声，如击鼓，如远电，如车行，鸣声何由出？说者谓岩块互磨声也，或谓震动达于地面激动空气而成声者也。报告内载安西鸣声响如牛吼，鼎新人俱闻声奔出，无大损伤，先示预兆，得免于难，亦云幸矣。其他各县，则并无若何记载，未敢臆揣也。

（六）余震

大震之后，余势未尽，地盘继续动摇，不即归宁静，时作小震，是谓余震。震央附近，测以仪器，每日往往以数次或数十次计，大抵由强而弱，由频而稀。然余震之中，亦有并不渐少渐衰，辄小震未平，巨震又起，毁屋伤人。故大震之后，余震未已之处，往往人心惶惶，露宿于野，号饥号寒，惧祸之复至。故余震之强度与频度，实为震地居民所亟欲先知者也。各地报告，记载不详，精密考查，根据无从，兹附南京北平仪器记录，以供参考，两地距震央各为一九八〇粁及二三五〇粁，距离既远，自必较强者始克递达而记录，当难作准则之观，视所记录，则并无巨大余震，此堪可告者也。

南京北平仪器记录余震次数表

日期 / 余震回数 / 观测所	十二月二十五	二十六	二十七	二十八	二十九	三十	三十一
南京	五	二	一				
北平	十	二	一	一	一	〇	一

（七）甘肃地震带之分布与地震原因

地震之多少强弱，全球分布，极不一致，必先详究其分布地带，而后其因所在，乃可得而言也。我国地震之分布，地学泰斗翁文灏氏研究最详。翁氏依地质构造，区别为四大类：①发生地堑（二岸高峙，一谷中陷）之垂直断层，如汾渭地堑，云南湖地等是，地震最多而烈，甘肃泾原或亦近此；②秦岭山脉之折断处，如甘肃武都及安徽霍山；③水平移动之大断层，其地或更有较新之垂直断层，如贺兰山及川南；④沿海陷落地，山东登州、闽粤沿海属之。兹就甘肃一省，详为述之，自周幽王二年起至近年止，有地震之年计共二百四十余年。一年之中，时或数震，共四百余次，平均每十年必有地震，然十三世纪以前，记载较疏，若自十四世纪起算，则至少每年必有地震，其震央分布规则，自有一定地带，可分为如下四带。

1. 武都折断带

秦岭山脉为吾国中部最褶曲山脉，其走向在河南陕西原作东西，乃至甘肃南部，骤成西北，转折最烈处，武都、西和、成县、文县一带，即为震央区域。记载之最早者，为汉高后二年武都之震，山崩，死七百六十人，其后记载较详者，自明崇祯六年（一六三三年）西和之震至光绪七年（一八八一年）礼县之震，二百四十八年间，共有破坏五次，即约每五十年大震一次。

2. 泾原断裂带

民国九年之大震，即源于此，其地黄土极厚，虽土下地质未明，度其地势在陇山西麓或亦为断层所在，古来所称陇西地震，多出于此。汉代所记者除外，自隋文帝十三年（五九三年）至民国九年，一千三百二十七年间，计有大震二十二次，即平均每六十五年一次。民国九年十二月之震，尤为空前浩劫，至今震动频作，未归宁息云。

3. 贺兰山断裂带

民国十六年凉州大震，其源即在此带之南端，贺兰山高峙于宁夏以西，有一东西之逆掩断层，使震旦纪层倒置于石炭纪层之上，此断层延长北自平罗、南至中卫，长可百秆以上，该带地震自唐宣宗三年（八四九年）起至民国十六年（一九二七年）止，一千〇七十八年间，共有大震十三次，平均每八十六年一次。

4. 祁连山断裂带

此次地震所肇源处也。昆仑北脉由阿斯腾格山东迤入安西、酒泉、张掖之南，青海及西宁道之北，祁连山之走向，原作西南西至东北东，迨至酒泉，乃辄成西北至东南，转折既烈，折断自易，故酒泉、张掖、山丹卫一带即为前代震央区域，惟此带巨震特少，有史可稽者，自汉灵帝光和三年（一八〇年）至昨年（一九三二年）玉门之震止，只共七次，除其他弱小诸震，略而不计外，为列表如次：

祁连山断裂带地震记载表

公元（年）	年号	地震记载
一八〇	汉灵帝光和三年	自秋至春酒泉表氏地八十余动，涌水出城中，官市民舍皆倾，县易处，更筑城郭
四一〇	东晋安帝义熙六年	甘州（张掖）地震。山崩
七五六	唐肃宗至德元年	冬十一月，河西地震，地裂有声，陷庐舍，张掖、酒泉尤甚，至二载三月乃止
一三一一	元武宗至大四年	秋七月，张掖地震。大风，有声如雷
一五四六	明世宗嘉靖二十五年	四月初十肃州地震。有声如雷
一五九一	明神宗万历十九年	冬十月，山丹卫地震。甘州山丹震坏城垣
一六〇九	明神宗万历三十七年	夏六月十一月，肃州狂风起，地大震，坏城垣墙室屋宇，压死人畜甚众，裂东关地，连七八年，每年地震二次，至四十五年方息
一七八五	清高宗乾隆五十年	四月，肃州玉门地震
一九三二	民国二十一年	十二月二十五日，晨八时四分，酒泉高台临泽金塔鼎新安西玉门各县剧烈地震，城垣房屋，倾圯倒坍，死伤人畜，损失在千万元以上

即约每二百六十五年，有灾震一次，或以地较偏僻，记载缺乏之故，然大体尚可征信也。按能力消长，地震周期之说，则该带今后一二百年间，或不致再发生大灾震。至于此次余震，已不足惧，当由强而弱，由数而息也。观夫地震分布，俱在折断，断裂地带。迹其地震原因，全在地质构

造之关系，与火山陷落等事无涉，此次灾震，虽无实地调查，或亦与断层有密切关系也。

（八）震灾救济

地震之为灾，既若是之可怖，各国学者，亦曾殚精竭力，思有以预言预防者，然以其成因犹未精悉，发生机构尤极复杂，且更不敢轻事散布恐怖消息，以苦人民，故尚未敢预言，则惟有设法减轻震灾而已。凡地震频多而烈之地，于建筑之位置及方法材料，务须先为讲求，震灾既成之后，则须联合军警官民，赶速救人，使覆压活埋者免死，止火，防其蔓延，赈济粮食，散给医药，拍灭疫疠，修洁地方，再为开通水道，修整交通，尤须于恐怖期间，严禁散布谣言，维持地方治安，此吾人应尽之人事也。今省府当局，决议令灾重各县先就地赈恤，再俟派员详查救济，有组织，有实力，法至善也。甘肃地震，自古为烈，钜劫浩灾，频载史乘，民国以还，灾震已三，人民生息，于是者，安危之所寄，发展之所藉，则详细记录，精密研究，与夫灌输地震学识，是亦属民生当务之急，非仅研求科学而已也。我国幅员广辽，现今设有地震观测者，寥若晨星，仅南京气象研究所，北平地质调查所，青岛观象台，上海徐家汇天文台四处。对于甘省地震带之活动性，地震之预言，震后之警告，余震之研究，实地之考查等，因其远在西北，影响所及，既微且小，鲜有裨助，是故果欲拯救人民，明了地震真相原因，预防等，则舍于甘省区域内，筹设观测所，多所比较，不可得而言也。兰州位于省之中央，交通便利，允为最佳，夫如是则全省地震，钜细强弱，当无不记录，较之但恃人身感觉者，精密何啻万倍，考研既有所凭藉，则防之有方，自然现象之地震，又何足畏哉？其创办费约估二千五百元，经常费年千元，所费无几，而造福于人民，及科学之阐明，岂可以锱铢计耶？

四、考察报告

摘自《中国地震考察》（第一卷），刘正荣等著“1932年12月25日甘肃昌马地震及其邻区宏观地震考察报告”*全文如下。

（一）前言

昌马盆地位于甘肃玉门南约60km处。从地形上看，其东有妖魔山，南有香毛山，西有朱家山，北有黑大坂山和照壁山。一般海拔均在2500～4000m之间，该区为东宽西窄略呈不规则的三角形盆地。南部广大地区为戈壁砾石层所覆盖，中部有起源于祁连山的疏勒河流经其间，并汇同小昌马河穿过昌马峡谷流出山区。

盆地于公元1761年（清乾隆二十六年）开发建置。二百余年来，人们在小昌马河两岸开垦农田，建立庄园。1932年昌马强烈地震给这个地区人民造成了巨大灾难。

该地及其附近地区历史上曾多次发生强烈地震。例如公元180年高台地震、1609年红崖堡—清水堡地震、1785年惠回堡地震、1832年昌马地震（震中位置不确切）和1932年的又一次昌马地震。1932年昌马地震发生在盆地的南缘，西湖、香毛山、二道川一带震中烈度为X度强，这对修建水库是个非常不利的因素。为此宏观调查以这次昌马地震为主，其他破坏性地震为次，重点调查了昌马盆地。

调查的区域范围*，东起张掖、高台，西到新疆哈密，北至金塔、鼎新，向南因为是无人烟的祁连山，未能进行调查。

在上述区域，我们访问了经历过该次地震的老人，听取了他们叙述亲眼目睹的情景，有人亲自作为向导，领我们前去观看地貌和建筑物等的破坏情况，取得了不少资料。

调查组全部工作自1964年5月30日至10月3日历时4个月，其中野外调查分三阶段进行，共76天。

（二）过去在昌马地区所进行的工作

1932年12月25日昌马发生地震以后，金咏深先生曾根据当时国内外地震台仪器记录资料，安西、玉门、鼎新、酒泉、高台等县的灾情报告以及中央研究院气象研究所的通信调查资料，初步确

* 本次考察在1964年，故调查地点按解放后昌马地区当时行政区划（公社、大队、生产队）进行。

定震中位置为东经95°、北纬39°，玉门县西南与祁连山脉之间。其等震线形状为椭圆形，长轴走向北东东，极震区长960km，宽400km以上，面积约为27,000km^2。

1954年甘肃省人民政府农林厅昌马河灌溉工程设计队郑载福等同志曾对该区进行过调查，他们确定震中在昌马盆地南缘，震中烈度为Ⅹ度。极震区地震裂缝从昌马朱家山经香毛山到二道川、三个泉，长达60km有余。初步拟定对库坝区的影响烈度为Ⅶ度。他们还编制了该地震的等震线图，形状呈椭圆形，长轴方向近北西西。

（三）1832年昌马地震

在1839年（清道光十八年）“重修千佛洞并创立两廊及重立歌楼碑记”中记载有昌马“下窑千佛洞地动山摇，颓坏其洞，露出神象，风雨相浸，并无遮殓，道路崎岖，香火断头，人不能往来，神不能奉祀。……缘有前者，庙内创建观音、圣母、龙王、山神、土主成功，……庶众姓人等各捐资帛，平治道路，计修其洞，并创立两廊三间及重建午楼”。下刻“清道光十八年戍戌岁端阳月望三吉旦立，永昌县革生张应科撰并协书”。

千佛洞位于昌马堡子北5km，在未来水库坝址以南约7km，水库库区的边缘。

洞挖凿在白垩系砂、页岩互层的陡崖上，洞距地面15m。陡崖坡度近于90°。此陡崖从下窖经千佛洞直到水峡，走向北西西，岩层近乎平缓，未找到断层证据。

陡崖的下窖段有无数小洞，洞内有壁画，均多塌毁。洞内见有乾隆二年游人题字，因此此建筑年代当在1737年以前。

千佛洞100年内虽遭两次地震的破坏，但由于玉门一带雨水稀少，且洞在砂、页岩互层之上，一些新旧破坏痕迹，尚能辨认出来。

虽说应该对这次地震进行详细调查，但由于年代久远，除碑文记载外，其他资料难以获得。现只根据仅有记载，推断地震震中在昌马一带，而这次地震的震中烈度也难以推测，从千佛洞的破坏情况来看，其烈度为Ⅶ～Ⅷ度。

（四）1932年昌马地震宏观破坏情况

根据记载本次地震发生在1932年12月25日10时04分27秒（北京时间）。震中位于北纬39.7°、东经96.7°之处，即昌马盆地南缘香毛山一带。根据调查，重破坏区包括整个盆地。据不完全统计，倒塌房屋1169间，占房屋总数的86.6%，压死压伤208人，死伤牲畜101头。轻破坏区波及河西走廊的西部，在长约505km宽约155km的范围内，建筑物和地表产生了不同程度的破坏和形变。在此区域内，大部为戈壁和山岭，耕地和居民大部分集中在疏勒河、白杨河、党河等几条大河的中下游。其庄舍所处的表土，一般为粉沙土或细沙土，各处厚薄不一，其下为砾石层。地下水的分布和埋藏深度各处也不相同。

关于房屋建筑，大致可分三类：

第一类土搁梁房：大梁、横檩置于墙上，草泥屋面夯土墙。此房一般为院落的两侧房及下房，占调查区房屋的大多数，是居民的主要房舍。

第二类简单木架房：前廊有柱，后墙无柱，两侧横檩置于墙上，草泥屋面，上部为土坯墙，下部为夯土墙，占调查区房屋的少数。

第三类正规屋架房：梁、檩都有柱子，构成完整的屋架系统，土坯墙，砖基脚，木柱粗大，施工精细，占调查区房屋的极少数。

以上三类房屋均为平房，采用的木料系当地白杨木。上述一二类房屋相当于新的《中国烈度表》内的Ⅱ类房屋，第三类可属表内的Ⅲ类房屋。

另外，还有当地人称为“同庄”的建筑，是群众合居的场所，庄内房屋不外乎上述三类，主要是庄墙宏伟，面积较大，看起来好像一个小城堡。

1. 极震区

这次地震造成了一条地面破裂带，西起昌马西湖麦子沟山，东止白杨河东侧的西水峡口，断续延绵，蜿蜒曲折，全长116km，总的方向为北西西。在等震线图上，就以此来表示X度强地区。现将各地段破坏情况简述如下：

（1）西湖。从麦子沟山至耿家黄山，出现了一条地裂缝，宽约0.5m，深约0.8m，断续长约10km，方向为NW80°。裂缝经过第四生产队农田时，有长70～80m的一段猛然加宽为0.5～1m。西高东低，高差为0.3～0.8m，并且中间形成圆形的塌陷"跌窝"，当时冒浑水约1小时。又在陈家坟（三队）形成台阶式塌陷如图1所示。小昌马河南岸的葛家坟出现带状裂缝如图2所示。

（2）朱家戈壁。在0.5km^{2}的面积上，产生了15～20条地裂缝，其中有3条走向为NW45°～60°，并形成二级台阶，高差1m许。在地震前东、西两庄互相能够看到庄舍，地震后则相互看不见了。裂缝及其分布如图3如示。另北面毗连的朱家山，其南侧山顶震松，山石崩落。

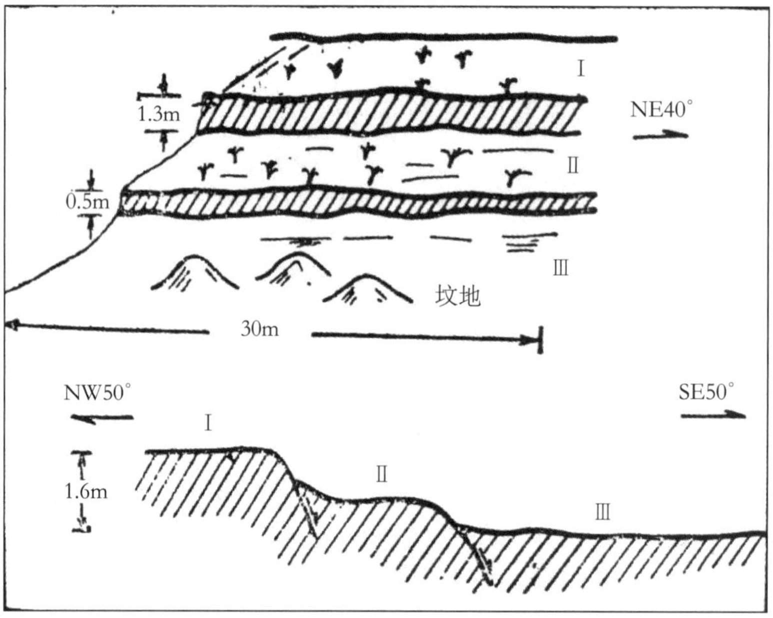

图1　陈家坟地面破裂示意图

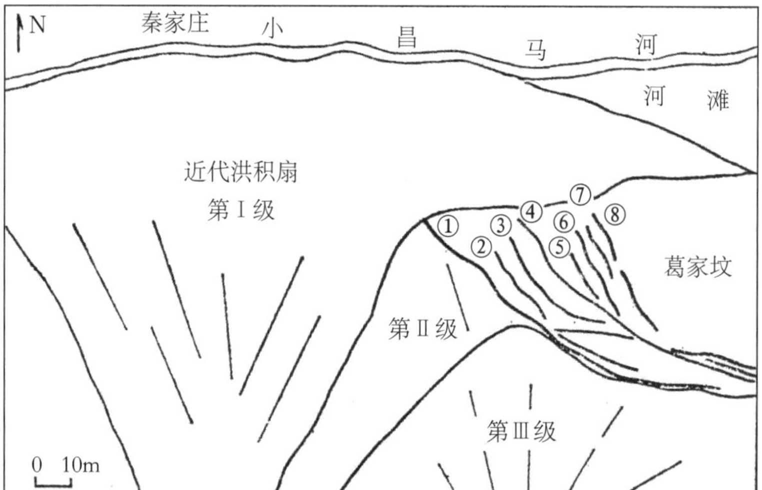

图2　葛家坟地震裂缝分布示意图
图中带圆圈的数字表示裂缝编号

（3）鲁家湾。地震时在村南侧产生了走向为北西—北西西的反S形型隆起，高2～5m，宽20～50m，长900m。

（4）小口子山和独山子。地震裂缝如同数条近乎平行的深沟，宽1～3m，长3～4km。据鲁家湾的老人谈，震后曾发生过毛驴跌入缝内不能拉出的事件。并在附近山头和独山子发生严重的山崩现象，有一处崩落山岩最大的约100m^3，崩落的最大石块约16m^3。

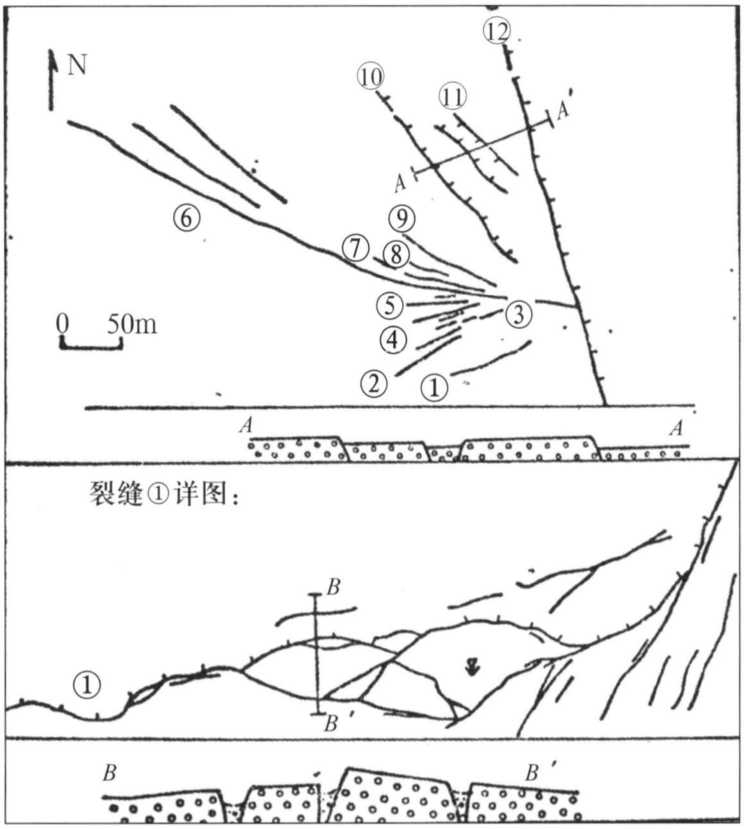

图3 朱家戈壁裂缝分布示意图

图中带圆圈的数字表示裂缝编号

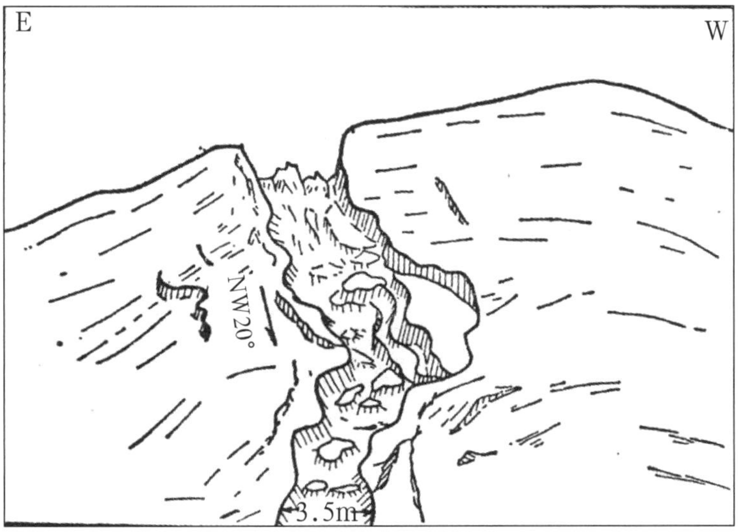

图4 红窑子北沟西南山坡上的北北西向裂缝示意图

（5）灰条沟东。地裂缝表现为南升北降的陡坎，高差4m左右。

（6）红窑子。有一北北西向的地震裂缝与北西西向的主裂缝交汇，在交汇处基岩震开宽约0.7～3.6m，裂缝带宽达20m多，深6.4m，方向为北西西。裂缝经过山包呈“馒头开花”状，如图4，并在附近的山沟中出现规模较大的山崩，其中崩落的最大岩块约136m^3。又在主裂缝北侧形成北北东向的羽状裂缝，如图5。其北北西向裂缝带北段则呈锯齿状，如图6。红窑子崩落的岩块约有64m^3，阻塞了溪水，迫使溪水改道从碎石东侧上部流出。

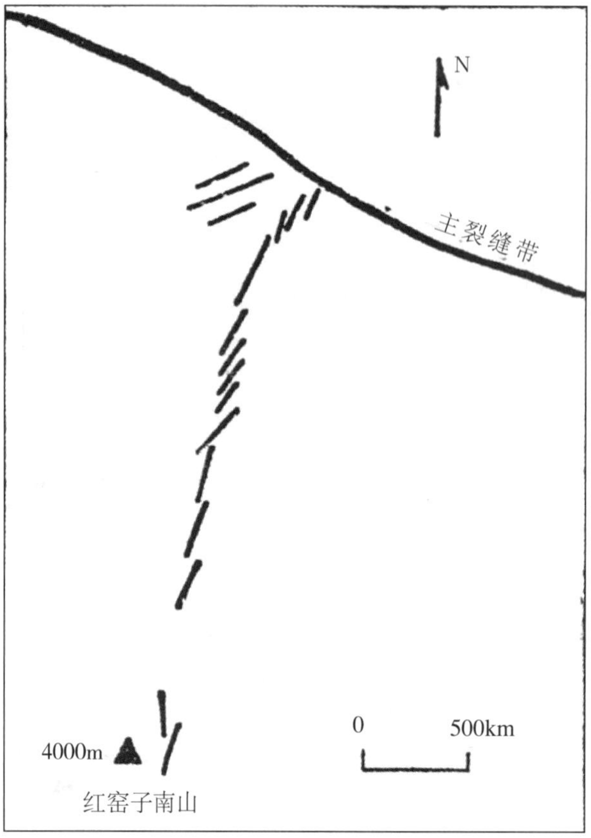

图5　红窑子北北东向羽状裂缝示意图

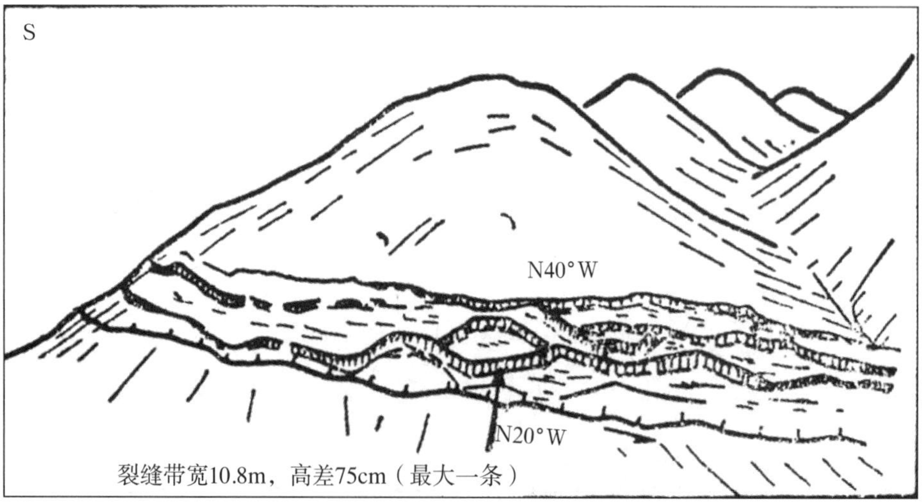

图6　红窑子北北西向裂缝带北段之锯齿状裂缝示意图

（7）七个大坂、三个泉、安门沟、大河沟、白杨河一带。地裂缝表现为蜿蜒曲折规模较大的垄脊，老乡称为土垣，形状犹如土堆长堤。土垣下为地震裂缝，其中有的宽6.7m，穹高1.7～2.5m。在该土垣南侧，还出现有宽2～7m，深1.4～3m的张性裂缝与之相伴。在三个泉、安门沟、白杨河还出现了较大的山崩现象。三个泉至大河沟地面破坏如图7所示。

由上述各地段的形变来看，有陡坎、塌陷、垄脊、张性裂缝、带状裂缝、羽状裂缝等，它们的实质是南升北降、南北挤压，北盘相对往东平移，三组应力共同作用的结果。

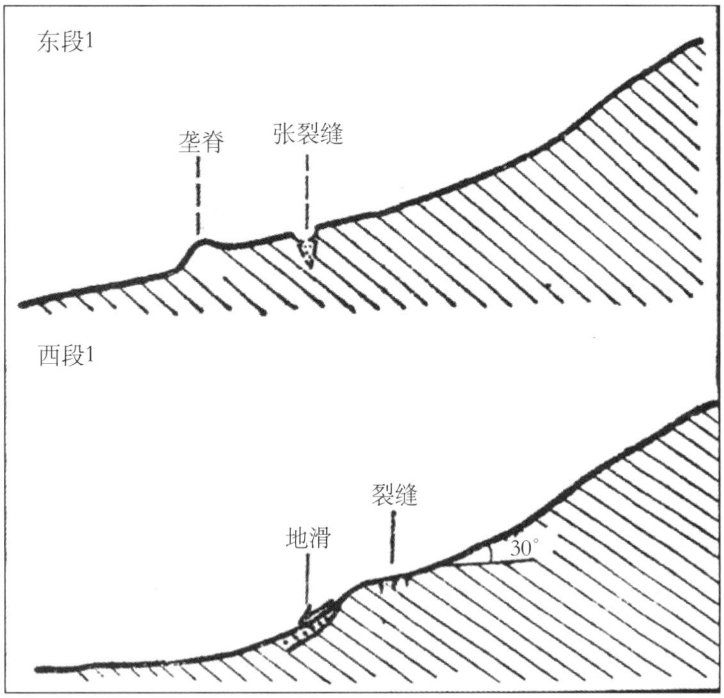

图7　三个泉—大河沟地需破坏分布剖面图

此外，破裂和形变带附近的村庄，如西湖大队牛庄子、严家庄、赵家庄和戈壁大队常家溪、鲁家湾的所有土搁梁房和简单屋架房，地震以后几乎全部倒塌，人畜伤亡。据不完全统计，倒塌房屋200间，占全部房屋的98%，压死50人，压死大牲畜11头。

2. Ⅹ、Ⅸ度区

该烈度区内有居民点的是戈壁、先锋、东湾、南湖、河岸、西湖、下窑诸大队。东西长约135km，北半轴宽约15km，等震线轴线与走向方向一致。在这些居民点上绝大多数土搁梁房和简单屋架房均倒塌。也有基本完好的正规房屋，如姜家同庄庄墙未倒，稍墙仅有零星倒落，许家同庄内正规屋架房，地震后基本完好，关圣庙及两配殿地震后无明显破坏。但人畜伤亡严重，如戈壁大队第三生产队李家，母亲病故，12个送殡人不幸全部压死。另外，田间、湖滩地裂现象也较普遍，如南湖大队张金山庄子附近，震后出现裂缝二三十条，多为南北向，长短不等，最宽的有0.2m左右，最长的有600m余，当时冒浑水约半小时。据不完全统计，倒塌房屋共924间，占房屋总数的89.3%。压死压伤150人，牲畜83头。

3. Ⅷ度区

本区包括水峡、库坝区、东大窑、妖魔山、照壁山、黑大坂山、鹰咀山、大坝、千佛洞、石包城等地。因东西部广大地区多为戈壁和山岭，所以资料缺乏。等震线的绘制主要是依据仅有的居民点资料及参照相似的原则勾画的，东西长约155km，宽20km（北半轴）。区内土搁梁房倒塌三分之一，简单屋架房和正规屋架房也有破坏。如水峡房屋倒塌约占总数的37.5%，半倒的房屋均为土搁梁房，约占10.2%。峡进口处的魁星阁震时前廊摇倾，椽子摇散，而无量庙完好。黑大坂山及照壁山之间的峡谷内及其附近均出现岩块崩落现象。在昌马千佛洞岩块崩落砸坏洞门口的两廊；附近陡崖亦出现岩崩现象。出昌马峡谷，在大坝附近另有一千佛洞，挖凿在玉门砾石层的陡坎上，地震时崖坎崩落，破坏其洞。照壁山北麓的北大窑（煤窑）地震时摇倒“窝铺”（即就地挖坑，在其上砌约1m的石块墙，上搭木椽子，顶上铺草和沙土）和煤洞。另外昌马西部的石包城，据水利厅的资料，在踏实河东岸约有三四十亩大的一块草地，东高西低，地震后发生裂缝，宽约0.3m，裂开的土块滑到河中，曾把河水堵住，以后又被水冲开。该地震震裂形成断块，垂直错距0.6m，裂口中冒出泥水。本区压死2人，牲畜3头。

下表给出了昌马地区房屋破坏和人畜伤亡情况的统计结果。

1932年昌马地震昌马地区房屋破坏及人畜伤亡统计表

地点（大队）	房屋破坏									人畜伤亡				
	土搁梁房			简单屋架房			合计			人		畜		
												死		
	原有	倒塌	%	原有	倒塌	%	原有	倒塌	%	死	伤	牲畜	羊	伤
西湖	95	93	97.8	21	21	100	116	114	98.3	21	1	11		
戈壁	235	208	88.5	39	35	89.7	274	243	88.7	55	4	3	30	
先锋	138	116	83.7	10	10	100	148	126	85.1	21	1	4	1	
东湾	42	36	84.0	23	17	73.9	65	53	81.5	25		8		1
西河	134	125	93.3	24	17	90.8	158	142	89.9	16				
南湖	158	152	96.2	3	3	100	161	155	96.2	24		11		
河岸	177	173	97.7	11	10	90.9	188	183	97.3	19		23	1	1
下窖	95	86	90.5	33	25	75.8	128	111	86.7	13	1			
水峡	99	42	42.4	13	0	0	112	42	37.5		7	5	2	
合计	1173	1031	87.9	177	138	78.0	1350	1169	86.6	194	14	65	34	2

*此表以1964年昌马地区行政区划大队统计。

4. Ⅶ度区

本区已超出祁连山区，大部分地区为戈壁沙滩。居民多集中在疏勒河、白杨河的中下游，包括磨姑台、踏实、桥子、玉门镇南、赤金堡、白杨河、酒泉等地。东西长约280km，宽约52km（北半轴），方向为北西西。本区内土搁梁房有倒塌的，老旧的木架房也有破坏的，城墙上的垛口和堡墙上的稍墙均有震落。酒泉市大寺内的土塔顶部震倒，市内后坑处摇倒老朽房子约有3%，清真寺、山西会馆、吉祥寺、关帝庙等古建筑都有不同程度的损坏。另踏实公社的城堡于1728年（清雍正六年）建，震后城墙上的垛口摇成豁口。最大之处约有2m。在附近的中渠大队房屋倒塌。踏实北2～3km的新沟，地裂缝宽约0.1m，长7～9m，共有四五条。还有踏实东北25km的桥子公社东10km的金泉，东北15km的玉定湖等地都产生了地裂现象。本区赤金堡2～3km处的红山寺的土塔塔顶震落。再南10km的戈壁庄，原有房132间，大部分为土搁梁房，震时倒塌和损坏共68间，压死5人。附近的贾家同庄，稍墙大量摇倒，砸坏房屋，压死9人。戈壁庄原有三处泉水，震后干涸。村南的青草湾、湖滩内出现宽约0.2m、长约40m的裂缝。

5. Ⅵ度区

本区西起敦煌，东止高台，北达鼎新，南抵祁连。大部分地区处于河西走廊的西段，东西长505km，宽约155km。包括敦煌、安西、小苑、双塔、布隆吉、疏勒河、营尔、清水堡、高台等地。区内少数房屋震时墙头掉落，墙壁产生裂缝，有老朽墙摇倒，个别老朽房屋也有倒塌的。金塔、鼎新、清水堡等地城墙上的垛口零星震落，其中金塔较重，西城墙外侧倒下长6～7m一段，压死当时路经此处的一个人、一头牛。

另外这次地震波及范围很大，西止新疆哈密，东到张掖地区，. 人们都有不同程度的感觉。

根据宏观调查，1932年昌马地震等震线为狭长的半椭圆形，其走向为北西西。Ⅸ、Ⅷ度区地震能量递减较快，Ⅶ、Ⅵ度区地震能量递减较慢，等震线如图8所示，其原因如下。

（1）这次地震的震中区以北为昌马盆地和河西走廊地区，我们作了详细调查，画出了等震线；而震中区以南，由于没能搜集到资料，所以只能绘出椭圆形的北半部分。

（2）由116km长的形变带推断，震源体大致为一沿北西西方向的长方体，其中部分露出地表，因而在地表造成了相当严重的破坏。这个形变带正好与北祁连加里东褶皱带北西西向的断层相吻合，地震的发生与该断层的继承性活动有关。因而形成了震中区为一北西西向的长条形，基本上控制了整个等震线的长轴方向及其形状。

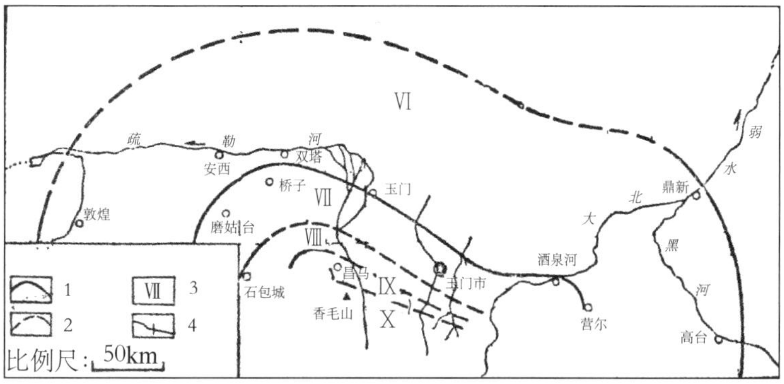

图例：1——实测等震线；2——推测等震线；3——地震烈度；4——地震破裂带

图8　1932年昌马地震地震等震线图

（3）祁连山褶皱带为北西—北西西方向，基本上控制了它的构造复合体的方向。这次地震发生在山区，震中区的长条形，方向为北西西，与区域构造相一致。地震能量在北东方向的传播因受到复杂构造的影响而削弱，因而Ⅷ度、Ⅸ度线在北东方向要紧密些，越过走廊大断层，地震能量的传播可能不受构造的影响，因而Ⅶ度、Ⅵ度等震线表现稀疏。

应该特别指出的是，昌马盆地的Ⅸ度区与Ⅷ度区以宽阔的冲积河滩（当地人称“沙河”）为分界线，河滩以南为Ⅸ度及Ⅹ度区，河滩以北为Ⅷ度区，地震能量传播跨过此线后有明显的递减，这是否在地下有一不连续面存在?尚待进一步研究。

（五）1932年昌马地震的前兆现象及余震

（1）震前未感到小震。主震以前，天降大雪，厚12～15cm。地震当日早晨天虽晴，但雾气腾腾，震前几分钟有不少人看到从鹰咀山、西湖一带（昌马堡西）起了一股黄风，旋卷而来。调查中有一人称看到从妖魔山起了一道白光，向西扑来，紧接着地大动，有声隆隆，如雷鸣。

（2）地震时，树干摇弯，树枝扫地，河、渠、水池里的冰震裂，墙头晃来晃去，四周山头岩石乱崩，冒起了灰尘。西湖大队牛家庄有一家灶上的锅跳起落下反复几次，二道川石头跃起高0.5～0.6m；南湖大队一打麦场上停放的牛车前后滚动，湖滩、田间到处呈现出宽大的地裂缝，并冒出浑水；南湖大队的李家庄，院内地裂，冒浑水后又合拢。与此同时，人们的哭叫声、喊救声以及房屋倒塌声响彻四野，瞬时昌马盆地呈现出一片大难惨景。

（3）主震以后，不时有小震发生，人们惊慌失措。因为人无栖身之处，多搭棚露宿旷地，将近一月。余震由一日十多次、几次至一次，逐渐数日一次，余震持续了半年，震势才有所减弱，嗣后，每年仍有小震。

大震后，疏勒河因上游崩塌，堵塞河道，抑或河床裂缝漏水，曾绝流数日。西湖、南山、小口子、香毛山一带的泉水，有的水量减少，有的干涸。

（六）地震参数的确定

1. 震中烈度的确定

此次地震震中烈度为X度强，其根据如下：本次地震将石英脉胶结的断层角砾岩裂成大缝，下宽为0.7m，上宽3.6m；地裂缝宽度超过1m者很普遍，并出现大规模的垄脊，陡坎以及塌陷、山崩等现象。此类地震烈度已超出烈度表内X度区的地表现象，所以应该定为X度强。根据1954年2月11日甘肃山丹地震，"最强烈的现象是一条自县城东北20km之别芨莉，经蘑台湖、大夏河、小河口、保德河至县城东北东约24km之滴水圈，走向大致北西西，蜿蜒达20km的大破裂带"，也充分证明这点。

而本次地震震中区为116km的强烈破裂和形变带，这远远超过了山丹地震20km的大破裂带，因而烈度也应该强于X度。

2. 地震震级的确定

利用李善邦教授的经验公式

$$M = 0.58I_0 + 1.5$$

计算，若震中烈度I_0取10.5，代入上式，则得震级M为7.6级。该值与地震仪记录所测定的震级一致。

3. 震源深度的确定

我们根据极震区就是震中的涵义，利用量板法计算震源深度。

利用古登堡计算震源深度的经验公式

$$h = \frac{r_i}{\sqrt{10^{\frac{I_0 - I_i}{s}} - 1}}$$

式中，r_i为不同烈度等震线所包围的面积折合圆的半径；I_0为震中烈度；I_i为不同的烈度；s为衰减系数。利用解联立方程的方法，可求出h及s。r_i与I_i的相应值为

I_i	Ⅸ	Ⅷ	Ⅶ	Ⅵ
r_i（km）	15	27	57	153

结果可以求得 $h=5$km，$s=1.5$。

如果按照一般方法，即把极震区的几何中心视为震中，各等震线的半径取平均值，利用量板法，也可求出h及s。r_i与I_i的相应值为

I_i	Ⅸ	Ⅷ	Ⅶ	Ⅵ
r_i（km）	50	76	120	213

结果可以求得$h=26$km，$s=2.5$。

由于目前尚无更好的方法计算极震区的长条形等震线的震源深度，所以我们可以粗略地认为震源深度在5km和26km之间，即5km$<h<$26km。或取其平均值为该次地震震源深度约15km，即$h=15$km。

（苏公望　整理）

五、构造背景

摘自《中国地震考察》（第一卷），时振梁等著《1932昌马地震的自然破坏现象及构造背景》全文如下。

（一）前言

1932年12月25日10时04分27秒（北京时间）甘肃玉门昌马发生了一次7.6级强烈地震，震中烈度高达X度。震后当时有关部门曾经进行过考察。新中国成立后，为了解决甘肃河西走廊工农业用水问题，计划在昌马盆地修建水库，要求地球物理研究所提供该区历史地震对该区的影响烈度及坝区的基本烈度，1964年由北京地球物理研究所和兰州地球物理研究所共同组成西北地震综合考察队前往昌马地区进行宏观地震考察。

这次考察除进行一般宏观考察外，还对地震破裂带以及地震地质方面进行了较为详细的调查，考察工作是在较艰苦的条件下进行的。参加调查的还有甘肃省水利厅冷士国同志。

（二）极震区内的自然破坏现象

1932年昌马地震所形成的地面破裂带，总长约116km（图1）。在整个破裂带上都有相当严重的自然破坏现象，有的出现在松散堆积物中，也有基岩的震裂，有的形成垄脊[①]式的隆起，有些地方形成宽大的裂缝，裂缝产生的形式多种多样，它们排列组合的方式和所处破裂带的部位似乎都有一定规律，除垄脊外，山崩、地陷、滑坡等其他现象不太普遍，现将自然破坏现象分段描述如下。

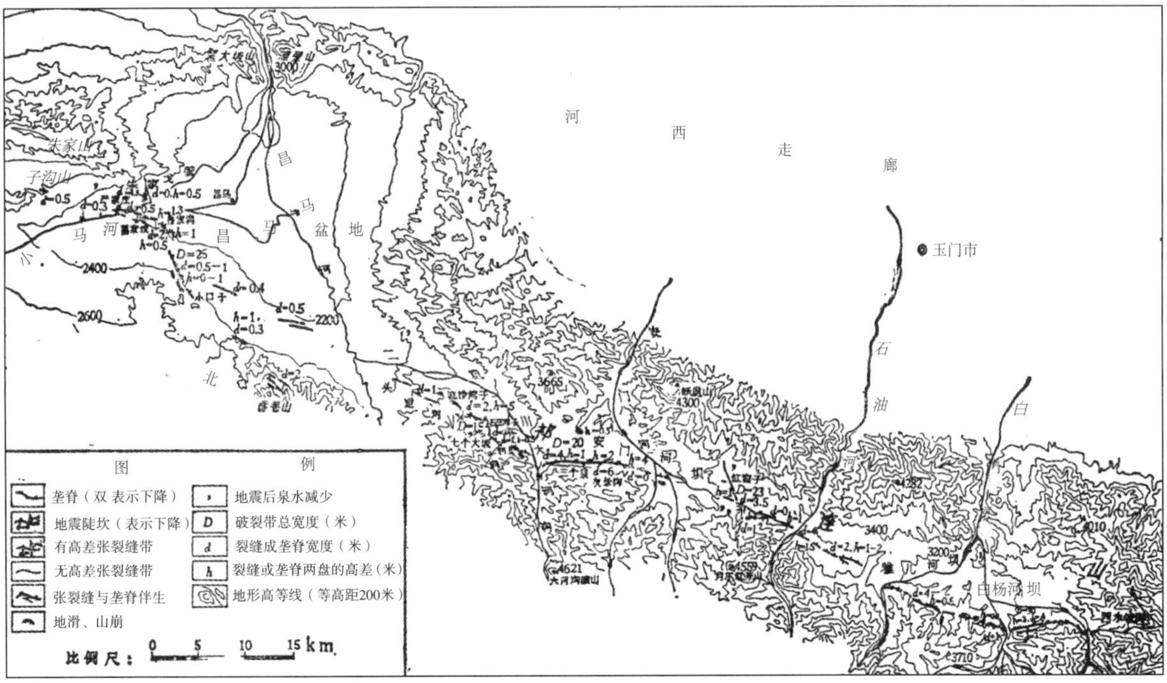

图1　1932年昌马地震破裂带分布图

（编者注：原图不清，仅做示意）

1. 昌马盆地内出现的帚状裂缝、锯齿状裂缝和反S形型隆起

破裂带最西端分布于麦子沟山山顶的石英质构造岩中，以张裂缝形式出现，裂缝宽

① 垄脊：该地俗称“土梁土埂”，为了避免与一般地貌名词混淆，且规模不同，故称“垄脊”。一般垄脊都是曲折延伸，除隆起高度外，两侧并有高差。有时垄脊顶都破坏，形如“馒头开花”。垄脊在地震破裂带内分布广泛，在各地段延长达几百米至数公里。

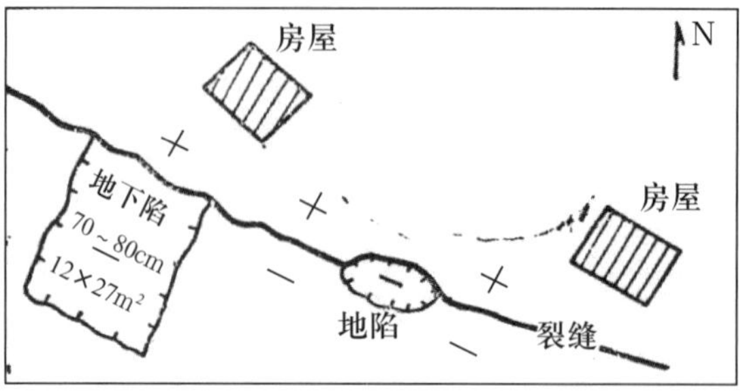

图2　严家庄地面破坏示意图

0.3～0.5m，长约200m。向东至严家庄，其间在8km的地面上没有看到明显的裂缝现象。只有青山子、白山子等石英质构造岩的小山上有山石崩塌现象。严家庄附近有宽约0.5m、长1km的北西西向裂缝，方向NW70°～80°，东北升高，西南降低，中间有宽0.7～0.8m的两处陷落（图2）。葛家坟洪积扇上，仅在1500m²的面积上出现了八条裂缝，成向北散开、向南收敛的帚形裂缝。朱家戈壁一带，在0.5km²的面积上也出现了15条以上的裂缝，大致为向西北散开向东南收敛的帚形排列，其中以NW20°方向的裂缝最长，达2km，裂缝两壁紧闭不见裂口，呈陡坎状，高差0.6～1m，其次是NW80°方向的裂缝，长约500m，宽0.5m左右，其他方向的裂缝都较短，一般长几十米，最长的300m，宽0.3～0.5m，升降方向不定，形成小型地堑状断陷或地垒状隆起，以上破裂带分布的总方向大致为北西西。至鲁家湾出现了反S形型隆起，隆起总长度达900m，宽20～50m，自西向东由北西西向（长300m）转为北西向，北西方向的一段中间200m隆起不明显，而后再往东成为东西方向，延伸长约400m，即逐渐消失。鲁家湾以南，破裂带转为北北西方向，向南至小口子山东麓，在洪积砾石层中出现了张开的锯齿状裂缝，裂缝带宽25m，由5～7条裂缝组成，有分有合，延伸长达3～4km，沿山麓分布，西南升高，东北呈阶梯状下降，诸阶梯造成的总错距达3～4m。

小口子以东，在香毛山北麓洪积扇边部，断续出现长1～2km，宽0.3～0.5m的两条NW70°方向的裂缝。香毛山麓的地域沟、野马泉、红土沟等处的小山包顶部都有方向为北西西到近东西的裂缝，一般宽0.3～0.4m，长几十米至百余米，南高北低，高差一般0.3～0.4m。在野马泉沟口有隆起的垄脊，长百余米，南高1.5～3m①。据昌马地质总队区测组潘占林同志介绍：在香毛山海拔2300～3400m的山脊上还有裂缝出现，裂缝带宽300～500m，每条裂缝的宽度达2m多，长数百米，有十余条，平行分布，呈锯齿状裂开，裂缝方向多为北西西，与山脊走向一致。

昌马盆地出现的裂缝有下列特点：

（1）分布比较不集中，其中有的地段缺失，朱家戈壁和小口子两地段较为严重；

（2）破裂带主要方向为北西西，中间自朱家戈壁到小口子段为北北西方向；

（3）裂缝产生的形式有，朱家戈壁、葛家坟的帚状裂缝，小口子和香毛山的锯齿状裂开，鲁家湾出现的反S形隆起。

2. 二道川—安门河坝的垄脊状隆起和两侧的羽状、带状裂缝

二道川—安门河坝是一个北西西方向的谷地，长约30km，宽4～5km。1932年地震破裂带在二道川谷地南面的头道沟内延伸，向东越过分水岭进入二道川的流沙湾子、疙瘩湾子一带，以后就沿着谷地南缘山麓分布，总方向为北西西到东西向（图3）。在裂缝带通过的山顶上，如流沙湾子和头道沟分水岭以及附近的山脊上出现基岩震裂。在流沙湾子附近有几条北北西向和北北东向裂缝，使四个由寒武系灰岩组成的小山头明显的错动，北面部分错落约1m。在头道沟东北部海拔3200m的一个小山脊上，见有基岩顺节理震裂，并相对向北东方向错动，在其相邻的小山梁上，见到由北北西和北东东两组方向组成的网格状裂缝，在其北面相距2.3m处有5条NW50°～60°方向的裂缝，基岩由南向北成阶梯状错开，南升北降，最大错距为0.5m，可见的长度为30m以上。再向东，自疙瘩湾子到小河沟长约9km的山麓冰碛层和残积黄土中有明显的地面破坏现象，破裂带以小条垄脊隆起为主。有时有2～3条忽离忽合的垄脊出现，有时两侧出现羽状裂缝，其中以七个坟闸至石庄湾子一带为代表，分布方向为NW80°到近东西方向，垄脊隆起的高度2～3m，垄脊两侧的高差为0.5～2m，宽达5m，呈曲折形延伸，整个破裂带的宽度达15m。

① 见甘肃省水利厅昌马堡水库附近地区1932年地震调查资料，1954。

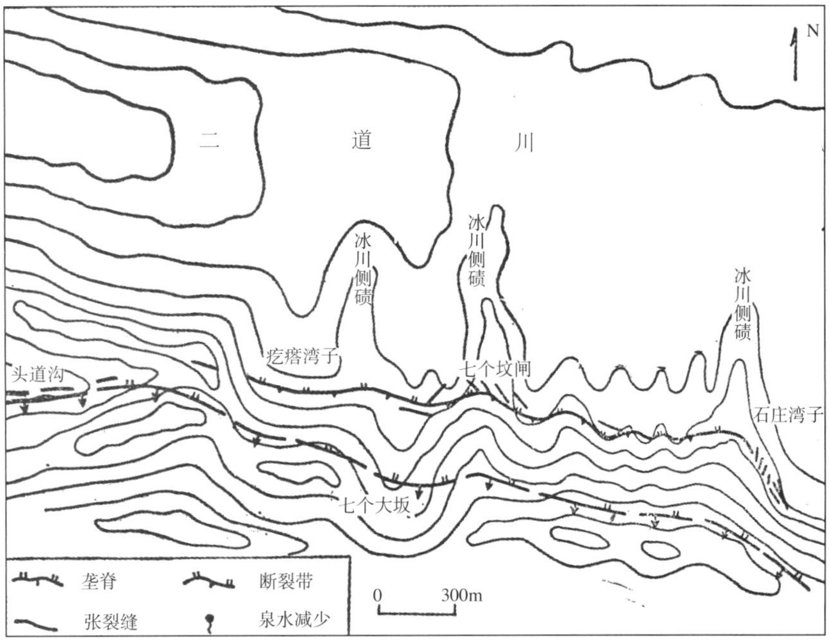

图3 疙瘩湾子-石庄湾子地面破裂带分布图

在这一带还可看出垄脊和裂缝的分布与地形等高线的弯曲度相近似，垄脊曲折延伸的弯曲度略小，见图4（a）（b）。说明裂缝并非直立，而是向南倾斜的，并可以从野外观测直接量得垄脊下部破裂面的产状，如石庄湾子，量得垄脊的产状为走向北西西，倾向南南西，倾角50°～60°，与当地所见的第四纪断层的产状近似。向东至石庄湾子附近，裂缝带随地形变化转向东南，在这里出现了北北西向的雁行状裂缝。而至大河沟东侧，又出现大规模的裂缝，其中有部分可能是地震时形成的重力滑坡，裂缝和滑坡位于靠近山麓凹坡带分布，西段长约1km的地段上有两条相距约20m、宽约4m的裂缝平行分布于山坡上。向东裂缝分布于山麓，仍有两条呈相互平行分布，上条为张裂缝，宽1～6m，下条为垄脊隆起，南盘显著升高，高差0.5～1.75m，宽2～6.7m，再向东，上条张裂缝逐渐不明显，以一条总方向为北西西向曲折延伸的垄脊隆起直通三个泉及灰条沟。这些现象出现在山坡，规模大，远处瞭望就能发现，地貌上非常清楚。在三个泉主要出现了垄脊，有一段还出现两条平行垄脊，垄脊中间并有羽状裂缝，但是这一段垄脊的规模比较小，高差也不大，呈细长条状曲折延伸。灰条沟以东，垄脊渐渐变成为地震陡坎，总方向为北西西，南盘升高，北盘降低，高差达4m。这是整个破裂带上出现的陡坎高差最大的地方。

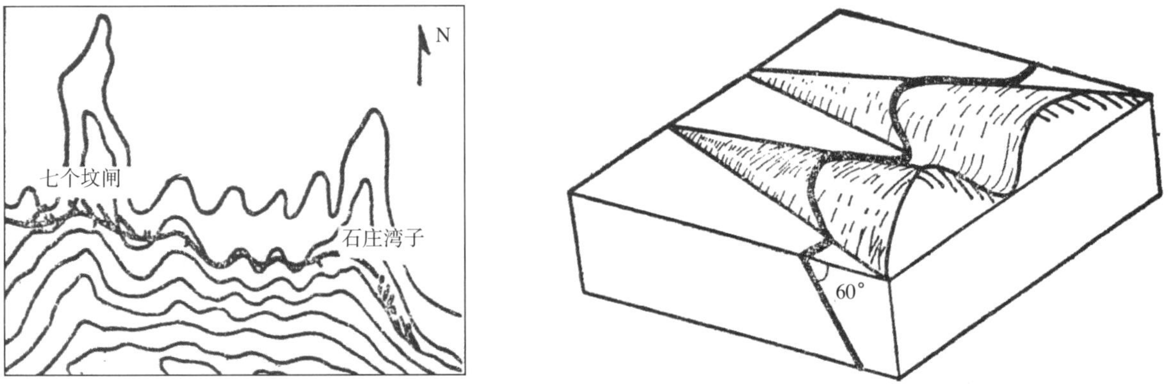

（a）垄脊随地形变化平面图　　（b）垄脊倾斜立体示意图

图4 垄脊与地形变化关系图

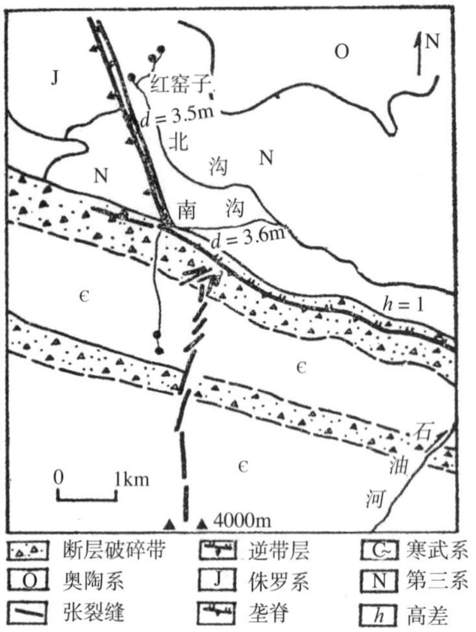

图5　红窑子地质构造和裂缝分布图

二道川—安门河坝段的地面破裂带有以下特点：

（1）主要为北西西到近东西方向的垄脊隆起和地震陡坎；

（2）垄脊和裂缝集中于一个带内，条数不多，单条裂缝的宽度较大，延续较长，分布于谷地南缘山麓冰碛和残积黄土中；

（3）垄脊的破裂面向南倾斜，与当地构造产状一致。

3. 红窑子—石油河坝出现北西西、北北西和北北东三组复杂而又宽大的裂缝带交汇现象

红窑子—石油河坝为石油河上游的一个北西西向支流形成较宽的长条形谷地，西隔红窑子分水岭与安门河坝相连，东接雅儿河坝。

地震破坏现象至红窑子附近显著加剧，除北西西向的主要破裂断续延伸长达15km，贯穿整个谷地外，并在红窑子附近，于主要破裂带的南北两侧分别产生了相当规模的北北西和北北东向的裂缝，参看图5及图6。现分别叙述如下。

北西西向破裂带，此破裂带为本段的主要破裂带，东西贯穿红窑子和石油河坝，与邻段相接。在红窑子南沟石英质构造岩组成的小山脊上出现了巨大的裂缝，其方向为NW60°，长约200m，宽2～3m，可见深度5～10m。在裂开的小山脊的东麓，破裂带仍按同方向延伸，但是裂缝代之并以曲折的垄脊形式出现。至石油河西，垄脊又渐渐变为南盘升高约1m的地震陡坎。石油河以东，裂缝在谷地南部断续分布，规模显著变小，一般都为阶梯状裂缝，方向仍为北西西，高差1～2m，升降方向不定。

北北西向裂缝带（参见图6），此裂缝带出现于北西西向主要破裂带的北侧，沿北北西向断层新构造运动形成的陡坎分布。裂缝带长达4km，由一条宽大或几条大致平行的裂缝组成，最多的地方在2～3m宽的地带上出现了12条裂缝，每条裂缝的宽约0.2m，新构造断裂陡坎边坡上的裂缝成阶梯状向东且降落，高差一般0.5～1m。陡坎肩部的裂缝大多为锯齿状，由北北东与北西或北西西向裂缝相互交接而成，在这条裂缝带的中段，裂缝条数较少，宽度较大，最宽一段在第三系红色砂页岩的后山坡上，形成一条宽约3.5m，长几十米的大裂缝，方向为NW15°。此裂缝的北段出现了由NW10°与北西向两组裂缝相互交接的锯齿状裂缝。

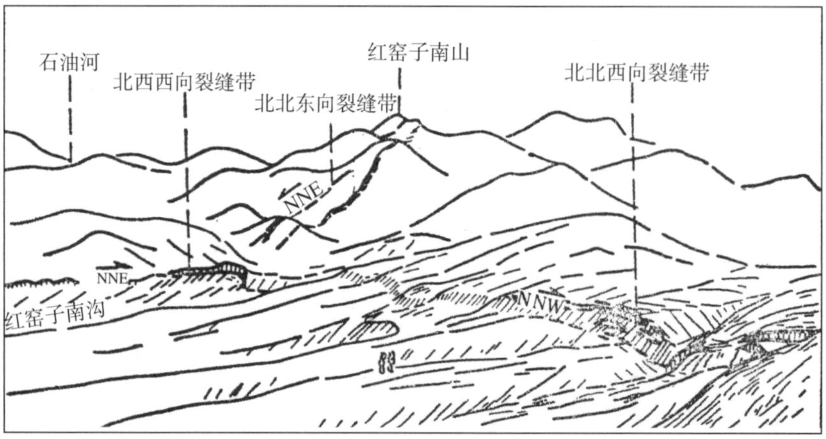

图6　红窑子裂缝分布素描图

北北东向裂缝带，此裂缝带出现于北西西向主要破裂带的南侧，由山麓向南直通山顶，呈北北东向雁行状分布，北端靠近裂缝处为北东方向，宽1～2m，由2～3条大致平行的裂缝组成。此裂缝翻过前山顶后，并以北北东方向成雁列形式排列，顺山坡抵4000m高程的山顶，仍有裂缝出现，裂缝一般宽0.5m左右，单条裂缝长百余米至数百米，总长达4km多，参见图6。

红窑子段破裂带有下列特点：

（1）地面破裂带出现的方向较其他地段复杂，但仍有一定的规律，除北西西向为主要破裂带外，并在其南、北两侧，分别出现了北北西向和北北东向的裂缝带；

（2）有规律地沿着构造线分布，除北北东向因表土覆盖构造不清外，北西西和北北西方向的裂缝带都分别沿着该方向的活动断裂带或断层分布；

（3）裂缝规模较大，北西西向破裂带在与北北西和北北东两个方向裂缝交接处，由石英质构造岩组成的小山脊形成了宽达3m的大裂口，北北东和北北西方向的裂缝带也有相当大的规模，它们分别长达4km左右，其中北北西向的裂缝最大裂口宽达3.5m，高差也有1m左右；

（4）地面破坏现象出现的形态多样，有带状、雁行状和锯齿状，性质也各不相同，有地震形成的垄脊和陡坎以及张裂缝等。

4. 雅儿河—白杨河坝出现宽大的裂缝和垄脊

雅儿河坝与白杨河坝都分布在白杨河上游的盆地内，共同组成的北西西向谷地，如图7所示。河坝东西长约25km，南北宽5km左右，谷地中部有南北向低丘，将谷地分为东西两部。西部为雅儿河坝，东部为白杨河坝，雅儿河坝西侧与石油河坝以一个不高的分水岭相连，白杨河坝东邻镜铁山高山区。

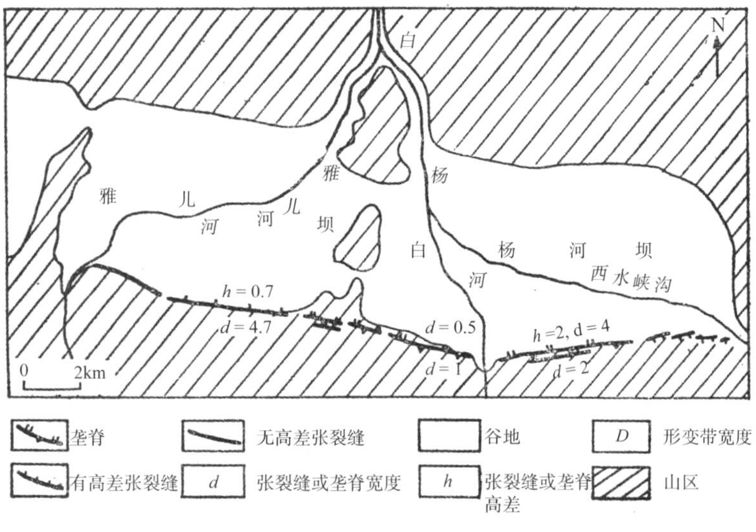

图7　雅儿河和白杨河裂缝分布图

破裂带位于谷地南侧山麓的残积黄土中，由雅儿河坝往东破裂带断断续续以NW70°方向沿雅儿河坝南沿分布，一般都有几条平行的张裂缝出现，最宽一条宽达4.5m，南侧升高约0.6m。

至白杨河东岸，裂缝转为北东东方向，破裂现象又显著加大，在白杨河坝南沿，出现了裂缝和垄脊互相平行的破裂带，方向为N80° E。破裂带一般宽约十余米，最宽处达31m。靠北面一条为垄脊隆起。南升北降，高差1～2m左右。垄脊南侧还出现有小规模的羽状裂缝。靠南面一条为张裂缝，裂缝宽为1～2m左右，两壁无显著高差。向东张裂缝逐渐缩小，只有垄脊出现，再往东垄脊也逐渐变低，弯弯曲曲沿山麓阶地延伸。白杨河坝南沿的东段，陡坎逐渐消失，形变带主要为张性兼剪性裂缝，宽0.5～1m，沿山麓缓坡上凸起高3～5m的一排NE80°方向的小丘，北侧分布如图8所示，形变带北侧升高，南侧下降，高差0.3～1m，表现为正断层的特征，沿裂缝带并见有左旋扭动的现象，全段由4～5条长200～300m的裂缝组成。单条裂缝走向为NE60°～70°，呈斜列状分布，

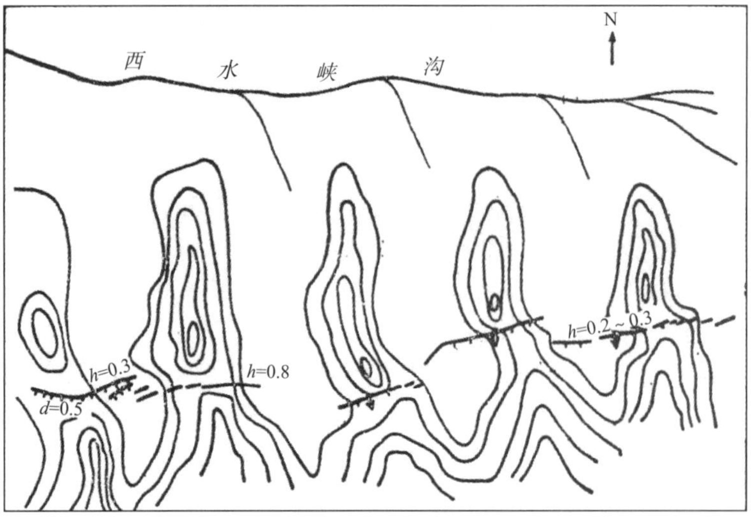

图8　西水峡沟南侧山麓地震破裂带分布及
沿北东东向断裂带的小山梁左旋扭动示意图

也显示了左旋扭动的力学性质。这种性质与这里一系列南北向的新第三系组成的土梁沿断层的张性兼左旋扭动相一致。

西水峡沟峡出口的东侧，破裂带形变迹象已逐渐减弱。越过分水岭进入臭水柳沟只见一些陡岩的崩塌和覆盖层中的滑坡现象。

可见西水峡沟段已是这次地震破裂带的末端。形变性质为正兼左旋剪切的性质。这种性质与整个破裂带以逆断层为主的形变性质正好相反。

5. 破裂带的基本特征

根据以上所述，可把1932年昌马地震地面破裂带的特征归纳为四点。

（1）破裂带上的形变现象均相当严重。

在整个116km长的破裂带上，形成了相当规模的破坏，有岩石的破裂，堆积物中的裂缝，有垄脊式的隆起，有的地方又被地震陡坎所代替，有的地方则表现为山崩和滑坡。垄脊和裂缝的宽度一般为1～3m，最宽处在大河沟东侧达到6m。许多地方产生了垂直错动，一般高差有1m左右，高差最大的地方如灰条沟达4m，这些都在一定程度上改变了地形的面貌。地面破坏现象以灰条沟、大河沟、红窑子一带最为严重，其次是小口子、香毛山、七个坟闸、雅儿河坝和白杨河坝一带，如图9所示。

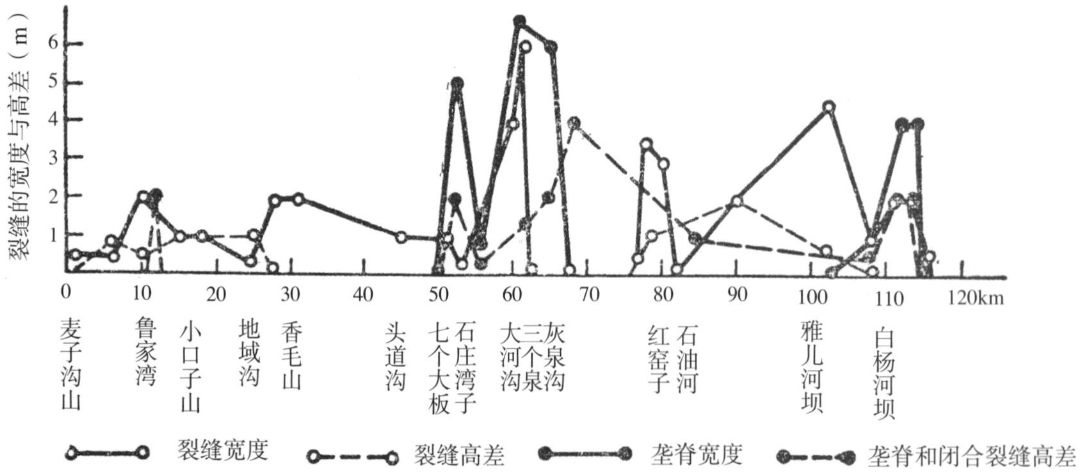

图9　极震区地面形变带破坏程度曲线图

（2）破裂带具有一定的方向性。

破裂带延伸的方向表现出了相当明确的稳定性。除小口子和红窑子一段尚有北北西或北北东方向的裂缝交汇外，其他各地都以北西西或近东西方向分布。北西西向破裂带分布的又一特点是组成这个破裂带的裂缝或垄脊呈曲折状，通常以北西西和北东东两个方向相交组成。从垄脊曲折延伸和地形关系的分析，以及实际测量的结果，看出北西西破裂带的破裂面是高角度向南倾斜的。

地形高程、岩性和土质条件对地震的破坏效应虽有影响，但破裂带并没有受它们的限制，依然按照一定的方向通过山麓、山坡或山顶，通过砾石层、黄土、坡积、残积层或基岩。

（3）地震破裂带的位置与构造断裂带一致。

地震破裂带均出现在盆地和谷地的南缘，普遍出现南升北降的现象，且与地表可见的断裂带分布密切符合，许多地方可见破裂带直接在断裂带上，尤以红窑子、白杨河最为明显，它们有的出现在断层破碎带的构造岩中，有的在破裂带下部直接看到第三纪或第四纪断层（此点在地震与地质构造的关系部分还将详细叙述）。

（4）破裂现象产出的形式有一定的格局和分布。

绝大部分地区呈宽窄不同的带状出现，羽状裂缝带常出现在垄脊和裂缝带的两侧，帚状、网格状裂缝和反S形隆起出现在破裂带的转折处，北北西方向的破裂带多为雁行状和锯齿状裂缝。

这些特征都在一定程度上提供了震源处的秘密。因为在一定方向的狭长地带上出现大规模的地面破坏现象，除了认定是“与地震震源有关的构造错动的结果”以外，很难找出其他答案。同时“破裂带的格局和分布的确定性”离开了一定方向的区域构造应力的作用，也难于找到适当的解释，而“破裂带的格局和分布的确定性”实质上是长期存在的构造应力作用的一种结果，通过破裂现象分析，联系与破裂现象相伴出现的运动特征，可能找到一些有关地震成因的结果。因此，我们将进一步从破裂带破坏性分析中引出“是震源直接错动结果”；从破坏现象形成机制讨论中引出“震源处作用力为挤压与剪切应力交互作用”；从区域地质构造特征分析中引出“1932年昌马地震是香毛山—红窑子断裂带继承性活动的结果”等假定并加以证实。

（三）地震破裂带的性质

地震的地面破坏现象，是否代表震源体直接错动的结果，能否据以分析震源的运动特征，需要鉴别它是原生，还是次生，来确定破裂带的性质。通常造成振动过程所引起的现象为原生现象，如形成断层、火山活动、区域性拗曲、陡坎、错动、裂口、海岸升降等；由于摇动所引起的或由于地震波所引起的现象为次生现象，如地滑、次生裂隙、喷沙等。根据在极震区内所观察到的情况，长达116km的地面破裂带，不少地方出现裂口、错动、陡坎、南升北降2～4m等等，皆属原生现象，因此可以认为破裂带是震源处直接错动的结果。

此外，从下列几个方面也可得到证明。

1. 等震线和极震区的形状

根据地震调查组的调查结果，1932年地震等震线的形状呈长轴为北西西向狭长的椭圆形。等震线随极震区的地面破裂带迅速向外围递减。根据这次地震衰减较快的特征看来，震源也是不深的。虽然这个资料不能作为地面破裂是震源处错动结果的直接证明，但是它有利于这样的假定。我们所讨论的1932年昌马地震的极震区就是我们所指的地面有严重破坏的地震破裂带。

2. 估算地震破裂带的长度和位移幅度

郭增建同志在研究了我国历史上15个大地震以后，得出“当$M>7$时就有可能在地表产生可见大断裂或断层”①。日本宫村摄三教授也指出“日本地壳范围内的地震，当$M\geq 7$时，就会出现显著的地壳形变”。D.托切尔（D.Tocher）从许多观测的实例中研究出浅源地震在地面可能产生地震断层的长度、断层两侧的相对最大位移和震级、能量之间的关系。

（1）根据D.托切尔的公式，地震断层长度l（km）和震级M之间关系为

$$M = 5.65 + 0.98\lg l \qquad (1)$$

① 见郭增建“我国历史上某些大地震所伴生的大断裂”《张衡纪念册》第一册。

1932年昌马地震$M = 7.6$，代入式（1）得

$$l = 97.5\text{km}$$

这个从震级换算出的地震断层长度与我们所观察到的地震破裂带长度116km近似。如果考虑到破裂带最西端麦子沟山到严家庄还有长达8km的地区没有看到显著的地面破裂现象，那么它们就更加接近。

（2）根据D.托切尔的公式，地震断层的最大位移幅度D（cm）与震级M之间的关系为

$$M = 5.22 + 0.53\lg lD \qquad (2)$$

式中，l为地震断层长度（km），为了简便起见，我们取近似值$l = 100\text{km}$，代入式（2）得

$$D = 310\text{cm} = 3.1\text{m}$$

从震级换算得出的地震断层的最大位移幅度大致在3m左右，与实际观测结果比较，灰条沟垄脊隆起的最大高差达4m，观测数据略偏大。

我们还可以用S.德罗斯特（S. Droste）等的公式来检验上述所得地震断层的位移幅度

$$E = l_0 b^2 d \qquad (3)$$

式中，l_0为地震断层的长度，单位为km；b为位移幅度，单位为cm；$d \approx 3.4 \times 10$。

按古登堡–里克特公式

$$\lg E = 11 + 1.6M \qquad (4)$$

取$M = 7.6$，代入得$E = 1.45 \times 10^{23}$。

将上述各值代入（3），得位移幅度$b = 210\text{cm} = 2.1\text{m}$。计算结果与实际观测破裂带形成的一般高差2m左右的数值大致相仿。

这里应当指出，从各方面所计算的数值是很粗略的。由于地震是复杂的地壳运动过程，它受到各种因素的作用和影响，我们这里只是用来作为近似值的对比，说明实际观测的地震破裂带的长度和位移幅度，与世界其他地区通过大量实际观测所总结出来的经验公式计算出的结果是一致的。

3. 震源体积的估算

计算震源体积，目的主要是验证1932年地震的地面破裂带是否代表震源体的直接错动。

根据K. E. 布仑（K. E. Bullen）把岩石的破裂区作为震源区，从地震波的能量换算得出1932年昌马地震的震源体积$V = 1.39 \times 10^{18}\text{cm}^3$。

我们按震源区是岩石破裂区的含义，用几何方法进行推算。假定地面出现的严重破裂带是震源出露到地面的标志，由于地面出现的强烈破坏区很窄，长度很长，可以假定它是条带状的破坏。因此可把震源体看成是一个平放着的椭圆柱体，椭圆柱体的体积为

$$V = \pi abc \qquad (5)$$

式中，a为椭圆柱体的长度，即破裂的长度。为简便起见，我们取$a = 100\text{km}$。椭圆柱体横截面的长半轴b为震源深度，由仪器记录测定的震源深度和用等震线计算的深度相差较大，我们取其平均值，约为15km。假如Ⅹ度区的短轴为相应震源处地面出露的岩石破坏宽度，那末椭圆截面的短半轴c为这个宽度的一半，约为8km。

将上列数值代入式（5），得$V = 3.76 \times 10^{19}\text{cm}^3$。

根据梅世蓉同志按震源体是直通地壳的圆柱形，得出震级与震源体积的关系式，以此估计这次地震的震源体积为$V = 8 \times 10^{20}\text{cm}^3$。

梅世蓉同志在文章中强调指出："为了今后的应用，似乎可以取这样数值，即比布伦公式计算出的数值大一量级，比我们所得的数值小一量级……，即震级为$7.5 \leqslant M \leqslant 8$的震源体积等于$10^{19}\text{cm}^3$"。

我们设想的震源体积形状所计算的震源体积为$V = 3.76 \times 10^{19}\text{cm}^3$与上述数值很接近，因此我们提出的震源体形状是比较合理的，这也说明整个破裂带都代表着当时地震震源体的错动。

综上所述，由于地震活动，在地面上形成了长达数百公里，高差达2～4m的破裂带，与里克特定义的原生现象相符。此外，由于地震能量衰减很快，说明这次地震震源较浅。按D.托切尔公式计

算的地震断层长度和位移幅度的数据与实际观察的数据相差无几，对震源体形状的设想和震源体积的计算基本上合理。由此说明了整个破裂带的形成是震源体构造错动的结果。

（四）区域地质构造特征

本文所指的是范围较大的甘肃西部地区，所包括的范围是：东自高台、张掖，西至肃北，南起大雪山，北抵玉门镇。全区在大地构造上属于祁连山褶皱带的西北部，境内包括北祁连加里东褶皱带和走廊拗陷带两个更次一级的构造单元。

我们曾根据野外调查结果，并参考有关资料，于1964年编制了该区的地质构造图（图10）。

北祁连加里东褶皱带内部主要岩层是下古生界的地槽相沉积。组成极震区南部山系的主要岩层为寒武系的砂岩、千枚岩、板岩等，出露厚度4000～5400m。极震区北部山系出露的岩层主要是奥陶纪的火山岩系、火山碎屑岩和厚层灰岩等，厚约2700m。志留系主要分布在更北的北祁连山北部边缘照壁山肮脏沟一带，主要是一套碎屑岩系，岩系厚达6500m。上古生界和侏罗系在山区也有零星分布。在昌马盆地内分布的白垩系湖相砂页岩厚1400m。第三系的岩相比较复杂，有陆相的碎屑岩，有湖相的石膏层、砂岩、泥岩等，总厚1780m，还有第四纪冰碛砾岩和戈壁砾石层等，厚度超过200m①。如此计算昌马盆地内白垩系和以上沉积物的总厚度达3500m。东部红窑子、石油河和白杨河一带大量出露第三系红色砂砾岩，而第四纪最新冰碛砾石层在二道川和安门河坝谷地广泛分布。

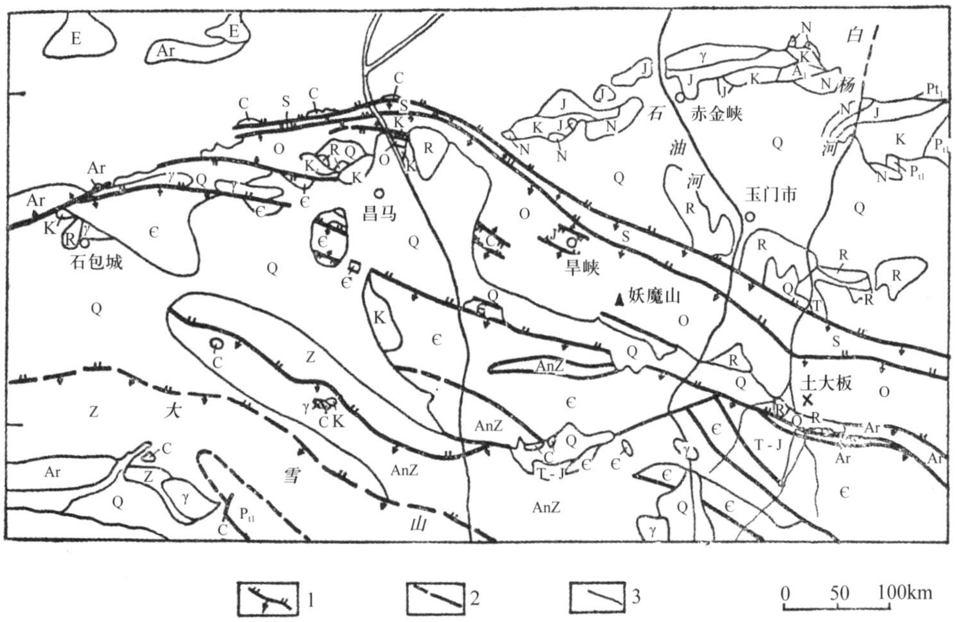

图10　祁连山西北部地质构造图

O：第四系；R：第三系；K：白垩系；J：侏罗系；T：三叠系；P：二叠系；C：石灰系；S：志留系；O：奥陶系；E：寒武系；Z：震旦系；P_{t1}：下元古界；A：太古界；Ap_2：前震旦系；γ：花岗岩；
1：逆断层带；2：性质不明断层带；3：地质界线

地层分布说明：①沉积物沿着北西西向作条状分布；②昌马盆地和断层谷地的沉积作用发生在白垩纪以后。

沉积的条状分布特征说明北西西方向的块断运动在内部起着控制作用。上述②说明祁连山内部块断运动在白垩纪以后又有过强烈运动。

本区在早古生代是一个强烈活动的地槽带，寒武纪地槽局限在北祁连山的南部，沉积物呈狭

① 见甘肃水电勘测设计院昌马总队，昌马水库区域地质概况，1964。

长的北西西向带状分布，这个狭长的剧烈拗陷带的形成，是受陶来运动（前震旦纪的运动）所造成的北西西向断层控制的。它的南缘界线是北祁连南缘深断裂，是二个不同构造单元的交接处，从本区的地层分布特征分析，寒武纪地堑式地槽的北界也就是极震区的断裂带位置，我们称此为香毛山—红窑子断裂带。据此判断，这条断裂带的形成时代当在加里东运动早期或加里东期以前，它控制了加里东期及以后的沉积变动，使巨厚的奥陶纪碳酸盐类和火山碎屑岩系只在断裂带的北部广泛发育。志留纪末期，整个祁连山区回返褶皱成山，从此结束了地槽的发展史。与此同时，随着祁连山的上升和走廊拗陷带下降，其间的差异运动开始了，形成祁连山北麓断裂带。在晚古生代至中生代的侏罗纪期间，从走廊拗陷带的沉积物不厚情况看，祁连山北麓断裂带的差异性运动不是很强烈的，香毛山–红窑子断裂带也没有明显的活动。直到白垩纪时，在祁连山褶皱硬化的基础上，沿这二条断裂带强烈的断裂运动又开始复活，后期强烈的断裂运动，在本区的地貌形态上和沉积变动上都有着明显的表现。

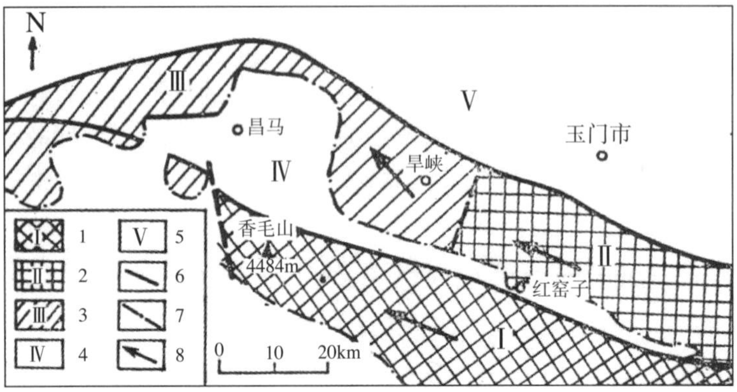

图11　祁连山西北部剥夷面变形图

1. 第一级剥夷面海拔（4400 ~ 4600m）；2. 第二级剥夷面海拔（4000 ~ 4200m）；3. 第三级剥夷面海拔（3000 ~ 3400m）；4. 昌马盆地沉积区（2000 ~ 3200m）；5. 走廊拗陷沉积区（1700 ~ 1900m）；6. 切断剥夷面的断裂带；7. 剥夷面分界线；8. 剥夷面倾斜方向

本区区域地貌形态以香毛山—红窑子断裂带和祁连山北麓断裂带为界，由南向北可以分为截然不同的三个地貌单元，如图11所示。南部山势陡峻，有一系列的山峰，海拔在4500 ~ 5000m，是一个古老的剥夷面，向北被断裂带所在的昌马盆地和一系列谷地断开。破裂带以北的剥夷面不甚完整，约可见以妖魔山为中轴的拱曲状，向东西两旁高度逐渐降低，海拔均在3600 ~ 4000m。如昌马盆地北侧的照壁山和黑大坂山，海拔均降为3000m以下，而地震破裂带南侧的孔雀山，海拔为4500m。从照壁山、旱峡、妖魔山这一级剥夷面向北再次突变为中新生代以来强烈下降的河西走廊拗陷区，其间被祁连山北麓断裂带截断。将本区的地貌形态作综合地貌剖面图（图12），从综合剖面图上可以看到，在地貌上反映出区域性剥夷面的断开是显著的。根据昌马总队地质队韩长耀同志介绍，地质队区测组在香毛山顶约3400m处还发现有白垩系，照壁山顶也有白垩系分布。同时根据地质图分析，第三纪岩层只在山区的谷地和盆地内分布，在山顶没有发现第三纪岩层，我们据此分析，本区剥夷面的夷平时代，早在白垩纪以前，而剥夷面变形断开的时代，也就是断裂带剧烈复活的时代，或就在白垩纪时，与此同时形成昌马断陷盆地和酒泉盆地剧烈下降。

在断裂带东段的白杨河、雅儿河坝、红窑子和安门河坝等地，从这些断层谷地中没有见到白垩系，仅见到第三系的情况来看，这里断裂的复活时期可能要晚一些，它们是在第三纪开始复活的。这时候，昌马盆地继续断陷，盆地内堆积了厚1800m的山麓相和河湖相沉积物。

第四纪构造运动仍然是在继承了第三纪的断裂活动基础上继续发展的。这从昌马盆地东南边缘第三系与寒武系为断层接触，断层走向为北西西向，第三系岩层向南倒转的现象可以说明。香毛山北麓断层使寒武系片岩以60° 倾角向北逆推到第四纪的戈壁砾石层上，如图13所示。昌马盆地东部的一系列谷地，老地层与第三纪地层的关系多为向南倾斜的高角度逆断层接触。祁连山北麓断裂带上的第三纪和第四纪断层活动更是屡见不鲜。在榆林坝、荒田地、红柳峡等地都分别发现有老地层逆推到第四纪砾石层断层带之上，有一层已碳化的羊粪与砂土混合层也被错动了约10cm。我们在峡出口断裂带（阿尔金断层的东延部分）地区调查，也发现第四纪断层很发育，自车路沟北口到昌马峡谷出口的数公里区段内，普遍看到志留系断层破碎带与第四系砾石层成逆断层的接触关系。上

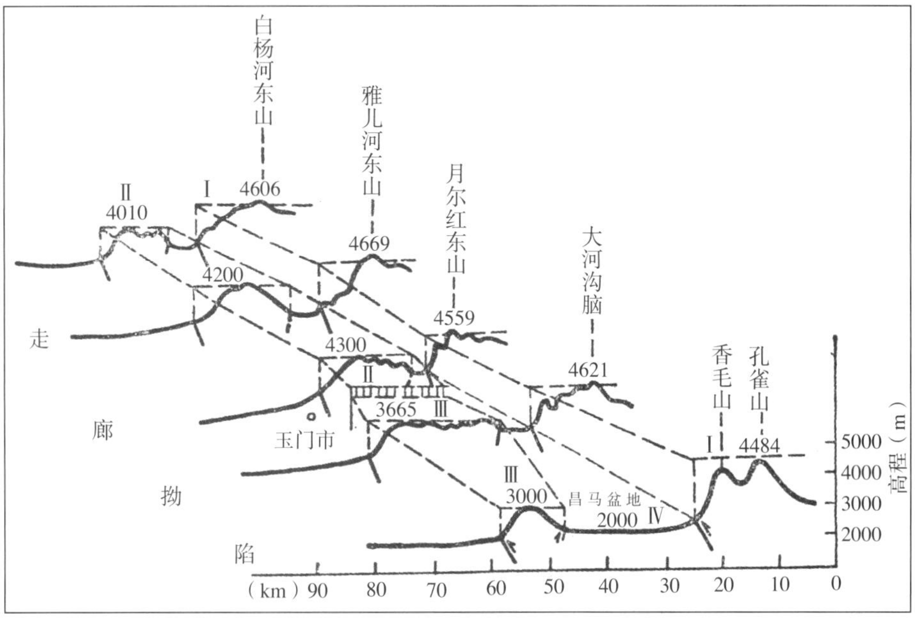

图12 祁连山西北部剥夷面变形综合剖面图

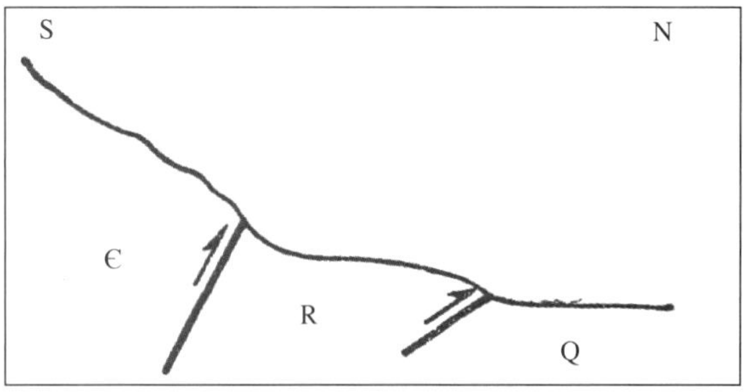

图13 香毛山南麓断裂示意图
（据昌马总队地质队区测组）

列事例都说明了香毛山—红窑子断裂带和昌马峡出口的祁连山北麓断裂带在第三纪和第四纪的断层活动还一直在进行着。

综上所述可以认为，本区地壳运动在白垩纪以后复活，直到第四纪还在继续，地壳运动以沿着老断裂发生相对断块运动为其主要形式，其中以香毛山—红窑子断裂带和祁连山北麓断裂带为最重要。

关于这条断裂带的深度、产状和新构造运动等，经分析研究，得出以下认识。

1. 断裂带的深度

从1∶100万甘肃省地质图分析[①]，与昌马地震破裂带部位相应的香毛山—红窑子断裂带的分布范围，西自石包城北部，东达祁连山主峰的北部，全长达300km以上，地震破裂带所占据位置仅是其中的一段而已。整个香毛山—红窑子断裂带是地槽内部寒武系和奥陶系的分界线（图14）。断裂带两端有花岗岩出露，沿断裂带还有一系列超基性岩侵入体，在我们调查沿线的西湖、香毛山等地也见到了超基性岩体。东段白杨河坝以东是前震旦纪结晶基底的断块式隆起，西段则又表现为中新生代的断陷盆地和断层谷地。因此可以看出，断裂带的深度很深，它控制了寒武系和奥陶系的分布，地槽相的总厚度超过万米，再加上3000余米的中新生代沉积，可以想见，断裂带已穿过巨厚的地槽沉积，断开了结晶基底，如图15所示。如果按照断裂带附近在地质历史时期断裂变动幅度的总和加以估计，它的深部当超过万米。如果按断裂破碎带为岩浆上升提供了通道的含义来理解，这条断裂带的深度将更大。当然这样估算断裂带的深度是很粗略的，但是为了对比研究震源区的活动特征，我们认为，这样估算在目前情况下是有意义的。

2. 断裂带的产状

香毛山—红窑子断裂带的走向北西西，与区域构造的走向一致。在断裂上没有逐段进行调查工作，根据目前所有的少数资料看，它们都一致地反映出断裂是向南倾的，如香毛山北麓、二道川和白杨河附近的断层都呈高角度向南倾斜的逆断层。此外，由弱震的垂直剖面（图16）可以看出大部

① 甘肃省地质局地质研究所，甘肃省地质图（1∶100万），1961。

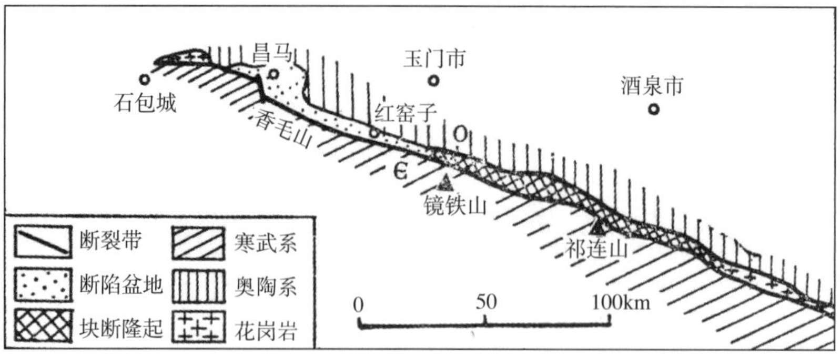

图14　香毛山—红窑子断裂带分布特征示意图

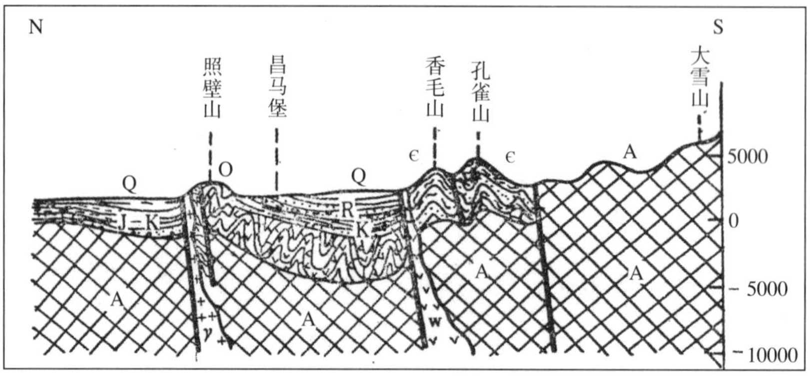

图15　香毛山—照壁山地质构造剖面图

Q：第四系；R：第三系；J：侏罗系；K：白垩系；S：志留系；O：奥陶系；∈：寒武系；A：前寒武系；r：花岗岩；W：超基性岩

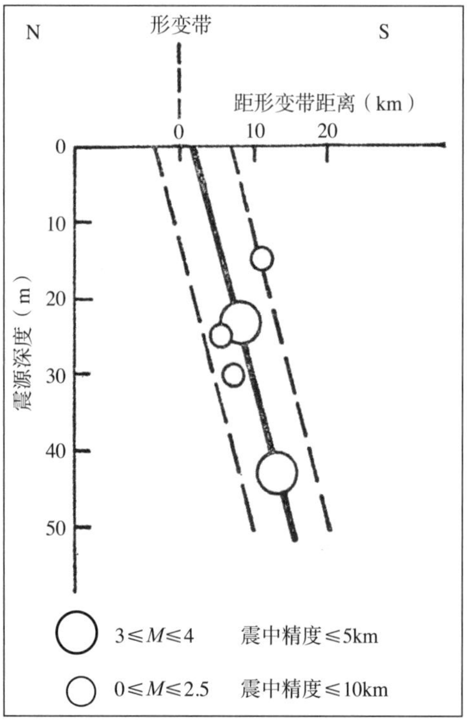

图16　二道川南部弱震震源深度图

分震源落在一个平面上，其倾斜方向与断裂带的倾斜方向一致，倾角也相仿。但由于台网分布得不够理想以及该区地壳构造尚无准确资料，可能所测定的震源深度误差较大，这里只是借用来作为旁证，进行粗略的对比。

3. 断裂带的活动性

香毛山—红窑子断裂带上的新构造现象与地震破裂带相应的断裂也是最新时期强烈活动的构造断裂，在断裂带上可以找出许多断层最新活动的证据。如香毛山北麓第四纪断层，石庄湾子附近有错动了全新世腐殖土层的逆推断层，在香毛山西侧的碱泉子，第四纪的河床卵石层也受到断层错动，在大河沟、三个泉和灰条沟一带并列有几个横跨谷地的冰川终碛堤，它们都是最新地质时期的山谷冰川，到此完全消融所留下的物质，这些冰碛堤现在发生了向北方向的倾斜，倾斜角为4°，这也是谷地南侧在最新时期上升较快的地貌证据。在不同程度上它们都证明了这一地区直到最新时期断裂带还在继续活动。

值得注意的是，地震破裂带的东端西水峡沟南侧一段，这条断裂带的走向由北西西向偏转为北东东向，第四纪以来，沿着原有的向南倾斜的逆断层面，发生了北盘上升，南盘下降的反向运动，使北盘的新第三系地层隆起成为山前低丘，沿断层走向并有明显的左旋走滑的平移错动，使一系列南北向的沟脊左旋错断，表现为正兼左旋走滑平移的运动性质。地震破裂带也正好位于其上，且具有相同的运动性质。

除上述与主要地震破裂带相应的北西西向断裂带外，还有与之斜交的北北西向的横断层，其中有两个地方表现最明显，一个是红窑子附近，另一个在小口子。红窑子附近的北北西向断裂为一逆断层，是侏罗系灰绿色砂岩，向东以高角度仰冲在第三系红色砂砾岩层上，平缓的草原坡地在断层处突然变陡，形成高差在5m以上的陡坎，附近的缓冲沟也随之有3～4m的落差。在断层露头上，即新构造断裂的陡坎上，地震裂缝很发育，在纵长3～4km的断层陡坎上，都能见到严重的裂缝现象。我们认为这高差5m的陡坎不是地震时一蹴而就，而是在新构造断裂的基础上，地震时继续活动的结果。在小口子也有强烈的北北西向地震裂缝，裂缝发生在山前洪积物中，因被洪积层覆盖，在裂缝带上没有直接看到断层出露，且小口子山的主要断层方向仍是北西西的，但是，也可以看到，在小口子北口，与裂缝带紧邻的南侧，白垩系岩层竟转成北北西方向，并近乎直立，直立岩层的走向与裂缝带的分布方向一致，都是北北西向，这种现象不能说是偶合，它反映着洪积层下部有同样的北北西向构造存在（图17）。

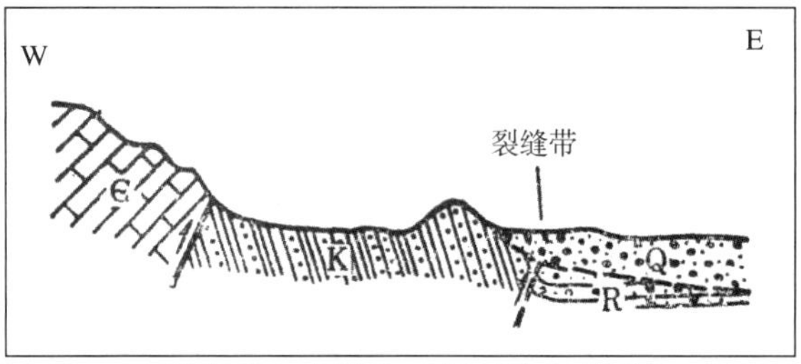

∈寒武系；K白垩系；R第三系；Q第四系

图17　小口子裂缝带下部推断的北北西向断裂图

从红窑子和小口子两个北北西向断裂带所反映出的构造现象说明了除北西西向构造活动应该注意外，还有与主要断裂带斜交的北北西向构造断裂也应注意，它可能由于主断裂带的牵制或与主断裂带共同活动而引起很大的破坏。

再从断裂带东西二段的地貌特征和地层分布特征来看，东段由于断裂活动前震旦纪结晶基底出露于地面，并且上升很高，成为高达4000m以上的高山；而西段由于断裂活动，使巨厚的下古生界深埋于厚达3000m的中新生界以下。东段和西段的断裂活动性质完全不一样，前者是块断上升，后者则为块断下降（参见图17），而地震破裂出露于断裂带的块断下降部位。

从以上分析，香毛山—红窑子断裂带具有以下的构造特征：

（1）断裂带的规模甚大，长达300km以上，断裂带的走向是北西西方向，反映着区域性的构造方向，与祁连山区山系和地层的走向相一致；

（2）断裂带上分布着基性岩和超基性岩，估计断裂带的深度达万米，甚至超过万米；

（3）断裂带的性质主要是自南向北的高角度逆推；

（4）断裂带形成于加里东运动前或加里东早期，白垩纪时复活，并开始剧烈活动，直到第四纪仍保持着强烈的活动性；

（5）断裂带东段以上升为主，西段以下降为主，地震破裂带处于断裂带的近期剧烈下降部位。

（五）地震与地质构造的关系

地震与地质构造的紧密联系主要表现在空间分布上和应力特征上的大体一致。

1. 地震破裂与构造断裂带在空间上的大体一致

在所调查的极震区范围内，西自麦子沟山，向东抵白杨河一带，在这纵长116km的破裂带上断断续续地都能见到与地面破裂带相应的断裂现象，特别是自香毛山往东到白杨河段表现最为明显，地震破裂带始终是伴随着北西西或近东西方向的香毛山—红窑子断裂带延伸的。此外，还有上述的一组与之斜交的北北西向构造断裂（图18）。

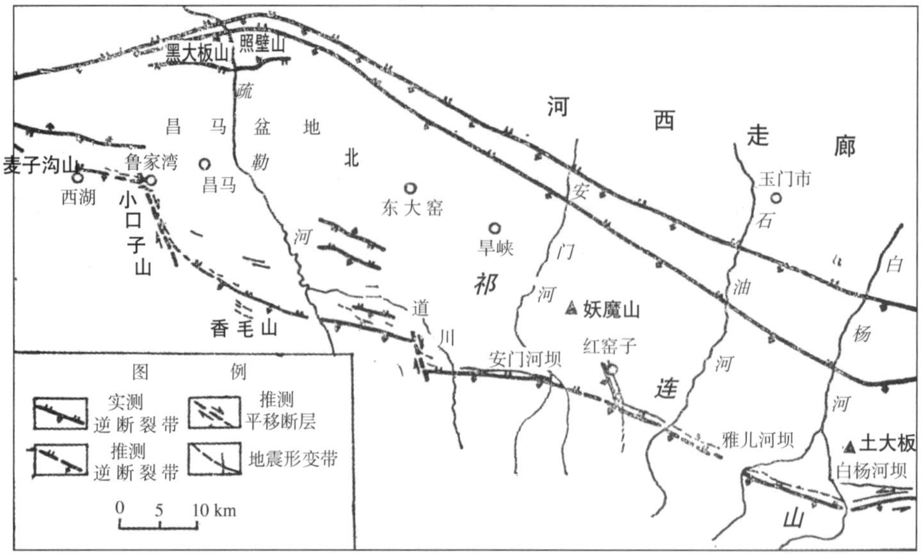

图18 1932年地震破裂带和香毛山—红窑子断裂带分布图

香毛山—红窑子断裂是区内最主要的构造，顺断裂带的走向自西向东沿线出露的现象为：破裂带西端的麦子沟山是由北西西方向的矽质构造岩组成，硅质构造岩就是断裂活动的产物，往东到小口子是由走向NW70°到近东西方向的高角度逆断层组成的断层带；如前所述，香毛山北麓也是以逆断层的接触关系与盆地内的第三纪地层接触；在二道川和安门河坝南侧山麓，断裂发生于寒武系岩层中，断层破碎带中绿泥石化很发育，常成布满擦痕磨光的碎片，断层带上常有泉水出露，如七个大坂泉、三个泉等都是断层泉，地震裂缝和垄脊就位于断裂带上的表土覆盖层中。在这一段断裂带附近除第四纪以外没有见到更新地层，只是在石庄湾子附近的一个冲沟中，见到红色黏土夹石英砾石的冰碛层，以断层关系与黑色腐殖土层接触（如图19），其中红色黏土夹石英砾石的冰碛层是第四纪时的冰川堆积，下盘为近代腐殖土层，由此分析断层活动的时代为晚第四纪，地震破裂带就在此断层的顶上。再往东到红窑子，在红窑子断裂带上有强烈的糜棱岩化和绿泥石化等动力变质现象，抗压强烈，擦痕遍布，沿途所见到的基岩中地震裂开最宽大的地方就位于此构造岩内。破裂带最东端，在白杨河东岸的小东沟也见到清楚的断层剖面，前寒武系石英片岩以高角度向北逆推到新第三系红色砂砾层上，断层的地面出露处即为地震破裂带之所在。

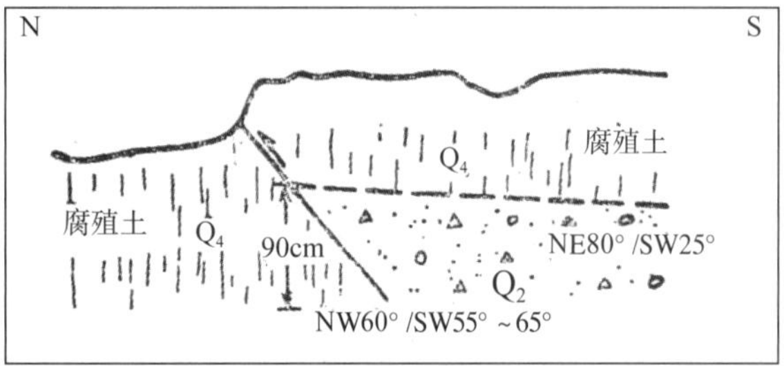

图19 石庄湾子第四纪断层剖面图

在整段破裂带上，其中有一段（朱家戈壁）因被第四纪戈壁砾石层覆盖，断层没有直接显露于地表，据我们观察，朱家戈壁北部有些下第三系火烧沟统砾岩层的露头，岩层的走向为NW60°，倾向北东，倾角60°~70°，这里岩层成陡倾角出现，可能是第四纪戈壁砾石层下部有断层活动的一种反映。

这些断裂现象是在地震破裂带近侧或直接在破裂带下部见到的构造断裂，它们不是一条简单的断层，而是一组由许多条断层组成的断裂带。由于没有进行山地调查工作，地质剖面也做得不够，对断裂带的确切宽度还难指出。但我们顺地震破裂带的方向，亦即顺断裂带的走向追索，它们都是紧密相伴生的，所见断层或破裂带的走向都是北西西到近东西，所见断层或垄脊破裂面的倾斜方向都是向南，断层和破裂带的性质又都相同，是南盘以高角度向北逆推的性质。为此，我们就可以把这种断裂带看为与地震破裂带相应的同一个构造断裂带。

地震破裂带仅局限在一个窄长的范围里，只是在香毛山—红窑子断裂带上才有显著的破坏现象，而在与它紧邻的一些构造断裂上，并没有受到牵制，如朱家山南麓的大逆断层，距破裂带仅1～2km，这是奥陶系向南逆推到第三系红层上的逆断层，但在断层的接触地方，并没有看到由于强烈断层活动产生的破坏痕迹。如独山子南麓，距破裂带不到2km，白垩纪—第三纪断层上也没有强烈的地震破坏现象。又如四道墙地堑，在二道川以北，距破裂带5～6km，据地质队区测组同志介绍，那里也未看到遭受强烈地震破坏的痕迹，在峡进口断层上有两座小庙，经过这次地震仍然屹立如故。由此推知，与香毛山—红窑子断裂带相邻的其他断层与这次地震活动无关。

根据我队分析组测定的自1964年6月13日至9月底三个多月的弱震，编制了祁连山西北部弱震震中分布图（图20）。仔细分析震中分布图可以看出，震中是呈带状分布的，如图所示，它们都分布在某一定宽度的区间内。图21给出了弱震震中带地震活动的百分比，其中有42%局限在1932年地震破裂带的部位（A带），分布的宽度仅有20km，有27%局限在大雪山北麓断裂带近侧（B带），分布宽度是15km，还有一些震中分布在昌马盆地北部，看来可能与走廊断层有关。

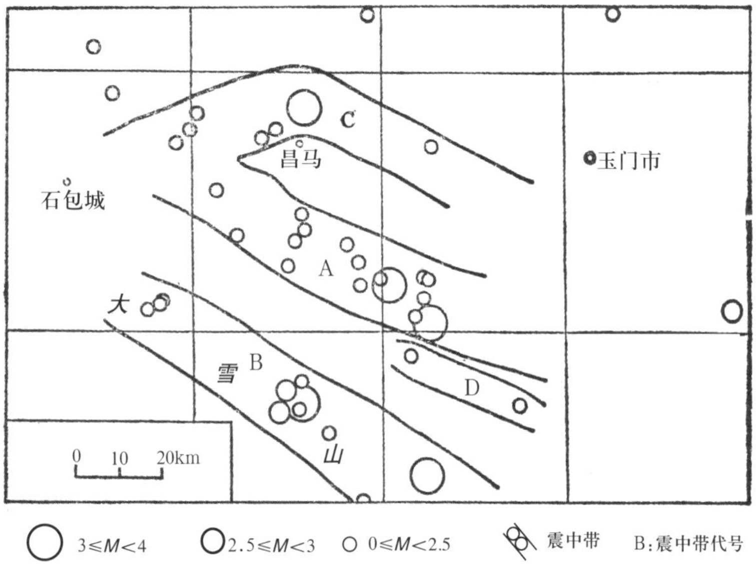

图20　祁连山西北部弱震震中分布图（1964年6月13日至9月底）

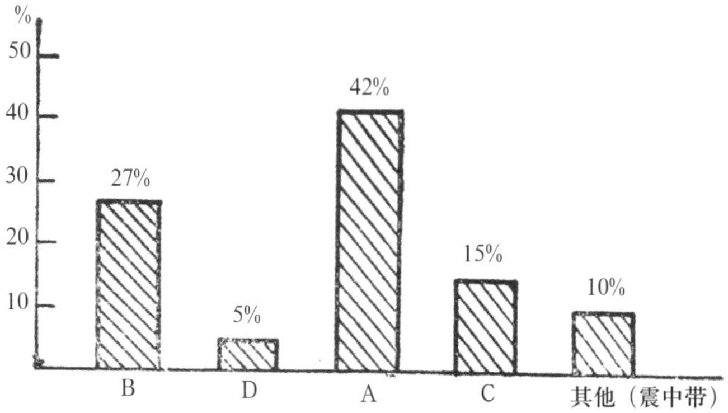

图21　祁连山西北部弱震震中带地震活动百分比

假设三个多月所观测到的小地震基本上与1932年大地震受同样的构造作用，那么，这里42%的震中位置就确切地落在1932年地震破裂带近侧，且分布的方向也与破裂带走向一致。

根据小地震的空间分布，不仅说明了1932年地震破裂带可能反映了当时地震的发源地，同时还指出了这个破裂带所反映的构造断裂直到如今还在活动。

应该强调指出，A带即位于与1932年地震破裂带相同的部位，亦即弱震震中分布在香毛山—红窑子断裂带南侧20km的范围内。

以上事实可以说明1932年地震的发生正好是香毛山—红窑子断裂带活动的结果。

2. 造成1932年地震地面破坏的应力与区域性长期构造应力大体一致

根据地震破坏现象的产生形式分析，地震时的受力作用与构造断裂的性质一致，近东西向长条形伸展的地震陡坎和垄脊南侧的升高以及它们向南倾斜的性质，反映了地震时有南部升高北部下降的垂直升降和大致北北东向的向北的横推压力共同作用的结果。而据主要破裂带两侧或中间夹杂的羽状裂缝、帚状裂缝分析，说明它们还有顺北北西向横断层的右旋平移运动。从香毛山—红窑子断裂上的新构造运动分析，也得出相同的结论，区域性剥夷面的断开是断裂二盘南升北降断块运动的证据。这一条高角度向南倾斜的逆断层显然是受到自南侧沿断层面向北的逆推作用，这样的力在相当长时期内一直存在着，这组构造应力作用控制着本区自白垩纪以来的地壳构造运动，引起了1932年地震的发生。

正是由于地震破裂带与最新活动的断裂带的大体一致性及造成地面破坏现象的力与长期存在的区域性构造应力大体一致性的存在，充分说明了1932年昌马大地震的发生，正是由于香毛山—红窑子断裂带继承性活动的结果，亦即后者的继承性活动就是1932年昌马地震的成因。

由此，我们可以理解到一个“返老还童”的断裂带，其地震危险性并不亚于新生断裂带，但只此一点是不够的，还必须深入地研究发生大地震的条件。研究这些条件要分析极震区的构造特征，如前所述昌马地震的发生具有以下几点特征。

（1）位于规模甚大的断裂带上，其长度与深度均比较大，长达数百公里的数量级，宽度的数量级为几公里，深度至少在10km左右。

（2）位于差异性下降的昌马盆地，二道川谷地与其南部高山的接触地带，亦即位于中新生代强烈差异性运动存在的地带。

（3）位于新构造运动，特别是最新构造运动强烈的地带，这种运动存在的表现形式有两种，即第四纪断层活动及小地震的相对集中。

正是由于在断裂带上存在着强烈的现代差异性运动，结果造成大范围内的地壳形变，由于断裂带的深度与规模大，才能积累起大量的能量，从而造成大地震。也就是说，只有满足了这些条件，强烈地震才可能发生。

（六）结语

（1）1932年昌马地震极震区内的长达116km地震破裂带，本质上代表了与震源有关的构造断裂的直接错动，由地面破坏现象形成机制中所得的昌马地震作用力与区域构造应力基本一致。

（2）昌马地震发生的地质原因是北祁连山区中香毛山—红窑子断裂带继承性活动。这条断裂带在加里东早期形成，深度较大，长约300km，走向北西西，倾向南，在中生代时，断裂运动强烈复活，沿着它存在着强烈的最新差异性运动。这些就是大地震发生的地质条件。

（七）存在的问题及讨论

1. 本报告存在下列问题

（1）对香毛山—红窑子断裂带的考察和研究均显不足，所以对其宽度、产状和各段新构造运动的差异仍属初步认识。

（2）对极震区内破坏现象形成机制的分析作得不太细致，从而使得对作用力的分析尚待修正。

（3）对个别地区的一些地震破坏现象研究得不够，如香毛山前沿的地震裂缝保留不多，所用的资料主要根据口头介绍，缺少文字资料和照片。另外，极震区南边山区还未勘查，存在空白，有待今后进一步研究。

（4）形成地震的力源问题没有解决。从地震破坏现象分析，这次调查收集了大量的垂直升降运动的资料，水平运动的资料则显得不足，又加上地质界对祁连山区最新构造运动的力学分析说法不一，但从现象分析来看，似乎升降和水平运动同时存在。希望今后进一步解决本区究竟是以哪种运动为主，作为发生地震的力源。

2. 问题讨论

（1）怎样对待收集资料中的不均衡?调查路线的详、简和居民点分布的不均一性，很大程度上影响了我们对资料的分析。在破裂带西段，自麦子沟到小口子，总长20km，仅占全长的1／5，而这一段我们调查的时间和参加调查的人员是最多的，这里许多现象由当地的老乡带领辨认。有的地方如严家庄和陈家坟的破裂数据，还是依据老乡介绍地震时的现象，如今只能隐约看到痕迹。可是在相当长的中段和东段完全没有居民点，有的是由向导指引，有的则凭调查者识别，对一些现象观察漏掉是完全可能的。为了使研究的现象更加符合客观实际情况，我们以今年野外考察中实际观察到的现象为主进行分析，而对那些由老乡指引而又难以辨认者，本文就从简叙述。

（2）地面上出现规模巨大的破裂现象是由一次地震造成，还是由几次地震形成的？有无余震作用因素?在前人和我们的调查访问中，本区尚未发现与1932年12月25日地震的强度相类似的地震，国内外地震报告中也无前后发生几次大震的记载。这么大的地震，发生余震是必然的，但据资料考证，这次大震余震不大，不足以形成诸如类似宽大的破裂现象，因此，我们认为地面破裂现象主要是一次地震所造成。

（3）除116km调查路线上所见到的破裂带以外，在其东西两端的延长线上和南北两侧还有无破裂现象？我们认为所调查的116km破裂带并不是全部现象，地震后的次年，金咏深作了通讯调查，1954年甘肃省水利厅进行了详细调查，追索了61km破裂带，我们调查结果是116km，但是就在我们调查以后，昌马队区测组又在香毛山顶发现了宽大裂缝带，以此推断，在一些调查足迹未到之处，还会有所发生。但现有调查资料已经收集和掌握了破裂带上的主要现象。

（4）其他破坏现象，如山崩、滚石、滑坡、塌陷等是如何考虑的？本文未对上述现象进行分析，因为这些现象均与它本身的条件有关。如山崩和滚石现象多数是在悬崖陡壁地带发生，而滑坡和塌陷又与其所处土质疏松和地下水位高的地方有关，这些不足用以说明地震的本质和进行应力分析。

（5）祁连山区所有北西西向断裂是否都有地震危险性？据1932年极震区的地质分析，祁连山的北西西向断裂的地震危险性，主要由于断裂不均衡的最新活动结果，所以本区强烈地震发生的可能性尚需具有下列条件：从地质历史分析，它是比较深而大的断裂，中新生代的活化，并有强烈活动的地方，亦即在祁连山区里地震危险性最大的地段是沿北西西向大断裂的中新生代断陷盆地或断层谷地中。

（6）除北西西向构造外，是否还有其他构造作用？从极震区破裂带分析，在北西西与北北西二组构造复合处表现特别强烈。红窑子东西两端地震裂缝现象较弱，但在红窑子一带异常强烈，是什么原因呢？一方面它在硅化构造岩中，岩石性脆而破碎；另一方面的原因，是它在一小山头上，自由面大，容易受到摇动。同时，还有一组与主断裂带斜交的北北西向新断裂，在这断层上有宽大的裂缝现象。在小口子也有一组比较严重的北北西方向的裂缝带，它的南部有北北西方向近直立的白垩系岩层，说明断裂带下面也有同方向构造存在。这两组北北西向裂缝带都是张裂性质，表示它们是在同样作用力条件下形成的，可是这两组构造的复合，是产生强烈地震的原因，还是地震的后遗现象呢？因果尚待今后研究。

（苏公望　整理）

六、遗迹图片

（一）取自考察报告

以下照片摘自《1932年12月25日甘肃昌马地震及其邻区宏观地震考察报告》。

1.1832年昌马地震碑记

2.千佛崖地震破坏情况，箭头所指为1932年地震所破坏部分，圆弧虚线处为1832年地震所破坏部分

3.朱家戈壁上的张性裂缝，宽0.1～1.4m，深0.6～0.8m

4.朱家山山顶岩块崩塌情况，箭头所指大石原在A处，地震时不跌入山下，反而被震至山上

5.小口子东侧，在北西西和北北东裂缝交接处，走向NE30°，宽3.7m、深2.3m的地裂缝

6.独山子顶东南30°方向岩块崩落70～80m^3，最大者为$2.7m \times 2.5m \times 1.5m = 10m^3$

7.灰条沟东地裂缝形成的南升北降的陡坎，高差约4m

8.红窑子地裂缝，走向NW70°，将石英脉胶结好的断层砾岩震裂，顶宽3.6m，底宽0.7m、深6.4m

9.红窑子北侧山沟崩落大量岩块约675m^3，箭头所指为最大岩块，$8m \times 8.5m \times 2m = 136m^3$

10.七个大坂（二道川）地震所形成的垄脊（俗称土垣），两土垣围成的一块地内有陷落，高差 0.9 ~ 1.3m，长7.8m

11.安门沟西侧小山包地震崩落岩块5 ~ 6m^3

12.许家同庄内正规屋架房地震后基本完好

13.关圣庙及两配殿地震后基本完好

14.魁星阁（上）和无量庙（下）地震时魁星阁前廊倾斜，椽子摇散，无量庙则完好

15.千佛洞陡崖岩石崩落，箭头所指处为岩崩处

16.大坝处的千佛洞被崖坎崩落砸坏，
箭头所指处为崩落砸坏处

17.踏实公社城墙被地震摇成豁口

18.红山寺土塔地震时，塔顶被震落

（二）取自构造背景

以下照片摘自《1932年昌马地震的自然破坏现象及构造背景》。

1.葛家坟冲积扇上出现的帚形裂缝，
箭头所指为八条裂缝，这组裂缝呈向北
散开，向南收敛的帚形排列

2.朱家戈壁一带的$0.5km^2$面积上出现了15条裂缝，
呈向西北散开，向东南收敛的帚形排列

3.朱家戈壁NW20°方向裂缝长2m，两壁紧闭，不见裂口，呈陡坎状，高差0.6~1m

4.朱家戈壁NW80°方向裂缝约长500m、宽0.5m

5.小口子东麓洪积砾石层中出现的锯齿状裂缝，由5~7条组成总宽度约25m、长3~4km，西南面升高，东北面呈阶梯状下降，总错距3~4m

6.流沙湾子附近裂缝使四个小山头明显错动，北面部分错落约1m

7.头道沟东北部山脊上基岩顺节理震裂，并向北东方向错动，其相邻山梁上见到网格状裂缝，南升北降，最大错距0.5m，可见长度30m以上

8.疙瘩湾子到小河沟9km长的山麓冰碛层和残积黄土中出现的小条垄脊

9.七个坟闸至石庄湾子一带NW80°至近东西向、呈曲折延伸的垄脊，垄脊高2~3m，两侧高差0.5~2m，宽达5m

10.二道川石庄湾子一带的弯曲垄脊向南倾斜倾角50°~60°

11.石庄湾子附近出现的北北西向雁行状裂缝

12.大河沟东侧出现的大规模裂缝

13.三个泉出现的垄脊，在一平行的两条垄脊中间产生了羽状裂缝

14.红窑子南沟小山脊上的巨大裂缝，NW60°向，长200m，宽2~3m，可见深度5~10m

15.红窑子北北西向新构造陡坎上之裂缝，呈阶梯状向东降落，高差为0.5~1m

16.红窑子处北北东向裂缝带出现的雁行状裂缝，裂缝宽1~2m，由2~3条大致平行的裂缝组成

17.雅儿河坝往东，沿河坝南沿分布的多条平行张裂缝，最宽为4.5m，南侧升高约0.6m

18.白杨河坝南沿出现的裂缝和垄脊互相平行的破裂带，NE80°，破裂带最宽达31m，箭头所指为一条垄脊隆起

19.白杨河坝南沿垄脊南侧出现有小规模的羽状裂缝，靠南面的一条为张裂缝，裂缝宽1~2m，两壁无明显高差

20.雅儿河坝—白杨河坝全段由4~5条长200~300m的裂缝组成，单条裂缝走向为NE60°~70°，呈斜列状分布

21.头道沟山脊上的网格状裂缝

22.石庄湾子的雁行状裂缝

23.小口子的锯齿状裂缝

24.车路沟北口至昌马峡谷出口地段，志留系断层破碎带与第四纪砾石层成逆断层接触

七、地震论述

（一）地震物理述略

李善邦著《地震物理述略》，发表于《科学》第16卷第3期，1932年（15），全文如下。

地震现象，莫能道其始于何时，但稽考历史，无论东西洋，纪其事者甚早，我国始见于周幽王二年（780B. C.），三川震，伯阳甫且为说以解之曰“周将亡矣。天地之气，不过其序，若过其序，民乱之也。阳伏而不能出，阴迫而不能升，于是乎有地震”，惟时民智未开，测量乏术，震非甚大，不入记载，然仅就吾国论，可稽者，既达3500余次。迨乎近世，科学大昌，用机械以代器官，觉察能力，扩至数千倍，然后知地震数繁，殊可惊人。现统计每年有9000次之多，平均每小时1次，内中震动及于全球者达20次，平均每18日1次——北平地质调查所附设鹫峰地震研究室每月亦可收到五六次至十余次。如此频繁之现象，研究之者，自不乏人，往者仅用地质学方法，今则兼用数学物理方法以攻之，数十年间，颇多进步，然距预报地震则犹甚远也。

地震学中亦有其专用名词，兹先释其一二：地震发生之地（参阅图1），谓之震源（hypocenter）；震源直上，即受害最烈之地，谓之震中或震央（epicentre）；由震中至观测地之大圆弧距，称为震中距（epicentral distance），普通以公里计算，以$\varDelta$表之，亦有以度数计者；震中之对轴点，称为对跖点（antiepicenter）。

1. 地震概念

地震之源，限于地壳内部，与其谓近所假设，毋宁谓近所断定。而所谓地壳者，厚不过50～60千米，为不等质之岩块构成，平均密度为2.6，块与块互相累叠，离合不一，故名碎岩层（Bruchzone）。下为流质层，厚亦约60km，平均密度为3.0，即普通火山喷出之岩汁也。再下为山脉基层，其接合面称曰均衡面，盖自此以下为均质体矣。均质体云者，物体之弹性不因方向而变也。其厚约1080千米，质多矽与镁，所谓Simagtsteinc者是也，平均密度为3.4。再下是地心层，厚约1700千米，质多铁矽，平均密度为6.0。最内为铁核盖其质若铁与镍也，平均密度为9.1（参阅图2），此近世研究地震所推得之结论也。第自均衡面下，地质之状为固体抑为流体，学者尚未敢断定，但其负有一切固体特性，等质（homogeneous）且均质，则无疑义，然则取弹性理论（theory of elasticity），用于地球，纵不能吻合，亦不相刺谬。弹性云者，固体物受摄、推、拉、压、扭、抽等力，即见体积与形状之变更，迨力去焉，遂又复原之现象也。流体一经变形不可回复，故无弹性之可言。

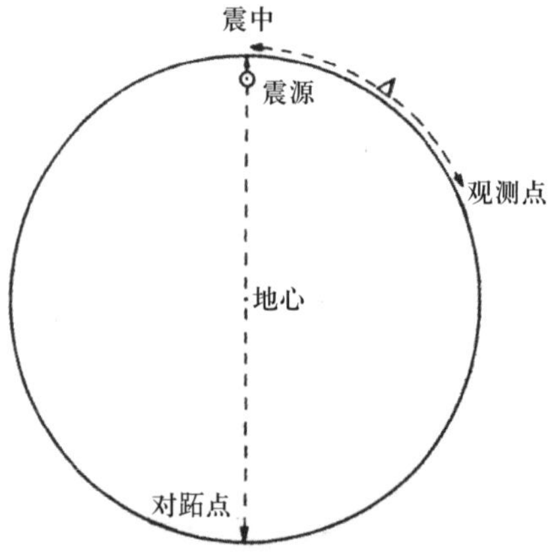

图1　地震名词释义图

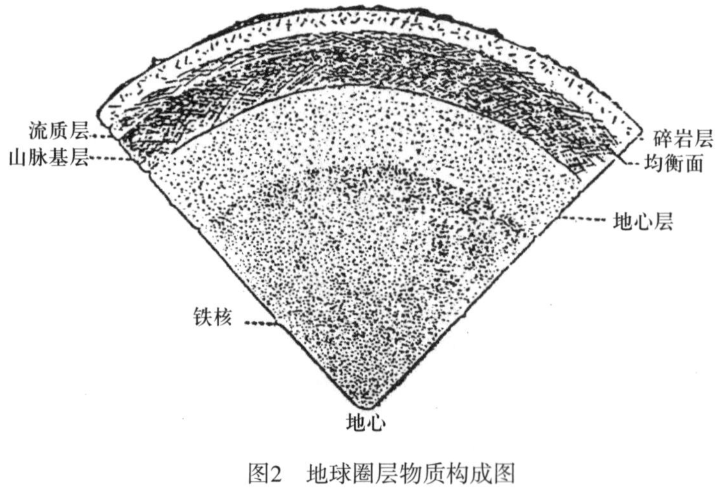

图2　地球圈层物质构成图

固体物各有其弹性系数（coefficient of elasticity），兹用算式记之如下。

（1）杨氏线张系数（Young’s Modulus of linear expansion）E

$$E=\frac{F/A}{\Delta L/L}$$

式中，线长L（厘米），横截面A（平方厘米），施力F（达因），伸长ΔL（厘米）。

（2）泊氏横截面缩小系数（Poison′s Modulus of diameter contraction of linear expansion）σ

$$\sigma=\frac{\Delta D/D}{\Delta L/L}$$

式中，线长L（厘米），横截面之直径为D（厘米），当线伸长ΔL（厘米），截面直径缩小ΔD（厘米）。

（3）拉氏系数（Lamés Constants）

$$\lambda=\frac{\sigma E}{(1+\sigma)(1-2\sigma)}\;;\;\mu=\frac{E}{2(1+\sigma)}\text{或}E=\frac{\mu(3\lambda+2\mu)}{\lambda+\mu}\;;\;\sigma=\frac{1}{2(\lambda+\mu)}$$

式中，μ即所谓固性（regidity）者也。

（4）压性（compressibility）K（流体亦有之）

$$K=\frac{E}{3(1-2\sigma)}=\lambda+\frac{2}{3}\mu$$

地内既为弹性性质，则凡有激动，必发为弹性波动（elastic wave）传播四方，其波动情形，厥有两种。一曰纵波（longitudinal wave），其质点运动与波之传播同一方向，盖由于体积伸缩也。二曰横波（transversal wave），其质点运动与波之传播成正交，盖由于形态更迭也。若以ρ代质点密度，从理论算得纵波之传播速率为$\sqrt{(\lambda+2\mu)/\rho}$，横波为$\sqrt{\mu/\rho}$。较诸实际虽不无出入，而舛差殊不大也。

吾人常见地球表面，拗摺龟裂，不一而足，高山之巅，有蚌蟹遗迹，海洋之底，有森林遗根，汀线（beach line）之迁移，火山之生灭，在足以证明大地非一成不变，且无时不在演化者也。其原动力或由地之冷缩，或因日月之运行，均衡面起潮汐作用，第其变也，以暂不以骤，常数十百以至数千百万年，始竟其功。此种演化其内营力（intcrnal force）之强，无有伦比。顾地壳原为岩块砌成，受此大力，平衡为之破坏，况水蚀风化，岩汁有上冲之势，于是某岩块之间，渐储势能，岩石内部，张力（tension）渐紧，一旦过量，遂有陷落、碎折、滑下或徙移（dislocation）之事，同时质点激动，发为弹性波动向外传播，达于远处，于是乎有地震。是故地震者，从地质学方面观之，是大地演化过程中之小弹动耳，而从物理学方面言之，则不稳平衡，求达稳平衡之过程，或势能发为动能之现象而已，曷足怪乎！

地震之由于地下水作用，岩石为所侵蚀，渐成窟窿，上面岩块，因受张力，迨过量陷落者，是为崩陷震（depression earthquake），图3（a）。又当碎岩层有隙可乘，流质层之岩汁夺道而出，喷为火山，因而地震者，是为火山震（volcanic earthquake），图3（b），斯二者，当地受害虽不小，然其波及范围殊不广也。若构造震（tectonic earthquake），图3（c），源于地里岩层，由拗摺而断裂，日积月累，平衡失均，断层间忽行相对徙移，其影响所及，往往偏于全球，此为地震中之最要者也。

（a）　　（b）　　（c）

图3　地震成因示意图

震因不同，震象互异，震于陆者地崩山摧，震于海者——所谓海震（Seaquake）波涛万顷。然论其大概，则如出一辙。可约书如下：

（1）未震常先闻声，似车行亦似雷鸣，隐隐若从地中出，说者谓岩块互磨之声也。亦有谓震动达于地面鼓荡空气以成声者。

（2）地震时天空常见异光。例如1931年正月，墨西哥大地震天空现特异黄光，兼有电闪。

（3）气压下降，与地磁突变。例如1926年8月东京地震，有驶近横滨港口之船，其指南针忽偏斜3.6°，直至三日后，始复原。

（4）水银盆（mercury trough）震荡。例如1920年12月，甘肃大地震，牛津大学观象台中有显著之震荡。

（5）震动情形为断续之波动。其动向除移动（translation）外，兼有旋动（rotation），常可以竖立之纪念物及泥沙口（sand vent）证之（图4）。

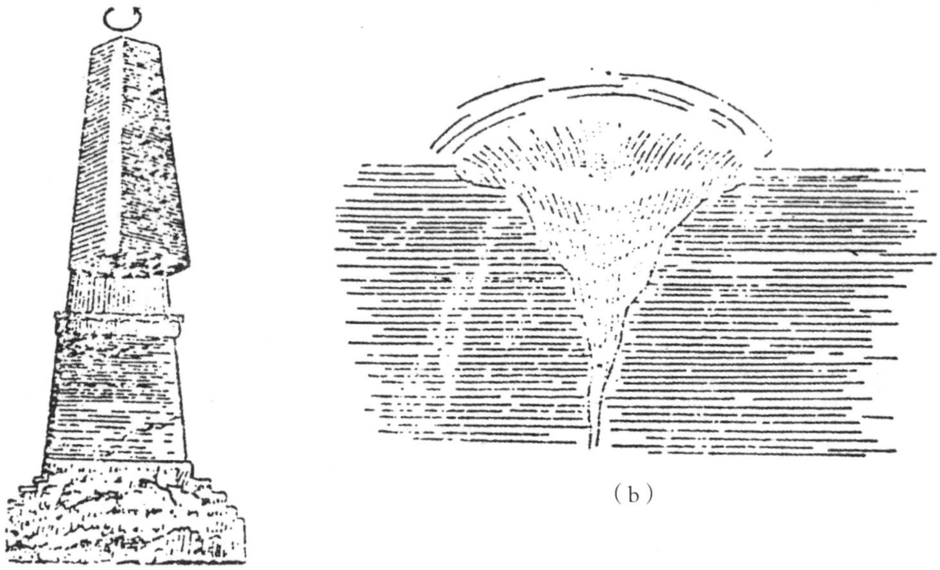

（a）　　　　（b）

图4　震动之旋转与喷沙现象

（a）1897年印北阿萨姆（Assam）震后，协塔（Ckhatak）地方之乔治英吉利斯（G.Inglis）纪念柱之扭转；
（b）1783年意大利加拉比亚（Calabria）震后罗沙诺（Rosarno）平原之泥沙口

地震之后，地面上常见之现象，亦可概之如下：

（1）山崩地陷或土块脱流。

（2）冲积土受压抑，使行于其上之铁轨弯曲。

（3）地面龟裂，有见于山崖河畔者，有见于平地者，更有两两平行间以陷落地带者。

（4）泉源涌塞或裂缝喷水。

（5）含多量沙土或其他不洁物之水，破地而出，待地震过后，而成泥沙口，有如喇叭口，有若土坑者。

（6）河底升高，迫水成湖，有升后不变，亦有升后数日而复原者。

（7）冰河倾泻。

地震烈度（intensity），恒与震动加速度（maximum acceleration，$4\pi A/T^2$；A，amplitude；T，period）成正比，以是以震动加速度之大小分地震烈度为十二级焉：其小于2.5（毫秒/秒^2）须精制之地震仪始能记录者，为潜震，列第一级；其在2.6～5（毫米/秒^2）之间，居适当环境之人（如在楼上）稍觉有动者，为微震，列第二级；其在6～10（毫米/秒^2），有极少数居于僻处之人，觉若车行，并略知方向者，为轻震，列第三级；其在11～25（毫米/秒^2），门窗震响，多数室内之人知觉者，为弱震，列第四级；其在26～50（毫米/秒^2）之间，行者知之，坐者骇走，悬物摇动，门窗自开者，为和震，列第五级；其在51～100（毫米/秒^2）之间，人尽骇逸，器物坠落，钟铃自鸣，灰壁裂缝者，为强震，列第六级；其在101～250（毫米/秒^2）之间，浪花四溅，屋瓦飞落，墙有裂缝，庐舍损伤者，为重震，列第七级；其在251～500（毫米/秒^2）之间，树若松等摧折，移动物虽重亦翻覆，房屋损毁，坚固者亦伤，是为剧震，列第八级；其在501～1000（毫米/秒^2）之间，庙宇损毁，茅屋翻覆，钉拔离析者，为烈震，列第九级；其在1001～2500（毫米/秒^2）之间，地有波形摺裂，铁轨弯曲，水管破坏，濒水之地，波澜汹涌者，为灾震，列第十级；其在2501～5000（毫米/秒^2）之间，庙宇全塌，石柱摧折，地下水夹泥沙破地而出，铁轨、水管折裂殊甚者，为大灾震，列第十一级；其在5000（毫米/秒^2）之上，凡人工所兴，圮若平地，地崩山摧，升流水为瀑布，陷河底成湖沼者，为殛灾震，列第十二级。十二级中自第二级以上，人之感觉足以知之者，称为巨震。唯第一级所谓潜震者，则必须利用机械，始可知晓，故用仪器以伺地震者，以潜震为多也。

地震烈度，约与震源之距离平方而递减，若于烈度相等之地，联成一线，斯称等震线（isoseismal line），此等线常以震中为心环绕若圆，如图5，故一地震，其等震线若能探悉，而震中亦可粗定矣。

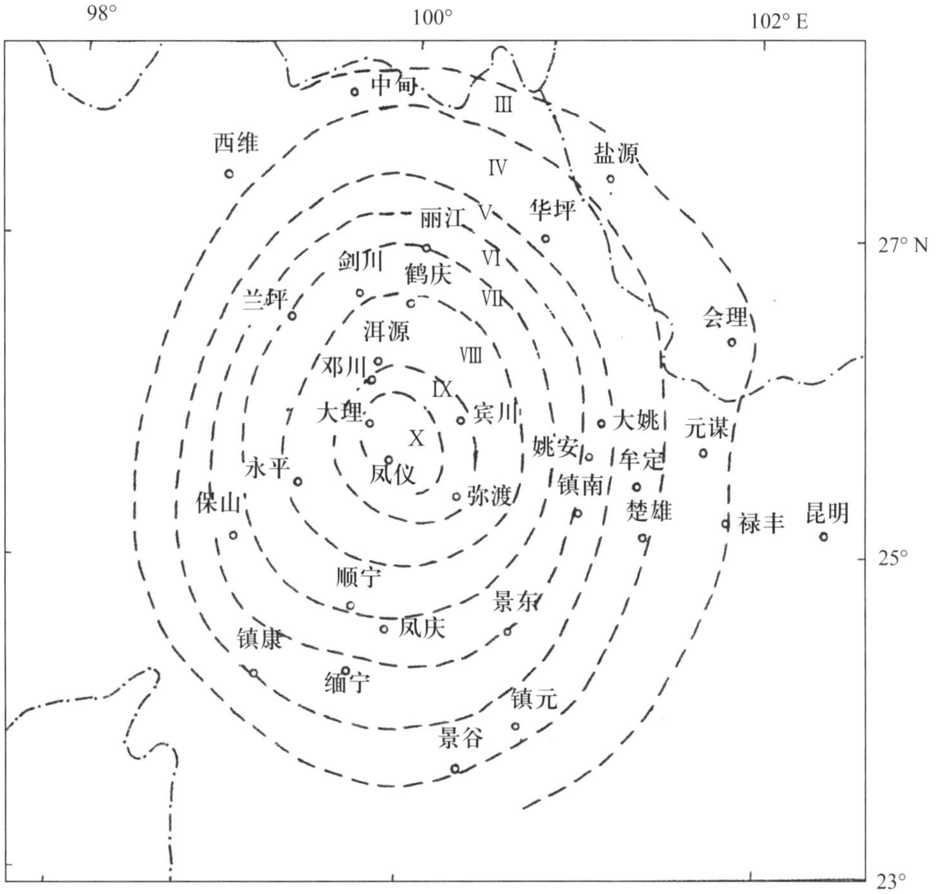

图5　民国十四年三月云南西部地震等震线图

2. 地震仪

夫地震一动象也，仅凭器官，难得客观之标准，必有仪器，描其动象，使得覆按，然后可云研究也。第欲描动象，非有相对静点，以置坐标不可，今所描者为地动，吾人岂能据空中，以测之耶!幸地震为断续击动（impulse），依牛顿力学，凡物皆有其惰性（inertia），取而为刹那间之静点，颇合条件。如是，若悬重体M如图6，重体之底系以铅笔，笔尖之下铺以素纸，则当地动一刹那间，重体M因惯性关系，保持不动，以是动象得描于纸上，此地震仪之基本原理也。数十年来，学者竟以仪器观测地震，以是震仪之制造甚盛，记震之法或用映相或用机械，种种不一，名目宏多，一一叙述，非本篇所有事，惟将鹫峰地震室现藏之小维开（Wiechert），概述其构造，以充代表而已。

夫人皆知一动向（motion-vector）于空间，可任意析为三正交分向（component），具体言之，可析为水平分向（horizontal component）与垂直分向（vertical component），而水平分向又可析为东西向与南北向也（参阅图6），故只须明了水平向与垂直向，而动象大明矣。所以地震仪有平震仪与直震仪之分焉。

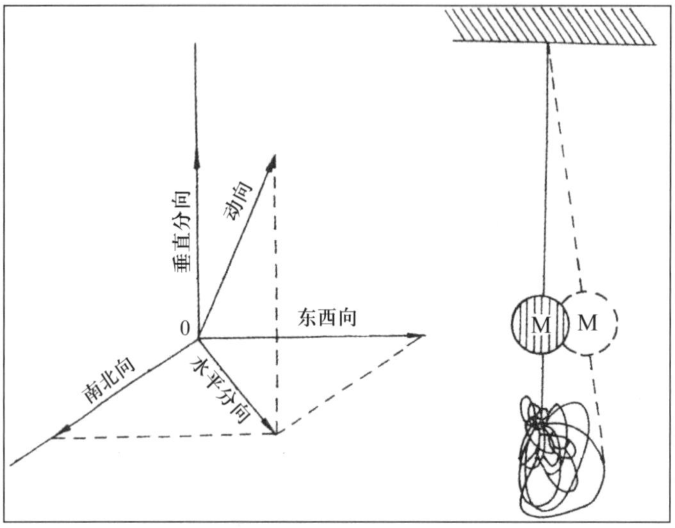

图6　地震仪工作记录原理图

（1）平地震仪者，即以记水平分动向者也。稳重体M，重200公斤（参阅图7），一足下伸，承于卡丁氏弹簧（Cardanic spring）K上，一极不稳之摆体（astatic pendulum）也。因卡丁氏弹簧作用，M只能循两正交方向——即东西向与南北向摆动（此处为便于说明，暂作M摆动，盖重体与地，其动静固相对也）。从M之轴，平伸两臂B，一循南北向，一循东西向。铝质复杠臂A（aluminum double leverarm）以小发条（plate spring）支其中心于仪架，约于偏中三公分处，与B相接，且夹正角。A之一端，用小铝棒与旋动体R（图8）活接，皆夹正角，其他端与滞盒（damping case）之轴相连，亦夹正角。R上置描笔与旋鼓（registering drum）D，之边沿平行，而D则以每分钟十数厘米之速率，顺矢转动，今设M向南倾，即地向北动，则A之一端C向外推。R因之旋动，而

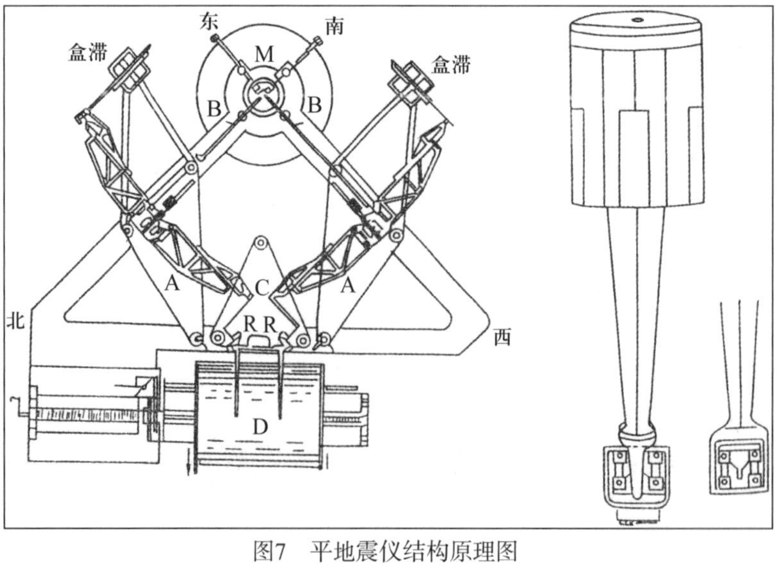

图7　平地震仪结构原理图

P即描弧。其振幅（amplitude）先经C处放大再经R及P又放大，于是放大率可从40～160间增减。M之所以不倒者，全赖支A之发条，与R之螺丝簧为之支住，其力固至微，惟其如此，故亦能以极小之力使之动，此其感觉力之所以高也。

（2）直震仪者，所以记垂直分动向者也。质量M+m共重80公斤（参阅图9），以两对十字形发条支于O，再以张力160公斤之螺丝簧挂之，若M上下摆动，m则前后摆动。从m之首，平伸一臂B，接于铝质复杠杆A等等，一如平震仪。其放大率亦可从40～160间增减。灵度（sensitivity）亦与平震仪相若也。

按上所述重体M固得自由摆动，虽因惰性之故，于地动之刹那间，保持静态，然经一击再击，不能无动，其扰害地震动象也殊甚，以是有滞止之设（damping device）以救其弊。滞云者即摆动之振幅，以时递减也，如图10，X轴与铝质复杠杆A之一端d相接，且夹正角，其中腰带活塞K，置于一特制之圆筒Z内，以四细铜丝F，挂K于空中，使与筒壁隔离约1/3毫米，下方有通气口，R以通A、B两室，当R紧关。两室之交通隔绝，K之行动受空气掣肘，速率减损，瞬即死去，成无周期（aperiodie）之摆动，如图11（a）。若R开放，则空气可以自由出入，于是滞之作用消失，其振幅递减，仅由于摩擦矣，如图11（b）。滞盒之下有轴螺丝，可旋进旋出以节制滞作用之大小者，如图11（c）。

滞之设备，为高感震仪所必须，虽略减小其放大倍数，然究利多害少也。加利清（Galitzin）尝置地震仪于震台（能使之动若地震之台）上，作比较之研究。图12（a）为一不用滞震仪之自由摆动，（b）（c）为该震仪在震台上描得之台动（虚线为台动之真形），（d）（e）为用强滞震仪所描得者。夫震仪所贵者，以其能描出真实动象，为研究张本也，如图所示，用强滞者，可描得几与真动相等之迹纹，不滞者则不能，可知滞之重要矣。

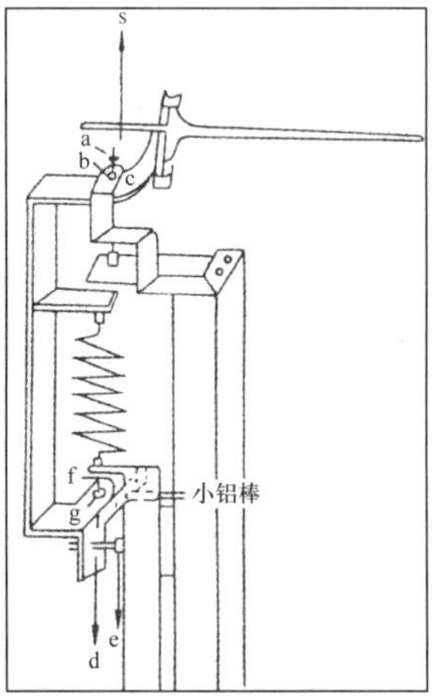

图8　记录笔结构图

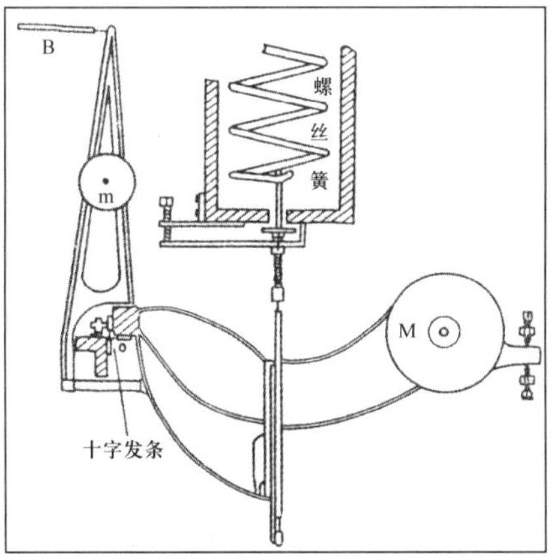

图9　直震仪结构原理图

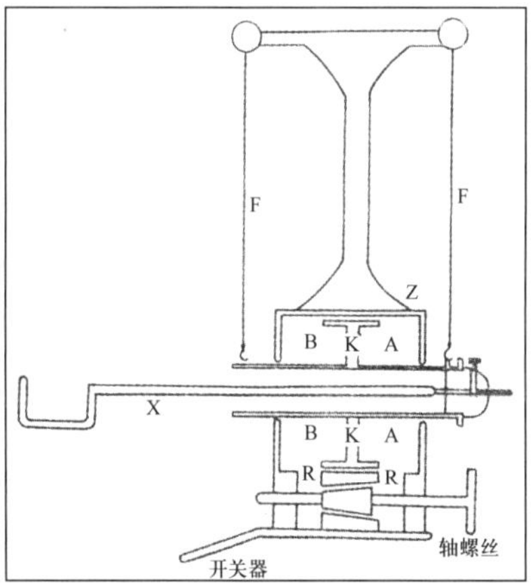

图10　地震仪滞止（阻尼）结构原理图

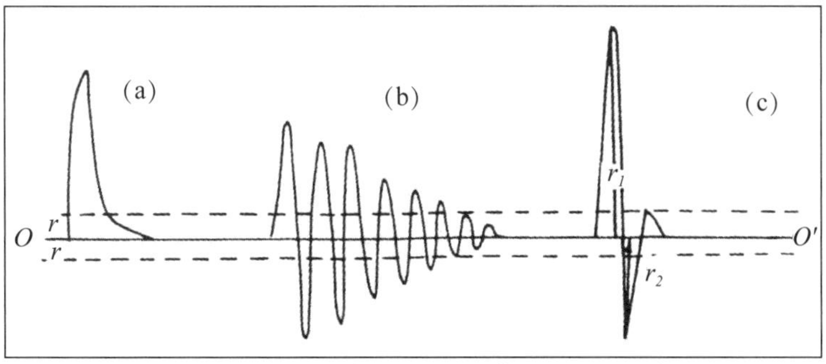

图11　地震仪不同滞止（阻尼）作用下记录示意图

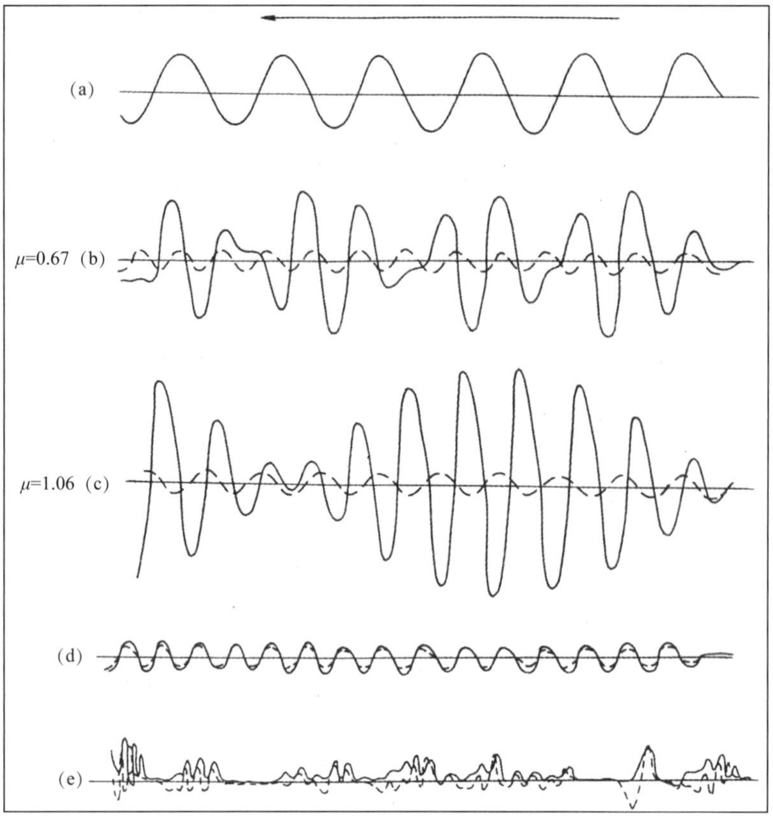

图12　不同滞止（阻尼）下的试验记录图

既知地震仪之构造，且进而论其基本运动方程。为便于说明计，重体M（此处M为全质量集中点）之安排，可视如图13（a属平震仪，b属直震仪），若令M与垂线侧角ω（如图13中a），或下移得长x（如图13中b），则依序得运动方程式，如

$$K\omega''=-Mgh\sin\omega \qquad (a)$$

式中，K为惰性转矩（moment of intertia），h为重心与扭转点间之距离，以L代$K/(Mh)$，又因ω常小，上式可书为

$$\omega''+\frac{g}{L}\omega=0，T_0=2\pi\sqrt{\frac{L}{g}} \qquad (a')$$

$$Mx''=-Cx \qquad (b)$$

C为比例常数，以L代C/M，得

$$x''+\frac{1}{L}x=0，T_0=2\pi\sqrt{L} \qquad (b')$$

T_0即所谓地震仪之自由周期（Eigenperiod）也。

总观两式（a′）（b′）同一代表单纯摆动（Simple harmonic motion）各因摆长L，而有特殊之周期T_0，然则地震仪直一单摆（Simple pendulum）耳，其虚摆长L，虽不可求诸实际，然可得于数学[$L=T_0^2g/(4\pi^2)$]。设因地震，定点（墙壁等），从A处移至B处，如图14，则M与垂线作倾角θ，若仍以K代惰性转矩，则其运动微分方程，当为

$$K\theta''=-MgL\sin\theta-K\frac{x''}{L} \text{ 或 } \theta''+\frac{MgL}{K}\theta+\frac{1}{L}x''=0$$

x''为平加速，除以半径L，始为弧加速。但$K=ML^2$，盖此时L与扭径（radius of gyration）无甚区别也。故上式可书为

$$\theta''+n^2\theta+\frac{1}{L}x''=0\ \left(n^2=\frac{g}{L},\ \therefore T_0=\frac{2\pi}{n}\right) \qquad (1)$$

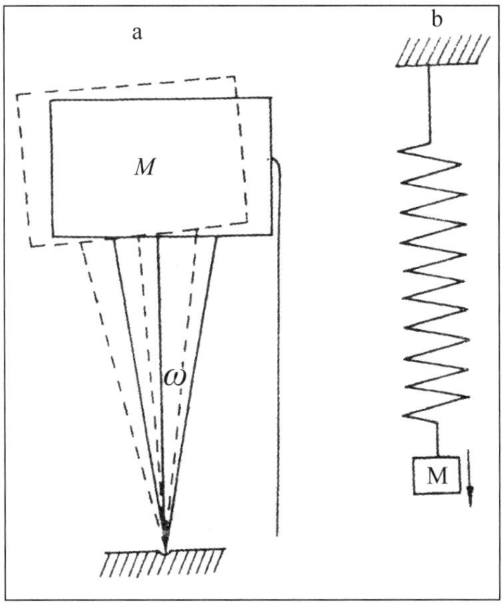

图13　地震仪摆动示意图

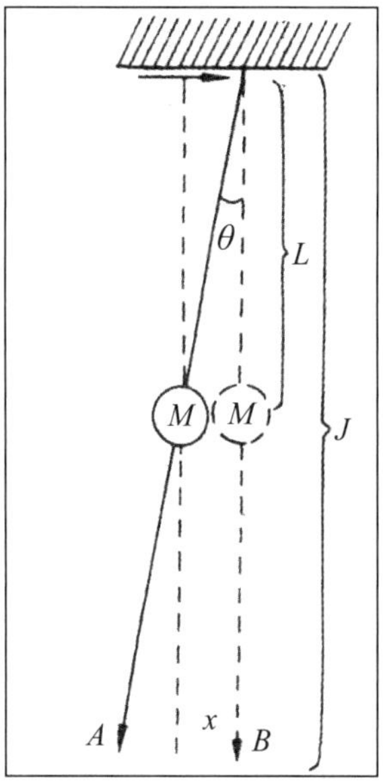

图14　地震仪摆长示意图

以上所云，未尝及滞作用也，若包含滞力（damping）——其量常与速率成正比，则式（1）左端应加入$2v\theta'$一项，得

$$\theta'' + 2v\theta' + n^2\theta + \frac{1}{L}x'' = 0 \tag{2}$$

式中，$2v$为滞系数（damping coefficient）。

今设地震为正弦函数式之波动，如

$$x = x_{\mathrm{m}}\sin(pt+\delta)$$

$$T = \frac{2\pi}{p}$$

式中，x_{m}为最大振幅，δ为原始位相（phase），T为震波周期，则

$$x'' = -x_{\mathrm{m}}p^2\sin(pt+\delta)$$

由是，式（2）变为

$$\theta'' + 2v\theta' + n^2\theta = \frac{1}{L}x_{\mathrm{m}}p^2\sin(pt+\delta) \tag{3}$$

解此微分方程可得

$$\theta = \mathrm{e}^{-v}(c_1\cos\gamma t + c_2\sin\gamma t) + \frac{x_{\mathrm{m}}p^2\sin(pt+\delta-\varDelta)}{L\sqrt{(n^2+p^2)^2+(2pv)^2}} \tag{4}$$

式中，c_1及c_2为积分常数（integral constant），$\gamma = +\sqrt{n^2-v^2}$

$$\sin\varDelta = \frac{2pv}{\sqrt{(n^2-p^2)^2+(2pv)^2}}，\cos\varDelta = \frac{n^2-p^2}{\sqrt{(n^2-p^2)^2+(2pv)^2}}$$

若以u代震波周期（T）与地震仪自由周期（T_0）之比，如

$$u = \frac{T}{T_0} = \frac{n}{p} \tag{5}$$

又设

$$\mu^2 = 1 - h^2 \text{及} h = \frac{v}{n} \tag{6}$$

式（4）以是可书为

$$\theta = e^{-vt}\ (c_1\cos\gamma t + c_2\sin\gamma t) + \frac{x_m}{L}\frac{\sin(pt+\delta-\varDelta)}{(1+u^2)\sqrt{1-\mu^2\left(\frac{2u}{1+u^2}\right)^2}} \tag{7}$$

常数c_1及c_2可从原始环境试定之。

细视式（7），其后项所代表者，显为正弦式之地震波动，其前项乃代表*M*受地震影响后所生摆动（$T_0 = 2\pi/\sqrt{n^2-v^2}$），若予*v*以适当之量，可使（4）式之前项消灭，则（7）可简书为

$$\theta = \frac{x_m}{L}\frac{\sin[p(t-\tau)+\delta]}{(1+u^2)\sqrt{1-\mu^2\left(\frac{2u}{1+u^2}\right)^2}},\quad \tau = \frac{\varDelta}{p} \tag{8}$$

此单纯代表地震波动之方程式也。

吾人从震仪取得之地震动象，其振幅既经放大，非震波之真振幅也。欲从前者以推后者，可视震仪放大作用，一若*L*伸长至*J*，如图14，*J*即所谓摆长当量（equivalent indicator length）者也。若以*y*代震仪描得之振幅，则

$$y = J\theta$$

$$y = \frac{J}{L}x_m\frac{\sin[p(t-\tau)+\delta]}{(1+u^2)\sqrt{1-\mu^2\left(\frac{2u}{1+u^2}\right)^2}} \tag{9}$$

当*y*进至最大等于y_m时，则（9）式正弦等于一，以是有

$$\frac{y_m}{x_m} = \frac{J}{L}\frac{1}{(1+u^2)\sqrt{1-\mu^2\left(\frac{2u}{1+u^2}\right)^2}} \tag{10}$$

$J/L=V$，称为正则放大倍数（Normal magnification），可依法试定（附录2），而$y_m/x_m=V'$所代表者，为实际放大倍数（true magnification）也。以*V*代J/L，式（10）又可书为

$$\frac{y_m}{x_m} = V' = V\frac{1}{(1+u^2)\sqrt{1-\mu^2\left(\frac{2u}{1+u^2}\right)^2}} \tag{11}$$

从（11）式见得实际放大倍数，不但与正则放大倍数成正比，且以*u*及μ^2为关联也。向有

$$u = \frac{T}{T_0} = \frac{n}{p},\quad \mu^2 = 1 - \frac{\mu^2}{n^2},\quad \gamma = \sqrt{n^2-v^2}$$

若Y_1及Y_2代相联上下两振幅如前图11（c），则依定义，有

$$\frac{Y_1-r}{Y_2+r} = \varepsilon = e^{\pi\cdot\frac{v}{y}} = e^{\pi\sqrt{\frac{1-\mu^2}{u}}}\ \text{（详附录 2）} \tag{12}$$

或

$$\mu^2 = \frac{\pi^2}{(\ln\varepsilon)^2+\pi^2} \tag{13}$$

若以 *U* 代 $(1+u^2)\sqrt{1-\mu^2\left(\frac{2u}{1+u^2}\right)^2}$，则

$$\frac{1}{U} = f(u,\varepsilon) \tag{14}$$

ε 是滞比率吾人得任意制定，而u则系于地震波动之周期也。今若假 ε 以一数，而以u之值为纬坐标，$1/U$为经坐标，描得图15，细察图中曲线族，无论 ε 大小何似，实际放大倍数恒于u近于一时——震波周期与震仪自由周期相若时，为最大，若书式（11）为

$$x_m = \frac{y_m}{\frac{V}{U}} \tag{15}$$

式中y_m、V均为既知，而U又可按图索得，以是地震波动之真振幅可得矣。

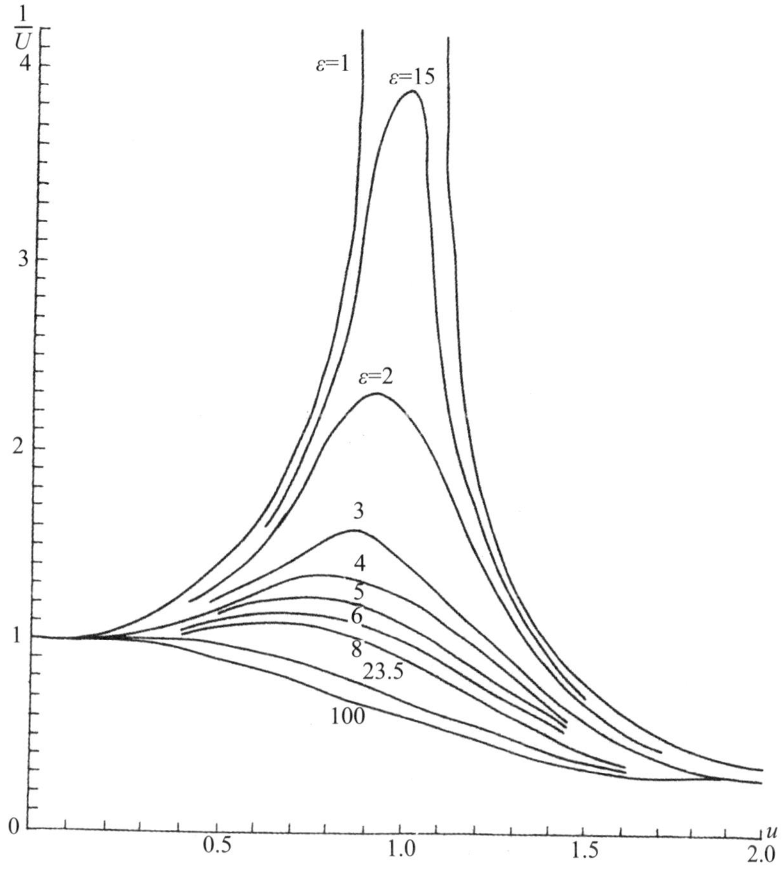

图15　地震仪放大倍数与周期、阻尼关系图

3. **震波图**（Seismogram）

从震仪描得之地震动象迹纹，称为震波图或曰震图，为吾人研究地震之张本也。地震仪描图，不择地震，秉其所伺，有动必录，故孰为特征，孰为偶然，不可不分也。兹举最常遇之非地震图如图16。此类颤动从广义言之，亦属地震，所谓地颤（microseismic effect）者是也，因其周期常不过3秒，故易于识别。至地震波纹，其长短大小，虽因震之强弱，距离远近，与乎震仪常数（详附录2），而有不同，然其格式，则常如图17，其显其隐，毫无规则，该集无数击动而成者也。

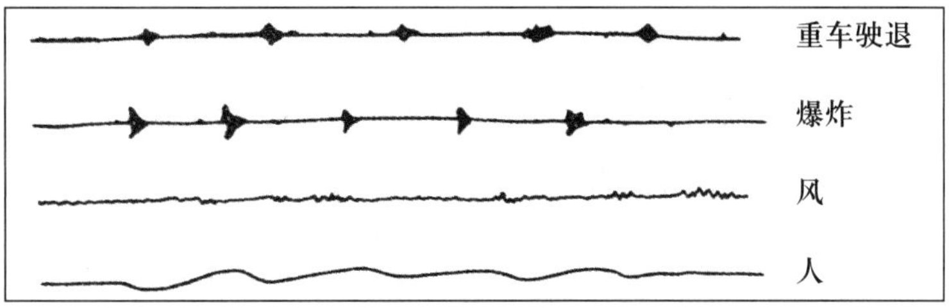

图16　地颤记录图

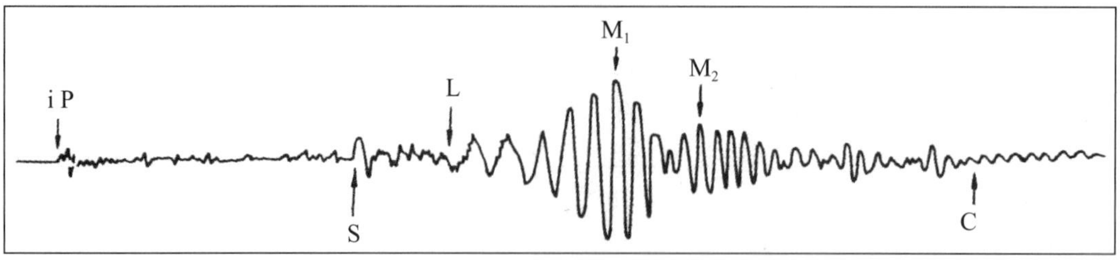

图17 地震波记录图

取震波图而分析之，其波动情形可分为数段焉。起始以P（undae primae）曰第一位相或为突起，或为紧续击动，或油然而升，未有常规，惟于垂直分向，其表现较为显著，继之者为一套极不规则之波纹，回还点皆甚尖锐，其间常有特殊之波，屹然而立，则为P经某处返射而后至者——PR_1, PR_2, …也。如是继续有时（其久暂常视距震源之远近而定），而震纹陡变，常以巨波以证S（undae secundae）曰第二位相，其表现不若第一位相显著，尤以垂直分向为甚，有时竟至不可识别。跟从S，亦一套不规则之波纹，较P与S间者为大，回还点亦较秃钝，且有正弦波（Sinusoidal）意，其间亦有屹然而立者，盖S经返射而后至者——SR_1, SR_2, …也。如是继续亦有时（其久暂亦视距震源之远近而定），震纹又变其形态，暂趋有周期，进为正弦式，而其始点殊不显著，斯为L（undae longae）曰长波，若震中距在2000公里以上，此位相常始以周期大至20秒以上之波动，以颤曲之迹纹，增大其振幅，而后急进为纹迹齐整，而周期较小之巨波，以至于极大（maxium）M，遂又降小，再进为极大，经几极大后，伏下而为极规则之正弦形，是谓震尾（Coda），若地震烈度甚高，震尾亦甚长其间常有特殊之波，屹然而立，则位相M，从反对方向绕地面至者，W_2, W_3, …也。如震中距短，则L与S接续甚急，常仅见M也。

震波图固如是矣，而所谓P, S, L, …者，果为何物耶!是又不可不究者也。前云地是弹性体，地震激成弹性波动，传播四方，其情形有如图18，波扩面（Wave front）常取球面或似球面形扩张如1, 2, 3…，波射线常取最短之路（brachistochronic path）传达地面，如a, b…，但其运动性质，则必须藉重其代表之微分方程式，始得明了。兹简述如下。

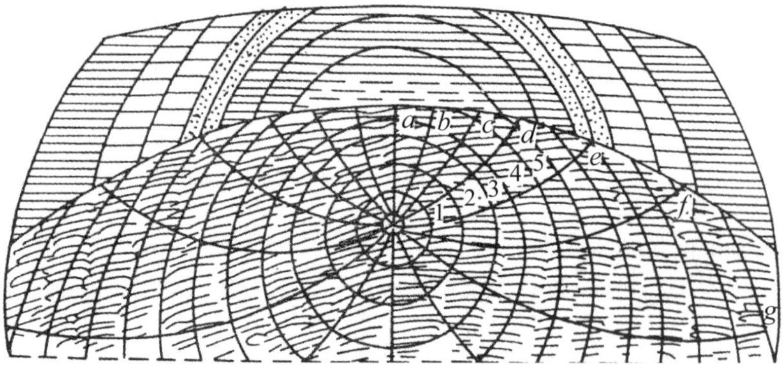

图18 地震波传播示意图

设质点由$M(x, y, z)$移至M_1，其三分移量（displacement）为u，v，w，则其运动微分方程式如

$$\rho\frac{\partial^2}{\partial t^2}(u, v, w)=(\lambda+\mu)\left(\frac{\partial}{\partial x}, \frac{\partial}{\partial y}, \frac{\partial}{\partial z}\right)\theta+\mu\nabla^2(u, v, w) \quad (1)$$

或

$$\rho\frac{\partial^2 u}{\partial t^2}=(\lambda+\mu)\frac{\partial\theta}{\partial x}+\mu\nabla^2 u \quad (1a)$$

$$\rho\frac{\partial^2 v}{\partial t^2}=(\lambda+\mu)\frac{\partial\theta}{\partial x}+\mu\nabla^2 v \tag{1b}$$

$$\rho\frac{\partial^2 w}{\partial t^2}=(\lambda+\mu)\frac{\partial\theta}{\partial x}+\mu\nabla^2 w \tag{1c}$$

式中，ρ为密度。

$$\theta=\frac{\Delta v}{v}=\frac{\partial u}{\partial x}+\frac{\partial v}{\partial y}+\frac{\partial w}{\partial z}\text{（即每单位体积增量）}$$

$$\nabla^2(u,v,w)=\frac{\partial^2 u}{\partial x^2}+\frac{\partial^2 v}{\partial y^2}+\frac{\partial^2 w}{\partial z^2}$$

λ及μ即拉氏系数，从式（1）可得两可能之波动情形，殊为显著，若以式（1a）对x求微分、式（1b）对y求微分及式（1c）对z求微分而相加，便有

$$\rho\frac{\partial^2}{\partial t^2}\left(\frac{\partial u}{\partial x}+\frac{\partial v}{\partial y}+\frac{\partial w}{\partial z}\right)=\mu\nabla^2\left(\frac{\partial u}{\partial x}+\frac{\partial v}{\partial y}+\frac{\partial w}{\partial z}\right)+(\lambda+u)\left(\frac{\partial^2\theta}{\partial x^2}+\frac{\partial^2\theta}{\partial y^2}+\frac{\partial^2\theta}{\partial z^2}\right)$$

但

$$\frac{\partial u}{\partial x}+\frac{\partial v}{\partial y}+\frac{\partial w}{\partial z}=\theta$$

故

$$\rho\frac{\partial^2\theta}{\partial t^2}=(\lambda+2u)\nabla^2\theta \tag{2}$$

此代表一波动之微分方程式，$\sqrt{(\lambda+2\mu)/\rho}$即其传播速率，其中只含$u$、$v$、$w$，而不含$\theta$。可知其只有容积因时间而变，即为一扩一敛，而前进之运动，是乃寻常所谓之纵波也。此其一，又若以式（1c）对y所求得之微分减式（1b）对z所求得者，如

$$\rho\frac{\partial^2}{\partial t^2}\left(\frac{\partial w}{\partial y}-\frac{\partial v}{\partial z}\right)=\mu\nabla^2\left(\frac{\partial w}{\partial y}-\frac{\partial v}{\partial z}\right) \tag{3a}$$

以式（1b）对x所求得之微分减式（1a）对y所求得者，如

$$\rho\frac{\partial^2}{\partial t^2}\left(\frac{\partial v}{\partial x}-\frac{\partial u}{\partial y}\right)=\mu\nabla^2\left(\frac{\partial v}{\partial x}-\frac{\partial u}{\partial y}\right) \tag{3b}$$

再以式（1b）（1a）对z所求得之微分减式（1c）对x所求得者，如

$$\rho\frac{\partial^2}{\partial t^2}\left(\frac{\partial u}{\partial z}-\frac{\partial w}{\partial x}\right)=\mu\nabla^2\left(\frac{\partial u}{\partial z}-\frac{\partial w}{\partial x}\right) \tag{3c}$$

式（3）亦一波动微分方程式，$\sqrt{\mu/\rho}$是其传播速率，其所异于式（2）者，不过以三式代表三分向及函数不同耳。近试取式（3）之第一式以究其所代表者为何种波动？查$\left(\frac{\partial w}{\partial y}-\frac{\partial v}{\partial z}\right)$不函$x$，则质点运动，当只限于$yz$平面内，设如图19。质点从$M$移至$M_1$，则有

$$z=r\sin\alpha;\ y=r\cos\alpha$$

$$v=-r\omega_x\sin\alpha;\ w=-r\omega_x\cos\alpha$$

或

$$v=-z\omega_x;\ w=y\omega_x$$

或

$$\frac{\partial v}{\partial z}=-\omega_x;\ \frac{\partial w}{\partial y}=\omega_x$$

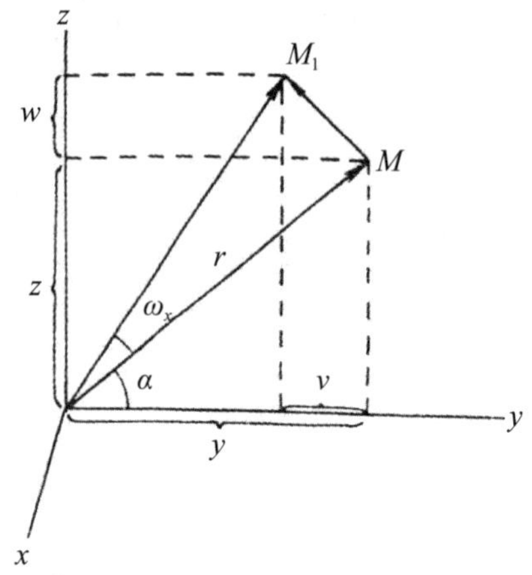

图19　质点yz平面移动示意图

两式相减得

$$2\omega_x=\frac{\partial w}{\partial y}-\frac{\partial v}{\partial z}$$

然则$\frac{\partial w}{\partial y}-\frac{\partial v}{\partial z}$固扭量（torsion）也，由是知（3）之第一式所代表者，为质点以x为轴，作扭转运动，其不函x，即谓x之值可以任意。亦即yz面，可循x而移动（传播），而yz面原与x轴垂直，是质点运动与波动进行正交矣，其余二分向，可以隅例，斯即寻常所谓之横波也，此其二。是故从弹性理论，震波中有纵波亦有横波，毫无疑义，纵波以速率V_1（$\sqrt{\frac{\lambda+2\mu}{\rho}}$）播散，横波以速率$V_1$（$\sqrt{\frac{\mu}{\rho}}$）播散，其基本特性不同，故表现于震波图也亦异，若不忘

$$\lambda=\frac{\sigma E}{(1+\sigma)(1-2\sigma)}；\ \mu=\frac{E}{2(1+\sigma)}$$

并σ等于1/4，盖各物质皆趋近此数，即得

$$V_1=\sqrt{3V_2}$$

是纵波传播速于横波。经路愈远，而相离愈甚，然则震波图之第一位相P为表纵波之传到，第二位相S表横波达到，了如指掌矣。

P与S如是矣，而所称L者，又为何物耶？当纵波射出震央地面与其附近时，其波动质点之垂直动向甚大，虽距震源渐远，而即锐减，而其强者，既足使地面质点激为波动，如图20，一似池鱼出水，造成是水面波动焉。此等波沿地壳而传播，伽利津曾量得其播速等于3.53千米/秒，且为一不变数，与理论求得之瑞利（Rayleigh）波之播速——$V_3=0.919\times V_2$者相合，故称为地面波（surface wave），又因其周期甚大，亦称长波（long wave）。其播速固小于横波者，然则震波图上之L，即表长波之达到也明矣，参阅图21。

至震波图上，各位相达到时刻之能确切指定者，该由于震仪特别装置与天文钟相连，每分每时，能使迹纹有特异之记号也。

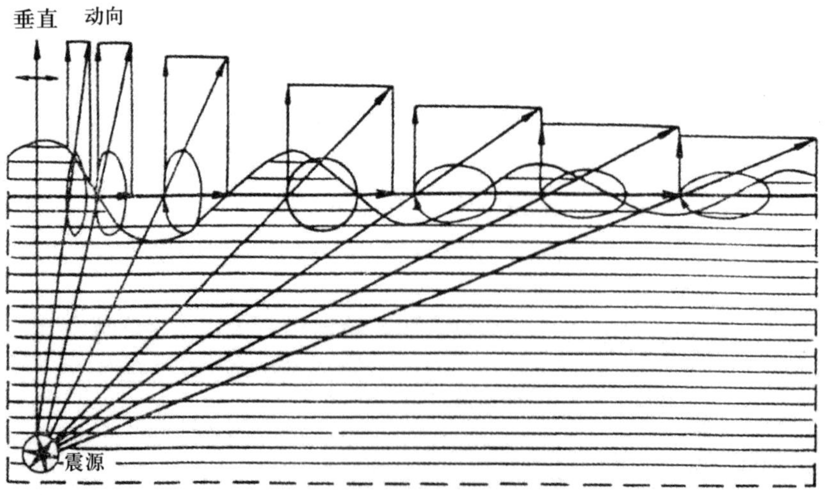

图20　地震波传播质点运动示意图

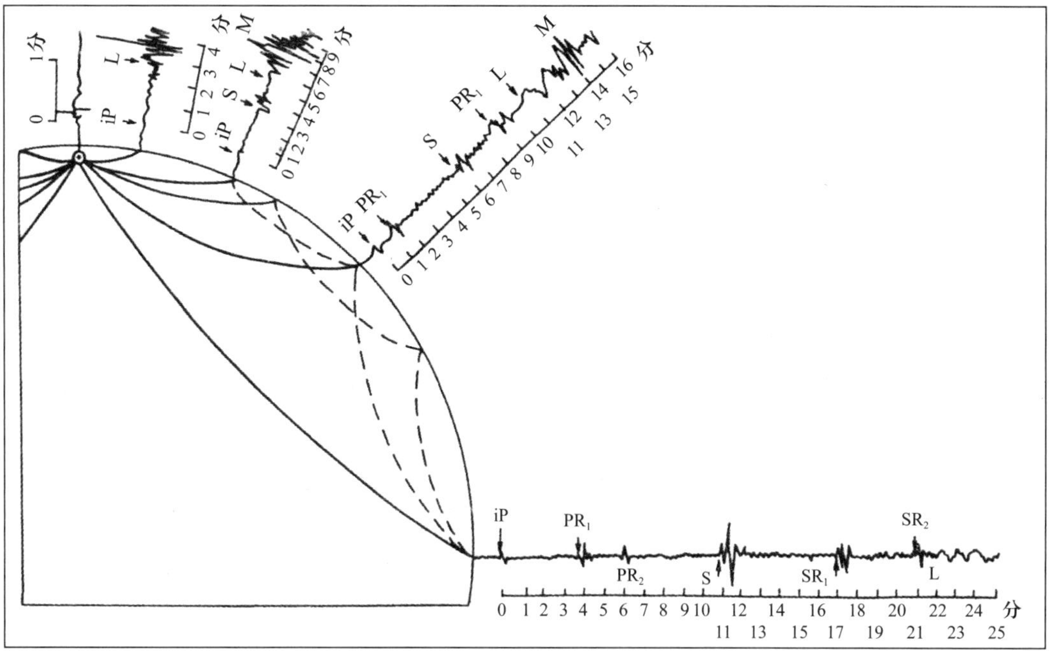

图21　地震波传播记录示意图

设某地震之震源位置为既知，P、S、L各位相于震波图上又能确实指出其达到时刻，则P、S、L各波动，自震源达到观测所，所须之时间（T），常以$\varDelta$（震中距）及h（震源深）为函数。若观测所在1000公里之外，震深影响至微，常可令$h=0$，而有$T=f(\varDelta)$，以是集各家记录于一处，按远近次序而表列之，再以$\varDelta$为纬坐标、T为经坐标描如图22，是谓时距曲线（Laufzeitkurve），以是凡一观测所可由其震波图，取得S–P之时差，按时距曲线，即知震中相距之远近矣。

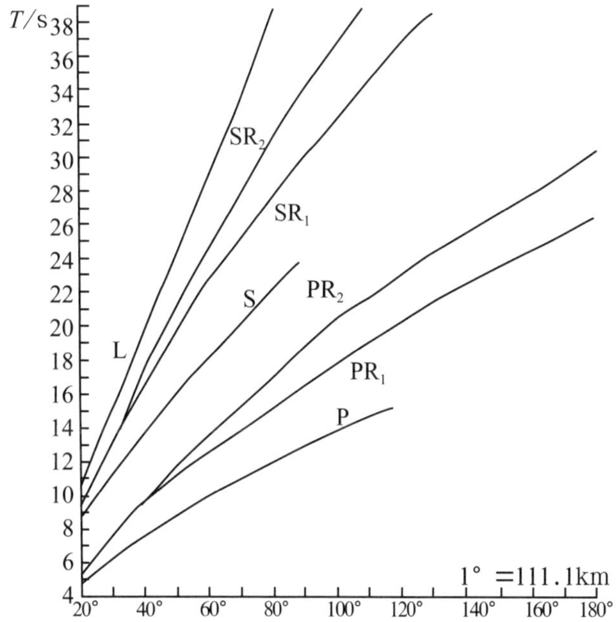

图22　地震波震相时距曲线图

伽利津尝试得：当第一位相P射出地面时，其方位之水平分向，常与包含震中及观测所之大圆相切，以是平震仪上第一位相之南北向振幅与东西向振幅之比，即为震中方位角（azimuth）之正切。如图23，以是震中所在，可于一观测所底定矣。

若$\varDelta$代震中距，α代方位角，λ_s为观测所之经度，φ_s为纬度，则震中之经度λ_E，及纬度φ_E，可按下法得之

$$\cos\varphi_E=\cos\varDelta\sin\varphi_s+\sin\varDelta\cos\varphi_s\cos\alpha$$

$$\cos(\lambda_E-\lambda_s)=\frac{\cos\varDelta-\sin\varphi_s\sin\varphi_E}{\cos\varphi s\cos\varphi_E}$$

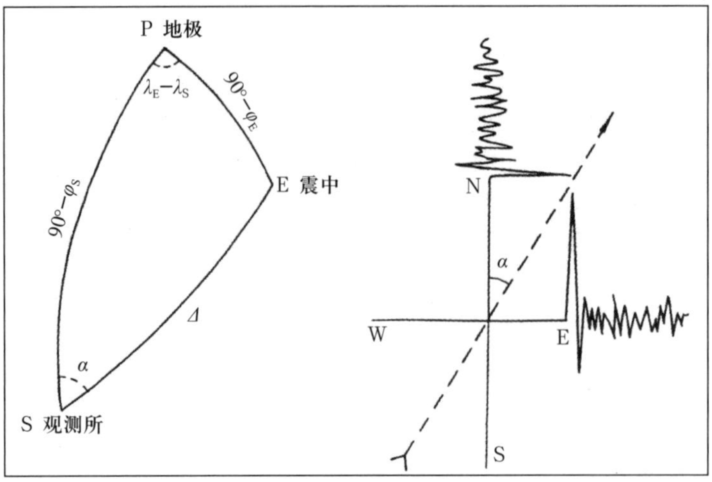

图23　震中方位测量原理图

此法只限于利用伽利津仪者，如第一位相为突动，且大而显时，固尝屡试不爽，然若遇突动细微，则又无所施其技矣。故普通必联三家以上，以立体平描法（stereography）以测定震中所在焉。

设S_1、S_2、S_3为三观测所，每所除其经纬度λ、φ及震中距$\varDelta$，尚有其立体平描投影数（stereographic projection）

$$d=\frac{\cos\varphi}{\sin\varphi+\cos\varDelta} \text{ 及 } r=\frac{\sin\varDelta}{\sin\varphi+\cos\varDelta}$$

如图24，将地球描成平面，P即地极，$\overline{PO}$为格林威治（Greenwich）之经线，S_1PO等于第一观测所S_1之经度，λ_1PS_1等于$d_1[\cos\varphi_1/(\sin\varphi_1+\cos\varDelta_1)]$，然后以$r_1[\sin\varDelta_1/(\sin\varphi_1+\cos\varDelta_1)]$为半径，以$S_1$为中心，画弧段$\alpha_1$，同理以$r_2$为半径，以$S_2$为中心，画$\alpha_2$，及以$r_3$为半径，以$S_3$为中心，画$\alpha_3$，三弧段相截于一点$E$。是即震中也。其经度$\lambda_E$，等于EPO，其纬度$\varphi_E$，则从下式得之

$$\overline{PE}=\tan\left(\frac{\pi}{2}-\frac{\varphi_E}{2}\right)$$

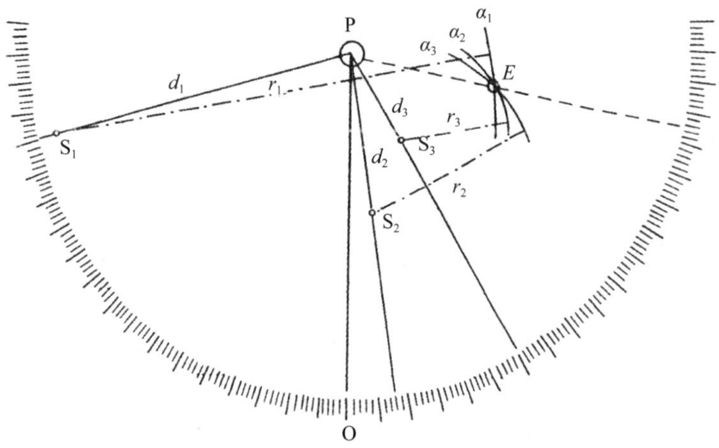

图24　交切法测定震中原理图

有时，弧段不准截于一点，则震中可于其所包围之小地块中觅之。

4. 震源

震源者，地下地质变动之区也。当地震之顷刻间，前此积蓄势能，概化为动能，震源各点皆

发能之源，其范围之广，常可以公里计。形状不一，约可分为四类：①如点状者，若陷落，碎折之震；②如线状者，若火山呼喷之震；③如面状者，若断层滑移之震；④如体状者，若地块脱落之震（参阅图25）。

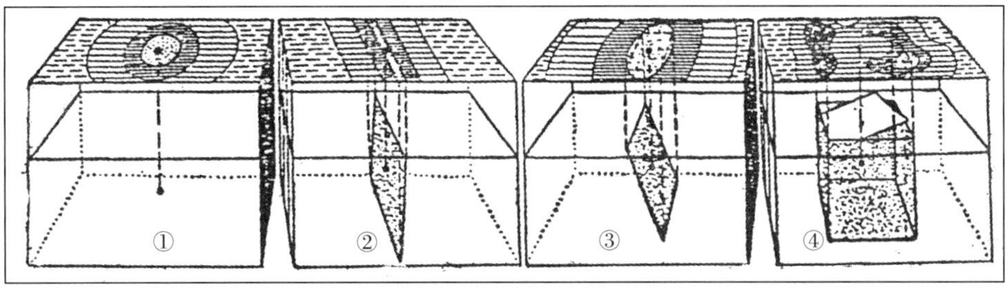

图25　震源体形状示意图

震源之深，视震源之状而异，常在数百公尺与数十公里之间，测定之法颇多，兹述其一二。当第一位相射出地面，其出射角i_0常有下之关系。

$$\sin i_0=\frac{\mathrm{d}\varDelta}{V_0\mathrm{d}t}\ 或\ \frac{\mathrm{d}\varDelta}{\mathrm{d}t}=V_0\sin i_0$$

按V_0为P达到地面时之播速也。由震中渐向远处去，i_0之值（参阅图26）亦渐渐增大，及至M为最大，后复变小，然则$\mathrm{d}\varDelta/\mathrm{d}t$有一极大，是即时距曲线，$T=f(\varDelta,\ h)$有一扭转点（inflexion-point），此点即与M点相当，如是M之震中距$\varDelta_M$，可按图索得矣。其所以重视此点者，盖从此点，M与震源H之连线，即震源之水平线也。

假定由H至M之震波射线，循直线进行，则震深h有

$$\cos\Theta_M=\frac{r_0-h}{r_0}\ 或\ h=\cos\frac{\varDelta_M^{\ 2}}{2r_0}\ \left(\Theta=\frac{\varDelta}{111.1}\right)$$

此为第一几近值（first approximation）之求法也。

设由H至M之震波射线，作圆弧形进行，则震深h有

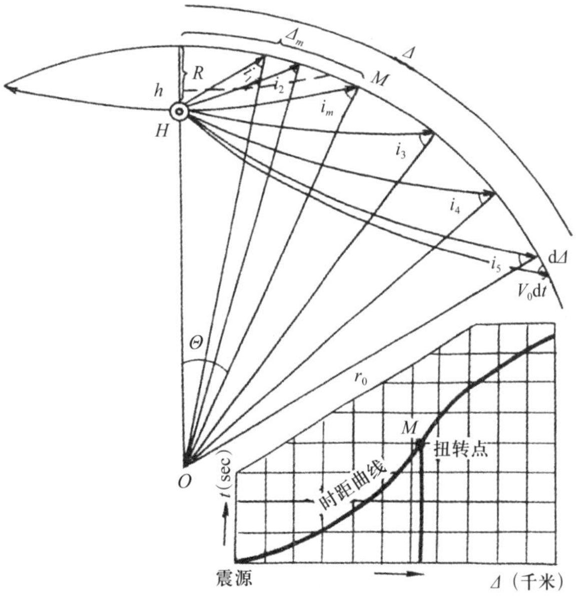

图26　震源深度测定原理图

$$h=\int_0^{\Delta_M}\cos i_M \mathrm{d}\Delta_M \text{或} h=\Delta_M^{\ 2}\frac{k+1}{2r_0}$$

式中，k为3～4之间之一定常数，莫霍洛维奇（Mohorovicic）尝以V_0 = 5.55km/s，k = 4.05，此为第二几近值之求法也。

震源测定之法甚多，虽尝尽数学之能事，而实际上尚乏准确，一因Δ_M之数常有±50千米之出入，二因震源形状，各有大小不同，未可以几何点（Geometrical point）视之也。下表为表示震深与地震影响范围等之关系。

震源深度与地震影响范围关系表

地震类	震中烈度数	影响所及（以千米计）		震深状
		巨震	潜震	
1.地方震（Lokalbeben）	Ⅵ以下	200以下	500以下	极浅，即在地面下
2.小震（Kleinbeben）	Ⅷ至Ⅹ	400以下	500～5000	浅
3.小震（Kleinbeben）	Ⅵ至Ⅷ	600以下	2000～5000	深
4.中震（Mittelbeben）	Ⅷ至Ⅹ	300～1000	5000～10000	由深处至将近地面
5.大震（Grsosbeben）	Ⅷ至Ⅻ	500以上	10000～18000	甚深
6.全球震（Wettbeben）	Ⅹ至Ⅻ	1000～2000	18000～20000	由极深处至将近地面

5. P和S之播速与深度

弹性波动之波射线进行，亦遵费马（Fermat）原则（the prineiples of least path），取最短之路，经地下而走，只因地层性质，由上而下，渐渐变化，故播速亦渐渐变化，以是所循之道，常向地心凸，盖备受屈折也。然究竟其播速与深度，成立何种关系，是即吾人探讨地内秘密之关键也。兹不欲穷其数学渊源，仅略示其来历而已。

若以r_0代地球半径（参阅图27），S代深度，V_S代某波射线达到最深度S时之播速，$(i_0)_S$代该波射线达到地面时出射角，$(i_0)_\Delta$代震中距自O至Δ地面间之波射线出射角，以是有关系如

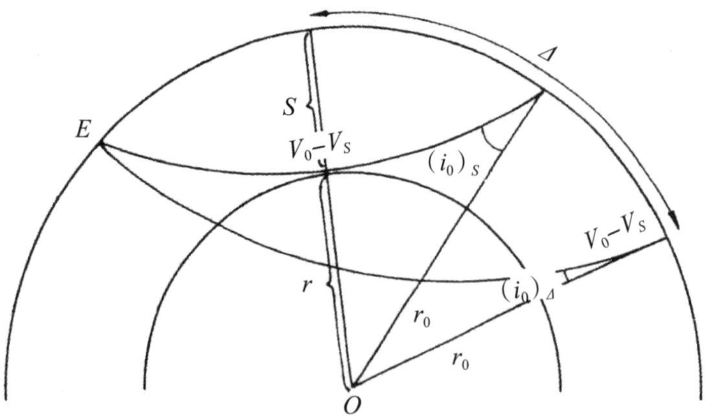

图27　地震波射线与波速关系图

$$V_S=\frac{V_0}{r_0}\frac{r}{\sin(i_0)_S}$$

$$\begin{cases} r=r_0-S \\ \ln\dfrac{r_0}{r}=\dfrac{1}{\pi r_0}\int_0^{\Delta} r\mathrm{d}\Delta \text{ 或 } \lg r=3.80393-0.0024127\int_0^{\Delta} r\mathrm{d}\Delta \\ \cos h_q=\dfrac{\sin(i_0)_{\Delta}}{\sin(i_0)_S} \end{cases}$$

学者于此，最感兴趣者，厥为播速变进过程中——自地表至地心，陡变者数次。可知地球内部性质，非斜坡变化，乃阶级变化也。兹将纵波及横波与入地深度之关系，图解之如图28。（a）示纵波在地球上层之播速变化，（b）则示纵横波自50千米以下之变化也。

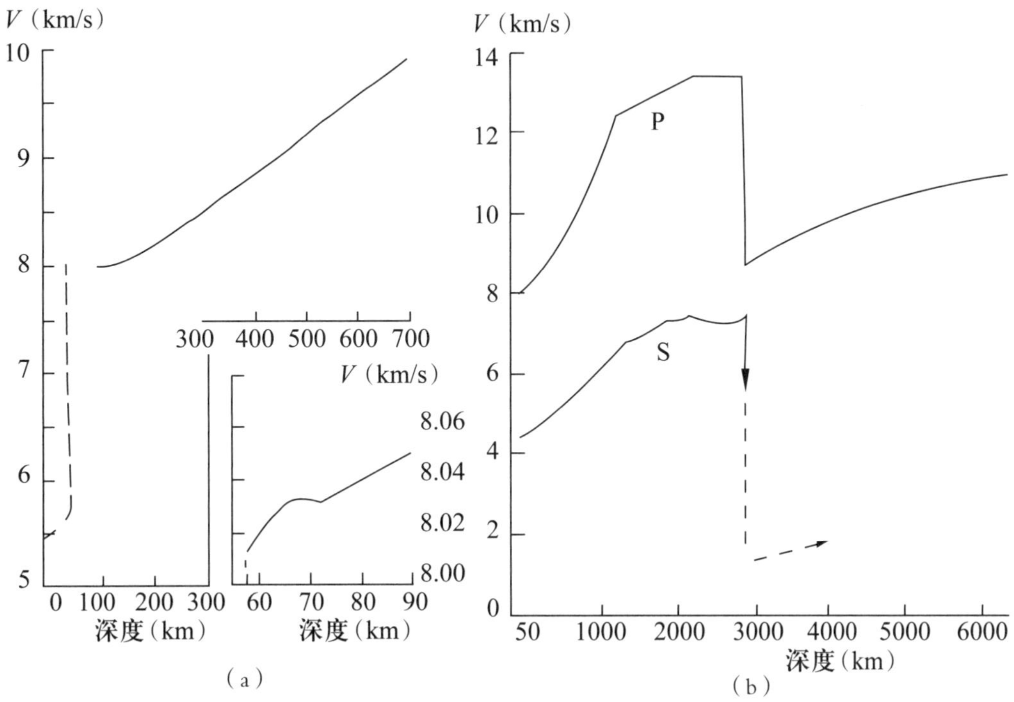

图28 地震波速随深度变化曲线

以上所述，窃以为地震二字之下必有之联想也。尝考用仪器以测地震者，以我国为最早，后汉张衡（136A.D.），尝制龙头蛙喙之地震仪于长安以测陇西地震，惜后生不肖，不知继先哲之志，时至今日，反事事求诸德人，亦知张衡时代，彼等乃日耳曼森林中之野人也。后来居上，吾知勉乎！

附录1. 震仪装置之最要几点

震仪对于一切动象感应极灵，凡足以扰害地震动象之震动，无论天然的人为的，均须避免。故仪器室不宜建于工厂或马路之旁（普通须在1公里之外始不受影响）。若在山间，毋近断岸。地基以石质为最佳，若为冲积土则置仪器处，须实以1公尺以上之石柱（鹫峰地震室建于离海面约155公尺之山间，南北西三面皆山，其地基为稍经风化之花岗岩质）。

平震仪之二正交分向（component），自以顺地之经纬为最简便，但有时不能十分准确，常于装设后，求一差数以改正之（鹫峰地震室，所求得之差数约偏东4°）。直震仪之位置与方向无关，可随室之大小，安于适当之处。

装置时，仪架之面，必须制定水平，盖与震仪之平衡殊有关系也。当震仪平衡适当时，其状态如图1所示：滞作用之活塞F位于滞盒（damping case）之中间，而*A*、*B*、*C*和*D*均为正角。描笔P须恒与鼓沿E平行。图中*AL*即铅质复杠杆。

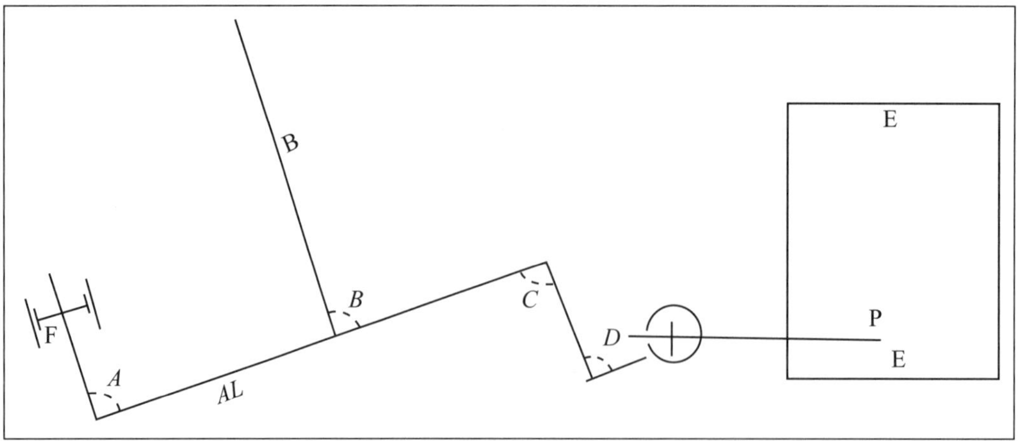

图1 地震仪构件关系图

地震仪之价值，全系于灵敏，故有害于灵度之摩擦，必须减至最小限度。在此应须注意者，约有下数端（见正文图8）：

（1）限圈b位于保险螺丝a之下，铅质笔架c之上，a之轴穿过b，上下左右均不宜有互相摩擦之处；

（2）旋动体之下亦有一限圈g，限轴f贯于其中，务留余隙，使R转动时不生摩擦；

（3）旋动体之最下端，有插入碗漕e内之螺丝轴d，不可任其逸出；

（4）当描笔安上时，笔尖必须平准，不平之病，使所描震图偏重一方；

（5）笔尖之刺须与纸正交，将平衡螺丝S制定，使摆动时，所描之纹皆为虚线；

（6）若用滞止，活塞K须与盒壁离开，无一小处互相摩擦；

凡此六点，其关系于地震仪之灵度甚大，偶一疏忽，可使仪器失效，不可不注意者也。

附录2. 常数及定常数

凡地震仪必有其特有之常数。就中可分为两大类。

（1）固定常数（permanent constants）有下述二种：

①稳重体之质量（steady mass）M;

②重心距扭动点之长度H或h。

（2）因环境不同，时有变更，必须依法试定者，又有下述五常数：

①自由周期（natural period of the pendulum）T_0;

②正则放大倍数（normal magnification）V;

③摩擦偏斜量（friction deviation）r;

④滞比率（damping ratio）ε；

⑤摩擦力（frictional force）R。

以上五数各因分向不同，故必须分别试定，兹述其原理及定法如下。

（1）自由周期T_0。

地震仪原似一摆，故有其自由摆动周期T_0，按以摆律且可计其摆长L，即$L=T_0^2g/(4\pi^2)$，是谓虚摆长（mathematical pendulum length）。盖仅在理论中存在也。

周期云者，即摆动从零线（Zero line）始，向一方去（A至B），回来（B至C），又向对方去（C至D），再回至零线（D至E）。所须之时间也，试定之法，先将滞力割截——即将通气口开放，以指轻触铝质复杠杆，则地震仪自由摆动。当描笔经过零线时，即令秒表（stop watch）行，待三次往复，最后至零线时，速停秒表，所得秒数以三除之即得指定分向之自由周期。以同法试定其他分向。

（2）正则放大倍数V。

地震仪应用机械原理以营其放大作用，无论机械作用如何繁复，其原理一若摆长伸长至J（参阅图2），J称为摆长当量（the equivalent indicator length）。从自由周期可算得摆长L，J与L之倍数，即放大倍数V，故试定J即所以试定V也。

①平仪求J法：先于稳重体顶面（参阅图2），沿其两分向画两正交线（其交点当为重体顶面之中心），与交点相距d处，择定A_1、A_2、A_3及A_4四点，今若试定一分向——例如A_1A_2之摆长当量J，可取一小砝码m置于A_1，则摆之重心M将因此移至M'，得倾角θ，同时描笔亦描一段弧α，从力学原理α与θ间可成立下之关系：

$$md=MH\sin\theta=MH\theta\ (\because \theta\text{甚小})$$

$$(m\text{对}c\text{之扭量}=M\text{对}c\text{之扭量})$$

但
$$J:H=\alpha:(H\theta)\ \therefore J=\frac{MH\alpha}{md}$$

因得
$$V=\frac{4\pi^2MH\alpha}{mdT_0^2g}$$

普通以A_1A_2之距离等于d，先置M于A_1次移m于A_2得所总偏斜量为α（如图2示），然后用上式算得V。它一分向（A_3A_4）可以同法求之。

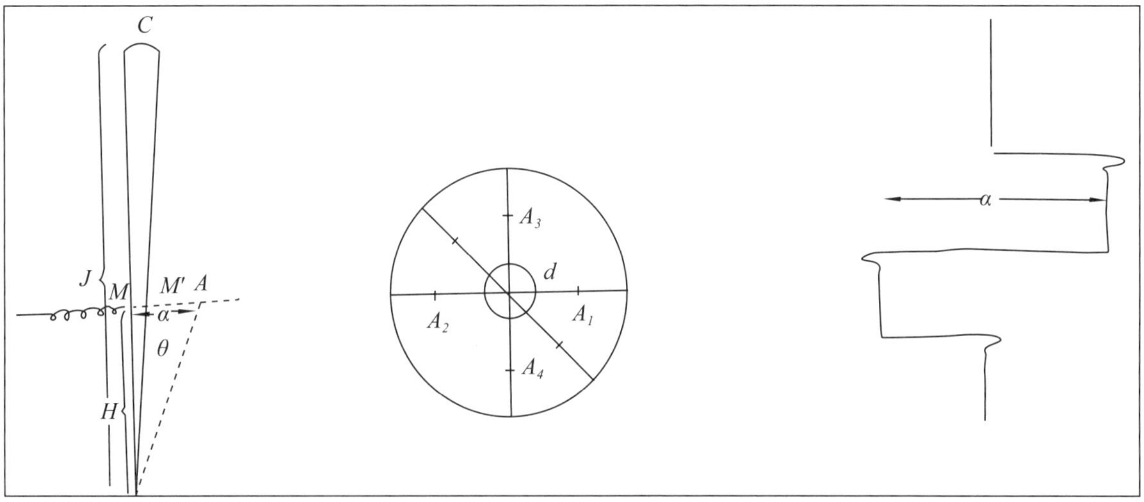

图2　平震仪记录放大原理图

将m置于两分向之等分线上者，则同时可读得两分向之偏斜量，但上式右端须除以cos45°，如

$$V=\frac{MH\alpha}{mdL\cos45^\circ}\text{或}V=\frac{4\pi^2MH\alpha}{mdT_0^2g\cos45^\circ}$$

②直仪求J法：取砝码m置于摆尾A处（参阅图3），其与支点c距离为h'，则重心M将因此落下至M'得倾角θ，同时描笔亦描一段弧α，从力学，θ与α间，可成立下之关系

$$mh'=mh\theta\ (\text{potential drop})\ \text{但}j:h=a:h\theta$$

因得$J=\dfrac{Mh\alpha}{mh'}$，故$V=\dfrac{Mh\alpha}{mh'L}$或$V=\dfrac{4\pi^2Mh\alpha}{mhT_0^2g}$。

（3）摩擦歪斜量r和滞比率ε。

若滞盒之通气口完全关闭，轻移描笔至S而放之（参阅图4），将见其回至A而暂止，后徐徐回至零线，A点与零线之偏斜量r，显为描曲线SA时笔尖与纸互相摩擦所致，故若摆动振幅之消减仅由摩擦力，则其相邻两振幅之差当等于4r。以4除其差，即能得摩擦偏斜量r。

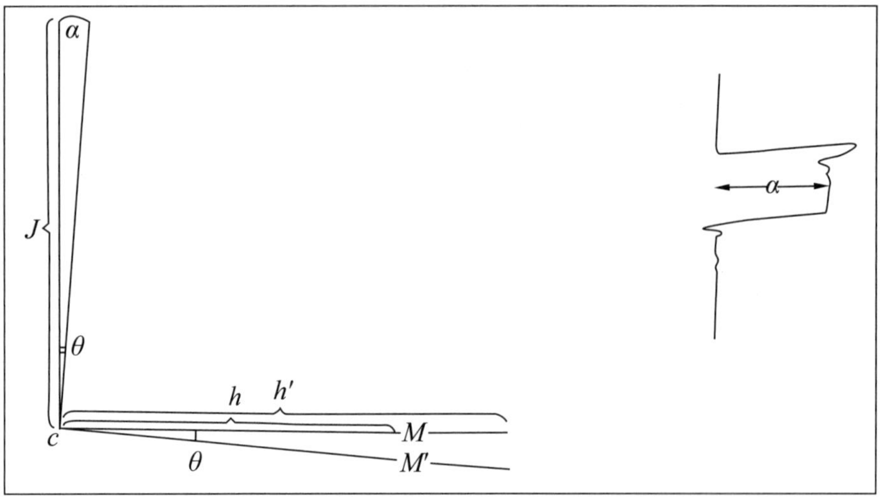

图3　直震仪记录放大原理图

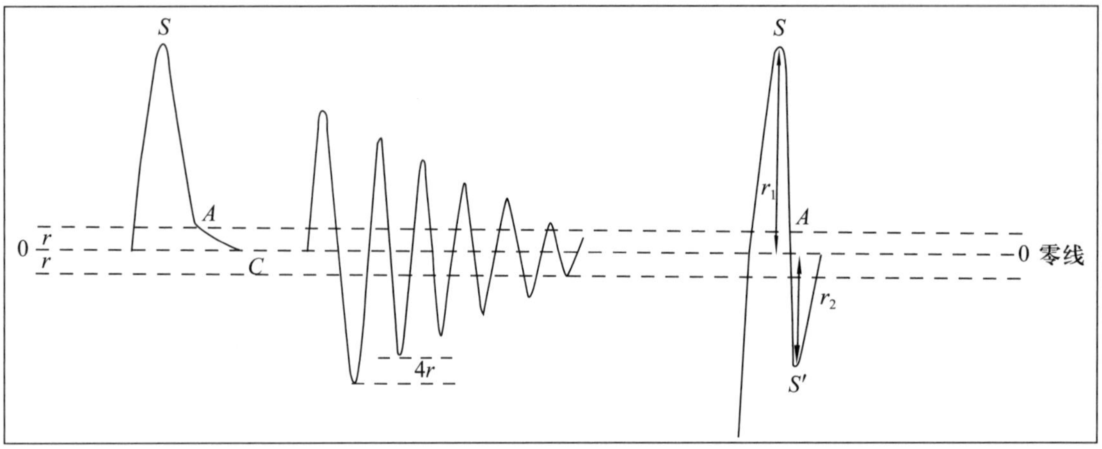

图4　地震记录摩擦与滞止效应示意图

设有摆动其振幅之消减，全由滞之作用，则按定义滞比率ε应等于r_1/r_2（参阅图4），然维开式之地震仪，摩擦为所不免，是其振幅之削减也，摩擦亦有分焉，故滞比率应加入摩擦作用，如

$$\frac{SA}{S'A}\text{或}\ \varepsilon=\frac{r_1-r}{r_2+r} \qquad (1)$$

故若量得r_1和r_2又知r，则滞比率 ε 可求得矣。然滞盒之通气口虽完全开放，滞之作用仍不能全消，于是上述求r之法，不能准确，而须以下法试定之（参阅图5），假令通气口全开后，仍有滞作用，其比率为 ε_0，则由式（1）得，

$$\varepsilon_0=\frac{r_1-r}{r_2+r}=\frac{r_2-r}{r_3+r}=\cdots \qquad (2)$$

若　$l_1=r_1+r_2$，$l_2=r_2+r_3$，$l_3=r_3+r_4$，…

则　$$\varepsilon_0=\frac{l_1-2r}{l_2+2r}=\frac{l_2-2r}{l_3+2r}=\cdots=\frac{l_{n-1}-2r}{l_n+2r} \qquad (3)$$

或　$$\varepsilon_0=\frac{(l_1+l_2+\cdots+l_{n-1})-(n-1)(2r)}{(l_2+l_3+\cdots+l_n)+(n-1)(2r)}$$

$$故\qquad r=\frac{\sum_{i=1}^{n-1}l_i-\varepsilon_0\sum_{i=2}^{n}l_i}{2(n-1)(1+\varepsilon_0)}\tag{4}$$

更由式（3）可得

$$\varepsilon_0=\frac{l_1-l_2}{l_2-l_3}=\frac{l_2-l_3}{l_3-l_4}=\cdots=\frac{l_{n-2}-l_{n-1}}{l_{n-1}-l_n}=\frac{l_1-l_{n-1}}{l_2-l_n}$$

或

$$\varepsilon_0=\frac{l_1-l_{n-1}}{l_2-l_n}\tag{5}$$

是从式（5）可得开口滞比率ε_0，再量得l_1，l_2，l_3，…，l_n，从式（4）便算出r矣。

（4）摩擦力R。

设地震仪之中心M移于M' 得倾角为θ（参阅图6），同时描笔描得弧长r，则抗摩擦力所做功为$R\cdot r$，应等于M之位能降下——$ML\theta\sin\theta$或$Rr=ML\theta\cdot\theta$。

$$\because\qquad \theta=\frac{r}{J}$$

$$\therefore\qquad Rr=ML\frac{r^2}{J^2}=\frac{Mr^2}{\frac{LT^2}{LV^2}}=\frac{Mr^2}{LV^2}$$

$$R=\frac{Mr}{LV^2}\ 或R=\frac{4\pi^2Mr}{gT_0^2V^2}$$

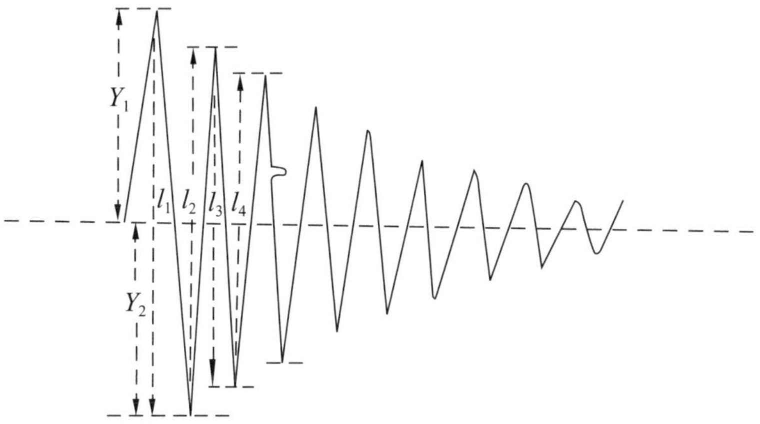

图5　地震记录滞作用示意图

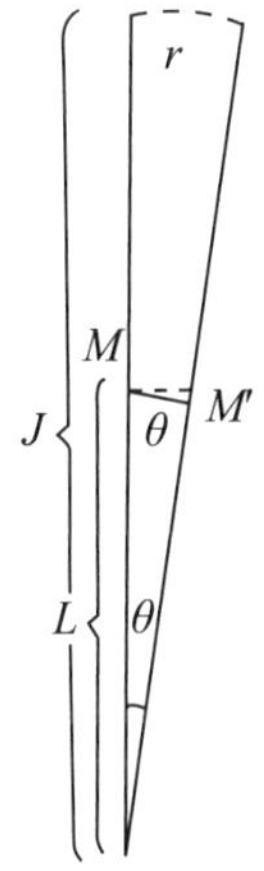

图6　抗摩擦为做功示意图

附录3.　地震仪常数试定举例

民国十九年九月十日试定。

（1）水平分向之固定常数。

M（稳重体之质量）：200千克；

H（稳重体之重心距扭动点之高）：96厘米。

（2）垂直分向之固定常数。

M（稳重体之质量）：80千克；

H（稳重体之重心距扭动点之长）：54厘米；

h'（小砝码距扭动点之长）：60厘米。

①T_0以秒计及V。

次	$3\times T_{0E}$	$3\times T_{0N}$	$3\times T_{0Z}$	均数
1	17　4 / 5	17　1 / 5	14　4 / 5	T_{0E}=5.95
2	17　4 / 5	17　1 / 5	14　4 / 5	T_{0N}=5.74
3	18	17　1 / 5	14　4 / 5	T_{0Z}=4.7

V（水平分向分别试验）$= 3840\dfrac{\alpha}{mT_0^{\ 2}}$；

V（水平分向同时试验）$= 5420\dfrac{\alpha}{mT_0^{\ 2}}$；

V（垂直分向）$= 288\dfrac{\alpha}{m'T_0^{\ 2}}$。

A_1、A_2或A_3、A_4，两点相距20厘米，m及m' 为所用小砝码之重，α（以毫米计）是加小砝码后，描得偏斜量。

	m=20g								m'=2g		
次	α_E		V_E		α_N		V_N		α_Z	V_Z	均数
	分别	同时	分别	同时	分别	同时	分别	同时			
1	$17^{1}/_{2}$	$12^{1}/_{2}$	94.9	95.05	16	$12^{1}/_{2}$	93	94.63	13.5	88.4	V_E=94.9
2	$17^{1}/_{2}$	13	92.2	97.76	$15^{3}/_{4}$	$12^{1}/_{2}$	91.64	94.63	13.5	88.4	V_N=93.1
3									13.5	88.4	V_Z=88.4

②r（以毫米计）。

$$r=\frac{\sum_{i=1}^{n-1}l_i-\varepsilon_0\sum_{i=2}^{n}l_i}{2(n-1)(1+\varepsilon_0)}；\quad \varepsilon_0=\frac{l_1-l_{n-1}}{l_2-l_n}$$

次		l_1	l_2	l_3	l_4	l_5	l_6	l_7	l_8	l_9	l_{10}	l_{11}	l_{12}
E	1	36	31.5	29	26.5	22	19	17	14	12	10	8	6.2
	2	33.5	29.5	23.5	20.5	18.5	16	14	12.5	10.5	9	7.5	5.8
	3	72.5	63	54.5	47.5	41.5	36.5	32	28.5	26	22.5	18.5	15.5
N	1	32	29	26	23.5	21	19	16.5	14.5	13	11.5	10	9
	2	36.5	33	30	27	24	21.5	19	17	14.8	13	11	9.5
	3	48.3	43.5	39.5	36	32.5	29.5	26.5	23.5	20.3	18	16.5	14.5
Z	1	20	17.5	15.5	13.5	11.5	10	8.5	7	5.5	4.5	3.5	2
	2	29.5	26.5	23.5	21	18.5	16	14	12.5	11	9	7.5	6
	3	35	31.5	28	25	22.5	20	17.5	15.5	13.5	11.5	10	8.5

l_{13}	l_{14}	l_{15}	l_{16}	l_{17}	l_{18}	l_{19}	l_{20}	$\sum_{i=1}^{n-1}l_i$	ε_0	r	均数
5	2.8	1.5						240.5	1.1	0.22	
4.8	3	2.25						210.8	1.1	0.17	r_E=0.18
13	11	9.5	8	6	4.5	3.25	2	515.7	1.1	0.16	
7	6	5	4	3	2			252.5	1.07	0.207	
8	7	5.5	4.5	3.5	2.5			287.3	1.08	0.19	r_N=0.19
12.5	11	9.5	8	6.5	5	4	3	408.8	1.09	0.18	
1.2	7							120.6	1.1	0.18	
5	3.5	2.5	1.5	6				208.1	1.08	0.21	r_N=0.19
7	6	5	4	2.7	2	1		266.2	1.08	0.18	

③ε。

$$\varepsilon=\frac{r_1-r}{r_2+r}$$

	E			N			Z			均数
次	r_1	r_2	ε	r_1	r_2	ε	r_1	r_2	ε	
1	6	1.5	3.4	7.5	1.5	4.3	9.5	2.2	3.9	ε_E=3.5
2	7.5	1.8	3.7	7	1.7	3.6	6.5	1.5	3.7	ε_N=3.8
3	6	1.5	3.7	7	1.5	4.0	8	1.8	3.7	ε_Z=3.8

④R以千克计。

R（水平分向）$=800000\dfrac{r}{T_0^2V^2}$；

R（垂直分向）$=320000\dfrac{r}{T_0^2V^2}$；

$R_E=0.46$，$R_N=0.53$，$R_Z=0.38$。

（二）地震

李四光著《地壳的观念——地震》，发表于《武汉大学理科季刊》2卷4期，1932年（15），摘录如下。

各种物质，都可以传播波动，不过流质没有弹性只能传播疏密波。因为疏密波进行的方向和它摆动的方向一致，故又名纵波。至于固质具有弹性，不独能传疏密波，且能传扭转波。因为扭转波摆动的方向并不与其进行的方向一致，故又名横波。地震本为地中发生的波动，从岩层中传播于四方。所以波动力学的原则，大致都可以适用。每一次地震发生，除纵横波以外还有所谓瑞利（Rayleigh）、勒夫（Love）等波同时发生，这些波动的情形不同，速率也不同，所以在离震源稍远的地方，它们到着的时候，也显然不同。从理论上研究，我们可以知道纵横波传播的速率和它们所经过的媒体的弹性与密度有一定的关系。各种岩石的弹性系数和密度，比较容易测验，所以只要知道波动在地下经过的路程和速率，我们便可以知道地下有哪一类的岩石。

先说纵横波传播的速率和传播纵横波的媒体的密度与其弹性系数的关系。假定传波的媒体性质均一，且系异向同性（isotropic），可以省掉许多计算的麻烦，造岩的矿物，大都是异向异性（anisotropic），今假定异向同性似与实际情形不同。但是矿物在岩石中排列的情形，异常的纷乱，所以就岩石而言，简直可以说和异向同性的物质一样。

现在在媒体中任取一点，其未受波动时的坐标为x，y，z，既受波动，其x，y，z三方向地位的变迁（变位）为u，v，w，位置既变，即发生弹力。为便于计算起见，在x，y，z点的左近，取一极小的方块，其容积为dx，dy，dz。单就x方向而言，此一方块中因各质点发生比较的变位而引起的力必为

$$\mathrm{d}x\mathrm{d}y\mathrm{d}z\rho\frac{\partial^2u}{\partial t^2}=\frac{\partial\sigma_{xx}}{\partial x}\mathrm{d}x\mathrm{d}y\mathrm{d}z+\frac{\partial\sigma_{xy}}{\partial y}\mathrm{d}x\mathrm{d}y\mathrm{d}z+\frac{\partial\sigma_{xz}}{\partial z}\mathrm{d}x\mathrm{d}y\mathrm{d}z$$

即

$$\rho\frac{\partial^2u}{\partial t^2}=\frac{\partial\sigma_{xx}}{\partial x}+\frac{\partial\sigma_{xy}}{\partial y}+\frac{\partial\sigma_{xz}}{\partial z}\tag{1}$$

式中，ρ为密度，t为时间，σ_{xx}为沿x向伸缩的弹力，σ_{xy}为沿x向而顺着xz平面的扭弹力，σ_{xz}为沿x向而顺着xy平面的扭弹力。其他还有类似上式的两个方程式，一表示沿y向的弹力，一表示沿z向的弹力。这些弹力和发生的变位，有一定的关系。所谓关系者，就是用弹性系数表示。普通可以直接测验的弹性系数有三种：①伸缩弹性系数，一名杨氏弹性系数（E）；②体积弹性系数（K）；③扭弹性系数（μ）。用单位原形的变形乘弹性系数，即可得弹力。凡弹性体受压力以后，正面缩短，侧面伸长，受牵力以后，正面伸长，侧面缩短。两方面单位长度伸缩的比例，名勃瓦生比

（Poisson's ratio，注：泊松比）。一种物质的泊松比有一定的数目，寻常用$1/m$表示。前述各种弹性系数彼此的关系，可由泊松比决定。

利用前述种种关系，式（1）可写为

$$\rho\frac{\partial^2 u}{\partial t^2}=\frac{\partial 2\mu\left(\frac{\partial u}{\partial x}+\frac{\delta}{m-2}\right)}{\partial x}+\frac{\partial\mu\left(\frac{\partial u}{\partial y}+\frac{\partial v}{\partial x}\right)}{\partial y}+\frac{\partial\mu\left(\frac{\partial u}{\partial z}+\frac{\partial w}{\partial x}\right)}{\partial z}$$

其他还有两个类似的方程式，式中

$$\delta=\frac{\partial u}{\partial x}+\frac{\partial v}{\partial y}+\frac{\partial w}{\partial z}$$

前式可简写为

$$\rho\frac{\partial^2 u}{\partial t^2}=(\mu+\lambda)\frac{\partial\delta}{\partial x}+\mu\nabla^2(u) \tag{2}$$

式中

$$\lambda=\frac{mE}{(m+1)(m-2)}$$

$$\nabla^2(u)=\frac{\partial^2 u}{\partial x^2}+\frac{\partial^2 u}{\partial y^2}+\frac{\partial^2 u}{\partial z^2}$$

其他还有两个类似式的方程式，即

$$\rho\frac{\partial^2 v}{\partial t^2}=(\mu+\lambda)\frac{\partial\delta}{\partial y}+\mu\nabla^2(v) \tag{3}$$

$$\rho\frac{\partial^2 w}{\partial t^2}=(\mu+\lambda)\frac{\partial\delta}{\partial z}+\mu\nabla^2(w) \tag{4}$$

假如把式（2）～式（4）三个部分微分方程式微分出来，再一齐加起来，即得

$$\rho\frac{\partial^2\delta}{\partial t^2}=(\lambda+2\mu)\nabla^2(\delta) \tag{5}$$

因为我们假定地震的波动是平面波，所以对于y和z的微分系数都等于零。又x向的运动方程式为

$$\rho\frac{\partial^2 u}{\partial t^2}=(\lambda+2\mu)\frac{\partial^2 u}{\partial x^2} \tag{6}$$

如果u能适合于式（6），则$\partial u/\partial x$必能适合于式（5）。又假如①

$$\rho V_{\mathrm{P}}^2=\lambda+2\mu \tag{7}$$

则式（6）一般的解答为

$$u=f(x-V_{\mathrm{P}}t)+g(x+V_{\mathrm{P}}t) \tag{8}$$

式中f、g为任何二个函数。假定g为零，若t增加τ，x亦增加$V_{\mathrm{P}}\tau$，则u不致变更。在此种条件之下，我们可以知道f函数之项，代表一种变位，其变位的情形就是向x增加的方向，每经过τ时间后变位的距离为$V_{\mathrm{P}}\tau$，一直继续下去。也可说是代表一种波动，向增加的方向，以速率V_{P}前进。同样，g项也代表速率与前者相等而进行方向相反的波动。从此可见如果不是恒数，因之δ不为零，则波动进行的速率必为V_{P}，即

$$V_{\mathrm{P}}=\sqrt{\frac{\lambda+2\mu}{\rho}} \tag{9}$$

其次，v，w适合于下列方程式

$$\rho\frac{\partial^2}{\partial t^2}(v,w)=\mu\frac{\partial^2}{\partial t^2}(v,w) \tag{10}$$

① 以下系数采取H.Jeffreys的方法解释，较寻常解微分方程式的方法为新颖而易于了解（参考Jeffrcys：The Earth，p.85）。

假如

$$\rho V_S^2=\mu \tag{11}$$

照前述的理由，可知v，w的变位，乃根据于速率等于V_S而向x方向进行的波动所发生者。如若$\delta=$（0，v，w）不等于零则波动进行的速率必为V_S即

$$V_S=\sqrt{\frac{\mu}{\rho}} \tag{12}$$

式（9）所代表的波动，摆向与进行向一致，可知为纵波。式（12）所代表的波动，摆向与进行向垂直，可知为横波。若将式（9）与式（12）比较，即见$V_P>V_S$所以纵波进行较速，横波进行较缓。因此，地震仪上所接到的地震波动，普通都分为几段。最先到者，即纵波名曰初波（Prima）；其次即横波，名再波（Seconda）。再波以后，波动的情形，较为复杂，因为有瑞利、勒夫等波混在一道。再加上反射波，情形更为复杂，在此不能讨论。为方便起见，式（9）可改写为

$$V_p=\sqrt{\frac{K+\frac{4}{3}\mu}{\rho}} \tag{13}$$

式中K为体积弹性系数，亦名反压缩性（Incompressibility）亦即压缩性（Compressibility）的反数——压缩性$1/K$。

波动传播的速率，在实验室中测验，不容易精密。普通测验的方法，大都是直接测验岩石的各种弹性系数，然后依式（12）、式（13）二式再计算速率①。最近有几个法国人（Maurain，Eblé，Labrouste），在法国中部选了一个花岗麻岩的区域，用10吨和5吨的强炸药在花岗麻岩中爆裂，又在附近的地方立了二个地震仪。这样，传波的速率，可以定到很准。据他们所得的结果，前述花岗麻岩传纵波的速率平均每秒5524m。像这一类的实验是极有价值的，可惜困难太多，不能随便举行。假如花岗麻岩的密度为2.65，它的泊松比为1／0.2244，我们可根据式（12）、式（13）二式求得（K）为0.425×10^{-12}cgs。

但是同一种岩石的体积弹性系数（K）是随温度和压力变更的。我们知道地下的温度高，压力也大，在地表测得的数目，地下未必能适用。关于温度对于弹性系数的影响，只是大概的可以说，温度增高，弹性系数变小，然而至今还没有详细的研究。唯有压力对于弹性系数的影响，曾经几个美国人②（Bridgman，Adams，Williamson，Gibson，Coker等）做过几次试验。从他们所得的结果看来，似乎压力初加的时候，压缩性颇大，到压力增加甚大的时候，压缩性渐减。压力超过2×10^9cgs单位以上，压缩性变更甚小。他们原来的计算，略有错误，经Jeffreys改正，列表如次：

岩石种类	压力（cgs单位）	密度	$1/(K\times10^{-12})$	$K\times10^{-12}$
花岗岩	2×10^9	2.61	2.10	0.476
	10^{10}	2.66	1.86	0.538
花岗闪长岩	2×10^9	2.69	1.81	0.552
	10^{10}	2.73	1.64	0.610
正长岩	2×10^9	2.61	1.85	0.540
	10^{10}	2.66	1.66	0.602

① 吴筱朋Experimental Determination of Young's Moduli of Rocks',中央研究院地质研究所西文集刊第十号，1930.

② Franklin lnstitute, 195, 1923, 475-529; Proc. Nat. Acad. Sci. 12, 1926, 275-283; American Joum. Science （4）22, 1906, 95-123; American Journ. Science 10, 1925, 359-367.

续表

岩石种类	压力（cgs单位）	密度	$1/(K\times10^{-12})$	$K\times10^{-12}$
闪长岩	2×10^9	2.74	1.60	0.605
	10^{10}	2.78	1.47	0.680
辉长岩	2×10^9	3.05	1.18	0.847
	10^{10}	3.08	1.15	0.870
辉石岩	2×10^9	3.40	1.01	0.990
	10^{10}	3.44		
橄榄岩	2×10^9	3.40	0.95	1.05
	11^{10}	3.44		
丹泥岩	2×10^9	3.29	0.84	1.19
	10^{10}	3.32	0.79	1.27
橄铁岩	$2\times10^9\sim10^{10}$	5.65	0.75	1.33
纯铁岩	$2\times10^9\sim10^{10}$	7.9	0.58	1.72
黑曜岩	$2\times10^9\sim10^{10}$	2.333	2.86	0.350
玄武岩玻璃	$2\times10^9\sim10^{10}$	2.851	1.45	0.690

前表中所举2×10^9cgs单位的压力，恰与地下7公里的压力相当，10^{10}cgs单位的压力，与33公里的压力相当。注意依Labrouste试验所得的K与从高压力方法所得的K，数值相差，几乎由百分之十到百分之二十。这也许是高压的结果。

以上是关于实验一方面的话。现在我们要知道从地下各处传来的波动，实际上速率何如。要测定地下传波的速率，寻常常有两种方法。第一法完全依靠同一次震动经过各地的时刻。第二法除传波时间外，再以震幅大小的补助。地震学家已经造成专表，表示波线由发源地点直到着地点的角距离与传波时间的关系。假如由震源作一直线到地心，又由地心作一直线到震波达到地表之点，则此二线的夹角，名曰震源和到达点的角距离。寻常用$\varDelta$表示。从理论上推测，可得下列关系：

$$\varDelta=2\int_{pc}^{R}\frac{p\mathrm{d}r}{r\left(\frac{r^2}{c^2}-p^2\right)^{1/2}} \tag{14}$$

式中，R为地球半径，r为波线所经过地下某任一点至地心的距离，c为在此点波动传播的速率

$$p=\frac{\mathrm{d}T}{\mathrm{d}\varDelta} \tag{15}$$

T为传波的时间，p可由波线出射角定夺。从式（14）及式（15）的关系可得波线穿过的深度和速率的关系。即

$$\frac{\mathrm{d}T}{\mathrm{d}\varDelta}=\frac{r}{c} \tag{16}$$

前述的方法，假定震源在地面，或离地面不远，又假定地球全体为球形而依中心成对称之组织。在理论上大致容或不差，然实际上测定时刻，颇不易精确。古天伯（B.Gutenberg，注：古登堡）诸氏利用此种方法，加以振幅测验的补充，分析各地地震，迄今总算得了相当的结果。

下表中所举表面结晶酸性岩石，乃指花岗岩类而言。所谓不连续者，即传波的速率，忽然变更。因为速率忽然变更，我们可推测到传波媒质的密度和弹性。忽然变异。这种的变异，当然是因为组成的质料不同。唯Mohorovicic Conrad、Jeffreys、Gutenberg诸氏，对于上部两个不连续的深浅，意见稍有不同。关于此两个不连续以上各层传波的速率，意见也不一致，Jeffreys①以为最上

① M. N. Roy. Ast. Soc. Geophys. Suppl., Vol. 1, 8, 1926, p. 385.

的不连续。不甚显著，应该在10～15公里之间。此层传波的速率，大约每秒5.6公里。其下一层的厚度与此大致相等，传波的速率每秒6.2公里。到了45公里上下，速率骤然增加，上下不连续的情形，极为显著。所以依地震得来的消息推测，地壳的厚，至多不过40余公里。就此40余公里的厚度，还可分为上下两层。如果Jeffreys的意见可以采取，上层不过厚15公里左右。可称为表壳。恰与华盛顿的*F*层相当。从地球的热况看来，这层与发热最多的花岗岩层地位相当，厚度也大致相等（详前）。其下层可称为里壳，与华盛顿的*E*层上部相当。

关于表壳的质料，大家一致承认是酸性岩石。但是那些酸性岩石，究竟是成结晶花岗岩，抑或是成玻璃质的黑曜岩，却有少许问题。发生这个问题的原因就是在表壳传地震的速率，比花岗岩稍有不同，而与在高压下的黑曜岩相近。可是我们要知道地下的温度增高，花岗岩在此温度下的体积弹性系数，当然要减少，如果压力相等的话。就各方面的情形判断，表壳为花岗岩组成，似无多大的疑问。

至于里壳的组成，不能与花岗岩相差甚远，因为通过里壳的波动速率，和通过表壳的相差有限。或为玄武岩玻璃，抑或为闪长岩①。表壳与里壳之间，并无明显的界线。也许是由表壳的花岗岩渐变为花岗闪长岩，再下变为闪长岩或玄武岩玻璃。表里两壳总共的厚度，照现在的情形看来，总在30公里与45公里之间。

地球各层传波的速率（据古登堡）

深度（公里）	纵波速率（每秒若干公里）	横波速率（每秒若干公里）
0（表面结晶酸性岩石）	5.5	3.2?
约30	约5.7	约3.3
不连续		
约30	约6.25	约3.7
约45	6.3	约3.7
不连续		
约45	7.9	4.4
60～70	8.0	约4.5
不连续		
60～70	7.9	4.4
1200	12.25	6.75
1700	12.5	7.25
2450	13.25	7.5
2900	13.0	7.25
不连续		
2900	8.5	?
6370（中心）	11.0	?

关于里壳以下的组成，意见分歧，争执颇多。然大致都脱不了极基性的岩石。有人主张是玄武岩玻璃，有人主张是丹泥岩，亦有人主张是榴辉角闪岩。再下虽有种种推测，然尚无确实证据。到2900公里以下，横波不能通过，所以有许多人疑2900公里以下，简直是流质了。以上是从地震方面探讨地球内部构造的结果。

① Holmes, A.—Some Problem of Physical Geology, Geol. Mag. Vol. LXⅣ, No. 756, 1927, p. 266; Nature, Oct. 1926, p. 586.

1933年8月25日四川叠溪7.5级地震

【编者按】1933年8月25日在四川省阿坝藏族自治州茂县叠溪镇发生7.5级地震。本篇收集了此地震事件文献。资料有：上海徐家汇地震台记录的“1933-8-25地震图”，李善邦的“四川叠溪地震简报”，常隆庆的《四川叠溪地震调查记》及李春昱《四川松潘灌县间地质概况》一文，震毁的叠溪地震遗址照片及叠溪积水疏导纪念碑文，四川省地震局汇编的《1933-8-25叠溪地震档案史料》及1973年李玶等人发表的《一九三三年四川叠溪地震宏观调查与发震构造的几点新认识》等史料。

发震时刻：1933-08-25，15:50:30；

震中位置：31.9° N、103.4° E；

震　　级：7.5级；

震中烈度：X度；

震中附近地点：四川省阿坝藏族羌族自治州茂县北叠溪镇；

宏观震中：32.0° N、103.7° E。

一、地震记录图

摘自《中国早期地震台历史地震图鉴》（第一卷）。上海徐家汇地震台记录的茂县叠溪7.5级地震图如下。

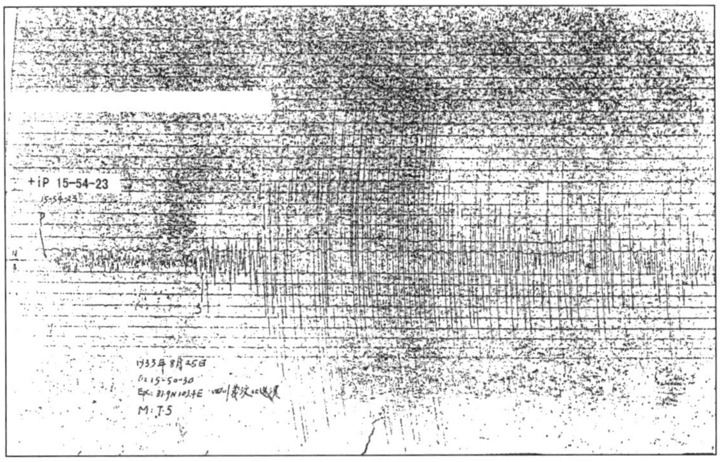

（a）南北向

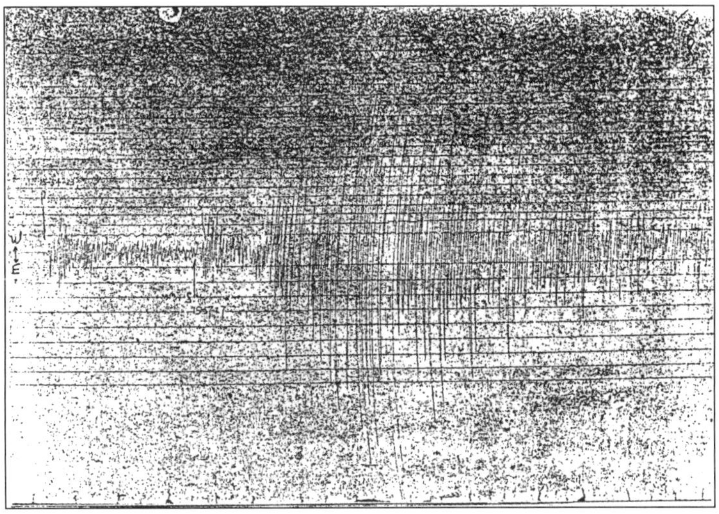

（b）东西向

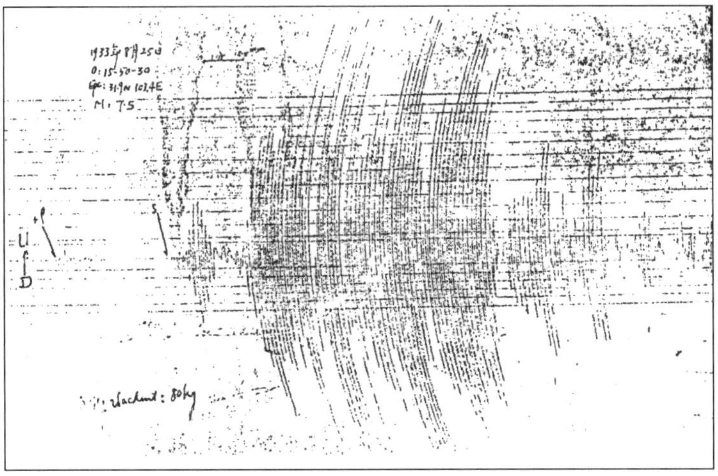

（c）垂直向

Z108上海徐家汇地震台W1933年8月25日（BMT）记录叠溪7.5级地震图

二、地震史料

（一）四川叠溪地震记录简报

摘自《国立北平研究院院务汇报》（第五卷第三期），1934年（14），李善邦。

去年（民国二十八年）8月25日下午3时（中国沿海标准时，东经120°）世界地震仪忽收受强烈之地波动，一般推测，既粗知灾害在四川岷江流域，随得报告，方知川北叠溪，全镇陷没，人畜伤亡无算，据新闻电讯“……当时一股黑烟，天昏地暗，耳中只闻铁雷四响，如放连珠炮，约一小时天日稍霁，已不知叠溪归于何处，……”查吾国西北部原为地震活动地带，叠溪附近地震，则不甚多，史籍可稽，最早者为西历887年5月，以后1480年10月，1510年8月，1607年9月，1657年4月，亦曾见地震，震源均约在汶川县属。自有地震仪以来，其发生最近于叠溪者，则仅1928年7月19日之震，震源地在（31.5° N，102° E），然其为害情形，从未有如此次之烈者。顾此次地震，所储能力，未必比前此特别区大，盖震动迨至重庆，已鲜有感觉者，第其震动发生于地下极浅处，又因叠溪等处之地势不良，遂尔酿成巨灾，诚不幸之至也。

1. 震源地之所在（震央之经纬度）

总合各地震仪记录（参阅表1），首堪注意者，为纵性震波P，达到鹫峰与南京，适为同时（P：15时53分32秒）然则震源之距鹫峰及南京必为等远。设以λ代震央之经度，φ代其纬度，及Δ代其至观测所（鹫峰或南京）之距离，则按球面三角余弦公式有

$$\frac{\cos\Delta}{\cos\varphi}=a\cos\lambda+b\sin\lambda+c\tan\lambda \tag{1}$$

式中，$a=\cos\varphi_S\cos\lambda_S$，$b=\cos\varphi_S\sin\lambda_S$，$c=\sin\varphi_S$，及$\lambda_S$、$\varphi_S$为观测所之经、纬度今

南京之经度为 118° 47′ E，纬度为 32° 03′ N

鹫峰之经度为 116° 06′ E，纬度为 40° 04′ N

则引用式（1）并等距离之关系可得，

$$56\sin\lambda-71\cos\lambda=113\tan\varphi \tag{2}$$

式（2）含有两未知数，有无穷数之解，今因南京仪记录所示，震动方向几从正西而来，是则震源地纬度之高，必与南京相若，因得式（2）特解如：

A. $\lambda=103.7°$ E，$\varphi=32°$ N

其次，Xim（意），De Bilt（荷）及Zürich（瑞）各视测所之P波达到时间，亦极相同，故其与震源地之距离，亦应同长，再引用式（1）并等距离之关系，可得震央之经纬

B. $\lambda=103°\ 28'$ E，$\varphi=32°\ 17'$ N

A、B两组数值，殊称吻合，其准确程度，未超出观测量度之舛差，今以A组之值为准以取得各观测所之距离，及其P波之达到时间而排列之，如表1：

表1 各观测所记录P波到时

观测所	震中距Δ（度）	达到时P（分 秒）	差数o−c（秒）	观测所	震中距Δ（度）	达到时P（分 秒）	差数o−c（秒）
Chiufeng	12.9	53 32	0	Coire	69.0	61 41	
Nanking	12.9	53 32	0	Flo.Xim.	70.1	61 43	
Zikawei	15.1	54 04	4	De Bilt	70.1	61 44	
Taihoku	17.1	54 31	8	Zürich	70.2	61 44	9
Manila	23.5	55 42	6	StraSbourg	70.2	61 45	9
Osaka	25.7	56 15	17	Uccle	71.1	61 49	8

续表

观测所	震中距Δ（度）	达到时P（分 秒）	差数o–c（秒）	观测所	震中距Δ（度）	达到时P（分 秒）	差数o–c（秒）
Medan	28.8	56 24	-3	Neuchatel	71.3	61 50	8
Bombay	30.6	56 45	2	Tananarive	74.0	61 56	-6
Bata via	38.3	56 50	3	Pais	73.1	62 00	7
Malabar	39.5	58 11	14	Kew	72.3	62 02	14
Ksara	55.9	60 02	11	Stonyhurst	73.2	62 04	11
Belgrad	63.6	61 02	10	Tunis	74.0	62 22	24
Copenhagen	64.7	61 09	10	Bacelona	77.1	62 24	7
Hamburg	66.8	61 22	7	Sitka	78.0	62 30	8
Taranto	67.4	61 23	5	Alger	79.0	62 38	8
Triest	67.7	61 27	8	Sydney	79.3	62 38	9
Treviso	68.7	61 34	9	Toledo	81.9	62 51	8
Padova	69.0	61 40	13	Cartuja	83.1	63 01	11
Coimbra	84.3	63 04	8	Pasadena	103.1	64 30	3
San Fenando	85.3	63 09	8	Fordham	107.1	64 50	4
Honolulu	85.7	（63 13）	10	St. Louis	108.2	64 59	8
Saskatoon	91.8	63 41	8	Georgetown	109.0	64 59	5
Welington	98.3	64 17	12	San Juan	128.8	69 34	0
Ottawa	102.7	64 30	4	La Paz	162.9	70 37	11

附注1：Δ以弧度计，1度=111.1公里。

附注2：o–c以观测数（–P下之数）减去算得值。

今据上表之数，以距离为横坐标，以P之走时为竖标，而作P之时距曲线，如图1，可见此曲线殊为平整，是足以证示，所定震中经纬度为103.7° E、32° N，无大差误，如用最小二乘法以改正之，尚可得更准之数，此处暂不录。但此次地震不能以一点代表其震源，大约为数百里长之岩块移动，所谓震中不过示其最大移动之地点而已。

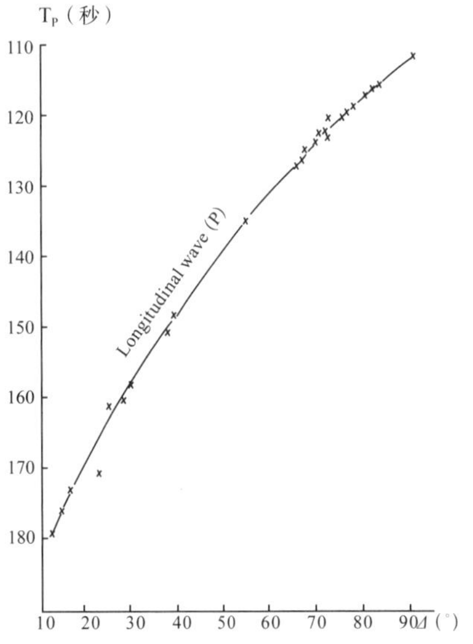

图1 P波走时图

2. 发震时及震源深度

依地质学者之见解，大陆表面之主要岩石成分为花岗岩，因地面积压而成之岩层，其主要因子每多花岗岩之碎片，且一经风雨洗刷，积压岩石去尽，便露出花岗岩，此殆各大陆同一现象。惟大洋中岛屿独不然，每多为碱性喷出岩（如玄武岩），于是学者推论，地壳之上层殆属花岗岩（或其类）下层为玄武岩（或其类），近世地震学者既证明此说之不谬，第其层次大约可分为Ⅰ、Ⅱ、Ⅲ层，参阅图2，其最表面为积压岩层，厚薄之差，极其悬殊，Ⅰ为花岗岩层厚约10公里，Ⅱ为玄武岩层厚约20公里，Ⅲ为橄榄岩层，厚约27公里，普通地震发源均限于此三层内，虽然特别深震可在600公里以下。纵性震波P，通过Ⅰ层其播速为每秒五又十分之四公里，通过Ⅱ层为六又十分之三公里，通过第Ⅲ层为七又十分之八公里，其增进为断续而非连续。此次地震，从震央附近受灾重而范围小，既可粗知其发源甚浅，而取震仪记录之震波图考之，更可深信，盖其弹性波（通过Ⅲ层以下者）部分，振幅甚小，而地面波部分，振幅大至出格，可知地震能力大部分在表面营其破坏作用，其下传者仅小部分而已，故可断定其震源在第Ⅰ层内，惜鹫峰距震中既1432公里，纵性震波直接通过Ⅰ、Ⅱ层者（图2中之点线）均因道远，不能收获（通常在600公里及800公里者即不可见），其最先达到者乃为P（直接经过Ⅲ层者），次为曾经震中附近地面反射而复经由Ⅲ层之pP（图2中之实线）。今已知P经过Ⅰ、Ⅱ、Ⅲ层之速率，又据杰弗瑞斯（H. Jeffreys）之研究P之射线与Ⅱ、Ⅲ层之接合面约成40° 角，由是P波由震源达到鹫峰之走时，可用极简单之算法，得之如下：

$$187-\frac{h}{5.4\sin 40^\circ}\text{ 或 }186\text{秒}\pm 1\text{秒（}h\text{为震深）}$$

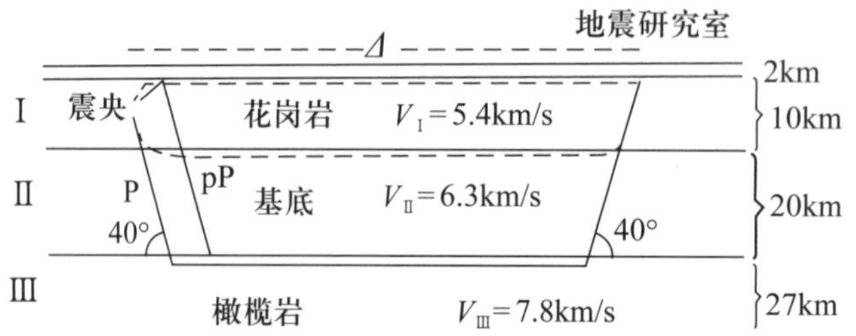

图2　地壳分层极波速结构图

今P达到鹫峰之时刻为15时53分32秒，以减去上之得数得发震时刻为

世界标准时：07时50分26秒；北平标准时：15时50分26秒；成都标准时：14时50分26秒。

再从鹫峰及南京之震波图，量得pP在P后至3秒（τ），又依表1得P在鹫峰或南京之出射角等于45° 度（i_0），按下式

$$\tau=2h\left[\frac{\sin i_0}{5.4}\ \frac{\cos i_0\sin\left(i_0-\frac{\Delta}{2}\right)}{6370\sin\frac{\Delta}{2}}+T\right]\text{（}T\text{为P之走时）}$$

或

$$3=2h\left(\frac{\sin 45^\circ}{5.4}+\frac{\cos 45^\circ\sin 38^\circ 33'}{6370\sin 6^\circ 27'}\times 186\right)$$

而得震深$h=6.1\text{km}\pm 1\text{km}$。

此得数诚小矣。然于（表1）o–c行下之剩数观之，颇为合理，盖其数几一致为正，且在距离50弧度外，渐趋于一定数，是即此次地震发源较12公里为浅，盖P之波速浅处小而深处大，故其走时多于以12公里为震深者也。

3. 震源运动之推测

此次地震成因，为岩块运动为无疑，且其上下动位较水平动位为大。今据实地调查所得，有：①校场坝附近有一东西向裂开缝口长约600公尺，宽约70公尺，南便下降约80公尺，一沿南偏西70°之大裂缝，长约200公尺，宽约20公尺，其南侧下陷约5公尺；②砾石层中裂缝甚多，其最大者沿南偏东向叠溪，此裂缝之西南地面皆陷，东北则不陷；③南北向之裂缝自数丈至里许者，不可胜数；④大震时叠溪、龙池全部倒入岷江河为之塞；⑤叠溪以南建筑物皆向南倒，以北向北倒。从上述断裂情形推测，此次主动岩块必有南北移动之断裂面，至叠溪附近又从横向断裂为两股（如图3），其南段或与灌县断裂带相属，其北段或与武都断裂带相属，未可一定。其运动情形，大约：①横向断裂处之岩块，向地心下倾，故南方之建筑物向南倒，北方向北倒；②其南侧动位较大于北，盖南至理潘犹觉震动自地下而来，至青神、洪雅犹感觉震动强度为七，而北至西固感觉强度仅三；③其西南侧移位较大于东北，故陷裂以西南地面为甚也。

图3 叠溪附近断裂带示意图

此次被害以叠溪附近为最惨，查叠溪镇建于一砾石台地上（图4），此台地为碎石及角砾石掺合沙土所组成，厚约200余公尺（或云500公尺），岷江穿行其中，刻蚀陡峻，龙池与叠溪隔河对峙，情形相同，不幸其地适为地震中心，如此疏松之砾石台地，经不起大力，难怪于顷刻之间，叠溪、龙池湮没无遗，因岷江为之堵塞，河水逆行，即日淹没沙湾，死人300，骡马万计，再及其他各地，而成鲜有之浩劫，诚不幸之至也。

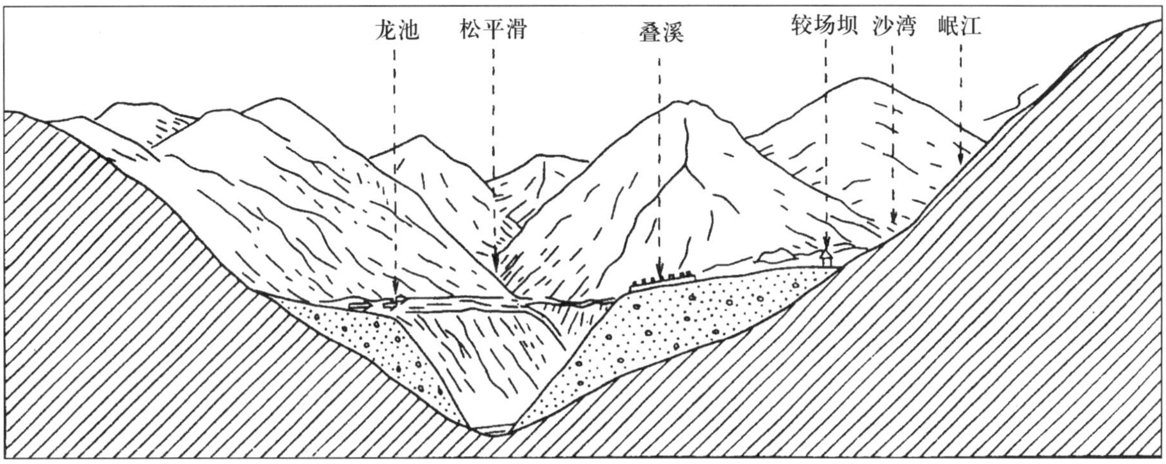

图4 叠溪地形地貌示意图

刻因调查报告尚未收集齐全，以上所述仅其大略而已。

（二）四川叠溪地震调查记

摘自《地质论评》（第三卷第三期），常隆庆著。

民国二十二年八月二十五日下午二时半，四川茂县所属之叠溪，忽然发生大地震，事前无微震、鸣声及任何预告，即时山崩城陷，岷江断流，积水成湖。一切建筑及人畜，皆罹浩劫，剧震时间仅及一分钟。叠溪周围三十里内之山陵川泽，全部崩坏。直接感受破坏震之地，南至茂县，北至镇平，东至桦子林马厂山地，西至芦花黑水番地，凡圆径百里之内，皆被重灾。死人达六千八百余。至是年十月九日，叠溪积水溃决，又将灌县以上村镇冲没大半，死人达二千五百余。财产上之损失更钜。近年来四川之天灾，当推此次为最烈。隆庆于十月初，奉实业部地质调查所之命前往调查，去大震之日未远，陵谷变迁之迹，崭然犹新。其所记录，务求真实。今于叙述地震现象之先，略述该区域之地质地文以明其于地震之关系。至水灾一项，为地震后之余劫，因附录焉。

1. **地质概况**

（1）地理。

四川西北部，自灌县至松潘一带，为岷江上游，山高水急，险阻异常，在地理上自成一区。岷江发源于高原，向东南流至松潘，河谷皆宽平蜿曲。及折向南流，至镇江关，汇岷江南源，水流益大，河谷益深而窄。南至普安，河道更狭，及于叠溪，则河道宽度且不及十五公尺。过大定后河道渐宽，至茂县岷江乃折向西南成一大曲，河床陡宽。至威旧，汇理番河后，乃折向南流，又行峡谷中，至灌县离堆，乃入成都盆地。江流奔放而下。别为岷沱二江，复散为数十支流，川西灌溉实利赖之。

岷江发源于青海高原之南，与成都平原间之距离甚短。故河床坡度之陡，实堪惊异，自松潘至灌县仅约三百八十四公里，而两地高低之差达二千零五十公尺。河床坡度约及万分之五十三。故水流湍急，且声震山谷，有如雷鸣。沿岸诸山，皆非常高峻，常在海面四千公尺以上。盖即青海高原之边缘，受侵蚀所成者也。岷江自此种山地中流出，两岸皆造成深峡。河谷中之交通，为两岸之高山所限，所有大道，多傍河而行。仅自茂县东侧，越海拔二一二〇公尺之土地岭可通北川县。自松潘西北越海拔三八六〇公尺之雪蓝关可通平武。其他通东路之小道，皆须超越终年不化之雪山，非行旅运输之所宜。

岷江上游既深锁于高山之中，而此诸山又皆为青海高原之边缘侵蚀所成。故气候方面雨量稀少，空气干燥，且夏凉冬寒。因之一般建筑，皆注重避风避寒，而不注重避雨避热。故多用碎石砌成平房，随山高下，筑成村落。与四川盆地中之建筑大异。然其间交通不便，土地硗瘠，民国以来，所被人祸独少，俨然世外一桃源也。

（2）地质。

岷江上游地质，在四川境内，亦自成一区。此区内之岩层，多属变质岩类。其间摺皱断层特多，构造殊为复杂。今将各地质时代岩层自古至今略述于后。

①松潘系。上部为片岩，多作绿色，间作灰色。或为石英片岩，云母片岩，绿泥石片岩等。其中常夹若干之黑色页岩层，常为辉绿岩及花岗岩所侵入。中部多为千枚岩，色多绿色，亦有作灰色，黑色者，成层极厚，其下部为石灰岩夹绿泥石片岩之交互层。每层厚约五六十公尺。石灰岩多变质成大理岩及结晶石灰岩，亦有成为白云岩者。石灰岩中产珊瑚及腕足类化石，其时代属志留纪或志留泥盆纪。

松潘系岩石之分布区域甚广。自松潘以南至威旧，以东至北川，以北至章腊，皆属此系。其走向多为东北，在花红园至片口之一线上，成一向斜，其西北一翼倾向东南，其东南一翼倾向西北。在北川之南，本系岩层之下，有二叠纪灰岩，其倾向亦为西北。二者之间，自有一断层。在威旧之南山脚湾，本系岩层之下，即为一厚层花岗质片麻岩，二者之间，亦有断层。

②二叠纪石灰岩。二叠纪石灰岩在本区域中，共有三处，但其相（face）皆不同，其一在灌县以北龙溪附近，分上下二部。上部为变质极甚之石灰岩及紫黑色页岩所组成，多为花岗岩及辉绿岩所侵入。在页岩之中，有煤层痕迹，并有保存完好之二叠纪植物化石。下部全为厚层石灰岩，稍稍变质，含纺锤虫极多，多巨体者，多为Schwagerina一类之物，岩层多直立而略向西北倾斜。其分布区域，北至娘子岭，以一断层与花岗质片麻岩接触，南至茶关以一断层与倒转之侏罗纪砂岩接触。

在文镇东侧之萝卜寨山上，亦有二叠纪岩层，为石灰岩夹片岩，中夹劣质煤层，已有人开采。此地之二叠纪，位于高出当地河谷四百九十公尺之高地上。其分布范围，约为向东北展布。其四围之岩石时代与二叠纪皆不相接。故此地之二叠纪，亦系因断层关系而露出。

在茂县城东北之水磨坝沟中，四围皆为松潘系岩层，而沟中每有巨大之堕石，中含四射珊瑚及其他二叠纪化石，此种堕石，当系自茂县东侧之高山上堕下者，故萝卜寨之二叠纪岩层，仍有向东北延长之可能，而山脚湾之断层线，亦当向东北延伸也。

在北川县之南侧，松潘系千枚岩倾向西北，其下有石灰岩一厚层，倾向及走向皆相同，而含二叠纪珊瑚化石，其间亦当有一断层线，此断层线即为自山脚湾向东北延伸，经萝卜寨及茂县东侧山地而至北川者也。

③侏罗纪砂岩。本纪岩层仅在灌县百丈堤之北，茶关以东之地露出，其走向约为东北，倾斜向西北八十度。上部为黄色砂岩，中夹若干层之石英岩，砂岩中常有零碎之植物化石。在此层之下部，有四层薄煤层，皆有人开采。按四川侏罗纪生成情形而言，侏罗纪煤层应在厚层砂岩之下。而此地则煤层反压于砂岩之上，故为一倒转现象，而其在龙溪二叠纪灰岩之接触处，当有断层也。

④离堆砾岩。此种砾岩，大部为大而圆整之石英质砾石组成，黏结极坚固。在岷沱二江分水处

最著名之离堆，即为此种砾岩所成。其分布区域，在灌县附近及玉垒关一带。倾斜皆向东南，极似不整合于侏罗纪砂岩之上者。其时代或属于白垩纪。

⑤汶川片麻岩。此种片麻岩，大部为花岗岩所变质而成，常有别种岩石之小包体夹于其中。自山脚湾经汶川至娘子岭，皆为是种岩层。其走向多为东北，倾角多向西北。花岗质片麻岩而外，有正长岩质片麻岩，中含巨量之长石及辉石，多作绿色，又夹有黑色片岩数层，又常为辉绿岩脉所穿透，并常夹绿泥石片岩。故此系岩石，当原为火成岩，受变质后，乃成片麻状。其北在山脚湾以断层与松潘系及二叠纪相接触，其南在娘子岭，亦以断层与二叠纪岩层相接触。

⑥叠溪砾岩。岷江上游河谷中，常有若干小台地，高悬于半山之上，皆为砾石所成。砾石皆不圆，多带角砾状，为搬运不远之物，黏结亦不固。成层极厚，约及五百公尺。盖现今岷江河谷，皆在此层中流行也。砾石层受岷江分割后，即孤悬半山，成平台地。其最大者，即在叠溪，各地砾石层，皆稍带向北倾斜状，就其位置之在半山间及地层之已倾斜而论，其成层时代亦非甚新也。

（3）地文。

岷江发源于青海高原。所经之地，皆在崇山峻岭之间。试自灌县溯江而上，则河床渐上渐高，两旁崖岸，亦由深窄而变为低阔。至松潘，则河床已自六百八十公尺之地，上升至二千七百三十公尺之地。其地山势即渐开展，水流曲折。水面与山地高低之差，已不如下游之巨。若更循江而上，终至上达青海高原，则四围更无高山峻岭之阻矣。但在岷江河谷中，无论何地，试登山顶一望，则岷江流域之山顶，大都高低相等。可知现时分离散走之山，在古昔实为与青海高原相连之平原，经河流割蚀后，乃成不相连属之地。此种似平原之遗迹，现仍可于四千公尺上下之地求之。凡本区域内之高山顶，皆甚平整，如叠溪东侧之马厂山，其高为三八六〇公尺，已属一平整之草原。此种平地，皆为似平原。其生成时期，当在地层摺皱倾斜之后。可暂名之为青海期地形。

青海期之后，岷江发生，以前之似平原，即开始剖离。产生幼年期河谷。及后侵蚀力稍衰，河谷变宽，产生中期地形。此种地形，在茂县以北如章腊一带，尚保存完好，可名之为章腊期地形。

水流在漳腊期地形上，散漫迟缓，每不能将河床中砾石冲走。日积月累，砾石堆积成层，河身愈低下之处，砾石之堆积亦愈厚。故在章腊松潘之砾石层薄，而在叠溪茂县之砾石层厚，其时期则完全相同，此时江面仍在砾石层之上。及后，地势变迁，砾石层亦随之倾斜。水流侵蚀之力复活，河谷即垂直向下深刻，将砾石层割裂，使河谷穿行其中。渐蚀渐深，即在砾石层中造成深峡，水面即远在砾石层之下。而以前完整之砾石层，遂支离破碎，仅留残迹于半山上，作成台地，其最大者即叠溪台地。现时岷江沿岸地形，皆系此时期所产生。可称之为岷江期。

岷江谷中之台地，本身为砾石所成，黏结亦不坚固，又在幼年期河谷之中，崖岸非常陡峭，因之在水流畅盛之区，如灌县漩口以下，此种台地，早已崩坍罄尽，不复存留。其他各地，亦仅在河流转折处，或两山间之凹入处，稍留残迹。在外形上，极似支源中新生之冲积锥形地。而实则古昔砾石层侵蚀后之遗迹也。

2. 叠溪大地震

1）叠溪本地

（1）叠溪之地势。

叠溪在茂县之北一百二十里，松潘之南二百四十里。位于岷江东岸之一砾石台地上，台地四围皆属坚质岩石，多为石英片岩、云母片岩等组成之高山。海拔高度，在四千公尺以上。台地本身，为昔时河流所冲积。全为砾石组成，黏结不甚坚固。但亦不疏松，仅黏结质未变成硬质而已。砾石大小不一，其大者，直径可达一公尺以上。但大部分之直径皆仅约二十公分。砾石皆不甚圆，仅稍稍去其棱角，有时全带角砾状，为搬运不远之物。故其质料，颇与附近岩石相同。多为石英片岩，绿泥石片岩、云母片岩、片麻岩、辉绿岩等。黏结质皆为黏土及细沙。砾石成层殊厚，约及五百公尺。当岷江侵蚀之力复活时，河道向下深刻，即将此砾石层作成深峡，渐蚀渐深，此砾石层即被遗置半山之间，成一平台地，此叠溪平地之所以造成也。据岷江河床坡度推算，在未震前，叠溪平台地，应高出当时河面二百七十公尺。

在叠溪之西，隔河有龙池山平台地，略较叠溪平地为高，而面积较小，两地遥遥对立，当属同一时期之砾石层，被岷江所分割者。凡组成台地之砾石层，在侵蚀后，皆成绝壁。故叠溪于龙池山间，为一深峡。其间崖壁陡峭，上下极难。两地相距仅一望之地，几可以一桥连接，而途程则须盘旋上下，有十里之远。岷江在叠溪附近，为此深峡所束，江面骤狭，在叠溪西北之大桥，即仅用木柱搭成，木柱之两端，即直接置于河之两岸上。其地河面之宽，盖不及十五公尺。

岷江自北流来，至银屏崖即曲向西方，绕叠溪台地成一大弓形，由此汇松坪沟、鱼儿寨沟之水，过大桥向东南流。及过叠溪后，乃向南曲折流去。此半月形之台地，南北长约二公里，东西广约八百公尺。叠溪故城即在其南端，紧靠岷江左岸，海拔高度为二二九〇公尺。较场坝在其北端之平地中心，海拔高度为二二五〇公尺，两地相距约三里。其间近山麓处，有村名七珠寨。此台地之南端高于北端约四十公尺，而大致平坦。在大地震前，完全为山地中之一大平原。岷江河谷中之台地，以此为最大。

叠溪四围之山，多为石英片岩、云母片岩及绿色或黑色之片岩组成。其间常有片麻状之伟晶花岗岩，伟晶多为辉石。岩层走向多为北偏东八十度，倾角约为三十度向南。山地皆极陡峭，其高度皆在四千公尺以上，其东有雪峰山、犁牛山，其南有排栅山，其北有飞凤山、蚕陵山，皆载在志乘，为茂县名山。

叠溪之西，隔河有松坪沟，为岷江一小支源，沟谷颇宽，长约八十余里，其间番寨林立。向西过山，即入黑水河夷地。故为汉番互市要道。叠溪以东之山地，在昔为青片白草诸“夷”盘踞之所，叛服无常。自康熙二年大剿之后，青片等寨拨归叠溪营大小两姓土司管束，边患始息。故叠溪在昔时为边防要地，于汉时为蚕陵县，五代时为翼针县。明洪武十一年，于此置叠溪千户所，辖叠溪郁即二长官司，置兵一千二百十六人，茂州兵备，全集中于此地。清初在茂州置威茂营及叠溪营，于叠溪营置游击、守备、千总各一员，把总、外委各二员，马步战守兵五百名，以镇慑番民。盖叠溪东西两道，皆通番地。南北两道又为汉人之咽喉。故历代以来，皆为重镇。民国以来，兵家所争，已不在边鄙之区，然叠溪仍不失为税收要地。置有税捐局、公安局、小学校等。城中有房屋二百七十八所，居民五百余人，盖仍属茂县南北两路之惟一繁盛市镇也。

叠溪城筑于唐贞观时，盖远在茂县有城之先，明洪武十一年，御史大夫丁玉讨复故地，命指挥使童胜复筑。城高一丈，周围三百九十丈，作斜方形，关门四。成化间，又重修一二次。以建置悠远，古迹琳琅，城南有玉津楼，祈雨台，城北有玉垒洞，城西有瑞芝石，皆叠溪流连观赏之胜地。城中仅有繁盛街市一，作南北向，旧日衙署及学校等皆在焉。城中隙地殊多，皆作为菜园之用。

（2）叠溪之毁灭。

民国二十二年八月二十五日，下午二时半，大地震忽然发生，事前无微震、地鸣及任何预告。据叠溪北三里教场坝在田中逃出之人所述，地震前连日皆极晴明炎热，是日尤热。大震发生时，村民多在家用午餐。陡闻霹雳一声，天翻地覆，即时成为黑暗世界。地中发出仑仑然之绝大吼声，与地上隆隆不断之崖石崩堕声混合，震耳欲聋。人身如被抛弄，倒伏地上，亦颠簸不定。觉飞沙走石，滚滚而来，耳目口鼻，皆为尘土所塞，几闷绝不能呼吸。满眼迷离，不能远视。只见近处地皮上，到处发生大裂缝。忽开忽闭，中吐黄雾。或过度崩倒，则地壳向下倾陷，排墙而倒，极似架上直立陈列之书籍，一一倒去。人在地上，一步不敢移动，意志全失，如在梦中，不知究属何故。约一分钟后，地壳即未筛动，地中仑仑之声亦停。但四围山地中绝大之隆隆吼声，仍继续不已。沙石仍继续飞扬，远景仍在朦胧中。约三小时后，尘雾消歇，可辨远景。则已日影沉西，河山移易，城郭庐舍，无一存者。

在大震之一分钟间，叠溪城即时毁灭。其西侧邻河之一部，向河中崩倒，一部垂直向下陷落。其他一部，则为自东侧山上滚下之岩石所覆压。

叠溪西岸之龙池山，与叠溪隔河相望，其上有湖曰龙池。风景幽丽，为叠溪营八景之一。其侧有龙池村，居民二十余家。大震时。龙池山亦向河中崩倒，龙池村全村覆灭，龙池湖水亦涸。

由龙池山及叠溪崩下之碎石泥沙，即时将岷江堵塞，在河谷中横成一山脊，高出当时河床在一百六十公尺以上。

叠溪陷落之部分，系沿东北一直线上垂直陷落。在原地上，成一断壁。其高及一百公尺，俨然成一小断层，陷下部分，因崩堕及被自山上滚下之岩石压积之关系，不复成为平地，成一片丘陵地，皆为乱石堆成。乱石多属自山上崩倒而下者，或大如屋，或小如拳，随地堆积成小山，其间常有洼地。丘陵地中，又常有黑泥流布之迹，当系大震时，山谷裂缝中所流出者也。此陷下之区域，约沿叠溪东侧山脉，向西北延伸，其长约一千三百公尺之远。北部陷落较浅，南部陷落较深。陷下最烈之地，即叠溪城之北部也。向南远望叠溪，则此地恰如一向东北方延伸之深谷。在此地带所有之城郭房屋及一切生物遗迹皆无所见，仅在断壁之西南侧河岸上，见有一小堆之折断木料，然在乱石堆之上，当系自他处飞来之残破房屋，而非陷落部分之固有物也。

叠溪未陷落之部分极小，仅城东南角之一小部，该地人烟稀少，多属菜园地，然其大部犹为自山上崩来之岩石所压，未压之地带，亦被掊击无完肤，且到处发生龟裂。今所有之城郭，仅东门城洞一，及其南侧之数丈城垣，而城洞被四围乱石压迫，乃卷缩如圆窦，城垣则牛埋乱石中。其北则巨石丛错，皆为自山上崩来者。一片凌乱之地，循山而北约及二里之长。

叠溪城东隙地中有一城隍庙，大震后，此庙之断柱颓梁及断腿折足之泥判官等，尚有一部分存在，为叠溪全城之惟一残留建筑物。但此庙已随地皮向南方转移十数公尺之远。又此段地带，以前本向西方岷江中倾斜，现则倾斜向东方山地。叠溪城中原有房舍二百七十八所，除此庙外，无一点残迹可寻。

大震发生时，正在午后二时半，为村民午饭之时。故叠溪居民，于此时多在家中。是日凡在城中之人及距城极近之郊野中，仅闻有二人未死，其除全罹浩劫。逃出之二人，有一为在城隍庙中装塑佛像之画师。又一为妇人，正抱一幼孩在城外东南角路上行走，幼孩被飞石击毙，而此妇幸免，盖亦奇矣。是日城中死难人数之可考者，计五百一十七人，而旅行客商及暂住此地者，尚不在内。但所有尸体，皆深埋乱石之下，仅在城隍庙隙地中寻得二具。当地震时，在城北田中工作者，亦无一人幸免，仅在城东南方二三里外，有逃脱者，幸当时正值河西番地鸦片烟成熟之期，叠溪居民多往收买，或代为收割，因得保全性命。计未在城中之叠溪籍人，在附近遭难受伤者有四十二人，苟全性命于远方者，亦仅八十二人，其中一部，于劫后归来。就城隍庙之遗址，扬幡招魂，地拆山崩，人悲鬼泣，瞬息之震间，其惨有如此者。

在叠溪城北三里近山之地，有村曰七珠寨，居民十余家，皆因山崖下崩，全村覆没，乱石堆积其上，成为一片荒丘。

与在叠溪城北三里之较场坝村，在大震前，与叠溪同在一平台地之上。昔时自叠溪往北到较场坝，其间田畴相接，地势平衍，为岷江上游之惟一大平台地。大震后，叠溪以北二里之区域，向下陷落，又为自山上崩下之岩石压覆，作为乱石堆，此古昔相连之平台地遂不复相连接。故此时自叠溪遗址到较场坝即须先下一高百公尺之陡坡，经行乱石堆上者约里许之远，乃逐渐上升至较场坝平地。

较场坝为以前叠溪营之大较场，其村有居民二十二家，成一长街。大震后，仅有木架房屋二间未倒，其余全数倒坍，共死五十二人。

（3）平地之拆裂及倾斜。

较场坝平地，在大震时，发生许多拆裂。当时忽开忽合，裂缝中吐出尘雾，直冲霄汉，状至狰狞。逃向田中之人，有五人竟为此裂缝所吞，大震之后，遍地龟裂，崩陷错乱，竟不知葬身何所。所有裂缝，大都顺东侧山岭排列，作南北方向，阔自数寸至四五尺，长自数丈至里许，深浅曲直皆具。惟此裂缝，皆发生于砾石台地中，易致崩塞。故调查时所见最深者，亦不过三丈耳。凡近山之处，经断裂后，在裂缝西部之土，即下降成为阶级状，两侧高低之差，自一二寸至三丈不等。此崩裂之地，其本身亦倾侧，大部东侧低而西侧高。在较场坝东北方，此种裂缝，最为显著。较场坝平地中，以前无水。拆裂后，在东北角平地中涌起一泉，水量足二十余人家取用。

在较场坝东侧平地中，有小石山一座，即点将台，其附近之土地，则近山石处不动，而远处下陷。可知土质地盘，距石山愈远，则下陷愈甚。

此外之砾石地中，皆处处有裂缝存在，大小长短不一，其最大之一，在点将台之东南，沿南偏东四十度，伸向叠溪，俨然成一断层，在此线东北之地，多未陷下，西南部分，则皆陷下，北部陷下较浅，南部在叠溪城下，陷下达一百公尺之多。在此陷下地带之南端，及西部皆成一断壁，露出部分仍属砾石层。

叠溪台地，自大震之后，或崩倒或陷下，或坼裂，其中三分之二之地面，地形状态与以前完全不同。仅在较场坝附近，尚能保持平台地之形状，而断拆龟裂之处亦多，且接近江边部分，亦有小部崩入河中，而在点将台西南方之地，以前本稍向西南方江中倾斜，大震之后，竟改向东侧山地倾斜。

（4）山地中之断层。

在较场坝之北一里，有一小山岭，自高山上，顺地层走向往西横出，直伸至江边，为石英片岩组成，状如卧蚕。按茂州志，叠溪城北五里有蚕陵山，当即此地。蚕陵山之中峰，高出较场坝平地约及二百公尺，为叠溪台地之北沿。大震时，蚕陵山之山脊上，发生一大断裂，即可称之为一小断层。自山顶顺北遍东八十五度方向，向下裂开，裂口并不平整，状如扯裂之麫包。其上岩石，犬牙交错，棱角森然。裂缝顶部相距之宽约七十公尺，长约六百公尺。西边直到江边，东侧伸至高山上。乃顺倾斜方向垂直于大裂口向南断开，以与高山分离。裂缝为巨大碎石填塞，深不可测。其未填塞之沟谷，已约及一百公尺之深。裂缝之南侧，下降约八十公尺。其南侧崖壁上发生极多之小裂口，或顺走向，或顺倾向，或作之字形，或大或小，或长或短，形状不一。

蚕陵山上之大断层，因南侧下降，故其沟谷中新鲜之岩石，在南面六七里外，即能望见。其南侧下降部分之山岭，为沟谷中新鲜之剖面所映，其上之峰谷加宽回曲之状与新鲜剖面上之峰谷，两两相映，如影随形，若合符节，是诚天地间之大观，为近世动力地质史上不可多得者也。

在较场坝之西南三百公尺，为点将台，系一石英片岩组成之石山，高约二丈，周广十数丈，顶平如掌。其侧有唐贞观六年所刻之石佛及元时将官领兵至此之勒铭。在点将台之南侧，亦有一裂缝，发生于岩石之中，沿南偏西七十度向西南延伸直至江边，长约二百公尺，宽约二十公尺，其中亦为碎石填充。现存深度，仅及十公尺。其南侧下降约五公尺，形成一小断层，由叠溪东侧向西北延伸之大断裂线，即在点将台之东侧，与此小断层相接。

由叠溪台地上断坼陷落之多，及蚕陵山断层之显明而伟大，可以想见地壳所受折断力之猛后，当地层折断时，附近地盘，自必随之震动。故断层之发生，实为此次地震之主因。叠溪附近断层坼裂之多，实足证其为地震中心，而叠溪城完全建筑在砾石层之上，其基础本不稳固，又处于悬崖峭谷之上，其受祸自比他处为烈也。

（5）山崩。

叠溪四围山地，皆属志留泥盆变质岩，多为云母片岩，绿泥石片岩，石英片岩及片麻岩。多成尖峻之高峰，峭削之悬岩。其下则深沟窄峡，水流湍急，溅石飞沫。在平时亦多流沙崩石，伤害人畜之事。在大地震时，群山更加发狂，皆向下崩倒。轰天震地，飞沙走石，在震后二三小时内，犹自互相冲击。南自猫儿山起，北至平羌沟，凡二十余里内之山，自山顶至河面，其高在二千公尺以上，尽皆崩坏，极似一盘剥皮馒头，璘珣垒列，当狂风陡起，或微震继至，则一石滚下，初仅轰隆一声，继则全崖崩剥，如万炮齐发声动天地，震撼数里。尘土蔽天，一望迷离，又常伤害人畜，大为行旅所畏。崩倒剧烈之地，叠溪而外，当推小关子隔河之烧炭沟，盖在震后二月中，犹日日有崩倒之事也。至距江较远之地，则崩倒稍逊。此盖岷江河谷太陡峭，两岸之山脚，本不安定，最易崩坍也。

凡在叠溪附近山上之村寨，多系用碎裂之片岩，和泥土砌成，最易崩倒。其在岷江西岸诸寨，如烧炭沟、吉白沟、梭多寨、白泥寨、龙池、石嘴、鱼儿寨、肋骨山、大和尚寨、小和尚寨、白腊寨等，在大震之后，皆随山崩倒。其中近江诸寨，如烧炭沟、龙池、白腊寨等。已崩入江中，即遗址亦不可得见。

叠溪东侧山上，村寨较少。但亦完全崩倒，在叠溪南十里之小关子，亦在一砾石台地上，关建于明洪武中，有居民二十余家。大震时，其接近江岸之一部，崩入江心，其近山地之一部，则向下陷落，全村覆灭，仅余木材房屋数列，共死七十五人（照片四）。其陷下之区域，自小关子起，向北延伸约及一里之地。陷下之距离，北部较浅，南部较深，约及五十公尺之多。其间亦稍受拗折，土地多隆起如乱坟。或则微起小窝，随处龟裂。此地山崩尚不剧烈，陷下之区域，亦少为岩石所压。地上之荆棘、柴草犹能保存其生态。在此区之北端，有为崩石流被之区域。岩石自山上崩滚而下，流入陷下之平台地中，地面受流石之冲击，即向前移动。受冲击力最烈之地，正当石流中部，移行最远。其受力微弱之边部，则移行极少。当地皮移行之时，因石流冲击频数，而强弱各异，故地皮随移方向，绉成若干弧线，一一相套，由近而远，俨然如巨瀑横江，圆浪滚滚，备极美观。为叠溪而外地形变易之至大者，盖此地仅位于叠溪南数里，又同属台地构造，其所受震撼之强，实理所当然也。

（6）岷江堵塞。

叠溪附近崩坏最烈之山地，其有三处，皆将岷江堵塞，成为三大湖。其最下之一，正在叠溪城下，由叠溪城及龙池山崩入河心所填塞，两地崩倒之后，叠溪之河谷，即不得如以前之深窄，而人为扩大。自两侧崩下之乱石，即成一小山脊，横塞河谷之中，即将岷江正源堵断，滴水不泄。据岷江河床之平均坡度及现存遗迹推算，当时此地堰坝之高，当在一百六十公尺以上。

其二在叠溪西北二里之大桥，由梭多寨、白泥寨附近之山地崩下所堵塞，诸寨亦随之毁灭。在大桥附近，成一堰坝，其高在一百公尺以上。

其三在更北四里之银屏崖下。岷江自北流来，即在银屏崖下转弯。银屏崖即紧靠岷江西岸，高出江面在二千公尺以上，直上直下，峭壁干云。震后，附江一面之岩石，自顶至麓，崩入河心，成一大堰坝，顶部厚约三百公尺，高约一百公尺。因完全为岩石崩塞所成，而位置又在最上头，为三堰中最坚固伟大而蓄水最多之堰。

大地震时，群山崩倒，三堰同时生成，岷江正源即时断流。在两河口以上，银屏崖以下之河谷，不论已崩未崩，皆滴水全无。於地震未停，山崩地裂之际，岷江之水，即回激北流，挟飞沙走石倒涌，一小时后，即掩至五里以北之沙湾，将全村淹没。沙湾在叠溪北十里，为骡马大站，居民八十家，是日正有百余驮马运货至此打尖。又系一清真寺会集日，大震时房屋震倒，山石下崩，大部分之人民房屋，即已被压。逃出之人，方从事发掘倒屋，救死扶伤，而水已大至，即时将震后残迹冲洗罄郭尽。计震灾及水灾二项，共死回人一百零三人，汉人约及二百之多，牛马牲畜，田园庐舍，无一得脱。其受灾之剧，叠溪而外，即当数沙湾。

银屏崖之水，于八月廿七日淹没普安堡，此堡建于明宣德间，有居民三十家，震后伤亡大半，仅余残址。至是亦深沉水底。至九月六日，湖水即倒注至太平堡南二里之泉水崖，将该地观音庙淹没。自银屏崖至此，浸成一片平湖，约有二十五里之长，最广之地，约及四里。湖水静平，深碧如黛。遍注沟谷，随山曲折。以前河谷中之小山小岭，多被淹没，或稍露其顶，则或为长堤，或为圆岛，荡漾湖中。近则港湾环合，幽妙成趣。远则雪山耸峙，瑰伟谲奇。然四围崖岸多已崩溃如削壁，每值风吹或地震，则尘烟蜃幻，岸崩水涌，怪吼逼人。观者至此，诚有凛乎其不可久留之慨。

银屏崖湖水，至九月十四日，始盈溢而出，注入大桥湖中。至十月七日，始依次将大桥及叠溪二湖注满。水溢堤而出，岷江正源乃有细流，至十月九日叠溪堰溃决之后，江流乃复常态。

2）叠溪附近区域之地震

（1）叠溪西路。

岷江重要支源，皆在江之西岸。盖西岸毗连青海高原，山深谷远，源远流长也。各山谷中，番寨林立。皆以片岩和黏土砌成，平顶房屋，又多叠石成碉楼，下丰上锐，高十余丈，圆方多角，凹面凸面各式皆有，建筑精固，多宋元以来遗物。每十数家或数家房屋相接，随山高下，鳞次建筑即成一寨。在叠溪之上，大桥西侧，有松坪沟，为番民生息之所，山寨极多。有娃儿、义利、泥巴、上木石坝、下木石坝、刁公、雪泥、力子、格司湾、火鸡、八马、二八溪、木梳、麦食、搽泥、无溪、鸭刮、出瓦等寨。松坪沟长约八十里，往西过山，可通龙坝以达芦花黑水番地，为汉番交通要地。其间沟谷颇宽，耕种极盛。大震时，万石飞空，青崖下坠，四郊龟裂，黑气上腾。各堡寨亦土石相击，梁柱横飞，每一碉楼倒下，则轰然一声，覆压数亩之内，木石全摧。人畜遇此，殊难幸免。然有一二八溪妇人，自述曾住于一高十数丈之碉楼中，当碉楼折断时，彼恰自断口中落出，横挂一大树之上，仅稍带微伤。

松坪沟内之山寨，因建筑恶劣，震后，几全体覆灭，死亡人数，据茂县震灾会调查，约及三千人之多。

松坪沟崩后，在水磨沟村下之溪谷，即为岩石堵塞，成一深堰。其高约及五十公尺，水蓄其中，倒浸四五里之远。

在松坪沟与大桥之间，有鱼儿寨沟，沟极短狭，在大震后，鱼儿寨覆没，其下亦成为一小湖，自远望之，堰高约及二十公尺，蓄水则不甚多。

自松坪沟往西过山，可通黑水。黑水约向东南流，在叠溪南五十五里之两河口流入岷江。故其河谷，恰在叠溪之东南侧。黑水流域，完全为番民势力范围，其中山寨，更较多于松坪沟，大震时，山峰崩溃，压覆村落之上，平地或崩陷或坼裂，多成为乱石荒丘，路断沟塞，地形上之变更甚大。大震后，据茂县震灾会调查，死人约及二千之多。闻在大震前二日，内外五寨沟中，曾降冰雹一次，伤及禾苗，惟其他各地，皆无此种现象。

（2）叠溪北路。

叠溪以北，至于平羌沟一带，山崩地裂，震动剧烈。更北至沙湾普安一带，亦皆残破不堪，群山如剥。但更向北行，则所有房屋即多用木材建筑。故北至距叠溪三十里之太平堡，则所见震坏倾斜之房屋，虽属多数，而完全倒塌者，仅少数之平房耳。但四围山地震崩溜倒者，仍缤纷罗列，到处可见。太平在震灾中，共死十人。

平定关在叠溪北四十里，城垣为碎石所砌，已震崩倒一部。其中房屋，大部歪斜，屋瓦倾落。附近之山，则稍有崩倒，未伤人畜。更北十里之靖夷堡，街市尚盛，房屋大部完整，仅屋瓦稍有震落，数列平房震倒，亦未伤人畜。至更北十里之镇番堡，仅屋瓦稍有震落，房屋更为完整。

镇平在叠溪北七十里，其城垣为碎石所砌，被震倒一部，其北门城楼亦随之倒坍。附郭人家，又多平房，故受灾较重，共死八人，其震力约及八度。更北至距叠溪八十里之金屏崖，则屋宇完整，仅四山微有崩坍，曾压死一旅客。

在金屏崖以北，即未闻有倒崖倒屋及压毙人畜之事。盖去震心已远，震动之力，已不足破坏建筑物矣。

松潘在大震时，居民仅觉地鸣如雷，人身飘摇不能站立。房屋梁柱齐鸣，惟屋瓦无摇落者，片时即停，并无损失。其震力仅及五度。

凡在叠溪以北，所见震坏之房屋，皆系向北方倾斜，表示在此一段途程中，震动之力，系由南而北。

（3）叠溪东路。

叠溪以东，土地硗瘠，多为崇山峻岭，惟在海拔三千八百公尺以上之地，则弥望平远，黄草丛生，为自昔叠溪营牧马之所。地既高寒，人家极少，无崩墙倒屋之事，而地势亦平，山麓坚固，无飞沙走石之可能。故灾象不著。然马厂平地之上，犹到处可见裂缝，长者可至十数丈。至半山之峭壁上，则岩石滚坠，森林压毁之迹，固不鲜也。在玛瑙顶东侧十五里半山之上，海拔二千六百八十公尺之地，有村名大寨，有居民二十余家，其房屋多为碎石所建，大震后，全寨崩覆，一屋无存。即木材房屋亦崩倒罄尽。

自镇平往东，越三五四〇公尺之桦子林垭口至岷涪二江之分水岭以东之地，则地震之力，已似为岩石山脉所限制，而居民又极稀少，损失情形，不大显著。然镇平东侧九十里之大石板人家，在大震时，墙壁亦被震倒。又在镇平东侧约一百一十五里之崖窝附近，片岩组成之悬崖，犹被震倒。

震倒之地，长约百公尺，上下面积约及二百公尺之多。在镇平东二百里之片口，当大震时，地作雷鸣，房屋簸动，瓦坠柱鸣，石砌房屋，多有倾倒者。其垒固之砖墙，则摆动如挥扇。街上人人惊恐，其动力尚有六度。更西南到北川县，此地已在茂县东一百七十里，当地震时，悬物动摇，梁柱发大声，池水如沸，动力约及五度。

（4）叠溪南路。

叠溪以南至小关子一带，皆为剧烈震动之区。由小关子到两河口一带，约四十五里之地带内两岸山壁皆崩坏，道路断绝。大震时，地中发生仑仑吼声，四围山地，则隆隆崩溃，飞尘蔽天。在黄草坪南约五里之老龙湾，当山崩时，山上之泥上，随岩石奔下，成一泥流，斜布半山上，自半山上向西直流入河中。干后成一片黄土地，宽及半里，长约二里。其附近村落，如黄草坪、水沟子及排山营，皆完全震倒。排山营为明洪武十一年西征军至此所建，至是古迹荡然。

玛瑙顶在叠溪南二十里，有居民三十余家，震后仅余一庙及一木材房屋未全倒。死人五名。玛瑙顶附近诸村，如麂子坪等，亦大部倒坍，伤亡甚大。南至大定，则城垣震倒，鹦哥嘴村，则倒坍过半。至距叠溪三十五里之青墩，在山崩时，正值番商赶运大批驮马过此，几全部压死。

实大关在叠溪南四十里，在大震时，当地团总及其友人甲长等，正在关中作叶子戏。大震一至，壁上观者尽鸟兽散，团总以胜利在即，力主鏖战，遂殉难。掘出时，其手中之叶子犹未乱也。震后，房屋多毁，共死二十四人。在实大关东侧之后沟，村中平房全部倒坍，仅余三座建筑坚固之古碉，巍然矗峙于崩崖倒壁之间，然亦震坏一部矣。

后沟以南高山上诸山寨。多属碎石平房，倾倒亦复大半。如海拔二四〇〇公尺之小牛寨，建于斜坡之上，大部崩溃，压死四人。其东南山后之桃花寨，高二三二〇公尺，死十数人。大震之后，桃花寨后方更涌出一泉，水柱粗如大碗。在桃花寨东侧之龙塘沟中，震后亦增出数泉，但二月之后，水仍混浊不堪。计实大关以南诸山寨共压死三十四人。更南到穆肃堡以南，则倒坍者，皆为不坚固之民房，其坚固本材房屋，仍完整无恙。

两河口在叠溪南约五十五里，为黑水河与岷江合流之处。该地有数家平房，亦倒坍不堪。自此以南，及于茂县，则仅悬崖之上，稍有崩坍，山上间有裂缝，不知两河口以上之处山崩如剥皮矣。其间房屋，以碎石平房倒坍为多，其建筑较好之房屋，则仅小部受伤，多数完整。

茂县在叠溪南一百二十里。当地震时，地下发出仑仑吼声，碎石所砌之平房，及不坚固之墙

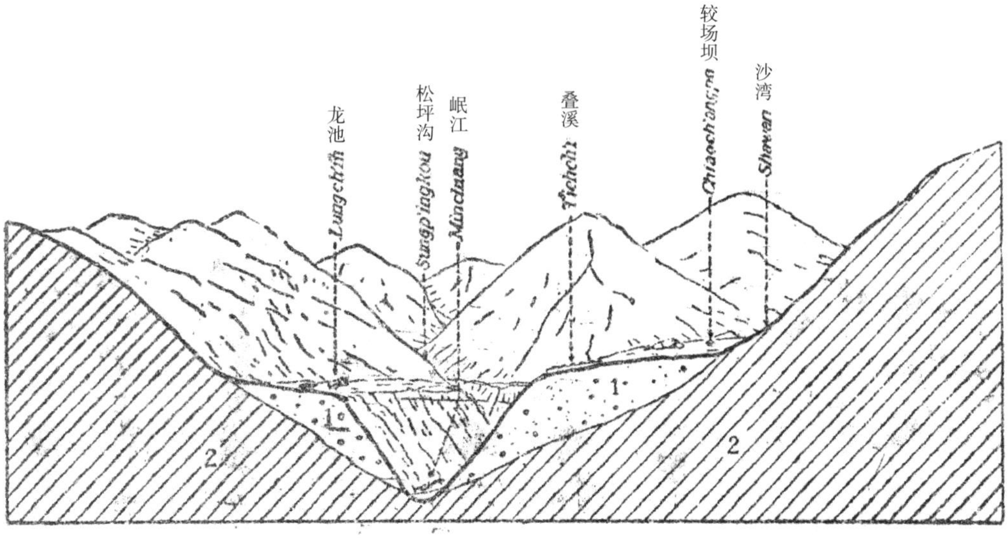

叠溪附近地形及地质速写

1.砾石层；2.变质岩系

壁，皆即时倒下。其坚固之砖墙，虽未崩倒，亦左右摆摇不休，状如挥扇。梁柱忽开忽合，屋瓦坠下，多所伤人。人身几站立不稳，全城鼎沸，当时尘雾大起，盖由于平房倒坍所致，约半小时始散，幸城中大部房屋，皆为木材建筑，未有压毙人民之事。而附城各地亦仅死六人，伤十七人。其震力约七度。

茂县以南如宗渠，石鼓等地，皆受震较轻。仅在羊毛坪东侧高山上之福全寺墙壁，因年久震坏。南至苏村，因系平房，震坏较重。往南至青坡萝卜寨、威旧一带，则平房亦仅受微伤，不坚固之墙壁，始能倒坍，其震力仅乃六度。至汶川县，去叠溪已二百五十里，悬崖断壁间，仍稍有崩裂。在汶川西岸，崩石滚下，犹压死一人。至多年失修之墙壁，虽多所倒坍，而新建及较固之平房，固完全无损也，其震力仅及五度。

至银吉坪以南，即未见有震倒之山，而倒墙者，亦仅桃关及与文坪有旧墙震倒，皆未伤及人畜。更南至龙溪灌县一带，在震时皆瓦屋大鸣，悬挂之器物摇动，人身飘然欲倒，其震力仍约在五度。

凡在叠溪以南所见震倒之房屋，多系向南倾斜，表示此段途程中之震力，系由北而南。而叠溪以北之房屋，多向北倒，则叠溪当在地震剧烈中心。惟叠溪南路受灾较北路为烈，则其震力又属以叠溪为中心，而偏向南侧横压者也。

3）四川其他各地之地震

八月二十五日之震，四川各县，几全被波及。如川西之天全，亦觉梁柱脱折有声，坐卧之人皆觉，其震力约及五度。川北之射洪，亦觉地板响动，悬物动摇，其震力约及四度。川南之江安，则震动极微，仅及三度。川东之万县，墙壁微有腾动，只及三度。北碚所感觉之地震约及四度，然温泉公园中之游泳池水，在大震后数分钟，即变为土红色，泥污不堪。盖泉水皆自地层弱点流来，而地层有弱点之处，亦最易感受震力也。

4）余震

叠溪在八月二十五日下午二时半大震之后，即常常发生余震，至二十二年底，余震犹未息。但仅汶川县政府周盛甫先生，有关于汶川县余震之详细记载。其他邻近各县之余震，皆漫不可考。盖当地人士，已见惯不惊，无复加以注意，使此惨剧之珍贵史料，缺失不全，至可惜也。今仅就见闻所及，将其可靠者记之如次。

叠溪大震后，历三小时之久，始尘雾消敛，仍然天青日丽，此时地即微颤，而不甚烈。至夜中，气象陡变，狂风大作，骤雨忽来，难民皆鹄立雨中。约在十时许，地忽大震，地中作空声响，仑仑然如欲裂开，山石飞滚，地壳频簸，人身不能站立。其强度仅较日间大震稍次。片时即停，俄顷又大震，至次日晨，狂雨始霁，共大震五次之多。此后连日皆有地震，又时夹大震，每一震动，地中皆作仑仑之声。地皮作上下闪动，附近崖壁，因大震之后，颇不安定。每一震动，即崩堕一次。土石俱飞，烟雾障天，良久乃息。或则微震继续至数分钟之久，则岩石之崩溃，隆隆相续，一二时不绝，声震天地。又或狂风大作，山石亦随而崩下，细土飘扬，即时弥漫天空，天日为之改色。但叠溪附近之建筑物，在大震之时，其可破坏者，已全体破坏，无一残留。故此后之地震，虽具强有力之破坏能力，亦无用武之地，惟难民身处其境，莫不惶惶然不知死所。大震后数日中，即有人结木为棚以避风雨，然一遇大震，则又倾覆无余。至半月以后，乃有人将房架立定，而营茅舍。

叠溪余震，渐久渐稀，其初平均每日有一大震，每时有一小震，后则数日一大震，数时一小震，震力亦渐小。但在十二月中，犹有六七度之强震焉。兹将周盛甫先生所作之汶川余震记载及著者在旅途中所记载之事实，列为二表，亦足见该区域中余震情形之大概也。

汶川地震表

月	日	时	地震	地鸣	附　注
八	廿五	下午二时卅分	强震	如雷鸣	震力自西南来，时间约一分钟，余震一时余
		下午十时	强震	有声	震力自西北来，强震时十余秒
	廿六	上午三时	强震		由西北方来
		上午九时	微震	如雷鸣	从东北来，震五六秒
		上午十一时	微震	有声	
	廿七	上午八时	微震		
		上午十时	捽震		由西北起，似回复轨道非若前者之波动
		上午十一时	捽震		
		下午一时	微震		作上下动，但震后向东西捽震
		下午十时	微震		
	廿八	上午三时	微震		
		上午七时	微震		从西南捽震。
	廿九	上午十一时	捽震		从西南来计二次，相隔五六秒，势较前强
	三十	上午十时	微震	有声	七八秒
九	二	下午六时	微震	有声	十余秒，自东南来
	三	下午六时	微震		共震二次
	四	下午十一时	微震		
	五	上午九时	微震		颇烈，五六秒
	八	上午十时	捽震		由东南来，四五秒
	九	下午八时		如雷鸣	二十余秒由东北来
	十二	上午十二时	微震		十余秒
	廿四	下午六时	微震	有声	
	廿七	正午	微震	有声	从西北来
十	一	上午六时半	强震	有声	自东北来，如风颤纸，摆动约一分钟。房屋楼间抽动三次
	廿四	下午十二时	微震	有声	如沸泡，房屋摆动一分钟
十一	三	上午八时	捽震	有声	如烟囱火啸，十余秒
	六	下午十一时	捽震		六七秒，屋柱有声，如烟囱火啸
	廿七	下午十时	微震		
	廿八	上午四时	微震		

叠溪附近余震表

月	日	时刻	地点	强度	经过时间	附注
十	廿三	下午十时半	茂县	四	一秒	
	廿六	下午一时廿分	浅沟	二	一秒	
	廿七	上午一时	龙塘	三	一秒	
		上午五时	龙塘	五	三秒	
		上午五时廿五	龙塘	四	一秒	
		上午十一时半	桃花寨	三	六秒	地鸣
		下午〇时四十	桃花寨山上		六秒	地鸣
	廿八	上午十一时五十	大定		二秒	地鸣

续表

月	日	时刻	地点	强度	经过时间	附注
十一	一	下午一时半	叠溪	三	一秒	
	二	上午〇时廿	黄草坪	五	二秒	
		上午三时	黄草坪	五	三秒	
		上午五时廿五	黄草坪	五	六秒	连震二次
	三	上午二时半	大寨	三	一秒	
		上午五时四十	大寨	三	一秒	
		上午九时七分	马厂		二秒	地鸣
	四	上午十一时	山岔子沟	三	一秒	
	五	下午九时四十	镇平	六	四秒	
	廿二	上午二时	镇江关	三	一秒	
		下午五时廿	镇平	三	一秒	
	廿三	上午二时十五	镇平	三	一秒	
		下午十二时	洞干溪	二	一秒	
	廿四	下午七时四十	窖口	六	八秒	

由上列二表，皆可知叠溪余震，已逐渐减少。惟二表所记载之时间及震动次数等大不相同，盖各地震动力量不能全同，而该区域内，震动情形之复杂，亦可想见。再著者在叠溪北三里之教场坝，曾住三夜，并未感觉该地余震之频数及强有力，当地居民亦谓除恰去在大震后之十数日而外，该地之余震，殊较其十数里外之地为平和。此盖叠溪经一度大震之后，地壳中已达相当之平衡程度，而四围地带，尚未能即时平衡也。

5）损失统计

八月二十五日之震，惟茂县受害，但其附近诸县，如汶川、理番、松潘、北川等，因茂县山崩路坏，交通断绝，其市场上，亦间接受莫大之损失，松潘、茂县、理番、汶川诸县之食粮衣料及杂用品，大部自灌县及北川二地输入而以茂县为枢纽。震后转运困难，商贾裹足，百物昂贵，供求两方，皆感困难。松潘之大批进口货为茶，素为番民日常生活所必需，由灌县输入，至松潘转运青海河西草地。岷江上游之主要出口货为药材及皮毛须经茂县运北川或灌县。该区域内，恃此种事业为生者，盖居极多数，震后皆无法营业，市场因之萧索不堪。而该地方政府，又全恃此诸货物之税收，货运一停，收入全无其苦更甚。今仅将茂县所被之直接损失，如人畜伤亡，房屋倒坍等等数目，照茂县震灾救济会所调查，列表如下：

茂县震灾概况表

地名	受伤人数	死亡人数	房屋压坏（所）	田地覆没	粮食损失	牲畜死亡数（头）	被灾人数
叠溪	42	517	278	完全覆没	概行淹没	375	82
叠属小姓六寨	118	876	197	完全覆没	保存少数	482	170
叠属四大寨及松坪内外五寨	343	2337	372	保存少数	保存少数	1472	450
叠属上四塘	52	437	238	淹没过半	淹没过半	618	430
叠属下三塘	148	367	268	损毁半数	留存少数	371	380

续表

地名	受伤人数	死亡人数	房屋压坏（所）	田地覆没	粮食损失	牲畜死亡数（头）	被灾人数
渭门关至实大关及山后各寨	116	84	283	略有倾毁	损失少数	671	670
小北区各村寨	203	318	281	损毁三分之二	概行淹没	1278	780
内外五寨	41	69	203	损毁半数	损失殆尽	128	1270
三齐河东西二十四寨	49	75	220	略有损毁	毁坏大半	487	910
山后十二寨	145	342	304	损毁半数	毁坏过半	281	510
黑不六寨	46	85	73	损坏小部	略有毁坏	127	570
芦花黑水各寨	568	1345	2325	损毁半数	毁坏过半	2570	未详
县城及附城三乡	17	6	21	无损	无损	无	40
大小东区各场	12	3	无	无损	无损	无	10
大小南区各场	25	4	45	无损	略有损失	18	80
共计	1925	6865	5108			8878	6353

上表所列被灾镇堡村寨，共一百五十余处，死亡人口六千八百余名，而无从查考之行商贾贩及客籍人民尚不在内。受伤及被灾难民在八千以上，田地损毁大半，粮食存留少数，牲畜死亡九千余头，房屋倒坍五千七百余所。此种粗略调查，稍欠详确，然亦可见该区震灾之大概情形。

岷江上流，气候干燥而寒冷，雨水稀少，一般房屋多以碎石和泥砌墙而以石板覆盖，作成平顶式房屋，盖皆不畏雨而畏风。惟结构不坚，最易倾倒。一倒之后，则四方乱石齐下，人在其中，每难幸免。所以此次震灾死人特多，而松平沟及芦花黑水各寨，平房尤多，死亡更惨。至岷江上流砾石台地之多，乃本区域内地盘上之根本问题，非人力所得而改易者也。

6）地震原因

（1）岷江上游地质构造上之弱点。

地震原因，本极复杂，据现今之说，不外乎火山喷发、地盘陷落及地层折断三者。

叠溪大震之后，当有火山喷发之传闻。盖叠溪大震后，余震频仍，崖石常崩坠。附近数十里内，时时烟尘障天，故有此说。实则此次地震，全由于地层断裂，因以引起地面上之崩陷。盖叠溪附近地裂之多及蚕陵山上断层线之显著，即足为此次地震主因之佐证也。

断层之发生，由来也渐，地层自经摺皱侵蚀之后，其上常有不平衡之处。而所受压力遂大小不一。因之地层中发生许多弱点，时时有重新排列之可能。及其日积月累，受压迫过甚，遂起崩溃之象。地壳之一部，沿垂直方向或斜交方向陷落，其两侧之岩石遂发生位置上之移动，成为断层。此种断层，多由缓缓移动而构成，然亦有骤然发生者。当其发生，地震即起。地层为地壳构造之基础，其断裂错开之范围虽小，而地壳则常因之根本动摇。故地面上所显露之断层虽小，而地壳所受之震动则常有想像不到之剧烈。

岷江上游之山岭，多为变质岩类所组成。其地层皆受自西北方掩来之横压力之影响，故多作东北走向。惟压力过大，地层遂多摺皱错乱，或则发生断层。自松潘往南经茂县到威旧，皆属志留泥盆纪之绿色片岩及千枚岩。在茂县、北川一带地层倾斜，皆向西北，直接在其下之岩层，在北川及萝卜寨，皆属二叠纪，其间当有一断层存在。此断层在威旧之南侧，向东北延长，经茂县之南直至北川县尚继续存在，其长在二百里以上，为岷江上游最大之断层。更南到娘子岭，更有二小断层，向东北延伸，使龙溪之二叠纪岩层与汶川之花岗质片麻岩及白沙坝之煤系直接接触。同时因压力过大，白沙坝之侏罗纪煤系竟成倒转现象。凡此种种，如断层线之伟巨，及地层之变质及倒转等现象，皆为此区变动剧烈之特征。当其变动，地壳中自难免遗留下若干之弱点。

凡地层上之断层及摺皱等，皆发生于有弱点之处，因求均势而逐渐变成者也。即至今日，其变动工作，固不能谓其已完成，而地壳中不均衡之弱点，仍有继续折断绉裂之可能。本区断层如此之多，故地震之发生实非偶然。

叠溪大震后，其四围山崩地裂，破坏最烈之区域，北至太平三十里，南至两河口五十五里，东至马厂山上五十里，西南至黑水河谷约一百里。其剧震区域约为一椭圆形，其轴线盖约在东北向西南一线上，与本区域内之巨大断层线方向，实相符合。至叠溪东北路之受灾不如西南路之重者，以有较为崇高之山脉为之限制耳。

岷江在灌县以上松潘以下，多行一千公尺至二千公尺之深窄狭谷中，而江水复波涛汹涌，具绝大之侵蚀力，此种畸形之地文现象，表示地壳上之不平衡，时时可以崩溃，至为显著。而河谷两旁又多有砾石台地，河谷蜿曲其中，故一遇地震，即随而山崩地陷，江水为断。盖岷江河谷中地壳上弱点之多实极明显也。

地层构造，具特殊弱点之地，常自成一区。在此区中之地层，常在若干年中平衡一次，成一周期。叠溪此次大震，如前所述，沿东北及西南方向线上之地，受灾特重，盖此地之地层走向及断层线皆系向东北—西南一线上延伸。若自叠溪向东北方上作一直线，则可与甘肃之文县武都连为一气。翁咏霓先生曾标明武都文县为一剧烈地震带，称为武都折断带。据翁先生之推算，在此地震带上之地，每约五十年，即有大地震一次。前次之大震，在文县武都一带，发生于光绪五年，其余震至光绪十五六年始已。此次叠溪大震，距光绪五年大震之期，亦仅五十三年，与武都折断带地震周期之数，极为近似。故叠溪此次之大震，在硕学之地质学者，固已先知其为必然之事也。

（2）志乘中岷江上游之地震。

岷江上游为四川地震特多之区域，轻微小震，几无年无之，较剧烈之震，民国以来[①]，亦有二年七月七日及十年三月之震。至更为重大之破坏震，据茂州志所载，其山崩川塞之地震，可确实考证者，有如下五条：

①汉成帝元延元年（西历纪元前十二年）正月岷山崩，壅江三日水竭。

②明嘉靖丙午（西历1546年）冬十二月地震。

③隆庆二年（西历1568年）冬十月地震有声自北而南。

④明正统中（西历1436—1449年）都御史寇深谋砌（茂县镇西桥）以石，材具而江广莫可达，会歧山崩，江流塞终日，深即令下石，并工锹中嘴，水至，中嘴已高丈余（以上据茂州新志）。

⑤康熙五十二年（西历1713年）地震，屋墙倒坍，人畜伤亡极众，岷江左岸岐山崩塌，将岷江正流阻断，索桥、练光亭均被压没，州主费时半年之久始将江流疏通，重修索桥鱼嘴桥，重建练光亭。恢复旧观（据抄本茂州旧志）。

以上五条地震中，即有三条述及岷江崩塞，可见该区域中之山崩川塞为颇寻常之事。盖由于河道窄而两旁又多砾石台地也。其所谓岐山，或谓系泛指岷江左岸之山。然据当地耆老所说，实系茂县北四十里花红园东侧之山，则与茂县南侧之断层线更为接近矣。

（3）茂县附近山地之溜动。

在茂县城北七里，有撮箕山，距岷江江岸约及二里，为岷江河谷中之砾石台地，其上有唐姓佃房一所，分为二院，其间有西北向之大路一条，将此二院隔开。其东北一院为住宅，西南一院为羊厩。屋建于三十五年前，一院之门，在当时完全相对。其后东北一院即渐顺大路向东南方斜坡上溜动，两门即不相对。至民国二十二年十一月中，两间错开之距离已达七点七公尺之多。然全院房屋及地面上完全无裂痕。最难得者其错开面恰在两院间之大路上，极易引起注意。此种现象，固由于砖石台地之不稳定。然其间相对的流动速度既不相等，其所受压力之不平衡，可想而知，并可想见此区域内地壳上在平时之变动情形。而此地之是否为地震之先兆，诚属一可注意之事实也。

---

① 据北川县志。

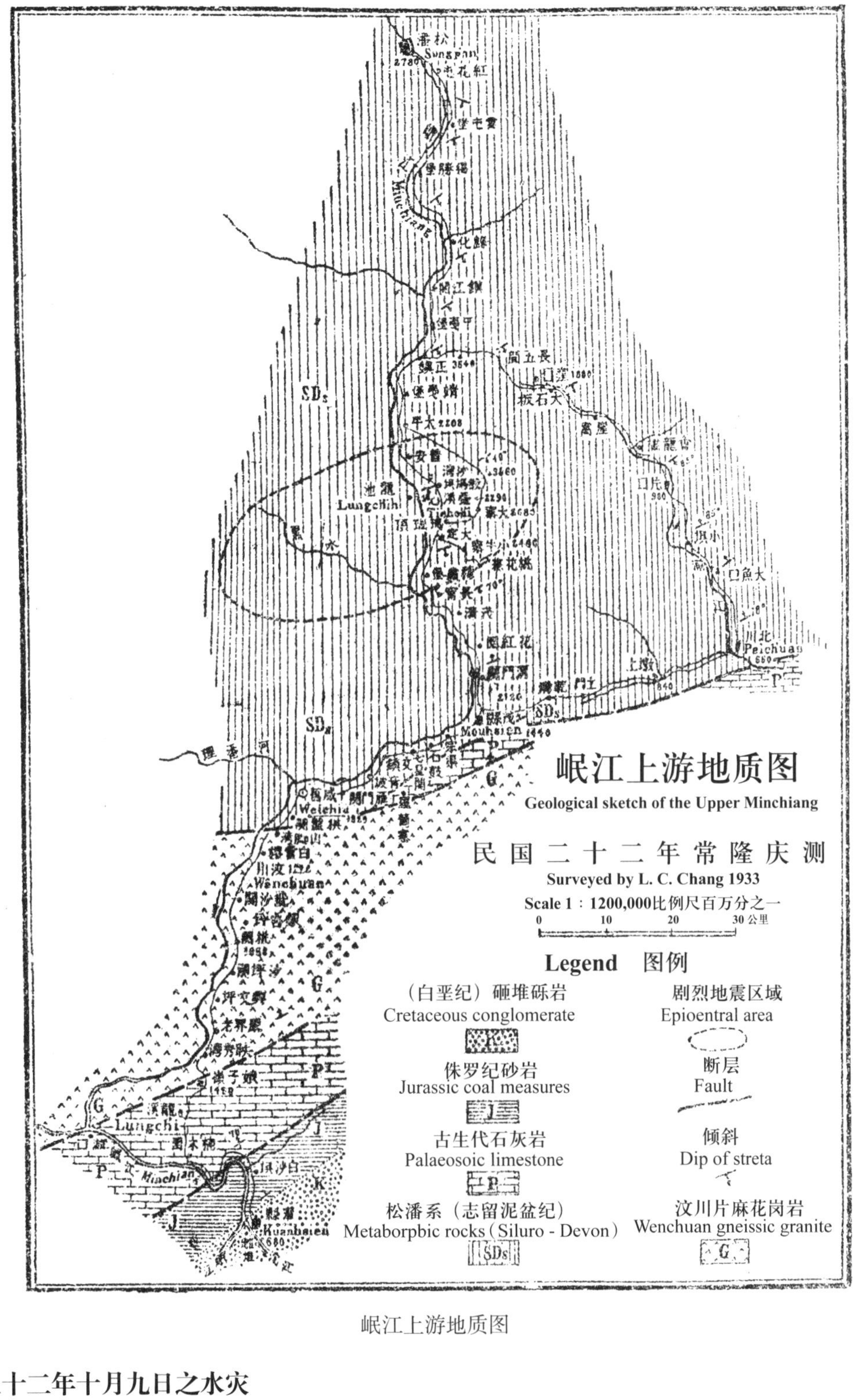

岷江上游地质图

3. 二十二年十月九日之水灾

（1）水灾现象

八月二十五日大震时，叠溪、大桥及银屏崖三处之崖壁，崩倒最甚。崩下之岩石，即将岷江堵塞，成为三大堰。在两河口以上之岷江，即时断流滴水毫无。在此后四十余日中，岷江两岸之难民，皆可直接自此段河床中交通。盖鲜有人注意及堰水之将为害也。

银屏崖之水，上淹二十五里至太平南侧泉水崖之观音庙，至九月十四日乃盈溢而出，注入大桥堰中。水自其中流出时，成为大瀑布，堰上不坚固之泥沙碎石随之冲下，如万马奔腾，水浊如泥，多日乃清洁。至九月三十日，大桥之堰盈溢。水乃注入叠溪湖中，至十月七日，叠溪湖又盈溢。叠溪城下之堰，当时之高，在一〇六公尺以上。而大桥及银屏崖二处之堰，仅高于一〇公尺。故叠溪之堰积水时，水又倒淹于大桥及银屏崖二堰之上，因之泉水崖观音庙之水，又继续上涨。至十月七日，叠溪之堰盈溢，水乃流出，两河口以上之岷江，乃有细流。水流出时，即将堰坝冲坏，渐成小溪，浸假而堰上岩石亦向下冲走，堰基随之动摇。即于十月九日下午七时，倾湖溃出。当时霹雳一声，四围山岳，皆为大震。凡沿江崖岸陡峭之地，或江面窄之地及震后倒坍过甚，山脚不安定之地，遇此水之猛压，亦即时倒坍。尤以叠溪附近倒坍最烈，当时乱石飞崩，尘雾障天，又宛然大地震时也。水流过处，挟崩下之碎石泥沙及冲没之人畜等，怒涌而下，水流浓浊如烂泥，腥臭刺鼻，浊浪排空，吼声震天地。距水头十数里外，皆可闻见。无如本区人民，已熟闻地震之声。是夜犹以为地震又至。而大水溃至下游之时，已渐入夜中。计大水以下午七时溃出。于九时到茂县，十一时到威旧，夜半到汶川，次日上午三时到灌县。水至茂县之时，当地政府即用电话通知威旧，以应答迟缓，电线即随之冲断，沿江诸大城镇，遂皆无法避免浩劫。幸当夜尚晴明，星光灿烂，人民于睡眼朦胧之际仓皇出走，尚能略识途径。故死亡人数尚少。亦不幸中之幸也。

水溃出时，在大定以上之河中，水头之高，达二十丈。在穆肃堡以上，水头仍在十丈以上。以下河身渐宽。水涨较低，然直至灌县，水头仍有四丈之高也。幸大水在一小时中即退完，而最高之浪潮，怒涌之时亦仅十数分钟，即渐消歇。

洪流之中，因夹有巨石泥沙，故破坏能力极大。人堕其中，无能幸免。即巨大木材，一经冲刷数十里，即被摧剥细小，仅大如舂米杵。岷江河床中，本极坎坷不平之至。其中巨石垒垒，多成乱滩。为波涛冲击，吼声极大。自大水后，此中巨石，已大部冲走，不知去向，河床大为平坦，江水吼声亦稍杀。且在河谷稍为平广之地，如茂县威旧等地，竟可用木筏渡河，诚岷江上游河床变动之剧烈者也。

岷江上游河水，荏平时之消涨，常在一丈以内，故所有村镇关堡，多建筑於江岸，距水面并不甚高。大水一来，大部分之村落，皆为之席卷以去。其中之关堡，多建於明代，皆作小方城形式，皆用石建，颇壮丽坚实。但一经怒潮触及，乃如雪遇沸汤，形影俱灭。村镇被冲之后，或为乱石埋没，或则地皮亦被刮去数丈之多，以前形状大都变异。

受灾最烈之镇市，在茂县有大定堡，全堡房屋，在地震后，已所余无几，全被大水冲去，死二十四人。实大关房屋全部冲去，城垣冲后，仅余一箭楼，死二十三人。长宁则房屋一无所存，地皮亦随波冲去数尺，死廿一人。窄溪沟全部冲去，死二十四人。椒园堡全部冲去，死三十三人。茂县之大河坝，位于河心沙洲上，冲死七十一人。羊毛坪全村冲没，死十三人。文镇全村冲没，死三人。沙坝全村冲去死四十四人。计茂县各村被水者，合上开各地共死人三百四十名，冲没田地二千六百八十六亩，房舍七百二十九所。各项粮食，二千五百七十九石，牲畜二千一百七十头，而所淹没之行旅客商尚不在内，理番属之威旧城，在理番河与岷江合流处，被水后，其上下两侧之街市，全被冲去，死亡八十七人。

汶川在茂县之下，岷江经流其中，河岸线长及二百五十余里。其受灾较烈者，有姜舍坝全数冲没死四十七人。河心坝全数冲没，死二十九人。索桥完全冲没，未死人。大小坪死三十六人。殷家坝死三十七人。中滩堡全体冲去死七十五人。石柱坝死五十人。赵二坝死三十七人。茅亭全部冲土，死八十六人。计汶川全县各村镇，将上开各地一并计在内，共死人四百八十三人，冲没三百五十三石之粮食地，房屋三百四十六间，牲畜二千三百一十五只。

灌县正当泯江流入成都平原之地，洪水至此。始入平地，分散而流。然玉垒关下之新工鱼嘴为岷沱二江分水之第一道工事，亦全部冲坏，水下流至离堆，未入内江，即自离堆西南侧直冲而去，将飞沙堰冲坏，更自离堆侧分流入离堆公园中，直向园外街市冲去，流过之地成一砾石河滩。人民死亡及房屋冲没极多。据灌县水利研究会之调查，全县共死一千六百余人，冲坏熟地四千余亩。虽调查不详，亦可见其被灾之烈矣。

灌县至松潘之大道，系沿泯江东岸建筑，凿崖叠石，工程极大。经历年之培修，宽及一丈，平坦如砥。几可驰驶车辆，为川西第一良路，惟以距江面太低，大震时，已崩毁一部，经月余之修理，叠溪以下，已可通行。乃大水一来，悬崖架石之处又全部冲坏，往往一步之地不能超越，即须攀援于悬崖绝壁之上，绕行数十里之山地。负荷运输之人，全不能通行。岷江上游各县不啻被人封锁，其间百物昂贵，音书迟滞，官民交困。至大水后三月，此路犹未修复也。

（2）水灾后大桥以上之积水。

叠溪之堰，高于大桥及银屏崖二地之堰，在六十公尺以上。故叠溪湖水，在当时会倒淹于二湖之上。及叠溪湖水一溃，大桥及银屏崖之水同时引动。大桥与叠溪间之崖岸，全属砾石所或，在大震时，崩坍最烈，山脚已不坚固。及大水一发，岷江沿岸之地，多为冲倒。岩石崩下即将河床填高。而叠溪大桥间之崖壁，崩倒尤甚。河床坝高亦多，计大桥附近河床，填高之数，竟及九十六公尺之多。大桥及银崖二地之湖面遂与大桥附近之河床等高，不复能向外溃决。若下游河床不向下深蚀，或湖底不至淤积，则大桥及银屏崖两地之湖将永为岷江上游调节水量之湖泊，有舟楫之利而无崩决之患者也。惟松坪沟及鱼儿寨沟中，尚各存有一小湖。水量亦不小，且湖面远高于大桥湖面，其出口又皆在大桥以上。若此二小湖一旦溃决，亦必成灾。又或因此引动大桥及银屏崖二湖之水，将岷江河床洗深，同时溃决，则其为害，必更有甚焉者也。

叠溪水溃后，大桥湖水下降六十公尺，而银屏崖湖水最下游观音庙中之水，仅下降二公尺。是各地湖面之宽窄有不同耳。

4. 结语

岷江上游断层线极多，为该区域位于地震带上之主要原因。二十二年八月二十五日大震后，叠溪附近岩石山地及砾石台地中断层破裂之多而明显，尤足证此次之大震，系由地层断裂而起。而叠溪又恰值于一紧高峻峡谷之砾石台地上。故全体崩塌，受祸最惨。该区域之房屋又多系用当地之片岩碎块和泥土砌成之平顶房屋，最易震倒。故在此人口稀少之区，犹有六千八百余人之死亡记录。

山崩川塞之后，水灾之成，盖已为一定之事实。惟新在大震之后，救死扶伤不及，忽于防患，酿成惨劫，人民死亡又及二千五百之多，诚可痛惜。

岷江上游，人口稀少，而皆性质古朴，风俗淳厚，为四川仅有之区。因地力硗瘠，位置偏僻，故政简人和，有太平景象。乃地震洪水之灾连续而来，死亡人数，几达一万之多，各地村镇，更大部残毁。岷江上游之精华，于此沦失殆尽。该地为通青海及西康要地，唐宋以来，经营维护，不遗余力，明清两代，注重边备，建关设堡，始有今日之盛；一旦荒落，复与不知何年矣。

附表一　茂县各村水灾损失表

地名	死亡人数	房屋损失（所）	田地冲坏（亩）	冲没牲畜数
大定关	二四	二五	一八〇	九七
实大关	二三	七二	二一〇	一八四
穆肃堡	一四	六四	一七五	七八
长宁	二一	一一	一二〇	四二
浅沟	二	一三	八〇	五四
花红园		一五	三〇	二二
水草坪		一四	七〇	二五
刁林寨		三一	九七	一三四
沟口寨	七	七五	一九〇	二一七
窄溪沟	二四	二八	九〇	四八
小沙湾		七	二〇	一四
椒园堡	三三	三六	一四八	一七九
松溪堡	一五	二九	九五	九六

续表

地名	死亡人数	房屋损失（所）	田地冲坏（亩）	冲没牲畜数
踏水墩	一八	四二	二七〇	六四
青波门	九	四〇	一〇	五五
大河坝	七一	二一	二八〇	三七
桥头	一七	二〇	六〇	二一
石鼓		二〇	四四	七五
白水村	一	二六	四五	一六五
羊毛坪	一三	三五	二五〇	二五〇
文镇	三	四〇	一二五	一五五
青坡	一	一七	一二	七九
沙坝	四四	四八	八六	九六
总计	三四〇	七二九	二六八六	二一七〇

附表二　汶川各县水灾损失表

地名	死亡人数	房屋损失（所）	田地冲坏（亩）	冲没牲畜数
雁门关			二	
过街楼			三七	三七二
姜舍坝	四七	一一	二一	七五〇
七盘沟			一七	
磨刀溪			一	
板桥			一	
白鱼落			三〇	
上沙坝		八	九	二五一
格子崖	三〇	二	六	一二二
登溪沟		三	一	八
桥墩坝	二二	一三	五	五
汶川城		一九	七	三九五
河心坝	二九	九	二五	二九〇
理坪坝	八	一	二五	
三店		一二	一	
羊店			五	
大邑坪			五	
索桥		五一	五	三一
下沙坝		七	一	
皂角沱		一	一	
大小坪	三六	二	一	三
殷家坝	三七	二	一	
沙坪关		四〇	一一	九
罗园湾			二	
兴文坪			七	
太平驿			三	

续表

地名	死亡人数	房屋损失（所）	田地冲坏（亩）	冲没牲畜数
中滩堡	七五	八五	一三	一九
马家村	二三	二九	二一	八
白岩	九		一七	
石柱坝	五〇	一九	三〇	一五
赵二坝	三七	一二	〇九	二〇
茅亭	八六	二〇	二〇	一八
珠瑙坝			三	
总计	四八八	三四六	三五三	二五一五

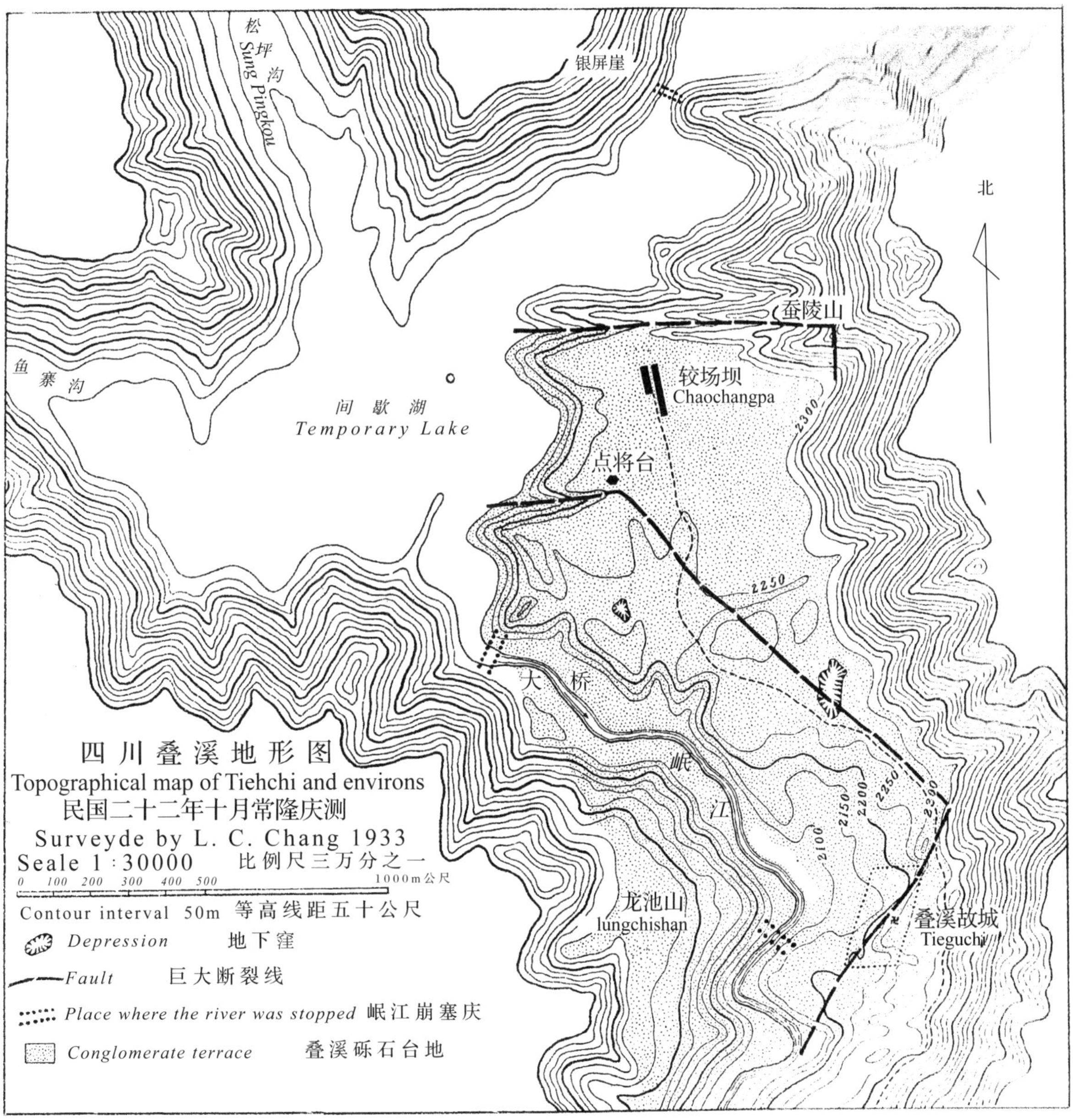

四川叠溪地形图

照片一：叠溪全城建筑物，震毁后之情景

照片二：较场坝北田土中之裂缝，多作南微偏东方向，大小深浅，各式皆备。未震前，此平地与叠溪相连

照片三：自点将台（一石头名）上望较场坝及观音崖大断层全景

照片四：叠溪南七里小关子，以前居民二十余家，震后仅余破屋数家

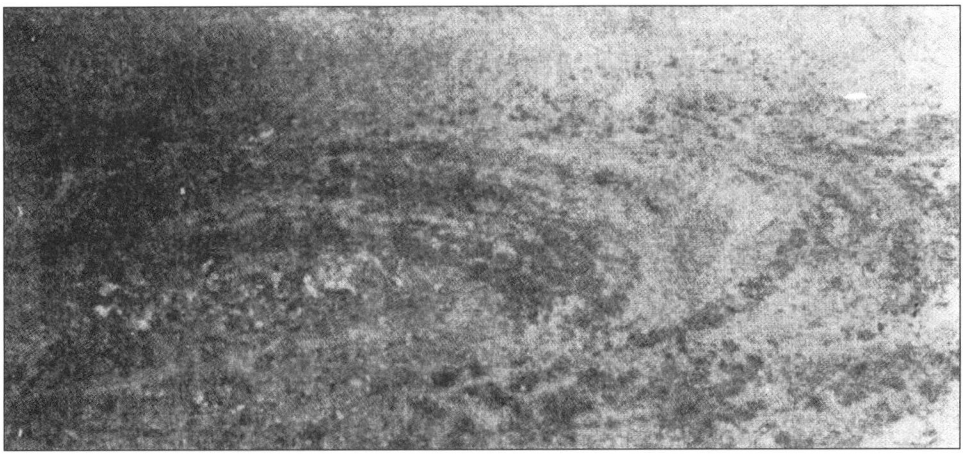

照片五：小关子北，地皮因岩石冲击，皱起之浪圈

照片六：叠溪全景
1.叠溪崩后，其城内所遗留之唯一菜园；2.银屏崖；3.观音崖大断层；4.较场坝

（三）四川松潘灌县间地质概况

摘自《北平研究院院务汇报》（第五卷第一期），李春昱。

1. **地位**

民国二十二年秋八月四川西部，发生地震，而以茂县西北之叠溪，受灾特重，兹将其周围地质，略述梗概。其区域包裹岷江上游，自成都溯行而北由灌县入山口，经汶川茂县，以至松潘，及其西支流之理番县。地当北纬三十度三十分至三十三度，东经一〇三度至一〇四度三十分。

2. **地形**

本区至南界，即四川盆地至西北缘，故自成都至灌县，道途平坦，尽属成都平原，即偶遇邱阜高亦不过数十公尺。灌县而北，进至山区，山岭呈东北西南方向，以与盆地分界。山顶高度，在灌县附近，约一千六七百公尺，高出地面约九百公尺，更北行，高度渐增，茂县松潘一带，高山均在四千公尺以上，尚有一二山峰，可达五千余公尺。岷江自松潘而南，经茂县后折向东南，过汶川复南流，绕穿灰岩所成横岭，至于灌县。流行数百里大部与地层层向约略相合。在松潘之北，河流侵蚀尚浅，地面高约三千公尺，谷宽坡缓。松潘而下，侵蚀较烈，河谷深峻，水流险急。计自松潘至灌县距离不过二百三十余公里，而高度之差，竟达二千公尺有奇，急流奔驰，剥蚀作用，犹未止息。其所属支流，情形亦均相若。岷山以西，地接青藏高原，岷江以东，渐入秦岭山脉，而两区地质均为变质者也。

3. **地质**

岩石之分布，灌县城北附近为白垩纪之紫红色砾岩层，厚约五百公尺，含有石英岩及灰岩之砾石，形体不大，结合甚紧，呈东北西南层向，倾向东南，倾角由六七十度以至直立。稍北即为番溪煤系，属于前侏罗纪，含灰砂页岩及薄煤层厚达六百公尺。与白垩纪砾岩层整合叠覆，惟以褶皱之故，或倾斜倒转，时多倾向西北。至龙溪有灰岩之露头，岩层几近直立，夹露于香溪煤系之间，考其构造，为一逆掩断层，掩覆于煤系之上，而北与原根岩层不连，成一分离露头，飞扑于此。向东北延长超逾于彭县以北之天台山，西南延伸达于水磨沟之西南，绵亘不下二百余里，而宽则不过数里或数十公尺。因其各处所受之断层剖割不同，年代亦随处而异，就各处所得之化石考之，在水磨沟为泥盆纪，漩坪为石炭纪，兀溪为二叠纪，自沙河谷中燕崖又为泥盆纪，天台山为二叠纪。各纪地层均为灰岩，若非化石，足资鉴别，颇不易区分也。

龙溪之北，有大块花岗岩，暴露于龙溪与汶川之间，大道必经之娘子岭，即其露头。边部多成斑状，色深灰或绿灰，所含矿物以长石为多，石英次之，有时含角闪石较富，则现黑色，晶粒均甚细，且常变质成片麻状，偶遇斑岩之变质较烈时，欲失其火成岩之状态。其片理多呈东北西南方向，与龙溪一带之逆掩层方向，若相一致，似均足示其所受动力之所由来也。汶川东北，遵依层向，以至茂县凡百三十里，露头岩石变质甚烈，大部为绿泥片岩、石英片岩、云母片岩及黑灰色千枚岩板岩，常含石英脉。在威州羊毛坪白水寨及茂县之水磨沟等处，尚夹露灰岩甚厚，亦皆变质现大理岩状。于茂县及白水寨之灰岩内，采得泥盆纪化石，故附近一带地层应属于泥盆纪，至少亦有一部属之，今名之曰茂县系。茂县附近，河谷稍宽，两岸有砾石层，堆积不甚厚，茂县东南之九顶山，高约五千公尺，远处望之，似为灰岩所组成，威州之东，亦有灰岩露头，上含二叠纪化石，故在茂县系之东侧，为二叠纪地层。在威州之西，大理岩灰岩薄层，亦常夹生于片岩千枚岩之内。观其构造，由汶川至茂县，为一大背斜层，沿背斜轴，露出较古地层之茂县系，而二叠纪分布于其两翼。由威州沿岷江支江之小河，进至理番杂谷脑，更可窥见其西翼地层，露头若石，尽为云母片岩、石英岩及千枚岩等，层向片理皆呈东北西南方向，而不易看出其显著构造褶皱断层，在所不免。今按其岩石性质，另折一组，称之为理番系，因无化石可采，故其年代，不易确定，然以层位，与他处相较，似属于二叠纪之上部。细沟支渠，常有花岗岩砾石冲出，足见花岗岩之侵蚀，随处多有。

茂县至叠溪河侧露头，仍为黑灰色片岩板岩及石英岩偶或夹大理岩，石英脉甚多，层向为东北偏东、西南偏南，倾斜甚急，然就其岩层较之，其间有向斜层及背斜各一，前者于底部露出侏罗纪，后者中心或为茂县系以下之岩石，叠溪附近，在岷江东岸，灰岩较多，西岸之龙池，为云母片岩，但叠池与龙池均位岷江两岸之砾石层上。砾石层厚达二百余公尺，所含砾石，多为石英岩，大者四五十公分小者五六公分，掺和片岩碎块及泥沙等，结合不紧，而受岷江之剥蚀却甚陡峻，若受震动，甚宜坍塌，此次叠溪之受灾特重者，或即砾石岩层之溃塌也。叠溪以北之沙湾，位于砾石层下，紧傍岷东江之岸，地势较低，易受淹没。

叠溪至松潘，地质情形与其南相似，亦多为片岩、千枚岩及板岩、石英岩等，松潘之北有灰岩，含二叠纪化岩，地层多呈西北东南方向，故沿岷江向西北行，不易看出显著之构，然地层倾角甚大，分布面积颇广，局部之断层与褶皱，当亦不鲜。松潘北四十里之漳腊金厂亦为甚松之砾石层，堆积颇厚，工人掘地淘金，常利用冬季，因其凝冻，不易圮塌，今值夏末，倘受震动，自易溃倒。

综以上观察，地层之最古者为志留泥盆纪，最新者在灌县之北为侏罗纪及砾石层，在灌县有下白垩纪之砾石层。除灌县附近，层序较为清晰，其北皆因变质甚烈，无显著界别。

地质构造，分为三区：一，灌县为断层区，逆掩断层，推送灰岩大块掩覆于较新地层之上，东北西南延长达二百余里，虽与其原根露头，不相连续，然知其西北，必尚有其原生灰岩，曾经断层掀起者存在，惟以受娘子岭花岗岩之侵冲，致其足迹，较难寻耳；二，灌县汶川间为火成岩侵入区，除娘子岭至汶川之大块露头外，理番之南，威州之东，均有花岗岩砾石自小溪中冲出，足征其露头甚多，而在彼一时期火成岩之侵冲甚为活跃；三，汶川之北为变质区，所有岩石，均会变质，而尤以威州、理番之间者为最，除一部为受火成岩之热力影响外，尚有大部当系受动力变质，因片岩板岩等均示其会受强烈之挤压。就大体观之，虽亦可辨汶川至茂县为一背斜层，茂县之北，长宁为向斜层，大定为背斜层，再北行层向转成西北东南方向，北定关为背斜层，松潘为向斜层，而匆促间不易看出之局部断层褶皱，当亦不鲜，故本区之受地震影响，或不为无因也。

灾象发生之忆推，因各地之地形，及居民之分布，地震最烈中心，非必受灾特重区域受之，受灾最重者，亦未必即震区中心。此次四川地震，据报载（世界日报八月二十八日、九月四日、十日及十二日）叠溪陷落，沙湾淹没，岷江阻塞，松坪沟倒塌，以及教场坝尚存居民两三家云云，盖皆与砾石层有莫大之关系。砾石层之情况，前已叙述，堆积既厚，结合又松，受岷江之剥蚀，复甚陡峻，故地震后倒塌，将岷江河谷壅塞，以致江水滞蓄，遂将沙湾淹没，而教场坝，则以距基根较近，且尚见有夹岩露头，涌于砾石层内，位于教场坝村舍之外侧，而此仅存之三两家居民，因得保障，故叠溪之受灾特重者，或即砾石层之故，而非必震动之中心。漳腊金厂之倒塌，情形当亦相同。报章又云黑水河冲出人畜甚多，按黑水河亦为岷江上游大支流之一，其水量较大，二者汇于叠溪之下五十里。沿河尽为夷番所居，消息迟滞，其所受灾况，不易忆度，或亦为砾石层之倒塌，或即震动最烈之区也。

（四）史料汇编

摘自《四川地震全记录》（含四川省政府呈国民政府行政院等电），1933年8月25日四川叠溪地震史料，汇编如下。

震时：1933年8月25日15时50分30秒；

震地：茂县叠溪、黑水、汶川、理县、松潘；

震情：如下。

（1）中华民国廿二年八月望日〔急〕南京国民政府行政院、军事委员会、内政部、财政部、赈务委员会钧鉴：顷准邓军长锡侯电称，茂县八月望日午后二时许地震，势极汹涌。据调查报称，茂县叠溪镇全部陷落，南北约卅余里，东西约五十里，松坪沟群山倒塌，岷江上游河流阻塞，松茂大道已无通路，松城情形尚不明了，人民伤亡财产损失为数极巨，全屯均受波及，房屋墙垣道路桥梁破坏甚多，实空前未有之奇祸，请转电恳发款赈济等由。查此次茂县发生剧烈地震，叠溪镇全部陷落，受灾奇重，松潘县城及其他各处因道路不通，轻重尚未查悉，除电复邓军长派员调查并由本府令饬松、茂两县详查具复外，特先电陈，恳速颁巨款，俾资急赈，无任迫切待命之至。四川省政府叩，阳印（译电员：姚韦庄译，九月八日午后十时五十分）。

《国民政府档案》

（2）中华民国廿二年八月望日〔急〕南京国民政府主席林钧鉴：敬呈者，前次川西屯区茂县属叠溪镇地方，因地震剧烈，山崩镇陷，岩石横江，积水深涵成大闸者一处，深约一百余丈，地名沙湾。成深潭者四处，深浅不等，其地名大桥、小桥、松林（坪）沟、鱼儿寨。沿江居民，生命财产损失不可计数。毁损屯属公路值洋七八万元以上。灾情早经该地方官厅通呈有案，正在查勘，设法疏浚。突十月十二日，据灌县杨县长钧寿文电报称：佳夜大水，冲没灌属之韩家坝、安澜桥、新工鱼嘴、金刚堤、平水漕、飞沙堰、人字堤，与夫下游之天乙街、塔子坝、农坛湾、安顺桥一带，尽成泽国。迄蒸晨水退，勘得人民淹毙者数千人，逃出者五六千人，财产田庐漂没亦难胜计，大小堰堤破坏尤多，以上属内江流域灾情。其外江情况，尚在调查。同日又据中国红十字会灌县分会及各机关法团电称，佳夜一钟大水淹至，上起茂、理、汶川，下迄崇（宁）、郫、温、双、崇、新各县均受巨灾。其叙灌属灾况与杨县长文电所报，大致相同。以上两电并据该县长、该分会等声明，业经分呈钧府各院部，及四川省政府建设厅、四川善后督署有案。又据查水委员报称，茂县上游大水崩下，系佳白初更，茂县水涨，是日二更，与灌县水涨是日五更，时刻相符，是叠溪积水为害成灾，业经证实。锡侯以此项巨变，洵地方亘古未有之奇灾，自不应稍存漠视，而详考实际。凡夫人民厄难，堰工毁损，概均由茂属叠溪下游堤崩水落所致。事本相为关联，即应从根本地方下手，当经派员分头驰查去后。十一月九日据水利专员周知事郁如，会同都江堰十四县用水县府报到通呈案内声称：修堰工程浩大，请拨棉麦借款五十万元，充作大修基金，命为治本之法；而另一呈请则采治标之法，本年暂照岁修定额增加一倍，暂维来春秧水。权其轻重缓急，分为两次工程，亦属斟酌至当。惟于疏导叠溪积水，尚未筹及。不知灌茂两地虽形势复绝，而灾异之因果联贯息息相通，势难枝节为之。缘灌县以下内外两江，大小堰堤均以松茂为泉源。茂属叠溪位在都江堰上游，该积水一日未消，则下游堰堤即不能一日无险。现所酿造之巨灾，仅属大小桥两处之崩溃，害已不可胜言。其他闸水、潭水完全深蓄，一旦溃堤决防，下游之损失，何堪设想。若出防于下而疏略于上，终觉费力而无济势，必至年年溃水，年年报灾，年年请款不止。愚见以为疏积与修堰应双管齐下。疏积方面，催速勘明，先报疏导工程，估计预算，尅日兴工。修堰方面，今年权采治标之法，暂维春水，俟上游水患排除，再议大修。至两项经费，以四川正值“剿赤”期中，全川财赋供应尚苦拮据，实属无法可设。该知事县长等所请，就棉麦借款项下借拨五十万元，其数并不为多。而疏积所需多或二十万元或数万元，此时尚难估定究应需费若干，要俟各方勘水委员、技师等详报到达之后，乃能审查。至灌茂沿江一带居民生命财产巨大之损失，亦须挪拨巨款，分别赈救。盖因该受灾各人民，有兵灾、匪灾、震灾之重重难关，较诸他省灾民，痛苦迥不相同，而为此，请电复。查都江堰始于秦时李冰凿离堆以分外江之水，灌溉十四县农田，四川因此有天府陆海之称。考其建设工程之伟大，实为全国之冠。历今数千年乐利不匮，民无旱干之虞。立祠奉祀，馨香万禩。天地无万全之功，旧迹无不敝之理，凡有缺陷，端资后来弥缝。现逢圣明当国，食育万汇，一夫不得其所，若己推诸沟中。伏乞推己溺己饥之量，宏视民犹子之怀，饬下中央经济委员会、中央赈务委员会准暂就棉麦借款一百万元。另饬设立四川经济分会、赈务分会负责保存此项专款，储作疏积修堰赈灾之用，其数不足，望速核拨。如其有余，当然收回。且该知事等原呈曾称，将来仍可设法归还。即请饬经济、赈务两分会于监督收支而外，并负收还之责。如此办理，名虽请拨，而实与贷借何殊。况以指定将来建设之专款培修，已著成绩，旧有的伟大建设，核于性质、用途均无出入。在经济委员会不过一移缓就急，尽赈销赈之劳。而全川大灾大患，得兹巨款，把注一时，俾害本尽除，十四县人民永食有利无害之惠。钧座治水之功，不在禹冰之下。蜀民报功崇德，讴歌不忘，当与岷水峨山，流峙永久。除催促水利知事迅速估计疏导叠溪积水工程预算，呈候钧座鉴核，并饬十四县长今年催放堰款，完成治标方法及陆续筹募赈济外，所有综合灾后现情，筹划施工次第并案。恳祈核拨棉麦借款一百万元，储作疏积、修堰、赈灾三项之用。各缘由是否有当，伏乞钧核令遵，谨呈。国民革命军第二十八军军长邓锡侯叩。支印。师长马毓智代行。

《国民政府档案》

（3）发震时刻：1933年8月25日15时50分30秒；微观震中：北纬31.9°、东经103.4°；震级：7½。

《中国地震目录》（第一、二册合订），页276

（4）茂县西区内外五寨及山沟里各寨地震，山陵崩溃，地形变迁。沿河谷各村田土被冲，基址无存，死亡138人，塌房338所。茂县北区沙坝及三齐河东西24寨，山岩崩坠，村落覆没数处，后被水冲，基址无存，死亡83人，塌房260所。里不罗寨山崩地陷，满目荒丘，死亡85人，塌房73所。芦花、黑水各寨，山岳崩溃，地多沉陷，死亡1345人，塌房2325所。叠溪镇两山下崩，覆盖全镇，死亡577人，塌房238所。叠属下三塘，山峰崩裂，峻谷迁移，村落倒塌，后受水冲，基址不存，死亡367人，塌房268所。叠属四大寨及松坪沟内外五寨，各山峰均纵横崩裂，村落倒毁，死亡1337人，塌房372所。渭门关及石大关及山后各寨，山崩地陷，沿河各村又被水冲，死亡130人，塌房402所。小北区各寨，山峰崩溃，后被水冲，村舍无余，死亡257人，塌房281所。山谷十二寨山石下坠，变为乱粒，死亡242人，塌房304所。

1934年四川大学《叠溪地质调查特刊》

（5）沙湾又成了泽国，松茂地震三昼夜，山岩崩坠十三里有余，岷江正线断流。［本社茂县八月廿八日特约快讯］此次岷江沿岸松、茂、汶各县，发生空前未有之剧烈地震，情形业志前讯。惟前稿付邮时，震动尚未终止，直至本晨八时后始稍平息。经记者多方探询，此次受灾最甚者，莫如松、茂两县。松潘至本日路途仍未通行，电线完全损坏，故受灾状况尚难知悉。茂属沙湾—松茂途中之一场，距茂一百廿余里，附近之山岩崩坠十三里有余，石块泥沙，横压岷江上，水为断流，现在岷江下游之水，只见黑水一支。沙湾位于岷江之东，日来已成泽国一片，房屋人畜多被淹没。至其他如茂城以北十里许之石榴沟，及茂县河西各处，均有山裂之事，但不如沙湾之巨耳。茂城市面，人心更为惶恐，每闻地动之声，则呼号涕泣者各处俱是，有似惊弓之鸟，几乎草木皆兵。本日地动曾暂告平静，而连日又遭天雨，故墙垣多继震动之余，复形倾塌。约计此次损失，为数当在二十余万以上，伤亡人数，至为奇重。沿途骡马被石块击毙，或扑河淹没者不可数计。此诚百余年来，松茂从未有之最大天灾也。现天灾未曾告终，而一般嗷嗷灾黎，生活大感困难，尚望当局速善其后，俾灾民不至流离失所，遗屯区无限之隐忧云。

成都《新新新闻》民国二十二年九月三号第六版

（6）黑水成灾岷江倒流，松茂地震十日不息，叠溪沙湾人民全数为山石所遮没。［本报茂县八月卅日特约通讯］倾得由叠溪镇回茂之探查灾情人员口述，叠溪上至沙湾（十里），下至大定（三十里），沿江两岸山脉，于廿五日午间，已全倾坍，所有街市房屋均为山石所遮没，人民无一幸免，该地公安局长周建国及团务驻防一中队队长、团丁等同时被难。现岷江河水，因被山石阻挡，已倒流而上淹没沙湾一带，势极汹涌。本晨，茂城仍有震动。

［又讯］茂县西路通黑水大道之沙坝地方，同日亦遭巨大损失，所有香号及人民住处均倒塌，所余者仅边民学校一所而已。杂谷脑本日电话，该地灾情亦甚奇重，即建筑最宏大之喇嘛寺亦遭坍塌，伤亡数人。余如理番、威州、汶川各处均有同样惨剧，惟不似叠溪之重大耳。

成都《新新新闻》民国二十二年九月四号第五版

（7）［本报灌县九月五日特讯］……兹得茂县友人函云，八月廿五日午后二钟许，骄阳正烈之际，忽然发生地震，动力甚大，越时约五分钟，大震乃止，则见天空烟雾四起，地面微动犹继续未绝，茂县城中倒塌之房屋墙垣触目皆是，尤以北门一带为最多。调查截至今日（九月一日），地震时倒塌之墙屋，压毙男女老幼共十八人，折手断足以及身体受伤者，不下百人，然此乃城区附近之数……，现在地壳犹未安静，每日昼夜必震动十余次，人民惊惶万状。

［华通社］此次地震自松茂至理番一带灾情重大，据廿八军部屯务处所得报告，理番震灾亦甚剧烈，八月廿五午后三时起，迄今已逾旬日，震犹未息，房屋倾倒约计在十分之三，人畜死亡不可胜数。茂县方面叠溪镇地裂二丈余，其深无比，倾倒之屋多由裂处坠入。毗该镇十余里之沙湾，已成一片汪洋，究系地陷或系岷江倒灌成湖，尚不可知，该地原有住户二百余家，现已完全不见。且漳腊、松潘因电杆震倒，迄无消息到省。

成都《新新新闻》民国二十二年九月七号第六版

（8）地震灾区大概损失。［民智社茂县通讯］最近调查全城及附近乡村，墙垣倒塌，几无幸免，四区死伤之数，现尚无确实统计，大约在五六百人以上。兹就所知者详列于后：北区小寨子、木入村、德行寨等房舍倒塌数十余家，伤亡人口不计其数；大旗山塌数十家，死伤人民共三十余人；沟口寨、三叉河、木梳堡、石大关、大定场等处，房屋均被倒塌，死伤之数当更骇人听闻，叠溪镇闻全境陷没，沙湾以上至松潘至今仍无消息，其灾情更不知为何重大也；西区三溪寨、沙坝、罗项寨、白溪寨均塌有房舍，死伤不得其详；此外闻尚有村落四十余处被塌者，地名尚未详悉；南区惟安乡稍重，房舍倒塌，伤亡廿余人；东区稍好。

又自二十五日大震后，不时小动，共三十次之多，数日以来，人心惶惶，夜宿于外，未安于枕席，西北区逃出难民甚多，嗷嗷遍野，宿露餐风，令人目不忍睹。廿六日夜复降大雨，至午后二时止，数月之久，见雨两次，刻茂县政府两次派员前往灾区调查，尚未得确报，详情如何，容后奉告。

成都《新新新闻》民国二十二年九月九号第六版

（9）一小孩平安无恙，凭空震过了对河；惨情中奇怪事，任姓子也活活从土中挖出来。［本报茂县四日特讯］此次地震初来时，有声如雷鸣，不一刻房屋摇摆，振振有声，墙宇倾塌，四面尘沙蔽天，有如将陷之势，大震既息，日缓小震数十次，迄今十日尚未宁止，人民惊惧异常。前四五夜间，不敢安睡……。最可奇者，有一十余岁小童，当山崩时凭空抛过对岸，既未跌死，亦未受伤；余寓宅对门任姓子，亦在河西被倒屋所压于积土中，挖开一洞，得出危险……。

成都《新新新闻》民国二十二年九月九号第六版

（10）叠溪地震后详情本报记者视察记。［本报茂县九月八日特约通讯］此次松茂发生剧烈地动，山石崩溃，岷江断流，叠溪沉没各情，业志日前通讯，惟受灾实况如何，叠溪灾后状况，以及松漳情形，均无切实调查。记者为欲明了当时当地以及灾后情形起见，特于日前来往北路一行，兹将数日经过，探得确切消息补志如后：到叠溪去于四日晨早起程，至茂北十里石榴沟，山道即为沙石所遮断，行走至感不便，复向前行，随处均有坠石下降，偶或不慎，必遭击伤。沿途虽有墙垣山颓之事，惟人畜伤亡者尚少，人民在地动之后，多已逃至茂县，即有未曾出走者，见记者询问灾情，每涕泣不已，所答情形，未有不令人心酸者。

晚到大定，询彼处土人，据伊云：当二十五日午膳后地动之时，大定以上即黑烟弥漫，不时闻有剧烈响声，当时各人皆求生不得，遑敢顾及他事，纵眼见他人为墙垣压毙，亦无法可设。自己惟有逃至空地，希冀于万一耳。在一二日间，地气尘埃所扬起之烟雾，均未消散，日光亦为之暗淡，四尺以外，人即不能视物。彼时露宿于田野之中，餐风饮露，其状之可惨，实无足以言喻者。至二十七日，响声及烟雾稍减，而大定一场已全成破垣颓壁，伤亡之数，尤难胜数。次日前往大定以上里许一望，山已塌平，岷江河水亦已断流。除可看见一片起伏不平之小丘外，余如房屋人畜均一无所有。本拟上前一侦究竟，奈震动并未终止，山石亦不时下坠，遂未果而返。最后彼并言及，此十日以来生活无着，人将饿毙云云。当由记者略予饮食，并请明日代为作导，至夜将三鼓乃就寝。

夜不成寐。此一夜中，每隔数十分或一小时又必震动一次，心中惶惶，不敢一寐，至天已发白，乃起床，准备前进。里许，果与彼土人所云无差，且沿路因泥石初崩，行走必特别注意，否则即将陷入泥中，不可拔救。两岸山脉有已全塌者，有已倾塌至半者，行于悬岩之上，下有深渊，盖已临于危险地界矣。作导者曾数请勿再冒险上前，终因记者坚持必至叠溪一观究竟，并多方劝慰，复又前行。此一日中，饱尝辛苦，幸于午后四时，即已到达叠溪附近，而吼吼之声，已传于耳鼓，昔日繁盛之市廛，而今已成山石一片，旧有房屋人畜，均已深埋于数十丈或百余丈之下。目能睹者，除山溃之痕迹，石泥遍地外， 所有城垣街市、河流、大桥旧址，均已不复再辨，即一草一木，亦不再有矣。记者追念今昔，不禁怆然。据云，叠溪一镇死亡人数即在三百人以上。至如叠溪数里之较场坝大桥，及附近之松坪沟，梭多（梭）寨等二十余处为数更难胜数，其财产之损失尤属不赀。

成都《新新新闻》民国二十二年九月十六号第六版

（11）屯区震灾整个描写，前后震动时期凡十一日之久，叠溪确非土地陷落下沉。［华通社本社灌县九月十七日特讯］松茂理屯区各县地震之灾，人言各殊，莫衷一是，顷据茂县官商人士新至此间者谈，颇称确实，兹记其谈话之重要点如下，以明真相（下即来客所言）。

八月廿五日午后二钟二十分，余在茂县城内，正执书起床，欲用午饭，足甫着地，即发生震动，力颇强烈。余几颠仆，开步急跑出房门，震尤未止，跑时亦难自主，乃急坐楼上。约历十余分钟，大地如船在巨浪中然，簸荡颇甚，各街民房墙垣，稍有倒塌者。地静约□分钟，又发生大震动，则较前更剧，房屋之崩倒者，此次则很多了。一时全城人心大恐，因见房墙压死十余人，带伤八十余人，呻吟呼号之声，不绝于耳，诚令人之酸痛难禁也。是日入夜至旦，连震三次，但未再倒建筑物。翌日（二十六日）至廿七日夜止，震动不下三十次，人多骇极。二十八日起即无大动，直至九月五日午前九时许，又微动一次即止。经过时间，凡十一日之久。现在截至余由茂县起身时（十一日）已毫无震动。至茂县北路之叠溪、沙湾各处，则系八月廿五日第二次大地震时所受之灾，但数次派人亲临视察，确非地陷，仍系两傍壁立之大火山（系纯岩石）均受震动而崩裂，将叠溪全镇之居民二百余家悉数淹没，切断镇侧之岷江，水便倒流，将较低之沙湾街市淹没，死亡人畜无数。于是群山动摇，继续崩溃不止，故灾后无路可走之处，段段落落，共有四五十里之长。漩堵于沙湾之水，不数日及高深莫测，几与浅山相平。

成都《国民公报》民国二十二年九月廿三号第三版

（12）震灾损失统计。［本报特约茂县十八日快讯］此次屯区发生空前未有之震灾后，官方当即派出专员分路查勘受灾实况及房屋人民损失总数，顷已先后返茂。据云，东南两路灾情较轻，西路黑水，因为“夷”人居住所在，实难精确调查，惟据一般口述，该地损失亦属奇重，碉房全遭倾圮，人民半数覆没，财产、牲畜之损失，为数更属不赀。容缓调查明白，再予另函详告外，兹特将北路各村寨受灾实况及人民伤亡数目分志如下。

渭门关：因距叠溪较远，地无变迁，田土道路尚存，仅伤亡人民十余，倒塌房屋十余所。

沟口寨：伤亡数人，倒塌房屋十余所。

大岐山儿木若：山势略有崩溃，房屋卅余所全遭倒毁，人民伤亡共十三人。

踏花寨：山岩略有崩颓，倒塌房屋卅余所，人民伤亡三十余人，田土无损。

穆南堡：后山崩溃，田地一半被覆，坍塌房屋九所，人民伤亡四五人。

高皇之寨：四山崩裂，道路田土一部被淹没，房屋全倒，死伤三十余人。

石大关：四山倾颓，遍地乱石泥沙，房屋四十余所全遭山石遮没，人民伤亡二十余人。

大定关巴珠村：四围大石崩溃，遍地乱石堆积，河流塞断，房屋百二十余所无存，伤亡二百余人。

鹿子坪：山崩途阻，房屋全遭倒塌，死亡二十余人，伤数人。

马路［玛瑙］顶：山溃，地陷，伤亡十余人，房屋十三所现仅保存一所。

排山大寨：地面一部分崩陷，房屋四十余所无存，死七十余，伤五十余。

小关子：后山崩溃，将地压陷，现仅存一片泥沙乱石，田园庐舍俱无，死一百卅余，伤数人。

沙湾：两山崩颓，塞断岷江河流，下至沙湾，上达普安、观音山一带，约四十里，已成一片汪洋，水深五六十丈，交通断绝，死亡人民五百以上，行旅尤不可计。房屋丝毫无存，仅逃出负伤灾民五十余人。

叠溪镇：该处背负大山，面临岷江，地盘陷落，山峰倒压。其上龙池山倒射通河，层层掩被，变为乱石，岷江压断，水势倒流，河中突起两峰，房屋二百七十余所及农田全遭覆没。人民六百余人无一幸免，牲畜财产为数尤伙，现仅较场坝一隅尚存三户，将来恐难恢复。

松坪沟：大小山峰纵横崩溃，有全部掩没者，有一部分颓溃者。内五寨变迁甚大，地如翻覆，外五寨无大变化。大、小姓各寨，被山压没，沙石堆积成为一片荒坡，倒塌房屋四百六十余所，死三千二百余人，伤四百余人。查松坪沟拖延百余里，地均沿河，经此变迁后，人畜田房概遭覆没，将来恢复颇感不易。

统计此次震灾由渭门关至太平，旁及松坪沟，长凡一百卅余里，广八十余里，山崩地裂，农田损失无算，倒塌房屋一千余所，土人伤亡五千人以上，连客籍商人行旅及公务人员，共在六千之谱，诚空前未有之奇灾也。

成都《新新新闻》民国二十二年九月廿五号第六版

注：内五寨指火鸡寨、墨石寨、岩窝寨、木梳寨、牙骨寨；外五寨指白腊寨、泥垭寨、易泥寨、刁公寨、二八溪。按现今调查访问资料，疑文中“外五寨”为内五寨之误；“内五寨”为外五寨之误。

（13）叠溪积水调查，积水共有五处，暂时可无妨害，科学院地质主任调查之结果。［本报茂县通讯］昨得中国西部科学院地质科主任常兆宁、罗西伊自叠溪来函，原有积水五处：一在小桥，一在大桥，一在沙湾，一在松坪沟中之鱼儿寨，一在娃儿堡。前溃之水，系在小桥。当溃决时，愈近叠溪水力愈大，将两岸沙石冲填河中，将河床填高，在叠溪之河床较前填高百丈以上。大桥及沙湾之堤，与现在河床等高，故停蓄大桥及沙湾之水未能消出。然自松潘流来之水仍可翻堤畅流，暂时可无妨害，然确为岷河隐忧。所可虑者，松坪沟之二湖，如一旦决溃，其害较前尤重。茂人虽知此害，财力、人力均感缺乏，且难民集聚城中，救生不暇，何能计及此害。所望岷江下流通力合作，浚此四湖，现已通告灌、郫各县，能否生效，亦只听之。总之，前决溃之水只十分之一，尚停十分之九云。

成都《新新新闻》民国二十二年十一月廿九号第七版

（14）周郁如等抵省详呈督署。查叠溪积水，缘于八月二十五日叠溪及毗连之较场坝、小关子相继陷下，其接近之各大山，被震过甚，遂呈最大之崩溃，塞断岷江数段，叠城附近之小桥河流壅塞，逆流而上至龙池山下积水一潭，长约三里，深十余丈，宽约数丈至十余丈不等，是为第一段积水。此段叠城旧迹，留有一角东门城门及城隍庙，尚耸然犹存。又鱼儿寨山与较场坝地间河流壅塞，经八郎庙大桥及侧柏沟、松坪沟两沟口，至银屏岩，观音岩积水一潭，长约五里，深约五十丈，宽约数十丈至数百丈不等，是为第二段积水。段内旧迹，八郎庙原在半山，现经水淹后，露出水边。又较场东北端之观音岩、银屏岩间河流壅塞，逆流而上，经沙湾、泉水至太平，积水一潭，长约廿余丈，深约五丈余，宽度不一，是为第三段积水。本段现在水已由太平消至泉水岩，约长三里，此正流壅塞积水之大概情形也。又松坪沟为支流之最大者，沟口宽数十丈。沿沟上至十里即木市坝，与和尚沟两沟合流处，壅塞积水一氹，长约一里，宽约四十丈，深十二丈；再进约十里，至水磨沟沟口、娃儿堡，积水一氹，长约五十丈，宽约廿丈，深十丈。综计此沟三十里，曾经积水三氹，均经翻埂流出，现已消至下游为一氹，中段半氹。最上一氹之堤埂，土多石少，有继续崩溃之势。又侧柏沟支流，在鱼儿寨附近亦称鱼儿寨沟，由杨八郎庙沟口前进约八里处，壅塞积水一氹，长约六十丈，宽约五十丈，深约十丈，水未翻埂，现有漏水三股，埂系泥沙，逐渐陷落，势颇危殆。此支流壅塞之大概情形也。

十月九日午后六时，因地震动，松坪沟下、中两氹，溃入正流之大桥。同时松潘绵雨，流量骤增，于是桥出口处豁然崩溃，遂将第一段积水消去，第二段积水消减十余丈，第三段亦消数尺。

现在积水在正流者，尚有两段；在支流者，松坪沟内有一氹半，侧柏沟内有一氹。支流堵水堤埂，埂质皆沙土，且居高临下，时有崩溃之虑。正流之二三段积水，水面高差约七丈，埂系石质，高约十四丈，厚约五十丈，宽约五十丈。水于坎之一侧穿一漕口，宽约数丈，翻坎畅流，冬季可以苟定。春夏水涨，石埂空穴甚多，难保无溃决之虑。第二段积水紧接第三段，其出口处尚属坚固，口外河床增高，但其他积水咸注于此。

成都《新新新闻》民国二十二年十二月卅号第九版

（15）西部科学院调查叠溪震灾情形。于1933年10月28日达于叠溪……。

高地房屋在岷江与黑水汇流之两河口以下，地震之后尚有大半存在。在两河口以上则十无一存，仅木材房屋尚未全倒。叠溪位于岷江东岸之一砾石台地上，厚度约及五百公尺。据岷江河床坡度现存残迹推算，当时叠溪台地应高出以前河面266公尺。与叠溪隔河对峙者为龙池山，其下之台地虽稍高于叠溪，然显系同一台地上下，为江水剖分者，该地村名即龙池，其间崖壁极陡，江面极窄。在八月廿五日下午二时半，大震骤然发生，叠溪与龙池二地皆整个向河心崩倒，同时发生地陷，崩入河心部分即向下垂直陷落，俨然成一小断层，垂直断距达百公尺之多。龙池、叠溪二村遂于数秒钟内全体消灭。唯叠溪东城之城隍庙尚存残迹，但亦随地皮之转移至城东南方矣。在叠溪附近之人，仅逃出一男一女，全城五百十七人无一存者。叠溪台地共长约二公里，宽约八百公尺，叠溪在其西端，其北有七珠寨及较场坝二村，当大震时七珠寨因近山地，完全为岩石埋没。较场坝则距山地较远，仅房屋倒塌死五十二人，计该地22家，震后仅余房屋二间。较场坝附近亦发生很多小断裂，将地层凌乱倾倒。岩石山地亦发两大断裂，可即称之为两小断层，一在较场坝之北蚕陵山下，系石英片岩及云母片岩组成，自山顶顺东西向向下裂开缝口，长约600公尺，宽约70公尺，南侧下降约80公尺，在四五里外即能看见，两崖对立宛如影之随身；其二，较场坝之南点将台，石质系为石英片岩，裂缝沿南偏西70度，长约200公尺，宽约20公尺，深10公尺，南侧低下约5公尺。此外在砾石地层中，发生很多裂缝，其中最大之一在点将台之东南，沿南偏东40度伸向叠溪，俨然成一断层线，在此线之东北台地更未陷下，西南部分陷下，自数十尺以至数十公尺不等。至平地中之裂缝则自尺许至四五尺长，自数丈至里许者，不可胜计。大致作南北方向，盖该地石呑山脉皆为南北向，地震时土地多向河中崩裂，故裂缝与山向大致相同。近山部分土地皆断裂成阶梯状，每级高至尺许至一二丈不等，当地震时震口忽开忽合，在田中之农夫有五人葬身此缝中无法寻觅。（现今）惟见叠溪南十里小关子对面烧炭沟崩塌最烈，然几无时不在烟尘弥漫之中也。

叠溪水溃出时，即将沿岸山地冲坍，塌下之沙石即将河床填高，在叠溪附近其填高之沙土约计九十六公尺，恰与大桥及银屏岩二地水面同高，故叠溪溃决后，大桥与银屏岩二处之湖水，即不能溢出为害。

查岷江上游为一断层极多之区，属于一向东北至西南而延伸之地震带，自有史以来该区山崩水竭之事业有所闻，大约每五十年即有大震一次，其发生地点皆在此东北至西南一直线上，经复变耶。

《国民公报》民国二十三年四月二十日及二十二日十及五版连载

（16）周郁如文摘。

〔**叠溪地震的灾害**〕一九三三年八月二十五日午后二时许，叠溪地方晴天无云，阳光灿烂，地忽大震，山崩地裂，震辐达数百里，岷江两岸群山石块下坠，尘土向天上飞扬，遮天蔽日，叠溪城陷落深约二百公尺。毗邻山地土岩随之崩落压于陷穴。陷落时天乌地黑，声如雷鸣，震耳欲聋。以后震声不绝，时起时落，隆隆之声，延续不止。初时密，后渐疏，延续时间在一年以上。距城约十里为较场坝，有几户人住于木板屋内，屋内（墙）震倒，居民当时昏晕全都不省人事。行人于较场坝途中，坠入裂缝之中。有人挑菜油一担，人坠入地缝之中，而两只油篓还在地上。同时成都亦觉地震，门窗玻璃和衣柜上铜饰亦震动有声。叠溪城距灌县三百六十华里，位于岷江左岸，地当松潘、茂县之间。唐时名蚕陵县，清时称为叠溪营。有城墙为绿营驻防地。有驿路经过较场坝通松潘。坝内还有点将台，系清绿营驻防练兵之地。民国时该城设有警察局，地震时局长正做结婚喜酒，未及逃避，与全城居民五百七十多人（其他伤亡还多，灾情详后）同被埋葬于陷穴之中。调查时该城已为废墟，已无人烟。较场坝距震源颇近，据劫后居民谈，在地震前夕较场坝山脚已见裂缝。地震前后曾闻有瓮雷声，一如西昌地震前夕，据传亦有声如牛鸣。

叠溪城与较场坝同在岷江河谷台地上，陷落后亦未淹水，只余东城一角。较场坝震后平坝微现倾斜，有裂缝层层折叠。城外还剩有城隍庙一座，庙前有小坝还有两株古树分列庙前。震时有两孩在庙前坝内玩耍，未被难。有一小孩被弹至右岸，其后均被行人带至茂县。

以上情况是一九三三年十二月郁如参加第二次震灾考察所耳闻目睹，并据校场坝居民口述的。

〔震灾后继以积水暴溃又成水灾〕震灾发生是八月二十五日，积水暴溃是十月九日，时间相距一月有半。震灾后快满一月，伪四川善后督办刘湘，始派人前往调查，调查人有全晴川（成都水利知事公署技术主任）、诸有彬（四川大学学生），还有十余人同行，初到茂县时找人带路（茂县到叠溪一百二十华里）。诸人冒险前往，时震区余震未止，崩石未停，尘土向天空飞扬有如烟雾。岷江河谷隆隆作响，昼夜不息，时断时续，行路易为坠石所伤。到震区查看，河里已积水成潭，大体可分为三大段。其情况是：①叠溪城陷落段为中心，其下为下段，长有数里，直到地名小桥为一段。由震源陷落深数十丈，毗邻山巅连带垮下，层层积压。河谷两岸相随崩坠，拥塞江中，压断岷江正流。层层泥埂，节节拦阻，将江流拦成多数小段，于小桥地方形成拦河大埂（土多石少），积水成潭，深十余丈，称为下段积水。②该城陷落段以上，毗邻较场坝，对岸有鱼儿寨山、擂鼓山、银屏岩等地与较场坝台地，围成一大海子，长宽约有数里称为中段。对岸的松坪沟（沟长仅次于黑水）、侧柏沟、鱼儿寨沟均汇流于此段内，深约六十丈。段内跨岷江有大桥，通右岸各山寨，桥址处有一小岛，孤立海中，故中段称为大桥海子。③较场坝以上，左岸有观音岩，右岸有银屏岩，对峙于岷江两岸，形成峡口。地震时两边山头各垮一半，岩壁如切。垮时有些像“定向爆破”，岩石崩下将岷江正流堵塞，形成天然的垒石坝（石多土少），长约五百公尺，宽约二百公尺。迎水面坡陡，背水面缓，颇像人工筑成的坝。堵水成一长潭，是为上段，称为沙湾海子。其水面淹没长达二十六华里，经过沙湾至太平（俗称一碗水），街房没于水中。水淹时有一队骡马从松潘来，在街上歇息，没于水中。以上潭水三段，当时情形，上段较为稳定，中下段岌岌可危。特别是下段，泥埂疏松，土多石少；中段积水多于下段，且有三大支流汇入，居高临下，逐日水量加多，压力加大，土埂显有节节崩溃的危险。调查人了解情况后，于十月九日动身将回茂县，将根据调查所得的危急情形报告伪政府，请调民工疏通积水。是日行三十华里，距茂县还有九十华里，投宿大店古庙内。晚饭后，行路疲劳的人们都已入寝，全晴川与老僧是故人，还在谈家常，耳闻河下忽来巨大吼声，二人急出门去看，水已上阶，全有手电筒，老僧拉全急奔庙旁山径逃避，当时吼声甚大，不及呼唤庙内已入寝的同伴，顷刻水已淹过屋顶。事后了解，是日松坪沟等支流，由于上游绵雨多日，雨水增加，地又震动，沟内潭水暴溃，使大桥海子汇集更多的水量，将土埂层层冲溃，随将下段节节截堵的障碍物扫通，壅塞于河道内的疏松土石，不能阻挡急流。估计是日水头高二十丈，吼声大震，壁立而下，濛濛大雾，如钱塘江潮一般，到大店后，瞬间即将古庙冲去，第一次去调查的人，除全晴川外无一人幸免于难，包括茂县去的向导在内，其中有川大学生诸有彬君殉难。最可怪的是：伪政府地方当局，震灾发生后，并未进行调查了解情况。迟后一月，伪省政府才派人去进行调查。茂县的人还不敢去。查看了情况之后，由于电讯不通，还来不及报告就发生了水灾，使人民生命财产，受到严重灾害。反动政府的麻痹大意，反动统治者的昏聩无能，不顾人民的生命财产，造成了重大的损失，确是罪无可贷的。

水灾后关于叠溪怪异传说甚多，伪督办刘湘，于一九三三年十二月派周郁如（即任成都水利知事）同伪督署参谋郭某带三十余人再去调查，随带无线电台，竹筏（涉水用）前往。于十二月上旬到较场坝，住该地约十天。据了解，水灾后上、中段海子积水已消去一部分，下段已无积水。江流已通，过去耸立江中若干孤石，经大水后都已荡然无存。下段河床土石沉淀增高，中段大桥海子积水为增高的河床所堵住，仍然存在。上段沙湾海子积水，被天然垒石坝堵住，只有漏水，冬令枯水季节，坝顶无水漫过。察看河谷水浪最高水位与枯水面相差约二十丈，上、中两段海子水面高差约七丈。就水量估计，积水溃后，上段沙湾海子积水还有十四亿立方米，中段大桥海子积水还有七亿立方米。计算以每秒三千立方米的水量下泄，需八天的时间。还有支流松坪沟三十华里内有积水三潭，存水量约为三百六十万立方米。鱼儿寨沟有积水一潭，存水量约为八十万立方米。这些沟内积水，皆居高临下，蓄有潜力，倘一旦溃入下游，震区河床土质松浮，难免不被冲刷峻深，增大流量，酿成灾害。于一九三四年一月成立叠溪疏水工程处，给工程费一万元，由同去调查的郭守中参谋负责。去茂县调集民工五百人，历时数月，将各潭阻水的障碍物疏通，开出漕口，引水从漕口缓缓下泄，以减轻突然崩溃的压力，施工后获得稳定。

〔**震灾和水灾损失的不完全统计**〕从十月九日水灾以后，据不完全统计，震灾和水灾死亡人口六千一百三十五人，其中叠溪城居民死亡五百七十多人，松坪沟、黑水河各死亡一千三百多人，死亡原因全属震灾。财产损失：冲毁农田七千七百多亩；房屋六千八百多处；粮食二百多万斤。灾民人数一万二千八百多人。松坪沟内羌民的石砌房全被震毁，黑水河碉楼大都震垮。其他物资损失如牲畜、衣物在外。灌县都江堰内、外江河口，冲成卵石一片，渠首工程扫荡无余，防洪堤埂荡然无存。各河桥梁、山内索桥、山外木桥、石桥全被洪水吞没。灌县一处仅木、炭两行商人，不完全统计损失货物在二百万元以上……。

周郁如《叠溪地震琐记和对地震的初步认识》（1958年写）

（17）本县第一区松坪沟，纵横百余里，位于松、理之间，土地肥美，在叠溪灾前，夷人丁口有千余户之多，震灾后死亡甚大，至今不及三十家……，深入儿八溪，经两夜野宿始达其地……。

成都《新新新闻》民国二十八年十月六日第五版

（18）黑水震灾，男“夷”压死特多，因女“夷”多在外耕牧，男“夷”则在家抽烟，“夷”头到茂商善后。［新声社茂县特讯］顷据昨由茂西黑水传递公文来县之“夷”人某称，此次黑水震灾之损失极为重大，凡黑水所管九十九沟半之碉房，几坍塌殆尽，人民牲畜亦伤亡过半，其中尤以少壮死者为最多。盖“夷”人夙性懒惰，耕牧诸任务悉委之妇女，男子则终日抽烟于家，故当地震房屋倾塌时，男子多外避不及，压毙墙石之下，妇女耕牧田间，尚得幸存之。现黑水地面，因山崩地裂，交通完全阻塞，“夷”头苏永和、白脑壳等，虽欲督工修复，以利商旅，但黑水频年叠遭灾害，财力实感不逮，故特别派人来茂报告。伊等定于本日以内亦将来谒刘代督办商陈赈灾、筑路诸善后，恳祈派队保护云。

成都《新新新闻》民国二十二年十一月二十号第六版

（19）黑水震灾奇重，“夷”目报灾情，活埋一千余人，压毙牲畜无数。［本报茂县三月十五日特约通讯］去年八月二十五日，松茂道间地震之灾，山崩地陷，水积成谷。叠溪、沙湾间数十里之受灾民众，不可胜计。现在犹无调查之确数发表。然灾之概况，已经各报迭有披露，惟县属上下黑水“夷”地，灾情之重，不减叠溪。只因地处偏僻，交通不便，鲜有知者。兹据黑水“夷”地之“夷”目等，向此间屯署，所报灾情除崩塌房屋、压毙牲畜无数外，“夷”民之遭活埋者计有一千三百余人，恳予抚恤云云。

成都《新新新闻》民国二十三年三月二十四号第六版

（20）［本报特约理番讯］又汶川县城，亦同时震动，黄尘弥漫，高店子、羊店一带，岩石崩坠，人畜均伤。瓦寺土司官寨侧近，挖药苦力十人中，曾有六人被岩石打毙。岷江上游近日水势顿减，叠溪、沙湾灾情之重可以想见。县属雁门关，路断山崩。

成都《新新新闻》民国二十二年九月七号第六版

（21）茂县老人、九峰等山峰迸裂。［本报茂县特约十月三十日讯］又茂县东南著名最高之九峰山、老人山，终年积雪，九夏不消。近自下面仰望，积雪骤少，深以为异，殊前日闻有至马厂深山挖药者回言，审视老人等山，峰巅已为地震迸裂，裂缝约四五尺宽，积雪多由凹处陷落之。

成都《新新新闻》民国二十二年十二月七号第六版

（22）理番太阳现红光，地震时喇嘛寺亦摇倒。［本报特约理番讯］理番县城于八月二十五日午后二时半，地震四五分钟，县府照壁倒塌，打伤七八人，伤颇重。房屋亦有倒落，幸伤人不多。同时县西之兴隆场，即杂谷脑之喇嘛寺，为之摇倒，喇嘛压死十余人，伤者亦多。县东之大河坝、木上村，周围山崩石坠，压毙人畜甚多。在新保关（即威州）同时黄尘蔽天，日色无光，地面震荡有五六分钟之久，人民惊惧惶悚，扶老携幼，东奔西走，夜间又稍动二三次，雷电交作，天降大雨，雨后又有二三次之小震动。二十六日迄二十九日夜均有震动。理属之坡底、郭竹铺，茂属之艽山均山崩碉塌，压伤平民甚惨。夜间人民住宿咸在户外，因时有岩石坠下，行道危险。

该处人云，数日前午间太阳现出红光，热度甚高，如此三四日，老人咸以为灾变将至之兆。今年旱灾颇重，收成不过四五分，今又逢此天灾，人民束手待毙，若已无生理之象云。

成都《新新新闻》民国二十二年九月七号第六版

（23）叠溪大地震亲历记（张雪岩）。

一九三三年八月二十六（五）日中午，茂县之叠溪地区发生强烈地震，造成损害极大。当时我亲历其境，见闻略可忆及，试为追述于次，以供研究参考。

〔**地震前之叠溪**〕叠溪居茂县之北，距城约三十公里，系一场镇，有居民百余家。国民党二十八军的松、理、茂、懋、汶屯垦督办公署（兼督办邓锡侯）以其地邻黑水入江之处，特在该镇设有公安局，处理一切纠纷事件。汉、藏边界如松坪沟内，由于历史上两族不睦，暗中各处于戒备状态，故督署常派兵驻守于此，藉资震慑。

该地面临岷江，背枕高山，由江岸而上叠溪镇，坡行约五公里。镇以外地势平坦，广阔约里余，随处可见大小不等的深洞。背面高山壁立，无林木。据当地人云：半山上有一小穴，穴口约脸盆大，不知深浅。如投以石子，立时浓烟上冲，直凌霄汉，结成黑云，一瞬间，雹粒下坠，人避不及，常被打伤。我亲见一士兵遭遇此事，受到官长处罚。官绅们也常说，半夜人静，微闻地下有潮水声。但我数宿于此，终未感觉。回忆以上情况，可能其地被江水入浸，土石疏松，地质早已发生变化，一遇地震，即行坍陷。

〔**地震时的惊人变态**〕地震发生时，我正兼任该县县长，当天正午时刻，突闻由远渐近发出一种有如万马奔腾的吼叫声，又似大海里狂涛巨浪席卷而来的潮声，直觉地使我一跃而起，穿屋奔出空地，屯署、县府职员，也不到三秒钟都一齐奔来。不少人立足不稳，沿路倒下，又急遽爬行；或经人扶持而出，咸呆视无言，不知要发生什么事故。接着县府一长排横屋便哗啦一声而倒，幸未伤人。我们在府外的人都席地而坐。三株古槐，为明清时所植，可十人合抱，连干到枝四面摇晃，如指挥旗帜状。远见四山隆烟齐冒，尘雾迷空，天昏地暗，几不见人，而震声隆隆仍不绝于耳。有说是火山爆发，我辈末日已至，嘤嘤啜泣者大有其人。过了一刻，又稍稍平静，日光山色，略可清辨，即闻全城墙屋倒塌声，不断哀号呼救声，此时情景，任何人均感到肝肠俱裂，无可为计。又后一钟余，人可以立，可以行，报灾者麇集县府，皆面面相觑，垂头丧气。临时商议措置，苦乏善策。即用电话在上下路询问，但久无人接，知线路皆断。隔日，电话员分道出发抢修，南至威州、汶川已通，知此路灾情不重。北路刚行十余里，山与河齐，无路可通，知北道系主要震区。又约隔一星期，有难民翻山越岭而出，略悉叠溪一带损失较重，然亦不得其详。再后难民便络绎不绝来集县城，惨痛之情，真令人目不忍睹。同时，叠溪镇亦有幸逃出险者数人（俱忘其名），各道实况，兹就记忆录之如下。

甲谈：我系叠溪公安局工人，当时我抽暇往城隍庙去，道士留我歇凉吃午饭。正午，我睡在庙角一凉亭上，忽闻天崩地裂之声，叠溪全镇即整个一块下陷，背面的山亦奔倒下来。整个城隍庙，只余这个凉亭，悬在岩上未坠。现该地已与河面等高，已难识辨路径。

乙谈：叠溪地震那天，我因住在镇外里许的较场坝，恰恰离开陷区。我见此险状，慌忙挟二子跑出，地即崩裂为壕，刚刚跳过，前面又继续崩裂，又跳，又崩裂，如是继续地跳崩约数十处，我算逃脱出来，但挟在手腕内的二子，则不知在何处壕坑坠毙了！

丙谈：我家一子同邻家数孩在坡上玩耍，地震时他们都昏迷了。地震将这几个小孩由河东岸山坡推抛到河西岸的山上，我四处寻觅才找着。

丁谈：我家距镇数里，家里几口人，在地震后被陷在河西岩腔里，仅容一头可以伸出呼救，但系悬岩，莫法援救，终致毙命。

又县文庙一学员谈：我当天感到震凶了，跑出教室，走到泮池台阶前，正欲举足而下，忽然下面石梯即自动来迎，我惊呼一声，猝倒在地。

由上受灾人谈述，看出那次震动之剧烈和地形之突变，使人亲见一幅沧海桑田，陵谷变迁之惊人画面。尤其在地质变化时的一种推移力（将人由这面山推向那面山），如非目击者口述，连我也不敢相信。往时，我常遇微震，但都无连续性。这次是每隔十分钟或半点钟继续震动，不过次数逐日减少，在两月以后，每昼夜尚有数次。震声初来时，地下轰轰吼鸣，愈近声愈大，最后即戛然一声而止，而屋宇登时动摇，人咸趋出以避。黑水区域内，寨落碉堡倒塌尤多，损失更重，后来始知系震源所在。

〔**地震后地形变化及措施**〕灾后叠溪，我曾亲往视察，原来约十里坡行之高地，已成与江面等齐之沙岸。全镇土地人口整个陷落深渊，几无一家幸免。原山脚下出现一条深沟，经坠绳测视，约数十丈深，这些可怜生命，俱皆长眠沟底。这段岷江，自两岸山崩后，约十余里长之江流已全被土石填阻，形成上下三个大小湖泊。上游之水续来，俱盛入上面大湖，月余后，此湖面延阔至数十方里；下面两小湖，各距里余，因上湖下浸，亦逐渐扩大加深，惟俱不能泄入江流，无不深以为虑。两月来岷江下游，仅有黑水河及几条小溪汇入正流，茂县一段几可涉足而渡。成都平原已感到水量不足，农田灌溉大受影响。同时更虑到上游三大湖泊之水，一旦一齐溃下，成都平原将会遭到灭顶之灾。于是对“凿湖通江”之工程，感到有迫切着手的必要。其次，茂县松潘间道路，自叠溪震后都塌坏，形成“商旅裹足”的萧条局面，致屯区政令税务均陷于停滞。于是屯督署提出“以工代赈”办法，灾民纷纷参加修筑道路，半月后略能通行。但叠溪上行至太平（松潘属）一段十余里，由于两岸陵谷变迁，石土松散，随时梭沙飞石，一遇午风，行人通过危险极大。因而又计划造船，载人和货由湖面上下运行。事实证明，这的确比较安全。岷江上游行舟，此系历史上的第一次。

再后一些时间，地质考察家进山来了。记得川大地质教授周晓和来过，据他研究判断，震源不是叠溪而是在黑水里面，但以不能深入观察为憾。叠溪属于“陷落地震”，不是一般传说的火山爆发。陷落是受震源影响所致。在周走后不久，又来了一位川大学生，对地震研究有兴趣，刚行至茂城以上石大关，是夜（10月9日），即遇最后一小湖决口，洪水暴发，不幸遇难。

〔**一湖决口酿成巨大水灾**〕地震后约三月（编者注：应为10月9日）之某夜，忽听江声怒号，咸疑天未下雨，何来此声。但因早已虑湖决口，咸有戒心。我与一公务兵执电筒自城上照视，辨不清晰。即出城门，缘石梯下岸将行一半，一巨浪汹涌袭来，惊吓上奔。甫入城数步，浪潮即席卷而至，城门和墙基砰然一声，便即崩垮，城楼半斜。急用电话叫威州，意欲其转电威、汶一带低地，赶速迁移。但无人应接（估计此时水还未至威州），别无其他办法，只有空自着急。后来才悉茂、威两地电话员，常爱夜深闲谈，威局厌之，因此是夜坚不来接。于是洪流踵至，将威州洗为平地，死亡、损失极大。再下去，汶属两岸居民住居低处者皆无幸免。汶川城较高，未遭此患。次日，灌县河水陡涨，上游冲来之房屋、用具、人畜尸体，已铺满离堆上面一大坝。

茂县城是夜在我离督署时，正传锣通告居民，火速上山。哪知人民更十分敏感，不两分钟，早是满山灯火，城内已空无一人了。城内算无损失，但城外河街居民俱罹浩劫，一洗而光。通河西之竹索桥亦被冲断。房屋有整个被抬至河心者，灯光仍亮，使居民误传为走蛟，说已见龙眼睛。惟时间很暂，涛浪即平，盖因决口之湖水已泄尽了。天明视之，江水仍是涨涨细流，与往日同。后来调查，仅溃一个小湖之水，于是人心仍惶惶不安。消息传至成都，不少人亦为未来事变感到惊惧。适我迁道转省，报灾请赈，才将所见实况及可靠推断在报上发表谈话，成都市民稍为镇静。

〔**善后办法**〕屯区遭受如上两次巨灾（地震、水灾），从各方面呼吁，虽说也领得一些零星赈款，终是杯水车薪，无济于事，而造灾册的工本和缮写费反而花得不少，要求较好地安排善后，根本无望。那时刘湘正谋统一四川军政，几经接洽，他好像关心民瘼，说要派员携款入山，并协助修治道路，凿通湖口。后见工程浩大，仍是敷衍了事。又隔一段时间，山东青岛红十字会派员来了，像是国际间的救济组织，曾亲到震、水两灾区调查。县府派员陪他们一行前往，也花了一些费用，但临行时说，转去一定开会决定，放赈时再转来。望之又久，仍是口惠而实不至。总计两次灾患，人口死伤约在万人左右，财产损失至少亦在二十万元以上（详细数字，年久，记不清），山区本来底子薄，这下就元气大伤，不易恢复。怎样办呢？结果仍是“就地设法，靠人民自救”，一面办理急赈，使衣食两项暂能维持，一面就原有场镇高处，建修聊避风雨的茅舍，使灾民不致流离失所。同时发放少数赈款，劝其自谋出路。后来了解，有部分灾民的生计逐步得到恢复，但亦有不少人于悠久岁月中，艰苦挣扎在饥寒线上度其可怜生活，国民党政府始终少为之助。

一九六O年八月十八日《四川文史资料选辑》第二十七辑，
四川人民出版社，1982年版，第191—196页

（24）地震后峡谷实察记要。岷江峡谷之地震，为去年八月二十五日中午以后，先余旅行时间两月，客青海时，于地震之事，微有所闻，初未置信。及抵松潘，咸以震路山崩河断相威骇，几有改道之想，终以必欲得实情，历险仍出是途，所见灾情等等，略述以备参考。北陪（碚）西部科学社与四川大学事后曾派员调查，自今仍未见其科学式之报告。

此次地震之震央（Epicenter icenter），迄不明了。因峡谷附近都市，无地震仪之设备也。受灾最甚之区，目极（击）者厥惟叠溪。闻黑水全域，范围亦广，该区之山，确有陷塌为沙地者。夷民居处，十九倒毁，人畜损伤，屈指难计云。

余所亲历，自松潘始。松潘城内，房屋倒坏无之，出城数里，电线有扭折者，沿岷江岸南下，电线电杆损坏日多，新破落岩块亦然。至相去二百里之太平，人家倒者过半，投宿之家，大门已呈一斜四边形，夜间余震忽起，隆隆大作，居民习久而安，不之顾也。太平以下，路已全毁，河水渚积，澄碧之至。绕路至两河口，跨三千五百余公尺之毛牛山，登高俯瞰，河塞为深潭两个，两潭水流已通，特缺口甚狭，其下潭尽处则不见。旧时之沙滩镇，则为水淹没无余，潭水中杂草木板尚浮。该处逃出居民只二家，现时搭茅屋而居，名庄房。地震以前，太平来此不及一小时可到，震后历一日整，宿庄房已黑尽。

沙湾叠溪之间，为两潭水之关键，其成因乃岷江两岸之山岩同时下陷，岩石积塞，大小岩块，历历在目，余震未平之际，岩崩时有所见。其间道路，过时全未修复，偶一不慎，即坠入潭中淹没，或为岩间坠石击毙，绝非过言。青龙寺高于庄房二百余公尺，震后尽毁，尚未伤人，常水层（Water table）改变，现时汲水须下山，不便莫甚。至岩石之陷落，西岸甚于东岸，潭水深度，估计不减一百公尺。以其为商旅必经之道，近时有人结筏利济，然余震一至，大率裹足不前云。两潭水面相差，可六七公尺，其间相去不及一百公尺。潭水共长二十余里，如斯之峪谷，形状俨同飞亚——峡江（Fiord）。

叠溪海拔二千四百余公尺，市场建驰名之冲积层上，原长南北及三四百公尺，震后全市陆沉，惟城隍庙旧址及较场无恙，遭难者逾五百，有司亦与焉。七株寨为叠溪城外一村，已全为崩山掩蔽。隔岸龙池村，与叠溪共存亡，虽瓦砾亦无存矣。地震之主要动作，在乎折断地层，使其下陷，或者使地层崩破，二者皆盛行叠溪。陷落之甚者，垂直面八九百公尺，次者亦二三十公尺。破断处之坚结岩石，皆成匀净之块。较场耕地裂口纵横，民房全倒。过者为白马宫关、黄草坪、排山营等处，房屋倒尽。太平以来，八十余里间，为峡谷中罹震灾最惨者。

实察叠溪排山营间之岩层，则该区震灾独钜之原因，不难领悟。何者，岷江在本区内，河谷较宽，每有甚厚冲积层，是原剥蚀而成之土壤，其干燥者，遇风吹送至谷中，积于转弯处，河水澎湃其下，挟上游来之细石沙泥刷洗之，间亦沉积于岸旁，日久积多，河道小移，致向来沉积岸一变而为侵蚀岸，如者递嬗不息。其谷中岩奔、地移（Landslide），亦属寻常。至未经风移之岩屑、浮

土，亦产生圆锥形堆或阶地，地震一起，陷落立见。他时如再有大震，较场等处，恐难幸免。

地震既有山崩塞河之事，河水外溢，泛滥为灾固宜（易）。岷江峡谷之地震，潴为沙湾、叠溪之水两潭，前已言之，下游所受水灾，与该二潭水尚无直接关系。其已外溢者，乃叠溪对岸松平沟潭水之一部。水去谷中所留水迹，去现时河面高出七八公尺，突如其来，势猛自不可当，水灾之祸，过于震灾，已见诸事实，宜乎叠溪以下居民，畏之如猛虎也。依个人观察，沙湾叠溪之水，可无意外。盖叠溪以下，岷江河谷整个填高，适应（At grade）潭中外溢之水。河床既然稳固，河之侵蚀，当本自来之法则，是犹之地壳升高，不其然乎？但松坪沟等处情形，余未之见，不能臆揣。虽然疏浚问题，固仍在焉，鄙意以为沟通沙湾叠溪两潭足矣！

乃民不堪命之时，当轴以此乃成都平原隐忧，派人前往监凿。某氏以为非三数年不能已事，刻已强索民夫，猬集于民不聊生之岷江峡谷，大兴掘凿。巴歌渝舞，安得安澜？

其前此水灾所及地点，始于叠溪以下之大店，城垣所余无几。石台（大）关亦然。沟口砦、木苏堡皆冲刷净尽。两河口对面，村址难分，水倒流入一侧沟二十余里，为害至大。长宁大半受水灾。花红园尚存二户。素以茶商聚散闻名之塔水墩，河边皆茶包乱掷，广可数里，水灾使之也。茂县县城去河身高，安然无恙。自此以下，白水为水毁其半，桥高悬河岸，羊毛坪亦尽毁，路改建半山。前入威旧，受水灾亦重，汶川则告无害。桃关、沙坪关等处，路尽毁，刻已修竣。灌县岷江已阔，水势至此，仅冲损离堆公园一部。经此水祸，茂县、威旧、汶川等处索桥无一存者，跨岷江峡谷之交通，尤惨遭莫大打击，再磵房倒塌颇多。二者皆峡谷之美景，亦堪置叹！

徐近之《岷江峡谷》，《地理学报》第1卷第1期（创刊号），1934年9月，第169～178页

（25）灌县水灾筹赈委员会快邮代电（全文）。

吾灌幸福，祸患频乘，奇重灾情，数月两见。前次毗河对峙，屏蔽西陲，既困兵争，尤苦馈运，加以二十四军敌据两河时将百日，全境几沦，再战始退。匝地兵戎骚扰，实隐寸衷之痛，濒河黎庶盖藏，真是十室九空。当此兵燹之余，疮痍满目，灌人虽经呈准上峰设有兵灾善后委员会，正谋调查呼吁，赈济灾黎，讵料（阴历）八月二十日夜半，又遭旷世水灾。漂流之后，触目伤心。生者失其衣食住，死者尚待捞殓埋。若不将奇重灾情，约略陈词，诚恐远道传闻难知概况。查此次岷江暴涨，时为黑夜，水头数丈，汹涌而来，至合流之旋口场，扫去该场大半。经麻溪猪脑坝、沙金坝一带，冲去濒河居民数百家。至白沙场，冲去该场大半，连同紫坪铺、白沙场炭木商之木墩、木条、岚炭等物一扫而空，约值大银元百万元。又至都江堰上游之白马堰，水直东驰，扫卷索桥南岸及韩家坝一带之民舍田地不少。奔流至飞沙堰，一面排其堤堰之沙石以入沱；一面横决飞沙堰人字堤直穿离堆公园（即荷花池）。乱流入正南江、黑石河、沙沟河之间，于是附城之伏龙、奎光、清平、天乙、崇礼三乡两镇，冲刷民房数百户，田地约千余亩，合计银钱衣物又值百万以外。据善团红会所言，即第一区内发现死尸，大约有数百具。至五区之安顺桥河心，居民数百家，亦全被水淹。王家船河心，捞获死尸二百余具。六区之玉堂场死亡约二百余人。同区之大兴场，人畜房同归于尽，连同中兴场境内，死亡又约二千余人。七区之徐家渡数百户，存者仅十分之二。十区之旋口场死亡又约二三百人，同区之河心甲，居民百余户无一幸存。水经之地，农田淹没，桥梁冲塌，统计灌境死亡人数约三千余人，冲毁农田约一万五六千亩。刻间山洪稍退，官绅协同履勘，惨痛情况，目不忍睹。死尸横野，彼此相望，甚或体毁肢残。生者无家，大率哀妻泣母，唏嘘痛哭，恍如失路之婴；奔走仓皇，俨若丧家之犬。纵有分坛馈粥，炊爨之曲突难寻；虽欲补屋牵萝，舍宇无旧基可辨。甚有一家数口，共逐波臣。食粟千盅，尽捐河伯。霎时兴贫富之嗟，瞬息成聚散之戚。凡兹惨状，实胜兵灾，目所亲瞻，心滋巨痛。昨由军政绅耆，在县府集议，成立灌县水灾筹赈委员会，分头着手募捐赈济。除电请列峰派员查勘迅速急赈外，尤望川中军政绅商宏施大惠，赈我灾黎。种德造田，虽在今兹，结草衔环，必报他日矣。

（原编者注）这份资料，为七十八岁老人钟易成所提供，是他当年亲手收存并抄录下来的。资料反映了一九三三年叠溪海子决口，我县境内遭受特大水灾的梗概。可供有关方面参阅和研究之用。

《灌县文史资料》，第4辑，第68页
（都江堰市防震减灾局章旭玲查出）

（26）（民国）二十二年八月二十五日，叠溪发生7.5级地震。十月九日，叠溪小海子决口，造成历史上罕见的灾害。震后，屯署督办刘铭吾赴叠溪一带督工修复震毁路段。

（民国）二十三年一月，省善后督办公署拨款1.2万元，县调集民工数百人，由上校参谋郭雨中督工疏导叠溪海子积水，引水下泻，减轻水患。四月，完成第一期工程后停工。

四川省阿坝藏族羌族自治州茂汶羌族自治县地方志编纂委员会编，
《茂汶羌族自治县志》，四川辞书出版社，1997年，第12页

（27）剧烈地震。［本报专访］昨日（二十五日）午后两点十分之时，本市（成都）发现大地震，系由东北方波动而来，起初时微动，尚无惊觉。继而则大动，人觉昏晕，房屋振振有声，屋瓦片片坠落。室内悬空物件，均荡荡不休。箱柜之金属饰物，亦铿锵作响。经过两三分钟之久，始告平息。当震动最烈时，市民惊惶万状，有向空坝奔跑者，有跑至街心站立者，盖恐房屋倒塌。彼时春熙路口，靠锦华馆方面之砖墙，被震落墙头一角。暑袜街钟姓茶铺震倒烟囱。中莲池街墙边，某姓独立草房一间，同时亦被震倒云云。

成都《国民公报》民国二十二年八月二十六日第七版

（28）地震后之余闻。［西南社］此间昨廿五日午后三钟，天气亢热，忽然发生空前大地震，全市房墙有因之倒塌者。地震时间约有五分钟。人民因墙倒房倾而被压死者及受伤约百余人。公安局看守所之墙倒坍，压死犯人一名，受伤三名。西御河街一带土墙，亦均倾坍，诚空前大地震也。据老年人云，在近百年来均未有此大地震……。

又讯：本市下莲池城墙边下，居住之市民王某，而住之房屋早已失修，今受此影响，当即倾倒崩溃。事后记者前往调查，压毙小孩一人，重伤二人云云。

又讯：昨廿五日午后，本市区内发生地震。后经记者调查，西门少城内有多街巷之墙垣，多被震动倾坍，以商业街为最甚，且该街屋脊多被倒塌。至东城根街，当地震时有一孕妇经过，亦因震动倒地，后竟致昏死约半小时后始苏醒，乘车而去。

又讯：闻得陕西街外国教堂之钟楼，亦因地震剧烈，将最上层宝顶震落。又少城公园“辛亥秋保路死事纪念碑”顶上第三层宝顶，亦因剧动，震掉一半。宝顶传系明代瓦缸制成，落地遂成粉碎，场中游人业有拾得珍藏者。地震后十分钟内，陆续得附近成都各地电告，新繁、新都、郫县、温江、双流各县同时均发生剧烈地震。

成都《国民公报》民国二十二年八月廿七日第七版

（29）蒲江地动三分钟，廿五号午后二钟，县城地动三分钟，县政府后哨楼，为之震覆。

成都《国民公报》民国廿二年八月卅一日第六版

（30）昭化有声隆隆。［昭化特讯］本县八月廿五日午后二时五十分，忽发生地震，瓦房均格格作响。盛水过满之缸盂，皆溢水满地。旧房更泥土簌簌下落。民均向空隙处逃避，并闻有声隆隆似雷鸣，由南而北，约五分钟，始行恢复原状云。

成都《新新新闻》民国二十二年九月四号第五版

（31）青城山第一峰崩塌大煞风景。［本报灌县十月三十日特约通讯］县境东南距离城四十里之青城山，峰峦罗列，景象可观，全山有二十六峰之雅号，为川中名胜地之一，亦即各界人士乐往游览之所。昨日该山第一峰，峰巅（在上清宫庙后）崩溜数丈，峰已不高。顷据是山天师洞之道士来城言，前月地震时，第一峰巅即现裂痕，近又因天雨兼旬，故尔崩塌。幸未伤及一人，然全山景物不免稍形减色云云。

成都《新新新闻》民国二十二年十一月一号第五版

（32）灌县仍热，二十五日亦曾地震。［本报灌县八月廿六日特讯］今年此间奇热，自入伏之日起，至立秋后之今日止，华氏表在每日正午，则达一百零四五度之间，早晚二时，亦在九十五六度左右。最近已接连十八日无雨，且皆赤日丽天，长空无云，未有一小时之阴暗，人皆谓为多年未遇之天气。昨午（二十五日）忽起阴云，继以雷声，大有即将降雨之势，殊大风骤作，旋又云开日出矣。人们正苦热之际，突然发生地震。地上一切物件，俱自动荡，屋瓦且皪皪有声，如是约二分钟许乃止。

三台《新川西北日报》民国二十二年九月二日第七版

（33）［省八月廿九日通讯］前日午后本市发生地震，已志各报。顷据各方确讯，川西新都、温江、郫县及川北各县各地均有地震。重庆方面并无影响。本报郫县昨日通讯，谓该地房屋树木，自动倾斜欲倒，瓦片下滑。室内悬灯，多被震坠地。碗内茶水尽皆倾出。市面有人不能举步，如坐摇篮中。一时鸡犬不宁，揆其情形，似较成都为烈。

三台《新川西北日报》民国二十二年九月三日第五版

（34）绵竹县伤亡，传有百余人。〔本报绵竹快讯〕绵竹昨日午后未正，突起剧烈之地震，系由西向东簸动，动势甚为剧烈。事后探悉，外南洗墨池附近某姓，因地震将屋墙倒塌，压毙大人小儿各一。县府保晋路口之房屋亦崩塌。其他各处尚略有伤损，不及备载。同时全县各乡区，皆同时地震。傍晚时即闻得距县城七十余里之德阳县来电称：该县亦同时起剧烈地震，倒塌数街房屋，伤损较绵竹略大。外间传说即（伤）百余人，钟鼓楼亦被震塌云云。

成都《新新新闻》民国二十二年九月三号第六版

（35）地震，历时五六分钟，十余年所未有。此间（三台）昨日午后二钟四十分，骤发极度地震，历时约五六分钟久。房屋俱为动颤作响，室内之人亦多昏晕。为川省十余年来所未有云。

三台《新川西北日报》民国二十二年八月廿六日七版

（36）［成都新兴社江油特讯］本城前八月廿五日午后三钟发生地震后，忽于本月一日清晨又觉地动，同日午后三时后震动一次，但此两次动力均微，为时仅数秒钟之久云。

成都《新新新闻》民国廿二年十月廿号第六版

（37）民国二十二年癸酉七月初五日未刻（乐山）地大震，如舟在波中荡漾，数秒钟始止。旋闻确是汶川、茂州、松潘、理番等处地陷五六十里，且山口亦被水冲决，沿河淹没人畜无数。迨八月中旬洪水横流，涨至嘉城大佛岩边，冲毁船筏数支，溺毙百数十人。此地震之危险所及也。

民国《乐山县志》卷十二，页47

（38）东道地震后，各处灾情续。［隆昌一日快讯］前日大地震，由省方以迄下东南，均甚剧烈，历时虽各地不一，然大约均在八九分钟左右。

隆昌：当地震最烈时，县西狮子坪一带地面上曾喷出火光，焚烧民房六所。就中以邱、杨、刘二姓猪牛家器，全被焚毁，受损失甚大。

安岳：当地震时，某处深潭，水溅高丈余，岸上五人完全晕落潭间溺毙。迨观者奔援，已无及矣。

大足：波动约十一分钟之久，高山房屋倒坍十数所，人畜均有死伤。

荣泸间界牌高山：当地震时，某妇挈子女三人，经行小径，完全坠岩下，母子受重伤，女则触乱石废命。

资内一带：地震亦烈，某糖房同时被火焚倒坍，损失不小。

井、富一带：地震历八九分钟，某盐井喷出火光高数丈。富顺“太平缸”水溅高丈许，观者大恐。

泸、隆间某炭洞：当地动时，岩石崩裂，压死工人十余名。又白水滩炭洞，喷出地火，烧死苦工七名。

成都《新新新闻》民国二十二年九月七号第六版

（39）〔本报犍为牛华溪特约通讯〕前日廿五日午后，此间忽发生地动，极为剧烈，房屋器具，摇撼不已，历时约四分钟止。有数处房屋竟因震动而坍塌。

成都《新新新闻》民国二十二年九月四号第五版

（40）［江津通讯］本月二十五日午后三钟，记者因赴友人小餐坐定，似觉房屋动摇，即悬于空际之物，电灯洋灯均摇动欲坠。坐卧于榻者，则颠簸不堪，时约二三分钟许，即行停息。惟行走于道途者，则无若大感觉，嗣后始知为地震，全市居民莫不惊讶云。

又广安通讯：昨（二十五日）午后三钟，全市忽然地震，房屋颠摆，行人奔忙，妇孺惊恐，如感大祸之将临，幸历时仅三分钟，即告平静矣。

重庆《大声日报》民国二十二年八月三十一日三版

（41）［本报二十六日隆昌通讯］此间昨（二十五日）午后三时二十分起大地震，城村房屋门窗均咋咋有声，器物簸动不已，行坐之人犹多昏晕。记者当时是在城内议事厅内，伏案写字，案忽摇动，下落寸余，而厅内所有之床橱以及壁上所悬之物，皆大为簸摇，邻妇且惊呼，神桌之铜磬摇落，一时城村人声鼎沸，先后约七分钟之久乃止。但原置地面之床具等物，均多变易地位，可想震（动）之剧。今晨据荣昌、富顺、内江来客谈及，同时各地亦震动甚剧……。

重庆《商务日报》民国二十二年八月廿九日六版

（42）重庆民众社（二十六日）云：昨日（二十五日）午后二钟许，本市发生地震，时间共约五分钟之久。地震面积纵横达一百余里，重庆地区震动尚微，仅房屋略有动摇而已，一般人民多不知觉，最强者如江北头塘一带房屋，几致倾覆，人民个个发昏。扬子、嘉陵两江之水，亦因地震而扬波。闻百里以外，亦发生地震，但情形不详云云。

重庆《大声日报》民国二十二年八月二十七日第六版

（43）［新世界社合川二十六日航讯］昨日（二十五）午后二钟，此间全城忽发生地震，约一分钟之久，门窗户牖床架什物均皆摇动，如行船遇风荡漾一般。据此间居民谓此种地震十年来未一见云。

重庆《商务日报》民国二十二年八月廿八日第六版

（44）［新声社茂县九月六日特约通讯］……松潘城内，当地震爆发时，城垣被摇动者约五次。房屋人畜，皆有损害。内中尤以距松城三十里之漳腊分县损失最大，除金厂被水毁去多处外，人民被灾死亡将近三十余人云。

成都《国民公报》民国二十二年九月十一日第三版

（45）岷江上游堵截之水，冲开了一漕，宝瓶口水则现已复原。［本报灌县九月十三日特约专讯］此间宝瓶口水则，当八月廿五日，上游松潘来源之河流在叠溪沙湾间，因地震山倒，将该河流堵断后，则仅茂县之西面黑水一河向下流注，故在八月廿六日以至九月七八日之间，水量大减，水则仅淹至九划。近日已涨三尺，今晨视察水则，已至十一划以上，与往年秋令之水量比较，无甚差异。闻叠溪倒山截堵之水，昨日已自然冲开一漕，与黑水河合流而下矣。

成都《新新新闻》民国二十二年九月十五号第五版

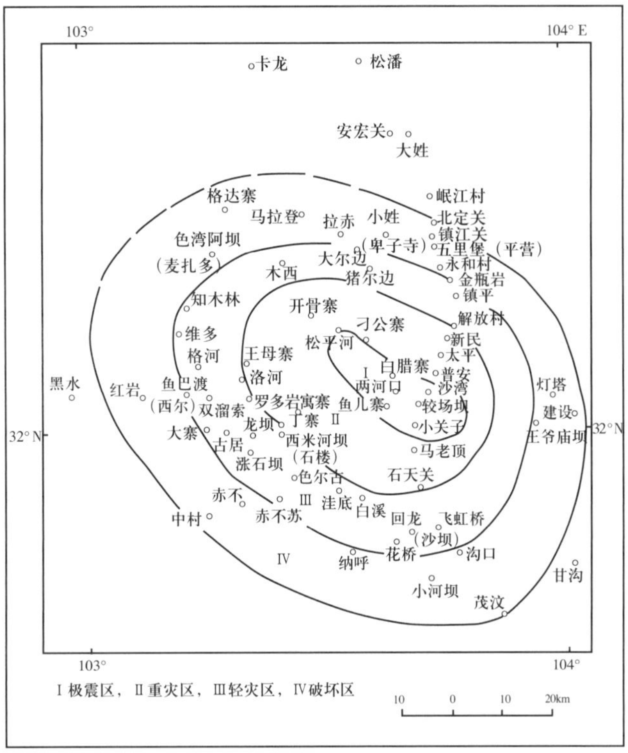

1933年8月25日叠溪地震破坏程度分布图

叠溪、较场一带震害分布图

1.地震堆积物；2.古崩塌堆积物；3.河湖相沉积物；4.不整合线；5.崩塌前缘；6.崩塌后缘；7.堵江处；8.地震干海子或洼地；9.地震断裂；10.叠溪旧址；11.地震后涌现出泉水处；12.村寨

（四川省地震局：《一九三三年叠溪地震》，四川科技出版社，1983年版）

三、遗迹图片

茂县叠溪古城全貌，尔尼斯特·亨利·威尔逊摄，拍摄时间：1910年8月30日
（转引自周小林《茂县叠溪：地震毁灭得古城！》一文）

叠溪全城建筑物震毁后之情景（常隆庆摄）

较场坝北田土中之裂缝，多作南微偏东方向，大小深浅，各式皆备，未震前，此平地与叠溪相连（常隆庆摄）

自点将台（一石头名）上，望较场坝及观音崖大断层全景（常隆庆摄）

叠溪南七里小关子，以前居民二十余家，震后仅余破屋数栋（常隆庆摄）

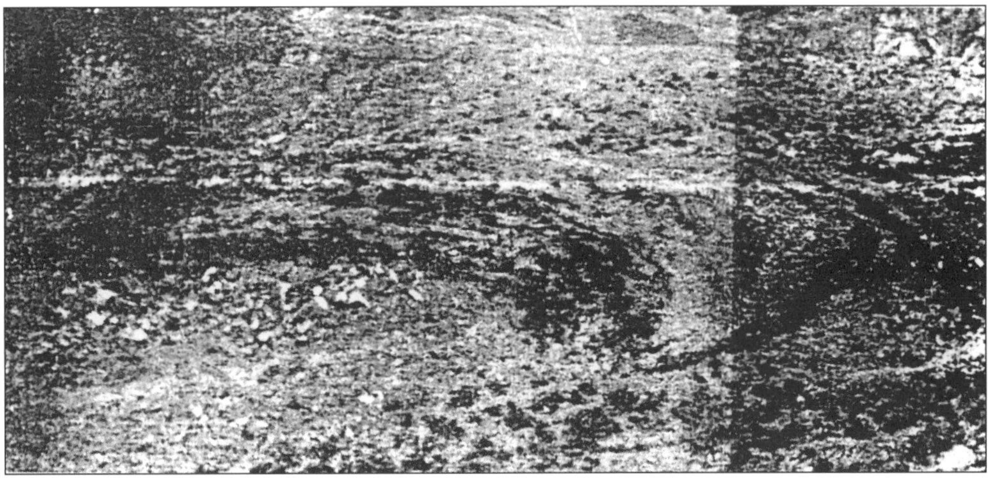

小关子北：地表因岩石冲击激起之波圈（常隆庆摄）

叠溪全景①叠溪崩后，其城内所遗留之唯一菜园；②银屏崖；③观音崖大断层；④较场坝（常隆庆摄）

1933年8月25日叠溪地震生成并保留至今之大、小地震湖。照片中央为两地震湖间之“堤坝”，上下水位高差30米（长江规划办公室考古队供稿，1977年）

1933年8月25日叠溪地震时，蚕陵山基岩滑坠裂缝景观（吕晋蜀供稿，1977年）

残存之叠溪城东门城门洞（长江规划办公室考古队供稿，1977年）

旧叠溪城—较场坝间的石刻“光绪戊寅孟秋，渝州温存厚书”（吕晋蜀供稿）

叠溪西侧松坪沟内因地震垮山形成之碎石
（吕晋蜀供稿，1978年）

叠溪西侧松坪沟内因地震垮山阻沟形成之地震湖

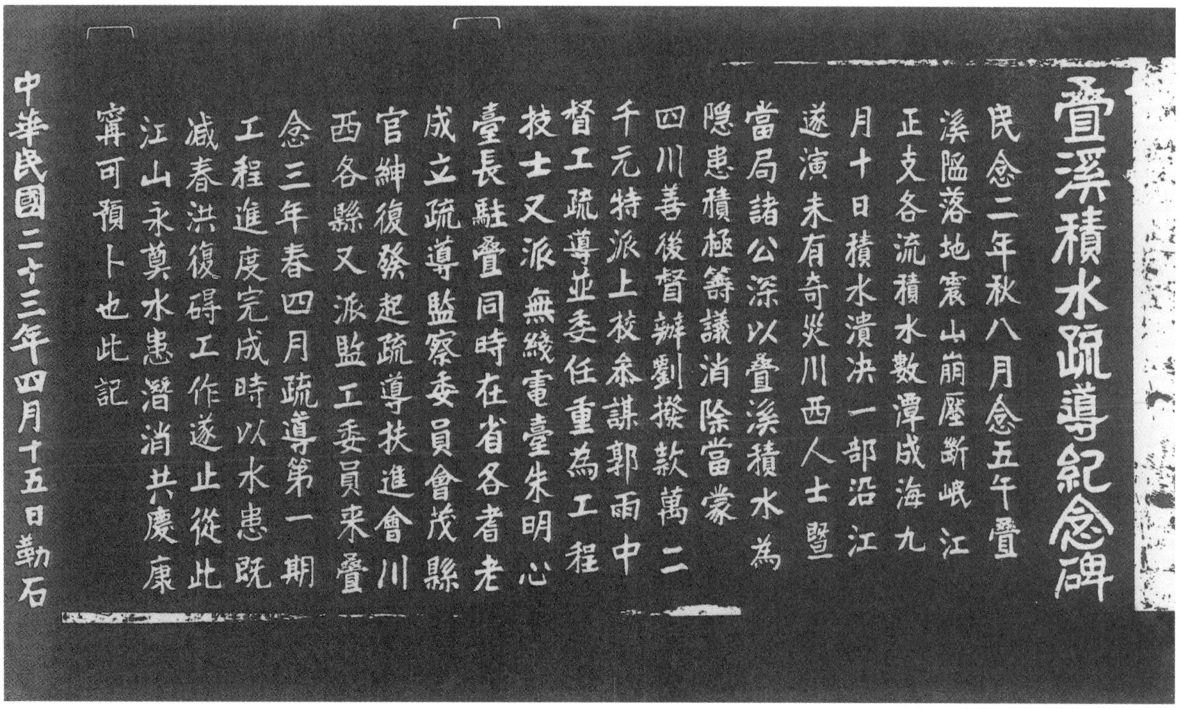

疊溪積水疏導紀念碑

民念二年秋八月念五午疊溪臨落地震山崩壓斷岷江正支各流積水數潭成海九月十日積水潰決一部沿江遂演未有奇災川西人士暨當局諸公深以疊溪積水為隱患積極籌議消除當蒙四川善後督辦劉撥款萬二千元特派上校參謀郭雨中督工疏導並委任重為工程技士又派無綫電臺朱明心臺長駐疊同時在省各耆老成立疏導監察委員會茂縣官紳復發起疏導扶進會川西各縣又派監工委員來疊念三年春四月疏導第一期工程進度完成時以水患既減春洪復碍工作遂止從此江山永奠水患潛消共慶康寧可預卜也此記

中華民國二十三年四月十五日勒石

四川茂县叠溪

中华民国二十三年（1934年）四月十五日

1933年叠溪地震，山石崩塌，堵塞岷江及其支流，积水为患。石刻记述疏导始末

江在雄拓片

震毁的叠溪城墙
齐书勤　摄

叠溪城滑坡体
齐书勤 摄

震毁的叠溪城东门
齐书勤 摄

叠溪岷江堰塞湖
齐书勤 摄

沙坝村苏家衙门八角碉房垮塌
黄祖智　摄

大店石拱桥局部破坏
黄祖智　摄

蚕陵山地震断层
黄祖智　摄

四、调查报告

摘自《川滇强震区地震地质调查汇编》，李玶等著《一九三三年四川叠溪地震宏观调查与发震构造的几点新认识》①全文如下。

叠溪位于四川省茂汶县北约55km的岷江上游东岸高阶地上。1933年8月25日发生的地震，震级为7.5，极震区烈度Ⅹ度，震源深度12km（李善邦，1933年）。最近通过实地调查和计算，震源深度为16km（西南烈度队影响场组，1973年）。

地震发生后，常隆庆即到现场调查，提出《四川叠溪地震调查记》一文，该文对叠溪地震破坏情况有较详细的记载。年底李善邦亦对这次地震进行过分析。解放后，1959年中国科学院西部地区南水北调综合考察队曾在本区做过地质地貌调查；1971—1972年成都地震大队地震地质队也到本区做过调查，但未见到报告。1972—1973年西南烈度队影响场组又在该区做了补充调查。

为了探讨叠溪地震的发震构造，我们于1973年6月又到震中区进行了地震地质和地震宏观破坏的现场考察。本文就是根据考察时所搜集到的资料并参考有关文献写成的。

（一）区域构造背景

1. 大地构造位置和地层

（1）大地构造位置。

震中区叠溪位于四川省西北部，大地构造的位置如表1所示。它位于一级构造单元昆仑秦岭地槽褶皱系中；细分，它属于二级构造单元松潘甘孜地槽褶皱带；三级构造单元阿坝松潘复向斜；四级构造单元黑水褶皱束（表1），确切地说它位于黑水褶皱束的中部②。

表1　四川省西北部大地构造划分表

一级构造单元（Ⅰ）	二级构造单元（Ⅱ）	三级构造单元（Ⅲ）	四级构造单元（Ⅳ）
Ⅰ:昆仑秦岭地槽褶皱系	$Ⅱ_1$:秦岭地槽褶皱带 $Ⅱ_2$:松潘甘孜地槽褶皱带	$Ⅲ_1$:摩天岭复背斜 $Ⅲ_2$:阿坝松潘复向斜	$Ⅳ_1$:黑水褶皱束 $Ⅳ_2$:金川褶皱束

昆仑秦岭地槽褶皱系包括的范围很大，与此次地震的发震构造没有直接关系。松潘甘孜地槽褶皱带的主要特点是：自加里东运动起就开始强烈地沉陷；海西运动时期区内继续坳陷，接受了很厚的类复理石建造和碳酸岩建造，并有火山喷发和岩浆侵入；印支运动是本区地槽发展的主要阶段，堆积了巨厚的西康群复理石建造，厚度超过5000m；印支运动之后地槽全面回返，岩层剧烈褶皱、断裂，同时伴随大量的酸性和碱性岩浆侵入，结束了地槽的发展。

阿坝松潘复向斜，是松潘甘孜地槽北部的坳陷区，其特点是：广泛出露三叠系岩层，仅在本区东部和南部出露上古生界岩系，呈条带状分布。

黑水褶皱束，是阿坝松潘复向斜的一个次一级构造单元，其特点是：区内沉降运动占绝对优势，三叠系岩层广泛分布。自上古生界至三叠系，都为巨厚的地槽型沉积建造。区内褶皱、断裂发育，构造线方向较为复杂。值得注意的是中生界地层表现为一系列向南突出的弧形构造，从中更可见到倒转的、同斜的及尖棱状的褶曲。

（2）地层。

本区出露的地层如图1所示，古生界主要分布在东南部，中生界三叠系主要分布在黑水河以北地区，新生代地层沿岷江及其支流零星分布。

本区出露最老的地层为下古生界的泥盆系（茂汶东南有志留系出露，已出图幅）。沿北东向断裂有火山喷发和岩浆侵入。志留系为泥质岩建造，经区域变质成绿色千枚岩和片岩，厚约1200m，泥盆系为碳酸岩和复理石建造，厚约4800m。在较场坝、长宁及片口场出露最老的地层为石炭纪碎

① 原刊于李玶等《川滇强震区地震地质调查汇编》，地震出版社，1973，p62～76。作者：李玶，张继忠，李祥根。

② 四川省地质局西南地质科学研究所，四川大地构造图说明书（1∶100万），1964年。

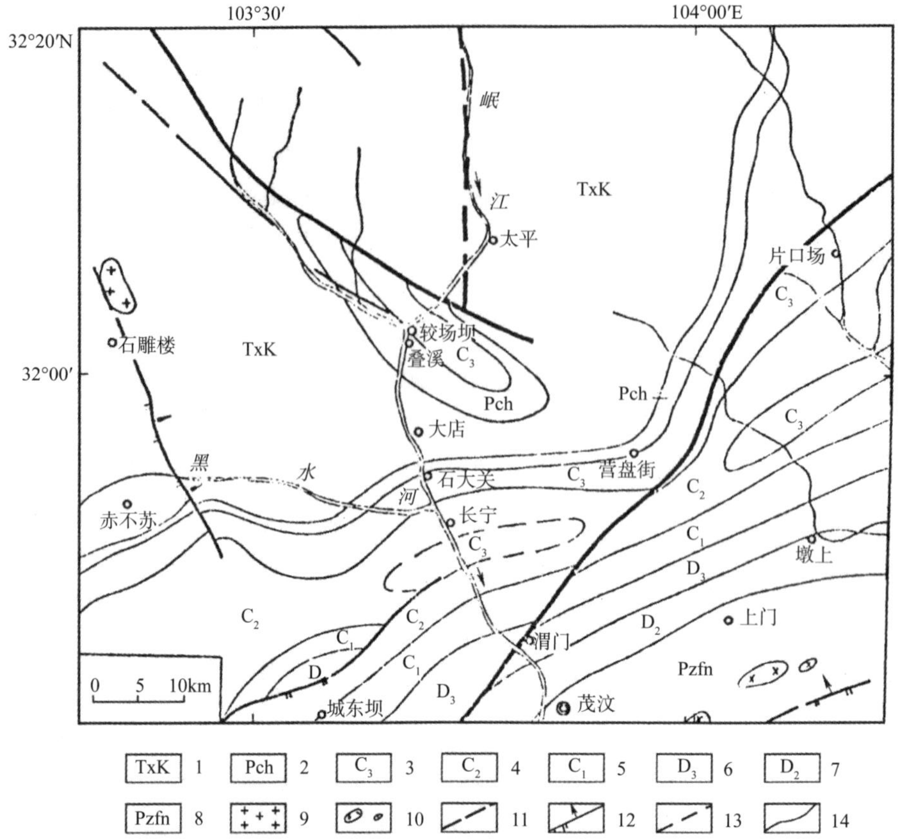

图1 四川省叠溪地区区域地质图（据四川省地质局编四川省地质图）

1.三叠系西康群；2.二叠系穿洞子群；3.石炭系上统；4.石炭系中统；5.石炭系下统；6.泥盆系上统；7.泥盆系中统；8.下古生界；9.燕山期花岗岩；10.海西期辉绿岩；11.主干断裂；12.逆断层；13.性质不明断层；14.地质界线

屑岩建造和复理石建造，厚约5000m，变质程度较深。在叠溪、石大关有二叠纪碳酸岩建造，遭受中、浅程度变质。三叠纪地层为一套硬砂岩建造和复理石建造，变质程度较浅，厚度近万米。

第四系主要由磨圆度较差的砾石和粗砂土混合组成。厚度变化大，从数米至一二百米不等，零星分布在岷江及其支流两岸的斜坡上，多为坡积、残积、冲积物。

2. 断裂构造

区内断裂构造复杂，主要为北东向、近南北向和北西向三组（图2）。

（1）北东向断裂带。

主要有龙门山断裂带和渭门—片口场断裂带。

龙门山断裂带：位于茂汶东南，大致沿宝兴、汶川中滩铺至北川一线，呈北东—南西延伸，断裂带宽20～30km，长达500km。断裂带由十余条长短不一、走向大致平行的逆断层和逆掩断层组成。倾向北西，倾角40°～80°。沿断裂带有明显的重力负异常。

断裂带生成于加里东运动早期，严格控制着两侧的构造发展，古生代以来断裂带两侧有不同的沉积岩相。断裂带西北侧为变质岩系，厚度巨大，属地槽型沉积建造。加里东期到燕山期，沿断裂带有超基性至酸性岩浆侵入，所以应是一条深断裂带。

渭门—片口场断裂带：走向北东，位于叠溪东南部，离叠溪最近距离约35km。主要由斜冲性质的大断层组成。断裂带南起汶川的绵篪，经汶川、渭门、片口场，伸入平武县，全长约260km。断裂带于加里东运动晚期已开始活动，以后各次运动都有强烈表现。本区发生的22次5级以上地震，有4次就发生在该断裂带上。

（2）近南北向断裂带。

岷江断裂带：位于松潘北部岷江上游（图2）。北起八吨，经弓杠岭、黄胜关到松潘。在弓杠岭分为东、西两支，西支折向西南，称弓杠岭—黄胜关断裂；东支沿岷江向南延伸，称弓杠岭—漳腊断裂。断裂带主要由三四条大致平行的北北东—南南西断层组成，在地表出露长约150km。断裂带形成于海西运动晚期，以后继续活动。沿断裂带形成许多断块山和断陷盆地，这是比较后期的产物。断裂带过松潘后就不清楚了，根据许多迹象推测，往南可能延至茂汶附近。其证据是：①岷江两岸岩层破碎，破碎带大致为近南北向；②岷江两岸地层产状变化大；③在有些地段可以见到与岷江河谷近乎平行的断层崖，岩层呈刀割状陡壁；④有许多同方向的小断层；⑤1900年以来，强震多沿岷江及其附近发生。但必须指出，从地表看，断裂带在这一段是不够清楚的。

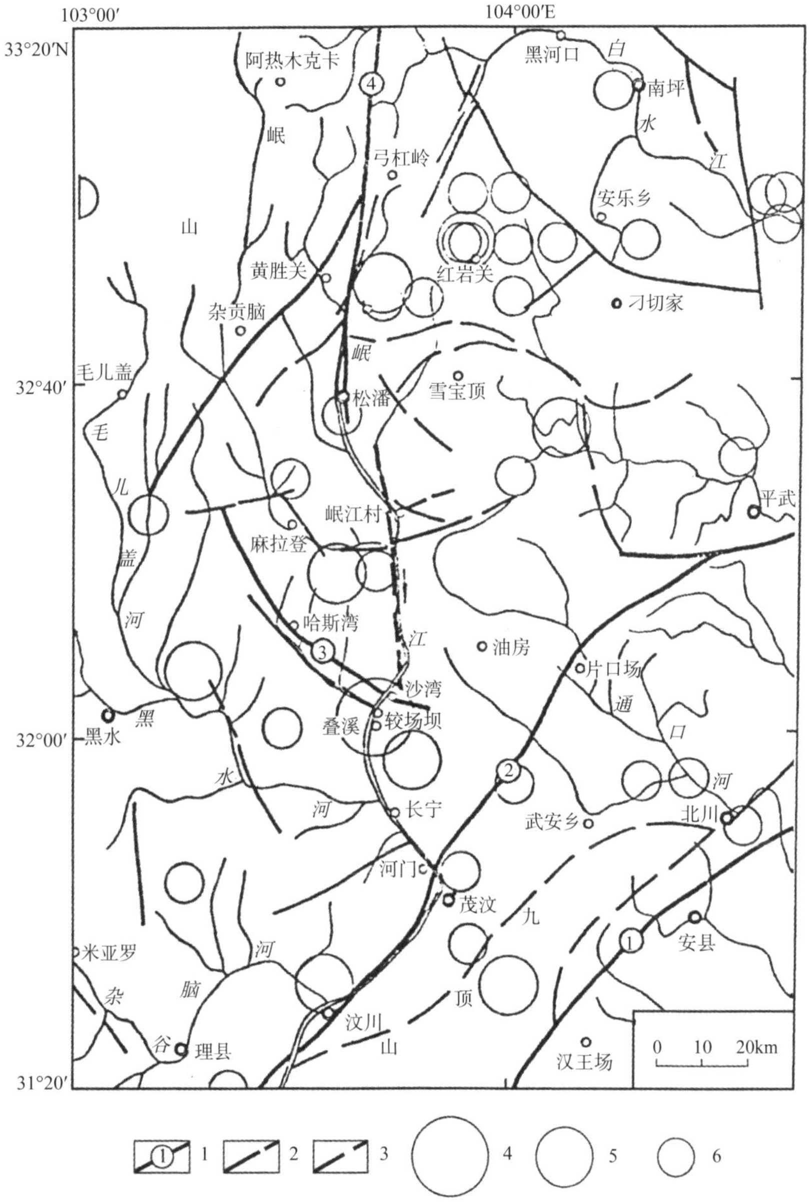

图2　四川省茂汶—松潘地区断裂构造与强震震中分布图（据四川省地质局资料改编）

1.主干断裂及断裂名称编号；①龙门山断裂带，②渭门—片口场断裂带，③沙湾—哈斯湾断裂带，④岷江断裂带；

2.推测的南北向深断裂；3.性质不明的断层；4.地震$M \geq 7$；5.地震$6 \leq M < 7$；6.地震$4.7 \leq M < 6$

（3）北西向断裂带。

沙湾—哈斯湾断裂带：它是最靠近震中区的一条大断裂带。走向北西，从松潘西南的麻拉登，经哈斯湾到沙湾，全长70km。断层西南盘为石炭纪到二叠纪地层，东北盘由三叠纪地层组成。断层两侧地层揉皱现象很明显，而且岩石破碎。沿松坪沟有同方向小断层甚多，致使沟的两侧地层产状有明显变化。我们认为无论沙湾—哈斯湾断层还是松坪沟的许多小断层，应都属于沙湾—哈斯湾断裂带。它在叠溪与近南北向的岷江断裂带相交。它很可能是1933年地震的发震构造。

3. 新构造运动特征

本区新构造运动主要表现为大面积抬升隆起和断块差异升降，还有由它们所引起的老断裂的复活。

（1）大面积抬升隆起。

本区属于龙门山系北侧的山区，海拔3000～4000m。龙门山南边的成都平原海拔500m左右。二者大致以龙门山断裂带为界。从灌县往北经茂汶到较场坝一带，是隆起区与沉陷区过渡地带，因河流的强烈溯源侵蚀，形成高山峻岭，地势陡峻。松潘以北到漳腊，深切河谷地貌逐渐消失，漳腊以北河谷迅即变得平缓开阔，有的宽达数千米，再向北出现大片的沼泽地，整个地区海拔在4000m左右，与松潘以南的山脊线大致在相近的高程上，微微向南倾伏，可能代表一个剥夷面。所以说松潘南、北地貌景观虽有明显的差异，但南边高山峡谷的形成主要是岷江及其支流强烈溯源侵蚀的结果。龙门山断裂带北侧的广大地区，实质上是大面积抬升的隆起区。

开始抬升隆起的时代，从漳腊新生代断陷盆地中的堆积物来推断，当在晚第三纪或稍早。

在抬升过程中，抬升速度并不是均一的，它时快时慢，中间更间隔一定时段的停歇，这可从河流两岸多级阶地的存在得到证明。在茂汶附近岷江两岸可以见到四级阶地，在叠溪附近也可以见到四级阶地（表2）。两处阶地是否可以对比，如何对比，我们没有进行追溯，但都反映出本区隆起的间歇性则是不容置疑的。

表2　本区阶地呈现表

茂汶地区①		叠溪地区	
阶地级别	相对高程（m）	阶地级别	相对高程（m）
Ⅰ级地区	8～10	Ⅰ级地区	180
Ⅱ级地区	55	Ⅱ级地区	210
Ⅲ级地区	60～80	Ⅲ级地区	250
Ⅳ级地区	150～180	Ⅳ级地区	300

从地貌分析，目前震中区及其邻近地区则正处于强烈隆起的过程中。在叠溪附近的江面海拔约2100m，两岸山脊高出江面1000～2000m，而且常是一坡到顶，河床狭窄深切，基岩裸露，河床沉积物很少，所以河谷横断面显得十分陡峻（图3）。1959年南水北调队在本区做过工作，认为本区自第四纪以来上升量为3000～3600m，也说明隆起的强烈。

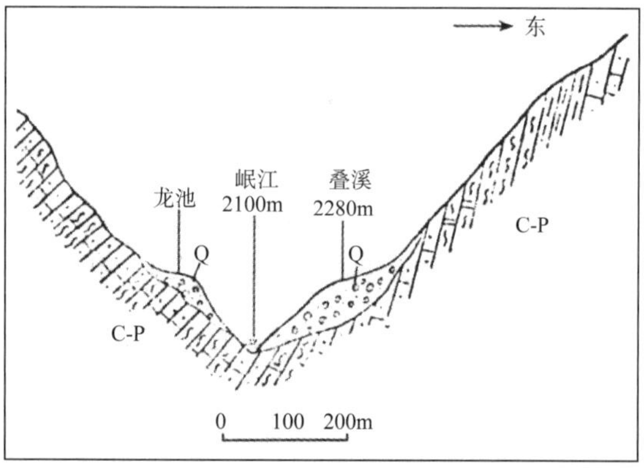

图3　叠溪到龙池间岷江河床横剖面

（2）断块差异运动。

区内断块差异运动主要表现在以龙门山断裂带为分界线的川东地区和川西北地区的继承性差异活动。龙门山及其以北地区的隆起和成都平原的沉陷，仅地势上的高差即达3000余米。而平原内部新生代沉积物的厚度（它亦体现了平原的一部分下沉量）还未考虑在内。这种强烈的垂向差异活动，是大家所熟知的。断裂带为一系列向南逆冲（或逆掩）的大断层组成，在重力场上表现为明显的梯级带。更值得注意的是，本断裂带除强烈的垂向差异活动外，亦表现出强烈的水平方向的顺时针扭动。这在卫星照片上反映得很清楚，穿过断裂带的一系列河床都向一个方向偏离，可以看出水平错距达10km。由于这条分界线的近期活动，从而构

① 穆桂春：茂县—灌县段的河谷地貌及新构造运动，1963年11月。

成龙门山地震带。

在大面积隆起的背景中，由于有近南北向岷江断裂带纵贯本区，因而又将龙门山以北的断块一分为二。

沿断裂带在弓杠岭和漳腊有新生代断陷盆地分布，二者南北连成一线，长约35km，宽达20余千米（图4），说明断裂带在新生代有过活动。盆地东西两侧4000m高的剥夷面，都向盆地倾伏，盆地中上新世砾石层亦发育大量正断层，作台阶状向中间陷落，砾石层上覆的黄土层亦被错断，说明断裂带的活动一直延续到第四纪黄土层堆积以后，而且是向盆地正断。

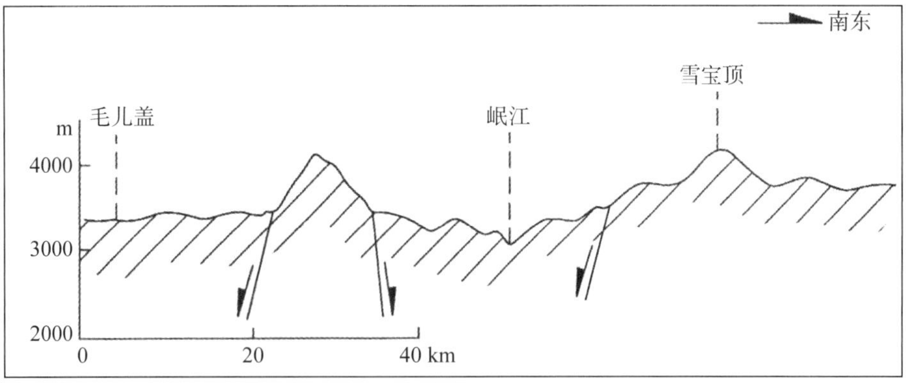

图4　松潘以北岷江断裂带附近的地堑地垒地形剖面示意图

漳腊盆地向南止于原坝子，再往南直至成都平原，中间就不再有断陷盆地。从原坝子到松潘仅见到大规模疏松的断层角砾岩带，此仍反映了断裂带新活动的特点。从松潘到叠溪（两地直线距离约60km），断裂带就不清楚了，这一带主要是向南突出的弧形构造，地层连续，但遭到强烈破碎。从岷江长距离保持南北流向，横切所有地层，我们推断，这种反常现象也反映了断裂带已延展到本区，而且具有一定的新活动。本区多次强震沿岷江及其附近发生，反映了本断裂带的近期活动。所以说岷江大断裂带新活动虽不如龙门山断裂带在地貌上反映得那样明显，但其近期活动性和活动强度绝不逊于后者，也可能超过之。

总的说来，以龙门山断裂带为分界线的两个断块，有垂向错动的分量，也有水平错动的分量，所以在地貌上表现清楚。岷江断裂带作为大断块内部的一条断裂带（事实上与它平行的有数条，因而将秦岭错断，构成南北地震带的构造背景），新构造时期，由于它的活动而将断块错裂开来，形成次级的小断块，而本身表现为一条活动性断裂带，一条强震发生带。

（3）老断裂带的复活。

前面提到的龙门山断裂带和岷江断裂带，作为断块的分界线，新生代以来断块的差异活动，本身就反映了老断裂带的复活。这些断裂带都形成很早，而断块的差异活动主要是新生代以来的事件，而且活动延续至今。但考虑到龙门山断裂带距震中区约60km，岷江断裂带延展到本区新活动迹象不清楚，而且1933年地震的等震线长轴作北西向，所以它们的新活动与此次地震似乎没有直接的关系。只是沙湾—哈斯湾断裂带与此次地震等震线长轴平行，而且延伸到震中区，但以往的工作对这条断裂带的新活动却没有引起足够的重视。

沙湾—哈斯湾断裂带除包括沙湾—哈斯湾断层本身外，还应包含沿松平沟同方向的许多断层和层间滑动。这条断裂带已知长约70km。东南段与岷江断裂带交于较场坝，而西北段为另一条断裂所阻截。断裂带切穿石炭纪到三叠纪的地层，沿断裂带地层破碎，形成了长达30km的松平沟。因为断层走向、地层走向相近，所以发生大量顺层滑坡和泥石流。以上现象表明该断裂带具有一定的新活动性。

叠溪地震时，沿松平沟数处发生大量山崩，阻塞成湖，而且沿沟有地裂缝分布，亦反映断裂带的近期活动。

（二）区域强震活动特点

研究地区系指东经103°～105°，北纬31°～34°之间的范围。本区从有历史记载以来到1976年8月底，共发生$M \geqslant 4.7$的地震53次（表3），其活动大致有如下特点：

表3 茂汶一南坪一带$M \geqslant 4.7$的历史地震目录[①]

发震日期	震中位置			震级	震源深度/km	发震日期	震中位置			震级	震源深度/km
	地点	北纬	东经				地点	北纬	东经		
公元前186-2-22	武　都	33.4°	104.8°	6～7		1953-3-1	松潘、黑水一带	32.5°	103.5°	5.5	
638-2-11	松　潘	32.6°	103.6°	5		1956-6-30	南坪附近	33.0°	104.0°	4.8	
1169-1-24	北　川	31.9°	104.4°	4.8		1958-2-8	茂汶东南	31.5°	104.0°	6.2	
1488-9-15	茂汶一带	31.7°	103.9°	5.5		1960-2-3	舟　曲	33.8°	104.5°	5.5	
1581-1-7	文　县	33.0°	104.6°	5.5		1960-3-24	松潘附近	32.3°	103.7°	4.9	
1597-2-14	北　川	31.9°	104.3°	5		1960-11-9	漳　腊	32.8°	103.7°	6.7	5
1610-3-9	平武一带	32.5°	104.5°	5.5		1960-11-9	松潘西南	32.4°	103.2°	5.1	
1628冬	文　县	33.0°	104.6°	5.5		1961-1-23	松潘附近	32.8°	104.0°	4.7	
1630-1-16	平武西	32.6°	104.1°	6.2		1961-1-25	平武附近	32.5°	104.0°	5	
1652-8	武　都	33.4°	104.8°	5.5		1961-3-30	漳　腊	32.8°	103.7°	5.5	
1657-4-21	汶　川	31.5°	103.6°	6		1961-4-16	松潘西北红原一带	33.0°	103.0°	4.8	
1677-9	武　都	33.4°	104.8°	5.5							
1713-9-4	叠　溪	32.0°	103.7°	6.5		1961-6-28	茂　汶	31.6°	103.9°	4.8	25
1738-5-19	南　坪	33.2°	104.2°	5.5		1961-7-5	茂汶西北	32.0°	103.5°	4.8	
1748-2-23	理县灌县	31.3°	103.4°	5.5		1961-10-2	松潘附近	32.8°	103.8°	4.9	
1787-12-13	灌　县	31.0°	103.7°	4.8		1961-12-8	北川一带	31.8°	104.5°	4.7	
1822-6-18	文　县	33.0°	104.6°	5.5		1965-6-24	文县附近	32.8°	104.7°	4.8	
1879-5-12	江　油	31.8°	104.8°	5		1966-6-27	北川附近	31.9°	104.0°	4.8	
1879-7-1	武都南	33.2°	104.7°	7.5		1966-11-7	南坪南	32.9°	104.3°	4.8	
1881-7-20	舟曲东	33.6°	104.6°	6.5		1970-3-22	茂汶附近	31.6°	103.9°	4.9	
1913-8-18	江　油	31.8°	104.7°	5		1973-5-8	松潘东北	32.9°	104.1°	5.2	12
1933-8-25	叠　溪	32.0°	103.7°	7.5		1973-8-11	松潘黄龙	32.9°	103.9°	6.2	20
1933-8-25	汶川、黑水一带	31.7°	103.4°	5		1973-8-16	松潘东北	32.9°	103.9°	4.7	
1938-3-14	松潘南	32.3°	103.6°	6		1973-9-4	南坪西南	32.9°	104.0°	4.7	
1940	茂汶一带	31.6°	103.9°	5.5		1974-1-16	松潘东北	32.9°	103.9°	5.8	
1941-10-8	黑水一带	32.1°	103.3°	6		1974-9-23	若尔盖西北	33.8°	102.4°	5.7	
1952-8-31	理县附近	31.2°	103.0°	5		1974-11-17	南坪	33.0°	103.9°	5.2	

① 根据李善邦（1960）、四川省灌县台（1970）、中央地震工作小组办公室（1971）、国家地震局成都地震大队（1975）地震目录综合编成，资料截至1975年6月。

（1）本区历史强震资料表明，地震活动在时间上有相对活跃时段，也有相对平静时段。从图5可以看出，1590—1750年和1890年到现在这两个时期地震活动比较强烈，其他时期则处于相对的平静期（1500年以前共记载4次中强震，显然有漏记的，故其活动期和平静期的情况不清楚）。

（2）在空间分布上，本区地震具有明显的带状分布特点。1900年以前的强震，大都沿着龙门山断裂带作北东向分布。1900年以后多沿岷江及其支流附近发生，作南北向带状分布。另外，地震

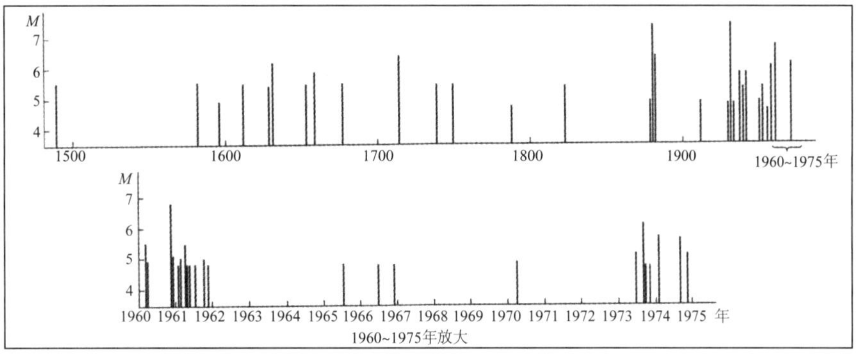

图5　叠溪地区$M\geqslant4.7$地震序列（资料截至1975年6月）

有在原地或邻近地区重复发生的特点。如叠溪1713年9月4日发生6.5级地震，1933年8月25日又发生7.5级地震；漳腊1960年11月9日发生6.7级地震，1961年3月30日又发生5.5级地震。又如：1953年3月1日松潘西发生5.5级地震，1960年11月9日在松潘西南又发生5.1级地震；最近1976年8月16日、8月22日、23日分别发生7.2、6.7、7.2级3次地震，大致在一个地区，而且在一条南北线上。

（3）强震的发生自1500年以来至今，总体上有自东向西迁移的趋势。如：1900年以前的强震，绝大部分集中在东经104°～105°和北纬31°～34°之间；1900年以后，强震则多在东经103°～104°和北纬31°～34°之间，1976年3次强震也位于这个范围内（图6）。图北部的岷县、天水附近的3次6级以上地震属于北西向迁移序列，不包括在内。

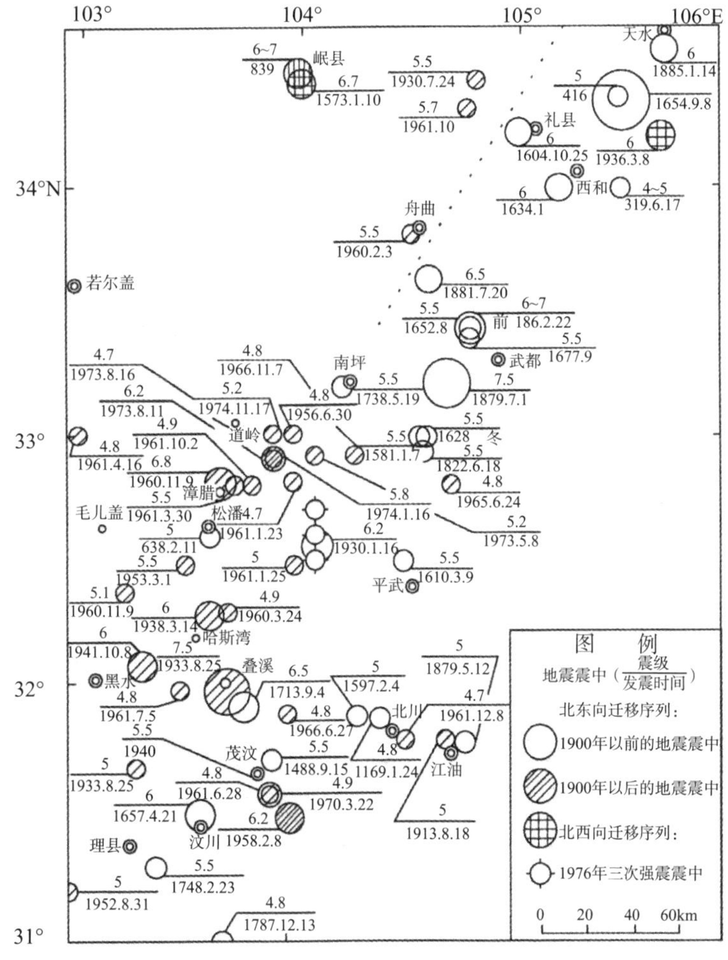

图6　四川省龙门山、岷江一带$M\geqslant4.7$地震震中分布图（资料截至1975年6月底）
图中点线表示1900年前后地震活动大致的分区界线

还应指出，1900年以后的强震，虽局限在上述范围内，但$M\geqslant6$的强震，似有南、北轮流发震的特点（图7）。

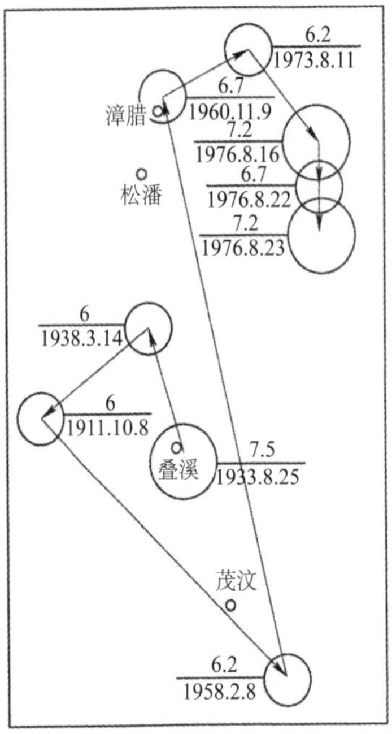

（编者按：迁移路线应改从1911.10.8→1933.8.25→1938.3.14→1958.2.8→1960.11.9）

图7　四川茂汶—松潘地区1900年以后强震（$M\geqslant6$）迁移路线图

（三）1933年地震破坏情况

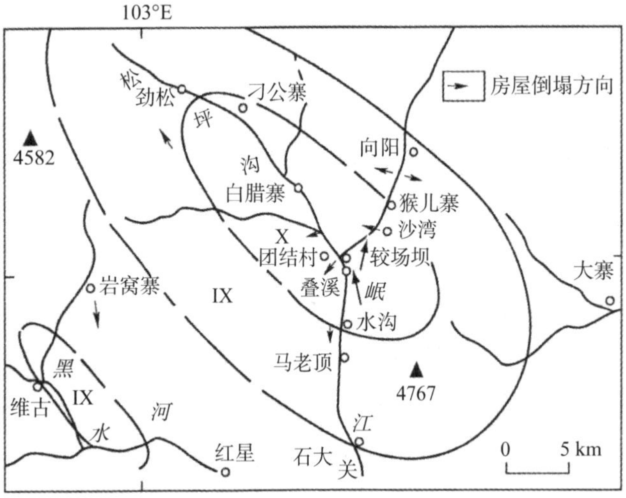

图8　1933年叠溪地震震线图

自地震发生至今，有关地震破坏情况，常隆庆、李善邦等人都先后到现场做过调查，并各自提出此次地震的等震线，但出入较大。为此，我们根据矛盾所在，到当地再次进行了复查。

根据以往茂县（茂汶县）震灾会调查，叠溪地震共死亡9300人。其中2500余人是地震时岷江被堵塞，以后溃决发生大水灾淹死的。此外，受伤1900余人，房屋塌5100多所（间）。

这次调查认为，破坏最严重的地方为叠溪、较场坝、水沟子和从松坪沟口到松坪沟公社所在地一带（图8），烈度达X度。现将各烈度区分述如下。

（1）X度区：

叠溪：地震前城里有房屋278所，居民500余人。地震后房屋全部倒塌，并被乱石所掩埋。居民仅5人未死，其中有3个小学生，地震时顺滑坡体向西南滑下90余米，1人是画师，当时正在城隍庙塑佛像。

地震时叠溪城沿着东侧山边直向岷江陷落，陷落范围自叠溪到较场坝，长约2000m。叠溪城原有东、南、北三个城门，地震时北门向北摔入沟中，南门被乱石掩埋，只有东门至今还保留一部分（照片1）。距东门不远城隍庙旁的石碑和白杨树均倒向南方。

照片1　遭地震破坏后的叠溪城东门（镜头朝东，黄祖智摄）

较场坝：原有居民22户，有南北向街一条，地震后仅有两间木架房屋未倒，其余全部震倒，共死亡52人。地震前，较场坝与叠溪城同位于岷江的高阶地上，地震时二者同时向岷江滑落；由于中间地段陷落较深，再加上几十年来流水的冲刷，所以现在从叠溪遗址到较场坝中间已为低洼的1000m左右长的乱石滩所隔开，这个地方地震前叫七珠寨。这个村庄在地震前原有20左右户人家，此次地震全村荡然无存，为大滑坡体所覆盖。

较场坝街西有一巨石，称“点将台”，巨石上有一条近南北向的张裂隙，宽约80cm，深约4m（照片2），据说是地震时沿旧裂隙而新裂开的。

照片2　较场坝点将台上的南北向裂缝（镜头朝北，黄祖智摄）

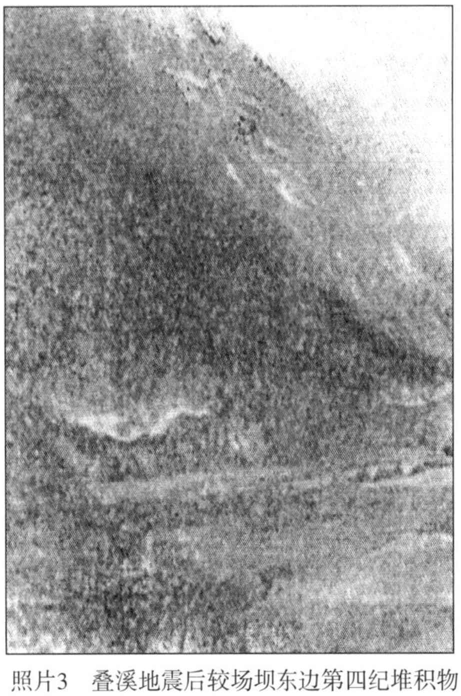

照片3　叠溪地震后较场坝东边第四纪堆积物呈阶梯状下掉（镜头朝北东，黄祖智摄）

较场坝东边的田地中，有由东向西呈阶梯状下掉的地裂缝（照片3），总落差约20多米。

较场坝北边的蚕陵山断裂破碎带，地震后出现一条走向大致为东西向的地堑，长800余米，宽40～50m，谷底沉陷20～30m。地堑北侧断层向南倾，倾角30°～40°，南盘下掉，南侧不清楚。有人认为这条地堑是地震断层，我们认为是地震时滑坡所致（后面要作讨论），见图9。

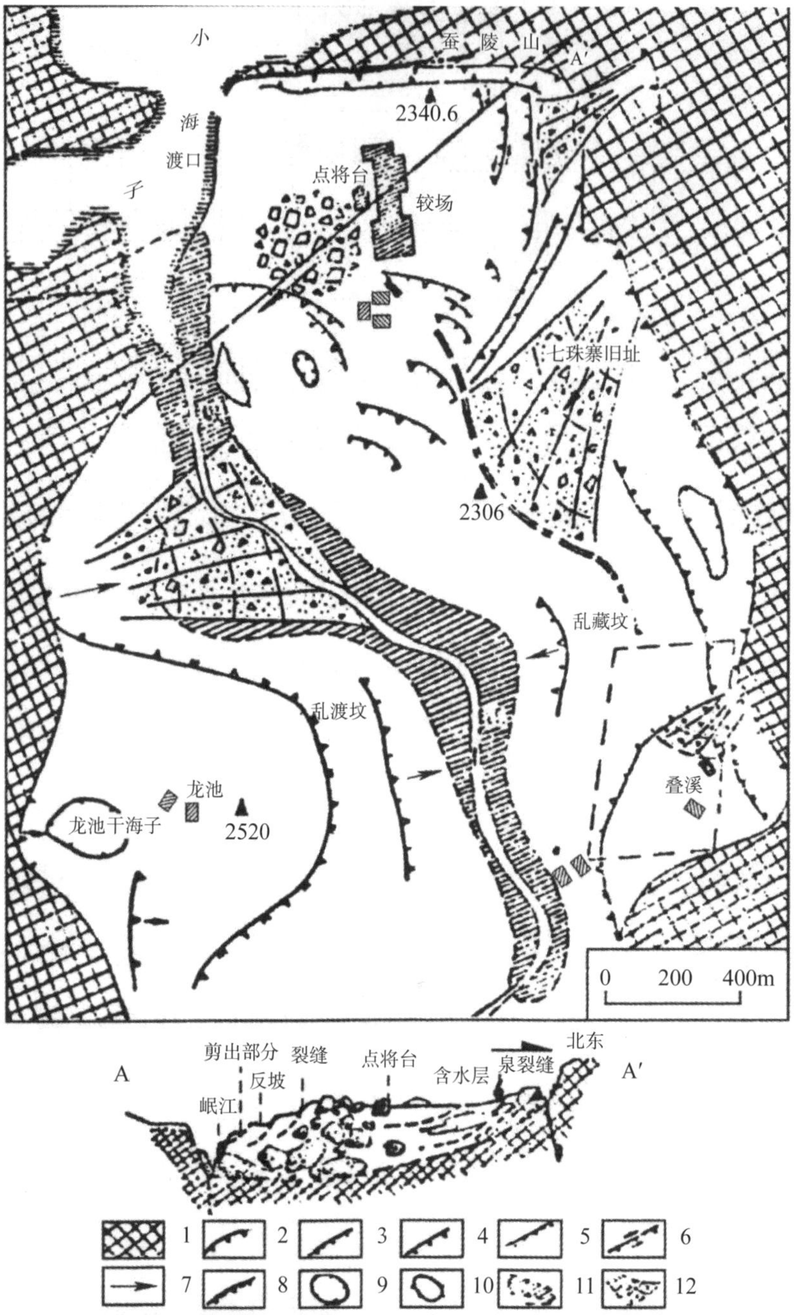

图9　较场坝—叠溪地震破坏示意图

1.基土岩山区；2.基岩崩塌后遗留的陡壁；3.蚕陵山基岩滑动后形成的地堑；4.松散堆积小的陡壁；5.松散堆积因拉张滑动而形成的陡坡；6.崩滑陡坎（箭头示扭动方向）；7.滑动或坠落方向；8.阶地前缘陡坎；9.洼地；10.滑坡鼓丘；11.小海子残坝堆积区；12.倒石堆；13.古石块堆积；14.崩塌后变形的石板小路（原为直路）；15.原叠溪城垣；15.被埋的东城门楼；17.断层；18.剖面线

岷江在叠溪附近河谷宽15m左右，岸坡甚陡，所以地震时两岸大量山崩，将河谷截为三段，形成今日所谓的大、小海子（照片4、照片5）。震后一个多月，大海子回水长约7km，平均宽约500m，水最深处达94m。小海子回水长约4km，平均宽约600m，水最深处达91m。大、小海子之间有一由塌方体组成的天然堆石坝，两个海子水面高差达60m。溃决后水位已大为降低，目前，二海子水面高差估计仅30m左右。

照片4　叠溪地震使山崩体堵塞，岷江后形成的小海子全景（镜头朝北西，黄祖智摄）

照片5　叠溪地震形成的大、小海子。此面为大海子，南面为小海子（镜头朝北，黄祖智摄）

在较场坝对岸鱼儿寨沟，因山崩堵河形成鱼儿寨海子（图10）。

团结村：原有9户居民，房屋由片石建筑。地震后5户的房子几乎全倒，其余4户房子破坏严重，而且有部分地方向南西滑入海子中。

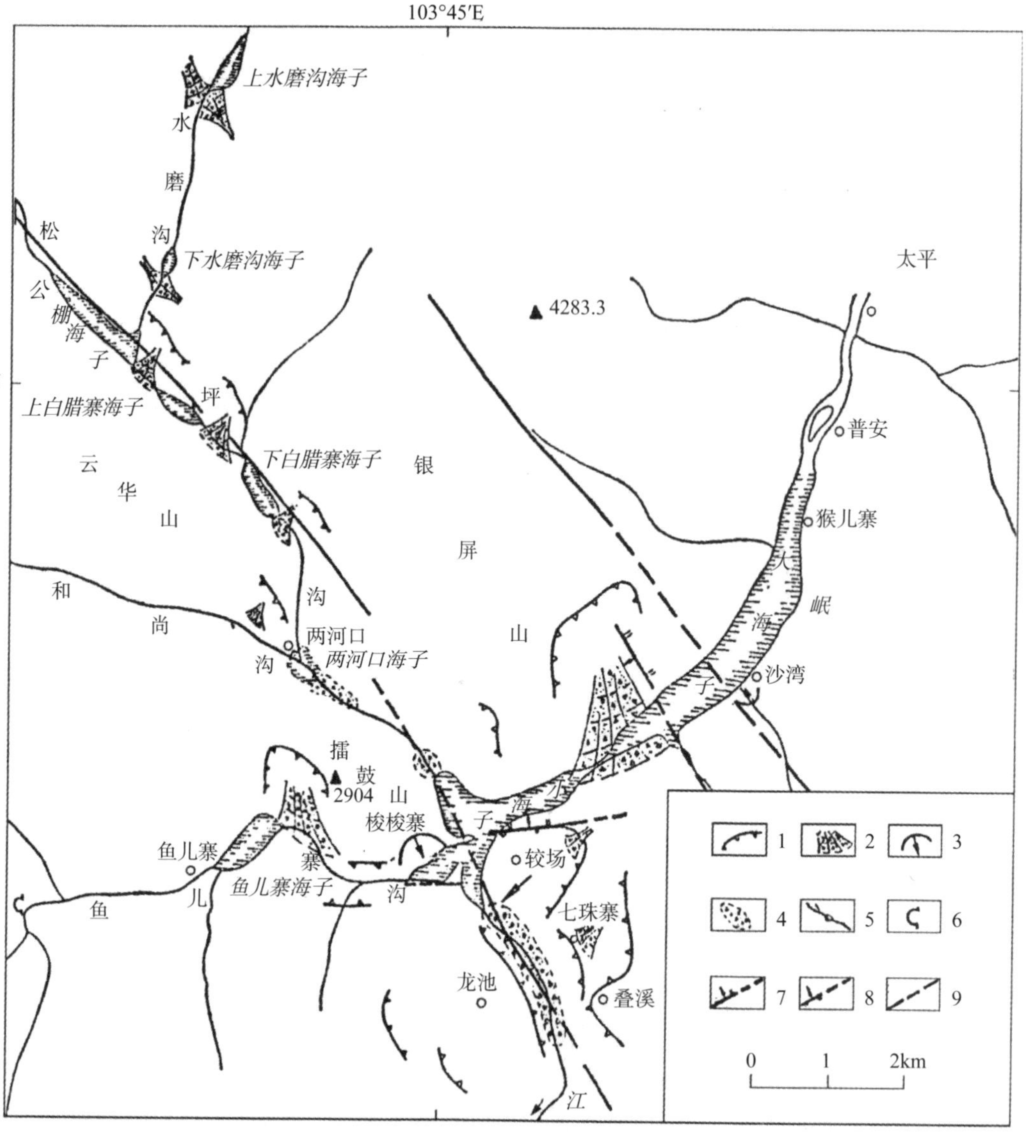

图10　叠溪地区震后自然破坏情况及主要断裂构造位置分布图

1.震后垮方陡壁；2.倒石堆；3.滑坡和滑动方向；4.堰塞湖残坝；5.堰塞湖；6.溶洞；7.正断层；8.逆断层；9.性质不明断层

沙湾到猴儿寨：地震时也是山崩地裂，这一带的石筑房屋（房屋材料主要为块石、片石）几乎全倒平。

水沟子：位于叠溪边，亦为Ⅹ度区。该地原有35户人家，居民100多人，房子是由片石木柱构筑的二层藏式楼房。地震时房子全倒，死亡20多人，受伤7人。震时人感到由北往南倒。

松坪沟一线：也是破坏严重的地方。多处发生山崩，绝大多数房屋被崩石砸坏倒塌。地面裂缝很多。据称，在两河口刁公寨到松砰沟公社之间大松树有拦腰折断者。

松坪沟是岷江的一条支流，沟内有6处被崩石堵塞形成海子，其中水磨沟海子水深约50m。松砰沟内共死亡3000多人。

（2）Ⅸ度区。

猴儿寨以北到太平（向阳）：因房屋多用木材建筑，较抗震，地震后房屋多数倾斜，均向北倾，完全倒塌的房屋占少数。附近山崩地裂缝较多。太平乡共死10人。

马老顶、石大关、白溪一带：亦为Ⅸ度破坏区。

马老顶：原有38户人家，房子为碎石所筑藏式楼房。震后房子几乎全倒，死亡10多人。

石大关：原有30多户居民，房子多由木材建筑，屋顶盖土，房子建筑在基岩上。地震时多年未修的旧房子全倒，新盖的房子有半数歪斜。石大关东侧的后沟，平房全倒，只有三座由片石建筑的古碉楼未倒。楼高20多米，墙厚50cm，形如宝塔。石大关以南村镇，共死亡34人。

白溪：原有40多户人家，房子由片石所筑，藏式楼房。震后有30多户的房子全倒，死亡27人。

刁公寨到劲松：均为藏式楼房，由碎石、片石砌成。地震时几乎全部倒平，仅剩一碉楼，上层倒塌，下层保存。本区垮崖亦严重。

黑水河一线：破坏亦较严重，其中岩窝寨和维古可能都达Ⅸ度。

黑水河是岷江的一大支流。黑水河与松坪沟之间有一呈北西方向的高山相隔，最高峰4582m。黑水河作北西—南东流向，大致与松坪沟平行。地震时有许多地方山崩地裂，房屋多数倒塌。破坏最严重的村庄有维古和岩窝寨。

维古：地震前有居民60多户，居民房屋建筑在松散的堆积物之上。地震时有80%的房屋倒塌。山上裂缝多而宽，最宽的裂缝约1m。

岩窝寨：屋全倒，大松树折断的很多。据当地一位幸免者说，地震前见西边天空发光，连续三晚，因迷信，以为“天门开了”。地震时人感到“先突然向下掉，然后左右摆”。

黑水河死亡约2000人。

（3）Ⅷ度区。

沙坝：居民房子为1～3层的藏式房屋。一类房子为片石所筑，片石大小不等，木梁横压在石墙上；另一类房子为石墙内包柱，并由木柱承重。前一类地震时全倒，后一类严重破坏，但未倒塌。

飞虹桥：原有3户人家，房子均由木架建筑，地震时仅一家垮了一边墙角。河坝中有裂缝，山坡有少量崩石。

大寨和建设村：叠溪东边多为高山峻岭，居民极少，普遍反映东边震害较轻，伤亡也少。比较重的有大寨和建设村。

大寨位于叠溪东22km的半山腰上，原有居民20户，房屋多为碎石建筑。地震时房子有部分倒塌，无伤亡。

建设村位于叠溪东33km（已出图），房子均由木架及片石建筑，少数房子震倒，其余房屋破坏较重，山上有塌方和滑坡。

此外，镇平、金屏崖、牙骨寨一带，房屋多为碎石所筑，仅倒一座碎石筑的石墙，未伤人畜。在松散沉积物中，见有裂缝。金屏崖以北，未听说有倒屋的事。

从以上各地的破坏情况可以看出，此次地震等震线的长轴方向，结合本区的断裂情况来考虑，应以北西方向为宜。维古和岩窝寨是Ⅷ～Ⅸ度异常区（图8）。

（四）发震构造的讨论

到目前为止，叠溪地震等震线因有四种不同的划法，所以对叠溪地震的发震构造也有四种不同的认识。

常隆庆认为叠溪地震等震线长轴呈北东向；中国科学院地球物理所认为是北北东—南南西向；西南烈度队影响场组认为是近东西向（图11～图13）；我们这次调查后认为呈北西向（图8）。四种不同的认识各有依据，现分述如下。

（1）常隆庆（1933年）认为叠溪地震等震线长轴作北东向，主要依据有两点：一是地震破坏情况，他认为叠溪地震破坏最严重的区域，以叠溪为中心，北到太平，南到两河口，东到马厂山，西南到黑水河谷；二是震中区附近的大断层方向，他认为从北川至萝卜寨之间有一断层存在，此断层在威旧之南侧向东北延伸，经茂县南直至北川县，断层长达200km以上，他认为此断层是叠溪地震的发震构造。

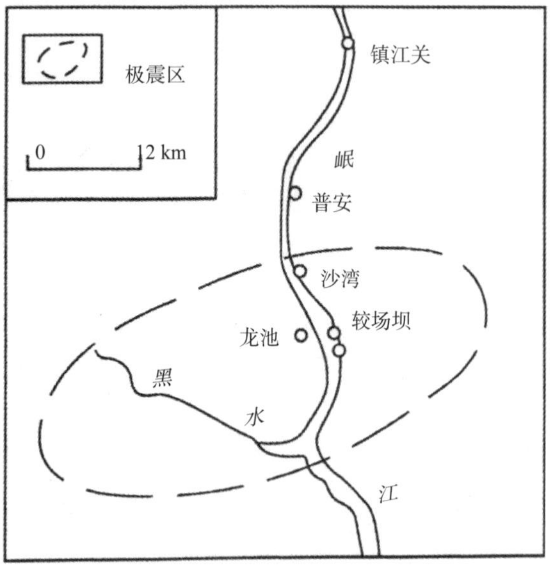

图11　1933年叠溪地震等烈度线图（据常隆庆）

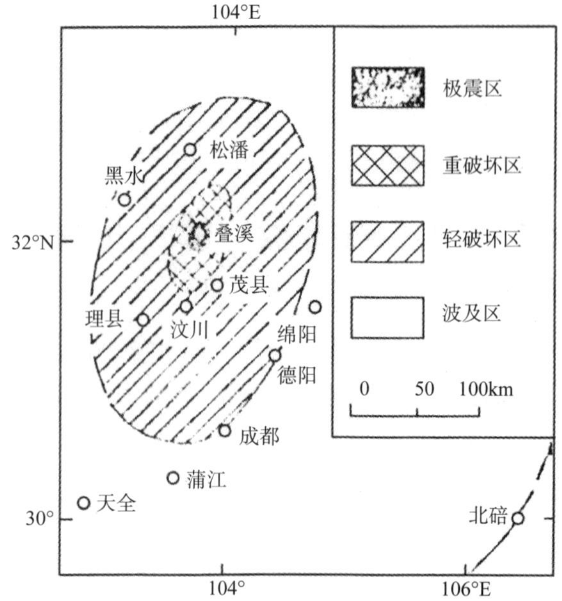

图12　1933年叠溪地震等烈度线图（据《中国地震目录》）

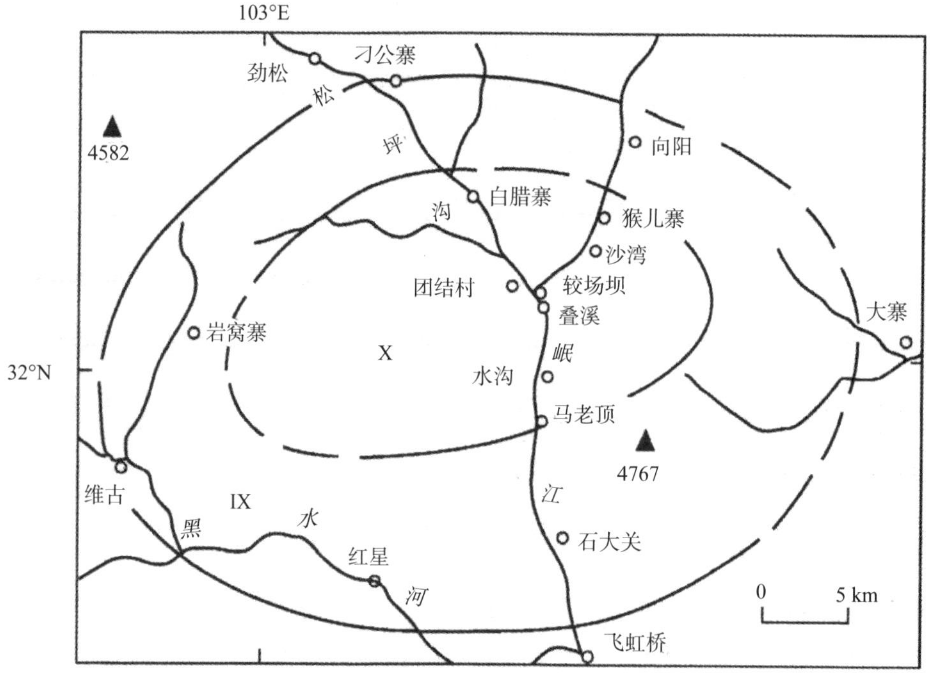

图13　1933年叠溪地震等烈度线图（据西南烈度队影响场组）

根据我们这次现场调查，他所说的极震区与实际情况有很大出入，岷江东边的破坏情况被夸大了，松坪沟中的严重破坏被忽略了。至于他所说的断层，据现有资料分析，应属龙门山断裂带。龙门山断裂带离叠溪30～40km。其中距叠溪最近的滑门—片口场大断层，虽然它的断层面大致以30°向西北方向倾斜，假设倾角稳定不变，到叠溪附近断层面离地表已深约16km，这个数值比李善邦计算震源深度12km稍大一点，与我队影响场组所得结果16km倒很一致。

但必须指出，这个设想与实际的地面破坏有很大矛盾。如果滑门—片口场大断层真是发震断层，则该断层出露地表的部分破坏应最为严重，而叠溪不是断层直接通过的地方，地震波衰减很快，所以不应是极震区。实际情况表明他对发震断层的认识也是值得商榷的。

（2）第二种划法见于中国科学院地球物理所编《中国地震目录》，等震线长轴为北北东向，其具体依据不清楚。这样划法与实际情况明显不符。

（3）第三种划法是我队影响场组提出的。他们根据地震破坏情况和蚕陵山地裂缝方向，将等震线划成正东西向，认为这次地震的发震构造是通过蚕陵山的近东西向断层。他们认为“本区发震构造在地表显露出来的即为近东西向的蚕陵山断层，此断层的性质为张性的正断层，南盘相对北盘下降，断层向西断续出现在维古、龙坝一带”。

蚕陵山确实是一条断层破碎带，但从蚕陵山到维古，四川省地质局地质队于1973年在本区进行过1:20万区测，并未发现近东西向断层。另外，所谓蚕陵山的地震断层，其实是叠溪、较场坝大滑坡体边缘所引起的张裂。蚕陵山破碎带下延就到江边，沿江露头很好，但我们没有见到任何新的错动迹象。在山上发生20～30m深的“构造错动”，而下面200m处却不见任何影响，这是不可能的。若真是地震断层，其规模（长约500m）也与一般烈度Ⅹ度地震太不相称。我们统计了西南地区13次烈度Ⅹ度地震，其发震断层都较长，一般都大于50km。

另外影响场组认为，叠溪地震极震区的边界，西北到白腊寨附近，至娃儿铺已降为Ⅸ度区。但我们到松坪沟调查发现，不仅娃儿铺附近仍在极震区范围，松坪沟内距叠溪约25km的松坪公社，房屋亦全部倒平，松树折断。同时考虑到在如此荒山野岭中，死亡竟达3000人，可以推想当时破坏之严重，影响范围之广。所以极震区仅止于白腊寨恐怕是划小了。

（4）关于叠溪地震的发展构造，我们有以下几点认识：

①叠溪地震破坏最严重的地区，除叠溪、较场坝以外，还有松坪沟一线。以往调查时因松坪沟交通被阻塞而被忽略。此次调查发现，沿松坪沟发生大规模山崩，延展10余千米，并形成6个堰塞湖，规模不亚于叠溪。从整个区域的大规模山崩和堰塞湖的分布来看，严重破坏区的分布大致作北西向，明显受北西向断裂带的控制（图10）。另外，等震线的分布其长轴亦与本断裂带平行。所以我们认为沿松坪沟的北西向大断层应是此次地震的发震断层。

真正的地震断层我们没有见到，估计可能为从叠溪到松坪沟一线的滑坡体所掩盖。当然，这仅仅是一种推测。

②黑水河流域的岩窝寨和维古之所以成为Ⅸ度的异常区，一个可能是两地都在河谷中，因土质不好而增高了烈度；另一个可能是该区的断裂与松坪沟断裂同出一源，也就是说黑水河断裂是松坪沟断裂的一个分支，如图14所示，故破坏亦重。因为是同源，故也具有极震区的振动特点。

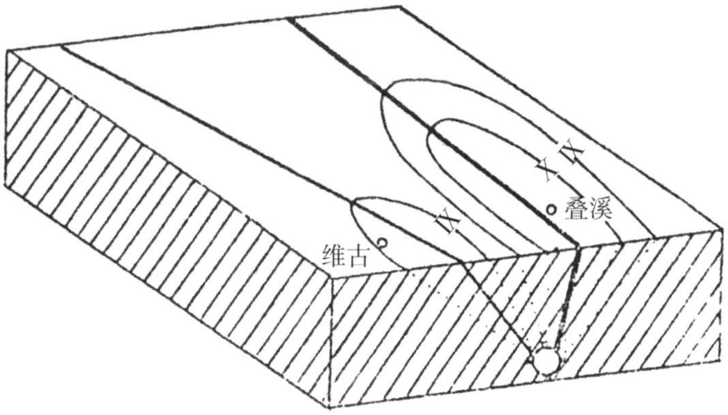

图14　黑水河断裂同松坪沟断裂在深处可能相连故产生维古Ⅸ度异常区示意图

③此次地震，发震断层的破裂起点可能在较场坝，然后逐渐沿松坪沟断裂向西北方向发展。这可从下列一些现象得到证明。

在普安、沙湾、松坪沟的人都说地震响声从较场坝方向来，而在较场坝的人却说响声从脚底下来。本来关于地震的响声从哪个方向来常有很大的出入，但关于这次地震声音传来的方向，群众的反映是比较一致的。

当时在松坪沟山上的目睹者说："较场坝黄尘滚滚先起，两河口则晚点，然后是松坪沟塌崖。"

④此次地震建筑物倾倒方向各不相同（图8）：较场坝以南的地方是由北向南倒，或向西南倒；较场坝以北地区则是由南向北倒；在普安是东西方向倒；在团结村向西南倒；在松坪沟公社向西北倒；在岩窝寨向南倒。以上这些地点基本上在极震区的范围内，这种不规则性反映了极震区的振动特点。

另外，此次地震时人们感觉上下跳动不明显，而水平摇动很厉害。这和唐山地震有明显不同，唐山地震有强烈的上下跳动，建筑物基本上是在上下跳时坍塌下来的。而叠溪地震时，有的器皿被抛出甚远，如松坪沟一个庙里的钟被抛到对面山坡上，粮食从半山腰撒到山谷中。从松坪沟到叠溪，还有岩窝寨都有大树被折断的现象。唐山地震没有见到这种情况。所以我们认为此次地震发震构造是以水平错动为主的。

1934年地震论述

- 清地震仪构造及其理论
- 地震仪原理
- 地质对地震烈度发生的影响

一、清地震仪构造及其理论

李善邦著，发表于《科学》（18卷3期，1934年）。

20世纪初年，俄皇子伽利津（B.Galitzin）醉心于地震研究。俄国地震为害，并不见甚，除非有严重问题，亟待解决者，其研究之也，以纯科学为立场。尝在普尔科沃（Polkovo）、莫斯科、巴库（Baku）、伊尔古次克（Irkusk）、海参崴等地设立观测所十数处，以精巧之仪器，测记世界各地之地震，以实际记录为张本，推阐震波之构成，从震波播速之不同，厘定地下之层次，十数年间，理论大进，德之维歇特（E.Wiechert），日之大森房吉，英之米尔恩（J.Milne），南斯拉夫（克罗地亚）之莫霍洛维契奇（A.Mohorovicic）皆当时共同措地震学于专科末位者也。其所用之仪器即其手创者，结构精巧，诚仪器中杰出者，氏尝谓：非有精确之观测仪，不能记录地震之真动象，亦可见其对于仪器之重视矣。迨伽氏殁于欧战初年，共产革命后，俄国地震研究中绝，震仪遂渡于英国剑桥大学制造发卖。而当年伽氏助手，魏立浦氏（J.Wilip），亡命国外，旋入塔尔图（Tartu）大学为物理教习，仍不能忘其地震研究，尝将伽氏震仪，悉心改良，更臻于至善，近由爱沙尼亚（Estonia，波罗的海边之小国）之侯哥墨新（H.Massing）高等仪器制造厂承造发售，称为伽–魏氏地震仪（Galitzin-Wilip seismograph），其式样不及伽氏原型四分之一，但仍分为上下动，南北水平动与东西水平动三座，每座仪记录一分动向而已。兹分述之。

（一）水平动震仪之构造

每座震仪可分为三部，一为振子（pendulum），二为电流计（galvanomcter），三为照相记录器（photographic registeration），相联如图1，其振子必须与所要记录之动向符合装置，譬如欲测南北方位动向，则振子之轴必须与子午线正交，其余部分可随适宜之地而装置也。

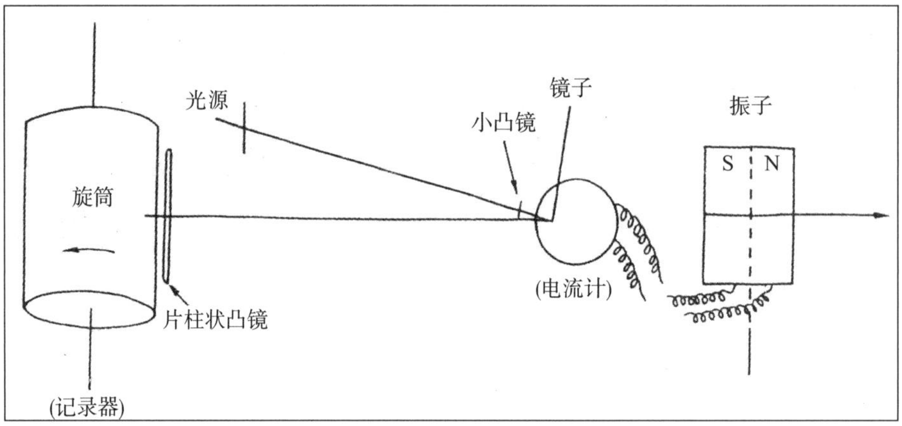

图1　震仪结构图

1. 振子

振子或称摆，即系一重锤悬空，而能以悬点为回旋轴，作定周期摆动之装置也。锤之悬法不一，其重心在悬点之下者，如普通挂钟之摆锤，为简单振子（simple pendulum），其重心在悬点之上者，如维歇特氏震仪所用，为不稳振子（astatic pendulum），伽–魏氏震仪所用之振子，乃所谓水平振子者，（horizontal pendulum），其重心偏于一边，如图2。M为锤（mass），振子，如卜状，以极薄（<0.012公厘）之上质弹簧，贴于*a*，*b*两点，如一扇门之活叶焉。联*ab*之直线，使与铅锤线向前作倾角i，如是则振子可在水平面中作定周期之摆动，M之旁平伸一柄，约于中部，平装铜块一方（D），至柄之尽端装假象牙一块（J），内包铜丝卷络圈四个，D及J各被一对磁力固定之U形磁铁所含，所留上下空隙约2公厘。今若振子忽为外力所驱而摆动，则D、J同时在其磁场内，切过磁力线，遂因诱导而生电，其在D上者，所谓foucault current，其作用可制止振子之自由摆动，所谓制振（dam ping）作用者是也。其在J中者，以导线引入电流计，以营记录之事。

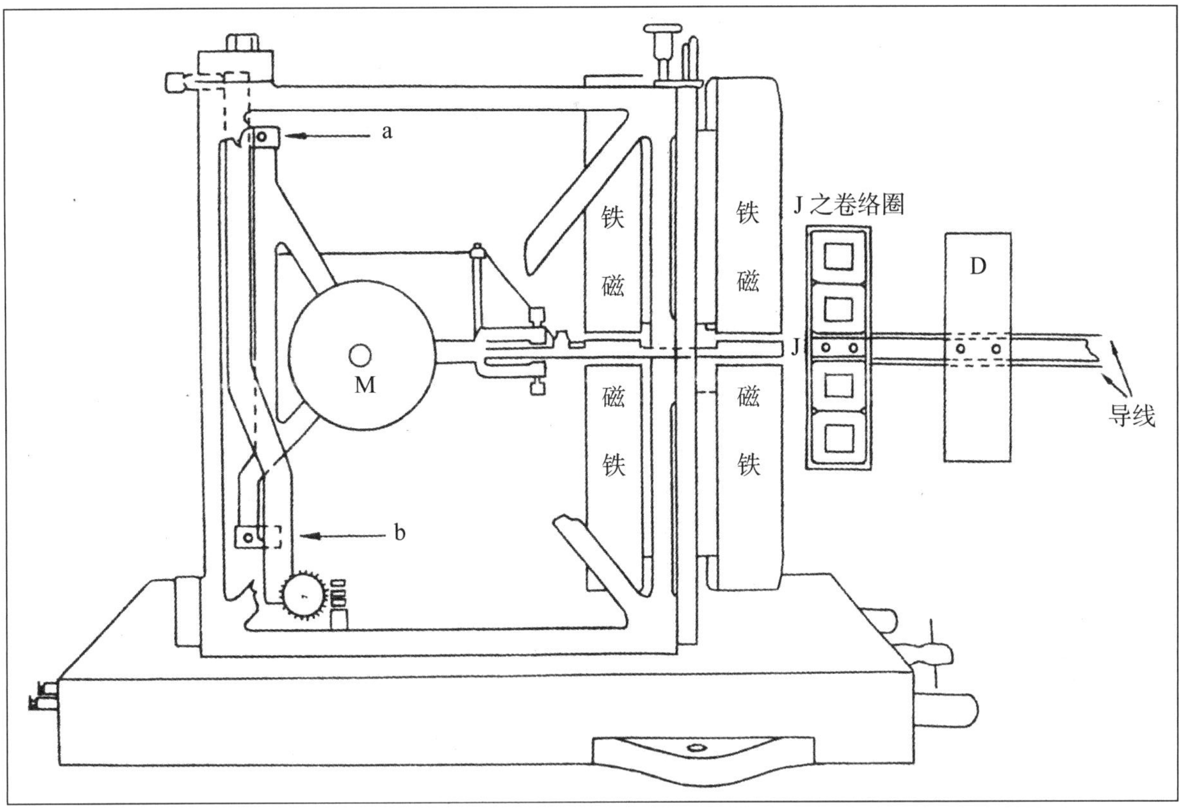

图2 振子结构图

2. **电流计**

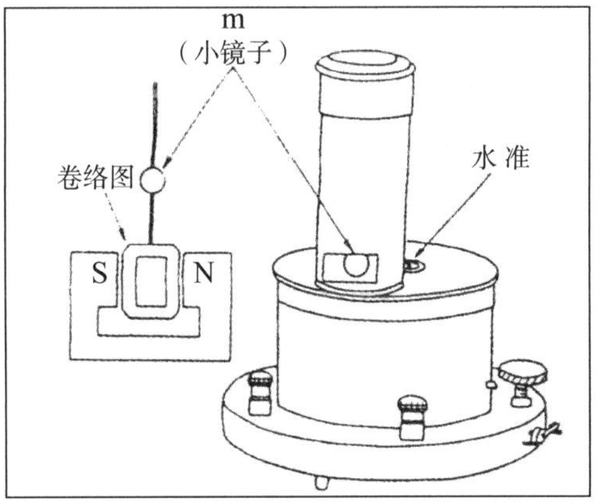

图3 电流计结构图

与普通电学实验室用者大同小异，其型如图3。其构造以一回字形卷络圈悬于一固定磁场中，圈之上贴一小镜，全部罩着，不受空气震荡之影响，有焦点距约1公尺之凸镜，置于小镜之前方约5公分，以备射来之光，先经过凸镜，至镜面反射后，可在1公尺外，获光源之焦点也。其感应性颇为强大，以200×10^{-10}安培，可使小镜回旋于1公尺外，见光影偏位至1公厘。

3. **照相记录器**

如图4以92 × 30公分之照相纸（bromide paper）卷于直径约29公分、长约30公分之圆筒上，中贯以轴，一边剩出约32公分刻制旋度（pitch）5公厘之螺旋小沟，承于一小滑动轮上，筒之它方，有高出约半公分之边沿，承于两小圆棒，其一可以自由滑动，其一与钟作齿轮之轴相连，藉摩擦力，使圆筒旋转，其转速，每分钟约15公厘，但另换以一大齿轮时，可使每分钟转动30公厘，旁置电灯（6V）一座，其灯丝为独条直立，外围以铜罩，仅留一小缝，资灯光射出，经电流计反射，正直向照相纸射去，照相纸与电流计内之镜面相距120公分，故光至将近圆筒时既结成一长条，经圆筒前之片柱状凸镜，而敛为一点于纸上，而得记录线，如圆筒转速每分钟15公厘，则照相纸每两天一换，若每分钟30公厘，则一天一换，至钟作须每24小时一上弦焉。另有使记录线上有时分记号之小电磁一座，置于灯之一边，与标准钟电路相联，因此钟可自动于每分及每小时，通电二三秒钟，遂使电磁吸动一小手，以遮蔽光路，以是记录线上数数有不感光之白隙，以示时分焉。

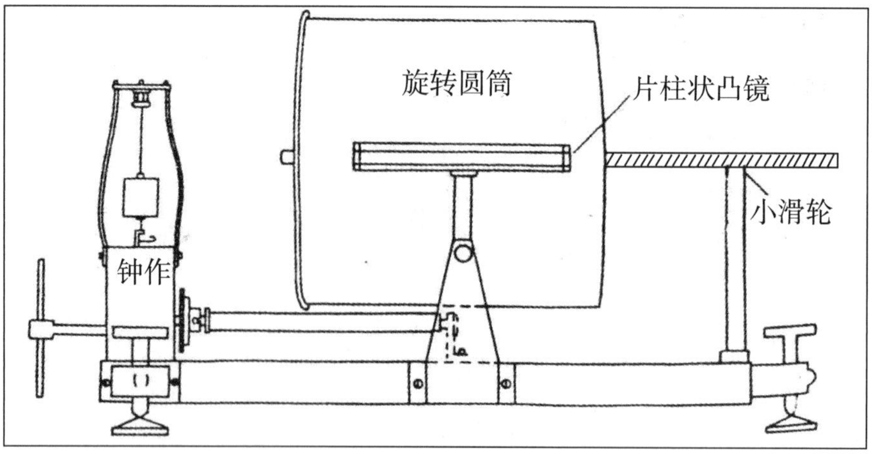

图4　记录器结构图

以上述之三部联合如图1，今设有地震，因地面之移动，致悬振子之点从a移至口a′，然M藉惯性之理，暂维持不动，于是J以反对方向割磁力线而诱导电流，当此电流输入电流计时，其镜面因而回旋，而照相纸上之光点遂尔移动，而描得地面震动之情形矣。如图5设aMa′ = JMJ′ = θ，诱导而得之电流 = I，电流计镜面扭转角 = φ，光点移动与原点相距 = y_1。则其相互之关系有如

$$I = a\mathrm{d}\theta/\mathrm{d}t,\quad \varphi = aI,\quad y_1 = a\varphi$$

即　$y_1 = a\varphi = aaI = aaa\mathrm{d}\theta/\mathrm{d}t$

或　$y_1 = \beta\mathrm{d}\theta/\mathrm{d}t$（$\beta$为常数）

$$\theta = \int \frac{y_1}{\beta}\,\mathrm{d}t$$

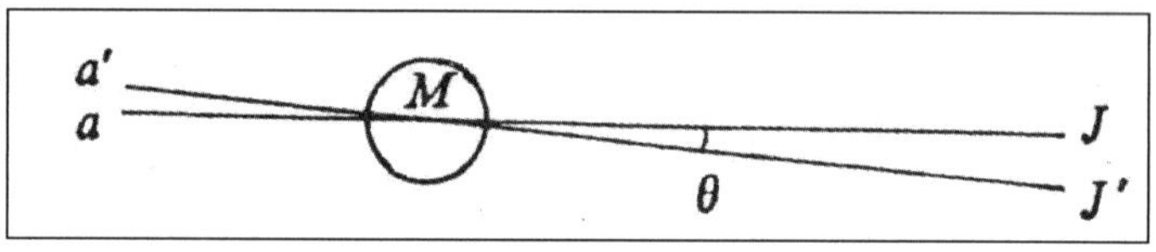

图5　振动原理图

（二）水平动震仪之理论

1. 振子之运动式

如图6，设振子在X–Y水平面运动，当静止时其重心位置如m，今推之使至m'得偏角θ而撒手，则因地心吸力，其重心自然从m'向m返回，其运动情形，可以下式表示之：

$$K\frac{\partial^2\theta}{\partial t^2} = M \qquad (1)$$

式中，K代扭惯（moment of inertia），M代全力矩（total moment）。第振子之回返除被地心吸力所驱，及反压之空气等阻力，无其他外力作用于其间，以后者量小可以不计，故

$$M_0 = -Mgr_0\sin i\sin\theta \qquad (2)$$

此处r_0为振子重心至扭轴（axis of rotation，即联结a、b之直线）之距离，又实际上i及θ均甚小，故式（1）可书为

$$\frac{\partial^2\theta}{\partial t^2} = \frac{Mr_0}{-K}gi\theta \qquad (3)$$

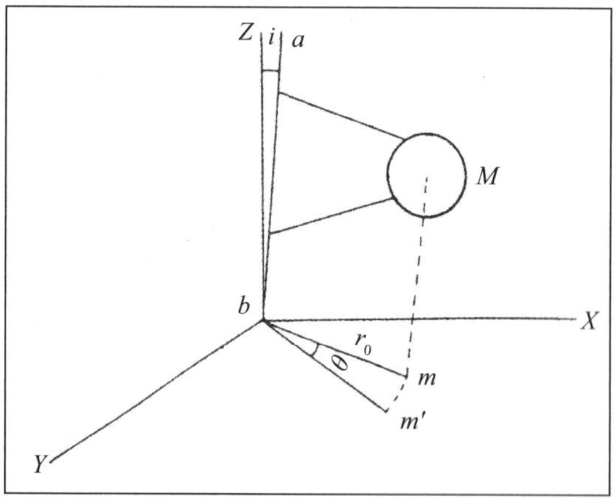

图6　震子水平运动示意图

$K/(Mr_0)$称为振子摆长（Reduced pendulum length），普通代以l，为一常数，以式（3）又可书为

$$\frac{\partial^2\theta}{\partial t^2}+n^2\theta=0 \quad (4)$$

式中，$$i-\frac{n^2 l}{g}=0 \quad (5)$$

$$T=\frac{2\pi}{n}=2\pi\sqrt{\frac{l}{ig}} \quad (6)$$

所谓调和运动（Simple harmonic motion）者其自身摆动周期为T秒者也。

大凡振子摆动，其振幅莫不依次递减，制振作用使然也。第一节中曾述振子部分有制振作用之设备，即一铜片位于固定磁场中，与J同时运动，按电学定律，吾人知制振之力常与$\partial\theta/\partial t$成正比，故式（3）须变如式（7）方能代表其运动也

$$\frac{\partial^2\theta}{\partial t^2}+2\varepsilon\frac{\partial\theta}{\partial t}+n^2\theta=0 \quad (7)$$

式中，ε为常数。

今设振子之动由于地震偏角θ因地面某点X_1，移至X_2所致，以$X_2-X_1=x$，其所影响及于振子之力矩，当为$-Mr_0\frac{\partial^2 x}{\partial t^2}$，以$K$除之，应等于式（7）左方之量，即

$$\frac{\partial^2\theta}{\partial t^2}+2\varepsilon\frac{\partial\theta}{\partial t}+n^2\theta=\frac{Mr_0}{-K}\frac{\partial^2 x}{\partial t^2}=\frac{1}{-l}\frac{\partial^2 x}{\partial t^2} \quad (8)$$

此即地震时振子之运动方程式也。

如何解得θ与x之关系吾人可假定地震波动之形如

$$x=x_m\sin(pt+\delta),\ p=\frac{2\pi}{T_p} \quad (9)$$

式中，x_m为正弦因子等于1时之振幅，T_p为波周期，及δ为位相常数（phase constant）。在$\varepsilon=n$条件下，即振子摆动之第一振幅比第二振幅为无穷即θ_k：$\theta_{k+1}=\infty$，亦即是振子在无周期摆动（apcriodic）时，式（8）之解有如

$$\theta=\frac{x_m}{l}\frac{\sin[p(t-\tau)+\delta]}{(1+u^2)\sqrt{1-\mu^2(\frac{2u}{1+\mu^2})^2}} \quad (10)$$

内中 $$\tau=\frac{T_p}{2\pi}\arctan\left(\sqrt{1-\mu^2}\cdot\frac{2u}{1+u^2-1}\right) \quad (11)$$

所谓位相延缓量（relation）者是也，及$u=\frac{T_p}{T}=\frac{\text{地震波周期}}{\text{振子周期}}$，$\mu^2=1-(\frac{\varepsilon}{n})^2$

2. 电流计之运动

为使读者易于明了，先将下文所用之字母（参阅图7）条举如下：

D：卷络圈吊线之扭转常数（torsion constant）；

F_1：包含卷络圈之固定磁力（feild intensity）；

N_1：卷络圈之圈数（number of turns the suspended solenoid）；

S_1：卷络圈之面积（sectional area of the solenoid）；

l_1：卷络圈之长（1ength of the solenoid）；
q：卷络圈之阻电力（resistance of the solenoid）；
R：电流计外线路之阻电力（external resistance）；
E：从振子引进之电动力（inputE.M.F.）；
I：从振子引进之电流Gnputcurrent）；
E_1：卷络圈回旋时所诱导之E.M.F；
I_1：卷络圈回旋时所诱导之电流。

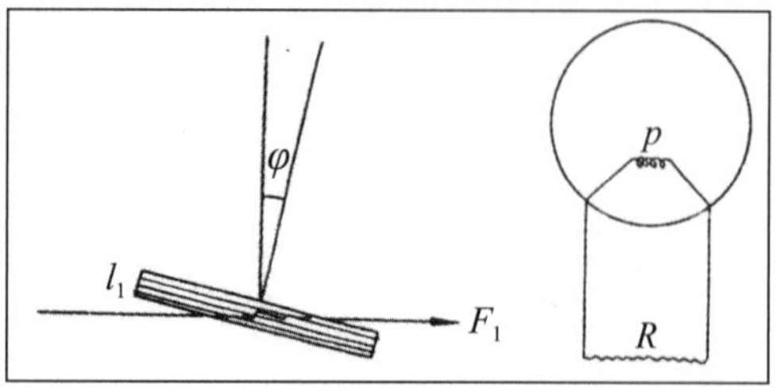

图7 电流计运动示意图

按磁电学有

$$磁量（magnetic mass）= M_1 = \frac{N_1S_1}{l_1}\cdot I = \frac{N_1S_1}{l_1}\cdot\frac{E}{R+q}$$

$$磁偶力（magnetic moment）= M_1 = M_1l_1 = N_1S_1I = N_1S_1\frac{E}{R+q}$$

有上列之字母，进而研究其运动焉。当地震使振子摆动后，同时有电流I传入电流计去，其卷络圈顿化为磁，与原磁场相拮抗。被迫而回旋至角度φ（注意φ之量甚小），设以K_1代其扭惯性，M代力矩总量，则其运动情形，当如

$$K_1\frac{\partial^2\varphi}{\partial t^2} = M \tag{12}$$

细将M分析之，其所包含不过以下数事：

（a）因I流过，卷络圈所受之力矩，为

$$F_1M_1 = F_1N_1S_1\frac{E}{R+q}$$

（b）因卷络圈回旋，自身所诱导之电流I_1，所构成之力矩，为

$$-F_1^2\frac{(N_1S_1)^2}{R+q}\cdot\frac{\partial\varphi}{\partial t}$$

（c）吊线相抗力矩，为

$$-D\varphi$$

（d）空气等阻力所构成力矩——为量极小

$$-b_0\frac{\partial\varphi}{\partial t}，b_0为常数$$

是故 $$M = F_1N_1S_1\frac{E}{R+q}-D\varphi-\left[b_0+F_1^2\frac{(N_1S_1)^2}{R+q}\right]\frac{\partial\varphi}{\partial t}$$

或 $$K_1\frac{\partial^2\varphi}{\partial t^2} = F_1N_1S_1\frac{E}{R+q}-D\varphi-\left[b_0+F_1^2\frac{(N_1S_1)^2}{R+q}\right]\frac{\partial\varphi}{\partial t} \tag{13}$$

今以K_1除式（13）各项，更引用下列关系

$$n_1^2 = \frac{D}{K_1} \tag{14}$$

$$c_0=\frac{1}{2}\frac{b_0}{K_1} \tag{15}$$

$$c=\frac{1}{2}\cdot\frac{F_1^{\,2}}{K_1}(N_1S_1)^2 \tag{16}$$

$$\varepsilon_1=c_0+\frac{C}{R+q} \tag{17}$$

式（13）于是可书为

$$\frac{\partial^2\varphi}{\partial t^2}+2\varepsilon\frac{\partial\varphi}{\partial t}+n_1^2\varphi+\frac{F_1N_1S_1}{K_1}\cdot\frac{E}{R+q}=k\frac{\partial\varphi}{\partial t} \tag{18}$$

k谓电流计之输送量（transmition-factor）者。取式（10）θ对于t之微分代入得

$$\frac{\partial^2\varphi}{\partial t^2}+2\varepsilon_1\frac{\partial\varphi}{\partial t}+n_1^2\varphi=kp\frac{x_m}{l_1}\frac{\cos[p(t-\tau)+\delta]}{(1+u^2)\sqrt{1-\mu^2(\frac{2u}{1+u^2})^2}} \tag{19}$$

苟吾人调整只以适宜之量（critical value），亦可使电流计成无周期之摆动，即在$\varepsilon_1=\varepsilon_1$条件下式（19）可解得如

$$\varphi=k\frac{x_m}{l_1}\cdot\frac{1}{p}\frac{\sin[p(t-\tau-\tau_1)+\delta]}{(1+n_1^2)(1+u^2)\sqrt{1-\mu^2(\frac{2u}{1+u^2})^2}} \tag{20}$$

式中，$u_1=\frac{T_p}{T_1}=\frac{\text{地震波周期}}{\text{振子周期}}$

$$\tau_1=Tp[\frac{\arctan(\frac{2u_1}{u_1^2-1})}{-2\pi}+\frac{1}{4}] \tag{21}$$

τ_1谓之电流计之迟缓量。

3. 记录纸上之得数

参阅图8，设电流计中之镜面与记录纸之距为A_1，当镜面回旋至角度φ时，纸上光点便从原点O移于Y_1，以OY_1之长等于y_1按光学定则，有

$$\varphi=\frac{y_1}{2A_1}$$

以之代入式（20），可得

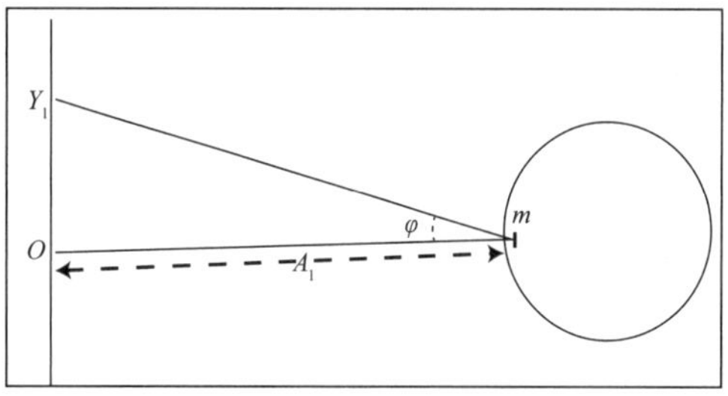

图8　记录原理示意图

$$y_1=\frac{kA_1}{\pi l_1}\cdot\frac{T_px_m}{[(1+u_1^2)(1+u^2)\sqrt{1-\mu^2(\frac{2u}{1+u^2})}}\sin[p(t-\tau-\tau_1)+\delta] \tag{22}$$

当sin[p（$t-\tau-\tau_1$）$+\delta$] = 1时，y_1之值为最大，即与x_m相当，或

$$y_m=\frac{kA_1}{\pi l}\cdot\frac{T_p}{(1+u^2)(1+u^2)\sqrt{1-\mu^2\left(\frac{2u}{1+u^2}\right)}}\cdot x_m \qquad (23)$$

此乃伽–魏氏水平地震仪从地面移动量x_m与所获得记录数y_m之最后关系式也。故吾人只需将x_m之系数，事先知晓，则从记录所得以推地面移动数量，殊简易焉。但细审式（23）x_m之系数殊为复杂，其中除K、A_1、π、l_1、T及T_1，为固定外，尚含震波之周期T_p，此数常因波动性质之不同，震源距离之远近，与当地地质之不同而各异，然则地震仪之放大能力，固与T_p为函数者也，今以W代x_m之系数，亦即地震仪之放大倍数，有μ^2原是趋近于零，故

$$W=\frac{T_p}{(1+u^2)(1+u^2)}\cdot\frac{kA_1}{\pi l_1}$$

若$k=200$，$A_1=1000$公厘，$l_1=100$公厘，$T=T_1=12$秒，其关系如下：

放大倍数与震波周期关系表

T_p	W	T_p	W
0.01	6	5.0	2310
0.05	32	6.0	2444
0.1	64	7.0	2482
0.5	318	8.0	2442
1.0	628	9.0	2348
1.5	926	10.0	1762
2.0	1206	15.0	1454
3.0	1692	20.0	892
4.0	2062	30.0	364

吾人知震波之周期与震源相距之远度成正比，审上表可见此种地震仪于震波周期与其振子周期相近时，为最灵敏，惟对于当地地震（其周期常小于1），似觉欠佳，然苟强度至人能感觉以上，因其放大率小，仍可得量其记录，不致中途出格，此又其不佳中之佳也。

（三）垂直动地震仪之理论

1.地震仪之构造

伽氏原型其振子悬挂，乃以一盘旋弹簧钩一棒吊于固定体，棒之一端以弹簧支于固定体，其他端附以重锤等，如是则重心与支点间可做成一水平线，而振子有上下摆动之自由焉。然有二弊，一振子摆动不能十分调和（harmonic）；二当温度升降使盘旋弹簧伸缩无恒，不能令振子常立于水平准线中，遂影响地震记录不能纯代表垂直动向。魏氏尝悉心祛除斯二弊，虽结果仪器未免过于复杂，不易调整，而与实际殊有裨益也。

参阅图9（a）为改良后振子全部，盘旋弹簧改用三条，图中H为性质及大小相同之一对，K为一较短者，GG′ 为重锤，G上下各一对，G′ 为一对，总量约六公斤，如此分布其重心仍不离振子之通中线（pendulum axis），A为两悬点，以软薄上好钢片贴于固定体，T为里外异质合金所成之卷

发条（snail spring），当温度上升时，因盘旋弹簧伸长使振子下降，乃因T外方之膨胀率大于里方而收卷，遂使G′稍稍退后，结果振子复上，是谓调剂作用（compensation），若调剂过或不及，可稍调整G′之位置而使之适宜也。其余部分与水平动仪，完全相同，此处从略焉。

2.振子之运动

参阅图10，O为振子回旋轴，M为其重心，r为重心与回旋轴之距离，L_0为一对相同之盘旋弹簧在静止状态中之 长度，P_0为其此时之张力（tension），l_0为它一较短弹簧在静止状态中之长度，p_0为其此时张力。λ_0为一用以改正振子位置之盘旋弹簧在静止状态之长度，n_0为其此时之张力。今设重心M，移于M'，则B将移B'，B_1移于B'_1，B_2移于B'_2、P_0、p_0、n_0、L_0、l_0及λ_0，顺序变为P、p、n、L、l、及λ，若以θ代MOM′，仍以K代扭惯，M代总力矩，则其运动式当如：

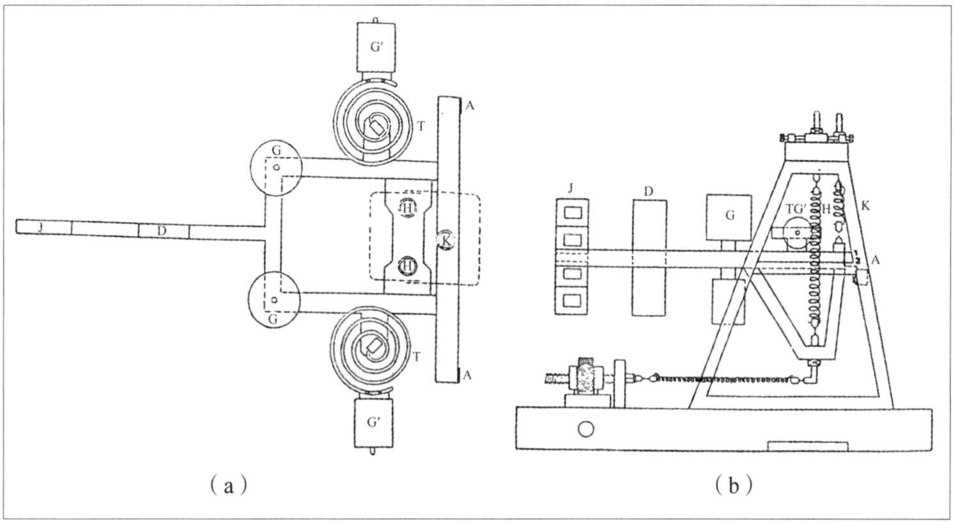

图9　垂直地震仪之构造图

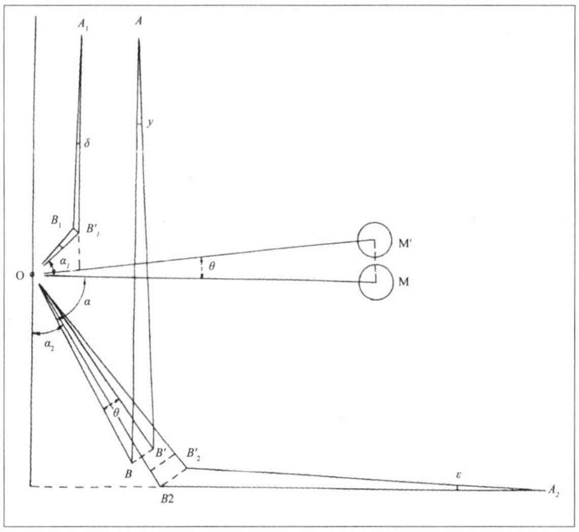

图10　垂直地震仪振子运动示意图

$$K\frac{\partial^2\theta}{\partial t^2}=M \quad (24)$$

M所包含有以下之数事：若先以C、C_1、C_2顺序代$\overline{OB}$、$\overline{OB}_1$、$\overline{OB}_2$之长度，α、α_1、α_2顺序代MOB，MOB_1、MOB_2之角度，δ、r、ε顺序代各盘旋弹簧悬于A、A_1、A_2点之角度，有

（a）由于地心吸力所成之力矩，为

$$M_1=-Mgr\cos\theta$$

（b）由于一对相同盘旋弹簧所构成之力矩，

$$M_2=Pc\cos(\alpha-\theta+\gamma)$$

（c）由于较短之盘旋弹簧所构成之力矩，

$$M_3=pc_1\cos(\alpha_1+\theta+\delta)$$

（d）由于改正用盘旋弹簧所构成之力矩，

$$M_4=kc_2\cos(\alpha_2+\theta+\varepsilon)$$

因

$P_0-P=\beta(L_0-L)$ （β为常数）

$p_0-p=\beta_1(l_0-l)$ （β_1为常数）

$n_0-n=\beta_2(\lambda_0-\lambda)$ （β_2为常数）

更引用$c\cos\alpha=a$，$c\sin\alpha=h$，$c_1\cos\alpha_1=\alpha_1$，$c_1\sin\alpha_1=h_1$；$c_2\cos\alpha_2=\alpha_2$，$c_2\sin\alpha_2=h_2$，则式（24）于是成

$$K\frac{\partial^2\theta}{\partial t^2}=[\beta a^2+\beta_1a^2+\beta_2a^2-P_0h(1-\frac{h}{L_0})+p_0h_1(1+\frac{h_1}{l_0})+n_0h_2(1+\frac{h_2}{\lambda_0})]\theta-\frac{3}{2}[ah(1-\frac{h}{L_0})(\beta-\frac{P_0}{L_0})-a_1h_1(1+\frac{h_1}{l_0})(\beta_1-\frac{p_0}{l_0})-a_2h_2(1+\frac{h_2}{\lambda_0})(\beta_2-\frac{n_0}{\lambda_0})]\theta^2 \quad (25)$$

其从改正用弹簧所获项，因$n_0\beta_2$比较甚小，故其事亦小，式（25）中含有θ^2之项，此其运动所以不能调和也。魏立浦氏之改良方法，所以采用复式盘旋弹簧，选用适宜之材料，而使θ^2之系数等零。其实际采取之数字如

$a=4.23$公分，$a_1=1.21$公分，$a_2=11.19$公分；

$h=7.591$公分，$h_1=3.110$公分，$h_2=4.50$公分；

$L_0=17.595$公分，$l_0=7.693$公分，$\lambda_0=15.50$公分；

$\beta=1963$g·dyn／公分 $\beta_1=4673$g·dyn／公分，$\beta_2=8.7$g·dyn／公分；

$P_0=11740$g·dyn，$p_0=2042$g·dyn，$n_0=34.35$g·dyn。

由是

$$+ah(1-\frac{h}{L_0})(\beta-\frac{P_0}{L_0})=+23661\text{g}$$

$$-a_1h_1(1+\frac{h_1}{l_1})(\beta_1-\frac{p_0}{l_0})=-23260\text{g}$$

$$-a_2h_2(1+\frac{h_2}{\lambda_0})(\beta_2-\frac{n_0}{\lambda_0})=-401\text{g}$$

其和为零，而θ^2遂不能显于运动式中矣。然则式（25）可书为

$$\frac{\partial^2\theta}{\partial t^2}+n^2\theta=0$$

式中，$n^2=\frac{\beta a^2}{K}-\frac{P_0h}{K}(1-\frac{h}{L_0})+\frac{p_0h_1}{K}(1+\frac{h_1}{l_0})+\frac{n_0h_2}{K}(1+\frac{h_2}{\lambda_0})$

而有 $T=\frac{2\pi}{n}$

为地震仪自身周期，亦一调和摆动也。至其余理论与水平动地震仪完全相同，此处从略写。

（四）伽–魏氏地震仪之试定法

普通用于观测某种现象之仪器，无不有其特有常数，以沟通记录现象与真实现象间之大悬隔，地震仪亦然。常数云者，仪器运动式中某数不因现象之异同而异也。但若仪器之构造不同，或调整所至之限度不同，则常数亦互异。此各地地震观测所之报告，开宗明义，便说明其所用仪器之名与其所属之常数也。从上文式（23）

$$y_m=\frac{kA_1}{\pi l}\frac{T_p}{(1+u_1^2)(1+u^2)\sqrt{1-\mu^2(\frac{2u}{1+u^2})}}x_m$$

易见其常数之中，有一部分为固定者，盖从仪器出厂而然，如l等是也。它一部分则每因环境变迁而少异，故前者一经试定其数永远可用，后者则须于一定时间复试之也。

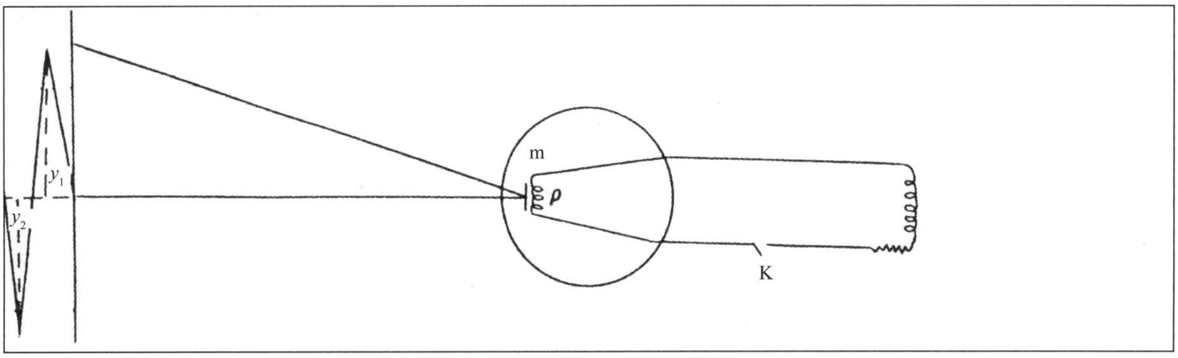

图11　自身周期测定原理图

1. 电流计自身周期T_1之试定

其法殊简易，事先装置如图11：以米突尺一梗M（须以中间为始点者），横置于记录器圆筒之前与电流计中镜面m，相距为1公尺，外以灯光射之，使反射光道与表尺正交于零数处，以指热促m回旋（此时K常开）即读下其往复振幅y_1，y_2，y_3，…，y_n，同时量得其周期，T_0'（用1／100秒表，量确至百分之一秒）以是

$$T_1=\frac{T_0'}{\sqrt{1+0.5372\Lambda_0^2}}\tag{26}$$

式中，

$$\Lambda_0=\lg y_1-\lg y_2=\lg y_2-\lg y_3=\cdots=\frac{1}{n}(\lg y_1-\lg y_{n+1})\tag{27}$$

所谓对数递减者是也。盖$y_1>y_2>y_3>\cdots>y_n$犹有少许制振作用（空气等阻力）存焉，故T' 略大于T_1，惟因相差甚微，实际上，常可以T' 代T_1也。

2. 试定电流计为无周期摆动外线路应有之电阻

R_a（critical resistance），其关系式有如

$$R_a=\frac{C}{n_1-C_0}-\rho,\qquad n_1=\frac{2\pi}{T_1} \tag{28}$$

ρ为已知，C_0可取上述1之结果，Λ_0及T'，按下式求得之

$$C_0=4.6052\frac{\Lambda_0}{T_1'} \tag{29}$$

如是只需试定C，R_a即可用式（28）求得。试定之法，装置一如图11，置图中电阻ρ约等于500Ω，即促m旋转后，将关闭，如法取得其对数递减数Λ_1（$\Lambda_1\neq\Lambda_0$）。及周期，T'（$T'\neq T_0'$）而以下式（30）先求得ε_1，如

$$\varepsilon_1=4.6052\frac{1}{T_1}\cdot\frac{\Lambda_1}{\sqrt{1+0.5372\Lambda_1^2}} \tag{30}$$

以其值代入

$$C=(\varepsilon_1-C_0)(R+\rho) \tag{31}$$

若用三个以上不同之R以求C之中数，当更准确也。

上所得R_a之数为定值，然而振子之诱导卷络圈之电阻J及电流计内回旋卷络圈之电阻ρ，常随温度之升降而变化，故必须以下式改正之

$$R=R_0(1+0.004t) \tag{32}$$

内中R_0为在温度0时所测定之电阻，t为此后温度增减之度数。

3. 振子摆长l之试定

其试定之法颇多，最简单者为将两组磁铁拆卸后，扶转振子至90°使成简单振子（如钟摆），而促其摆动，以1/100秒表测其周期T_0，因其摆动甚快，须从百次来复再三取其中数，然后按下式求之：

$$l=\frac{T_0^2 g}{4\pi^2} \tag{33}$$

4. k、T、μ^2之试定

此三数均为式（23）x_m系数之一员。k即电流计之输送量，T为振子之自身周期（无制振作用时周期），μ^2是制振常数，三数可以同时试定，手续较为麻烦，且须二人工作。事先装置除如图11外，另对振子后方所附小镜于5公尺外置望远镜一架（附表尺及光耀设备）及连接振子旁之特设电线头与一拍合电门（tapping key）作成6V之电路。当电流计调整于无周期摆动情形下，与其光点率落于表尺O处及望远镜内寻见表尺O点之反影适在十字毛之中时，轻将电门一拍，则振子将稍微移动，司望远镜者，随即读下其移置数m，拍电门者则除读下y_1及y_2外，仍须以1／100秒表量下光点第一次回至O处时之时间t_0。其情形可示如图12（点线属振子，实线属电流计）。

如此复试至30次，以求t_0、α、α'及α''之中数：

$$\alpha=\frac{y_1-\Delta y_1}{y_2-\Delta y_2},\quad \alpha'=\frac{y_1-\Delta y_1}{m},\quad \alpha''=\frac{y_2-\Delta y_2}{m}\qquad(\Delta y\text{ 为弧度改正数})$$

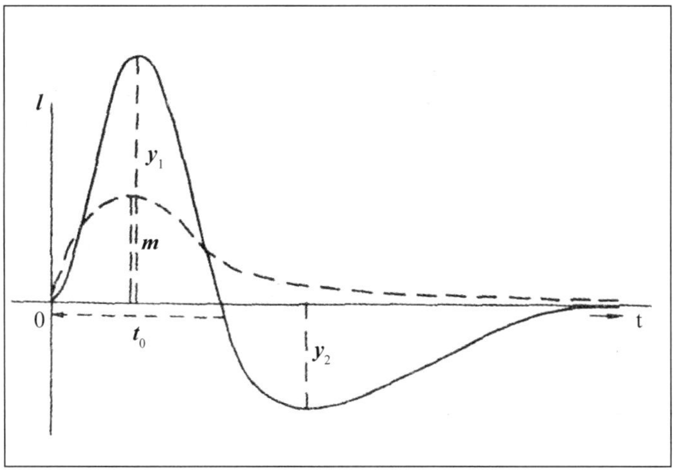

图12　参数测定观察曲线示意图

然后量得望远镜表尺至振子镜面之距离D，及电流计镜面至表尺之距离D_1，而按下式计算之：

$$\mu^2 = 2.886-1.258\alpha$$

$$T = T_1\left(\frac{2}{3}n_1 t_0+0.1\mu^2-1\right)$$

$$k = n_1\frac{D}{D_1}\alpha'\,(2.817+0.018\mu^2) = n_1\frac{D}{D_1}\alpha''\,(6.461-2.196\mu^2) \qquad (34)$$

以上第1、2、3节所测定之T_1、R_a及l均为固定常数，第4节所测定者乃为非固定常数。

上述数节，乃伽–魏氏地震仪构造及其所根据之理论之梗概也。此种地震仪，世界各国采用之者颇多，吾国除北平地质调查所之鹫峰地震研究室装有全套外，天津工商大学有水平动一座，上海徐家汇亦有水平动一座（其垂直动为伽氏旧式），最近南京气象研究所亦定购水平动两座，不日可以装设，闻广州中山大学亦有意设置此仪，如是则我国沿海一带地震观测事业已大备矣。

二、地震仪原理

翁文波著，发表于《清华周刊》（41卷8~9期，1934年）

（一）地震仪的意义

地震之所以能够被我们觉得，因为它来的时候带了特然的不规则的速度变更。否则亦如地球之自转，虽然我们相对于地心一夜行了1.8万公里，而早上醒来，还说昨夜睡很安定哩。故地震之来也，必如暴风疾雨，遽然临来，一切事物都立刻变动它的速率。当其时，则悬挂之物，如壁画镜框悬铃之流，忽然动摇起来了。其尤烈者睡者惊醒，挂钟或停，悬铃自鸣，甚至于成为一方大患。

地震仪者乃用以测量地震的一种仪器。既然知道了地震是特然而来的一种动作，则地震仪之设计自然容易了。凡是一种事物如壁画，如镜框，悬铃能因一样特然的动作而发生为人们感觉影响者，都是地震仪。于是我们可以说一只挂钟，和一只悬铃，是地震仪的二种方式。即熟睡之人，亦可谓地震仪之另一方式。不然，何以当大地震来的时候，人们就会很灵妙的自然醒觉呢。

然则世界各大观象台之地震部，皆装置一二熟睡之人乎，悬铃乎，抑悬有一大批之大小不同的镜框乎。以上之几种可能之地震仪，除了时常熟睡不醒之人不易装置外，皆极近于实在的地震仪之原则，虽然形式是完全不一样了。这也是很形容了解的事，既然地震仪的目的在量地震所以何必一定要做成镜框、壁画等形式呢。所以一个最简单的悬物，如一个球之类，皆有同等之功用了。所以简单的说普通的地震是一种钟摆一类的东西。

当我们还没有把地震仪完全设计好以前，最好先来研究下地震的性质是怎样呢，举一般地震学者研究的结果，知道这种振动是很不规则的[①]，左右前后上下各种行动都有，而碰到有些时候也会扭动或旋转几下的。除了这种扭动的机会极少之外，左右前后上下已构成了三度空间了，若我们所要的记录又要包括时候，岂非变成四度的度量么。以一个双手二目之人，去量四度的量，颇不容易。举例以明之，如用温度计去度温度，是一度之度量，因刻度在一线上，线上之一点就能完全表示出那水的温度。同样，事物体重轻，读电表之刻度，看时计的指针，皆为一度，其记录多为一个数目，如10℃、40公斤及三点四分之类。而用自记温度计去计温度则为二度之量度，因所取得者平面上之为一线，且从其结果可知各时之温度多少，这种二度的记录多为一张纸上划得的一条曲线。这样推想下去，三度的量度应当作如何呢，事实和推想告诉我们这已是不可能的事了，何况我们所要的又是四度的量度呢。感应之地震仪之构造虽如上述那般容易，但记录之地震仪都不能不 想方法以求完备了。

（二）地震仪构造

补救之方法即分为三个正交的成分是也。原理上讲，即任何移动性的乱动都可以分为三个正交的成分。一般所用的地震仪的成分大都是东西向、南北向及上下向，同时用三个地震仪去记一个完全的地震。东西向的地震仪把它上下的摆动以及南北向的摆动都限制了，只许在东西方向移动，于是合入时间，也只有二度的量度了。于是量度一个地震的结果，就有三张记录，它们是东西向与时间、南北向与时间以及上下向与时间。三张记录上的曲像，是各各不同的；可是某一张上的每一点，在另二张上都可以找出同时点来，因为它们对于时间之关系还是相同的。

在地震仪构造中，至少有一个问题最先要解决的，这就是分为成三正交成分的构造，虽然我们把一个简单的钟摆挂在二平行的木板中间（如图1）聊可算作地震仪的一个分相。然而此种设计，略加思索即知有其弊端，即二平行版来分得太宽，则不能把二水平成完全分开，太紧，则摆动不灵或甚至地震室因地震而倒塌时，摆仅微微一移其位置而已。普通在实在应用之各种地震仪，分成“成分”的方法，虽略有不同，惟用于上下成分者，大都皆采用悬重体于一或数螺旋型弹簧之下，图2（a），并用数种杠杆之装置使其位置转换放大。或在须要时，变换方向，并使至最后阶段中，二水平分完全消灭。消灭二水平成相的机械如图2（b），只用此杠杆一次，可消去一种分相，二次即可把水平二成相完全消灭。此种单独之上下成分地震仪曰直震仪。

水平成分之地震仪分“成分”法，有二种，略述如下：

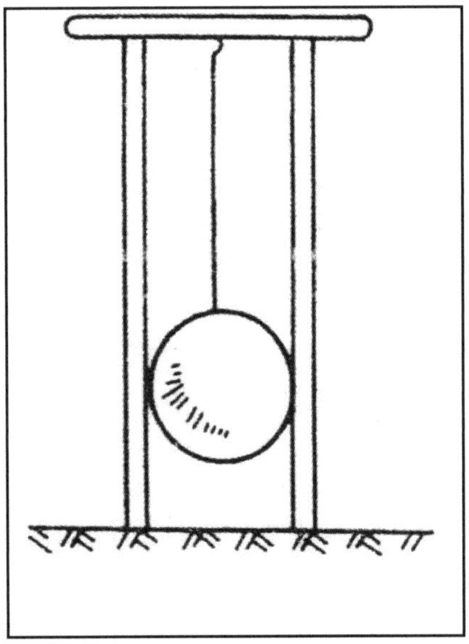

图1　水平摆示意图

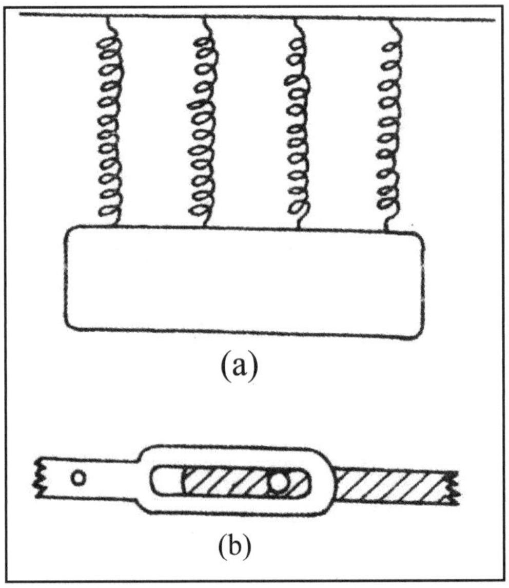

图2　垂直摆示意图

① 翁文灏：锥指集。

（1）用支点限制其方向之摆，使之只能够在一向摆动，此类之形式极多，约可分为四种典型，如图3。a型地震仪有1832年之Hengeller式、Perrot式、1869年之Zollner式及旧式之Galitzin；b型有1869年之M.Close式及H.Darwin式；c型有A.Gelard之设计（1851），Milne式及Omori式；d型有1881年之J.A.Ewing式及E.von Rebeur Paschwitz式。细察四种构造，当很容易明了，根本的原理，皆是同样的，因之，每一型都可以变化到相当形状的别一型。假设我们用c型来做一个代表，*CB*是一条固体的棍子，*C*端系了一个质量颇重的金属重权，*B*端附于一枢轴中，可以自由旋转，*CD*为一柔韧之绳，*AB*乃一垂直之轴，*AD*是这轴之一部分而凸出者。此摆之可动部分为*DCB*，附着于*D*及*B*二点，所以*AB*垂直轴，即相当于*DB*一斜轴。因之这重权*C*在静止的时候，常在*ABD*平面的引长处里面，这就是*AD*的用处。若*C*点振动起来了，则即依垂直于*AB*及*BD*（即垂直于纸面）之成分摇动。因为*CB*是固体的棍子，*BC*方向的运动是被禁止的，而又因*C*的重量向上摇过去，又非力能所及。其实*BC*及*AB*方面的动摇是有一些的，只是阻止的力量极大，较可忽视罢了。至于垂直于*AB*、*BD*的方向，这重体是极易于摇动的。阻止的力量，除了一部绳子*CD*的阻力，及枢轴的阻力以外，只有重体势能极微的一部分。设*C*体转了一个直角，则*C*体重心之举高，约略等于$BC \cdot AD / AB$，而*AD*可以做得极小，因之这种装置的灵度，是很有可观的，除了这种分相方法以外就是下法。

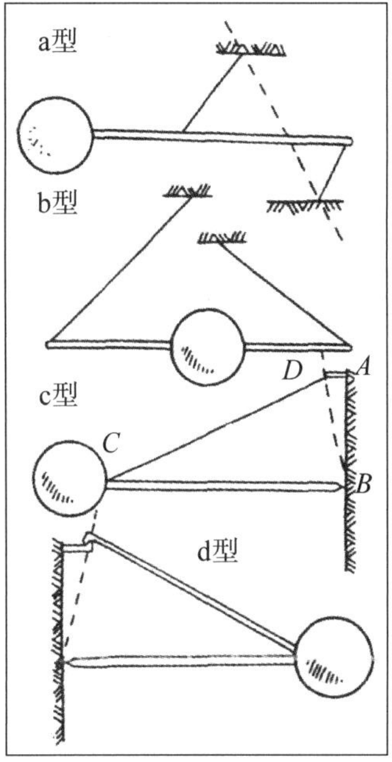

图3　几种摆的类型

（2）用一种活点的构造，使不要的成分不感受。用此法分成分者，大部分的地震仪，只要用一个钟摆，即可同时得二水平分相。此种地震仪种类亦不少，如复摆地震仪[①]、倒摆地震仪等皆是，其构造如图4，图中圆形者乃摆之本身，如摆在*OA*方向动，因*O*或*B*点之可旋转装置及*OA*、*OB*二杆，比较上极长的长度，*B*点即移动极少，而*A*点则完全随*O*点之原动，而移动了。

倒摆的创造者是J.D.Forbes（1841）[②]但广为应用还是现来的事，Marvin[①]之平震仪，及Wichert[③]之摆体皆属此类，后者之构造，如图5，平面形者乃薄片形弹簧（flat spring），其合组体叫Cardanic spring以此则摆体即不十分稳定地站立，上面的*O*点与图4的*O*点同。

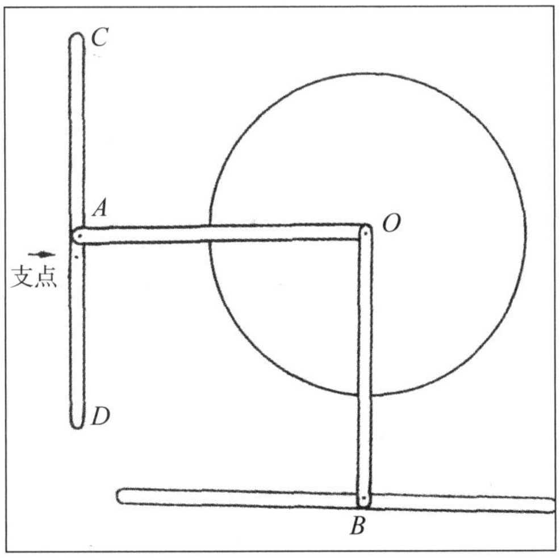

图4　倒摆示意图

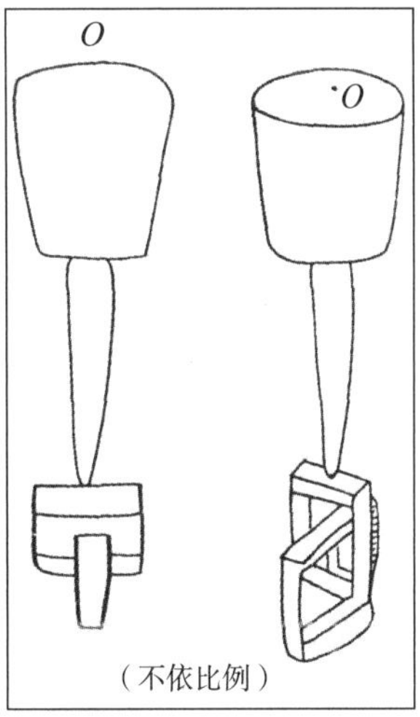

图5　倒摆结构示意图

① Traus. Seas. Soc. Japan. Uols, 1882.

② Traus. Roy. Soe. Esin.1844.

③ Beitr zur Deoph. Volc 1904.

（三）挫抑作用

然而到这里为止，构造还没有完全，因为假设地球偶然震了一下，而立刻不震了（这自然是理论的事），而我们的地震仪还在摇摇摆摆地描它的简谐运动，这是仪器在撒谎了，所以要把我们的仪器造成一个忠实的而灵敏的看守者，我们还得给它一些装置，这就是挫抑装置，要一个摆，当缺少原动力的时候，立刻定下来，我们必须给它一反动的力量，很明白的，我们可以想到磨阻力是要不得的，若把磨阻力故意加得很大，第一种坏处就是仪器不灵敏了；第二种坏处，就是那个摆不见会回到原来的地方来，当它觉得为一些摩擦阻力累得走不动的时候，就会停下来，不再管是否原来的零点了。所以我们必须想别的方法，普通所用的不外乎二种力量。

（1）流体挫抑其构造如图6（假设我们用图4的杠杆作例并且用以挫抑的流体是空气），杠杆之D端接到记录的装置系统里去，C端即接到图4的E端，EF为一活塞，放入在一柱体的金属筒里，筒下导出二个管子，到另外的一个的筒里，这筒有壁隔住，上有一空（G），可以随意启闭，因为要避免因活塞之重量而生之摩擦阻力，活塞不直接放置于筒内，而以四条极细之丝H挂住，如此则摩擦之阻力，可以减到极小，当EF轴开始向E方向移动时，阻力极小，因之这地震仪可以很锐捷的感受地震，可是当活塞动了相当地位时，筒中E方的空气就受了暂时的压力，把活塞行动阻住，同时E方之空气从尾间G漏入筒之F方，因之阻住的力量也渐次减少。比较用一些专门的话来说普通的摩擦阻力可以说是一个常数，和物体的速率的关系几乎是没有的，可是在这里用到的阻力，却约略正比于速率的某次方。

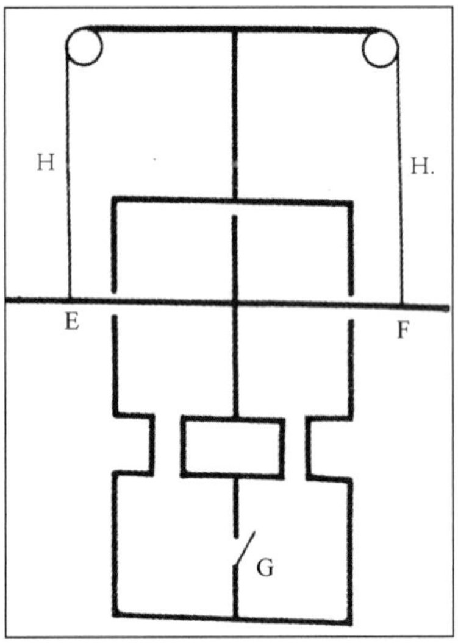

图6　流体挫抑构道图

虽然用了挫抑设备，可是我们可以理想到，我们的记录，还是不能够和地震的状况完全的吻合，假使地球偶然震了二震（这也只是一种设想）以后。第一震很自然记下来了，可是当第二震开始的时候，我们记录的笔尖，还没有回到原来的地方来，因之我们的仪器又造了相当的谣言。可是比较起来，这就比没有的好得多了。图7（a）和7（b）各为有挫抑和没有挫抑的记录的比较。其中虚线乃地震台的实在的行动，此二图乃为Galitzin氏实验量得[①]。图7（c）为实在地震由不挫抑的地震仪所量得之结果，这是1903年Derby地震在Birmingham[②]的记录，用流体以外尚可利用Lenz的感应定理。

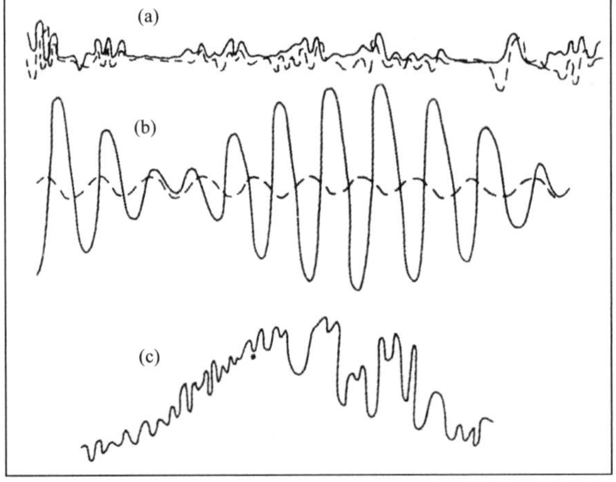

图7　有无挫抑之地震仪记录图

① Messung Mechanischer Schwingungen, 1929.

② Chares Davison: Amuual of seismology, 1921.

（2）感应的挫抑：且用Galitzin的平震仪的设备做例说明。这种设备的原理，大略如图8所示，从重体A接出一条杆子，先到一对永久磁极的中间杆上装一颇厚之纯铜一片B，更外面，则绝缘地衔接了一个线圈C，C通则通到记录室去，暂且不表。单说那纯铜B，只要少许一动，因为磁力线为铜片割断的关系，铜片里就要发生一些电流，因之就有一种反动的力量，意思就叫铜片慢慢走，其理由无非是Lenz定理或Arogo原理的作用。因之我们很容易了解，这作用的性质，也和空气一样，没有速率时，这反动力是不存在的。而比空气还要确定和准确，这反动力是铜片的速力却成正比例。然而我们总该记得，无论如何，记录决不会完全符合于实在的振动，所以用算学去分析每一小波纹的特性，例如用Fauries级数去分析，是没有意思的。

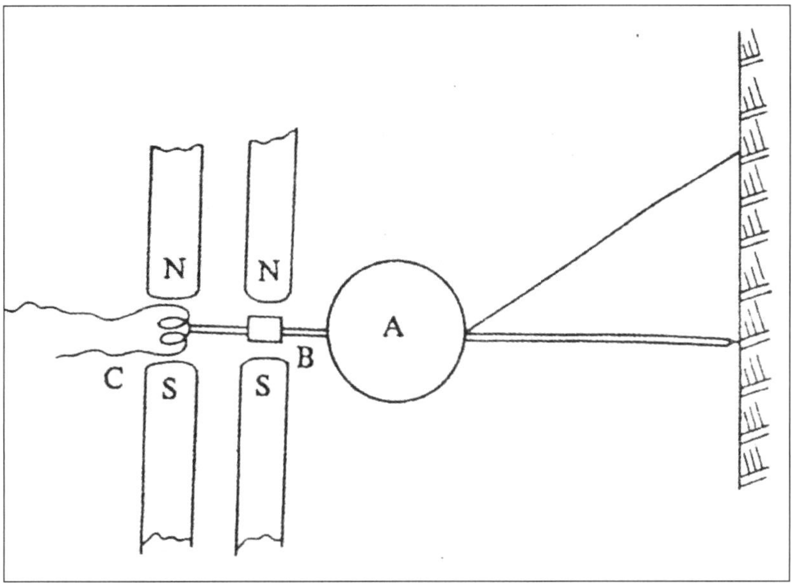

图8　Galitzin平震仪原理图

挫抑作用，当然要装得适好。用感应的，大概皆由制造者配好，不必去调节。可是用空气的，可以自己去调节，普通常调节G口（图6）务使自由振动的挫抑适宜而止。

（四）地震仪的共鸣作用

既然地震仪乃不过是一个钟摆，而有一定的自然周期，它的记录当然对于地震的周期有些关系。所谓关系者，即共鸣作用之谓也。地震的周期本来不很一定，何况一个地震之后，所收入的波动有好些种，而每一种的周期皆有相当的不一样，所以要每一地震中之每一种波动，都与仪器发生共鸣作用，乃势所不能。所幸实验的结果，告诉我们说，地震波动的平均周期，与地震的距离有相当的关系。普通可以这样说，距离越远，周期增加，而振幅亦越少。大概的情形是这样的：局部地震[①]的周期普通为一二秒，或者更小，带有破坏性的地震周期尤短，而普通的远地震，周期大概总是在八九秒左右的。虽然一般地震仪的自然周期可以随使用者的意思去调整，但是为了构造上的困难，可调整的范围，常是很狭。因之普通地震仪的自然周期，常是做到要去量度的地震的周期附近去。因之地震仪，亦随之有远地震及近地震的分野了。近地震仪的特性是短小的自然周期，是因可忽视而被缩减的灵度。最表特性者有Ewing氏、Grag Milne氏二型，这一类地震仪的装置在日本最发达。

所以有些好像不可能的事情，被遇见了。在好些设备不能十分完备的地震站里，远处的地震很满意的记录下来，并且报去了，可是邻近地方的地震，却常被忽视，或者甚至于在成串的微震中消失了。有一次一个地震发生在鹫峰地震研究室的左近，研究室里的办事的先生们都能觉得，从某一方向过来而渐渐地逝去。可是地震仪上的记录，只是些微微的痕迹罢了，而同一地震仪，曾把一个

① 中央研究院气象研究所地震季报说明页，1933

印度的地震，记上了数10公厘的振幅。所以当分析地震仪记录的时候，常常当记住该地震仪的自然周期，方不至于错会了。

地震仪既然不过是一个钟摆，挂在我们所居住的地球上的某一处，自然应该服从我们力学的定理。狭义的说，如它的质量如只比山狱还小（当然不太小），它的速度只比枪子还低，它又当服从牛顿的力学了。

让我们假设一个有挫抑装置的，限于一方向行动之单摆暂作地震仪，那钟摆于是受了下面几种力量的驱使了。

（1）地心引力。

其引力的量，与转动角度正弦（$\sin\theta$）正比，可是方向却和这θ的方向相反，所以可以书作$-g\sin\theta$去代表加速率，这里g代表地心引力常数。

（2）挫抑力。

这种挫抑力的量常与摆体的速度成正比的，可是方向也却或好相反，所以可以用$\varepsilon\dfrac{d\theta}{dt}$去代表它的加速率，这里$\varepsilon$代表挫抑常数，$t$代表时间。

（3）地震的力量。

设我们的钟摆只能在x方向行动，于是地震来的时候，挂摆的一点（一个架子或房子顶上之类）对于摆，就有一种力量。设挂摆一点的行动，是时间的函数，即可以用$f(x)$去代表它，于是我们可以说，这摆自己对于挂住它的一点，发生了一种力，它的加速率的量等于$\dfrac{d^2f(t)}{dt^2}$，而方向相反，于是这力可用$-\dfrac{d^2f(t)}{dt^2}$去代表。

把上面三种作用微分方程表示起来，可得，

$$L\frac{d^2\theta}{dt^2}=-g\sin\theta-\varepsilon\frac{d\theta}{dt}-\frac{d^2f(t)}{dt^2}\qquad（L为摆长）$$

或

$$\frac{d^2\theta}{dt^2}+\frac{g}{L}\sin\theta+\frac{\varepsilon}{L}\frac{d\theta}{dt}+\frac{1}{L}\frac{d^2f(t)}{dt^2}=0\qquad(1)$$

广义而言，这方程式的解决，当待几种具体的假设。现在我们就设：

① θ的变动并不十分大，就是说$\sin\theta=\theta$。事实上，这点假设会有时候不需要的，因为在好些种地震仪中，回复力（Restoringforce）原来就与θ成正比例的，如Wiechert的倒摆等。

② $f(t)$为一正弦（Sinusoidal）运动，或$f(t)=X_m\sin(Pt+\delta)$。因之$\dfrac{d^2f(t)}{dt^2}=-P^2X_m\sin(Pt+\delta)$。

同时为计算方便起见，设$\varepsilon/L=2v$，我们只需记住v不过是正比于挫抑之一种量，就可以了，并设$n^2=g/L$。于是我们的微分方程变成了

$$\frac{d^2\theta}{dt^2}+2v\frac{d\theta}{dt}+n^2\theta=\frac{P^2X_m}{L}\sin(Pt+\delta)$$

解之得，补缺解得C.S.（Complementary solution）如下：

$$\theta=e^{-vt}\left[C_1\cos\sqrt{n^2-v^2}\,t+C_2\sin\sqrt{n^2-v^2}\,t\right]\qquad(n^2>v^2)$$

C_1、C_2各是常数，完全解答是这样的：

$$\theta=e^{-vt}\left[C_1\cos\sqrt{n^2-v^2}\,t+C_2\sin\sqrt{n^2-v^2}\,t\right]+\frac{X_mP^2\sin(Pt+\delta-\Delta)}{L\sqrt{(n^2-P^2)^2+(2Pv)^2}}$$

在上式中

$$\tan\Delta = \frac{2Pv}{n^2 - P^2}$$

此方程所代表的，是挫抑还设有调节完备的时候的行动（图9）。

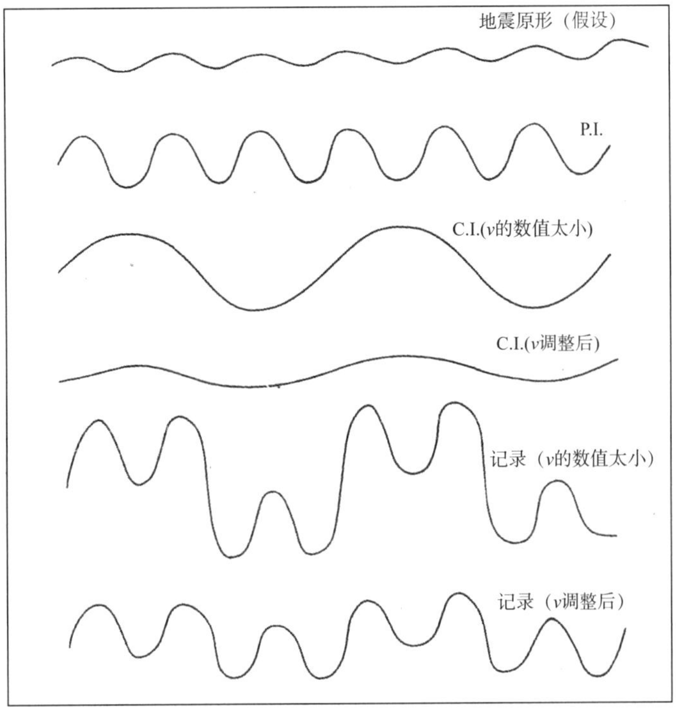

图9　参数调整记录地震模型图

为要使C.S.的影响不至于使记录变动得太厉害，我们当使v即挫抑加大，但是同时我又得顾到，在P.I.的部分的分母，也含有v，所以要使v不增加。然则，二相比较，就可知道当v加大的时候，C.S.是指数型的减少。可是P.I.只是双曲线型的减少，所以总有一个v的价值，使C.S.比较可以忽视，而当P.I.还未曾被减少得太厉害的时候（图9）。既然C.S.被忽视了，我们即得

$$\theta = \frac{X_m P^2 \sin(Pt + \delta - \Delta)}{L\sqrt{(n^2 - P^2)^2 + (2Pv)^2}} \tag{2}$$

这里我们当犹可回忆，地震波之周期为$2\pi/P$，地震仪的自然周期为$2\pi\sqrt{L/g}$即$2\pi/n$。为讨论放大倍数之方便起见，我们现在介绍三个新的常数：第一个，是u，等于震波周期和震仪自然周期之比；第二个，$\mu = 1-(v/n)^2$；第三个，$\tau = \Delta/P$，我们现在应用这些常数，

$$\theta = \frac{X_m}{L}\frac{\sin[P(t-\tau)+\delta]}{(1+u^2)\sqrt{1-\mu\left(\frac{2u}{1+u^2}\right)^2}}$$

这里，我们应当认识，θ是摆体角度移动的量，于是摆体位置移动，约为$L\theta$，若从摆体，连到记录装置去的时候，又用杠杆加以放大n倍，因之使在记录上所得之振幅，得$n\theta L$，今令Y_m为摆体之最大位置移动，于是

$$Y_m = nX_m\frac{\sin[P(t-\tau)-\delta]}{(1+u^2)\sqrt{1-\mu\left(\frac{2u}{1+u^2}\right)^2}}$$

令A为地震仪之放大倍数，于是

$$A=\frac{Y_m}{X_m}=n\frac{\sin[P(t-\tau)+\delta]}{(1+u^2)\sqrt{1-\mu\left(\frac{2u}{1+u^2}\right)^2}}$$

这函数实在变化情形，已有人把它算出，绘成一座图表，形式极像最普通的共鸣曲线。最高点皆在 $n=1$ 附近，即地震仪的自然周期，与地震周期相仿佛的时候，间或稍有差别则由挫抑之分量，而决定了。

（五）地震仪的记录

地震仪的记录方法，大概不外乎下列二种方式：

（1）机械的。

地震的波动，经过几次放大之后，即联到一支笔上，而在一个普通的记录鼓上，去描曲线。在构造上，这里有一点应当注意的，就是摩擦阻力不可太大，比较更确定些说，当越少越妙。普通自记气压、风速等仪器，所用的墨水描笔是绝对不能应用的。所以当想用别的方法去代替。普通用光滑的纸，或玻璃板上面，蒙以一片极薄的煤点。这种煤纸，大概在地震站自己制造。方法虽极简单，但与制造者的技巧却极有关系。普通以薄而犹能辨别者最佳，否则会使放大率减少，并起不规则的变化。

这种记录的方法的坏处，就在尚有不可免的摩擦阻力的存在，尤其是开始移动时的阻力（Starting fricrins）是最能限制放大率的。因为用放大的杠杆，能把地震的振幅放大n倍，可是同样也会把阻力放大n倍，所以把n增加到太大的时候，地震仪反会被阻力牵制定了。而其好处在价格上的经济，处理上的方便，以及记录的详细。所以这种方法，利于用在放大倍数不要十分大的时候。

关于记录纸的移动情形，各型的仪器，略有不同。但现时代的地震仪，多趋向继续而平均的移动。此外尚有二种方式：即平时不动，地震第一枢振动收到的时候，即开始移动：及平时极慢的移动，当地震第一振动收入的时候，即特然加快。

（2）摄影的。

为了要把开始移动时的阻力完全免去，于是就有用光线来做记录。这方法亦有三种不同的方式：① 直接的记录式，如Milne氏的记录方法，地震仪的摆动，直接联到一片打有一小空的不透明的薄片中，正面照以相当的光线，后面即放上有感光性的纸片，在这方法中，光线只有记录的责任，对于放大则不管事，所以放大的责任，还得由机械来担负；② 反射的记录式，如Milne Shaw型的记录，此法以一小反射镜，附着在地震仪的摆体上，镜上照以相当的光线，便以反射到摄影纸上去，这样光线的反射，即荷有放大的一部分责任；③ 除以上二种以外，又有可得高度放大率的是电流计法或Galitzin[①]型的记录，此法可用图8来说明，图上之线圈，联到一个不摆电流计去[②]，当A体移动的时候电流计上之小镜，就有扭动，另外有一线灯光，照在镜上，并使之反射到感光纸上，这样的装置，可使放大率增加到数千倍以上。此外，更有一好处，就是地震仪可以分为二个独立的部分，如此则装置可方便得多了。摄影记录的好处，在于摩擦阻力的减少，和放大能力的增加，另一方面讲，它也有它相当的坏处。第一点，要算它的装置费以及维持费的昂贵，此外则当记录的振幅太大的时候，因为光点扫来扫去的速率太速，以致感光纸的感光时间不足，而记录的中间可变为完全的不清楚。还有一种比较不十分重要的弊端，就是地震收入的时候，我们不会立刻发觉，必须把记录完全冲洗以后，方能知道。

① Galitzin：Boris Borisovich 1914.

② 萨本栋：大学普通物理学。

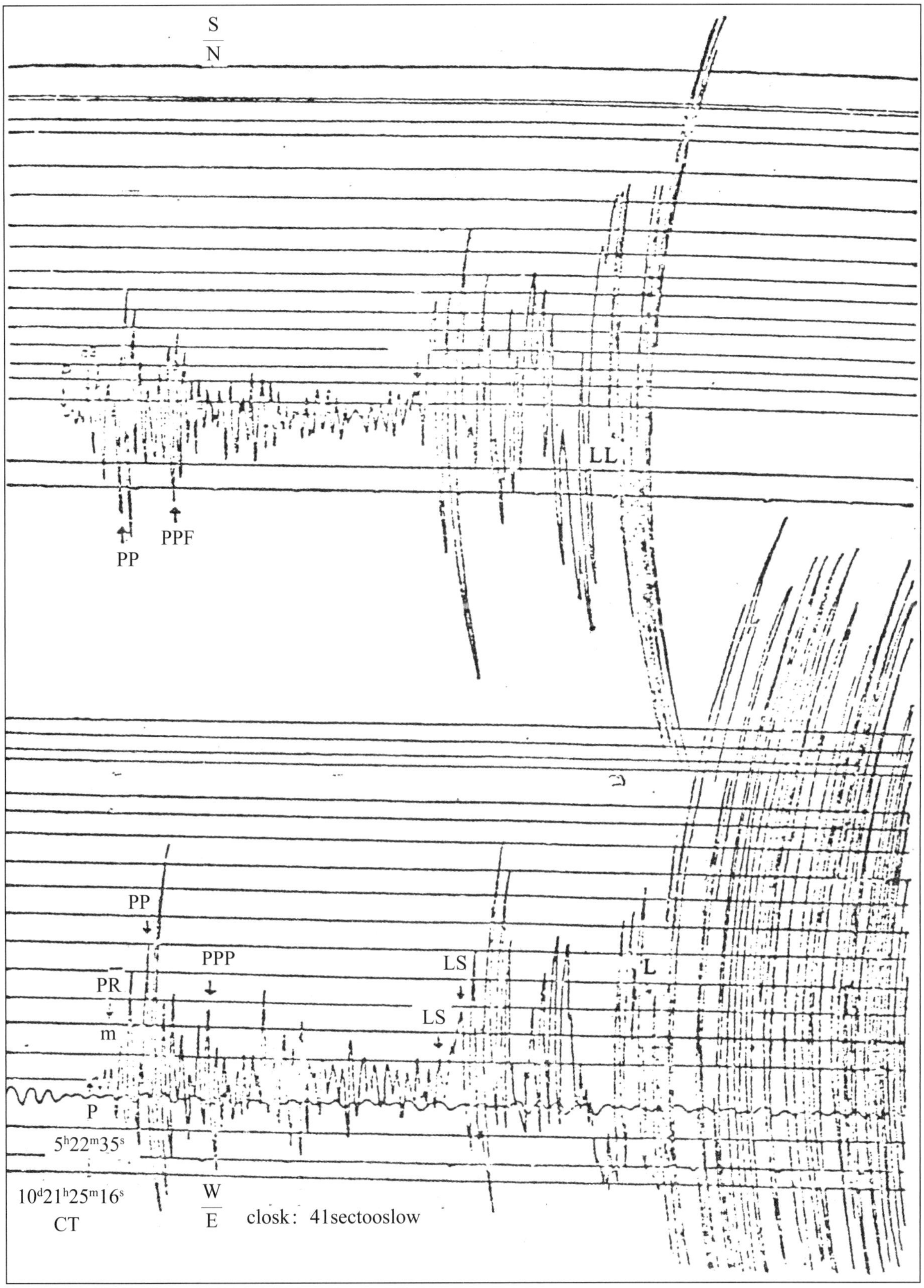

图10　1931年新疆富蕴地震鹫峰台记录图

这几种记录式，既互有利弊，所以最好在一个地震站中间同时备了二种地震仪，去量远地震。（至于近地震则根本周期不一样又当别论了）远地震的影响及到一个地震站的时候，振幅的变化范围常是很广，较大的地震很可能的会把Galitzin型地震仪记录的振幅拉长到数十个公分，以致记录完全出格，并且不能很容易地找出它的路线的痕迹来，因之我们就不能读出它所要表示的意义了。那么若有比较灵敏度差一些的一个。如用机械的记录的即可以使我们不至于失去了本身站立的地面所暗示给我们的信息了。图10即是一张Weichert的记录，所代表的地震是1931年新疆大地震在鹫峰收入的记录①，（那Wiechert地震仪的摆体的质量，约200克，倒摆高度96公分）经过约一百倍的放大。图上我们可以注意到，笔尖划动最快的速率差不多要到每秒钟4公分，但是记录上的线条，都十分完备，可以很清楚地阅读，很精密地量度。

（六）计时

地震仪记录除了放大率以外，尚需注意二点：第一是记录鼓转动的速率，比较广泛一些可以说是记录时，记录移动的速率，现时代的地震仪大概皆采用每分钟1至2公厘的平均速率。当观察一张震录（我们暂时且用这二个字作地震仪记录的速段）的时候，即可注意到，记录线有等距离的分离。每一小段即代表1分钟的时候，这种等距离分离就叫作分号，从这些分号，我们就很容易量得，震录在记录时的移动速率；第二是震录上每一点被收入或记录的时间，因为有分号的帮助，只需有一点的时间知道，则全张震录的相称时间，可以完全确定了。这种已知时间的几点，亦由机械来帮助我们，每到地震站中的天文钟，到一小时的时候，震录上即有与分号相似而不同（如有二处分离等）的时号记上。所以这个问题，也就可以很容易地解决，因为时号普通皆不互相分别，所以常震录从地震仪取下的时候，皆把它们一一加上数字，以为识别。

此外还有一个绝对时间的问题，为要所记的时间，要和全世界的公共时候相吻合起见。分与秒皆为Greenwich时间，小时则约略依经度更改，所以要改到Greenwich时间，只需更改小时就行了。天文钟的校准，可用就近的观象台的无线电报。若该站能用直接天文方法计算，当然亦无不可之处。

关于记录方法数学，则殊为简单。比较复杂还是Galifzin方式的记录②现在就用它来作个例子。用之于Galitzin地震仪上面的算式（1）与式（2）皆可应用L即等于图8所示之钟摆之相当摆长，于是C的运动就可用算式（2）来表示，线圈C既然有了速率以后，那儿空间中的磁力线就会使线圈中发生了正比于$d\theta/dt$的电流，于是记录室中的电流计即感觉到有相当的扭动力量在推动它的“磷铜质细丝”上的小凹镜，后者就向被推动的方面转过去了。在这座电流计里面，一切的机械还是和上面所讨论的钟摆相似，一切在作用的力量，无非是：

（1）回复力。

电流计中的细丝，因为有电流的力量去扭它，它就立刻生出一些反动的力量，若命φ为细丝为扭动的角度，则这种反动扭力正比于φ，而和φ之方向相反。

（2）挫抑力。

电流计中的线圈也是为了在磁场中行动的关系，就有挫抑扭力去阻止它了。其状况，和上面讨论过的挫抑力相似。

（3）电流的推动力。

我们已知道有一些电流正比于$d\varphi/dt$存在的被激动而流到电流计中来，于是这里就发生正比于电流，亦即正比于$d\varphi/dt$在的扭力，其向亦和φ恰好相反。

因为 $$\frac{d\varphi}{dt}=\frac{X_m}{L}\cdot\frac{P\cos[P(t-\tau)+\delta]}{(1+u^2)\sqrt{1-\mu F(u)}}$$

① S.P.I.EE:seicmic Ba.in Cheufenq seis.stat.321.

② G Knott:The phr Sics op arth odahe phenmena.

于是得电流计中小镜转动的微分方程如下：

$$\frac{d^2\varphi}{dt^2}=-n^2\varphi-2\zeta_1\frac{d\varphi}{dt}-k\frac{PX_m}{L}\frac{\cos[P(t-\tau)+\delta]}{(1+u^2)\sqrt{1-\mu\left(\frac{2u}{1+u^2}\right)^2}}$$

式中，n^2是回复力的常数，ε是挫抑力的常数，k属于电流计的常数，当X在相当范围中，我们的解答可约略写作：

$$\varphi=\frac{kX_m}{LP(1+u_1^2)(1+u_2^2)}\frac{\cos[P(t-\tau_1-\tau_2)+\delta]}{\sqrt{[1-\mu F(u)][1-\mu_1 F_1(u_1)]}}$$

式中的τ_1、u_1、μ_1、$F_1(u_1)$皆与τ、u、μ、$F(u)$对称的相似，如u为地震周期对钟摆周期的比，而μ为地震周期对电流计周期之比等，到这一步这算式已够明白，来表示共鸣作用的状况了。

三、地质对地震烈度发生的影响

陈国达（1934年）。

关于地形怎样影响到地震的烈度，已在前一期本刊的地震讲座里说过了，现在且说到地质方面。地质情形对于烈度的影响，可分两方面来说：一是岩层性质，一是地质构造；这两者都是足以把烈度增高的。

岩层性质能致烈度增高的事实，最显然易见的，就是有许多城市，因为位于河口的冲积层之上，或者建在石灰岩发育的地带，地震时所受的损失，常较他处的为大，这我在本刊第四期讨论房屋所在地点怎样才安全时，就已说及了。当去年4月1日广东灵山县（编者注：现属广西）地震的时候，也有很多同样的例子。如果在地图上把各处烈度相等的地方用线连起，造成一张所谓“等震线图”，则凡在较厚的冲积层上或在用石灰岩做地盘的地点，都因地震时所受震动比较周围的地方剧烈之故，便会自成一小小的中心，这中心虽然烈度比邻近高些，但总比不上对正地震发源处（即“震源”）的“震中”那里那么剧烈，所以称为“次生中心”。它们一共有十几处，其中尤以因石灰岩发达而出现的最为显著。

河口冲积层和石灰岩等为什么会把烈度增高呢?这完全是由于它们松疏的结果。当1887年至1894年间，日本地震学权威者大森房吉博士根据东京两个地震台所收地震记录比较，曾发现在同一地震中，其在极松浮泥土地区之台，所记载之震动，无一不较建于坚硬黏土之上者为剧，便即为一极有力的证明。上面所说的冲积层，是现代或近代河流所堆积的沙泥和砾石，它是怎样的松浮，相信大家都已知道的。石灰岩也是很不坚致的岩石，大概读者也很熟识了，它就是通常用来烧石灰的石灰石，一层一层的，并且因为它的化学成分是碳酸钙，很容易被含有二氧化碳的水溶解，故又富于裂隙，洞穴和暗沟，比起那些我们常用来建造房屋的很坚硬致密的“麻石”，即地质学上叫作“花岗岩”的，真是太松疏了。所以，凡有较厚的冲积层或用石灰岩来做地盘的地方，在同一次地震中，都常会发生比较它处剧烈的震动。倘若两者都有存在，则影响烈度增高的事实就更加显著了。

在我国北方黄土发达的地方，这种地质情形影响烈度高低的事实，更加明显，例如当民国九年甘肃地震的时候，陇山东西两方相差不过数十里，而西方房塌人毙，东方则损失殊较轻小，秦岭的南北两方，烈度相差更大。这固然一部分是因为有着高山摒挡的地形方面的因子，有如前次地震讲座里所曾说过的一样，可是黄土有无存在的影响，实属更加重要。因为黄土本身性质很松，但为了其他构造上特性的关系，却又常常造成很高的山岭和直立的峭壁。一旦地震，山崩地裂便到处皆是，山下房屋的被毁，更不用说。并且当地的居处，每在它里面凿穴居住，山崩的时候，人也要跟着压死了。

岩层性质的影响既如上述，现在便说到地质构造方面。关于这，最显著的要算地质学上所叫的“断层”。“断层”就是岩层中有一处破裂了，并且移动了，地球上便有许多地方适位于地壳上这种破裂的上面。因为断层在产生进行中的时候，裂缝两壁相擦，因阻力而生的震动，向四方八面传播出去，便生地震。可是这样的震动，并非时刻不停地进行，而是活动一次之后，例有相当时间的休息。在休息期中，设若遇着别处发生地震，有时也会因感受影响而复活。因这复活的结果，当地的地震便会比别的地方剧烈。前面所说去年广东灵山地震时各地的“次生中心”中，便有几处是由于这种原因而出现的。试举个例吧，福建省诏安县远距广东的灵山县凡800余公里，当时广东的东部自广州以东，已是没有人感觉震动了，但那里却仍有少数静坐的人觉着，并且器物略有动摇，震前微有响声。这是什么原因呢？原来那里就是适当于断层带的上面，自古以来，已是著名地震的地方。别的不提，单拿时代较近的造成山崩地裂毁屋死人的民国七年二月十三日福建泉州和广东汕头之间的地震来说，便是一个很好的例子。这回遇着灵山地震的动感，自己也发生震动起来了。结果便致当地的地震烈度增高，由应不觉震而变为少数人感觉。

此外山坡上岩层倾斜的方向，也会对地震烈度发生地质构造上的影响。例如这山坡上面的岩石，是一层一层的，而且层理比较很薄的，并且它们倾斜的方向，又和山坡同向，倾斜的角度约三四十度左右，但比山坡的倾斜度略小的时候，则岩层平时本已有沿层面自由滑落的可能，一遇地震，山崩更易，其烈度自然比别处为高了。

（1934年7月4日，从广州至英德县途间于北江舟上）

1935年地震论述

- 地震琐记
- 地震问题谈
- 地震的种种

一、地震琐记

翁文灏著，《独立评论》第151号，1935年。

中国地震不很多，但发生的时候却往往有很大的影响。地震的情形，正史记载大抵只说死伤人数，以及房屋倾毁等情，此外尚有许多极有趣味的事实，往往略而不载。反不如私人笔记中，却时有若干记录。现在我引一则北平地震的实例如下。明朝文秉所著的先拨志始说：

天启六年（西历1626年），周顺昌既下诏狱，魏忠贤与其党密谋宫中，意更有所罗织。时忽地震，当坐处鸱吻无故自坠，所幸二小珰皆击死，而逆贤得免。俄顷有声如轰雷，从西北起，黑雷乘之，簸荡，坏民居室数里无存。巨石从空飞注如雨，男妇死者以数万计，骡马鸡犬殆尽，断臂折足破头抉鼻者枕藉街衢。又王恭厂藏旧火药发惊象，象狂走，民人遭践踏死者更无算。忠贤辈因是有戒心，缇骑亦相戒不敢南下……。

可见这一次地震不但破屋伤人，而且对奸臣下了一次极大的警告，保全了不少的忠良，很有若干政治意义，这是世界地震史中所少见的。同时，这则记录也给我们想见北平地震的可能。

北平附近的地震照畿辅通志所载有康熙十八年（1679年）、五十九年（1720年），道光十年（1830年）等各次，如何情形记载并不详悉。民国九年十二月十六日甘肃地震的时候，北平也很受影响，我亲见房内电灯忽然摇摆，不过程度不高没有伤人罢了。清朝的地震亦有记载略详的，例如刘寿眉著春泉闻见录内有一段云：

雍正九年（1731年）庚戌，先大人居京之横街，八月十九日早餐后赴友人约，路经狭巷，觉足下如登舟，摇摆不定，两壁从身后合倒，急踉跄奔出，而巷口已迷，墙屋尽皆倾覆，头目眩晕，身不自主，坐地地掀，街市屋宇东歪西仆，方知地震。

更有意思的是西安小雁塔的经验。王士正感蜀铨关的有如下的记载：

长安荐福寺塔名小雁塔，唐时建，凡十五级。嘉靖乙卯（1555年）地震，塔裂为二，及癸亥（1563年）地震复合。滇逆之变，王辅臣叛据平凉，塔忽中裂，乱平塔复如故。

以上所记的是二段事，头一段即明朝嘉靖年间的事我知道极为可靠。嘉靖三十四年（1555年）的地震是中国历史有记载的最大的一次，陕西山西之间特别重大，据说死人到80万，这是世界各国所未有的。这次地震后小雁塔忽裂为两半，势极危险，到了嘉靖四十二年（1563年）再经一次地震，塔复相合。这段故事有人刻在塔旁，我曾亲自见过，塔上裂痕宛然，也很容易看见。但王士正所记后一段的故事，即吴三桂用兵时塔的分合，我却未有别的证明，如有人能另有其他记录见告，甚为欢迎。

本来地震对于建筑物开玩笑的事往往不免。我曾亲见甘肃固原县北董福祥的神道碑被民国9年的地震横截为二，但并未崩塌，不过上截与下截旋转了好几度的角度，这就证明此碑断后上半段没有动，而下半段却因地震而被旋转了。

近年来我搜集了关于地震的笔记几十则，我仍望朋友们帮助我再多得些。当然，笔记所载的事实有时是带着迷信而不可靠的，试举池北偶谈内所记二则如下：

（一）宋小说载崔公谊为莫州任邱主簿，熙宁初（11世纪）河北地震，而公谊秩满，携家南归，一日宿孙村马铺中，风电阴黑，夜半有急叩门者云："君合系地震压杀人数，辄敢擅逃过河，今已收魂岱岳，到家速来。"崔自度必死，乃兼程送妻拿至寿阳，次日遂卒。

（二）康熙戊申（1668年）山东地大震，莒州尤甚，莒州与日照邻，地震之夜凡日照人客莒州者皆从崩压中得不死，莒人客日照者皆死之，信有定数。

这种看法当然是很不对的，但错误不过是解释，地震却是实在有的。所以虽然这样坏的记载，仍是极有意思。许多记载收集起来有什么用呢？决不是专为一二个小故事，实是希望从此可以推想到中国地震区域的分布情形。民国10年我曾从二十四史以及各省省志中搜罗3439个地震记载，详细研究，推定了许多地震中心区域，到现在有好几个已有事实证明。如能再得许多较详的笔记，也许能使这个工作更进一步。

二、地震问题谈

金咏深译，《科学》第17卷第10期，1935年。

作者N.H.Heck氏，系美国海岸陆地测量局地磁地震科科长。学识精邃，贡献殊多，近复倡行地震研究计划，以补原有组织之不足，而期学术更进于光明灿烂之境，原稿为1931年4月2日对富兰克林学术会之讲演，今已刊载于斯密松学术会之1931年年报（Annual Report of the Smithsonian-Ilnstitution，1931，pp.361–380）。迩者甘肃地震、日本地震、洛杉矶地震，当地庐舍倾塌，伤亡枕藉，灾祸之烈，至为惨酷。斯篇内容，颇堪借镜，爰移译数节，以飨读者。

译者附识

1931年2月2日，慨乎新西兰北岛之美雅滨海游息处所纳皮尔城（Napier），惨遭大震。刹那之顷，几毁为瓦砾之场。实则于保护城市，免遭震灾问题，显属仍未解决。非又使吾人多一警惕耶。此次地震，其续发余震中，堪与大震相匹敌者，至少有三。是又告示于吾人，当夫设计耐震建筑时，对于数个强震之可能的累积影响，当加注意而不可忽视之。夫地震，于地震学家固恒感兴趣。然世界诸国，从前常人之漠视，已有转趋于积极之势。而多震区域之工程家、建筑家，因亦不让于地震学家而群起注意及之矣。

以地震为研究对象之两方，地球物理与耐震工程，其目的虽各异而实互相表里。盖一方所获结果，常可于他方有裨益者也。近今闻名工程专家，辄评论学者谓其不能供彼等所需求之资料而兴叹。是则更谋携手调节，似其时矣。自地球物理学者观点言之，地震之研究，其目的在探求关于地震之一切知识，视之为一种物理现象与波动之传递而已。惟附带的兼及其传递媒介之物性，由是得阐释地球内部，尤为珍贵，盖舍此别无他法可得问津也。以工程学者观点言之，其最大目标则为某区域内发生强震之可能性，地震对建筑之影响，以及设计耐震或轻灾之建筑等。至如发展近代文化所必需之办公大厦、工事厂房、巨大桥梁、高固堤防等大建筑，则尤为注意。

工程家收集地震对建筑影响之材料，且据以设计者，盖已有年。斯坦福大学内作有大动摇桌（shaking table）置各式建筑与房屋模型于其上，试以一若地动之动摇，做种种实验。纵如斯，实验自实验，关于强震运动之确切知识，仍有迫切需要之感，而此则地震学家尚未能供给之。盖即在历史上迭遭震灾之地域内，强烈之震，乃为不常发生之事也。仪器之宜于记录强大运动者，则微弱现象隐而不显。是以欲求研究之资料，所用仪器必须能记远来之震波始可，然一物难兼二用。能感受微弱远震者，遇强动斯不得全豹。又因地震学家所能获得地球内部之知识，辄混有多种复杂问题，则学者之奋勉致力于改良记录远地地震仪器与方法，又何足怪哉。其实此方主要问题，虽已多解决，然精益求精，日新月异之仪器与方法，吾人仍可预期者也。

地震学者之唯一工具厥为地震仪。现用之仪，皆以能精确记录地震为目的，其理论初由简单振子（simple pendulum）而发展，今则多数已采用水平振子矣（按欲使简单振子而有长周期，乃极为困难之事。设欲求10秒之周期，吊丝之长，即约需25米。如此长振子，何堪实用。因此多改用水平振子。其回转轴与垂直线间，成有甚小之倾角。振子之运动，略成水平，故名水平振子）。于此，相当于振子之重锤，连有一杠杆。为减小摩擦计，以枢轴（pivot）支于直立架柱之底端附近。另以斜架金属线，自重锤系于架顶吊支之，此装置乃成一三角形，依一边为几近垂直轴而自由旋转。地震时，地盘与直架即起移动，物质因有惰性，片瞬间重锤保持静止。此重因亦称曰稳锤（steady mass）。若地盘继续撼摇不止，锤亦将自起运动，故须设法防止之。总之，地震记录，或称曰震波图，实为地盘与稳锤各式运动之结果耳。过去五十年之发展，即专趋于此问题之最善解法，及改良记录远地地震所需之精密度是也。

地震发生于三度空间，其震波循震源与震仪所在之关系，由各方向来达观测所。就水平振子而论，其杠杆轴向背于震源之记录，与轴向对震源向成直角者之记录，两者相较，迥乎不同也。震仪既必置于一永久位置，故常采两仪互成直角之法，如情况较佳者，亦有置一仪以记上下动之震波。普通水平动仪多置于北南、东西之向。近今且有置一分向（component）于预期地震最多之向，它分向则与之成直角。上法固可使记录简单，然其成绩，亦并非尽善。而地震之来自他向者，欲为详尽分析，尤属至难。

兹分述震仪诸要点如下。

（1）水平动仪。

此仪多数采用水平振子原理。欲求稳定不变且高度灵敏计，其联络上下二支点之直线，务须稍稍倾出于垂直线之外。因此，各仪俱附有校准装置焉。

（2）制振（damping）器。

震仪激动后，辄依其固有周期而起振荡，遂形成极繁复之记录。欲免除之，常将振子制振，即振子上附以适当翼片，运动于油槽或空气筒，或磁场间，所以成制动机也。苟震波周期与未制振之振子周期确约相等时，则生谐振（resonance）现象。而其记录之振子运动，殊非实际地动之真面目。至制振作用，却难期为全然有效，惟地震学者之目的，则在使制振装置最为有效已耳。

（3）放大倍率。

远地地震，若直接记录而不放大之，则除实际地动除极强之震外，概多不能为人目所见出，必用相当较高倍率。而记录强大之近地地震，倍率自必为小，无可或疑也。实际上，按各种需要，范围至广，各式仪器有用约1200、700、150与5或2倍者。又或因特别目的，用100万倍者亦有之。由照相的或机械的方法，重锤之实际运动，亦即柱架对于重锤之运动，可广为放大，此即静止（static）倍率是。至于记录上所运算之倍率，则与此相殊，别称曰调和（honmonie）倍率。系按震波周期、固有周期、制振系度而变化。是故同一仪器，其倍率当以震波周期而变易者也。

（4）固有周期。

固有周期者，振子由静止位置，往返运动，周而复始，一周间之时量也。记录近地地震，宜用短周期仪。一则所记录者为短周期之震波，二则合乎达到其必要之照相与机械相当倍率之条件。至于远地地震，周期大小范围既广，可采用数种而用之，最常用者为12至15秒。

（5）上下动仪。

此仪重锤，由弹簧吊支之，其中以获得稳定状态，暨及高灵敏度，大倍率，长周期，不受温度影响等，最为难事云。

（6）时刻。

准确之时刻，极属重要，其中一为记录筒之旋转速度须均匀，二为绝对时刻之改正。斯二者，俱必皆臻上乘始可。由标准母钟，电接时分符号于记录纸上，并须逐日与天文台之时报校核。若然，则误差可减至最小也。

（7）附说电流计记录装置。

此种装置，其杠杆除系带重锤外，有一线圈，运动于强磁场中，其诱导电流，则以电流计示之，此仪有数利益焉。高倍率可易得之，一也；制振作用亦不难，二也；柱架之倾斜不显于记录，三也；抑且时或可置震仪于特别相宜之处，而置记录部分于另一远处之较适于记录者，此尤为莫大利益。如为环境所需，其间距离，尽可延长。大多数长周期水平动仪，如12至15秒或以上者，柱架之倾斜，每将记录图线，大为紊乱。其结果或则疏离，或则密集，致使地震记录有无从分析之感。此种倾斜，常由其地温度影响于房屋或柱架所致。惟于电流计记录装置及短周期震仪中，可除去之，即在它式各仪，亦宜免除之也。按现代通行之地震仪，式类繁多，要皆包蕴上述诸部而成。计有日式Omorl、英式Milne-Shaw、意式Vicentini、法式Mainka、美式Wood-Anderson、德式Wilchert及俄式Galitzin等。然而创制震仪最早者，厥推我国东汉张衡龙头蛙喙之地动仪（A.D.146）。惜乎后继无人，卒至泯灭无闻耳。

震仪既备，则供研究资料之震波图，斯可得矣。初视之，其因地震而起之波动，错杂分歧，似无可为区类。然能量之被吸收，与夫地球内部，地球表面所起之反射、屈折等结果，其能到达者，只数重波动而已。当相位之到达也，时或震幅骤增，或则由渐而增，时或周期忽变，时或震幅周期俱变。依次排列，井然有序。在清晰记录中，皆可得而指认者也。爰描述其要点如下。

震波之来，始为第一初期微动，命名曰P（Primus），纵波也。纵波者，即震动于其传布方向之波也，此波循震源至观测点之捷径而行，惟较直径略弯入地球内部。速率近地面者为7至8千米每秒，通常周期为5至7秒。继为第二初期微动，命名曰S（Secundus），横波也，即震动方向与传布方向互成直角之波也。速率近地面者，约4.5千米每秒，周期为11至13秒，其径约与P所取者同。是二波可于震源至观测点间地表之中点或此路径之三分一与三分二地表两点，发生反射现象，并亦能记录之。前者命名曰PR_1、SR_1一次反射波也；后者曰PR_2、SR_2二次反射波也。

至沿表面而来之地面波，则尤为复杂。速率为3至4千米每秒，随情形而有异同。例如通过太平洋之速度，较诸通过大陆者，大百分之二十。震动方向，亦较初期波为多变易，周期变化尤大，间可长至40秒或1分钟云。

试以震央距离为横轴，波动到达时刻为纵轴，则对于各种波动传布状况之曲线，斯可得而表示矣。是谓之曰时距（laufzeitkurve）曲线。举凡复杂相位，其实际效用，至此乃显，观测所用之图表，种类繁伙。有震央距离与走时，以及震央距离与各相位走时差等等。现通用之最便者，当推美国圣路斯易大学Rev.James B.Macelwane所编。虽然，今用各表均不一致，此学者之所以仍钻研于确当之数值也。

是等图表之一要用，为计算震央距离而定震央之所在。震央者，指地震区域之中心而言。然震动发生于地下，此地下发生之点，曰震源。震源直上之地点，即震央是也。测定震央，法有多种，兹仅就大号地球仪上作图法述之。先将数个观测所地点，标记于其上。乃以圆规就各所之震央距离作圆弧。圆弧相交处，即为震央。数年前，记录中除有清晰P与S相位外，余多割爱弃用。但今则于是等相位残缺记录中，震源地亦可能测定。此法曾用之于一中国地震，其测得位置，与一切可利用之记录，连较近诸观测所亦在内，所定者竟不期而合。所拟定之震央，务必合乎圆弧适当相交处，且由数个记录推算而得之发震时刻，亦相吻合者，方可。

夫图表，系由研究记录与理论而推演得之。先作假设数条，果与大多数观测结果不悖，即可视作为真实有效。由此，地球内部密度，分布状态，乃得一解决之途径。盖吾人已知地球表面密度，及由天文学所测示之地球平均密度，只需推测地表距离与震波速度间之关系，自能推出地球内部密度分布状态也，又若观测结果与采用之曲线，大部相适合，而至曲线某一部分，忽告失效，则必须有以解释地球内部之数层不连续面，曾由是而假定者也。吾人固虽未确知不连续面之重要性质，其物理状况或化学成分之变更如何，然其有变更则佐证凿凿，已无可讳。由地震的考证，此等不连续层，确为存在无疑。何则，因所记录震波之特性，舍此假定，别无可以解释之也，其中最确切而公认者，为在2900千米深处之不连续面，绕地质学家所信为铁与镍之地球核心界。此核心之能改变震波路径与能力，早成定论，无容或疑。据多数学者主张，其内部虽为高压高温，然有类乎液体，除纵波外，概不能传递，故横波全付阙如。但依Macelwane博士最近发现之证据，有横波亦可存在之说云（按不连续面，今已证实者，有外壳之60千米，中间层之1200千米、1700千米、2450千米以及核心界之2900千米等）。

次述近于地表诸层之讨论，此则尤为重要也。此等层次之存在，较为可疑。各家意见，尚多分歧。近地地震记录中，常有两个P相，时或且有三个，S相亦然，是须解释者也。Mohorovicic氏首创大陆下60千米深处有一不连续层之说，其说似与观测结果颇为一致。震波经此不连续层，速率之变更，如前述地球内部深处所推论者然，当为必然之事。故海底地震之观测，已证实海洋之底，此层特薄，而此亦且合乎前述海底地面波之所以较速也。直至杰弗瑞斯（Jeffreys）氏别创新说出，学者大抵俱信此说，杰氏谓地面下10千米与30千米深处，有两个不连续层。大部分之能量，沿此等面前进，波速亦约均等而无变，地震探矿者，对于极近地表诸层，已多有采用相类之理论，即加利福尼亚州之考察，亦颇适合杰氏说也。

由于不连续层之讨论，震源深度之极要问题，于以生焉。其于远地地震，固属要着，而于地震之发生于近地者，则尤为重要。盖依理论而言，例如震央距离200千米之两地震，震源一深20千米者，一深40千米者，其记录应有显然之轩轾也。

震源深度测定法，迄今仍未多完善。欲从事是类测定，必有多量近处观测所之正确记录，且所有时刻，须准至十分一秒始可。其合乎后列规程者，只极少数之观测所，而合乎前列规程者，仅欧洲数部及日本国而已。至于美国其东部暨极西部等，亦将有遍设地震观测网之仪，以合乎前列规程矣。Sieberg氏称欧洲地震深度，依测定法之不同，有自133千米乃至40千米，以45千米至60千米深度为最似确之值。而Gutenberg氏则以50千米为较强烈地震之平均深度云。

1923年9月1日，日本大地震，因附近三分向之强震记录良多，自可采一简单且与时间无关之法。观测所既密迩震央，则假定震波直线传递而臆断射出角即直指震源方向，自无不可。今各所之震央距离，为自70千米至132千米。测得深度，则自35千米至55千米，以48千米为其平均数，与Gutenberg氏所选之50千米，殆相吻合。非偶然之事，深堪耐人寻味者也。第此法于200千米之外，即不可徵信。一则深度与距离之比渐小，二则直线传递说已不能再为假定。总之，此种问题，尚待研究者仍伙也。

至于强震震央，情形尤为繁杂。适当器械观测既鲜，吾人势必以当地所发现者，为研究地震影响之向导。其法之有缺憾，不言而喻。盖智力支配下之人类，难能抱机械之大公态度，来做观测也。虽然，由此种报告，常可得极有价值之材料。凡现象之为多人所报称而似与震波原理相悖者，当详为研究之。深厚之冲积层与夫疏松物质之厚地层等地域，尝传闻谓震时地面起伏，类似海涛汹涌，1906年加利福尼亚州地震，有16处报告，谓曾见是类地波。又1918年Porto Rican地震，亦有相似之报告。其他前例，不胜枚举。初视之，似属可能而非虚妄。但震波速率至少每秒有2英里，而海涛则每秒间鲜超65英尺，此吾人所知者也。然则震波之前进，吾人何能目见，实难理解，或且谓波浪一起一伏，其陵谷间距，有高远2英尺者。纵此现象果属真实，恐此高差，亦无逾6英寸耳。如以器械观测之，当饶意义也。时或地生平行裂缝，与报告者所谓波陵相平行，实则此项波动，乃系地震时亲历者所生之幻象也。

震时之有强力作用，起破坏运动，铁轨之曲桡，时亦可引为例证之一。有时其曲桡，似由于短缩者，惟短缩何由而生，则犹未明悉。因至今，对是等力尚未加以分析故也。又作用之力，变幻万端。可以墓地碑石之倾落证之，大抵常落于同一方向，但间有它向或且与主向成直角者，不一而足。关于旋转运动之著例，亦复不少。有碑石底部旋转者，或同一碑石之各部，旋转程度各各不同，而独能屹然直立而未倾倒。

次述地震对于房屋之影响，就多数情形而论，或则破坏綦重，或则损伤无定，致无教益可寻。虽然，苟着手于分类细目之研究，则亦大可借镜。惟欲自此而推论实际地动，乃至为困难。谅以不特地震应力（Stress）变化复杂，抑且何部作用，发生何种结果等知识，甚形缺乏也。纵如此，可参考处仍复不少。所有现存震灾预防之成绩，大部即自研究破溃房屋而得者也。日本之地震研究所与其他机关，成绩已斐然可观，现正从事建筑耐震房屋。1923年9月1日之关东大地震报告书，有价值之材料极多，惜尚未有英译为憾耳。

地动之加速率者，即其速率之变率也。似与地震之破坏力，有密切关系。虽尚有许多其他复杂因子，惟工程家于设计建筑时，已大致承认加速率为主因，以决定公式常数。其中之首要者，为最大加速率。苟无确切了解，则工程师不能保障建筑之安全度（factor of safety）也。关于加速率与损害关系，众说纷纭，人各其辞。所谓麦卡利—坎卡尼（Mercalli-Cancani）震度表，即等量之复表也。按地震烈度，各地强弱不同，欲为比较，须定标准。通行者为1883年意人Rossi-Forel所定之表。计分十级，惟是表之缺点，在于地震微弱之地，分别过详，而于剧烈震动之地，则又失之太简，调查钜大地震时每见窒碍。故1897年意人Mercalli复创一表，亦分十级，任意规定之表，笼统欠确，瑕疵自多，遂有倡用绝对标准者，各级之最大强度以毫米/秒^{2}加速率表之。此即1904年Cancani氏所制之表也。兹附Mercalli-Cancani两表，以便对照，列之如下：

两种烈度表之比较表

震度阶级	Ⅰ	Ⅱ	Ⅲ	Ⅳ	Ⅴ	Ⅵ	Ⅶ	Ⅷ	Ⅸ	Ⅹ	Ⅺ	Ⅻ
Mercalli表	不觉	甚轻震	轻震	中震	重震	甚重震	极重震	破坏震	灾震	大灾震		
Cancani表（毫米／秒^2）	2.5	5.0	10	25	50	100	250	500	1000	2500	5000	10000

近今工程家，已始采用重力之十分之一为最大水平加速率、二十分之一为上下动最大加速率。在意大利国且采更高之值，有至六分之一（g）者。此盖由准确器械观测至为稀少故也。

加速率之测定，学者曾颇多努力。常用之法，为列置一组大小不等柱体，待达相当加速率时，各个柱体，即自动倒垂。惟用此法，材料仅限于一次观测。地震发生时刻，亦不详悉。且其最后倒垂之柱体，即应于最高之加速率者，系应于固有之最大乎，抑为一连串低率之撞击，起谐振作用而使之倾倒乎，吾人则从未能断定也。亦有试以物体之倾落而求最大加速率者，同样，其由于一次撞击乎，抑为数者积集结果乎，不可得而知也。地震学家与工程学家等，对此问题之一筹莫展，可举例以明之。BaileyWillis氏，于1922年智利大震时，试欲由土砖界墙倒塌而推测，不幸墙脚久经风化，且已稍旋转，遂不得不取消其结论。是以加速率之真确值，舍器械观测外无别由，至为明显。然而破坏原因，固不独在加速率一项而已，其综合原因，乃在加速率、周期、总震动时间等集合而成也。日人今村氏尝举1930年3月中日本一震为例以明之，其记录加速率为0.8g，然因周期与统震动时间悉皆极短，故无大损害云。凡有用之记录，其必准确具备是等要素也明甚。

观测既备，则前所传说之起伏巨大、速率迟缓之地面波浪，究竟有无，即可迎刃而解。其为吾人所当研究者，尚有破裂地面之浅层地震，震度极强之深层地震。其震动影响，有何区别，而延断层面滑移之断层地震，发生机构又为如何，火山喷发，辄激起地震，其能量似相等的向各方传出。较诸断层地震，能量之传递，互异何在，亦大堪研究者也。

惟只有少数在震央区域观测之强震记录，自不得解决是等及其他诸问题。然若筹有精详计划，则集腋成裘，材料自易罗致也。

此次新西兰地震，又复如其他多数烈震然，昭示吾人，谓有几种之地震损害，实为无可避免。例如房屋之居于水平或上下移动之断层线上者，或适当山崩之冲泻路径者，无论何式建筑，鲜能幸免。又或海啸激起，巨浪滔天，沿岸人居，亦殆多被冲洗卷没。虽然，大多数地震中，房屋之惨遭此特种灾殃者，幸为少数。是故最通常之需要，却在能抗衡强震与耐火而已。是二者，以人定胜天之力量，均可征服也。夫近代地震，并非较诸古昔加多也，加剧也。然因世界上人口密度激增，遭受重大损害之危险，较昔为大且日增耳。

唯今问题，即防止稍强地震所酿成之灾害以及减轻大地震之破坏是。故工程家等，今日认为在有震区域内设计主要建筑时，应顾及地震之应力，且深感记载之残缺而期于搜获尤为精确材料矣。

1931年美国议会已通过基金款项，从事是项工作，一至好消息也。详密计划，早经制定，拟与西部太平洋沿岸机关合作。该处即将创制特种仪器，以备记录对工程家有兴趣之地震运动。然此并非即谓该带为美国可发生强震之唯一部分也。过去5年中，美国最强烈之震，实际上却发生于东部，只以太平洋沿岸各处，曾惨遭强震之故，如果有棋布之观测仪器，自可预期早得结果而已。况此建议案，亦系由该西部而起。对此不测天灾，预作未雨之绸缪，盖已高唱久矣。

其目的，为装置精确强震仪于有活动可能性之地震带，长期观测，以资研究。新西兰无完备强震仪，致失珍贵材料，惜哉。顾完善仪器，除日本式数种外，迄今犹付阙如。美国度量标准局、海岸陆地测量局、麻省理工学院、帕萨迪纳（Pasadena）地震研究实验室等，悉皆努力倡制是项仪器。纵非绝伦，当能适用，可望于年内（1931年）供诸实测用也。

就多数情形而论，地震辄与地壳运动互有关系。其运动可发生于强震瞬顷，或起于大震间隔之间。其唯一测定善法，厥为于适当期间内，施行精密三角测量与水准测量。日本于是种工作，颇多成就。水准测量尤饶伟绩。在美国1906年加州地震后，曾举行三角测量，以定当地地壳运动。前数年间，由国会特别指定款项，举行三角测量于加州东部未扰动区域。原有计划且载有时时反复测量云。至于水准测量，亦有同样情状，虽尚有许多工作，有待完成也。地质学家，曾谓1868年与1906年两次加州地震，其地壳运动虽全属水平运动，然由地质研究考察，古代地震，则反示有盛行之上下动云。

日人今又辟研究新途径，且闻极有裨于实用。远溯至1793年设有仪器观测之前，海滨某村，一日，居民惊觉足下海岸骤升，意为海啸奔腾来临之兆。争先恐后，逃避山陵。然四小时内，毫无动静也。后果大震，继以海啸。惟此种现象，于其他地震，虽有而不显著，其当然的解释，自为地球表面，于地震前发生倾斜之故。据4个地震研究结果，倾斜开始至地震时止，间隔时间，谓有自半小时至4小时半云。迩来已有观测地之倾斜运动，竟亦证实前说，且示谓至少在于日本，地之倾斜，甚有重要意义者也。此间所谓倾斜，非指由温度而生之地方性倾斜，此则可以补正除去之，而指地震区域内之长期倾斜，以及震动前之急速倾斜。设能确切证明其为日本地震之普通现象，纵倾量至微而不甚显，亦可于数小时前发出地震警告，岂非至可宝贵者乎。日人已制有倾斜计，在美国度量标准局，亦设计有同种目的仪器。究竟此现象为特异于日本以及有大规模之地块断层等其他地域乎，或在美国亦可得而探寻乎，是皆大有研究价值者也。

三、地震的种种

友诚，《科学画报》2卷20期，1935年。

在自然界恐怖之中，无疑地要算剧烈的地震最可怕了，当坚实的地壳正在移动，并且很剧烈的时候，隆隆的声音好像雷响一样，这是对于人类生出一种无能为力的恐惧心，觉得地面随时可以裂开，将它和它附近的东西一齐吞下去。

上月21日上午6时，中国台湾全岛及澎湖岛于25分钟内发生地震2次，以新竹和台中为最剧烈，铁路被毁，钢桥折断，隧道陷落，地皮裂开，喷出泥土，电线损坏，各处大火，统计二地死亡2300余人，伤者5000余人，毁坏房屋1.5万余所。又伊朗（波斯）大地震自上月12日起至台湾地震同时止连遭数次，死亡600，伤者数千，财产损失数百万。这是我们人类最近所遭的惨祸，心头犹在栗栗危惧也。

地面猛烈振动的时间可以有一二秒之久，接一连二地来，其间所隔的时间是四五分钟。振动的次数有时竟在1秒钟内有12次之多。这就是因为地壳地位移动的缘故。所以在大地震的时候，是非常可怕的。有时这些移动是横的，有时竟也有完全纵的。不过普通的震动，两种同时都有。

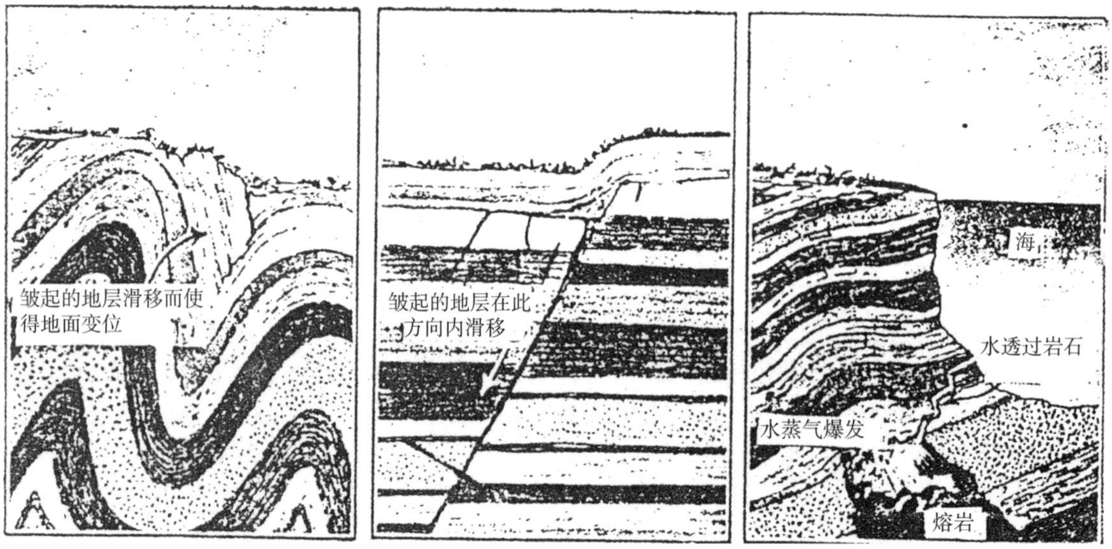

在这图里我们可以看见三种不同的地震。最左的一张是表明地壳在绉起的时候，有些地层就起滑移，这当然使地面全碎，同时受到震动的建筑物都倾覆了；中间的一张是地壳因地面下的岩石碎裂，就是断层，而一面滑下，因之上面的地层跟着也动了；右图中我们看见海水正流过岩石的罅隙，而遇着热的熔岩，水立刻变成蒸汽，因此膨胀而爆发，地面即受剧震。

在地面分裂的时候，例如1934年正月里印度大地震，就是因为地壳横的移动时所生的结果。有时成一个裂口，例如1906年的美国加州地震，它的裂口达270英里之长。有时竟能陷为深谷，两面扭开自50码至60码不等。

横的移动有时很大。在1906年的加州大地震，有些地方移开20英尺之多，罅隙两边的地可以因扭开而移动。但有时只有一边移动而一边不动。

纵的移动使地形变动得更厉害。在1897年间的阿萨姆（Assam）地方大地震，是纵的移动，二部分的地竟抬高至30英尺以上。

在1899年阿拉斯加（Alaska）有一次大地震，几年之后发现有一个死螺蛳吸在一块比以前升高50英尺的岩石上。

有几次地震，例如1908年墨西拿（Messina）的地震，地面并不分裂，但是却成弯曲形。因此在地面拱起时候能使附近的建筑物倾覆无遗伤害生命财产，不在少数。

那次墨西拿地震，市民惨死的有十万人。在民国九年我国的大地震，有18万人民都遭惨祸。1923年的日本大地震，死亡约达14万，受伤的有10万人。

这些地震不算十分厉害，还有更厉害的哩，其中一次是1703年的日本大地震，死亡达20万人。一次是1737年印度大地震，据说死亡达30万人。

无论何人看见人口稠密的大城市，在一二秒钟内，顷刻化为瓦砾堆，例如1934年的印度大地震，就会想起凡遇到可怕的地震，结果都是许多人遭劫。

当然，地震并不都是剧烈的，但是猛烈的也时时发生。科学家告诉我们，每年地震有3万次之多，大约平均每小时有4次。其中有许多次是很微的，或是在人口稀少的地方发生。

在一次剧震之后，就有许多小震跟着。在1891年日本地震之后，两年内继续震3365次。

地震的原因不一。在地壳起皱的时候，有些地层会滑移，因此使岩石的地位变动了。

地层的下面有了罅隙或裂纹，那么一边会向下滑移而使上层的壳折碎。

在火山地带，有时海水透过岩石而遇着热熔的岩石，那么立刻变成水蒸汽而发生一个极猛烈的爆炸。

1936年灵山6¾级地震、马边6¾级地震及该年地震论述

【编者按】1936年4月1日广西壮族自治区钦州市灵山县（原属广东省）发生6¾级地震；4月27日、5月16日四川省乐山市马边彝族自治县发生两次6¾级地震。本篇收录了陈国达在1938年的《地质评论》三卷4期发表的《民国25年4月1日广东灵山地震记略》，中国地震局震害防御司编的《中国近代地震目录》中有关灵山地震事件资料。当年上海徐家汇地震台记录的两次马边地震的地震图，1936年2卷2期《川边季刊》报道的马边地震情况，四川和云南两省的历史地震资料，金咏深的《民国以来之中国地震》和《西北历代地震记》等史料。

发震时刻：1936–04–01；
震中位置：22.5°N、109.4°E；
震　　级：6¾级；
震中烈度：IX度；
震源深度：7km；
震中参考地名：广西钦州市灵山县城东北；
宏观震中：39.7°N、97°E。
发震时刻：1936–04–27，07:59:11；1936–05–16，15:05:44；
震中位置：28.5°N、103.6°E；
震　　级：6¾级；
震中参考地名：四川乐山市马边彝族自治县；
宏观震中：28.7°N、103.7°E。

一、灵山地震史料

摘自《地质评论》3卷4期1938年（15），陈国达著《民国二十五年四月一日广东灵山地震记略》全文如下。

（一）小引

这已是足足两年前的事了，在二十五年四月一日那天，接近广东境内两个历史上著名地震区域之一的灵山县，曾发生过一回颇大的地震。当时我在两广地质调查所服务，蒙所长何孟绰先生命负调查之责。我便一面制好了调查表式，分寄粤、桂、黔、闽和法属安南（编者注：指越南）等邻近各县及各市镇当局，请其将当地当时地震情形，详查填覆。同时于5月初间，随同蒋溶先生出发，前往灾区实地调查。于同月下旬工作完毕返所，随即编制报告，是年10月脱稿付印，名曰：《灵山地震志》，列为本所特刊第十七号，惟以种种障碍，至于尚未能出版。兹为免延误过久，致失时间性起见，经征得前任何所长及现任黄所长的允许，特将调查经过，先行节录发表于此。惟仅限于事实方面的极简记述，一切讨论及复杂之处，概不提出。

我对于地震调查，是第一次的尝试，方法上和观察上的错误，恐不能免。尤其是因为广州既没有研究地震的专门机关，就是地震记录仪器的设备也没有，参考图书亦甚缺乏，材料搜集复感困难，故欲得较好的结果也难如愿，惟望高明先进有以正之。

（二）地震情形概述

这次地震发生于地方时刻上午9时31分，相当于格林威治标准时刻2时14分。其震中位于广东灵山县城东北20公里，该县和合浦县交界处罗阳山脉的西北坡和山麓一带。当时两广各地多受波及，计感震区域约为50万平方公里。但因受同时发生的苏拉威西（Celebes Sea）强烈地震的影响，离震中较远的地震台，所得记录绝少，仅有感震区内安南的Phu–Lien观测所一处有之。

地震发生那天，上午6时和7时已先后发生前震两次，但均较轻小，待至9时31分，然后大震开始。据当地居民云：当时有声隆隆，一如春雷爆发，地面颠簸，活若船处巨浪。同时山崩地裂，泥泻石移；砂喷地陷，水涌泉飞；室倾屋塌，畜死人亡。居民皆惊慌万状，莫知所措，老少呼号，妇孺啼泣，咸以为天降大祸之将至。尚幸震动未久，即告平复，然在此顷刻之间，造成损失已属不少，统计塌屋不下5800余间，伤人200余，死者92。灾区绵亘于灵山县属第一、二、三、九等区，以及合浦县西北部各村落，而尤以罗阳山脉的西北坡及山麓一带为最烈。昔日秀丽的村庄，瞬间即成为瓦砾之场，居民无家可归，灾黎遍野，既迫于衣食之缺乏，复恐逃难之未遑，悲惨可谓极了!

大震之后，余震尚有继续，且异常频密，后虽逐渐减少，但直至9月底以前，六个月内，仍未完全停息。我曾委托当地人士代为记录，随时报告。惟自10月以后，因政局变动，此项记录遂未得继续，殊属憾事。

（三）感震区域

1. 感震区域的范围

此次地震的感震区域，面积约为50万平方公里，上面业已说及。此区域包有广东省的西半部，广西省全境、贵州南部和法属安南东京省的东部。东至广州、香港，西至靖西、河内，南达海南岛北部，北迄都江。形状略近椭圆，东北西南直径较大，长凡800公里，东南西北者略小，长约740公里（图1）。面积和1891年日本浓尾地震或1918年我国汕头地震所影响的范围约略相等。

2. 感震区内各地的烈度

本次地震各地烈度调查，所用标准为麦卡利氏地震表，此外罗西–弗瑞尔氏地震表中有若干条件，亦尝附带列入，以资比较，兹依照320余县市城镇的报告，并证以实地考察结果，制就一张等震线图（图1）。其中烈度依轻重的比较，共可分作十级，各级地震情形，可简略说明如下：

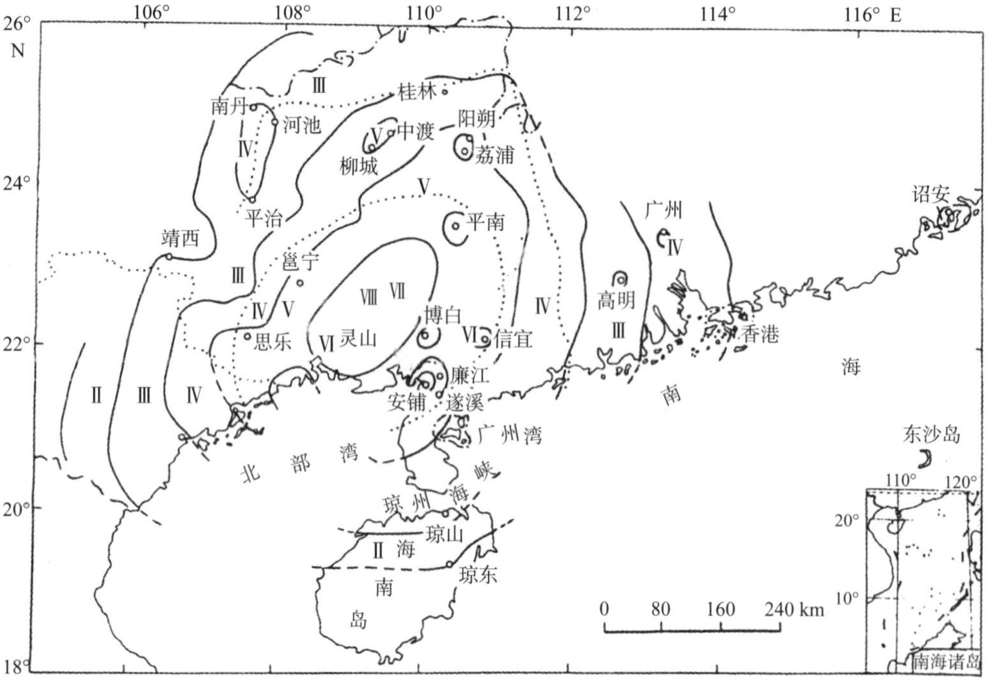

图1 民国二十五年四月一日广东灵山地震图

实线为等震线，点线表示闻声区域

第Ⅰ级等震区位于感震区的最外边缘以外，震动最轻，除地震仪可能记录外，人类全不知觉，依大森氏在日本试验所得结论，其处震动的最大加速率当在17公厘每平方秒以下。

在第Ⅱ级等震区里，震动已略较大，但觉震的人仍很少，故在第Ⅲ级等震线以外各地的报告中，能将此级的地震情形答复的很少，故欲将此区域和第Ⅰ级分开，很不容易。广州、香港一带，因我亲居那里，观察查询均较便利，故所得结果较详。香港更因有地震仪的设置，记录更为精确。当时少数静坐的人，尤其是居于楼上者，忽觉身在摇荡，不由自主，但是轻微，即震动的方向也不能辨别，而且时间很短，顷刻即过。它如安南的Hoa Binh、Sontay以至Vinh Yen一带，震动也很微，仅少数人察觉而已。至于广东西北部的连县、阳山一带，广西的北部和滇、桂边境，湖南、贵州的南部，以及海南岛南部等，则因有高山的屏挡，烈度减轻，大抵人类实不能觉。

高山屏挡的作用，对于第Ⅲ级等震区的范围，也有影响。故在桂北、湘南和广东的西北部一带，第Ⅲ级等震线不能连续，其处地震全无感觉。至于有感觉的区域里，能觉震动的人也不很多，仅限于室内的静坐者罢了。惟方向已约略可辨，悬物及几椅门扇等，稍为动摇。它如“挂钟之物稍有偏歪”（天河县）“三足之凳倾跌”（安南Bac-Ninh）等现象间亦见到。震后有人微觉头晕，但全未有惊慌奔逃的事情。

第Ⅳ级等震线所包括的范围比较完全，其中地震情形也较详悉。区内觉震者渐多，不独室内多数人顿感动荡，有“如在渡船为波浪冲激之状”（罗定县），即室外的人也有少数知之。不稳的器物和台椅互相冲击，“桌上杯皿中茶水稍有倾泻”（义宁县），“桌凳间亦有倾倒地上者”（雒容县），“高处门扇窗棂响动”（平治县），“悬物均摇摇摆动，如微风吹状”（武鸣县）……。间或“屋瓦沥沥有声，如鼠行状”（武鸣县），“屋梁尘垢下落”（澄迈县），“不稳固之瓦片坠下”（隆安县）。有数处如德庆、信都、百寿等县，已闻震声，地如雷鸣或如重车经过。居民虽一时以为诧异，但尚无惊逃奔避情事。

在第Ⅴ级等震区内，居民觉震更多，虽有少数在室外行动的人不能察知，但大多数人已有“震荡俨如置身舟中之感”，且“头为之晕”，屋宇动摇，瓦沥沥响，尘飞砂坠，如欲崩塌；少数人惊慌，争逃屋外。悬物无风而自摇，壁钟停摆，比比皆是。“倚墙器物多摇动欲倾，瓶樽碗碟，相击有声；壶盂之水，倾几全尽；井水汹涌，有如沸腾”（广州湾）。它如檐瓦下坠之事，间亦见之（如来宾、武宣等县）。震声除一部分因地质的或其他原因而不闻外，到处皆觉，或如汽车驶过，或如雷电的震响。

地震动力在第Ⅵ级等震区内，比前更烈，几无人不觉。不但屋摇物坠，砂落檐倾，即古旧墙壁损裂之事，间亦有之。当地震时，地如雷鸣，树木摆动，人皆荡摇不定，头晕眼花，莫不惊慌万状，争先奔避屋外。

第Ⅶ级等震区范围较小，区内除地鸣如密鼓，震荡如在舟中之外，房屋损失，已渐显著，不独古旧的屋宇破裂，即一般房舍稍有损伤，屋瓦下坠，墙灰剥落，但未有倒屋伤人的事发生，仅广西横县百合墟有一古泥屋坍毁为例外。

第Ⅷ级等震区更小，仅包有灵山县之佛子墟、圆眼山村、药民墟以及合浦县之三合墟一带。区内损失比前更加显著，房屋损裂无数，倒塌以致伤人者，间亦有之，但未死人。例如圆眼山村毁屋六分之一（全为泥砖所建），伤5人，无死者；茅子塰村塌屋约七分之一（大半为泥砖所建），未有死伤；苏村毁屋2间，裂者无数，未有死伤等皆属之。

第Ⅸ级等震区内，房屋倒毁较多，约占原有房屋全数百分之十至五十不等，但鲜有超过百分之五十以上者，破裂不能复居者占多数，人口死亡之事已不少见，伤者更多。例如毁屋121间（原有房屋200余），死3人，伤10人的平山墟；以及毁屋315间，死1人，伤8人的新庄村等均属之。当大震时，居民均觉剧烈动摇，有声如雷，又如大风之骤至。平山墟前的大步江，河水飞溅，高出两岸。地限造成小潭之事，数见不鲜，且有喷水，喷砂等现象。河滨冲积层依河道方向发生裂缝和崩陷。

第Ⅹ级等震区为本次地震最烈的地点，面积亦最小。所包括的范围，仅有罗阳山脉西北坡和山麓一带村落，如亚山岭、根竹水、高塘、山鸡塰等。其中房屋损失较前更大，倒毁数目，恒在百分之五十以上，全村毁灭，无一房屋幸免者，所在多有，死人数目，可达百分之十左右。山崩、地裂、喷水、喷砂等现象均见，即极巨大的砾石，也有移动至50公分距离以外者。此外地震之后，山麓一带泉源和井水均告涸绝，历时甚久，始行回复原态。

3. 地形对烈度的影响

从图1所示，此次地震的等震线形状颇不规则，各等震线区里又有许多次生中心出现。此原因可分地形和地质两方面的影响来说，地形影响的事实，最著的要算山岭对震波进行的障碍，例如第Ⅱ、Ⅲ、Ⅳ诸级等震线在若干地点的消失，便是由于高山屏挡的缘故；在烈震区域里，有许多村落因位于斜坡甚急的山脊上，或倾角较大的山坡上，以致其损失远较他处为大，这也是烈度受地形影响实例的一种。

4. 地质对烈度的影响

感震区内共有次生中心凡11处，另有2处出于感震区的范围，一在安南的Hagiang，一在福建的诏安。在此13处次生中心当中，至少有3处的成因是受地质构造的影响，其余则由于岩层性质的影响所致，大致位于石灰岩或其他松浮地层区域，或冲积层上的地方，所受震动较大。其位于断层地带附近者，烈度亦易致增高，且可发生感应地震，如诏安即其一例。其余在《灵山地震志》第二章里详论，不再多述。至于烈震区域里山崩的发生，受岩层倾斜方向和角度影响的实例，也可属诸构造方面的一种。

（四）震声

1.闻声区域的大小和形状

震声传播范围，包有广东极西部如灵山，防城以至德庆、阳江一带，广西南部和东部诸县，以及安南东京省的极东端。此闻声区域的形状，略近于椭圆，依东北西南方向延长，长约700公里，宽约五百公里，总计面积约30余万平方公里。此外在福建诏安的次生中心，因本身自生震动之故，也有震声。

依面积上的比较，闻声区域的大小，约等于感震区域的五分之三，其情形颇与英国较大的地震[如1896年科尼什（Cornish）之震]者相若。

2. **各地所闻震声的特性**

依大卫逊氏震声表（Davison sound-scale）各地所闻震声中，属于第一类（即重车急驶等）的为最多见，占百分之三十六；次为第二（如雷声等）和第三（如狂风声等）两类，各占百分之十八；再次为第七类（杂声），占百分之十五。其余第四类占百分之九，第六类占百分之四，第五类则全未有记录，此等比率，乃根据各地报告粗略统计而得，无精确可言，仅以示震声各种形象分配的大概。

3. **各地闻声的迟早**

根据各地报告，震声恒先震动而来，震后即止，此和世界各处地震的一般情形大致相仿。依大卫逊氏的解说，这是因为震声和震源乃发生于震源中不同部分的缘故。

4. **各地闻声的强弱**

依震声的强弱，闻声区域复可分为二部：内部为高声区域，声响较大，到处皆有半数以上居民听到；此外则为低声区域，震声极微，闻者仅占少数或极少数。前者所占面积较小，约为8万平方公里，仅相当全闻声区域的百分之二十六，其余即为后者的范围。

有若干地方如广东的雷州半岛、广西的平南、贵县等处，全没有震声听到，此似由于石灰岩或红土等具较大黏性（viscosity）的岩石影响所致。减声地区常和次生中心的位置相同，惟仅限于纯由岩层性质影响而增大烈度者。

5. **闻声区域和感震区域的比较位置**

二者不能同心，前者略偏于后者的西北，以致高声区域的边界线略覆盖于第Ⅴ级等震线的西北部之上，但偏心的分量甚微。此事实，和震源形状及其倾斜方向和倾角均有关系。

（五）震中

1. **震中位置**

因受苏拉威西海强烈地震的影响，邻近各地所得本次地震的记录，均不清楚。仅距灵山县最近的安南中央天文台Phu-Lien观察所得，比较尚可靠。计该项记录中各种位相的震波到达时刻如下：

位相	格林威治标准时刻		
	时	分	秒
iP	2	14	06
i$\bar{P}$	2	14	17
S	2	14	58
F（近似的）	4	28	

依照这些已知事实，该观测所曾推算出震中距离为340公里，方位角为NE68°。该所位置，乃北纬20° 48′ 21″ 7‴，东经106° 37′ 44″ 4‴。故此计算结果，实即指明震中约在灵山县的东北部附近。

因缺乏材料，从时间方法计算的结果，仅能至此，并不详尽，若依方向的方法，也不能准确。故比较最可靠的，当为根据烈度以推测。依据最烈区域即震中的原理，此次地震的震中，无疑是在第Ⅹ级等震区的罗阳山脉西北坡和山麓一带。

2. **震中形状和大小**

观于第Ⅹ级等震区的直径，东南-西北方向的，长仅约等于东北-西南的五分之一，故震中的形状不独近于椭圆，有如一般地震的一样，并且极端狭长，有如带状。即就烈度较低的等震线弯曲的形状观察，此震中的狭长也很显著。

最烈区域的面积，仅约40平方公里，震中之小，不言而知。即或不然，将附近损失较重的地方合而计算，作为震中区域的范围，其面积也不出三数百平方公里以外。

3.震中附近地质述要

区内主要地层，共分五系，即莲花山系（中泥盆纪），东岗岭系（上泥盆纪），平洞系（上泥盆纪至石炭纪），花岗岩（中生代）和冲积层（近代）。其中以花岗岩分布最广，罗阳山脉即为其所成。莲花山系和平洞系主要岩石均为砂岩和页岩，而东岗岭系则为石灰岩和页间层，分布于平山墟至灵山县城一带，此次地震所发生的地陷，便即为此地层的分布区域。

（六）震源

1. 深度

依时间方法的推算，安南Phu-Lien观测所曾谓本次地震的震源深度约为50公里。可是根据烈度推论，此数目似乎太大，因此次地震影响的范围小，尤其是烈震区域的面积，仅数十平方公里，而烈度并不轻小，故震源似应很浅。

2. 性状

根据震中形状推测，震源并不似简单的一点，而可以假定为一倾斜的平面，遂使其在地面上的投影，呈一狭长形状。

基于震中区域长径两侧诸连续等震线间距离的不相等，在东南方的较在西北方的为大，不特证明了震源为一倾斜的平面，并且暗示这倾斜面的倾斜方向，仍为东南。此和闻声区域与感区域不能同心的现象，也有密切关系。至于倾斜面的倾角，从震中的极端狭长，震中长径两侧等震线间距离差别微小。感震区域中心和闻声区域中心相距也非过遥等方面观察，似属甚大。故其形态虽非直立，但其倾斜之急，实已近于直立了。

（七）对天然事物的影响

1. 山崩

形式可分二种，在烈震区域内，土石泻落（avalanches）和泥土崩陷（Earth-Slumps）均有代表的事实。前者盛见于山岭地区，后者则多在于河边一带。在罗阳山、泗州山和亚山岭诸处，从前绿草如茵的山坡，地震之后，土石崩落，遂加上无数黄白色斑痕的点缀。山谷低处，也常见到岩屑的堆积。有很大的砾石，因自身惰性的关系，遇地震动力便移动或滚落。

沿大步江主流和它的东西支流两岸，泥土崩陷的事实，不时可见，大都为河滨的冲积层因震动而生裂缝。其大致方向和河岸平行，近河部分的泥土，便即依此裂缝崩下，造成崖壁。

其实此次地震的山崩，远不如民国九年甘肃地震那么剧烈。此与地震烈度大小固然有关，但震中区内全无黄土，而大部分为花岗岩所分布，此地质的原因也很重要。

2. 地裂

最普通的要算峭壁裂缝（bluff-fissures），山麓裂缝间亦见到。地裂原即山崩的开端或雏形，故在罗阳、泗洲、长山岭、亚山岭等山上，都甚发达。泗洲村附近的梯田，破裂尤甚，且裂缝的下壁向下滑落，一如山崩。裂缝每延长很远，一公里以上的不少见到，展延方向无一定，常视山势的弯曲和地层的走向而变更。发达于河滨的裂缝，也属于这一类。至于山麓裂缝，则在山鸡尳附近罗阳山西北麓的禾田中见之，成因似与峭壁裂缝相同，非如Oldham氏在1897年阿萨姆（Assam）地震时所见的一样。

3. 地陷

在灵山县城，平山圩和牛杞塘、灵家、那凌诸村附近，地陷所成小潭很多。即离震中很远的其他地方如广西兴业、横县等石灰岩发达区域，也有发生，总计不下20余处。大都圆形，直径甚短，由二三公尺以至10余公尺不等，未见超过20公尺以上者。依最烈区域和这些小潭的分布位置比较，以及其他种种观察，这些地陷并不似本次地震的原因，而实乃其结果（见《灵山地震志》）。

杨木塘村附近沙滩上有二小洼，也属陷落所成，灵山县城外环秀桥下河边沙滩上，亦同样有之。这大概是冲积物因一部分较松而下陷的结果，不然，其下当亦有石灰岩的存在。

4. 喷砂

在灵家、高塘诸村附近的禾田上，于地震时从原有泉孔或石灰岩隙缝里涌出多量的水和黄色或黑色的泥沙砾石或甚至岩石碎片，高可达2公尺。原有泉孔有些因而堵塞，于别处重现新泉。在平山墟下有于地震时因地陷而成的小潭，当地震后数天，旁边复有一处陷落，造成另一潭，同时也喷出多量的水和砂砾。此虽非此次地震的直接结果，但仍不无相当关系。

5. 对潜水的影响

上述喷沙现象，实即为潜水因地震动力而活动，遂将砂泥从裂缝或孔隙中挟至地面的结果。惟潜水活动的范围，仅限于冲积层地带，尤其是下有蓄水砂层或富孔隙的岩层之处。故在山岭地区，虽富地裂，亦未见有潜水涌出。

高塘村内的水井，和山鸡乪村附近罗阳山山脚一带的水源，地震后全数涸绝，过了很久时候才得复原。其原因，很可假设罗阳山脉西北麓原有一断层，把地下水带引至地面，因而造成此等泉源，及至地震时，断层活动，遂生此种的影响，此等现象，对此次地震发生的原因，具有很大的暗示。

（八）对人类及人为事物的影响

1. 损毁房屋和伤毙人命

据灵山县政府发表的统计，灾区内居民店户和公共建筑物如学校、公所等，全毁的共5181间，破损至不堪复居的1082间，损裂较轻的无数。人口死亡58，伤者187，单以房屋损失言，已值60余万元，它如粮食、牲畜、家具什物等，损失亦在40万元以上。此外合浦县部分，据官方发表调查结果，房屋倒毁共679间，压毙34人，伤人76。合计此次地震的损失，毁屋5860间，破损至不堪复居的1000以上，死人92，伤者263。

依照损失数目对原有房屋和原有人口两方面的比例，以六鹅、福田、根竹水等村毁屋最多，数达百分之一百，而以根竹水死人比率最高，达百分之十。

损失大小受地质和地形两方面的影响甚大，如位于石灰岩地区的牛杞塘村，虽远出最烈区域以外，倒屋死人也很多；根竹水村位于两坡较急的山脊上，烈度亦至增大，均属其例。

死伤人口在男女、老幼两方面的分配，大致男多于女，幼童死的占半数，伤的也占三分之一。此与乡村居民的工作分配和地点，以及逃避能否敏捷等因子有关。

2. 毁屋多的原因及其补救方法

原因可分两方面。一是房屋本身不坚固，因缺乏下列的条件：① 材料不宜，灾区房屋多半用泥砖或圆砾石所建，易于崩塌；② 构造无方，房屋形式复杂，常为无数小部分连合组成，有时有高楼矗起于一隅，墙基又为圆砾石所建，或续建于一古旧长壁之上。二是有许多房屋所在地点不安全，或在石灰岩区域和河流冲积平原之上，或建于峭急的山坡或山麓。

补救的方法，可分为地点选择、建筑材料选择和构造改良三方面。地点最好避免石灰岩区域而建于花岗岩或其他不松浮的岩层地带，并注意远离易于山崩的地点；材料选择可利用当地易得而价廉的“灰砂”，代替泥砖及圆砾石以建筑墙壁，里面加以木架，以作筋骨；构造则避免上重下轻以及房屋各部发生不一致的震动，更注意墙壁骨架的结构。

3. 死人少的原因

分七方面说：① 震中面积小；② 灾区为村庄及山岭田场地带，人口稀少；③ 无黄土等易生山崩的地层；④ 先有前震，人知预兆；⑤ 大震在日间，居民逃避较速；⑥ 震中距海滨尚远，无海啸发生；⑦ 震后无水灾或火灾。

（九）附从震动

1. 前震

因无仪器记录，前震似仅有当日上午6时及7时2次，其实多年以来，震中区内居民已常觉轻微地震，即地震前一年夏天也曾发生过。

前震烈度，第一次较小，仅大震震中区内稍有感觉。第二次则烈度可至第Ⅴ级，影响范围亦较广，不独大震第Ⅸ级等震线以内的区域，几乎人人皆觉，即远至第Ⅵ级等震区的内半部，亦有少数人感觉之。至于频度，则无显著事实以资计算。

2. **余震**

频度和烈度以及延续的时间，均堪注意。大震后最初一二天，据当地居民的报告，余震非常频密，此后渐稀，惟在半年内，仍未见全息。蒙该县县党部张军先生代为随时记录，我在灾区调查时也亲自逐次登记，计自4月1日至同年9月30日，6个月内，除遗漏者外，共有余震177次，其在时间上的分布和频度变化情形，有如图2所示。

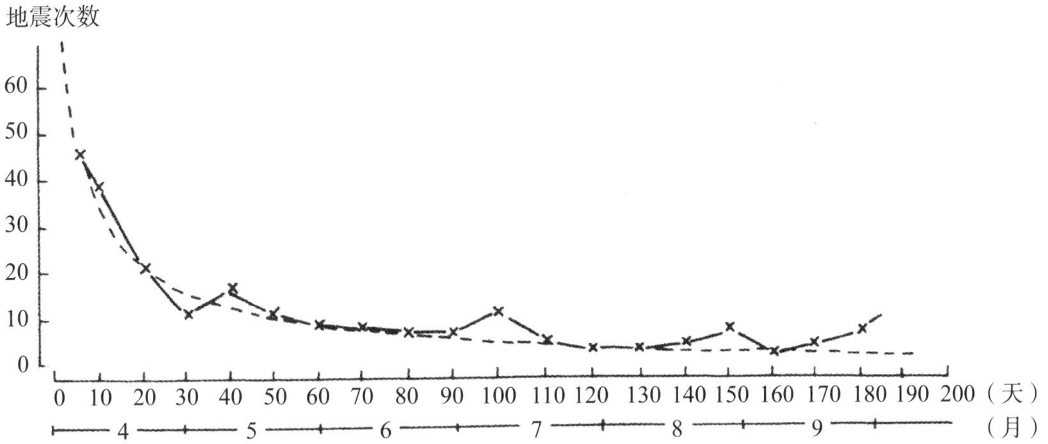

图2　表示余震频度变化的曲线

关于余震的烈度，变化颇不规则，大都震动甚微，仅闻声而不觉动的更占多数。就时间上分布而论，且有逐渐减轻的趋势，惟有时则忽而增烈。计最剧的有4月26日下午7时30分的一次，烈度可至第Ⅶ级以上，感震区域凡4万平方公里，灾区内已震破的房屋有少数因而倒塌。次为4月9日下午8时20分的一次，影响范围在2万平方公里以上，灾区内大震时已震裂的屋宇亦致略受毁坏。兹将烈度变化的情形，用曲线表示如下（图3）：

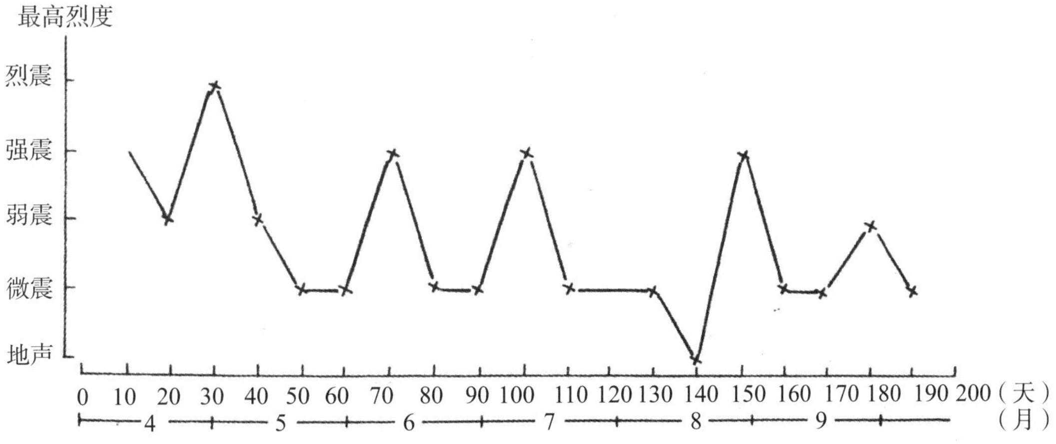

图3　表示余震烈度变化的曲线

3. **感应震动**

从通信报告以及报章上所得材料统计，在距离震中800公里以下的区域里，震前自民国二十四年八月至二十五年三月三十一日，8个月内，共有可觉感应地震14次。经地震后，自二十五年四月一日起，至同年八月底止，5个月内，共有16次；单就四月一日至同月二十三日的期间而论，23天内即有10次。此等地震的发生地点，除有少数见于石灰岩区域（如广西和云南），亦即成因可归诸陷落外。其余多在历史上向有地震的地方，例如广东的万宁、琼山、阳江、阳春，福建的诏安等，均似地壳弱点的所在，其与本次地震的关系甚显。

此外若再从更广的区域观察，则在震中周围2000公里内，除上述的地震外，已知的尚有地震六次，亦可归入和此次地震具有密切关系者。例如和本次地震同时发生的苏拉威西海地震，同月二十七日上午7时36分四川成都、重庆之震，同年五月十九日上午6时35分甘肃兰州之震，以及八月二十二日下午2时52分台湾高雄附近之震等，即其著者，大抵在本次地震发生的前后，整个东亚的地壳，都已入于地震活动力增加的时期。

（十）历史背景

1. 震中邻近各地过去地震的频度

从十余种旧籍以及通信报告中所得地震记载统计，自后汉元初元年（114A.D.）起，至民国二十五年（1936年）3月31日，即此次地震发生的前一天止，除少数现象之是否真为地震或地震结果，尚待考证者不计外，在震中区域周围100~200公里以内所遇的地震，共有150次（其可作为某一次的前震或余震，或因所载时日可疑，可以和某一次地震同属一次看待的，均不另作一次计算）。若依西历纪元以每一世纪为一单位，则其在时间上的分配情况有如下表所示。

震中区域历史地震统计表

世纪	2	3	4	5	6	7	8	9	10	11	12	13	14	15	16	17	18	19	20
地震次数	1	0	0	0	0	0	0	0	0	2	0	0	2	7	22	34	21	43	18

因19世纪以后，地震次数记录较多，故再以10年为一单位，细别其时间分配如下：

震中区域近代地震统计表

世纪	19										20			
十年期	一	二	三	四	五	六	七	八	九	十	一	二	三	四
地震次数	0	2	4	1	4	7	8	4	8	5	5	4	2	7

2. 震中附近过去自发地震的活动情形

上述150次地震当中，除确知为受别处地震影响而致的和震中未明者外，其余发生地点虽非确知，但以位于此次地震的震中周围数十公里以内为最可能的地震，合计共有35次，如以每一世纪为单位，则其在时间上的分配情形有如下表所列。

震中附近历史地震统计表

世纪	15	16	17	18	19	20
地震次数	1	4	3	2	19	6

19世纪以后，记录次数较多，若以10年为一单位，其分配如下：

震中附近近代地震统计表

世纪	19										20			
十年期	一	二	三	四	五	六	七	八	九	十	一	二	三	四
地震次数	0	1	1	1	1	3	5	1	3	3	3	2	0	1

从上二表看来，此次地震震中附近自发地震的频度变化，和前节两表所示150次地震同期间的

情形相似。即15世纪次数最少，16、17世纪较多，入18世纪以后，骤然减少一至19世纪的后半期起，又复大增。直至现在，仍在地震活动较盛的期中。

19世纪以来，次数大增，固由于去今未远，记录较详的缘故。但若16、17世纪次数既已增多，而自入18世纪以后，以至19世纪上半期之间，却反见减少。此现象则又未尝不足以多少显示地震的转衰。故其频度变化，颇似有150~200年的盛衰更迭轮回。虽然地震是否具有一定的周期性，现尚为未决问题，尤以根据历史材料研究过去地震时，因记录不全，故更难确定，惟其盛衰变化，实仍不无踪迹可寻。

上述的自发地震当中，其发生时期互相密迩，连接而至者殊属不少。最著名的如明宪宗成化二十一年（1485AD）九月之震，一连共震16天。此很似大震发动之前，先有前震，或大震之后，余震尚有长期的继续。此特性和此次地震很相似。

至于过去地震的烈度，因记载不详，难以推定，惟依所得材料统计，35次地震里，仅闻地声（earth sound）即所谓“山鸣”或“天炮鸣”而不觉震动的，共4次；觉震并闻声的2次，海涨1次，山崩1次。除此以外，并未见有一次毁屋死人的叙述。此颇足表示这些地震均非甚剧，其烈度当远小于此次。

3. 过去自发地震对此次地震的意义

从前节所述的自发地震看来，自1485年至今，其数达35次，是则平均每百年至少有7次，亦即平均每隔14年必有1次。这种频度，实可暗示该地区乃为一地壳弱点的所在。

上述35次地震的震中位置，虽有一部分未必和此次地震者全然相同，但仍不出邻近数十公里以内的范围。诚似为同一较小区域内地壳弱点活动的产物，彼此间关系甚切。同时，这些地震的相似，有如前述，故其对此次地震在成因上的关系，亦属显然。

震中附近既似一地壳弱点的所在，而过去地震又和此次地震具有密切关系，则此次地震和过去地震显可彼此互作前后身视之。亦即此次地震的发生，并非出于偶然，而实乃已有悠久的活动历史者。

前面说过，震中附近自发地震时盛时衰，颇似有百余年一次的更迭周期。且自经18世纪以至19世纪前半期地震较稀的期间后，19世纪后半期以来，似已入于活动较盛的时期，直至现在犹然。据震中区内居民说，自民国以来，当地地震时有发生，其动虽微，但其数颇密，而尤以近数年来，所觉尤甚。此种事实，颇能指示当地的地震活动，已入极盛的时期。然则此次地震的发生，更非无因了。

（十一）结论——地震原因和地震将来

1. 地震原因

从前述对天然事物影响中的罗阳山脉西北麓水源断绝和井水干涸的原因推测，此次地震的发生，似即由于该处原有断层的继续活动。此假设断层的位置，和最烈区域即所谓震中全相符合，更指出了其与本次地震的关系。

前震的发生，震中附近近年来常觉震动，过去历史上的地震频多，以及余震的频度和烈度的绵续情形，这一切都证明了此次地震和世界上一般成因于构造尤其是断层的地震，具有同一的特性。

基于震中区域的形状及其长径两边等震线间距离不相对称，以及感震区域和闻声区域不能同心等事实，我们已假定震源为一斜面，有如前述。此斜面，无疑地就是相当于这里假设的断层面了。

关于断层的出产状态，从震中区域长径和短径长度相差的数量，长径的展延方向及其两边等震线间距离的差异情形，以及高声区域叠置于等震线上的地点和分量等方面推测，则其走向乃东北-西南，以近于直立或甚大倾角向东南倾斜，一如前面所论震源面的性状者然。因无显著的水平推移的地面指示，此断层的主要活动方向，似仅限于上下。同时，地面上也没有见到显著的断岩出露，故上下推移的距离，当也很小。

震中附近地层甚不完全，尤以中生代以后的较新地层全缺，故此断层的渊源，很难确定。最可能的推测，则和中生代以来造成具有盛行震旦轴向的构造的造山运动有关，也许即为以产生块状断层和拗曲为主要形式的南岭运动产物之一。所谓南岭运动，似即喜马拉雅运动某一期或数期在中国东南部不以拗曲为主要构造的表现，其活动实至今未息。

从近年来初步整理广东地质构造材料结果，我曾发现该省内断层的分布，可分三带，各带形式和梯列断层（en echelon faults）很相似。其中最发达的一带，位于广东西南部和粤、桂边境，各个断层走向均东北-西南，全体排列的方向则为东西。此次地震发源的断层，便即为其中新近始行发现的一员。故其和较广区域具有震旦方向特性的构造的关系，甚为明显。

2. 地震将来

余震绵延六月，未经停息，以后虽未获报告，惟依已知事实推测，频度方面，除有时仍略增高外，尚可依常规而大致愈久愈趋疏少，然难望立刻停止。烈度方面，则尚有随时增大可能。

基于此次地震的原因，和震中附近过去地震的活动情形。此次地震的余震虽终有全息的一天，然在一长时间宁静之后，再有地震发生，仍非全不可能。亡羊补牢，未必徒属杞人忧天之事，是以灾区同胞，今后对于房屋建筑的改良，不可不加注意。

二十七年四月二十二日完稿于南昌江西地质调查所

二、灵山地震目录

《中国近代地震目录》记录的1936年4月1日广西灵山地震资料如下。

广西灵山地震参数表

编号	地震日期	发震时刻（北京时间）	震中位置 北纬 东经	精度	震级	震中烈度	震源深度（km）	震中参考地名
590	1936-04-01		22.5° 109.4°		6¾	Ⅸ	7	广西灵山东北

极震区：绵亘于灵山县第一、二、三、九等区及合浦北部各村落，尤以罗阳山西北麓一带最烈。山麓一带的六鹅、高塘等村，房屋倒毁50%以上，有全村毁灭者，山崩地裂及地陷之处甚多，死者10%。灵山县民居及学校等全毁者5181间，破损1082间，死58人，伤187人。合浦县北房屋倒毁共679间，压死34人，伤76人。破坏面最远180公里。

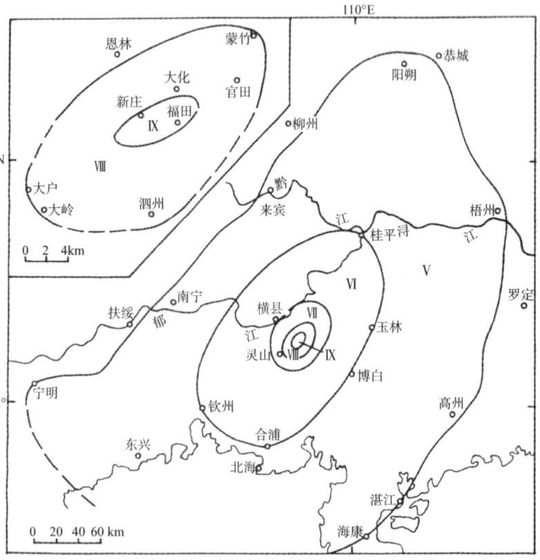

1936年灵山地震等震线图

《中国近现代地震目录》，中国地震局震害防御司编，1999

横县：百合墟一古泥屋震毁，压死1人。

兴业（今玉林西北）：地陷三处。

贵县：地陷塌屋。

廉江：老旧泥屋倒塌6间。

博白：倒屋数间，南街围墙崩坍，压死一女孩。

平南：倒塌围墙一段，长约6米。

信宜：屋瓦震落，多年残旧房屋墙壁震裂。

桂林：损坏城墙6米多。

柳州：窗棂屋瓦响动。墙灰下落，背塘乡公所墙壁裂30厘米。

陆川、北流：二县接壤处田地裂缝。

合浦：老旧房屋破裂，一般房屋稍有损伤。

有感面积相当大，有记载者如下：罗定、阳江、花县、海康、钦县、澄迈、高明、德庆、广州、茂名、湛江；广西之邕宁、荔浦、平治、武鸣、灌阳、罗城、郁县、扶南（扶绥）、柳城、南宁、宜山、阳朔、雒容、宾阳、象县、来宾、武宣、南丹、河池、田东、信都、蒙山、梧州、鹿寨、平乐、思乐；越南民主共和国之海防等地均有感。

三、马边地震记录图

摘自，《中国早期地震台历史地震图鉴》（第一卷）。上海徐家汇地震台记录的1936年4月27日、5月16日两次四川马边6¾级地震图如下。

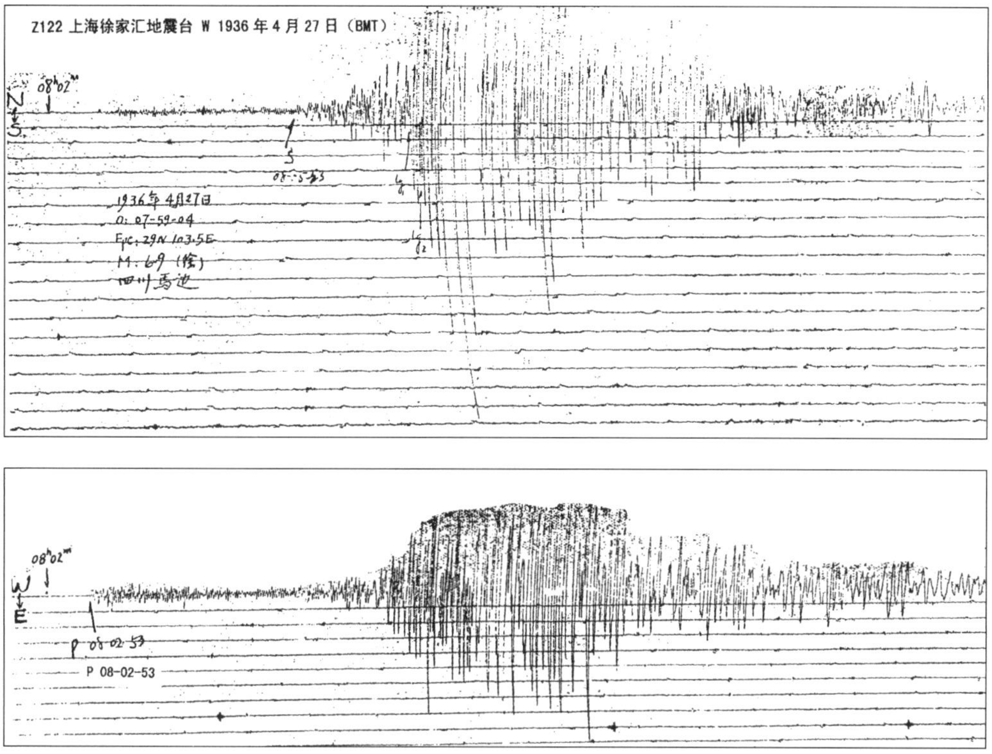

Z122上海徐家汇地震台W1936年4月27日（BMT）记录马边6¾级地震图（上：南北向，下：东西向）

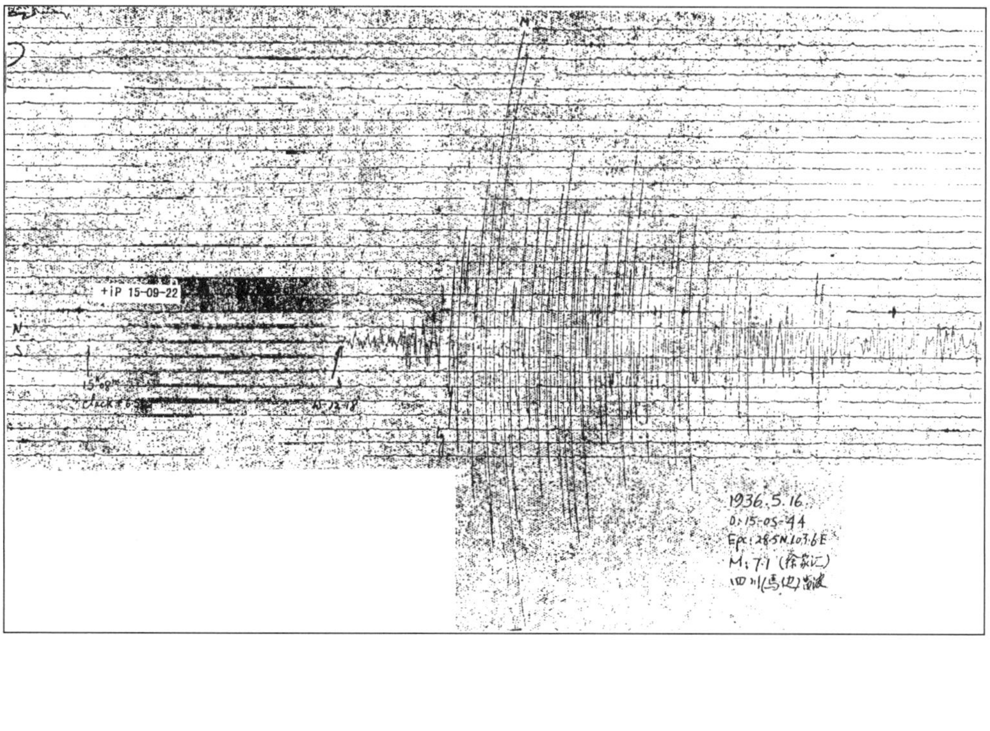

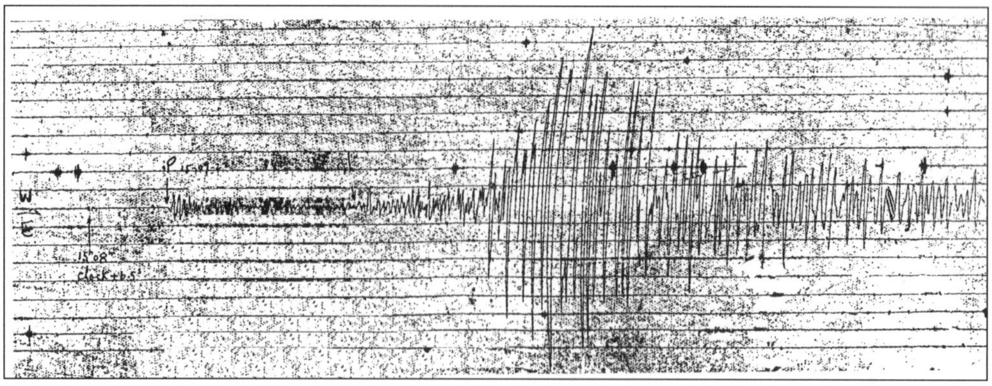

Z123上海徐家汇地震台GW1936年5月16日（BMT）记录马边6¾级地震图（上：南北向，下：东西向）

四、马边地震原始记载

马边地震报导（《川边季刊》1936年2卷2期）如下。

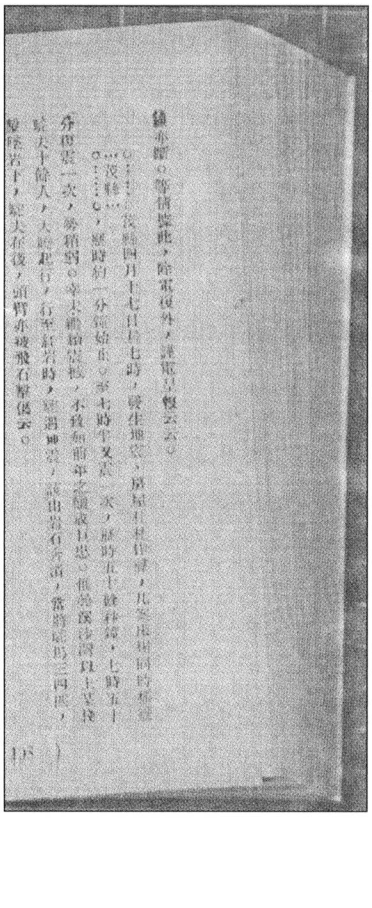

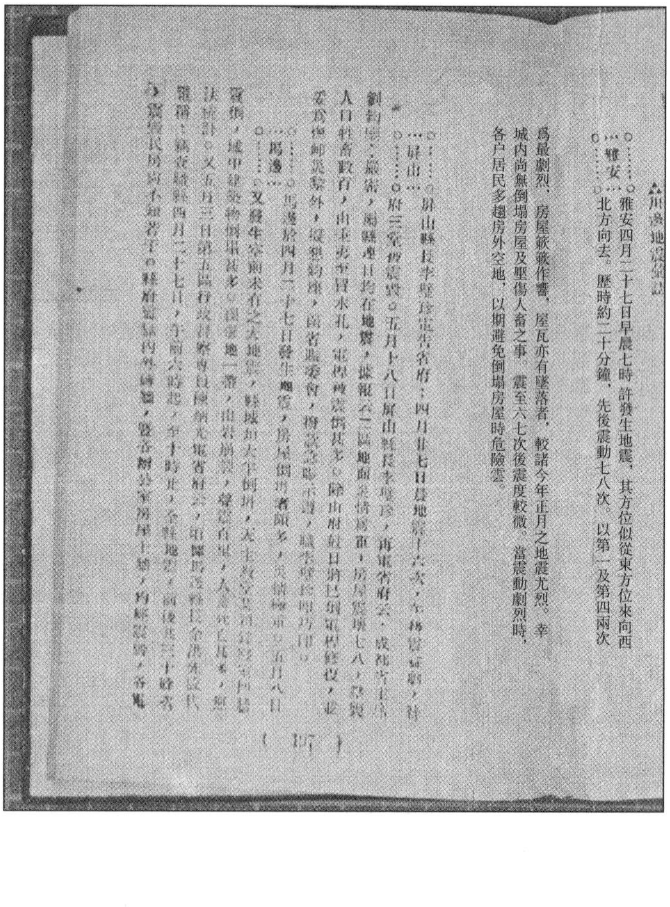

川邊地震彙誌

○……○雅安四月二十七日早晨七時許發生地震，其方位似從東方位來向西
…雅安…
○……○北方向去。歷時約二十分鐘，先後震動七八次。以第一及第四兩次爲最劇烈，房屋簌簌作響，屋瓦亦有墜落者，較諸今年正月之地震尤烈。幸城內尚無倒塌房屋及壓傷人畜之事。震至六七次後震度較微。當震動劇烈時，各户居民多趨房外空地，以期避免倒塌房屋時危險云。

五、马边地震史料

摘自《四川地震全记录》《云南省地震资料汇编》。1936年马边地震史料如下。

（一）《四川地震全记录》中有关史料

震时：1936年4月27日07时59分11秒

震地：马边、雷波、屏山、隆昌等地（北纬28.9°、东经103.6°）

震情：

（1）【成都新闻编译社】四月廿七日午前六时起至十时止，马边全县地震前后共三十余次，震坏民房尚不知若干。县府监狱内外砖墙及各办公室土墙均经震毁，各处电线亦断。

成都《新新新闻》民国二十五年五月二十九日五版

（2）四月廿七日晨地震十六次，午后震益剧，县府三堂被震毁（屏山县县长李壁珍电告省府）。

《川康边政资料辑要·屏山概况》页43

（3）【隆昌通讯】东南西各县方遭雨雹灾，今（廿七日）晨七时二十分突然地又震动，约一分钟之久，势颇激烈，屋舍楼台、门窗器物、桌案树木等皆作猛烈之声。四处人民无不震惊，群奔户外，自午前七钟四十三分起至午后四时记者发稿止，接续又震动十余次，每次或一分钟久或数秒钟久，时间不一。迄信件付邮时，尤有余波。据探得此间小南门城垣拆后所筑之土墙，倒坍数丈。城厢内外如官井巷、姚家巷、南北两关等处之房屋均有倒坍者，屋瓦坠落尤多。并据县境四乡行人及东南道往来旅客称，今晨地震猛烈，各处相同，河池之水均有溅起浪数尺高者，可想其势之大。

重庆《新蜀报》民国二十五年四月三十日四版

各县地震频传。【隆昌通讯】……今日（廿八）午前尚觉地动。昨晚刻据内江电，中江境内地面沉陷数十里。声如雷轰，附近四周，均罹巨灾。初更时复据内江搭车来客云，今晨地动，资、内、安岳一带均倒坍房屋颇多，伤毙人民亦伙。洵浩劫云（二十八日）。

重庆《新蜀报》民国二十五年五月三日第四版

（4）【本报泸州廿八日快讯】此间日来几度地震，千年古迹之报恩塔亦于前月廿七日被震崩坏，县人闻悉无不同声悼叹。查此塔为宋贤冯太守所建，迄今千年。县中人士历次修葺。不图竟以崩坏，闻以后培修必更费钜金云。

成都《华西日报》民国二十五年五月二日第六版

（5）【綦江通讯】廿七日晨七点廿五分发生猛烈地震，历时约七秒。离城约五里许之角塘地方，倒塌民房两所，损失甚大，压毙母猪一只，幸未伤人，又各乡田塍土埂亦多崩溃，农作物受殃不少云。

重庆《新蜀报》民国二十五年五月一号第四版

（6）【自井通讯】廿七日七钟十分地震，较上年一次尤剧，七点廿六分又发生微动，继续五次，均相距十数分钟。

【岳池通讯】廿七日晨七时地震，全市屋宇均为之动摇，途中行人亦多晕倒，约数秒钟始告平息。

【蓬溪通讯】午前七钟许忽觉房屋摇动，门环作响，始知地动。

【江安通讯】廿七、廿八两日皆发生地动，共计四次，动均剧烈。尤以廿八日地动，经时五次，床几为动云云。

重庆《新蜀报》民国二十五年五月三日第四版

（7）【宜宾通讯】廿七号晨八钟突然发生地震，约十余秒钟之久，庭柱动摇，屋宇几乎倾倒，诚数十年未有。

重庆《新蜀报》民国二十五年五月一日四版

（8）【灌县通讯】四月廿七日午前七钟许此间发生地震，动力颇大，屋瓦门壁书桌衣柜均摇摇有声，人们无论坐立行卧者，俱觉震动，历时约三分钟乃止。旋约逾五分钟复震一次，动力较小，约一分钟即止。震动方向皆系由南而北云云。

【郫县通讯】廿七日晨六时四十三分此间发生地震，由西北波动而来，簸动最烈，人畜晕沉若倒，屋瓦哗啦作响，树木及建筑物等随地向下倾斜，历时十余秒，震动逐渐减小，约廿秒之久，始渐安静，而枝叶及悬挂之物，仍摇摆不停。其他如温、崇各县亦同时发生地震，民房之倾圮者犹有所闻。

成都《华西日报》民国二十五年四月二十九日第六版

（9）雅安四月二十七日早晨七时许发生地震，其方位似从东南方来向西北方去。历时约二十分钟，先后共震动七八次。以第一及第四两次为最剧烈，房屋簌簌作响，屋瓦亦有坠落者，较诸今年正月之地震为尤烈，幸城内尚无倒塌房屋及压伤人畜之事。震至六七次后震度较微，当震动剧烈时，各户居民多趋房外空地，以期避免倒坍房屋时危险云。

《川边季刊》第2卷第2期

（10）（重庆）昨（二十七日）晨七点钟时地面忽然发生簸动，举目上望则电线屋瓦摇撼，历时约四秒钟，始告止息。相隔约五分钟又继续震动两次，因不及第一次簸动之剧，故一般人感觉者极少。

【永川通讯】今（二十七日）晨七钟永川发生地震，屋瓦墙壁均为震动，泥沙下落，玻窗衣柜亦作叮哨之声，计时约数秒钟云。

重庆《新蜀报》民国二十五年四月二十八日、二十九日第二版

（11）（重庆）昨（二十七日）晨本市地震，震源由西而东，历一时之久。昨晨七时许，忽发生猛烈地震，使记者于睡觉中惊醒。开始时，门窗屋瓦均格格作响，其震荡之烈，较前数次均为猛烈。震源似由西而东，历二十余秒始见和缓，约一分钟后始告停止。

重庆《商务日报》民国二十五年四月二十八日七版

（12）（铜梁）廿七日午前八钟发生地震，平地行人多即昏迷，住屋瓦房摇动，大现崩颓之象，池中清水亦大起波浪。

重庆《新蜀报》民国二十五年五月一号第四版

（13）【开县航讯】此间本（廿七）日午前七点三十五分发生地震，历时一分钟余。当时记者正值早餐，桌上汤菜均起波荡，几致倾盈，屋瓦震动，哗啦有声，池水波扬，荡动不已，殊为近数年少有之现象云。

重庆《新蜀报》民国二十五年四月三十日四版

（14）（成都市）昨（廿七）日晨六点四十八分，本市及附城各地发生地动，历时约三十秒钟之久，震动甚烈，房屋门窗均动摇甚久。第二次七点零五分，地震约十秒钟之久，震向系由西北向东南。第三次七点三十七分，震动较微。闻三桥南街日新工业社屋脊已因震倾塌云。

《成都快报》民国二十五年四月二十八日第七版

（15）【本报广汉通讯】此间于今（廿七）日午前七时许忽然发生地震，动力甚剧，屋柱皆摇，历时约二分钟之久始息。震动之来源由南而北，其震动力与去岁十二月十九日午后第一次地震相同云。

《成都快报》民国二十五年四月二十八日第六版

（16）【遂宁通讯】二十七日午前七时廿分，此间突又发生地震，震动时间约五六秒钟，床壁桌椅皆为波动，强度较三月前发生者为烈，震前并无征兆。后在七时半、正八点、八点廿分，又复接连震动三次，皆较前次为小，震时亦短。

重庆《新蜀报》民国二十五年五月一日第四版

（17）【南充通讯】今晨（二十七日）七钟十分时又发生惊人地动，城乡内外街房忽然左右偏倒，屋瓦有声。

重庆《新蜀报》民国二十五年五月一日第四版

（18）【茂县通讯】二十七日晨七时忽然发生地震，房屋轧轧作响，几案床榻同时摇摆，历时约一分钟始止。至七时半又震一次，历时五十余秒钟。七时五十分复震一次，势稍弱。傍晚时叠溪

有商人某抵茂谈：有宿沙湾以上某栈驮夫十余人，天晓起行，行至红岩时，骤遇地震，该山岩石崩溃，当将驼马三四匹击坠岩下，驮夫在后，头、臂亦被飞石击伤。

成都《新新新闻》民国廿五年五月三日第五版

（19）（民国）廿五年四月二十七日午前七点五分钟地大震，午后及晚间相继雷动。太具垃肉白塔顶被震摇下坠。

民国《补修泸县志》第8卷，页34

（20）（民国）廿五年四月廿七日辰刻重庆地震，云壑寺殿倾侧。

民国《巴县志》卷二十一（下）页76

（21）发震时刻1936年4月27日07时59分11秒；微观震中：北纬28.9°、东经103.6°；震级6¾，同日还有三次余震：

1936年4月27日四川马边6¾级地震参数表

时	分	秒	震级	北纬	东经
09	33	25	5¾	28.9°	103.5°
11	36	55	5½	28.7°	103.2°
13	42	37	6	28.7°	103.2°

《中国地震目录》第一、二册合订本页290

（22）籍本月二十七日午前七钟，职县城乡地震，接续两三次，每次约数秒钟，屋瓦皆震，墙壁亦有倾颓者，二十八日午后十一时许，又地震二次，动态较前稍逊。除分呈外，理合备文呈报，钧署鉴察备查。

谨呈四川省第三区行政督察专员公署专员沈

合川县县长　王锡圭（印）

中华民国二十五年四月三十日（合川县政府印）

震时：1936年4月28日及29日。

震地：马边、江安、成都、雅安、广汉等。

震情：

（1）【本报江安通讯】江安四月廿七日地震四次，廿八日、廿九日各一次。

成都《华西日报》民国二十五年五月十八日第六版

（2）【雅安通讯】廿九日午前二时许又地震，方位仍似从东南方来，震向西北方去，城内居民多从梦中惊醒，连续震动两次，较弱于二十七日之震动。

重庆《新蜀报》民国二十五年五月七日第四版

（3）【本报广汉通讯】此间于昨（廿九）日午前二钟许，复地震一次，动力亦大，但其时已入深夜，人皆就寝，故多不知晓云。

《成都快报》民国二十五年五月一日第六版

（4）【本报专访】本市今晨一点半钟时，继续发生猛烈地震，屋瓦轧轧作声，入黑酣乡者多被惊醒，约一秒钟后隐然有声西去，方告平静。（廿九日）

《成都快报》民国二十五年四月二十九日第七版

（5）1936年4月29日02时27分24秒，马边，北纬28.8°、东经103.6°，震级5½。

《中国地震目录》第一、二册合订本页291

震时：1936年5月6日。

震地：灌县。

震情：

【本报灌县特讯】昨五月六日午后二时又发生地震一次，动力甚微，亦仅越十余秒钟即止。

成都《华西日报》民国二十五年五月九日第六版

震时：1936年5月8日。

震地：（马边）合江、雷波、隆昌、成都、灌县等地。

震情：

（1）兹悉马边于四月廿七日发生地震，房屋倒塌者颇多，灾情极重。昨（十一日）该县复电到省，本月八日午后九时，又大地震，震动时间达两分钟。

成都《新新新闻》民国二十五年五月十二日第十版

（2）五月八日（马边）又发生空前未有之大地震，县城垣大半倒坍，天主教堂某司铎寝室门墙震倒，城中建筑物倒塌甚多。猓猡地一带山岩崩裂，声震百里，人畜死亡甚多，无法统计。

《川边季刊》第二卷第二期

（3）省赈会拨放雷波震灾赈款三千元【成都新闻编译社】。月前雷波发生剧烈地震，事后清查结果，实共震塌民房一百五十余所，压毙人畜极伙，厥状之惨，非笔墨所能罄述。省府据该县长呈报灾况，当函请省赈会派员前往履勘，并酌予赈恤，兹悉该会查勘竣事，顷已拨发赈款三千元，即派员驰往查放云。

成都《复兴日报》民国二十五年七月十二日第六版

（4）合江五月八日午后十时卅分突发生地动，历时四十秒钟之久，屋瓦为动，门窗亦呷呷作响，较前次为剧云。

重庆《新蜀报》民国二十五年五月十一日第四版

（5）【隆昌通讯】川东南间嘉、叙、资、内、富、泸、荣、隆一带，自前月廿七日晨猛烈地震后，昼夜继续动荡，迄今未已，其次数难以枚举，不过震度颇微，为时亦最短，非心细者不能觉之。殊延至八日夜间十点四十分之际，倏又大震动一次，床榻屋瓦轧轧有声，桌案器具叮当作响，摇摆倾斜，为时先后约一秒钟。是时记者方解衣就寝，立榻上恍如在木船中，远闻城内人声鼎沸，高呼“又地震，快起来”等语。

成都《华西日报》民国二十五年五月十三日第六版

（6）【本报专讯】成都昨夜十时三十五分许，记者正在写稿，忽觉地震，一时室内电灯纷纷摆动，屋宇亦震摇有声，历时约十余秒钟始息，同人均微感头昏云。

成都《华西日报》民国二十五年五月九日第六版

（7）【本报灌县通讯】此间昨八日夜间十时，又发生地震一次，动力颇强，越时约廿秒即止，连同四月廿七日早晨，五月六日午后二时之地震，计已三次云云。

成都《华西日报》民国二十五年五月十二日第六版

（8）马边，北纬28.9°、东经103.6°，震级5¾。

《中国地震目录》第一、二册合订本页292

震时：1936年5月8日及9日。

震地：江安、合川、潼南等地。

震情：

（1）【本报江安通讯】江安时未半月，连发生九次地震，五月八日夜与九日午各一次，五月九日夜十钟又发生强烈地震，历时四分，床几皆簸动云云。

成都《华西日报》民国二十五年五月十八日第六版

（2）【合川通讯】此间五月九日入夜二更时又地震一次，当时不过九时三十分左右，大多数人均准备就寝，乃屋内橱柜饰械，叮当作响，初犹为有人开玩笑者然，继均发觉为地震，历时共有四十秒上下。

成都《华西日报》民国二十五年五月十四日第六版

（3）【又讯）据潼南安居镇来客谈及，当于九日晚地震以后，次晨竟发现有电话杆折倒者五六根，可见动摆力不小云。

成都《华西日报》民国二十五年五月十四日第六版

震时：1936年5月10日。

震地：合川。

震情：【合川通讯】十日早大雨，天将破晓，路上人力车及小菜挑担均已入市，行经街市，竟于不知不觉中，有菜贩正行进间有倒地者，行人亦感昏迷，继始知为地震。历时较九日晚为短。

成都《华西日报》民国二十五年五月十四日第六版

震时：1936年5月14日。

震地：江安。

震情：【江安通讯】此间连日又发生地震，计十四日夜十钟，大风大雨，地动约五分钟。

成都《复兴日报》民国二十五年五月二十日第五版

震时：1936年5月16日15时05分44秒。

震地：马边、屏山、江安、乐山、合江、成都、重庆等地（北纬28.5°、东经103.6°）。

震情：

（1）（成都新闻编译社）屏山县县长李壁珍顷电省府报称，该县十六日又发生剧烈地震，以所属第二区为最剧，良房被毁者占十之六七，死亡居民达四五百之多。详细灾情正派员调查中，李氏特恳省府拨款赈济云。

成都《华西日报》民国二十五年五月二十日第六版

注："第二区"即西宁区，现属雷波县。

（2）【江安通讯】十六日午后二点廿三分起，地震又经十分钟。江中校舍西北角邻近桂香街砖墙，因建筑欠固为地震震倒，现正培修云。

成都《复兴日报》民国二十五年五月二十日第五版

（3）【本报乐山特讯】本县前次曾一日发现数次地震，已志前讯，兹于前（十六）日午后二钟，又复发生震动，其势轰烈，不亚于前。外北唐姓砖墙所砌梅花洞，有一段纷纷震倒，瓦砾满地。通江镇之碉堡，曾震塌一角，正修补中，并闻尚有两地碉堡亦被震毁一部分，至城中墙屋，因震动而崩溃及损坏者，较前次稍少。惟一般市民见此连番震动莫不惊异云。

成都《华西日报》民国二十五年五月二十日第六版

（4）【合江通讯】此间于十六日午后二时半发生地震，经七八秒钟之久，全城人士均即发觉，屋瓦楼角动摇，人立平地偏簸不已，咸谓较上月下旬地动时间为久云。

成都《复兴日报》民国二十五年五月二十日第五版

（5）【本报专访】昨日午后二点五分许，本市又有地震，震动时间约五秒钟，情形较以往各次为剧烈，案上杂物倾倒，池水亦无风起浪云。据龙泉驿来客谈，昨日地震竟将该驿米市土墙震倒，其时有住居鳅鱼巷内曾树祥之母，年五十六岁，在米市购米附墙而立，墙倒遂被压毙云。

成都《华西日报》民国二十五年五月十七日第七版

（6）【本报灌县特讯】五月十六日午后三点钟，此间又发生地震一次，动力颇强，历时约一分钟即止，动向似觉由南而北，连前共计地震四次矣。

成都《华西日报》民国二十五年五月十九日第六版

（7）（重庆）昨日午后二钟许，忽发生地震，时记者正伏案编稿，突觉桌椅摇摇摆动，电灯摆动不已，玻璃也震动作声，俄而邻家亦相呼地震云。

重庆《新蜀报》民国二十五年五月十七日第二版

（8）【开县通讯】十六日午后三点四十五分又发生地震，较之前月廿七日地震时震力稍弱，记者忽觉晕眩，室内所悬之电灯等物摇摆不定，碗内之菜荡漾不已，历时卅余秒钟方止云。

重庆《新蜀报》民国二十五年五月二十三日第二版

（9）1936年5月16日14时45分19秒，北纬29.1°、东经103.9°，马边，震级5½。1936年5月16日15时05分44秒，北纬28.5°、东经103.6°，马边，震级6¾，震中烈度Ⅸ度。

《中国地震目录》第一、二册合订本页292

（10）1936年5月16日15时05分44秒，震级6¾级。

马边地震P波初动解成果表

<table>
<tr><th>产状</th><th>节面A</th><th>节面B</th><th colspan="2">X轴</th><th>Y轴</th><th>p轴</th><th>T轴</th><th>N轴</th><th>精度</th></tr>
<tr><td>走向</td><td>NE54.5°</td><td>NW18°</td><td rowspan="2">方位</td><td rowspan="2">NE70°</td><td rowspan="2">NW35°</td><td rowspan="2">NE12°</td><td rowspan="2">NW68°</td><td rowspan="2">NE35°</td><td rowspan="3">B</td></tr>
<tr><td>倾向</td><td>NW</td><td>NE</td></tr>
<tr><td>倾角</td><td>71°</td><td>51°</td><td>仰角</td><td>39°</td><td>19°</td><td>43°</td><td>12.5°</td><td>44°</td></tr>
</table>

《中国地震震源机制的研究》第一集页20

（二）《云南省地震资料汇编》中有关史料

四川马边6¾级地震史料汇总表

地震时间公历（农历）	地点	地震记述与资料来源
1936年4月27日 （民国二十五年闰三月七日）	绥　江	三月二十七日午前七时，职县发生地震，较去岁冬二十三日尤为强烈，约六七分钟之久。是日昼夜均继续微震不下四五十次，至今尚微动不息。其震时吼声隆隆，鸡鸣犬吠，墙瓦摇落。县府照壁、头门、监所以及碉堡、机关、寺庙、民房多被震烂倒塌，幸未伤人。惟川岸蛮夷司中部、夏溪等处灾情尤烈，伤亡人口、牲畜甚众。并据夏溪难民来谈，该处四面皆山，住居岩脚，地震时飞沙走石、山鸣地吼，有若万马奔腾之势，状极危险，心胆俱裂，约一分钟之始息等语，职县各区灾情正派员四出查勘，后情如何，容续再报。绥江县李顺祺。 《云南省政府民政厅案》全宗11 民国二十五年（丙子）三月初七晨七油复大震，继续十余次，锅灶损坏不能举火者多。至二十六日午后三钟强震两次，为时颇久，损害更大。自是连续震动，至八月初九夜又强震一次，约六句钟，历时比前数次虽长，幸无损害。 民国《绥江县志》卷1

续表

地震时间公历（农历）	地点	地震记述与资料来源
1936年4月27日 （民国二十五年闰三月七日）	绥　江	民国二十五年四月二十七日午前七点及八点钟，地震三次最烈。绥江县城及五区、四川屏山属彝乡中都、夏溪等处震动较烈，方向由西至东，震坏房屋、碉堡甚多。震前风声大起，如万马奔腾。 《云南省政府建设厅档案》全宗77 绥江讯：本县自去冬迄今，地震已达数十次。四月二十七日又复地震，自早晨七时五十分起至八时连续震动四五次，或动或止，为时相隔不过数秒钟。震动力较历次尤甚，所有城内房舍之墙垣倒塌颇多，满街屋瓦坠地，行人绝迹。城南之碉堡上层亦被震倒。直至午后三时仍震动中，全城人士异常惊慌，诚吾绥空前绝后之大地震也。 《云南日报》1936-5-8
	昭　通	昭通讯：四月二十七日上午七时半，本县地动，房屋门窗均轧轧有声，约经三分钟之久始告平静。二十分钟后又复震动一次，但已无前次剧烈。至九时许又复震动，其强度又较第二次强而弱于第一次。 《云南民国日报》1935-5-4 注：同年5月6日之《社会新报》《南京日报》与《时报》同载。
	鲁　甸	民国二十五年农历三月七日午前七钟起至八分止，又十二钟稍动，至夜一时十五分起至二十二分止，鲁甸地震。 《云南省政府建设厅档案》全宗77 注：全文见1935年12月18日地震记述。
	大　关	民国二十五年农历三月某日晚上及次日白天，大关县属一区地震二次，人感头昏，房屋摇响掉尘土。 《滇东地震调查卷》卷1

续表

地震时间公历（农历）	地　点	地震记述与资料来源
1936年4月	彝　良	民国二十五年四月彝良县书二区梭湾乡地微震，人感微摇晃，房屋摇响，无损伤。 《滇东地震调查卷》卷1 注：公元1936年4月27日至5月6日，四川省马边发生一系列地震，其中5级以上者有：4月27日07点59分11秒，6¾级；09点33分25秒，5¾；11点36分55秒，5½级；13点42分37秒，6级。4月29日02点27分24秒，5½级；5月8日23点24分23秒，5¾级；5月16日14点45分19秒，5½级；15点05分44秒，6¾级。以上之绥江、邵通、鲁甸等处地震记述，系马边地震之影响。
1936年5月16日（民国二十五年闰三月二十六日）	绥　江	民国二十五年三月初七晨七钟又复大震，继续十余次，锅灶损坏不能举火者多。至二十六日午后三强震两次，为时颇久，损害更大。自是连续震动，至八月初九夜又强震一次，约六钟，历时比前数次虽长，幸无损害。 民国《绥江县志》卷1
1936年5月26日（民国二十五年四月六日）	永　善	震情：〔永善境内地震〕永善自四月一日大地震以来，前后共计已余震二十余次。昨五月二十五日夜间二时半钟又震一次颇剧烈，经时二十余秒食止。地震后又大雨倾盆。 《云南日报》1936年6月

六、地震概论

（一）民国以来之中国地震

金咏深著，发表于《气象杂志》12卷1期，1936年。

地震现象，素视为灾异之示征，不仅为普通所道。近且为专门科学之研究。吾人所孳生安居之地球，其形态性质，由地质学之考察，固知其随时在变，无或停息。外力之风化冲积，大抵悠久而徐缓，沧桑陵谷。辄阅数千万年，而内力之地壳变动，其来也骤，震撼也强。地震者，即其断裂移动之余波而已。动力源有大小深浅，传播有广狭强弱。震中区域内，轻者物摇人惊，重者毁屋成灾。19世纪中叶，新式地震仪倡造应用，以助人力感觉所不及，遂能观测远地之震动。依地震之性质，可分类如下表。

地震种类划分表

种类	传播距离（km）		最远距之记录图式	震央震度 Mercalli等级	震源深度	能量
	仪器有记录	人感震动				
局部震	500以下	200以下	局部震或近距地震	Ⅵ以下	浅或地面直下	甚微小
小地震	500至2000	400以下	近距或中距地震	Ⅶ至Ⅹ	浅的	尚可
小地震	2000至5000	600以下	中距地震	Ⅵ至Ⅷ	深的	相当大

续表

种类	传播距离（km）		最远距之记录图式	震央震度Mercalli等级	震源深度	能量
	仪器有记录	人感震动				
中地震	5000至10000	600至1000	远距地震	Ⅶ至Ⅹ	自相当深度至地表下	大
大地震	10000至18000	500以上	极远地震	Ⅷ至Ⅹ	甚深	甚大
全球震	18000至20000	1000至2000	极远地震	Ⅹ至Ⅶ	自极深处至地表下	甚大

据Sieberg氏研究，地震之由地下洞穴陷落者为3%，由大火山熔岩爆发者为7%，余90%则为超越岩石之刚性极限，因而发生断裂之构造地震，内中属褶曲性者5%，断层性者85%云。在地理上分布状况，法人Ballore曾收集古今各国所载17万余次之地震，首倡二大带之说，一环太平洋，一沿欧亚大陆南端，皆属新生界造山作用之地带，谓为地壳最不稳固部分。较详言之，有Davison近就19世纪百年间之大地震之统计。更得世界各地之相对地震活动性。

（相对地震活动性 = $\frac{\text{大震次数} \times 1000000}{\text{面积}}$ 即每百万英方哩之大震数）如下。

相对地震活动性数值表

Greece	1478	Java	122	Mexico	56	Alaska	19
Italy	612	New Zealand	109	Sumatra	42	Venezuela	14
Philippines	612	Costa Rica	93	Algeria	35	Columbia	14
Moluccas	600	Nicaragua	77	France	34	U.S.A	7
Salvador & Guatemala	465	Spain & Portugal	75	China	30	Bolivia	7
West Indies	304	Formosa	73	Persia	28	Russia	4
Japan	271	Ecuador	70	Autsria–Hungary	25	Argentina	3
Turkey	243	Honduras	65	Peru	21	Siberia	1
Asia Minor	218	California	64	India	20		
Iceland	149	Chile	62	Russian Turkestan	20		

综合言之，以震源之发生于大陆与海洋为别，Sieberg列表如下（年平均）。

分区域地震次数（年均）统计表

地方	亚洲	欧洲	非洲	大洋洲	北美洲	中美及南美洲	太平洋	大西洋	印度洋	大陆	海洋	总数
有感强震	19.8	36.0	10.3	0.6	6.0	12.7	15.0	3.5	5.9	85.4	24.4	109.8
仪器观测所定得之强震震源	82	72	17	1	20	36	165	28	94	228	287	515

世界地震概况，已略如上述。而我国方面，自古迄今，史不绝书，中外专家，以取源各异，颇多出入，最可考者为翁氏及今村之作。今村谓，就大体观之，中国之大地震带，主要偏在黄河流域，占90%，此外云南省亦稍著，占10%，它若扬子江流域及福建，仅时起中小地震而已，又据Noah氏统计，各省之大地震活动性得表如下。

中国大陆分省地震统计表

省份	地震单位	相对活动性	省份	地震单位	相对活动性	省份	地震单位	相对活动性
福建	70	1.00	江苏	44	0.62	广西	20	0.28
甘肃	69	0.98	陕西	40	0.57	河南	19	0.27
直隶	66	0.94	浙江	40	0.57	广东	16	0.22
云南	64	0.91	四川	28	0.40	安徽	13	0.18
山西	50	0.71	江西	24	0.34	湖南	8	0.11
山东	44	0.62	湖北	21	0.30	贵州	4	0.05

惟其所据材料，殊嫌笼统，不甚精当耳。翁氏之研究，为最精详透澈，纯从地质学眼光观察，名言谠论。彼就3500余次中之250余次，推定其震中，依地理之分布，得下列诸地震带，并谓地震带之地质构造，皆有其共同之点：①地震带皆有重大断裂；②发生大地震之断裂，皆时代较新者，即在第三纪或第四纪之初；③水平动断层与上下动断层，皆能发生地震，惟地震似与褶曲山脉无关。中国地震区之分布，能了如指掌者，无出其右焉。

中国大陆地震带及活动程度表

地震带	地质构造	平均频率	震度
汾河渭河地堑带	地堑	1：39 = 27.0	X—XI
太行山拗褶带	拗褶与断层	1：96 = 10.4	X—XI
燕山拗褶断裂带	拗褶与断层	1：159 = 6.3	IX—X
山东西南断裂带	拗褶与断层	1：152 = 6.6	VIII—X
山东潍河断裂段	拗褶与断层?	1：130 = 7.7	V—XI
云南东部湖地断裂带	地堑	1：17 = 58.8	X—XI
云南西部湖地断裂带	地堑	1：23 = 43.5	X—XI
山东登莱海岸陷落带	海岸陷落	1：119 = 8.4	VIII—XI
福建泉汕陷落带	海岸陷落	1：79 = 12.7	
甘肃武都折断带	转折褶曲	1：62 = 16.1	X—XI
安徽霍山折断带	转折褶曲	1：60 = 16.7	VIII—X
甘肃贺兰山断裂带	逆掩断层	1：80 = 12.5	X—XI
四川南部断裂带	逆掩断层	1：136 = 7.4	IX—X
甘肃泾原断裂带	断层?	1：65 = 15.4	X—XI
河南南阳折断带		平均频率为每若干年有破坏大震一次或即每千年中有几次	
广东琼雷断陷带	断层沿落	1：年数 = 千年中之次数	

民国鼎新，20有余年中，大震成灾，伤人毁屋，山崩地裂者，屡有所闻，抑且世界地震观测，渐臻完密，震源所在，历历可指。爰就各方所集材料，列表于后。复按地理分布，绘之于图，藉供参考。庶知何地震多，何地震重，何地则安若磐固。惟时期极短，曷足道详尽之研究，然亦可粗示其梗概也。

国际地震观测总录（International Seismological Summary，I.S.S.）始刊于1918年（民国七

年），现出至1930年（民国十九年）。民国前期之记载，在采自翁氏近15年来之中国地震（载于民国十二年《东方杂志》20卷16号）。自二十年迄今，则以气象研究所之地震观测，先为补充之。综合所得，详如下表。I.S.S.仪器观测所定之中国地震，为数至伙，13年间，计达240余次。兹所录者，仅其中震、大震（有记录者30处以上）。其他微弱小地震，则只附诸图中，以见一斑而已。

民国以来中国大陆部分地震事件表

年份 民国（公历）	月	日	G.M.T. 时	分	秒	震中 纬度/N，经度/E	附注
前一年（1911）	1	4				新疆北天山中俄交界处	死450人，地破裂
六年（1917）	1	28				安徽霍山英山六安	死百余人
	7					云南大关	死2000人
七年（1918）	2	4	17	54	49	29.6° ，87.8°	（30）括号内数字为有记录之观测所数，下同
	2	13	6	7	10	24.0° ，116.5°	（59）泉汕大震死200人
八年（1919）	5	29	10	59	45	31.5° ，100.5°	（34）
	10	31	19	2	10	24.0° ，116.5°	（28）1918年2月13日
九年（1920）	5	2	8	27	10	35.7° ，90.5°	（30）
	6	5	4	21	30	24.0° ，120.0°	（75）
	10	12	6	54	40	35.7° ，81.0°	（32）
	12	16	12	5	43	35.8° ，105.7°	（78）甘肃泾原死15万人
	12	25	11	33	8	35.8° ，105.7°	（62）1920年12月16日
十年（1921）	10	14	16	43	45	30.5° ，91.0°	（43）
	12	1	10	49	32	30.0° ，119.5°	（31）
十一年（1922）	8	25	19	29	30	50.0° ，91.8°	（51）
	10	16	16	1	25	39.5° ，91.5°	（47）
十二年（1923）	3	24	12	40	10	31.5° ，100.5°	（84）西康炉霍死2000余人
	4	23	3	16	40	29.0° ，122.5°	（60）
	6	22	6	44	30	22.7° ，99.0°	（80）
	9	14	12	57	24	37.0° ，95.0°	（35）
	10	20	3	18	48	30.0° ，99.0°	（33）
	11	15				山西苛岚	死1500人
十三年（1924）	7	3	4	40	0	37.3° ，85.3°	（89）
	7	11	19	44	33	37.3° ，85.3°	（86）1924年7月3日
	8	13	23	57	42	29.5° ，91.5°	（32）
	10	8	20	32	52	30.5° ，91.0°	（67）1921年10月14日
十四年（1925）	3	16	14	42	06	25.0° ，100.0°	（85）云南大理凤仪死6500人
	8	31	9	58	00	35.0° ，90.5°	（32）1920年5月2日
	10	15	12	36	12	27.0° ，100.0°	（45）
	12	7	8	34	24	38.0° ，76.5°	（38）
十五年（1926）	6	4	6	50	45	35.0° ，90.5°	（43）
	8	6	4	32	50	25.0° ，119.5°	（26）
十六年（1927）	2	3	3	53	5	32.7° ，120.7°	（76）江苏省及皖东均感震动
	2	3	4	52	5	32.7° ，120.7°	（53）江苏省及皖东均感震动
	3	14	17	37	32	26.0° ，102.5°	（38）
	4	30	13	56	30	39.5° ，79.0°	（53）
	5	22	22	32	32	36.8° ，102.8°	（131）甘肃凉州地震死5万人
	5	23	2	45	40	36.8° ，102.8°	（38）1927年5月22日
	5	23	13	51	6	37.5° ，100.5°	（40）
	5	23	23	44	54	37.5° ，100.5°	（36）1927年5月23日

续表

年份 民国（公历）	月	日	G.M.T. 时	 分	 秒	震中 纬度/N，经度/E	附注
	9	23	13	54	10	43.0°，85.5°	（83）
十七年（1928）	3	7	22	43	14	36.0°，102.0°	（70）
十八年（1929）	1	18	18	44	39	40.8°，110.3°	（40）河套绥远死伤多数
	10	16	20	27	24	25.5°，98.5°	（88）
	10	18	10	42	35	25.5°，98.5°	（88）
	10	24	6	34	00	22.5°，117.5°	（69）1913年1月8日
十九年（1930）	4	10	14	24	10	39.5°，76.5°	（32）·
	4	28	18	34	41	25.5°，98.0°	（74）
	7	13	19	27	22	38.1°，98.4°	（99）甘肃肃州附近
	9	1	17	43	17	35.2°，81.1°	（45）
	9	21	23	4	17	25.5°，98.5°	（107）1929年10月18日
	10	2	7	1	26	25.5°，98.5°	（53）1929年10月18日
二十年（1931）	3	19	7			39.8°，74.8°	
	8	10	21	18	40	47°，89°	依据鹫峰观测值，新疆有死伤
二十一年（1932）	4	7	9			30°，113°	麻城灾伤，汉芜京感觉
	8	14	4			29.5°，98.0°	
	8	22	11			36.5°，123.0°	山东半岛地震
	12	25	2			39°，95°	甘肃玉门等大灾震死伤一二千人
二十二年（1933）	3	23	17			51°，109°	
	3	23	13			河南卫辉彰德	房屋有坍塌
	4	19	7			25.8°，121.5°	福建福州地震
	4	30	8				山东临城夏口地震
	6	7	12			26.0°，100°	
	8	25	8			32°，104°	四川岷江上游灾震死亡五六千人
	9	9	5			36°，102.5°	
	9	25	19			37.5°，87.5°	
	11	5	20			27.5°，103.5°	
	11—12						江苏盐城地震群
二十三年（1934）	1	11	13			24.5°，103°	
	1	20	18			绥远五原	剧震军民有伤亡
	3	17	21			安徽霍山皖山	汉芜安庆一带有轻震
	6	23	5			33°，94°	
	10	9	21			扬州镇江间	扬镇京锡均有微震
	10	26—27				河北临榆抚宁	地震无大损失
	12	14	20			30°，89°	
	12	15	2			31.5°，89°	
二十四年（1935）	1	3	2			33°，87°	
	1	19				河北唐山	破旧房屋倾圮数所
	1	24				河北丰润沙流河	地震
	2	11—25				贵州威宁	地震成灾
	12	1				广西明江	地震
	12	2				甘肃古浪	地震
	12	18	（两次）			四川马边南	马边会理压毙人畜灾情颇巨成都重庆镇雄均感地震
	12	27				河南焦作	地震鸣声似雷

就表中所列震中及I.S.S.其他记录视其分布，则民国以来地震区域，当如附图所示。内中符号"+"大地震，"·"中小震，"▨"地震区。由图观之，中国地震为数固未尝少，而烈度亦复强大。尤以边远区，为地震最活动之带。惟因人口稀少，文教不宣，交通阻梗，音讯不传，故鲜有所闻。至中国本部，除甘、川、康、滇时有破坏灾震及显著地震外，概少重震，或竟无之。试以中国山脉形势图（见附图左下角之小图）与地震区域图对之，则见两者如出一辙，极为相似，我国既无火山，陷落亦鲜（除唐山、滦榆、焦作、新化等矿区外），故地震之分布，全与山脉相一致，多为构造地震。

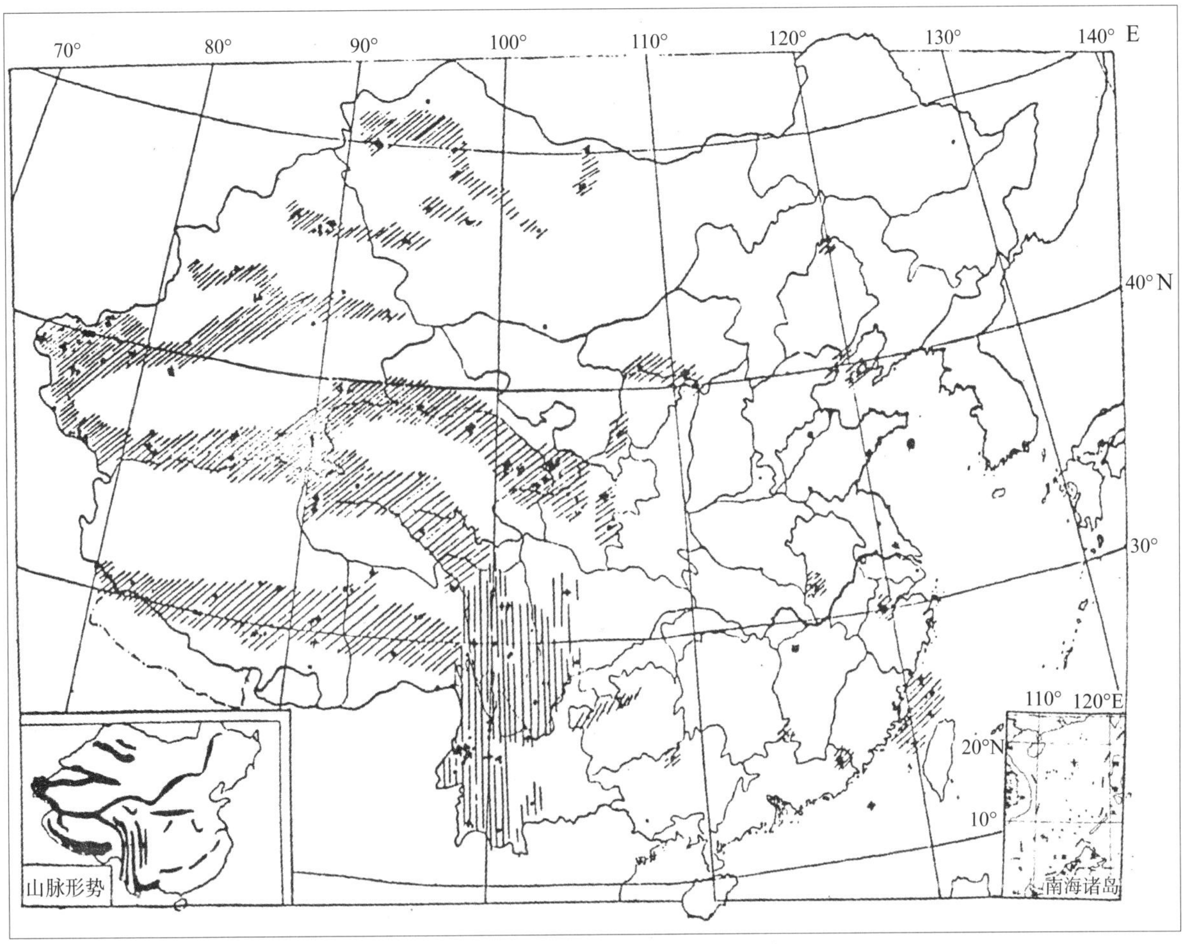

民国以来中国地震区分布图示意图
（编者注：拓自资料原文）

山之生成，有因火山喷出物堆积成山，有因侵蚀所余坚岩而成山，然要以褶曲及断层为最要。地壳缩皱，发生水平横压力，结果形成褶曲。初则为挠曲，曲上、曲下之形，迨褶曲度进展，乃成为背斜、向斜之集合体，或构成等斜褶曲、扇状褶曲、横卧褶曲等，又或进而伴生逆掩（冲上）断层之复杂构造。断层，则以垂直之上下升降为主。断层类多密集，有一定之方向，成所谓断裂地带，名曰地质构造线。由二个以上平行走向断层所成之正形（positive element）谓之地垒，负形谓之地堑（亦称地沟）。若地块垂直运动不等时，一方成为断崖，断距往往甚大。其下生断层角洼地。地垒、断崖与褶曲，皆多绵延细长成脉，但断层之绵延长度，则较逊于摺曲山脉。褶曲与断层，其生成期有古今迟早，曲度与断距有缓烈大小。大抵时代古者，蓄势震泄垂尽，活动鲜少。而时代新者，则破裂程度方兴未艾，演进不息，故地震乃频而烈矣。

依地理次序，试再述中国之重要地震带。

（1）阿尔泰山带。阿尔泰山之北，为阶级断层，先后相接，愈陷愈深，其北隆起之区，即唐努山，山之南亦复有阶级断层，故阿尔泰山为地垒山脉，地震多强烈。

（2）天山带。新疆部葱岭与廓克沙勒岭一带，为中国最活动区，地震极多且猛烈，延天山脉迤东，震势渐杀。天山山脉，据称皆为褶曲山脉。

（3）昆仑山带。葱岭中干之昆仑山，据欧洲学者研究结果，以出于褶曲为多，而断层与挠曲亦与有力焉，地震烈度皆甚高，恐其生成时代尚新也。

（4）外喜马拉雅山（编者注：冈底斯山）带。此山脉成于新生界第三纪。地震频多而强烈。

以上四带，重山叠嶂，山崩地裂，想必綦重，然邻近地域人烟稀少，或且绝迹，故人畜灾伤，则鲜闻焉。

（5）祁连山带。甘肃、青海间之祁连山，震源密布，时或酿成大震灾，民国十六年凉州及民国二十一年玉门之震，皆发源于此。据调查结果，谓断层似有数处云。

（6）横断山脉带。此带构造复杂，有谓褶曲极烈，断裂伙多，故大中震为数极多。民国十二年炉霍、民国六年大关、民国十四年大理及民国二十二年叠溪诸大震，皆出于此带。

（7）六盘山带。民国九年泾原之震，发生于是，所谓陇西地震之震源地是也。

（8）阴山带。河套段屡有中震，皆未成巨灾。

（9）苗岭带。昨年威宁曾罹灾震。

（10）大杉岭带。泉汕之震，导源于是，且起海啸云。

（11）闽海滨断裂带。福建沿海一带，时起小震，震度均不烈。

（12）安徽霍山折断带。民国六年遭灾震，近年亦时作中小震。

除上述诸带外，苏、浙、鲁、冀、豫、桂，亦各有大小之震源在焉。

（民国二十五年一月十日于北极阁）

（二）西北历代地震记

摘自《西陲宣化使公署月刊》1卷6期（1936年）。

史册所记，西北地震，始于周幽王二年，以前如何，不得而知。周以后之记载，文字虽甚简略，然大可想见震灾之烈。如南北朝地震，野草皆自反。宋宣和六年兰州地震，诸山草木，悉没山下，麦苗皆在山上。元至正十二年，甘肃地震，凡百余日，城郭颓移，陵谷变迁。明嘉靖三十三年，陕西诸郡地震，声如雷吼，山移地裂，郡邑皆陷，官吏军民压死83万有奇。明万历三十七年，甘肃地震，屯边墩870里地裂。明天启七年，宁夏地震18日，凡百余次，其声大如雷，小如鼓如风，各卫营屯堡城垣房屋边墙墩台悉圮。近者如乾隆三年，宁夏地震，地为奋跃，土皆坟起。光绪五年，甘肃地震，山谷响应，土雾亘天，米场碌础相斗，瓮水倾流。及民国七年、十六年，两次大震，为祸之惨，均无可比拟。

根据此项记载，统计西北历代地震情况，大致如次：① 自周幽王二年（公历纪元前780年，民国纪元前2691年）起，迄民国25年止，计2716年间，共发生地震263次，内大震20次，震而有声者51次；② 连续地震共15次，凡震634次，连续地震不计次数者17次；③ 长时间连续地震共13次，计历时738日，长时间连续地震不计日数者共9次，历时约20年；④ 山崩80次，地陷6次，地裂19次，地内涌水20次，地内出火2次；⑤ 死亡官民966670人，倒塌房屋255200间，伤亡人民损失无计者，共44次。历代史册所记西北地震情形如次。

1. 自周幽王至南北朝

周幽王二年地震，三川皆动，同年三川竭。汉惠帝二年正月，陇西地震，压400余家。汉高后二年正月乙卯，羌道地震，同年武都山崩，杀760人，至八月乃止。汉元帝初元二年二月戊午，陇西郡地震，败坏巨道县城郭官寺及民室屋，压杀人家。汉成帝绥和二年地震，自京师至北边郡国三十余，坏城郭，凡杀415人。后汉和帝永元五年二月戊午，陇西地震；后汉和帝永元九年三月庚辰，陇西地震。后汉顺帝永建三年五月丙子，汉阳地震，坏屋杀人。后汉永和三年二月乙亥，金城（今兰州）陇西地震，裂城坏屋杀人，二郡山岸崩。后汉汉安二年，凉州地百八十震。后汉建康元年正月，陇西、汉阳、张掖、北池、武威、武都地震，自去年九月以来至四月，凡百八十日，山谷坼裂，败坏城寺，伤害人物。后汉桓帝建熹四年，凉州地震。后汉永康元年五月丙午，高平（今平凉）地裂。后汉灵帝光和三年，酒泉表式地凡八十余动，涌水出城中，官市民舍皆倾，县易处，更筑城郭。

三国，魏齐王正始二年冬十二月，南安郡（今陇西）地震。正始三年秋七月甲申，南安郡地震。正始六年春二月丁卯，南安郡地震。晋武帝咸宁四年六月丁未，阴平（今文县）广武地震，同月甲子地又震。晋太康六年十月，南安新兴（今武山）山崩，涌水出；晋太康七年二月，阴平仇池（今成县）崖陨；晋太康七年七月，南安地震；晋太康八年七月，阴平地震。晋惠帝元康五年六月，金城地震。东晋元帝大兴元年四月，西平地震，涌水出；东晋大兴二年五月己丑，祁山地震，山崩杀人。东晋穆帝永和五年八月，凉州地震。东晋哀帝隆和元年四月丁丑，梁州地震，浩门山崩。东晋兴宁三年（苻秦建元元年）秦雍二州地震，裂川泉涌出，金象生毛。东晋海西公太和元年二月，凉州地震，水涌。东晋简文帝咸安元年，西平地裂，狐入谦光殿。东晋孝武帝宁康二年七月甲午，凉州地震山崩；东晋孝武帝太元八年（苻秦建元十九年）姑臧（今武威）陨石落于闲豫堂，南门崩。东晋安帝隆安三年，凉州地震；东晋安帝隆安四年，金城南景门崩。东晋义熙时，客星入东井，所在地震，前后156震。东晋义熙元年，武威地震山崩；义熙二年，苑川地震，地裂生毛，狐鸡入于寝内；义熙十三年三月癸卯，敦煌谦德堂陷；义熙十三年八月，效谷地震，先是春夏地频五震。东晋恭帝元熙元年夏四月，西凉地震，星陨。南北朝宋文帝元嘉六年，西秦地震，野草皆自反。南北朝北魏孝文帝太和元年五月，统万镇地震有声；同年闰月，秦州地震，殷殷有声。北魏太和五年二月戊戌，秦州地震；太和六年五月癸未，秦州地震有声；太和六年八月甲午，秦州地震，有声如雷；同月乙未，秦州地又震；太和七年三月甲子，秦州地震有声。太和七年六月甲子，雍州地震有声；太和十年闰正月丙午，秦州地震；太和十年二月，秦州地震有声。北魏宣武帝景明元年六月庚午，秦州地震；景明四年正月辛酉，凉州地震，殷殷有声，城门崩。永平元年正月庚寅，秦州地震。延昌元年四月，朔州（今宁夏）地震。延昌元年十月壬申，秦州地震有声。孝明帝熙平二年十二月乙巳，秦州地震有声。正光二年六月，秦州地震，东北引有声。南北朝东魏孝静帝武定二年冬十一月，河西（今甘肃凉州）地陷，有火出。

2. 由唐代记到元末

唐太宗贞观八年七月七日陇右（今榆中、通渭、定西、会宁等县）山崩，大蛇屡见；贞观二十年九月辛亥，灵州地震，有声如雷。玄宗开元二十二年二月十八日，秦州地震，先是秦州百姓闻州西北地下殷殷有声，俄而地震，坏庙宇及居民庐舍数千间，地拆而复合，震时无定，压死4000余人；开元二十八年，吐蕃安戍城断水路，城东山鸣石拆，涌泉，二土为突。肃宗至德元年十一月辛亥朔，河西地震有声，坏庐舍，张掖酒泉尤甚，至翌年六月始止。文宗开成四年，吐蕃地震，裂水泉涌，岷山崩过洮水，逆流三日，鼠食稼，人饥疫死相枕藉。宣宗大中三年十月辛巳，振武、天德、河西、灵武、盐夏等州地震，坏军镇庐舍，地裂压死数千人。僖宗乾符三年六月乙丑，雄州地震，州城庐舍尽坏，阶地陷水涌，伤死甚众，至七年辛巳止；乾符四年六月庚寅，雄州地震。五代（唐）明宗长兴三年八月，秦州地大震。宋太宗雍熙三年，阶州（今武都）福津县常峡山圮，壅白水江，逆流高十丈许，坏民田数百里；雍熙三年九月丙戌，秦诸州地震，昼夜12震；雍熙三年十月，潼关西至灵州、夏州、环庆等州地震，城郭庐舍多坏。真宗咸平四年正月，成纪县（今天水）山摧，压死者62人；咸平四年九月，庆州地震者再。景德四年七月，成纪县崖圮，压死居民。景德四年七月乙丑，渭州瓦亭寨地震者四。仁宗天圣五年三月戊申，秦州地震。哲宗元祐四年，陕西地震；元祐七年九月己酉，兰州永兴军镇戎地震；十月庚戌朔，环州地再震。徽宗建中靖国元年十一月，威胜军地震弥旬，昼夜不止，坏城壁屋宇，人畜多死。崇宁七年六月（编者注：原文如此），熙河（今临洮）、环庆、泾原（今泾川等地）地震，同时秦陇金城亦震，六城坏。政和五年秋七月，泾原地震。七年宁河、环庆、泾原路地震经旬，成寨关堡，城壁楼橹，官私庐舍，并皆摧塌，居民复压死伤甚众。

宣和六年春三月，兰州地震，诸山草木悉没山下，麦苗皆在山上；同年闰月，泾原地震，陕西地大震；宣和七年十月己亥，熙河路地震，有裂数十丈者，兰州尤甚，陷数百家，仓库俱没。高宗绍兴十三年二月，夏国地震，地裂，涌泉出黑沙，逾月不止。金海陵王正隆五年二月辛未，陕西地震，镇戎、德顺等处大风，坏庐舍，民多压死。宣宗兴定三年四月癸未，陕右地震，黑风昼起，有声如雷，平凉、镇戎、德顺尤甚，庐舍倾压，死者以万计，杂畜倍之。元世祖至元二十六年，瓜、沙二州地震，城坏。成宗大德十一年八月壬寅，开成路地震，坏王宫，官民庐舍皆坏，压死故秦王妃也里完等5000余人。成宗元贞元年六月丁酉，巩昌、陇西、宁远县地震。武宗至大四年三月己亥，宁夏路地震。秋七月癸未，甘肃地震，大风，有声如雷。闰七月甲子，宁夏地震。仁宗延祐二年五月乙丑，秦州成纪县山移，是夜疾风雷电，北山南移至千河川，次日再移，平地突出土阜，高者二三丈，陷没居民；延祐四年秋七月己丑，成纪县山崩，土石溃徙，坏田稼庐舍，压死居民；延祐五年二月丁酉，秦安县山崩；延祐五年五月乙卯，巩昌陇西县大雨，南土山崩，压死居民；延祐五年七月戊子，巩昌宁远县（今武山）山崩；延祐六年八月，伏羌县（今甘谷）山崩；延祐七年，秦州成纪县暴雨，山崩，覆没畜产。英宗至治元年八月壬戌，秦州成纪县山崩。泰定元年八月，成纪县大雨，山崩，壅土至来谷河，至丘阜；泰定二年夏四月，巩昌伏羌县大雨，山崩；泰定二年六月，秦州秦安县山移；泰定二年九月，汉中道文州霖雨山崩；泰定三年十二月丁亥，宁夏路地震，声如雷，发自西北，连震者四；泰定四年八月，巩昌通渭县不周门地震，山崩，有声如雷，昼晦；泰定四年九月壬寅，宁夏路地震。致和元年七月辛酉朔，宁夏地震。文宗至顺三年秋七月己未，通渭县山崩，压坏人民庐舍；至顺三年八月己酉，陇西地震。顺帝元统元年八月壬申，巩昌徽州（今徽县）山崩；同年九月庚申，秦州山崩；十一月丙申，巩昌成纪县山崩地裂；辛亥秦州山崩地裂。至元二年五月壬申，秦州山崩；（后）至元四年七月丙辰，巩昌府山崩；（后）至元六年六月乙亥，秦州成纪县地裂山崩，至正三年二月，秦州成纪县、巩昌府宁远县、伏羌县，山崩水涌，溺死人无算。同年六月己巳，秦州秦安县南城崩裂，压死人畜；七月戊辰，巩昌山崩，人畜死者甚众。至正十年五月甲子，秦州数十处大雨山崩。至正十二年三月，陇西地震百余日，城郭颓移，陵谷变迁，定西、会州、静宁、庄浪尤甚；至正十三年三月，庄浪、定西、静宁、会州地震；至正二十八年六月，陕西地震。十月辛巳，地又震。

3. 明清两朝地震最多

明太祖洪武四年正月乙丑，巩昌、临洮、庆阳地震；洪武六年五月壬戌夜，伏羌高山崩；洪武十一年四月乙巳，宁夏地震，城垣坏；洪武十三年十二月甲戌，河州（今临夏）地震。成祖永乐元年十一月甲午，宁夏地震；永乐五年二月戊午，西和地震。英宗正统五年十月庚午朔，兰州庄浪地震，迄十一月仍屡震，坏城堡庐舍，压死人畜；正统十三年，陕西通渭平凉华亭山倾，军民压死者80余人。天顺五年秋上月，河州南山崩，壅大夏河，水数日不流。宪宗成化十年三月，皋兰山麓地陷，坑没人畜甚多；十月丁酉，灵州大沙井驿地震，声如雷，城堞房屋多圮，自后昼夜屡震，至十一月甲寅，凡十一震；成化十三年闰二月癸卯，临洮、巩昌地震，城有颓者；四月戊戌，陕甘巩昌凉州等处地裂，大震有声如雷，冰厚5尺，间以杂沙，有青红黄黑四色，宁夏城垣崩塌，凡83处；成化十八年，环县地震；成化二十一年闰四月癸未，巩昌府因原街及兰河洮岷四洲地俱震，有声。孝宗弘治三年六月乙巳，河州山崩地陷；弘治六年三月，宁夏地震，连3年共20震；弘治八年三月巳亥，宁夏地震有声如雷，日12次；弘治十年，宁夏灵州镇番地皆震；弘治十四年五月庚戌朔，庆阳府地震，有声如雷，城垣民舍多摧，压死人畜甚众，频震17日；弘治十八年六月丙子，子河州、沙子沟夜大雷雨，石岸崩，山移七八里，崩裂为沟，田庐民舍俱陷，是月宁夏地震，是年庆阳地亦震。武宗正德五年六月，秦州山颓，伤室庐禾稼甚众。世宗嘉靖元年夏，宁夏地震，有声如雷；嘉靖二年正月，陕西地震；嘉靖三年正月丙寅，陕西地震，九月河州会宁亦震；嘉靖十三年闰三月，洮岷地震；嘉靖十九年四月庚午，甘肃各州地俱震；嘉靖二十一年九月甲戌，固原、洮州、宁夏地震；十一月，秦州属县地震，山崖崩坠，尘飞蔽野，同月巩昌、固原地震；嘉靖二十三年八月，秦州鸡鸣山摧，塞鸡川水，经年不流，陇水清旬日；嘉靖二十四年八月，秦安县地震有声；

嘉靖二十五年，清水县分门镇山裂，深200余丈；是年四月初十日，肃州地震，有声如雷，大树皆枯，八月戊子，秦安地震，癸巳复震；嘉靖二十九年冬十月，肃州地震，是年伏羌县山崩；嘉靖三十四年十二月，陕西诸郡地震，声如雷吼，山移地裂，郡邑皆陷，官吏军民压死八十三万有奇；嘉靖三十五年，肃州地震；嘉靖三十六年冬十月十五日，肃州地震有声；嘉靖三十七年，陕西地震，陇右诸地几震10余次；嘉靖四十年二月戊戌，甘肃山丹卫地震有声，坏城堡庐舍；嘉靖四十六年，宁夏固原地大震，城垣墩台府屋皆摧，地涌黑黄沙水，压死军民无算，并坏广武红寺等城；嘉靖四十一年正月丙申，宁夏地震墙垣倾；嘉靖四十五年八月，甘肃清水县地震。穆宗隆庆二年三月甲寅，陕西庆阳、宁夏一带地均震，同年宁远县城崩，四月癸未，宁夏地复震，乙酉庆阳平凉亦震，坏城伤人；隆庆二年十二月初七日寅时，甘肃岷州卫地震有声，振响如雷，起自东南庙宇城垣，官私民舍，半就倾倒，居民压死者无数，经10余日始渐止。神宗万历三年十月己卯，岷州卫地震，乙丑至壬午又连震百余次；万历九年六月，文县地震，山岩城垣多坏，同时清水县山崩；万历十六年八月西宁地震，十九日靖虏卫地震，雷鸣降雨雪尺许；万历十八年六月，靖虏卫地震，并降雨雪，丙子临洮地震，坏城郭庐舍，压死人畜无算；万历十九年十月戊戌，山丹卫地震，坏城垣；万历二十三年十二月癸亥，陕西地震，声响如雷；万历二十六年正月丁亥朔，宁夏地震；万历二十七年秋七月，临洮鹦哥山摧，八月甲午，狄道（即临洮）城东山崩，其下冲成一沟，山南耕地涌出大小山五，高20余丈；万历二十九年八月十三日，狄道朵秀山崩，内出一白兔；万历三十二年闰九月庚辰，巩昌地震，一日十余震，城郭居民并摧，白杨吴泉界地裂3丈，溢出黑水，搏激丈余；万历三十六年八月，宁夏中卫等处地震；万历三十七年六月辛酉，甘肃地震，红崖清水诸堡，压死军民840余人，屯边墩870里地裂，同日南山崩，时人生斑疹，达七八年，每年地震一二次，至四十五年方息；万历四十三年六月二十五日，甘肃洪广营地震有声，自西北往东南，倾倒城西两月城13丈，米塔墩北面月城7丈；万历四十六年，清水县地震，亘四十余日；万历四十七年五月，狄道地震，声如雷。熹宗天启元年春正月朔夜半，宁夏地震，其声如雷，初九日又震；天启二年九月甲寅，甘肃地震，平凉、隆德、静宁、崇信、镇原、真宁、镇戎、平虏等处，坏城垣7900丈，屋宇11,800余，压死男妇2000余口，同年，静宁星陨如雨；天启四年五月十九日夜，庄浪地大震，山摧地裂，凡14昼夜；天启六年十二月戊辰，宁夏地震，石空寺堡礌山石殿倾倒，压死僧人；天启七年，宁夏地震，自正月己巳至二月己亥，凡百余震，其声大如雷，小如鼓如风，各卫营屯堡，城垣房屋，边墙墩地悉圮。庄烈帝崇祯二年，兰州真宁地震；崇祯三年，宁远县山崩，红嘴山崩，场垣俱亡，场禾在树，周生川庄，一夕移于山上；崇祯四年六月乙丑，临洮、巩昌地震，坏庐舍，损民畜；崇祯五年冬十月十三日夜，成县地震，十一月西和地震，十二月十五日，成县复震；崇祯七年秋七月十三日，成县地震，自东南来，次日复震，连数日不止；崇祯七年冬，甘肃全省地大震，坏屋伤人无数；崇祯九年三月，宁远县地震，十一月壬子，灵台县地震；崇祯十四年夏四月二十日，阶州地震，五月戊子，甘肃全省地震，秦州礼县地裂水出；崇祯十六年八月，灵台县地震，日出日落，常有黄气，背方白虹贯日，同年，秦州山崩，虎头山下关家庄填压无移，惟一佛寺移数里外，一椽未损；崇祯十七年，秦州地震，有二山相距甚远，民居其间者数百万家，一日地震，两山合，居民并入其中，雨毛，地生毛。清顺治六年，两当县地震，山崩地裂，涌出黑水，坏民舍，压死人畜无数，半月始平；顺治九年，阶州地震月余，城垣尽颓，民屋坍塌；顺治十年秋八月，礼县地震；顺治十一年夏六月，临洮、巩昌、平凉、庆阳等处地震，有声如雷，坏房舍，压死人民甚众；顺治十二年，安定县（今定西）地震数月，倾倒房屋，压死人口。康熙元年春五月二十五日，伏羌县地震；康熙三年夏六月，秦州地震，康熙六年冬十月，阶州山鸣；康熙十一年夏五月，徽州西和地震，木门里数村汇为巨浸；康熙十三年，阶州地震五月余，墙垣倾颓，压死人畜甚众；康熙十六年秋八月，阶州地震，数月乃止，墙宇坍塌，压死人畜。康熙十七年，阶州地震，雨雹；康熙十八年，阶州地震，树鸣雨雹；康熙二十年夏六月，阶州地震；康熙二十六年夏六月，宁夏地震；康熙三十四年，平凉地震；康熙四十三年春三月，平凉府地震，秋七月，宁远地震，八月，真宁地震，九月，安化（今化平）环县地震；康熙四十七年秋七月，西安堡地震，泉源壅塞；康熙四十八年秋九月二十日，西宁、凉州、静宁、固原、宁夏等处地皆震，中卫尤甚，河南各堡，平地水渥鱼游，推出大石有合抱者，井水激射高出数尺，自是地震无常，年余始息，压死男妇2000余口，人悉露栖。是年冬，庄浪所阿霸岭等处，地震伤人，靖远县地亦屡震有声，摧塌边墙1660丈7尺，墩台20座；民房2000余间，压死男妇32人，至明年正月朔，地复震；康熙四十九年，环县地震；康熙五十三年，静宁州地大震；康熙五十七年夏五月二十一日，临洮、巩昌、秦州、平凉、庆阳、宁夏等处地大震，秦安尤甚。雍正三年冬十一月朔，环县地震，坏庐舍；雍正五年，合水地震；雍正八年夏五月中旬，洮西十里古凤山崩，同年，合水正宁地震。乾隆三年夏四月，文县地震；乾隆三年冬十一月，靖远、庆阳、宁夏地震，平罗、北新渠、宝丰、中卫，香山等处尤甚，一时地为奋跃，土皆坟起，拆裂数尺或数丈，水涌溢，其气蒸热，村堡、城垣、堤坝、屋舍、窑庄尽倒，压毙官民男妇5万余人，越10余日，土人有掘窑搜物者，洞开而入犹生，自云采盆中粟嚼之，得不死；乾隆四年冬十一月二十四日，凉州地震；同年，安县泰北山崩，壅陇水不流者数日；乾隆六年冬十一月，正宁县地震；乾隆十三年冬十月朔，环县地震；乾隆十六年，秦州仁寿山崩；乾隆二十一年秦州邦山之阴山鸣有声，人畏避之，数日山崩；乾隆二十五年二月二十七日，镇原地震；乾隆二十九年，通渭县雨经旬，地大震，六日乃止；乾隆三十年秋七月，会宁县地震，城垣多裂。同月十八日辰时，伏羌县地大震，倒塌房屋28,700余，压伤人口70余；乾隆三十三年二月，镇原地震；乾隆五十年春二月初八日，地震，先是大风霾拔木，二日乃震。嘉庆二十三年秋七月初五日，道州东山崩，压陷田地三十余亩；嘉庆二十五年春正月初九日，镇番县（今民勤）地震，自西北来，有声如雷。宣宗道光十一年夏六月，狄道州南黎家洼山崩，压死25人；道光二十七年夏六月十一日，西宁北川郭家塔尔山崩，同月，西宁南川田家寨北山崩，壅塞河道，冲倒房屋，邑民避居高阜福神庙，次夜雷雨复作，水高数十丈，栖庙侧者皆混毙，同年秋七月，兰州皋兰山崩；道光三十年，宁远地震，房屋倾倒，人有压毙者。咸丰二年四月初八日，中卫地大震，轰轰如雷者三次，地裂，漏出黑沙泥，压倒房屋，伤男女数百口；咸丰三年六月朔夜半，狄道马衔山裂，喷火出，光焰烛天，照耀山川，至明始熄；咸丰五年，大通县（今属青海）西塔破山崩。咸丰十一年，宁远（今武山）地震，同年夏六月，狄道凤凰山崩，有声如雷，数日不息，闰八月，皋兰县地震有声，自艮方而来。同治四年，固原山崩；同治十一年三月，皋兰县地震，自春徂夏不雨；同治十二年正月二十六日黎明，肃州地震；同治十三年八月初旬，西和县大风，其声如雷，十一日昼晦，西山崩裂，走入城中，震倒西城墙垣240余丈，民房90余院，压死男妇49人，受灾者210余口。光绪元年春正月元旦，西宁西山阴山崩，压盖田地，壅塞水渠，秋七月，旧洮州东明山崩，九月，皋兰县地震；光绪三年夏六月，河州大雷雨，北乡红崖寨山崩，压死居民200余人，牲畜无数；光绪四年秋九月，皋兰县地震；光绪五年夏五月初十日，阶州文县地震，十一日，阶州大水，十二日寅刻，陇石（今榆中、通渭、定西、会宁等县）诸州县，同时地大震，山谷响应，土雾亘天，禾场碌碡（石作碾麦器）相斗，瓮水倾流，室庐摇落，压死人畜，阶州城内突起土阜，周二里许，各处山飞石走，地裂水出，杀9881人，文县山崩水壅，城垣倾圮，杀10,830余人，先是该县有童谣云："两个土地会说话，两个石子会打架"，又是月起迄六月，文县南河洋汤河与阶州西江水先后涨发，淹没城垣营署民房，人畜无算；光绪六年夏六月二十五日，阶州文县等处地大震，杀42人，嗣后年动无常，迄十一年八月十七日震后乃止，亘五年之久，同年，古浪亦震；光绪七年夏五月乙卯，皋兰县地震，翌日复震，六月礼县岳平大潭地大震，毙人民480口，倾倒房屋四千有奇，牲畜无数。二十五日，西宁西和等处地亦震，秋七月，通渭秦安地震，冬十一月初二子时，西宁丹噶尔地震，其声自北而南，天明巳时又震，初三日寅刻，又震；光绪八年二月初八日丑刻，西和地震有声，冬十一月，皋兰地震；光绪十年冬十一月，皋兰地震，二十九日夜，秦州西和等处地大震有声如雷；光绪十二年，河州水冰草岭山崩；光绪十三年夏闰四月十二日亥亥，西和地震，有声如雷，六月，皋兰地震，坏城垣庐舍，冬二月甲戌，河州地震；光绪十四年夏四月，皋兰地震，秋九月，西宁、秦州等处地震，靖远、芦塘营、永安堡、销羊堡尤甚，倾倒城垣房屋，压死人畜无算；光绪十五年秋八月，灵州地大震，倾倒房屋甚多，九月又震；光绪十六年春正月贾八日卯时，西宁地震有声；光绪十九年夏四月十七日，西宁县小南川贝尔于地震，倾倒房屋三百余间，压毙人口甚众；光绪二十年，河州东八部兰山崩；光绪二十一年十二月初四日夜，山丹县地震有声，自西南而东北。光绪二十二年，河州东哈家山崩；光绪二十三年春正月二十四日，兰州地震，同年，宁远大夫沟北山崩，壅漳水三日不流，上下村室庐淹没，死百余人；光绪二十五年，旧洮州东明山崩；光绪二十六年春，静宁南地裂，乱石堆川，六月初四日，遥山忽崩，壅塞河水，三日不流，同年，漳县新寺南谷山崩，有声如雷，地土松涌，若马勃然，同年，河州东王家山亦崩；光绪二十七年夏，兰州五泉山台阁下山崖崩落，石破尘飞，数日始止；光绪二十八年，永昌地震；光绪三十年冬十月初六日，旧洮州古泉山崩；光绪三十二年夏五月，洮州西乡莽湾山崩，六月端沟山崩，秋七月陡茅坡山崩，淹民田数十亩。宣统元年夏六月望，泰安雒家川南山响动，飞尘时起，寻崩。

4. 民国地震为祸最惨

民国二年十二月抚彝（临泽）县地震。民国九年十月十日，永昌县地微震，时黑风暴起，大木多拔。民国八年十月十六日晚8时起，西北大地震，第一次震动最烈，全境地面上下激跃，城垣房屋顿时倾倒，人不能直立，历时约20分钟，嗣后又复小震多次，年余始定，各县震情如众；天水，城楼倾覆，房舍倒塌，压毙居民200余人，马跑泉天水井地裂，黑水涌出，民舍必荡，人畜伤亡；会宁，全城民舍倒塌，乡村镇堡坍圮，压毙人民300余口；静宁城圮，庐舍庙宇荡为平地，乡镇村庄室庐悉坏，全村覆没者20余，其山崩崖摧，地裂水涌，所在皆是，共毙人民五六千口，牲畜无算；榆中、定西、通渭、靖远、泰安、清水等县城，及村镇房屋倒塌殆尽，人民死伤无数，靖远有一村陷为河，可行筏；隆德城舍倾颓，死伤居民乡城共数万，牲畜无计，西积滩山崩，压毙回教首领及眷属60余人，教徒五六百人，镇戎之同心城夷为地，华亭庄浪化平，房屋倒塌；固原城坍殆尽，乡村数处覆灭；海原城颓有半，压毙居民牲畜极众多，有陷于窑洞或地窟，旬日掘出犹生者；甘东路车道岭、华家岭、齐家大山均崩陷，梗道壅谷，水数年不流，积成深潭，深数共千尺；它如陕西、宁夏、青海近甘各县，亦同时地震，被灾甚重。民国十三年三月十八日黎明，会宁及邻近诸县地震，先后三次。民国十六年五月二十三日晨5时，第二次西北大地震，历时17分钟，共震4次，强烈与民国九年地震相埒，兰州民房城垣倒塌，死数十人，此次大震，以甘凉等州被灾最重；武威（即凉州）当初震时，震声如暴雷，起止共五六次，地面如怒涛狂跃，10余分钟后，城内衙署民房悉数倒塌，土木砖石，凌乱合沓如荒冢，人民呼号其间，惨不忍闻，乡村镇堡，亦破坏无遗，飞尘障空，数月不净，统计倒塌民房20万间，城乡无一存者，压毙男妇3.5万余人，官吏军差眷属，悉同殉难，裂民田7000余顷；古浪全境地面如翻，伤亡官吏眷属26人，人民3800余口，牲畜2.8万余头，城东峡山崩梗道，车马经年不通；山丹坏村庄土窑200余处，民屋5800余间，压毙男女886人，牲畜逾万；永昌县坏城乡民屋商肆1.9万余间，压毙男女829人，牲畜8600余头，东乡金龙坝河南山崩三处，壅水不流；平番（即永登）城裂圮，乡城坍塌民屋土窑2000，压毙男女48人，牲畜千头；张掖（即甘州）城垣营房民屋坍倒其半，压毙男女135人，牲畜数千；抚彝（即临泽）坏民房千余间，压毙10人，牲畜350头；镇番（民勤）地裂，涌出黑水，城乡民房倒塌，压毙数人；它如青海陇南陇东诸县，亦同时地震。民国十六年六月二十日晨6时至7时，武威永昌地震，先后两次，二十四日晨6时，抚彝亦震，灾情甚轻。民国十六年八月二十七日正午，地震、由西北向东南。民国十七年八月十三日，武山县地震。民国二十四午十二月十八日，兰州，有声如雷，坏省城堞墙垣庐甚多，压毙居民甚多。安西地微震，系受四川地震影响。民国二十五年二月七日下午3时30分，兰州、临洮、临夏、夏河、拉卜楞、西宁、天水、静宁、定西、隆德、平凉等处，连续地震三次，共历10余分钟，振幅约二三寸，由西北向东南。八日晨5时许及10时许，又微震二次，仅兰州及临夏倒塌民房数处。

1937年8月1日山东菏泽7级地震及该年地震论述

【编者按】1937年8月1日在山东省菏泽市曾发生两次地震。一次是凌晨04时35分48秒7级地震，一次是在18时41分05秒6¾级地震。现将上海徐家汇及大连地震台行记录的两次地震的地震图和震后当地报刊作的灾情报道，李善邦和贾连亨曾用通讯方式进行调查，并写成《山东菏泽地震述要》，登载在1940年的《地质论评》第五卷第五期上，1969年地球物理研究所及有关单位又在李群等人的努力下，共用一个半月时间又对1937年8月1日的山东菏泽地震地区进行实地调查，并编写了《1937年8月1日山东地震调查报告》，及本年度陈国达写的《地形对地震烈度发生的影响》、武衡译的《近年来地震学的进步》等史料，一并收录本篇。

发震时间：1937-8-1，04:35:48；

震中位置：35.4°N，115.1°E；

震　　级：7级；

震中烈度：Ⅸ度；

震中附近地点：山东省菏泽市；

宏观震中：35.2°N，115.3°E。

一、地震记录图

摘自《中国早期地震台历史地震图鉴》（第一、二卷）。上海徐家汇地震台及大连地震台记录的1937年山东菏泽地震图如下。

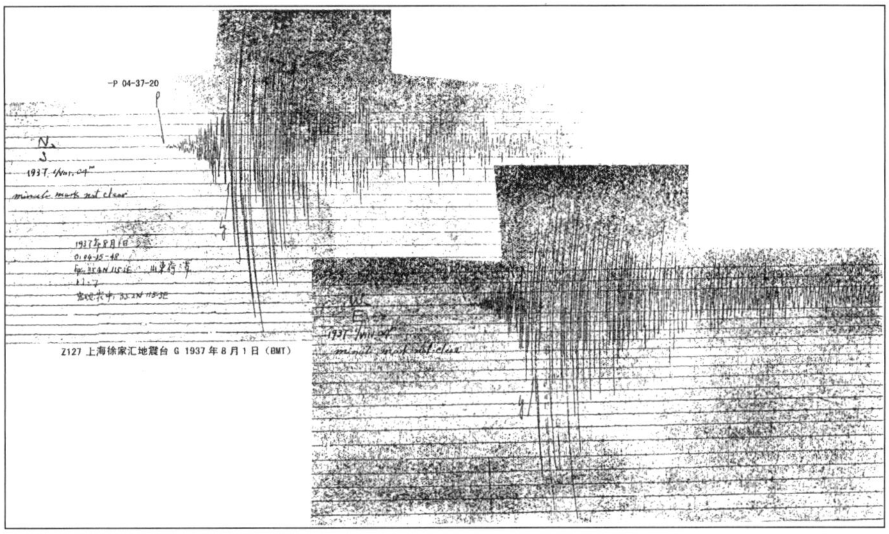

Z127上海徐家汇地震台G1937年8月1日（BMT）
记录山东菏泽7级地震图（左上：南北向，右下：东西向）

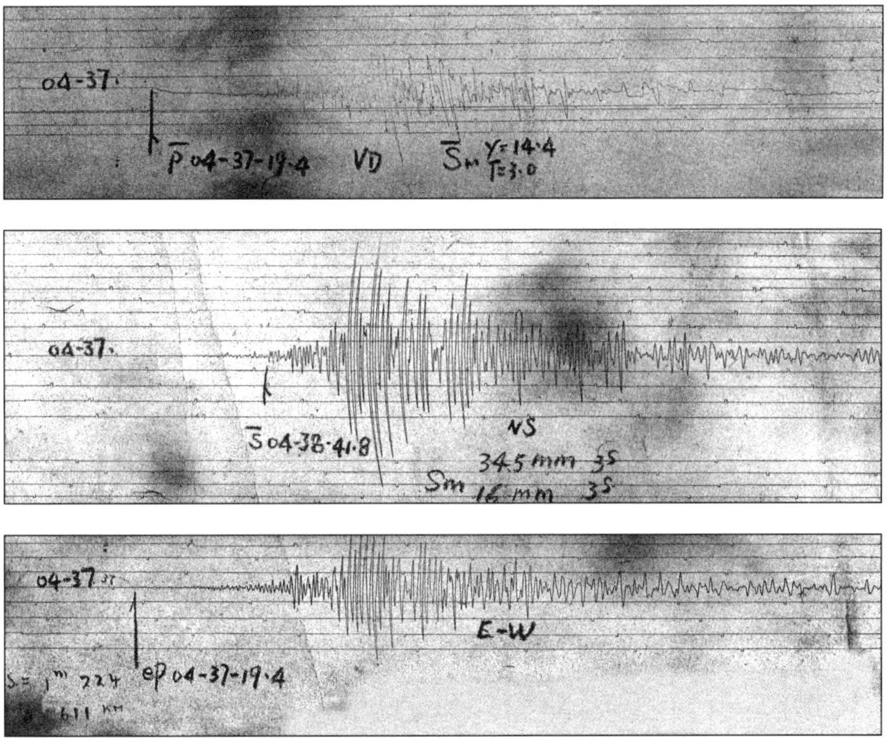

DL064大连台维歇尔（SW）1937年8月1日
记录山东菏泽7级地震图（上：垂直向，中：南北向，下：东西向）

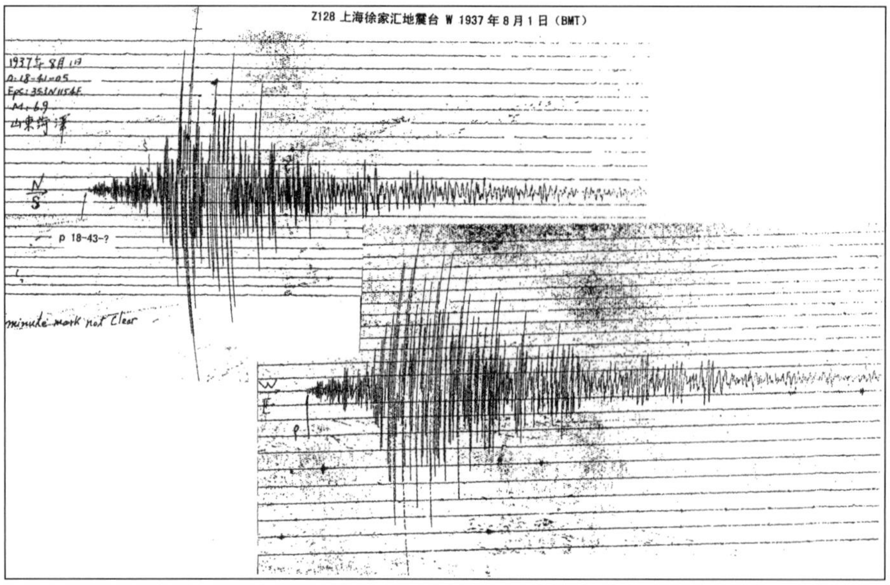

Z128上海徐家汇震台W1937年8月1日（BMT）
记录山东菏泽6¾级地震图（左上：南北向，右下：东西向）

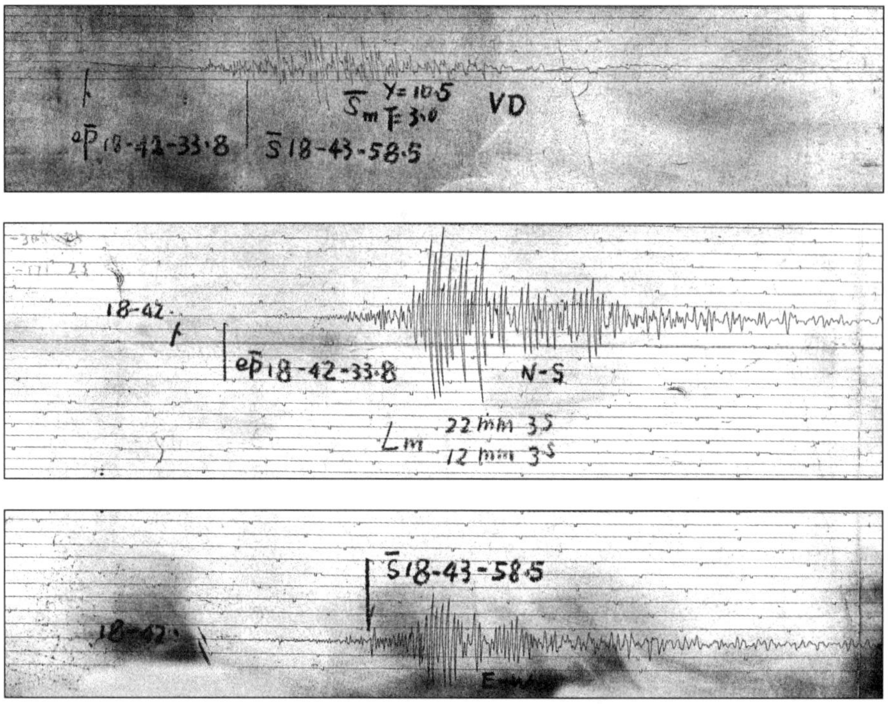

DL065大连台维歇尔（SW）1937年8月1日
记录山东菏泽6¾级地震图（上：垂直向，南北向：东西向）

二、地震史科

（一）地震报道

《济南时报》1937年8月28日

1937年8月28日山东《济南日报》报道：鲁菏泽地震已二十日，死伤达一万六千人，地震时又加连日暴风雨，房舍倒塌三十二万余间。

【本报济南通讯】菏泽于八月一日发生剧烈地震、迄今二十余日，余震犹未已。昨有省立菏泽中学校长田修溪及省立第二乡建师范校长马汝梅，因公来济，谈及灾况，尤为详尽。计死伤人口达一万六千零五十一人，房舍倒塌三十二万零六十一间。此种惨灾，亘古罕有，且自地震发生以来，连日暴风雨，平地水深数尺，所有残余房舍，继续倒塌，田禾淹没，秋收绝望，人民鹄立水中，衣食俱缺，惨不忍闻，现值秋凉，待帐尤急，加以大灾之后，瘟疫流行，医、药两缺，人民死亡尤众，务望社会人士饥溺为怀，共起救济，兹探得该县地震灾况详细调查表列后：

菏泽地震灾况统计表

地　名	死亡人数	死亡牲畜	受伤人数	房屋倒塌间数	待帐灾民数目
城　内	57	3	264	26595	13954
乾　唐	1062	621	1468	37821	12556
岗　峰	478	749	2841	38829	15973
青　邱	183	319	1205	29059	15448
王　陵	424	272	1787	19577	8838
西　河	524	342	1116	35089	10575
义　聚	145	219	829	22231	7794
新　成	12	33	81	12514	3195
德　化	206	41	456	20821	12464
南　华	17	8	60	7608	7459
离　明	144	66	471	27103	13630
临　河	14	5	67	15108	5403
同　和	25	16	21	10632	7990
永　绥	50	20	88	10561	10505
长　明	9	5	181	6430	10504
永　和				89	
共　计	3350	2719	10935	320057	156288

注：受伤人数为轻伤者6809人，重伤者4126人。待帐人数为极贫者86815人，次贫者6159人。共计栏内所载，均系两数之和。

（二）山东菏泽地震述要

李善邦、贾连亨*，发表于《地质论评》（第五卷第五期），1940年。

1. 绪言

民国二十六年八月一日，山东菏泽（旧曹州府）一带发生剧烈地震，灾情之重，不亚于二十二年四川叠溪之震，房屋倒塌四十余万间，死伤约二万人。作者闻报后，曾拟亲往调查，因抗战军事，渐展至黄河两岸，交通困难，遂未果行。不得已用通讯调查方法，普发调查表多份于邻近各

*李善邦、贾连亨原为经济部地质调查所人员。

县，请地方政府详实填复，共获复信七十余件，对灾情及震动情形，描述颇详。调查研究一地地震，必须借鉴各地地震仪之记录，方有客观论据。不幸本所鹫峰地震室仪器，自“七七事变”后，电线破坏，改用蓄电池，电力不足，致此次地震，仅得其起始一小段，无何用处。而各地战事进行其烈，邮递困难，国内外地震台记录报告，亦未有收获。因此欲作详实研究，殊不可能，遂暂搁置以待将来。近作者偶暇，检阅旧卷，重睹当年调查附件，念鹫峰恢复不知何日，不禁执卷伤神。因将原卷取出，加以整理而成此篇，聊以志抗战发动时之一灾而已。

2. 地震情形

此次地震发生时刻，各地所记参差不一，约为八月一日四时三十分与四十分之间，因无仪器记录，以资参证，此时未能作更确之修正。至地震所历时间，各地鲜有记载，有亦不足信，故无从揣测。

地震中心（术语称为震中，或震央）约在东经一百一十五度半，北纬三十五度半之菏泽县境，盖震动最烈之处，为菏泽县属之乾唐、岗峰两地，震中当离此不远。又地震发生时，有声发自震中，由各地闻声方向测之，声之来源亦在菏泽县城西北，与东明县城东北。虽震中测定须用各地震仪记录为推算根据，然粗约估计，亦可由破坏最烈之地及地声发源处定之也。

地震发源地作长条形，动力来源当与构造有关，是以震动范围颇大，苏、皖北部如连水、淮安、定远、凤阳等县，犹有感觉。由鹫峰幸得之一小段记录观之，震源似不甚深，在30km左右；破坏力量自属不弱，因菏泽一带乃一平原，地基不坚，地面易于破裂，房舍更易倒塌，因此酿成鲜有之奇灾。兹将各地地震情况汇记如下：

菏泽地震灾害情况表

地名（县）	烈度（级）	人（畜）死伤［个（头）］	房屋倒塌（间）	财产损失（元）
菏泽	X	16353（3719）	320011	?
东明	X	1569（2389）	116763	1167630
定陶	X	142	30375	571924
成武	X—IX	67（100）	1190	?
单	X—IX	27	1384	27600
朝城	IX	?	?	762000
长垣	IX	?	7/10（全数）	?
鱼台	Ⅷ		420	5000
寿张	Ⅷ	20	?	6000
禹城	Ⅷ	2	数十栋	?
高唐	Ⅷ	1	20	?
砀山	Ⅷ		35	?
淇	Ⅷ	?	?	?
浚	Ⅷ	?		?
总　计		18181+	470198+	

上述十四县为被灾较甚者，总计一万八千余人，牲畜六千余头，房屋倒塌四十七万余间，无家可归者十万余人，亦云惨矣。此外略受损失，震动烈度在Ⅷ度以下者，尚有多处，汇录如下。

烈度Ⅷ—Ⅶ者：开封、曹县、丰县、汲县、清丰、金乡、肥乡、民权、观城等县。

烈度VI—V者：亳县、邹平、成武、隆平、临清、涡阳、惠民、淄川、铜山、峄县、德县、邯郸、中牟、商河、西华、鹿邑、南乐、南和、沛县、临邑、曲周、临泉、华县、平原、获嘉、淮阳等县。

烈度Ⅳ度以下者：安阳、临沂、蒙阴、武安、齐东、凤阳、灌云、沈丘、沭阳、桓台、内丘、费县、阜阳、商丘、泗县、沙河、淮安、睢县、涟水、睢宁、济阳、夏邑、杞县、长山等县。

若将上列各地烈度相同者联之以线，可以表现震动传播情形，如图1所示，依等烈度线（亦有称为等震线者）回环之形，可作研究地震原因之张本。

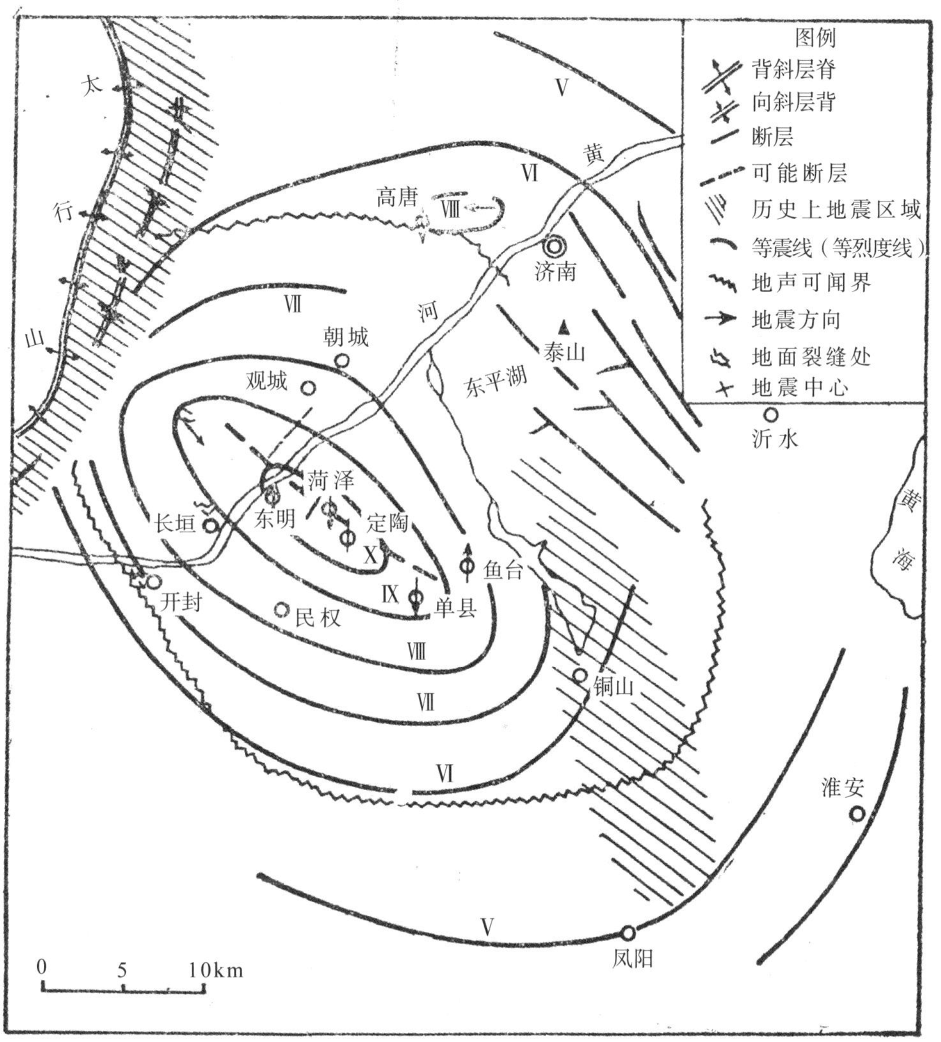

图1　山东菏泽地震等震线图

当地震时有声如巨雷，隆隆然发自地中，波及范围颇广，七十五县中，有三十四县闻之，均在感觉地震之前。兹将闻声地区划出，其界线形状与等震线相似，可见声源与震源同出一地也。

大震之后，当日下午六时许又有一次剧烈地震，其烈度仅次于前次。此后较轻地震，甚为频繁，截至九月十日止，计有四十余次之多。被灾百姓皆露宿田野，织席为棚以避风雨。据菏泽县报告，震后阴雨连绵，平地水深数尺，淹没田禾，灾民鹄立水中，为状至惨。东明县境地面则到处缝裂，陷落无数井泉中多冒出黑水。此外如长垣、浚县、开封等处亦见裂缝。

综上所述，此次地震殊非小焉者，波及范围，至少日本、菲律宾等地之地震仪尚可有记录。

3. 地震原因

地震原因甚多，归纳之可为三种：一曰突陷震，如地下空穴陷落所致之地震；二曰爆发震，与火山爆发同生之地震；三曰构造震，如断层生成与断层错动所生之地震。此次地震乃属于第三种。

盖自图1所示之等震线图形观之，内部各线均作狭长形，非由一长条裂口错动，不能臻此。势必地下有断层存在，因受过分压力，突然变易其平衡位置，而发生此次地震也。其错动情形及其位置，可从地震动向约略推测之。各地报告中，可寻求地震动向者，有下列数县：

菏泽地震之动向记录表

地名	菏泽	东明	定陶	单县	鱼台	长垣	浚县	汲县	观城	朝城	高唐	禹城
动向	西南	北	北	南	北	东	东	西南	北	西北	北	西

以上所列，系由被灾较重地带，房屋坍塌方向，推测而来，此属具体事实，报告者当不致无中生有，故较可靠。又山东一带建筑房舍，大都取正南北向，故所描述方向，亦大致可信。如是断层位置，约如图1所示，主要者为西北—东南向，似尚有分枝等。再就各地裂缝情形观之，断层以西裂缝特多，似为上升之侧，至其动移多少及属于何种断层，则不可得而推知矣。

虽菏泽一带毫无断层征示，盖因地势平坦，表面为近代沉积物所掩盖，地内情形无从踪迹也。但其东泰山一带，断层甚多，纵横错杂，历历可数（参图1），且大都循西北—东南向，断距大者，可达二三千米。因仰侧与俯侧位置，或左或右，未有一定，常成阶级断层。邹滕以西地势渐平，断层亦不见，或真无断层存在，或湮没地内，不能踪迹，则未敢定。然观东平湖、蜀山湖、南阳湖、独山湖与微山湖，断续拖连数百里，成一西北—东南向之长条陷落，极似断层所构成，则由此迤西，地层仍有断裂，亦殊可能。且菏泽以西即为太行山拗褶带，其间断层亦多，亦循西北—东南走向。若以同样推论，则其断裂地层亦可能东起自平原之下。是故此次地震发生地虽属平原，表面无断层痕迹，而其下层为断裂地带，实十分可能。况此次地震动向又似断层错动，则谓此次地震为构造震，当不大谬。

菏泽一带历史上殊少地震发生，上所推测断层，系此次新生？抑系死而复活？将来之动态如何？均难臆断，此非于其地设立地震仪器，长久观测，不能明其究竟。但距此不远，有显著地震带存在，一自微山湖延长达于苏、皖北部，一沿太行山拗褶地带，在历史上均时常发生破坏性地震，直到最近，犹未稍衰。如菏泽一带，平原之下果为破碎带，则此两地震带亦当联成一系，是有待将来事实之证明也。

4. 结论

上述不过就通讯调查所得，汇合而引伸结果，未曾根据仪器记录，作深切研究。所可言者，菏泽一带介乎泰山断裂带与太行山拗褶带之间，经此次地震足以证明其下地层决不完整，或可为研究该地构造者之借鉴。

此次地震已断定由于断层错动，则无论此断层为新生抑为死而复活，其平衡调整，不能一次便休，此后仍不免发生地震，惜地震学家尚不能预报耳。第二次地震，其中心未必定为菏泽，要亦不能远离断层线界，若在平时，政府应早日设法防护当地人民，今陷于敌，已不能为力，惟三五年中，当不致有再次之大震也。

（三）菏泽地震情况调查资料

摘自国家地震局地球物理研究所编《中国地震考察》（第一卷）。

总的情况　一日全省及各县皆发生地震，以西南为最烈。现已接到报告者有济宁、菏泽、汶上、东平、平阴、惠民、临邑、德县、莱芜、垣台、泰安、聊城。　［1937-8-3《申报》］

济南、菏泽、平阴、东阿、东平地震，城内人民露宿，食粮无处购买。

［1937-8-5《新闻报》］

山东菏泽：

1. 一般叙述

（1）全城几成废墟。

（2）城内及四乡房屋无一完整。 ［1937-8-8上海《大公报》］

（3）人民有全家死者，有全家只剩一二人者……，死者共达万余人。伤者不计其数，未死者皆露宿街院。 ［1937-8-23上海《大公报》］

（4）全县房屋倒塌罄尽，交通机关，完全破坏。 ［1937-8-6《申报》］

（5）受灾区域几遍全县，最重者城西及西北、西南各地计十五乡共三百余村，以乾元乡最烈。 ［1937-8-23上海《大公报》］

2. 自然现象

（1）地裂，西十余里平地龟裂，黑水流沙涌满。 ［1937-8-6《申报》］

（2）陷落，房屋间有陷落，皆涌出黑水及流沙，达十余里。 ［1937-8-23上海《大公报》］

（3）深二三丈的井内突然向上喷黄黑沙，高出井口丈余。 ［1937-8-23上海《大公报》］

3. 其他

继复大风雨经旬，平均（地）水深数尺，田禾浸没水中，臭气冲天，瘟疫盛作。 ［1937-8-23上海《大公报》］

山东东明：八月一日地震，震前有声由东北来；房屋倒塌116763间，房屋多向南方倒塌；人民死伤1569口，牲畜死伤2387头，财产损失约1167630元。地面处处裂缝，陷落无数井泉，井泉有变成黑水者，河水波浪异常汹涌。 ［县政府函］

山东单县：八月一日地震，震前有声来自西北方，多数人感觉；大小用具移动，尚无翻覆；全县境内倒塌房屋1384间，房屋破坏倒塌皆向北方；死7人，伤20人，财产损失约计27600元。县府拟开仓贷谷救济灾民，县城西南18里师娄西北塌陷数穴，如碗口大，向上翻黑沙。 ［县政府函］

山东成武：八月一日早四时半、晚六时两次地震，震前有声从西北来。房屋破坏者占2／10，渗漏者8／10至9／10，共倒塌房屋11900间，南北屋向北倒塌，东西屋向东倒塌，被毁渗漏者无算；死17人，伤50余人，牲畜死伤100余头。余震至今未停，人民恐慌，均露宿避灾。八月一日上午四时及下午五时五十六分两次地震，两次地震以下午较大，多数人均感觉，房屋略波动。 ［县政府函］

山东平原：八月一日四时三十分地震，多数人感觉，大小用具一同摇撼。下午六时三十分又震。 ［县政府函］

山东蒙阴：八月一日四时三十分地震，多数人感觉，震前有微声来自西南方。下午六时三十分又震。 ［县政府函］

山东德县：八月一日上午四时三十分地震，地面东西动荡。下午六时许又地震，仍东西动荡。 ［县政府函］

山东临沂：八月一日上午四时半地震，震前有声来自东方，多数人感觉。下午六时又震。 ［县政府函］

山东济阳：八月一日晨四时三十分地震，震前有声，少数人感觉；小用具稍有移动。下午六时十五分又震，较早晨震稍轻。 ［县政府函］

山东临清：八月一日地震，震前有声，多数人感觉；大用具移动，房屋东西摇动。 ［县政府函］

山东惠民：八月一日晨四时地震，人多于睡觉中惊醒；大小用具及房屋同时摇动。下午六时半又震动。 ［县政府函］

山东峄县（县制已撤消，现属枣庄市）：八月一日地震，大用具移动未翻覆，房屋震动。 ［县政府函］

山东临邑：八月一日地震，一日两震。多数人均感觉，大小用具移动，惟未翻覆，房屋震动。 ［县政府函］

山东桓台：八月一日早上六时地震，仅少数人感觉，房屋、树株及较小用具微有震动。下午六时又震。 ［县政府函］

山东商河：八月一日上午五时三十五分地动一次，下午六时四十五分又动一次，全县均有感觉，房屋及大小用具均未移动。［县政府函］

山东长山（现属邹平）：八月一日地震极微。［县政府函］

山东费县：八月一日上午四时三十分及下午六时三十分地震两次，均系微震，少数人感觉动摇。［县政府函］

山东东阿：八月一日四时五十分发生地震，波动甚烈，声振屋瓦约计二三分钟，所有房屋坍塌及伤害人命另案呈报。［1937-8-6《申报》］

东阿灾情亦重，城墙塌陷。［1937-8-8《大公报》］

山东东平：一日四时地震，民房有倒塌，人民有死亡。［1937-8-6《申报》］

山东平阴县府均有塌倒。［1937-8-5《新闻报》］

山东济宁：八月一日四时二十五分地震，约时1分钟，六时二十分又震一次，人民多从梦中惊醒，倒墙4处，平房10间，楼房3间，碰伤男2名、女1名，碰死女孩1名。［1937-8-6《申报》］

山东齐东：八月一日早四时左右地震，仅有少数人感觉，其他无甚据考。午后六时复震一次，多数人感觉，大用具摇撼，门窗震动有声，室内浮尘下落，花草树木皆向南北往返摇动。［县政府函］

山东益都：八月一日晨五时地震，屋内一切杂物均震动。［1937-8-6《申报》］

山东济南：八月一日早四时，六时半，晚六时四十分，八时半前后共震六次。［1937-8-2《新闻报》］

山东淄川（现改为淄博市）：八月一日地震，大多数人感觉，有极少数土墙倒塌。［县政府函］

山东邹平：八月一日四时三十分地震，多数人均感觉，所有树木房屋均摇动，旧房屋间有倒塌，方向西南—东北。［县政府函］

山东观城（现归范县）：八月一日地震，震前有声来自北方，向南波动，多数人感觉，小用具移动未翻覆，房屋倒塌（向南倒）甚少。［县政府函］

山东金乡：八月一日早晚地震二次，多数人感觉，房墙略有倒塌。［县政府函］

山东莘县：八月一日四时三十五分地震，下午六时三十分复震一次，多数人感觉，大小用具稍有移动，房屋虽多受震动，破坏倒塌者绝少。［县政府函］

山东禹城：八月一日五时十分地震，人人均感觉，室内器具均震动，脸盆之水震动外溅，房屋倒塌数十间，房屋墙垣倒塌向东倾者多，向北者次之，压死幼童幼女各一名。［县政府函］

山东曹县：八月一日上午四时三十分钟地震，下午六时二十分又震，人人感觉，有隆隆声来自西北，房舍震动，百物摇动，房屋倒塌无几，财产损失寥寥，人畜亦无死伤。［县政府函］

山东寿张：八月一日早晚两次地震，震声由北而来，全县民众均极惊慌，房屋震动破坏倒塌，死伤20余人，合计损失约六万余元。［县政府函］

山东鱼台：八月一日地震，民间房屋倒塌420余间，墙倒总长190余丈，房屋均向南面倒塌，城墙官舍悉损伤甚众，但人畜并无死伤，总计财产损失约五万余元。［县政府函］

城及县府均有倒塌。［1937-8-5《新闻报》］

山东嘉祥：八月一日地震，死14人。［1937-8-5《新闻报》］

山东高唐：八月一日地震，东北乡尹集砸死女工一名，民间房屋倒塌二十余间，并倒塌县府新修监狱南墙一段，教诲室一段，城垛26个，电话事务所办公室北墙（三间），约损失千余元。［县政府函］

山东朝城（现属莘县）：八月一日地震二次，境内普遍有感，大小用具振动，人畜有死伤，房屋倒毁，向东南方倒，损失财产约762000余元。［县政府函］

山东定陶：八月一日至九月十日连震四十余次，全县各乡、区死亡男女69名，受伤男女73名，以县境西北为最多（界连菏泽），房屋倒塌30275间，估价571924元，地震后，灾民自动在街上及

隙地搭盖席棚夜宿。［县政府函］

河北内丘：八月一日晨四时许地震，少数人微有感觉，窗纸震动微响，池水稍有波动，下午五时许又震。［县政府函］

河北隆平（现改隆尧县）：八月一日地震，多数人感觉，房屋微动，门环、窗纸摇响。［县政府函］

河北邯郸：八月一日地震二三次，均系多数人感觉，房屋略震动。［县政府函］

河北沙河：八月一日四时地震，系东西震动，少数人感觉，晚六时又震。［县政府函］

河北曲周：八月一日上午四时地震，多数人感觉，房屋及大小用具略为动摇，午后三时又震。［县政府函］

河北肥乡：八月一日上午四时三十分及下午六时四十分震动两次，均为多数人感觉，下午七时五十分又微震一次，少数人感觉，多年旧房因震动而落土者甚多，倒塌者则甚少。［县政府函］

河北大名：六月地震，焦作东北280km之大名县一带，有少数破房被震塌。［中南区矿务局调查］

河北南和：八月一日上午四时四十分及下午六时两次地震，均为多数人感觉，壁上所悬大小用具均摇动。［县政府函］

河北武安：八月一日地震，震前有声来自东方，多数人感觉，小用具似有移动。［县政府函］

河南南乐：八月一日上午四时，下午六时各地震一次，震前有声自东北而西南，人皆感觉，地面动摇，屋瓦震动。［县政府函］

河南清丰：八月一日地震，有震声来自东南，人皆感觉，小用具有移动，房屋动摇，并未倒塌，人畜安全，房屋间有破裂，无大损毁。［县政府函］

河南宜阳：民国二十六年一次地震，在黑夜，轻，多数人不知道。［一机部调查］

河南新安：民国二十六年地震，有少数人知道，县城西铁山镇稍微觉得地震。［一机部调查］

河南商丘：八月一日晨四时十分地震，下午六时五分地震。［县政府函］

河南睢县：八月上旬数次微动，系多数民众感觉。［县政府函］

河南中牟：八月一日早晨地震，大多数人均已感觉，房屋震动，室内器具稍有颠动，下午又略有震动。［县政府函］

河南夏邑：八月一日夜间及早晨与二日下午六时各地震一次，均系微震。［县政府函］

河南安阳：八月一日晨四时许地震，震前有声自西往东，多数人感觉，房屋随而震动，大小用具并无移动翻覆。［县政府函］

河南杞县：八月一日地震，本县稍觉震动。［县政府函］

河南沈丘：七月三十一日早五时、晚六时各震一次，八月一日早四时三十分，晚五时三十分又各震一次，多数人感觉，小用具移动，震前有声自西方来。［县政府函］

河南获嘉：八月一日地震，多数人感觉并觉连震两次，大小用具均无移动与翻覆。［县政府函］

河南淮阳：八月一日四时五十分，下午六时四十分地震各一次，多数人感觉，八月二十五日夜十一时四十五分又震一次。［县政府函］

河南浚县：八月一日四时三十五分地震，震前若有声来自东北，人多从梦中惊醒，地面上间有一二处发现裂痕，各处房屋多向西倒塌，本县素称坚实之城墙，亦稍有损毁，下午六时又震动。［县政府函］

河南长垣：八月一日地震，房屋多向西方倒塌，房屋倒塌十之八九，地面有裂缝陷落，冒出黑水，洞大如碗如井，人畜亦有死伤，财产损失颇巨，河东为甚。［县政府函］

河南淇县：八月一日晨四时三十分地震，门窗震，有声，人人多由梦中惊醒，所有桌案放置用具均皆摇动，房屋间有倒塌，人畜略有受伤，下午六时三十五分又震。［县政府函］

河南开封：八月一日地震，震前有声约来自东南方，房屋有倒塌，地面有裂缝。［县政府函］

墙倒屋塌遍全市。［1937-8-4《新闻报》］

河南民权：八月一日地震，震声似由西北来，多数人感觉，本府东西围墙向北倒塌，房屋倒塌不多，此后数次震动均较前次为轻。［县政府函］

河南汤阴：八月一日晨四时地震，人们均于睡梦中惊醒，城垣民房倒塌虽多，但无一定方向。［县政府函］

河南汲县：八月一日早上四时四十五分地震，先后共震二次，多数人感觉房屋震动，大用具亦摇动间有房墙向东向北倒塌者，下午六时半又震动一次。［县政府函］

河南西华八月一日早晨四时三十分及下午六时各震一次，多数人均有感觉，大小用具稍有移动。［县政府函］

河南鹿邑：七月三十一日夜四时，下午五时，八月二十五日夜一时各震一次，均系多数人感觉，大用具移动，房屋及窗户震动。［县政府函］

江苏丰县：八月一日上午四时许地震，有声音自西北方来，响彻屋瓦，房舍器具尽皆动摇，全境有数处房舍倒塌或器物损坏，下午五时又震。［县政府函］

江苏铜山：八月一日晨四时三十五分地震，房屋震动，电灯摇摆，感觉头昏。［县政府函］

江苏灌云：八月一日地震，仅有少数（人）感觉，小用具稍微移动。［县政府函］

江苏淮安：八月一日黎明地面微有震动，感觉人数甚少。［县政府函］

江苏涟水：八月一日地震，仅少数人感觉。［县政府函］

江苏睢宁：八月一日地震，震声来自西北方，感觉人数极少，房屋器具均有震动，但未倒塌及移动，下午六时复震一次。［县政府函］

江苏沭阳：八月一日地震，仅少数人感觉，震时如碗盏及床柜等器具微有响声。［县政府函］

江苏六合：一日晨四时四十五分地震声音如雷，瓦屋窗户均被震动有声，居民自梦中惊醒。［1937-8-4《申报》］

江苏淮阴：一日晨四时半地震，人多从梦中惊醒。［1937-8-2《新闻报》］

江苏徐州：一日晨四时四十分至四十五分地震，荡动激烈，居民多从梦中惊醒。据查徐属于地震剧烈区，旧房塌五六十间，死伤约二十余人。［1937-8-2《申报》］

徐州，一日午后六时四十分又发生地震两次，房屋及树木均现摆动，市民大哗。［1937-8-2《新闻报》］

江苏南京：八月一日晨四时四十四分地震，室内桌椅及较小物件均震动不已，第二次在晚六时三十五分左右，此次震辐甚大，京中高楼大厦摇摇不已，室内器物亦颠动。［1937-8-3《大公报》］

八月一日四时半京有微缓之震，下午六时五十五分又连续地震，电灯花瓶震动，楼屋咯咯作响。［1937-8-2《申报》］

天津：八月一日下午六时四十五分地震，并不剧烈。［1937-8-2《新闻报》］

安徽临泉：八月一日地震，有声来自北方，多数人感觉，大小用具及房屋亦震动甚剧，无破坏。［县政府函］

安徽蚌埠：一日晨四时半，由北向南地震约三四分钟，屋瓦震动有声，人多在梦中惊醒，……晚六时四十五分复震约三分钟。［1937-8-2《新闻报》］

安徽砀山：八月一日地震，震前声自东北来，多数人感觉，桌上杯碗有覆于地者，……第三区倒毁茅屋三五间，无死伤。［县政府函］

安徽凤阳：八月一日地震。［县政府函］

安徽亳县：八月一日晨四时四十分地震，多数人感觉，大小用具均无移动现象，下午六时五十分再震。［县政府函］

安徽泗县：八月一日上午四时半地震，只有少数人感觉，下午六时又震。［县政府函］

安徽涡阳：八月一日地震，震前有声来自西北方，多数人感觉，大小用具稍有移动，房屋略有震动。 ［县政府函］

安徽阜阳：八月一日地震，少数人感觉。 ［县政府函］

1937年8月1日山东菏泽地震等震线图如图2所示。

（苏公望 整理）

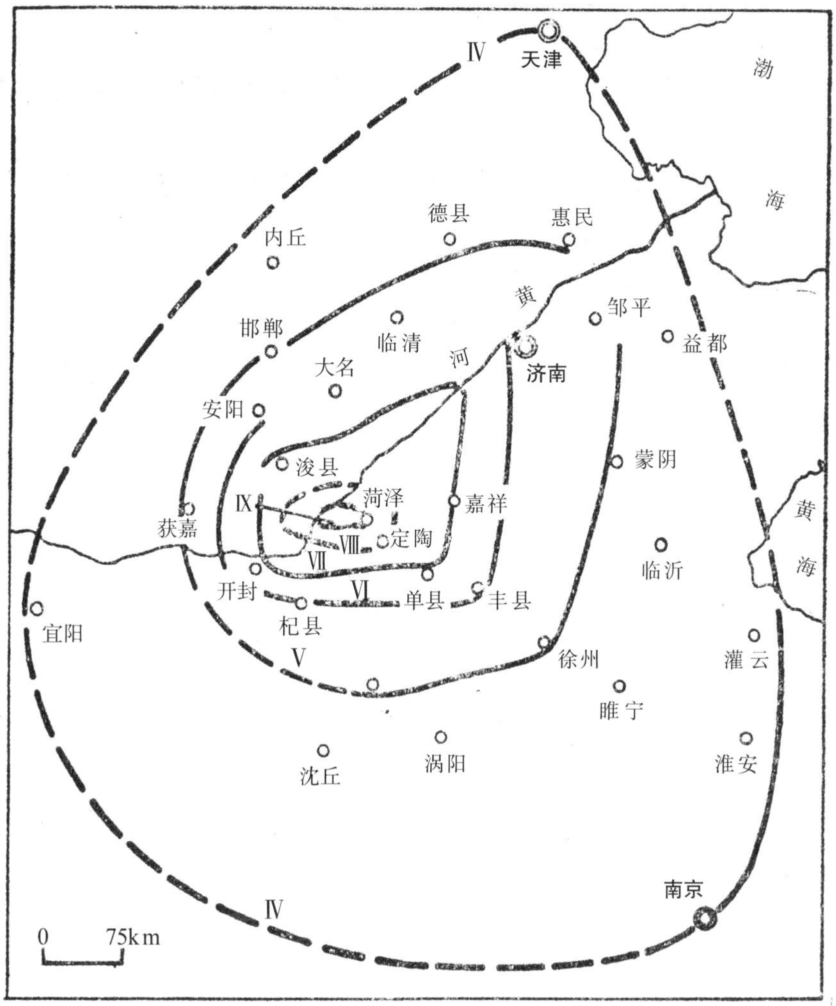

图2 1937年8月1日山东菏泽地震等震线图（根据闵子群同志整理材料绘制）

三、调查报告

摘自国家地震局地球物理研究所编《中国地震考察》（第一卷），李群编写“1937年8月1日山东菏泽地震调查报告*”全文如下。

（一）前 言

地球物理研究所受托鉴定山东省北部徒骇河、马颊河水利工程设施地点的地震基本烈度，为此指派李群、宋良玉、臧有恒协同原山东省地震队苏玉正，省地质局801队王善煜，省水利设计院吴芬初，省博物馆王思礼以及考古研究所高广仁、白荣金、高炜，山西省文物管理委员会孟繁兴等同志，于1969年6—7月对1937年8月1日山东菏泽地震进行了实地调查，历时一个半月。

调查工作主要集中在菏泽县震中区，其他各县则选了一些控制点。先后调查了菏泽（116个居

*本次考察于1969年进行，故调查地点按山东菏泽地区当时行政区划（公社、大队、生产队）进行。

民点）、东明（43个居民点）、鄄城（17个居民点）、定陶（6个居民点）、曹县（4个居民点）、郓城（3个居民点）以及河南省兰考（9个居民点）、杞县、长垣、开封、濮阳、封丘（以上5县均为县城情况），共调查了206个居民点。调查的重点是Ⅷ度以上地区的居民点，而对Ⅷ度以下地区则选择一些居民点进行调查。

由于这次地震调查的目的是确定1937年地震震中区附近的影响场，故对Ⅶ度以下地区未做调查，不能反映这次地震的全貌。

另外，根据调查资料，可以分辨出主震14小时后一次强余震的极震区和震中烈度。

（二）调查结果

1937年8月1日在菏泽地区，发生了两次地震，一次是在04时35分48秒，另一次是在18时41分05秒，震级分别为7级和6¾级。

1. 凌晨04时35分地震

（1）震中区。

这次地震震中位于菏泽西南解元集、木里一带，震中位置为北纬35° 14′，东经115° 16′，震中烈度为Ⅸ度。震中区包括解元集、木里、二郎庙、李堂、高庙、黄庙、马岭岗、张良店、高银庄、刘善庄、大杜庄、贾坊、新庄、官路李、胡家庄、耿海、王家庙、通古集、五坝岗等村庄。该区内90%以上的房屋倒塌，并有大量地裂缝和喷沙冒水，人民死伤较多。如：

解元集，黎明时地震，房屋全倒，只剩下一座楼房未倒，但也屋瓦滑落、窗户裂缝，全村冒黑水，井水冒有一人高，一冒水坑有二分半地大，深约30m，有一人正在拴牲口，人和牲口都掉入冒水坑中，后又被喷了出来，死108人。

木里，房屋全倒，村内遍地冒黑水，死38人。

二郎庙，全村房屋只剩下3间，二郎庙、奶奶庙、火神庙皆为震前两年新盖的，房屋裂开大缝，地里到处都有冒水坑，村外有一处地裂缝，宽1m，长度不明，死47人，伤者甚多。

李堂，全村只剩下一座房屋，遍地冒黑沙水，死8人。

高庙，房屋全倒，地裂缝冒黑沙水，裂缝方向为北东—西南，井水喷出4尺高。

黄庙，房屋全部破坏、倒塌，地裂缝冒黑沙水，裂缝宽约半尺，方向为北东—西南，死1人。

马岭岗，房屋一般都倒了，仅特别好的未倒，但也有裂缝和屋瓦滑落，村外地裂冒黑水，裂缝宽约半尺，方向为西北—东南。

张良店，房屋倒塌80%以上，地裂冒水普遍，裂缝宽约半尺，方向为东北—西南，约死10人。

高银庄，房屋几乎全倒，地里普遍冒黑水，井水外流。

刘善庄，房屋倒塌约90%，地里冒黑泥沙水，死三四人。

大杜庄，房屋大部分倒塌，仅剩下几间新盖的房没有落顶，地裂缝喷沙冒水，死10余人。

贾坊，房屋差不多都倒了，仅剩下六七座也东倒西歪，村南大坑里有3处向外冒黑水。

新庄，房屋倒塌约80%，地里喷沙冒水很多。喷出的沙有4尺多高。

官路李，民房几乎全部倒塌，村西北喷出黄沙，村西南喷出黑沙，死10余人。

胡家庄，大部分房屋倒塌，新房裂缝不敢住人，平地冒黑沙水，井水涌出，死30余人。

耿海，全村房屋几乎全部倒塌，地里冒黑淤泥，黑水冒出2尺多高，死10余人。

通古集，早晨地震，全村80%房屋倒坏，大多数向东偏倒，平地出黑水，有些出淤泥，声音从西南来，死3人。

五坝岗，倒房70%，未倒者也有溜瓦或裂缝，地里地裂缝和喷沙冒水普遍，声音从北来，死10人。

王家庙，五更地震，全村房屋几乎全部倒塌，只剩下几间低土房未倒，地下出黑泥，黑水冒出地面2尺多高，声音从西南到东北，死10余人。下午地震轻。

根据以上情况，震中区范围南北长13km，东西宽8km，呈一北东向椭圆形状，面积为82km^2。

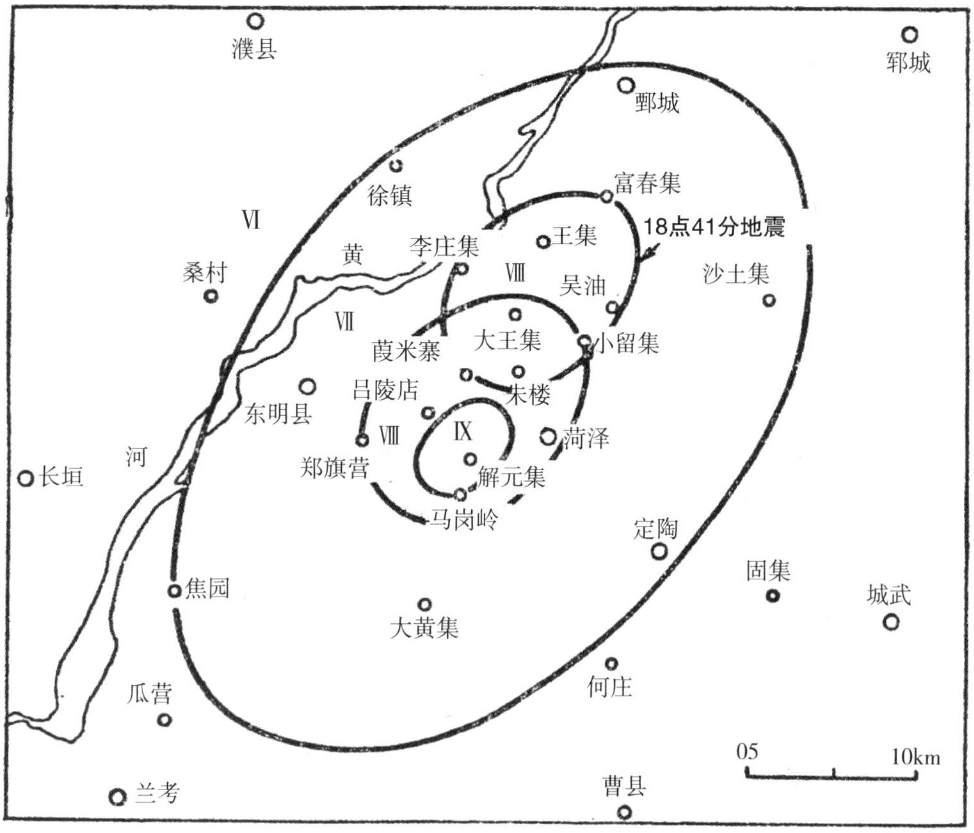

图1　1937年8月1日山东菏泽地震（Ⅶ度以上）等震线图
图中箭头所指系18点41分地震震中

（2）Ⅷ度区。

范围较大，南到大彭庄，北到天庙集、大王集，东至菏泽县城，西达东明县郑旗营，南北长约20km，其范围亦呈一北东向椭圆形状。该区内砖基土坯房约1/3落顶，山墙倒塌约占一半。井水外溢，有地裂缝并冒黑水。伤者多，死者少。如：

大彭庄，大约倒房200余间，大部分有裂缝，村东北地里冒黑水。

葭米寨，房屋倒塌约2/3，砖房裂缝，屋脊掉落，地里有喷沙冒水现象。

天庙集，房屋倒塌约30%左右，堂屋倒的多，东西屋倒的少，村里村外有很多喷沙冒水，井水外溢，流了几天。

大王集，房屋倒塌约30%，地里喷沙冒水很多，井水外流。

菏泽县南关潘水东街，房屋倒塌约30%，福音堂楼房亦倒塌，人有伤亡。

孔北城，60%~70%的房屋倒塌，村周围喷黑泥、冒黑水。

吕陵店，倒塌、摇散的房屋70%~80%，余者亦严重裂缝，遍地冒黑沙水。

饿虎牢，全村房屋约1/3倒塌，村外一水坑冒黑水，井亦冒黑水。

万乾集，70%~80%的房屋倒塌，地里普遍冒黑水，死2人。

（3）Ⅶ度区。

跨越山东、河南两省五县，东至沙土集和定陶县城，西到河南省濮阳徐镇，北起鄄城县富春集，南到河南省兰考县固阳集，南北长约100km，东西宽约65km，呈北东方向椭圆形状。该区内房屋普遍裂缝，个别老旧房屋落顶，倒山墙、垮屋檐需要修理的约一半以上。地裂缝或喷沙冒水零星分布。仅有个别伤亡。如：

沙土集，倒墙头、裂缝者较多，约为20%。

李八老，房屋倒塌的不多，占30%~40%，经修理就可住人，好房子掉瓦、掉砖，村东北有两水坑冒白沙。

大黄集，全村有20~30间房屋倒塌，有些房子有裂缝，无喷沙冒水现象。

安陵集，老旧房屋有倒的，大部分房屋裂缝，掉砖、掉瓦。

金堤集，约1/3房屋（多为老旧房屋）倒塌，其余大部分裂缝、溜瓦。

东明县西街，倒3间老旧房，西关外一老旧房倒塌，压死2人，城北地里有一坑冒黑水。

东明集，倒房30余间，有1/10的房屋翻修另盖，死1人。

长兴集，老旧房子有倒的，好房子裂缝掉土。

定陶县城关，张海村约1/5的房屋倒塌，其余有裂缝。

兰考县固阳镇，房屋裂缝，掉檐占10%~20%。

濮阳县徐镇，有房屋倒塌者。

Ⅷ度区南部主要是第一次地震影响，北部主要是第二次地震的影响，整个Ⅶ度区是两次地震综合影响所造成的。

2. 18时41分地震

下午的一次强震，发生在菏泽县北部的小留集、吴油房、王堂一带，震中位置为北纬35°23′、东经115°23′，震中烈度为Ⅷ度。震中区大致范围，东起小留集，西到李庄集，南到葭米寨，北达鄄城县富春集，南北长约27km，东西宽约20km，其形状呈北东向椭圆形（图1）。该区内房屋倒塌一半左右，又多系下午地震倒塌的，地裂缝和喷沙冒水较多，人有伤亡。如：

小留集，下午地震房屋倒的多，占70%~80%，砖房庙宇亦被震倒，喷沙冒水遍地皆是死30余人。

丁庄，好房子经这次地震后所剩无几，所剩的部分都不能修复使用，喷沙冒水遍地皆是，井水冒出一人多高，死1人。

王集，午后地震房子倒的多，约占2/3，其余普遍裂缝、溜檐，喷沙冒水普遍，井水冒得很高，死四五人。

吴油房，房屋倒塌一半以上，其余裂缝、溜檐、倒墙，大部分不能住人。午后地震比早晨地震倒塌房屋多，亦比早晨厉害，地里冒黑沙水后又变为黄沙水，午后地震喷沙冒水比早晨多，村西地里裂缝，宽8尺，死10余人。

大王庄，早晨地震倒房约30%，下午地震倒房约70%，地里喷沙冒水很多，井水外流，死6人。

3.第二次地震震中位置的确定

1937年8月1日在菏泽地区所发生的两次强烈地震，在1960年出版的《中国地震目录》中只给出了两次地震的发震时刻和一个震中位置。两次地震是在原地重复，还是发生在两个不同地方，以往的资料是不清楚的。通过这次调查分辨出了两次地震的震中位置，这对了解这次地震活动有着重要意义。（1983年出版的《中国地震目录》明确给出了两次地震的震中位置）

在南部解元集、木里一带的调查中，群众普遍反映，房屋倒塌、地裂缝和喷沙冒水以及人员伤亡，这些都是早晨地震造成的，下午地震比早晨地震要轻。而在北部的小留集、吴油房、大王集一带，群众普遍反映下午地震要比早晨地震厉害，早晨地震只倒了少量房屋，而下午地震房屋倒塌在一半以上，地裂缝、喷沙冒水、井水外溢、人员伤亡，都是下午地震所造成的。

南部的解元集，早晨地震，房屋几乎倒平，地裂缝和喷沙冒水。

南部的木里，早晨地震，房屋全倒，村内普遍冒黑水。下午地震人站不稳。

北部的天庙集，下午地震，房屋倒塌约一半，村里村外很多喷沙冒水，而早晨地震只倒了30%左右，地里喷沙冒水很多，井水外流，死6人。

北部的贾庄，早晨地震倒房约30%，下午地震房屋几乎全倒了，地有裂缝和冒水。

南部和北部群众对这两次地震的感觉是泾渭分明的，而在两个Ⅷ度区相交地带，有的村庄群众反映，两次地震房屋破坏情况差不多。如后项庄早晨地震有约50%的房屋倒塌，而下午地震将剩下的房屋全部倒尽。赵楼早晨地震也有一半房屋倒坏，下午地震则几乎全倒了。这些情况也更加说明了第二次地震震中向北东方向迁移了。两次震中位置相距约20km。

4.地震特点

（1）各条等震线均呈北东向分布。

（2）第二次地震沿北东向迁移。

（3）地裂缝与喷沙冒水地区亦作北东向分布（见图2）。

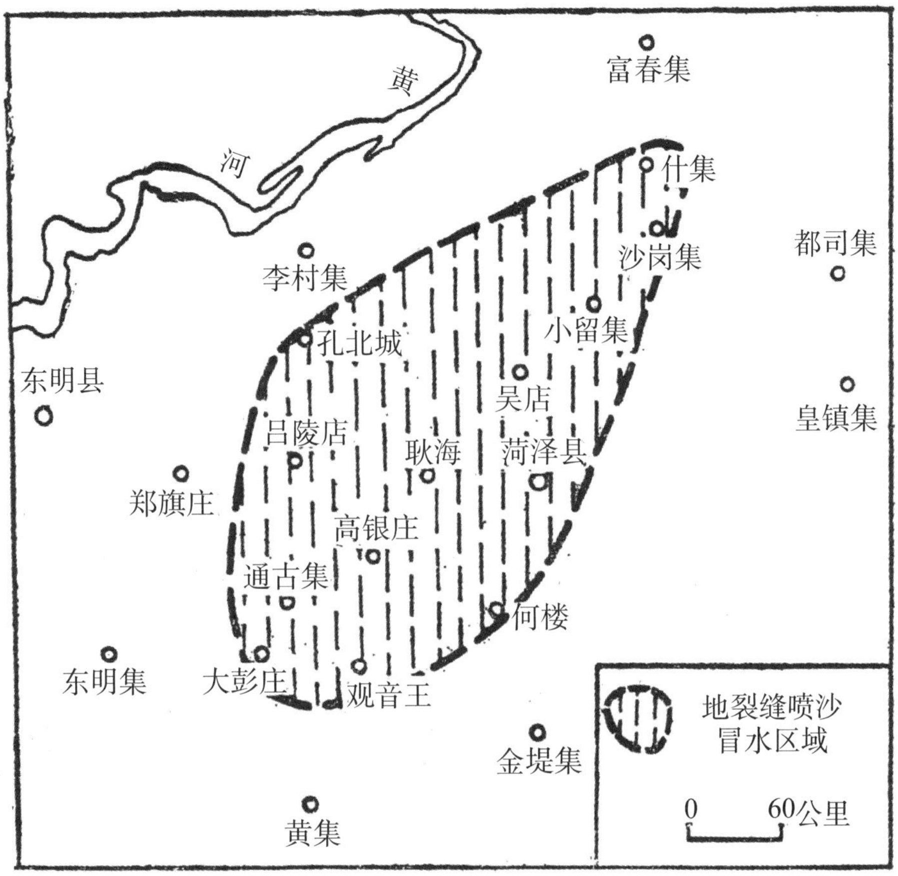

图2　1937年8月1日菏泽地震裂缝喷水冒沙区域示意图

（4）这次地震没有听说有前震。

从以上四点来看，这次地震的活动与这一地区所存在着的兰考—聊城大断裂的位置和走向是一致的，但这次地震是否就是该断裂活动所造成的，尚有待进一步探讨。

5.其他现象

（1）地下水变化。

高庄集公社吕集大队地震前井水水位升高，平日用桶从井里提水须用扁担，而震前几天用桶就可以直接提水。大王集村东有口井，震前一个月井水变少，刚打算要淘井，就地震了。

（2）动物异常。

二郎庙有人反映，地震前狗曾乱叫，刁屯震前2~3天有一种鸟飞来乱叫（俗名叫苦灵鸡），这种鸟以前不常见。

6.震源深度

采用Ⅶ、Ⅷ、Ⅸ三条等震线，用量版法推算，主震的震源深度约为7km。

四、地震论述

（一）地形对地震烈度发生的影响

陈国达著，发表于《大地月刊》第一卷第六期，1937年。

在前一次的地震讲座里，我曾说到房屋所在地点的地形，和这座房屋的安危，有着很密切的关系。比方在峭急的山坡和山脊上，容易发生山崩，泥石下坠，房屋也跟着要丢下来，便是一个最显著的例子。可是这不过是地形对于地震损失大小影响的一方面，仅是增加烈度的一方面；在别的情形之下，地形却又可以把地震烈度减小，或且至于消灭哩。

“烈度”是什么？它的意义就是地震的剧烈程度。在本刊第二三期的“地震讲座”里，我们曾先后指出过，地震时地震波浪所走的路径有两条：一条从发源地点即地震学上叫作“震源”那里起行，经过地球内部，直接达到我们所在的地方；别一条则从“震源”走到地球的表面，即所谓“震中”的地方，然后沿着地面走过来的。我们所能感觉的，和能把房屋破坏的震动，就是沿地面走来的一种。这种波浪从“震中”向四面传播，从理论上说，周围的地方，如果都和“震中”的距离相等的时候，所受波浪的震动程度，应该也相等。把这些烈度等级相同的地方用线连接起来，则这些线（即地震学上叫作“等震线”）都应该造成同心圆或近于同心圆的样子。可是，就实际情形而论，“等震线”的形状，大都不很规则，而是弯曲变化无穷的。就拿去年4月1日广东灵山县地震时邻近各地所受的烈度情形来说，就是一个很好的例子。在广东的西北部，广西的北部，云桂边境一带，湖南贵州的南部，以及海南岛南部这几处地方，都有烈度减低或全不觉震动的现象，遂致“等震线”形状变化很多，或甚至断绝（这些情形，我在《灵山地震志》一书里曾有论述，并有地图表示，读者如有兴趣，可找来看）。这原因，无疑地就是地震波受地形的影响。因为据我们所知，在上面所说烈度减低或消灭的地方，正是给大山脉（南岭山脉、无指山等），把它们和“震中”分隔的所在。当地震波从“震中”传播出来时，经过这些山脉，便被阻止而不能前进了。结果山脉以外的地方，因此得避免较大的震动。

在民国9年甘肃地震的时候，也见到许多相同的现象。陇山的东西两方相差不过数十里，而西方房塌人毙，东方则损失甚轻。秦岭山脉的南北两方，烈度的差异更大。这固然一方面由于黄土有无存在的地质原因，为了黄土疏浮，造成的山易于崩塌，有黄土的存在，地震时便较危险。可是山脉对于震波的阻障，实仍不能不认其为主要原因之一。

山岳怎么会把地震的波浪阻止前进呢？这完全是由于震波的反射作用。因为我们知道，地震乃是一种弹性波，同时又是一种刚性波，已为现世学者所公认了。比方你把岩石加以适当的压力，它将不致破碎，而可以稍为压缩，一旦压力除去，便复原形，故为一种弹性体。倘若把岩石的薄片屈曲，在没有超过一定限度时，手一放松，它也会回复原来的状态，所以同时又是一种刚性体。地壳是由岩石所组成的，地震又是在地壳中发生，由岩石传递播送的。故地震的波浪，无非就是岩石的弹性和刚性的波动。既是波动，它的本身，自应具有和一般波动如光波、音波等一样的物理性质，经过两种不同物质的接触面而生的屈折、反射等现象，当亦不能不在同样规律限制之下而存在。为了这缘故，当震波由岩石传至空气时，因二者密度、弹性等相差显著，遂大部变成反射波，折回岩石里面，其能经屈折作用以介于空气中的，为量甚少。根据这原理，凡地壳上之天然的或人工的大沟或凹地，便都可以防止地震波的进行。盖因当震波传至大沟的一壁时，因遇壁面（即岩石和空气间的接触面）而生反射作用，即不能继续传至对面的一壁了。不过地震波的波长很大，常达几公里以上（普通由3.5公里至4.2公里），非有极大的深沟，实不能收阻止其继续传播之效的。人工所成的沟道固然难得这么大，就是天然的也并非易得，可是大山脉里面的深谷，却恰能负起这过重大的责任。其故即在于山谷本身的广大和深浚，两壁的距离较大，同时又因嶂峦丛密的缘故，山谷排列重重，即很大的震波，也可以部分阻挡成隔绝无余了。

据许多处地震所得的经验，凡在凹地或沟道中所感觉的震动，烈度常会比邻近地面上所感觉的低些。例如当1891年日本浓尾地震时，振动最烈的地区里面，所有铁路，都给震动弯曲，乱置和损坏了，独在开山而过的沟道中的部分，却能幸免，完好如故。又如1905年印度北部Kangra地震的时候，在Dhansala城附近有一房屋，位于四面均有山岭包围的地点，全无损失，而建在高地的其他建筑物，却已倒塌无余了。这些现象，也就是地形对地震烈度影响的明显表征。其理由虽不必全为震波反射的作用，但至少也有相当的成分了。

上面所说把地震反射折回岩石内面的山壁，为了震波给它反射回去，震动便会特别加剧，那所谓“边缘震动”的破坏力量，就是由于这种作用所产生。所以建筑在峭急山坡上的房屋，除了直接受到易于山崩的危险之外，有时还要因这作用而致所受的地震烈度更加增高哩。

（二）近年来地震学的进步

Joseph lynch作，武衡译，发表于《清华周刊》四十五卷十二期，1937年。

一个初学走路的婴儿，当他走路的时候，时常回过头来看看他到底走了多远。同样地地震学现在也可以说是正在婴儿时代，所以我们也要回过头来看看，在这个旅程中，最近几年，我们究竟走了多少路程。

首先从地震仪的发明上说，近几年新仪器的发明，确是有很大的成就，尤其是关于区域地震（local earthquake）的测验方面，我们发现区域地震，乃晚近的收获，十余年前的Wood Anderson扭摆仪，尚用三分之一吨重的摆，而现在新发明的Benioff仪，只用十四分之一两的质量，时间可短至五秒钟，它的灵敏度真是出乎我人意料之外。如有百万分之二针头（pin-head）的震动，就很容易的在仪器中的电流计上计下来了。

自从这个地震仪发明之后，很多从前不能记录的地震都可以很正确地表示出来。可是虽然它在区域地震上有这样大的贡献，而对于区域骚动（disturbance）仍是无能为力。如果用两个周期不同的电流计，可以造成一个同时记录远近的双用仪（two-in-one instrument）。这个新发明，使地震学确立它独立的园地。任何形态的地震都不能逃脱它的测验了。

现在再从仪器谈到记录（record），有一种很久地震学家不能确认的记录，叫作微震（micro-seism），是周期数分钟的小波动，地面的动荡约有三百分之一针头，但可继续至数日之久。当有风暴，或气候骤然变冷的时候，这种现象是时常现的。陆地轻微的上下荡动，有时会扩张到整个的大地。如再进一步追求，以决定初震（baby quack）成因，我们可以有三种解释，第一是海水浪涛之冲击地壳岩石；第二是海洋底的波动，由海底传至大陆，造成地震；第三是由于气压变动的影响。这三种假说以后者较得多数地震学者的赞同。

地震记录第二个待决的问题就是地心本质的问题。地心是固体的呢，还是液体？有一种地震所造成的波动叫作扭波（shea rwave），只能在固体中传播，那么它究竟能否传过地心呢？假若能，地心是固体的，不能，就是液体的。因此现在唯一的问题就在证明扭波能否传过地心。地震学者虽精心研究他们的记录，仍不能得到结论。因为微震是几乎不停的，有地震的时候，在一组屈折波与一组反射波之间震波每每较其原波子强，所以有许多日本及美国的地震学家认为扭波是可以通过地心的。不过仍有若干学者表示怀疑，因为这种一承认，无异于说地心是固体的。这样怎能叫人同意呢!

最近地震学家讨论得最有兴趣的问题是：地震发生在地下若干的深度？一般认为地震发生于近地面10哩左右的地带，经近年来的研究知地震的发生实不上此深度，有的可以达到500哩以下，而是有充分的证明。地震震源竟有如此深度，实在是令人怀疑，而且不敢决定地震的方位了。以多数完善地震台（station）的记录，计算其与震源的距离，有时也不易决定其方位，因为一个完善地震台所计算出来的距离，会与其真正的距离相差至四五百哩之多，既然差误如此之大，这个类值最多也只能算作估计了——距离并不包括方向。

因纵波与横波（longitudinal and transverse wave）到达震台的时间不同，所得记录亦异，由二者的相差，并假设地震发生于地球表面，可以计算地震台与震源间的距离，如震源在地面500哩以下，就有很大的误差，不同的深度是会影响距离的，因此这种记录根本就不能用于特殊的震源。如在相当的深度之内，用多数震台的记录也可以得到相当的结果。

假设一个非常的深位地震，如图1*E*，一波直接传达于震台*A*点，另一波与前波同时传达于地面*B*，再传至*A*点，则后者到*A*点的时间必晚于前者，如是两个先后到达的波使地震有骚动现象，因而可以推测或决定震源的深度。

假定震台正在或近于通过震源直径的一端，如图2，传达于*A*点的两波：一波由*E*直接到*A*，一波先至*B*再至*A*。此两波到达时间的相差，就是地震波由*E*至*B*所需时间的两倍了，因为地震波在地壳内的速度是已知的常数。*EB*的距离就可以计算出来，*EB*就是地震在地面下的深度，或是震源的深度。如以由*E*直接传达至*A*的震波叫P波，或急进波（push wave），由*E*传至地表*B*至地震台*A*的波叫PP波，以二者达震台时间的相差可以测定震源的深度，所以现在地震学家不仅能测定地震的距离，同时还能测定震源的深度。用这种方法测深的震源有很多是在五百哩以下的深度。

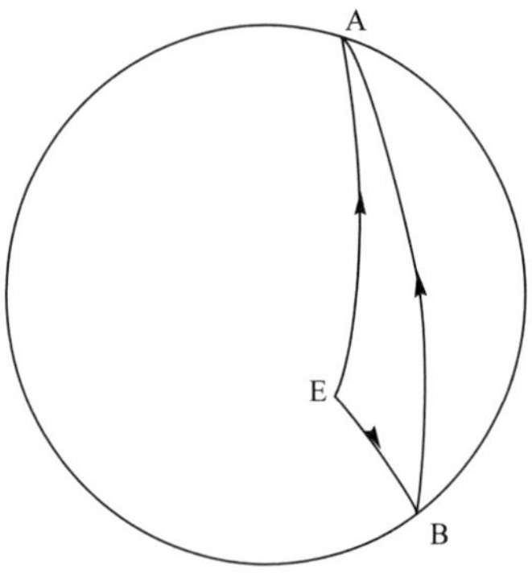

图1　深源地震波路径图

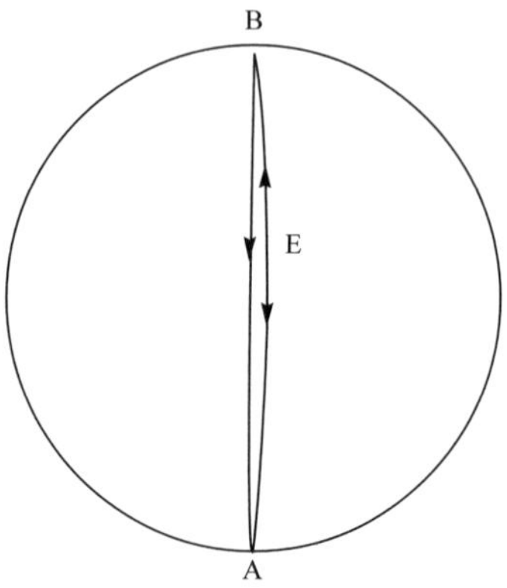

图2　设定震源地震波路径图

伴着这个事实而来的是更大的困难，以往我们认为地震是由于地壳断裂而成的。那么在如此深度的地层里，断裂可能么？可能断裂的有定形的地壳（crystalline crust），其深度仅有十哩至三四十哩上下，在此层以下就是流体了。像溶化的玻璃似的。虽均冲（isostation）作用，造成厚薄不同的壳，但500哩以下，似乎不能不断裂现象吧。

由于这种深位地震（deep-seated quake）产生两种可能的假设：一是断裂可以产生于我人想象以外的深度；还有一个否认破裂，认为是由热力作用（thermodynamics）所成。我人最近推知在非常的高压力与相当的高温之下，很多的物质都是可以改变形态的，因之造成猛裂的爆炸，在这个实验证明之下，地震现象有了新的解释：在地面数百哩以下的深度，因高热大压而有形态的转变造成地震。不过这个假设尚未得地震学者所公认吧了。

在最近关于地震的著述中无论是断裂说或热力说皆有所讨论，从他们所提出来的证据来看，断裂说似仍为有力，它的证据是：① 深位地震大都是由扭波所传播，并非压缩波或爆裂波（compressional-orexplosive waves）所传播，除非最爆裂地震（explosive）；② 在同一位置或震心（epicenter）深浅震源的地震一齐发生，时间当然不同，因为浅位地震是由断裂造成，在同一震心发生的深位地震似乎也是由于同一的原因所造成；③ 深位地震只能发生于一定的地带，不能遍于各地。以上所提出来的三点都是由地震现象所得来的结果。

再退一步说，如果热力说是正确的话，则我人可以期待在某一地域必有一定周期的因热力作用而生成的爆炸，20年、30年等。但事实并不如此理想。

另外还有一点是值得我人注意的，就是深位地震大都在赤道附近，或在太平洋的外缘不远的地域。从这点事实也许可以得到更完美的结论。

1938年地震论述

- 汉张衡候风地动仪造法之推测

汉张衡候风地动仪造法之推测

王振铎著，发表于《燕京学报》20期22卷3~4期，1938年。

（一）候风地动仪之历史

后汉书张衡列传云：

阳嘉元年（132年），复造候风地动仪。以精铜铸成。圆径八尺，合盖隆起，形似酒尊，饰以篆文山龟鸟兽之形。中有都柱，傍行八道，施关发机。外有八龙，首衔铜丸。下有蟾蜍，张口承之。其牙机巧制，皆隐在尊中，覆盖周密无际。如有地动，尊则振，龙机发，吐丸而蟾蜍衔之，振声激扬，伺者因此觉知。虽一龙发机，而七首不动。寻其方向，乃知震之所在。验之以事，合契若神。自书典所记，未之有也。书一龙机发而地不觉动。京师学者，咸怪其无征。后数日驿至果地震陇西。于是皆服其妙。自此以后，乃令史官，记地动所从方起。（卷八十九，传四十九，第九页下，乾隆四年校刊本）

张衡以后，传候风地动仪，术可考者有二家。北史信都芳列传云：

信都芳字玉琳，河间人也。少明算术，兼有巧思，每精心研究，或坠坑坎。常语人云：算历玄妙，机巧精微，我每一沉思不闻雷霆之声也。其用心如此!……

廷明家有群书，欲抄集五经算事为五经宗，及古今乐事为乐书。又聚浑天，欹器，地动，铜乌漏刻，候风诸巧事并图画为器准。并令都芳算之。会延明南奔，乃自撰注。后隐于并州乐平之东山。

隋书临孝恭列传云：

临孝恭京兆人也。明天文算术，高祖甚亲遇之。每言灾祥之事，未尝不中。上因令考定阴阳，官至上仪同。著欹器图三卷地震铜仪经一卷……并行于世。

两家之书，今无一存，我人如推其造法，只有后汉书之本传堪供质料。后汉书虽所记寥寥，幸其描写斯仪之主要机构，及其特殊之条件，多有同近日之地震仪相发明处。其所阙漏者，为如何施关发机之牙机巧制也。

图1　汉张衡候风地动仪外观之想象图

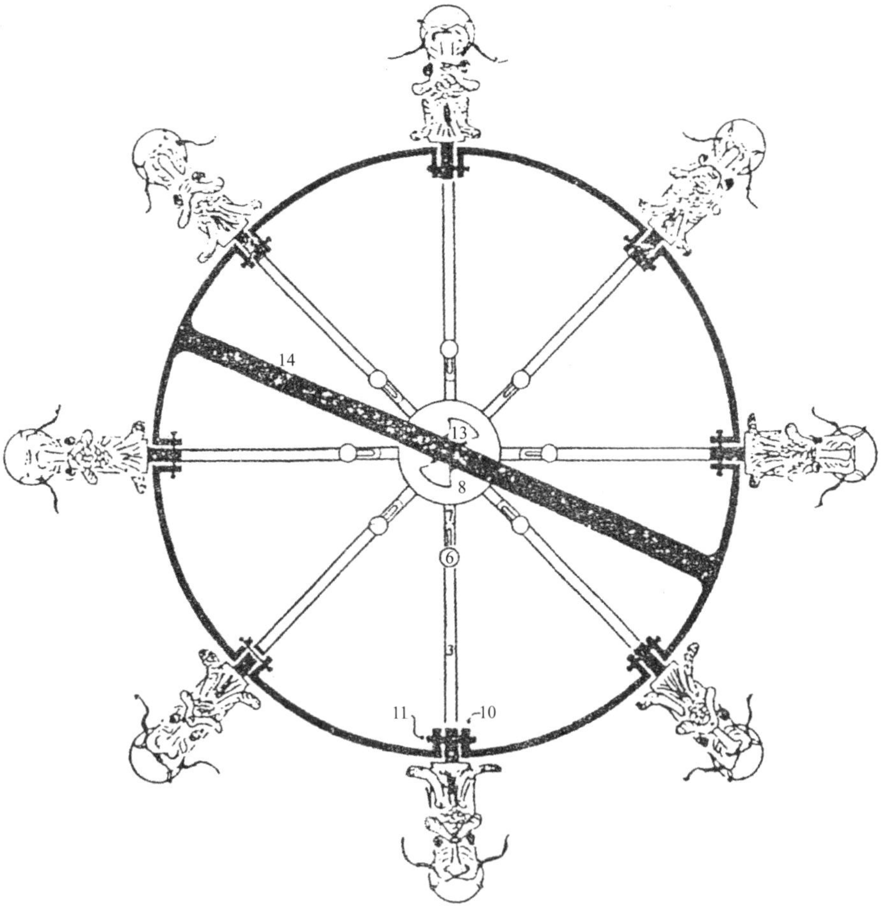

图2　候风地动仪内部之机构横断图

3.第二层推动柱；6.钉；7.第一层推动柱；8.都柱；10.曲杆杠轴台（枢纽）；11.轴；13.都柱之纽；14.系都柱之横梁

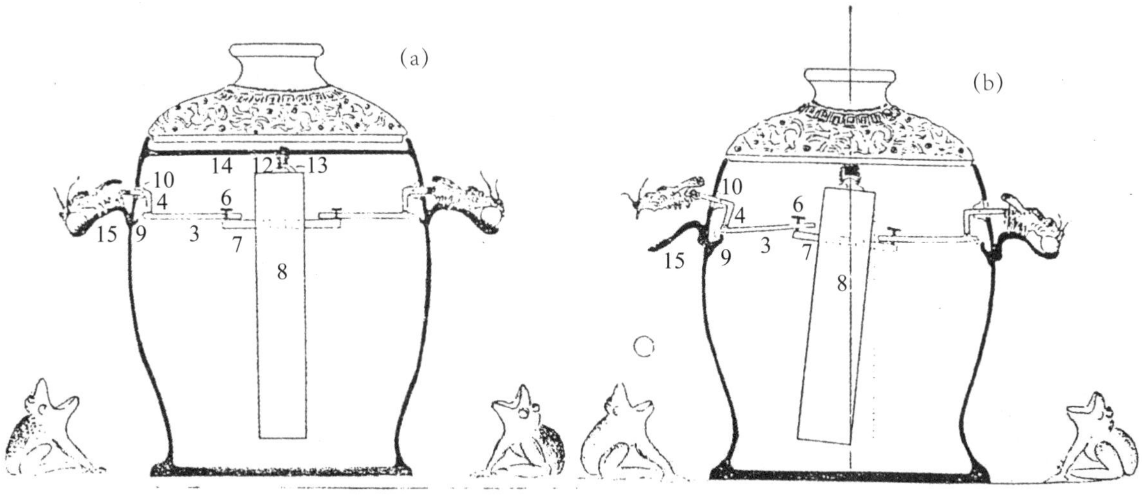

（a）　　　　　　　　　　（b）

图3　（a）候风地动仪内部之机构纵断面、（b）地震时候风地动仪之动作情形

3.第二层推动柱；4.曲杠杆；6.钉；7.第一层推动柱；8.都柱；9.勾唇；10.轴台枢纽；12.绳；13.纽；14.横梁；15.龙首下颚

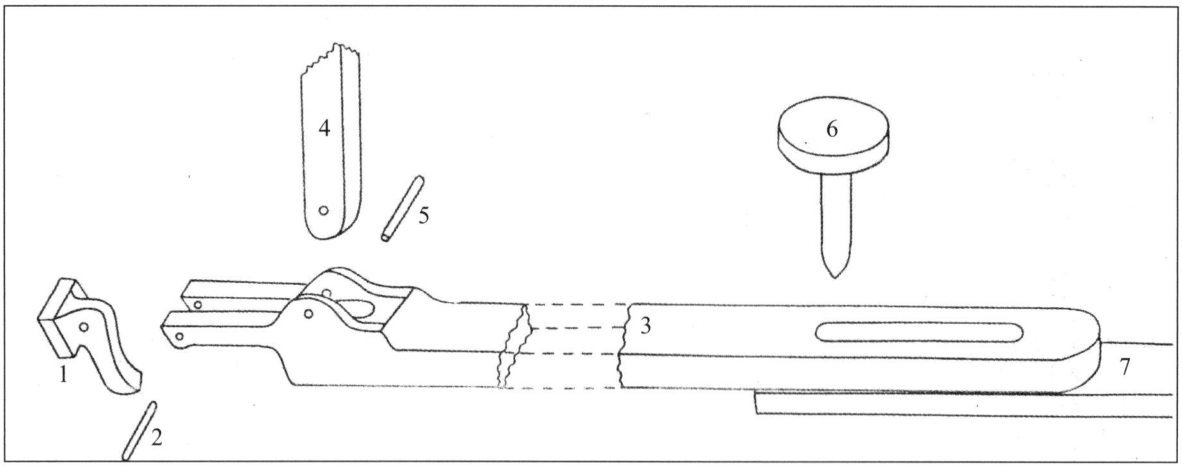

图4　傍行小柱（推动柱）及机牙之装置

1.机牙；2.小轴；3.第二层推动柱；4.曲杠杆之下端；5.小轴；6.钉；7.第一层推动柱

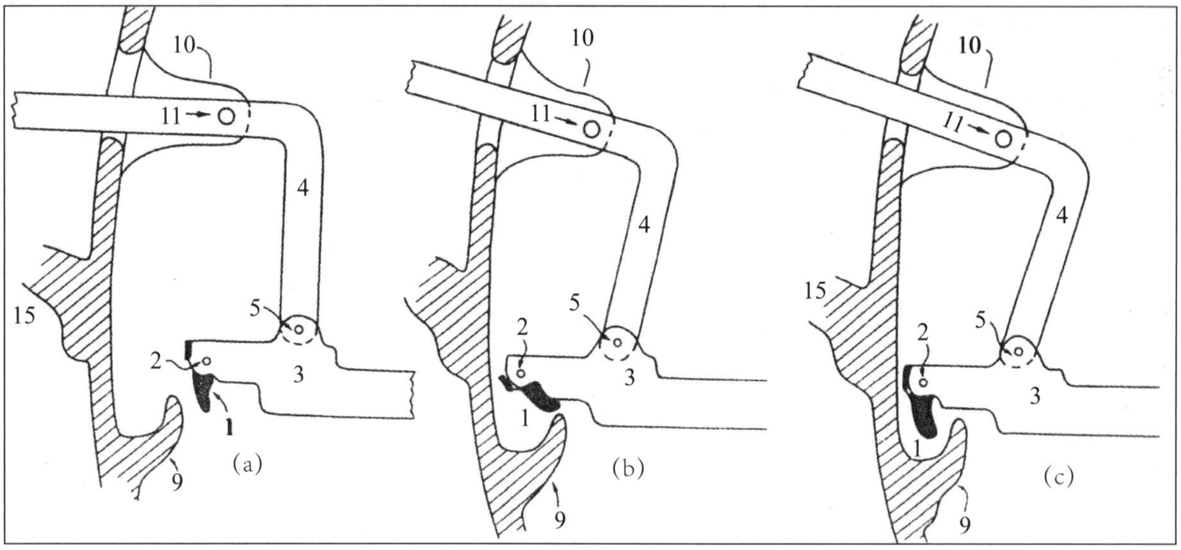

图5　施关发机各部之关系

（a）静止时机牙之情形；（b）地动时机牙为勾唇所阻隐于槽中；（c）机牙入勾唇后则下垂

（二）近代地震仪制造之原理

地震之研究，世有专家，致力地质学之探险者，中外多有述著。简言之，地震乃地壳之运动（the movement of the earth crust），考其成因，或因于火山之喷发，或因于地层构造失于平衡，作补充之运动。当地震之时，因地层有弹性作用，故起一种纵波，同时因为地层为刚性体，又起一种横波，此种波动之发源点为震源（震中），其所波及之区域谓之振幅，振幅之大小，视震源动力之强弱而定，学者利用此种波动以仪器计其现象者，名之曰地震仪（seismoscope）。

地震仪中主要部分，在仪计中有一不动之点。当地震之时，震仪随地面而移动。而此不动点永不为外力所惑。此点之重量愈大，则其地位愈巩固。学者利用此种现象。以描笔置于此不动点上，描笔之尖端再俯托于一随时计等速转动之烟玻璃板上（或纸筒）。此种装置则动点（玻璃板），同不动点（描笔），发生差数，故将地震之波动线描于烟玻璃上。完全之地震仪，当有三个不动点，见插图6。

横波，a为南北向，记东西地震；b为东西向，记南北地震；纵波，c垂直的，记上下地震，d时计。

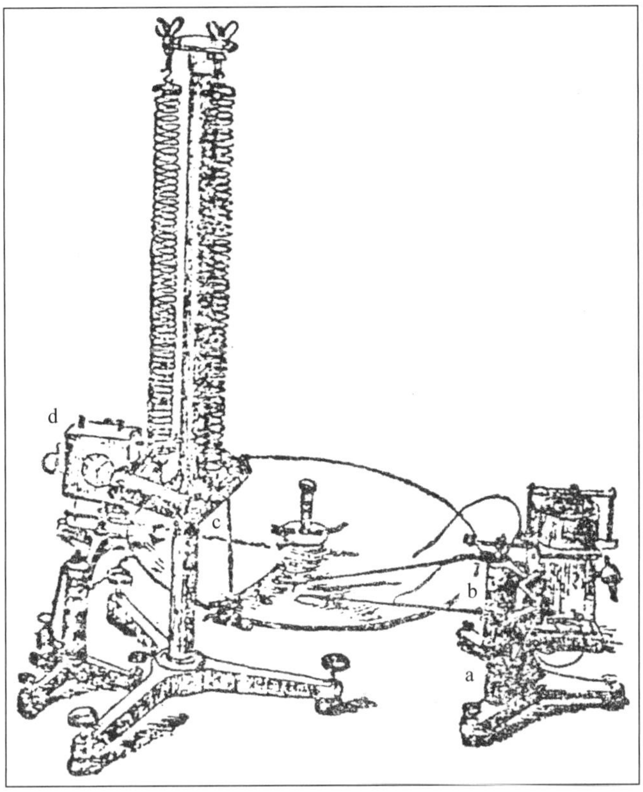

图6　近代地震仪构造图

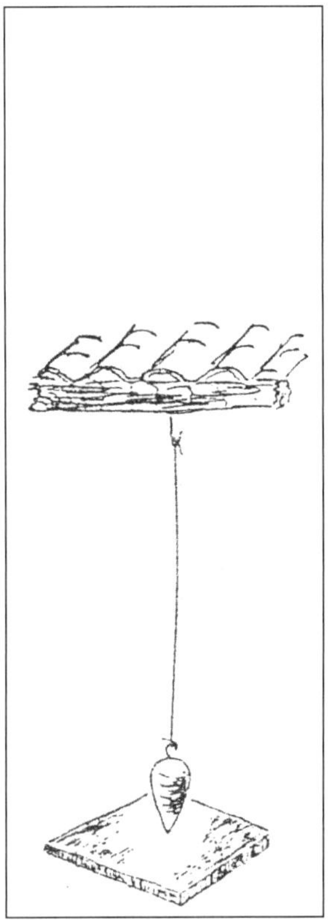
图7　地震仪摆工作示意图

此不动点皆以重摆之力持其静止（图6中abc为重摆）故世之地震仪虽繁简各殊，而其利用重摆为持系不动点之原理则大同。

当此精微之地震计未发明以前，西人尝有以绳系铁权于屋顶，下垂于一涂烟之玻璃片上，铁权之尖端同烟玻璃片相接触，见插图7。如有地震，则玻璃片随地移动，铁权上系空际，故永持垂直之现象（铁权则为不动点），故在涂烟玻璃上画有线痕。此法虽然幼稚而同近代之地震仪所应用之原理，同出一辙。

（三）据后汉书记候风地动仪之特征推定其制造之原理

吾人分析后汉书对于地动仪之描写的四种概念如下：

1. 外形

传云：

“……合盖隆起，形似酒尊。饰以篆文山龟鸟兽之形……外有八龙，口衔铜丸。下有蟾蜍张口承之”。

按文中所记斯仪，此为一图似酒尊之器上有隆起之盖。器之四周有八个龙首，并衔铜丸八个，下有八只蟾蜍作张口状，与铜丸在一垂直线上（铎按：传世之尊，两周为伙，形状多不一致，宋以来金石家每苦于正名。汉代之尊稀见箸录，本文姑借博古图录之商练尊图之，商代去汉不止千年，故再以汉代之钟壶形似古之尊者糅面绘之。姑作此想象之图）参看图1。

2. 内部之构造

传云：

“……中有都柱，傍行八道，施关发机。……其牙机巧制皆隐尊中覆盖周密无际。”

“中有都柱”同“外有八龙”。在文中为对举，故“中”字为别于“外”字而言。故此都柱在尊内。“都”字皆训为总会中正之意。故都柱当居尊之中心。“傍行八道”当是有八支小柱从都柱分出傍行，如图4之傍行状况（铎按：此器为弓盖顶端弓挂饰器。都柱上之旁行八道，不必在顶端，以予推想当在柱身，详下文）。“施关发机”一语。以文中之段落观之，当指傍出八只小柱而言。“牙机巧制皆隐尊中，覆盖周密无际”在文中为总结全文之机构之语气也。

3. **运动情形**

“……如有地动，尊则振，龙机发，吐丸而蟾蜍衔之，振声激扬伺者因此觉知。虽一龙发机，而七首不动，寻其方面乃知震之所在。”

按：文中既言牙机巧制，皆隐尊中，此处又有“龙机发”一语，故内部机械构造必同龙首有联络关系。地动时能使尊震，则尊之所处地位必为动点。其所言吐丸之特征吾人更可知道震源来自何方，面此震源之龙首必向其方向吐丸。其震声激扬之解释则蟾蜍必与铜丸有相当距离而后可也。

4. **其他**

“……以精铜铸成圆径8尺……”。

此尊之本质为铜其径为8尺，姑以古算法推之直径当为2.6尺余。以尊体之比例推测，其体高至少当有4尺余也。

总结上文。此尊之形制，及其所表现之特征观之，主要点在都柱。因于龙首之动作同八只小柱之联络机构，皆集中于都柱一身。故此都柱必为发动八龙首运动之重心。吾人已知尊为此仪之动点，而地震仪非具有动点同不动点之机构乃堪奏效，而斯仪之外又无其他机构之条件，故此不动点必居尊中。我人无妨以其中设都柱傍行八道之特征推之，观其是否同地震仪所共具之原理吻合。姑假设此都柱悬系于尊之中部，作垂直之状。如有地震则尊体同地面移动，故都柱仍保持其垂直之状态。如震源来自西方则尊同地面向东移动，以尊体同都柱作比较，故都柱有向西方摆去之可能。都柱上西向之小柱亦随都柱向西方摆去，因都柱同西向之龙首有关联，以施关发机之作用，致使此西向之龙首吐丸。如地震来自南方或北方均能使此八龙首向震源之方向吐丸也。

此种假设同其构造之特征在原理上固无不合。然何以使都柱保持垂直之状态，何以能施关发机，因记载不详我人固不能以近代之机械补其缺。所幸传世之古物中，多有此类施关发机之巧制，堪为我人借鉴焉。

（四）据汉代机械补张衡地震仪之造法

我国机械之应用。先秦之世已有可观。墨子公输篇云：

公输盘为楚造云梯之械成。子墨子解带为城，以牒为械。公输盘九设攻城之机变。子墨子九距之。

公输盘之攻械尽子墨子之守圉有余。

非儒篇云：

若将有大寇乱，盗贼将作，若机臂将发也。

至汉代，此种新异之机械发明较先秦所述之云梯机弩尤有巧者，如指南大章之车。以有齿联动之轮机，代人力之所不能为，堪称近代齿轮（toothwheel）之祖（予别有指南车记里鼓车之车制模制考，北平研究院史学集刊第三期）。传世之汉代蹶张，其牙机之制，以寸金而任十数石之力。汉人多以枢纽之机构代替古之连环，如传世鹿卢灯，博山炉，车器杂饰多有此制之设施。此种枢纽之制，其运用之纯熟，穷极变化之巧。如半合式，全开式，连动式，不一枚举（参看怀履光洛阳古城古基考Tomb of old Lo-yang）。本文图8（a）（b），设枢纽于流、栓、盖、腹之上，图8（c）为直角双开合之枢纽饰器，皆其选也。按杠杆机构之运用滥觞于先秦至汉代而大昌。如汲水图（编者注：略），固知桔槔之法已普遍于民间。虽平子之地动仪中施关发机之作用史不详及，我人如以传世之古物为可据信，不难以汉代蹶张之机牙，灯盉车饰之枢纽，桔槔汲水之原理，补史笔之阙如也。

1. **都柱之装置方法**

平子地动仪所持之原理。为利用都柱之重心推动四周之旁出小柱，使龙首吐丸。按古代之铎铃中系金木之舌，摇铃奏音之作用，予以为乃平子地动仪之前身（或者平子即以此而发明斯仪之制法不无可能）。汉代悬挂重物多在物体上设纽，更系以绳，如镜、鉴铃铎之纽是也。（古钟有甬少纽，汉之铎铃皆为纽）故此都柱为垂悬之状，亦必有纽（图2、图3之13）。所以使此都柱在悬系中

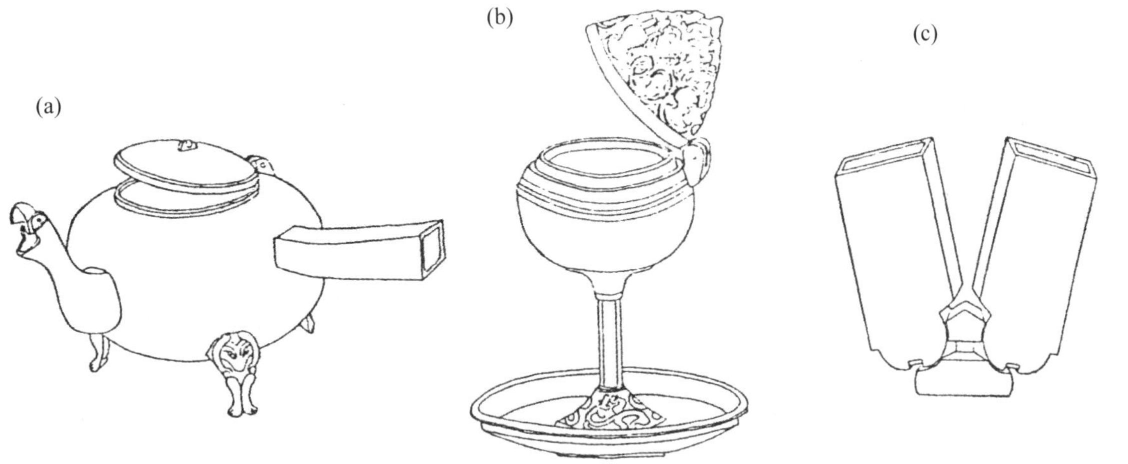

（a）　（b）　（c）

图8　汉平都主家盉（a）自陶齐吉金续录转载、汉博山炉（b）、汉饰器（c）

运转自由者当必有绳穿纽而系。如直接系于盖内，则盖不克开合，故当有一横梁而负之（图2、图3之14、12）。物理启示吾人有不动点之重量愈大则其不动点之地位愈巩固，则此都柱之体积当有如吾图所绘之比例也（图2、图3之8）。

2. 旁出八小柱同都柱抵拒之解决

我人如设想此八只小柱，为一通体之直杆，则都柱因地震，而摆动之时，则必互生抵拒，反使都柱不能摆动自由。如想汰除此病，必有如图2、图3之3、7之情形将小柱分断为二。7为第一层推动柱同都柱8相结合不动。3为第二层推动柱，其后端琢有长方孔如图5之3以铜丁6贯立其中。定于第一层推动柱上图2、图3之6。如都柱向左摆动时，则第一层推动柱上之丁，随都柱运动之力，将第二层推动柱推向左方。而右向或其他向之推动柱，因长方孔有活动之余路，不促铜丁之运动。第二层推动柱3同曲杠杆4之枢纽联络，亦不可密接，俾有左右活动之余地。故都柱可自由摆动也。

3. 一龙发机七首不动之当有条件

凡重物在空中悬系，其向左摆动之力，必与其向右摆动之力相等。此种现象为不变之原理。如文中所言一龙发机而七首不动之情形，则必有一种较繁复之节制摆力之机构。即文中所言之牙机巧制之工作。此种机构吾人故不可知。然汉代弩机之构造堪为借鉴（以下文字参看图4、图5）。

解决此问题当在第二层推动柱之首端，琢作方槽作凹字状。并以机牙1装置于方槽之内（此机牙为直角运转者汉代最流行），以小轴2连贯于推动柱之顶3。推动柱3之前端尊壁上铸有勾唇9，当静止时此机牙下垂如图5（a）之1。地震时则第二层推动柱3向左动时，则机牙为勾唇所促，隐于槽中（b）之1，当机牙入勾唇后又下垂（c）之1。此种机牙只可顺转不可逆转，故机牙勾于唇内，将都柱反摆之故此节制矣。

4. 龙首吐丸之解释

此问题之解释，最主要之点，在如何能使铜丸落于蟾蜍之口中，如假设龙首下颚有运动作用，则铜丸之落下必为一种不规则之线路。如以第二层推动柱直接推动铜丸，则此种推动力因地震之动力有缓急之别，故铜丸受推之力有大小之分，故此二法均不能必使铜丸落于蟾蜍口中。较此为合理，而唯一之条件，为龙首上额之开关作用，无论地震之缓急均能毕吐铜丸于蟾蜍口中也。（以下参看图2、图3、图4、图5）。

龙首上额当以薄体铜片而作，龙首后端为一曲形杠杆。如图4、图5之4尊壁设一枢纽10以小轴贯之11。其下端再设枢纽连于第二层推动板上，以小轴贯之5。龙首下颚铸合于尊壁15似一浅体之勺形，中设铜丸一枚，龙首之上额覆盖其上，促铜丸不下坠。如有地震，则第二层推动柱以尊壁枢纽10之小轴11为支点，以柱上之枢纽为力点，故将龙首推开，铜丸则下坠，落于蟾蜍口中矣。

5. 机构间之互相关系

都柱之动为一种摆线之作用。故离圆心点（柱顶系纽处）近，则其动度小，远则大。而此都柱摆动之力，近则强，远则微，与其摆线成反比。故第一层推动柱7之装设，当在都柱8高之⅘处为宜，机牙1之去勾唇9不当太远，（5为力点，11为支点，龙首为重点，因支点、去力点之距长于支点去重点之距）推动柱虽微细之运动以能使龙首开启也。

（五）张衡地动仪运动之情形与近代地震仪之比较

当地震未发生以前，都柱8作垂直静止之状（图2、图3）。如震源来自此图之左方，（西方）地面同尊仪则向右方移动图3（b）。都柱8因欲保持其垂直地位，而因都柱8顶上之纽13为绳12所系，固定于横梁14上，故柱之上端亦因震仪之动而右移。故此都柱之下端呈左向摆去之形势。有如图4之现象。当都柱向左摆去时，第一层推动柱7上之钉，6促第二层推动柱3亦左动。因杠杆4之传动，故使外出西向之龙首开启。故铜丸下落于蟾蜍口中。

当第二层推动柱向左动时，其顶头之机牙1为勾唇9所阻，隐于杆中，当机牙入于勾唇后，而又下落，并勾其唇上。故使推动柱3不能返其原位。都柱8向回摆时，因推动柱3挂于唇口故将其上之长方孔，向右之动路减短，将钉6阻住致使都柱不能超垂直线向右摆动，则东向之龙首不受其回摆作用之激动。伺者闻坠丸之声，见铜丸为西首蟾蜍所衔，则知震源来自西方。

总之平子地动仪只能辨震源之方向（八种方向）后汉书亦谓“……自此以后，乃令史官，记地震所从方起……”故所记为实情。然其文中所谓尝一龙发机地不觉动之情形，固知斯仪计震精微，其理不外机牙之去勾唇为近，都柱之体量较重了。

我人近日应用之地震仪在辨四方之震源以外，并可知其上下之纵震。录其强烈微弱之震波为图画，籍以推算其震源之远近。

然今日地震仪，同平子发明之斯仪，在原理上虽一，而表现之方法故有精粗之别。平子汉人，去今且二千载，固不可同日语也。

廿五年十一月廿日，于北平研究院

1940年4月6日云南石屏6级地震及该年地震论述

【编者按】1940年4月6日在云南省红河哈尼族彝族自治州石屏县发生6级地震。本篇收录云南省振济会关于石屏地震救灾报告、《云南省地震资料汇编》有关石屏地震史料及李善邦《地震及地动》等史料。

发震时刻：1940-04-06，21:43:02；

震中位置：23.9° N、102.3° E；

震　　级：6级；

震中烈度：Ⅷ度；

震中参考地名：云南省红河哈尼族彝族自治州石屏县。

一、原始记载

据南京中国第二历史档案馆，云南省振济会关于石屏地震救灾报告原始档案如下。

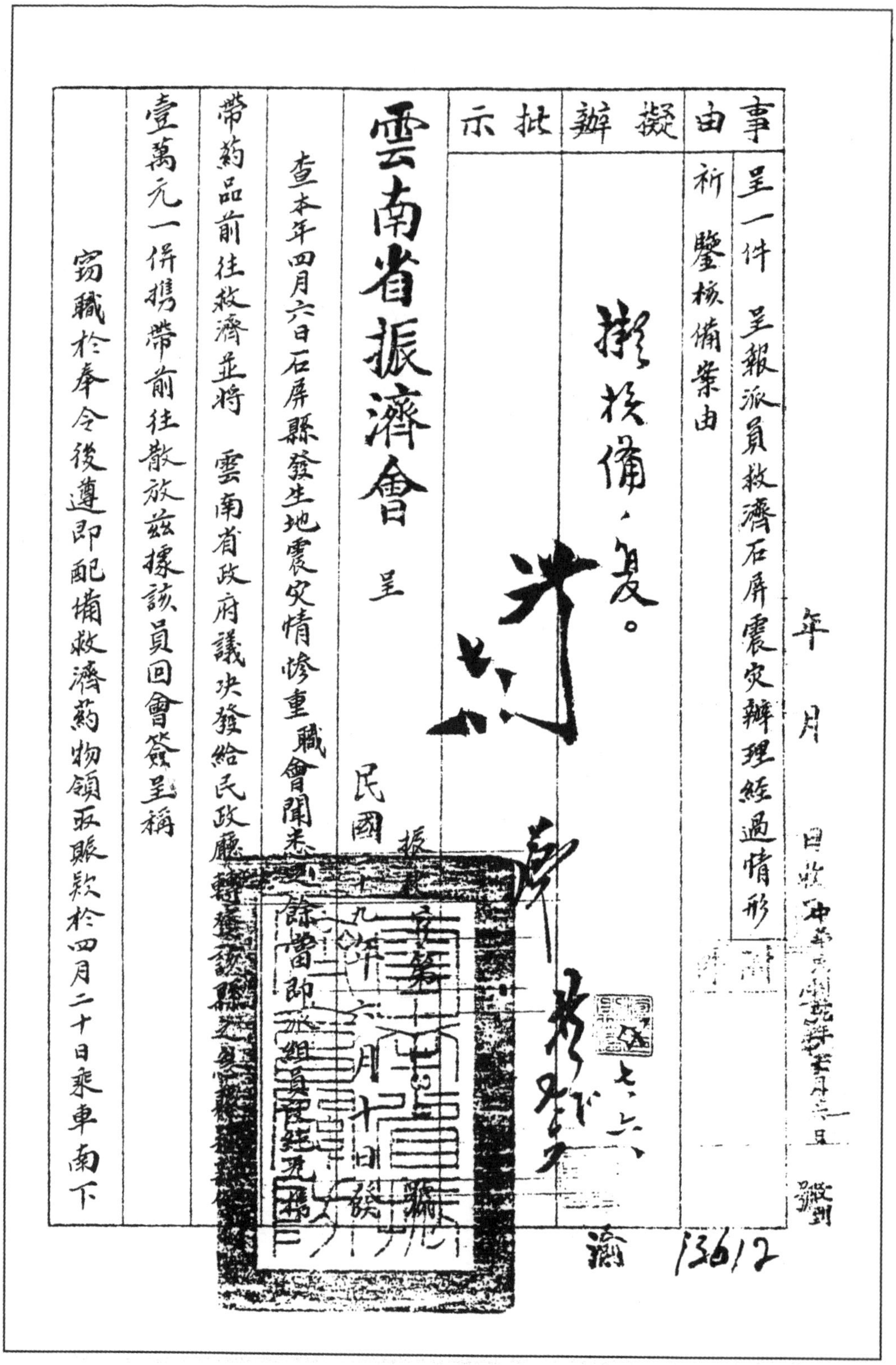

事由：呈一件 呈報派員救濟石屏震災辦理經過情形祈 鑒核備案由

擬辦

批示：擬核備。

雲南省振濟會 呈

民國

查本年四月六日石屏縣發生地震災情慘重職會聞悉……當即派組員……

帶藥品前往救濟並將 雲南省政府議決發給民政廳轉發該縣……

壹萬元一併攜帶前往散放茲據該員回會簽呈稱

竊職於奉令後遵即配備救濟藥物領取賑款於四月二十日乘車南下

等情據此核查該員勘查各情尚屬詳盡除呈報　雲南省政府備案外理合將

派員前往石屏勘災放賑經過備文呈請

鑒核備案

謹呈

振濟委員會　主任委員孔
代主任委員許

雲南省振濟會兼主任委員龍　雲

二、地震史科

摘自《云南省地震资料汇编》。1940年4月6日石屏地震史料如下。

云南石屏地震史科汇集表

地震时间 公历（农历）	地　点	地震记述与资料来源
1940–4–6 （民国二十九年二月二十九日）	石屏	4月6日21点42分58秒，震中位置：北纬23.8°、东经102.6°。（ISS） 4月6日21点42分52秒，震中位置：北纬24.5°、东经103°，6级。B·古登堡 4月6日21点42分54秒，震中位置：北纬25°、东经102.5°。（CCCP） 4月6日21点43分02秒，震中位置：北纬23.9°、东经102.3°，6级。《中国地震目录》1983年 职县本晚八时半钟，地忽大震约二分钟，城垣屋宇倒塌甚多。中西医员分别前往救护死伤，已发现者约十数人。至十二时复据第一区宝秀、蔡营、旧城等处报称，今晚同时各该处亦遭地震，倒屋亦多。石屏县县长许宝根叩，鱼，（六日）印。《云南省政府民政厅档案》全宗11 鱼日晚八时半，本县惨遭地震。现据各员回报，计城内压毙男女九人，重轻伤百数十人，墙倒屋裂不计其数，内外城墙坍塌三百余丈，此城区被灾之情形也。一区外乡暨二、四两区同时亦遭地震，而西乡宝秀一带灾情尤重，死亡者一百八十余人，重轻伤千有余人，房屋倒塌数千余所。石屏县县长许宝根叩，元（十三）日印。《云南省政府社会处档案》全宗44 注：《云南通志续修长篇稿》卷2同载。 据职属第四区杨余庆呈称于四月六日下午七时四十分忽发生地震，区公所全部倒塌，属境以区所属附近十老寨、杨新寨、阿花寨、倘甸及六谷冲等地为最重，其他各村人畜均有伤亡，房屋亦多倾圮，灾害之大为近五十年来所仅见。石屏县县长许宝根，中华民国二十九年五月九日。《云南省政府民政厅档案》全宗11 〔地震房屋倒塌死伤数十〕石屏县特讯：本月六日午后八时三十分，本县发生大地震。震时约三分钟，破旧房屋倒塌十余栋，死伤人民在数十人。刻正由治安机关派人挖救。此次之地震，为本县数十年来所未有。《云南民国日报》1940–4–10 〔地震详情宝秀等地受灾尤烈〕石屏讯：本月六日，此间发生剧烈地震。是晚八时三十分，街头行作，自远而近地面即起波动，行人立足不定。街旁食物摊上灯火被抛出在一丈以外。顿时灰尘四起，人声嘈杂。戏院内伶人，未曾卸去袍甲，即纷纷出街躲避。震动时间仅两三分钟，房屋坍塌甚多，满街瓦砾。至十一时许，人心渐安，陆续回家。治安机关挖掘救护。次日详查统计，倒塌房屋八十余所，死伤约数十人。闻此间老人云，逊清丁亥年曾有剧烈震一次，迄今已有五十三年。此为第二次惨剧云。又讯：距石屏县城二十五里之宝秀及附近之二营盘、李家寨、赵家寨、高家冲等村，新旧建筑物悉数倒塌，伤亡人数甚众。详细数目正调查中。《云南民国日报》1940–4–10 〔石屏县地震之灾象，死十二人、伤十五人，损失约百万，县绅李恒升、张正堂捐款救灾黎，为该县五十年来最大浩劫〕石屏讯：县城自入冬以来，不时发生地震，近一月内尤为频繁，然以震动轻微。而屏城地震又系常事，人心安静如恒。不意本月七日下午八时五十分，突然发生剧烈地震，连续二分钟之久。桌上瓶炉为之倾倒，宛如海船遭遇风浪，全城为之震撼。新建房屋倒塌不少，最坚固者亦现破裂之象。朽坏房屋则倒塌更多，砖城、土城亦多倾塌。西北角上车站一带，震动较微，房屋完整者甚多，城内人民伤者十五，死者十二人。宝秀一带损伤极大，附城乡村与城区同一程度，人心惶惶不安，一般多移空地，以策安全。斯役损失重大，仅以城内倒塌之建筑物估计，在国币一百万元以上，不能修复。刻县府正着手善后，组织震灾赈济委员会负责筹办。目前暂以五百万元旧票施赈，不敷另行募集。伤者视其情形，每人施以一百至三百元之救济费，死者小孩给以一百元，成人给以五百元之棺木费。八日上午二时及正午十二时，均发生地

续表

地震时间 公历（农历）	地　点	地震记述与资料来源
1940-4-6 （民国二十九年 二月二十九日）	石屏	震，幸不甚剧烈。闻建、蒙两属亦发生微震。又讯：当晚地震受灾最重之区系在县属西部第二区旧城，其他附近宝秀一带村寨，亦略有损伤。至于城内则东、南两门民房亦有震塌者。又文庙对面之一排面食馆已完全坍塌，食客有无伤亡，尚待续报。东、南门附近，被房屋压毙老妇及幼童各一。《云南日报》1940-4-12 注：《科学》24卷7期（1940年7月）与此同载外，又载："蒙自、墨江、峨山、玉溪、开远、石屏等县均先后发生地震，强弱不等，亦各有所损失。" 〔石屏第二区地震灾情惨重伤亡损失超乎全县〕石屏讯：兹将县属第二区灾情续志如下。此次灾情全县以第二区为最严重。截至发稿时止，据闻罹难死亡者已在一百五十余人之数，伤者倍蓰。房屋亦有一部分倾圮，墙垣崩裂，瓦瓴高飞，梁柱歪斜者已成普遍现象。其全部毁灭、坍塌倒地者，据报约一千余栋之多。就中以虎山镇之柏仁村、上四排，宝山镇之高百户、李百户，天马乡之蔡营村，五合乡之李家寨、大松树，秀山乡之大杨营各保，损失伤亡尤为惨重。此外，第四、第一两区亦有损失伤亡，总不如第二区之甚。《云南日报》1940-4-13 石屏于四月六日二十时五十分发生五十三年来未有之大地震，县属西区，旧城赤瑞湖、宝秀等处，破坏极大，全县房屋倒塌共计一万一千五百五十六户，死亡一百八十一人，轻重伤四百七十五人，受灾四千一百五十三户。城墙倒塌三百余丈。《气象季刊》卷5（1940年4—6月） 兹将勘灾放赈情形分呈于后。① 灾况检述：计城内公私房屋共倒塌二百余十间，墙壁坍裂者各处皆有，东、北两方城墙倒塌三百余丈。至十一时即前往该县所属之第一区（在县城西北）之张家村，第二区之昌家营、小五亩、蔡营、高家寨、李家寨、张本寨、郑营、吴营、张家营、盘营、大杨营、小杨营、宝山镇、虎山镇等处勘查各村房屋倒塌之数，虽多少不一，均在十分之六以上。其中以大、小杨营两处最多，占全数十分之九以上，存在无几，且已不堪居住，人民死伤亦重。次日保山镇迳往县属第二区之王家冲，第四区之杨新寨、十老寨、阿花寨、小倘店、大倘店、六谷冲等处勘查，房屋倒塌之数以十老寨、小倘店、大倘店、六谷冲四村为最多，约占全数十分之九，死伤人数亦众，杨新寨与阿花寨两处次之。由第四区回城时沿途经过第一区之白沙、杨广城、荸荠沟、傅家营等处，房屋倒塌者所在皆有，然不及二四两区之甚。② 指导情况（略）。③ 伤亡损失数目：房屋倒塌一万一千五百五十六间，死伤人员六百五十六人，受灾户数四千一百五十三户，城墙倒塌三百余丈，逐一分别计算明白，详细数目列表附呈。④ 赈济办法（略）。⑤ 检述过去：据该县绅老称，石屏因地质关系，常常发生地震，每年冬、腊月间，均发生轻微地震。而以过去五十四年之丁亥年震动最重，城区损失甚钜，宝秀次之。此次震动，以宝秀为最重，实为震动之中心点，以致从宝秀起，周围数十里内，震动最烈，损失最多，震动原因难于考究。据职观察，宝秀附近之田地概系黑色泥土，有类煤炭或宝秀地之下曾因多煤质。此次震灾，即为地下煤层断裂或陷落所致。⑥ 建议善后（略）。附房屋倒塌死伤人数统计表：（第一区）瓦楼房全倒157间，半倒927间，微倒408间；瓦平房全倒365间，半倒638间，微倒160间；土楼房全倒25间，半倒13间；土平房全倒43间，半倒109间，微倒17间。死18人，重伤31人，轻伤85人。受灾1331户。（第二区）瓦楼房全倒536间，半倒2056间，微倒1149间；瓦平房全倒1420间，半倒782间，微倒175间；土楼房全倒81间，半倒38间，微倒8间；土平房全倒603间，半倒707间，微倒76间。死144人，重伤116人，轻伤190人。受灾2428户。（第四区）瓦楼房全倒74间，半倒271间，微倒114间；瓦平房全倒28间，半倒23间，微倒10间；土平房全倒224间，半倒212间，微倒106间。死17人，重伤26人，轻伤26人。受灾392户。（第七区）全倒瓦楼房1间，死2人，重伤1人。受灾2户。附记：倒塌房屋数与伤亡人数据调查所得，其僻远地方一时恐有未周。塌内外城墙三百余丈，系土墙、砖墙各半。《云南省政府社会处档案》全宗44 本月七日晚八时，石屏发生剧烈地震。据县长电报：城乡伤千余人，死二百

续表

地震时间 公历（农历）	地　点	地震记述与资料来源
1940-4-6 （民国二十九年二月二十九日）	石屏	余人，房屋倒塌千余栋，损失百万元以上，灾情惨重，现经省府拨五千元。《第二历史馆档案》卷116 振济委员会许委员长钧鉴：石屏震灾，据派员报告，被震地方周围达五十里，现尚在震动中。灾民露宿风餐四百余人，查明已死一百八十人，伤病日有增加。奉拨二万元，以死者三十元，轻重伤平均每人十五元计，已不敷分配，加以房屋毁坏及无家可归者……。光定五日五闩前往，望速电汇。屈映光，艳。《第二历史馆档案》卷116 〔赈济委员会许委员收屈映光电〕赈济委员会许委员长钧鉴；石屏地震，全县一、二、三区无一完土，不忍卒睹。现已查得死伤残废一七七人，重伤一五一人，轻伤一五九人，房屋毁坏而赤贫者二九八四户，却远之处尚未调查在内，至少非五万不能分配。已当众宣布中央德意，请速汇五万元，交何主任查收，以慰民心。屈映光叩(十一日)。《第二历史档案馆档案》卷116 注：《云南省政府公报》12卷46期“省政府训令”有相同记述。 敬呈者映光奉命来滇视察赈务，适石屏县发生地震，当即亲往调查赈济。先请本会拨款二万元，嗣因灾情太重，复请加拨二万元。经实地查得死亡及残废者一百七十七人，重伤者一百五十五人，轻伤者一百五十九人，房屋毁坏而赤贫者二千九百八十四户，偏僻处尚不及详查，四万元不敷分配，又请加拨一万元。一俟款到即可分别发放。映光因昆明于本月九日被敌机轰炸，特先行赶回查赈，详情容量呈报告。查石屏地震，历史有记载者计：明万历十六年一次；清康熙三十七年正月地屡震；雍正十年正月地震，十月复震，十一年正月又震；乾隆十九年十二月三十日地震；嘉庆二年七月地大震，三年又大震；道光十三年八月地震，九月又地震；光绪十三年十一月初二日地大震。今天四月六日地又大震，月来屡屡续震。建水、个旧、昆明均遭波动，惟幸未伤人。又此次地震幸在黄昏八时，大众尚未安眠，故死伤较少。然地壳震动，地上房屋无不被其迁移，即未毁坏，其墙角亦被移曲，不修必倒。以过去史实考之，每数十年必有大震一次，其原因何在，拟请政府令交主管机关，派地质专家详加测验。《第二历史馆档案》卷116 民国二十九年农历二月二十九日石屏地震，现将各处震情分述如下。县城：旧朽房屋倒塌甚多，一般房屋间有倒塌，坚固之房无损。正街吴家房屋倒塌，压毙一人。文庙东旁及卖香巷卢家两处石牌坊石梁脱落，压坏坊下之房屋。县政府院内炮楼（三层），上两层倒塌。西门城楼之北墙顶部震倒。城东北之城墙坍塌数处，每处长三五丈不等，共约二三十丈。全县境房屋倒塌甚多，伤毙人口甚众，宝秀一带震情尤重。大震后小震至四月底未止息。宝秀：街之两头房屋倒塌甚多，阻塞道路。上四牌坊一带房屋倾倒，伤毙人口甚多。山滑坡，地有裂缝宽三寸余。小陈营：墙壁震裂或倒塌者约十分之九，塌房甚多，压毙六七人。卢营：平房倒塌甚多。瓦楼房墙壁及山墙震裂或倒塌。盘营：平房倒塌甚多。楼房多墙角震裂或山墙尖倒塌，个别倾倒者或木架脱榫。大杨营：仅七间房屋尚好，其余房屋柱脚移动或墙壁倾倒。压毙十五人，伤三十人。旧城：平房倒塌甚多，楼房墙壁及山墙倒塌，压毙一人，伤数人。金鸡冲：震坏房屋甚多。楼房之墙壁及山墙多倒塌。一户房倒，压毙一人。百枝树：平房及房屋隔墙多倒塌，楼房墙壁震裂及山墙倒塌。许刘营：楼房墙壁震裂及山墙倒塌，一平房倾倒，伤毙各二人。张贵寨、小西山、下寨：屋瓦震落，房墙或山墙尖震裂。大田坝心：平房倒塌甚多。郑营：平房及朽旧楼房倒塌。一般楼房墙壁及山墙倒塌。压毙三人。张本营：平房倒塌。楼房墙壁及山墙倒塌。李家寨：平房倒塌甚多。楼房墙壁震裂或倒塌。李家寨、许家寨、高家寨、赵家寨四村：共压毙十四人。太岳村：震坏房屋甚多，平房倒塌甚多，压毙一人。徐杨寨：平房倒塌。楼房墙壁及山墙倒塌甚多。张家寨：照壁墙震倒，房墙震裂宽达五寸，倒塌一间平房。小田坝心：倒塌房屋三间，压毙四人。响水坝：墙壁震裂或倒塌，倒塌一间平房。柳

续表

地震时间 公历（农历）	地　点	地震记述与资料来源
1940–4–6 （民国二十九年二月二十九日）	石屏	村：山墙尖倒塌甚多，偶有墙塌者。卫家营：倒塌二间平房，楼房墙壁多塌。扯直乡戴坝：房墙土块震落。马鞍山：房墙震裂。附近一小寺庙局部坍塌。木差：房墙土块震落，墙角多震裂。富曲村、青鱼湾：房墙震裂，旧朽房屋倒塌。岳家湾、吴家营：房墙或山墙尖倒塌。中左所：旧朽平房倒塌。小水：家庙屋脊倒下，旧朽房屋震歪。罗家庄：小学校围墙坍塌，石阶震裂。大水寨：房墙及山墙尖震裂，老羊水井山数处地裂宽尺许、长数十丈、深约五尺。大老卫寨：旧朽房屋山墙尖倒塌。倒塌房屋一间，伤三人。陶村：房屋山墙尖坍塌甚多。荸荠箐：房墙及山墙尖倒塌，偶有房屋震歪或倒塌。山后坝：偶有房屋倒塌，死二人。松树：房屋山墙倒塌甚多，旧朽房屋及房墙倒塌，压毙四人。河埂震裂，树木震倒。张家寨、绿子坡：房墙倒塌，各压毙三人。白夷龙井：旧朽房屋倒塌，偶有屋架脱榫。十老寨：屋瓦及山墙尖土坯震落。照壁震裂。平房倒塌。水田干涸。地面裂缝宽约五寸。阳新寨：墙坯震落，照壁震裂，山墙尖多坍塌。倒塌朽房六间，压毙二人。山顶震裂，道路裂缝宽约六寸。龙潭村：屋瓦震落，房柱倾斜，照壁、房墙倒塌，压毙一人。田埂、坡地裂缝及滑坡。亚花寨：屋瓦震落，房墙震裂或倒塌，房屋倾斜。塌房四间。宝秀方向距村七里处山崩地裂。朱凹子：屋瓦震落，房墙倒塌，倒塌平房三间，伤毙三人。松土地面震裂，原有裂缝之山滑坡。白散坟：屋瓦、墙坯震落，房墙震裂，山墙尖倒塌，倒塌平房一间，压毙四人、伤一人。山坡震裂。龙武：蓬苴山地裂宽尺许。新成：房墙倒塌，土平房倒塌，伤四人。河堤震裂，地裂涌水。六谷冲：平房倒塌甚多，压毙六七人，毙马五六匹。白浪大寨：屋瓦震落，山墙尖倒塌，房墙震裂。道路震裂宽约五寸、长数丈。新街：个别民用烟囱震倒，间有房墙震裂或局部倒塌。鱼村：数处房墙震倒。吴营：倒塌照壁甚多。平房倾倒，瓦房仅存屋架，或墙裂或倒塌，死十三人，伤十人。兰梓营：房墙震裂，山墙尖倒塌伤人。柏仁村：房屋倾倒，伤毙各十四五人。龙朋：新房屋脊倒下，山墙尖倒塌，间有房墙震裂或倒塌。北门外压毙一人、伤二人。地裂，土山崩。大桥乡：偶有房墙倒塌。三孔石拱桥之石栏中段坍塌。石头寨、花托衣：房墙土坯震落伤人。花庄：地震涌新泉。范柏寨、热水塘、大瑞城、胡家营、坝心、马合村、寺脚底、万家营、上坝、大桥河、关口、土库村、大寨等处震时房屋摇响。《滇东地震调查资料》卷2 　　民国二十九年农历二月二十九日晚九点余钟石屏县属地震，宝秀一带地震尤烈。震前半年闻地下有隆隆之声。震后人民露宿达月余之久。现将各处震情分述如下。宝秀镇：市街两头倒塌房屋甚多。昆府街及四排街之平房皆倾倒。旧朽木架房歪斜（间或柱梁扭断），土墙震裂或部分倒塌，照壁及山墙倒塌甚多。刘氏宗祠之大殿后墙及殿前石台阶震裂。山坡地裂自东而西，宽尺许，长十余丈。茴香老地：约二十户土房（少为瓦房）墙普遍震裂，五户房屋之山墙局部倒塌，倾倒土房一间，伤数人。震后泉水减少。出水头：约十三间土房，倾倒四间，其余房墙震裂及部分倒塌。阿称田：约十一户土房（少为瓦房），一间后墙震倒，其余房墙土坯震落。小官山：房墙倒塌，毙牛一头。下寨：约十户。四户房墙部分倒塌，其余房墙震裂。西期底：约十六户，一墙角坍塌，泉水减少。冬瓜箐地表裂缝，致使数年后滑坡。烧烟子：倒塌房屋数间。旧寨：约二十户，倒畜厩一间，伤牛一头。山石滚落，震后溪水减少。大杨营：约一百户土房（少为瓦房），倒塌土房较多，其余房墙震裂及山墙局部倒塌，木架脱榫或歪斜，约伤十七人。许刘营：许多房墙震裂及局部倒塌，约十分之一的房墙及木架倒塌。震灾较大杨营稍轻。凹子：约二十户土房（少为瓦房），墙普遍震裂，屋架普遍歪斜、脱榫、木柱移位（个别自石柱墩上掉落于地），十分之七的房屋山墙局部倒塌，压毙二人。兰梓营：屋架普遍歪斜、柱脚移动，房屋山墙震裂及大部分倒塌者约占十分之七。倾倒一户土房，压毙五人。王氏宗祠之木柱移位。牛屎坡：山坡地裂，宽约三寸、长七八丈。吴营：土房皆震倒，瓦房局部倒塌，屋架歪斜者甚多，山墙普遍震倒，压毙五人。田地震裂喷砂。大田坝心：约三四十户。土

续表

地震时间 公历（农历）	地　点	地震记述与资料来源
1940-4-6 （民国二十九年 二月二十九日）	石屏	墙局部倒塌者约占三分之二，倾倒房屋二间，压毙一人。地裂宽约五寸、长三十余丈。灾重较大杨营稍轻，较向家寨略重。太阳坡：屋瓦普遍震落，四户房墙拐角处震裂，数户房屋山墙局部倒塌。阿希者：约四十户土平房。房墙土坯震落，倒夯土墙一堵，一石块墙倒半。地面裂缝，泉水减少。大风垭口：山脊地裂宽约三寸，长四五十丈。蔡营：十分之八的房屋遭受不同程度破坏，五六间房屋局部坍塌，倾倒平房一间，个别木架歪斜，压毙十二三人，毙畜数头。大桥：约三十户土平房。一照壁倒塌，间有房墙震裂小缝，十余户房屋山墙震裂或局部倒塌，一房屋架歪斜。泉水减少。小寨：约二十户土平房。墙土坯震落，泥屋面震裂。刘家山：屋瓦及山墙土坯普遍震落，三分之一的土坯墙震裂。白浪大寨：墙土震落。弥上寨、弥下寨：个别房墙掉坯或震裂。大竹箐坡：山梁地裂滑坡，裂宽约三寸、长数丈。震后泉水减少或涌出新泉。银柱塘：约三十户土平房。房墙皆震裂细缝，一寺庙屋脊瓦震滑。土苴：震倒土房数间，压毙二人。松村：约六七十户瓦房（二户土平房）。二户土平房倾倒，大多数瓦房墙局部倒塌，压毙二人。太岳村：约四五十户瓦房。房墙普遍震裂，约四分之一房墙部分倒塌，其余皆有不同程度损坏。山坡地裂宽寸许、长三四丈。高坡：约二十户。一户墙壁震倒，其余间或房墙震裂、土坯及屋瓦震落。孙家营：房墙震裂甚多，个别房屋局部坍塌。张本寨：约八十户瓦房（少为土房）。房墙普遍震裂，平房倾倒，五分之一的房墙局部倒塌，压毙七八人。郑营：约二百户瓦房（少数土房）。房墙震裂及平房局部坍塌甚多。李家寨：约一百四十户瓦房，其大多数房屋建于山麓缓坡上。房墙普遍震裂，大多数房墙局部坍塌。少数建于三面系稻田之房屋，八户房屋倾倒，其余房墙壁震裂大缝或局部倒塌，压毙八九人。清光绪十三年重建之李氏宗祠系正规木架结构，山墙顶部外倾。殿前砖结构牌坊震裂数处。青鱼湾：约二十户，大多数房墙震裂，数户山墙顶部外倾。土主庙后墙震裂数处。仁寿村：约一百户。檐瓦震落，少数房墙震裂。湖边地面震裂细缝。大水寨：约一百户，少数房墙震裂。马扒岭：约五十户土房。一较高之旧土房倾倒，其余三分之一的房墙局部垮塌，个别屋架歪斜。上、下大田亩：各约二十户土房，少数房墙震裂。海东村：约二百户土房（少数为瓦房），震灾轻微。《1940年4月6日石屏县宝秀地震调查资料》1973年

三、地质论述

摘自《地质论评》5卷5期，李善邦评述《地震与地动（第七版）》内容如下。

Milne氏为现代地震学之开创者，氏于1876—1895年被聘为日本东京帝国大学教授，当其宿于日境之首夜，即有地震来临，予氏以深刻印念，此后即从事于地震学之研究，今之Milne地震仪乃其所发明者。其书*Earthquakes and other earth movements*自1883年出版以来，久为地震学界之标准著作，曾经再版五次，鲜有增改。第六版于1913年付印，是年Milne死，此后二十余年地震学已有长足进步，该书沦为明日黄花。A.W.Lee乃就其骨架写成此书，虽仍袭原名，而实一新书也。

内容凡十有六章，举凡地震原因、地震现象、地震与建筑、深源地震以及震波之研究、地震仪之构造、脉动现象与气象之关系、地震探矿等无不包罗。近代从地震观测所得，关于地壳与地球内部构造之推证，亦皆有叙述。Lee氏本人对于脉动现象甚感兴趣，研究之作素多。前人每以为脉动现象为海水浪冲击海岸所致，氏独遵大气风暴之说，引证甚为切当，惟对于深源地震之成因，未曾道及。此类地震由震波之分析，早已证明有其事，然震源深至800公里，其处物质状态，殊难储蓄位能而致于发生地震，故学者对其原因，犹谈说纷纭也。

此书除新式地震仪检录不全外，全部叙述，极其精要，且极力免除多用数学，尤便于一般读者，诚地震学中之杰作也。

（二十九年十月　李善邦）

1941年5月16日云南耿马7级地震及该年地震论述

【编者按】1941年5月16日在云南省临沧市耿马傣族佤族自治县发生7级地震。本篇收录了上海徐家汇地震台记录到这次地震的地震图；震后云南省政府指令省民政厅并省振济会为耿马震灾赈恤；云南省地震局所编的《云南历史地震资料汇编》中也收录了该地震事件有关资料；陈国达发表的《1941年9月21日江西寻邬地震记略》等史料。

发震时刻：1941-05-16，15:14:32；

震中位置：23.6°N、99.4°E；

震　　级：7级；

震中烈度：Ⅸ度；

震中参考地名：云南省临沧市耿马傣族佤族自治县。

一、地震记录图

摘自《中国早期地震台历史地震图鉴》（第一卷）。上海徐家汇地震台记录的云南耿马地震图如下。

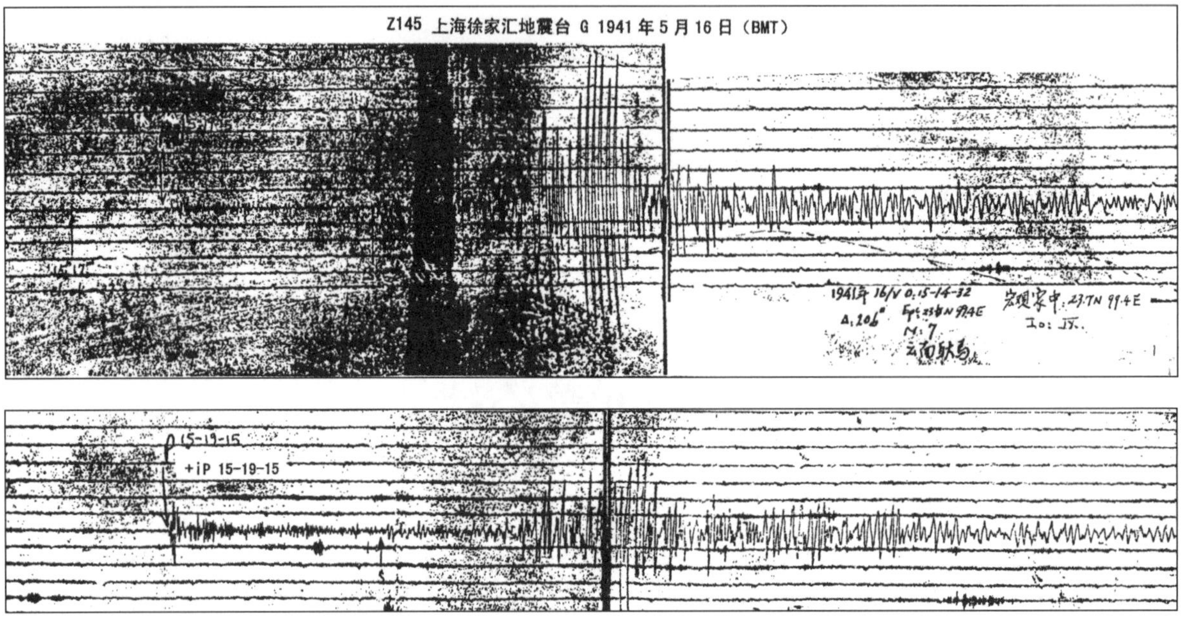

Z145上海徐家汇地震台G1941年5月16日（BMT）
记录云南耿马6级地震图（上：南北向，下：东西向）

二、原始记载

云南省政府指令省民政厅行并省振济会为1941年5月16日耿马震灾赈恤文（《云南省政府公报》第十三卷第六十七期）如下。

令為據呈辦理民政廳函據耿馬設治專員呈報該屬地震成災請酌予振恤等情一案仰即知照

雲南省政府指令傳內字第一一六八號

令雲南省振濟會

三十年四月二十六日振救字九〇六號呈一件：為呈辦理准民政廳函據耿馬設治專員呈報該屬地震成災等情請酌予振恤一案請鑒核備查由。

呈悉。准予備查。仰即知照！

此令。

主席龍　雲

中華民國三十年月日

原呈

案准

雲南省民政廳肆二字第七五六三號公函以據耿馬設治專員李端六月一日呈報上月十六日所屬各地震災計廳斃者十六人傷者十七人房屋亦多倒塌等情“除以呈悉查所報該屬勐簡鎮地震成災傷斃人命關之殊為惘惻除函請省振濟會查勘振即外仰即遵照此令”等語指令遵照外相應函請查照酌予振卹仍冀見復為荷等由准此自應照辦查該屬此次發生震災至勘惘念亟應酌予救濟以惠災黎其振恤款額即照成例規定死亡給振新幣三十元重傷二十元輕傷十元震毀房屋不予振卹所需振款若干着由該專員先行籌墊安為配發事後須造具振卹登記表一份災戶清冊二份連同領款書一併呈會核領歸墊茲檢發振卹登記表災戶請冊二份領款書格式訓令該專員遵照及函復外理合先行將辦理此案振卹經過清形備文呈報請乞鑒核備查謹呈

雲南省政府公報　（命令）　地十三卷六十七期　一九

雲南省政府公報　（命令）　地十三卷六十七期　二〇

雲南省政府主席龍

雲南省振濟會兼主任委員　龍雲

中華民國三十年八月二十六日

三、地震史料

摘自《云南省历史地震资料汇编》。1941年5月16日耿马地震史料如下。

云南耿马7级地震史料汇集表

地震时间 公历（农历）	地点	地震记述与资料来源
1941–5–16 （民国三十年四月二十一日）	耿马	5月16日15点14分29秒，震中位置：北纬23.7°、东经99.4°。（ISS） 5月16日15点14分32秒，震中位置：北纬24°，东经99°，6.9级。B·古登堡 5月16日15点14分31秒，震中位置：北纬24.5°、东经101.5°。（CCCP） 5月16日15点14分32秒，震中位置：北纬23.6°，东经99.4°，7级。《中国地震目录》1983年 民国三十年五月十六日，耿马各地震灾。计压毙者十六人，伤者十七人，房屋亦多倒塌。《云南省政府公报》卷13 五月十六日午后一点，耿马忽然发现簸动地震。初次震动力极大，凡属低平地方，如耿马，孟定等处，房屋稍有倒塌，幸未伤人。如勐简镇及所属之昔尼大寨，凡属土墙完全倒塌，以至压毙者十六人，伤者十七人。犹幸此处人民十分之八是各种夷族，房屋用篾笆结构而成。在震倒范围以内之七百多户，虽倒未见伤人。其余有损伤，尚在调查中。惟直到目前，有时还觉震动，但不类初动有力。兹以观察暨据报，低洼各处，多属地面震裂，并裂开时见地中涌出流泉，以致沟浍皆盈，又有喷出火烟者。崇山峻岭又多岩石崩塌，遍处断木绝路。据地方年老人谈，类此地震，六七十年以来，在耿马区域以内，尚未见过，诚属空前未有之灾情。耿马设治局专员李端。《云南省政府民政厅档案》全宗11，《云南省政府社会处档案》全宗44 民国三十年农历四月二十一日下午耿马地大震。现将各处震情分述如下。省城：房屋及缅寺瓦片震落，墙壁局部倒塌者甚多，高约四丈五尺之白塔顶部震倒二三层，石桥震坏。城北坡地表裂缝，高差一尺余，长三里许。悉尼大寨：全寨竹篱笆房屋占百分之五十，均完好；土墙房倾倒者百分之七十，余皆震裂。压毙五十余人，伤数十人。震后泉水呈红色或干涸。余震十余日。小寨：土墙房倾倒甚多，或墙裂大缝，无一完好。山石滚落，沿滇缅公路地面裂缝。勐简：仅有之两户土墙房倾倒，缅寺之围墙倾倒、柱子歪斜，寺顶震垮。南汀河水泼溢两岸，窄口子岩石崩垮阻塞河道。富登：北六里处山崩，巨石滚落，压毙二人。富登至帕哑沿山坡地裂宽一二尺、断续长二十余里，缝中出硫磺味气体。弄棒：附近地裂，喷砂冒水。铁厂河：山崩堵塞河道。大平掌：共二十户土墙房，倾倒六户，损坏二户，其余房屋土墙倾倒或震裂，压毙一人、伤二人。梨树山梁地裂宽二至五尺、断续长约三里、深三尺余。三棵树：震后泉水干涸。付戛寨：共二十户土墙房，仅存两户，其余倾倒。下军拉：共六户土墙房，一户房损坏，两户房墙裂，三户房倾倒，压死一人、伤二人。村前南汀河岸有滑坡。老厂：倾倒两间土墙房，篱笆墙房震倒一间，其余房屋震裂，压死一人。附近滑坡多处。石灰窑：共一百余户土墙房，一房半倒，三房倾倒，其余墙裂。岩石崩垮。班万：共四户土墙房，山墙震裂。崩垮岩石。帕古山：共三间土墙房，倒塌二间。黑山：共二十六户，土墙房倾倒十一户，半倒者四户，一户房损坏，其余十户为竹篱笆房无损。压死三人，伤三人。村后地表裂缝。泡竹林：均为篱笆房，无倒塌。菜园：共五六间土墙房，倾倒一间，其余均破损，伤二人。二合坡：共七户土墙房，倒塌二三户。滑坡多处。勐撒：墙壁土坯震落、墙震裂及局部倒塌者甚多，倒塌一间旧朽房屋，压毙一人。山石滚落。小板桥：墙壁震裂及局部倒塌甚多。山石大量滚落。菜子地：地表裂缝。小河震后水赤，泉水减少。花椒坡：箐门口滑坡。付兴：篱笆房剧烈摇响，土墙房间有倒塌。山石滚落。四方井：竹楼间有震歪。田里有细小裂缝、喷砂冒水，并有硫磺气味。者哈：土墙倒塌。栋金缅寺佛像倒塌，寺内土墙半倒。山石滚落，树木翻倒。勐永：悬挂物震落，屋檐及封火墙震坏。孟定：房屋土墙普遍震裂或倒塌。河滩地裂、喷砂冒水。山石滚落。勐省：行者僵仆，树木震歪斜。房无损。沙坝寨：房无损。田间及河滩地裂，喷砂冒水。《1941年5月16日耿马地震考察报告》1972年

续表

地震时间 公历（农历）	地点	地震记述与资料来源
1941–5–16 （民国三十年四月二十一日）	凤庆	〔顺宁地震墙屋略有倒塌〕顺宁讯：五月十六日午后一点三刻，本县发生地震，约一分钟，声势由北而南，瓦片震落多处，墙头略有震倒，幸未伤人，为数十年来所未有之大地震。《云南日报》1941–5–30 顺宁地震，以民国三十一年四月二十一日耿马悉尼寨地震之影响波及为最。此次震动该寨地层断、土裂、房屋坍倒。所幸发于白昼，居民多到田野工作，死伤尚少。民国《顺宁县志》卷2 注：记年系误。 民国三十年农历四月二十一日午后三时许凤庆地震，屋瓦及旧朽椽木震落，屋脊及墙壁震裂，个别土房震歪。《1941年5月16日耿马地震考察报告》1972年
	镇康	〔镇康地震三分钟始息〕镇康讯；镇康于铣（十六）日午后二时正地震，自西而东，瓦屋震动，约三分钟始息。民房倾倒数间，但未伤人。《云南日报》1941–5–21 注：《云南省政府民政厅档案》同载。 民国三十年农历四月二十一日午后三时许镇康县城地震，屋瓦震落。《1941年5月16日耿马地震考察报告》1972年
	永德	民国三十年农历四月二十一日午后永德地震，普遍山岩崩垮、山石滚落，河边滑坡，泉水减少。现将各处震情分述如下。县城：屋瓦滑动，墙壁震裂。火石山：共六十余户土墙房，倒塌数间。明朗街：屋瓦震落及墙壁震裂甚多，间有屋架震斜。附道水：篱笆墙土震落，数户土墙房震裂。团树、豆腐铺：均为竹楼房，无损。人感地震剧烈，皆惊逃户外。大、小白水：地震，田水簸动。《1941年5月16日耿马地震考察报告》1972年
	临沧	民国三十年农历四月二十一日午后临沧地震。城内偶有房屋墙角震坏或墙壁震裂，太和寺屋脊饰物震掉。后寨缅寺檐瓦震落，一木柱震歪，致使梁震落。石匠村土墙震裂甚多。南塘村土围墙倒塌，一房土墙震裂。《1941年5月16日耿马地震考察报告》1972年
	双江	民国三十年农历四月二十一日午后双江地震，城内屋瓦震落，墙壁震裂，田里喷砂冒水。云逢永丰桥旁水田陷落成水塘，一棵大树震倒。《1941年5月16日耿马地震考察报告》1972年
	景东	〔景东地震经三分钟之久〕景东讯：五月十六日下午三时本县发生地震，自东而西，经三分钟之久。房屋大为震荡，尚未倒塌。《云南日报》1941–6–7
	姚安	民国三十年五月十六日午后二时地震，由东而西，往复二次。民国《姚安县志》卷5
	弥渡	〔弥渡发生地震一日连震二次〕弥渡讯：本县于本月十六日下午二点五十分发生地震，自东而西，连震二次，幸无损伤。《云南日报》1941–5–24
	大理	〔大理地震前后发生二次〕大理讯：本县于五月十七日午后一时三十分发生地震，由西而东，房屋为之摇动，约二分钟始告平静。十八日夜八点半，又地动一次。事后调查，并无损失。《云南日报》1941–5–24 〔大理地震两次均无损伤〕大理讯：本县于五月十七日午后一时十五分地震，由西向东，房屋动摇，约一分钟平息。十八日夜八时三十分，又震动一次，幸无损伤。《中央日报》1941–5–24 注：疑此震记日系十六日之误。

四、地震论述

《1941年9月21日江西寻邬地震记略》（见下页*），陈国达表于发《地质论评》（3卷4期）全文如下。

（一）引言

1941年9月21日下午1时20分（重庆时间），赣、闽、粤、湘四省发生地震，颇为显著。事后调查获悉，这次地震的震中，位于赣闽边境武夷山西麓的寻邬、会昌的一线上，自南南西向北北东延伸。从地质及地貌上的证据，得知该处适为一大断裂带所经。根据当地地震史料，这条大断裂带已有长久活动的历史；这次地震正是该大断裂带仍有活动的表征。

（二）感震区域

1. 感震区域的范围

此次地震的实地观察及访问调查所用表式，是根据笔者1936年调查研究广东灵山地震时的经验，采用麦卡利（Mercalli）烈度表为标准，而略加补充。据所得资料，感震区域的范围，包括江西省南部，福建省南部，广东省东部，以至湖南东部。东起自海滨的仙游、东山等县，西至资兴、酃县之间，南起河源、紫金、揭阳、潮安一带，北达泰和、广昌、建宁等县，当时皆受这次地震所波及。感震区域的形状，略作椭圆，东西长约530公里，南北宽约450公里，面积计二十余万平方公里。在此面积之内，依烈度大小的比较，共可分为5个等震区，自最内部的Ⅶ度区起，向外逐渐递减，以降至Ⅲ度区。而各度等震线皆作近于同心的椭圆形（见插图）。感震区域的外形，也近椭圆，其长径虽近东西向，但其中各度等震线的椭圆长径，系作北北东-南南西向。这可能是受震源形状影响的结果。

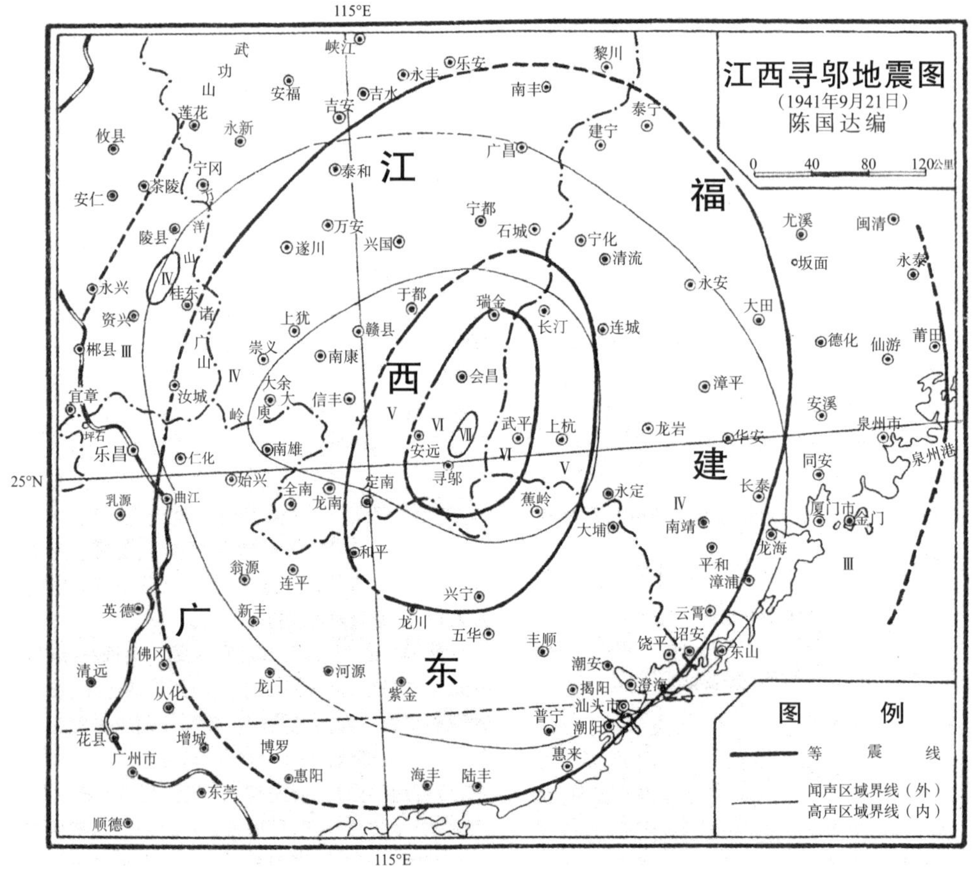

2. Ⅲ度等震区

感震区域的外缘，原应包括Ⅱ度等震区，唯此区地震动力过微，当地居民很少有所感觉，可供研究的资料不多。Ⅲ度等震线也很不完全，仅据福建的安溪、东山、仙游三县，及湖南的资兴、酃县二县的报告，绘得两小段而已。在这个等震区内，安溪县于地震时“全县皆震，然仅少数人静坐者或静卧者觉之，不能辨出方向，也全不恐慌，只有玻璃窗作响，悬物稍动门板稍作响而已，并无器物墙灰坠落”。东山县地震亦“全境皆有发生，仅少数静坐者觉震”。震前并有“少数人得闻震声，闻声后即刻震动。震时悬物仅稍摇动，门板稍作响，居民全不恐慌，亦不能辨出震动方向”。东山县滨海地区，并无海啸发生，“全不觉海水有变化”云。

仙游县地震“发生于南乡之慈岳、园庄、三会诸乡，有少数静卧及静坐者觉之，余皆不觉，震时人人行动如常，悬物稍动，由东而西”。

赣湘二省间诸广山以西，除酃县及资兴县外，全无地震报道，此或系由于高山摒挡的作用，使震动减弱所致。酃县地震时，静卧午睡者稍觉床微摇动，窗上糊纸微响。资兴县地震仅发生于仁和乡，历时约半分钟，震前有声，极似巨风，少数人闻之，闻响声时即觉地动，地动停止后响声亦无。其时在该乡某楼上者5人，人人皆觉全楼震动，屋瓦作响，有灰尘飞扬，楼板与板桁相碰发声，诸人乃皆惊恐，震后皆稍觉晕眩，半时后始复原。唯附近居民仅静止者觉之，行动者不觉。此或因该楼过高，或建筑不固，致震动较烈。基于附近居民所觉情形，似仍以列入Ⅲ度等震区为适当，不然，如确较邻近各地剧烈，则或有地质构造之原因，亦未可知。

3.Ⅳ度等震区

属于Ⅳ度等震区的地方，就材料所及，计有福建的建宁、明溪、清流、宁化、宁洋、华安、平和、龙溪，广东的大埔、梅县、丰顺、潮安、揭阳、五华、紫金、河源、连平，以及江西的龙南、大余、南康、赣县、上犹、于都、遂川、兴国、泰和、广昌、石城。三者合计28县。此外，尚有十余县，情况未明，仅据邻县情形推论，列入这一区内。

在上述各地，当地震时，多数静坐者及一小部分的行动者均觉。除一部分地方外，多闻震声。板壁、屋瓦、梁桁、窗棂、门扇等微响，几椅茶杯等相击有声，悬物自摇，唯不甚烈，“悬铃有稍自鸣者”（清流县）。间尚有屋尘墙灰坠落现象（梅县、大埔、石城、于都、平和、连平、明溪、上犹等县）。挂钟亦有自停者（梅县）。震时“坐者觉地下有向上突击之状（于都县）。有少数人略觉晕眩（石城县）。觉震后有极少数人惊而奔避，唯不甚恐慌（泰和、上犹、平和、五华、大埔等县）。此外，赣县尚有“电线震断”之事，梅县“挂钟亦有自停者”，大埔县“间有少数墙壁稍有裂痕，余皆无恙，震烈之房屋新旧皆有，以泥土建筑者最多，砂灰次之”。这些地区烈度似乎较大，唯比较该两地的其他情形，仍归入Ⅳ度。

地震发生之日，笔者正在江西泰和县城南3公里塘洲村，坐读室内，室为砖墙及板壁所建。地震前，先闻地下有声隆隆，略似车行，唯颇微弱。三数秒钟后，即觉房屋波动，板壁摇撼有声，宛如烟囱中火声。屋摇急缓相间，次数易辨，在约5秒钟内，摇撼七八次。细察摇撼方向，显为自南向北冲击。房门有悬扣，其声咯咯，笔者所坐木椅，与南侧的床缘相敲，亦作响声。唯一切现象，均不剧烈。在意识到地震之后，屋内诸人皆欲奔出，然地震已止，诸象寂然了。事后查询附近居民，居室内者多得相类似的感觉，行动户外者则多不甚察觉。

---

*这篇江西寻邬地震研究报告，初稿成于1941年底。为了弄清该次地震的原因，笔者于1958年自赣入闽，作大地构造考察，取道瑞金横跨武夷山脉时，对这次地震的震中区及其伸延地带地质构造看法，略有补充。1962年7月，考察广东河源地震的震中地质时，觉得该处地质构造同段次地震的震中区者，其地质条件似有一定关系：从构造区域上说，二者同位于东南地洼区的范围内，其现阶段的大地构造性质相似（均原地洼发展余动期）；从构造体系上说，二者同属于东南诸省华夏式多字型构造的分布地带，其地质力学成因相近。本文所述地震，虽然事过已久，但若作为一件地震史料来看，对于邻近地区的地震，以及赣粤闽一带的新构造运动和大地构造与工程建设关系问题的研究，可能会有些帮助。现把它整理出来，摘要发表，以供有关工作者的参考。文中及附图有些地名及县界，解放后已有改动。但因涉及当时地震情况的资料来源，未及逐一校正并作相应的修改，故仍照旧。还有其他考虑不周之处，请读者原谅。

Ⅳ度等震区在赣湘边境及粤北粤东一带的外侧界线，不甚确知。这可能是由于该处高山的阻碍，有若干地带不觉地震所致。

4. V度等震区

Ⅴ度等震区的范围颇小，仅包有福建的长汀、上杭，广东的蕉岭，及江西的定南。其余尚有广东的和平、龙川两县，情形不详，仅就邻县情形推测，或可能列入本区而已。

长汀地震时，“以第1、2两区最为明显，行动者有觉有不觉，静坐者皆觉，在屋内者皆逃至屋外，屋瓦作响，悬物稍摇，破裂墙上有砂灰片坠下，屋内尘灰坠落。震前有声如巨风，又似远处雷鸣，稍静之处，几乎人人闻之。闻声后即感震动，地动停止后即不闻响”。

上杭县地震，“历时约20秒，全县多数人皆觉，唯只有少数人惊恐奔避，屋瓦飕飕作响，悬物微摇。震前有声如汽车经过，历时数秒始觉地动，多数人闻之，地动停止后，响声似郎停止”。

蕉岭“震前有声似载石车辆倾覆声，多数人闻之，历2秒钟后始觉地动”。地震时“全县除少数行动者不觉外，静坐者皆知”。唯“全不恐慌，震后亦无人晕眩，亦无屋瓦墙灰坠落……”，似烈度较轻。唯依前数项事实，似仍可归入Ⅴ度。

定南县“未觉地震之前，亦闻地下有隆隆之声，与车辆经过之声相似，经一分钟后始觉震动。震时静坐者觉之，少数人惊逃，不甚恐慌；悬物摇动，不甚剧烈。屋瓦梁桁作响；屋尘墙灰坠地，有似倒墙之象”。

Ⅴ度等震线在南部之界限，不易确定，此固因和平、龙川二县地震情况不详所致。然南岭山脉的阻碍，对这二县地震烈度的减低，或亦有关。

5. Ⅵ度等震区

可归入Ⅳ度等震区者计有福建之武平，江西之瑞金、会昌3县。另安远县及广东蕉岭县之一部，或属此区，唯实际情况不详。

武平县地震时，“全县皆觉，历时约30秒始息。震前人人皆闻隆隆之声，似火车行驶，剧烈时则又如炬火声。响声闻后片刻即觉震动，地动停止后，响声逐渐远送。震时无论行动者静坐者皆觉，人人惊恐，不知所措。震后有些感觉晕眩。悬物动摇剧烈，摇向北方，屋瓦墙泥树叶坠地，梁桁地板门扇窗棂等均作响声。唯震后调查尚无毁屋事情”。

瑞金“震前震后未闻声，唯震时有声，或误以为远处有炸弹爆发。震动时，静坐静卧者皆觉，疾行者多不觉。时正在雨后，行路者闻树叶作响，见水滴下落。在屋内者见全屋摆动，砂尘乱坠，屋瓦门扇地板墙壁等均作响声，屋瓦之不稳者下坠。因震时甚短，少数人惊起欲出户外时，地震即停。传闻县城之东南方倒屋一所，详情不知。”

会昌“未震以前，即听到地下有隆隆之声，如汽车经过，多数人均闻之，约2秒钟后即觉地动，地动停止，响声随停。响声及震动从东南来，震时全县皆知，坐者动者卧者皆觉，有认识者不惊恐，少数人惊逃，震后无人晕眩。屋内尘灰落地，墙壁悬物均动摇，间甚剧烈，玻璃窗壁板都有震动声，幸无损毁房屋事情。”

6. Ⅶ度等震区

Ⅶ度等震区面积甚小，仅包有寻邬县之一部分。据调查，该县全县人人皆觉地震，而以澄江乡凌富村及龙罔乡一带特别剧烈。历时约2分钟。震前有隆隆巨声，似雷鸣，人人皆闻，声响后经1分钟始觉地动。地动后仍微有响声，约10秒才止。震时适逢圩期，人人惊恐奔避。悬物动摇，摇向西北，悬铃自鸣，梁桁作响，屋瓦屋尘墙灰坠落。事后调查，县城内无毁屋事情，仅某宿舍倒墙一座。此墙原已早坏，或非地震甚剧之证。唯凌富村永安圩塌店房10余间，龙冈圩一带房屋损坏颇剧。震毁之房屋多已古旧，以土壁土砖材料建筑者为多，全木材制者少。幸无伤毙人命牲畜，亦无山崩地陷，水井干涸等现象发生。

就调查对比结果，此等震区为此次地震时的烈度最高者，其震动最烈之澄江乡及龙罔圩一带似即为震中之所在。

（三）历史背景

根据史籍，可以得知这次寻邬地震的震中区域所在地带及其邻接地带，都是自很久以来即多地震。自寻邬经会昌、瑞金而至石城，即沿北北东–南南西的震中地带向北北东伸长的狭长区域内，单就16世纪以来的已有记录者来说，是只当地有所记录，可能系属于自发的地震。有13次（见下表）。在这些地震里面，可能有小部分是由可以看出，这次寻邬地震，实系发生于一长时间由于受外来地震影响而生的之外，其余大部分都以来有活动的地壳弱带里面，而不是偶然发生的。

江西寻邬、会昌、瑞金、石城一带地震史料表

公　历	旧　历	地点	地震情况	资料来源
1534年冬	明嘉靖十三年冬	瑞金	地震，自东南抵西北，城廓屋宇动摇有声	乾隆瑞金县志[11]
1550年夏	明嘉靖二十九年夏	瑞金	地大震，视十三年尤甚，注：道光宁都州志作“瑞金地大震”	同上
1575–3–16	同上四十一年	瑞金	南塔寺：建于宋，原名智觉院……明嘉靖四十一年地震，塔亦圮焉……地震	光绪瑞金县志[12]
1600年	万历二十八年	瑞金	地震	乾隆瑞金县志[11]
1651年2月	清顺治八年正月	会昌	地震，声如奔雷。注：乾隆会昌县志作正月初八日清晨地震声如奔雷，轰然而过	康熙赣州府志[13]
1705年8月	清康熙四十四年七月	瑞金	地震移时	乾隆瑞金县志[11]
1706–12–30	清康熙四十五年十一月二十六日	会昌	夜漏三更，地震如殷雷声，墙屋俱动，一过辄止	乾隆会昌县志[4]
1726年2月	清雍正四年正月	长宁（寻邬）	地震，枥马昔惊，鱼池有荡激至岸者	乾隆长宁县志[6]
1804年冬	清嘉庆九年冬	长宁	地震，坏居民无数	光绪长宁县志[7]
1806–1–11	清嘉庆十年十一月二十二日	会昌	晨兴、湘乡地震，墙壁倾圮不可胜记，田野裂坼，面起浮砂，塘干无水者水忽弥漫。自西而东，声如轰雷，地亦旋开旋合。青溪一带尤甚。继此或一日一震，或一日三四震，至十二年春始止	同治会昌县志，江西省光绪通志[5][3]
1822–1–25	清道光二年正月初三日	会昌	夜湘乡地震	同治会昌县志[5]
1822–6–12	清道光二年四月二十三日	会昌	夜地震，二十四日辰刻复震	同治会昌县志[5]
1926–2–13	民国十五年正月初一日	石城	赣南石城县，自夏历正月初一日起地震，自南而北，时震时停，日必数次。今20余日，日日如是，震感之际，屋瓦俱飞，桌上之物纷纷俱碎，人则头晕眼花站立不住。惧屋倒被压者，或住宿于露天	1926–3–16新闻报

（四）结语

综上所述，1941年9月寻邬地震是一次中级的地震，从它的震中轮廓属于狭长带状，震源具有面状的特性，以及余震情况，可以推测，其成因似起源于构造变动，而尤以断裂活动的可能性为最大。再从震中所在地区的地质和地貌上的特点来看，该处有大断裂带经过，是颇为明显的。这条大断裂带自寻邬向北北东伸延，经会昌、瑞金、石城后可能还未中止。而在寻邬的南南西方向，也可能有很远的伸延，进入粤境，经和平、龙川而至河源一带，成为通称的“东江大断裂带”。就构造体系上说，这条大断裂带主要属于新华夏式多字型构造，是中国东南部盛行的多字型构造的一部分。

再从大地构造区域的角度看[1]，寻邬县地震的震中地带适位于华夏地洼区同浙桂地洼区的分界所在。考中国东南部的地壳发展，自加里东运动以后，地槽阶段已经结束。晚古生代至中生代初，进入地台阶段。在这期间，这两个构造区之间，断断续续地发生了差异的升降运动。它们大致上以武夷山脉西侧的北北东–南南西大断裂带为界。在大断裂带以东为华夏（古）台隆，长期以来其总的运动方向以相对的上升为主，而以西侧为浙桂（古）台陷，以相对的下降为主，可从这两个构造区内晚古生代至中生代初的沉积不同情况得到证明。在华夏台隆，以福建为例，西部其泥盆纪至三迭纪地层，包括南靖组、船山统、栖霞统、文笔山组、龙法组、翠屏山组、溪口组等，总厚最大处约1900米。向东渐减，在不少地区完全没有沉积，以至基底（地槽构造层）大片裸露。而在浙桂台陷，在赣中赣南一带自泥盆系至下三叠系，包括峡山组、梓山组、马平统、梅霞统、小江组、鸣山组、乐平组、鸡栖上组，铁石口组等，共厚2440余米。自此往西，至赣西湘东，则厚度更大，至湘中约达3900米。

上述华夏台隆与浙桂台陷这两个构造区的差异升降运动，从它们的古生界至中生界下部的沉积建造的特征及厚度增减梯度看来，是反差不太强烈的大面积的升降运动，为地台型构造运动的特色。这升降差异运动的转折点，不大明显突出，是逐渐过渡的，但约与武夷山大断裂带的位置大致相近。由此看来，这条大断裂带在晚古生代至中生代初期，可能已有存在。不过其时正值“休眠期”，活动比较和缓，属于地台型的活动性质。

到了瑞替克前淮阳运动的时候，中国东南部的地壳运动转趋强烈，无论其时的沉积建造（以华夏式建造为主）、岩浆建造（有大量火山活动及花岗岩形成），抑或构造变动（断裂、拱曲、褶皱）等方面，都显示出活动区型的特征。这一时期的构造变动，以块断运动最为突出，而且构造反差及由此所形成的地貌反差，都很强烈。它和这些地区晚古生代至中生代初所曾有过的属于稳定区型的地台型地壳运动的特征，恰恰属于相反的性质，而与前泥盆纪时的地槽区情况，也有差异，而是属于另一种的新型的活动区。这就是地洼阶段。在武夷山西侧，自寻邬经会昌、瑞金而达石城一带，断续地出现了一些长带状的红色盆地，其沉积物分选性差，稳定性小，具带状分布特性，为一种典型的华夏式建造。其时代主要自白垩纪至第三纪。红盆地的一侧（有时为东侧，有时为西侧），断裂带的地貌特征和地质特征，时可得见[9, 10]。这些半地堑式的山间洼地，是地洼区发展过程中所常见的地洼型盆地的一种，它们的形成显与武夷山西侧大断裂带的活动具有直接的关系。由此可以得知，自中生代中期以来，这一大断裂带又进入“活跃期”，其活动显然是强烈的、属于活动区型的构造运动。它的活动一方面形成了寻邬至石城一带的山间洼地，另一方面也成为闽浙同赣湘这两个构造区的差异升降运动的分界线。闽浙区属华夏地洼区的一部分，隆起较烈，赣湘区则属浙桂地洼区的一部分，隆起较弱，显出相对的沉降。

自入第四纪以来，华夏和浙桂西地洼区的发展已进入余动期的后期，活动性已逐渐降低。但由于地洼区是一个活动区，其新构造运动之属于活动区型的性质，这时仍然颇为显著。这次寻邬地震，以及上文所提到的沿着武夷山西侧及与其邻接地区的断裂带的地震史料，正是这条已有长久活动历史的断裂带目前仍在“活跃期”的有力证明。

参考文献

[1] 中国科学院中南大地构造研究室. 中国大地构造问题（论文集）. 北京：科学出版社，1965
[2] 石城县志，清乾隆四十六年
[3] 江西通志，清光绪六年
[4] 会昌县志，清乾隆十五年
[5] 会昌县志，清同治十一年
[6] 长宁县志，清乾隆十四年
[7] 长宁县志，清光绪二年（七年重订）
[8] 陈国达. 广东灵山地震志.（前）两广地质调查所特刊第17号，1939

[9] 陈国达，刘辉泗. 江西贡水流域地质.（前）江西省地质调查所地质汇刊第二号，1939
[10] 夏湘蓉，王超翔. 广昌瑞金间地质.（前）江西省地质调查所地质汇刊第六号，1941
[11] 瑞金县志，清乾隆十八年
[12] 瑞金县志，清光绪元年
[13] 赣州府志，清康熙五十二年

1942年2月1日云南
思茅6¾级地震

【编者按】1942年2月1日在云南省普洱市思茅区发生6¾级地震。本篇收录了云南省政府振济会有关赈灾的文电及《中国近代地震目录》记录的该次地震灾情等史料。

发震时刻：1942-02-01，01:30:47；

震中位置：23.1° N、100.3° E；

震　　级：6¾级；

震中烈度：Ⅷ度；

震中参考地名：云南普洱市思茅区；

宏观震中：22.8° N、101.1° E。

一、原始记载

据南京中国第二历史档案馆，云南省政府振济会关于思茅地震赈灾文电如下。

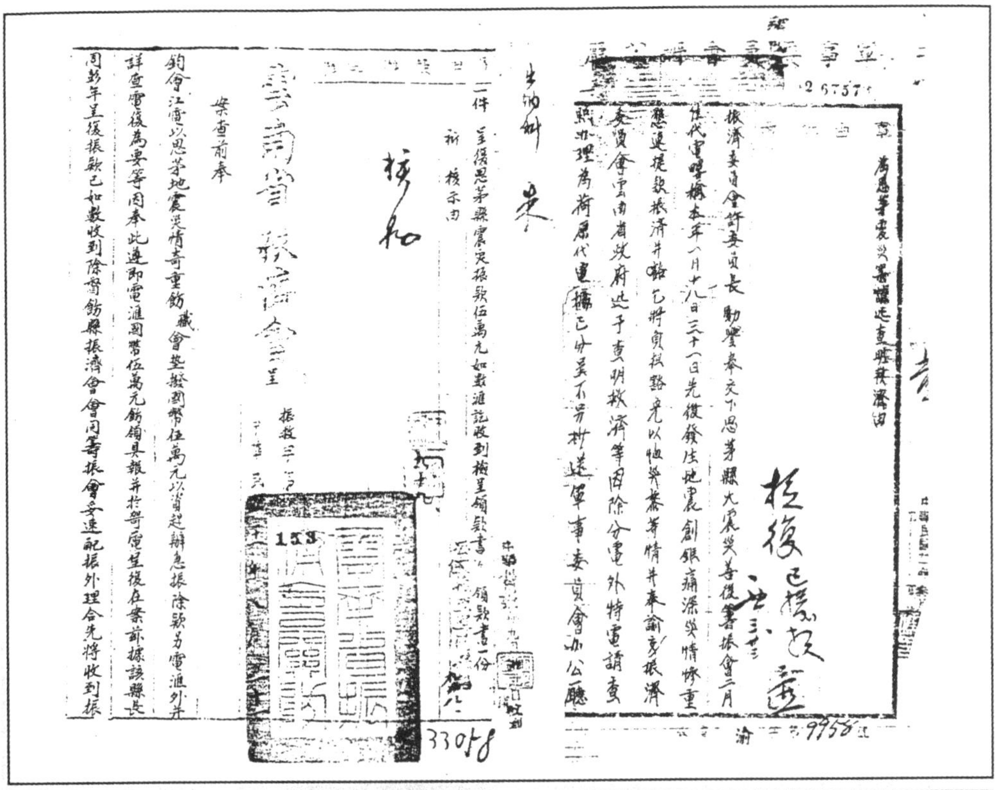

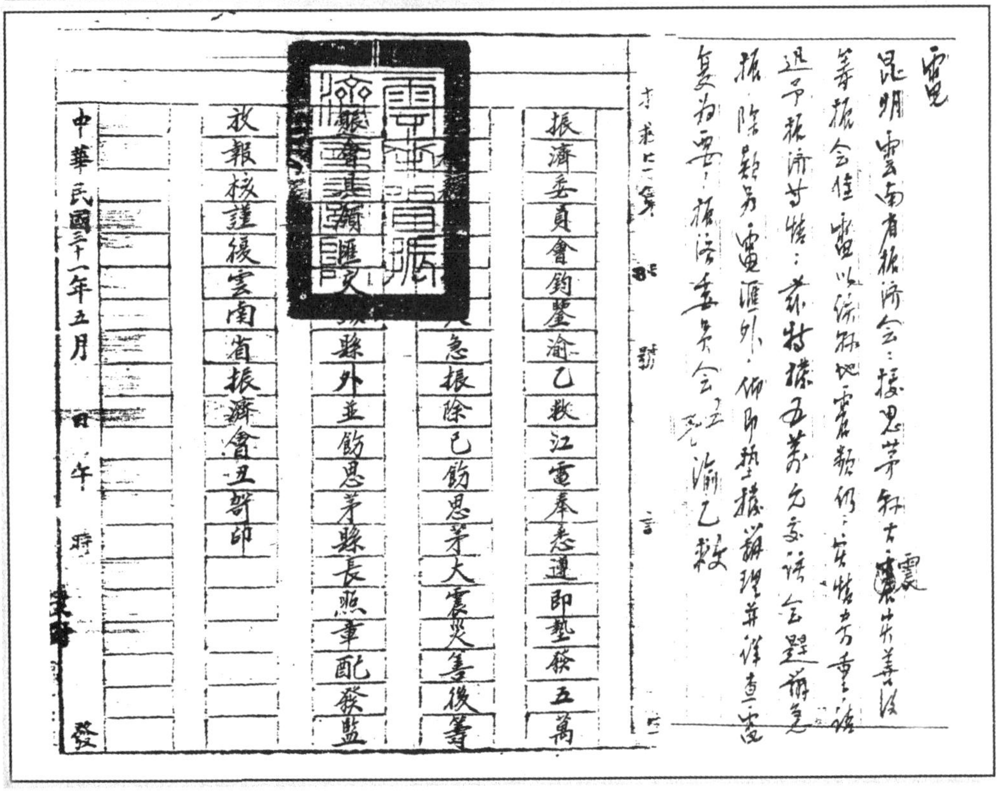

振濟委員會鈞鑒渝乙敬江電奉悉遵即墊發五萬

急振除已飭思茅大震災善後籌

縣外並飭思茅縣長照章配發監

放報核謹復雲南省振濟會丑皓印

中華民國三十一年五月 日 午 時 發

二、地震史科

摘自《云南省地震资料汇编》。1942年2月1日思茅6¾级地震史料如下。

云南思茅6¾级地震史料汇集表

地震时间 公历（农历）	地　点	地震记述与资料来源
1942–1–19 （民国三十年 十二月三日）	思茅	〔思茅地震屋毁人伤〕思茅讯：本县十二月二十六日至三十一日，地震二十余次，房屋略有损坏。一月十九日至二十二日，忽又震十余次，内有十九日夜半二次、晨一次震动剧烈，城内外公私房屋震倒十余所，人幸无死亡。震动之烈，为数十年来所未有。闻邻近各县亦有震动。《云南日报》1942–2–5
1942–2–1 （民国三十年 十二月十六日）	思茅西	2月1日01点30分35秒，震中位置：北纬22°、东经100.5°。（ISS） 2月1日01点30分34秒，震中位置：北纬22°、东经100°，6.3级。（CCCP） 2月1日01点30分43秒，震中距：20°，6.6级。《徐家汇地震台报告》 2月1日01点30分47秒，震中位置：北纬23.1°、东经100.3°，6¾级。《中国地震目录》1983年
	思茅	【国民政府收思茅县大震灾善后筹赈会佳（九日）电】思茅不幸，灾病频仍，二十余年之疫病未清，空前未有之震灾又至。缘于去年十二月二十六日夜半，突然发生地震。以后虽日震数次，然甚轻微。延续至本年一月十八日夜三时，大震二次，但不甚激烈，损失尚轻。复继续震动八九日，即渐平静。平静后二三日，露宿者均认为不致再震，相继迁入屋内。不料一月三十一日夜十二时三十分复起最剧烈震荡约十秒钟。顷刻墙倾屋摧，宿鸟乱鸣，灰沙蔽空，数时不散。截至发电时止，大小震动凡二百八十余次，震期延至四十余日，现尚继续震荡中。事后调查全县公私房屋无一完好，毁损将近万楹。城垣倒塌三十余丈，东北城楼完全倾圮，西南城楼亦仅架子存在而已。四处碉堡几全破坏。压毙人畜数百，轻重伤无数，确数正分别调查中。省师、县中、县小各学校校舍教室宿室无不摧毁殆尽，本年春季开学为难。县政府及各机关、仓廒、寺庙均被破坏残缺，殊难修复。总计全县房屋城垣器具损失，约在国币五六千万元以上。现全县民众均已无家可归，咸于郊外食宿。其尤贫寒者，且无米可炊，饥寒交迫，流离失所。每至深夜，雨复淋淋，霜露风雨，交相为害，病人日多，医药两乏，病疫转剧。《云南省政府社会处档案》全宗44，《云南省政府民政厅档案》全宗11 注：1942年2月24日《云南民国日报》与《云南日报》有同类报道。 思茅讯：本县于三十一年一月三十一日午后十二余钟，突然发生猛地震。前后震动四十余次，最大震动时间长二分钟至三分钟之久。倒塌房屋数百所，压毙民众十余人，全城人民惊恐万状。次日纷纷迁移郊外居住，满城均成闭市状态。《云南民国日报》1942–2–21 注：同日《申报》、《上海泰晤士报》、《上海日报》亦报道。 【思茅地震灾情惨重损失约数千万】思茅于本年一月以来，即地震频仍，夜间尤为强烈，每日夜连七八次之多。城镇城楼、机关学校以及居民房舍，倒塌崩裂者不少。继又于一月三十一日午后十二时夜间，忽然大震，房屋被震倾塌者百余栋，墙垣崩裂，触目皆是。一般人民咸自梦寐中惊醒，一时秩序大乱，纷纷逃出户外，被墙壁瓦砖压毙者，县城约九十余人。距城二十里之倚象村亦遭同样惨劫，其他各村多有死亡。现尚不时震动，县城内外民户商店，以布棚暂避风日。灾情重大，综计损失约在数千万元。地方官绅正赶办赈灾事宜。《云南日报》1942–3–18

三、地震目录

《中国近代地震目录》中记录的1942年2月1日云南思茅6¾级地震灾情如下。

云南思茅地震参数表

地震日期	发震时刻（北京时间）	震中位置 北纬，东经	精度	震级	震中烈度	震源深度（km）	震中参考地名
1942-02-01	01:30:47	23.1°，100.3°		6¾			云南思茅

宏观震中：22.8° N，101.0° E。

思茅：县机关、仓廒、学校、寺庙、民房倒塌或崩裂，无一完好者，毁损尽万楹，被震倾塌者百余栋。城垣倒塌100多米，东北城楼则完全倾圮，四处碉楼几全破坏。距城10余公里之倚象村亦遭受同样破坏。压死90余人，伤无数，死牲畜数百头。

1941年12月26日（澜沧地震，震级＝7）至同月31日地震20余次，房屋略有损坏。1942年1月19日，夜半震2次，次晨又强震一次，城内外公、私房屋震倒10余所，至22日共震10余次。2月1日大震后，连震40余日，共280余次。

1945年9月23日河北滦县6¼级地震及该年地震论述

【编者按】1945年9月23日在河北省唐山市滦县发生6¼级地震。震后原中央地质调查所王竹泉赴地震灾区调查编写的《河北滦县地震》，登载在《地震论评》第十二卷第一期上。本篇将该文及新中国成立后1954年原中央燃料工业部等单位对该地震再次进行调查并写出的《1945年9月23日河北滦县6¼级地震调查报告》及震灾照片和李善邦发表的《霓式地震仪》论文一并列出。

发震时刻：1945-09-23，23:34:21；

震中位置：39.5°N，119°E；

震　　级：6¼级；

震中烈度：Ⅷ度；

震中参考地名：河北省唐山市滦县；

宏观震中：39.7°N，118.7°E。

一、地震史料

《河北滦县地震》，王竹泉发表于《地质论评》第十二卷第一、二合期，全文如下。

滦县地震历时颇久，自民国三十四年九月二十三日起直至三十六年二月底笔者写此文时止，经一年又半，仍在继续震动。考之华北地震史，可为空前之长期地震，当前年九月间第一次大震发生时，北平亦曾感震动，其时笔者方伏案读书，忽觉书桌动摇，振振作声，急起视之，乃悟地震。未久滦县通信知已罹严重震灾，厥后滦县民众以及北平政府当局，均希望经济部地质调查所，北平分所用地质学理以考查其究竟，笔者应此需要，乃于卅五年五月七日早九时携刘俨然、宋鸿年二君乘火车前往调查，晚六时至滦县，十日转往唐山探询开滦煤矿所受地震之影响，十三日返平，前后历时约一星期，此次调查承滦县政府之协助，进行尚称顺利，所有城内外之房屋倒塌区域，皆曾一一查勘，惟时值春暖，被破坏之民宅正在修理，其原状可观者仅余学校与官署，距城较远之地，因悉属共军范围，无法前往，幸能罗致多数震灾区域之人民，并用种种方法，探听其因震动而发生之现象，互相参证，藉以获得具体结论。虽不若遍历其境之确切，然震动大致状况亦尽于是矣。

（一）滦县地震之概况

滦县地震，系一长时期之地震，其最初震动，发生于三十四年九月二十三日下午十一点四十五分，有谓四十分或五十分者，盖因时钟之快慢不同，故记载亦各异。地震最剧烈之区域，大部属于滦县。据滦县政府报告，大震之前，并未感觉微震，大震忽然爆发。相继二次，共经三十秒钟，中间相隔约一分钟，震时声发如巨雷，南北波动，以后继续小震时发时止，约计至二十四日四时左右，已震达二十余次，嗣后每日恒小震五六次至三四次，亦有隔一二日不震者，当大震发生之夜，适共军围攻滦县城甚急，因之城内曾有种种谣言，如共军将在城下掘地道轰城等等，震声既发，城垣一部倾圮，伏在城垛上的机关枪手，随败砖跌于城外，守军见之，误以为谣言证实，遂急中城墙退下。同时共军闻巨响，又见民房坍塌，砖土飞扬，误以为城上使用巨炮，乃急弃城逆遁，战事遂解。城内居民，因战事关系，夜深多未敢安眠，所以大震时，虽房屋破坏甚伙，而死伤较轻。十月八日下午四时半左右，忽又发生大震，从前被震房屋已有裂缝或倾斜者，复又倒塌。不过其震动烈度，较九月末旬已减，嗣经十一月十二月，以至三十五年之一、二、三等月，小震仍继续不已，或隔四五日以至十余日，震时一日一二次以至三四次，间亦有一两次大震，但尚未至损坏房屋，其烈度表示有渐减之趋向。四月二十五日夜十二时顷，复大震，滦县城内人民闻声甚厉，似起自脚下，其震动烈度，除九月二十三日之大震外，以此次为最巨，以后时发生小震。笔者于五月七日前往滦县考察地震时，初入旅舍亦感微震，本地之因司空见惯，多不注意矣。近闻卅六年一月间，又发生大震一次，房屋亦略有损伤，但北平天津一带的未感觉震感，故一月间地震之烈度，详情虽尚未得确报，然可断定较三十四年九月廿三日第一次大震为小。三十四年九月二十三日大震时，滦县城内倒塌之房屋，凡属商民者，当笔者考察之际，均正在修建，或已修建完竣。凡属于公家建筑，则皆尚未动工整理，如县监狱，县警察局，县立中学等，均几完全破坏，城墙东南角，以及东门附近，均有一部崩圮，城外庙宇倒者更多。距城稍远之区，因悉为共军占据，无法进行调查，乃召集各村商民之居住城内者，详加探询，藉以知其震动概况，据云滦县城西南八里桥，包麻陈庄，兴隆庄一带，震动最烈。兴隆庄全庄五六百户，房屋完整者，仅余三四户，震时井水溢出井口，继之以泥沙。包麻陈庄地裂缝，涌水攒沙，兴隆庄之南，经徐庄、段庄、倴城镇以至高各庄一带，其震动情形，大致相同。高各庄以南，新寨、坨里、古河等处，房屋倒塌渐次减少。古河之南，近渤海岸，震动更轻。徐庄、段庄之西南，乐家营附近，井水仍多涌出。乐家营之东马城、长凝，迄南至丁流河，连北店一带，沿滦河西岸，虽房屋倾倒略减，而地仍有裂缝涌水现象，但再东逾滦河，则震灾有显著之减轻。兴隆庄倴城之西，雷庄张各庄，司集庄一带，震灾较滦县为轻，再西则愈轻微。滦县城西张家坎附近，震灾与县城相似。但北逾平沈铁路，入卢县境至松树营，油榨等处，则震灾渐轻，特房屋亦有倾倒者。卢龙县城内，仅有少许墙倒塌。兴隆庄之东北，沿平沈铁路，破坏震似止于昌黎属之石门镇车站附近。石门镇之东，直至昌黎县城，震动仍甚剧，建筑物之崩圮，较为稀见，滦县城之西北破坏震，限于雷庄车站附近。卑家店以西，房屋破坏者极稀，高各庄之东南，新寨乐亭一带，房屋倒塌均较滦县城为轻，乐亭县城尤显。高各庄之西南，坨里震灾与滦县城相似，柏各庄则已大减。

综合以上商民各种报告，则知震动最剧烈之区域，非在滦县城附近，乃系北自高家坎起，南经八里桥、包麻陈庄、兴隆庄、乐营、徐庄、段庄、倴城镇至张火烧佛、高各庄一带，略呈南北狭带状，计宽约十余里，长达六十余里，面积约六百余方里，此区域罹震灾最重。假定房屋倒塌，平均由五分之一至二分之一以上，如第一图所示，兹名为重灾区，自此区域向四周延展，灾情递减。假定房屋平均倒塌，由六分之一至二十分之一，兹名为轻灾区，包括滦县城、坨子头、张各庄、胡各庄、坨里、新寨、连北店、长凝、马城等处，计面积约达二千四百余方里。自此区域再向外扩展，震灾更减，假定房屋平均倒塌，由三十分之一至一百分之一，兹名为微灾区，包括石门镇、樊各庄、油榨、雷庄、卑家店、扒齿港、司集庄、暗牛淀、柏各庄、岭上、古河、乐亭等处，计面积约达五千四百余方里。微灾区之四周，虽仍不觉稍受地震损失，兹暂不置计，据滦县政府估计，该县所属被灾村庄，约达七百余处，微灾人口近五十万，死亡者逾六百名，倒塌房屋达四十万间，实则灾区除滦县外，尚有乐亭、昌黎卢龙以及迁安县之一部，其灾情之广阔与损失之重大，自极可观。

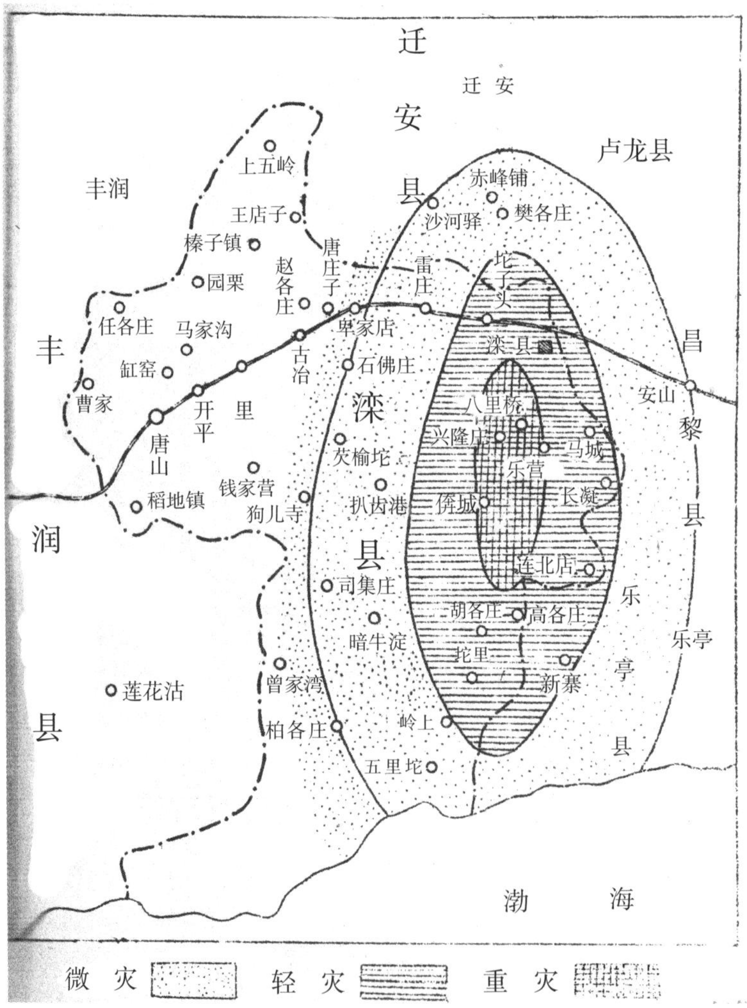

第一图　滦县地震震灾区域图

据唐山开滦矿务局报告（参考开滦矿务局矿井，井内水流量受地震影响变动表），唐家庄煤矿矿井内水之流量，在地震发生以前，原系每分钟十六吨，自卅四年九月二十三日地震以后，忽增至二十三吨，林西煤矿井内之水，原系每分钟三十一吨，九月二十三日地震后，增至四十吨。

赵各庄煤矿井水流量，原系十四吨，震后增至十六吨。唐山因距震动最剧烈之区域稍远，矿井之水，尚未见显著增加。统计开滦矿务局各矿井，在九月二十三日地震之前，井水流量，每分钟共为八十四吨，强震后，则骤增至百余吨。又矿厂内各种建筑，因受震动发生裂缝，更数见不鲜。笔者考查地震之时，在唐山寓裕丰饭店，间其墙有斜行裂缝，间之茶房，则云为地震所致。又九月二十三日夜，地震发生时，北平人士凡在室内者，大都均已感觉。闻察哈尔怀来县一带，亦大致感觉震动。故滦县地震之范围，西达察哈尔一部，乃至为确定。若以震动剧烈区域之位置言之，其震动范围，北可达热河，东可达辽宁，南可达山东，亦属当然。特因交通不便，一时颇难详为证明，倘所推定之地震范围不误，则此次滦县地震影响所及，扩达河北、热河、察哈尔、辽宁、山东五省，亦云巨矣。

滦县地震，既延展达五省之广，各地震动之情况，由房倒屋塌，井口喷水之破坏震，以致不易感觉之轻微震，又各不相同，兹为彻底明了各地震况起见，参照意人罗西弗瑞尔氏及麦卡利氏地震度表，而制一等震线图，如第二图所示。按地震烈度之强弱，分震动区域为十级；理想的分法，应根据各地所设地震测验所之记录，或各地精密之报告，但华北既无此地震设备，日本侵华前，如北平、青岛等地之一二地震仪，亦均因战争而停用，且和平实现后，交通梗塞，各地确实之情报，极不易搜集。现划分之地震级度，除震动较剧烈区域材料稍多外，其余均依据局部简略报告，或主要由于推测，试分述于下。

第1级为潜震区，人不能觉，须用地震仪始能记录，如张家口、正定、滋阳、威海卫、辽中等处属之。

第2级为微震区，仅居适当环境之人，如在楼上或少数静坐者微觉之，如宣化、清苑、德县、济南、青岛、营口等处，均属之。

第3级为轻震区，多数静卧或静坐者觉之，时间方向约略可办，悬物稍动，屋外极少数人觉之，经他处报告，始信为地震。如怀来、泊镇、博山、烟台、大连、锦县等处，悉属之。此级震况在怀来已得有确报，可作根据。

第4级弱震区，屋内人皆觉之，屋外觉看亦多，门窗自响，如北平、沧县、潍县、兴城、朝阳等处，均属之。地震发生时因笔者还在北平，对于震况，颇觉清晰。

第5级强震区，几人人皆觉，家具及床铺动摇，睡者间有惊醒，如承德、天津、山海关等处，均属之。

第6级重震区，睡者惊醒，灯光摇动，挂钟有停者，居人惊逸，不坚固之房屋，稍有损伤，或生裂缝。如唐山、秦皇岛、北戴河等处，均属之，笔者亲见唐山有一部分墙壁，因地震发生裂缝。

第7级剧震区；桌上物件倾覆，墙上石灰坠落，多数人惊逸，房屋略有损伤，矿井水量激增。如开平、昌黎等处，均属之。

第8级烈震区，烟囱倾倒，或生裂缝，房屋有相当损伤，间有倾倒者。如乐亭、卢龙、雷庄、石门、樊各庄、扒齿港、暗牛淀等处，均属之。

第9级灾震区，少数房屋全毁，多数重损，人烟稠密之处，伤人颇多。如滦县城、马城、长凝、连北店、新寨、胡各庄、坨子头等处，均属之。笔者对于是种震况，已摄得多数照片，足资参考。

第10级重灾震区，多数房屋毁坏，人口颇多死亡，地裂山崩，并水外溢，沿裂缝地下水夹泥沙破地而出。如八里桥、兴隆庄、乐营、倴城、高各庄等处，均属之。笔者对于此种震况，曹汇集详密之报告，以资证明。

以上地震烈度，由1级至10级，级数愈高，所得之震况材料亦愈多而愈确。盖地震激烈之区，易为人注意，考察亦较便利也。房屋倒塌之多少，固与房屋之建筑构造有关，但如滦县城西南之兴隆庄，全村数百家，仅余数家房屋，尚能居住，其余均崩毁，此种现象，只可用地震剧烈说明之。又第8第9第10之三级震区，每遇较巨之震，辄闻震声，而卅五年四月二十五日之巨震，凡居住滦县城内之人，均闻震声如起自脚下，作为南北摇动，故东西墙壁，倒者较多。此震声之发生，或由地下岩层之摩擦，或由于震波射出地面与空气之激荡，或二者兼而有之，兹暂不论，但震声之移动，似自北而南，每次均然，震声之后即继之以震动，除南北之摇动外，兼显示上下摇动，乃一特著之现象也。

（二）地震原因

普通地震有两种，一曰火山震，因火山爆发而发生地震。如环太平洋及沿地中海之多火山区域，每多地震，日本乃世界有名之火山国，亦即世界有名之多地震国，为一标准实例，特此种地震，恒范围不广，旦感震区域，每呈圆形；二曰构造震，即由于地质构造之影响而发生地震，此种地震，恒范围甚广，烈度亦最大，且震动最剧烈之区域，每沿一长形狭带。世界历史上著名之大地震，如一九二〇年甘肃地震，一九〇六年美国旧金山地震，一九二三年日本东京地震，均其例也。构造之最重要者，为地层断裂，但此又可别为两类，一为原存之震层重新调整，因而发生地震；二为累积之势力不平衡，因而发生新断层，遂致地震。斯类地震，往往忽然发生，震动甚猛，且因其后之继续调整，易构成长期地震。滦县地震，震前毫无预示，骤然於卅四年九月二十三日夜间发生巨震，且震动继续八九月之久，尚未停止，似近乎第二类地震，而发生新断层。

地震之所以能发生，又由于地球本质，原属一弹性体，普通自震源发动之震波有三种，一称纵波，即波动与传播属于同一方向；二称横波，即波动与传播之方向，互成直交；三称地面波，即沿地面之波动也。三种波动速度，各不相同，就中以纵波之速度最大，故得最先至观测地点，而表现于地震仪上之记相纸，通常用记号P表之。横波之速度较小，亦相继而至，观出于记相纸上，通常用S表之。再其次为地面波，普通用L字，因属长波也，此外更有反射波，即纵波或横波经地面一度之反射，而后始达观测地点之波。各波之征象，在记相纸上多能辨认，普通称为震波图。由震源经最近之距离，最先达到地表之区域，称为震中或称震央。震源之形状，可能为点线或面，大抵火山震之震源，属于点；构造震之震源，多属于线或面。震源之深度，恒不易详细测定，约略言之，地震之烈度大，而范围小者，则其震源浅，反之，则较深，徂深逾五十公里者，已不多见。按滦县地震之烈度及范围，与他处比较，似震源最深难逾二十公里，特因地震发生断层之断距，尚未表现地面，此固视断距之大小而定，实则亦可证明其震源有相当深度。测震中之法，最好用两三处地震观测所之震波图。计算得之。但滦县地震，附近又既无此设备，只可以震动最剧烈之区域为震中区域，即自滦县城西之张家坎起，南经八里桥、兴隆庄、倴城以至高各庄一带，乃为适当之震中区。

考翁文灏氏所著之中国地震图（第三图），关于华北区域，其最显著之现象有二：①各震中地带，恒与岩层走向或构造线走向平行；②各震中位置，恒在平原接近山脉处或在盆地内。滦县附近岩层之走向，多呈南北，与此次震中之延布，完全平行，至其位置，亦适合第②条，临近山脉平原交接处，其所以呈此种现象之原因，尚无加以说明。如以滦县震中为例，则似由于渤海地带，原系一正在继续沉降之区，致河北平原，适为冲积砂砾堆积之所，而渤海海面，所以仍现缩小之势，因一部由于砂砾堆积之所致，他方面则由于愈向渤海中心，下降之速度似愈大，反之，愈近山地，其下降速度愈小，至入山脉则变为上升，此由于山脉沟谷中，恒呈现许多新生狭沟，可以证明。平原一方面下降，山脉一方面上升，积之既久，地下遂发生不平衡之潜势，当此种潜势，逾过一定限度，则爆发为断层，而巨震起矣。

（三）现阶段地震之将来趋向

滦县地震，自三十四年九月廿三日大震之后，仍不时发生小震，偶亦有较巨之震，掺杂其间，此种现象，已继续达十余月之久，且有更延长之趋势，此盖由于大震爆发主要不平衡之潜势，虽已消灭，尚有一部分潜势隐存其间，须有赖于继续调整，渐渐散失，遂致演成长期地震。现在有两种问题，一为此长期震，是否烈度渐减，次数渐少，终至于停震；二为因长震之结果，是否有引起他方面不平衡之潜势，更有发生大震之可能。按世界普通之地震，凡经过震动之后，恒继之以相当时期之安静，但由理论方面来讲，第一次大震，适为第二次大震之导线，亦非绝对不可能。故滦县地震，如继续时期过久，不能谓无重现大震之危险，倘能将此长震之次数及烈度详为记载，绘为曲线，藉以推测其震动之趋势，亦未尝不可得知其预兆，特此办法，在现在情形下，事实上无从谈起，作者甚希望滦县地震，仍如以往他处地震之惯例，渐渐息止也。

附：开滦煤矿井水数据

各矿井井内流水量（每分钟吨数）受地震影响变动表

民国三十四年	唐家庄	林西	赵各庄	唐山	总计
九月十五日	16.3	31.2	12.3	22.7	82.5
九月十六日	16.4	31.2	13.1	22.7	83.4
九月十七日	16.3	31.1	13.4	23.3	84.1
九月十八日	15.9	31.2	13.1	23.3	83.5
九月十九日	16.7	31.2	13.2	22.9	84.0
九月二十日	16.3	31.0	13.3	23.6	84.2
九月二十一日	16.1	31.1	13.8	23.7	84.7
九月二十二日	16.5	31.1	14.0	24.0	85.6
九月二十三日	16.3	31.2	13.9	23.0	84.4
九月二十四日	22.3	39.6	15.7	22.7	100.3
九月二十五日	23.1	42.5	15.5	24.0	105.1
九月二十六日	22.6	39.2	15.6	27.6	105.0
九月二十七日	21.8	41.0	17.5	27.0	107.3
九月二十八日	21.3	42.1	17.2	24.8	105.4
九月二十九日	22.0	40.6	16.8	24.4	103.8
九月三十日	20.9	40.0	17.6	24.8	103.3
十月一日	20.8	40.4	18.7	23.7	103.6
十月二日	20.9	40.4	18.4	25.6	105.3
十月三日	21.0	39.7	17.8	27.0	105.5
十月四日	20.9	40.2	18.2	24.4	103.7
十月五日	20.9	39.9	18.1	25.8	104.7
十月六日	20.8	40.4	18.3	26.8	106.3
十月七日	20.8	39.5	18.3	26.1	104.7
十月八日	21.1	39.5	18.4	25.9	104.9
十月九日	20.8	40.4	18.3	25.4	104.9
十月十日	20.8	38.1	18.3	25.5	102.7
十月十一日	20.8	38.5	18.3	26.0	103.6
十月十二日	20.7	38.4	18.3	24.2	101.6
十月十三日	20.8	37.9	17.9	25.2	101.8
十月十四日	20.7	37.6	18.0	26.2	102.5
十一月一日	19.5	36.9	15.7	24.0	96.1
十二月一日	16.8	34.6	13.2	24.6	89.2

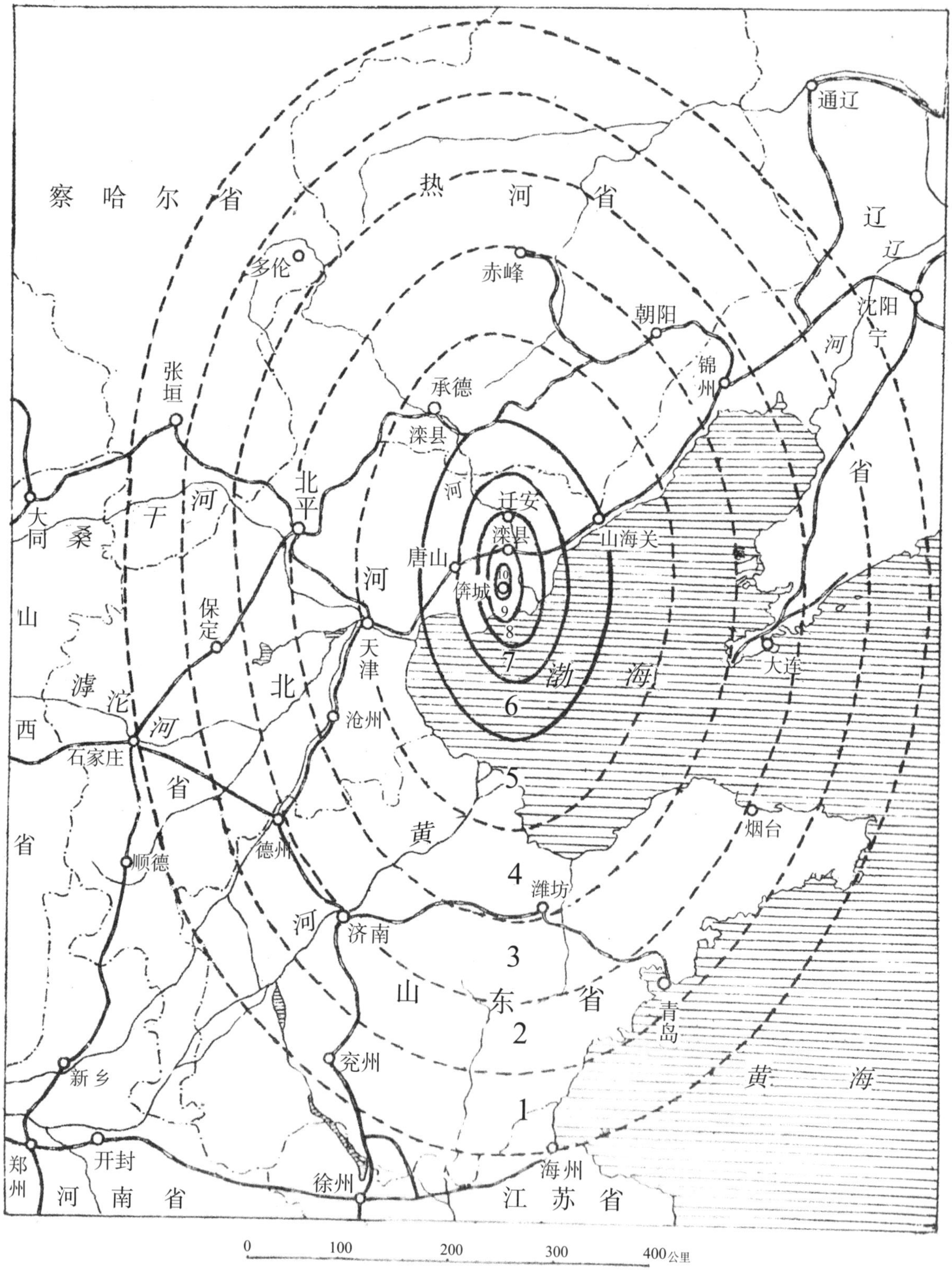

第二图　滦县地震图

（民国三十四年九月二十三下午三点四十五分）

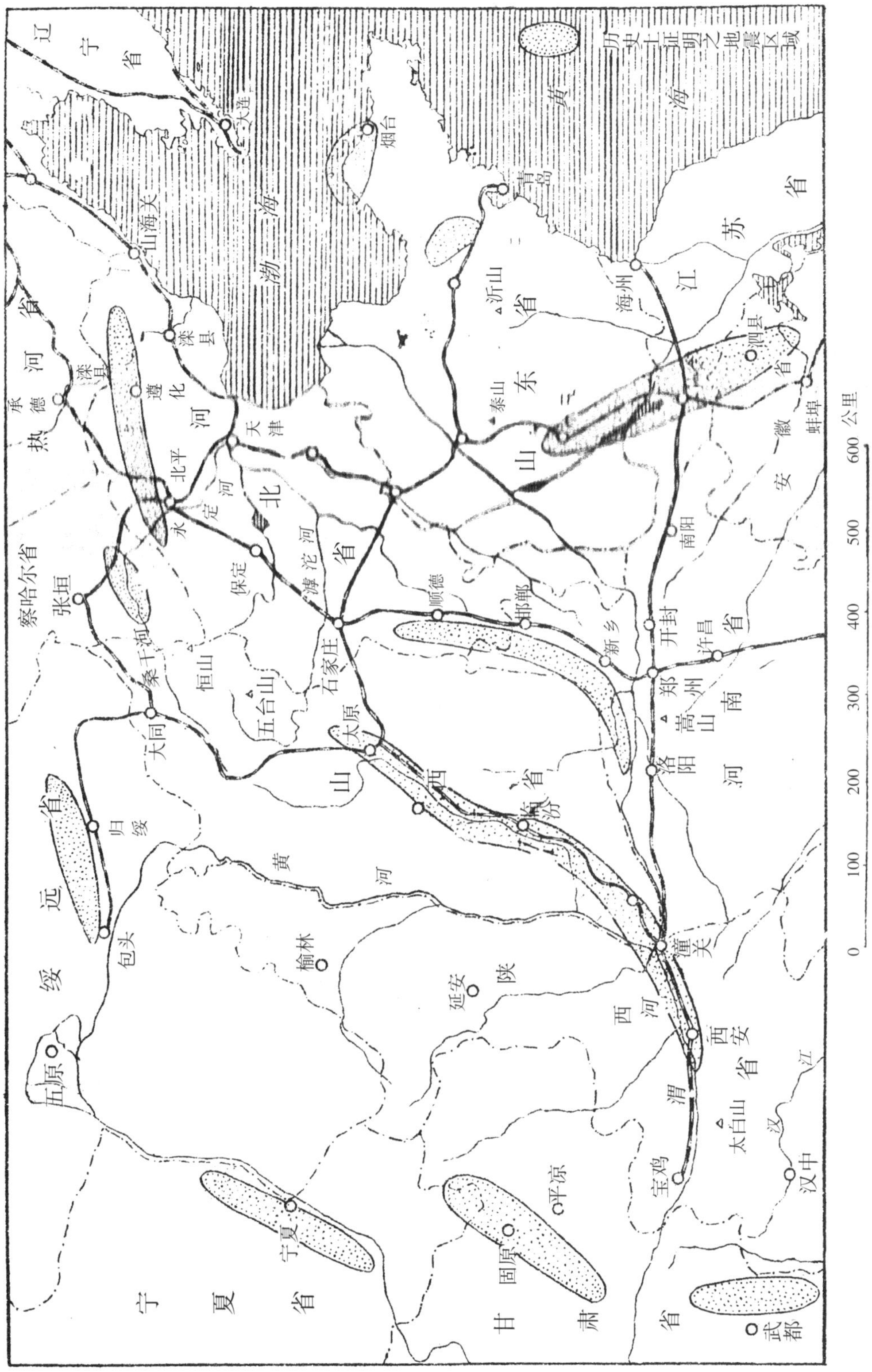

第三图　中国北部地震区分布图

二、调查报告

摘自《中国地震考察》（第一卷），1945年9月23日河北滦县6¼级地震调查报告全文如下。

（一）前　言

1945年9月23日晚11时半左右，在河北滦县发生过一次6¼级地震。

为了给唐山地区的基本建设提供必要的参考数据，1954年国家计划委员会决定组织有关单位人员前往滦县及其周围地区，通过访问，考察震害遗迹，收集有关该次地震的资料。调查组由原中央燃料工业部电业管理总局设计管理局北京设计分局工人和唐山市城市建设委员会4人组成。调查工作从1954年4月18日至6月13日共历时50天。调查范围南起南关公营，北至会里，东自安山，西达将军坨，包括唐山专区的八个县市。

调查工作是从地震震中区滦县城开始。调查中以震时建筑物的破坏，人的感觉，自然现象为主，收集了较丰富的资料。但由于该次地震时间已久，许多地震遗迹已经破坏，只能通过访问和对残存震害遗迹的考察进行调查。

（二）自然地理及地质构造情况

滦县在唐山东约60km处，该区北部有低山、丘陵，主体山脉近东西向延伸，滦河，蓟运河、还乡河和陡河穿插其间，形成了一些侵蚀、堆积盆地。中部和南部，地势低平，河流交错，废弃河道及牛轭湖较发育。该区第四系覆盖面积占⅔以上，开平、滦县以北有较大面积的基岩裸露。北部基岩出露包括太古界、震旦系、古生界、下第三系和岩浆岩等，地层时代和岩性都有很大的差异。

滦县处于阴山陆隆带之南的燕辽沉降带上，该带是华北陆台上沉降较烈、沉积较厚的地带。它在震旦纪时期比较活动；在古生代时期则趋于稳定；在中生代后半期产生复活现象，表现为褶皱、破裂以及岩浆较活动，褶皱结果产生了次一级的背斜及向斜构造，这些构造多呈近东西向分布；在侏罗纪初期，发生断裂运动，出现较多的北东向断裂；燕山运动期间，由于岩浆的活动，断裂又不断发生，使构造变得较为复杂。总之，本区为阴山—燕山东西向构造带的一部分，经历了长期的地质发展过程，形成了一系列走向为东西的复式褶皱及深大断裂，该区断裂带均为逆冲压性断层。

滦县位于燕山褶皱断裂带东段与冀渤拗陷带的复合部位，前者的构造线呈近东西向展布，而后者以北北东至北东向的构造线为主体。另尚有北西至北北西向断裂穿插其间，使该区组成了基本构造格架。具体地说，滦县是处于北北东走向的迁安—唐家庄断裂和其东的卢龙—滦县断裂以及北西向的滦县—乐亭断裂带地区，而在滦县—雷庄一线与北东向的断裂带交汇。

从地震活动来看，滦县正好位于三河 滦县地震带上，此带西起南口，东至秦皇岛，它以涿县—宝坻断裂为界，并与邢台-河间地震带为邻。三河—滦县地震带及其周围地区在历史上就曾多次发生过地震。自1731年起，本区曾进入地震的活跃期，经过了一个阶段的平静，可以说，从1945年起该区再次进入活跃期。

（三）建筑物破坏情况及地震烈度的划分

滦县地区房屋一般为砖包皮土坯墙，下脚多为不规则的石砌，房架为木结构，使用木料以杨、松木为主，梁柱之间以榫相结，一般房屋皆有木柱，砖或石之砌缝皆用灰浆，另该区还有少量土搁梁房，基础一般深0.5~1.6m。

此次滦县地震，砖包皮土坯墙房倒塌较多，土搁梁房几近全塌，屋顶顶瓦多滑落，房屋基础多发生错动。

根据房屋破坏及地表现象，划分地震烈度如下。

Ⅸ度区：山墙倒塌50%以上，房屋普遍破坏和变形，地面普遍发生裂缝，喷沙冒水，井水外溢，地面发生陷坑。

Ⅷ度区：山墙倒塌25%以上，烟囱倾倒或裂缝，房屋普遍产生裂缝，河边裂缝冒沙水。

Ⅶ度区：老旧房屋有倒塌、山墙少数倒塌，灰泥脱落及普遍产生裂缝，屋瓦有脱落，井水水位变化。

Ⅵ度区：一般房屋无破坏迹象，老旧房屋略有破损或发生裂缝，睡者惊醒，人惊逃户外。

四、宏观调查资料

此次调查共218个居民点，以滦县为主90个居民点，根据破坏情况，烈度区分如表1。

表1　滦县地震所调查的居民点烈度统计表

地点	Ⅷ度区居民点	Ⅶ度区居民点	Ⅵ度区居民点	Ⅴ度区居民点	Ⅴ度区以下居民点
滦县	12	36	22	13	7
滦南县	1	22	13		
昌黎	1	6	2		5
卢龙		1	2		
乐亭			3	8	
迁安		2	3	4	3
丰南					4
唐山			1	6	17
抚宁					5
共计	14	67	56	31	41

1. Ⅷ度区

（1）滦县兴隆庄。全村约750余户，正厢房完全倒塌占总户数的50%，大门、二门、猪圈大多倒塌，少数未倒者也发生倾斜，山墙倒塌占全村70%，主要倒的是山墙外层及石皮，院墙倒塌约占90%，未倒的房屋多产生裂缝（照片1），门窗严重变形；屋内物品皆被震倒。

屋内外地面皆出现裂缝及陷坑，裂缝为东西向，宽约9cm，长5~6m，向外冒沙水，陷坑直径约1m，冒有沙堆，井内翻沙喷至地面，井水发浑。

（2）滦县李兴庄。全村山墙倒塌70%~80%，猪圈多倒坍，未倒者多产生严重变形，榫头有扭动，屋内桌上物品大部移动或倾倒。

该村东南地面发生裂缝，以东西向为主，宽1m，长9~10m，向外冒水、沙，个别地方，屋内有裂缝，喷水高达1m。

（3）滦县大阎营。全村142户，房屋四面墙全部倒塌者占70%，孤立的房屋全部倒塌，20%的瓦房屋瓦滑下，未倒房屋多发生严重变形，过梁也有错动，木架房屋有的未倒，但多倾斜（照片2）。

地面出现很多裂缝，最宽0.6m，方向以南北为多，同时出现很多陷坑，直径约5m，深0.6m，喷沙冒水停止后陷坑堆有0.3m厚沙堆。震时村内遍地有水，井内向上冒沙和水，井水喷出高约3m，地下水位上升，至地表仅3m，第三天后井水干涸，井内沉积许多沙子。

（4）滦县八里桥。全村共有330户，墙倒塌者占80%，未倒者发生轻重不同破坏，房屋木架倒塌者占20%，以瓦房居多，未倒者则产生严重变形，屋顶瓦皆滑下。五德庙未倒。

地面出现陷坑、冒水、沙；井水增多，井筒也有变形，井水位至地表有1~2m；地里还出现干坑和沟。

（5）滦县古马庄。全村412户，房屋山墙倒塌者约占35%，大院墙倒塌者占80%，房屋倒塌20余间，很多房屋发生裂缝或变形。地面普遍产生裂缝，冒水、沙。

（6）滦县石佛口。全村约280户，房屋倒塌占50%，以厢房、牲口棚居多，房屋山墙倒塌约占70%，小庙屋脊塌下，大庙大山墙上部和屋脊屋檐部分也震塌，砖烟囱震倒甚多。河沿上发生宽

33cm、长约7~7.5km的裂缝，冒水、沙，裂缝为南北向。

（7）滦县曹家坎。房屋山墙倒塌占90%。附近一干河，河边产生很多裂缝，冒水，河内有0.5m深之水，井水水位降低并发浑。

（8）滦县夏庄子。墙倒约占⅓，房屋倒塌30间，约占⅓。地面出现很多裂缝，方向以西北—东南较多，裂缝最宽约10cm，冒水、沙。

（9）滦县刘家庄窝。全村约60户，正房倒塌5间，厢房倒塌65间，约占30%，山墙破坏占90%，小庙及钟架震坍。该庄四周产生裂缝，宽约10cm，冒水、沙，庄东有从地下冒出沙堆数处。

（10）滦县高各庄。全村110户，房屋倒塌占50%，多为老旧正房、厢房及猪圈，每家都有倒塌的，小庙及钟架倒塌，西青龙桥顶部下凹（照片3）。地有裂缝，宽20~30cm，长50~70m，冒水、沙，南北向，地面亦有陷坑，冒水、沙。

（11）滦县编凉汀（老火车站）。全村有900多户，震倒房屋约100多间，多为老旧房屋，未倒房屋也多产生裂缝，宽1~2cm。地裂缝宽33cm，冒水、沙；井内喷沙把井填没。

（12）滦县秦庄。全村约150户，厢房及牲口棚倒坍约占50%，每户都有倒墙现象，房墙皆发生裂缝。

（13）滦南县马城。全村约300户，山墙及院墙倒塌占80%以上，以院墙倒塌为多，房屋倒塌30间，未倒者皆有不同程度破坏或严重变形，屋脊瓦滑落（照片4），房屋多为50年前的建筑。炕上也发生裂缝；屋内桌、柜上所放器皿全部翻倒在地。地面产生很多裂缝，冒水、沙，以南北向为主，宽10~30cm，长6~10m，深1.5m，土坡上也发生裂缝；屋内水泥地也出现宽10cm的裂缝，冒水、沙，井内向上冒水，水位上升，至地面仅3.5m，喷出的沙流满街，震后井内堆沙，大部都干了，用石头砌成的水井井筒也有破坏，在沿裂缝处还有许多小孔，往上冒水、沙。

（14）昌黎朱各庄。房屋倒塌约占25%，未倒者发生严重变形，新房产生裂缝或扭转。庄南地面有裂缝、陷坑，冒水、沙；井水水量减少，井筒遭受破坏。

2. Ⅷ度区

（1）滦县司营。全村共有130户，房屋倒塌约36间，山墙倒塌约57间，门窗发生严重变形。屋内外皆发生裂缝，冒水、沙，裂缝宽20~50cm，长2~16m，以东西向为主；井内向上喷水、沙。

（2）滦县崔家坟。石砌房屋倒塌最多，院墙几乎全部倒塌，房屋倒塌63间，未倒墙壁多产生裂缝。地裂缝很多，宽20cm，长约100m，方向大致为28° WN，冒水、沙。

（3）滦县李各庄。全村330户，山墙倒塌占70%，房屋砖砌烟道倒塌。该庄四周皆有直径为20~30cm的喷沙沙堆，地产生裂缝，宽5~6cm。

（4）滦县西刘各庄。全村约130户，倒塌房屋10间，山墙大多倒塌，庙前石碑被震倒（石碑大小为$1.45\times0.5\times0.16m^3$）。马路边也产生裂缝，宽10~20cm，长3~30m，皆冒水、沙，庄东南地里有一陷坑，直径1m，冒水、沙；山上震下约$1m^3$的石头。

（5）滦县热庄。全村60户，厢房及草土房坍塌约10间，每家均有倒墙，占80%多，80%房屋变形，梁下之砖一般都被震酥。地有陷坑，冒红水、沙，沙堆直径为20~33cm，井水喷出，山石滚落。

（6）滦县大河湾。全村约200户，山墙倒塌约占75%，2户老平房倒塌。河边地裂缝，宽约33cm，长约70m，南北向，冒水、沙，庄北有陷坑，冒水、沙，沙堆直径0.5~0.7m。

（7）滦县新车站。倒塌房屋约占⅓，未倒者，墙也产生裂缝。地面产生裂缝；井水发浑。

（8）滦县岩山桥。墙倒占⅓。河滩上发生很多裂缝，东南—西北向，长约30m，冒水、沙，在裂缝线上有三个直径为70cm的孔洞，冒出水、沙，沙堆积20cm厚；护城河震后，有0.8m深的水自北向南流；城东南有条人工河，两岸河堤靠拢，坍塌土方，填塞河床；滦河震时水浪高70cm，冲击两岸，河内向上冒气泡，岩山上有约$20m^3$石头崩下。

（9）滦县炮石店。每家都有墙倒塌，老旧房屋有倒塌。该庄西有三四条宽10~20cm，长10m

的地裂缝，冒水、沙，为东西向。

（10）滦县兰家庄。全村约80户，正房倒塌16间，厢房倒塌约18间，墙几乎每户都有倒塌，灌浆的坚固砖墙震凸、大裂，墙底部之大长方石受震错动。

（11）滦县花桌庄。全村约45户，老旧房屋倒塌占30%~50%，以厢房、猪圈为多，二个砖砌小庙及钟架震塌，房屋皆有裂缝。河沟边地发生裂缝，宽4~5cm，长约33cm，皆冒水、沙，纵横皆有，方向不一。

（12）滦县蒋庄。全村118户，倒塌厢房等约50间，每户都有倒塌墙者。河沟边地有裂缝及陷坑，冒水、沙，缝宽5cm，以东西向为多，陷坑直径0.5m，井水喷出。

（13）滦县郝家院头。全村约230户，倒塌山墙约占80%，院墙倒塌约占50%。

（14）滦县县城。一般砖石、土坯木结构房屋的砖包土坯墙倒塌较多，单一土坯墙较少，土搁梁房多倒塌，屋顶屋瓦滑下。一户门口两巨型础石发生扭动，部分房屋中间产生下沉，屋架产生严重变形，老旧房屋建筑在100年以上者倒塌最多，未倒塌的房屋在过梁下产生很多裂缝（照片5至照片10）。

（15）滦县张、史、雷家坟。全村共有房屋200间，全部倒塌者2间，较老的山墙倒塌甚多，新房屋也都产生裂缝或变形。地里出现一陷坑，冒水、沙，陷坑沙堆约5m^3。

（16）滦县雷庄。全村有209户，房屋山墙倒塌占40%，院墙几乎全倒，老旧房屋倒塌30多户，未倒房屋也多变形。附近沙河两边发生裂缝。

（17）滦县坨子头。该村房屋倒塌不多，山墙倒塌占50%，院墙几乎全倒，未倒房屋也多变形。

（18）滦县贾各庄。全村约210户，有几户厢房包括猪圈共倒塌40多间，大房山墙倒塌20多扇，围墙倒塌约540m。

（19）滦县小营。全村约160户，房屋倒塌约20间，墙及烟囱皆有震倒者。河边上地有陷坑，冒水、沙，深约3.3m。

（20）滦县东灰山。每户房屋山墙均有倒塌，围墙共倒塌约900m，40多年前盖的房屋倒了36间，大部为厢房，小庙亦有塌墙者，门楼倒塌占30%，其下部之长方石有错动。河边地也有裂缝，缝宽5~6cm，最长约lm，以南北向为多，冒水、沙。

（21）滦县郭庄。房屋倒塌占20%，很多山墙倒塌。庄东地有裂缝，冒水、沙，缝宽约3cm。

（22）滦县杨各庄。全村160户，墙倒约占50%，砖烟囱有倒塌。井水喷出约1.5m高。

（23）滦县黄庄子。全村160户，厢房倒塌20~30间，墙倒占50%，烟囱有倒塌。

（24）滦县柳辛庄。草房倒塌3间，有三家60年前所建厢房倒塌，墙倒及门楼倒塌者约占总户数的60%。火车道上地有裂缝，宽约1cm，最长2m，南北向。

（25）滦县新立庄。有几家草土房倒塌，每家都有倒塌山墙者，占30%~40%，砖砌烟囱大部倒塌。河边地裂缝宽约15cm，长30m，冒水、沙，高1m，地裂缝有多条。

（26）滦县西安各庄。有二三户的厢房以及该庄猪圈倒塌约30间，每家都有倒墙，山墙皆有裂缝，小庙及石碑倒塌。

（27）滦县东樊各庄。全村约200户，倒塌房屋10多间，烟囱有倒塌，每家的墙都有倒塌，大小庙的山墙也有倒塌。河沟地有裂缝，冒红水、沙。

（28）滦县九百户。全村450户，倒墙及山墙者约占30%，室内桌、柜与花瓶、台钟等没有震倒。

（29）滦县紫金山。位于城东北2km，紫金山与玉王阁、药王庙（据称皆建于秦朝）。玉王阁砖砌十字形圈门洞圈门有裂缝，最宽约5cm。庙西两幢砖木结构住房倒塌2间。

（30）滦县郭家庄。山墙倒塌占50%，院墙几乎全倒，房屋倒塌占3%，未倒房屋也都变形。地面裂缝冒红水、沙，沙堆厚8cm，方向北东—南西。

（31）滦县油榨镇。房屋山墙倒塌约占50%。

（32）滦县下康各庄。全村138户，老旧房屋和猪圈倒了20间，每家墙都有倒塌。山石有震落者。

（33）滦县马庄。全村160户，厢房及牲口棚倒塌约占20%，每家墙都有倒塌。

（34）滦县沈官营。全村约160户，老旧房屋有倒塌，每家墙及山墙均有倒塌，未倒塌者普遍产生裂缝。

（35）滦县张各庄。全村有400多户，房屋倒塌占20%，未倒者也都产生裂缝，大多数院墙倒塌。瓦房屋瓦滑下，屋内柜上之器皿产生位移或翻倒现象。庄东南2.5km处有裂缝，方向为西北—东南，冒水、沙，缝长约3m，井水发浑。

（36）滦南县祁家营。全村约100户，房屋倒塌约50间，占30%，这些房屋多建于六七十年前，山墙倒塌者家家皆有，砖砌烟囱倒塌很多，小庙震裂。村东及村南地有裂缝，宽约10cm，长1~2m，为东西向，庄四周都有陷坑，冒水、沙，沙堆直径20cm，以庄北为最多。水井冒水，街上有水流。

（37）滦南上曹营。山墙多倒塌，未倒者也都产生裂缝或扭动，裂缝宽10cm，一般宽约3cm。地面出现裂缝，在林西平地上出现一大坑，有一间房子大，向外冒水、沙，冒沙约有100多牛车，方向大致为西北—东南，长约6m。

（38）滦南前荒店村。倒塌房屋2间，院墙及山墙倒塌甚多，未倒者也都产生裂缝或变形，裂缝最宽15cm。地面出现裂缝，宽16cm，长1.7~3m，街内裂缝冒水约3分钟，街内水深达30cm，方向为西北—东南。有直径为1m的陷坑，庄西原来大水坑干涸，井内向外冒水。

（39）滦南侯家庄。房屋山墙有倒塌者，未倒者也都产生裂缝，缝宽3cm。地面出现陷坑及很多裂缝，缝宽最大为2m，最长16m，向外冒水、沙，井水增多。

（40）滦南苏各庄。房墙倒塌占20%，有些墙在接头处产生许多裂缝，砖砌烟囱有扭转现象，房屋全部倒塌者2间，未倒者也有不同程度变形和破坏，房架有拨开现象，家具有翻倒和移位现象。地面出现很多裂缝，缝宽约10cm，长约500m，方向以东西为主，冒水、沙。地里出现许多陷坑，直径有7m，深3m，冒水、沙。井内往上喷水，水位距地表2~2.5m，井内并出现许多沙子。

（41）滦南长凝。屋墙倒塌占30%，未倒者也有不同程度破坏，房屋也有不同程度破坏和变形，柱脚有很大位移，长凝塔震后向东歪斜，稍有破坏（照片11）。屋内柜上所放物品掉落地下，地面、墙边发生裂缝，缝宽3cm，长约0.6~1m，方向以南北为主。该村附近发现直径1~1.2m的大坑，冒水、沙，井内向上冒水，流到地面，井水水位升高，距地面仅2~3m，井内有沙，水量大增。

（42）滦南陆庄。房屋全部倒塌者占10%，院墙及山墙倒塌者占70%，倒塌者多为较新的房屋。该庄周围产生很多裂缝，缝宽约0.3m，长3~15m，方向西北—东南为多，冒水、沙，井内亦向外冒水。

（43）滦南大道上。全村约30户，房屋山墙倒塌者约五六户，围墙倒塌者约七八户，土个小庙倒塌，房屋大半变形。地面有陷坑，直径10~20cm，冒红、白沙，沙堆直径lm，以庄南为多，井水水量增多变浑。

（44）滦南方炮。全村约140户，平房倒塌3间（皆系50年前建造的），房屋山墙倒塌30户，房屋发生裂纹。地面有裂缝及陷坑，冒水、沙，缝宽约17cm，长3~15m，该庄四周皆有，以东西向为多，庄东最多，也最长最大，井内翻沙。

（45）滦南程庄。全村约109户，家家房屋山墙倒塌，高的围墙倒塌较多，房屋产生裂缝。地面产生很多裂缝和陷坑，缝宽13cm，长30~60m，冒白水、沙，庄南0.5km的河沟边最多，方向南北较多，亦有北西和南东的。

（46）滦南高各庄。全村约200户，有2%~3%的房屋倒塌，多老旧房屋，家家屋墙均有倒塌或裂缝，新房裂缝更为显著，新修的老爷庙山墙上半部坍塌，46年前修建的石砌桥中间下陷，桥栏倒入河中。地面发生裂缝，冒黑水、沙，缝宽约20cm，缝最长为10~13m。附近有陷坑，冒水、沙，沙堆直径1~1.6m。

（47）滦南川林乡。房屋山墙倒塌占80%，个别老旧房屋屋顶塌落，新建房屋大部变形。

（48）滦南张士坎村。房屋全部倒塌3间，房屋山墙及院墙倒塌甚多。该村周围地里发生很多裂缝，缝宽0.3m，长6~9m，方向东西，裂缝向外冒水、沙，井水水位上升。

（49）滦南大陈庄。房屋山墙有倒塌者，未倒者大部分产生裂缝。地里出现陷坑，直径约1m。

（50）滦南沈营。该村有新修厢房倒塌，房屋山墙倒塌者占10%，未倒者也多产生裂缝或扭转。地里有陷坑，直径约70cm，地裂缝宽6~7cm，长9~15m，方向以西北—东南为主，井内向上喷水，并有沙堆在井内。

（51）滦南东清水村。大多数墙面出现裂缝，或房屋木架扭动变形。地面出现裂缝，缝宽20cm，最长1m，方向为西北—东南，村中出现一陷坑，井内向上喷水。

（52）滦南东八户村。房屋山墙多数倒塌，未倒者也多产生裂缝或错动。地面出现裂缝，宽10cm，长约3m，方向为西北—东南。有一处出现一大陷坑，直径lm。

（53）滦南周各庄。有些房屋全部倒塌，但房屋山墙倒塌较多，占15%，未倒者也多发生裂缝，最宽约3cm，倒塌以新房较多。地面出现裂缝，冒水、沙，方向西北—东南。

（54）滦南高曹营。房屋山墙倒塌较多，而以瓦房为最，未倒者也多发生裂缝。庄东有一条宽20cm、长3m的裂缝，方向西北—东南，并有陷坑，直径约50cm。

（55）滦南杜高坨。房屋倒塌较少，仅1间老旧房屋倒塌，但房屋山墙倒塌较多。庄北出现一陷坑，冒水、沙。

（56）滦南东沙窝。房屋山墙及院墙倒塌甚多。地面出现裂缝，缝宽10cm，长7m，冒水、沙，冒出的沙厚16~17cm。

（57）滦南李士庄。房屋有倒塌现象，房屋山墙倒塌甚多，未倒者也多产生裂缝或上部墙头坍落，在两墙相接处有15cm宽的裂缝。地面出现裂缝，宽约6cm，长7~l0m，方向以西北—东南为主，冒水、沙。

（58）滦南倴城。有一小庙全部倒塌，少数房屋山墙倒塌，大多数墙产生裂缝，城外地面产生裂缝；井水水位上升，井水发浑。

（59）昌黎总屯营。墙倒约占50%以上，大多数墙产生严重变形（照片12）。河边地面产生很大裂缝，缝宽2~3cm，长50m，方向以南北为主，冒水、沙。

（60）昌黎前白。石院墙倒占50%，房屋产生很多裂缝，门窗发生严重变形。井水变浑。

（61）昌黎靖安街。有2间房屋倒塌，房屋山墙倒塌甚多，院墙多倒塌，未倒者也产生裂缝，缝宽3cm，墙角裂缝宽达5~6cm。庄南地里发生裂缝，宽约3cm，冒水、沙，方向多为西北—东南。

（62）昌黎后白石院。院墙及房屋山墙倒塌占40%。滦河水日渐减少。

（63）昌黎高庄子乡。有4户老旧房屋倒塌，房屋山墙倒塌甚多。井水发浑，并逐渐减少。

（64） 昌黎相公营。全村约200多户，每家都有房屋倒塌、裂缝、门窗变形等破坏现象（照片13）。井水发浑并水量日益减少。

（65）卢龙尤大岭店。全村约100户，房屋山墙及院墙倒塌占80%，一般均有裂缝。

（66）迁安七家岭。老旧厢房有少数倒塌，房屋山墙倒塌占50%，砖砌烟囱有少数倒塌。

（67）迁安苏各庄营。全村共约130户，房屋山墙倒塌约20户，院墙倒塌者占40%。

3. VI度区

（1）滦县赵各庄。全村270户，每户都有倒塌者，牲口棚有倒塌。庄南地有陷坑及多处裂缝，缝宽约10cm，冒水、沙。

（2）滦县无税庄。全村约400户，房屋山墙倒塌约75%。

（3）滦县马各庄。全村约160户，房屋倒塌10多间，院墙及房屋山墙倒塌1500m，占总户数之

30%，房屋大部分发生裂缝。井水水位高约3m。

（4）滦县西安河。全村约110户，倒塌每家皆有。白龙河两岸有裂缝，缝宽约10cm，长30m，水井被破坏。

（5）滦县崔各庄。全村约300户，倒塌者占20%，有3家房屋倒塌，砖烟囱倒塌较多，墙壁皆有裂缝。井水水位升高1.3~1.6m。

（6）滦县郑家庄。全村约190户，破旧草房有倒塌，倒塌山墙者约占30%。河边地有裂缝，冒浑水。

（7）滦县前何庄。全村约110户，倒塌者约占60%，小庙墙有裂缝。

（8）滦县庆儿庄。全村80户，倒墙者约占20%，砖砌烟囱倒塌很多。

（9）滦县宜安。全村约370户，倒墙者约占20%，砖砌烟囱有倒塌者。

（10）滦县李兴庄。全村共有188户，房屋山墙及墙倒塌40~50堵，个别房屋瓦脊有拔开现象。

（11）滦县榛子镇。全村约有100户，10多户老旧房屋山墙倒塌，砖砌烟囱倒塌占30%，墙壁多发生裂缝。

（12）滦县大石佛庄。全村约有200余户，瓦房顶有拔开者，墙壁产生裂缝。

（13）滦县唐家庄。墙壁和基石发生裂缝，水平裂缝有长6m者，隔墙有倒塌，围墙倒塌约5m，烟囱顶部有裂纹。矿井井内流水量有变化。

（14）滦县林西。倒塌房屋山墙者有10多户，房墙裂缝较少。矿井下220m处的机械房顶板裂缝漏水，矿井井内流水量有变化。

（15）滦县石梯子村。全村约170户，房屋山墙倒塌者占10%。

（16）滦县高城子乡。5户房屋山墙倒塌，砖砌烟囱有倒塌，墙壁裂缝不多。

（17）滦县卑家店。房屋山墙有倒塌，房墙裂缝较少。

（18）滦县赵各庄。距县城28km，有少数老旧房屋山墙倒塌，两墙相接处有裂隙，矿区砖砌柱子和墙壁皆有裂缝，有40户工人宿舍有轻微裂纹。矿井井内流水量有变化。

（19）滦县古冶。墙壁产生小裂缝，倒塌1间土搁梁房，窗户轻微变形。

（20）滦县王家庄。个别老墙倒塌，新墙多产生裂缝，窗户轻微变形。

（21）滦县后水峪。个别房屋山墙倒塌，其中一部分产生裂缝。

（22）滦县后营村。一家老土墙被震塌，2个烟囱损坏。

（23）滦南伍庄。房屋山墙及墙多倒塌。地里发生裂缝，缝长约2m，并有陷坑，直径约0.5 m。

（24）滦南扒齿港。倒塌房屋很少，有个别山墙倒塌，未倒房屋亦都产生裂缝。庄外产生陷坑，直径17cm，有宽33cm，长3m裂缝，未见冒水。

（25）滦南西扬庄。大部房屋山墙倒塌，未倒者有产生宽11cm的裂缝。庄南发生地裂，喷出水沙，缝宽约70cm，长15m，方向为东西。

（26）滦南李沟府。全村约60户，房屋山墙倒塌约占30%，有数户砖砌烟囱倒塌。庄东地有裂缝及陷坑，缝宽约10cm，长1~1.5km，西北—东南向，冒水、沙，沙堆直径0.6~1m。

（27）滦南涂庄。房屋山墙倒塌占少数，大多数房屋裂缝，庄西北有裂缝，缝宽约10cm，长0.5m，西北—东南向。

（28）滦南吴有寨。只倒塌1间房屋，有倒大山墙者，未倒的也都产生裂缝。井水流出，井水发浑。

（29）滦南荣各庄。全村约130户，有10多户房屋山墙及一户厢房倒塌，砖砌烟囱倒塌不少。

（30）滦南石庄。全村200户，百年前建造的老房倒了20间，占5%，墙及山墙倒塌占15%，小庙震塌。庄西1km的地里产生裂缝，缝宽2cm，长4~6m，冒水、沙。

（31）滦南姜六庄。老旧房屋倒塌4间，有四五户烟囱倒塌，山墙倒塌不多。平地产生裂缝，缝宽约8cm，长30m，方向为西北—东南。

（32）滦南吴庄巢村。大多数房墙裂缝，山墙倒塌占少数。

（33）滦南楼上。全村约80户，倒塌厢房1间，有七八户房屋山墙倒塌，房屋产生很多裂缝。

（34）滦南斜新庄子。全村约80户，有二三户大门及房屋山墙倒塌，房屋裂缝占40%。

（35）滦南前独木城。多数房屋山墙裂缝，少数老房房顶有裂纹，烟囱有倒塌者。

（36）昌黎安山乡万庄村。少数老旧房屋山墙倒塌，部分山墙发生裂缝，屋内水泥地面发生裂缝，缝宽约0.5cm，长约1m。

（37）昌黎小毛庄。房屋山墙和院墙有倒塌现象及裂缝，缝宽5~6cm。

（38）卢龙吕施庄子。全村约70户，倒塌房屋山墙者七八户，倒塌围墙者六七户，房屋发生变形者七八户。

（39）卢龙达连乡。全村约40户，倒塌房屋山墙者20户，占50%，未倒者均产生裂缝。井水水位升高30cm。

（40）卢龙大李店子。全村约210户，有七八户倒塌房屋，围墙倒塌甚多，不同程度遭受破坏的房屋约占⅓。井水水位升高。

（41）卢龙谭家坡。全村共57户，约15户的房屋山墙倒塌，未倒者产生裂缝。

（42）卢龙炮石岭沟。全村约40户，墙及房屋山墙倒塌约占5%，一般均产生裂缝。

（43）卢龙沙金河乡。全村有105户，倒塌山墙者约占15%，其中有50%产生裂缝。

（44）卢龙县城五街。全街约160户，房屋山墙破坏约占20%。

（45）卢龙潘打窑。全村约130户，有10多户房屋山墙和墙倒塌，一般产生裂缝。

（46）卢龙大新庄。全村约60户，有六七户房屋山墙倒塌，一般产生裂缝。

（47）卢龙蛤泊镇。该镇西后街105户，墙倒塌占10%，山墙裂缝不多；南街约60户，倒墙不到10%，有30%—50%山墙有裂缝；东街倒山墙不到5%，一般墙产生裂缝。

（48）卢龙木井村。房屋山墙有30%发生裂缝。

（49）卢龙后坨庄。全村约110户，围墙倒塌占5%，房墙产生裂缝。

（50）乐亭汀流河。全村约100户，房屋山墙倒塌占10%，围墙亦有10%倒塌，墙裂缝不多。庄西地里有裂缝，缝宽10~15cm，长3m，南北向。滦河东岸有四个陷坑，冒水、沙，沙堆直径约1m。

（51）乐亭庞各庄。全村约200户，百年前建造的老旧房屋平房倒塌的有10户，房屋山墙倒塌的约15户，一般房屋都有裂纹，小庙屋顶拨开，墙有裂纹。庄东0.5km地里有裂缝。缝宽4~5cm，长1~3m，多为南北向，冒黑沙、水。

（52）乐亭姚家坊子乡。全乡约400户，有2户老旧房屋山墙倒塌，房屋一般皆有裂缝。

（53）迁安沙河驿。全村约420户，有60户房屋山墙倒塌，砖砌烟囱有倒塌。地里有2cm宽裂缝，冒水、沙。

（54）迁安山港。全村200多户，有10户房屋山墙倒塌，有二三户烟囱倒塌，山墙裂缝不多。

（55）迁安葛庄。全村约180户，有10多户屋墙倒塌。

（56）唐山开平镇。有2间房屋倒塌，10多间房屋山墙倒塌，多为老旧房屋。

4. V度区

（1）滦县白道子。房屋山墙有裂缝，窗户有轻微变形。

（2）滦县习家套。老旧房屋发生裂缝，一小山墙震倒上半部。

（3）滦县王辇庄。两墙相接处发生裂缝，但较少。

（4）滦县大安各庄。有五家房屋山墙倒塌，院墙倒塌较少。

（5）滦县范各庄乡。少数房屋山墙有裂缝，石砌井筒有变形。

（6）滦县甘义庄乡。老旧房屋有倒塌。

（7）滦县燕子峪。老旧房屋稍有变形。

（8）滦县刘庄子。有的房屋山墙发生裂缝，缝宽3~6cm，老旧瓦房漏雨。

（9）滦县石各庄。少数老旧房屋有变形，围墙发生裂缝。

（10）滦县王官营。全村共约260户。有2户老旧房屋倒塌，1户围墙倒塌，

（1）滦县黄坨村。个别墙上发生裂缝。

（12）滦县孟家大寨。老旧房屋有裂缝。

（13）滦县狼窝堡。少数草土房发生裂缝。

（14）滦县石门镇。石门小学教室南墙发生裂缝（照片14）。

（15）乐亭关帝庙。有数家房屋山墙倒塌，未倒者亦多裂纹。地面发生裂纹。

（16）乐亭沙沱。该村砖砌烟囱有少数倒塌，门墙均有裂缝。庄西滦河边地里有裂缝。

（17）乐亭县城。房屋山墙及大门墙壁有倒塌，房子有变形，多发生裂缝。

（18）乐亭会里镇。老旧房屋的墙壁有倒塌，砖砌烟囱有个别掉落。镇北1km处滦河边岸有地裂，并冒黑水沙。

（19）乐亭后罗庄。一户厢房山墙倒塌，烟囱有少数倒塌，墙壁有裂缝。

（20）乐亭新寨镇。个别老旧房屋山墙有倒塌，少数房屋有裂缝，烟囱及瓦脱落。

（21）乐亭东巩固庄。有的房屋山墙有裂纹。

（22）乐亭南公官营。大庙后墙坍了一块，墙及山墙裂纹很少。

（23）迁安野鸡坨。1间破旧房屋山墙倒塌，地有裂纹。

（24）迁安邵家营。全村约180户，个别破旧房屋山墙倒塌，少数烟囱倒塌。

（25）迁安赵家店子。全村约110户，老旧房屋变形，少数围墙发生裂缝。

（26）迁安蛇探峪。墙面及墙角发生裂缝，但不多。

（27）唐山新庄子。有二三户老旧房屋山墙倒塌。

（28）唐山杨家套。有二三户山墙倒塌。

（29）唐山洼里村。有三四户山墙落砖，墙有裂缝，车站烟囱倒下，门前石阶水平移动。

（30）唐山马大寨。个别瓦房震后漏雨。

（31）唐山西马各庄。已破的烟囱倒塌，其他无破坏。

（32）唐山东缸窑下村。老旧房屋屋顶裂缝，个别厕所倒塌。

另外，滦县的石匠营、狮子湾、周家桥、鼓楼庄、冶里村、后屯村、马家沟村，昌黎的新集村、刘台庄乡、三座院、栅子里村、尼井村，迁安的康宫营、山岔峪、高城子，丰南的谢马庄、罗各庄、五里屯、钱营，唐山的东师申河、石泉庄、八里庄、塔坨村、税王庄、老谢庄子、礼尚庄、编坡、郭家大里庄、将军坨、大屈家庄、东缸窑上、下村、雷庄、城子庄、贾各庄、西缸窑，以及抚宁的茶棚村、芦峰口、榆关镇和城关的南街、东街等地，房屋均无破坏。

根据218个居民点的访问调查以及建筑物的破坏情况和地震烈度划分的标准，等震线图如图1所示。

（苏公望、杨玉林整理）

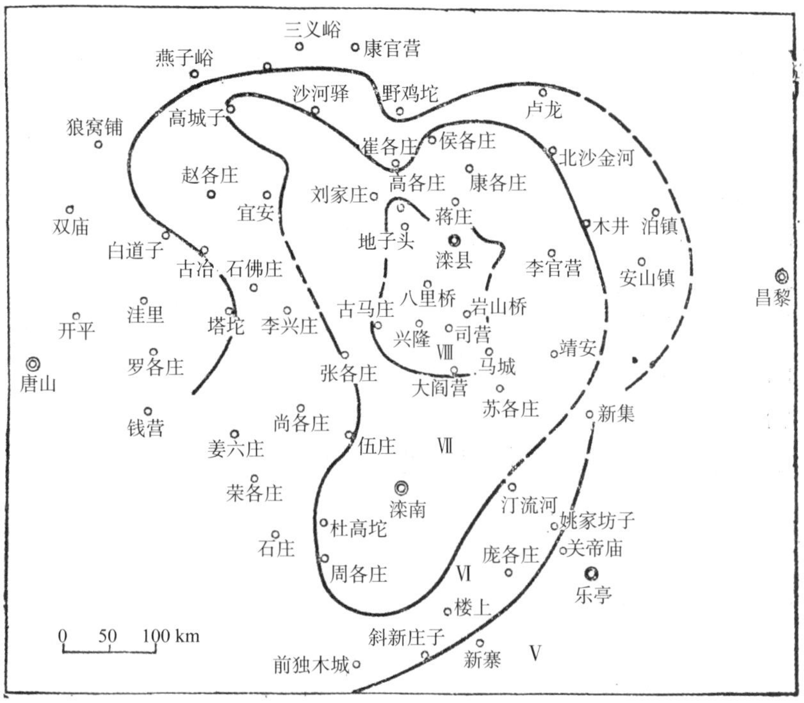

图1　1945年河北滦县6¼级地震等震线图

附：1945年9月23日河北滦县6¼级地震调查报告之照片

1. 民房山墙地震后产生的裂缝

2. 大闫营砖木结构房屋地震后未倒，西墙产生裂缝

3. 滦县高各庄西清龙桥地震后桥中间下陷，桥顶凹，桥洞上部及桥脚有裂缝，桥栏杆震落

4. 滦县马城民房之门楼下部石头础石震后向南错动，长条础石断裂

5. 滦县一街李正华家门楼震后向东倾斜7°，柱与础石产生错移，错距6~12cm

6. 滦县三街一住户正房前墙位于梁下的砖墙部分被震酥，墙下部为石底，上部为砖灰墙

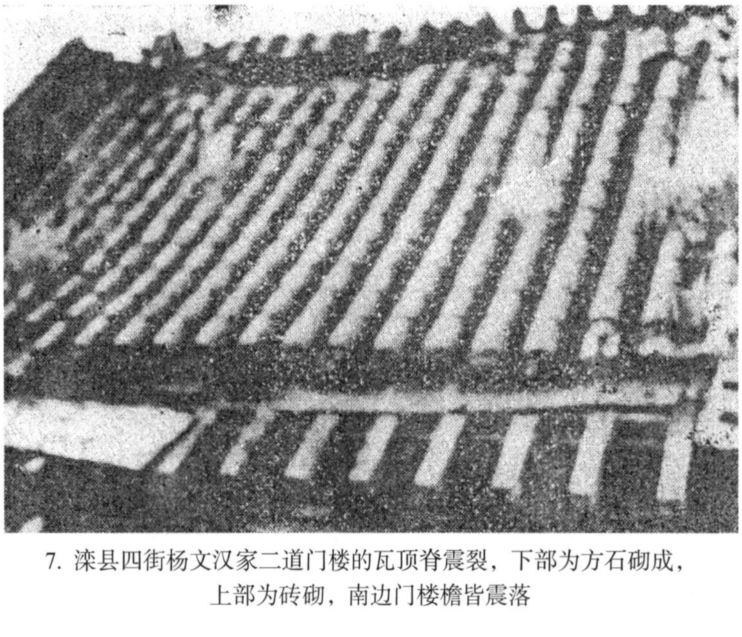

7. 滦县四街杨文汉家二道门楼的瓦顶脊震裂，下部为方石砌成，上部为砖砌，南边门楼檐皆震落

8. 位于滦县城北2km的发电厂的32m高烟囱在离顶部8m处产生水平环形裂纹

9. 滦县城墙西南角靠北的砖砌城墙震坍

10. 滦县城北发电厂遭受破坏情况

11. 滦县长凝寺塔地震后向东歪斜，下部圈门洞有破坏及破裂

12. 昌黎总屯营民房院墙震后中部倒塌，砖砌角及院角房向东歪斜

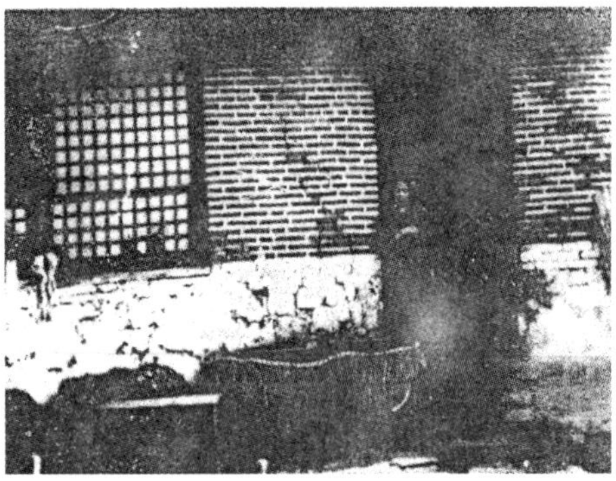

13. 昌黎相公营的砖木结构民房，震后边梁下部墙产生裂缝

14. 滦县石门石门小学教室南墙震后产生震裂

三、地震论述

霓式地震仪，李善邦著，发行于《地球物理专刊》（第二号）。

（一）绪　言

自古地震为害，至为惨烈，先民早甚注意，故地震仪之发明亦甚早。我国后汉张衡于公历132年即制有简单地震仪，实为地震仪中之最古者。其机械配合今已失传，惟后汉书张衡传有云"……以精铜铸成，圆径八尺，合盖隆起，形似酒尊。饰以篆文山龟鸟兽之形。中有都柱，傍行八道，施关发机。外有八龙首衔铜丸。下有蟾蜍张口承之。其牙机巧制，皆隐在尊中，覆盖周密无际。如有地震，尊则振，龙机发，吐丸而蟾蜍衔之，振音激扬，伺者因此知觉。虽一龙机发，而七首不动。寻其方向乃知震之所在……，一龙机发，而地下不觉动，京师学者咸怪无征。后数日驿至，果地震陇西，于是皆服其妙……"，惜张衡之后无继之者，地震研究亦遂如昙花一现而已。自后千有余年，欧西各国始有地震仪之制造焉。

古代地震仪构造极为简单，性能亦甚低劣，其作用只能作地震警报，感觉略较人为灵敏，且无记录设备，足资事后复按者。故此种仪器常称为地震感应仪，西名曰Seismoscope。今之地震仪则大非昔比。不特感应灵敏且能确知震之来源方向等，更配以精良记录器，可将地震全部动象存真，以为事后综合研究之根据。地震现象得记录而永久保全，乃近代地震学进步之根株也。

现代地震仪西名称为Seismograph或Seismometer。虽19世纪中叶意大利已有自动记录地震仪，然有现代设计配备精良者，当首推英人Milne氏之作。其于1876—1895年被聘为日本东京帝国大学地质矿物学教授。当其莅日之首夜，为地震所惊，从此毕生致力于地震研究。为近代地震学鼻祖，生平贡献至多。其首创之地震仪，后经Shaw氏改良，至今犹多采用之者，非仅英国及其属地用之而已也。继此而起，地震仪之制造，种类繁多。最著者为Wiechert，Galitzin，Omori，Benioff，诸氏之发明，除供特殊用途者外，可并之为以下二种。

1. 机械记录地震仪

此类震仪可以Wiechert，Omori二氏所作者为代表，利用重锤之相对倾仄以吸拾地之震动，以杠杆系组成放大作用，记震动于油烟熏黑之纸上，因之笔尖与烟纸间之摩擦甚大，放大倍率常受限制。

2. 照相记录地震仪

此类震仪可以Galitzin，Benioff所作者为代表。以电磁感应拾取地震，其感应所生电流之变化与地动相和应，用电流计及光鞭以放大其振幅而记于照相纸上。因光行于照相纸上，不生阻力，故放大倍率可任从需要而制定焉。

二者互有利弊。取法照相记录者，仪器轻巧，放大率大，灵度甚高，记录准确可靠。惟照相纸价值昂贵，维持费甚为浩大。取法机械记录者，仪器较为笨重，记录不及前者准确，然记录纸低廉且易于购办，则又较前为优也。

作者自1937年鹫峰地震研究室沦陷后，念念不忘在后方设法恢复，而恢复工作自以制造仪器为先。并于1939年开始设计，初以记录四川甘肃云南诸地地震为目标。惟以抗战期间，照相材料等舶来品，购置不易，甚或来源断绝，仍取机械记录方法，以适应目前困难环境，俟有成就渐进精良，亦未为晚。而所遇困难仍多，历三年而后有成，若在平时至多不遇三分一之时间足以完成之也。兹为纪念我国首以科学方法研究地震之学者翁咏霓先生，谨名曰霓式地震仪。

初期设计原有垂直向及水平各一架。嗣因制造上，人事材物日趋困难，只能先从事于后者，兹将其原理与设计制造经过，以及试行记录结果，作报告如后。

附注：鹫峰地震研究室1930年设立于北平西山，内置欧洲制地震仪多架，设备完全为亚洲之冠。

（二）构造原理

任何地震仪之机械，概以拾取地之微动而放大之以记于纸上，以资复按以供研究为目的。在构造上可分为拾震波器、放大器（或机械），及记录器三部分，其效用虽各有别，但联之则成一全仪也。

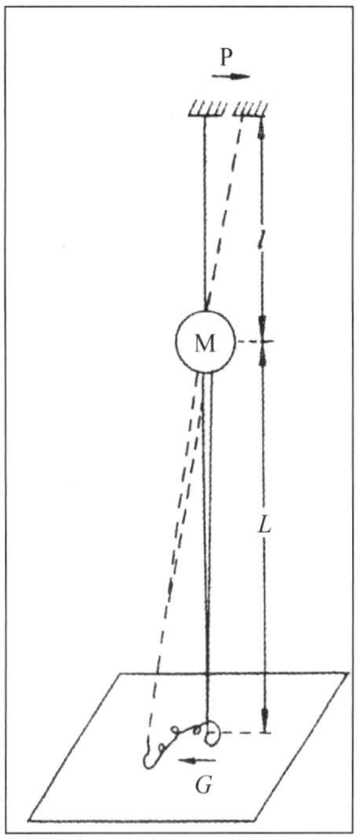

图1 地震仪工作原理

普通用以拾取震波者，其主要部分为悬锤，盖当地震时，地面百物皆随之而动，无一静点可供吾人作为记录动象之准则者。悬一重锤，可因其惯性，暂时保持不动，地之运动遂可以其为准则，以作测计焉。其情形约如图1：M示重锤，P代支架，上方箭头示地动之方向，下方箭头示联于重锤之记录笔尖移动时之方向。惟所记移动量常比地之实动量为大，是则系于重锤M与悬点之距离及与记录纸之距离之比而定。所谓放大机械，即设置于此间焉。

震仪之作用，不特能记录地震，且须能分析动象，而能予吾人以动量及动向之数据焉。吾人设震仪以伺地震，但地震来自何方，未有一定，按力学，任何动向，得分解为垂直向与水平向，而水平向又得在同一水平面上分解为东西向与南北向，以是震仪构造如只令其记录一分向，比较为确实而有效。就中专司记录水平分向者，称为水平震仪（horizontal seismograph）专司记录垂直向动者曰垂直向震仪（vertical seimograph），二者构造原理相同仅机件设置略异耳。

震仪自身运动，实际与摆（pendulum）无异。日本人称摆为振子，即悬一重锤能自由摆动之机械。摆之悬挂方式甚多，其用于作水平向震仪者，普通为平挂摆（horizontalpendulum）或双炫摆（bifiler pendulum），若Milne及Galitzin诸氏所采用者，即悬一重锤使在水平面上摆动，其旋转轴线与垂线作倾角。Wiechert则采用倒置摆（inverted pendulum）即重锤在上，转动点反在下底者，装置至不平稳，须有支持，始能平衡，其在小角度内摆动时，质点之摆动方向，亦可视为水平。至垂直向震仪一般摆动之安置，以盘旋弹簧悬一重锤以成之，摆之方向虽不同，而基本原理则一也。

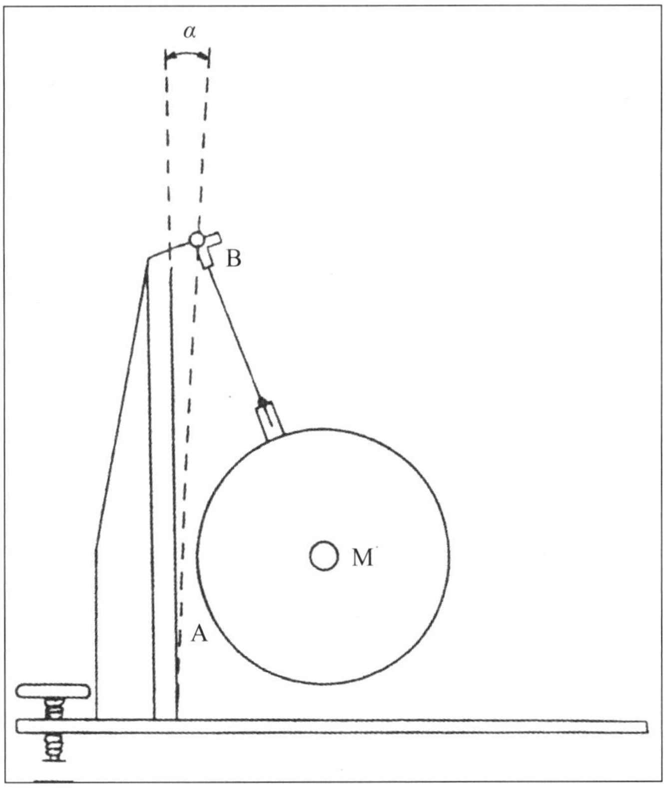

图2 地震仪摆动装置

作者所用重锤，亦采取平挂方式，惟支挂方法少有不同，如图2，M为重锤，A与B为二悬点，悬点之连线与铅垂作倾角α，摆动平面，与书面垂直。若拨动M，使离静点转移一角量θ，则其运动方程为：

$$K\frac{d^2\theta}{dt^2}=\mu \qquad (1)$$

如以θ''代θ之二次微分，有可书为

$$K\theta''=\mu \qquad (1')$$

式中，K为摆之扭惯性，μ代表拨动之力距，可计算之如下

$$\mu=-g\sin\alpha\sin\theta Mr_0 \qquad (2)$$

式中，r_0为自摆之重心至扭转轴之距离，M为摆动体之全部质量，g为重力加速度，于是式（1）可书为

$$\theta''+g\frac{\sin\alpha\sin\theta Mr_0}{K}=0 \qquad (3)$$

式中，θ常小，故$\sin\theta$可代以θ，由$K/(Mr_0)$为长度因次，从物理说，应以摆长相当，可以l代之，如是式（3）可书为

$$\theta''+\frac{g\theta\sin\alpha}{l}=0 \qquad (4)$$

再令n代$g\sin\alpha/l$更与单摆（Simple pendulum）之运动方程作比较，可得摆动周期T之关系如下

$$T=\frac{2\pi}{n}=2\pi\sqrt{\frac{l}{g\sin\alpha}}$$

T乃为设计制造震仪者应先确定数值之一也。

一切摆之摆动，其振幅必渐次衰减：震仪亦然，其原因乃由于空气及其他方面之阻力，此现象谓之制振（damping），制振力之大小常与摆动速度成正比，即

$$制振力\quad \propto\theta'=2\varepsilon\theta' \qquad (5)$$

ε为比例常数，通称为制振系数，随阻滞物质之浓薄而确定之。于是当振仪自由摆动时，其运动方程之全式为

$$\theta''+2\varepsilon\theta'+n^2\theta=0$$

换言之，震仪之运动，不能脱离式（5）之关系，震仪之性能遂取定于ε及n，故ε又为制造时所应先确定之一数值也。

今者震仪之动实为地震所使，则其摆之运动乃为强迫运动。设地动在水平向之移量为x，则迫使震仪运动之力应为x_m/l以是地震时震仪运动方程乃成为

$$\theta''+2\varepsilon\theta''l+n^2\theta=-\frac{x_m}{l} \qquad (6)$$

地震现象原甚复杂，故地移量x对于时间之变化，亦不易确定，惟大致可以波动视之，如

$$x=x_m\sin(pt+\delta);\qquad T_e=\frac{2\pi}{p}$$

式中，x_m为x之最大值，T_e为其波动周期，代入式（6），可得

$$\theta''+2\varepsilon\theta'l+n^2\theta=A\sin(pt+\delta) \qquad (7)$$

$$A=\frac{x_m p^2}{l}$$

解此微分方程，即得

$$\theta=e^{-\varepsilon t}(C_1\cos\gamma t+C_2\sin\gamma t)+\frac{A}{\sqrt{R}}\sin(pt+\delta-\Delta) \quad (8)$$

其中C_1与C_2为积分常数，此外

$$\gamma=\sqrt{n^2-\varepsilon^2}$$

$$R=(n^2-p^2)+(2p\varepsilon)^2$$

$$\sin\Delta=\frac{2p\varepsilon}{\sqrt{R}}$$

$$\cos\Delta=\frac{n^2-p^2}{\sqrt{R}}$$

Δ为一新相差（phase difference）。若更引用

$$u=\frac{T_e}{T}=\frac{n}{p}$$

$$\mu^2=1-\frac{\varepsilon}{n}=1-h^2$$

$$h=\frac{\varepsilon}{n}$$

于是式（8）可书为

$$\theta=e^{-\varepsilon t}(C_1\cos\gamma t+C_2\sin\gamma t)+\frac{x_m}{l}\frac{\sin(pt+\delta-\Delta)}{(1+u^2)\sqrt{1-\mu^2[u^2(\frac{2u}{1+u^2})^2]^2}} \quad (9)$$

吾人在制造之先，应先规定T与ε二数，前已言之，今可将式（9）理解之如次：第一，ε之值常大，故波动衰减甚疾，因此式（9）右方之首项，事实上可以不计；第二衡量地震强弱，吾人只须知波动之最大振幅，即当$\sin(pt+\delta-\Delta)=1$时，即$x=x_m$，以是式（9）又可书成

$$\theta_m=\frac{x_m}{l}\frac{1}{(1+u^2)\sqrt{1-\mu^2(\frac{2u}{1+u^2})^2}} \quad (10)$$

若令制振系数ε之指适等于n，则$\mu^2=0$，式（9）又可简书成

$$\theta_m=\frac{x_m}{l}\frac{1}{1+u^2} \quad (10')$$

放大作用，为震仪必具之性能，然无论放大方法如何，均可视如图3所示，M为震仪之重锤，y_m为与θ_m相当之笔尖记录，设笔尖与重锤间之距离为L，则$y_m=L\theta_m$，L通称为笔杆之长（indicator length）事实上无此长笔杆，乃机械作用与笔杆等耳。笔杆愈长，则震仪之放大倍率亦愈大。式（10）又可书为

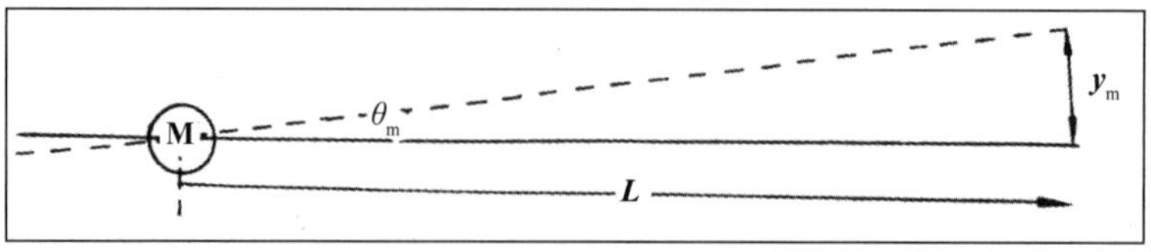

图3　地震仪记录放大示意

$$x_m = \frac{l}{L}(1+u^2)\sqrt{1-\mu^2\left(\frac{2u}{1+u^2}\right)^2}\,y_m \tag{11}$$

此为震仪之机械方程式，其性能之所由决定者也，若以

$$v = \frac{y_m}{x_m}$$

$$\sqrt{S} = (1+u^2)\sqrt{1-\mu^2\left(\frac{2u}{1+u^2}\right)^2}$$

则式（11）可简书成

$$v = \frac{L}{l}\frac{L}{\sqrt{S}} \tag{12}$$

v即所谓震仪之机动放大倍率（dynamical magnification）也。设震波之周期较震仪自由摆动周期为甚大，则u之数值甚小，S之值几近于1，此时

$$v = \frac{L}{l} = v_0$$

故式（12）又可书为　$$v = v_0\frac{L}{\sqrt{S}} \tag{12'}$$

v_0即所谓震仪之几何放大倍率（geometrical magnification）也。

是故式（12）所表示者：凡震仪之行动性能，皆在其中，制造时应据为尺度，以合所要求。其物理含义固极明晰也。震仪之放大倍率除设在地震区域者外，普通需要其大，盖愈大所能感应之震动亦愈微。v_0为笔杆长与摆长之比率，故称为几何放大倍率，惟笔杆长L与摆长l均可于制造时制定后，不再变更，于是当震仪行动时，实际放大倍率，不从v_0而v，而v乃取定于$\sqrt{S}$值者。

$\sqrt{S}$为u^2之函数亦即为制振系数ε及震仪摆动周期T之函数。一般摆动其振幅之衰减恒依指数曲线而下降，今若以a_n与a_{n+1}表示相联二振幅，则其衰减情形，可以下式表示之

$$\frac{a_n}{a_{n+1}} = e^{k\frac{\varepsilon}{\sqrt{n^2-\varepsilon^2}}} \tag{13}$$

就中e为自然对数，又若以e代振幅之比，且因

$$\mu^2 = 1-\left(\frac{\varepsilon}{n}\right)^2$$

则有

$$\frac{a_n}{a_{n+1}} = e = e^{k\frac{\sqrt{1-\mu^2}}{\mu}} \tag{13'}$$

及

$$u^2 = \frac{1}{1+0.537(\lg p)^2} \tag{14}$$

以式（14）代入$\sqrt{S}$，得

$$\sqrt{S}=\sqrt{(1+u^2)^2-\frac{4u^2}{1+0.537(\lg e)^2}} \tag{15}$$

从式（15）可见$\sqrt{S}$之值取定于u及e之大小，可自零变化至极大，换言之，震仪之放大作用，不拘其规定之几何倍率如何，在实行记录时，可以甚大，亦可以完全失去作用。今将$\sqrt{S}$对u及e之应变值择其常用者列如表1，绘成曲线则如图4。

表1　$\sqrt{S}$对于u及e之应变值

e \ u	0.10	0.25	0.50	0.75	1.00	1.25	1.50	2.00	10.0	20.0
1	0.991	0.938	0.750	0.437	0.000	0.563	1.25	3.00	99.0	399
2	0.991	0.942	0.773	0.518	0.371	0.729	1.37	3.09	99.1	399
3	0.992	0.952	0.819	0.661	0.660	0.989	1.59	3.26	99.2	399
5	0.994	0.965	0.878	0.812	0.912	1.270	1.85	3.51	99.4	399
10	0.997	0.983	0.955	0.989	0.180	1.580	2.17	3.82	99.7	400
100	1.010	1.063	1.250	1.563	2.000	2.563	3.250	5.00	101	401

此中e数值之确定，至为重要，盖震仪一经促动，继续摆动不息，此延长之动，非地之震动，常混淆于记录之中，分别甚难，每为研究者之大害，故必有制振设备以阻止此延长之动。但制振程度之大小必须选择适宜，过小则不免于上述之毛病，过大又减损震仪放大之性能而伤其灵度，比较图4中各曲线可以知之。普通机械记录之震仪，当以e等于3或5最宜于实用，既能制止震仪不必要之延长摆动，使记录确实，又不致减损灵度过多也。

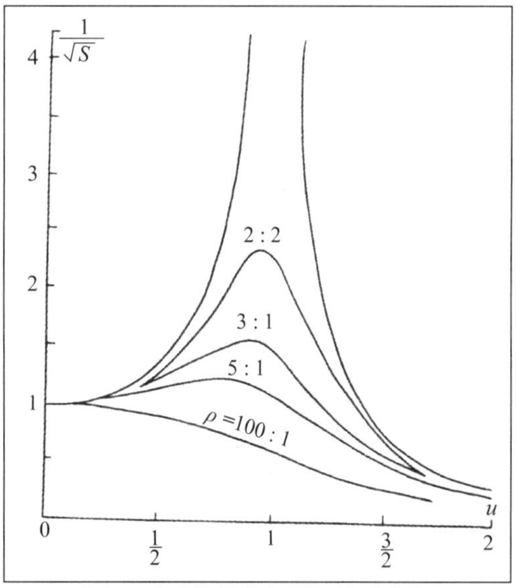

图4　地震仪放大与制振关系曲线

制振数量固定后，v只应u而变，u原为震波周期与震仪周期之比，于图4可见在u之值近于1时，即震波周期与震仪周期相同时，亦即在共鸣情形时，v之值为最大。故若能将震仪摆动周期使与所望记录之震波周期大致相同，为最有利。按震波之主要位相P及S之周期常在5~7秒及11~13秒之间，视震源距离而定，震源距离长则长，短则短。今作者所设计之震仪，本以记川滇各地地震为目的，故其自由摆动周期以4~5秒最为合宜也。如是当震波之主要位相与震仪自由摆动几近于共鸣时，震仪乃发挥其最大放大作用，迨地面波达到，震动甚大，而周期亦大，此时u远异于1，放大倍率因之减小，由是收自然调整之效焉。

地震仪之主要作用，为其能拾细微震动，而扩大至于可以量度之振幅，是故放大机械设备为任何震仪所必须，然徒放大不足以衡震仪灵敏与否，盖存在于各转动部分之阻力，必先克服，然后有动，有动方行放大也。就中以记录时笔尖之摩擦，关系最为重要，必须于制造时考虑完善，如烟纸与笔尖间之摩擦失去调整，可使震仪完全失去其作用也。兹将霓式震仪可能存在之摩擦与重锤质量及几何放大倍率之关系略述之如后。

若以x表地震时地面一点之移动量，a为与之相当之笔尖记录移动量，则仿式（6）可有

$$a''+2\varepsilon a'+n^2a=-v_0x''\pm k \quad (16)$$

k为一阻力常数，其数值可为正亦可为负，视笔尖之动向而定，当震仪在静止时境，有

$$x''=0,\ a'=0,\ a''=0$$

则式（16）变为

$$a=\pm\frac{k}{n^2}=\pm k\left(\frac{2\pi}{T}\right)^2=\pm r \quad (17)$$

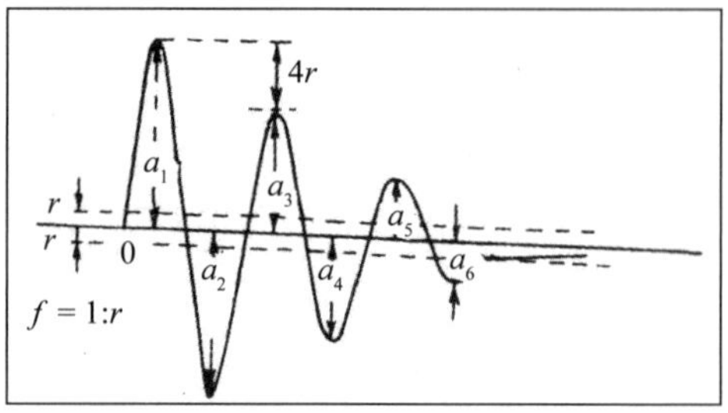

图5　摩擦振幅示意

r称为摩擦振幅，其意似谓震仪运动之先，已预伏有小振幅，不与地震之震动相关，必须有外力能胜之，始有记录，惟r仅可使之减至最小，而不能完全消除。今设震仪自由摆动时，其振幅衰减完全由于笔尖间之摩擦（事实上制振不能全免，惟在制振盒完全开放且振幅甚小时则近之），则每于摆动1周后，振幅减去4r，参阅图5，可计算之。

如次

$$\rho=\frac{a_n-r}{a_{n+1}+r}=1 \quad (18)$$

或　$$r=\frac{a_n-a_{n+2}}{4}$$

摩擦阻力R，则以下式计之

$$R=r\left(\frac{2\pi}{T}\right)^2\frac{M}{v_0^2} \quad (19)$$

如震仪之自由周期已择定为T，笔尖与烟纸间之摩擦亦调整至一定限度R，则按式（19）重锤质量乃与几何放大倍率之平方成正比。此所以震仪之放大倍率大，则重锤之质量亦须大也。例如Wiechert氏尝用以观测近地地震仪，放大设计2000倍，所用锤重竟达17公吨之巨，其笨可知，然非如此不足以制胜笔尖上摩擦也。当霓氏震仪设计之初所拟笔尖摩擦调整可达之限度约为$r=0.1$公分，$R=1\sim0.5$达因，以$T=5$秒计，则按式（19）放大100倍，重锤须重100公斤焉。

综上所述作者于设计时，规定震仪之常数如下：

重锤$M=100$公斤；

自由摆动周期$T=5$秒；

制振振幅比$\rho=3\sim5$；

几何放大率$v_0=100\sim120$倍；

笔尖摩擦振幅$r=0.1$公分。

用以上数字，即为此仪制造之标准焉。

（三）设计及制造

整套仪器可分作三部，以便设计制造。一为重锤及其支架，二为放大及制振设备，三为记录器，兹分别述之如下。

1. 重锤之部

此为震仪之主要部分，多属铸铁大件，重锤取圆柱形，重100公斤，分作圆饼七块，中贯以轴联成一体。然后自其重心伸出上下两臂开角约100°，上臂之末端镶钢一段，制成一小窝臼碗承，窝心使变硬且滑，以减小摩擦。下臂之末端亦镶钢一段作成顶尖并使坚硬。次为底座，形作底长65公分、高32公分之二等边三角形，在其顶角之下有一足固定，惟设于底角两旁者，其长短可以调整。座上有支柱，上部小而下部大，山高约55公分，结构坚固，为支架重锤之用。座之前方立小支

柱，为装置放大设备看。

重锤以半挂摆方法架起，先于支柱之顶部装小钩，钩有顶尖恰与重锤上臂端之碗承相合。钩之根联有特殊设备，使在上下前后左右三方均可自由调整。支柱之下方装有硬钢或玛瑙一小块，上刻一直槽以接受重锤下臂端之顶尖，如是重锤可支架于支柱之上下二点，可在水平面上自由摆动，连此二点之直线即为摆之旋转轴，从支柱顶部之特殊设备，可以调整此轴与重锤之倾角，以调整摆动周期之大小焉。

此一部分仅在支点接触处制作较为精细，在本所工厂督造，余皆粗重之生铁铸件概托商业工厂办理焉。

2. 放大及制振

自重锤之中心伸出一臂，其长约与中心至旋轴之距离相等，放大设备即自臂端含接，接合处摩擦阻力必须极小，行动方能灵活，放大设备分为二级。每级有杠杆一组，初级放大之杠杆系作T字形，成五与一之比。就中一臂之末端，接于次级放大杠杆系，另一臂之末端则与制振器相联。次级放大，机械利益为二十五比一，其前臂分作前后二段，前段为记录笔，长约12公分，以一上下转动轴与后段相接，并设调整旋子以调整平衡。后段臂杆，较为坚实，不因摆动而变形，前端有架笔之轴承，后有平衡调整旋子。由一二两级杠杆配合，放大性能恰为125倍，但各杠杆之臂长，非完全固定者，均可稍稍调整，故事实上几何放大倍率在100与120倍之间，至于准确之数字，则须行测定者也。

杠杆概用铝质制造，取其轻也，转动之处或用弹簧或用顶针接合，务使之活动，不多费一分能量为目的。记录笔用极薄之铝皮制成，笔之末端附有针尖，可描极细之纹。由笔尾小旋子之进退可调整笔尖压于纸上之重量，使行动时，摩擦阻力可以减至极小也。凡顶针，概用钢制，弄使之坚硬，碗承中心则实以玛瑙，以减少各转动点之摩擦，如是各杠杆系乃能发挥其最大效能。

制振即以空气为阻滞体，于初级放大杠杆系联出一臂，臂端有活塞，封闭于一圆筒之中，筒之两侧有小孔，当活塞行动时，空气可以从此进出，孔外有门，可以开闭自如，当关闭时，活塞行动受空气阻滞，甚不自由，其不自由之程度，常与空气流动之速度成正比，故由开放孔眼之大小，可调节制振比率，约可自3至5，以适合吾人要求。圆筒以黄铜制成，活塞及柄则用铝制，取其轻而便于行动也。

3. 记录器

主要部分为推动机，因其设计与时钟相仿，故常称为钟机（clock work）。若在平时可由制钟厂家定制，值此抗战艰难之时，则已无此方便，不得不自谋方法解决，乃将普通挂钟机器设法改良焉。

普通挂钟本有推动能力，但微弱不适用，且无论时与分轴，其旋速度均不合用，故欲利用挂钟之齿轮等件组织，以作记录器之推动机，必须先设法加强其推动能力及加快摆之速度。比在实行上颇为困难，因普通挂钟机件，甚为粗糙。当钟机拆卸，双其发条，以加强其推动能力时，齿轮与轴均因负荷过重，而有变形之虞，此其一。再欲使钟速加快，势须截短其摆之长，然此有一定限度，过短则摆首弹簧之回弹作用将夺取控制摆动周期之权，而失去摆之作用，此其二。诸如此类之困难，必须设法解决，嗣经长期间之研究，及屡次改进与试验，幸复成效，虽不及理想之善，但已堪应用矣。

记录器安置于另一长方形底座，顺座之长向，置平行二滚筒，各于其轴端装以球承，以滑其滚动。就中一滚筒之一端，稍稍加长其轴，装以齿轮与推动机相连接。记录纸卷于特制之圆筒上。筒身以薄铁皮制成，两侧镶铝制轮盘，其一凸出约半公分高之边沿，承于二滚筒之上，藉阻力圆筒遂能随滚筒之转动而徐徐旋转，速度约每分18公厘。原拟作成每分20公厘，以合每公厘恰代表3秒，后因钟机改造已达限度，而滚筒及圆筒之大小又已做定难于更改，遂渐以此为满足。更穿一长轴过圆筒之两轮盘，轴之尾部伸出筒外约25公分，上刻螺丝，螺距1.5公厘，底座之一边立一支架，以安置圆筒，支架之顶部，装一滑车，以承圆筒之轴尾，如是圆筒每旋转一次，筒身退1.5公厘，亦即记录纸上相邻二线之间隔，恒为1.5公厘，连续地震记录可不致相混矣。

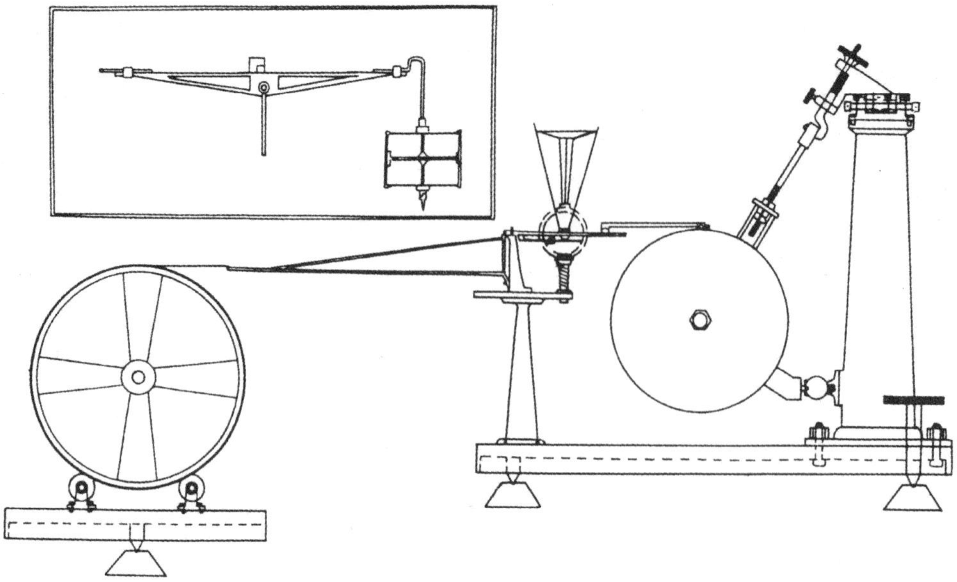

图6　水平向地震观测仪设计总图（李善邦绘制，1939）

记录纸以普通道林纸，裁成24×65公分用油烟熏黑。烟层薄而且均，笔尖轻轻挨上，即可刮去其烟，现出白道，地震波记录，即呈黑质百章之图。浸以松脂溶液，则黑烟固定，不可拭去矣。记录纸每张足敷两天之用，但若在此两天内未有地震，则为节省物力，常使用其反面焉。

时记号与标准钟：地震记录之时间，必须准确，故震仪常须有标准时计与之相联。若在平时，标准钟易于购置，但在此艰难时期，几为不能解决之问题。天文用标准钟。每24小时增差不过二三秒者，已不可罗致，自行制造更不可能，设法替代，又无可利用之电流，不得已而从其次，只能于普通有秒针之钟，装通电设备，使每经1分钟行一次通电，每次约持续十分之一秒，待至满1小时，又由另一通电设备，通电一次，约持续1秒之久。自钟联出之电线，与电磁相接，电磁上附有笔尖与记录笔尖相配合，当通电时，电磁吸此笔尖，予记录纸以点或线之记号，即为计量地震动象一切时间之标准焉。

普通钟之机件皆甚粗糙，温度抵偿尤劣，纵然每24小时内，总差舛甚小，而白天与夜间之误差常可完全相反，是故欲约计某一时或某分之误差，以图改正，在如此不规则情形下，几为不可能。幸获有原用于测量经纬度之天文表，误差小而规则，以此表之时刻为准，每两小时与钟校对一次，而天文表则每日与无线电广播之时信号校对一次或二次。如是则地震记录之时间，其准确程度可勉强至3或4秒。较诸昔日在鹫峰时，差误不过半秒者，不可同日而语矣。

（四）实验结果

秉上述理论以设计，已于1939年绘成图样（图6），原期一年之内完成制造，嗣因强寇犯境日猛，如火如荼之轰炸，使重庆市面为之毁灭，器材获致日趋困难，继之物价高涨，生活日益艰苦，工匠不安于其位，职员就食于地方，于是工作进行，或断或续，工匠屡易，且每况愈下，器材缺少乃东拼西凑，今岁不成期诸明年，待1942年冬始获初步完成，入1943年后，方得试行记录。由于制造时间之过分延长及工作与材料上之困难，自谓结果必不能达预期标准，乃经试验后，未见减低，殊幸运也。

兹将震仪各常数之测定结果，分别录之如次。

1.自由摆动周期*T*

将制振盒敞开，使无制振作用，且将笔尖提起，不与烟纸相磨，蹴动震仪之重锤使之自由摆动，每三次往复作一次记录，得结果如表2。

表2 自由摆动周期测量数据表

试次	$3\times T$（s）	T（s）	（s）
1	13.5	4.5	
2	13.8	4.6	
3	13.5	4.5	$T=4.5$（平均）

2.几何放大倍率v_0

以一三脚架装置似测微螺旋之设备，迫使重锤重心移动少许，其量x即在测微螺旋上读知，然后度量与之相当之笔尖记录，称之为y，得结果如表3。

表3 放大倍率测量数据表

x（mm）	$y_{(往)}$（mm）	$y_{(复)}$（mm）	$y_{(均)}$（mm）	v_0
0.1	15	15	15	150
0.2	32	31	31.5	157
0.3	45	46	45.5	152
0.4	61	61	61	150
			（平均）$v_0=152$	

3.摩擦振幅r及阻力R

摩擦振幅之大小，关系方面较多，如烟之厚薄，笔尖之粗细与压力之大小等，皆甚重要，故调整虽工，好坏之间仍有相当距离。因其与震仪灵度关系甚大，未可以调整极佳之情况为标准，然其可能极不良之情况，必须知之。测验时，先将制振作用完全截断，然后令震仪自由摆动，择其振幅之较小者量度之，得结果如表4。

表4 摩擦振幅测量数据表

试次	a（mm）	a_{n+1}（mm）	a_{n+2}（mm）	a_{n+3}（mm）	a_{n+4}（mm）	a_{n+5}（mm）	a_{n+6}（mm）	r（mm）
1	9	8	7	5.5	5	4	3	0.5
2	12.5	11	9.5	8	7	5.5	4.5	0.7
3	17.5	14.5	12	9	7	4	2.5	1.3
						（平均）$r=0.8$ $R=0.7$		

4.制振比ρ

将制振盒关闭，调节其气眼，使合要求，然后蹴动震仪使之摆动，此时常仅往复一次而停止，量其振幅，得结果如表5。

表5 制振比测量数据表

试次	a（mm）	a_{n+1}（mm）	$a_n:a_{n+1}$（mm）	ρ（mm）
1	6.5	1	6.5	3.1
2	6.4	1	6.4	3.0
3	7.5	1.2	6.2	3.3
			（平均）$\rho=3.2$	

总上所试定结果，汇录之如下：

$T = 4.5\text{s}$，$v_0 = 152$

$r = 0.8\text{mm}$，$R = 0.7\text{dyn}$，

$\rho = 3.3$

以上各数字均与预期标准相合，其不因工匠屡易制造时间拉长而减低其效率，亦殊幸矣。惟所记时间不能十分准确，盖限于时针，一时殊无改善之法，殊憾事也。

自有记录以来，已记地震数十次，皆非人所能感觉之微震，其中最远者为来自土耳其之地震，距北碚已6700余公里矣。

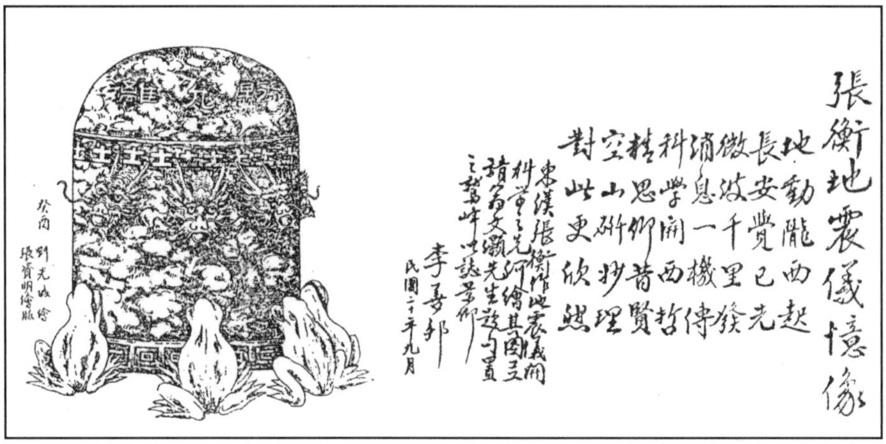

1946年12月5日台南6¾级地震及该年地论述

【编者按】1946 年 12 月 5 日在我国台湾省台南市附近发生一次 6¾ 级地震。震后，当时台湾省气象局曾派宋兆丰、冈田四实、方妙玉三人于当年 12 月 26 日至次年 1 月 2 日对现场进行了调查，并由王仁煜、方妙玉和冈田四实三人写了调查报告。地球所金严等人将 1946 年 12 月 5 日（民国三十五年）台湾台南地震的有关报告重新整理，张丽旭等写了《民国三十五年十二月五日台南之地震》。蒋介石向台湾省政府主席陈仪发电文，并为地震受灾台胞救济台币壹拾万元。本篇收录以上内容，明恒的《一千八百年前的地震计》论文一并编入本篇。

发震时刻：1946-12-05，06:47:39；
震中位置：23.1° N，120.3°E；
震　　级：6¾ 级；
震中烈度：Ⅸ度；
震中附近地点：台湾省台南市。

一、原始记载

蒋介石致台湾省政府主席陈仪电文，为地震受灾台胞救济台币壹拾万元。

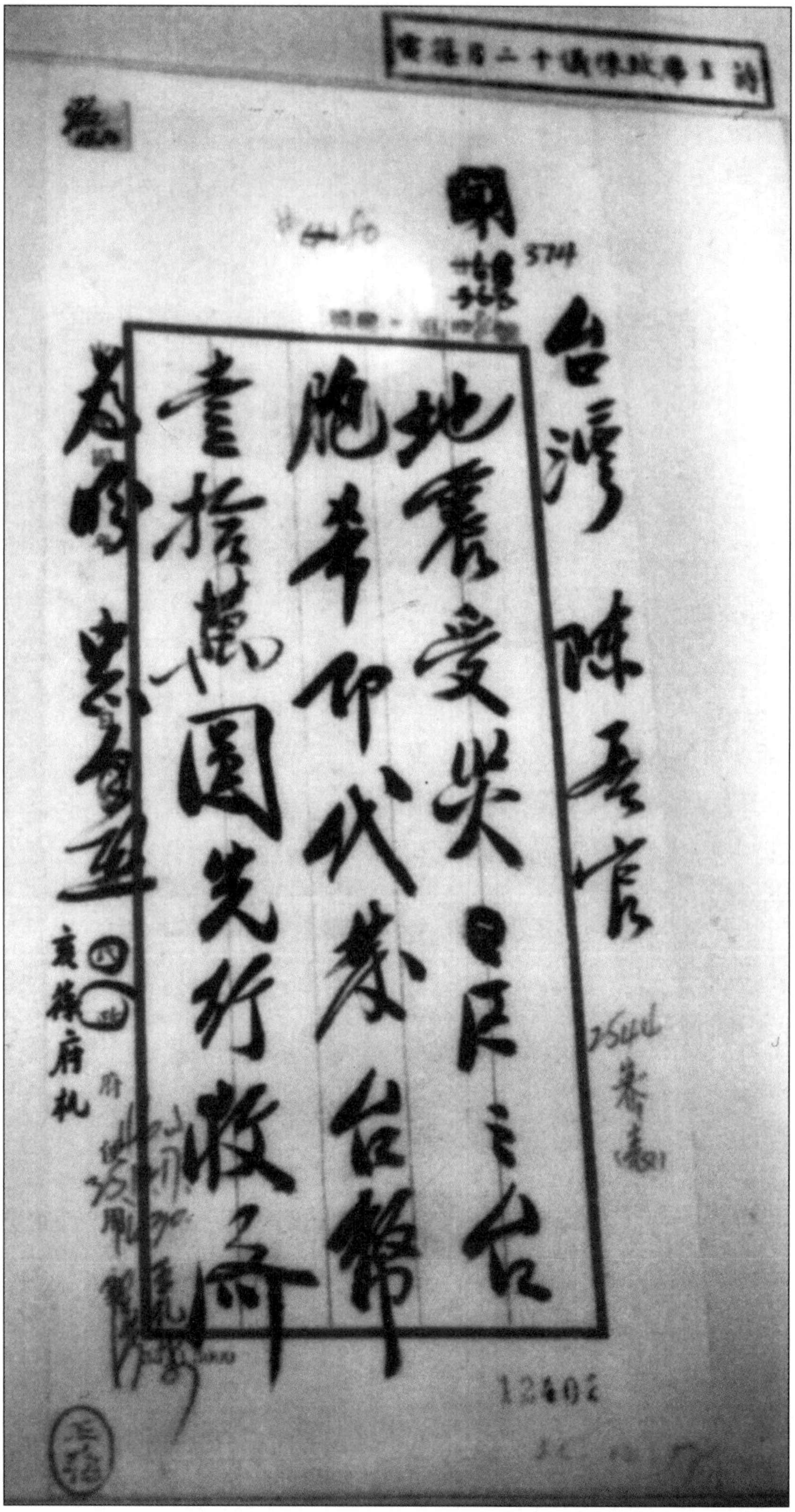
台灣
陳長官
地震受災[illegible]民之台
胞希即代發台幣
壹拾萬圓先行救濟
蔣中正
亥篠府机

二、地震史料

摘自《台湾省地质调查及汇编》（第一号，1946年）。张丽旭、周敏、陈培源著《民国三十五年十二月五日台南之地震》全文如下。

（一）绪言

民国三十五年12月5日晨6时47分，台南县南部发生强烈地震。根据台南气象台记录，震央在台南市东北15公里处，震源在地下5公里内。震度为4级中震，震源地则为5级强震。最大振幅在2公分以上，超过该台仪器限度。发震时间在震源地为上午6时46分50秒。又据台湾省气象局称：震央在台南市东北方约14公里新化镇那拔林，深度约2公里；有感区域南北长300公里，东西长150公里；各地地震强度在台南为中震，高雄及阿里山为弱震，台中轻震，新竹、台北、花莲港、台东、恒春及澎湖无感。各地地震计初动方向如图版一所示（见附图）。

（二）灾害概要

此次地震灾害最严重者为台南县新化镇及新市、永康二乡，其次为安定、归仁、仁德三乡及台南市安南区。兹将损失情形列表如下（据各区乡署所统计）。

台南地震损失情况表

受灾地区		死亡人数	重伤人数	轻伤人数	民房全倒间数	民房半倒间数	备　注
新化区	新化镇	22	39	36	355	237	重伤30人内，后死1人
	新市乡	12	11	7	346	74	
	安定乡	—	3	6	—	35	
新丰区	永康乡	36	112	202	1206	1223	
	仁德乡	—	4	2	22	—	
	台仁乡	—	1	3	7	8	
台南市安南区		4	30	18	35	29	
共　计		74	200	274	1971	1606	

（三）灾区附近之地形地质及构造

（a）（b）两剖面地之海拔各为33及37公尺，位于本平原之东部。据金子寿卫男之推测，（a）系在内湾海水平静之环境下所沉积者；而（b）则属外海沉积，波浪激荡较烈；（c）位于所谓台南沙丘带，海拔高20公尺，据早一郎观察为内湾沉积；（d）东北隔（c）仅100余公尺，海拔约17公尺，亦为浅海沉积。依上述各点观之，本区所属平原可谓一种“上升海滨平原”（Raised Coastal Plain）。其生成原因系：①海底平浅；②平原东面丘陵砂质地层易于风化，故会文溪所运流砂为量甚多；③地盘之继续上升。如现在吾人所见，台湾海峡海水甚浅，海岸坡度平缓而伸展甚远，由会文溪所搬运之砂粒，堆积沿海，以致砂洲年年发育，陆地亦逐年继续向西推广，例如往昔盐行、安平等地附近之盐田，现今概变为田地及渔边矣。至其生成历史，则为当“崎顶层”褶曲隆出海面后，经一剥蚀期，海水会侵入平原东缘，而当时边缘丘陵，则为旧陆地（Oldland）。会交等溪所挟流砂，一经入海，因海底平浅，立即在海滨附近沉积，今日所谓之台南沙丘地带，或即当平原东塭尚为离海面未高之砂质海滨时所形成之一种“离海砂堤”（Off-Shore Bar），而台南丘陵东侧之凹地带，则为其“后面低湿地”（Back Marsh）。由於地盘之上升，此地区出露成垄后，除会文、盐水等溪成为“延伸河”（Extended Rivers）外，盐水溪支流许县溪及二层行溪之支流三爷官溪乃沿往昔“后面低湿地”开始挖凿略向南北之河道。其后又因溯源侵蚀（Head Erosion）之演进，许县溪终于关庙附近，袭夺二层行溪支流港尾沟之上流河道矣。

台南砂丘陆化后，所以能不为海浪所侵蚀者，则因其后地盘之不断缓慢上升，各溪流所挟运之泥砂又在新海岸线前面之浅海中沉积加以保护。此等现象现今仍在继续演进中。

平原东边岗峦高出海面约 50~100 公尺，由“崎顶层”之上部砂岩层构成。在那拔林西南桌状丘陵地内所见地层走向为北东 18°，倾向西北，倾角为 32°。据岛居敬造报告，该砂岩层厚达 2000 公尺，上部时夹砾岩，整合于“顶崎层”下部页岩质砂岩器之上。除在那拔林东构成石子崎向斜及那拔林背斜外，在关庙附近又形成关庙向斜，轴向概为南北或北偏东—南偏西。据丹桂之助之观察，岩质及化石酷似上部苗栗层及触口山层；据金子寿卫男勘察，左镇所产哺乳类化石即系该砂岩层上部之产物。以之与本省中部地层相较，该砂岩层上部或可相当于林朝棨所谓之“下部头嵙山层”，及台湾大学地质系所称之“火炎山层”下部。

（四）地质变动（图版三）

1. 地震断层及地裂

此次地震所引起之各种地变现象中，最显著者为新化地震断层（Sinhua Earthquake Fault）。该断层起自新化东北约 5.5 公里之那拔林，南迄新化西北约 2 公里之北势以东，延长约 6 公里，其一般走向为北东 70°。变位情形虽随地不一，惟就一般言之，则为西北侧上升，而向东北推移，东南侧则反是。由该断层南端以西，至永康站西方约 5 公里间，尚有地裂（Fissure）及挠曲（Flexute）等现象发生。此种地裂及挠曲概发现于该断层之延长线上，唯其个别之走向略为北西 30° ~60°，与断层走向斜交。而其垂直变位均北侧下落，西南侧上升，亦与断层所示者相反。兹将地变情形自东而西，详述于后。

在那拔林南仅有走向为北西 60° ~80°，而呈羽状排列之裂痕数条，至海拔 72.3 公尺之桌状丘陵地南，始变为一走向北东 80°之断层裂缝，断层之西北侧向东，东北侧向西移动，前者上升，后者下落。在此附近水平变位约为 20 公分，垂直变位则仅 10 公分而已。水平及垂直变位虽愈西愈大，然当该断层经过新化种马牧场东面丘陵时又分化为数条平行裂痕，略向北东 70°展延，而几无变位。其进入牧场平地，又成一断裂，走向未变，而在该牧场办公处前面，水平变位最高达 182 公分，垂直变位为 67 公分，裂口最宽处计 140 公分（照片 10）。至新化东北 2 公里许之思桥北侧公路上水平变位竟达 2 公尺，垂直变位 76 公分，为此断层之最大变位处（照片 9）。公路两侧断层面略成北东 80°走向，几近直立，面上印有断层磨擦痕，均向西作 28° ~30°之倾斜；以手指触之，沿下倾方向平滑，反之，则感粗糙。在公路西侧更有数条平行裂缝发现，以北西 60°之走向与断层斜交。

思桥以西断层转向为北东 80°，水平及垂直变位向西渐减。在其西约 500 公尺处之嘉南圳堤两侧田圃，变位减至水平 26 公分，垂直 35 公分。在该堤岸上仅有一裂缝带发现，在约 10 公尺之距离间大小裂缝计有 13 条（照片 7），走向为北西 30° ~40°。正当断层线处有凹字形陷落，凹央地块宽约 1.4 公尺，较其东北地块落差为 33 公分，较其西南地块落差为 20 公分，而较前者向西北移动 10 公分，后者较此又向西北推动 26 公分，共计水平变位达 36 公分。

由此西至糖厂专用铁道约 850 公尺之间，该断层裂痕时断时续，但在南西 80°之线上可见许多作羽状排列之裂缝群。此种裂缝均向北西 30° ~40°开裂，其裂口之最宽者达 20 公分，地块间相互错动之最大变位水平不过 30 公分，垂直亦仅 13 公分左右。至铁道东侧该断层重又显露，其走向转为北西 80°，在附近豆田及其田塍中所测之水平及垂直变位各为 50 及 52 公分，但西行未及 100 公尺处，该断层忽又转向南西 65° ~70°，变位量概不明晰，且时为东南 20° ~30°之裂缝群所切截。

至新市站与新化间之中央桥南约 230 公尺处之公路附近，地面挠曲，其轴向大致与断层走向平行，公路及其东侧甘薯田地因之扭曲变形，其西北侧上升，东南侧下落约 30 公分（目测）。其东南侧复向西歪曲（照片 6），但沿轴向所在处未见断裂，仅在公路东侧田地内有走向为北西 60°之雁行裂缝与之斜交，其最大裂口宽约 15 公分，而东北侧地块向东南移动，西南侧仅反是，水平位移 18 公分，但并无垂直变位。由该公路西至盐水溪南支流西侧断层消减灭无踪，顺其延长向追至北势东北约 200 公尺处，始在豆田中发现挠曲，其情形大致与前述者相似。此处虽有走向为南西 85°之裂痕，然其位置及挠曲最大变位线不尽符合。

北势以西虽有走向为北西 40°~60° 之平行地裂群发现此断层延线上，惟分布疏散，变位亦不显明。纵贯铁路永康站西北 1 公里余之乌水桥北郊，亦有挠曲现象发现，其情形与前述两处同异，即其轴向为北西 60°，东北侧地面下凹，西南侧隆起，乌水桥西北池塘内之水因之东北溢流。在极凹线之西南侧又可见一群大小及长短不同之裂痕发生，其走向为北西 40°~60°。村内郑仁老家屋为一裂缝所切，由其北壁及其外侧东北侧向东南而西南侧向西北作相对之推动，水平变位 4.5 公分。在茑松附近纵贯公路上及永康站西南面亦有同样裂缝群发育，惟规模不大。

在大竹林西南有作羽状排列之小断裂四条。其最北一条之走向为北西 60°，长约 60 公尺，西南侧较西北侧下落，落差最大者为 10 公分。其次者走向为北 70°~80°，长约 200 公尺，东北侧下落，西南侧上升，最大落差 15 公分，西南侧向西北，而东南侧向东南移动，最大水平变位约 15 公尺；第三及最南之裂隙走向同为北 70°~80°，后者较长（约 150 公尺），落向与第二条相同，最大落差为 15 公分，水平变位甚微。

此外，在溪顶寮南，略当该断层延长线上之溪边田地内，亦有地裂及喷砂等现象发现。

2. 喷砂（Sand Spring）

沿新化地震断层地裂带及盐水溪冲积地之软土处，均有喷砂现象发生。喷出口通常为圆形或椭圆形，大小不一，普通最大者直径不过五公分，有为独立之圆锥形小砂堆，但大部则由数个锥体串联成列（照片 11，12）。此种锥状小砂堆之排列，除极少数与断层线平行外，大都以北西 20° ~30° 之方向排列，与断层走向斜交。喷出之砂有两种，一作青灰色（湿时为暗青色），另一种为黄灰色，普通以前者为多，均系稍带泥质之细砂。色质正与在附近溪岸剖面处所见者相似，可知其来源不深，尤以黄灰色者更浅。

3. 井水变异

调查时距地震发生时已将及两旬，故不能就实况详查，甚为遗憾。惟据新化镇居民称，该镇井水水位经地震后略降 2~3 尺之多，而接近断层线之乌水桥村，据云井水会涨至井口，溢出地面。盐水溪以西之顶安顺、下安顺及溪顶寮一带，井水味变咸苦，迄至调查时尚不堪使用。

（五）地震与灾害

房屋等地面建筑之主要倾倒方向，凡调查时尚能计量者，均示于所附地变图上，或见于照片说明。兹将其特点简略述之：第一，位于新化断层两侧而位置相对之新市及新化二处，房屋倾倒方向相反，大致与断层两侧地块之水平运动方向相同；第二，在新化断层西端及其延长线上，仅有与此斜交之裂缝或挠曲现象发现，如在北势一带挠曲运动不但上下隆起或陷落，且有水平移动之处，建筑物倾倒方向即位于与挠曲轴成直角之方向及水平移动方向之间，如在乌水桥，水平位移甚微之处，倾倒方向略与挠曲轴直交；第三，愈接近断层或其延长线上，则灾害愈烈，例如北势乌水桥、茑松等均沿断层线，且有显著之斜交地裂发现，受害最剧，盐行，埔子两地亦接近该带（盐行灾重原因一部分或因其位于盐水溪冲积低地上之故），又永康站附近纵贯铁道之路轨及电杆损坏最烈之处，及北势西方自来水渠源水管破损区域，亦在该断层之延长线上或其附近，由此可见灾害程度与地震断层显然有密切关系。

（六）结论

（1）由思桥两侧断层面上所表现之磨擦痕观之，新化地震断层两侧地块运动并非单纯之水平及垂直移动，乃属一种斜移断层（Oblique Slip Fault）。其东南侧以 28°~30° 之倾角向西下落，而其西北侧则以同一倾角向东上升。

（2）因此次台南强震而发生之新化断层，较 1906 年 3 月 17 日嘉义烈震所发生之梅仔坑断层及 1935 年 4 月 21 日台湾中部烈震之屯子脚断层，不但走向大致相同，即水平及垂直位移方向亦大体互相一致，又垂直变位方向之转换情形亦相似。恰如大塚弥之助所称，凡在某一地质区域内所发生之地震断层，如有一定之共通性质，则表示地震之成因与该地区内之构造有密切之关联。但地震断层仅为地下地壳运动之地面表现，决不能以数十年前旧观点，认为地震断层为引起地震之直接原因也。如 1891 年日本浓尾及 1927 年日本奥丹后之地震及 1935 年之台湾中部地震，地震断层发生之时间可能在地震波到达之后。

（3）据日本地震学者之研究，凡地震断层有水平及垂直两种位移时，震央概在其断线两侧相对升降之方向转异处附近。又据日本在地震后所施行之水准点及三角点检测结果，亦证明地震断层附近为地壳变动量最大之处，离此线愈远则变动愈少。观夫位于新化断层相对升降方向将转变处之北势乌水桥一带灾害最重，而所谓震央所在地那拔林附近灾害却不甚显著，则此种事实或需用同样方法作精密之研究加以检讨。

（4）早坂一郎会论过去本省地震震央所在之狭长激震带常与本岛地质构造之主要方向平行，而激烈之灾害亦限于同一方向之带状地内。此一方面可证明此等地震与本岛地质构造有密切之关系，而他方面亦暗示其地震源当不深。渠以为本岛构造为一 Alps 式褶曲，造山压力现今仍然存续，当褶曲地层无力支持其压力之处，即发生变动，台湾西部之地震即依此每隔相当时期易地发生。至于与本省地质构造方向成直角或斜交之地震断层，则可以 Suess 所谓之 Blatt 说明之。

（5）同时大塚弥之助就过去台湾中部地震断层作详细研究后，会论及此种地震现象可归之为地下岩浆压力之作用，即如石本已四雄所说，假使岩浆压力因冷却或其他作用而急速增加，当可引起地壳之破坏，而发生地震波动。但此种破坏易利用其附近地壳之脆弱处（例如断层）而发生，即地质构造及其地壳内之残余应力为规定此种破坏之性质之要素；又因地壳脆弱处发生破坏运动之结果，具有黏性及弹性之地壳内局部残余应力可藉裂隙及错动之处发泄而趋于平衡，至于地震断层则仅其地面之表现耳。凡在某一地质区域内，地震波初动之分布及地震断层之变位方向等具有一定类似性，凡此均可由该区地质构造说明之。

（6）综之，关于台湾西部地震原因及其发震机构虽论说各异，但就其与台湾地质构造有关及地震断层并非引起地震之原因二点而观，则属一致。此种性质相类似之“构造”地震，在台湾西部之于每隔相当时期后易地发生亦属事实。

（7）台南县为台湾地震最多之区，自 1904 年西南部烈震后，尚有 1904 年嘉义斗六烈震，1906 年嘉义烈震，同年嘉义地方之强震，同年盐水港烈震，1927 年及 1930 年新营地震，1941 年嘉义白河地震等发生。每次地震后，均有多次余震，但此次台南强震之后，据台南气象局记录，除有一次无感地震外，仅于 12 月 17 日在台南东北约 50 公里之白河镇有三级弱震发生，此外并无余震发生，此为不同于过去者之一。又此次地震受灾较重地带略与地震断层平行，与主要地质构造方向不同，此为其异于过去者之二。

引用文献

[1] 金子寿卫男，台南州新化郡虎头埤及匕新丰郡深坑子の欠化石，台湾地学记事，第 13 卷，第 2-3 号

[2] 早坂一郎，台南市附近砂丘基底の地质资料，同上第 3 卷第 10-11 号

[3] 岛居敬造，台南州新化油田调查报告

[4] 丹桂之助，台湾岩化石 Thyasira に就いて，台湾地学记事，第 9 卷，第 1-2 号

[5] 金子寿卫男，台南州下化石哺乳类匕产出状态に就いて，同上，第 12 卷，第 4 号

[6] T.Rin, Stratigraphical Studies on the Younger Tertiary and Pleistocene Formations of Toyohara District, Taityu Prefecture, Taiwan(Formosa), Mem. Fac. Sci. &Agr. Imp. Univ. Taihoku, Vol. 13, No.3

[7] 台北帝国大学地质学教室，昭和十年台湾地震震害地域地区地质调查报告

[8] F.Omorri，Comparision of the Faults in the Three Earthquakes of Mion-Owari, Formosa and San Francisco. Bull. Imp. Earthq. Invest. Committee 1, 1907

[9] I. Hayasaka, The Formosa Earthquake of April 21, 1935, Geologically Considered. 矢部教授还历纪念论文集，第 1 卷

[10] 大塚弥之助，昭和 10 年 4 月 21 日台湾中部地方に起っ尤地震に伴，地震断层，附地震断层

の诸特征．东京震研，汇报，别册，第 3 号

附图

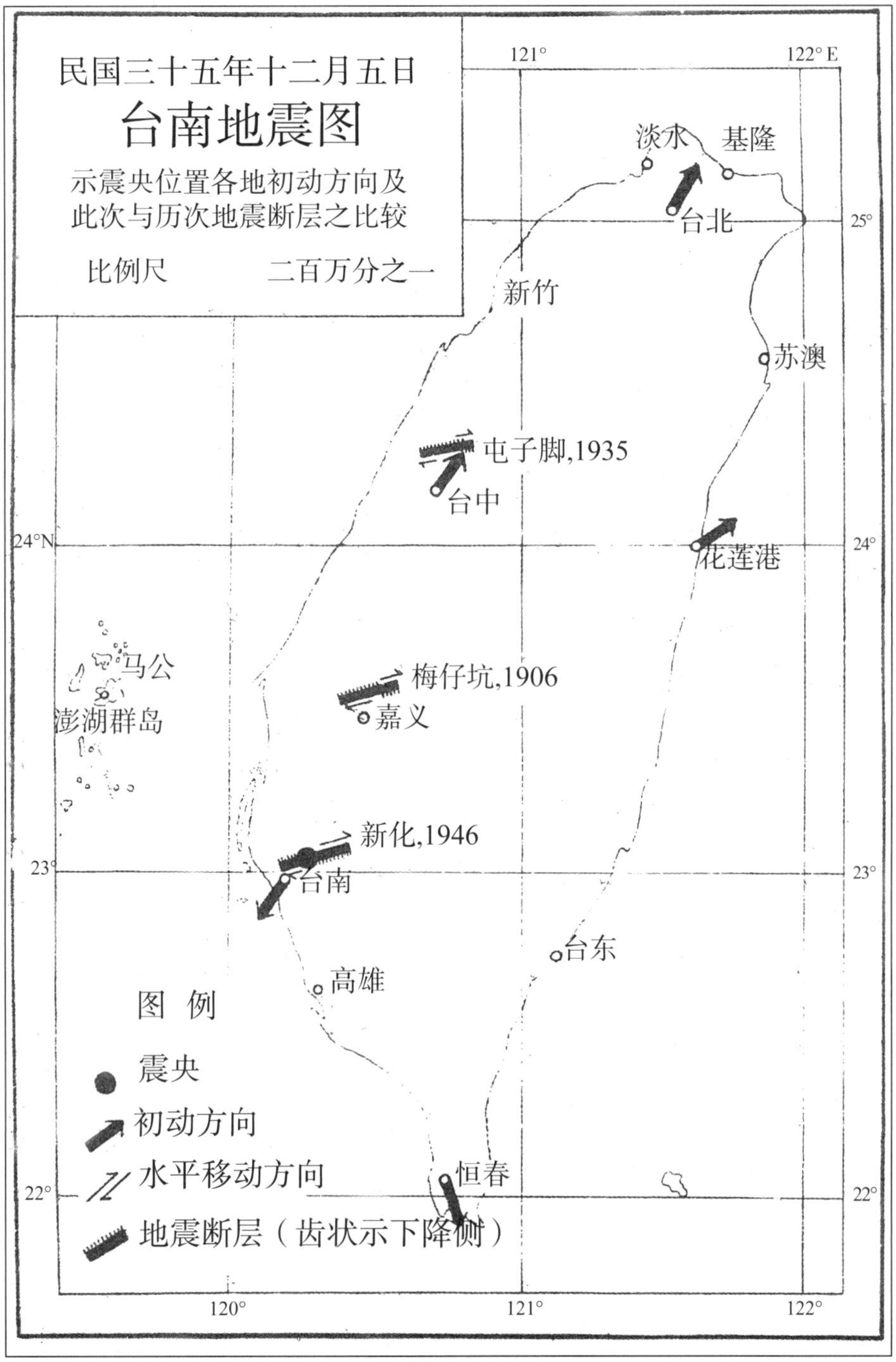

图版一

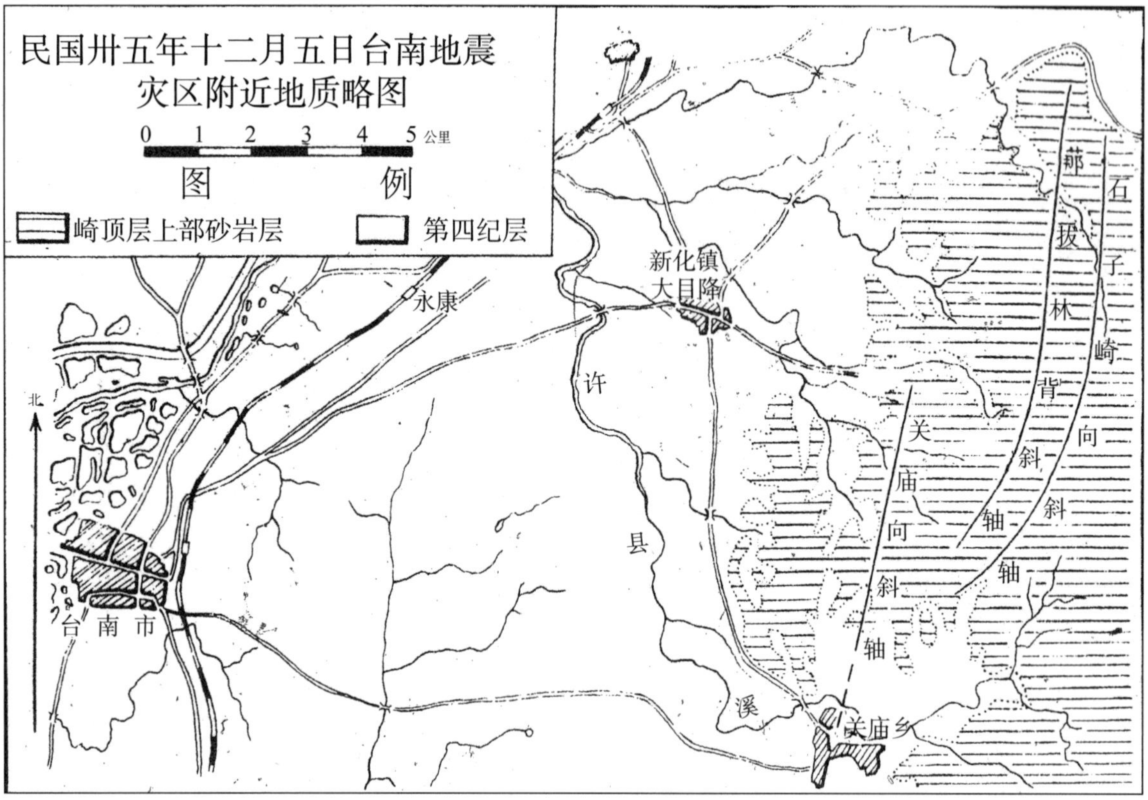

图版二

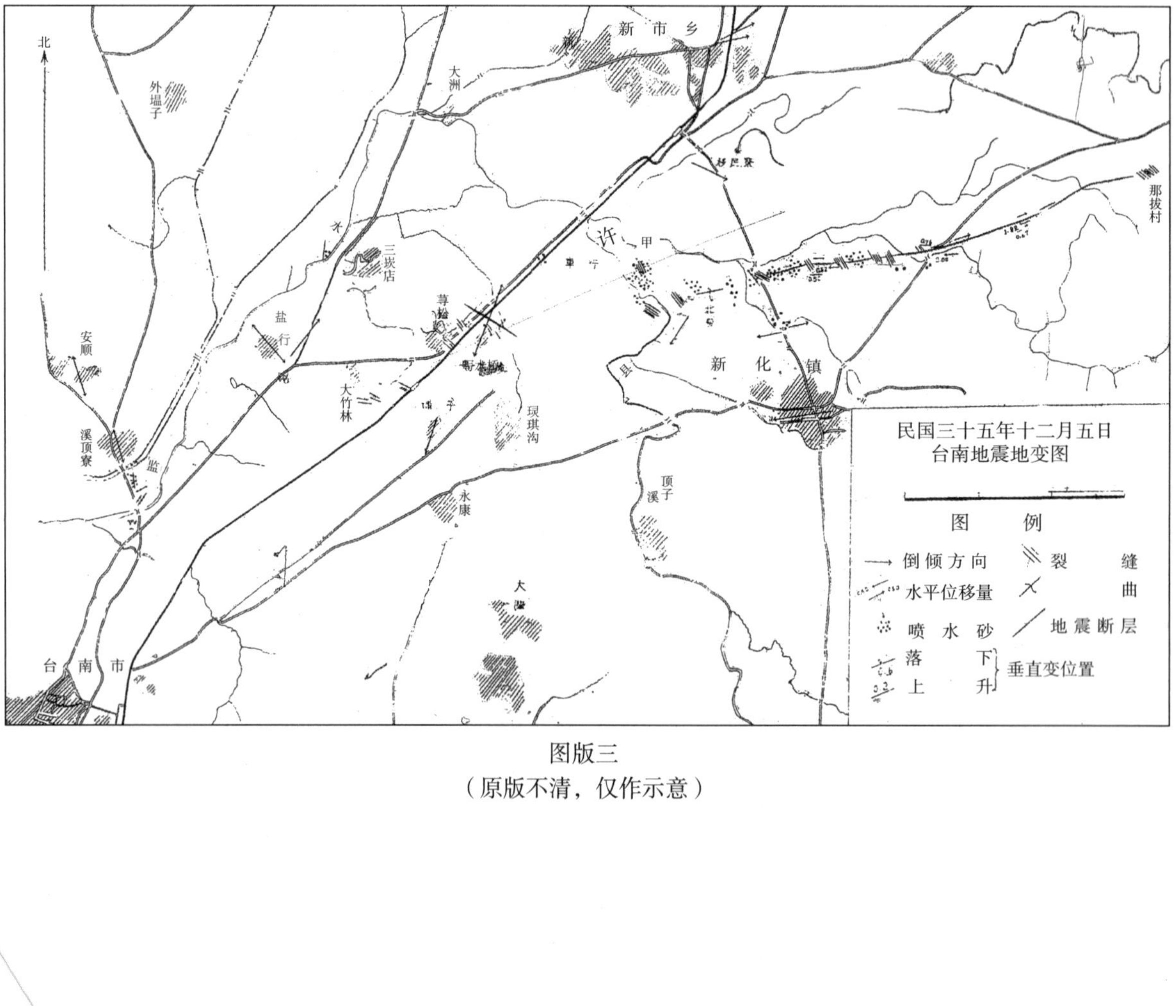

图版三
（原版不清，仅作示意）

现场照片

（1）新市村被毁之楼房（35.12.26摄）

（2）新市村房屋向北50°东倾倒，残壁向北东东倾斜（同日摄）

（3）乌水桥镇之惨状（后面为救济总署天幕及临时盖造之茅屋）。倾倒方向为北20°东或其反对方向（35.12.27摄）

（4）永康乡埔子村民房向南20°西倾倒（35.12.29摄）

（5）新化拃镇油厂向南30°西倾倒（35.12.23摄）

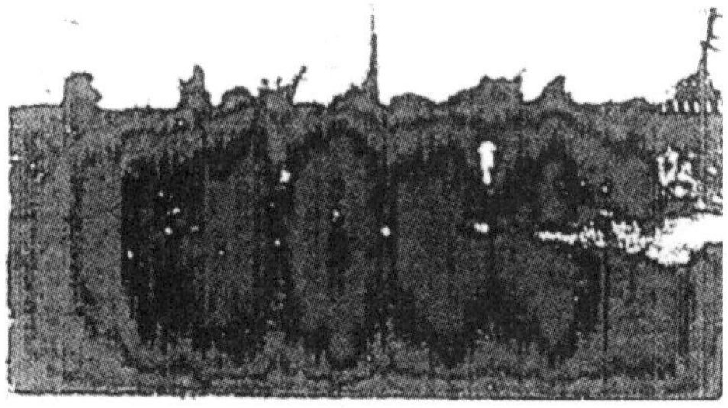

（6）新市站新化镇间公路东侧甘蔗田之弯曲（35.12.28摄）

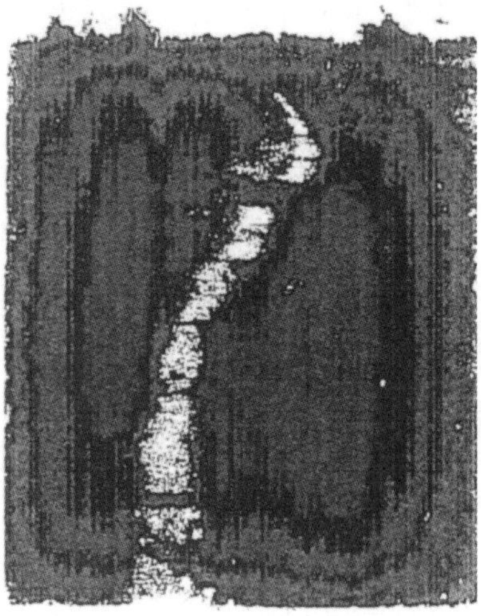

（7）思桥西约350公尺嘉南大圳堤岸之
雁行裂痕及中段凹字形陷落
（35.12.28摄）

（8）大目降桥之毁坏，北端桥身较桥脚向东
走出46公分（35.12.27摄）

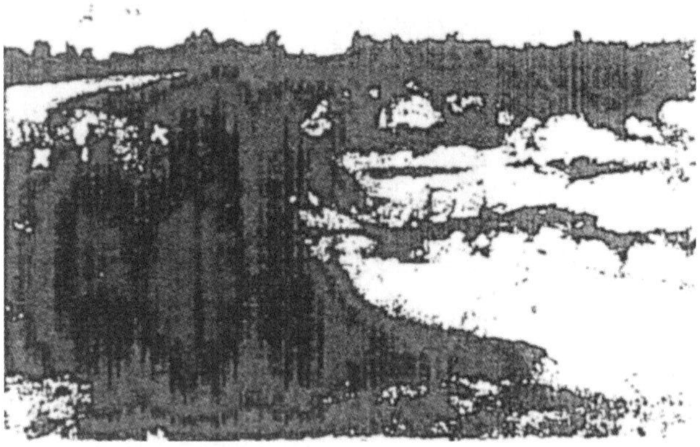

（9）思桥北侧公路东面新化地震断层有×，之
两点原先相接（35.12.27摄）

（10）新化地震断层在种马牧场附近情形
（35.12.27摄）

（11）喷砂口（35.12.27摄）

（12）喷砂（锥形砂堆串联成列）
（35.12.27摄）

三、调查报告

《1946年12月5日台南新化镇一带地震调查》（原件存中国地震局地球物理研究所资料室），作者：王仁煜、方妙玉、冈田四实。

（一）前言

1946年12月5日我国台湾台南市新化镇永康乡一带发生了一次6¾级强震，造成较大的破坏。据台湾省地震台网测定，发震时刻为12月5日06时46分50.5秒（中原标准时），震中位置为北纬22°03.3′、东经120°18.9′，震源深度3km，震级为6¾级。

震后台湾省气象局派宋兆丰、冈田四实和方妙玉三人到现场进行调查。从1946年12月26日至1947年1月2日历时9天，先后调查了台南市新化乡、善化镇和永康乡。现将该次地震所造成的有关地面形变、建筑物破坏等的宏观调查情况及根据仪器所测定的资料确定有关参数，综合报告于后。

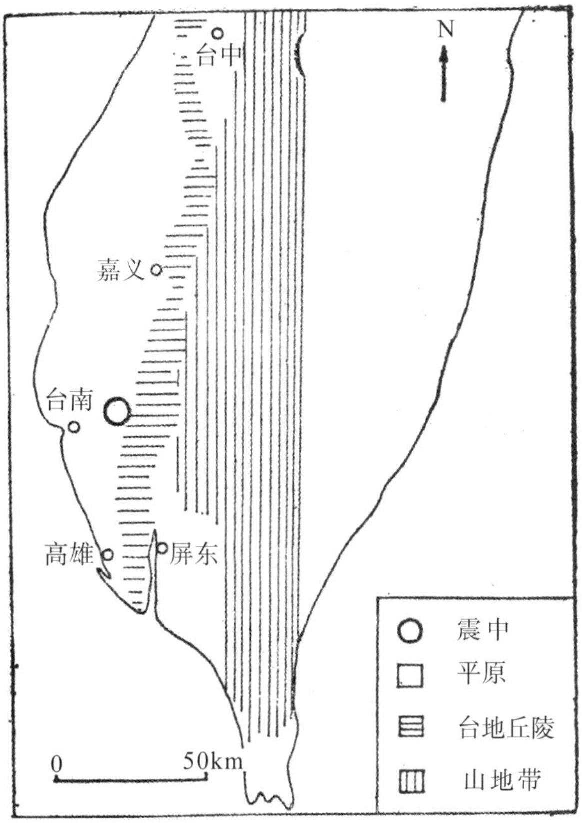

图1　台南地区地形略图

（二）地形及地质构造

此次地震宏观震中位置为北纬23.1°、东经120.3°，位于嘉南丘陵与平原的交界处，地震破坏区以平原为主。

1. 震中附近地形

山地在中央山脉西侧，走向北北东—南南西，与阿里山脉、新高山脉、蕃界岭山脉平行。西南端距震中约20km，为海拔500m以上的高地。

山地西侧为300m以下的丘陵地带，向西南方向逐渐低落，至震中附近为嘉南丘陵。其西则为嘉义平原。

震中附近主要河流有曾文溪、盐水溪、二层行溪等，以曾文溪为最大。震中位于盐水溪之上游。台南地区地形如图1所示。

2. 震中附近的地质构造

山地的地层为第三纪苗栗层之页岩和砂岩，震中附近砂岩层为崎顶层，东部页岩层为古亭坑层。嘉南平原为第四纪冲积层及阶梯堆积层。

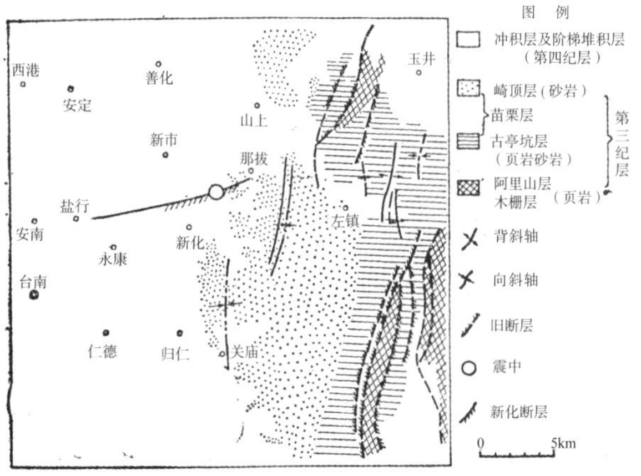

图2　震中附近地质构造图

本处构造走向与山地走向均为北北东—南南西。老断层有南势坑断层、牛稠埔断

*作者皆系台湾省气象局人员。

层、龙船断层、木栅断层等，其走向均平行构造走向，都是西侧为下盘的正断层。震后发现的新化断层东侧延长线与南势坑断层一致，新化断层走向与构造走向呈130°斜交，震中附近地质构造如图2所示。

（三）宏观地震破坏现象

1. 地震断层

震后发现的断层，大小略逊于嘉义、新竹及台中大地震的断层，断层东起新化镇那拔山岗，西达永康盐行附近，走向北北东—南南西，长达12km。北侧相对于南侧向东北东错动并上升，南侧则相对地向西南西错动且下降。位移最显著者为新化断层，位于新化北东3km种马场附近，最大水平位移2.2m，垂直位移2m。地裂缝宽度1m，深3m以上，延长5km，方向EN20°，穿过田野与河流，通过山岗部分约2km（照片1~4）。断层西部位移不太显著，仅茑桥村附近有大范围的地基陷落，垂直位移70cm。

新化断层的方向与由地震仪记录测得的P波节线的走向一致，延长约10km，说明该断层与发震机制有密切的关系。该断层的走向及两侧相对运动方向与以往嘉义、台中的大震断层相同，永康地裂是新化断层的次生形变，是新化断层南侧向西南方向运动的结果。

2. 地裂

在永康西北田地中发现明显的地裂缝数十条，延长约2km，个别方向为西或WN30°，平均为WN20°，其北侧相对向西位移并下降。最显著处水平位移15cm，垂直位移25cm，裂缝深度1.2m，宽20cm，延长200m（照片5~8）。

3. 喷水喷沙现象

地面形变区内各地多有地下水及泥沙喷出现象，分布如图3所示，一般泥沙为青灰色微细粉末，水多含盐，致使附近农作物被淹死。最显著者为新化北方盐水溪流域及茑桥以北，震后连续喷水及泥沙达3日，喷沙范围直径最大为5m（照片9）。永康附近无喷水及喷泥沙现象。

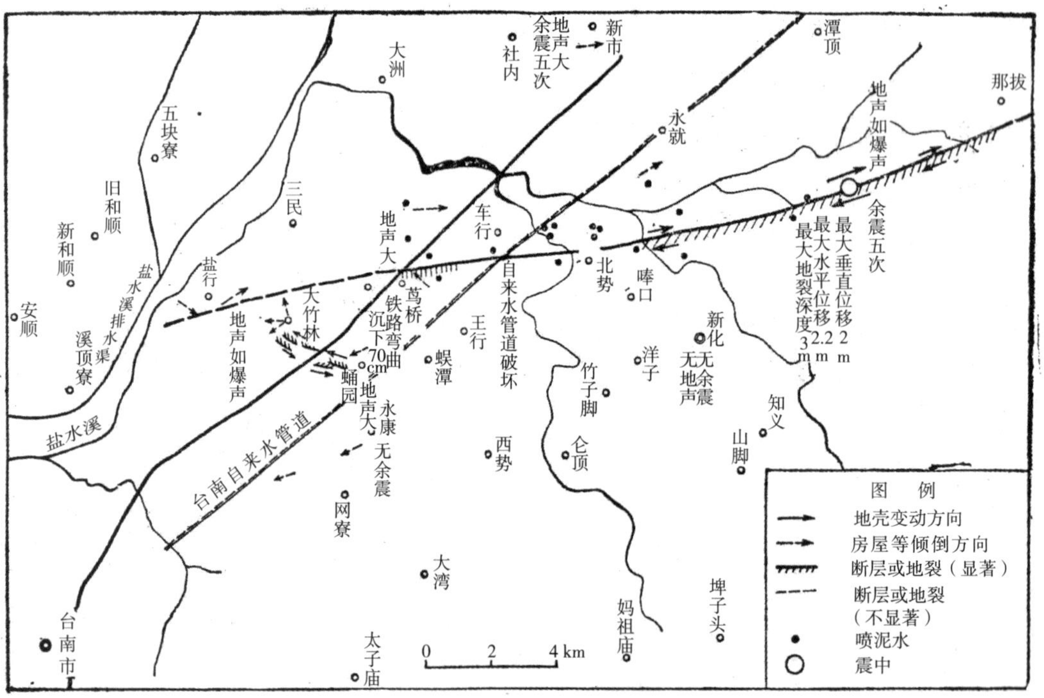

图3　台南地震地面形变及物体倾倒方向分布图

（四）宏观调查情况

由宏观调查看出，该区建筑物，如震中区附近的房屋、电杆、门柱等的倾倒方向大致同于断层两侧之水平位移方向。在断层北侧，如新市、盐行等地为东或北东向，南侧新化、永康等地则为西或南西向。据群众自身感觉，地震时第一动方向与房屋倒塌方向也一致。

一般物体倾倒方向与地震动方向之间的关系要视地震的大小而不同。

（1）地震甚大时，物体于地震第一动时倾倒，故倾倒方向与初动方向相反；

（2）地震较大时，物体于地震第二动时倾倒，故倾倒方向与初动方向相同；

（3）地震不甚大时，物体于后至之大振幅时倾倒，故其方向不定。

此次地震震中区之物体多于地震第二动时倾倒。

1. 调查情况

永康乡埔子。两砖宽见方、高2m之猪圈柱向WS10°倒塌；一土坯和木混建之WN10°方向之民房向WS10°倒塌（照片10）；其他一般建筑物之倒塌移位者，以向西者为最多；当地群众称，地震时第一动向西及上，第二动向东及下，民房多于第二初动时倒塌。

永康乡永康。高4m、长8m两砖厚的水泥接合西向砖墙，于1.1m处断裂，上部向西南移动1cm；永康西南约2km处，有庙一间，向南西西半倒塌；一般建筑物之倒塌移位以向西者为多；地震初动向西及上，第二动向东及下，民房多于第二动时倒塌（照片11）。

永康乡大竹林。有两砖厚之砖墙向南西倒塌。有一土坯民房向南倒塌；有一间砖砌小屋向北倒塌；人的感觉初动向西、向上。

永康乡盐行。第三国民学校一间校舍向北倾倒，另一间向南半倒，前者于地震初动倒塌，后者于第二动时倒塌（照片12）；校内有一高1m架子，其上东西向放置的铁保险柜，高1m，底长×宽为0.55m× 0.5m，向西滑动约3cm；校内还有一东西向摆放的木橱，高1.7m，底的宽×长为0.4m×1.8m，向西倾倒；校门的砖柱，四块砖厚，底0.47m见方，高2.2m，在0.72m的高度处被震断，向NE60°倒落，如图4所示；砖土合建之民房向东南倒坏。

永康乡莺桥。两砖厚之民房墙向北西倒塌（照片13）；莺桥附近铁路南北方向弯曲，水平位移1m；莺桥北方铁路沿线之电杆，向东倾斜。

新化镇。东兴里二层砖楼房向西倒塌（照片14）；群众称地震时第一动向上，第二动向西，房屋多于第二动时倒塌；新化镇新市沿公路之电杆向南西或北东倾倒（照片15）。

新化镇那拔里。在农林处种马场内断层上，有直径20cm的一颗相思树，在其⅓处被地震错动拉开，北侧向北东移动1m而上升，垂直位移0.5m（见图5及照片4）。

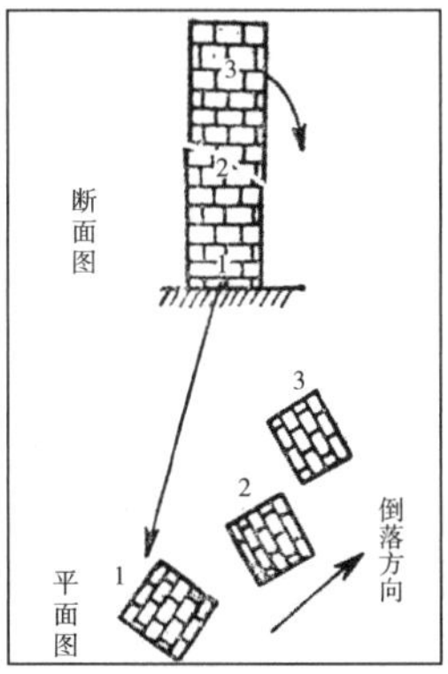

图4　第三国民学校砖柱倒塌示意图

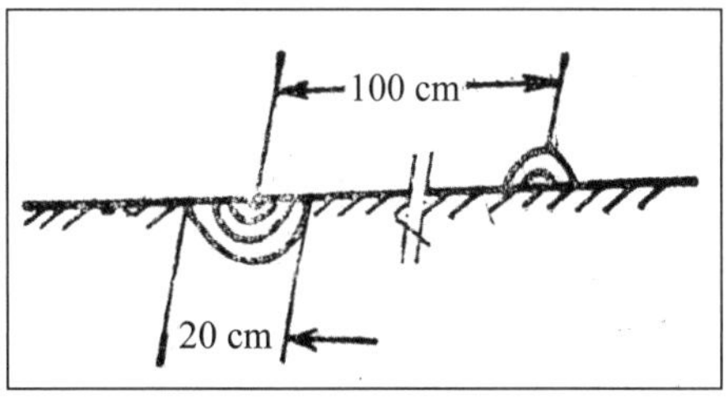

图5　相思树被地震错动拉开的示意图

新市乡新市村房屋一般向东倒塌；据群众反映，地震初动向东、向上。

2. 建筑物的破坏特点

（1）破坏范围：新化镇、新市乡、永康乡之全部，台南市之西北部，安南区安定乡之东南部，仁德乡北部及归仁乡之北部，整个破坏范围呈东西长20km、南北宽12km之椭圆形。极震区为新化镇西部、永康乡中部及新市乡南部，其房屋倒塌率达50%以上，其范围大约为东西长11km，南北宽3km之带状，该范围也是断层及地裂分布区域。如图6所示。

（2）震中位于破坏大区域的东端，原因在于地质条件和建筑条件，震中东为第三纪地层，比

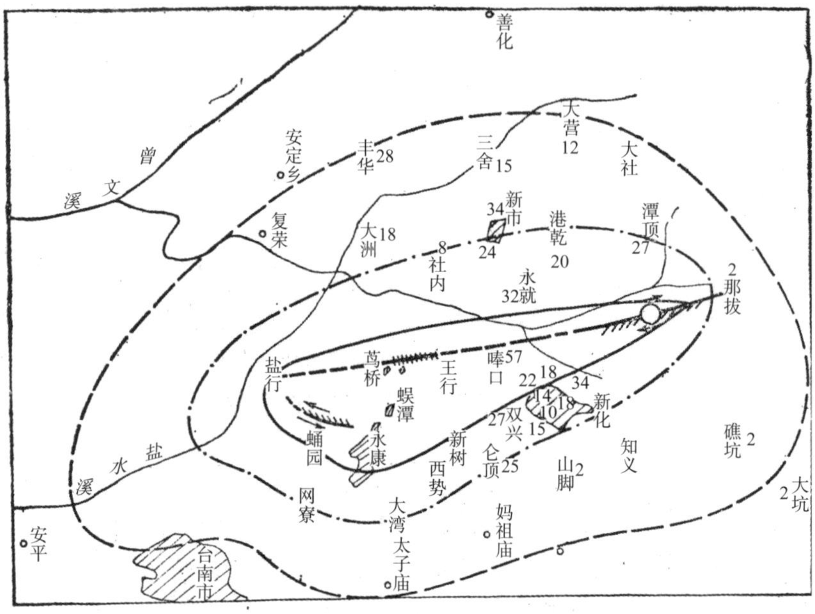

-- 二受害较少区域（数字示房屋全坏率）　—·—受害较大区域（30%以上倒塌）

——受害较大区域（50%以上倒塌）

断层或地裂（→上升 ←下落变位）　--- 不明显断层或地裂　O震中　0　3km

图6　台南地震破坏分布图

西侧之冲积层坚固，而且东侧山地房屋多由竹制，而西侧平地之房屋多为土坯或砖建筑，加之震中附近的地震波周期短，竹制房屋与砖、土坯房屋的响应不同，故震中西侧破坏较严重，表现为震中在破坏严重区的东端。

（3）此次地震之破坏程度居五十年来大地震破坏的第四位。现将近五十年来地震，包括本次共五次大震的破坏情况列于表1及表2。表3和表4给出了本次地震新化区和新丰区破坏情况的详细统计。表5是台南市的破坏情况。破坏的分布情况见图6。

表1　1946年12月5日台南地震伤亡、破坏情况统计表

市、区	人员			房屋			死亡/全坏 × 100%
	死	伤	总计	全坏	半坏	总计	
台南市	6	37	43	92	35	127	6.5%
新化区	34	111	145	827	332	1159	4.1%
新化乡	22	75	97	481	223	704	4.6%
新市乡	12	18	30	346	74	420	3.5%
安定乡	—	18	18	—	35	35	—
新丰区	37	321	358	3735	1347	4082	1.0%
永康乡	37	314	351	2571	1336	3907	1.4%

续表

市、区	人员			房屋			$\frac{死亡}{全坏}\times 100\%$
	死	伤	总计	全坏	半坏	总计	
仁德乡	—	6	6	162	—	162	—
归仁乡	—	1	1	2	11	13	—
总计	77	469	546	3654	1714	5368	2.2%

表2　50年来四大地震伤亡、破坏情况统计表

时间及地点	人员			房屋			$\frac{死亡}{全坏}\times 100\%$
	死	伤	总计	全坏	半坏	总计	
1906年嘉义	1258	2385	3643	6769	3633	10402	18.3%
1935年新竹台中	3276	12053	15329	17907	11405	29312	18.2%
1941年嘉义	358	733	1091	4520	6910	11430	7.9%
1946年台南	77	469	546	3654	1714	5368	2.2%

（4）破坏情况因房屋材料而异。如新化、新市、永康等地以砖造房屋为主，用石灰黏合，抗震能力较强，而其他小村的房屋以土坯为主，或用劣质砖建造，抗震能力甚差，致使损坏较大。而最靠近震中之那拔种马场之房屋为木结构，抗震能力强，损坏极小，倒坏率仅10%左右。砖、竹、木结构之房屋的抗震能力见图7。土坯房屋倒坏率为50%时，竹结构房屋为35%，木结构房屋仅为3%，而在土坯房屋倒坏率达100%时，竹结构房屋为35%，木结构房屋仅为15%。

（5）破坏区地震初动方向为向东或西，故南北方向之较高大房屋易被震倒。

（6）铁路的破坏情况是台南新市间铁轨弯曲如蛇，尤以蔦桥附近之永康至新市间为最严重，最大水平位移1m，下陷0.7m，枕木四散，附近铁路桥梁被震裂两处，水泥电杆弯曲倒下多处。

（7）自来水管之破坏如台南市深埋之自来水管，在新市与新化间东行村附近被切断四处，损毁总水管桥两座，长1.5km，大部桥基陷落。直径为0.36m至0.6m之水管亦遭震断，破裂甚多。还发现水管桥南长2km的水管折断六处，由于该水管埋入地下2m，致使附近田野断裂出现多处，最大者长6m余，宽25cm，地面每10至20m，即有灰色泥浆喷出地面。

表3　1946年12月5日台南地震台南县新化区伤亡、破坏情况统计表

地名	人员				房屋					$\frac{死亡}{全坏}\times 100\%$	备注
	总人口	死	伤	总计	总户数	全坏	半坏	总计	全坏百分率		
新化镇	19343	22	75	97	2712	481	223	704	17.7%	4.6%	
武安里	829	1	5	6	138	20	15	35	14.5%	5.0%	
东兴里	1082	17	18	35	157	21	18	39	13.4%	81.0%	新化部落内
护国里	980	—	1	1	126	22	19	41	17.5%	0.0%	新化部落内
清水里	1243	1	9	10	173	38	8	46	21.9%	2.6%	新化部落内
观音里	1169	—	11	11	153	22	21	43	14.3%	0.0%	新化部落内
太平里	1210	—	—	—	142	48	24	72	33.9%	—	新化部落内
中央里	926	—	—	—	120	12	8	20	10.0%	—	新化部落内
竹林里	1099	—	1	1	141	25	15	40	17.8%	—	新化部落内
唪口里	1910	3	22	25	270	155	5	160	57.5%	1.9%	北势计在内
仑顶里	1517	—	4	4	210	53	29	82	25.3%	—	旧名仑子顶

续表

地名	人员				房屋					死亡/全坏×100%	备注
	总人口	死	伤	总计	总户数	全坏	半坏	总计	全坏百分率		
双兴里	1446	—	4	4	190	52	36	88	27.4%	—	旧名竹子脚或洋子
知义里	814	—	—	—	128	—	16	16	—	—	旧名知母义
山脚里	850	—	—	—	126	3	2	5	2.4%	—	旧名顶山脚
礁坑里	1331	—	—	—	197	4	1	5	2.0%	—	旧名礁坑子
大坑里	730	—	—	—	112	2	1	3	1.8%	—	旧名大坑尾
那拔里	1183	—	—	—	185	4	5	9	2.2%	—	旧名那拔林
羊林里	1024	—	—	—	144	—	—		—	—	—
新市乡	12075	12	18	30	1840	346	74	420	18.8%	3.5%	
新市村	1210	10	16	26	173	58	54	112	33.5%	12.2%	
新知村	984	—	2	2	166	40	10	50	24.1%	—	旧名新店
社内村	1625	—	—	—	263	21	—	21	8.0%	—	
大洲村	775	1	—	1	111	20	—	20	18.0%	5.0%	
丰华村	603	—	—	—	90	25	—	25	27.8%	—	旧名看西
三舍村	453	—	—	—	73	11	—	11	15.1%	—	
大营村	1292	—	—	—	206	24	—	24	11.6%	—	
大社村	2192	—	—	—	334	40	—	40	11.9%	—	
潭顶村	1108	—	—	—	152	41	—	41	27.0%	—	
港乾村	1115	1	—	1	174	35	5	40	20.2%	2.9%	
永就村	677	—	—	—	98	31	5	36	31.6%	—	旧名当子寮
安建乡	—	—	18	18	—	—	35	35	—	—	
复荣村	776	—	18	18	114	—	35	35	—	—	旧名牛肉寮

（8）嘉南大圳（水渠）破坏情况如新化镇内输水南干支线，第二区1—5号水桥两端出入口处全部被毁，上流断毁15m，下流断毁6m，以致无法通水，其他水沟因地面变形而弯塌约100m，全部淤塞。

表4　1946年12月5日台南地震新丰区伤亡、破坏情况统计表

地名	人员				房屋			死亡/全坏×100%	备注
	总人口	死	伤	合计	全坏	半坏	合计		
永康乡	18062	36	314	350	2571	1336	3907	1.4%	
永康村	1662	10	47	57	385	166	551	2.7%	
网寮村	775	1	4	5	54	23	77	1.8%	
埔园村	871	8	23	31	143	84	227	5.6%	旧名浦子
蜈潭村	1656	0	16	16	162	199	361	—	旧名蜈蜞潭
王行村	717	0	3	3	220	20	240	—	旧名王田，车行

续表

地名	人员				房屋			$\frac{死亡}{全坏}\times 100\%$	备注
	总人口	死	伤	合计	全坏	半坏	合计		
莺桥村	933	7	156	163	199	54	253	3.5%	旧名莺桥、乌水桥
三民村	1189	2	6	8	143	134	277	1.4%	旧名三崁桥
盐行村	1064	4	19	23	203	248	451	2.0%	
大湾村	1331	1	6	7	165	17	182	0.6%	
东湾村	1720	0	5	5	101	26	127	—	
西湾村	1319	1	2	3	119	21	140	0.8%	旧名大湾
南湾村	1611	2	2	4	131	134	265	1.5%	
北湾村	1362	0	14	14	178	71	249	—	
西势村	986	0	7	7	167	3	170	—	
新树村	866	0	4	4	101	136	237	—	
仁德乡		0	6	6	162	—	162	—	
归仁乡		0	1	1	2	11	13	—	
大庙村		0	1	1	2	11	13	—	

表5　1946年12月5日台南地震台南市伤亡、破坏情况统计表

地名	人员				房屋					$\frac{死亡}{全坏}\times 100\%$
	总人口	死	伤	合计	总户数	全坏	半坏	合计	全坏百分率	
安南区	35497	3	25	28	5135	74	128	202	1.4%	4.0%
西　区	35654	1	7	8	6545	15	6	21	0.2%	6.6%
北　区	17317	1	0	1	—	—	—	—	—	—
南　区	24344	0	1	1	3818	0	8	8	—	—
东　区	—	—	—	—	2496	3	9	12	0.1%	—
中　区	—	—	—	—	5110	0	1	1	—	—

（9）道路桥梁破坏情况，如新化镇北东3km处通向那拔的道路因新化断层而被切断，如图8所示，切断处水平错动2.2m，垂直位移2m；新化至新市间之公路有一处陷落1m，附近地面破裂多处，并喷出黑色泥沙，有一个100m^{2}之花生、甘蔗园，因泥砂喷出而被毁；新化到那拔间水泥桥损坏三分之一，新化到新市间水泥桥也震裂。

（10）主要建筑之破坏情况如下：

①新化镇县立初级农业职业学校校舍全部坍倒，第一国民学校校舍全毁3间，半坏6间。新化镇仓库下陷。那拔庙宇倒塌3座，中山堂半毁。

②永康乡盐行第三国民学校坍倒教室5间，三崁店国民学校大部倒塌。大湾市场新丰制油工厂、凤梨罐头工厂均大部倒塌。另倒塌庙宇3座。

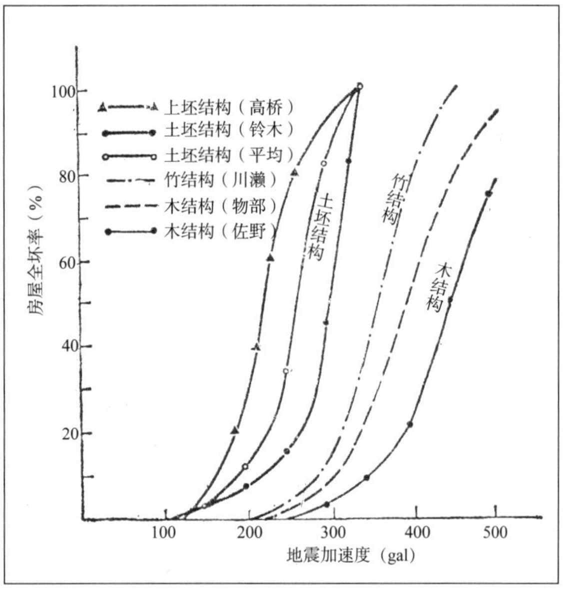

图7　台湾各类房屋全坏率与地震加速度的关系图（抗震能力图）

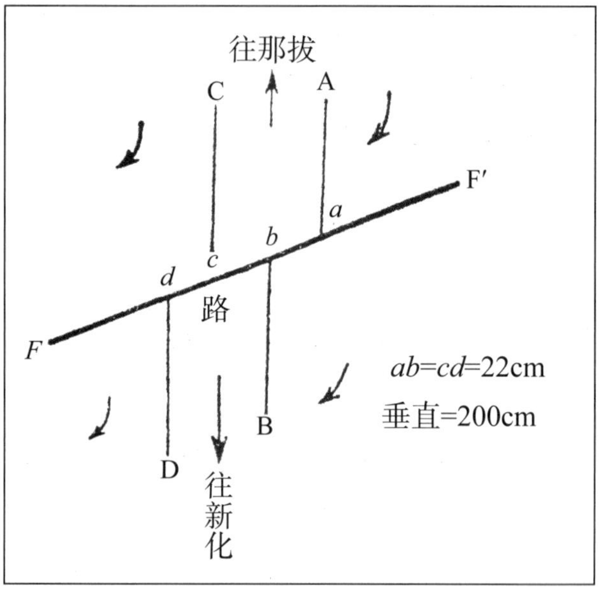

图8　新化至那拔公路错断示意图

（五）地震前兆现象及余震

1. 地声

据当地群众反映，台南地震发生时伴有地声。在永康乡人们闻有地声；在浦园、盐行人们闻有地声如炸弹爆炸；在茑桥也闻地声。另外，在新化镇那拔种马场也有声如炸弹爆炸。另新化乡的新市及善化镇均有地声，但在新化镇的新化都未了解到有地声发生。

2. 前震及余震

（1）此次台南地震没有记录到前震。

（2）此次地震的余震次数极少。台南观象台仅记录到余震一次，但震中附近的那拔种马场及新市人们均感到有5次余震。

3. 地震前后之气象变化

图9给出本次台南地震前后各气象因素的变化情况。表明各项气象因素与台南强震的发生没有显著的关系。

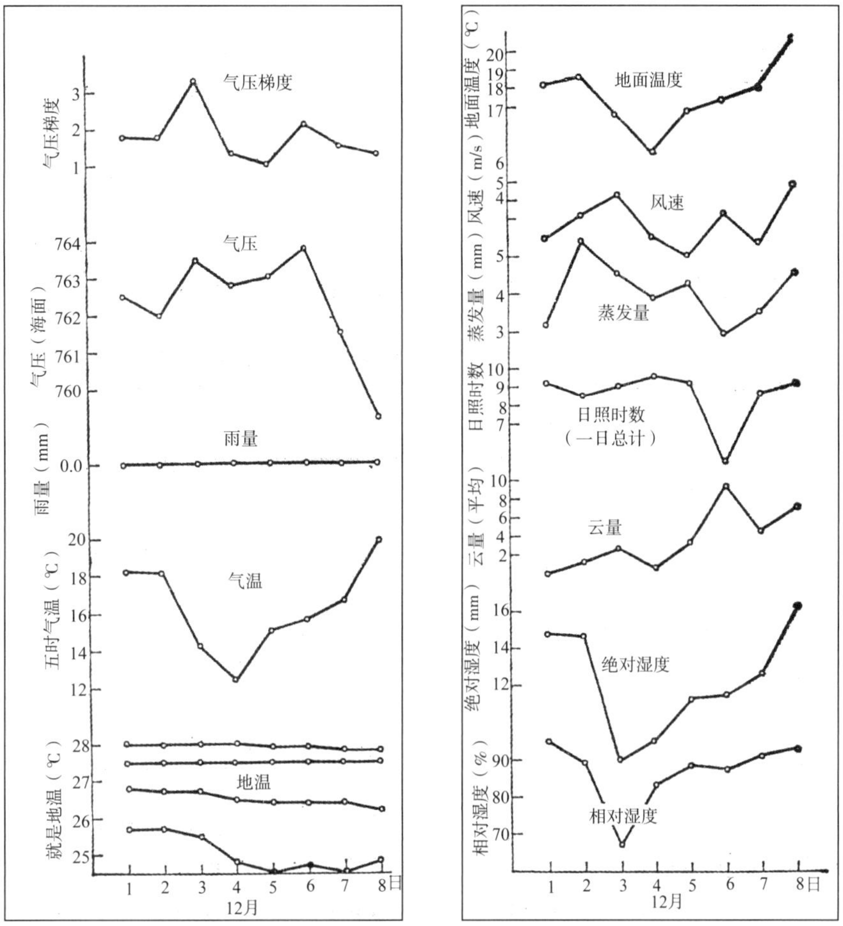

图9　地震前后台南之气象状态图

（六）地震烈度及加速度

1. 地震烈度

烈度、加速度与新麦卡利烈度的比较见表6；调查结果与烈度对比列于表7。

表6　烈度、加速度与新麦卡利（M–M）烈度表的比较

烈度	符号	说明	平均加速度mm/s^2	M-M烈度
无感	0	地震仪记录，人无感觉	<0.5	0
微震	Ⅰ	静止或敏感人有感	0.5—2	Ⅰ、Ⅱ
轻震	Ⅱ	有感，一般民房仅有小动	2—8	Ⅲ、Ⅳ
弱震	Ⅲ	房屋摇动，电灯等悬挂物摆动，钟摆停摆	8—32	Ⅳ、Ⅴ
中震	Ⅳ	房屋烈动，器物倒落，水由容器中溢出，土坯房部分倒塌	32—128	Ⅵ
强震	Ⅴ	房屋龟裂，石柱倒坏，土坯房全坏，木造屋损坏	128—512	Ⅶ、Ⅷ
烈震	Ⅵ	房屋倒坏，产生断层，发生山崩地裂	>512	Ⅸ、Ⅹ、Ⅺ、Ⅻ

由以上结果可绘制出这次台南地震的等震线图，如图10所示。从图中可以看出，Ⅰ、Ⅱ、Ⅲ度烈度等震线为一椭圆形，其长轴恰与纵贯全省之中轴线平行。椭圆长短轴之比为2.52。表明地震烈度在南北方向衰减慢，而在东西方向衰减较快。过去地震亦有这种现象，系由地质构造影响所致。

表7　台南地区各地的烈度划分表

烈度		地区
Ⅵ	烈震	无
Ⅴ	强震	新化镇、永康乡、新市乡
Ⅳ	中震	台南（包括安平南区）、善化镇、安定乡、仁德乡
Ⅲ	弱震	阿里山、高雄
Ⅱ	轻震	台中
Ⅰ	微震	无
0	无感	台北、新竹、宜兰、花莲港、新港、台东、大武恒、澎湖

强震的等烈度线亦为椭圆形，其长轴方向与断层平行，为北东东至南西西方向，与Ⅰ、Ⅱ、Ⅲ度等震线长轴方向成45°交角，但其长短轴之比亦为2.5：1，因沿断层线烈度增强。

震中不在强震等震线的中心，而在其东端，这是由于震中东、西两侧地质条件及房屋结构不同所致，已如前所述。

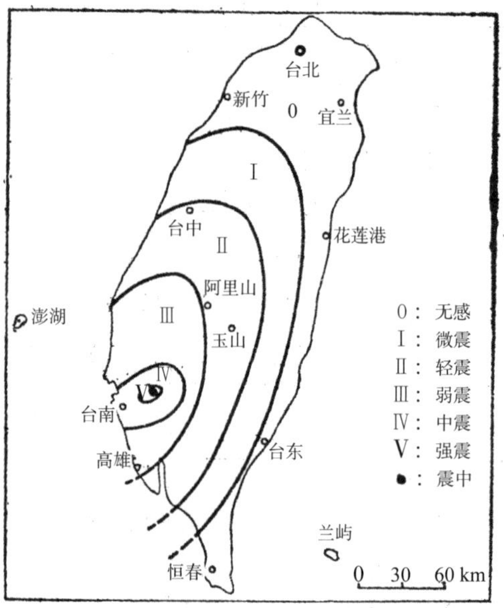

图10　1946年12月5日台南地震等震线图

2. 地震加速度的确定

（1）将地震仪观测结果由下式求加速度a

$$a=\frac{4\pi^2 A}{T^2}$$

式中，A为地动位移振幅；T为地震动周期。

（2）按物体倾倒计算加速度，物体重心高h，底边为$2d$，重力加速度为g，则地面水平加速度为a，有

$$a\geqslant\frac{d}{h}g$$

假如此时地动垂直加速度为a'，则有

$$a\geqslant\frac{d}{h}(g\pm a')$$

a'之符号以地动向下为正。

（3）按物体滑动计算加速度，物体底面静摩擦系数为μ，则有

$$a \geqslant \mu g$$

（4）依房屋倒坏率计算加速度。

据台湾资料，得到台湾地区地面加速度与房屋全坏数对总数之百分比关系。台湾房屋全坏率与加速度的关系见前面图7及下面表8。

表8　房屋全坏率（$\frac{全坏数}{总数}\times 100\%$）与地震加速度之关系

房屋种类	加速度										调查者
	0.10	0.15	0.20	0.25	0.30	0.34	0.35	0.40	0.45	0.50	
	全坏率（%）										
土坯造	0	4	12	34	81	100	100	100	100	100	高桥、铃木
竹结构	0	0	0	3	14		40	74	96	100	川濑
木结构	0	0	0	2	8		24	50	76	92	物部

注：1.土坯、木结构房屋数据为1935年4月2日新竹、台中大震的调查结果，竹结构、木结构房屋数据为1941年嘉义地震的调查结果。
2.重力加速度g=980Gal。

从上表可以看出，土坯房于加速度100Gal时开始全坏，至250Gal时全坏率急增。木结构房屋于加速度230Gal时开始全坏，于350Gal时急增。

3. 加速度之分布

按以上各种方法，可得出各地之加速度与震中距的关系，列于表9。

表9　各地之地震加速度值

地　名	震中距Δ（km）	lgΔ	地震加速度a（Gal）	lg$a$	加速度求法
台　南	14	1.15	>56.5	1.75	由地震记录计算，按向量合成计算
阿里山	71	1.85	4.7	0.67	
台　中	125	2.10	1.7	0.24	
台　北	252	2.40	0.3	0.54	
盐　行	5	0.70	230	2.36	据户栅之倒塌
盐　行	5	0.70	326	2.51	据门柱之倒塌
Ⅰ度等震线	160	2.20	0.5	-0.30	由烈度分布计算以等震线平均半径为Δ，a为基岩加速度
Ⅱ度等震线	104	2.02	2.0	0.30	
Ⅲ度等震线	58	1.76	8	0.90	
Ⅳ度等震线	25	1.40	32	1.51	
Ⅴ度等震线	6	0.78	128	2.11	
寿　口	1.7	0.24	272	2.43	按房屋全坏率50%
新　化	3	0.48	223	2.35	按房屋全坏率18%
新　市	3.5	0.54	232	2.37	按房屋全坏率22%
大　坑	6	0.78	130	2.11	按房屋全坏率2%
那　拔	2.5	0.40	130	2.11	按房屋全坏率2%
复　荣	10	1.00	110	2.04	按房屋全坏率0

根据表9中所列数据，可绘出加速度与震中距的关系图，图11给出了四条曲线，代表四种表现方法。曲线*A*为lg*a*–*Δ*之关系；曲线*B*为lg*a*–lg*Δ*之关系；曲线*C*为*a*–*Δ*之关系；曲线*D*为*a*–lg*Δ*之关系。

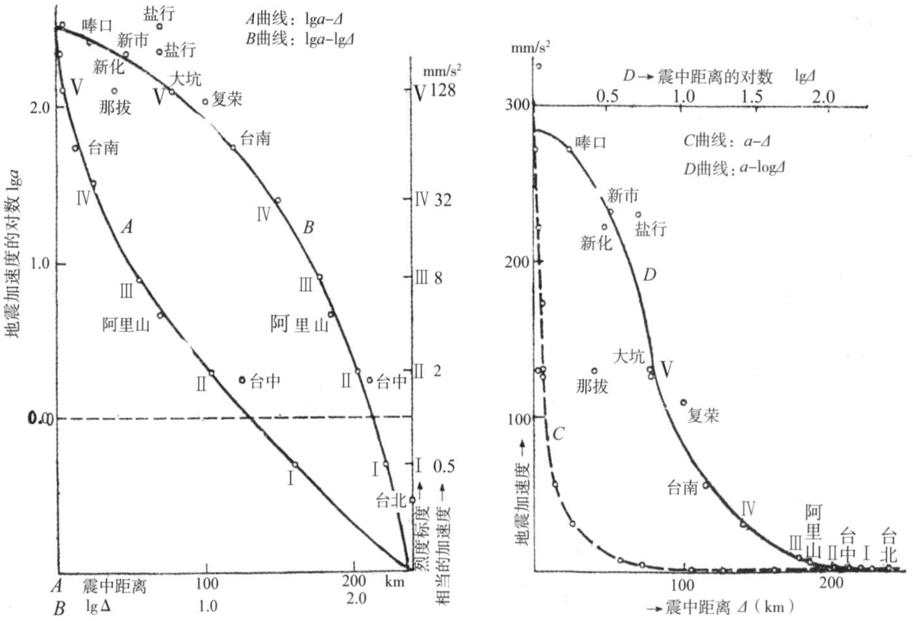

图11 台南地震加速度与震中距的关系图

依四条曲线求得震中处（*Δ*=0）的加速度为

a_A=（*Δ*=0）=324Gal；a_B=（*Δ*=0）=316Gal

a_C=（*Δ*=0）=310Gal；a_D=（*Δ*=0）=285Gal

依曲线*B*、*D*，在*Δ*≈0时，$\frac{da}{d\Delta}$=25Gal/km，

故a_B=（*Δ*=0）=316+25=341(Gal)；a_D=（*Δ*=0）=285+25=310(Gal)。最后平均，*Δ*=0时，$\bar{a}$=320Gal≈0.3*g*。即台南地震震中加速度为0.3*g*。

4. **有感范围**

本次地震有感范围的半径最大为190km，最小为70km。与过去大地震的比较见表10。

表10 台湾四大地震有感范围对比

地　震	有感范围半径（km）		强震区半径（km）	
	最　大	最　小	最　大	最　小
1906年嘉义	300	200	40	20
1935年新竹台中	270	180	55	11
1941年嘉义	300	180	45	22
1946年台南	190	70	16	11

三次地震的有感范围比较，如图12所示。

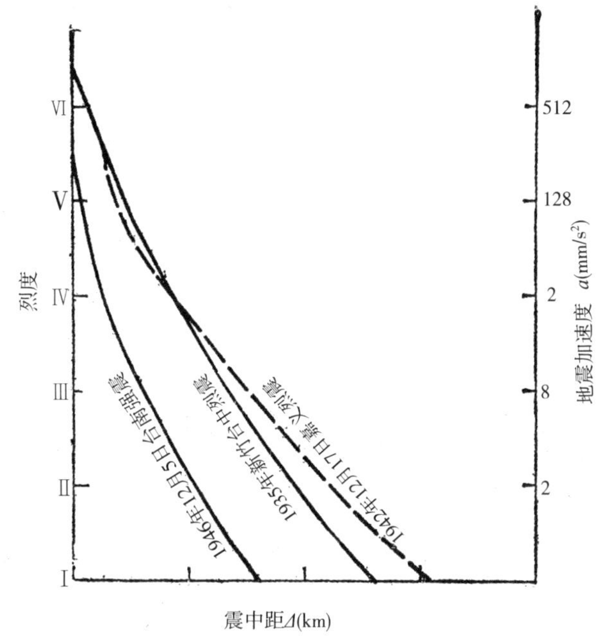

图12　三次台湾地震有感范围的比较

（七）地震参数的确定

1.观象台地震仪观测结果

台湾地震台网中，只有七个台记录到了本次地震，其他台因仪器损坏，无记录。这七个台记录的数据见表11，各台仪器型号和参数见表12。

表11　1946年12月5日台南地震各地震台观测记录

地震台	日期	发震时刻 时:分:秒	最大振幅 振幅（μ_0）	 周期（s）	记录持续时间 时	 分	 秒	初动（μ_0）	Δ（km）	加速度（mm/s²）	备　注
台　南	5	06:46:54.3	N E Z	1.5 1.5 1.5		14	—	N >-16500 E >-21000 Z >-10600	14	N >38.8 E >37.0 Z >18.0	*P–i*=7.0s
阿里山	5	06:46:59.1	N -7250 E -6900 Z +4100	3.5 2.8 2.6	1	05	—	N +251 E +284 Z +138	71	N >0.3 E 3.5 Z 2.4	无灾害
恒　春	5	06:47:25.8	N E Z >-875	5.2				N E Z +12	122	N E Z	时刻不准
台　中	5	06:47:03.4	N ±780 E ±910 Z ±400	5.0 5.8 5.0		38	21	N +66 E +19 Z +75	125	N 1.22 E 1.08 Z 0.63	无时钟校正
花莲港	5	06:47:18.6	N E Z			28	41	N E Z +11	165	N E Z	
台　北	5	06:47:37.0	N +4200 E -3600 Z			33	0	N E Z	252	N 0.21 E 0.19 Z	
高　雄	5	06:48:24.0	N E Z					N E Z		N E Z	

表12　各台地震仪参数

地震台	地震仪		倍率	固有周期（s）	摩擦系数（m/s²）	阻尼系数	阻尼类型
台　南	E-W	强震仪	2	4.7	—	1.5	油　式
	N-S		2	4.3		1.5	
	U-D		2	1.5		—	
	E-W	维谢尔地震仪	77	3.6	0.01	4	空　气
	N-S		81	3.6	0.02	4	
	U-D		76	3.3	0.02	3	
台　中	E-W	强震仪	2	7.0	—	6	油　式
	N-S		2	6.0		6	
	U-D		2	6.5		6	
	E-W	维谢尔地震仪	85	3.5	0.01	5	空　气
	N-S		85	3.5	0.01	4	
	U-D		72	3.3	0.01	4	
恒　春	E-W	维谢尔地震仪					空　气
	N-S						
	U-D		80	4.2	0.01	8	
花莲港	E-W	维谢尔地震仪	73	4.0	0.01	5	空　气
	N-S		73	4.0	0.01	3	
	U-D		69	4.1	0.01	3	
台　北	E-W	强震仪	2	4.0	0.02	3	磁　式
	N-S		2	4.0	0.02	3	
	U-D		2	3.0	0.05	3	
	E-W	维谢尔地震仪	109	4.0	0.01	4	空　气
	N-S		115	4.0	0.01	4	
	U-D		65	4.2	0.01	4	
	E-W	大森式地震仪	20	10.0	0.01	3	磁　式
	N-S		20	10.0	0.01	3	
	U-D		20	10.0	0.01	3	
阿里山	E-W	强震仪	2	3.5	0.02	2	磁　式
	N-S		2	3.5	0.02	2	
	U-D		2	3.5	0.02	2	
	E-W	维谢尔地震仪	75	5.0	0.01	4	空　气
	N-S		75	5.0	0.01	4	
	U-D		55	3.5	0.01	4	
	W-E	大森式地震仪	30	10.0	0.02	2	磁　式
	N-S		25	10.0	0.02	2	
	U-D		—	—	—	—	

2.震中位置的测定

由各台P、S波到时差，按走时表求震中距列于表13。

表13　各台之震中距

台　名	S–P（s）	震中距Δ（km）	
		Δ（h=0）	Δ（h=10km）
台　南	2.1	14	9
台　中	15.4	120	127
阿里山	8.9	66	72
台　北	31.0	255	263

亦可用台南、阿里山、台中三台初动方向测定。最后确定震中位置为：北纬23°03.3′，东经120°18.9′。该震中位置与现场调查结果相符。

3. **震源深度的测定**

（1）用h=0和h=10km，求震中，h=0时弧线相交较好，确定h=0.5km。

（2）按P、S波到时差与Δ的关系，得震中处$t_{S\text{-}P}$=0.5s（见图13），按鹭坂曲线（图14）求得h=3km。

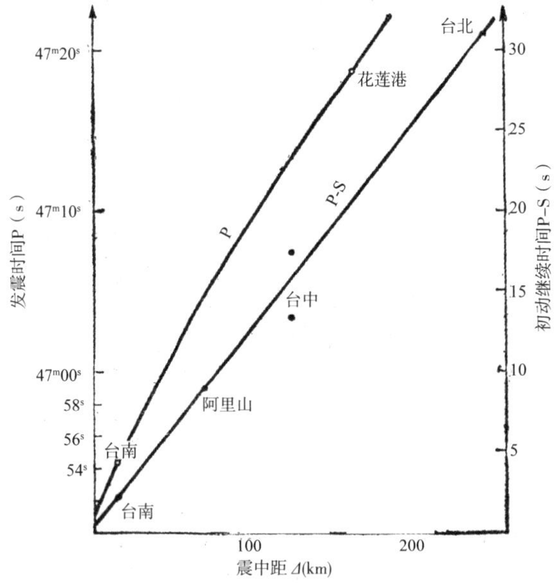

图13　$t_{S\text{-}P}$–Δ关系图

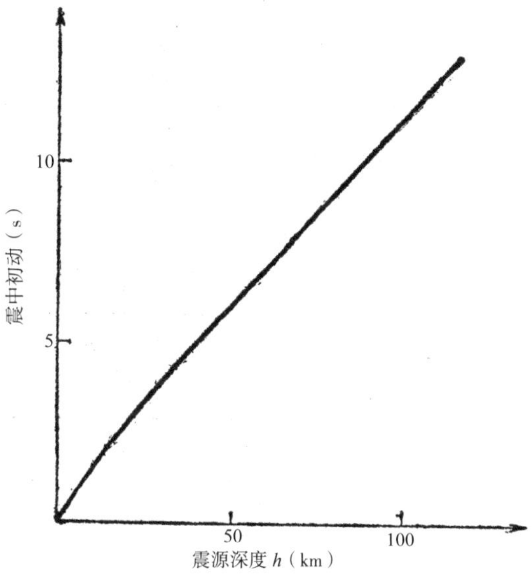

图14　（$t_{S\text{-}P}$）$\Delta_{=0}$–h关系图

（3）按台南地震仪初动方向，设地震波直线传播，得h=5km。考虑到射线弯曲，确定h=4km。

（4）综合以上结果，结合现场考察，最后确定震源深度为3km。

4. **发震时刻的确定**

按P波走时（见图13），求得发震时刻为：震中发震时刻（时:分:秒）为06:46:51.2；震源发震时刻（时:分:秒）为06:46:50.5。

5. **震源机制**

各台初动符号分布情况如图15所示。在震中东北方，即阿里山、台中、台北以及震中南方即台南、恒春，初动均向上。

现场调查表明，地壳运动方向及物体倾倒方向（见图3）均说明断层北侧向北东东向运动，南侧向南西西向运动。由此得到P波节线有二（图15）：*F-F′*，方向为北东东—南西西；*N-N′*，与*F-F′*，正交之圆弧。

由于*F-F′*，方向与震中附近之断层一致，故*F-F′*，为断层线。由二节线确定之四个象限的力的方向亦见图15。

断层两侧地块运动方向相对水平方向而言是倾斜的。北侧地块相对于南侧向北东东且向上急剧位移，而南侧地块则反之。

（金　严、张碧琴　整理）

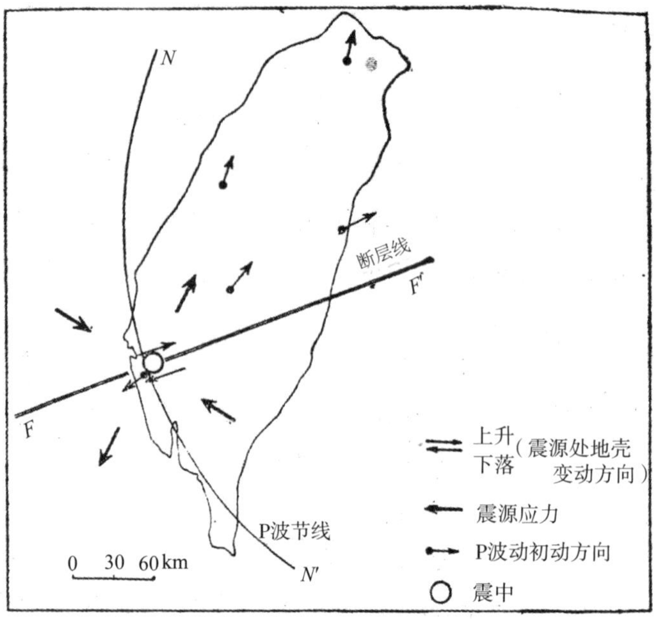

图15　台南地震震源机制示意图

现场照片

1. 台湾台南地震后的新化断层

2. 那拔种马牧场的新化断层

3. 新化断层产生的地裂缝

4. 新化镇那拔种马牧场内断层线上之相思树被裂开，水平位移100cm，垂直位移50cm

5. 永康地裂缝之一

6. 永康地裂缝之二

7. 永康乡埔子西方大田方向WN20°的地裂缝

8. 永康乡地裂缝之三

9. 永康乡茑桥附近喷出的地下泥水

10. 永康乡埔子民房（木结构土墙）向WS10°倒塌

11. 永康乡土墙房屋倒塌之情况

12. 永康乡盐行第三国民学校校舍向北倒塌

13. 永康乡茑桥炼瓦民房向北西倒塌

14. 新化镇东兴里二层砖楼房向西倒塌

四、地震论述

《一千八百年前的地震计——张衡地动仪的研究》，明恒著，发表于《青年界》新2卷3期，1946年（15）。

阳嘉元年（西历132年）后汉张衡所发明的地动仪是世界上最初的地震计无疑。后汉书张衡传说："阳嘉元年，复造候风地动仪，以精铜铸成，圆径八尺，合盖隆起，形似酒尊。饰以篆文山龟鸟兽之形。中有都柱，傍行八道，施关发机。外有八龙，首衔铜丸；下有蟾蜍，张口啄之。其牙机巧制皆隐在尊中，覆盖周密无际。如有地动尊则振，龙机发吐丸，而蟾蜍衔之。振声激扬，伺者因此觉知。虽一龙发机，而七首不动；寻其方面，乃知震之所在。验之以事，合契若神。自书典所记，未之有也。尝一龙发机而地不觉动，京师学者，咸怪其无微。后数日，驿至，果地震陇西，于是皆服其妙。自此以后，令史官记地动所从方起。"

这段记事在米尔恩（J.Milne）的名著《地震及其他地动》（Earthquake and Other Earth Movements）中也有译载，可是不免有些谬误。第一是年代的谬误，……不是西历136年发明的，其实是132年。第二后汉书并没有什么插图，而米尔恩的书却把它图解成悬垂钟摆悬垂着的样子。这明明是误译的结果；因为原文只不过说在机械的内部有一根主柱。这根柱子定是直立于盘底的倒立钟摆，而米尔恩误解做悬垂钟摆了。他说："这机器的内部是一根柱子，挂着可以向四面八方摆动的。"并且说："在壶里有一种装置，可以依照柱的运动而记录地震，……"这在原文是没有的。还有一个重大的谬误，就是论到地震时丸子如何下落下一层。照理是不管地震的强度如何，也不管地震的方向如何，总只有一龙落丸，其他七龙却无异状。然而米尔恩的书里却说："依这装置，一龙落丸，若振动不及其他各方面时，其他七龙未必会落丸。"这样说来其他各丸有同时落下的可能性了。若是张衡的地动仪真是这样的话，倒和我们现在所知道的相符合——就是地震的运动是向各方向振动的，然而原文并没有这样说。最后，还有一样不很重要的谬误，就是盘底的直径并不是像米尔恩书中所说的八英尺。原文所记的单位约等于三分之一英尺，若这样计算便正确多了。还有一件应该注意的，就是米尔恩书中所说的"蛙"必须改正作蟾蜍，因为中国古代是把龙和蟾蜍看作一对神秘的物，而屡屡用以象征天和地的。

1936年王振铎氏在《燕京学报》第20期，十周年纪念专号上发表了一篇论文，题目《汉张衡候风地动仪造法之推测》。王氏在那篇论文里叙述候风仪地动仪的历史和近代地震仪制造的原理，依照后汉书所载的候风地动仪的特征，而推定其制造的原理，推定当时制造机器的能力，作了张衡地动仪复制之设计图，而详说其机能。王氏的解说，错误比较少些，但论到中央那根柱一层，他指摘了米尔恩的错误，可是他自己也犯了同样的错误。他以为那柱是短的悬垂的复合钟摆，而米尔恩以为是长的单摆罢了。而王氏所假定的地震动的性质，却陷于致命的谬误。他假定地震动是前后往复振动的。再说，地震的初动是推，反动是拉；推时前面的龙落珠，拉时对方向珠却不落下来；可是接着向左右动时丸珠便坠落，因为没防止左右动时落丸的装置。王氏将原文"寻其方面即知震之所在"改为"寻其方向乃知震之所在，"并且作为"震源之龙首必向其方向吐丸"解，这里似乎有谬误。该说由丸珠坠落的方向可以推定震源的方向，这样广义的解释要比较正确些吧。

三年前荻原理学士曾把张衡地动仪的主要部分当作倒立钟摆而设计制作，结果成功了。这机器的倒立钟摆是铜作的，摆底底面作圆形，直径3公厘，从底到重心的高是17生的米突（厘米），它可以颠倒的加速度，最少限度为8.7伽。因为是试作，所以龙首和蟾蜍从省了；但八道关门啦，仅限一龙落丸的装置啦，却很精巧地装好了。现在放在东京帝国大学地震研究所的地下室中，曾经用东京及其附近所发生的实际的地震，试验它的机能。大概多是因为地震动的横波而落丸，例如1937年3月28日由东京向南而微东的方向，以羽田边为震央的微震时，丸向东南方落下，这样看来，丸要到震动的主要动时才落下。"所谓寻其方面，方知震之所在"者，必须听丸落下的声音而辨别其由于初期微动而落呢，或是由于主要动而落。

最近我模仿张衡地动仪的性能，制作了一个简单的器械，分作下列五个部分：

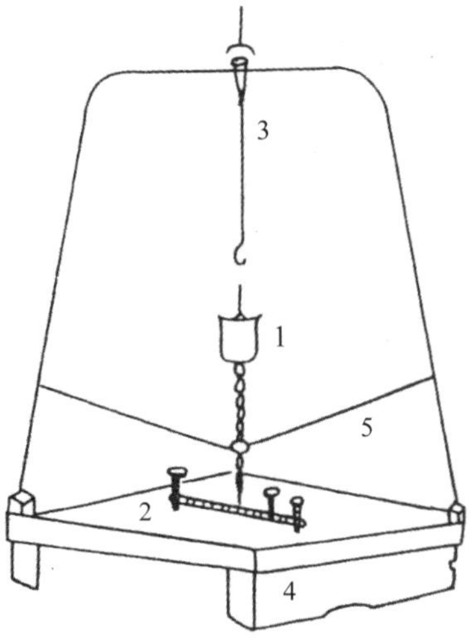

（1）倒立钟摆；
（2）台盘；
（3）扯下钟摆的装置；
（4）发声器；
（5）足系。

把倒立钟摆的底面作成半径1.5公厘的圆形，全体重心的高是124公厘，安置得适当时，其可颠倒的水平加速度最少限度为11.9伽。

台盘之上可以直立钟摆，要它保持水平，所以要用装有测微计的三脚去安置它。

扯下装置可说是这个地动仪的心脏部，由这个装置把那吊在头顶纽带上的摆极缓慢地扯下（并不回转）利用台盘的三脚，使钟摆垂直地安置起来。纽带钩悬在扯装置的雄螺旋的一端，当摆已经垂直地安置完了之后，钩须要离去。摆的扯上扯下是用本装置顶上的雌螺旋的回转而行之。

钟摆立定之后，钩照旧挂着，徐徐地移动三脚的测微器使钟摆垂直立在正中央。

发声盆是木制的，立摆倒下来时发出强烈的声音使伺候在旁边的人即使睡着了也会惊醒。由此可以区别它是由初动而倒下呢或是由于主要动而倒下。

足系是使摆颠倒时不会转落到盆外去。

这样看来，可知本地动仪和后汉书所解说的张衡候风地动仪有同样的性能。由这个器械可以知道地震动的纵波或横波的方向，还可由目测而得知初期微动继续时间，由此而可找出震源的位置。

以上单说明张衡的候风地动仪。从他以后若有人继续研究的话，那么地震学早已进步了。张衡天才的发明，在18个世纪这样漫长的岁月中，被人所忽视，真是可惜。以下就把张衡的经历，简单地叙述一下。

张衡西历78年生于南阳西鄂，殁于139年。张家世代名门，曾祖父时积有钜万的资财，祖父堪，初为蜀郡太守，后转为渔阳太守，内开荒芜，外御匈奴，立有殊勋。父似不甚著名，自幼贫困，尝受同郡朱晖的厚给。张衡想不乏游学之资，或者人家以为他是神童，另外有人援助他也未可知。16岁游学于西安附近有名的京兆、左冯翌、右扶风等地，18岁时到首都洛阳修学，直到22岁。翌年为南阳太守鲍德的主簿，31岁时鲍德做大司农，他便罢官归家。读书数年，到34岁时拜为郎中，38岁做太史命。张衡的官历，以本职为最长，中间曾做了五年的公事司马令，又复归为太史令，前后两回共12年。做太史令的最后一年，阳嘉元年，就是他发明候风地动仪的一年，他是55岁了。翌年迁侍中，58岁时出为河间相。做河间相时政绩大举。居三年，乞骸骨告老。62岁微拜尚书，当年殁，葬于故乡西鄂。

张衡是个多才艺的人，这是不可否认的。他性巧善画，但不知他绘画的程度如何。做文章是早就熟达了的无疑，修史似乎不是他的得意工作，在历史方面有了多少业绩，我们不很明了。

天文学恐怕是他最得意的学问罢？没有算术数学，那么天文学便不成立。所以他对于天文阳阴历算，定是很通达的罢？原来他的太史令这个官职是掌管天时星历的。家居几年，潜心于天文历算而自成一家，后来被拔擢而为太史令，那是因为他的才能受了认识无疑。张衡作太史令的最大功绩就是“浑天仪”的制作和“灵宪”的著述。所可惜的是浑天仪不传了，灵宪却全文被保留着。灵宪的文学虽然难解，看来大概和西洋的星云说相仿佛。他确已知道水金两星和火木土三星在运行上是不同的，可惜对于太阳系内外行星的区别还没有认识清楚。

张衡得意的技能中，除了天文学之外，其次像是简单的物理器械的考案制作。下文且举出几种来看看。

地动仪——这是本文的眼目，在这里不必再赘述了。原来太史令的职责是掌“凡国有瑞应灾异时记之”。当东汉之时，地震迭起于近畿，人命财产的损失极大，重职责的人决不会对此不关心的。这大概是他制作地动仪的直接动机罢。

指南车——有人说指南车是黄帝所创作的，也有人说是周公所创作的，其做法已经失传了。张衡将它复制，应用磁针。

土圭——若要研究天文，计时的装置当然是必要的。土圭大权是测量日影的器械。

自动三轮——“应闲”中有“使三轮自转”的记载，大概是像今日三轮脚踏车的东西罢。

自飞木雕——“应闲”中有“木雕犹能独飞，已垂翅而还故楼”的记载，注曰：“张衡尝作木鸟，假以羽翮，腹中施机，能飞数里”云云。也许是今日的玩具飞机之类的东西也未可知。

以上所述，大概可以明白张衡的全貌了。在1800年前现代文化还未开明的时代，靠独学自修的力量，能够有这种大业绩，实在是可惊可叹的。

1948年山东威海6级地震、理塘7.3级地震及该年地震论述

【编者按】1948 年 5 月 23 日下午 6 时左右，山东省威海市附近发生地震，市内房屋损坏八千余间，打伤居民六十余人，死亡 2 人，该电文是由中国人民解放军所管辖的威海市政府上报胶东行署的灾情及救助报告等三件；另收录了《威海市志》及《中国近代地震目录》中有关该地震灾情记载的内容。1948 年 5 月 25 日，四川省甘孜藏族自治州理塘县发生 7.3 级地震，现将《西藏历史地震资料汇编》及《四川地震全纪录》中有关此次地震事件的史料以及李善邦先生《三十年来地震研究》一文收录于本篇。

发震时刻：1948-05-23，17:13:18；
震中位置：37.2°N，121.8°E；
震　　级：6 级；
震中参考地名：山东省威海市西北海域。
发震时刻：1948-5-25，15:11:34；
震中位置：29.7°N，100.3°E；
震中烈度：X度；
宏观震中：29.5°N，100.5°E；
宏观深度：18km；
震中附近地名：四川省甘孜藏族自治州理塘县。

一、威海地震原始记载

1948年5月26日胶东人民解放区有关抗震救灾三件电文档案（威海市档案馆）如下。

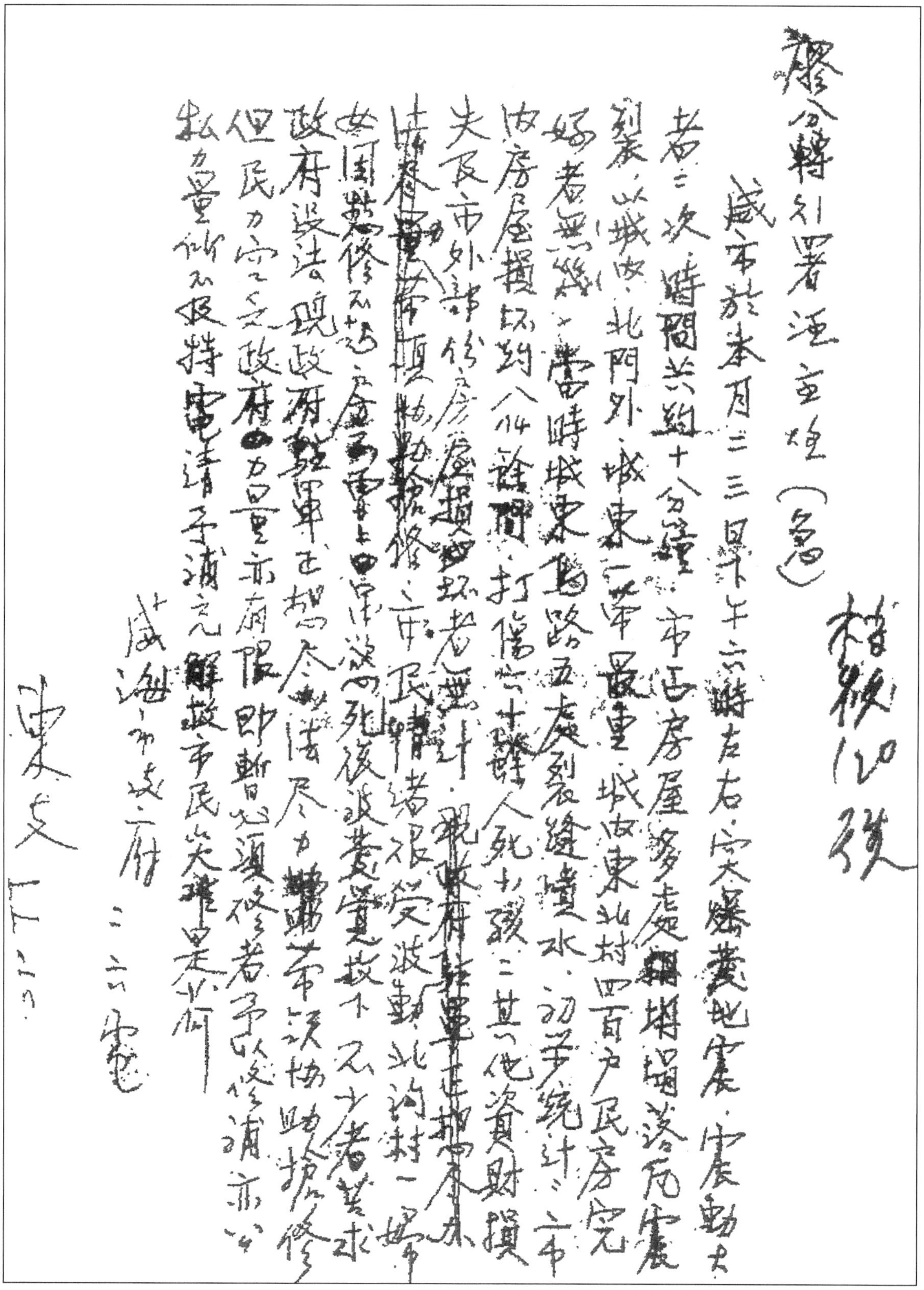

胶分转行署汪主任（急）

威市于本月二三日下午六时左右，突发生地震，震动大若三次，时间共约十八分钟，市区房屋多处倒塌，墙落瓦震裂，以城内、北门外、城东一带最重，城内东北村四百户民房完好者无几，当时城东马路五处裂缝喷水，初步统计，市内房屋损坏约八、九〇余间，打伤六十余人，死十余人，其他资财损失，市外部份房屋损坏者无计，现政府驻军正在帮助修缮，市民情绪很受波动，北沟村一妇女因惊悸不起，全身重伤，当晚死后，投资置救下不少，伤者要求政府设法，现政府驻军正想办法尽力帮助市民协助修，但民力空乏，政府力量亦有限，即暂必须修若干，以适修补亦以我力量所不及，特电请予补充，解放市民灾难是所盼

威海市政府 二六电

金政委：

[illegible]本月廿三日下午[illegible]左右突发地震，震动[illegible]

[illegible]前后[illegible]时间[illegible]

[illegible]东二[illegible]

东[illegible]

[illegible]人死[illegible]

[illegible]

此致

[illegible]月廿三日

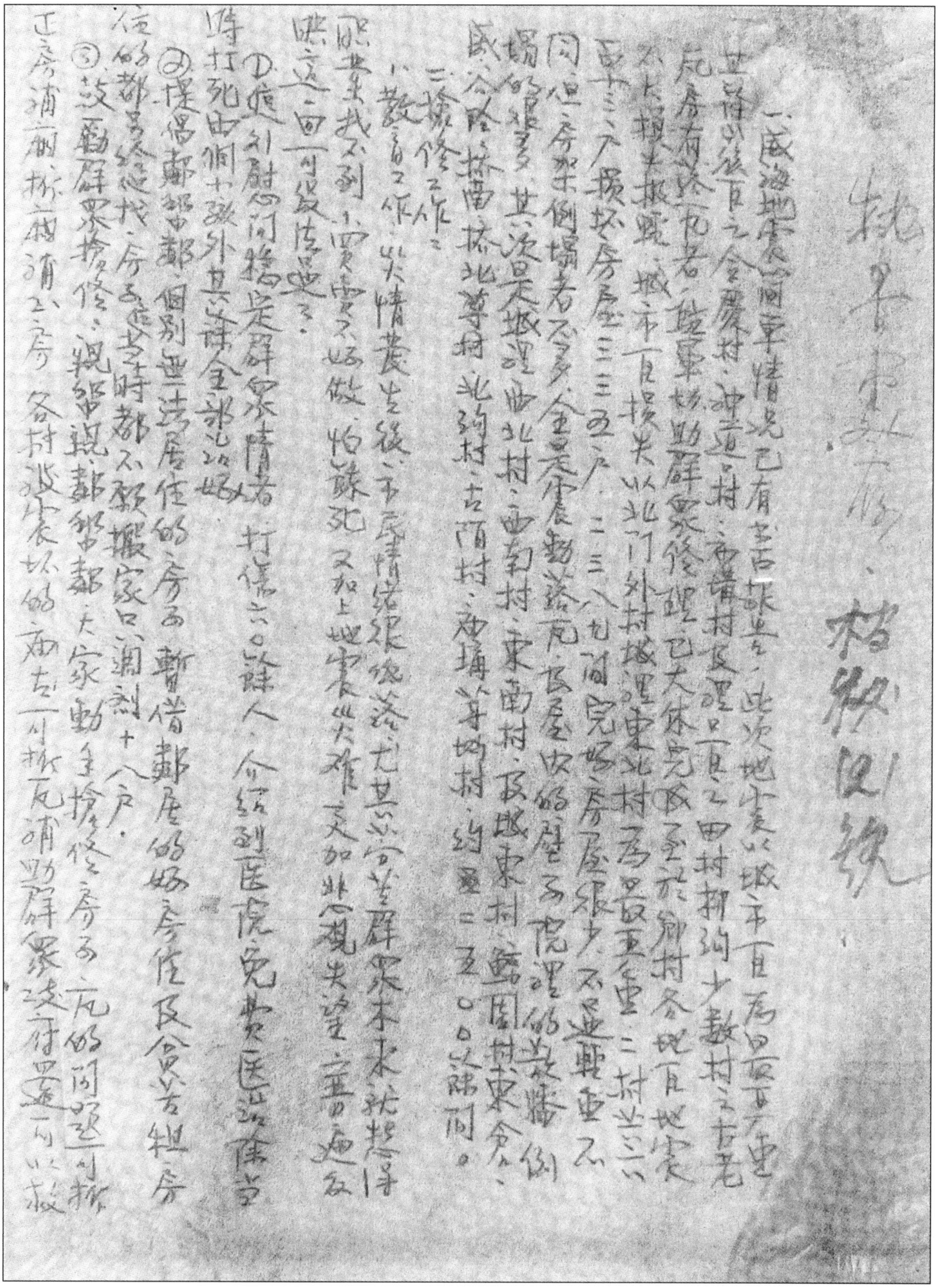

救灾安房、搶救組織

一、威海地震的災情情況已有書面報告，此次地震以城市百尺區為嚴重
其餘如後下之金家村、沖道口村、南埠村及裡口、後口田村、柳均少數村之古老
危房有倒塌者，經軍隊動員群眾修理，已大體完成，至於鄉村各地區地震
不大，損失很輕，城市區損失以北門外村城裡東北村為最嚴重，二村共六
百十三戶，損壞房屋三三五戶，二三八九間，完好房屋很少，不過嚴重不
同，但房架倒塌者不多，全是震動落瓦，及屋內的壁子院裡的牆壁倒
塌的很多，其次是城裡西北村、西南村、東南村、及城東村、鹽園村東金、
威、公路、塔曲、塔北、尊村、北均村、古陌村、神塌、萬城村，約為二至〇〇以餘間。

二、搶修工作

1、救濟工作：災情發生後，本區災情很嚴重，尤其以前群眾本來就想得
貧去找不到，要靠不好做，怕餓死，又加上地震災難更加以觀失望，壽命嚴
照這一回可沒法了。
①追外科關問題，穩定群眾情緒，打傷六〇餘人，介紹到醫院免費醫治，除當
時打死的個十外，其餘全部治好。
②提倡鄰幫鄰，個別無法居住的房子，暫借鄰居的好房住，及貧苦租房
住的，都另給他找房子，這些時都不穩，搬家口，調劑十八戶。
③鼓勵群眾搶修，親幫親，鄰幫鄰，大家動手搶修房子，瓦的問題，可拆
正房補廂，拆廂補正房，各村發生損壞的廟宇可拆瓦補助群眾，這樣要道可以救

济部修瓦，能修多少修多少，现在修此等屋者倒之重宣会资大族合宜的
照制所担以公益区达村类成自组此由出基支达房子免此一不够作修补款来出粗也
合其二画说明政府与军队出面大量部中助人力部中助群众抢救修
④被灾请的逃走户，家里一个人没有的房子被震坏，谁愿修补的，依本
补户的居住权，按费之多少，合理详定居住年限，由村公所写信通知他本人问
保留居住权，北门外村无房住的修此几户定的房子已修好。
⑤租房住的，房主有能力修补者，由房主修补，房主无能力修补者，住户愿住
愿修补，双方协议，按费之多少规定免交租额之年限，或房主与住户共同
出资修补，住户所出之资，由租额扣除，如指头村部议定，房东承认，愿住公
产建之的房子，即收回并把来，这些一样包来部助房主修补，这样
去很多，北门外村租户一些，房主已互助修补的七间。
⑥是商号租住公家的房子，商号可自愿修补，按费之多少规定免交租额
依商号情况，决定不修补的商号，说服就翁国村住个别小商号无力修补者由本部商号动员
⑦村中果农之合作农场若由村中居之果实搞修补。
经宣传动员后，提高群众抢救修补情绪，租房住的住户也有被动自动
来的自愿，主动与房主互助修理群众自己的房子，也有亲房
互助想法修补北门外村除公家部由修补外群众自用的瓦，运送走
二、具体解决群众问题之
1、搜集群众公家所有的旧瓦，及拆公家坏房屋不可修补的屋之
瓦与西兴调剂瓦二〇〇〇〇片，解决一部分群众买瓦的困难，获得困难

文、機関部隊幫助小工八二〇個，共搬泥約二〇〇〇件車，解決了泥的困难，尤其無

劳力的貧苦户，他們都說借瓦工找不起，小工用不起，並且泥瓦人托無車泥一件

五百元（挑水、合泥、搬瓦）等，至今尚未計算矣。

2、城市里見市民房屋倒塌，社会組織村社以存储石灰二二〇〇〇斤，由優待貧民的解決

修用（約四百斤十三斤粮，以市價折七斤）灾情更重的貧苦户，可到座谈会社贴庆。

4、以工代賑的方法吸收灾情更重草面瓦的瓦匠二四名，住瓦房九天，共三一

名，發放工资每天三斤半粮（以市场作坊包工钱三斤），由城市瓦市民三座社员

体负责組織臨時小作坊，能以得救，做得了須的解答，可到座谈社用瓦工一

维修，不起工合放但工资如按天個月廿天或至晚三個即可常置這样的貧苦

户，由座谈社代发放（發放这）东粮由市救委會做出不何修房户兩户之

资粮由社代发修房户生产座出粮食，即将置建合作社搶修工作五月廿六日完工

到六月（合計）救委會做出资，發粮一（三斤市座谈会社代交工资一四一

斤，共出石灰六六六〇·五斤（合粮）（合四四斤）已搶修草半救济者十户修起

房子三（間）城里東南村有六三户半救济者由其村合作社负责借粮二四〇斤

即解决困难。

5、以灾情特别重的贫户放些工资都由农会负责，户保证各户放提了家

后，剩下老婆和孩子生活非常困难，更是有些（生产座谈）还不能建立维持

村里住在这样灾情，户（人）的工资都由各家负责，全也修起，共三户市

救委会负责修起十二户，其余三户，全部由政府出资，合计瓦匠技術的

我们的负责修补，已修起一二六间

三、屏家自己想法修補，這五天的时间自五月廿八（至六月一日），趕得最近的
是北門外村都都都修補的有七户，找親戚朋友和中勁修的，一户自己的
瓦匠三六名人，全村四天的大修建一三七間，窑家及駐軍幫助修的二二間，無
他各村很多户都自己请瓦匠自己修好，这五天的统计全县已修好之房屋一七
五户，六七〇间窑洞，窑之烟洞十个，之山頭五個，數目理房以房十二間（接北路有）
明東鄉因過遠，隣民合吃未統計）。現在看修補数比损坏数高，约足七分之一
但被災最严重市民房被损居十八户外，是自己的房子且最少都修好三間
搶修了，作準备於六月四日已统统乘（屏家自己修補的，但建设，全屏
全生產合大重，完成地权推广，和桑栽地瓜等。
至於一家無一个住的房子，該人在時門窗即被破坏，这次地震破坏，房很
刹暫時無法修補，但一等着被雨淋倒，損失来得很大，且最好上级设法以
救修補

此致

敬禮

隊長

月　日

二、威海地震史料

摘自《威海市志》（1986年），记载1948年5月23日威海6级地震资料如下。

根据中国科学院编制的《中国地震区域划分图》，威海市为Ⅶ度烈度区。自1408年（明永乐六年）至1982年，有史料可查的有感地震共发生40余次。其中，1568年4月25日（明隆庆二年三月二十八日），“六级地震，蓬莱、宁海州（牟平）、莱阳、文登均震”。1668年7月25日（清康熙七年六月十七日），“地大震者三，声如雷，民房倒塌十之三四”。1948年5月23日下午6时，发生6级地震达10分钟。市区北门外村，东北村损坏房屋2389间，西北村、西南村、城东村、鲸园村、东仓村、戚谷疃、北沟村、古陌村、庙墕村损坏房屋约2500间。市内东马路五处裂缝喷沙水，高者达人高。伤60余人，死2人。

1948年5月23日威海西北海中发生6级地震，威海市内东马路五处裂缝喷沙水，房屋落瓦500余间，有倒裂，伤60余人，死2人（中共威海市委威海市政府档案，1948年，永久173号卷）。

据史料记载，历次地震，震中区多位于渤海湾，有的位于威海市西北海域。威海市位于胶东半岛东北部，北部沿海有一北西西向断裂，称之蓬莱—威海断裂，它的东段在威海、荣成出露。半岛东部有一组北东向断裂，称之为牟平—即墨断裂带，由大致平行的四条断裂组成。这组断裂与蓬莱—威海断裂相交的部位在威海西北海域，是半岛地区主要的发震区之一。

三、威海地震目录

《中国近代地震目录》记录1948年5月23日威海地震灾情如下。

威海6级地震参数表

地震日期	发震时刻（北京时间）	震中位置 北纬 东经	精度	震级	震中烈度	震源深度（km）	震中参考地名
1948-05-23	17:13:18	37.2° 121.8°	（4）	6			山东威海海中

宏观震中：37.7°N，121.9°E。

烟台：少数房屋坍塌。

威海市：地裂缝很多，有的宽3厘米，长7米，涌水。屋瓦多数脱落，北竹岛破土墙震倒。

牟平：林家店村有石砌围墙被震倒。龙泉区渠格庄等村，石围墙或土墙震倒。

文登：羊亭区下炉村破土墙倒塌一段，屋瓦震落，其他村亦有个别土墙倒塌。

青岛亦有感。

四、理塘地震史料

摘自《四川地震全纪录》，1948年5月25日四川理塘7.3级地震史料如下。

震时：1948年5月25日15时11分34秒至5月31日。

震地：理塘、九龙、康定、西昌、越离，（北纬29.7°、东经100.3°）。

震情：

（1）理化大浩劫，地震廿余次。【天府社理化讯】本县自五月廿五日起至三十一日止，连续发生强烈地震达二十余次，本月内尚时有余波。此次地震因过于猛烈，以致山河崩裂，房屋倒塌，共伤亡军民千余人，鸡犬牛羊死亡无数，实为康省空前未有之灾祸。县府以此地山高气寒，民生极苦，罹此空前浩劫，全县灾民食宿无所，特呈报省府请求拨款救济。省府据报后除先行拨款急赈外，并电行政院社会部请予设法救济。

成都《华西日报》民国三十七年六月十七日第三版

（2）山崩地裂泉涸屋坍，理化地震余波未已，居民惶恐相率露于郊外。【本报康定八日通讯】理化上月廿五日至三十日连续地震，结果死伤军民千余人。现尚有崖石溃裂情事。分裂之土地，土裂泉涸迄未复原，人心惶恐万伏，皆露宿室外，此为继廿余年前炉霍大地震后之又一强烈地震。

成都《国民公报》民国三十七年六月十四日第二版

（3）理化地震连续数月。【西路社西南理化通讯】第二区行政督察专员曾言枢，于日前理化所属莫拉、濯桑等村勘震灾，现已勘毕返署。据谈所查灾区尤以藏坝、德、窝（巫）、汶洼等村为最重。莫（木）拉、甲洼等村次之，死伤人民在一千以上，甚至有全家死亡者。至牲畜之死亡，财产之损失更不可以数字计，恐廿年后尚难恢复旧观。各灾民请转呈省府及中央豁免差粮十年，并与大量物资之赈济，曾氏已将观察灾情及人民请求报请省府核示。

成都《新中国日报》民国三十七年九月三日第二版

（4）理化地震数月不止，死伤近千，廿年难复。康属理化县自本年五月廿五日开始地震以来，连续数月迄八月中旬犹未止息。以藏坝、德窝（巫）等地震情为最重，死伤人民以千计，廿年内亦难复旧，现该县已请地质调查所前往勘查。

成都《国民公报》民国三十七年九月十日第二版

（5）【本报理化廿五日专电】昨日十五点三十分至十六点之间，理化发生强烈地震，房屋倒塌甚多，居民颇有伤亡，尤以郊区平原地带为剧。有周、邓二家几全被覆灭。迄至发电时止，该县地震尚有余波，人心惶惶，均不敢入屋云。

康定《西康日报》民国三十七年五月廿六日第二版

（6）【本报九龙五日通讯】此间县属各地于本年阴历四月十七日午后一时，发生强烈地震，一日一夜震动十二次之多，县城附近幸未酿成巨灾。顷据来客谈称，是日午后一时康定所属葛坝与九龙交界地方发生地震，倒塌房屋三十余家，压死十六人，伤者二三十人（内有九龙人四人在内），损失牲畜财物至巨。此次地震自四月十七日起，每日均有震动，直至五月十二日。

康定《西康日报》民国三十七年七月十二日第二版

（7）【本报讯】距今仅廿五日，康定城又发生强烈地震。昨（廿五）日午后四点五十分，天气暗淡，细雨纷纷，地震突来，房屋摇摆，桌凳倾斜，为时一分余钟，又微微荡动。市民咸以一月之内，连续强烈地震二次，无不引为奇谈，震源何地，无人知悉云。

康定《西康日报》民国三十七年五月廿六日第二版

（8）【本报讯】（西昌）前日下午三时许，本市发生地震，路上电线及街灯摇摆甚剧，壁上挂物亦有倾斜，多数人均感头昏，震动时间约十余秒钟，惟当时多数人均不知为地震。

西昌《宁远日报》民国三十七年五月廿七日第二版

（9）【本报越嶲讯】五月廿五日午后二点四十分七秒，越离发生地动，房屋作响，地面倾斜，历时三十七秒。

康定《西康日报》民国三十七年六月五日第三版

（10）事由：你等众僧呈噶厦转来的呈文已收悉，内称：达赖喇嘛索南加措佛座（三世达赖）亲建的理塘大寺强巴林，受到前所未有的地震之害，寺庙内外一切财物受损极重。对于五千个僧众修习诵经之地遭到破坏，不能熟视无睹，虽准备修缮，但所余财力微薄，故禀呈境况，谨请求政府负责修缮寺庙，并因目前在昌都一带，由于大法师尊者宗喀巴大师及其二大弟子的木刻经本已毁，请予重刻新版。以上所请若能应允，则请求拨给经费并赏给准向广大民众募化证明，职等无限感恩云云，等情知悉。〔第十五绕迥〕土鼠年由于发生地震，寺庙内外一切财物受损极重，如属实情，你等的寺庙是达赖喇嘛索南加措佛座亲建的黄教祖寺，传入佛教的火种，因此历代达赖喇嘛应给予优抚，但因远方，无法直接派工助修，现发给五百秤藏银作为修缮寺庙和重刻大尊者及其二大弟子的经本费用（附准予向远近百姓为寺庙募化的噶厦证明）。你等要照此修好佛堂，重刻法师三师弟的经本，使其能在多思麻广泛传播。

《西藏噶厦档案》卷宗号003-12第2目第362号文

注：第十五绕迥土鼠年即1948年。

（11）1948年5月25日15时11分34秒，理塘南，北纬29.7°、东经100.3°，震级7¼。

《中国地震目录》第一、二册合订本，页320

注：民国三十七年，理化县治地在今理塘县建设乡。

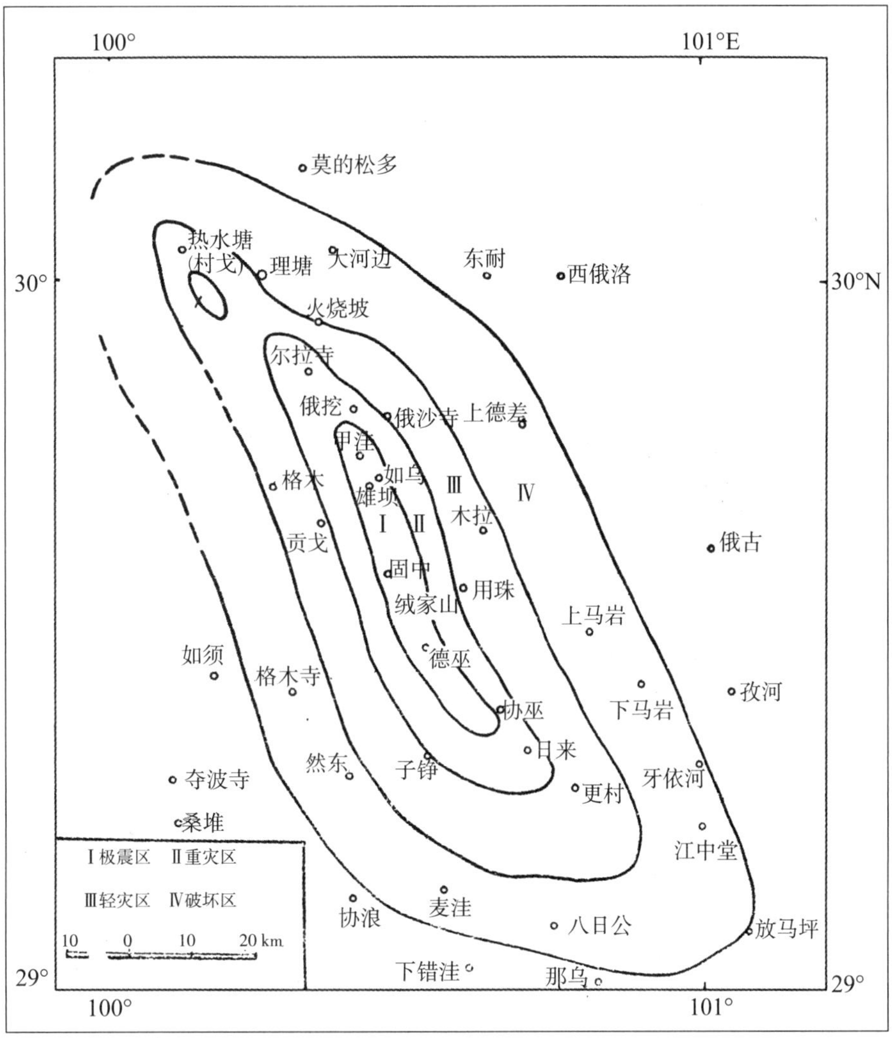

1948年5月25日理塘7¼级地震破坏程度图

震时：1948年5月26日00时20分41秒；

震地：理化附近（北纬29.7°、东经100.7°）；

震情：震级5½。

《中国地震目录》第一、二册合订本页321

震时：1948年5月26日2时43分24秒；
震地：理塘附近（北纬29.8°、东经100.6°）；
震情：震级5½。

《中国地震目录》第一、二册合订本页321

1948年5月25日理塘地震（M=7¼，I°=10°）极震区内，德巫一固中间规模宏伟之地震破裂带，（左）远眺、（右）近景（邓瑞生摄，1965年）

震时：1948年5月26日4时50分；
震地：康定、理化；
震情：【本报康定廿七日专电】（迟到）昨午后四时五十分康定再度发生强烈地震。次又理化亦于昨发生地震，倒屋数家，人心惶惶。

成都《西方日报》民国三十七年五月三十一日第三版

震时：1948年5月26日21时40分49秒；
震地：理塘附近（北纬30.0°、东经100.0°）；
震情：震级5。

《中国地震目录》第一、二册合订本，页321

五、地震论述

《三十年来我国地震研究》，李善邦著，发表于《科学》第30卷6期，1948年（15）。

地震为一种灾异，无论古今，人皆骇怕，盖其烈者顷刻之间可使田舍丘墟，死亡枕藉。以其来也前无警告，后无消弥之方，故当人类知识未充时，目为神谴天罚，离属不经，亦古人仅有之解释也。我国历史记其事最早者为周幽王二年三川震。伯梁甫曰：“周将亡矣，天地之气，不过其序，若过其序，民乱之也；阳伏而不能出，阴迫而不能升，以是乎地震”。自是书典记载甚多，甚至于稗官野史，小说笔记，亦有记述。例如池北偶谈，聊斋志异皆有之。统计可以查考者，计有3500余次。古人记此，重于灾祥，无心备为后人作研究张本，故所述未免不尽不实，然亦可见我国地震威胁已积忍数千年矣。

今日居于滨海诸省者，多不觉地震之严重，惟于西北及云南各省区，其害大足惊人。我国地震区域，最著者为陇山（大盘山）东西，拖延至甘肃走廊，及青海北部；西入新疆天山与阿尔泰山之间及昆仑南北麓，亦多地震活动；云南西部大理洱海一带，其南开远、蒙自、石屏间，地震甚多，他如川西、冀北、山西之汾河谷，太行山之南部，山东湖群之西，安徽霍山附近，以及闽粤间沿海，琼崖等地，皆属地震地区。故我国地震分布不为不广。自书典所记，此等地区，常可发生惊人地动，毁坏房屋，死伤以千或万计。且危险至今未减，例如民国九年，甘肃西陇之震，土崩山摧，死者达20万人，灾及无家可归者，更不可胜计也。我国地震分布如此其广，震灾如此之烈，古人科学知识虽浅，而其避凶就吉之心无异，固知必有其人，企图研究地震之由，设法以让之者。后汉书张衡传有一段记事："阳嘉元年，复造候风地震仪，以精铜铸成。圆径八尺，合盖隆起，形似酒尊，饰以篆文山龟鸟兽之形，中有都柱，傍行八道，施关发机；外有八龙，首衔铜丸，下有蟾蜍张口承之。其牙机巧制皆隐在尊中，覆盖周密无际。如有地动，尊则振龙，机发吐丸，而蟾蜍衔之，振声激扬，伺者因此觉知。虽一龙发机，而七首不动，寻其方面，乃知震之所在。验之以事，合契若神。自书典所记，未之有也。尝一龙机发而地不觉动，京师学者，咸怪其无征。后数日，驿至，果地震陇西，于是皆服其妙。自此以后，乃令史官记地动所经方起"。是昔贤已于二世纪之初，已发明地震仪，以观测地震。此乃世界上地震仪之最古者。其机械制作，又不可得详。然从上文所述，可想象其仪器可以征测八龙首所指从任何一方而来之动，惜张衡之后无继之者，对于其如何应用此仪器以研究地震，有何结果，则已湮没不可考矣。

事实上在科学未发达前，地震问题殊不易研究。征诸外国古时记载，所得结论，同是荒诞无稽。盖地震学建基于地质数学与物理之上，必须待此三门科学有基础，始有方法以启其门而入其室。我国科学一道，素来落后，故近代地震之研究亦起始殊晚，若必欲划一纪元，其殆为民国九年乎？是年十二月，甘肃发生大地震，其震央在陇西县境，而其震动所及，虽远在北平犹可见电灯摆动。能力之强，可想而知。当地则土崩地裂，井涸河塞，死人20万，灾情之惨，为历史上所罕见。于是科学家为之惊倒。其时翁文灏先生任中央地质调查所所长，尝亲历其境，调查地震之前因后果，证明该地地质构造与地震有密切关系，且考证书典所记，衡以地质学之理，得若干地震构造上之地带，均是历史上常发生地震者，分著数篇，专论其事。后来从事于此道者，遂得研究之门径。故翁氏实为我国开现代地震研究之门者。自是以后，中央地质调查所正式负调查地震之责任，国内任何一地发生地震，必设法汇集报告，以为研究张本。惟限于人员及经费，经常以仪器观测地震则尚未能举办，固未尝不知地震研究，须有长期观测之地震台也。

民国十八年，北平林行规先生赠地一方及建筑仪器室之费用予中央地质调查所，始得建地震研究室于北平西郊北安河之鹫峰山，令作者主持其事。台设于离山脚高约55公尺之处。东向平原，四方寂静，不受交通车辆之震动，以扰乱地震记录。室一良所也。十九年夏建筑完成后，复得中华教育文化基金董事会之协助，先装置一架100公斤之水平动维歇尔式（Wiechet）地震仪及其附件。是年9月，即开始记录，不久添置80公斤上下动维开式一架。记录出后，得国外从事于此道者之鼓励，至二十一年8月复添置最新式且精确之伽利津-魏立浦（Galitzin-Wilip）上下动地震仪一架。不久又添同样水平动两架。记录印行后，即跃为东亚第一线地震测候台之一，截至"七七"抗战前夕，共计地震2472次，其震央分布遍及世界各地。

当时为避免车辆震动之烦扰，乃择地震测候台于山僻之乡，无如工作所需，离不了城市，于是一切均感不便，从装置仪器以至于修理任何零件，均须自行动手。自开始以至毁灭，无时不在设法使臻于方便。初无电力，观测上所必需用电，代以蓄电池，但每月须将电池送至城中充电，不胜其烦。直至二十五年冬石景山电力接至山下，始告解决。山中交通亦殊不方便，以人力车为主，故工作人员，非有事故殊鲜入城，随不得不广置各种图书，及简单之天文、气象等仪器，以调节工作人员之单调生活。迨一切可能之改善几近于完成时，此台之劫数亦到矣。

地震记录，收到后即作初步研究，将震波分析结果，按月报告分发世界各震台，名曰Monthly Seismological Bulletin，其较重要之地震，则详加研究，藉各地交换所得之报告，测量其震源之经过地点，准确至于分。寻而考其震波通过地下之传播情形，以推测地壳构造，再杂以个别地震研究之文，刊为Bulletin of the Chiufeng Seismic Station。总计曾作较详研究之地震约300个，对东亚部分之地壳构造，如花岗岩系、玄武岩系层之厚度，已有大约数字。苟假予时日，将积存之记录，循序研究，确切之数字，不久可以得到。不图倭寇东来，“七七”事变数日后，强暴之威胁已及于鹫峰，当地震仪正在记录山东菏泽之大地震时，工作人员仓皇逃命，所有仪器书籍，以及积年所得之记录，均告损失。今也房屋坍塌，已成一片丘墟矣。

地震观测至于有用，必须有多数地震测候所分布于适当地区。我国观测地震者，固不限于中央地质调查所，其他研究机关亦有之，最著者为上海徐家汇及南京北极阁，前者为天主教观象台所主持，其设立远在鹫峰地震研究室之先，置有1000公斤水平动维歇尔式，80公斤上下动维歇尔式，伽利津上下动与伽利津–魏立浦上下动震仪，及大森式各一具。出有刊物两种：其一为普通震相报告，每月刊行；其一为不定期刊物，多是地震问题专论。著名之黄牧师编中国地震目录（Hoang：Catalogue des Tremblements de Terre signals en Chine），即为该观象台1909年所刊行者。北极阁地震台乃属于中央研究院气象研究所者，成立仅后于鹫峰1年，置有20吨水平动与1000公斤上下动维歇尔式各一具，水平动伽利津–魏立浦两具，刊有地震季刊报告其测候结果。当京沪沦陷时，徐家汇仪器未受损失，但停止工作，北极阁则破坏不堪矣。

此外第一次世界大战前，德人尝置一架水平动维歇尔式地震仪于青岛观象台，惟从未知其有无良好记录，天津中法工商学院亦于战前装设伽利津–魏立浦水平动地震仪一具，惟天津一带地面脉动甚烈，记录常为所掩，未见有良好记录。惟其仪器，大约未受战争损失。

抗战期间，当吾人西迁以避暴敌时，图书仪器损失綦重，一时难于补充。且国家在战时急需工矿，于是地球物理人员，多从事于物理探矿工作，此时几无地震研究可言。直至1941年，中央地质调查所始渐注意于恢复昔年地震观测工作，作者乃力图自力更生，而苦无参考书籍。爰秉昔年经验，先设计一机件简单而保有相当灵度地震仪，宜于观测震央较近之地震者，在地质调查所附设之小仪器修理工场监造。工具短拙，自不待言，又适值国家最艰苦之时，材料与工具俱感十二分困难；且敌机轰炸频繁，日驱吾人于防空洞，精神疲惫，无有甚于此时者，以致制作效率，极度低减，历时甚久始告完成。而一套记录器机件，犹无法解决。当时公私工厂，均忙于战具制作，无可委托者。历尽艰难，率用废钟零件拼凑，作成推动机，以供一时之需要。虽行动不能十分匀称，但即可应用矣。惟专为此用之标准钟于此时绝对不能购得，又不能自行制造，只得用普通闹钟加于分时通电设备以得分时记号于记录之上，然后用测量经纬度用之标准表及无线电报时信号以改正之。如此可以勉强测准至于3秒，虽远不如鹫峰时代之精确，而已极此时之能事矣。

1943年8月开始记录，成绩颇为满意，所记得之地震，有远至土耳其者，距北碚6000余公里，地震报告亦于是年恢复印行。自第一架成功后，继续制造第二架，所经验较多，不久即告完成。惟皆用观测水平向地动者。后又进行设计制造记上下地动之地震仪，未及完成，而抗战已告结束矣。胜利后人心振奋，急忙办理复员，战时所造仪器，经一年之后，始全运回南京，暂装置于南京珠江路地质调查所之研究室中。始初时未尝不欲恢复昔年标准，奈鹫峰一时不能进入，惟有暂任其荒废，以待将来。目前则暂于南京所内，择可以改造之房屋，辟地下室两间，以安设地震仪；同时计划制造新仪器，拟先在北平及兰州建立地震测候站，惟苦于经费短绌，进行极感困难。所幸工作仍不断与环境奋斗，不拘时日，尺亦进，寸亦进，以求达到目的。最近于北平寻获前置于鹫峰之仪器数件，正运京修理中，可能于短期内修出伽利津–魏立浦地震仪全套。惟此仪须用照相记录，如获专款，以供日常记录消费，则昔年标准自不难达到也。

复原后，中央研究院气象研究所亦极力恢复其北极阁地震测候台，其前有之大维歇尔式两架，在沦陷期间，仅废而未毁，现已修理完好，虽不及昔年完美，但已可以应用，且拟增添新仪器，重振旗鼓。惟徐家汇震仪，虽在战争期中未有损毁，目前因经费不足，仅开行一部分而已。

台湾由日人建立之地震计十有余处，胜利后随收回失地转移于我国，近在台湾省气象局管理下，继续其观测工作者已有九处，闻将来仍有增加。

地震研究，除质证地壳之薄弱地带外，其最大问题，乃推究地球内部构造。盖藉震波通过，因播速随深度所受之变化，与所通过层位之物质特性有密切关系，吾人可把握之以为推断张本。例如谓地球心核尚为流质，鲜能置信，而证之以地震学，乃毫无疑之也。然此项研究，必须有多量之测候台，备有精确之地震仪，长期工作，方有成效。我国研究地震原已甚迟，而复于萌芽发叶之初，即惨遭摧残。战争期中，即先进国家亦难顾及纯学理之研究，自难怪我国于此门学科成就无多。所望以后者，学人得有安定环境，足用之设备，使能发挥其能力。若再研究20年，则所得结果当有可观者。况此门研究，不限于学理，实用方面，亦已露头角，应用其理以测石油蕴藏之地，已行之十有余年，且著奇效，近更渐进于预报台风。美国海军已甚注意此道之发展矣。科学研究，初非预定其用途而从事者，但求应用上之发明者必先有学理知识为基础，盖无法拉第、麦克斯韦之电学理论，电器机械无从发明，无马可尼等之电子研究，必无无线电。遑论原子弹。其理至明，故一般目前看不透实效之科学研究，实未来新发明之泉源，国人其注意之乎。

附录一：中国早期的地震台简况

- 上海徐家汇地震台
- 大连地震台
- 青岛市观象台
- 北平鹫峰地震台
- 南京水晶台震台
- 重庆北碚地震台

一、上海徐家汇地震台

1.上海徐家汇地震台简史

佘山地震台的前身是上海徐家汇天文台（Observatore de Zi-ka-wei）①。1872年，法国天主教耶稣会为适应长江口船舶往来的需要，在该台建立了气象与天文观测，1874年开始地磁观测，1904年增设地震观测。同年1月22日大森式20kg水平向地震仪投入使用，2月5日正式编辑地震观测报告，并与气象、地磁之观测数据合刊，发表于徐家汇天文台年报之中（Bulletin Annuel de L'obser Vatlere de Zi-ka-wei）。为提高台站检测地震的能力，1909年4月15日增设1200kg维歇尔式水平向地震仪，1915年、1924年又分别增设了伽利津和80kg维歇尔垂直向地震仪，开始进行三分向地震观测。为研究地脉动，1932年1月又装置了伽魏式水平向地震仪，使徐家汇台的地震观测装备达到了当时的先进水平。由于日本发动侵华战争和台站经费不足，1941—1949年期间，除1200kg维歇尔地震仪勉强维持记录外，其余仪器有的停记，有的断续记录。

2. 测震工作人员

测震工作人员表

姓　名	工作时间
H.Gauthier①	1904年—1911年—?
吴奎宝	1908年—1917年6月
周桂平	1909年—1924年10月
E.Gnerzi②	?—1920年—1948年底
吴泳生	1924年1月—1928年4月
徐林芳	1928年4月—1960年4月

注：①法国人，进台离台时间不清；②意大利人，到台具体时间不清。

3. 台址情况

台址情况表

台站代号	台址	北纬	东经	海拔高度（m）	开始记录日期	停记日期	台基岩性及地质年代
ZS	上海市徐家汇①	31°11′33″	121°25′25″	7	1904年1月22日	1910年5月	地表新生代松散物所覆盖，厚度约100m
	上海市徐家汇②	31°11′33″	121°25′50″	7	1910年5月	1912年1月	
	上海市徐家汇③	31°11′32″	121°25′48″	7	1912年1月	1951年	

注：①摘自本台*Bulletin des Observatoire*（*1904—1911*）；
②摘自本台*Bulletin Seismique*（*1910—1912*）；
③摘自本台*Notes de Seismolegue*。

① 资料来源：Bulletin Seismologique de Zi-ka-wei，Tableaux-Resumes des Annees1904，1905 et l906。

4.地震仪照片

大森式地震仪：

水平地动计

维歇尔地震仪：

小维歇尔垂直、水平向地震仪

小维歇尔水平向地震仪

伽魏式地震仪：

伽魏式（GW）拾震器

伽利津式（SG）拾震器

伽利津垂直向地震仪

上海徐家汇观象台旧貌

二、大连地震台

大连地震台始建于1904年，是中国建立较早的地震观测台站之一。1904年8月5日，日、俄战争后，日本人在大连市南山顶部（现大连气象台址）建立中央气象台，即“大连第六临时观测所”，后易名为“关东都督府观测所”，内设地震观测，主要仪器有14kg大森式地震仪（Omori），1930年12月26日增设120kg两水平向维歇尔（SW）地震仪。观测记录时间约41年（自1904年9月7日至1945年9月9日，日本投降终止记录），当时留下的原始地震记录图594张，有213张地震记录清晰，其中包括1923年日本关东、1927年中国甘肃古浪、1931年新疆富蕴等世界著名8级大地震资料，很有研究和历史价值，这些资料现保存在大连地震台资料档案室。

维歇尔地震仪：

小维歇尔垂直、水平地震仪

小维歇尔水平地震仪

大连关东观测所（旧貌）

三、青岛市观象台

1.青岛市观象台简史

青岛市观象台始建于1909年，由德国人管理，是中国大陆早期观测地震的台站之一。地震台上安装有小维歇尔水平向地震仪，编辑出版过《青岛市观象台地震报告》，在中国地震局地球物理研究所资料室存有1931—1932年的部分地震报告3册，由于战乱资料散失，尚存有震地震图18张。经过调研资料搜集，尚无结果，故无法详考。

2.地震仪照片

大森式地震仪：

水平地动计

小维歇尔垂直向和水平向地震仪

小维歇尔水平向地震仪

四、北平鹫峰地震台

北平鹫峰地震台
1930年中国建立的第一个现代地震观测台
北京西山鹫峰 据《当代中国的地震事业》

五、南京水晶台地震台

1.南京水晶台地震台简史

南京水晶台由竺可桢先生倡导创建，是中国近代地震科学发展史上历史较长的观测台之一。1930年4月破土动工，1931年3月落成，命名为中国南京北极阁地震台，隶属当时的国立中央研究院气象研究所。这是我国自建的第二个地震台。建台的目的是探求地震、海啸与气象的关系，为中国地震研究提供可靠资料。

早期配备的仪器有：世界上体积、重量最大的地震仪——德国制造的17000kg（水平向）和1300kg（垂直向）维歇尔式地震仪，于1930年底运到中国，1931年10月20日开始安装，1932年6月下旬投入观测。伽魏式地震仪于1934年4月完成安装，并投入观测。

1932年7月北极阁地震台地震季报创刊。记到的第1个地震到时为1932年7月8日10时43分19秒（GMT）。地震季报共出版4卷16期，总计报道地震1410次。后因日本侵华战争该台于1937年7月停止了观测、出刊。

停止观测后，17000kg（水平向）和1300kg（垂直向）维歇尔式地震仪仍放在北极阁地下室内。伽魏式地震仪拆卸装箱，从南京运往四川的途中，列车被炸，仪器遭毁。

抗日战争期间，李善邦先生于1941年在四川重庆北碚原中央地质调查所内建立地球物理实验室。自行试制成水平摆式地震仪，命名为“I式地震仪”，有东西分量和南北分量各一架，于1943年夏开始记录，至抗战胜利时共记到远、近地震109次。

抗战胜利后，北碚地震台迁回南京。1946年秋，I式地震仪安装在南京珠江路942号（现为700号），重建地震台，命名为中国南京水晶台地震台，隶属前经济部中央地质调查所。配备的仪器有200kg（H分向）和80kg（Z分向）维歇尔式地震仪和伽魏式（三分向）地震仪。其中维歇尔式地震仪是台湾省赠送的，伽魏式地震仪原系北京鹫峰地震台使用的，由于转移保存，战争中幸免损坏，于1948年3月安装完毕，投入观测。

1947年5月，水晶台地震台开始出地震观测报告，其中第1个地震的序号承接北碚地震台为第110号。水晶台地震台主要研究的项目有：李善邦先生继续改进和完善I式地震仪，改进后称为51式地震仪，并开始试制光杠杆放大式地震仪；谢毓寿主持编写的地震报告，为我国地震科学研究积累了较完整的资料；秦馨菱担负部分水晶台地震台日常工作并开展地球物理学方向的研究工作。

2.测震工作人员

测震工作人员表

姓　名	工作时间
金咏深	1932年6月—1937年7月（1932年2月开始，参与建台工作）
孙儒范	1932年7月—1937年7月
徐　涛	1943年—1944年
胡宝琳	1943年—1944年
李善邦	1946年7月—1952年（1939年3月—1946年6月在四川北碚）
秦馨菱	1943年—1944年10月
谢毓寿	1946年7月—1952年（1944年10月—1946年6月在四川北碚）
孙庆煊	1947年9月—1955年5月

3.台址情况

台址情况表

台站代号	台址	纬度N	经度E	海拔高度/m	开始记录日期	停计日期	台基岩性及地质年代
NK	南京市北极阁	30°03′11″	118°46′55″	60	1932年6月 1947年春	1936年6月30日 1948年冬	砾岩
	南京市珠江路942号水晶台	32°02.8′	118°47.9′	7	1947年3月	1952年5月23日	土层

4.**地震仪照片**

维歇尔地震仪：

大维歇尔垂直向地震仪

大维歇尔水平向地震仪

小维歇尔垂直、水平向地震仪

小维歇尔水平向地震仪

伽魏式地震仪：

伽魏式（GW）拾震器

六、重庆北碚地震台

1.**北碚地震台简况**

北碚地震台是抗日战争时期（1943年）由我国地震学界前辈李善邦先生在重庆市嘉陵江畔建立的一个地震台。抗日战争胜利后，1946年地震台迁回南京。

1930年李善邦先生在北京西郊鹫峰建成我国自办的第一个用现代地震仪进行地震观测的地震台——鹫峰地震台。1937年“七七事变”爆发后不久，北京沦陷，李先生撤离北京，鹫峰地震台毁于一旦，所记2472次地震的原始记录图尽失。1939年李善邦先生经南京辗转到重庆，与从南京撤到这里的地质调查所人员汇合，继续地球物理研究工作。1941年太平洋战争爆发后，从事研究工作的基本条件已不复存在，李先生决定开展地震观测研究。在极端困难条件下，李先生自制了机械式水平向地震仪，命名为“霓式”地震仪（后来改名为“I式”地震仪）。

从1943年5月到1946年5月的3年里，共报地震109次，出版单台报告4期，并与古登堡、ISS、法国斯特拉斯堡国际地震中心进行交换。

参加北碚地震台管理工作的还有秦馨菱先生和谢毓寿先生。

抗日战争胜利后，北碚地震台仍继续工作了一段时间。1946年5月地震台停记，之后随地质调查所迁回南京，北碚地震台的历史随之结束。

2.**台址情况**

台址参数表

台址	纬度（N）	经度（E）	海拔高度 / m	开始记录日期	停记日期	台基岩性及地质年代
重庆市北碚	29°50.2′	106°25.1′	213	1943-5-14	1946-5-18	

3.**仪器装备**

观测仪器参数表

仪器名称	拾震器				放大器类型	摩擦系数	放大倍率	记录方式	记录纸速/（mm/min）	记录时间
	类型	分向	周期/s	阻尼						
霓式	I式	水平向	4.5		机械放大		152	熏烟纸记录	20	1943年5月—1946年5月

4. I 式（51）式地震仪照片

I 式水平向地震仪

《中国早期地震台历史地震图鉴》（第一、二卷）

附录二：对民国时期我国地震观测工作的回忆

- 六十生辰回忆
- 前地质调查所的地震、物探和地球物理工作
- 忆鹫峰地震研究室
- 前地质调查所(1916—1950)的地震工作
- 解放前后我国地震工作概况

一、六十生辰回忆①

李善邦

（一九六二年十月二日）

李善邦先生在德国（1936年）

我生六十年，大部分岁月是在动荡社会中过的，直到四十七岁那年解放，才算安定下来。旧社会的生活是无目的的，瞎闯的，闯到那里算那里，谁也没有把握。人生若戏，回忆过去所为，使儿女辈认识认识旧时代，亦不无益处。

我本农家子，世代以种田为业，小时候亦常随父母下田耕作。祖父有稻田五六亩，因家中食指尚少，除一家衣食以外，尚有一些节余，遂叫我去读书，也就是要我走读书的道路，爬到社会上层去。这种思想是历代相传，宁不足怪，且在当时说来还是开朗的，因为还有许多父兄并不看重读书。他们认为读了书就做官，做官就赚钱，那么做生意不是最直接的赚钱道路吗?又何必读书然后赚钱呢!的确，那时候人们认为从读书得来的知识是为赚钱服务，而不是为人民谋幸福的，这个观念老早就在读书人的脑子里存在着。

我六岁入小学，这时候正是满清皇朝与革命党人斗争最剧烈的时代。有些老师赞成革命，常常对学生讲清朝政府的腐败，说到甲午战争，打不过日本小国，失了台湾，又赔了二万万两银子；庚子年八国联军入京，丧权辱国；中国快要亡了，必须推翻清朝政府才有建立富强的民国的希望。学生听得津津有味。不久辛亥革命推翻了清政权，把那条讨厌的，一不小心就长虱子的发辫首先剪掉，心里非常兴奋，以为中国从此就会富强了。于是在幼小的心灵中又添了些朴素的爱国思想。

辛亥革命并没有换来新中国，反而使社会日趋混乱，军阀割据，互相争夺。由于他们不断火并，往往使学校停课，在中学时曾两次仓皇搬家，在大学也有两次逃难，当时能安心于读书的日子实在不多。在校的学生，多数是经济情况不大好的，因此弄得非常狼狈，中途退学是常有的事。

读书都是用功的。由于大多数学生出身于小资产阶级家庭，这般人既没有经济基础，也没有强大靠山，欲置身青云只有靠自己学出本事来，因此在学校里，总是兢兢业业地求学，为了将来找出路，为了满足父兄的期望，逼着自己必须这样做。那时候的中学，特别注重英文和数学，这两门功课是考大学的敲门砖，如果不进大学，便没有实际用场，可怜能上大学的，为数极少，结果中学毕业生的出路是非常悲惨的。

我升大学也是困难很多的，特别是广东乡下，要到上海来读书，路远旅费多，不过一时的机会罢了。到了上海，人生话不通，到处受欺负，随后到了南京，得同乡的帮助，定居下来，一时还不敢想考大学，在暨南学校努力补习了一年英文，二十岁那年才考入东南大学（即今南京大学前身）。当然非常高兴，梦想着大学毕业后，前途不可限量。哪知到了大学第二年要分科的时候，便慢慢认识到毕业后的出路问题。由于心灵深处有一点爱国思想，相信科学救国，读理科尚不须考虑，但在理科中学那一门，这就成为难题了。最后选了物理系，因觉得学物理，得学很多数学，又

① 摘自《地震地磁观测与研究》，Vol.10，No.6，1989。

要学化学，学得广泛些，就业的机会也就多些。在就业问题压迫下读书不得不认真。当时没有像现在的辅导制度，经常在课堂里跟不上老师的讲课，下课后自己督促自己，一一把它弄明白，常常弄至深夜。有一次在熄灯时（一般在九点半）哪知一躺就着，和衣睡到天明，煤油灯空点了一宿，被同学引为笑话。这都算不了什么。在大学几年中，且不说经过若干次形形色色的风潮，最令人不安的是帝国主义的侵略，军阀的混战，弄得民不聊生，中国之大，没有一块安身立命之地。愈接近毕业，愈觉得前途茫茫，毕业就是失业的阴影老在头上徘徊着。这时候意志坚强地参加革命去了，留下的只有一条出路，那就是教书，但学校不多，吸收人数有限。我原想着东南大学物理系会找我当助教，哪知比我聪明的朋友早已捷足先登了，后来被介绍到南京私立的钟英中学教代数，兼教化学，已经是十分幸运，总算有了工作，同学中比我倒霉的还大有人在，有人安慰我说：人生须有两套手法，一套是为谋生存的，另一套才是随心所欲的，我只好苦笑地佩服他旷达。实际生活怎样呢?且不说后一套，即前一套又能让你安定几时呢!

我1925年大学毕业，正是大革命的时期，北伐军的胜利，令人非常兴奋。当孙传芳败退、南京很紧急，军阀肆意屠杀进步青年，学生走了一大半。钟英中学本是私立学校，学生少了，教员的薪水也就不能按时开了，后来只开半薪，我心里有些彷徨，但不愿意离开。1927年革命军进攻南京，钟英学校的老板，怕学校受损失，挂名为难民收容所，我也被收容在里面。因在乱中一个夜间，被游兵吓破了胆，吐血的病又犯了，进医院住了近月，等出来时已换了人间。城里的革命军和许多军官，都是广东的同乡，因此认识了。看他们大赌大吃，花天酒地，非常苦闷，同时病后身体很弱，又没有工作，遂向人借了盘缠，回广东故乡去，意在依靠父兄休养一时。

此时故乡还算安静，有二三位同学在中学当负责，看我狼狈回来，便邀我共事，遂在故乡混了两年。工作没有一定，教物理、教数学、教英文，并兼做教务主任。后来学校发生党派之争，大闹风潮，那时少年气盛，极力与恶势力斗争了一番，结果官司是赢了，但我也失业了。

怎么办?结婚还不久，第一个孩子将要出世了，得活下去!于是写信给各方面谋差事，等了半年，一天北京一位老师叶企孙来电，介绍我到中央地质调查所去研究地震，我注视着电报，暗地想地震有什么可以研究的，然而为了生活，只好应允了。于是“春节”也顾不得过，匆匆与有病的哥哥、怀孕的妻子作别，急忙赴任，由中央地质调查所介绍到上海徐家汇学习，从1930年春天开始了另一种生活。

当时只有上海徐家汇有外国人办的地震观测台，我需在此见习一个时期。开始自己感到很空虚，因大学毕业后五年，根本没有用到大学里学来的东西，一切都荒疏了，不得已找了一位老师胡刚复，领我去见地震台的负责人龙相齐（意大利人Gherji），是一个十足的帝国主义者，他们用法语谈了半天，我听不懂，事后老师告诉我：这个外国人说，中国人研究不了地震。我听了既可恨又可气，咬了一下牙，发誓要把地震研究搞起来。第二天我一个人去见他，他对我很鄙视，他的英语发音很糟，好些字听不清楚，本来那时候在华的洋人气焰万丈，华人见了先自矮了一截，这一来使我更慌，只得听他安排。他叫我跟他的助手去熏烟纸、换记录，根本不理会我。我急得没有办法，将情况反映到北京，地质调查所所长翁文灏，设法在当时的农商部弄来一个顾问衔头给他，他对官衔却十分喜爱，这才改善了一些对我的态度，但只要我当帮工，一点也不教我地震学的基本知识。

为了能学到知识，我只好到小万柳堂地质研究所图书馆去自学，等到稍知一二的时候，便主动提出问题问他。最初他总是用考我的口吻难为我，有一次好像是他突然发觉我不是他想象中的不能学地震的人，才开始给我大略地讲了一些知识，并让我进他的图书馆，并介绍几本理论性的文献给我，但对于地震仪器构造和工作原理虽是我来学习的主要课题，依然不谈。花了五六个月的时间，对测震学没有得到一点系统的了解，而北京又催我赶快回去装设地震仪器，便就此告别了上海。

这时北方军阀正在火并，津浦铁路不通，1930年6月从海道到达北京。地质调查所所长带我去看地震台，使我惊讶的是地震观测台设在离北京四十公里的郊外，在山间荒僻的秀峰寺旁（其山叫鹫峰山），一切都很不方便，我想自己不是来此过避世生活的，这种地方如何能工作。但仪器室已经盖好，不可能再改变，我只好计划住在秀峰寺古庙中，听松涛泉水之声亦足自慰。不久从德国买来的仪器运到山上，认真仔细地研究了说明书，然后逐一装置。以往没有接触过这类工作，在徐家汇时又没有学到，现在一切都得自己包下来，未免胆怯，虽有一个年长的助手，但不会动手，就连关窗户都要喊人来的。忙了一个月，搞洋灰、钻、锉、磨，甚至于打铁也干了，最后总算把地震仪器装起来了。当我小心地放开，让它自由摆动时，发现它是个死的，无论怎样检查、调整、不知毛病之所在。急得没有办法，忙跑到清华大学去请教老师，但他们也没有见过地震仪，最后吴有训先生来山参观，对我说：这不是很精密的仪器，不要拘泥于说明书，可以放胆调节，不至于弄坏。经这一启示，幸把地震仪调灵活了。当第一次记录到地震时，感到非常高兴，中国从此有了自己的地震观测台了。

接着要考虑的是如何管理好地震台和处理记录出版报告。这也是在徐家汇应该学而没有学到的，现在得从头摸起，为此常常需到北京地质调查所里的图书馆找文献，带回山上研读。那时候郊外交通很不方便，骑毛驴或坐人力车，费时很多，不是一天可以打来回的，如在严冬或酷暑，自己身体不好，往往很难支持，不止一次回山后就病倒了。还有用电问题也很困难，当地无电，又因经费有限，不能多购电池，每十天或半个月，得叫人用骡马驮电池到清华大学物理系去充电，同时将充好的电池带回来。至于山寺沉寂，夜间在一盏煤油灯下读书，目困心眩，朦胧中听到野物悲鸣之声，不禁毛骨悚然。卒之克服一切困难，按世界共同标准，定期刊印地震记录报告，与世界各国地震台交换。外国著名杂志评论了我们的报告，说中国已有了自己的地震观测台与世界合作。中央地质调查所的领导人也认为地震研究事业可以搞得起来，允许我补充仪器，扩大研究场地，成立鹫峰地震研究室，并派我到外国学习。

先后到日本、美国和德国去留学，因须照顾国内工作，时间都不长，特别是在日本只有几个月，因“九一八”事变不能继续下去。从外国留学回来以后，见识广了，方法亦多了，极力把鹫峰地震台整顿成为名副其实的世界第一流地震台。方期安定下来，称心如意地进行研究工作，哪知科学事业究竟脱离不了政治，“七七”事变结束了鹫峰地震研究室的命运。

“九一八”后华北一带已在日本侵略者囊括之中，北京名存而实亡。当时官吏是醉生梦死，军民都愤慨万分，“七七”怒潮是中华民族不甘屈辱，决心驱逐侵略者的号角。事变时适因三子强荣出世，全家住在城里。郊外交通被阻隔，再三想回山收拾而不可得，而情势日益恶劣，只得留话给助理员贾连亨，因他是本地人，可以应付紧急，我则率家人仓皇逃出北京。一切记录资料、工作笔记都没有带出。当在火车上遇到日本浪人，过天津看见日本侵略军队，令人气愤腾胸。逃到南京地质调查所（已于头年迁南京）后，安置尚未就绪，淞沪战争又起。8月15日，日机大举轰炸南京，我屋后是高射炮阵地，吓得次女小妹大哭，叫着“不要打了，不要打了”，这使我心寒胆战，不得已遣送家人回乡暂避。当我送他们上船时，日机几次轰炸下关，仓皇中别妻抛子，在回寓途中计躲过十九次警报。家人走后剩下一个光身索性搬到办公室住去，夜间宿于图书馆书架之间，以防空袭。当夜深人静时，想到若干年心血尽付东流，现在剩得赤手空拳，谁使我如此，岂不可恨!

不久我接受了新的任务。与秦馨菱等到湖南水口山做物理探矿工作，因在外国留学时，曾费心学习过，故愿意担承这项工作；亦因抗战初期，青年人激于义愤，风起云涌地愿意为国效劳。无奈蒋介石卖国，军队节节内撤，敌人长驱直入，遂使地质调查所由南京迁长沙，再由长沙迁重庆。1938年夏我在野外，突然接到紧急通知，即日结束工作，赴重庆集合，于是又仓皇就道。此时水路已不可行，只有取旱路前往，沿途看见兵荒马乱，人民流离失所的景象，令人愤慨。行至柳州，旅客拥挤异常，竟不得宿处，闻说租船可以过夜，时方盛暑，水汽上蒸，蚊蚋如刺，但亦比流浪街头为好。再前行时，在途中汽车站上遇见鹫峰留守工作人员贾连亨，悲喜交集，说鹫峰曾一度陷敌，他曾收集部分书物仪器，托教会保管，现地震台为游击队前哨根据地，他无事可做，特南来找我，损失是意中事，且喜他平安归来。1938年秋天到达重庆，这时地质调查所正在北碚建立临时基地，打算在后方继续工作。

初到重庆暂住在四川省地质调查所，一时无事可做，遂被派到香港去取仪器，回来时我就顺便把家人接来，在北碚安置下来。四川真是天府之国，此时食物很便宜带一元纸币上市，可以买到一大筐的东西回来，但心绪不宁，毫无长期打算。后来渐渐意识到抗战将旷日持久，始拿定主意继续做探矿工作。前后历时两年，曾深入川边西南山区，冒了许多危险，不止一次几乎丧命，回来作成报告，后来发觉大人先生们，并不打算发展我国的工矿事业。国民党政府已腐化到极点，大官卖国，小官醉心于发国难财，看来探矿是一种不识时务的工作。他们宁愿向美国去买，比自己辛苦经营有利得多，从此探矿工作也就不愿意再做下去了。

再搞地震吧，然而赤手空拳又从何下手呢?最后决心自制地震仪器，恢复地震观测。其实当时若与高官大族拉上关系，从外国搞些仪器设备，诚不费吹灰之力，但我不能，惟有自行设计制造。可怜当时的生产工具，只有车床一部，小台钻一个，工人也只有师徒二人。工作条件如此，其他条件更坏，物价飞涨，公务人员吃蔬粝之食，在商人利气百倍的引诱下，有人转业，贾连亨也辞去了，这使我很伤心。

无论如何得干下去!从设计图开始，全凭自己设法解决。初无制作整套地震仪的经验，手边又缺乏参考图籍，虽决定采用最简单的方案，但不管怎样简单，总包括若干铸件，机簧以及大小不等的车、钳工序，困难摆在面前，须得一一克服。经费很少，还得自己设法寻求，将车床给人分用，得些租金，尽量在旧货摊上找些可以改作零件的废品。最令人气恼的是原供应电力的资本家借口电力不够支配，截断供应，车床因此不得不设法改用人力转动，出件既慢又不精致。但更难堪的是精神生活。

敌军日益深入内地，敌机轰炸夜以继日，每日可以工作的时间不过二三小时，其余消磨于逃避警报，防空洞远在山岗之下，既简陋又狭小，挤在里面，气闷而心更闷。有一次北碚遭到轰炸，我来不及逃避，炸弹落在我屋后，一震之威，门窗脱落，幸是简陋的竹木结构房子，扭摆了几下没有倒塌，不然全家都会葬送。忽听说办公室被炸，也顾不得头上的敌机，赶快跑去察看，幸未命中，仅被土淹了一半，损伤不大，而旁边的工业实验所则已成火海矣。当此之时终日牵男带女跑警报，吃不得好吃，睡不得好睡，弄得人人困惫，喜怒无常，及不知人间何世。

情况越来越糟，工人不肯干，换了又换，记录器部分的制造工作又很麻烦，没有一件现成，须一一进行试验，初做模型不敢浪费材料，尽量用代替品，甚至连皮鞋油盒子都用上去了。失败若干次后，终于克服一切困难，制成了第一架地震仪，当第一次记到成都地震，接着又记到土耳其地震时，心头确实高兴，从此我又恢复了地震观测。

日本偷袭珍珠港，世界大战扩展到东方，中国成为美英的盟国，经济紧张情况表面上似有所缓和，而我此时已精疲力竭，好了十来年的肺病，又开始吐血。为了维持一家生活，仍须照常工作，且继续在江苏医学院兼教物理学，每在备课时吐血，只得把血咽下去。在此期间，侄子镜荣以全力帮忙维持困苦生活，就这样支持到抗战胜利。

1945年8月15日，日本宣布无条件投降，一时人心振奋，到处庆祝胜利。但谁都知道国民党没有真正抗战，又想霸占胜利果实，斗争将是不可避免的，适此时北碚遭数十年所没有的大水，庆祝会惨淡无光。接着转入到另一番紧张的生活。

此时国民党政府已腐败到了极点。原从下江来的难民皆思东归，狡黠者利用官吏的贪污成性，贿赂交通工具，争先回去发胜利财，一时江道拥挤，落水者时有所闻，这真所谓人为财死，而忠厚者则进退无门。我此时适接得父亲病殁于乡间的消息，念家中只有老小，殡殓都成问题，身上没有钱，欲归家未得，急得像热锅里的蚂蚁。没有办法，只得在北碚守孝，忍耐着、代地质调查所负责办理复员，至第二年的夏末，才回到南京。归来池院皆依旧，秋阳如虎热煞人!

蒋政权投靠美帝国主义，狠心打内战，南京成了美国人的世界，明目张胆在大街上设立许多咖啡馆、逸乐窠，污辱中国人民，而且美军随地胡为，吉普车横冲直撞，令人发指。社会秩序更是混乱。通货膨胀，账目记作天文数字，物价朝定夕迁，人们拿到钞票，必须立刻换成硬币，迟一刻便吃一亏，惶惶然不可终日。然而市面却十分热闹，往来尽是投机商人及其寄生虫、歌舞楼台、花天酒地。最可怜的是拿定薪的公务人员，每当发薪的时候，必须全家出动，老幼提携，忙着抢购油、菜、煤、米，壮者驰往街头换取银元。此时无商不奸，走慢一点便吃了高价，而且扒手骗子左右巡逻着，一不小心，便使你叫苦连天。这那里是生活，简直在演滑稽剧。

初回到南京时，忙于安置，一时尚不能进行工作，遂决定接受英国文化委员会的邀请，到英国去观光一年。亦因身体很坏，一则可以借此休养，二来可以省些英镑，为父亲办丧事。1946年8月，由香港坐了五日飞机，经罗马到达伦敦，在剑桥住了差不多一年，虽中间患盲肠炎在医院手术，但身体比以前好得多了。1947年回国后，首先回家乡尽了人子应尽之道。十余年不返故乡，江山依旧，人物已非，亲故凋零，不胜惆怅。住了约一个月，即需返南京，力图恢复地震研究工作。又匆匆渡海到台湾，搬回三套日本制的地震仪，虽粗糙用处不大，聊以补偿在鹫峰的损失。

情势尚未到了极坏，还能做些工作。赶忙设法恢复工厂车间，陆续修复了几套机械记录地震仪，建立起南京地震观测基地。同时托人在北京搜寻前在鹫峰的设备，结果获得若干加利津地震仪部件，虽然残缺不全，但它是高级仪器，仍决心把它修好，希望在它身上可以看到一些历史陈迹。无如情势日非，工作进行很慢，直至解放后在人民政府支持下，才一举完成了修复工作。

解放前夕更是混乱不堪。淮海战役之后，国民党已日暮途穷，政府要员及社会富有，纷纷逃窜。从我的办公室可以看到美军总部人员仓皇逃命的狼狈相，器械什物，遗弃满地，令人可气亦可笑。国民党要求各机关遣散，勒令迁往台湾，地质调查所亦被吓散了一些人，大部分则在观望。我心里盘算着，跟着逃亡，明显是一条死路，不如坚守岗位，保全辛苦经营数十年的科学研究机构，至少可告无罪于后代。人生自古谁无死，留得千秋享盛名。于是团结一些同志，帮助组织起来，作守所的准备，先积极要求国民党政府发给遣散费，换成银元，暗中储备米粮，咸菜以备不测。同时还小心应付接二连三的紧急迁移命令，最初以搬家需用数千个木笈为辞，有意拖延。后来催急了，必须应付敷衍了，乃将多余的本所出版品及部分老旧无用的仪器，分装十余箱，交运广州地质调查所，并电他们收下，方把事情掩饰过去。随即赶造财产清册，进口仪器加上中文，以备解放军查点。在此天将明的时候，心情非常恶劣，既怕国民党特务横加迫害，又不知将来如何结局，由于不了解共产党的政策，更是度日如年。幸时间不长，一夜炮声，天明所见，门前马路尽是东去败兵，翌日解放军进城，最引我注目的是肥壮的军马，国民党哪有此物，马犹如此，其人可知。从此结束了旧时代，开始了新生活。

1949年4月29日南京解放，不久，解放军的政治工作人员接收和清点了地质调查所，并安慰说早就知道我们没有走。先安置了我们的生活，叫我们暂且照旧工作着，并按我们的要求给了我们经费。这样对我们的态度，开始有些惊奇，随后感到庆幸。后来慢慢组织我们学习政治，特别是参加土地改革，思想改造等一系列的运动，了解了共产党的政策，认识到党的领导给予我们的光明前途，使我们可以有计划有目的地进行科学研究工作，心情愉快。1950年地质调查所的地震部分并于科学院，成为地球物理研究所之一部分。十余年间地震研究事业，无论在设备和人事方面都增长了十来倍，且自稍知世事以来，梦想中的新中国，在党的领导下就可以实现了。

回想半辈子的动荡艰难，一切为了谋生，对于今日的安定而有意义的生活，感到真可贵。不能忘记，今天的可贵的日子，是由千万先烈的头颅、骨殖和鲜血换来的，古语说安逸则骄恣而轻物，可不诫哉!当我花甲，重逢值生辰之夕，老朋友和青年朋友为我举杯祝贺，使我想起旧事，不胜欷歔，作以上片段记述，无非是勿忘过去，用垂法戒之意。

《六十生辰回忆》一文是国家地震局地球物理研究所资料室收存的李善邦先生六十生日时为他的子女写的一段回忆。讲他学习工作的经历。是用草字写的还未誊清的手稿。我们觉得把它整理出来，给地震界的同志们读一读也是很好的。

二、前地质调查所的地震、物探和地球物理工作①

秦馨菱

（国家地震局地球物理研究所）

（一）地震观测与研究

我国是个多地震的国家，三千多年前（公元前1831年）即开始有关于地震的历史记载。公元132年后汉的张衡曾发明了地动仪，它能感知数百公里外发生的地震（在现今的洛阳能感知甘肃发生的地震），可惜此仪器不久即告失传。用现代的方法来研究地震则是本世纪初由地调所开始的。

秦馨菱先生在图书馆（1995年）

1920年12月16日甘肃省海原县（现属宁夏回族自治区）发生8级以上大地震，因此而死亡20万人（仅海原县即死7万多人，因民居多窑洞，洞口被震塌，人在内窒息而死）。当时的地质调查所（以下简称地调所）有翁文灏（所长为领队）、谢家荣、王烈（北京大学教授）和杨铎（北京大学助教）组队前往调查，后又参考、研究历史资料，发现地震与地质构造有较密切的关系，乃写成论文*L'influence seismogenique de certaine structures geologiques en Chine*，于1922年在比利时召开的第13届万国地质学会上宣读，引起国际同行的极大兴趣。但以后也认识到研究地震除了作宏观的野外调查之外，还须进行仪器观测才行。当时因经费困难，筹备了七八年才自建成我国第一个地震台，即鹫峰地震台。在此之前德国人曾在青岛建过一个地震台，但于第一次世界大战后停止工作。法国耶稣会曾在上海徐家汇建天文台，每日定时发出标准时刻信号，还建有气象台每日测报天气，在气象台内尚设有地震仪，作地震观测。

1929年北平（北京旧名）名律师林行规在北平西北郊北安河村鹫峰山坡之鹫峰寺建有别墅，在别墅旁捐地一块供地调所建地震台，地调所又从中国文化基金会筹得在国外购买仪器的经费资助。此时翁文灏写信给清华大学的叶企孙教授请他介绍物理系毕业生来作地震研究，叶在南京东南大学（后名中央大学，解放后院系调整改名南京工学院）物理系教书时对学生李善邦的印象还不错。李善邦毕业后已返回广东原籍兴宁县去教中学，接到叶先生信后欣然答应北上做地震工作。李到北平时，鹫峰台的仪器室已快建成，乃暂住在鹫峰寺后殿一个耳房中，不久即被派往上海徐家汇地震台学习。

李善邦于1930年6月回到北平，把新从德国买到的小型维歇尔地震仪开箱检查，认真仔细地研究了说明书，然后一步步地安装，这是以前未接触过在徐家汇又没有学到的东西，干起来未免胆怯。又和水泥、又打铁等自己动手忙了一个月，好容易总算把地震仪安起来了，但当他小心地把仪器松开，叫它自由摆动时，它却像是死的，一动也不动。怎么检查也不知毛病在哪里。急得没办法就跑到清华大学。那时叶企孙休假去了德国，就请吴有训先生到鹫峰台，吴虽然从未摆弄过地震仪，但他看了之后说，这仪器看来并不是很娇嫩易坏的，并鼓励李善邦不要拘泥于说明书，可以大胆调试，也许不至把仪器弄坏，即使万一某零件弄坏了，清华物理系的金工车间也可以仿制。经这番启示和鼓励，李善邦胆子大了，不久就把地震仪给调好了。到1930年9月20日13

① 摘自《前地质调查所（1916—1950）的历史回顾——历史评述与主要贡献》，地质出版社，1996。

点02分02秒（GMT）时该地震仪记到第一个地震，从此鹫峰地震台投入正式运转。中国有了自己的地震台了！

1930年9月23—24日曾世英携助手孙德霖在鹫峰测得该台的地理坐标如下：

北纬度40°03′ 54.8″ ±1.86″；东经度116°05′ 46.2″ ±3.71″；海拔155m。

地震仪能工作了，下一步就是怎样摸索识别震相，算出震中位置，刊印成报告与世界各国地震台站交换。外国著名杂志评论了鹫峰台的报告说中国已有自己的地震台与世界各国合作甚表欢迎。地调所也认为地震研究事业可以搞起来，乃又申请了经费为鹫峰添置更好的仪器，扩大房屋面积，成立“实业部鹫峰地震研究室”，并于适当时间派李善邦到国外进修学习。

1932年8月先安装起伽里津-魏利普电磁式垂向地震仪，不久其水平向（南北及东西向各一套）设备，也运到安装，这是当时世界上最先进的地震仪了。所记到的震相皆刊登于《鹫峰地震专刊》（*Seismological Bulletin of the Chiufeng Seismic Station*）双月刊上，分寄世界各地震台与之交换。以后地震震相改为每月用油印分寄世界各台，而《鹫峰地震专刊》则减为每年四期，内中不刊震相，而仅刊载用交换来的资料对重要地震重新核算之结果、个案讨论及改进仪器的文章等。例如对当时有人提出的深源地震问题举出震例并加以讨论，对华北地壳厚度的问题从地震观测结果的角度加以讨论，对地震仪的时间信号机件之改进和把照相记录的行距加密以节省照相纸的经过（从每天用三张照相纸减为每天用两张照相纸）等文。逐渐地，鹫峰地震台成为当时很受世界同行重视的一个地震台。

李善邦初到鹫峰时有一个较年长的助手，不久便离去。1931年2月从清华大学物理系调来了一个名叫贾连亨的练习生（现叫实验员）给李善邦当助手。他学习相当快，不久就掌握了台上常规的操作技术。那时台上还没有办公室和宿舍。李善邦和贾分别住在鹫峰寺后殿的北面和南面的耳房内，办公和住宿在一起，那时鹫峰寺和台上还没有交流电，每晚他们打着手电灯从后殿处下来到仪器室检查和调节仪器。后来在仪器室东南约20m处建一个能容四个人的大办公室。在办公室之东南又建有宿舍数间及食堂和厨房各一间。但因没有交流电，晚上得用煤油灯照明，仪器上使用的蓄电池须每半月雇用毛驴驮到清华大学物理系去充电，为了不影响仪器上使用，共备有三套蓄电池来回轮流倒换，这样一直持续到1936年秋天台上有了交流电为止。

鹫峰地震台正式运转，观测员贾连亨已能处理日常事务后，为了加强地震研究力量，地调所乃派李善邦去日本东京帝国大学（现名东京大学）的地震研究所（以研究生名义）去学习，倘鹫峰台上记到特殊地震则将记录寄往日本请李善邦指点或与日本学者共同研究。李在东京遇到一位从南京北极阁地震台来的研究生金咏深，他们二人互相帮助共同学习。不料到该年发生了“九一八”事变，日军强行占领了沈阳。我国方面当时不知道事态会怎样发展，恐怕日方会迫害他们乃分别电令他二人提前回国。北平的鹫峰地震台说现有许多事要李回去处理；南京地震台则说他们台上从德国订购的地震仪已经运到，现等金回去开箱安装。而东京帝大则说地震研究所中有个副教授松泽武雄赴欧美访问，不日即可回到日本，劝他们等松泽回来后见见面再走。1931年10月6日松泽回到东京，10月7日地震研究所开会，一方面欢迎松泽，一方面向李、金二位表示欢送，并摄影留念。金咏深于当晚从日本神户上船返回上海；李善邦则候至10月15日从东京乘船回天津。

1927年南京国民政府成立大学院，后改名中央研究院，其下有物理、化学、天文、气象等研究所。气象研究所在南京北极阁，由竺可桢主持，他因要研究地震与气象之关系，乃筹建一地震台，先找了一位学气象的金咏深并派金于1931年4月初去日本学习，九一八事变后，金提前回国，他先到常州家中休息数日，于10月19日即回到南京气象所中，20日即开箱安装地震仪，有一助手孙儒芳协助。当时用的机械放大式的地震仪为放大倍数大必须加大摆锤之重量，他们买的是当时最大的地震仪锤重20t（因中国未买其锤筒中装的重晶石矿，而用中国产的赤铁矿代替，其比重较小，装好后锤重仅17t）。像这样大的地震仪当时共做了三台，一台仍在德国戈庭根，另一台为中国购来，第三台则在墨西哥。有国外地震学家来到南京看见中国还保有这样的地震仪，并且仍能正常运转都很惊喜。因该仪器很大，安装费时，金、孙二人于1932年6月下旬才安装完毕，开始试运转。到1932年7月8日10点45分19秒（GMT）记到第一个地震，其震中距为1000km。然后曾打电报给北平鹫峰地震台的李善邦，请他带上鹫峰台的记录来南京北极阁核对，经李善邦核对（现在叫验收）之后，认为记录正确满意。北极阁台乃投入正式运转，并从1932年7月份起开始出《鹫峰地震季报》，共出4卷，其第4卷刊完1936年发生之地震，1936年6月30日以后发生之地震则未发表过。北极阁台曾于1934年3月间购到Galitzin-Wilip电磁式地震仪一套，但只能测两个水平向的，尚无垂向，在1934年4~7月的《鹫峰地震季报》（第2卷第4号中曾载有Galitzin-Wilip地震仪记到的数据）。1937年抗日战争爆发后Galitzin-Wilip地震仪曾拆下往内地运，后下落不明，据说是在某处被敌人飞机炸毁了，而大Wiechert地震仪因为体积太大无法拆运，就一直存放在北极阁的地下室内（见后）。金泳深于抗战期间曾在航空公司中作气象工作，以后失掉联系，据云已于1953年逝世。

在鹫峰台上自从安起Galitzin-Wilip地震仪之后每天能记到1~3个地震，工作量很大，地调所乃于1934年秋天聘燕京大学（现今之北京大学即是用该校校园）物理系毕业的潘家驎来台工作。潘喜欢打猎，1935年夏天和清华的周培元教授、协和医院的白端教授三人去妙峰山打猎，夜宿于帐篷中，不幸中了风，大病一场、生命垂危，经协和医院治疗后回苏州原籍休养。1934年冬地调所送李善邦先去美国后去德国访问学习，在美时曾遇见孟昭英，在德时曾遇见李春昱等，也结识了Gutenberg等名地震学家，李于1936年夏回国。

李善邦回国后开展工作颇感人手不足，乃于1937年春到清华大学找叶企孙先生为他在物理系应届毕业生中物色一助手，条件是：①爱动手喜作试验；②功课成绩中上；③身体健康。叶企孙看秦馨菱尚合此要求，乃找秦来问有何意见，秦的兴趣本来是无线电学和天文学，但他兴趣较广，对地学也略有兴趣，并觉得如做地学工做而把无线电和天文作为业余爱好也还是可以的，就答应毕业后可试一试。1937年6月26日清华举行毕业典礼，次日秦即到北平城内兵马司胡同地调所报到。先见到李善邦略谈数语他即领秦去见谢家荣（因地调所已在南京珠江路盖了新办公大楼及试验室陈列馆等，大都已迁南京，北平只余一小部分如古人类学、新生代研究室等，由谢家荣主持）。谢与秦先谈在学校中所学的专业和今后要在室内学作地震，如有野外任务时即去野外做物理探矿工作。

6月27日报到时，李善邦和秦约好，28日晨8点二人在颐和园门口集合，然后换骑毛驴走小路同去鹫峰地震台。共走4小时多才到，那时贾连亨和另一位小练习生严魁元正等李、秦二人来吃午饭。饭后先到办公室看看，那是个能容四人办公的大房间，其东北角有一个小暗室是供冲洗电磁式地震仪的照相记录用的，房之另一角上放着一个大天文钟，其旁有短波无线电收音机是为收听标准时刻讯号用的，沿墙排着好几个书架上摆地震图书不少（多是德文的，因那时英文的地震书籍还较少）。除了有关地震的图书之外，还有少数英文的关于动、植、矿物的科普书籍数本，那是为工作人员业余消遣阅读用的。到仪器室（即摆房）看见地上摆着Wiechert式地震仪，水泥台子上摆有Galitzin-Wilip电磁式地震仪，另有一个小隔间是黑的，内放着电磁式地震仪的照相记录部分。房子墙是两层石砌的，门及窗也都是两层的，所以常年温差不到1℃。仪器室之东北角是两层的，在二层之房顶装有风向仪、风速计及百叶箱等气象仪器。听说台中还备有三英寸口径的折射天文望远镜一个，可供台上人员业余观测天象之用。第二天晨起往东一看，一轮红日从东方升起，鹫峰到北平城是一片绿色，风景十分优美、环境十分安静，那真是个适于工作和学习的处所。早饭后他们即忙着给仪器测定常数（定期每年测一次）。几天后秦即学习地震仪之管理维护，以及对地震讯号的处理计算等，每日总能学到些新东西，开始对地震工作十分喜爱。

因南京有新任务李善邦要带秦馨菱于7月15日去出差，李、秦二人即先入北平城内作些准备，不幸7月7日发生卢沟桥事变，原以为事件几天就可过去，李仅于离北平前与贾连亨通过一次电话。因环境关系，鹫峰地震台不久就停止工作了。秦随李于7月16日到达南京珠江路东头的地调所新址。该处房屋整齐，当中大楼为标本陈列馆和办公室，西边有两个小楼是图书馆及少数办公室，另一小楼是单身职员宿舍；东面一个楼为试验室，还有一个试验提炼汽油的工厂，是个很好的做研究工作的处所。1937年8月13日上海战事打响抗日战争全面爆发，自14日起日本飞机常来南京轰炸。于该年10月26日李率秦离南京，经汉口、长沙和衡阳到水口山，用重力法作物理探矿工作，到1938

年6月才工作完毕。在此期间地调所先从南京迁往长沙，又从长沙迁往重庆，因而他们从水口山先到衡阳，又经桂林和柳州，想经贵阳而去重庆。在柳州等汽车时（抗战时期公路汽车很挤，票很难买，往往得等好几天才能买到车票）巧遇贾连亨，据他谈鹫峰地震台之情况如下：

1937年卢沟桥事变后，7月10日往鹫峰台去的交流电线被炮火打断，台上无电，不久即停止工作。经贾向城内地调所分所长杨钟健请示后，同他的父亲等人把电磁式Galitzin-Wilip地震仪及天文钟等拆卸装箱于夜间用平板车从鹫峰运出，专走无人走的小道于天快亮时才到颐和园后青龙桥，然后即运往燕京大学（现在的北京大学校园即燕京大学之旧址）物理系的地下室内存放。另两箱图书则运往城内协和医院存放。贾连亨的父亲经此次劳累而病倒，于1938年2月去世。他可谓为地震事业献出生命的第一个人。1938年8月初地调所命贾连亨去长沙，贾乃从北平经天津到香港因粤汉铁路频繁遭日机轰炸，又听说地调所已从长沙迁往重庆，贾乃从广州改乘公路汽车拟经柳州而去重庆。很巧在柳州与李、秦相遇（同行者还有方俊全家），乃结伴同去重庆，在复兴观巷四川省地调所内借地办公整顿，此时已是1938年9月份了。到1939年春他们都迁往中央地调所在重庆北碚新建的办公楼内工作。

这时大家已认识到抗日战争不能在短期内结束，重点必须放在物理探矿方面，原来“地震研究室”改名“地性（探矿）室”，在别人作探矿工作时，李善邦仍念念不忘地震观测与研究。那时从国外进口地震仪器已不可能，李善邦乃思自制一套地震仪。有的同事曾问他说，“仪器多是外国人造的，你中国人行吗?”李善邦则说先试一试罢。设计绘图等工作都是李善邦一个人做的，秦只协助安装车床及采购器材等。因为那是战时，经费及器材都缺，把车床装起后，起初北碚的大明染织厂还有富裕电力可供应，以后他们自己也感电力不够用了，地调所不得不用石头磨盘当飞轮以人力摇动来转动车床以车制零件。那时还常有敌机空袭，工作时常停顿，所以进度较慢，于1942年冬制成水平摆式地震仪的一个分量部件（其记录部分尚未做完），1942年底中国地质学会开成立二十周年纪念会时曾在会场之展览会上展出数日，秦曾在旁讲解。1943年上半年记录部分制成，并于6月21日记到成都附近之地震。该仪器以后即由秦维护管理，不久又制成另一个水平分量部件。李善邦曾思再做测量垂直分量的，但因器材未凑齐而未做成。该台是抗战时期大后方惟一的地震台，至抗战胜利时曾记录到淮河流域及土耳其等地震109个，胜利后该台上仪器曾迁到南京珠江路继续记录（续号自110号开始）。该地震台除李、秦二人外，还先后来过两个中学生，一名季正立，一名徐涛，后他们因考学校而离去。1944年冬，谢毓寿来所做地震工作，但他们三人如有事请假时，皆由秦代班。这仪器初制成时命名为“霓式地震仪”，以纪念倡导及从事地震研究的翁文灏（字咏霓）先生。到南京后改名Ⅰ（拉丁字母Ⅰ）式，以后其他型号则是以公历年份命名。到南京不久即把此地震仪加以改进，于1951年制了一批以装备新设的地震台，该仪器即命名51型。

1945年秋抗战胜利，1946年忙于从四川迁回南京及下江各省，1947年地质学会年会在台北市的台湾大学举行。在日本霸占台湾的50年中，台湾的地质情况外界知道很少，所以地质界很多人出席了这次年会，会后还分两组作地质旅行：一组去台中看石油矿，一组去金瓜石看铜矿。秦馨菱和谢毓寿也随众人去台湾开会，并于暇空中曾往台湾之气象局参观，台湾之地震观测也附设在气象局内。参观中谈及大陆上的地震观测，告他们大陆上曾有个颇好的鹫峰地震台，但因战事而停止工作了，现仅有李善邦自制的小地震仪一套，自重庆北碚迁来南京观测记录。他们说台北尚有闲置不用的地震仪几台可以送给大陆，计有德制的中型Wiechert地震仪一套及日制Omori地震仪一套。因当时无法运输乃暂存他们那里。抗战胜利后，李善邦因受英国文化基金会（British Council）之邀请，以访问教授的名义去剑桥访问一年，然后取道美国1947年春返回。李善邦回国后即亲往台北，委托石油公司的便船将地震仪运到上海，再由铁路运至南京。李善邦在北碚自制的I式地震仪从四川运抵南京后，于1946—1947年冬天暂装在李的办公室内的一个小壁橱内，李善邦从英美回来后，即把原燃料试验室留下的两个大储气罐改为半地下型的地震仪器室，把四川迁来的I式地震仪，和自台湾运来的两套地震仪皆装在其中。1948年初又派人持介绍信去燕京大学物理系把1937年贾连亨存到那里的Galitzin-Wilip电磁式地震仪找回运至南京。抗战八年，该仪器无人知道，也无人动，所以稍作清理即可使用。至此南京珠江路的地震台已经是个仪器品种齐全的地震台了，并开始把观测结果油印成月报向世界各台分散交换。该台以后又来了一位孙庆煊同志，做日常运作维护，至南京解放时也从未间断。以后1950—1951年中国科学院地球物理研究所成立，地调所的地震部门（连仪器加人）一齐并入地球物理所。

抗战胜利后曾派人去鹫峰地震台旧址察看，见该台的房子尚完好，但那台Wiechert机械式地震仪却不知去向了。据当地老百姓说，该台房屋结实是两层墙的，很安全，其东北角为二层楼，可作瞭望之用，所以该台曾为游击队当做指挥所使用。至于那Wiechert式地震仪则有可能被游击队把它熔化成铁制成手榴弹参加光荣的抗日战争了。现该台旧址已由地震局把它整修，内中摆上原来用的Galitzin-Wilip地震仪和李善邦自制的I式地震仪作为纪念陈列了。

尚有一事似也须一提：在抗战时期气象所与地调所同在北碚二所人员交往颇密。气象所所长赵九章看到李善邦等用废铜烂铁等材料用土法做出地震仪来非常欣赏。抗战胜利后，气象所迁回南京鸡鸣寺旧址，地调所迁回南京珠江路旧址。1947年初气象所的赵九章亲自跑到珠江路地调所中找秦、谢，请他们到鸡鸣寺的北极阁看看抗战前竺可桢和金咏深所建的地震台（李善邦已于1946年末去了英国）。秦、谢二人到北极阁地下室一看，见那个大型Wiechert地震仪基本完好，抗战期间八年无人来动过，略加清理后发现其水平分向部分有一支记录笔及数个螺丝不见了，伏地寻找良久未能找到，乃仿照尚存在的那支笔又配了一支。其垂直分向部分则零件齐全，完好可用。乃配齐标准钟等时号设备，使整机恢复运转，交给该所的钱骥管理维护，一直到地球物理研究所成立，地调所及气象所的全部地震观测及野外考查和研究工作方统一成一体。

（略）

三、忆鹫峰地震研究室①

贾连亨，秦馨菱

（国家地震局地球物理研究所）

（一）地震观测台②

我国地质界前辈翁文灏先生，早就有建立地震观测台的心愿。1930年初，他得到大律师林行规先生的帮助，在北平西北郊北安河村鹫峰山他的私人别墅附近捐出了一块地，拟建地震观测台。1929年初动工，同年9月完工，安装了两架维歇尔型机械式水平仪和一台垂直地震仪。

地震观测台命名为“鹫峰地震研究室”，由李善邦先生负责。我国东汉时期的张衡，已发明了“候风地动仪”，可以准确地测定地震，但限于当时的历史条件，这个发明并没有得到广泛应用，历代的地震记载，仍是凭人的感觉。所以讲，鹫峰地震研究室是我国第一个科学地记录地震的观测台，李善邦先生可以说是我国第一个用现代科学方法实际观测地震的科学工作者。

1930年9月开始地震观测。李先生的助手祁之晋先生，1931年初因故辞职。同年2月经清华大学物理系主任吴有训先生的介绍，我（贾连亨）来到鹫峰协助李善邦先生担负实际的观测和记录。当时地震记录不多，工作尚可担负。后地震台又添置了当时世界第一流的电磁地震仪，我负责仪器操作，换记录纸和冲洗，并打印报告分送世界各有关地震台。此期间曾请来一位北京工业大学的毕业生邓锫锋先生，但他不习惯山区生活，数日后不辞而别。后燕京大学毕业生潘家骧先生来台工作，两年后因病辞职。

① 摘自《前地质调查所（1916—1950）的历史回顾——历史评述与主要贡献》，地质出版社，1996。

② 贾连亨先生撰写。

我在鹫峰地震研究室工作7年，虽然地震台工作紧张，山间生活单调而清苦，但精神异常饱满与充实。1937年，清华大学物理系毕业生秦馨菱来台工作约10天左右，就发生了七七卢沟桥事变，秦被阻于北平，无法返回。后随李善邦先生去南京，鹫峰地震台就剩我一人。

抗战爆发，敌人步步逼近，地处深山的鹫峰地震台也不得安宁，日寇和伪军常常借故滋扰，后又断电，工作难以继续进行。不得已请示地质分所杨钟健所长，所长决定将地震台的仪器图书等拆卸转移。附近地痞流氓获此消息后，扬言说："若你们运走仪器和物资，我们告知日本人。"我根本没有理会他们，请父亲相助，另找了两位老乡，在夜里拆卸了仪器设备，用两辆板车，连夜运往京城。

沿途中，有日寇驻军，尤其是驻温泉附近的日军不断地鸣枪吓唬我们，但我们仍是不顾一切地拉着两辆板车前进。夜晚又冷又饿又累，我们不得不走走停停、停停走走，整整走了一夜，天蒙蒙亮时才到达青龙桥。我的老父，由于夜间的劳累，冻饿和惊吓，竟一病不起，延至次年2月逝世。

当时我们将仪器送到燕京大学（现北京大学）物理系，图书则运到协和，请求他们妥为保管。但由于时间紧迫，有些地震记录未能及时运出，是件憾事。

忆往事，当年20多岁的青年，如今已是80多岁的老人了。1990年，我和秦馨菱先生同去鹫峰寻访故地，发现当年的办公室和宿舍已被拆除，后经我们的交涉、劝阻，总算把仪器房及房内的仪器保存下来，供人参观。

当年我亲手种植的红松苗尚存有几十余株，已长成几十厘米的大树，蔚然成材。回想几十年前许多老科学家的业绩，至今仍是使人流连忘返。

（二）关于鹫峰地震台的仪器[①]

抗战初期观测员贾连亨同志与其父把台上最好的仪器即伽利津-魏立浦（Galitzin-Wilip）电磁式地震仪全部（三套，即垂直分向、东西分向及南北分向）用平板车装着，夜间冒着危险从台上运至当时的燕京大学（现为北京大学）物理系地下室储藏。1948年初抗战胜利后，地质调查所派专人持介绍信到燕京大学询问此事，随后把全部仪器运往兵马司9号。另派物理探矿人员张凯把仪器押运南京珠江路942号（现门牌号已改为700号）地质调查所的地震仪器室内（是用煤气储藏大罐改装成的半地下室）装好使用（有照片为念）。1952年前地球物理研究所成立后此仪器迁往南京鸡鸣寺之地震台（也是半地下室）内使用，1954年底地球所迁往北京，把此仪器也运往北京，1955年春在中关村地球物理所之地下室内安装使用。李善邦先生原希望把鹫峰地震台恢复，但陈宗器先生已在北京西北郊的白家疃建了一个地磁台，因而劝李善邦把地震台也迁往白家疃，其中理由是该处离北京城近约4km，当时的苏联专家也以距京较近交通方便为由同意此方案。但后来才知道白家疃不同于鹫峰，鹫峰的基岩是火成岩，对建地震台较为合适。白家疃的基岩是石灰岩，附近有人采石灰岩烧石灰，对地震观测造成干扰，故于1974年在台西边约2km处挖一山洞安放地震仪。此时早已仿苏制了一批基式地震仪，其性能与伽利津-魏立浦仪相若，所以原来鹫峰使用的伽利津-魏立浦仪放在白家疃未予使用。自解放后鹫峰地震台的仪器室则归林学院的西北林场，原来鹫峰地震台的职工宿舍及厨房则被林场拆了。1991年，国家地震局拨了15万元给地球物理所重新整修鹫峰地震台，房顶、门窗均按原样修复，室内安放了原来的伽利津-魏立浦全套仪器（不作正式观测，仅作陈列之用），门外立了一块牌说明鹫峰台之历史等，门上也写有一横幅曰"中国第一个地震台"，以便于游人参观。

伽利津-魏立浦电磁式地震仪是1932年在鹫峰台装好并开始记录的。在此之前鹫峰台还于1930年装有一套中小型维歇尔（Wiechert）机械式地震仪，其锤重200kg，因它太笨重抗战初期，贾连亨无法运走，就一直放在台上。胜利后去寻找就影踪毫无了。当初为了保温该仪器室之墙壁及门窗皆是做成双层的，室之东北角是建成二层的以便安装气象仪器。据说抗战时期游击队看这个房子坚固，东北角又是二层楼可作瞭望塔用，就把仪器室作成游击指挥部。而那200kg重的维歇尔式地震

① 秦馨菱先生撰写。

仪则可能是被游击队熔化成铁作成手榴弹，为抗战出力了。初期的地震仪都是用机械杠杆把地的震动放大，用一个很轻的机械笔在烟熏纸上画出白道来记录地震波纹，放大倍数越大，所需克服的摩擦就越大，因而地震仪的惯性重锤也就越重。鹫峰的维歇尔式机械地震仪的锤重为200kg。而1932年当时的中央研究院也在南京北极阁的地下室里装了个世界上最大的地震仪其锤重达20t。该仪器于抗战时期在地下室内放了8年无人问津。1947年春才又修复使用（这样大的地震仪当时只做了三个，仅南京这个至今还能使用）。

四、前地质调查所（1916—1950）的地震工作[①]

谢毓寿

（国家地震局地球物理研究所）

（一）历史背景

谢毓寿先生在云南考察（1954年）

我国是一个多地震国家，地处欧亚板块的东南部，受西太平洋地震带和喜马拉雅-地中海地震带的影响，地震活动具有频度高、强度大、分布广的特点。据统计，本世纪以来，全球约有8%的7级以上强震发生在我国，而大陆强震高达30%，同时，分布范围很广，有22个省、直辖市、自治区发生过6级以上地震。

我国历史悠久，文化和科学的发展源远流长。早在有文字记载以前，就有了关于地震现象的流传，现存古籍中追记的第一条记载约在公元前23世纪。殷代设史官之后，天文、气象、地震等自然现象都有记述。公元10世纪印刷术的推广，更有利于文史资料的保存。宋、元之后有了地方志书，地震记载逐渐增多，内容日趋翔实。除了地震现象的描述外，对震前现象、防震经验，乃至地震成因的探讨都有记述。

张衡于公元132年创制了世界上第一台观测地震的仪器——候风地动仪，安置在河南洛阳的灵台。据记载，公元138年陇西发生地震，千里之外的洛阳并无感觉，但地动仪却测到了。几天后，驿马送来消息，确证了那里的地震。早于国外地震仪的发明1700多年的候风地动仪不仅灵敏度高，且能测定地震的方位，说明张衡是懂得地震振动从震源向外传播的道理的。这个概念，英国人到17世纪才提出来。

现代地震仪器观测始于19世纪末叶（清末），帝国主义侵占中国领土，划分势力范围，日、法、俄、德等国先后在我国建立过几十处地震台站。

（二）初期工作

地震现象自古以来就为朝野所关心，但是科学研究却起步较晚。1917年安徽霍山发生破坏性地震，次年广东南澳大震，引起我国地学界人士对地震问题的关心。1920年冬，海原特大地震死人达20万，朝野震惊。地质调查所责无旁贷，所长翁文灏亲自率领谢家荣、王烈等人去现场进行深入广泛的实地调查，开创了我国地震科学考察的先河。从此，地质调查所的业务范畴扩及地震，为我国地震科学事业的先驱。除了地震调查报告外，翁文灏还综合有关资料，撰写了《甘肃地震考》。

地震是一种与地质构造特征有密切关系的地质现象。从历史资料分析，大小几千次地震，其发生地点大都与新生代构造运动有密切关系。沿着主要的断裂系统，地震往往密布成带。例如汾渭地堑，太行山、燕山断裂，滇东、滇西湖地断裂带等，都是地震活动带。综合起来，可以了解我国地

① 摘自《前地质调查所（1916—1950）的历史回顾——历史评述与主要贡献》，地质出版社，1996。

震分布的基本概况。这是最早论述我国地震活动区划分的文献，曾于1922年在比利时召开的国际地质学会议上宣读，引起与会者的极大兴趣。

1933年四川叠溪发生大地震。通过周密调查，常隆庆在《地质论评》上发表了专文，除震灾和水害外，还详细描述了地质背景，特别是震前一处路旁地表长期缓慢形变的遗迹。1937年山东菏泽一带发生两次破坏性地震，适值七七事变，李善邦只得进行通信调查。1945年9月23日河北滦县地震。王竹泉在《地质论评》上发表专文，对这次地震进行了评述，并判定为断层作用所引起。

这一时期，我国还没有专门的地震研究机构，调查工作多由地质专业人员承担。内容除地震现象和破坏情况外，还涉及地质构造、地震成因和地面形变等震前现象，为以后的工作开拓思路。

（三）地震观测研究

地震发生在地下深处。探本求源绝非单纯地表宏观现象调查所能解决。19世纪末，米尔恩发明现代地震仪后，一些国家先后建立了地震台站。日本侵占台湾省后，于1897年起逐步建成了一组地震台网。继1904年上海徐家汇观象台增设地震观测项目以后，俄、日、德、法等国先后在东北、青岛、陕西、天津等地建立了二十多处地震台站。这些台站各自为政，除徐家汇观象台外，大多仪器设备质量不高，维护不善，观测时间不长，可用资料不多。

1923年秋，日本关东大地震，摧毁了东京和横滨两大现代城市。欧美等先进国家大为震惊，地震科学研究得以在世界范围内逐渐开展。此时我国四川炉霍、云南大理、甘肃海原和古浪等地连续发生灾难性地震。在此形势下，地质调查所决定开展用现代科学方法研究我国地震的工作。

1929年冬，经介绍，翁文灏聘请东南大学物理系高材生李善邦到所筹建地震台站。为了避免地面振动干扰，台址选在远离市区的北京西郊鹫峰。1930年基建告成，德制小型维歇尔式机械记录水平和垂直分向地震仪各一套及辅助设备陆续运到。当时国内尚无人接触过地震仪，李善邦曾到徐家汇观象台见习，希望得到一些基础知识。但事与愿违，收获不大，遂决定自力更生，边学边干，终于胜利完成任务。并通过实践，积累经验和教训，为以后工作打下坚实基础。这是国人自行设置的第一个地震台。试运转台，每月可记地震十余次，便按国际惯例印发地震观测报告，与各国地震台交换。

我国地震区分布很广，设备低级的地震台只能记录到近距离的地震，为此亟须提高观测质量。关东大地震后，日本测震学发展很快，李善邦奉派去东京大学地震研究所求教。未几，九一八事变发生，仓促回国，改由欧洲进口当时最先进的伽利津-魏立浦式照相记录地震仪。1932年安装就绪，观测结果良好，达到当时一流水平，其资料为国际地震界所重视。该台所编《鹫峰地震研究专集》除汇编地震观测月报外，还刊载论著，并与国外许多台站和研究机构交换。经过数年惨淡经营，一切从无到有，工作步入正轨。方期深入扩大研究，不料1937年七七事变爆发，战争迅速扩大，正在记录山东菏泽大地震的鹫峰地震台随北平沦陷。计自1930年冬正式工作以来，共记地震2472次。事变突起，记录图纸、仪器设备和其他一切都未及携出，地震工作陷于停顿。

辗转迁徙，1939年地质调查所在重庆北碚恢复工作，成立地球物理研究室，主要从事探矿工作。1941年珍珠港事件后，国事日促，探矿无法继续。李善邦决定重理旧业，恢复地震工作。当时我国已与海外完全隔绝，仪器设备惟有自制。由于经费紧张，物资奇缺，决定以记录川滇地震为目的，采用结构简单，加工和维护费用低廉的机械记录式水平向地震仪。他以坚强意志，百折不挠精神，边设计边试制，终于1943年基本完成。除生铁铸件外，零部件都是修旧利废，自力更生制造的。当时只有车床和台钳各一台，技工一人。由于没有电源，只好用人工转动石头磨盘驱动车床。计时系统用无温度补偿的普通闹钟，在分钟和秒针上焊接纯银触点制成。1943年6月22日清晨记录到发生于成都附近的地震。这是抗战期间在极其困难条件下，完全由国人自行设计制造的中国大陆惟一的地震台——北碚台。该台资料与国际地震中心和英美等国的一些重要地震研究机构进行交换。

1944年秋，增聘谢毓寿专职地震工作，负责维护台站，分析处理地震图，编制报告以及交换资料等工作。当时的观测条件极为简陋。由于计时钟无温度补偿，为了提高时间精度，须每小时与天文表校对一次。天文表靠收听德国授时台进行校准。由于距离遥远，仅有的一台老旧真空管直流收音机性能低劣，讯号微弱，只能在凌晨曙光初照前使用。时号电源采用废旧汽车蓄电池。用手摇发电机充电数小时，只能维持几天。记录用的道林纸，当时国内不能生产，除记有地震须保留者外，经常反复使用。

1945年秋，抗日战争胜利。次年地质调查所迁回南京旧址，利用北碚台拆迁回来的仪器开始记录。以后找回部分原鹫峰台的伽利津–魏立浦式仪器，修理配套，并接收台湾省的一套维歇尔式地震仪。同时，利用两个废弃的半地下储气池，加盖保温屋顶，充当台址。1948年后期，具有相当水平的南京水晶台地震台开始工作。

不久，淮海战起，时局动荡，民不聊生。在极端恶劣的环境下，地调所全体人员上下一心，拒不南迁。为了维护国家财产，组织起来，日夜巡逻，在传统的浓厚学术空气下，坚守岗位，照常工作。大军渡江，南京解放，地震台连续记录，非但未丢失一次地震，还清晰地记下了国民党爆炸破坏、炮轰和飞机起落引起的振动。

四、结束语

20世纪20年代，全球只有少数国家设有为数不多的地震台站，作为学科还在孕育过程中时，老一代地学家在贫穷落后的旧中国撒下了一颗可贵的种子。几十年过去了，1949年新中国成立时，除了原中央研究院气象研究所的理论地球物理学家傅承义外，国内从事地震工作的只有原地质调查所的两位科研人员和一位技术员。建国伊始，大规模经济建设迅猛发展，评估基建场地的地震危险性成为当务之急。党和政府重点扶持，拨给经费，调配干部，责令及时认真完成不断增加的紧急任务。地震工作从此枯木逢春，在这饱经战乱，矢志不渝的“三个半人”的基础上，昼夜奋战，结合任务，培养干部，搜集整理资料，设计制造仪器，建设台网，开展科研。时至今日，我国的地震队伍已超过全球其他国家的总和，水平也为国际同行公认。抚今追昔，深庆祖国地震事业的蓬勃发展，并以曾是原地质调查所的一员为荣。

五、解放前后我国地震工作概况[①]

谢毓寿

（一）我国早期的地震工作

我国地震区分布很广，活动频繁，灾害惨然，远在尚无文字以前就有地震流传。殷代设史官以后，不仅记载政治事件，对天文、气象、地震等自然现象都有记述。宋、元以来，盛行的地方志书，地震资料的数量大为增加，内容更为详细、具体。我国的地震历史资料无论质和量均为世界之冠。

我国的文化和科学发展较早。东汉太史令张衡于公元132年就创制了候风地动仪，早于国外地震仪的发明一千七百多年。它不同于一般的验震器，能测地震的方位。这说明张衡是懂得地震振动从震源向外传播的道理的。他对当代地震学的这一基本出发点的认识也比国外学者早一千多年。

长期的封建统治，使我国的地震科学未能保持领先地位。现代地震仪器观测始于19世纪末叶，当时正值清末，帝国主义侵占我国领土，划分势力范围，先后建立了二十几处地震台站。日本首先于1897年在中国台湾省建立了台北地震台，以后陆续在台南、台中、台东、恒春、花莲、阿里山、高雄和澎湖等地建台，1925年初步形成了台湾省地震台网。1935年后又增设了宜兰、新竹、嘉义、新港、兰屿、玉山及大武等七个台，并改进了观测质量，这一台网的仪器设备虽非上乘，但通过几十年的连续工作，为台湾省的地震活动情况积累了大量资料。1904年法国耶稣会所属上海徐家汇观象台增设了地震观测项目，建立了我国大陆上第一个地震台。1904年至1908年间，俄国和日本相继

① 摘自《地球物理研究所建所35周年纪念文集》，1985。

在大连、营口、旅顺、沈阳及长春等地建立了地震台。伪满时期又增设长春（新京）和延吉台。1909年德国人在青岛设置了地震台，1924年由我国接管，继续观测。此外，耶稣会传教士曾在陕西省西安市以北的通远坊进行短期地震观测，天津中法工商学院也安置过地震仪。这些由外国人在我国大陆上设立的地震台站中，除徐家汇台的地点适当，仪器设备较好，观测质量较高，连续记录时间较长，资料较有价值外，其他台或则工作时间不长，或则观测质量不高，可用资料不多。

1920年12月16日宁夏海原发生8.6级特大地震，损失惨重，死亡人数达20余万。前中央地质调查所派谢家荣等人前往现场考察。1922年在《地学杂志》上发表了题为《民国九年十二月十六日甘肃及其他各省地震之情形》的专题报告。这是我国首次由专业人员用科学方法研究地震。1933年8月25日四川茂汶县之叠溪发生7.4级大震。地质学家常隆庆即时前往调查，并在《地质论评》发表专文，除地震及其次生灾害外，还描述了地质背景和地震前地表的长期缓慢形变。1934年四川大学还出版了《叠溪地震调查特刊》。1945年9月23日滦县发生了一次6级地震，王竹泉在《地质论评》上发表专文，评述地震情况，并判断似为断层作用。综上所述，国人从事地震科学研究始于1920年的宏观调查。当时我国尚无地震机构，这些工作多由地质专业人员承担，因而除地震现象外，还涉及地质背景、地壳形变及地震成因等方面，可以认为，这是我国地震的先期工作。

继1920年海原大地震之后，1927年5月23日又发生了甘肃古浪7.9级大震，灾情惨重，波及面广，引起社会不安。当时中央地质调查所所长翁文灏认识到地震问题不能只由地质学家通过宏观考察解决，还需设立地震台进行观测，用物理方法研究地震本质。为此，聘请李善邦于1929年冬到地质调查所，主持地震工作。1930年在北京西山建立了鹫峰地震研究室。这是我国第一个地震专业研究机构，也是国人自己设置的第一个地震台。该台仪器设备先进，观测维护认真，达到当时世界第一流水平。所出《鹫峰地震研究专报》除地震观测月报外，还刊载论著，与国外许多台站和研究机构交换。1931年前中央研究院气象研究所聘请金泳深筹建南京北极阁地震台，1932年开始记录。

1940年傅承义由管理中英庚款董事会选派，去美国加州理工学院地震研究室从著名地震学家古登堡学习，1945年获博士学位。这是我国第一位经过正规训练，具有高等学衔的地球物理学家。1947年回国，在前中央研究院气象研究所主要从事地震波理论研究。

七七事变后，北平、南京相继沦陷，鹫峰和北极阁地震台先后被迫停止工作。前中央地质调查所迁至四川重庆之北碚，并成立了地球物理研究室。为了研究川滇一带的地震活动，决定自行研制仪器及设备。1939年开始设计，1942年冬初完成样机。经过试验，终于1943年秋初步建立了北碚地震台。时因地球物理研究室工作调整，地磁下马，调出研究人员一名，1944年由我补缺，参加地震工作。

经过八年抗战，人民取得了胜利，一些全国性科研机构先后复员南京，工作条件有所改善。前中央地质调查所地球物理研究室除积极筹备地震仪器观测外，还扩大了金工车间，开展仪器研制工作。1946年拆迁北碚台仪器，在南京恢复记录。以后，陆续补充了原鹫峰台的地震仪，改进了计时器等辅助设备，并改建了保温条件较好的半地下式台址，于1947年正式工作。与此同时，改进了自制机械记录式地震仪，试制了小型流动地震仪，并试用不同周期的电流计与伽魏式摆耦合以改进其频率特性，还试制了斜倾仪等。由于业务急骤开展，增聘了一位专职台站干部。

近百年来，在反动派的腐朽统治下，半封建半殖民地的旧中国满目疮痍，民不聊生，地震工作只是聊备一格的点缀。少数爱国知识分子在极其困难的环境下安贫乐道，惨淡经营了几十年，地震工作成果不多，业绩甚微。解放前夕，祖国大陆地震专业只有研究人员三名，观测干部一名和一个自己管理的地震台而已。但是，这数量上微不足道的队伍却是矢志祖国地震事业的集体。解放以后，在党的光辉照耀和人民政府的精心培育下这颗种子很快地发芽，茁壮成长，为我国地震事业的蓬勃发展起到了应有的作用。

（略）